Die Grundlagen der Hochfrequenztechnik

Eine Einführung in die Theorie

von

Dr.-Ing. Franz Ollendorff
Charlottenburg

Mit 379 Abbildungen im Text
und 3 Tafeln

Berlin
Verlag von Julius Springer
1926

ISBN-13: 978-3-642-90211-6 e-ISBN-13: 978-3-642-92068-4
DOI: 10.1007/978-3-642-92068-4

Softcover reprint of the hardcover 1st edition 1926

Vorwort.

Während meiner Assistententätigkeit am Elektrotechnischen Institut der Technischen Hochschule Danzig (Winter 1922—Sommer 1924) wurde mir die Aufgabe gestellt, das dort eingeführte hochfrequenztechnische Praktikum zu entwickeln und auszubauen. Sie erforderte zu ihrer Bewältigung umfangreiche Studien, welche über eine systematische Durchdringung der Literatur hinaus zu zahlreichen eigenen Arbeiten führten. Während ich einige dieser Arbeiten als Wiedergabe von Vorträgen schon früher veröffentlicht habe, wurde mir durch den im Frühjahr 1924 ergangenen Auftrag des Verlages die Möglichkeit zuteil, meine sämtlichen Arbeiten im vorliegenden Werke zusammenzufassen und zu ergänzen. Die Ungunst der Umstände zögerte die Fertigstellung des Werkes trotz angespanntester Arbeit weit über den von mir selbst gesetzten Termin hinaus. Erst das verständnisvolle Entgegenkommen des Verlegers hat die Vollendung ermöglicht; ihm sei an dieser Stelle gedankt! Ebenso bin ich meinem hochverehrten Chef, Herrn Professor Rüdenberg, zu ergebenem Danke verpflichtet: durch einen mehrmonatigen Urlaub von meinen beruflichen Verpflichtungen konnte ich meine ganze Kraft vorliegendem Werk widmen. Ich bin mir bewußt, daß sich dennoch Mängel, Lücken und Fehler in der Darstellung finden. Ich bitte daher alle Leser, mir solche Stellen mitzuteilen und mich in diesem Sinne bei meiner Arbeit zu unterstützen.

Angesichts der vorzüglichen, vorhandenen Lehrbücher verlangt die Tatsache einer neuen Darstellung eine Rechtfertigung. Ihr Ziel ist es, dem Lernenden nicht „fertige" Gesetzmäßigkeiten aufzuzeigen, sondern ihn in das lebendige Wirken der Kräfte hineinzustellen: unter dem Zwange des Problems soll der denkende Wille formen lernen, soll er die Dynamik der Naturkräfte der zielgebenden Arbeit seines Geistes unterordnen. Der Weg zu diesem hohen Ziele führt über das Verständnis der schaffenden Gegenwart: Die Erziehung zu verstehendem Nachschöpfen der wissenschaftlichen Literatur ist ein Hauptziel dieses Werkes. Im Gegensatz zu anderen Büchern ist daher auf Einzelkonstruktionen sowie auf Ausführungsformen einzelner Firmen bewußt Verzicht geleistet. Demgegenüber sind solche Gebiete, deren technische Bedeutsamkeit zurücktritt, wegen ihrer fundamentalen physikalischen Bedeutung in den Vordergrund gerückt. Insbesondere ist der Theorie der elektromagnetischen Strahlung trotz ihrer oft großen mathematisch-physikalischen Schwierigkeiten ein Viertel des gesamten Buches vorbehalten.

Das Werk setzt daher von seinen Lesern eine ausreichende Kenntnis der allgemeinen Physik und Elektrotechnik sowie eine gewisse Vertrautheit mit der höheren Mathematik voraus. Im allgemeinen konnte ich mich hierbei auf das im Hochschulunterricht Gebotene beschränken. Wo ich darüber hinausgehen mußte, habe ich die mathematischen Ableitungen in kurzer Form selbst gebracht. So konnten einige Sätze aus dem Gebiete der partiellen Differentialgleichungen und der Funktionentheorie nicht entbehrt werden. Indessen habe ich mich bemüht, diese schwierigeren Abschnitte so selbständig zu gestalten, daß sie ohne Schaden für das Verständnis des Ganzen bei der ersten Lektüre übergangen werden können; sie sind als solche im Text besonders kenntlich gemacht.

Obwohl also die Methoden der höheren Mathematik das ganze Werk durchdringen, habe ich auf letzte mathematische Strenge verzichtet. Indessen sollte der größte Wert auf physikalische Strenge gelegt werden. Dementsprechend sind die Begriffe der Hochfrequenztechnik durch genaueste Definitionen eingegrenzt, ihr quantitatives Maß auf Grund dieser Definitionen berechnet. Auf ihnen baut sich systematisch das Werk auf, wobei von den physikalisch (nicht technisch) einfachsten zu den kompliziertesten Gebilden fortgeschritten wurde; somit mußte die historische Entwicklung unberücksichtigt bleiben. Um zu dieser physikalischen Strenge auch den Leser zu erziehen, habe ich grundsätzlich alle vorkommenden Gesetze stetig entwickelt. Nur an wenigen Stellen, an denen die ausführliche Rechnung keine neuen physikalischen Einblicke vermittelt hätte, bin ich hiervon abgewichen und habe den Leser auf die Originalarbeiten verwiesen.

Denn die Fülle des Stoffes zwang mich zu größter Konzentration der Darstellung: es mußte als prägnantestes Ausdrucksmittel die höhere Mathematik, die Sprache der theoretischen Physik, angewandt werden. Durch dieses Ringen nach knappster Form wurde die Darstellung schmucklos, unschön: die Wissenschaft kennt keine glänzenden Effekte; alle Großtaten der Hochfrequenztechnik sind in der grandiosen Einfachheit der Maxwellschen Feldgleichungen und der Lorentzschen Elektronentheorie enthalten. Möge der Leser Schönheit nur in der vollendeten Harmonie dieser inneren Gesetzmäßigkeit suchen!

Berlin, im Dezember 1925.

Franz Ollendorff.

Inhaltsverzeichnis.

Einleitung.

I. Begriff und Aufgaben der Hochfrequenztechnik.

II. Grundlagen der Hochfrequenzphysik.

III. Einteilung der Hochfrequenztechnik.

Erster Teil.

Konzentrierte Felder.

A. Die Träger hochfrequenter Felder.

I. Das Material.

II. Die Formung.

B. Die Schwingungserzeugung.

I. Freie Schwingungen.

II. Erzwungene Schwingungen.

C. Die Schwingungsgleichrichtung.

I. Grundlagen.

II. Besondere Systeme.

Zweiter Teil.

Raumfelder.

A. Die Kopplung.

I. Freie Schwingungen gekoppelter Systeme.

II. Erzwungene Koppelschwingungen.

B. Die Strahlung.

I. Leitungsgerichtete Strahlung.

II. Raumstrahlung.

Berichtigungen während des Druckes.

S. 118. Zeile 1 von oben: „rechtkantig“ statt „rechtskantig“.

S. 128. Gl. (16 b) muß heißen: $v = 0{,}6 \cdot 10^{+8} \sqrt{E_e}$.

S. 301. In Gl. (48 a) muß der Exponent des 2. Integrals lauten: $e^{(\bar{\alpha} + \bar{\alpha}_0)t}$.

S. 302. In Zeile 2 (Reihenentwicklung von $e^{\varrho(\cos\vartheta + j\sin\vartheta)t}$) fehlen bei den letzten Gliedern die Faktoren $t^{\lambda-1}$ und t^{λ}.

S. 302. Gl. (48 e) gilt nur für große t, andernfalls ist der ausgeführte Grenzübergang unzulässig. Man hat an Stelle der Gl. (50 a) die Laurentsche Entwicklung zu setzen:

$$\frac{1}{n(\alpha)} = a_{-\lambda} \cdot (\alpha - \alpha_0)^{-\lambda} + a_{-\lambda+1} \cdot (\alpha - \alpha_0)^{-\lambda+1} + \cdots + a_0 + a_1(\alpha - \alpha_0) + \cdots \quad (50\,\text{b})$$

Setzt man dies ein, so folgt auf dem angegebenen Wege sogleich

$$R(\alpha_0) = e^{\alpha_0 t}\left(\frac{a_{-\lambda+1} \cdot t^{\lambda-1}}{(\lambda-1)!} + \frac{a_{-\lambda+2} \cdot t^{\lambda-2}}{(\lambda-2)!} + \cdots \frac{a_{-1}}{1!}\right),$$

und entsprechend ist Gl. (53) für kleine t zu korrigieren.

S. 303. Zeile 4 von unten: „den“ statt „dem“.

S. 362. Zeile 17 von unten: „Leitungs-“ statt „Beitrags-“.

S. 414. Zeile 7 in Nr. 203: „Elektronenröhre“ statt „Elektronenröhe“.

S. 455. Unter Gl. (11) muß stehen: $z + a t = \frac{a}{\omega}\left(z \frac{\omega}{a} + \omega t\right)$.

In Gl. (10 a) muß stehen: $e^{+j\left(z\frac{\omega}{a} + \omega t\right)}$ statt $e^{+j\left(z\frac{\omega}{a} - \omega t\right)}$.

S. 487. Der Ausdruck für $\mathfrak{H}_r$ muß lauten: $\mathfrak{H}_r = \frac{J \cdot l}{4\pi r^2}$.

Einleitung.

I. Begriff und Aufgaben der Hochfrequenztechnik.

1. **Hochfrequenztechnik** heißt die technische Deutung und Ausnutzung der Eigenschaften zeitlich rasch veränderlicher Felder, insbesondere periodisch veränderlicher Felder. Die Zahl voller Perioden in der Zeiteinheit heißt die Frequenz; sie dient als Maß der Änderungsgeschwindigkeit.

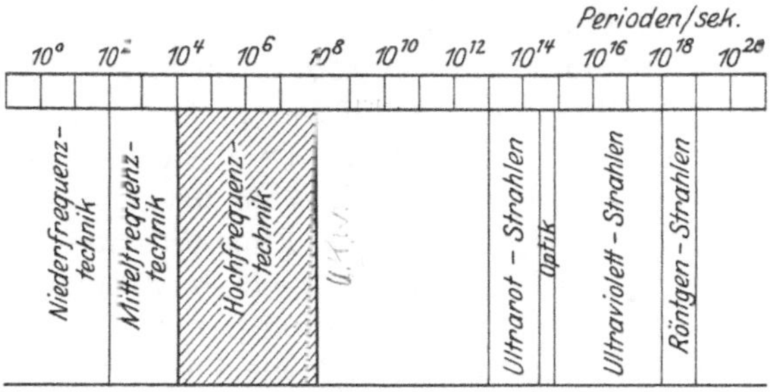

Abb. 1. Frequenzspektrum.

Die Höhe der Frequenz grenzt das Gebiet der Hochfrequenztechnik gegen benachbarte technische Gebiete ab.

1. Unterschreitet die Periodenzahl die Größenordnung 10^4/sec wesentlich, so gelangen wir in Mittel- und Niederfrequenztechnik.

2. Nach oben hin hat die Hochfrequenztechnik Frequenzen der Größenordnung 10^8/sec nicht wesentlich überschritten. Ihr folgen — in weitem Abstande — die Optik mit Frequenzen zwischen 400 und 800 Billionen/sec und die Strahlentechnik. Abb. 1 zeigt das gesamte Frequenzspektrum.

Hiernach unterscheidet sich die Hochfrequenztechnik von ihren Nachbargebieten zunächst nur quantitativ. Indessen sind diese Unterschiede so groß, daß die hochfrequenten Arbeitsfelder in technischen Maschinen und Apparaten durch bestimmte Sondereigenschaften vor anderen Feldern ausgezeichnet sind.

Grundlegend ist der Satz:

I m hochfrequenten Felde sind elektrischer und magnetischer Anteil zu einem einzigen elektromagnetischen Felde untrennbar verknüpft.

Der Mechanismus dieser Verknüpfung ist gegeben durch die Feldgleichungen der Elektrodynamik. Aus ihnen läßt sich das Merkmal der Hochfrequenztechnik in denjenigen Größen gewinnen, welche die

Änderungsgeschwindigkeit des Feldes enthalten. Wir definieren jene Größen als Verschiebungsströme. Somit gilt:

Die Verschiebungsströme sind das Merkmal der Hochfrequenztechnik.

Als Aufgabe der Hochfrequenztechnik folgt: die Ausnutzung der elektrodynamischen Wirkungen der Verschiebungsströme im positiven Sinne; ihre Abschwächung oder Vermeidung im negativen Sinne. Die hierdurch gekennzeichneten Gebiete sind nach Umfang und Bedeutung einander nicht gleichwertig. Im Vordergrunde steht das Problem der Ausnutzung: es führt zu der Technik der Nachrichtenübermittelung durch elektrodynamische Strahlung. Die Abschwächung oder Vermeidung hochfrequenter Vorgänge dagegen greift in die Technik ausgedehnter Niederfrequenznetze entscheidend ein; hier sind insbesondere die gefürchteten Wanderwellen zu brechen, welche riesige Energiemengen mit sich führen und sie stoßartig an Maschinen und Apparate absetzen. Beide Gebiete werden durch die gleichen physikalischen Gesetzmäßigkeiten beherrscht. Dennoch behandelt die Technik den Schutz niederfrequenter Anlagen gegen den Einfall hochfrequenter Felder als Sondergebiet der Niederfrequenztechnik. In diesem Sinne beschreiben wir in diesem Werke nur Ausnutzung der Hochfrequenzfelder zu Zwecken der Nachrichtenermittelung, ohne ausdrücklich hinzusetzen zu müssen, daß unsere Ableitungen gleiche Gültigkeit auch für die Vorgänge hochfrequenten Charakters in beliebig gestalteten Systemen besitzen.

II. Grundlagen der Hochfrequenzphysik.

1. Die statischen Felder.

Die statischen Felder werden als Grundlage wegen ihrer Einfachheit gewählt; denn hier sind magnetostatischer und elektrostatischer Anteil unabhängig voneinander.

a) Das magnetostatische Feld.

2. Grundgrößen. Das magnetostatische Feld wird beschrieben durch zwei gerichtete Größen: Feldstärke $\mathfrak{H}$ und Induktion $\mathfrak{B}$. Die Feldstärke bestimmt die auf einen magnetischen Einheitspol wirkende Kraft.

Die magnetische Induktion tritt als Folge der Feldstärke auf. In homogenen, isotropen Stoffen ist $\mathfrak{B}$ gleichgerichtet mit $\mathfrak{H}$. Der Betrag der Induktion ist bei gegebener Feldstärke von dem feldtragenden Stoffe abhängig. Es werden nichteisenhaltige Stoffe und eisenhaltige (ferromagnetische) unterschieden[1]. In den erstgenannten sind die Beträge von $\mathfrak{B}$ und $\mathfrak{H}$ einander proportional. Die Proportionalitätskonstante heißt magnetische Durchlässigkeit μ. Für alle technisch wichtigen

[1]) Hierzu gehören auch einige Metalle der Ni- und Co-Gruppe.

Stoffe ist μ nahezu konstant gleich $0{,}4\,\pi$. Demnach lautet die Beziehung zwischen $\mathfrak{B}$ und $\mathfrak{H}$

$$\mathfrak{B} = \mu\,\mathfrak{H} = 0{,}4\pi\,\mathfrak{H}\,. \tag{1}$$

Für die ferromagnetischen Stoffe kann die Beziehung zwischen den Beträgen von Induktion und Feldstärke nicht durch eine allgemein gültige mathematische Formel ausgedrückt werden; sie ist vielmehr durch eine sehr verwickelte Funktion dargestellt, deren geometrisches Bild die Magnetisierungskurve heißt. Die Form dieser Funktion drückt zwei charakteristische Eigenschaften der ferromagnetischen Stoffe aus. Die erste ist eine durch ihre Struktur gegebene Grenze der Feldintensität (Sättigung). Die zweite ist die Vieldeutigkeit des Induktionswertes bei gegebener Feldstärke: Die Magnetisierungskurve wird bei einem richtungwechselnden magnetischen Vorgange in mehrere Linienzüge auseinandergezerrt. Je nach der Ursache der Vieldeutigkeit unterscheiden wir Hysterese und Nachwirkung.

Obwohl also ein exakter Zusammenhang zwischen $\mathfrak{H}$ und $\mathfrak{B}$ nicht angebbar ist, läßt sich formal eine Beziehung herstellen durch die Schreibweise

$$|\mathfrak{B}| = \mathfrak{F}(|\mathfrak{H}|)\,, \tag{2}$$

wo die Funktion $\mathfrak{F}$ die jeweils gültige Magnetisierungskurve ausdrücken soll. Wir definieren durch

$$\mu = \frac{|\mathfrak{B}|}{|\mathfrak{H}|} = \frac{\mathfrak{F}(|\mathfrak{H}|)}{|\mathfrak{H}|} \tag{3}$$

die scheinbare magnetische Durchlässigkeit des ferromagnetischen Materials. Für dynamische Vorgänge sind noch andere Werte für die Bestimmung der magnetischen Durchlässigkeit in Benutzung, auf welche später eingegangen werden wird.

3. Grundgesetze. Feldstärke ($\mathfrak{H}$) und Induktion ($\mathfrak{B}$) werden veranschaulicht durch Zeichnung der Kraftlinien und Induktionslinien, Kurven, deren Tangentenrichtung an jeder Stelle mit der Richtung der Feldstärke oder der Induktion übereinstimmt. Werden die Linien so dicht gezeichnet, daß die durch ein Quadratzentimeter hindurchgehende Linienzahl numerisch dem Betrage der dargestellten Größe gleicht, so ist die Gesamtheit dieses Linienbildes eine erschöpfende Darstellung des Feldverlaufes.

Das Grundgesetz der magnetischen Kraftlinien heißt das Durchflutungsgesetz.

In Abb. 2 bedeutet C eine vollständig geschlossene Kurve, welche die Fläche F berandet. $d\mathfrak{s}$ sei ein Linienelement dieser Kurve, welches die Tangentenrichtung besitzt. Verschieben wir den magnetischen Einheitspol im Felde längs $d\mathfrak{s}$, so wird die Arbeit

$$dM \equiv |\mathfrak{H}| \cdot |d\mathfrak{s}| \cdot \cos(\mathfrak{H}, d\mathfrak{s}) = (\mathfrak{H}\,d\mathfrak{s}) \tag{4}$$

geleistet, wo durch

$$(\mathfrak{H}\, d\mathfrak{s}) = |\mathfrak{H}| \cdot |d\mathfrak{s}| \cdot \cos(\mathfrak{H}, d\mathfrak{s})$$

das „skalare Produkt“ eingeführt ist.

Bei einem vollen Umlauf wird die entwickelte Arbeit

$$M = \oint_C (\mathfrak{H}\, d\mathfrak{s}). \tag{4a}$$

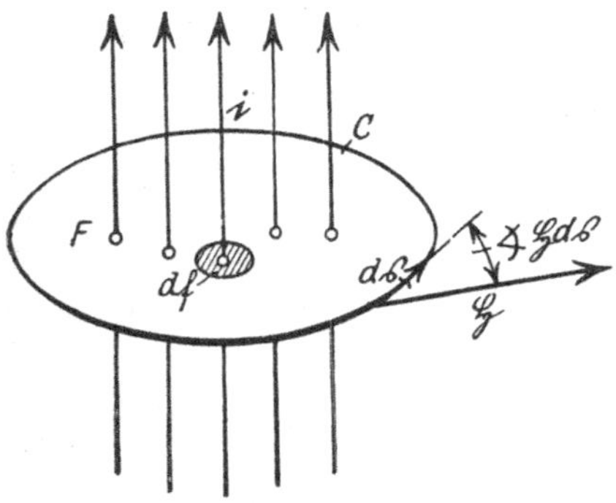

Abb. 2. Zum Durchflutungsgesetz.

Wir nennen M die magnetische Umlaufsspannung.

Mit dem magnetischen Felde aufs engste verknüpft ist die Dichte der elektrischen Strömung $\mathfrak{i}$. Sei df ein Flächenelement von F, so tritt durch df der Strom

$$dJ = |\mathfrak{i}| \cdot |d\mathfrak{f}| \cdot \cos(\mathfrak{i}, d\mathfrak{f}) = (\mathfrak{i} \cdot d\mathfrak{f}). \tag{5}$$

Das über F erstreckte Flächenintegral

$$D = \int_F (\mathfrak{i}\, d\mathfrak{f}) \tag{6}$$

nennen wir die Durchflutung. Das Durchflutungsgesetz lautet

$$M = \oint_C \mathfrak{H}\, d\mathfrak{s} = D. \tag{7}$$

In dem wichtigen Falle, daß die Gesamtdurchflutung sich als Summe linear fließender Ströme darstellen läßt, gestattet das Gesetz (7) eine mathematische Umformung; diese liefert die Feldstärke $\mathfrak{H}$ selbst als Resultierende von Elementarkräften, welche von den durchströmten Leiterelementen herrühren. $d\mathfrak{s}$ sei ein vom Strom J durchflossenes Leiterelement, $\mathfrak{r}$ der Fahrstrahl vom Leiterelemente zum Feldorte. Der Vektor der Elementarfeldstärke $d\mathfrak{H}$ steht senkrecht auf einer durch $d\mathfrak{s}$ und $\mathfrak{r}$ gelegten Ebene, wobei $d\mathfrak{s}$, $\mathfrak{r}$, $\mathfrak{H}$ ein Rechtssystem bilden; sein Betrag ist durch die Gleichung

$$|d\mathfrak{H}| = J \cdot \frac{1}{4\pi} \cdot \frac{|d\mathfrak{s}| \cdot |\mathfrak{r}| \cdot \sin(d\mathfrak{s}, \mathfrak{r})}{r^3} \tag{8}$$

gegeben (Gesetz von Biot-Savart). Die Aussagen über Richtung und Größe der Elementarfeldstärke werden zusammengefaßt durch die Schreibweise

$$d\mathfrak{H} = J \cdot \frac{1}{4\pi} \cdot \frac{[d\mathfrak{s}\,\mathfrak{r}]}{r^3}, \tag{8a}$$

wo $[d\mathfrak{s}\,\mathfrak{r}]$ das Vektorprodukt aus $d\mathfrak{s}$ und $\mathfrak{r}$ heißt.

Aus der Elementarkraft ergibt sich die Gesamtkraft durch

$$\mathfrak{H} = \frac{1}{4\pi}\sum J \int \frac{[d\mathfrak{s}\cdot\mathfrak{r}]}{r^3}, \tag{8b}$$

wo die Summe über sämtliche Stromleiter, das Integral längs des einzelnen Stromleiters zu erstrecken ist.

Das Grundgesetz der magnetischen Induktionslinien lehrt, daß sich die Induktionslinien verhalten wie die Stromfäden einer unzusammendrückbaren Flüssigkeit. Um diesem Kontinuitätsgesetze eine analytische Formulierung zu geben, lagern wir dem Felde eine in sich geschlossene Hüllfläche Ⓕ ein (Abb. 3). Sie trennt den gesamten Feldraum in Außen- und Innenbereich. Im Innenbereich können wegen der Unzusammendrückbarkeit Induktionslinien weder entstehen noch verschwinden. Alle Induktionslinien, welche in den Innenraum eindringen, müssen ihn daher an einer anderen Stelle wieder verlassen. Zählt man eintretende Linien positiv, austretende negativ, so ist das Kontinuitätsgesetz äquivalent der Aussage: die Gesamtzahl der durch F eindringenden Induktionslinien ist 0. Ist $d\mathfrak{f}$ ein Flächenelement von F, $\mathfrak{B}$ die Induktion, so ist die durch $d\mathfrak{f}$ tretende Linienzahl

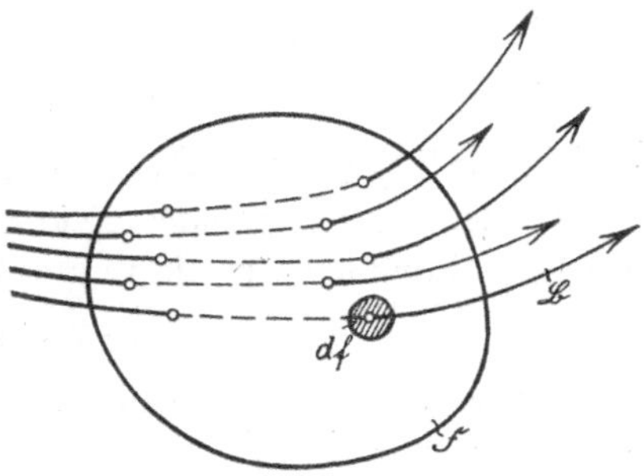

Abb. 3. Zum Kontinuitätsgesetze der magnetischen Induktionslinien.

$$d\Phi = |\mathfrak{B}|\cdot|d\mathfrak{f}|\cdot\cos(\mathfrak{B}, d\mathfrak{f}) = (\mathfrak{B}\cdot d\mathfrak{f}), \tag{9}$$

und das Kontinuitätsgesetz lautet

$$\int_{(F)} (\mathfrak{B}\, d\mathfrak{f}) = 0. \tag{10}$$

Dem Kontinuitätsgesetz kann eine zweite Form gegeben werden. Wird nämlich die Fläche F über alle Grenzen vergrößert, so muß schließlich, da auch der von ihr eingeschlossene Raum beständig wächst, die Induktion $\mathfrak{B}$ auf F überall verschwinden; denn ein Feld von unendlich großen Abmessungen, das überall endliche Feldstärke und Induktion besitzt, ist physikalisch unmöglich. Somit folgt: es existieren nur in sich vollständig geschlossene Induktionslinien.

b) Das elektrostatische Feld.

4. Grundgrößen. Das elektrische Feld wird durch die gerichteten Größen, Feldstärke $\mathfrak{E}$, Induktion oder Verschiebung $\mathfrak{D}$ und Stromdichte $\mathfrak{i}$, beschrieben. Die Feldstärke ist erklärt als Kraft auf die elektrische Ladungseinheit. Induktion und Stromdichte sind Wirkungen der Feldstärke.

In homogenen Stoffen sind die drei elektrischen Feldvektoren einander gleichgerichtet. Ihre Beträge sind durch Materialkonstanten miteinander verknüpft. Insbesondere leitet sich die Verschiebung $\mathfrak{D}$ aus der Feldstärke $\mathfrak{E}$ mittels der elektrischen Durchlässigkeit ε ab gemäß der Beziehung

$$\mathfrak{D} = \varepsilon \cdot \mathfrak{E} \tag{11}$$

und die Stromdichte $\mathfrak{i}$ mittels der Leitfähigkeit $\varkappa$ nach der Gleichung

$$\mathfrak{i} = \varkappa \cdot \mathfrak{E} . \tag{12}$$

Gleichung (12) heißt das Ohmsche Gesetz.

In allen stromführenden Feldteilen wird Wärme entwickelt. Diese beträgt sekundlich für die Volumeneinheit

$$n = \mathfrak{E} \cdot \mathfrak{i} \,\text{Watt/cm}^3 . \tag{13}$$

Führen wir in Gl. (13) die Beziehung (12) ein, so erhalten wir das Gesetz von Joule

$$n = \varkappa \cdot \mathfrak{E}^2 = \frac{\mathfrak{i}^2}{\varkappa} \text{Watt/cm}^3 . \tag{14}$$

Das elektrostatische Feld ist durch das Verschwinden jeglicher Energiewandlung gekennzeichnet. Das Joulesche Gesetz liefert daher die Forderung

$$\varkappa \cdot \mathfrak{E}^2 = 0 . \tag{15}$$

Hierauf baut sich eine für das elektrostatische Feld fundamentale Klassifizierung der Stoffe auf:

1. Leiter heißen die Stoffe, für welche $\varkappa$ von 0 verschieden ist. Für sie folgt aus (15):

In Leitern verschwindet jedes elektrostatische Feld. Umgekehrt bewirkt die Einführung eines Leiters in den Feldraum den Zusammenbruch des Feldes an den vom Leiter erfüllten Orten.

2. Diesen Stoffen gegenüber stehen die Nichtleiter, welche durch $\varkappa = 0$ gekennzeichnet sind. Aus (15) folgt: Nur die Nichtleiter können Träger elektrostatischer Felder sein.

Aus der Zusammenfassung von 1 mit 2 ergibt sich: Im elektrostatischen Felde verschwindet die Strömung $\mathfrak{i}$ identisch. Daher sind allein die Vektoren $\mathfrak{E}$ und $\mathfrak{D}$ zu betrachten. Sie werden in vollständiger Analogie zu den magnetischen Größen $\mathfrak{H}$ und $\mathfrak{B}$ durch Zeichnung von Kraftlinien und Induktionslinien veranschaulicht. Die Definition dieser Linien stimmt mit der in Nr. 3 gegebenen überein.

5. Grundgesetze. An einer elektrischen Ladungseinheit wird bei der Verschiebung um die gerichtete Strecke $d\mathfrak{s}$ die Arbeit

$$dE = |\mathfrak{E}| \cdot |d\mathfrak{s}| \cdot \cos(\mathfrak{E}, d\mathfrak{s}) = (\mathfrak{E}\, d\mathfrak{s}) \tag{16}$$

geleistet.

Abb. 4 zeigt eine beliebige in sich geschlossene Kurve C. Für einen vollständigen Umlauf ist die Arbeit

$$E_u = \oint (\mathfrak{E} \cdot d\mathfrak{s}) \tag{17}$$

aufzuwenden. Wir nennen E_u die elektrische Umlaufsspannung. Es wurde bereits oben ausgesprochen, daß Energiewandlungen im elektrostatischen Felde ausgeschlossen sind. Die Anwendung dieses Prinzips auf Gl. (17) liefert das Grundgesetz der elektrischen Kraftlinien

$$E_u = 0\,. \tag{18}$$

Im elektrostatischen Felde existieren somit keine in sich geschlossenen Kraftlinien.

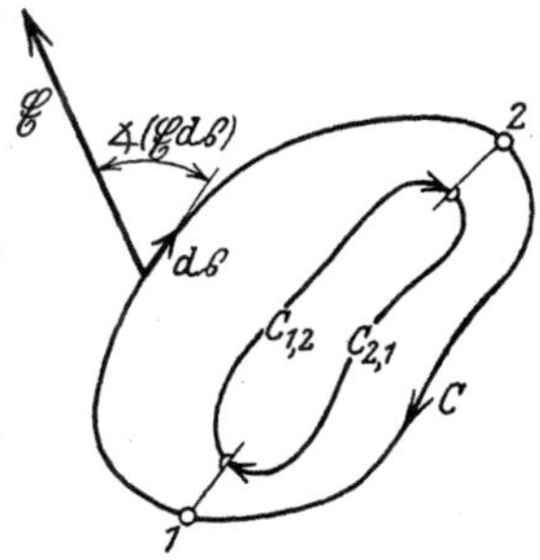

Abb. 4. Zur Definition des Potentials.

Die Gl. (18) gestattet einige andere Formulierungen, welche für die Anwendungen wichtig sind.

In Abb. 4 sind auf C zwei Punkte 1 und 2 willkürlich gewählt, wodurch C in die beiden Anteile $C_{1,2}$ und $C_{2,1}$ zerfällt. Zerlegen wir dementsprechend auch das Integral (17) in zwei Anteile, so finden wir mit Rücksicht auf (18)

$$E_{1,2} = \int_{1\,C_{1,2}}^{2} (\mathfrak{E} \cdot d\mathfrak{s}) = -\int_{2\,C_{2,1}}^{1} (\mathfrak{E} \cdot d\mathfrak{s})\,. \tag{19}$$

Dieses Resultat ist von der speziellen Wahl der Kurve C ganz unabhängig, sofern nur die Punkte 1 und 2 festgehalten werden. Daher ist die Größe $E_{1,2}$ mit den Punkten 1 und 2 eindeutig bestimmt; wir nennen sie die Spannung zwischen den Punkten 1 und 2. Die Unabhängigkeit der Spannung von der Wahl der Kurve ist nur dann gewährleistet, wenn das Arbeitselement $d\,E$ in Gl. (16) ein vollständiges Differential ist. Um dies anzudeuten, schreiben wir

$$dE = -dV \tag{20}$$

wo V die Potentialfunktion heißt. Mit Hilfe dieser Funktion gestattet (19) die Spannungsdarstellung

$$E_{1,2} = \int_{1\,C_{1,2}}^{2} (-dV) = V_1 - V_2\,. \tag{21}$$

Im elektrostatischen Felde ist also die Spannung gleich der Potentialdifferenz.

Schließlich bilden wir die Umkehrung der Gl. (16). Wir legen ein rechtwinkliges Koordinatensystem $x\,y\,z$ der Felddarstellung zugrunde und nennen die bezüglichen Feldkomponenten $\mathfrak{E}_x\,\mathfrak{E}_y\,\mathfrak{E}_z$. Indem wir nun zunächst $d\mathfrak{s} = dx$ wählen, kommt aus (16)

$$dE_x = -dV_x = -\frac{\partial V}{dx} \cdot dx = |\mathfrak{E}| \cdot |dx| \cdot \cos(\mathfrak{E}, dx) = \mathfrak{E}_x \cdot dx$$

oder

$$\mathfrak{E}_x = -\frac{\partial V}{\partial x}.$$

Durch zyklische Vertauschung folgen

$$\mathfrak{E}_y = -\frac{\partial V}{\partial y} \tag{22}$$

und

$$\mathfrak{E}_z = -\frac{\partial V}{\partial z}.$$

Da die Induktionslinien überall die Richtung der Feldlinien besitzen, folgt aus (18): Im elektrostatischen Felde existieren keine in sich geschlossenen Induktionslinien. Anfänge und Enden der Induktionslinien haben ihren Sitz auf den Leiteroberflächen, da das Feld innerhalb der Leiter verschwindet. Die Zahl $\mathfrak{D}_n$ der von der Flächeneinheit einer Leiteroberfläche senkrecht ausgehenden Induktionslinien läßt sich daher deuten als Wirkung einer der Leiteroberfläche aufliegenden Ladungsdichte

$$\mathfrak{D}_n = \sigma. \tag{23}$$

Diese Beziehung läßt sich sogleich auf die Gesamtoberfläche eines Leiters ausdehnen, indem wir das Flächenintegral bilden:

$$\int_{\mathfrak{F}} (\mathfrak{D} \cdot d\mathfrak{f}) = \int_{\mathfrak{F}} \sigma \, d\mathfrak{f} = Q. \tag{24}$$

Hierin nennen wir die Größe $\int_{\mathfrak{F}} (\mathfrak{D} \cdot d\mathfrak{f}) = \Phi_e$ den Induktionsfluß, die Größe $\int \sigma \, d\mathfrak{f} = Q$ die Ladung des Leiters.

Innerhalb der Nichtleiter schließen wir im allgemeinen die Existenz einer Ladung aus. Hier können dann keine Induktionslinien entspringen oder verschwinden. Es ist daher für die Gültigkeit der Beziehung (24) nicht erforderlich, den Induktionsfluß unmittelbar an der Leiteroberfläche zu messen. Verstehen wir von nun ab unter F eine vollständige, aber beliebig geformte Hüllfläche, welche den Leiter ganz umgibt, so läßt sich (22) in

$$\int_{\mathfrak{F}} (\mathfrak{D} \, d\mathfrak{f}) = Q \tag{24a}$$

verallgemeinern. Dieses „Kontinuitätsgesetz der elektrischen Induktionslinien“ lehrt, daß durch jede Hüllfläche die gleiche Anzahl Induktionslinien treten, diese sich also außerhalb der Leiter wie die Stromfäden einer unzusammendrückbaren Flüssigkeit verhalten.

Wir wollen jedoch schon hier darauf hinweisen, daß durch elektrische Konvektionsströmung Ladungen auch an den Ort der Nichtleiter getragen werden können; dieser sog. „Raumladung" ist im Kontinuitätsgesetz Rechnung zu tragen, indem sie Quelle oder Senke elektrischer Induktionslinien werden kann.

2. Die dynamischen Felder.

a) Das stationäre elektrische Feld.

6. Stationäres Feld heißt ein in allen Feldpunkten zeitlich konstantes Feld, in welchem aber eine Wärmeentwicklung durch dauernde Energiezufuhr aufrechterhalten werden kann. Das stationäre Feld ist daher insbesondere dadurch ausgezeichnet, daß in Leitern ein endliches Feld vorhanden ist. Neben diesem wichtigsten Fall sind aber für die Hochfrequenztechnik die Felder stationärer elektrischer Konvektionsströme von Bedeutung; sie entstehen durch mechanische Bewegung elektrischer Ladungen unter dem Einfluß von Kräften, welche zumeist durch das Zusammenwirken zwischen Feld und Ladung entstehen.

Das erste Grundgesetz des stationären elektrischen Feldes ist das Kontinuitätsgesetz des Stromes. Hiernach verhalten sich die Stromfäden wie diejenigen einer unzusammendrückbaren Flüssigkeit. Der Beweis dieses Satzes folgt leicht aus dem Durchflutungsgesetz. Wir wollen uns die dort benutzte Fläche F nebst ihrer Randkurve derart deformiert denken, daß sie unter stetiger Zusammenziehung der Randkurve und gleichzeitiger Ausstülpung der Fläche schließlich in eine Hüllfläche Ⓕ übergeht. Ersichtlich zieht sich beim Grenzübergange die Randkurve auf einen Punkt zusammen, die magnetische Umlaufsspannung verschwindet. Somit gewinnen wir aus (6)

$$\int_{\textcircled{F}} (\mathfrak{i}\, d\mathfrak{f}) = 0\,, \tag{25}$$

womit unser Satz bewiesen ist.

Ein zweites Gesetz ergibt sich aus dem Vergleich des elektrostatischen Feldes mit dem stationären elektrischen Felde. Wird beispielsweise ein stromführender Leiter in einen Nichtleiter gebettet, so bildet sich in der Nachbarschaft des Leiters ein elektrostatisches Feld aus. Die Erfahrung lehrt, daß im stationären elektrischen Felde als einzige Energieumsetzung die Verwandlung elektrischer Leistung in Wärme möglich ist; durch Herumführen einer elektrischen Ladungseinheit auf einem geschlossenen Wege kann demnach Arbeit nicht gewonnen werden. Es gilt daher Gl. (17), welche das Verschwinden der Umlaufsspannung lehrt. Insbesondere sind die aus (17) folgenden eindeutigen Definitionen von Spannung und Potential auf das stationäre elektrische Feld übertragbar.

Indessen bedürfen diese Folgerungen einer gewissen Modifikation. In Abb. 5 deutet die Kurve C einen Stromkreis an, welcher aus einem homogenen, linearen Leiter bestehen möge. Das Verschwinden der Umlaufsspannung längs C würde nach dem Ohmschen Gesetz (10) den Strom zum Versiegen bringen müssen. Soll der Strom endlich sein, so muß daher an mindestens einer Stelle die Homogenität des Leiters durch eine „elektromotorische Kraft“ E unterbrochen werden. Im allgemeinen sind die Einzelheiten des elektrischen Feldes an dieser singulären Stelle nicht bekannt. Das Linienintegral der Feldstärke in Gl. (15) ist nur außerhalb des Ortes der elektromotorischen Kraft auswertbar, das Umlaufsspannungsgesetz ergibt die Beziehung

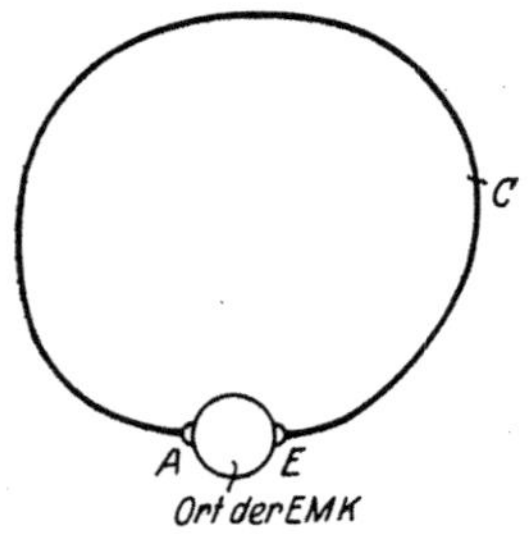

Abb. 5. Stromkreis mit EMK.

$$E = \int_{A(C)}^{E} (\mathfrak{E}\, d\mathfrak{s}). \tag{26}$$

b) Das elektrodynamische Feld.

Indem wir zur Betrachtung zeitlich veränderlicher Felder übergehen, haben wir nach Nr. 1 die Verschiebungsströme einzuführen.

7. **Magnetische Verschiebungsstromdichte** $\mathfrak{v}_m$ heißt die zeitliche Änderung der magnetischen Induktion, multipliziert mit dem Faktor 10^8, der zur Überführung in praktische Einheiten (Volt) dient,

$$\mathfrak{v}_m = \frac{\partial \mathfrak{B}}{\partial t} \cdot 10^{-8}. \tag{27}$$

Der Verschiebungsstrom V ist definiert als Flächenintegral von $\mathfrak{v}_m$ über eine analog Abb. 2 begrenzte Fläche F

$$V = \int_F (\mathfrak{v}_m \cdot d\mathfrak{f}) = \int_F \left(\frac{\partial \mathfrak{B}}{\partial t} \cdot d\mathfrak{f}\right) \cdot 10^{-8} = \frac{d\Phi_m}{dt} \cdot 10^{-8}, \tag{28}$$

wo der magnetische Induktionsfluß Φ_m eingeführt ist. Der magnetische Verschiebungsstrom hat eine elektrische Umlaufsspannung längs der Randkurve C der Fläche F zur Folge:

$$E_u = \oint (\mathfrak{E}\, d\mathfrak{s}) = -\frac{d\Phi_m}{dt} \cdot 10^{-8}. \tag{29}$$

Das Minuszeichen in dieser Gleichung schreibt die Verwendung eines Rechtssystems zur Richtungsbestimmung von Spannung und Induktionsfluß vor. Wir nennen Gl. (29) das Induktionsgesetz.

8. Elektrische Verschiebungsstromdichte $\mathfrak{v}_e$ heißt die zeitliche Schwankung der elektrischen Verschiebung $\mathfrak{D}$

$$\mathfrak{v}_e = \frac{\partial \mathfrak{D}}{\partial t}. \tag{30}$$

Der Verschiebungsstrom resultiert als Summe der Dichte über die von C berandete Fläche F

$$V_e = \int_F \left(\frac{\partial \mathfrak{D}}{\partial t} d\mathfrak{f}\right) = \frac{\partial}{\partial t}\int \mathfrak{D}\, d\mathfrak{f} = \frac{\partial \Phi_e}{\partial t}, \tag{31}$$

wo Φ_e der elektrische Induktionsfluß ist.

Das Gesetz des elektrischen Verschiebungsstromes lautet: Jeder elektrische Verschiebungsstrom ist Ursache eines Magnetfeldes, das dieselbe Form besitzt, wie wenn an Stelle des Verschiebungsstromes ein Leitungsstrom von gleicher räumlicher Verteilung wirkte.

Sind Leitungsstrom und Verschiebungsstrom gleichzeitig vorhanden, so geht in die elektrodynamischen Grundgleichungen ihre Summe ein, der wahre Strom. Die wahre Stromdichte beträgt

$$\mathfrak{c} = \mathfrak{i} + \mathfrak{v}_e \tag{32}$$

und der wahre Strom

$$\mathfrak{C} = \int_F (\mathfrak{i} + \mathfrak{v}_e)\, d\mathfrak{f}. \tag{32a}$$

Wir führen diesen Ausdruck in das Durchflutungsgesetz ein und erhalten

$$\oint_C (\mathfrak{H}\, d\mathfrak{s}) = \mathfrak{C} = \int_F (\mathfrak{i} + \mathfrak{v}_e)\, d\mathfrak{f}. \tag{33}$$

Aus diesem Gesetze ziehen wir sogleich eine wichtige Folgerung. Indem wir nämlich wie in Nr. 6 die Randkurve C stetig zusammenziehen und gleichzeitig F in eine Hüllfläche deformieren, wird schließlich aus (31)

$$O = \int_{\mathfrak{F}} (\mathfrak{i} + \mathfrak{i}_v)\, d\mathfrak{f} \tag{33a}$$

oder

$$\int_{\mathfrak{F}} (\mathfrak{i}\, d\mathfrak{f}) = -\int_{\mathfrak{F}} (\mathfrak{i}_v\, d\mathfrak{f}) = -\frac{\partial}{\partial t}\int_{\mathfrak{F}} (\mathfrak{D}\, d\mathfrak{f}) = -\frac{d\Phi_e}{dt}. \tag{33b}$$

Insoweit diese Beziehung die Entstehung eines „Hüllstromes" durch die Schwankung eines elektrischen Induktionsflusses ausspricht, nennen wir sie das Influenzgesetz. Ersetzen wir andererseits in (33b) den Induktionsfluß mittels Gl. (24a) durch die Ladung, so kommt

$$\int_{\mathfrak{F}} (\mathfrak{i}\, d\mathfrak{f}) = -\frac{dQ}{dt}, \tag{33c}$$

welche Gleichung wir als Kontinuitätsgleichung des Stromes in allgemeinster Form ansprechen.

Die Gl. (29) und (33) sind die Maxwellschen Feldgleichungen in Integralform. Wir legen sie sämtlichen Betrachtungen zugrunde, indem wir uns vorbehalten, sie gelegentlich in differentielle Formen überzuführen, welche den behandelten Systemen angepaßt sind.

3. Energie und Leistung.

a) Größe und Verteilung der Feldenergie.

9. Energie eines elektromagnetischen Feldes heißt der Arbeitsaufwand, welcher zur Herstellung des Feldes erforderlich ist.

Die Maxwellsche Theorie verteilt den gesamten Energievorrat W eines Feldes auf die einzelnen Volumenelemente derart, daß jedem Kubikzentimeter eine bestimmte Energiedichte w zukommt. Die Energiedichte ist ihrer physikalischen Bedeutung nach eine richtungslose und stets positive Größe. Es werden magnetische und elektrische Energiedichte unterschieden. Die magnetische Energiedichte besitzt die Größe

$$w_m = \frac{1}{2} (\mathfrak{H} \cdot \mathfrak{B})\, 10^{-8} \text{ Joule/cm}^3 , \tag{34}$$

während die elektrische Energiedichte sich zu

$$w_e = \frac{1}{2} (\mathfrak{E} \cdot \mathfrak{D}) \text{ Joule/cm}^3 \tag{35}$$

berechnet. Hieraus ergibt sich rückwärts die gesamte Energie eines elektromagnetischen Feldes durch Integration über den vom Felde erfüllten Raum Ⓥ mit dem Element dv

$$W_m = \frac{1}{2} \int\limits_{\text{Ⓥ}} (\mathfrak{H} \cdot \mathfrak{B}) \cdot 10^{-8} \cdot dv \text{ Joule}, \tag{36}$$

$$W_e = \frac{1}{2} \int\limits_{\text{Ⓥ}} (\mathfrak{E}\mathfrak{D})\, dv \text{ Joule}. \tag{37}$$

Wichtige Spezialfälle, welche eine unmittelbare Auswertung dieser Integrale gestatten, werden später besprochen werden.

Die Ansätze (34) und (35), welche zunächst rein konventionell sind, rechtfertigen sich durch das Energieprinzip.

b) Leistung und Energiestromdichte.

10. Das Energieprinzip fordert für alle innerhalb eines Systems stattfindenden Energiewandlungen das Äquivalent durch Energieaustausch mit den angrenzenden Systemen; als Maß des Energieaustausches dient die dem System sekundlich entzogene oder zugeführte Energie, die Leistung. Insbesondere dient die elektrische Leistung N zum Aufbringen der mechanischen Leistung N_m, der Änderung der Feldenergie und der Wärmeleistung N_w, wenn von einer etwaigen chemischen Energiewandlung abgesehen wird,

$$N = N_m + \frac{dW}{dt} + N_w . \qquad (38)$$

Führen wir hier die Ausdrücke (34) und (35) sowie das Joulesche Gesetz Gl. (14) ein, so wird

$$N = N_m + \frac{d}{dt}\int\limits_{\mathfrak{V}} \frac{1}{2}\left[(\mathfrak{H}\cdot\mathfrak{B})\cdot 10^{-8} + (\mathfrak{E}\mathfrak{D})\right] dv + \int\limits_{\mathfrak{V}} \varkappa\,\mathfrak{E}^2\, dv . \qquad (39)$$

Die Maxwellsche Theorie geht von der Vorstellung einer stetigen Energieübertragung durch das Feld aus. Elektrische und magnetische Feldstärke erzwingen zusammenwirkend einen Strom elektromagnetischer Energie. Als Intensitätsmaß dient die Energiestromdichte $\mathfrak{S}$; sie ist eine gerichtete Größe, ihre Richtung stimmt mit der Richtung des Energietransportes überein, ihr Betrag gleicht der Energiemenge, welcher durch 1 cm² einer zu $\mathfrak{S}$ senkrechten Fläche sekundlich hindurchtritt.

Beschränken wir uns auf ruhende Körper, so verschwindet in (39) N_m. Der Ausdruck des Vektors $\mathfrak{S}$, in (39) eingesetzt, muß diese Gleichung zu einer Identität machen[1]). Dies geschieht am denkbar einfachsten durch die Festsetzung:

Die Richtung der Energieströmung steht senkrecht auf der Richtung des elektrischen und magnetischen Feldvektors; ihr Betrag gleicht dem Produkt der Beträge von $\mathfrak{E}$ und $\mathfrak{H}$, multipliziert mit dem Sinus des räumlichen Winkels zwischen ihnen (Satz von Poynting).

Mit Benutzung vektorieller Schreibweise erhalten wir also $\mathfrak{S}$ in Form des Vektorproduktes (Nr. 3)

$$\mathfrak{S} = [\mathfrak{E}\mathfrak{H}] , \qquad (40)$$

Die Leistung N ergibt sich aus der Energiestromdichte durch Integration über eine Hüllfläche, welche das betrachtete System einschließt:

$$N = \int\limits_{\mathfrak{F}} (\mathfrak{S}\, d\mathfrak{f}) . \qquad (41)$$

Wir definieren als „statische Hüllfläche“ eine Fläche, auf welcher überall sowohl der magnetische als auch der elektrische Verschiebungs-

---

[1]) Vgl. Planck: Einführung in die Theorie der Elektrizität und des Magnetismus, S. 16.

strom verschwinden. In diese Fläche möge an zwei voneinander durch einen Nichtleiter getrennten Flächenstücken der Strom J eingeführt werden; zwischen diesen „Zuleitungen“ liegt die Spannung E. Auf der Fläche ist ein Potential φ definierbar. Durch Zeichnung von Niveaulinien des Potentials $\varphi =$ konst wird die gesamte Hüllfläche nach Abb. 6 in gürtelförmige Bereiche zerlegt. Zwei aufeinanderfolgenden Niveaulinien möge der Potentialunterschied $\Delta\varphi$ entsprechen, das Linienelement einer Niveaulinie sei $d\mathfrak{s}$, der Abstand der Niveaulinien $d\mathfrak{c}$.

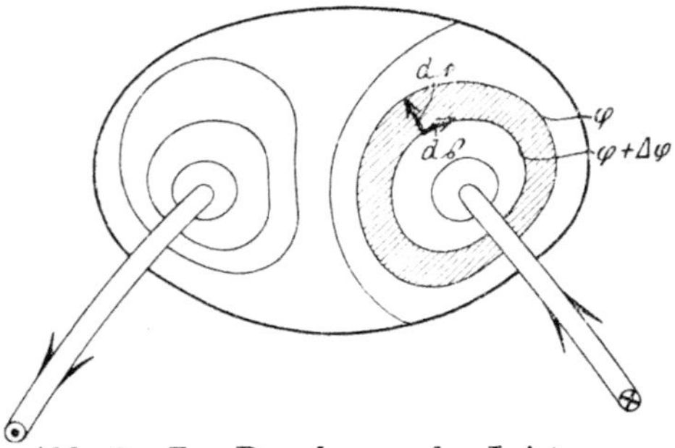

Abb. 6. Zur Berechnung der Leistung.

Die Leistung, welche durch den Gürtelbereich zwischen zwei Niveaulinien strömt, wird

$$dN = \int \mathfrak{S} \cdot d\mathfrak{f} = \int [\mathfrak{E}\mathfrak{H}][d\mathfrak{s}\, d\mathfrak{c}]\,. \tag{42}$$

Die Umformung des doppelten Vektorproduktes liefert den Integranden als Produkt zweier richtungsloser Größen[1])

$$dN = -\int (\mathfrak{E}\, d\mathfrak{s}) \cdot (\mathfrak{H}\, d\mathfrak{c}) + \int (\mathfrak{H}\, d\mathfrak{s}) \cdot (\mathfrak{E}\, d\mathfrak{c})\,. \tag{43}$$

Da $\mathfrak{E}$ stets senkrecht zu $d\mathfrak{s}$ steht, verschwindet der erste Term, und wir erhalten

$$dN = \int (\mathfrak{H}\, d\mathfrak{s})\, (\mathfrak{E}\, d\mathfrak{c})\,. \tag{43a}$$

Nach Gl. (20) ist $(\mathfrak{E}\, d\mathfrak{c}) = -\Delta\varphi$, also längs des Gürtelbereichs konstant. Berücksichtigt man gleichzeitig das Durchflutungsgesetz $\int (\mathfrak{H}\, d\mathfrak{s}) = J$, so wird

$$dN = -J\,\Delta\varphi \tag{44}$$

und durch Summation über sämtliche Gürtelbereiche

$$N = \Sigma(-J\Delta\varphi) = J\Sigma(-\Delta\varphi) = J \cdot E\,. \tag{45}$$

Die durch eine statische Hüllfläche tretende Leistung ist gleich dem Produkt von Stromstärke und Spannung.

Ist aber eine statische Hüllfläche nicht aufzufinden, so versagt Gl. (45). Zur Berechnung der Gesamtleistung ist N ein Zusatzglied N_{str} hinzuzuzählen, welches ein Maß der Leistung ist, die durch die Verschiebungsströme getragen wird. Wie die Verschiebungsströme die Feldkräfte der hochfrequenten Felder, so beherrscht dieses Leistungsglied die Energetik der Hochfrequenztechnik. Wegen dieser fundamentalen Bedeutung wird N_{str} mit dem besonderen Namen der Strahlungsleistung belegt.

[1]) Vgl. Abraham-Föppl: Theorie der Elektrizität, 5. Aufl, S. 20, Gl. (26).

Unter Berücksichtigung der Strahlungsleistung lautet die Leistungsgleichung

$$N = J \cdot E + N_{str}. \tag{46}$$

Insbesondere kann hiernach bei verschwindendem Leitungsstrome durch Ⓕ die gesamte Leistung allein durch Strahlung übertragen werden.

III. Einteilung der Hochfrequenztechnik.

11. Wirkungsgradbedingung. Jede Station als Anfangs- oder Endpunkt der hochfrequenztechnischen Energieübertragung besteht aus zwei Teilen, die wesentlich verschiedene Zwecke erfüllen. In dem ersten findet die Umformung der Hochfrequenzleistung in andere Leistungsformen statt: sendeseitig die Erzeugung der Schwingungsleistung, empfangsseitig die Aufnahme der Schwingungsleistung. Die Überleitung der Energie von Station zu Gelände ist einem zweiten Teil vorbehalten: dem Strahlgebilde, der „Antenne", die die Station dem Gelände elektrodynamisch einordnet.

Die Grundgesetze der Formung entstehen aus der technischen Forderung, den Wirkungsgrad, das Verhältnis erzielten Effektes zu aufgewandtem Effekt, auf einen Höchstwert zu bringen; die an sich unvermeidlichen Verluste sind möglichst herabzudrücken.

Eine erste Gruppe von Verlusten liegt in Unzulänglichkeiten des Materials begründet, indem die Aufrechterhaltung wirksamer Felder eine dauernde Leistungszufuhr fordert. Ihre Minderung ist innerhalb gewisser Grenzen durch geeignete Stoffauswahl für die Konstruktionen der Hochfrequenztechnik möglich.

Eine zweite Gruppe von Verlusten ist der Hochfrequenztechnik eigentümlich. Indem sie dem Strahlgebilde allein die Energievermittlung zwischen Station und Gelände zuweist, betrachtet sie alle Beträge an Strahlungsleistung als verloren, die unter Umgehung des Strahlgebildes in das Gelände strömen; denn sie überlagern sich dem Hauptfelde der Antenne in unberechenbarer Weise und tragen im allgemeinen zur Nutzleistung nichts bei. Demnach ist zu fordern:

Die Formung des Strahlgebildes muß ein Maximum an Energieströmung in das Gelände ergeben.

Alle anderen Konstruktionen sind dagegen so zu formen, daß ein Minimum an Energieströmung in das Gelände zustande kommt.

Eine selbständige Formung der Strahlgebilde ist nur möglich nach Kenntnis des Gesamtfeldes von Antenne und Gelände. Für die Konstruktionen dagegen resultiert ein grundlegendes Gesetz: Da der Energiestrom nach Gl. (40) als Produkt aus magnetischer und elektrischer Feldstärke gegeben ist, sollen die Konstruktionen möglichst rein elektrische oder rein magnetische Felder enthalten. Diese Forderung ist in Strenge freilich unerfüllbar, da alle hochfrequenten Felder elektrische und magnetische Anteile besitzen müssen. Eine Annäherungsmöglichkeit weisen aber die Feldgleichungen; indem nämlich die Formen statischer Felder übernommen werden, gelingt es, die Verschiebungsströme innerhalb engbegrenzter Räume zusammenzudrängen. Hierdurch wird der Energieabfluß in das Gelände in so hohem Maße eingedämmt, daß die Felder allein durch die Konstruktionsdaten der Apparate ohne Angabe der Eigenschaften der Umgebung quantitativ in praktisch befriedigendem Maße bestimmt sind. Diese Bestimmungsgrößen gehen aus den Bestimmungsgrößen der statischen Felder durch Hinzutritt eines hochfrequenztechnischen Korrektionsfaktors hervor.

So erwächst aus den Feldgleichungen die Einteilung der Hochfrequenztechnik: Es sind die konzentrierten Felder von den ausgedehnten Raumfeldern technisch und physikalisch zu trennen. Die konzentrierten Felder bieten die Möglichkeit des Konstruierens. In den Raumfeldern dagegen stehen der schaffenden Technik allein die Wege der Ausnutzung und Umbildung des Geländes offen. Eine besondere Stellung nehmen die Strahlgebilde ein, welche die konzentrierten Felder und Raumfelder energetisch verknüpfen; der richtige Aufbau dieser Strahlgebilde erfordert daher die genaue Kenntnis beider Feldformen.

Erster Teil.

Konzentrierte Felder.

A. Die Träger hochfrequenter Felder.

I. Das Material.

Die Einordnung der Stoffe hinsichtlich ihrer Bedeutung als Träger hochfrequenter Felder ist gegeben durch die Werte der drei Konstanten $\varkappa$, ε, μ. Es genügt indessen nicht, diese Größen auf Grund statischer Verhältnisse einzeln abzuschätzen; vielmehr zwingt die Verknüpfung sämtlicher Feldanteile zu einem einzigen elektromagnetischen Felde zu einer simultanen Betrachtung aller drei Konstanten.

1. Magnetische Eigenschaften.

12. Ferromagnetische Stoffe und nichtferromagnetische Stoffe. Die technisch verwertbaren ferromagnetischen Stoffe sind sämtlich Leiter der Elektrizität; jedes hochfrequente Magnetfeld in ferromagnetischen Stoffen ist daher notwendig von Wirbelströmen begleitet, welche ihre Entstehung der vom magnetischen Verschiebungsstrom verursachten Umlaufsspannung verdanken. Die Größe der elektrischen Durchlässigkeit ist unbekannt. Doch darf die Annahme gemacht werden, daß sie endlich ist; darüber hinaus setzen wir die Hypothese: der elektrische Verschiebungsstrom sei stets zu vernachlässigen gegenüber dem Wirbelstrome. Hiermit gilt: Die Eigenschaften ferromagnetischer Stoffe sind durch Angabe der Magnetisierungskurve und der Leitfähigkeit völlig bestimmt. Demnach zeigen ferromagnetische Materialien in der Struktur ihres Feldes bei Hochfrequenz gegenüber niederfrequenten Feldern nur quantitative Unterschiede.

Für schwache Felder kann die Beziehung zwischen $\mathfrak{B}$ und $\mathfrak{H}$ durch Angabe der „Anfangsdurchlässigkeit" erfaßt werden, welche der Neigung der Magnetisierungskurve im Ursprung gleicht; sie wird zweckmäßig auf die magnetische Durchlässigkeit $\mu_0 = 0{,}4\,\pi$ des Vakuums

Zahlentafel 1.
Magnetische Durchlässigkeit für extrem schwache Felder.

Stoff	Durchlässigkeit $\frac{\mu}{\mu_0}$
Eisendraht 0,30 mm ∅ . .	110
Eisendraht 0,20 mm ∅ . .	80
Stahldraht 0,15 mm ∅ . .	70
Massekern (Eisenpulver) . .	30

bezogen (Zahlentafel 1). Für Felder größerer Stärke sind die Magnetisierungskurven Abb. 7 zu benutzen.

Allen praktisch wichtigen nichtferromagnetischen Stoffen ist der Wert $\mu = \mu_0 = 0{,}4\,\pi$ gemeinsam.

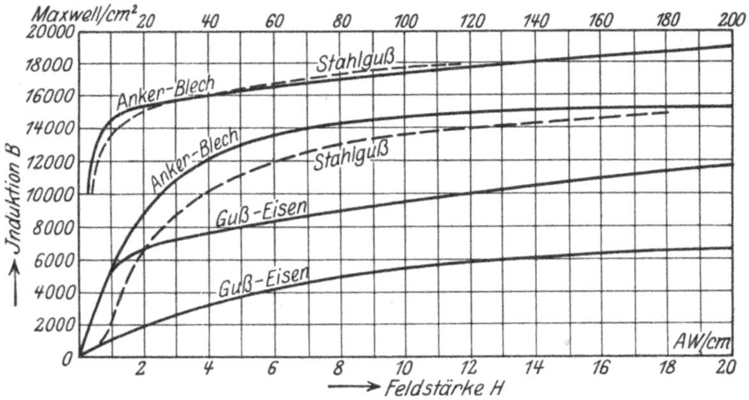

Abb. 7. Magnetisierungskurven.

2. Elektrische Eigenschaften.

13. Die Unterscheidung der Leiter und Nichtleiter folgt aus den Gesetzen des elektrostatischen Feldes.

Innerhalb der Gruppe der Leiter ist die Leitfähigkeit in weiten Grenzen veränderlich; dies läßt es als zweckmäßig erscheinen, die Stoffe von sehr geringer Leitfähigkeit als solche besonders herauszuheben; wir nennen sie Halbleiter. Die wichtigsten Vertreter der Leiter sind die Metalle; ihnen stehen als wichtigste Halbleiter die verschiedenen Arten des Erdreiches gegenüber.

In diesem Zusammenhange ist das Joulesche Gesetz (Gl. 14, S. 6) entscheidend; indem es die Wärmeentwicklung in jeder Volumeinheit angibt, setzt es für das Produkt $\varkappa\,\mathfrak{E}^2$ eine obere Grenze, welche sowohl aus Gründen des hohen Wirkungsgrades wie der unzulässigen Temperatursteigerung zu vermeiden ist. Bei gegebenem $\varkappa$ gilt somit:

Jeder Leiter besitzt eine ihm eigentümliche technische Höchstfeldstärke.

Zahlenmäßig gilt für Kupfer etwa $\varkappa = 570\,000$, $\mathfrak{i}_{\text{höchst}} = 2000$ Amp/cm², also $\mathfrak{E}_{\text{höchst}} = 3{,}5 \cdot 10^{-3}$ Volt/cm. Demgegenüber kann in Nichtleitern $\mathfrak{E}_{\text{höchst}}$ viele tausende Volt/cm erreichen.

Halbleiter äußerst geringer Leitfähigkeit werden oftmals als Isolierstoffe benutzt. Neuere Anschauungen deuten die durch die Erwärmung gegebene Höchstfeldstärke als Maß der Beanspruchung in dem Sinne, daß der Isolierstoff nach Überschreitung der Höchstfeldstärke durch Strukturänderung (Verkohlung) zerstört wird. Indessen trifft diese Deutung nur für gewisse Stoffe, und auch dort nur in beschränktem Umfange zu (vgl. Nr. 68).

Die Größe der elektrischen Durchlässigkeit ε der Leiter im engeren Sinne, insbesondere der Metalle, ist unbekannt. Es wird die Annahme gemacht, daß die dielektrischen Eigenschaften der Leiter es gestatten, den elektrischen Verschiebungsstrom völlig zu vernachlässigen.

Für Halbleiter dagegen ist der Wert von ε bekannt. Es ist üblich, alle Werte auf die Durchlässigkeit ε_0 des Vakuums $\varepsilon_0 = \frac{1}{4\pi \cdot 9 \cdot 10^{11}}$ zu beziehen. So findet man das Verhältnis $\frac{\varepsilon}{\varepsilon_0}$ der Halbleiter zwischen 80 und 1.

Die Nichtleiter sind hochfrequenztechnisch die einfachsten Stoffe. Neben der magnetischen Durchlässigkeit $\mu_0 = 0{,}4\,\pi$ sind sie allein durch ihr $\frac{\varepsilon}{\varepsilon_0}$ charakterisiert. Die wichtigsten Vertreter der Nichtleiter sind die Gase, für welche zudem noch $\frac{\varepsilon}{\varepsilon_0} = 1$ mit größter Annäherung gilt. Andere Nichtleiter von hochfrequenztechnischer Bedeutung sind vornehmlich die Isolieröle, von festen Stoffen Glas und Glimmer; die elektrische Durchlässigkeit dieser Materialien bewegt sich zwischen $\frac{\varepsilon}{\varepsilon_0} = 12$ bis $\frac{\varepsilon}{\varepsilon_0} = 1$.

Zusammenfassend ergibt sich die hochfrequenztechnische Gruppierung der Stoffe:

In Leitern ist der elektrische Verschiebungsstrom außerordentlich klein gegenüber dem Leitungsstrom.

In Halbleitern sind elektrischer Leitungsstrom und Verschiebungsstrom von gleicher Größenordnung.

In Nichtleitern ist der Leitungsstrom unendlich klein gegenüber dem elektrischen Verschiebungsstrom.

Hiernach treten die Eigentümlichkeiten hochfrequenter Felder bei Halbleitern und Nichtleitern scharf hervor.

3. Raumladungseigenschaften.

14. Elektrizitätsströmungen durch Konvektion können in Nichtleitern der Elektrizität entstehen. Wir haben bereits oben (Nr. 5) hervorgehoben, wie die konvektiv in das Feld gebrachten Raumladungen stationäre und statische Felder modifizieren.

Die elektrischen Eigenschaften der Stoffe.

Zahlentafel 2. Nichtleiter.

Stoff	Elektrische Durchlässigkeit $\frac{\varepsilon}{\varepsilon_0}$
Glimmer	5,5÷8
Mikanit	5÷6
Porzellan	5,3
Hartgummi	2,0÷3,2
Marmor	8,34
Flintglas	7÷8
Kronglas	6,5÷7
Hartpapier	3,6
Papier	1,8÷2,6
Kabelisolation	ca 4,3
Bakelit (wärmebehandelt)	ca. 5,5
Paraffin	1,9÷2,3
Schellack	2,7÷3,7
Transformatorenöl	2,2÷2,5
Petroleum	2,0÷2,2
Wasser (rein)	81
Luft bei atm. Druck	1,006

Zahlentafel 3. Leiter.

Stoff	Leitfähigkeit $\left[\frac{1}{\text{Ohm} \cdot \text{cm}}\right]$
Aluminium	323000
Eisen (rein)	100000
Eisenblech	77000
Legiertes Blech (2% Si)	28000
Eisendraht	70000
Gußeisen	12500
Graphit	800÷100
Kupfer	580000 bis 560000
Quecksilber	10490
Stahldraht	78000
Zink	160000
Zinn	90000 bis 70000
Messingdraht (30% Zn)	120000 bis 150000
Resistin	19700
Manganin	23500
Konstantan	20500
Nickelin	24000
Neusilber	27000
Rheotan	21000

Zahlentafel 4.
Halbleiter und Elektrolyte.

Stoff	Elektrische Durchlässigkeit $\frac{\varepsilon}{\varepsilon_0}$	Leitfähigkeit $\left[\frac{1}{\text{Ohm} \cdot \text{cm}}\right]$
Trock. Boden	2÷6	10^{-6}
Nasser Boden	5÷15	$10^{-4} \div 10^{-5}$
Süßwasser	80	10^{-5}
Seewasser	80	$1 \div 5 \cdot 10^{-2}$

Die Träger der Elektrizitätsströmung sind elektrische Elementarladungen der Größe $e = 1{,}59 \cdot 10^{-19}$ Coulomb, entweder an wägbare Masse gebunden (Ionen) oder als freie Elektrizitätsatome (Elektronen).

Die wichtigsten Vertreter der Ionenströmung sind Gase und Elektrolyten. Bei den Gasen ist eine weitere, das Material betreffende Aussage über die Natur der Ionenströmung allgemein nicht anzugeben. Dagegen kann den Elektrolyten mit genügender Annäherung eine scheinbare Leitfähigkeit $\varkappa$ zugeschrieben werden, welche alle Gesetze der wirklichen Ohmschen Leitfähigkeit leitender und halbleitender Stoffe erfüllt; indessen ist infolge der endlichen Wanderungsgeschwindigkeit der Ionen die Frequenz des Feldes von entscheidendem Einflusse. Zahlen, welche für die Niederfrequenztechnik Gültigkeit besitzen, versagen völlig bei hochfrequenten Feldern. Des ferneren ist die elektrische Durchlässigkeit $\frac{\varepsilon}{\varepsilon_0}$ der Elektrolyten wohl zu berücksichtigen. Als hervorragendster Vertreter der Elektrolyten von hochfrequenztechnischer Bedeutung ist das Seewasser zu nennen (Zahlentafel 4).

Elektronenströmung findet sich in reiner Form im Vakuum vor; die Darstellung des Strömungsfeldes durch eine scheinbare Leitfähigkeit versagt hier völlig.

II. Die Formung.

1. Die Träger elektrischer Verschiebungsströme (Kondensatoren).

Die Träger vorwiegend elektrischer Verschiebungsströme heißen Kondensatoren; ihre technisch brauchbaren Formen entstehen nach den Entwicklungen der Nr. 11 aus Trägern elektrostatischer Felder.

Jeder Kondensator besteht aus mindestens zwei Leitern, den Belegungen, welche durch Nichtleiter, Dielektrikum genannt, voneinander getrennt werden. Sitz des elektrischen Feldes ist allein das Dielektrikum.

a) Elektrostatik der Kondensatoren.

Grundgrößen.

15. Spannung. Im elektrostatischen Felde ist das Potential eindeutig erklärt. Daher besitzt auch die von einem Leiter aus gemessene Spannung zum anderen Leiter einen eindeutigen Wert. Die auf einem beliebigen Wege von einer Belegung bis zur anderen gemessene Spannung heißt die „Kondensatorspannung“.

16. Ladung. Das Kontinuitätsgesetz der elektrischen Induktionslinien verlangt, daß sämtliche Linien, welche auf dem einen Leiter beginnen, auf dem anderen enden. Demnach liegen beiden Leitern entgegengesetzt gleiche Ladungen auf. Bei Beschränkung auf den Absolutwert ist die Ladung als Gesamtzahl der einem Leiter anhaftenden Induktionslinien eindeutig bestimmt.

17. Kapazität. Das Verhältnis von Ladung und Spannung ist ein quantitatives Maß des Gesamtfeldes. Es heißt die statische Kapazität

$$C = \frac{Q}{E}. \tag{1}$$

Die Kapazität ist eine Konstruktionsgröße des Kondensators, sofern Belegungen und Dielektrikum Formen und gegenseitige Lage beibehalten.

Die Einheit der Kapazität besitzt ein Kondensator, welchem durch die Spannung 1 Volt die Ladung 1 Coulomb erteilt wird. Diese Kapazitätseinheit heißt ein Farad. Da sie unherstellbar groß ist, wird in der Hochfrequenztechnik der $9 \cdot 10^{11}$. Teil, das Zentimeter, benutzt.

18. Erweiterungen. Das Mehrleitersystem besteht aus einer Mehrzahl von Leitern samt einem sie umhüllenden Nulleiter. Die Existenz des Potentials erlaubt, dem Nulleiter das Potential Null zuzuordnen und damit allen Leitern eindeutige Spannungswerte gegen den Nulleiter zu erteilen. Das Potential des beliebig herausgegriffenen Leiters K ist eine lineare Funktion sämtlicher Leiterladungen (Maxwellscher Kapazitätssatz)

$$V_k = \sum_n Q_n \cdot \gamma_{kn} \,. \tag{2}$$

Die Koeffizienten der Entwicklung heißen die elektrostatischen Induktionskoeffizienten. Die Potentialgleichungen lassen sich nach den Ladungen auflösen und liefern das reziproke System

$$Q_k = \sum_n K_{kn} \cdot V_n \,, \tag{3}$$

wo die Koeffizienten K_{kn} die Kapazitätskoeffizienten genannt werden. Gleichwertig ist die Darstellung

$$Q_k = \sum_n c_{kn} (V_k - V_n) \,, \tag{3a}$$

wo mit c_{kn} die „Teilkapazitäten" eingeführt sind. Durch Vergleich von (3) mit (3a) ergeben sich die Identitäten

$$\left.\begin{aligned} K_{ll} &= \sum_u c_{lu} \,, \\ K_{lm} &= -c_{lm} \,, \qquad m \neq l \end{aligned}\right\} \tag{3b}$$

welche Kapazitätskoeffizienten und Teilkapazitäten verknüpfen.

Die Teilkapazitäten sind durch die geometrische Konstellation des Mehrleitersystems eindeutig bestimmt. Dagegen gilt dies nicht für das Verhältnis zwischen Ladung und Potential eines Leiters oder einer Leitergruppe, welches nach (3) von der Potentialverteilung über sämtliche Leiter abhängt; es heißt die Betriebskapazität:

$$C_{bk} = \frac{Q_k}{V_k} \,. \tag{4}$$

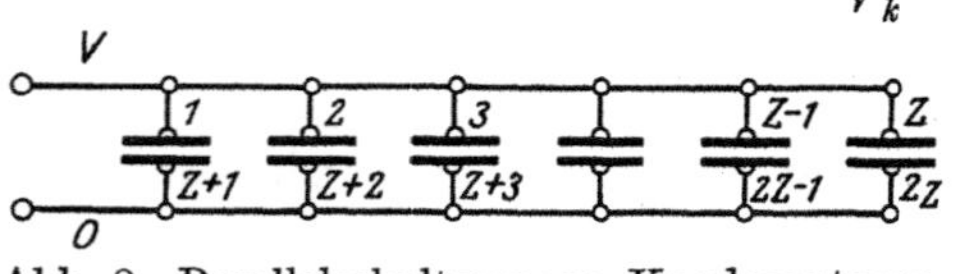

Abb. 8. Parallelschaltung von Kondensatoren.

Als wichtige Sonderfälle heben wir hervor die

1. Parallelschaltung. z parallelgeschaltete Kondensatoren bilden mit ihren je 2 Belegungen ein Mehrleitersystem von $2 \cdot z$-Leitern.

In Abb. 8 sind die zusammengeschalteten Belegungen zu 2 Gruppen $1 \div z$ und $z + 1 \div 2z$ zusammengefaßt, deren erster das Potential V, deren zweiter das Potential O beigelegt wird.

Ein Leiter der ersten Gruppe trägt nach (3a) die Ladung

$$Q_k = \sum_{n=1}^{2z} c_{kn}(V_k - V_n) = \sum_{n=1}^{z} c_{kn}(V - V) + \sum_{n=z+1}^{2z} c_{kn}(V - O) = V \cdot \sum_{n=z+1}^{2z} c_{kn}\,.$$

Wir nennen

$$C_k = \sum_{n=z+1}^{2z} c_{kn} \tag{5}$$

die Kapazität des Kondensators K **in der betrachteten Schaltkombination**; sie ist ersichtlich keine Konstruktionsgröße der Kondensatoren, sondern hängt von der gegenseitigen Lage der parallelgeschalteten Kondensatoren ab.

Durch Summenbildung finden wir die Gesamtladung der ersten Leitergruppe

$$Q = \sum_{k=1}^{z} Q_k = V \cdot \sum_{k=1}^{z} C_k\,,$$

sie ist also bei gleicher Spannung so groß, wie die auf einem Einzelkondensator der Größe

$$C = \sum_{k=1}^{z} C_k \tag{6}$$

aufgestapelte Ladung. C wird als resultierende Kapazität der parallelgeschalteten Kondensatoren bezeichnet.

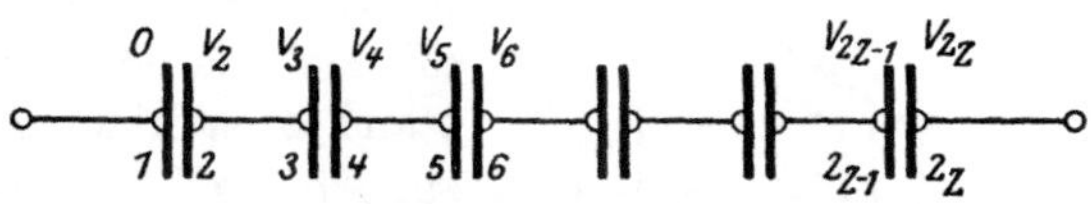

Abb. 9. Reihenschaltung von Kondensatoren.

2. **Reihenschaltung.** Es werden z Kondensatoren vorausgesetzt, deren 2-z-Belegungen $1, 2 \ldots 2z$ nach Abb. 9 miteinander verbunden sind.

Der Belegung 1 wird das Potential Null erteilt, der Belegung $2z$ das Potential V. Auf 1 liege die Ladung $-Q$, auf $2z$ die Ladung $+Q$. Auf die in der Mitte liegenden Belegungspaare kann keine Ladung gelangen. Das Potential des $k$ten Paares ist nach Gl. (2)

$$V_k = \sum_{n=1}^{2z} Q_n \gamma_{kn} = -Q\,\gamma_{k,1} + Q\,\gamma_{k,2z}\,,$$

ebenso das Potential des Nachbarpaares

$$V_{k+1} = -Q\,\gamma_{k+1,1} + Q\,\gamma_{k+1,2z}\,.$$

Die Potentialdifferenz beträgt also

$$V_{k+1} - V_k = Q(\gamma_{k+1,2z} - \gamma_{k+1,1} - \gamma_{k,2z} + \gamma_{k,1})\,.$$

Wir definieren als Kapazität des $k$ten Kondensators **in der betrachteten Schaltung**

$$C_k = \frac{Q}{V_{k+1} - V_k} = \frac{1}{\gamma_{k+1,2z} - \gamma_{k+1,1} - \gamma_{k,2z} + \gamma_{k,1}}\,, \tag{7}$$

wobei indessen hervorgehoben sei, daß Q die Ladung der Belegung $2z$ ist, so daß die hier gegebene Definition zunächst nur formalen Charakter besitzt. Praktisch stimmt indessen C_k merklich mit der Kapazität des k ten Kondensators bei Abwesenheit aller anderen Kondensatoren überein.

Die gesamte Kondensatorreihenspannung ist

$$V - 0 = (V_2 - 0) + (V_4 - V_2) + (V_6 - V_4) + \cdots + (V_{2z} - V_{2z-1})$$
$$= Q\left(\frac{1}{C_1} + \frac{1}{C_2} + \frac{1}{C_3} + \cdots + \frac{1}{C_z}\right).$$

Dieselbe Spannung weist bei gleicher Ladung der Einzelkondensator von der Kapazität

$$\frac{1}{C} = \frac{1}{C_1} + \frac{1}{C_2} + \frac{1}{C_3} + \cdots + \frac{1}{C_z} \tag{8}$$

auf. C heißt die resultierende Kapazität der Reihenschaltung.

Besondere Anordnungen.

19. Der Plattenkondensator. Die Belegungen des Plattenkondensators, Abb. 10, sind Ebenen näherungsweise gleicher Flächengröße F; ihr Abstand ist d, das Dielektrikum besitzt die elektrische Durchlässigkeit ε. Der Abstand d ist klein gegen die linearen Abmessungen der Belegungsflächen.

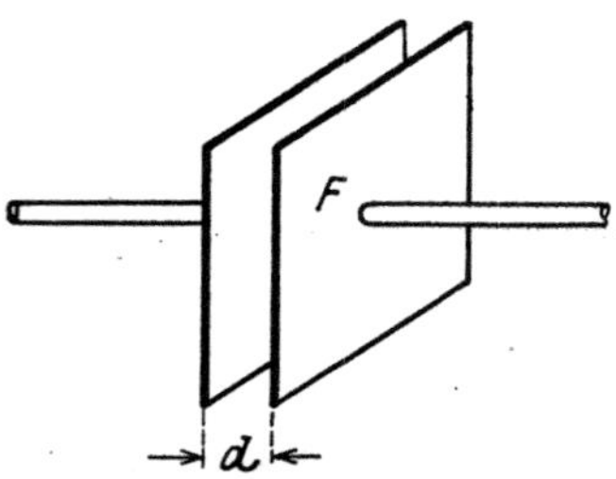

Abb. 10. Plattenkondensator.

Am Rande verlaufen die Feldlinien in komplizierten Kurven von Belegung zu Belegung; indes ist bereits in geringem Abstand vom Rande das Feld merklich homogen: die Feldlinien spannen sich in geradem Zuge senkrecht von Belegung zu Belegung; ihre Dichte ist konstant. Daher ist unter Vernachlässigung der Randwirkung

$$\mathfrak{E} = \text{konst.} \tag{9}$$

Zur Berechnung der Spannung benutzen wir eine Feldlinie des Innenraumes. Mit Rücksicht auf (9) wird

$$E = \int_1^2 \mathfrak{E}\, d\mathfrak{s} = \mathfrak{E} \cdot d. \tag{10}$$

Für die Induktion folgt

$$\mathfrak{D} = \left(\frac{\varepsilon}{\varepsilon_0}\right) \cdot \varepsilon_0 \cdot \mathfrak{E} \tag{9a}$$

und also die Ladung

$$Q = \left(\frac{\varepsilon}{\varepsilon_0}\right) \cdot \varepsilon_0 \cdot \mathfrak{E} \cdot F. \tag{9b}$$

Aus (10) und (9b) läßt sich die Kapazität zu

$$C = \frac{Q}{E} = \frac{\left(\frac{\varepsilon}{\varepsilon_0}\right) \cdot \varepsilon_0 \cdot F}{d} \text{ Farad} \tag{11}$$

berechnen. Durch Übergang zu Zentimetern wird unter Benutzung des Zahlenwertes für ε_0

$$C = \frac{\left(\frac{\varepsilon}{\varepsilon_0}\right) \cdot F}{4\pi d} \text{ cm}. \tag{11a}$$

20. Der Zylinderkondensator. Die Belegungen des Zylinderkondensators, Abb. 11, sind konzentrische Zylinder mit den Radien r_i und r_a und der axialen Länge l. Das Dielektrikum besitzt die elektrische Durchlässigkeit ε. An den Enden der Zylinder verlaufen die Feldlinien bogenförmig, im Innern merklich radial von Belegung zu Belegung.

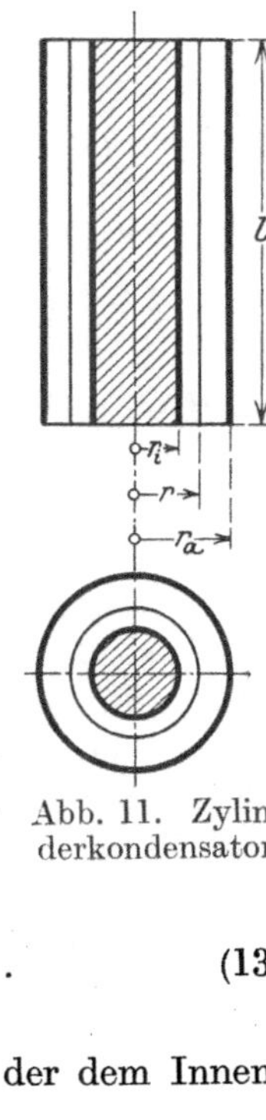

Abb. 11. Zylinderkondensator.

Die Randwirkung wird vernachlässigt. Im Innenraum variiert die Induktion mit dem Abstand r von der Innenbelegung. Die Abhängigkeit ist durch das Kontinuitätsgesetz gegeben, welches die Konstanz des Induktionsflusses durch jede zwischen den Belegungen befindliche Zylinderfläche fordert.

$$\mathfrak{D}_i \cdot 2\pi r_i \cdot l = \mathfrak{D}_r \cdot 2\pi r \cdot l \tag{12}$$

oder

$$\mathfrak{D}_r = \mathfrak{D}_i \cdot \frac{r_i}{r} \tag{12a}$$

und

$$\frac{\mathfrak{D}_r}{\varepsilon} = \mathfrak{E}_r = \mathfrak{E}_i \cdot \frac{r_i}{r}. \tag{12b}$$

Zur Berechnung der Spannung dient eine der radial verlaufenden Kraftlinien. Nach Gl. (12b) wird

$$E = \int_{r_i}^{r_a} \mathfrak{E}\, dr = \mathfrak{E}_i \cdot r_i \int_{r_i}^{r_a} \frac{dr}{r} = \mathfrak{E}_i \cdot r_i \cdot \ln \frac{r_a}{r_i}. \tag{13}$$

Die Ladung gleicht dem elektrischen Induktionsfluß, der dem Innenleiter entströmt

$$Q = \Phi_l = \mathfrak{D}_i r_i l \cdot 2\pi = \left(\frac{\varepsilon}{\varepsilon_0}\right) \cdot \varepsilon_0 \cdot \mathfrak{E}_i r_i l \cdot 2\pi. \tag{14}$$

Demnach hat die Kapazität die Größe

$$\left.\begin{aligned} C &= \frac{Q}{E} = \left(\frac{\varepsilon}{\varepsilon_0}\right) \varepsilon_0 \cdot \frac{2\pi l}{\ln \frac{r_a}{r_i}} \text{ Farad} \\ &= \left(\frac{\varepsilon}{\varepsilon_0}\right) \cdot \frac{2\pi \cdot l}{4\pi \cdot \ln \frac{r_a}{r_i}} \text{ cm} = \left(\frac{\varepsilon}{\varepsilon_0}\right) \frac{l}{2 \ln \frac{r_a}{r_i}} \text{ cm}. \end{aligned}\right\} \tag{15}$$

21. Das Mehrfachleitersystem. Es besteht aus n parallelen Leitern, deren Querschnittsabmessungen sehr klein sind gegen ihre Länge. Das Gesamtsystem ist von einem kreiszylindrischen „Nulleiter“ umgeben.

Die Feldanteile an Anfang und Ende der Gebilde des Mehrfachleitersystems werden vernachlässigt. Jede Querschnittsebene im Innern des Mehrfachleitersystems zeigt demnach gleichen Feldaufbau.

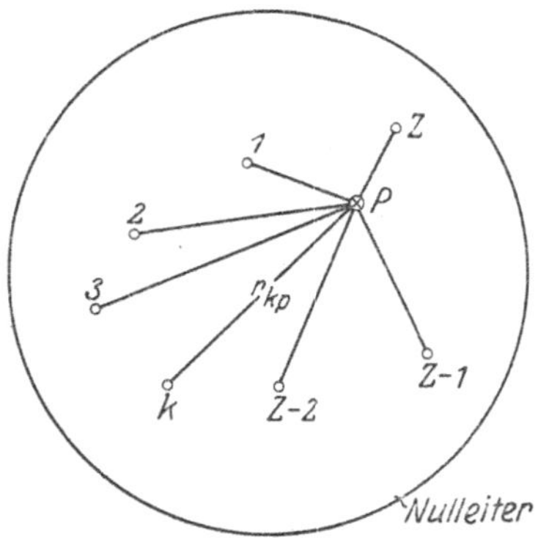

Abb. 12. Schema des Mehrfachleitersystems.

Die Leiteranordnung in einer Querschnittsebene zeigt Abb. 12. In erster Näherung werden die Spuren der Leiter durch Punkte ersetzt, die Ladungen demnach auf linienhafte Leiter verteilt.

Diese Näherung gestattet die Anwendung des Superpositionsprinzips: Die von den Leitern einzeln erzeugten Potentiale dürfen überlagert werden, da die Grenzbedingung konstanten Potentials auf den Leiteroberflächen bei linienhaften Gebilden von selbst gewahrt ist.

Wir nehmen insgesamt z Leiter an und setzen zunächst den Radius des Nulleiters als sehr groß voraus. Sämtliche Potentiale werden auf das Nulleiterpotential bezogen.

P sei ein beliebiger Punkt, der von den Leitern die in einer Querschnittsebene beziehentlich bestimmten Entfernungen r_{PK} besitzt (Abb. 12).

Die von der Ladung q_k pro Längeneinheit des linienhaften Leiters k allein erzeugte Induktionsströmung besitzt denselben Verlauf wie die Induktionsströmung im Zylinderkondensator: Die Induktionslinien verlassen den Leiter in radialer Richtung. Die Rechnungen von Nr. 20 können übernommen werden. Durch Einsetzen von (14) in (12b) wird die Feldstärke in P als Funktion der Ladung q_k gewonnen:

$$\mathfrak{E}_{pk} = \frac{q_k}{\left(\frac{\varepsilon}{\varepsilon_0}\right) \cdot \varepsilon_0 \cdot r_{pk}} \cdot \frac{1}{2\pi}. \tag{16}$$

Hieraus berechnet sich das Potential des Punktes P durch Integration

$$V_{pk} = \frac{q_k}{\left(\frac{\varepsilon}{\varepsilon_0}\right) \cdot \varepsilon_0} \cdot \frac{1}{2\pi} \int \frac{dr}{r_{pk}} = \frac{q_k}{\left(\frac{\varepsilon}{\varepsilon_0}\right) \cdot \varepsilon_0} \cdot \frac{1}{2\pi} \cdot \ln r_{pk} + \text{Const}, \tag{17}$$

wo die Integrationskonstante durch die Forderung $V = 0$ auf dem Nulleiter bestimmt wird.

Die Superposition ist jetzt ausführbar und liefert nach dem Muster der Gl. (2) das Gesamtpotential in P

$$-V_p = -\sum_{k=1}^{z} V_{pk} = \frac{1}{\left(\frac{\varepsilon}{\varepsilon_0}\right)\cdot\varepsilon_0}\cdot\frac{1}{2\pi}\sum_{k=1}^{z} q_k\cdot\ln r_{pk} + \text{Const}. \qquad (17\,\text{a})$$

Setzen wir noch die Bedingung hinzu, daß die Summe sämtlicher Ladungen verschwinde, so wird ersichtlich das Potential eines sehr weit vom Gesamtsystem entfernten Punktes gleich der Integrationskonstanten: Der Grenzbedingung $V = 0$ auf dem Nulleiter wird durch die Wahl Const $= 0$ genügt.

Rückt P in die Achse eines Leiters hinein, so wird $r_{pk} = 0$ und daher nach (17) $V = \infty$. Die Annahme, daß die Ladung auf einem streng linienhaften Leiter konzentriert sei, führt somit zu unzulässigen Folgerungen.

In hinreichend kleiner Entfernung von der Leiterachse sind die aus (17 a) berechenbaren Äquipotentialflächen mit großer Annäherung Kreiszylinder, welche die Achse symmetrisch umschließen. Die oben gefundene Lösung bleibt daher richtig, wenn den Leitern ein endlicher Querschnitt von derjenigen Größe gegeben wird, wie sie eine Äquipotentialfläche besitzt; r_{kk} sei der Radius des Leiters, also auch der Äquipotentialfläche. Lassen wir P auf die Äquipotentialfläche gehen, so wird $r_{pk} = r_{kk}$, während für die Entfernungen r_{pn} die Achsabstände r_{kn} der Leiter einzuführen sind. V_p wird mit dem Leiterpotential V_k identisch. Indem dies nacheinander für alle Leiter ausgeführt wird, erhält man aus (17 a) das System

$$-V_n = \sum_{k=1}^{n} \frac{1}{\left(\frac{\varepsilon}{\varepsilon_0}\right)\cdot\varepsilon_0\cdot 2\pi}\cdot q_k\cdot\ln r_{nk} \qquad n = 1, 2, 3 \ldots z. \qquad (17\,\text{b})$$

Die elektrostatischen Induktionskoeffizienten sind also durch

$$\gamma_{nk} = \frac{1}{\left(\frac{\varepsilon}{\varepsilon_0}\right)\cdot\varepsilon_0\cdot 2\pi}\cdot\ln r_{nk} \qquad (18)$$

gegeben.

22. Die Doppelleitung. Setzen wir in Nr. 21 $n = 2$, so vereinfachen sich die Gl. (17b) in

$$\left.\begin{aligned} -V_1 &= \frac{1}{\left(\frac{\varepsilon}{\varepsilon_0}\right)\cdot\varepsilon_0}\cdot\frac{1}{2\pi}\cdot q_1\ln r_{11} + \frac{1}{\left(\frac{\varepsilon}{\varepsilon_0}\right)\cdot\varepsilon_0}\cdot\frac{1}{2\pi}\cdot q_2\ln r_{12},\\ -V_2 &= \frac{1}{\left(\frac{\varepsilon}{\varepsilon_0}\right)\cdot\varepsilon_0}\cdot\frac{1}{2\pi}\cdot q_1\ln r_{21} + \frac{1}{\left(\frac{\varepsilon}{\varepsilon_0}\right)\cdot\varepsilon_0}\cdot\frac{1}{2\pi}\cdot q_2\ln r_{22},\end{aligned}\right\} \qquad (17\,\text{c})$$

oder mit $q_1 = -q_2 = q$:

$$\left.\begin{aligned} -V_1 &= \frac{q}{\left(\frac{\varepsilon}{\varepsilon_0}\right)\cdot\varepsilon_0}\cdot\frac{1}{2\pi}\ln\frac{r_{11}}{r_{12}},\\ -V_2 &= -\frac{q}{\left(\frac{\varepsilon}{\varepsilon_0}\right)\cdot\varepsilon_0}\cdot\frac{1}{2\pi}\ln\frac{r_{22}}{r_{21}}.\end{aligned}\right\} \tag{17d}$$

Hieraus finden wir die Kapazität der Doppelleitung

$$C = \frac{q}{V_1 - V_2} = \frac{\left(\frac{\varepsilon}{\varepsilon_0}\right)\cdot\varepsilon_0\cdot 2\pi}{\ln\frac{r_{12}^2}{r_{11}\,r_{22}}}. \tag{19}$$

Wir bemerken, daß neben dieser Annäherungsformel aus Gl. (17) das Problem der Doppelleitung mit kreisförmigen Drähten streng lösbar ist[1]).

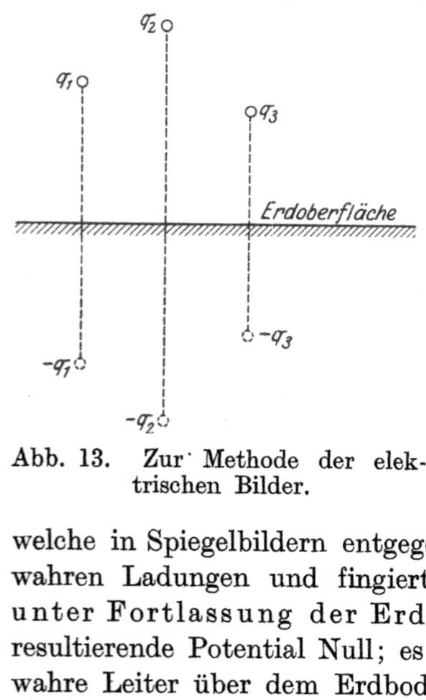

Abb. 13. Zur Methode der elektrischen Bilder.

23. Berücksichtigung der Erdoberfläche. Werden die Elemente des Mehrfachleitersystems über dem Erdboden ausgespannt, so kommt als neue Bedingung des elektrostatischen Feldes hinzu: Längs der Erdoberfläche ist das Potential konstant. Das hierdurch erweiterte Problem wird durch die Methode der elektrischen Bilder erledigt (Abb. 13). Das Bilderverfahren besteht aus einer optischen Spiegelung der Leiter an der Erdoberfläche und an einer elektrischen Spiegelung der Ladungen, welche in Spiegelbildern entgegengesetzt gleich sind. Das System der wahren Ladungen und fingierten gespiegelten Ladungen zusammen unter Fortlassung der Erde bewirkt in der Symmetrieebene das resultierende Potential Null; es ist daher dem vorgegebenen System, wahre Leiter über dem Erdboden, gleichwertig.

Die Methode der Spiegelung ist grundlegend für die Theorie der Freileitungen.

24. Das Kabel. Der Einfluß des Kabelmantels auf die Feldbildung im Kabelinnenraum findet durch ein Bilderverfahren Berücksichtigung: Zu den wahren Leitern des Kabels wird eine gleich große

[1]) Siehe z. B. Breisig: Theoretische Telegraphie 2. Aufl., S. 58. Vieweg 1924. Vgl. auch Nr. 24, Gl. (21).

Zahl fingierter Leiter mit entgegengesetzt gleichen Ladungen hinzugefügt, deren Entfernung dem Abstande der wahren Leiter von Kabelmitte reziprok ist (Abb. 14). Ist r die Entfernung eines wahren Leiters, r' die eines fingierten, so gilt

$$r \cdot r' = a^2 . \tag{20}$$

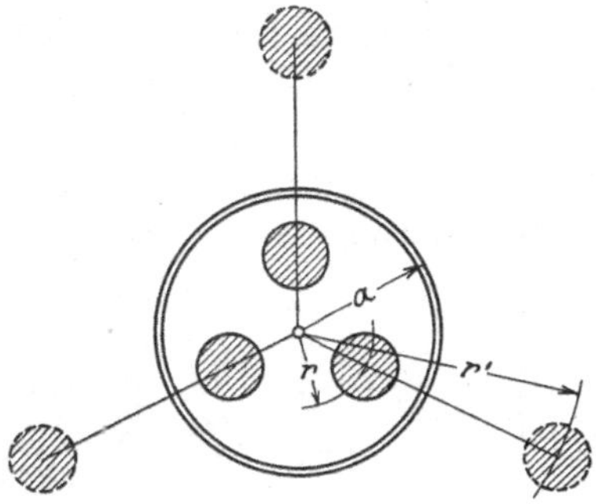

Abb. 14. Das Kabel. Spiegelung am Kabelmantel.

Indem durch diese Gleichung zwischen r und r' die Spiegelung am Kreise definiert wird, ist die Verwandtschaft des Kabelproblems mit dem in Nr. 23 entwickelten Erdproblem gezeigt.

Zum Beweise des Spiegelungsverfahrens dient Gl. (17a). Zunächst wird die Gleichung einer Äquipotentialfläche:

$$\frac{q}{\left(\frac{\varepsilon}{\varepsilon_0}\right) \cdot \varepsilon_0} \cdot \frac{1}{2\pi} \ln \frac{r_{1P}}{r_{2P}} = \text{Const}; \qquad \frac{r_{1P}}{r_{2P}} = \text{Const}'. \tag{21}$$

Die Spuren der Äquipotentialflächen in Querschnittsebenen sind hiernach die geometrischen Orte von Punkten, deren Abstandsverhältnis von zwei festen Punkten konstant ist. Die hierdurch bestimmten Kurven sind exzentrisch die Achsen 1 und 2 umhüllende Kreise, wie die Elementarmathematik beweist.

Wir fragen nach der Form der Äquipotentialfläche, die von den nach (20) gelegenen Ladungen erzeugt wird.

Ist x der Radius dieser Fläche, so finden wir nach Abb. 15 für die auf ihr gelegenen Punkte P und Q nach (21) die Bedingung gleichen Potentials

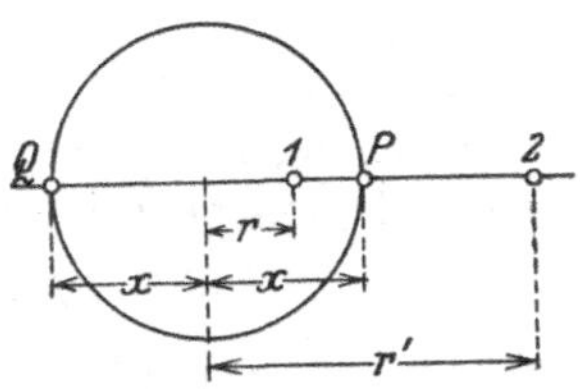

Abb. 15. Zur Spiegelung am Kabelmantel.

$$\frac{r_{1P}}{r_{2P}} = \frac{x - r}{r' - x} = \frac{r_{1Q}}{r_{2Q}} = \frac{x + r}{r' + x} \tag{21a}$$

oder nach Ausmultiplikation

$$x^2 = r\,r' . \tag{21b}$$

Vermöge (20) ist die gefundene Äquipotentialfläche mit der geforderten identisch.

Die Bedeutung der Kabel tritt hochfrequenztechnisch zur Zeit hinter der Bedeutung der Freileitungen noch zurück.

25. Komplexe Darstellung des elektrostatischen Feldes von Mehrfachleitersystemen[1]). In einem Mehrfachleitersystem nach der in Nr. 21 gegebenen Definition ist das Feld eine Funktion allein der „Querschnittskoordinaten“ x, y einer zur Längserstreckung der Leiter senkrechten Ebene, deren Struktur durch die Kontinuitätsbedingung der elektrischen Induktionslinien bestimmt ist.

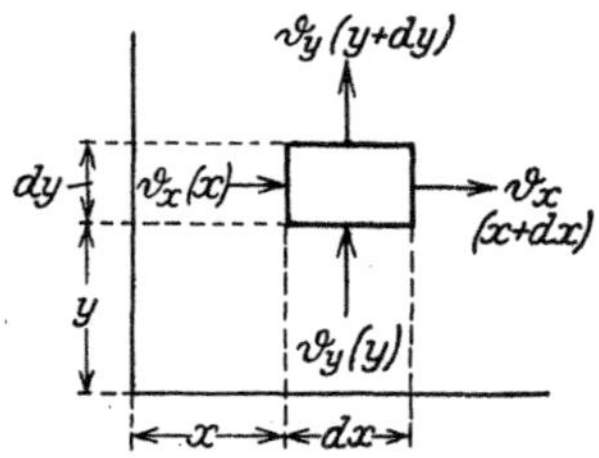

Abb. 16. Zur Differentialgleichung des ebenen Potentials.

Aus dem Feldraum wird ein Parallelepiped der Kantenlängen dx, dy, 1 herausgeschnitten (Abb. 16). In x-Richtung verlassen das Parallelepiped

$$\left(\frac{\partial \mathfrak{D}_x}{\partial x} \cdot dx\right) dy \cdot 1$$

Induktionslinien, ebenso in y-Richtung

$$\left(\frac{\partial \mathfrak{D}_y}{\partial y} \cdot dy\right) dx \cdot 1$$

Induktionslinien. Im ladungsfreien Raum muß also

$$\frac{\partial \mathfrak{D}_x}{\partial x} + \frac{\partial \mathfrak{D}_y}{\partial y} = 0 \tag{22}$$

erfüllt sein. Setzen wir homogenes Dielektrikum voraus, so ist

$$\mathfrak{D}_x = \varepsilon \cdot \mathfrak{E}_x = -\varepsilon \frac{\partial \varphi}{\partial x}; \qquad \mathfrak{D}_y = \varepsilon \cdot \mathfrak{E}_y = -\varepsilon \frac{\partial \varphi}{\partial y}, \tag{23}$$

so daß aus (22) für das Potential die Forderung

$$\frac{\partial^2 \varphi}{\partial x^2} + \frac{\partial^2 \varphi}{\partial y^2} = 0 \tag{22a}$$

entsteht.

Eine allgemeine Lösung dieser partiellen Differentialgleichung erhält man auf folgendem Wege: Es seien x und jy die Koordinaten der Gaußschen Zahlenebene; ferner sei

$$f(x + jy) \equiv f(z) = u(z) + jv(z) \tag{24}$$

eine komplexe Funktion des komplexen Argumentes $z = x + jy$, welche wir in einem gewissen Bereich der komplexen Ebene als analytisch durch die Forderung eines eindeutigen Differentialquotienten definieren. Insbesondere ist dann

$$\frac{df}{dz} = \frac{\partial f}{\partial x} \cdot 1 = -\frac{\partial f}{\partial y} \cdot j,$$

also

$$\frac{\partial u}{\partial x} + j\frac{\partial v}{\partial x} = -\frac{\partial u}{\partial y} \cdot j + \frac{\partial v}{\partial y}$$

[1]) Dieser und der folgende Abschnitt kann bei der ersten Lektüre übergangen werden.

und durch Trennung der reellen und imaginären Teile

$$\frac{\partial u}{\partial x} = \frac{\partial v}{\partial y}; \qquad \frac{\partial v}{\partial x} = -\frac{\partial u}{\partial y}. \tag{25}$$

Aus diesen Cauchy-Riemannschen Gleichungen folgt durch Differentiation

$$\frac{\partial^2 u}{\partial x^2} + \frac{\partial^2 u}{\partial y^2} = 0; \qquad \frac{\partial^2 v}{\partial x^2} + \frac{\partial^2 v}{\partial y^2} = 0, \tag{25a}$$

also durch Vergleich mit (22a) der Satz:

Realteil oder Imaginärteil einer komplexen analytischen Funktion sind Lösungen der Potentialgleichung.

Wir wählen im folgenden u als Potentialfunktion. Die Bedeutung der „konjugierten" Funktion v folgt dann leicht aus (25): Mit Rücksicht auf (23) entsteht

$$\frac{\dfrac{\partial u}{\partial x}}{\dfrac{\partial u}{\partial y}} = \frac{\mathfrak{D}_x}{\mathfrak{D}_y} = -\frac{\dfrac{\partial v}{\partial y}}{\dfrac{\partial v}{\partial x}}. \tag{26}$$

Die Gleichung einer Induktionslinie ist nach der in Nr. 3 gegebenen Definition

$$\frac{\mathfrak{D}_x}{\mathfrak{D}_y} = \frac{dx}{dy},$$

woher in Verbindung mit (26)

$$v = \text{konst.}$$

folgt. Das Kurvensystem $u = \text{konst.}$, $v = \text{konst.}$, bildet demnach ein orthogonales Netz der Äquipotentiallinien und der Induktionslinien.

26. Das elektrostatische Feld in Elektronenröhren. Wir wenden die im vorigen Abschnitt entwickelte Methode auf die Feldberechnung der Elektronenröhren (Nr. 84) an. Die Rechnung wird auf Dreielektrodenröhren beschränkt, von welchen man unschwer zu Mehrelektrodenröhren aufsteigen kann.

Abb. 17 zeigt einen Schnitt durch eine Elektronenröhre mit rotationssymmetrischer Anordnung der Elektroden. Im Ursprung befindet sich der kreisförmige Glühdraht vom Radius r_k; ihn umgeben in den Ecken eines regelmäßigen Polygones n „Gitter"-Stäbe von Radius g im Abstande r_g vom Ursprung, welche ihrerseits durch den Anodenzylinder vom Radius r_a gegen außen abgeschlossen werden. q_k sei die Ladung des Glühdrahtes, q_g die Ladung sämtlicher Gitterstäbe.

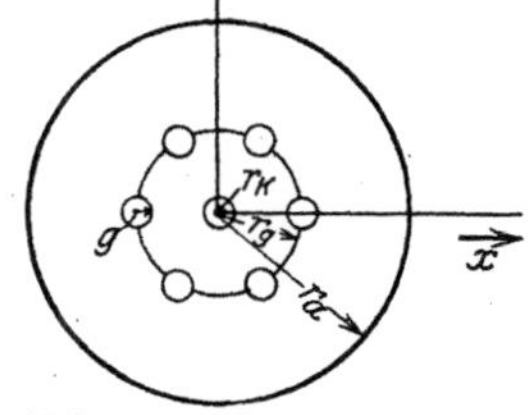

Abb. 17. Schnitt durch eine Dreielektrodenröhre.

Das Feld des Glühdrahtes ist aus Nr. 21 bekannt. Wir schreiben es in komplexer Form

$$\varphi_k = -\frac{q_k}{\left(\frac{\varepsilon}{\varepsilon_0}\right)\varepsilon_0} \cdot \frac{1}{2\pi} \ln z\,. \tag{27}$$

Das Feld eines einzelnen Gitterdrahtes λ, welcher nach Abb. 17 um z_λ vom Ursprung entfernt ist, folgt also aus (27) durch Ersatz von q_k durch $\frac{q_g}{n}$ und Koordinatentransformation

$$\varphi_{g_\lambda} = -\frac{1}{\left(\frac{\varepsilon}{\varepsilon_0}\right)\varepsilon_0} \cdot \frac{1}{2\pi}\frac{q_g}{n} \cdot \ln(z - z_\lambda)\,. \tag{27a}$$

Durch Summation erhält man das Potential sämtlicher Gitterdrähte

$$\varphi_g = \sum_{\lambda=1}^{n} \varphi_{g_\lambda} = -\frac{1}{\left(\frac{\varepsilon}{\varepsilon_0}\right)\varepsilon_0} \cdot \frac{1}{2\pi}\frac{q_g}{n} \cdot \ln(z - z_1)(z - z_2)(z - z_3)(\ldots)(z - z_n)\,. \tag{28}$$

Wegen der polygonalen Anordnung der Gitterdrähte ergeben sich hierbei die einzelnen z_λ aus der Gleichung

$$z^n = r_g^n\,.$$

Daher ist

$$\varphi_g = -\frac{1}{\left(\frac{\varepsilon}{\varepsilon_0}\right)\varepsilon_0} \cdot \frac{1}{2\pi}\frac{q_g}{n} \cdot \ln(z^n - r_g^n) = -\frac{1}{\left(\frac{\varepsilon}{\varepsilon_0}\right)\varepsilon_0} \cdot \frac{1}{2\pi} q_g \ln \sqrt[n]{z^n - r_g^n}\,. \tag{28a}$$

Das Feld der Anode wird durch das in Nr. 24 entwickelte Spiegelungsverfahren in die Rechnung eingeführt: Zu den realen Gitterstäben wird ein System n fingierter Gitterstäbe hinzugefügt, welche vom Ursprung den Abstand $r_g' = \frac{r_a^2}{r_g}$ besitzen. Es wird daher das Potential dieser fingierten Gitterstäbe

$$\varphi_g' = -\frac{1}{\left(\frac{\varepsilon}{\varepsilon_0}\right)\varepsilon_0} \cdot \frac{1}{2\pi} q_g' \ln \sqrt[n]{z^n - r_g'^n} = \frac{1}{\left(\frac{\varepsilon}{\varepsilon_0}\right)\varepsilon_0} \cdot \frac{1}{2\pi} q_g \cdot \ln \sqrt[n]{z^n - \left(\frac{r_a^2}{r_g}\right)^n}\,. \tag{28b}$$

Das Gesamtfeld berechnet sich also aus dem Potential

$$\left.\begin{aligned} \varphi = \varphi_k + \varphi_g + \varphi_g' = &-\frac{1}{\left(\frac{\varepsilon}{\varepsilon_0}\right)\varepsilon_0} \cdot \frac{1}{2\pi} q_k \ln z - \frac{1}{\left(\frac{\varepsilon}{\varepsilon_0}\right)\varepsilon_0} \cdot \frac{1}{2\pi} q_g \cdot \ln \sqrt[n]{z^n - r_g^n} \\ &\frac{1}{\left(\frac{\varepsilon}{\varepsilon_0}\right)\varepsilon_0} \cdot \frac{1}{2\pi} q_g \cdot \ln \sqrt[n]{z^n - \left(\frac{r_a^2}{r_g}\right)^n}\,. \end{aligned}\right\} \tag{29}$$

Wir gehen mittels

$$z = r\,e^{j\vartheta}$$

zu ebenen Polarkoordinaten über und erhalten das reelle Potential u

$$\left.\begin{aligned} u = \Re\mathfrak{e}(\varphi) = &-\frac{1}{\left(\frac{\varepsilon}{\varepsilon_0}\right)\varepsilon_0}\cdot\frac{1}{2\pi}q_k\ln r - \frac{1}{\left(\frac{\varepsilon}{\varepsilon_0}\right)\varepsilon_0}\cdot\frac{1}{2\pi}\frac{q_g}{2n}\ln(r^{2n} - 2r^n r^n\cdot\cos\vartheta n + r_g^{2n}) \\ &+\frac{1}{\left(\frac{\varepsilon}{\varepsilon_0}\right)\varepsilon_0}\cdot\frac{1}{2\pi}\frac{q_g}{2n}\ln\left(r^{2n} - 2\,r^n\cdot\left(\frac{r_a^2}{r_g}\right)^n\cos\vartheta\,n + \left(\frac{r_a^2}{r_g}\right)^{2n}\right). \end{aligned}\right\} \quad (30)$$

Das Kathodenpotential wird also mit $r = r_k \ll r_g$ und r_a

$$\left.\begin{aligned} u_k = &-\frac{1}{\left(\frac{\varepsilon}{\varepsilon_0}\right)\varepsilon_0}\cdot\frac{1}{2\pi}q_k\ln r_k - \frac{1}{\left(\frac{\varepsilon}{\varepsilon_0}\right)\varepsilon_0}\cdot\frac{1}{2\pi}q_g\cdot\ln r_g \\ &+\frac{1}{\left(\frac{\varepsilon}{\varepsilon_0}\right)\varepsilon_0}\cdot\frac{1}{2\pi}\frac{q_g}{2n}\cdot\ln\left(\frac{r_a^2}{r_g}\right)^{2n}. \end{aligned}\right\} \quad (31)$$

Zur Berechnung des Gitterpotentiales setzen wir entsprechend Abb. 17

$$r = r_g + g\,; \quad \vartheta = 0$$

und erhalten

$$\begin{aligned} u_g = &-\frac{1}{\left(\frac{\varepsilon}{\varepsilon_0}\right)\varepsilon_0}\cdot\frac{1}{2\pi}q_k\ln(r_g + g) - \frac{1}{\left(\frac{\varepsilon}{\varepsilon_0}\right)\varepsilon_0}\cdot\frac{1}{2\pi}\frac{q_g}{2n}\cdot\ln\left((r_g + g)^n - r_g^n\right)^2 \\ &+\frac{1}{\left(\frac{\varepsilon}{\varepsilon_0}\right)\varepsilon_0}\cdot\frac{1}{2\pi}\frac{q_g}{2n}\cdot\ln\left((r_g + g)^n - \left(\frac{r_a^2}{r_g}\right)^n\right)^2 \end{aligned}$$

und mit $n g \ll r_g$

$$\left.\begin{aligned} u_g = &-\frac{1}{\left(\frac{\varepsilon}{\varepsilon_0}\right)\varepsilon_0}\cdot\frac{1}{2\pi}q_k\ln r_g - \frac{1}{\left(\frac{\varepsilon}{\varepsilon_0}\right)\varepsilon_0}\cdot\frac{1}{2\pi}q_g\cdot\ln r_g - \frac{1}{\left(\frac{\varepsilon}{\varepsilon_0}\right)\varepsilon_0}\cdot\frac{1}{2\pi}\frac{q_g}{n}\cdot\ln\frac{n g}{r_g} \\ &+\frac{1}{\left(\frac{\varepsilon}{\varepsilon_0}\right)\varepsilon_0}\cdot\frac{1}{2\pi}\frac{q_g}{2n}\cdot\ln\left(r_g^n - \left(\frac{r_a^2}{r_g}\right)^n\right)^2. \end{aligned}\right\} \quad (32)$$

Das Anodenpotential folgt mit

$$r = r_a\,; \quad \vartheta = 0$$

zu

$$\left.\begin{aligned}
u_a &= -\frac{1}{\left(\frac{\varepsilon}{\varepsilon_0}\right)\varepsilon_0}\cdot\frac{1}{2\pi}q_k\ln r_a - \frac{1}{\left(\frac{\varepsilon}{\varepsilon_0}\right)\varepsilon_0}\cdot\frac{1}{2\pi}\frac{q_g}{2n}\cdot\ln(r_a^n - r_g^n)^2 \\
&\quad + \frac{1}{\left(\frac{\varepsilon}{\varepsilon_0}\right)\varepsilon_0}\cdot\frac{1}{2\pi}\frac{q_g}{2n}\cdot\ln\left(r_a^n - \left(\frac{r_a^2}{r_g}\right)^n\right)^2 \\
&= -\frac{1}{\left(\frac{\varepsilon}{\varepsilon_0}\right)\varepsilon_0}\cdot\frac{1}{2\pi}2q_k\ln r_a - \frac{1}{\left(\frac{\varepsilon}{\varepsilon_0}\right)\varepsilon_0}\cdot\frac{1}{2\pi}\frac{q_g}{2n}\cdot\ln(r_a^n - r_g^n)^2 \\
&\quad + \frac{1}{\left(\frac{\varepsilon}{\varepsilon_0}\right)\varepsilon_0}\cdot\frac{1}{2\pi}\frac{q_g}{2n}\cdot\ln(r_g^n - r_a^n)^2 + \frac{1}{\left(\frac{\varepsilon}{\varepsilon_0}\right)\varepsilon_0}\cdot\frac{1}{2\pi}\frac{q_g}{2n}\cdot\ln\left(\frac{r_a^n}{r_g^n}\right)^2 \\
&= -\frac{1}{\left(\frac{\varepsilon}{\varepsilon_0}\right)\varepsilon_0}\cdot\frac{1}{2\pi}q_k\cdot\ln r_a + \frac{1}{\left(\frac{\varepsilon}{\varepsilon_0}\right)\varepsilon_0}\cdot\frac{1}{2\pi}q_g\cdot\ln\frac{r_a}{r_g}.
\end{aligned}\right\} \quad (33)$$

Aus (31) und (32) ergibt sich die „Gitterspannung“

$$\left.\begin{aligned}
E_g \equiv u_g - u_k &= -\frac{1}{\left(\frac{\varepsilon}{\varepsilon_0}\right)\varepsilon_0}\cdot\frac{1}{2\pi}q_k\cdot\ln\frac{r_g}{r_k} - \frac{1}{\left(\frac{\varepsilon}{\varepsilon_0}\right)\varepsilon_0}\cdot\frac{1}{2\pi}\frac{q_g}{n}\ln\frac{ng}{r_g} \\
&\quad + \frac{1}{\left(\frac{\varepsilon}{\varepsilon_0}\right)\varepsilon_0}\cdot\frac{1}{2\pi}\frac{q_g}{2n}\ln\left(\frac{r_g^n - \left(\frac{r_a^2}{r_g}\right)^n}{\left(\frac{r_a^2}{r_g}\right)^n}\right)^2.
\end{aligned}\right\} \quad (32\,\mathrm{a})$$

Da $r_a > r_g$, wird für hinreichend große Gitterdrahtzahl n mit praktisch ausreichender Näherung

$$E_g = -\frac{1}{\left(\frac{\varepsilon}{\varepsilon_0}\right)\varepsilon_0}\cdot\frac{1}{2\pi}q_k\cdot\ln\frac{r_g}{r_k} - \frac{1}{\left(\frac{\varepsilon}{\varepsilon_0}\right)\varepsilon_0}\cdot\frac{1}{2\pi}\frac{q_g}{n}\cdot\ln\frac{ng}{r_g}. \quad (32\,\mathrm{b})$$

Die „Anodenspannung“ berechnet sich aus (31) und (33)

$$E_a \equiv u_a - u_k = -\frac{1}{\left(\frac{\varepsilon}{\varepsilon_0}\right)\varepsilon_0}\cdot\frac{1}{2\pi}q_k\cdot\ln\frac{r_a}{r_k} - \frac{1}{\left(\frac{\varepsilon}{\varepsilon_0}\right)\varepsilon_0}\cdot\frac{1}{2\pi}q_k\ln\frac{r_a}{r_k}. \quad (33\,\mathrm{a})$$

Durch Auflösung des Systemes (33 a), (33 a) nach q_k und q_g entstehen

$$2\pi \cdot \left(\frac{\varepsilon}{\varepsilon_0}\right) \varepsilon_0 \, q_k = \frac{-E_g \cdot \ln \frac{r_a}{r_g} + E_a \frac{1}{n} \ln \frac{n g}{r_g}}{\ln \frac{r_a}{r_k} - \frac{1}{n} \ln \frac{n g}{r_g} \cdot \ln \frac{r_a}{r_g}}, \tag{34}$$

$$2\pi \cdot \left(\frac{\varepsilon}{\varepsilon_0}\right) \varepsilon_0 \, q_g = \frac{E_g \cdot \ln \frac{r_a}{r_k} - E_a \ln \frac{r_g}{r_k}}{\ln \frac{r_a}{r_k} - \frac{1}{n} \ln \frac{n g}{r_g} \cdot \ln \frac{r_a}{r_g}}. \tag{35}$$

Der Vergleich mit Gl. (3 a), S. 22 gestattet hiernach die Bestimmung der Maxwellschen Kapazitätskoeffizienten. Besonderes Interesse besitzt der „Durchgriff“

$$D = \frac{c_{ak}}{c_{gk}}, \tag{36}$$

welcher die durch das Gitter hindurchgreifenden Induktionslinien zu den vom Gitter unmittelbar zum Glühdraht gespannten Linien ins Verhältnis setzt. Seine Größe folgt aus (34) zu

$$\left. \begin{aligned} D &= \frac{-\frac{1}{n} \cdot \ln \frac{n g}{r_g}}{\ln \frac{r_a}{r_g}} \\ &= \frac{\frac{r_g}{n g} \cdot \ln \frac{r_g}{n g}}{\frac{r_g}{g} \cdot \ln \frac{r_a}{r_g}}. \end{aligned} \right\} \tag{36 a}$$

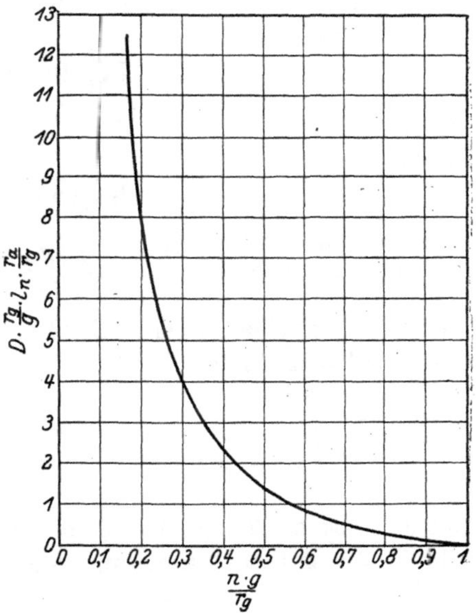

Abb. 18. Abhängigkeit des Durchgriffes von der Zahl der Gitterstäbe.

Für ein bestimmtes Radienverhältnis $\frac{r_a}{r_g}$ fällt hiernach der Durchgriff mit wachsender Gitterdrahtzahl und wachsender Dicke der Gitterstäbe (Abb. 18). Von dem Durchmesser des Glühdrahtes ist er gänzlich unabhängig.

27. Der stabförmige Leiter. Wir berechnen das Feld eines stabförmigen Leiters der Länge $2h$ und des Halbmessers R. In die Längsachse des Leiters wird die z-Achse eines rechtwinkligen Koordinatensystems gelegt, in dessen Ursprung sich die Stabmitte befindet.

Wir ersetzen zur Feldberechnung den stabförmigen Leiter durch eine Linie der Länge $2h$, deren Ladung pro Längeneinheit die konstante Größe q besitzt.

Von einem Element der Länge dz (Abb. 19) strahlen die Kraftlinien nach allen Seiten symmetrisch aus. Daher folgt die Feldstärke in der Entfernung r vom Linienelement mittels des Kontinuitätsgesetzes der Induktionslinien zu

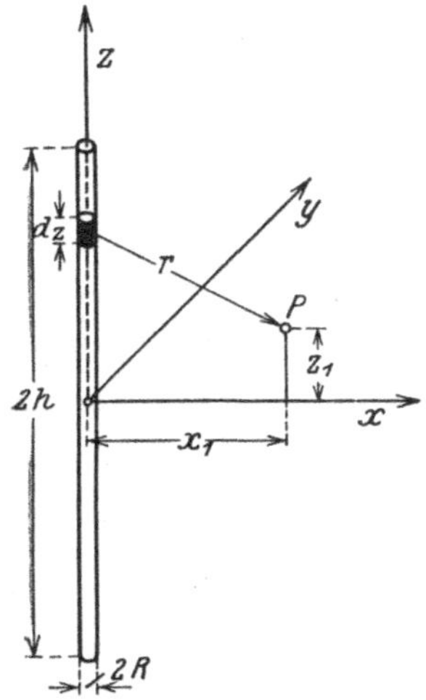

Abb. 19. Zum Potential des stabförmigen Leiters.

$$d\mathfrak{E} = \frac{q\,dz}{\varepsilon \cdot 4\pi r^2}.$$

Das Potential des Linienelementes ist daher

$$d\varphi = -\int (d\mathfrak{E}) \cdot dr = \frac{q\,dz}{\varepsilon \cdot 4\pi r}. \tag{37}$$

Nun ist für einen beliebigen Aufpunkt z_1, x_1, 0

$$r^2 = (z - z_1)^2 + x_1^2,$$

also wird

$$d\varphi = \frac{q \cdot dz}{\varepsilon \cdot 4\pi \sqrt{(z - z_1)^2 + x_1^2}}. \tag{37 a}$$

Durch Integration über alle Linienelemente folgt das Potential der geladenen Linie

$$\varphi = \int_{z=-h}^{+h} d\varphi = \frac{q}{\varepsilon \cdot 4\pi} \int_{z=-h}^{+h} \frac{dz}{\sqrt{(z - z_1)^2 + x_1^2}} = \frac{q}{\varepsilon \cdot 4\pi} \cdot \ln \frac{h - z_1 + \sqrt{(h - z_1)^2 + x_1^2}}{-h - z_1 + \sqrt{(-h - z_1)^2 + x_1^2}}, \tag{37 b}$$

welches wegen (37) auf der Linie selbst keine Bedeutung mehr besitzt. Hier ist die endliche Ausdehnung des stabförmigen Leiters einzuführen; indem wir den Aufpunkt in den Punkt (O, R) hineinrücken lassen, finden wir das Potential der Leiteroberfläche

$$\varphi_1 = \frac{q}{\varepsilon \cdot 4\pi} \cdot \ln \frac{h + \sqrt{h^2 + R^2}}{-h + \sqrt{h^2 + R^2}}, \tag{37 c}$$

oder, da $R^2 \ll h^2$

$$\varphi_1 = \infty \frac{q}{\varepsilon \cdot 4\pi} \cdot \ln \frac{2h}{h \cdot \frac{1}{2} \frac{R^2}{h^2}} = \frac{2qh}{\varepsilon \cdot 4\pi} \cdot \frac{\ln 2 \frac{h}{R}}{h}. \tag{37 d}$$

Das Potential φ verschwindet im Unendlichen. Es ist daher φ_1 die Spannung des stabförmigen Leiters gegen eine unendlich ferne Hüllfläche. Demnach folgt aus (37d) die Kapazität des stabförmigen Leiters gegen diese Fläche

$$C = \frac{2qh}{\varphi_1} = \varepsilon \cdot 4\pi \cdot \frac{h}{\ln 2\frac{h}{R}}. \tag{38}$$

Die Ladung ist längs der Längserstreckung des Stabes gleichmäßig verteilt. Diese Feststellung gestattet es, den stabförmigen Leiter hinsichtlich seiner Ladungsverteilung mit einer Doppelleitung zu vergleichen, deren Kapazität

$$c = \frac{C}{2h} = \varepsilon \cdot 2\pi \cdot \frac{1}{\ln 2\frac{h}{R}} \tag{38 a}$$

beträgt. Wir fügen jedoch hinzu, daß die Feldstruktur des stabförmigen Leiters, welche aus (37b) folgt, von der in Nr. 22 berechneten Doppelleitung abweicht.

b) Elektrodynamik der Kondensatoren.

Grundgrößen.

28. Elektrischer Verschiebungsstrom. Jede zeitliche Änderung des Feldes hat im Dielektrikum Verschiebungsströme, in den Belegungen samt den Zuleitungen Leitungsströme zur Folge. Die Beziehung zwischen Verschiebungsstrom und Leitungsstrom ist durch das Influenzgesetz [(33b), S. 10] zu

$$J = -\frac{\partial}{\partial t}\int_{\mathfrak{F}} (\mathfrak{D}\, d\mathfrak{f})$$

gegeben.

Mit Rücksicht auf (33c) wird J der Entladestrom des Kondensators genannt. Entladestrom und elektrischer Verschiebungsstrom sind entgegengesetzt gleich. Die Größe $(-J)$ heißt der Ladestrom; Ladestrom und Verschiebungsstrom besitzen gleiche Größe.

29. Dynamische Spannung. Mit dem elektrischen Verschiebungsstrom entwickeln sich im Innern des Kondensators schwankende magnetische Felder. Die magnetischen Verschiebungsströme sind Ursache von Umlaufsspannungen im Innern des Dielektrikums, deren Größe das Induktionsgesetz bestimmt [Gl. (29), S. 9]. Wirken Umlaufsspannungen, so ist die Definition sowohl eines Potentials wie einer eindeutigen Spannung zwischen den Belegungen unmöglich. Denn je nach dem gewählten Integrationswege ergeben sich andere Spannungswerte. Diese Vieldeutigkeit der Spannung muß durch willkürliche Vorschrift des Integrationsweges behoben werden.

Von den möglichen Wegen dieser Art sei die Kurve nach Abb. 20 gewählt: sie beginnt am Zuführungsdrahte einer Belegung, läuft innerhalb der Belegung bis zum Rande, geht von dort längs einer Kraftlinie zur anderen Belegung über und kehrt zum Abführungsdrahte zurück. Das längs der genannten Kurve erstreckte Linienintegral der elektrischen Feldstärke heißt dynamische Spannung E_d.

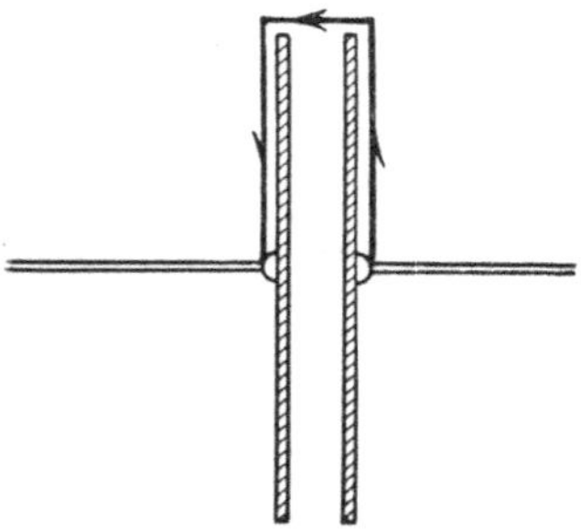

Abb. 20. Zur Definition der dynamischen Kapazität.

Die dynamische Spannung setzt sich aus den zwei Ohmschen Spannungen in den Belegungen und der Randfeldspannung im Dielektrikum zusammen. Die Ohmsche Spannung wird durch den Ladestrom verursacht, dem das Leitermaterial der Belegungen einen endlichen Widerstand entgegenstellt; sie ist indessen in allen praktischen Fällen unmeßbar klein, so daß die dynamische Spannung mit der Randfeldspannung übereinstimmt.

Bei einem Mehrleitersystem können die Bahnen der elektrischen und magnetischen Verschiebungsströme erst nach Lösung der Strahlungsgleichungen angegeben werden („Leitungsgerichtete Strahlung“). Das gleiche gilt demgemäß für die dynamischen Spannungen.

30. Wirksame Kapazität. Gleichzeitig mit der Spannung wird die Kapazität des Kondensators bei elektrodynamischen Vorgängen vieldeutig. Da aber die Ladung eindeutig durch das Integral

$$Q = \int \mathfrak{D}\, df$$

bestimmt bleibt, kann mit Hilfe der dynamischen Spannung eine Größe

$$C_w = \frac{Q}{E_d} \tag{39}$$

definiert werden, welche wirksame Kapazität heißt.

Durch die Einführung der wirksamen Kapazität gleicht die Beziehung zwischen Spannung und Ladung

$$Q = C_w \cdot E_d$$

der statischen Beziehung (1).

Wenn während des dynamischen Vorgangs C_w konstant ist, liefert die Differentiation von (39)

$$J = \frac{dQ}{dt} = C_w \frac{dE_d}{dt}. \tag{40}$$

Nach Ersatz der statischen Spannung und Kapazität durch die dynamischen Größen ist somit die Feldänderung beim Übergang von statischen zu dynamischen Vorgängen erschöpfend berücksichtigt.

Der Vergleich zwischen statischer Kapazität C und wirksamer Kapazität C_w hat neben der verschiedenen Spannungs definition die veränderte Größe der Ladung zu berücksichtigen. Das Verhältnis von wirksamer und statischer Kapazität heißt Frequenzfaktor:

$$\varkappa_f = \frac{C_w}{C}. \tag{41}$$

Grundgesetze.

31. Dielektrische Nachwirkung. Bei zahlreichen Stoffen, die als Träger elektrischer Verschiebungsströme verwendet werden, gibt die Dielektrizitätskonstante die dynamische Beziehung zwischen elektrischer Feldstärke und Induktion unvollständig wieder. Die Beobachtung lehrt, daß zuweilen die Entstehung der Induktion eine endliche Zeit hinter dem Entstehen des Feldes F nachhinkt.

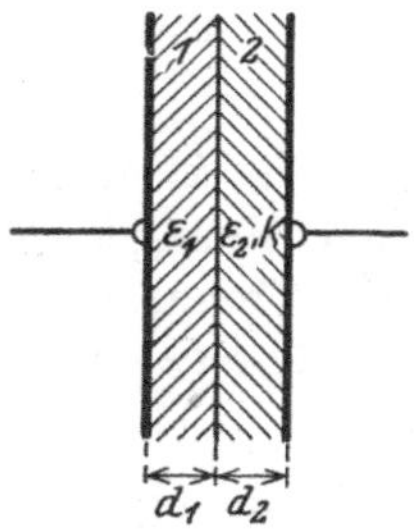

Abb. 21. Schema des Zweischichtenkondensators.

Diese Erscheinung wird als dielektrische Nachwirkung bezeichnet. Ihre Ursachen sind nicht genau bekannt. Doch gelangt man zu einer befriedigenden Darstellung der Beobachtungen durch Annahme inhomogener leitender Teilchen, welche in das im übrigen nichtleitende Dielektrikum eingelagert sind. Ein einfaches Modell eines derartigen Dielektrikums bildet der Zweischichtenkondensator nach Abb. 21. Er besteht aus einer vollkommen dielektrischen Schicht *1* der Durchlässigkeit ε_1 und der Dicke d_1 in Reihe mit einer halbleitenden Schicht *2* der Durchlässigkeit ε_2, der Leitfähigkeit $\varkappa$ und der Dicke d_2.

Beim Anlegen der konstanten Spannung E an den Zweischichtenkondensator entstehen die Felder $\mathfrak{E}_1$ und $\mathfrak{E}_2$, wobei nach der Definition der Spannung in jedem Augenblicke

$$E = \mathfrak{E}_1 d_1 + \mathfrak{E}_2 d_2 \tag{42}$$

gilt. $\mathfrak{E}_1$ hat in Schicht *1* die wahre Stromdichte

$$\mathfrak{c}_1 = \frac{\partial \mathfrak{D}_1}{\partial t} = \varepsilon_1 \frac{\partial \mathfrak{E}_1}{\partial t} \tag{43 a}$$

zur Folge, während $\mathfrak{E}_2$ die wahre Stromdichte

$$\mathfrak{c}_2 = \frac{\partial \mathfrak{D}_2}{\partial t} + \mathfrak{i}_2 = \varepsilon_2 \frac{\partial \mathfrak{E}_2}{\partial t} + \varkappa \mathfrak{E}_2 \tag{43 b}$$

erzeugt. Das Kontinuitätsgesetz des wahren Stromes verlangt

$$\mathfrak{c}_1 = \mathfrak{c}_2; \qquad \varepsilon_1 \frac{\partial \mathfrak{E}_1}{\partial t} = \varepsilon_2 \frac{\partial \mathfrak{E}_2}{\partial t} + \varkappa \mathfrak{E}_2. \tag{44}$$

Für den zeitlichen Feldverlauf resultieren die Gleichungen

$$\left.\begin{aligned}\left(\varepsilon_1 + \varepsilon_2 \frac{d_1}{d_2}\right)\frac{\partial \mathfrak{E}_1}{\partial t} + \varkappa \frac{d_1}{d_2}\mathfrak{E}_1 &= \varkappa \frac{E}{d_2}, \\ \left(\varepsilon_1 + \varepsilon_2 \frac{d_1}{d_2}\right)\frac{\partial \mathfrak{E}_2}{\partial t} + \varkappa \frac{d_1}{d_2}\mathfrak{E}_2 &= 0,\end{aligned}\right\} \tag{45}$$

deren Lösungen

$$\left.\begin{aligned}\mathfrak{E}_1 &= \frac{E}{d_1} + \mathfrak{E}_{1_0} e^{-\frac{\varkappa d_1}{\varepsilon_1 d_2 + \varepsilon_2 d_1}\cdot t}, \\ \mathfrak{E}_2 &= \mathfrak{E}_{2_0} e^{-\frac{\varkappa d_1}{\varepsilon_1 d_2 + \varepsilon_2 d_1}\cdot t}\end{aligned}\right\} \tag{45 a}$$

lauten. Als Maß der Aufbaugeschwindigkeit des Feldes dient die Zeitkonstante

$$T = \frac{\varepsilon_1 d_2 + \varepsilon_2 d_1}{\varkappa d_1}, \tag{46}$$

welche in ihrer Struktur die elektrodynamischen und mechanischen Abmessungen des Kondensators zusammenfaßt. Im Schaltmoment ist die Trennebene beider Schichten ladungsfrei:

Für $t = 0$

$$\varepsilon_1 \mathfrak{E}_1 = \varepsilon_2 \mathfrak{E}_2 . \tag{47}$$

Hiermit ergeben sich leicht die Werte

$$\left.\begin{aligned}\mathfrak{E}_{1_0} &= -\frac{E}{d_1}\cdot\frac{\varepsilon_1 d_2}{\varepsilon_1 d_2 + d_1 \varepsilon_2}, \\ \mathfrak{E}_{2_0} &= \frac{E}{d_2}\cdot\frac{\varepsilon_1 d_2}{\varepsilon_1 d_2 + d_1 \varepsilon_2}\end{aligned}\right\} \tag{48}$$

und also

$$(\mathfrak{E}_1)_{t=0} = \frac{E}{d_1} + \mathfrak{E}_{1_0} = E\frac{\varepsilon_2}{\varepsilon_1 d_2 + d_1 \varepsilon_2}; \quad (\mathfrak{E}_2)_{t=0} = E\frac{\varepsilon_1}{\varepsilon_1 d_2 + d_1 \varepsilon_2}. \tag{45 b}$$

Die Feldstärken verteilen sich also zunächst im umgekehrten Verhältnis der Durchlässigkeiten, die Ladungen beider Belegungen sind gleich (Abb. 22). Durch den in Schicht *2* einsetzenden Leitungsstrom wird die Ladung von der Belegung, welche Schicht *2* benachbart ist, abgebaut und an der Trennebene der Schichten *1* und *2* abgelagert. Die Ladung der Belegung *1* nimmt hierbei exponentiell zu.

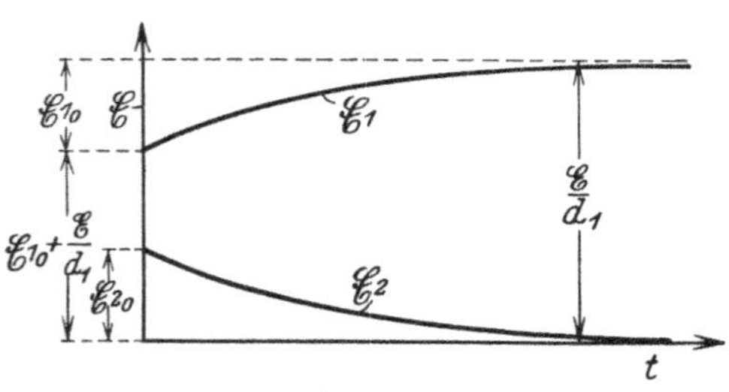

Abb. 22. Zeitlicher Verlauf des Feldes im Zweischichtenkondensator.

Wir setzen die Anfangsladung

$$(\mathfrak{D}_1)_{t=0} = E \cdot \frac{\varepsilon_1 \varepsilon_2}{\varepsilon_1 d_2 + \varepsilon_2 d_1} = E \cdot \frac{\varepsilon_0}{d_1 + d_2}; \quad \varepsilon_0 = \frac{(\varepsilon_1 \varepsilon_2)(d_1 + d_2)}{\varepsilon_1 d_2 + d_1 \varepsilon_2}, \tag{49}$$

wo wir die Größe ε_0 als Anfangsdurchlässigkeit des Zweischichtenkondensators bezeichnen. Für die Endladung erhalten wir

$$\left.\begin{aligned} (\mathfrak{D}_1)_{t=\infty} &= (\varepsilon_1 \cdot \mathfrak{E}_1)_{t=\infty} = E \cdot \frac{\varepsilon_1}{d_1} = E \cdot \frac{\varepsilon_\infty}{d_1 + d_2}; \\ \varepsilon_\infty &= \frac{\varepsilon_1 (d_1 + d_2)}{d_1} = \frac{\varepsilon_1 \varepsilon_2 (d_1 + d_2)}{\varepsilon_2 d_1}, \end{aligned}\right\} \tag{50}$$

wo ε_∞ die statische Durchlässigkeit des Zweischichtenkondensators heiße. Mit den Begriffen der Anfangsdurchlässigkeit und der statischen Durchlässigkeit können wir für den zeitlichen Verlauf der Ladungsdichte $\mathfrak{D}_1$ schreiben:

$$\mathfrak{D}_1 = \left(\frac{E}{d_1 + d_2}\right)\left[\varepsilon_\infty - (\varepsilon_\infty - \varepsilon_0) \cdot e^{-\frac{t}{T}}\right] = \frac{E}{d_1 + d_2} \cdot \varepsilon_\infty \left[1 - \frac{\varepsilon_\infty - \varepsilon_0}{\varepsilon_\infty} e^{-\frac{t}{T}}\right]. \tag{51}$$

Da $\frac{E}{d_1 + d_2}$ die scheinbare Feldstärke des Kondensators ist, kommt aus (50) formal

$$\mathfrak{D}_1 = \mathfrak{E} \cdot \varepsilon_\infty \left[1 - \frac{\varepsilon_\infty - \varepsilon_0}{\varepsilon_\infty} e^{-\frac{t}{T}}\right]. \tag{51a}$$

Abb. 23. Wir legen diese Gleichung als Nachwirkungsgesetz den Vorgängen in unvollkommenen Dielektriken durch den Ansatz

$$\mathfrak{D}_t = \varepsilon \cdot \mathfrak{E} \left(1 - K \cdot e^{-\frac{t}{T}}\right) \tag{51b}$$

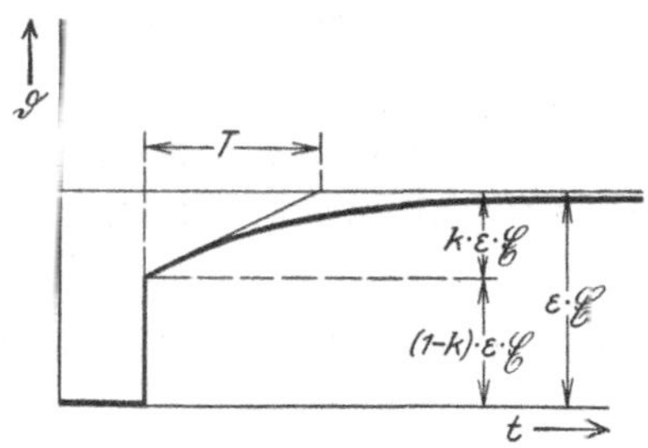

Abb. 23. Entstehung der elektrischen Induktion in einem unvollkommenen Dielektrikum.

Hierin bedeutet T eine Materialkonstante, welche von Zahl und Eigenschaft der eingelagerten Leiterteilchen abhängt; sie besitzt die Dimension einer Zeit und heißt die dielektrische Zeitkonstante. Der Wert der dielektrischen Zeitkonstante kann bei unseren augenblicklichen Kenntnissen nur versuchsmäßig bestimmt werden.

Für sinusartig veränderliche Felder von hoher Frequenz bedarf das Gesetz (51b) einer Erweiterung. Für die Feldstärke sei die Zeitfunktion

$$\mathfrak{E} = \mathfrak{E}_{\max} \cdot \sin \omega t \tag{52}$$

vorgegeben. Diese Voraussetzung entspricht dem Anlegen einer sinusförmig veränderlichen Spannung an die Kondensatorbelegungen.

Zur Anwendung des Nachwirkungsgesetzes ersetzen wir die stetige Feldänderung (52) durch eine absatzweise unstetig verlaufende Feldänderung: Die den Feldverlauf darstellende Sinuskurve wird durch einen Treppenzug entsprechend Abb. 24 angenähert. Die dielektrische Nachwirkung der Elementarschaltvorgänge, welche den Treppenstufen entsprechen, findet wegen der Linearität der Gl. (45) unabhängig von

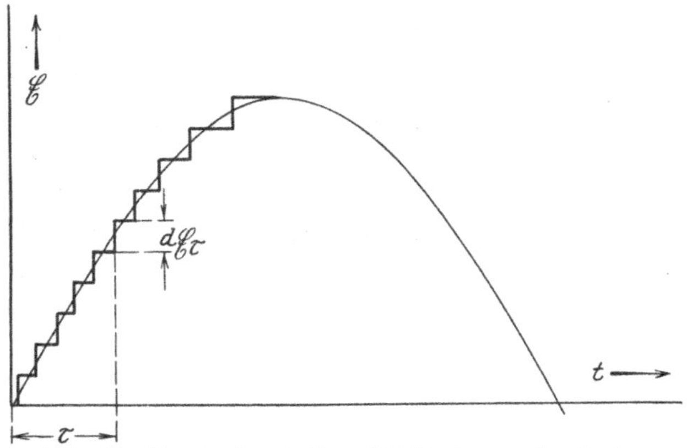

Abb. 24. Ersatz der stetigen Feldänderung durch eine absatzweise unstetig verlaufende Feldänderung.

sämtlichen vorangegangenen Nachwirkungsvorgängen statt. Eine zur Zeit τ stattfindende Feldänderung $d\mathfrak{E}_\tau$ bewirkt demgemäß mit Rücksicht auf (51 b) die Induktionsänderung

$$d\mathfrak{D}_\tau = \varepsilon \cdot d\mathfrak{E}_\tau \cdot (1 - K), \tag{51 c}$$

welche mit wachsender Zeit nach

$$d\mathfrak{D}_{t-\tau} = \varepsilon \cdot d\mathfrak{E}_\tau \cdot \left(1 - K \cdot e^{-\frac{t-\tau}{T}}\right) \tag{51 d}$$

verläuft. Um die zur Zeit t insgesamt vorhandene Induktion zu berechnen, ist über alle zwischen $\tau = 0$ und $\tau = t$ liegenden Elementarschaltvorgänge zu integrieren, so daß

$$\mathfrak{D}_t = \int\limits_{\tau=0}^{t} \varepsilon\, d\mathfrak{E}_\tau \cdot \left(1 - K\, e^{-\frac{t-\tau}{T}}\right) \tag{51 e}$$

entsteht.

Zur Auswertung des Integrals setzen wir nach (52)

$$d\mathfrak{E}_\tau = \mathfrak{E}_{\max} \cdot \omega \cdot \cos(\omega \cdot \tau) \cdot d\tau .$$

Also wird:

$$\mathfrak{D} = \int\limits_{\tau=0}^{t} \varepsilon \cdot \mathfrak{E}_{\max} \cdot \omega \cdot \cos(\omega\,\tau) \cdot \left(1 - K\, e^{-\frac{t-\tau}{T}}\right) \cdot d\tau .$$

Die Ausrechnung ergibt:

$$\mathfrak{D}=\varepsilon\cdot\mathfrak{E}_{\max}\cdot\sin(\omega t)-\int\limits_{\tau=0}^{t}\varepsilon\,\mathfrak{E}_{\max}\cdot\omega\cdot\cos(\omega\tau)\cdot K\cdot e^{-\frac{t-\tau}{T}}\cdot d\tau$$

$$=\varepsilon\cdot\mathfrak{E}_{\max}\cdot\sin(\omega t)-e^{-\frac{t}{T}}\cdot\int\limits_{\tau=0}^{t}\varepsilon\cdot\mathfrak{E}_{\max}\cdot\omega\cdot\cos(\omega\tau)\,K\cdot e^{\frac{\tau}{T}}\cdot d\tau$$

$$=\varepsilon\cdot\mathfrak{E}_{\max}\cdot\sin(\omega t)-e^{-\frac{t}{T}}\left| e^{\frac{\tau}{T}}\cdot\frac{\omega\sin(\omega\tau)+\frac{1}{T}\cdot\cos(\omega\tau)}{\omega^2+\frac{1}{T^2}}\right|_0^t \varepsilon\,\mathfrak{E}_{\max}\cdot\omega\cdot K$$

und nach Einsetzung der Grenzen:

$$\left.\begin{aligned}\mathfrak{D}=\varepsilon\cdot\mathfrak{E}_{\max}\cdot\sin(\omega t)-\frac{\omega^2\cdot T^2\cdot\sin(\omega t)+\omega\cdot T\cos(\omega t)}{T^2\omega^2+1}\cdot\varepsilon\,\mathfrak{E}_{\max}\cdot K\\ -\varepsilon\,\mathfrak{E}_{\max}\cdot \mathrm{K}\cdot e^{-\frac{t}{T}}\frac{\omega T}{T^2\omega^2+1}\,.\end{aligned}\right\}\tag{53}$$

Das letzte Glied stellt einen mit der Zeit verschwindenden Feldanteil dar. Im quasistationären Zustand ist dieses Glied zu streichen, und wir erhalten:

$$\mathfrak{D}=\varepsilon\cdot\mathfrak{E}_{\max}\cdot\sin(\omega t)\cdot\left(1-\frac{K\cdot\omega^2 T^2}{1+\omega^2 T^2}\right)+\varepsilon\cdot\mathfrak{E}_{\max}\cdot\cos(\omega t)\cdot\frac{\omega T K}{1+\omega^2 T^2}\,.\tag{53a}$$

Durch die Nachwirkung wird somit nicht nur das Verhältnis der Feldamplituden herabgedrückt, sondern auch eine Phasennacheilung der Induktion hinter der Feldstärke erzwungen. Beide Erscheinungen lassen sich formal durch komplexe Schreibweise zusammenfassen. Mit

$$\left.\begin{aligned}\mathfrak{D}&=\Re e(\overline{\mathfrak{D}})\\ \mathfrak{E}&=\Re e(\overline{\mathfrak{E}})\end{aligned}\right\}\tag{54}$$

wird

$$\overline{\mathfrak{D}}=\bar{\varepsilon}\cdot\overline{\mathfrak{E}}\,,\tag{55}$$

wo durch

$$\bar{\varepsilon}=\varepsilon\left[\left(1-\frac{K\,\omega^2 T^2}{1+\omega^2 T^2}\right)-j\,\frac{\omega T K}{1+\omega^2 T^2}\right]\tag{56}$$

die komplexe elektrische Durchlässigkeit des nachwirkungsbehafteten Dielektrikums definitionsweise eingeführt ist. Die Aufspaltung in Betrag und Phasenwinkel ergibt

$$\bar{\varepsilon}=|\varepsilon|\cdot e^{-j\varphi_v}\tag{56a}$$

mit

$$\left.\begin{aligned} |\varepsilon| &= \varepsilon \sqrt{\left(1 - \frac{K\,\omega^2 T^2}{1+\omega^2 T^2}\right)^2 + \frac{\omega^2 T^2 K^2}{(1+\omega^2 T^2)^2}} \\ &= \varepsilon \cdot \frac{1}{1+\omega^2 T^2} \cdot \sqrt{[1+\omega^2 T^2 (1-K)]^2 + \omega^2 T^2 K^2} \end{aligned}\right\} \tag{56b}$$

und

$$\operatorname{tg}\varphi_v = \frac{\dfrac{\omega T K}{1+\omega^2 T^2}}{1 - \dfrac{K\,\omega^2 T^2}{1+\omega^2 T^2}} = \frac{\omega T K}{1+\omega^2 T^2 (1-K)}\,. \tag{56c}$$

Die entwickelten Ausdrücke vereinfachen sich beträchtlich für sehr hohe Frequenz. Denn mit

$$\omega^2 T^2 \gg 1$$

wird

$$\bar{\varepsilon} = \varepsilon\left[(1-K) - j\,\frac{K}{\omega T}\right],$$

also

$$|\varepsilon| = \varepsilon \cdot \sqrt{(1-K)^2 + \frac{K^2}{\omega^2 T^2}} = \sim \varepsilon(1-K) \tag{56d}$$

und

$$\operatorname{tg}\varphi_v = \frac{1}{\omega T} \cdot \frac{K}{1-K}\,. \tag{56e}$$

In diesen Formeln spricht sich ein außerordentlich einfaches Gesetz aus: Indem für hohe Frequenzen der Verlustwinkel sehr klein wird, nähern sich die Eigenschaften des Dielektrikums mit der Nachwirkung K immer mehr den Eigenschaften eines vollkommenen Dielektrikums mit der nach (56d) verminderten elektrischen Durchlässigkeit. Diese Erscheinung wird dadurch erklärt, daß infolge der raschen Aufeinanderfolge der Elementarschaltvorgänge des Feldes der exponentielle Anstieg der zugehörigen Elementarinduktion nicht mehr zustande kommt.

In dem Begriff der komplexen Durchlässigkeit ist der erschöpfende Ausdruck aller Nachwirkungserscheinungen des quasistationären Zustandes gewonnen. Alle Gesetze des Kondensators mit vollkommenem Dielektrikum lassen sich daher ohne Zusatz übertragen, sofern nur stets an Stelle der Größe ε die komplexe Durchlässigkeit $\bar{\varepsilon}$ eingeführt wird. Insbesondere gilt für die auf den Belegungen angesammelte Ladung

$$Q = \int_F \mathfrak{D}\,df = \bar{\varepsilon}\int \mathfrak{E}\,df\,.$$

Das hier eingehende Flächenintegral kann erst ausgewertet werden, nachdem die Verteilung des Feldes bekannt ist. Diese Verteilung wird durch den magnetischen Verschiebungsstrom beeinflußt; ihre Ermittelung erfordert Integration der Feldgleichungen für das Innere des Kondensators.

32. Feldverdrängung. Die Rechnung soll für den einfachsten Fall des Plattenkondensators mit kreisförmigen Belegungen vom Radius R und vom Plattenabstand d durchgeführt werden.

Aus dem Dielektrikum werde ein Kreisring von der sehr kleinen Breite dr und dem Radius r herausgeschnitten. Die magnetische Umlaufsspannung längs des Kreisringes wird (Abb. 25)

$$dM = \frac{\partial(\mathfrak{H}_r \cdot r)}{\partial r} \cdot 2\pi \cdot dr.$$

Der den Ring durchsetzende Leitungsstrom verschwindet; der Verschiebungsstrom besitzt die Größe

$$dV_e = \frac{\partial}{\partial t}(\varepsilon \cdot \mathfrak{E}_r \cdot 2\pi r \cdot dr).$$

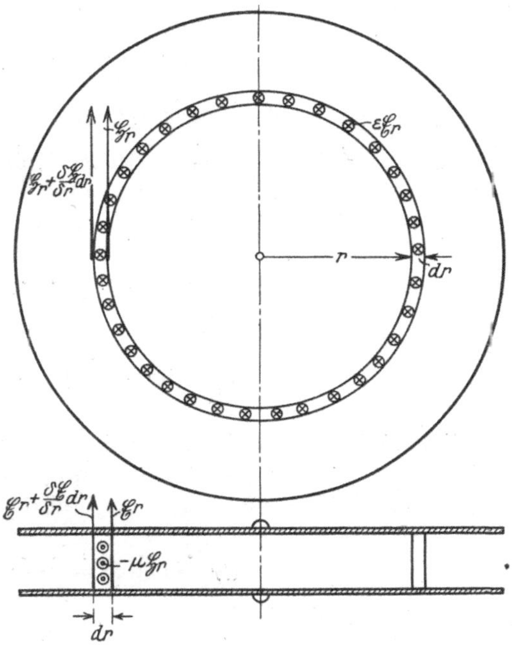

Abb. 25. Zur Aufstellung der Feldgleichungen des Kondensators.

Die Verknüpfung von magnetischer Umlaufsspannung und Verschiebungsstrom mittels des Durchflutungsgesetzes liefert

$$\frac{\partial(\mathfrak{H}_r \cdot r)}{\partial r} \equiv \frac{\partial \mathfrak{H}_r}{\partial r} \cdot r + \mathfrak{H}_r = \varepsilon \cdot r \cdot \frac{\partial \mathfrak{E}_r}{\partial t}. \tag{57}$$

Der Ohmsche Spannungsverlust in den Belegungen wird vernachlässigt.

Zwei Kraftlinien im Abstande dr (Abb. 25) liefern die elektrische Umlaufsspannung

$$dE_u = \frac{\partial \mathfrak{E}_r}{\partial r} \cdot dr \cdot d.$$

Der magnetische Induktionsfluß durch das schmale von den Kraftlinien begrenzte Rechteck ist

$$d\Phi_m = -\mathfrak{B} \cdot dr \cdot d = -\mathfrak{H} \cdot \mu \cdot dr \cdot d.$$

Demnach gibt das Induktionsgesetz

$$\frac{\partial \mathfrak{E}_r}{\partial r} = +\mu \cdot 10^{-8} \cdot \frac{\partial \mathfrak{H}}{\partial t}. \tag{58}$$

Die beiden Gl. (57) und (58) beherrschen die Ladungs- und Feldverteilung in allen Fällen zeitlicher Schwankungen. Wir wollen die Integration für den wichtigsten Fall einfach periodisch veränderlicher Felder durchführen. Demgemäß setzen wir

$$\left.\begin{aligned} \mathfrak{E} &= \mathfrak{E}_{\max} \cdot \cos \omega t = \Re e\left(\overline{\mathfrak{E}} \cdot e^{j\omega t}\right) \\ \mathfrak{H} &= \Re e\left(\overline{\mathfrak{H}} \cdot e^{j\omega t}\right), \end{aligned}\right\} \tag{59}$$

wo $\overline{\mathfrak{E}}$ und $\overline{\mathfrak{H}}$ komplexe Funktionen von r bedeuten, deren Absolutwert an jeder Stelle der Amplitude gleicht. Mit diesen Ansätzen vereinfachen sich die Ausgangsgleichungen in

$$\frac{d\overline{\mathfrak{H}}}{dr} \cdot r + \overline{\mathfrak{H}} = \varepsilon \cdot r \cdot j\omega \cdot \overline{\mathfrak{E}}, \tag{57a}$$

$$\frac{d\overline{\mathfrak{E}}}{dr} = + \mu \cdot 10^{-8} \cdot j\omega \cdot \overline{\mathfrak{H}}. \tag{58a}$$

Wir können diese Gleichungen sogleich auf das Feld des Kondensators mit dielektrischer Nachwirkung übertragen, indem in Gl. (57a) die komplexe Durchlässigkeit eingeführt wird, so daß allgemeiner

$$\frac{d\overline{\mathfrak{H}}}{dr} \cdot r + \overline{\mathfrak{H}} = \overline{\varepsilon} \cdot r \cdot j\omega\overline{\mathfrak{E}} \tag{57b}$$

zu schreiben ist.

Durch Elimination von $\mathfrak{H}$ gewinnen wir

$$\frac{d^2\overline{\mathfrak{E}}}{dr^2} + \frac{1}{r}\frac{d\overline{\mathfrak{E}}}{dr} + \overline{\varepsilon}\mu \cdot 10^{-8} \cdot \omega^2 \cdot \overline{\mathfrak{E}} = 0. \tag{60}$$

Wir setzen abkürzungsweise

$$\overline{\varepsilon}\mu \cdot 10^{-8} = \left(\frac{\overline{\varepsilon}}{\varepsilon_0}\right) \cdot \frac{1}{4\pi \cdot 9 \cdot 10^{11}} \cdot 0{,}4\pi \cdot 10^{-8} = \frac{\left(\frac{\overline{\varepsilon}}{\varepsilon_0}\right)}{9 \cdot 10^{20}} = \frac{1}{\overline{a}^2} \tag{61}$$

und erhalten für $\overline{\mathfrak{E}}$ die Besselsche Differentialgleichung

$$\frac{d^2\overline{\mathfrak{E}}}{dr^2} + \frac{1}{r}\frac{d\overline{\mathfrak{E}}}{dr} + \frac{\omega^2}{\overline{a}^2} \cdot \overline{\mathfrak{E}} = 0. \tag{60a}$$

Diese Gleichung wird gelöst durch Zylinderfunktionen 0ter Ordnung. Als eine überall endliche Lösung ist die Besselsche Funktion zu wählen, so daß für die Feldverteilung

$$\overline{\mathfrak{E}} = \overline{\mathfrak{E}}_0 \cdot J_0\left(\frac{\omega}{\overline{a}} r\right) \tag{62}$$

resultiert, wo $\overline{\mathfrak{E}}_0$ die Feldstärke in Plattenmitte ($r = 0$) bedeutet.

Die Induktion besitzt den Wert

$$\overline{\mathfrak{D}} = \overline{\varepsilon\,\mathfrak{E}} = \overline{\varepsilon\,\mathfrak{E}_0} \cdot J_0\left(\frac{\omega}{\bar{a}} r\right). \tag{63}$$

Aus einer der Belegungen werde ein Kreisring der Breite $d\,r$ ausgeschnitten. Die auf ihm befindliche Ladung beträgt

$$d\overline{Q} = 2\,\pi\,r \cdot dr \cdot \overline{\mathfrak{D}} = \overline{\varepsilon\,\mathfrak{E}_0} \cdot 2\,\pi \cdot J_0\left(\frac{\omega}{\bar{a}} r\right) r\,dr. \tag{63a}$$

Mit ihr aufs engste verknüpft ist der Leitungsstrom $\overline{I}$ in der Belegung; denn das Kontinuitätsgesetz (33c, S. 11) liefert

$$\frac{d\overline{I}}{dr} = -\frac{\partial}{\partial t}\left(\frac{d\overline{Q}}{dr}\right) = -j\,\omega \cdot \overline{\varepsilon\,\mathfrak{E}_0} \cdot 2\,\pi \cdot J_0\left(\frac{\omega}{\bar{a}} r\right) r\,dr. \tag{63b}$$

Die Integration von (63a) ergibt die Ladung auf dem Plattenteil vom Halbmesser r

$$\left.\begin{aligned} \overline{Q} &= \int_0^r d\overline{Q} = \overline{\varepsilon\,\mathfrak{E}_0} \cdot 2\,\pi \int_0^r J_0\left(\frac{\omega}{\bar{a}} r\right) r\,dr, \\ &= \overline{\varepsilon\,\mathfrak{E}_0} \cdot 2\,\pi \frac{r}{\frac{\omega}{\bar{a}}} \cdot J_1\left(\frac{\omega}{\bar{a}} r\right), \end{aligned}\right\} \tag{63c}$$

wo eine bekannte Beziehung[1]) zwischen den Besselschen Funktionen der Ordnung 1 und 0 benutzt ist. In Anwendung auf Gl. (63 b) erhalten wir

$$\overline{I} - \overline{I}_0 = -j\,\omega\,\overline{Q} = -j\,\omega\,\overline{\varepsilon\,\mathfrak{E}_0} \cdot 2\,\pi \frac{r}{\frac{\omega}{\bar{a}}} \cdot J_1\left(\frac{\omega}{\bar{a}} r\right). \tag{63d}$$

Am Plattenrand muß der Leitungsstrom identisch verschwinden; wir erhalten somit die Größe des gesamten Ladestromes

$$\overline{I}_0 = j\,\omega\,\overline{Q}_{r=R} = j\,\omega\,\overline{\varepsilon\,\mathfrak{E}_0} \cdot 2\,\pi \cdot \frac{R}{\frac{\omega}{\bar{a}}} \cdot J_1\left(\frac{\omega}{\bar{a}} R\right). \tag{63e}$$

Die dynamische Spannung folgt aus Gl. (62) zu

$$\overline{E}_d = \overline{\mathfrak{E}}_{r=R} \cdot d = \overline{\mathfrak{E}}_0 \cdot d \cdot J_0\left(\frac{\omega}{\bar{a}} R\right). \tag{64}$$

Die Verknüpfung von (64) mit (63c) liefert den Wert der dynamischen Kapazität

$$C_w = \frac{\overline{Q}_{r=R}}{\overline{E}_d} = \frac{\bar{\varepsilon}\,\pi\,R^2}{d} \cdot \frac{2}{R\frac{\omega}{\bar{a}}} \cdot \frac{J_1\left(\frac{\omega}{\bar{a}} R\right)}{J_0\left(\frac{\omega}{\bar{a}} R\right)}. \tag{65}$$

---

[1]) Jahnke-Emde: Funktionentafeln, S. 165.

1. Ist ε reell (vollkommenes Dielektrikum), so ist auch a reell, daher das Argument der Besselschen Funktion rein reell. Die Besselsche Funktion 0ter Ordnung von reellem Argument ist stets rein reell; ihren Verlauf zeigt Tafel 1. Ersichtlich nimmt die Größe der Feldstärke vom Rande nach dem Innern zu stetig zu, das Feld weicht also in seiner Verteilung vom statischen Zustande ab (Feldverdrängung), die Phase der Feldstärke ist überall im Kondensatorinnern dieselbe.

Für die dynamische Kapazität gilt

$$C_w = \frac{\varepsilon \cdot \pi \cdot R^2}{d} \cdot \frac{2}{R \cdot \frac{\omega}{a}} \cdot \frac{J_1\left(\frac{\omega}{a} \cdot R\right)}{J_0\left(\frac{\omega}{a} \cdot R\right)}. \tag{65a}$$

Hierin ist der erste Faktor

$$C = \frac{\varepsilon \pi R^2}{d}$$

die statische Kapazität. Der zweite Faktor

$$\alpha_v = \frac{2}{\frac{\omega}{a} \cdot R} \cdot \frac{J_1\left(\frac{\omega}{a} \cdot R\right)}{J_0\left(\frac{\omega}{a} \cdot R\right)} \tag{65b}$$

stellt die Korrektur des Kapazitätswertes durch die Feldverdrängung dar: den Verdrängungsfaktor.

Abb. 26 zeigt die Änderung des Verdrängungsfaktors mit wachsender Frequenz. Ersichtlich nimmt die dynamische Kapazität dauernd zu, um bei $\frac{\omega}{a} \cdot R = 2{,}4$ über alle Grenzen zu wachsen. Wir wollen die zugehörige Frequenz

$$\omega_{kr} = 2{,}4 \frac{a}{R}$$

als kritische Frequenz erster Art des Kondensators bezeichnen. Offenbar ist sie durch das Verschwinden der Funktion J_1 im Nenner des Verdrängungsfaktors definiert, d. h. der dynamischen Spannung.

Der Kondensator ist also befähigt, ohne treibende Spannung Schwingungen auszuführen. Wir finden somit Identität zwischen kritischen Frequenzen und Eigenfrequenzen. Die angegebene kritische Frequenz ist die niedrigste aus einem unbegrenzten Spektrum von Frequenzen, welche durch die Wurzeln der Gleichung $J_0\left(\frac{\omega}{a} R\right) = 0$ gegeben sind. Die ersten sechs kritischen Frequenzen sind aus Tafel 1 und Abb. 26 leicht abzugreifen.

Bei einer zweiten Gruppe ausgezeichneter Frequenzwerte wird der Verdrängungsfaktor zu Null. Als Ursache dieser Erscheinung erkennen

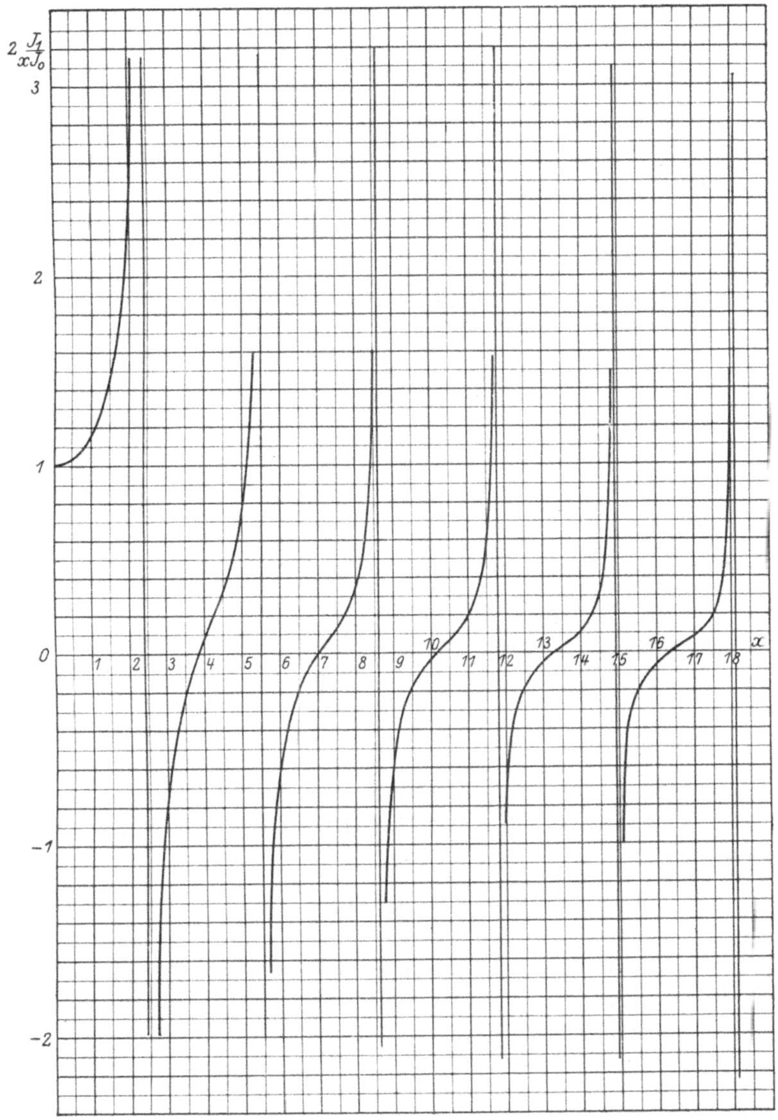

Abb. 26. Abhängigkeit des Verdrängungsfaktors von der Frequenz; $x = \frac{\omega}{a} R$.

wir das Verschwinden des Ladestromes, mit welchem gleichzeitig der Zähler in (65b) gegen Null geht. Wir nennen die hierdurch definierten Schwingungen die kritischen Schwingungen zweiter Art; offenbar sind die kritischen Frequenzen zweiter Art mit Eigenschwingungen des Kondensators identisch, welche ohne Stromzufuhr vor sich gehen.

Zahlenbeispiel:

Luftkondensator $\varepsilon = \varepsilon_0$, $R = 10\,\mathrm{cm}$, $f = 10^7/\mathrm{sec}$, $\omega = 2\pi \cdot 10^7$.

Nach (61) wird

$$a = 3 \cdot 10^{10}\,\mathrm{cm/sec},$$

demnach

$$\frac{\omega}{a} \cdot R = \frac{2\pi \cdot 10^7}{3 \cdot 10^{10}} \cdot 10 = 2{,}09 \cdot 10^{-2}.$$

Dieses Argument ist so klein, daß die Reihenentwicklung der Bessel-schen Funktionen anzuwenden sind

$$J_0(x) = 1 - \frac{(\frac{1}{2}x)^2}{(1!)^2},$$

$$J_1(x) = \frac{x}{2}\left[1 - \frac{(\frac{1}{2}x)^2}{1 \cdot 2} + \cdots\right].$$

Demnach wird

$$\alpha_v = \frac{2}{R\frac{\omega}{a}} \cdot \frac{J_1\left(\frac{\omega}{a}R\right)}{J_0\left(\frac{\omega}{a}R\right)} = \sim \frac{1 - \left(\frac{1}{2}\frac{\omega}{a}R\right)^2 \cdot \frac{1}{2}}{1 - \left(\frac{1}{2}\frac{\omega}{a}R\right)^2} = 1 + \frac{1}{2}\left(\frac{1}{2}\frac{\omega}{a}R\right)^2$$

$$= 1 + \frac{1}{2} \cdot 1{,}045 \cdot 10^{-4} = 1{,}00005045.$$

Praktisch gleicht also die Kapazität bei der vorliegenden Frequenz dem statischen Werte. Die erste kritische Frequenz des Kondensators folgt aus

$$\omega = \frac{3 \cdot 10^{10} \cdot 2{,}4}{10} = 7{,}2 \cdot 10^9; \qquad f = \sim 10^9,$$

welche an der Grenze der praktisch herstellbaren Frequenzen liegt.

2. Für den Kondensator mit unvollkommenem Dielektrikum ist die ursprüngliche Gl. (65) zu benutzen. Der erste Faktor

$$\bar{C} = \frac{\bar{\varepsilon} \cdot \pi \cdot R^2}{d} = \left(\frac{\bar{\varepsilon}}{\varepsilon}\right) \cdot \frac{\varepsilon \pi R^2}{d}$$

ist gleich der statischen Kapazität des Kondensators, multipliziert mit dem Nachwirkungsfaktor

$$\alpha_n = \frac{\bar{\varepsilon}}{\varepsilon}, \tag{66}$$

welcher gemäß (56a) komplex ist. Der zweite Faktor

$$\alpha_v = \frac{2}{R \cdot \frac{\omega}{\bar{a}}} \cdot \frac{J_1\left(\frac{\omega}{\bar{a}} \cdot R\right)}{J_0\left(\frac{\omega}{\bar{a}} \cdot R\right)}, \tag{65c}$$

welcher hier die Feldverdrängung zum Ausdruck bringt, ist ebenfalls komplex. Es ist zweckmäßig, den Verdrängungsfaktor und den Nachwirkungsfaktor in den Frequenzfaktor zusammenzuziehen:

$$\alpha_f = \alpha_n \cdot \alpha_v = \frac{\bar{\varepsilon}}{\varepsilon} \cdot \frac{2}{R \cdot \frac{\omega}{\bar{a}}} \cdot \frac{J_1\left(\frac{\omega}{\bar{a}} \cdot R\right)}{J_0\left(\frac{\omega}{\bar{a}} \cdot R\right)}. \tag{67}$$

Indem wir jetzt schreiben

$$C_w = \alpha_f \cdot C,$$

sind ersichtlich in dem Frequenzfaktor die dynamischen Vorgänge im Kondensator erschöpfend zusammengefaßt. Der Frequenzfaktor ist komplex. Wir spalten ihn in Realteil und Imaginärteil mittels

$$\alpha_f = \alpha_C - j \cdot \alpha_A. \tag{67a}$$

Die Berechnung des Frequenzfaktors kann für sehr hohe Frequenz mit Rücksicht auf die Näherungsausdrücke (56d), (56c) vereinfacht werden. Vernachlässigen wir nämlich in a den imaginären Anteil, so wird

$$a = \frac{1}{3 \cdot 10^{10}} \cdot \sqrt{\frac{\varepsilon_0}{\varepsilon(1 - K)}}$$

und also

$$\left.\begin{aligned}
\alpha_f &= (1 - K) \cdot e^{-j\varphi_v} \cdot \frac{2}{R \cdot \frac{\omega}{a}} \cdot \frac{J_1\left(\frac{\omega}{a} \cdot R\right)}{J_0\left(\frac{\omega}{a} \cdot R\right)}, \\
\alpha_C &= (1 - K) \cdot \cos\varphi_v \cdot \frac{2}{R \cdot \frac{\omega}{a}} \cdot \frac{J_1\left(\frac{\omega}{a} \cdot R\right)}{J_0\left(\frac{\omega}{a} \cdot R\right)}, \\
\alpha_A &= +(1 - K) \cdot \sin\varphi_v \cdot \frac{2}{R \cdot \frac{\omega}{a}} \cdot \frac{J_1\left(\frac{\omega}{a} \cdot R\right)}{J_0\left(\frac{\omega}{a} \cdot R\right)}.
\end{aligned}\right\} \tag{67b}$$

33. Energie und Leistung. Die Energie des Feldes ist eine Funktion der Feldstruktur; zwischen statischer und dynamischer Kapazität ist zu unterscheiden:

Zur Bestimmung des Energieinhaltes eines Kondensators ist die Arbeit zu berechnen, welche der Feldaufbau erfordert. Dem Energieprinzip zufolge ist die Art der Herstellung ohne Einfluß auf das Ergebnis.

Das statische Feld kann daher ohne Beschränkung der Allgemeinheit in der Weise hergestellt werden, daß eine zeitlich langsam ansteigende Spannung E an die Kondensatorbelegungen angelegt wird. Der Ladestrom beträgt hierbei

$$J = C \frac{dE}{dt},$$

wo wegen des langsam vorausgesetzten Spannungsanstieges die statische Kapazität eingeführt ist. Die Leistung der Ladung beträgt

$$N = J \cdot E = C \cdot \frac{dE}{dt} \cdot E = C \cdot \frac{d(\frac{1}{2} E^2)}{dt}. \tag{68}$$

Durch Integration folgt die Kondensatorenergie bei der Spannung E

$$U = \int N\,dt = \int \cdot C \cdot \frac{d(\frac{1}{2} E^2)}{dt} \cdot dt = \int_0^E C \cdot d(\tfrac{1}{2} E^2)$$
$$= \tfrac{1}{2} C \cdot E^2. \tag{69}$$

Für die Berechnung von dynamischer Energie und Leistung sind der Kondensator mit vollkommenem Dielektrikum und der Kondensator mit dielektrischer Nachwirkung zu unterscheiden.

Das dynamische Feld des Kondensators mit vollkommenem Dielektrikum ist in dem Begriff der wirksamen Kapazität und dynamischen Spannung völlig erfaßt. Die Ergebnisse der Gl. (68) sind formal zu übertragen, die dynamische Leistung wird also

$$N = C_\omega \cdot \frac{dE_d}{dt} \cdot E_d. \tag{68a}$$

Schwankt E_d einfach harmonisch, so pulsiert die Energie dauernd zwischen Null und ihrem Maximalwert; der zeitliche Mittelwert der Leistung verschwindet. Das Produkt aus Strom und Spannung

$$N_b = E_d \cdot J = E_{d_{\max}} \cdot \cos\omega t \cdot \omega C_\omega \cdot E_{d_{\max}} \cdot \sin\omega t \tag{68b}$$

ist daher eine Blindleistung; wegen der Proportionalität mit der Frequenz kann sie bei Hochfrequenz gewaltige Werte erreichen.

Da der Kondensator mit vollkommenem Dielektrikum zur Aufrechterhaltung des Feldes keine Wirkleistung aufnimmt, wird er verlustfrei genannt.

Nach Überschreitung einer kritischen Frequenz wechseln C_w und N gleichzeitig das Vorzeichen. Hierin kommt das abwechselnde Überwiegen des elektrischen und magnetischen Energieanteils zum Ausdruck. Für die Größe der Energie selbst kann eine einfache Beziehung analog (69) nicht angegeben werden.

Zeigt dagegen das Dielektrikum des Kondensators Nachwirkung, so ist zunächst der Verschiebungsstrom in komplexer Form zu gewinnen

$$\bar{J} = C_d \cdot j\,\omega \cdot \bar{E}_d$$

oder mit Einführung des Frequenzfaktors in der Form (67a)

$$\bar{J} = C\,(\alpha_C - j\,\alpha_A) \cdot j\,\omega \cdot \bar{E}_d\,. \tag{70}$$

Durch Übergang zur reellen Form wird also:

$$\left.\begin{aligned} J = &-C \cdot \alpha_C \cdot \omega \cdot E_{d\max} \cdot \sin\omega t \\ &+ C \cdot \alpha_A \cdot \omega \cdot E_{d\max} \cdot \cos\omega t\,. \end{aligned}\right\} \tag{70a}$$

Der Strom besteht demnach aus einer um 90° vor der Spannung voraneilenden Komponente und einer mit ihr in Phase befindlichen. Dieses Ergebnis legt es nahe, den Kondensator mit nachwirkungsbehaftetem Dielektrikum durch die Kombination aus verlustfreiem Kondensator C und parallelgeschalteter Ableitung A' nach Abb. 27 zu ersetzen. Der Gesamtstrom durch die Ersatzkombination beträgt ersichtlich

$$\begin{aligned} J = &-C'\,\omega\,E_{\max}\sin\omega t \\ &+ A'\;E_{\max}\cos\omega t\,. \end{aligned}$$

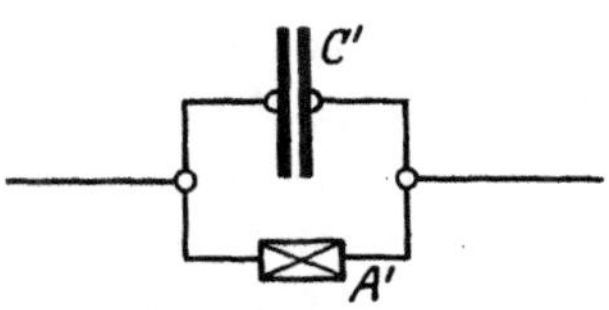

Abb. 27. Ersatzschema des Kondensators mit nachwirkungsbehaftetem Dielektrikum

Demnach ist nach Vergleich mit (70a) die Ersatzkapazität zu

$$C' = C \cdot \alpha_C$$

und die Ersatzableitung zu

$$A' = C \cdot \alpha_A \cdot \omega \tag{71}$$

zu wählen. Das Ersatzbild gestattet eine einfache Leistungsberechnung. Denn da der verlustfreie Kondensator im zeitlichen Mittel keine Leistung aufnimmt, ist allein die Ableitung A' als leistungsverzehrendes Organ zu berücksichtigen. Ihre Leistungsaufnahme folgt aus Gl. (70a) zu

$$N_{A'} = E_{d\max}^2 \cdot A' \cdot \cos^2\omega t\,. \tag{72}$$

Um von hier auf den Verlust des Kondensators zu schließen, ist A' in den Daten des Kondensators auszudrücken. Durch Verknüpfung von Gl. (71) mit (67b) wird bei Beschränkung auf sehr hohe Frequenz:

$$A' = C \cdot \omega \cdot (1 - K) \cdot \sin\varphi_e \cdot \frac{2}{R\dfrac{\omega}{a}} \cdot \frac{J_1\!\left(\dfrac{\omega}{a}R\right)}{J_0\!\left(\dfrac{\omega}{a}R\right)}\,.$$

Da hierbei φ_v als kleine Größe vorausgesetzt ist, darf der Sinus mit dem Tangens verwechselt werden, so daß mit Rücksicht auf (56c)

$$A' = C \cdot \frac{K}{T} \cdot \frac{2}{R\frac{\omega}{a}} \cdot \frac{J_1\left(\frac{\omega}{a} R\right)}{J_0\left(\frac{\omega}{a} R\right)}$$

$$= C \cdot \frac{K}{T} \cdot \alpha_v \tag{73}$$

entsteht. Demnach ist die Nachwirkung K ein unmittelbares Maß der im Kondensator verbrauchten Leistung, deren Äquivalent sich in Erwärmung des Dielektrikums wiederfindet.

c) Technik der Kondensatoren.

Ausnutzungsfähigkeit.

34. Erwärmung. Zu der stationären Erwärmung durch den Leitungsstrom in den Belegungen und den Isolationsströmen im Dielektrikum tritt im dynamischen Felde die Erwärmung durch dielektrische Nachwirkung; diese bewirkt nach Gl. (47) eine scheinbare Erhöhung der Ableitung. Im Zusammenhang mit den allgemeinen Ergebnissen der Nr. 13 finden wir also, daß die dielektrische Nachwirkung die zulässige Höchstfeldstärke des Kondensators herabdrückt.

Hochleistungskondensatoren müssen aus verlustfreien Dielektrika aufgebaut sein; hauptsächlich werden verwandt: Luft, Preßgas, Flintglas, Paraffinöl und Transformatorenöl.

Bei Kondensatoren für kleine Leistungen dagegen ist die Erwärmung stets sehr unbedeutend; soweit nicht die Forderung hohen Wirkungsgrades dies verbietet, können stark nachwirkungsbehaftete Dielektrika benutzt werden, so Glimmer, Fensterglas, Papier.

35. Beanspruchung. Über die durch Nr. 34 gegebene Höchstfeldstärke hinaus kommt jedem Kondensator eine Grenzspannung zu, nach deren Überschreitung das Dielektrikum elektrisch zerstört wird (Durchbruchsspannung).

In engstem Zusammenhang mit der Erwärmung steht der Durchbruch fester Dielektrika. Ungenügende Wärmeabfuhr führt zu fortgesetzter Steigerung der Temperatur, welche ihrerseits eine Zunahme der Verluste zur Folge haben kann. Die Temperatur steigt, bis bei beginnender Verkohlung des Dielektrikums ein Lichtbogen das Dielektrikum durchbricht und es völlig zerstört. Notwendige Bedingung dieses thermoelektrischen Durchbruches ist ein Überschuß der elektrisch erzeugten Wärmemenge über die thermisch abführbare, durch welche der Zustand des Dielektrikums instabil wird (Nr. 68).

Einem Knickvorgang ist der elektrische Durchbruch von Gasen zu vergleichen (Nr. 106). Ionen, welche stets im Gase enthalten sind, werden durch die Kräfte des elektrischen Feldes beschleunigt. Oberhalb einer gewissen Geschwindigkeit erreichen die bewegten Ionen eine so große kinetische Energie, daß sie befähigt sind, elektrisch neutrale Gasmoleküle durch Stoß zu zertrümmern und hierbei neue Ionen zu erzeugen. Übertrifft die Zahl der durch Stoß erzeugten Ionen die Zahl der durch das Feld fortgeführten Ionen, so schwillt der Ionenstrom lawinenartig bis zum Lichtbogenstrom an.

Die Durchbruchsfeldstärke der Gase ist in hohem Maße von Druck und Temperatur abhängig, was sich ionentheoretisch durch die Veränderung der freien Weglänge eines Ions zwischen aufeinanderfolgenden Stößen erklärt. Für die Technik der Kondensatoren höchst bedeutsam ist die Möglichkeit, durch Kompression der Gase die freie Weglänge erheblich zu verkleinern, damit gleichzeitig die Durchbruchsfeldstärke zu erhöhen. Abb. 28 zeigt die Durchbruchsfeldstärke in Abhängigkeit vom Druck[1]).

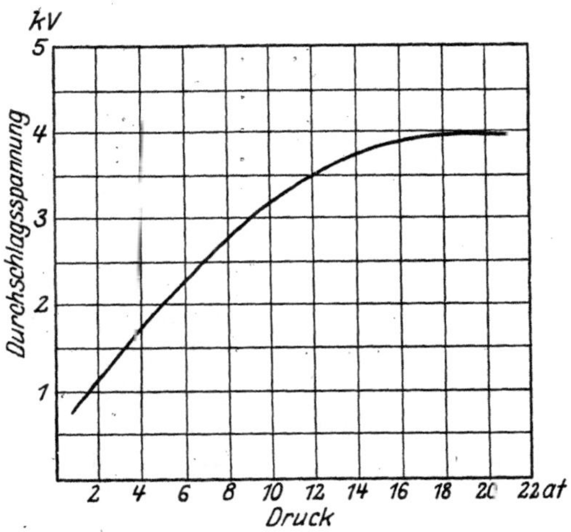

Abb. 28. Abhängigkeit der Durchschlagsspannung eines Luftkondensators vom Druck.

In stark inhomogenen Feldern kann an den höchstbeanspruchten Orten ein teilweiser Durchbruch erfolgen: Glimmstrahlen erfüllen das durchbrochene Dielektrikum. Diese Erscheinung heißt das Sprühen.

Der von Glimmstrahlen erfüllte Raum ist während der Dauer der Ionenströmung leitend. Die Glimmstrahlen vergrößern die leitende Kondensatorbelegung und verursachen hierdurch Kapazitätsschwankungen. Mit dem Sprühen ist eine Wärmeentwicklung verbunden, welche durch die beim Ionenstoß umgesetzte mechanische Bewegungsenergie gegeben ist. Kapazitätsschwankungen und Wärmeentwicklung sind unerwünschte Erscheinungen; das Sprühen ist daher durch Vermeidung starker Feldkonzentrationen zu unterbinden.

Die Durchbruchseigenschaften der Flüssigkeiten nähern sich denen der Gase; sie werden jedoch stark beeinflußt durch Verunreinigungen, insbesondere durch geringste Mengen Wassers, Staubpartikelchen u. a. m.

---

[1]) Nach Zenneck: Lehrbuch d. drahtl. Telegraphie, 4. Aufl. S. 70.

Eine Zusammenstellung bringt die folgende

Zahlentafel 5. Elektrische Festigkeit.

Stoff	Durchbruchsfeldstärke KV/cm	Bemerkungen
Alkaliglas .	1300	
Glimmer . .	600	
Hartgummi	1000	
Pertinax . .	120÷160	
Hartpapier .	200	
Preßspan .	60÷110	
Papier . . .	40÷ 90	
Papier . . .	200	geölt
Papier . . .	÷400	paraffiniert
Transformatorenöl .	÷100	Mittelwert
Paraffinöl .	÷70	
Luft bei 1 at	21	Grenzwert für große Schlagweiten

Konstruktionsgrundsätze.

Es werden Kondensatoren konstanter Kapazität und variabler Kapazität ausgeführt; als Bauformen sind Plattenkondensator und Zylinderkondensator vorherrschend.

36. Festkondensatoren. Bei Ausführung der Plattentype ist es üblich, den Kondensator aus einer großen Zahl parallelgeschalteter Elemente aufzubauen; in der Schichtungsanordnung nach Abb. 29 wird jede Belegung mit Ausnahme der beiden äußersten doppelt ausgenutzt. Es gelingt durch diese Maßnahme, den zur Erzielung hoher Kapazität notwendigen Raum außerordentlich zu reduzieren. Für Eichzwecke wird als Dielektrikum Öl oder Luft bevorzugt; sonst wird für Hochleistungskondensatoren verlustfreies Glas, für Schwachleistungszwecke Glimmer oder Papier als Dielektrikum benutzt.

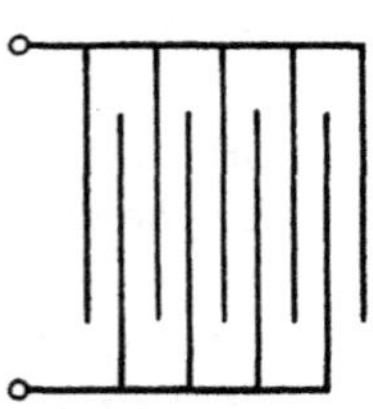

Abb. 29. Aufbau des Plattenkondensators.

Die Zylinderkondensatortype hat sich in der Form der Leidener Flasche erhalten; zwecks guter Ausnutzungsfähigkeit sind lange und dünne Flaschen auszubilden, wobei durch besonders sorgfältige elektrische Formung der Belegungsränder die zulässige Höchstfeldstärke stark heraufgesetzt werden kann; insbesondere sind Abrundung der Belegungskanten und Verstärkung des Dielektrikums in der Umgebung des Randes als wirksame Mittel konstruktiv angewandt.

37. Veränderliche Kondensatoren. Die einfachste Möglichkeit einer Veränderung der Kapazität bietet die gruppenweise Zusammenschaltung von Einzelkondensatoren, welche jedoch selten angewandt wird. Für eine stetige Variation der Kapazität ergibt sich die Möglichkeit entweder einer Änderung der Belegungsgröße oder des Belegungsabstandes.

Drehkondensatoren besitzen halbkreisförmige (Plattentype) oder halbzylindrische Belegungen (Zylindertype), welche um die geometrische Achse gegeneinander verstellt werden können. Ein wirksames Feld kann sich nur zwischen den Belegungsteilen ausbilden, die sich unmittelbar gegenüberstehen. Zählt man den Verstellungswinkel α von der Nullstellung aus, in welcher sich die verschieden polarisierten Platten diametral gegenüberstehen (Abb. 30), so ist die Belegungsfläche und

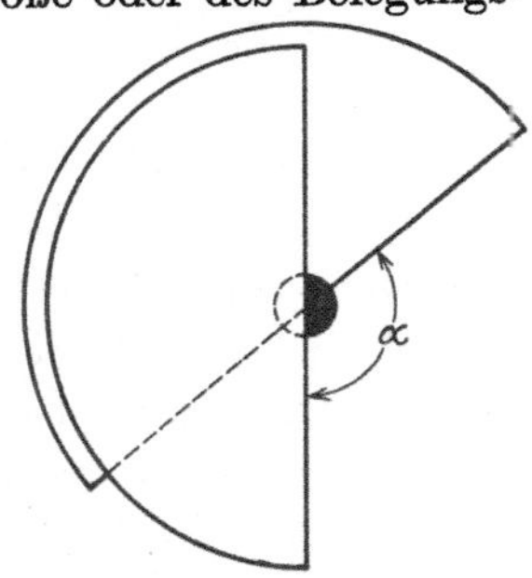

Abb. 30. Schema eines Drehkondensators.

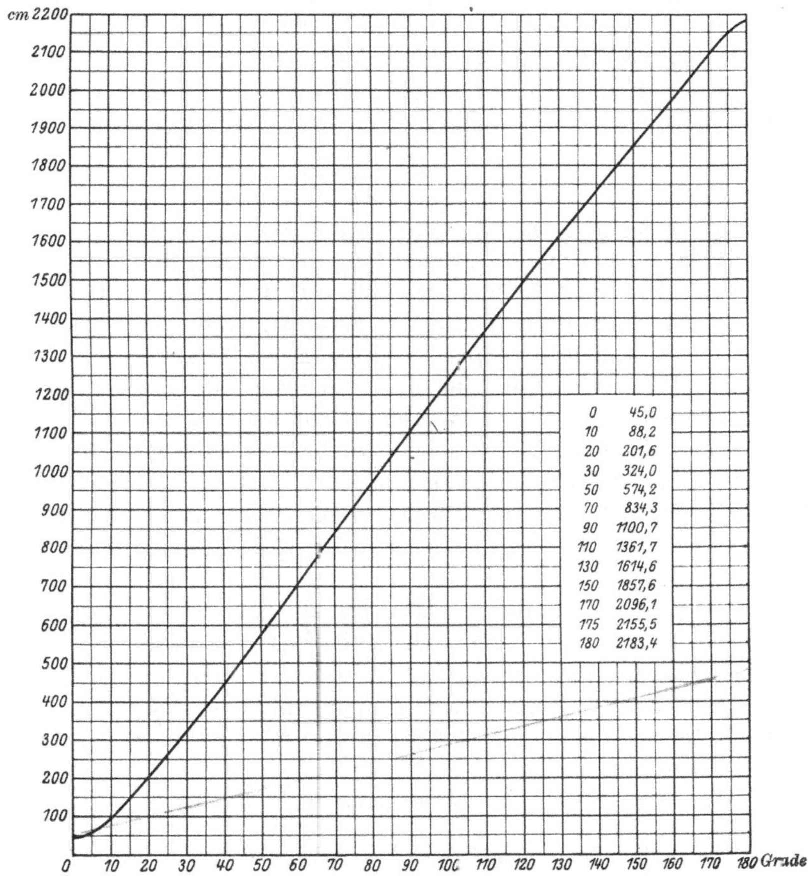

Abb. 31. Eichkurve eines Drehkondensators nach Seibt.

damit die Kapazität dem Drehwinkel annähernd proportional. Beispielsweise zeigt Abb. 31 eine Eichkurve eines Kondensators der Firma Dr. G. Seibt[1]).

2. Die Träger magnetischer Verschiebungsströme (Spulen).

Die Träger vorwiegend magnetischer Verschiebungsströme sind die Spulen. Eine Spule besteht aus einem drahtförmigen oder bandförmigen Leiter, dessen Länge die Querabmessungen um ein Vielfaches übertrifft. Das Formungsgesetz legt die größten Abmessungen der Spule fest, indem es geringe Entfernung zwischen Anfang und Ende des zur Spule gewickelten Leiters fordert.

a) Magnetostatik der Spulen.

Grundgrößen.

38. Strom. Im statischen Felde verschwindet der elektrische Verschiebungsstrom überall. Daher findet sich der wahre Strom lediglich in dem Spulenleiter samt den Zuleitungen und Ableitungen. Wir messen die wahre Strömung durch die Stromdichte $\mathfrak{i}$ im Leiterquerschnitt. Als Strom definieren wir das über einen Leiterquerschnitt erstreckte Integral

$$J = \int_F \mathfrak{i}\, df\,. \tag{1}$$

Das Kontinuitätsgesetz der stationären elektrischen Strömung verlangt die Gleichheit des Stromes längs der ganzen Spule. Unabhängig von der Wahl des Leiterquerschnittes führt daher die Definition (1) zu einem eindeutigen Werte des Stromes. Insonderheit gleicht der Strom am Anfang der Spule dem Strom am Spulenende.

39. Windung. Das einfachste Spulengebilde besteht aus einem ganz in einer Ebene verlegten sich nicht überkreuzenden Leiter. Anfang und Ende des Leiters mögen durch den kürzestmöglichen Kurvenzug verbunden werden. Die geschlossene Kontur, welche sich aus dem verbindenden Kurvenzug und der geometrischen Mittellinie des Leiters zusammensetzt, heißt die Windung der Spule. Das Areal der Windung heißt die Windungsfläche.

Die gegebene Definition läßt sich durch stetige Deformation der Spulenebene auf gekrümmte Spulenflächen übertragen.

Wir können indes die weitere Entwicklung an den praktisch wichtigsten Fall der axialsymmetrischen Spule anknüpfen, als deren wichtigste Vertreter in Abb. 32 und 33 die Flachspule und die Zylinderspule gezeichnet sind.

Wir legen durch die Spulenachse eine Meridianebene. Ohne Be-

[1]) Für die Überlassung dieser Kurve sei Herrn Dr. Seibt an dieser Stelle ergebenst gedankt.

schränkung der Allgemeinheit können als Spulenanfang und Spulenende Leiterelemente in dieser Meridianebene gewählt werden. Die im allgemeinen räumlich gekrümmte Kontur, welche beim einmaligen Umfahren der Spulenachse längs der geometrischen Leitermittellinie und Rückkehr auf dem kürzesten Wege durchlaufen wird, heißt eine Windung. Ersichtlich mißt in dieser Bezeichnungsweise die Zahl der Achsumläufe zwischen Anfang und Ende die Windungszahl der Spule.

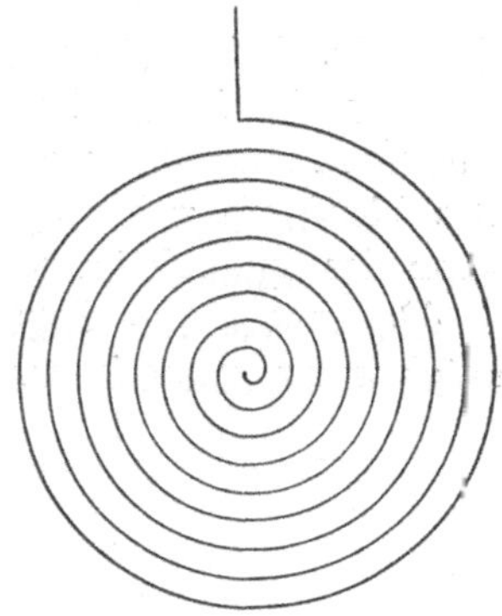

Abb. 32. Flachspule.

Windungsfläche heißt eine von einer Windung berandete Fläche, welche ebenfalls im allgemeinen räumlich gekrümmt ist.

Spulenfläche ist die Summe aller Windungsflächen.

40. Windungsfluß, Spulenfluß. Die Gesamtzahl der von einer Windung umfaßten Induktionslinien heißt der Windungsfluß

$$\Phi_w = \int_F (\mathfrak{B}\, d\mathfrak{f})\,. \qquad (2)$$

Die Größe des Windungsflusses ist unabhängig von der Wahl der Fläche F, weil die Induktionslinien nirgends entstehen oder verschwinden können. Daher ist die gegebene Definition eindeutig.

Spulenfluß ist die Summe aller Windungsflüsse einer Spule

$$\Phi = \sum \Phi_w\,. \qquad (3)$$

41. Induktivität. Das Verhältnis des Spulenflusses zum Strome ist ein quantitatives Maß des magnetischen Feldes. Der 10^8 fache Betrag dieses Verhältnisses

$$\frac{\Phi \cdot 10^8}{J} = L \qquad (4)$$

heißt Induktivität oder Selbstinduktionskoeffizient der Spule. Die Induktivität eisenfreier Spulen ist eine Konstruktionsgröße. Die Induktivität eisenhaltiger Spulen dagegen ist vermittels der Magnetisierungskurve in Abhängigkeit zur Feldstärke und daher zur Stromstärke der Spule gesetzt.

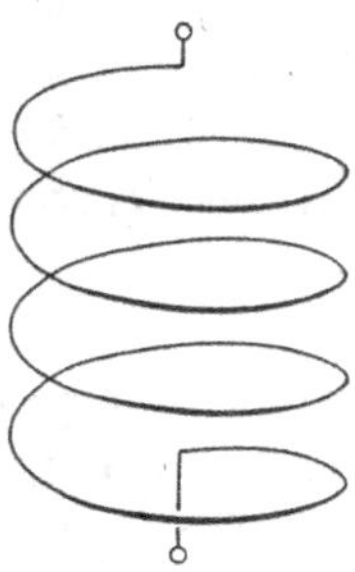

Abb. 33. Zylinderspule.

Die Einheit der Induktivität besitzt eine Spule, in welcher der Strom 1 Ampere den Induktionsfluß 1 Maxwell hervorbringt; diese Einheit heißt das Henry. Der bequemeren Rechnung halber wird in der Hochfrequenztechnik häufig der 10^9. Teil des Henry als Einheit benutzt, das Zentimeter.

Das Feld der Spulen läßt sich in die Anteile des inneren und des äußeren Feldes zerlegen. Im inneren Felde sind alle Induktionslinien zusammengefaßt, welche teilweise oder ganz den **stromführenden** Leiter durchsetzen. Das äußere Feld dagegen besteht aus der Gesamtheit jener Induktionslinien, welche ganz im stromlosen Raum verlaufen. Die dem inneren und äußeren Induktionsfluß entsprechenden Induktivitäten heißen innere und äußere Induktivität. Die innere Induktivität ist in hohem Maße von der Stromverteilung im Spulenleiter abhängig. Wie später gezeigt werden wird, verschwindet bei Hochfrequenz die innere Induktivität gegenüber der äußeren. Wir beschränken uns daher auf die Berechnung der äußeren Induktivität. Das hierdurch gekennzeichnete magnetostatische Feld ist realisiert, wenn der Spulenleiter als äußerst dünnwandiges Rohr ausgeführt ist.

42. Verkettung, Gegeninduktivität. Zwei Spulen (Abb. 34) heißen miteinander magnetisch verkettet, wenn es Induktionslinien gibt, welche dem Spulenfluß beider Spulen angehören. Wir unterscheiden die Spulen fortan als Primär- und Sekundärspule und ordnen ihnen die Indizes 1 und 2 zu.

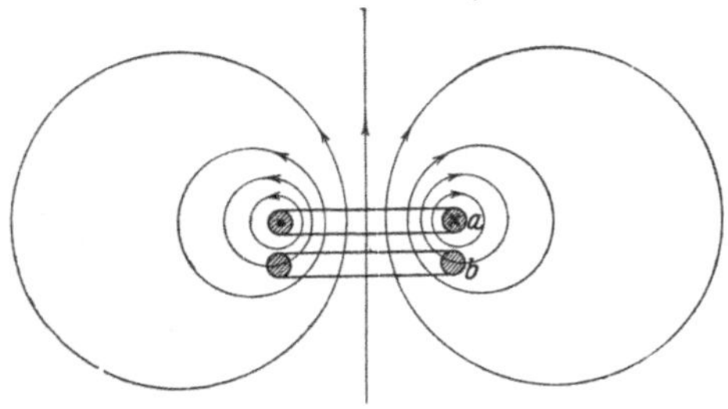

Abb. 34. Zur Definition der Spulenverkettung.

Das Durchflutungsgesetz gestattet Superposition der Primär- und Sekundärdurchflutung. Wird insbesondere die Primärspule allein durchströmt, so ist der primäre Spulenfluß gemäß Gl. (4) zu bestimmen. Den sekundären Spulenfluß $\Phi_{1,2}$ finden wir durch Integration des Feldes über die sekundäre Spulenfläche. $\Phi_{1,2}$ wird zum magnetisierenden Strome J_1 vermittels

$$\frac{\Phi_{1,2}}{J_1} \cdot 10^8 = L_{1,2} \tag{5}$$

in Beziehung gesetzt. Die Größe $L_{1,2}$ ist ein Maß der Verkettung und heißt die Gegeninduktivität der Primärspule auf die Sekundärspule.

Eine entsprechende Beziehung findet statt, wenn bei stromloser Primärspule die Sekundärspule von J_2 durchflossen wird. Der sekundäre Spulenfluß bestimmt sich durch

$$\Phi_{2,2} = L_2 \cdot J_2 \cdot 10^{-8}; \qquad L_2 = \frac{\Phi_{2,2} \cdot 10^8}{J_2} \tag{4a}$$

und der primäre Spulenfluß durch

$$\Phi_{2,1} = L_{2,1} \cdot J_2 \cdot 10^{-8}. \tag{5a}$$

Hier wird $L_{2,1}$ als Gegeninduktivität der Sekundärspule auf die Primärspule bezeichnet.

Für nichteisenhaltige Spulen gilt die Relation:

$$L_{1,2} = L_{2,1}. \tag{6}$$

Eine naheliegende Verallgemeinerung überträgt die Begriffe der Verkettung und der Gegeninduktivität auf ein System beliebig vieler Spulen.

43. Streuung. Werden Primär- und Sekundärspule gleichzeitig durchströmt, so lassen sich, wenn im Felde kein Eisen liegt, außer den Durchflutungen auch die Spulenflüsse überlagern. Den gesamten Primärspulenfluß finden wir somit zu

$$\Phi_1 = \Phi_{1,1} + \Phi_{1,2} = L_1 \cdot J_1 \cdot 10^8 + L_{2,1} \cdot J_2 \cdot 10^8 ,$$

den Sekundärspulenfluß

$$\Phi_2 = \Phi_{2,2} + \Phi_{2,1} = L_2 \cdot J_2 \cdot 10^8 + L_{1,2} \cdot J_1 \cdot 10^8 .$$

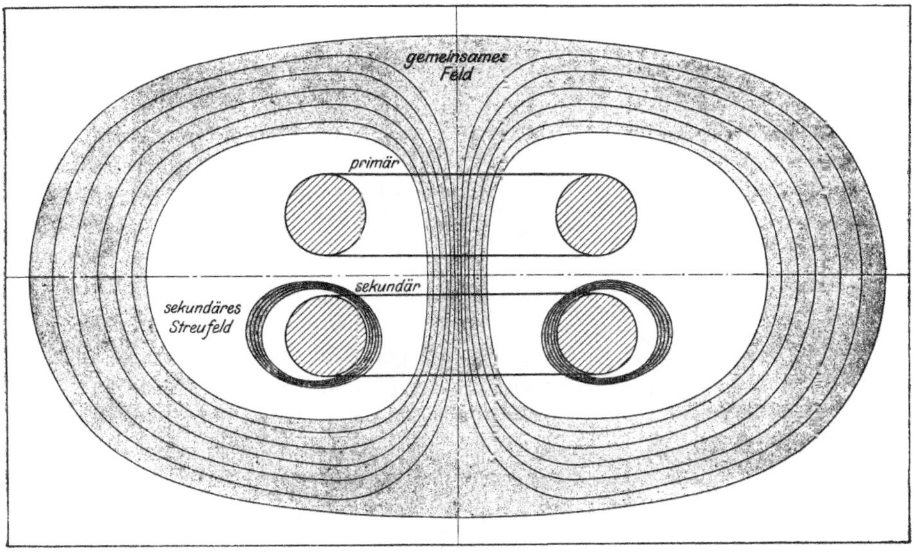

Abb. 35. Veranschaulichung des gemeinsamen und des Streuflusses zweier Spulen.

Den Inhalt dieser Gleichungen erkennt man durch Übergang von den fiktiven Einzelflüssen $\Phi_{1,1}$, $\Phi_{1,2}$, ... $\Phi_{2,1}$, $\Phi_{2,2}$ zu den realen Flüssen, welche unter der gleichzeitigen Wirkung von J_1 und J_2 resultieren.

Die einfachste Übersicht gewähren zwei Spulen mit je einer Windung (Abb. 35). Ersichtlich lassen sich die Induktionslinien in zwei Gruppen aufspalten, deren erste mit beiden Spulen, deren zweite mit je nur einer Spule verkettet ist. Wir heißen die Induktionslinien der ersten Gruppe den g e m e i n s a m e n F l u ß, die der zweiten den primären und sekundären S t r e u f l u ß.

Bei vollständiger Verkettung beider Windungen gleichen sekundärer und primärer Spulenfluß einander. Hier gilt also:

$$L_1 = L_{1,2} = L_2 .$$

Treten dagegen Streulinien auf, so übertreffen die Induktivitäten die Gegeninduktivitäten. Als Maß der Streuflüsse können die **Streuinduktivitäten** gelten, welche für die Primärspule durch

$$\left.\begin{aligned} L_{1,s} &= L_1 - L_{1,2} \\ &\text{und für die Sekundärspule durch} \\ L_{2,s} &= L_2 - L_{2,1} \end{aligned}\right\} \quad (6)$$

definiert sind. Als Maß der gesamten Streuung wird der Ausdruck

$$\frac{L_1 \cdot L_2 - L_{1,2} \cdot L_{2,1}}{L_1 \cdot L_2} = \sigma \quad (7)$$

benutzt, wo σ der **totale Streukoeffizient** heißt. Durch Ausdivision erhält man eine äquivalente Darstellung

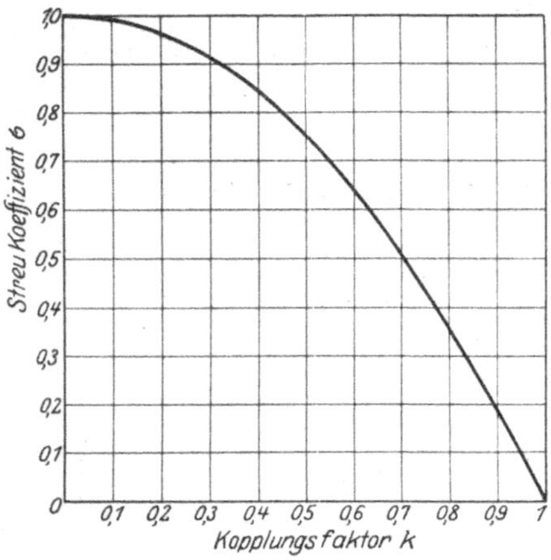

Abb. 36. Beziehung zwischen Streukoeffizient und Kopplungsfaktor.

$$1 - \frac{L_{1,2} \cdot L_{2,1}}{L_1 \cdot L_2} = 1 - k^2; \quad \frac{L_{1,2} \cdot L_{2,1}}{L_1 \cdot L_2} = k^2. \quad (7a)$$

Die Größe k wird **Kopplungsfaktor** genannt. Die Beziehung zwischen k und σ zeigt Abb. 36. Besitzen die Spulen mehrere Windungen, so versagt die einfache Darstellung (6). Es wird daher Gl. (7) **definitionsweise** übernommen.

Besondere Formen.

44. Die Toroidspule. Diese Spulenform entsteht, wenn die Spulenachse zu einem Vollkreise vom Radius R zusammengebogen wird (Abb. 37). Die Windungen besitzen die überall gleiche Flächengröße F, die Windungszahl sei w.

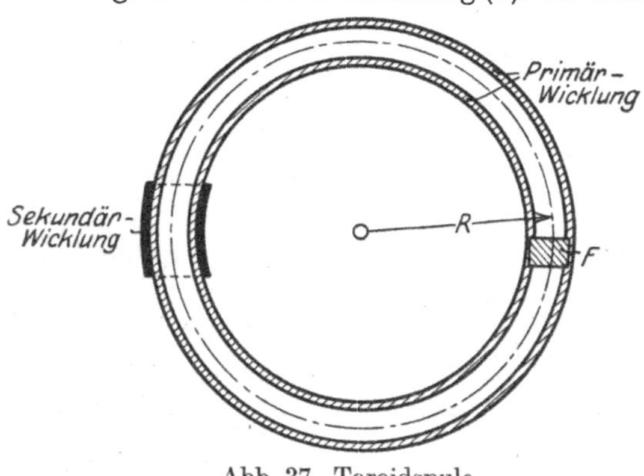

Abb. 37. Toroidspule.

Wir setzen voraus, daß R gegen die linearen Abmessungen einer Windungsfläche sehr groß sei. Die Bewickelung sei so dicht, daß die Spulenwindungen in ihrer Gesamtheit die Oberfläche eines Toroids ausfüllen.

Das Feld konzentriert sich in den von den Windungen umschlossenen Raum. Sämtliche Kraftlinien und daher auch sämtliche Induktionslinien sind aus Symmetriegründen Kreise. Der Betrag der Feldstärke ist im Innern des Spulenraumes merklich konstant.

Das Durchflutungsgesetz liefert die magnetische Umlaufsspannung eines in der Spulenachse gelegenen Weges

$$M = \oint \mathfrak{H}\, d\mathfrak{s} = \mathfrak{H} \cdot 2\,\pi\, R = w \cdot J\,, \tag{8}$$

wo J den Spulenstrom bedeutet. Bei der Berechnung von Induktion und Spulenfluß sind eisenhaltige und nichteisenhaltige Spulen zu unterscheiden.

Für eisenfreie Spulen ist

$$\mathfrak{B} = \mu \cdot \mathfrak{H} = 0{,}4\,\pi \cdot \mathfrak{H}\,,$$

daher nach (8)

$$\mathfrak{B} = 0{,}4\,\pi \cdot \frac{w \cdot J}{2\,\pi\, R} = 0{,}2 \cdot \frac{w \cdot J}{R}\,.$$

Der Windungsfluß wird demnach

$$\Phi_w = F \cdot \mathfrak{B} = 0{,}2 \cdot \frac{F \cdot w}{R} \cdot J\,. \tag{9}$$

Da alle Induktionslinien ganz im Innern des Spulenraumes verlaufen, ist Φ_w für alle w-Windungen gleich groß und wir erhalten den Spulenfluß

$$\Phi = w \cdot \Phi_w = 0{,}2\,\frac{F \cdot w^2}{R} \cdot J\,. \tag{10}$$

Hieraus berechnet sich die Induktivität

$$L = \frac{\Phi \cdot 10^{-8}}{J} = 2\,\frac{F \cdot w^2}{R} \cdot 10^{-9}\ \text{Henry} = 2\,\frac{F\, w^2}{R}\ \text{cm}\,. \tag{11}$$

Durch eine leichte Verallgemeinerung ergibt sich aus dieser Rechnung die Gegeninduktivität zweier konzentrischer Toroidspulen.

Abb. 37 zeigt die Anordnung. Über die bisher betrachtete „primäre" Spule ist eine „sekundäre" Spule gewickelt. Wir unterscheiden beide Spulen durch die Indizes 1 und 2.

Der vom Spulenstrom J_1 in einer sekundären Windung erzeugte Windungsfluß gleicht dem primären Windungsfluß (9). Daher finden wir den sekundären Spulenfluß

$$\Phi_2 = w_2 \cdot \Phi_w = 0{,}2\,\frac{F \cdot w_1 \cdot w_2}{R} \cdot J \tag{12}$$

und die Gegeninduktivität der primären Spule auf die sekundäre

$$L_{12} = \frac{\Phi_2}{J} \cdot 10^{-8} = 2\,\frac{F \cdot w_1 \cdot w_2}{R} \cdot 10^{-9}\ \text{Henry} = 2\,\frac{F \cdot w_1 \cdot w_2}{R}\ \text{cm}\,. \tag{13}$$

Da dieser Ausdruck in w_1 und w_2 symmetrisch ist, finden wir Gl. (6) bestätigt.

45. Die Doppelleitung. Abb. 38 zeigt die Anordnung. Die Leitung besteht aus zwei Drähten, deren Radius der Einfachheit halber für beide gleich a gesetzt werde. Der Abstand der geometrischen Leiterachsen sei d. Die Länge l der Leitung wird als groß gegenüber a und d vorausgesetzt.

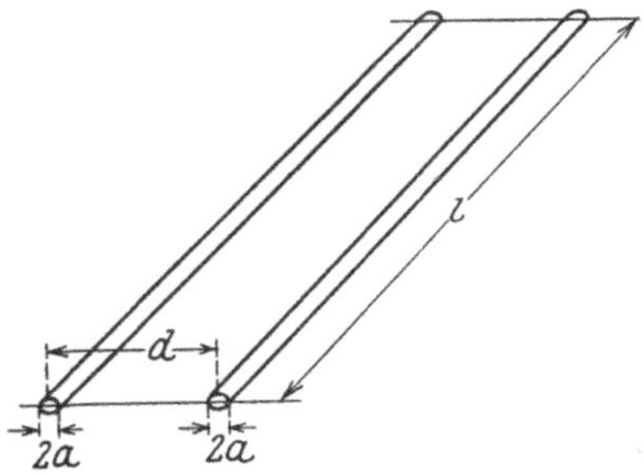

Abb. 38. Schema der Doppelleitung.

Das Feld an Anfang und Ende der Leitung wird vernachlässigt. In hinreichender Entfernung von den Enden ist das Feld in allen Ebenen senkrecht zur Leiterachse dasselbe. Abb. 39 zeigt eine Querschnittsebene. Der Strom benutzt eine Leitung als Hinleitung, die andere als Rückleitung. Das Feld wird gewonnen durch Überlagerung der von Hin- und Rückleitungsstrom erzeugten Einzelfelder.

Um den Einzelleiter schließen sich die Feldlinien in konzentrischen Kreisen. Für eine Kraftlinie vom Radius ϱ, welche den Leiter völlig umschlingt, besitzt die magnetische Spannung den Wert

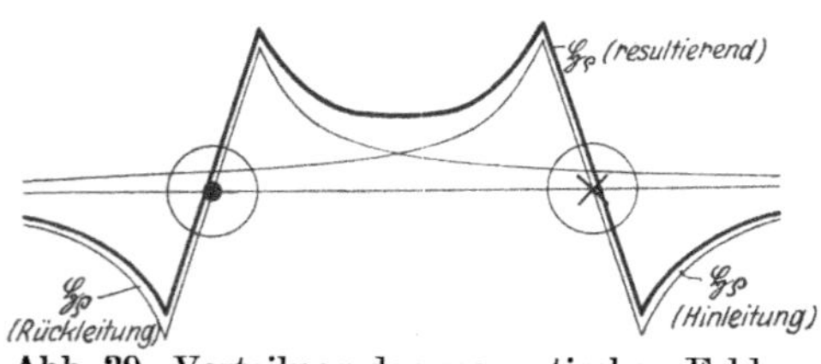

Abb. 39. Verteilung des magnetischen Feldes einer Doppelleitung.

$$M = 2\pi\varrho \cdot \mathfrak{H}_\varrho = J\,,$$

also

$$\mathfrak{H}_\varrho = \frac{J}{2\pi\varrho}\,, \tag{14}$$

wo mit $\mathfrak{H}_\varrho$ der Betrag der Feldstärke bezeichnet ist. Mit wachsendem ϱ nimmt die Feldstärke nach der in Abb. 39 gezeichneten Hyperbel ab.

Die Induktion $\mathfrak{B}_\varrho$ eisenfreier Leitungen erreicht den Wert

$$\mathfrak{B}_\varrho = 0{,}4\,\pi\,\mathfrak{H}_\varrho = 0{,}2\,\frac{J}{\varrho}\,, \tag{15}$$

während bei Leitungen mit Eisenumspinnung die Magnetisierungskurve des Umspinnungsmaterials eingeht.

Wir berechnen den Induktionsfluß durch Integration über die zwischen beiden Leitungen liegende Fläche bei Beschränkung auf eisenfreie Leitungen

$$\Phi' = \int_a^d \mathfrak{B}_\varrho \cdot d\varrho \cdot l = 0{,}2 \cdot J \cdot l \cdot \int_a^d \frac{d\varrho}{\varrho} = 0{,}2 \cdot J \cdot l \cdot \ln\frac{d}{a}\,. \tag{16}$$

Hierzu addiert sich der vom Rückleitungsstrom erzeugte Fluß von gleicher Größe, so daß der Gesamtfluß

$$\Phi = 2\,\Phi' = 0{,}4\,J \cdot l \cdot \ln \frac{d}{a} \tag{16a}$$

beträgt. Die Induktivität der Doppelleitung wird demnach

$$L = \frac{\Phi \cdot 10^{-8}}{J} = 4 \cdot l \cdot \ln \frac{d}{a} \cdot 10^{-9}\ \text{Henry} = 4\,l \cdot \ln \frac{d}{a}\ \text{cm}\,. \tag{17}$$

46. Der Kreisring. Diese Spulenform besteht aus einem zum Kreise gebogenen Draht. Das Feld dieser Spule ist durch die bisher besprochenen Verteilungen der Feldstärke nicht zu erfassen. Eine grundsätzliche Berechnungsmethode der Induktivität liefert das Biot-Savartsche Elementargesetz mittels eines doppelten Integrals, welches im vorliegenden Falle auf elliptische Funktionen führt.

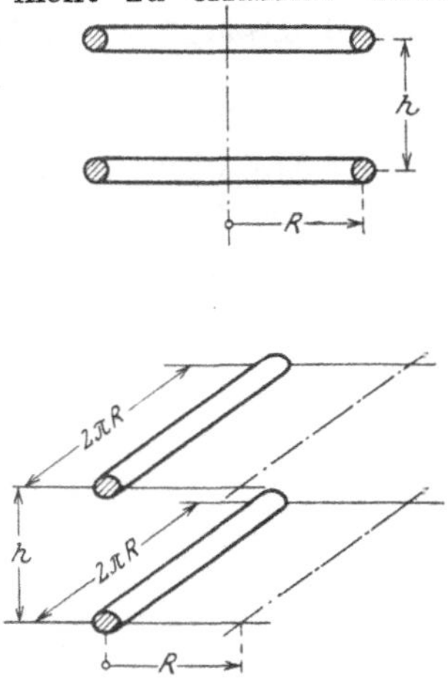

Abb. 40. Zur Berechnung der Induktivität und Gegeninduktivität des Kreisringes.

Indessen läßt sich für Kreisringe, deren Ringradius groß ist gegen die linearen Querschnittsabmessungen, eine brauchbare Näherung auf elementarem Wege gewinnen. Denn hier liefert ersichtlich das Feld in unmittelbarer Umgebung des Drahtes den Hauptanteil des Windungsflusses. Die Näherungsdarstellung vernachlässigt die Krümmung des Ringes und vergleicht das Feld des Kreisringes mit dem Felde eines geraden Leiters, dessen Länge mit der Peripherie des Kreises übereinstimmt. Hierdurch ist das Feld des Kreisringes auf den in Nr. 45 behandelten Fall zurückgeführt, in welchem die Feldstärke umgekehrt proportional der Entfernung von der Leiterachse abnimmt. Als magnetisches Ersatzbild des Kreisringes erhalten wir das in Abb. 40 gezeichnete Rechteck der Länge $2\,\pi\,R$ und der Breite R, dessen Längsseite durch das endliche Stromstück des gerade gereckten Leiters gebildet ist. Der genäherte Windungsfluß wird somit gegeben durch die Induktionslinienzahl, welche von dem Stromstück durch die Rechtecksfläche getrieben wird; nach (16) gilt

$$\Phi = 0{,}2 \cdot J \int_a^R 2\,\pi\,R \cdot \frac{d\varrho}{\varrho} = 0{,}2 \cdot J \cdot 2\,\pi\,R \ln \frac{R}{a}\,. \tag{18}$$

Für die Induktivität des Kreisringes gewinnen wir somit die Näherungsformel

$$L = \frac{\Phi}{J} \cdot 10^{-8} = 4\,\pi\,R \ln \frac{R}{a} \cdot 10^{-9}\ \text{Henry} = 4\,\pi\,R \ln \frac{R}{a}\ \text{cm}\,. \tag{19}$$

Auf ähnliche Weise berechnen wir die Gegeninduktivität zweier in der gleichen Ebene liegender Kreisringe. Es sei R_1 der Radius des primären

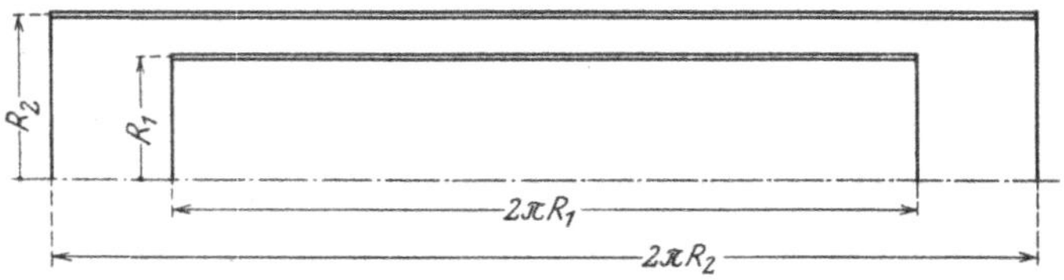

Abb. 41. Ersatzschema zur Bestimmung der Gegeninduktivität zweier Kreisringe.

Ringes, $R_2 > R_1$ der Radius des sekundären Ringes. Das System der zwei Kreise wird ersetzt durch das System zweier Rechtecke der Längen $2\,\pi\,R_1$ und $2\,\pi\,R_2$ und der Breiten R_1 und R_2, welche mit zwei Längsseiten gemäß Abb. 41 aneinander stoßen.

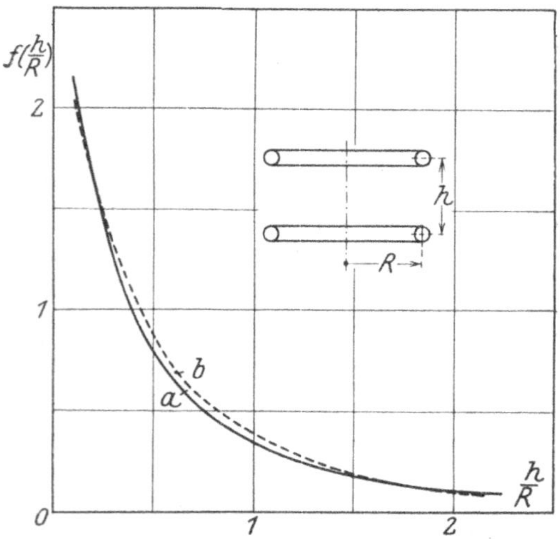

Abb. 42. Gegeninduktivität paralleler Kreisringe: a) nach Gl. (21), b) strenge Formel.

Die in den Ringen kreisenden Ströme sind dabei in Stromstücke übergegangen, welche im Abstande $R_2 - R_1$ parallel liegen. Für die Berechnung des gegenseitigen Induktionsflusses ersetzen wir die Längen der beiden Rechtecke durch die Peripherielänge des mittleren Kreisringes $\pi\,(R_1 + R_2)$. Der von J_1 durch das Ersatzrechteck 2 getriebene Induktionsfluß wird durch den Ersatzleiter 1 in zwei Teile zerlegt, in welchen die Induktionslinien entgegengesetzte Richtung haben. Bei der Bildung des Gesamtflusses sind somit beide Teile voneinander abzuziehen. Wir erhalten

$$\Phi_{2,1} = 0{,}2 \cdot J \left[\int\limits_a^{R_1} \pi\,(R_1 + R_2)\,\frac{d\varrho}{\varrho} - \int\limits_a^{R_2 - R_1} \pi\,(R_1 + R_2)\,\frac{d\varrho}{\varrho} \right],$$

$$\Phi_{2,1} = 0{,}2\, J \cdot \pi (R_1 + R_2)\left[\ln \cdot \frac{R_1}{a} - \ln \frac{R_2 - R_1}{a}\right],$$

$$= 0{,}2\, J\, \pi\, (R_1 + R_2) \cdot \ln \frac{R_1}{R_2 - R_1},$$

so daß sich die Gegeninduktivität zu

$$\left.\begin{aligned} L_{2,1} = \frac{\Phi_{2,1}}{J} \cdot 10^{-8} &= 2\pi (R_1 + R_2) \ln \frac{R_1}{R_2 - R_1} \cdot 10^{-9} \text{ Henry} \\ &= 2\pi (R_1 + R_2) \ln \frac{R_1}{R_2 - R_1} \cdot \text{cm}\,. \end{aligned}\right\} \quad (20)$$

berechnet.

Die Gegeninduktivität zweier paralleler Kreisringe vom gleichen Ringradius R, welche im Abstand h voneinander angeordnet sind, läßt sich ebenfalls näherungsweise bestimmen. Abb. 40 zeigt die Anordnung der Ersatzrechtecke. Der von der Primärwindung durch die Sekundärwindung getriebene Induktionsfluß wird durch die beiden Kreiszylinder der Radien h und $\sqrt{h^2 + R^2}$ begrenzt. Nach (16) wird also der Induktionsfluß

$$\Phi_{2,1} = 0{,}2 \cdot J \cdot \int\limits_{h}^{\sqrt{h^2+R^2}} 2\pi R \frac{d\varrho}{\varrho} = 0{,}4\, \pi\, R \ln \frac{\sqrt{h^2 + R^2}}{h},$$

woher sich die Gegeninduktivität zu

$$\left.\begin{aligned} L_{2,1} = \frac{\Phi_{2,1}}{J} \cdot 10^{-8} &= 4\pi R \ln \frac{\sqrt{h^2 + R^2}}{h} \cdot 10^{-9} \text{ Henry} \\ &= 4\pi R \ln \frac{\sqrt{h^2 + R^2}}{h} \text{ cm} \end{aligned}\right\} \quad (21)$$

berechnet (Abb. 42).

47. Das Quadrat. Wir beschränken uns auf die Näherungsdarstellung für Quadrate, deren Seitenlänge A groß ist gegen die linearen Querschnittsabmessungen. Die Methode gleicht der in Nr. 46 angewandten: Als elektromagnetisches Ersatzbild dient ein Rechteck der Länge $4\,A$ und der Breite $\frac{A}{2}$. Der geschlossene Strom geht in das endliche Stromstück der Länge $4\,A$ über. Der Windungsfluß findet sich

$$\Phi = 0{,}2\, J \cdot \int\limits_{a}^{\frac{A}{2}} 4\, A \cdot \frac{d\varrho}{\varrho} = 0{,}8\, J \cdot A \cdot \ln \frac{A}{2a},$$

also die Induktivität

$$\left.\begin{aligned} L &= \frac{\Phi}{J}\cdot 10^{-8} = 8\,A\ln\frac{A}{2a}\cdot 10^{-9}\ \text{Henry} \\ &= 8\,A\ln\frac{A}{2a}\ \text{cm}\,. \end{aligned}\right\} \tag{22}$$

Der Induktionsfluß, welcher durch eine im Abstande h befindliche Quadratspule gleicher Größe getrieben wird, ist

$$\Phi_{1,2} = 0{,}2\,J\int\limits_{h}^{\sqrt{h^2+A^2}} 4\,A\,\frac{d\varrho}{\varrho} = 0{,}8\,J\,A\ln\frac{\sqrt{h^2+A^2}}{h}\,,$$

so daß die Gegeninduktivität

$$\left.\begin{aligned} L_{1,2} &= \frac{\Phi_{1,2}}{J}\cdot 10^{-8} = 8\,A\ln\frac{\sqrt{h^2+A^2}}{h}\cdot 10^{-9}\ \text{Henry} \\ &= 8\,A\ln\frac{\sqrt{h^2+A^2}}{h}\ \text{cm} \end{aligned}\right\} \tag{23}$$

beträgt.

48. Flachspule, Zylinderspule. Wie in Nr. 40 gezeigt, lassen sich diese Spulenformen durch Schnitt des Spulenleiters mit einer Meridianebene in Windungen aufteilen.

Es wird vorausgesetzt, daß die Ganghöhe zwischen zwei aufeinanderfolgenden Windungen klein ist gegen die Abmessungen der Windungsfläche. Diese Voraussetzung gestattet den Ersatz der aus einer Spiralkurve und einer Geraden bestehenden Kontur der Windung durch eine geschlossene, ebene, stetig in sich geschlossene Kontur. Bei den praktisch häufigsten Formen ist die so gebildete Ersatzwindung ein Kreisring oder ein Quadrat.

Die Spule besitze insgesamt w Windungen. Der Windungsfluß durch die beliebig herausgegriffene k te Windung setzt sich aus dem Eigenfluß des in k fließenden Stromes und sämtlichen mit k verketteten Gegenflüssen der übrigen Windungen zusammen

$$\Phi_k = \sum_{l=1}^{w} \Phi_{kl}$$

oder mit Einführung der Induktivität L_{kk} und der Gegeninduktivitäten L_{kl}

$$\Phi_k = \sum_{l=1}^{w} J\cdot L_{kl}\cdot 10^8\,.$$

Der gesamte Spulenfluß folgt durch Addition aller Windungsflüsse

$$\Phi = \sum_{k=1}^{w} \Phi_k = \sum_{k=1}^{w} \sum_{l=1}^{w} J \cdot L_{kl} \cdot 10^8 ,$$

so daß die Spuleninduktivität

$$L = \frac{\Phi}{J} \cdot 10^{-8} = \sum_{k=1}^{w} \sum_{l=1}^{w} L_{kl} \qquad (24)$$

wird.

Die Ausführung der Summation führt wegen des komplizierten Baues der Induktivität und der Gegeninduktivitäten zu unhandlichen Formeln. Daher ist eine Näherung zweckmäßig, bei welcher wir uns auf Zylinderspulen beschränken.

Wird in Gl. (24) die Gegeninduktivität stets durch die Windungsinduktivität L_w ersetzt, so erhalten wir den sicher zu großen Wert

$$L = \sum_{k=1}^{w} \sum_{l=1}^{w} \cdot L_w = w^2 \cdot L_w . \qquad (24\,a)$$

Ersetzen wir umgekehrt die Gegeninduktivitäten überall durch die Gegeninduktivität L_{1w} der beiden äußersten Windungen, so resultiert der sicher zu kleine Wert

$$L = \sum_{k=1}^{w} \sum_{l=1}^{w} L_{kl} = w \cdot L_w + \sum_{k=1}^{w} \sum_{l=1}^{w} \cdot L_{1w} \qquad (24\,b)$$

$$= w \cdot L_w + 2\,w\,(w-1) \cdot L_{1w} ,$$

wobei von der Symmetriebedingung $L_{1w} = L_{w1}$ Gebrauch gemacht ist. Durch Zusammenfassung von (24a) und (24b) gewinnen wir die Ungleichung:

$$w^2 \cdot L_w > L_1 > w \cdot L_w + 2\,w\,(w-1) \cdot L_{1w} . \qquad (24\,c)$$

Für Spulen, deren Windungen dicht benachbart liegen und deren axiale Länge klein ist gegen die linearen Abmessungen der Windungsfläche, sind die angegebenen Grenzen so eng, daß der Mittelwert ein brauchbares Maß der Induktivität liefert.

Einen anderen Näherungsausdruck können wir für die Spule von großer axialer Länge, das Solenoid, ableiten. Innerhalb des Solenoids ist der Windungsfluß praktisch konstant (Abb. 43). Es genügt daher, in Gl. (24) die innere Summation auszuführen, so daß

$$L = w \cdot \sum_{l=1}^{w} L_{k,l} \qquad (24\,d)$$

resultiert, unter k eine möglichst in der Mitte des Solenoids liegende Windung verstanden.

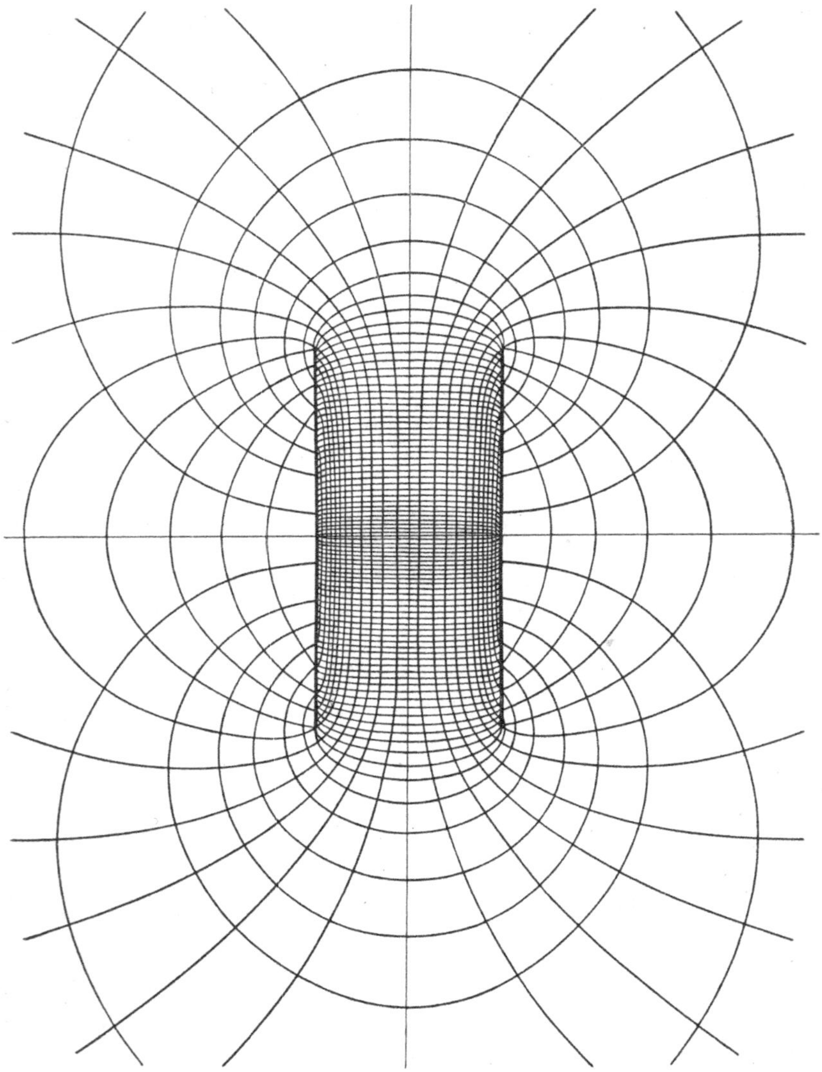

Abb. 43. Kraftlinienverlauf im Solenoid.

Die hier vorgeschriebene einfache Summation erfährt eine anschauliche Deutung durch Einführung der mittleren Windungsinduktivität

$$L_{wm} = \frac{1}{w} \cdot \sum_{l=1}^{w} L_{k,l},$$

wodurch

$$L = w^2 \cdot L_{wm}$$

entsteht. Die Berechnung der mittleren Windungsinduktivität erfolgt am besten graphisch an Hand der Abb. 42, nachdem die Summe durch ein Integral ersetzt ist. Als Grenzen sind hierbei der Ursprung und derjenige Punkt der Abszissenachse zu wählen, welcher der Achslänge des Solenoids entspricht. Die Kurve der Gegeninduktivitäten ist hierbei in der Umgebung des Ursprungs durch Eintragen der Windungsinduktivität zu ergänzen.

b) Elektrodynamik der Spulen.

Grundgrößen.

49. Magnetischer Verschiebungsstrom. Jede zeitliche Schwankung des magnetischen Feldes einer Spule bewirkt einen magnetischen Verschiebungsstrom. Der Verschiebungsstrom einer Windung berechnet sich durch Integration der Verschiebungsstromdichte $-\frac{\partial \mathfrak{B}}{\partial t} \cdot 10^{-8}$ über die Windungsfläche F

$$-\int_F \left(\frac{\partial \mathfrak{B}}{\partial t} \cdot 10^{-8} \cdot d\mathfrak{f}\right) = -\frac{d\Phi_w}{dt} \cdot 10^{-8}. \tag{35}$$

Magnetischer Verschiebungsstrom der Spule heißt das Integral des Verschiebungsstromes über die Spulenfläche.

50. Umlaufsspannung. Der magnetische Verschiebungsstrom entwickelt gemäß dem Induktionsgesetz längs jedes geschlossenen Weges eine elektrische Umlaufsspannung. Wählen wir insbesondere als geschlossenen Weg die Kontur einer Windung, so heißt das längs der gesamten Kontur bestimmte Linienintegral der elektrischen Feldstärke die Windungs-Umlaufsspannung E_{uw}.

Zwischen Windungs-Umlaufsspannung und Windungsfluß besteht die Gleichung des Induktionsgesetzes

$$E_{u_w} = -\frac{d\Phi_w}{dt} \cdot 10^{-8}. \tag{26}$$

Die Gesamtumlaufsspannung der Spule folgt in entsprechender Weise aus dem Spulenfluß

$$E_u = -\frac{d\Phi}{dt} \cdot 10^{-8}. \tag{26a}$$

51. Dynamischer Strom. Die elektrischen Umlaufsspannungen sind Ursache elektrischer Leitungs- und Verschiebungsströme, welche außerhalb der regulären Leitungsbahn quer zur Isolation des Spulenleiters verkehren können. Beim Fortschreiten längs des Leiters ändert sich daher der Spulenstrom um das Maß der elektrischen Verschiebungsströme und Isolationsströme. Der Spulenstrom wird eine Funktion des Ortes auf dem Spulenleiter.

Zur eindeutigen Definition wird festgesetzt:

Dynamischer Strom heiße der Strom, welcher dem Anfange der Spule zugeführt wird.

52. Wirksame Induktivität. Bei dynamischen Vorgängen wird der Spulenfluß auf die gleiche Weise wie bei statischen Feldern erklärt:

$$\Phi = \int_F (\mathfrak{B}\, d\mathfrak{f}),$$

wo F die Spulenfläche bedeutet. Wegen des Kontinuitätsgesetzes der magnetischen Induktionslinien ist der Spulenfluß von der Wahl der Integrationsfläche F unabhängig. Mittels des dynamischen Stromes J_d kann daher eine Größe

$$L_d = \frac{\Phi}{J_d} \cdot 10^{-8} \tag{27}$$

eingeführt werden, welche die wirksame Induktivität heißt.

Darf während des dynamischen Vorganges L_d als Konstante betrachtet werden, so liefert das Induktionsgesetz aus (27) durch Differentiation

$$E_u = -\frac{d\Phi}{dt} \cdot 10^{-8} = -L_d \frac{dJ_d}{dt}. \tag{28}$$

In den Größen der wirksamen Induktivität und des dynamischen Stromes ist die Änderung der Feldstruktur beim Übergang von statischen zu dynamischen Feldern völlig erfaßt.

Die Unterschiede zwischen statischer und dynamischer Induktivität beruhen sowohl auf der verschiedenen Stromdefinition wie auf der veränderten Verteilung der magnetischen Induktion. Beide Änderungen werden gleichzeitig berücksichtigt in dem Verhältnis der dynamischen zur statischen Induktivität

$$\alpha_f = \frac{L_d}{L}, \tag{29}$$

wo α_f der Frequenzfaktor heißt.

Grundgesetze.

53. Das dynamische Feld der einwindigen Spule. Die Berechnung der dynamischen Induktivität soll für den einfachsten Fall der einwindigen Spule durchgeführt werden.

Die Windung bestehe aus zwei geraden parallelen Drähten vom Querschnittsradius r, der Entfernung d und der Länge l, samt einem Kurzschlußbügel am Ende der Drähte (Abb. 44). Der Widerstand des Spulenleiters sei zu vernachlässigen.

Von den Randfeldern am Spulenanfang und am Kurzschluß wird abgesehen. Das Feld kann dann als paralleleben in jeder Ebene senkrecht zur Längserstreckung x der Drähte angesehen werden. Das elektrische Feld in Richtung der x-Achse wird durch die vollkommen leitenden Drähte zum Zusammenbruch gebracht. Daher verlaufen die elektrischen Feldlinien ganz in „Querschnitts"ebenen x = konst. Wir behandeln das dynamische Feld der Windung unter der Annahme, daß auch die magnetischen Feldlinien ganz in Querschnittsebenen liegen.

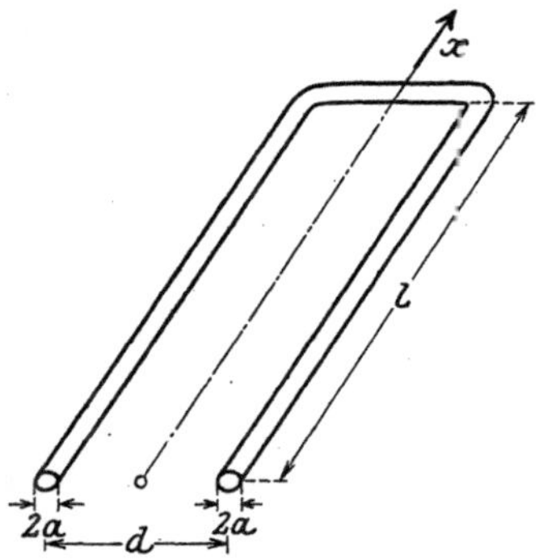

Abb. 44. Schema der einwindigen Spule.

Unter dieser Voraussetzung ist das elektrische Feld in allen Querschnittsebenen wirbelfrei, daher aus einem skalaren Potentiale φ ableitbar. Die Spannung zwischen zwei in gleicher Querschnittsebene liegenden Punkten der Drähte ist durch Integration der elektrischen Feldstärke längs einer verbindenden Kurve, die völlig in der Querschnittsebene liegt, eindeutig gegeben. Wir benutzen diese Spannung E als Maß des elektrischen Feldes und setzen sie zu der auf der Längeneinheit der Leiter liegenden Ladung q mittels der in 22 abgeleiteten Kapazität in Beziehung

$$E = \frac{q}{C} = q \cdot \frac{1}{\left(\frac{\varepsilon}{\varepsilon_0}\right)\varepsilon_0 \cdot 2\pi} \cdot \ln \frac{r^2}{d^2} = q \frac{1}{\left(\frac{\varepsilon}{\varepsilon_0}\right) \cdot \varepsilon_0 \cdot \pi} \cdot \ln \frac{r}{d}. \qquad (30)$$

Mit den elektrischen Feldlinien verläuft auch der elektrische Verschiebungsstrom vollständig in Querschnittsebenen. Die magnetische Umlaufsspannung ist daher allein durch den Leitungsstrom gegeben. Als Maß des magnetischen Feldes dient der Induktionsfluß, welcher durch ein Band von 1 cm Breite zwischen den Drähten hindurchtritt. Dieser Fluß ist mit dem Strome durch die Induktivität der Längeneinheit verknüpft (Nr. 45):

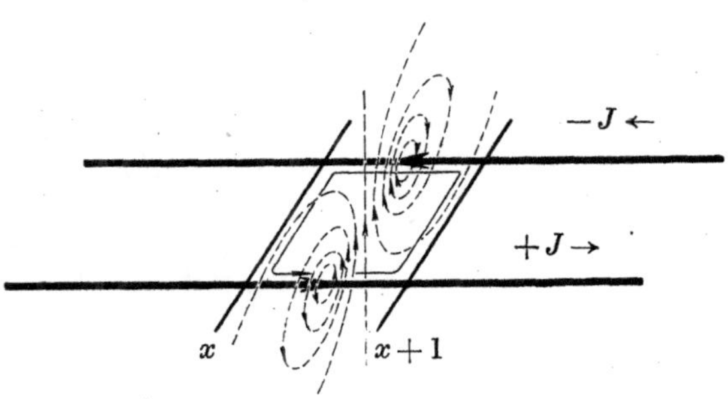

Abb. 45. Zur Anwendung des Induktionsgesetzes.

$$\Phi = J \cdot L \cdot 10^8 = 0{,}4 \ln \frac{d}{r} \cdot J . \qquad (31)$$

Die Berechtigung der aus statischen Überlegungen bestimmten Ansätze (30) und (31) mit den Feldgleichungen der Elektrodynamik kann erst mit den größeren Mitteln der Strahlungstheorie streng nachgewiesen werden.

Das Induktionsgesetz liefert die elektrische Umlaufsspannung längs eines aus der Windung geschnittenen Bandes der Länge 1 (Abb. 45)

$$\frac{\partial E}{\partial x} = -\frac{\partial \Phi}{\partial t} \cdot 10^{-8} = -L\frac{\partial J}{\partial t} = -0{,}4 \ln\frac{d}{r} \cdot 10^{-8}\frac{\partial J}{\partial t}. \qquad (32)$$

Eine zweite Beziehung zwischen Strom und Spannung liefert das Kontinuitätsgesetz der elektrischen Strömung in der Form (33c S. 11). Als Äquivalent des gesamten aus einem Zylinder von 1 cm Länge tretenden Stromes nimmt die auf der Oberfläche angesammelte Ladung ab (Abb. 46)

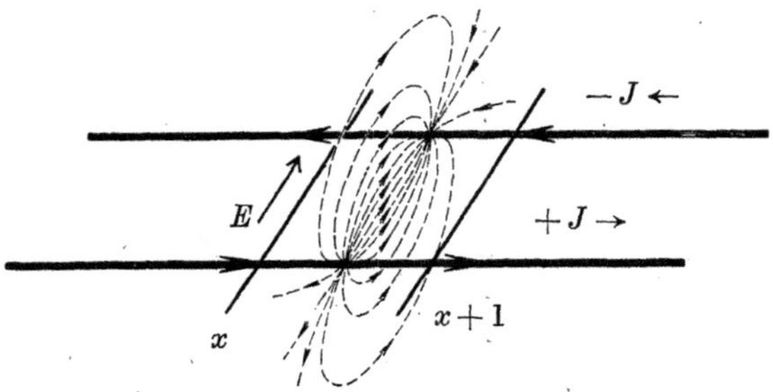

Abb. 46. Zur Anwendung des Kontinuitätsgesetzes der elektrischen Strömung.

$$\frac{\partial J}{\partial x} = -\frac{\partial q}{\partial t}, \qquad (33)$$

also mit Einführung von (30)

$$\frac{\partial J}{\partial x} = C\frac{\partial E}{\partial t} = -\left(\frac{\varepsilon}{\varepsilon_0}\right)\varepsilon_0 \cdot \frac{\pi}{\ln\frac{d}{r}} \cdot \frac{\partial E}{\partial t}. \qquad (34)$$

Wir beschränken uns auf die Untersuchung zeitlich einfach harmonischer Schwingungsvorgänge und setzen demgemäß

$$\left.\begin{aligned} J &= \Re_e(\bar{J} e^{j\omega t}) \\ E &= \Re_e(\bar{E} e^{j\omega t}), \end{aligned}\right\} \qquad (35)$$

so daß

$$\frac{d\bar{E}}{dx} = -L j\omega \bar{J} = -4 \ln\frac{d}{r} \cdot 10^{-9} j\omega \bar{J}, \qquad (32\,\text{a})$$

$$\frac{d\bar{J}}{dx} = -C j\omega \bar{E} = -\left(\frac{\varepsilon}{\varepsilon_0}\right)\varepsilon_0 \frac{\pi}{\ln\frac{d}{r}} j\omega \bar{E} \qquad (34\,\text{a})$$

resultiert. Durch Elimination von $\bar{J}$ gewinnen wir für die Spannung die Differentialgleichung

$$\left.\begin{aligned} \frac{d^2\bar{E}}{dx^2} &= -LC\omega^2 \bar{E} = -\left(\frac{\varepsilon}{\varepsilon_0}\right)\varepsilon_0 \cdot 4\pi \cdot 10^{-9} \cdot \omega^2 \cdot \bar{E} \\ &= -\frac{\omega^2}{a^2} \cdot \bar{E} \end{aligned}\right\} \qquad (36)$$

mit der Abkürzung

$$a^2 = \frac{1}{LC} = \frac{1}{\left(\frac{\varepsilon}{\varepsilon_0}\right) \cdot \varepsilon_0 \cdot 4\pi \cdot 10^{-9}} = \frac{9 \cdot 10^{20}}{\left(\frac{\varepsilon}{\varepsilon_0}\right)}. \tag{37}$$

a hat nach (36) die Dimension einer Geschwindigkeit und ist von den Abmessungen der Spule völlig unabhängig.

Die Lösungen der Gl. (36) sind

$$\bar{E} = A \cdot \sin\frac{\omega}{a} x + B \cos\frac{\omega}{a} x, \tag{38}$$

wie durch Einsetzen leicht zu verifizieren. Die Integrationskonstanten A und B werden durch die Randbedingungen bestimmt.

Die erste Randbedingung drückt den Kurzschlußzustand am Ende der Spulendrähte aus:

Für $\quad x = l \quad \text{ist} \quad \bar{E} = 0\,. \qquad$ (39a)

Hieraus folgt die Beziehung

$$\left.\begin{aligned} 0 &= A \sin\frac{\omega}{a} l + B \cos\frac{\omega}{a} l, \\ A &= -B\frac{\cos\frac{\omega}{a} l}{\sin\frac{\omega}{a} l}. \end{aligned}\right\} \tag{40}$$

Die hier auftretende Größe

$$\xi = l \cdot \frac{\omega}{a} \tag{41}$$

möge die reduzierte Spulenweite genannt werden.

Die zweite Randbedingung schreibt die Spannung E_0 am Anfang der Spule vor:

Für $\quad x = 0 \quad \text{ist} \quad \bar{E} = \bar{E}_0\,. \qquad$ (39b)

Aus Gl. (40) folgt somit

$$\bar{E}_0 = B\,. \tag{42}$$

Durch Einführung der Ausdrücke (40) und (42) in die Spannungsgleichung geht diese in

$$\left.\begin{aligned} \bar{E} &= \bar{E}_0\left(-\frac{\cos\xi}{\sin\xi}\sin\xi\frac{x}{l} + \cos\xi\frac{x}{l}\right) \\ &= \bar{E}_0 \cdot \frac{\sin\xi\left(1 - \frac{x}{l}\right)}{\sin\xi} \end{aligned}\right\} \tag{43}$$

über. Die Bedeutung dieser Gleichung wird offenbar durch Überführung in die reelle Form mittels (35)

$$\left.\begin{aligned} E &= \Re_e\left(E_0 \cdot e^{j\omega t}\frac{\sin\xi\left(1-\frac{x}{l}\right)}{\sin\xi}\right) \\ &= \frac{E_0}{\sin\xi}\cdot\cos\omega t\cdot\sin\frac{\omega}{a}(l-x)\,. \end{aligned}\right\} \tag{43a}$$

Durch Aufspaltung des Produktes der trigonometrischen Funktionen erhalten wir die äquivalente Darstellung

$$E = \frac{E_0}{\sin\xi}\,\frac{1}{2}\left[\sin\frac{\omega}{a}\{at+(l-x)\} - \sin\frac{\omega}{a}\{+at-(l-x)\}\right]. \tag{43b}$$

In dieser Gleichung ist die Zerlegung der Spannung in zwei Komponenten ausgesprochen, deren Bedeutung leicht zu übersehen ist: Bei festgehaltenem Argumente $a\,t + (l - x)$ bleibt die erste Komponente konstant, ebenso bei festem $a\,t - (l - x)$ die zweite. Mit wachsender Zeit führt somit jeder bestimmte Wert der Spannung eine Bewegung längs der x-Achse mit der Geschwindigkeit $\pm a$ aus: Die erste Komponente ist eine rückschreitende, die zweite eine fortschreitende Welle.

Die Stromgleichung ergibt sich mit Rücksicht auf (32a) durch Differentiation

$$\left.\begin{aligned} \bar{J} &= +\frac{1}{0{,}4\ln\frac{d}{r}\cdot 10^{-8}}\cdot\frac{1}{j\omega}\cdot\frac{\bar{E}_0}{\sin\xi}\cdot\frac{\xi}{l}\cdot\cos\xi\left(1-\frac{x}{l}\right), \\ &= \frac{1}{0{,}4\cdot\ln\frac{d}{r}\cdot 10^{-8}\cdot l}\cdot\frac{1}{j\omega}\cdot\frac{\xi}{\sin\xi}\cdot\bar{E}_0\cdot\cos\xi\left(1-\frac{x}{l}\right). \end{aligned}\right\} \tag{44}$$

Insbesondere erhalten wir den „dynamischen Strom“ der Spule nach seiner Definition als den Stromwert am Anfang der Drähte ($x = 0$)

$$\bar{J}_d = \frac{1}{0{,}4\ln\frac{d}{r}\cdot 10^{-8}\cdot l}\cdot\frac{1}{j\omega}\cdot\frac{\xi}{\sin\xi}\cdot\cos\xi\cdot\bar{E}_0\,. \tag{44a}$$

Der im Nenner stehende Term

$$L_s = 0{,}4\ln\frac{d}{r}\cdot 10^{-8}\cdot l \tag{45}$$

stellt die gesamte statische Induktivität der Spule dar. Durch Übergang zur reellen Form wird jetzt

$$\left.\begin{aligned} J_d &= \frac{1}{L_s\cdot\omega}\cdot\frac{\xi}{\operatorname{tg}\xi}\cdot\Re_e\left(\frac{\bar{E}_0}{j}\right), \\ &= \frac{1}{L_s\cdot\omega}\cdot\frac{\xi}{\operatorname{tg}\xi}\sin\omega t\,. \end{aligned}\right\} \tag{44b}$$

Für sehr kleine reduzierte Spulenweiten gilt

$$\frac{\xi}{\operatorname{tg}\xi} = \sim 1\,,$$

also

$$J_d = \frac{1}{L_s \cdot \omega} \sin \omega t\,. \tag{44c}$$

Hier ist also das statische Feld vorherrschend, der Strom ist in allen Leiterquerschnitten merklich derselbe, statische und dynamische Induktivität gleichen einander.

Das Gebiet kleiner reduzierter Spulenweiten wird für die üblichen Spulenabmessungen bei kleinen und mittleren Frequenzen durchlaufen. Steigt die Frequenz dagegen sehr stark an, so unterscheidet sich $\frac{\xi}{\operatorname{tg}\xi}$ merklich von der Einheit.

Einen Überblick über die hierdurch verursachten neuen Erscheinungen erhalten wir durch Ersatz der Funktion $\frac{\xi}{\operatorname{tg}\xi}$ durch die ersten zwei Glieder ihrer Reihenentwicklung

$$\frac{\xi}{\operatorname{tg}\xi} = 1 - \frac{\xi^2}{3}\,.$$

Hiermit entsteht

$$J_d = \frac{1}{L_s \cdot \omega}\left(1 - \frac{\xi^2}{3}\right) \sin \omega t = \left(\frac{1}{L_s \cdot \omega} - \frac{\omega}{L_s} \cdot \frac{l^2}{a^2} \cdot \frac{1}{3}\right) \sin \omega t\,. \tag{44d}$$

Der dynamische Strom besteht hiernach aus der hinter E_0 nacheilenden Magnetisierungskomponente

$$J_L = \frac{1}{L_s \cdot \omega} \cdot \sin \omega t$$

und einer voraneilenden Komponente

$$J_C = \omega \cdot \frac{1}{L_s} \cdot \frac{l^2}{a^2} \cdot \frac{1}{3} \cdot \sin \omega t\,,$$

welche als Ladungsstrom anzusprechen ist. Die Größe des elektrischen Induktionsflusses wird hierbei durch die **Windungskapazität**

$$C_w = \frac{1}{L_s} \cdot \frac{l^2}{a^2} \cdot \frac{1}{3} \tag{46}$$

erfaßt; mit Rücksicht auf (30) kann hier die statische Kapazität der Windung

$$C_s = C \cdot l$$

eingeführt werden, so daß

$$C_\omega = \frac{1}{L_s} \cdot \frac{l \cdot l}{\frac{1}{L \cdot C}} \cdot \frac{1}{3} = \frac{1}{L_s} \cdot L_s \cdot C_s \cdot \frac{1}{3} = C_s \cdot \frac{1}{3} \tag{46a}$$

resultiert.

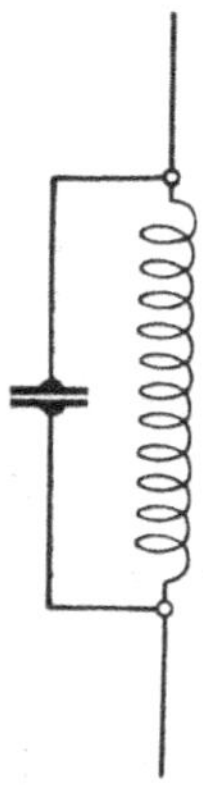

Abb. 47. Elektromagnetisches Ersatzschema der Spule.

Der Begriff der Windungskapazität führt zu dem einfachen elektromagnetischen Ersatzschema der Spule, welches in Abb. 47 gezeichnet ist. Hier ist die dynamische Induktivität mit Rücksicht auf (44d) und (46) durch

$$\frac{1}{L_d \cdot \omega} = \frac{1}{L_s \cdot \omega} - \omega C_w = \frac{1}{L_s \cdot \omega}(1 - \omega^2 L_s \cdot C_w)$$

$$L_d = \frac{L_s}{1 - \omega^2 L_s \cdot C_w}$$

gegeben.

Mit steigender Frequenz nimmt die dynamische Induktivität dauernd zu, um bei Annäherung an die kritische Frequenz

$$\omega^2 = \frac{1}{L C_s} \tag{47}$$

alle Grenzen zu überschreiten.

Wächst die Frequenz sehr hoch an, so versagt das Ersatzschema Induktivität + Windungskapazität. Wir berechnen daher aus Gl. (44b) den genauen Wert der dynamischen Induktivität zu

$$L_d = L_s \cdot \frac{\operatorname{tg}\xi}{\xi} = L_s \cdot \alpha_f, \tag{48}$$

wo der Frequenzfaktor

$$\alpha_f = \frac{\operatorname{tg}\xi}{\xi} \tag{48a}$$

dem Einflusse der dynamischen Vorgänge auf die Feldbildung Rechnung trägt. Die Abhängigkeit des Frequenzfaktors von der reduzierten Spulenweite zeigt Abb. 48. Ein unbegrenztes Spektrum „kritischer Schwingungen" erster Art ist durch

$$\left.\begin{aligned} \alpha_f = \infty; \qquad \operatorname{tg}\xi = \infty; \\ \xi = (2k+1)\frac{\pi}{2}\, k = 0, 1, 2, \ldots \end{aligned}\right\} \tag{49}$$

definiert. Mit dem Anwachsen der Induktivität nimmt bei gegebener

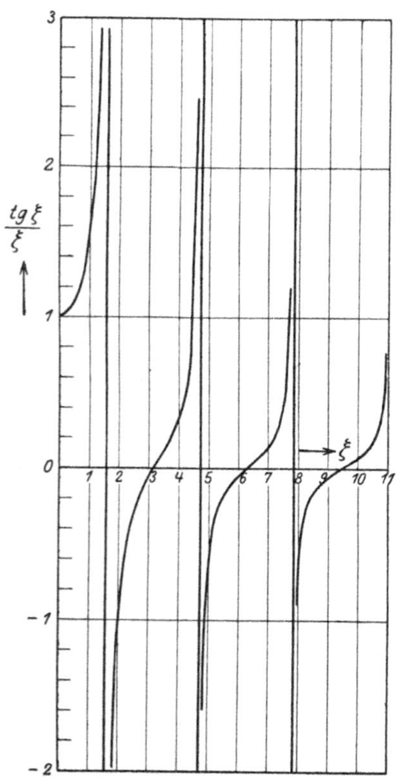

Abb. 48. Frequenzfaktor der einwindigen Spule.

Spannung der Spulenstrom dauernd ab, um im Grenzfalle $\alpha_f \to \infty$ zu verschwinden. Die Schwingungen erster Art können somit ohne äußere Stromzufuhr aufrecht erhalten werden, sie sind die Eigenschwingungen der am Anfange geöffneten Windung.

Dem Frequenzspektrum (49) ist ein ebenfalls unbegrenztes Frequenzspektrum zugeordnet, welches die Eigenschaft

$$\alpha_f = 0; \qquad \operatorname{tg} \xi = 0; \qquad \xi = k\pi \qquad k = 0, 1, 2, \ldots \tag{50}$$

besitzt. Hier verschwindet mit der Induktivität die Spannung am Windungsanfang; diese Schwingungen zweiter Art benötigen also keine treibende Spannung, sie sind als Eigenschwingungen der kurzgeschlossenen Spule anzusprechen.

54. Das dynamische Feld der mehrwindigen Spule[1]**.** Wir gewinnen ein einfaches Modell der mehrwindigen Spule durch Ausschnitt eines Stückes l aus einem unendlich langen bewickelten Zylinder vom Radius R.

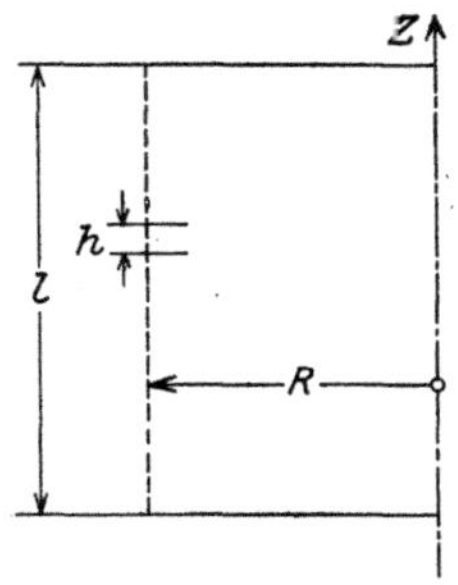

Abb. 49. Idealisiertes Querschnittsbild der mehrwindigen Spule.

Der Widerstand der Spule sowie alle Verluste in der Isolation der Windungen werden vernachlässigt. Die Dicke der Isolation wird gleich Null gesetzt, so daß die Querschnittsabb. 49 entsteht. Die Wicklung der Spule sei einlagig; die Ganghöhe einer Windung wird als so gering vorausgesetzt, daß eine Windung als nahezu eben gelten kann.

Die Wicklung trennt den gesamten Feldraum in Außenfeldraum und Innenfeldraum. Außenfeld und Innenfeld sind durch das dynamische Wicklungsfeld miteinander verknüpft.

Wir untersuchen zeitlich einfach harmonisch pulsierende Felder und bringen diese Voraussetzung durch Einführung komplexer Funktionen für alle Feldgrößen zum Ausdruck. Die Schwierigkeit der analytischen Behandlung zwingt indessen zu einer Einschränkung des Frequenzbereichs: Die Frequenz soll unterhalb der untersten kritischen Frequenz einer Windung liegen, damit gemäß Nr. 53 der Strom längs der Windung merklich konstant, das dynamische Magnetfeld mit dem statischen identisch wird.

Der Behandlung des Spulenfeldes wird ein Zylinderkoordinatensystem z, r, φ zugrunde gelegt, dessen z-Achse in die Spulenachse fällt. Innerhalb des gewählten Frequenzbereichs kann das Feld als rotationssymmetrisch gelten; insbesondere verlaufen die magnetischen Kraft- und Induktionslinien in Meridianebenen $\varphi =$ konst.

Hiernach muß die elektrische Umlaufsspannung längs jeder geschlossenen Kurve in einer Meridianebene verschwinden; das elektrische

[1]) Dieser Abschnitt kann bei der ersten Lektüre übergangen werden.

Feld ist aus einer für jede Meridianebene gesondert zu erklärenden Potentialfunktion $\overline{V}$ abzuleiten. Ersichtlich gibt hierbei die Potentialdifferenz benachbarter Windungen die Windungsspannung an, die Potentialdifferenz zwischen den Spulenklemmen die Spulenspannung.

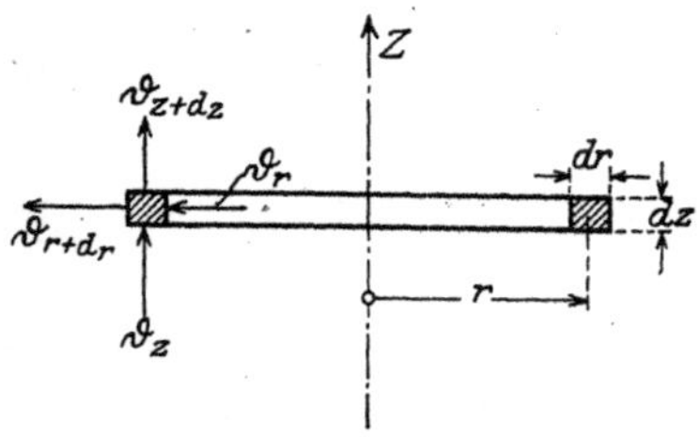

Abb. 50. Zur Ableitung der Potentialgleichung.

Längs des Spulenleiters fordert das Ohmsche Gesetz das Verschwinden des elektrischen Feldes. Eine elektrodynamische Umlaufsspannung muß also die Potentialdifferenz benachbarter Windungen kompensieren.

Das Potentialfeld besitzt die Feldkomponenten

$$\overline{\mathfrak{E}}_r = -\frac{\partial \overline{V}}{\partial r}; \qquad \overline{\mathfrak{E}}_z = -\frac{\partial \overline{V}}{\partial z}. \tag{51}$$

In einen Ring vom Durchmesser $2\,r$, der Höhe $d\,z$ und der Breite $d\,r$ (Abb. 50) tritt in axialer Richtung die Induktionslinienmenge

$$\left.\begin{aligned} d\overline{\Phi}_z = 2\pi r\cdot dr\left[\overline{\mathfrak{D}}_z - \overline{\mathfrak{D}}_{z+dz}\right] &= -2\pi r dr\frac{\partial \overline{\mathfrak{D}}_z}{\partial z}dz \\ &= -2\pi r dr\cdot\varepsilon\frac{\partial \overline{\mathfrak{E}}_z}{\partial z}dz, \end{aligned}\right\} \tag{52a}$$

während der radiale Induktionsfluß sich zu

$$\left.\begin{aligned} d\overline{\Phi}_r = 2\pi r dz\,\overline{\mathfrak{D}}_r - 2\pi(r+dr)\,dz\,\overline{\mathfrak{D}}_{r+dr} &= -2\pi dz\frac{\partial\left(r\overline{\mathfrak{D}}_r\right)}{\partial r}dr \\ &= -2\pi dz\,\varepsilon\frac{\partial\left(r\overline{\mathfrak{E}}_r\right)}{\partial r}dr \end{aligned}\right\} \tag{52b}$$

findet. Das Kontinuitätsgesetz der Induktionslinien verlangt

$$d\overline{\Phi} \equiv d\overline{\Phi}_z + d\overline{\Phi}_r = -2\pi\left[r\,dr\,dz\frac{\partial\overline{\mathfrak{D}}_z}{\partial z} + dz\,dr\frac{\partial\left(r\overline{\mathfrak{D}}_r\right)}{\partial r}\right] = 0. \tag{53}$$

Mit Rücksicht auf (51) und (52a und b) folgt hieraus die Potentialgleichung

$$\frac{\partial^2\overline{V}}{\partial z^2} + \frac{1}{r}\frac{\partial\left(r\dfrac{\partial\overline{V}}{\partial r}\right)}{\partial r} = 0; \qquad \frac{\partial^2\overline{V}}{\partial z^2} + \frac{\partial^2\overline{V}}{\partial r^2} + \frac{1}{r}\frac{\partial\overline{V}}{\partial r} = 0. \tag{54}$$

Die Lösung dieser Gleichung gelingt einfach für den Fall einer längs der Spulenachse periodischen Feldverteilung, welche mit der Raumperiode $2\,l'$ zu den Ansätzen

$$\left.\begin{aligned} \overline{V}^{(1)} &= f(r)\cdot\sin 2k\pi\frac{z}{2l'}, \\ \overline{V}^{(2)} &= f(r)\cdot\cos 2k\pi\frac{z}{2l'}, \end{aligned}\qquad k = 1, 2, 3, \ldots\right\} \tag{55}$$

führt.

Für $z = \frac{1}{2} l'$ erreicht $\overline{V}^{(1)}$ seinen Maximalwert, während $\overline{V}^{(2)}$ gerade verschwindet. Wird daher insbesondere die räumliche Periode $2\,l'$ gleich der doppelten Spulenlänge $2\,l$ gewählt, so erkennen wir im Anschluß an die Ergebnisse des vorigen Paragraphen in der Verteilung

$$\overline{V}^{(1)} = f(r) \cdot \sin 2\,k\,\pi \frac{z}{2\,l} \qquad k = 1, 2, 3, \ldots$$

die kritischen Schwingungen erster Art, während

$$\overline{V}^{(2)} = f(r) \cdot \cos 2\,k\,\pi \frac{z}{2\,l} \qquad k = 1, 2, 3, \ldots$$

die kritischen Schwingungen zweiter Art liefert. Das Zwischengebiet wird durch die Verteilungen (55) mit $l' \neq l$ gegeben.

Hiernach können wir uns der Einfachheit halber fortan auf die Ermittlung der kritischen Schwingungen erster Art beschränken, von welchen mittels der Beziehungen (55) leicht auf die anderen Fälle zu schließen ist.

Aus (54) folgt für $f(r)$ die Besselsche Differentialgleichung

$$\frac{d^2 f}{d r^2} + \frac{1}{r} \frac{d f}{d r} + \left(j\,2\,k\,\pi \frac{1}{2\,l}\right)^2 f(r) = 0\,, \tag{56}$$

welche durch Zylinderfunktionen der Ordnung Null und des rein imaginären Argumentes $2\,k\,\pi \cdot \frac{1}{2\,l} \cdot j\,r$ gelöst wird.

Im Innenraum ist die Besselsche[1]) Funktion erster Art zu benutzen, welche in der Spulenachse ($r = 0$) endlich bleibt, so daß mit einer Integrationskonstante das Potential des Innenraums

$$\overline{V}_i = \bar{A}_i^k \cdot J_0\left(2\,k\,\pi \frac{1}{2\,l}\,j\,r\right) \cdot \sin 2\,k\,\pi \frac{z}{2\,l}\,; \qquad k = 1, 2, 3, \ldots \tag{57a}$$

entsteht; hier sind der Einfachheit halber nur Schwingungen erster Art vorausgesetzt.

Im Außenraum ist die Hankelsche[1]) Funktion erster Art zu wählen, damit das Potential im Unendlichen verschwindet. Wir erhalten mit einer anderen Integrationskonstante

$$\overline{V}_a = \bar{A}_a^k \cdot H_0\left(2\,k\,\pi \cdot \frac{1}{2\,l} \cdot j\,r\right) \cdot \sin 2\,k\,\pi \frac{z}{2\,l}\,; \qquad k = 1, 2, 3, \ldots \tag{57b}$$

Die in $r = R$ liegende Wicklung vernichtet die Potentialdifferenz zwischen Außen- und Innenraum

$$\bar{A}_i^k \cdot J_0\left(2\,k\,\pi \frac{1}{2\,l}\,j\,R\right) = \bar{A}_a^k \cdot H_0\left(2\,k\,\pi \cdot \frac{1}{2\,l}\,j\,R\right). \tag{58}$$

---

[1]) Jahnke-Emde: Funktionentafeln, S. 92 u. 94.

Die Induktionslinien binden auf jeder einzelnen Windung die Innenladung

$$\left.\begin{aligned}\bar{q}_i = \bar{\Phi}_i = 2\pi R h \cdot \bar{\mathfrak{D}}_{i_{r=R}} &= -2\pi R h \left(\frac{\partial \bar{V}_i}{\partial r}\right)_{r=R} \cdot \varepsilon \\ &= -2\pi R h \varepsilon \cdot \bar{A}_i^k \cdot J_0'\left(2k\pi\frac{1}{2l} j R\right) \cdot 2k\pi\frac{1}{2l} j \sin 2k\pi\frac{z}{2l}\end{aligned}\right\} \tag{59a}$$

und die Außenladung

$$\left.\begin{aligned}\bar{q}_a = \bar{\Phi}_a = -2\pi R h \cdot \bar{\mathfrak{D}}_{a_{r=R}} &= -2\pi R h \left(\frac{\partial \bar{V}_a}{\partial r}\right)_{r=R} \cdot \varepsilon \\ &= 2\pi R h \varepsilon \bar{A}_a^k \cdot H_0'\left(2k\pi\frac{1}{2l} j R\right) \cdot 2k\pi\frac{1}{2l} j \sin 2k\pi\frac{z}{2l}.\end{aligned}\right\} \tag{59b}$$

Jede zeitliche Änderung der Gesamtladung auf der Windung erfordert einen Überschuß des zufließenden Ladestromes $\bar{I}_z$ über den abfließenden $\bar{I}_{z+h}$:

$$\Delta \bar{I}_l = \frac{d\bar{q}}{dt} = \frac{d(\bar{q}_i + \bar{q}_a)}{dt} = j\omega(\bar{q}_i + \bar{q}_a), \tag{60}$$

wo

$$\Delta \bar{I}_l = \bar{I}_z - \bar{I}_{z+h} = -\frac{d\bar{I}}{dz} \cdot h \tag{61}$$

gilt. An Stelle des Stromes wird mittels

$$\bar{\mathfrak{A}} = \frac{\bar{I}}{h}, \tag{61a}$$

der Strombelag auf 1 cm Spulenlänge eingeführt, so daß durch Zusammenfassung von (60), (61) und (61a)

$$\left.\begin{aligned}h^2\frac{d\bar{\mathfrak{A}}}{dz} &= +j\omega \cdot 2\pi R h \cdot \varepsilon \cdot 2k\pi\frac{1}{2l} j \sin 2k\pi\frac{z}{2l} \\ &\left[A_i^k \cdot J_0'\left(2k\pi\frac{1}{2l} j R\right) - \bar{A}_a^k H_0\left(2k\pi\frac{1}{2l} j R\right)\right]\end{aligned}\right\} \tag{62}$$

entsteht. Nach Integration erhalten wir die Verteilung des Strombelages

$$\bar{\mathfrak{A}} = +\omega\frac{2\pi R}{h} \cdot \varepsilon \cos 2k\pi\frac{z}{2l}\left[\bar{A}_i^k \cdot J_0'\left(2k\pi\frac{1}{2l} jR\right) - \bar{A}_a^k \cdot H_0'\left(2k\pi\frac{1}{2l} jR\right)\right]. \tag{62a}$$

Die dynamische Umlaufsspannung E_u ist eine Folge des schwankenden magnetischen Induktionsflusses. Durch den schmalen Ring der Breite dr und des Halbmessers r dringt der Elementarfluß

$$d\Phi_{m_z} = \bar{\mathfrak{B}}_z \cdot 2\pi r\, dr = \mu \bar{\mathfrak{H}}_z \cdot 2\pi r\, dr. \tag{63}$$

Die elektrische Umlaufsspannung längs der Begrenzung des Ringes beträgt

$$\bar{E}_{u_r} - \bar{E}_{u_{r+dr}} = -\frac{\partial \bar{E}_u}{\partial r} dr. \tag{64}$$

Die Verknüpfung von (63) mit (64) vermöge des Induktionsgesetzes liefert

$$\frac{\partial \overline{E}_u}{\partial r} = \frac{\partial \overline{\mathfrak{B}}_z}{\partial t} \cdot 2\pi r \cdot 10^{-8} = j\omega\mu \overline{\mathfrak{H}}_z \cdot 2\pi r \cdot 10^{-8}. \tag{65}$$

Längs des zylindrischen Ringes der Höhe dz wird die Umlaufsspannung

$$\overline{E}_{u_{z+dz}} - \overline{E}_{u_z} = \frac{\partial \overline{E}_u}{\partial z} dz, \tag{66}$$

durch den Elementarfluß

$$d\Phi_{m_r} = \overline{\mathfrak{B}}_r \cdot 2\pi r \cdot dr, \tag{67}$$

in der Größe

$$\frac{\partial \overline{E}_u}{\partial z} = -\frac{\partial \overline{\mathfrak{B}}_r}{\partial t} \cdot 2\pi r \cdot 10^{-8} = -j\omega\mu \cdot \overline{\mathfrak{H}}_r \cdot 2\pi r \cdot 10^{-8} \tag{68}$$

erzeugt. Wir führen in (65) und (68a) statt der Umlaufsspannung die Feldstärke $\overline{\mathfrak{E}}_w$ mittels

$$\overline{\mathfrak{E}}_w = \frac{E_u}{2\pi r} \tag{69}$$

ein und erhalten

$$\frac{\partial(2\pi r \overline{\mathfrak{E}}_w)}{\partial r} = 2\pi \cdot \left(\overline{\mathfrak{E}}_w + r\frac{\partial \overline{\mathfrak{E}}_w}{\partial r}\right) = j\omega\mu \overline{\mathfrak{H}}_z \cdot 2\pi r \cdot 10^{-8}. \tag{65a}$$

$$\frac{\partial(2\pi r \overline{\mathfrak{E}}_w)}{\partial z} = 2\pi r \frac{\partial \overline{\mathfrak{E}}_w}{\partial z} = -j\omega\mu \overline{\mathfrak{H}}_r \cdot 2\pi r \cdot 10^{-8}. \tag{68a}$$

Aus diesen Gleichungen läßt sich das magnetische Feld leicht mittels der Voraussetzung des nahezu statischen Feldes erhalten: die magnetische Umlaufsspannung verschwindet längs aller geschlossenen Wege, welche ganz im Innenraum oder Außenraum verlaufen.

Nach Abb. 51 gilt also

$$\frac{\partial \mathfrak{H}_z}{\partial r} - \frac{\partial \mathfrak{H}_r}{dz} = 0. \tag{70}$$

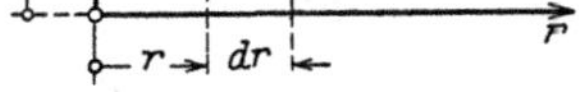

Abb. 51. Erläuterung zu Gl. (70).

Durch Einsetzen in (65a) und (68a) finden wir für $\overline{\mathfrak{E}}_w$ die Differentialgleichung

$$\frac{\partial}{\partial r}\left[\frac{1}{r}\overline{\mathfrak{E}}_w + \frac{\partial \overline{\mathfrak{E}}_w}{\partial r}\right] + \frac{\partial^2 \overline{\mathfrak{E}}_w}{\partial z^2} = 0; \quad \frac{1}{r}\frac{\partial \overline{\mathfrak{E}}_w}{\partial r} + \frac{\partial^2 \overline{\mathfrak{E}}_w}{\partial r^2} + \frac{\partial^2 \overline{\mathfrak{E}}_w}{\partial z^2} - \frac{1}{r^2}\overline{\mathfrak{E}}_w = 0. \tag{71}$$

Lösungen in z von der Periode der doppelten Spulenlänge sind in der Form

$$\overline{\mathfrak{E}}_w = f(r)\cos 2k\pi\frac{z}{2l} \qquad k = 1, 2, 3, \ldots \tag{72}$$

anzusetzen; hieraus resultiert für die Funktion $f(r)$ die Differentialgleichung

$$\frac{d^2 f}{d r^2} + \frac{1}{r}\,\frac{d f}{d r} + \left[\left(2\,k\,\pi\,\frac{1}{2\,l}\,j\right)^2 - \frac{1}{r^2}\right]\cdot f(r) = 0\,, \tag{73}$$

welche durch Zylinderfunktionen erster Ordnung erfüllt wird. Im Innenraum ist als überall endliche Lösung die Besselsche Funktion zu wählen:

$$\bar{\mathfrak{E}}_w^i = B_i^k\cdot J_1\left(2\,k\,\pi\,\frac{1}{2\,l}\,j\,r\right)\cdot\cos 2\,k\,\pi\,\frac{z}{2\,l}\,, \tag{74a}$$

im Außenraum die Hankelsche Funktion:

$$\bar{\mathfrak{E}}_w^a = B_a^k\cdot H_1\left(2\,k\,\pi\,\frac{1}{2\,l}\,j\,r\right)\cdot\cos 2\,h\,\pi\,\frac{z}{2\,l}\,, \tag{74b}$$

wo B_i^k und B_a^k Integrationskonstanten bedeuten. Innerhalb der idealisierten, auf einen unendlich schmalen Hohlzylinder zusammengedrängten Wicklung kann ein endlicher Induktionsfluß nicht vorhanden sein; die Umlaufsspannungen des Innen- und Außenraums gleichen einander

$$E_{u_{i\,r=R}} = E_{u_{a\,r=R}}\,, \tag{75}$$

oder mit Rücksicht auf (74a) und (74b)

$$B_i^k\cdot J_1\left(2\,k\,\pi\,\frac{1}{2\,l}\,j\,R\right) = B_a^k\,H_1\left(2\,k\,\pi\,\frac{1}{2\,l}\,j\,R\right) \tag{75a}$$

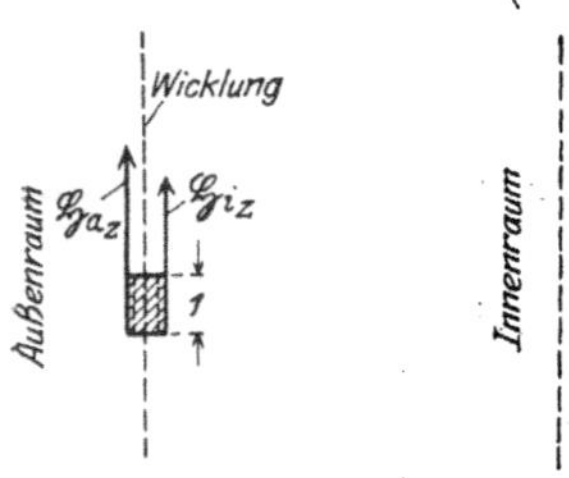

Abb. 52. Zur Grenzbedingung im Wickelraum.

Um das dynamische Feld mit dem Strome zu verknüpfen, schneiden wir aus der Wicklung einen Streifen von 1 cm Höhe heraus. Längs des sehr schmalen Rechtecks, welches das ausgeschnittene Stück nach Abb. 52 umgibt, wird die magnetische Umlaufsspannung

$$M = \mathfrak{H}_{a_z} - \mathfrak{H}_{i_z}\,, \tag{76}$$

durch die Durchflutung $\mathfrak{A}$ hervorgerufen. Indem diese Bedingung in (65a) eingeführt wird, folgt mit Rücksicht auf (75)

$$2\,\pi\left(R\,\frac{\partial\bar{\mathfrak{E}}_{u_a}}{\partial r} - R\,\frac{\partial\bar{\mathfrak{E}}_{w_i}}{\partial r}\right) = j\,\omega\,\mu\,\bar{\mathfrak{A}}\cdot 2\,\pi\,R\cdot 10^{-8}\,, \tag{77}$$

oder mit (74a und b) und (62a)

$$\left.\begin{aligned}&\Big[\bar{B}_a^k\cdot H_1'\Big(2k\pi\frac{1}{2l}j\,R\Big)\cdot 2k\pi\frac{1}{2l}j\\ &-\bar{B}_i^k\cdot J_1'\Big(2k\pi\frac{1}{2l}j\,R\Big)\cdot 2k\pi\frac{1}{2l}j\Big]\cdot\cos 2k\pi\frac{z}{2l}\\ &\quad= j\,\omega\cdot\mu\bar{\mathfrak{A}}\cdot 10^{-8}\\ &= j\,\omega^2\frac{2\pi R}{h}\mu\varepsilon\cdot 10^{-8}\Big[\bar{A}_i^k J_0'\Big(2k\pi\frac{1}{2l}j\,R\Big) - \bar{A}_a^k H_0'\Big(2k\pi\frac{1}{2l}j\,R\Big)\Big],\end{aligned}\right\} \tag{77a}$$

oder

$$\left.\begin{aligned} &\overline{B}_a^k\cdot H_1'\left(2\,k\,\pi\frac{1}{2\,l}\,j\,R\right)-\overline{B}_i^k\cdot J_1'\left(2\,k\,\pi\frac{1}{2\,l}\,j\,R\right)\\ &=\frac{\omega^2}{a^2}\cdot\frac{2\,\pi\,R}{h}\cdot\frac{2\,l}{2\,k\,\pi}\left[\overline{A}_i^k\cdot J_0'\left(2\,k\,\pi\frac{1}{2\,l}\,j\,R\right)-\overline{A}_a^k\cdot H_0'\left(2\,k\,\pi\frac{1}{2\,l}\,j\,R\right)\right], \end{aligned}\right\}\tag{77b}$$

wo zur Abkürzung die Geschwindigkeit

$$a=\frac{1}{\sqrt{\varepsilon\cdot\mu}}=\frac{3\cdot 10^{10}}{\sqrt{\left(\frac{\varepsilon}{\varepsilon_0}\right)\cdot\left(\frac{\mu}{\mu_0}\right)}}\tag{78}$$

eingeführt ist.

Das Gleichgewicht zwischen Potentialgefälle und dynamischem Felde längs des Leiters erfordert

$$\left(-\frac{\partial\overline{V}}{\partial s}+\overline{\mathfrak{E}}_w\right)=0\,,\tag{79}$$

wo s längs der Leiterachse gezählt wird. Wegen der Rotationssymmetrie kann gesetzt werden

$$\frac{\partial\overline{V}}{\partial s}\cdot 2\,\pi\,R=\frac{\partial\overline{V}}{\partial z}\cdot h\,;\qquad \frac{\partial\overline{V}}{\partial s}=\frac{h}{2\,\pi\,R}\,\frac{\partial\overline{V}}{\partial z}\,,$$

Gl. (79) wird daher mit Benutzung von (57a) und (74a)

$$\left.\begin{aligned} &\overline{A}_i^k\cdot J_0\left(2\,k\,\pi\frac{1}{2\,l}\,j\,R\right)\cdot\frac{2\,k\,\pi}{2\,l}\cdot\frac{h}{2\,\pi\,R}\\ &=\overline{B}_i^k\cdot J_1\left(2\,k\,\pi\frac{1}{2\,l}\,j\,R\right), \end{aligned}\right\}\tag{80}$$

wo ohne Beschränkung der Allgemeinheit wegen der Grenzbedingungen die Innenfelder eingeführt werden durften.

Durch die Beziehungen (58), (75a), (77b) und (80) sind die 4 Unbekannten $\overline{A}_i^k$, $\overline{A}_a^k$, $\overline{B}_i^k$, $\overline{B}_a^k$ bestimmt. Da indessen das System dieser vier linearen Gleichungen homogen ist, resultiert für alle 4 Konstanten der Wert Null, sofern nicht die Determinante des Systems verschwindet. Indem wir das gemeinsame Argument $2\,k\,\pi\,\frac{1}{2\,l}\,j\,R$ der Zylinderfunktionen unterdrücken, lautet diese Bedingung

$$\left.\begin{vmatrix} J_0 & -H_0 & 0 & 0\\ 0 & 0 & J_1 & -H_1\\ J_0'\frac{\omega^2}{a^2}\frac{2\,\pi\,R}{h}\frac{2\,l}{2\,k\,\pi} & -H_0'\frac{\omega^2}{a^2}\frac{2\,\pi\,R}{h}\cdot\frac{2\,l}{2\,k\,\pi} & J_1' & -H_1'\\ J_0\frac{2\,k\,\pi}{2\,l}\frac{h}{2\,\pi\,R} & 0 & J_1 & 0 \end{vmatrix}=0\,.\right\}\tag{81}$$

Die Ausrechnung ergibt

$$\frac{\omega^2}{a^2} = \frac{J_0 \cdot H_0}{J_1 \cdot H_1} \cdot \left(\frac{2 k \pi}{2 l} \cdot \frac{h}{2 \pi R}\right)^2 \frac{J_1 H_1' - J_1' H_1}{J_0 H_0' - H_0 J_0'} . \tag{81a}$$

Nun ist[1])

$$J_1 H_1' - J_1' H_1 = \quad J_1 H_0 - J_0 \cdot H_1$$

und

$$J_0 H_0' - H_0 J_0' = -J_0 H_1 + H_0 \cdot J_1 ,$$

so daß sich (81a) in

$$\frac{\omega^2}{a^2} = \frac{J_0 H_0}{J_1 H_1} \left(\frac{2 k \pi}{2 l} \cdot \frac{h}{2 \pi R}\right)^2 \tag{81b}$$

vereinfacht.

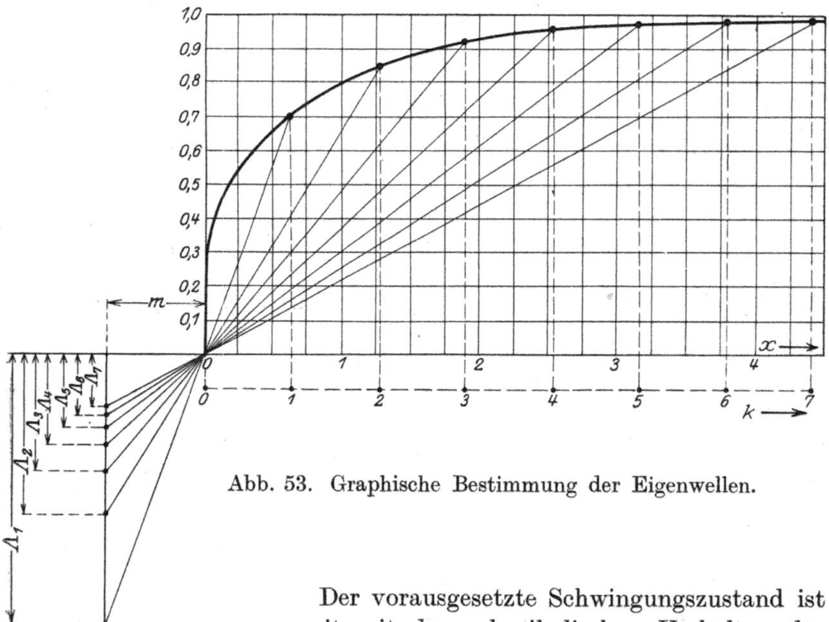

Abb. 53. Graphische Bestimmung der Eigenwellen.

Der vorausgesetzte Schwingungszustand ist somit mit dem physikalischen Verhalten des Spulenfeldes nur vereinbar, wenn die Frequenz ganz bestimmte Werte besitzt, welche die gesuchten kritischen Frequenzen darstellen.

Eine für Zahlenrechnungen sehr geeignete Form dieser Gleichung lautet

$$\lambda = \frac{a}{\omega/2\pi} = \sqrt{\frac{J_1 \cdot H_1}{J_0 \cdot H_0}} \cdot \frac{1}{k \cdot \frac{1}{2 l} \cdot \frac{h}{2 \pi R}} , \tag{81c}$$

wo λ die Dimension einer Länge besitzt und Eigenwellenlänge der Spule heißt. Die Auswertung der Gl. (81c) erfolgt graphisch nach

[1]) Jahnke-Emde: Funktionentafeln, S. 165.

Abb. 53: Für die Argumente $\left[2\pi\frac{1}{2l}R\right]k$ liefert die Kurve Tafel II die Funktionswerte des Wurzelfaktors. Die vom Ursprung aus durch die gewonnenen Punkte gezogenen Strahlen schneiden auf einer im Abstande m parallel der Ordinatenachse gezogenen Geraden die Strecken Λ ab, die nach dem Strahlensatze der Größenbeziehung

$$\frac{\Lambda}{\sqrt{\frac{J_1\cdot H_1}{J_0\cdot H_0}}}=\frac{m}{k\cdot 2\pi\frac{1}{2l}R};\qquad \Lambda=\frac{m}{4\pi^2 l^2/h}\cdot\sqrt{\frac{J_1\cdot H_1}{J_0\cdot H_0}}\cdot\frac{1}{k\cdot\frac{1}{2l}\cdot\frac{h}{2\pi R}} \tag{81d}$$

gehorchen. Mit der Wahl des Maßstabsfaktors m gemäß

$$m=\frac{4\pi^2 R^2}{h} \tag{81e}$$

liefern demnach die Strecken Λ die Eigenwellenlängen der Spule.

55. Magnetische Hysterese. Im magnetischen Wechselfelde ferromagnetischer Materialien kann die Beziehung zwischen Induktion und Feldstärke nicht durch eine eindeutige magnetische Charakteristik erfaßt werden. Vielmehr eilt die Induktion stets hinter der erzeugenden Feldstärke her, wodurch die Magnetisierungskurve in die „Hystereseschleife" auseinandergezerrt wird. Die physikalischen Ursachen des Hysteresevorganges sind im einzelnen nicht bekannt, doch kommt man zu einer im großen befriedigenden Darstellung der Tatsachen mittels der Molekulartheorie der ferromagnetischen Stoffe: Die einzelnen Moleküle sind bewegliche Elementarmagnete, welche im unmagnetischen Zustande in idealer Unordnung gelagert sind. Quasielastische Kräfte und Reibungskräfte suchen sie an ihre Ruhelage zu fesseln. Durch ein aufgezwungenes Feld erfahren die Moleküle eine Richtung, deren Wirkung als Induktion nach außen tritt.

Im folgenden soll die Hystereseschleife als gegeben vorausgesetzt werden. Ihrer analytischen Formulierung stehen außerordentliche Schwierigkeiten entgegen; denn schon die Gleichung der Kurve, welche beim erstmaligen Magnetisieren des ferromagnetischen Materials durchlaufen wird, ist nicht bekannt. Noch viel weniger ist es möglich, die Mehrdeutigkeit, welche durch die Hystereseerscheinung in den Magnetisierungsvorgang hineingetragen wird, exakt zu erfassen.

Demnach wird eine Näherung notwendig. Hierbei ist zu fordern, daß das wesentliche Merkmal der Hystereseerscheinung, die Schleifenbildung, erhalten bleibe.

Wir sehen zunächst von der Sättigungserscheinung ab, welche erst später (Nr. 123) berücksichtigt werden soll. Bei geringer Sättigung kann die Hystereseschleife in erster Näherung durch eine Ellipse ersetzt werden. Lage und Form der Ersatzellipse sind an Hand versuchsmäßiger Kurven der wirklichen Hystereseschleife möglichst genau anzupassen (Abb. 54).

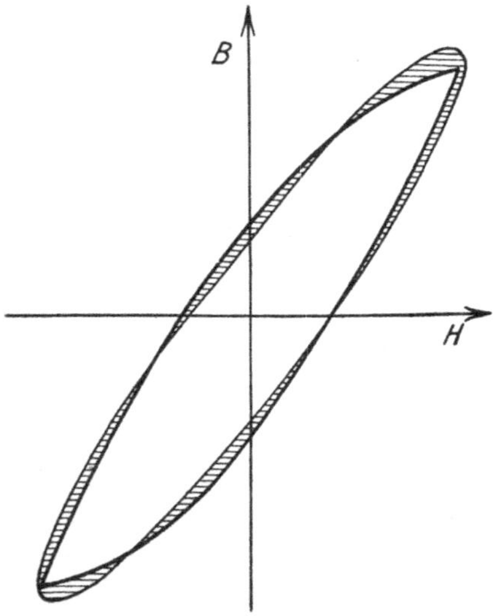

Abb. 54. Ersatzellipse der Hystereseschleife.

Die Ellipse liefert durch Abszisse und Ordinate ihrer Kurvenpunkte die gleichzeitigen Werte von $\mathfrak{H}$ und $\mathfrak{B}$; über den zeitlichen Verlauf dieser Größen selbst enthält sie keine Aussagen.

Die Benutzung einer einzigen Ellipse für alle Zeitpunkte zwingt zur Beschränkung auf den quasistationären Zustand; denn während vorübergehender „Schalt“felder werden im Eisen mehrere sich nicht deckende Kurvenzüge durchlaufen. Der zeitliche Ansatz

$$\left.\begin{aligned} \mathfrak{H} &= \mathfrak{H}_{max} \cdot \cos\omega t \\ \mathfrak{B} &= \mathfrak{B}_{max} \cdot \cos(\omega t - \psi_a) \end{aligned}\right\} \quad (82)$$

erfüllt die Bedingungen des quasistationären Zustandes. Der Winkel ψ_a, welcher die Phasennacheilung der Induktion gegen die Feldstärke mißt, heißt der Hysteresewinkel.

Durch Entwicklung der trigonometrischen Funktion in der Gleichung der Induktion kommt

$$\frac{\mathfrak{B}}{\mathfrak{B}_{max}} = \cos\omega t \cos\psi_a + \sin\omega t \cdot \sin\psi_a$$

und durch Einführung der Feldstärkengleichung

$$\cos\omega t = \frac{\mathfrak{H}}{\mathfrak{H}_{max}}; \qquad \sin\omega t = \sqrt{1 - \left(\frac{\mathfrak{H}}{\mathfrak{H}_{max}}\right)^2}$$

wird

$$\frac{\mathfrak{B}}{\mathfrak{B}_{max}} = \frac{\mathfrak{H}}{\mathfrak{H}_{max}} \cdot \cos\psi_a + \sqrt{1 - \left(\frac{\mathfrak{H}}{\mathfrak{H}_{max}}\right)^2} \cdot \sin\psi_a. \quad (83)$$

Wir substituieren

$$\frac{\mathfrak{B}}{\mathfrak{B}_{max}} = \mathfrak{b}; \qquad \frac{\mathfrak{H}}{\mathfrak{H}_{max}} = \mathfrak{h}, \quad (84)$$

womit (83) in

$$\mathfrak{b} = \mathfrak{h} \cos\psi_a + \sqrt{1 - \mathfrak{h}^2} \cdot \sin\psi_a$$

oder nach leichter algebraischer Umformung in

$$\mathfrak{b}^2 - 2\,\mathfrak{b}\,\mathfrak{h}\cos\psi_a + \mathfrak{h}^2 = \sin^2\psi_a \qquad (85)$$

übergeht. Es ist zweckmäßig, ein neues um 45° gegen das System ($\mathfrak{h}$, $\mathfrak{b}$) gedrehtes Koordinatensystem x, y mittels

$$\left.\begin{aligned}\mathfrak{h} &= (x+y)\frac{1}{2}\sqrt{2}\\ \mathfrak{b} &= (x-y)\frac{1}{2}\sqrt{2}\end{aligned}\right\} \qquad (86)$$

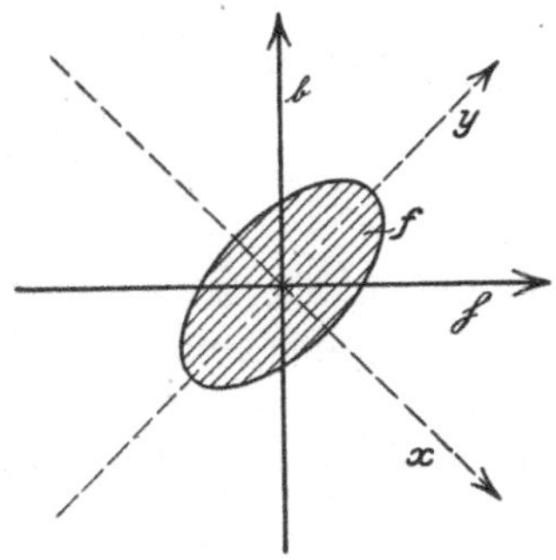

Abb. 55. Zur Gleichung der Hystereseellipse.

einzuführen (Abb. 55). Durch Einsetzen von (86) in (85) wird

$$\frac{x^2}{2} - 2x\cdot y\cdot\frac{1}{2}\sqrt{2} + \frac{y^2}{2} - 2(x^2-y^2)\cdot\frac{1}{2}\cdot\cos\psi_a + \frac{x^2}{2} + 2x\cdot y\frac{1}{2}\sqrt{2} + \frac{y^2}{2} = \sin^2\psi_a,$$

oder nach Zusammenfassung

$$x^2(1-\cos\psi_a) + y^2(1+\cos\psi_a) = \sin^2\psi_a\,, \qquad (87)$$

oder

$$\frac{x^2}{\left[\frac{\sin\psi_a}{\sqrt{1-\cos\psi_a}}\right]^2} + \frac{y^2}{\left[\frac{\sin\psi_a}{\sqrt{1+\cos\psi_a}}\right]^2} = 1\,. \qquad (87\,\mathrm{a})$$

Der Ansatz (82) ergibt also als magnetische Charakteristik die Ellipse.

Einer einfachen Gesetzmäßigkeit gehorcht nach (87a) die Ellipsenfläche

$$f = \pi\frac{\sin\psi_a}{\sqrt{1-\cos\psi_a}}\cdot\frac{\sin\psi_a}{\sqrt{1+\cos\psi_a}} = \pi\cdot\sin\psi_a\,.$$

Mit Rücksicht auf (84) beträgt die Ellipsenfläche im System ($\mathfrak{H}$, $\mathfrak{B}$)

$$F = \mathfrak{H}_{\max}\cdot\mathfrak{B}_{\max}\cdot f = \mathfrak{H}_{\max}\cdot\mathfrak{B}_{\max}\cdot\pi\cdot\sin\psi_a\,. \qquad (88)$$

Hieraus folgt die Möglichkeit, den Hysteresewinkel in einfachster Weise aus der vorgelegten Hystereseschleife durch Planimetrieren der umschlossenen Fläche zu gewinnen. Im allgemeinen wird sich hierbei eine Abhängigkeit des Hysteresewinkels von $\mathfrak{B}_{\max}$ und $\mathfrak{H}_{\max}$ ergeben, deren Charakter aus den bekannten Steinmetzschen oder Richterschen Gesetzen erschlossen werden kann.

Für die weitere Rechnung wird ψ_a als gegeben vorausgesetzt und Gleichung (82) als Ausdruck der Hystereseerscheinung berücksichtigt. Es ist zweckmäßig, diese Gleichung in komplexer Form zu schreiben:

$$\left.\begin{aligned}\mathfrak{H} &= \Re_e(\overline{\mathfrak{H}}); & \overline{\mathfrak{H}} &= \mathfrak{H}_{\max}\cdot e^{j\omega t}\\ \mathfrak{B} &= \Re_e(\overline{\mathfrak{B}}); & \overline{\mathfrak{B}} &= \mathfrak{B}_{\max}\cdot e^{-j\psi_a}\cdot e^{j\omega t}\,.\end{aligned}\right\} \qquad (89)$$

Das von der Zeit unabhängige Verhältnis

$$\bar{\mu} = \frac{\overline{\mathfrak{B}}}{\overline{\mathfrak{H}}} = \frac{\mathfrak{B}_{\max}}{\mathfrak{H}_{\max}} \cdot e^{-j\psi_a} = \mu \cdot e^{-j\psi_a} \tag{90}$$

definieren wir als komplexe Permeabilität des Eisens. Die Bestimmung der komplexen Permeabilität aus der vorgelegten Hystereseschleife ist einfach: Durch die von der Schleife umschlossene Fläche ist der Winkel ψ_a, durch die Amplitudenwerte von $\mathfrak{B}$ und $\mathfrak{H}$ der Betrag μ bestimmt.

Mit dem Begriff der komplexen Permeabilität ist eine weitgehende Analogie der Hysteresevorgänge im Eisen zu der Erscheinung der dielektrischen Nachwirkung in unvollkommenen Dielektrizis gewonnen, die Nachwirkung wird daher oftmals als „dielektrische Hysterese" bezeichnet; umgekehrt können magnetische Nachwirkungserscheinungen, welche insbesondere in schwachen magnetischen Wechselfeldern beobachtet werden, mit in der komplexen Permeabilität erfaßt werden.

56. Feldverdrängung in ferromagnetischen Stoffen[1]. Die Berechnung des dynamischen Feldes im Eisen muß sich auf den quasistationären Zustand beschränken, wenn anders der Begriff der komplexen Permeabilität anwendbar bleiben soll. Wir setzen demgemäß sämtliche Feldgrößen als einfach harmonische Funktion der Zeit voraus, welche Voraussetzung durch Einführung komplexer Rechnung berücksichtigt wird.

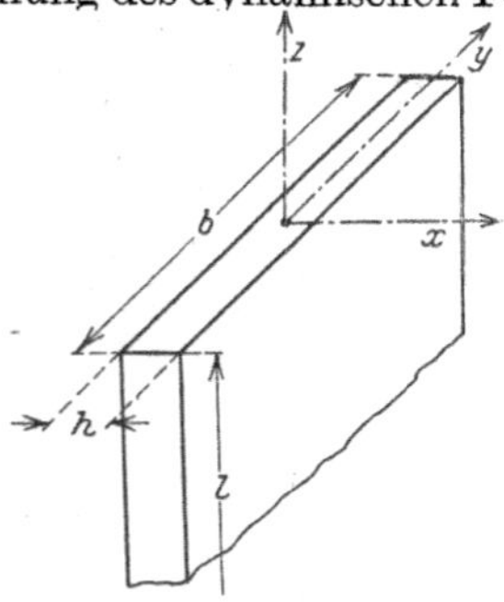

Abb. 56. Transformatorblech.

Gegenüber dem dynamischen Felde von Spulen, welche in Nichtleiter eingebettet sind, ergibt sich im dynamischen Felde ferromagnetischer Stoffe die Notwendigkeit, Leitungsströme im Innern des Ferromagnetismus zu berücksichtigen; dagegen soll der hypothetische Verschiebungsstrom gestrichen werden. Die im Eisen kreisenden Ströme werden als Wirbelströme bezeichnet.

Die Feldverdrängung soll für den einfachsten Fall des rechtkantigen Bleches berechnet werden.

Abb. 56 zeigt die bekannte Anordnung eines Transformatorbleches. Als Ursprung eines rechtwinkligen Koordinatensystems wird die Blechmitte gewählt. In der Längsrichtung des Bleches sei die z-Achse definiert, in der Querschnittsebene die x- und y-Achse. Die x-Achse soll parallel der Schmalseite, die y-Achse parallel der Breitseite orientiert sein.

[1]) Dieser Abschnitt kann bei der ersten Lektüre übergangen werden.

Bei praktisch verwertbaren Blechen ist stets die Länge l sowie die Breite b außerordentlich groß gegen die Dicke h (Abb. 56). Diese Verhältnisse gestatten die Annahmen, daß der Induktionsvektor $\mathfrak{B}$ überall die Richtung der z-Achse besitze, und daß die Wirbelströmung durchweg in Ebenen $z =$ konst. verlaufe. Ferner darf die x-Komponente der Wirbelströmung, welche nur unmittelbar an der Schmalseite merkliche Werte annimmt, vernachlässigt werden.

Zur Aufstellung der Feldgleichungen wird aus dem Eisen ein schmales Rechteck mit den Seiten dx und 1 ausgeschnitten. Durch die Rechtecksfläche dringt die Durchflutung der Wirbelströme

$$dD = \bar{\mathfrak{i}} \cdot 1 \cdot dx\,. \tag{91}$$

Die magnetische Umlaufsspannung längs der Kontur beträgt

$$dM = -\frac{\partial \bar{\mathfrak{H}}}{\partial x} \cdot dx\,. \tag{92}$$

Das Durchflutungsgesetz liefert somit die Gleichung

$$\bar{\mathfrak{i}} = -\frac{\partial \bar{\mathfrak{H}}}{\partial x}\,. \tag{93}$$

Durch ein Rechteck der Seiten dx und 1, welches aus einer Ebene $z =$ konst. ausgeschnitten wird, dringt der Induktionsfluß

$$d\Phi = -\bar{\mathfrak{B}} \cdot dx \cdot 1 = -\bar{\mu} \cdot \bar{\mathfrak{H}} \cdot dx\,. \tag{94}$$

Die elektrische Umlaufsspannung längs der Rechteckkontur wird

$$dE_u = -\frac{\partial \bar{\mathfrak{E}}}{\partial x} \cdot dx\,. \tag{95}$$

Vermittels des Induktionsgesetzes entsteht aus (94) und (95)

$$\left.\begin{aligned} -\frac{\partial}{\partial t}(-\bar{\mu}\bar{\mathfrak{H}}) \cdot 10^{-8} &\equiv +\bar{\mu}\, j\omega\, \bar{\mathfrak{H}} \cdot 10^{-8} \\ &= -\frac{\partial \bar{\mathfrak{E}}}{\partial x}\,. \end{aligned}\right\} \tag{96}$$

Feldstärke $\bar{\mathfrak{E}}$ und Stromdichte $\bar{\mathfrak{i}}$ sind durch das Ohmsche Gesetz verknüpft

$$\bar{\mathfrak{i}} = \varkappa \bar{\mathfrak{E}}\,. \tag{97}$$

Durch Elimination der Stromdichte aus (93), (96) und (97) gewinnen wir für die Feldstärke die Differentialgleichung

$$\frac{d^2 \bar{\mathfrak{H}}}{dx^2} = -k^2 \bar{\mathfrak{H}}\,, \tag{98}$$

wo zur Abkürzung

$$\varkappa \bar{\mu} \cdot j\omega \cdot 10^{-8} = \varkappa \mu \cdot e^{-j\psi_a} j\omega \cdot 10^{-8} = -k^2\,, \tag{99}$$

gesetzt ist, also

$$k = \sqrt{-\varkappa\,\mu\,e^{-j\psi_a}\,j\,\omega\cdot 10^{-8}} = \sqrt{\frac{\omega\,\varkappa\,\mu\cdot 10^{-8}}{2}}\cdot\sqrt{-2\,j\,e^{-j\psi_a}} \quad (99\text{a})$$

und nach Zerlegung in Real- und Imaginärteil

$$\left.\begin{aligned} k &= \pm(1-j)\,e^{-\frac{j\psi_a}{2}}\sqrt{\frac{\omega\,\varkappa\,\mu\cdot 10^{-8}}{2}} = \\ &= \pm\left[\left(\cos\frac{\psi_a}{2}-\sin\frac{\psi_a}{2}\right)-j\left(\cos\frac{\psi_a}{2}+\sin\frac{\psi_a}{2}\right)\right]\cdot\sqrt{\frac{\omega\,\varkappa\,\mu\cdot 10^{-8}}{2}}. \end{aligned}\right\} \quad (99\text{b})$$

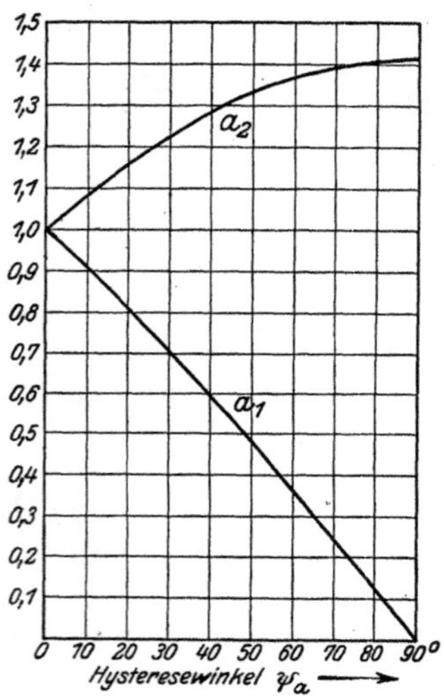

Abb. 57. Die Hysteresekoeffizienten.

Hier werden die Hysteresekoeffizienten

$$\left.\begin{aligned} \cos\frac{\psi_a}{2}-\sin\frac{\psi_a}{2} &= a_1 \\ \cos\frac{\psi_a}{2}+\sin\frac{\psi_a}{2} &= a_2 \end{aligned}\right\} \quad (100)$$

eingeführt, welche aus dem gegebenen Hysteresewinkel nach Abb. 57 leicht abzugreifen sind. Mit (100) schreibt sich k einfacher:

$$k = \pm[a_1 - j\,a_2]\cdot\sqrt{\frac{\omega\,\varkappa\,\mu\cdot 10^{-8}}{2}}. \quad (99\text{c})$$

Die Lösungen der Gl. (98) lauten

$$\mathfrak{H} = A\sin k\,x + B\cos k\,x \quad (101)$$

mit A und B als Integrationskonstanten.

Zur Bestimmung von A und B dient die Vorschrift einer bestimmten Randfeldstärke. Für

$$x = \pm\frac{h}{2} \qquad \text{soll} \qquad \bar{\mathfrak{H}} = \bar{\mathfrak{H}}_r \quad (102)$$

werden. Dieser Bedingung wird ersichtlich durch die Wahl

$$\bar{\mathfrak{H}} = \frac{\bar{\mathfrak{H}}_r}{\cos k\,\frac{h}{2}}\cos k\,x \quad (101\text{a})$$

genügt.

Um den physikalischen Inhalt dieser Gleichung zu übersehen, führen wir aus (99c) den Wert von k ein und finden

$$k\cdot\frac{h}{2} = \left[a_1 - j\,a_2\right]\sqrt{\frac{\omega\,\varkappa\,\mu\cdot 10^{-8}}{2}}\cdot\frac{h}{2}.$$

Wir definieren durch

$$\xi = \sqrt{\frac{\omega \varkappa \mu \cdot 10^{-8}}{2}} \cdot h \qquad (103)$$

die **reduzierte Blechbreite**. Da der Hysteresewinkel ψ_a in ξ nicht eingeht, faßt ξ lediglich die **Dimensionierung** und die für die **Wirbelströmung** maßgebenden Konstanten zusammen.

Durch Einführung von (103) in (101a) wird

$$\overline{\mathfrak{H}} = \frac{\overline{\mathfrak{H}}_r}{\cos[a_1 - j a_2] \cdot \frac{\xi}{2}} \cdot \cos[a_1 - j a_2] \cdot \xi \cdot \frac{x}{h}. \qquad (101\,b)$$

Durch Zerlegung in Amplitude und Phasenwinkel folgt

$$\left.\begin{aligned} \overline{\mathfrak{H}} &= \frac{\overline{\mathfrak{H}}_r}{\sqrt{\frac{1}{2}(\mathfrak{Cos}\, a_1 \xi + \cos a_2 \xi)}} \cdot \sqrt{\frac{1}{2}\left(\mathfrak{Cos}\, a_1 \xi \cdot \frac{2x}{h} + \cos a_2 \xi \frac{2x}{h}\right)} e^{j(\varphi - \varphi_r)} \\ \text{mit} \quad \operatorname{tg}\varphi &= \operatorname{tg}\left(a_2 \xi \cdot \frac{x}{h}\right) \cdot \mathfrak{Tg}\left(a_1 \xi \cdot \frac{x}{h}\right), \\ \operatorname{tg}\varphi_r &= \operatorname{tg}\left(a_2 \xi \cdot \frac{1}{2}\right) \cdot \mathfrak{Tg}\left(a_1 \xi \cdot \frac{1}{2}\right). \end{aligned}\right\} \qquad (101\,c)$$

Die Verteilung der Feldstärke über den Querschnitt hin ist durch die Funktion

$$\mathfrak{F}(x) = \sqrt{\frac{1}{2}\left(\mathfrak{Cos}\, a_1 \xi \frac{2x}{h} + \cos a_2 \xi \frac{2x}{h}\right)} \qquad (101\,d)$$

gegeben. Diese Funktion ist der Ausdruck der **Feldverdrängung**, welche sich für kleine reduzierte Blechbreiten in einer Erhöhung der Randfeldstärke gegenüber dem Feld der Mittelzone ausdrückt (**magnetische Hautwirkung**) (Abb. 58).

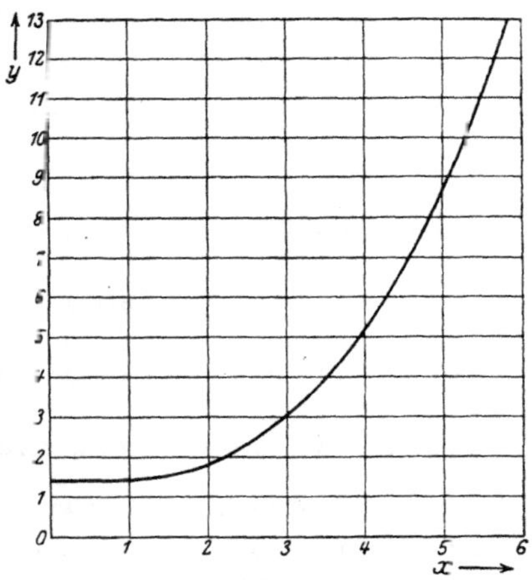

Abb. 58. Verteilung der Induktion im Querschnitt eines Transformatorbleches: $y = \sqrt{\mathfrak{Cos}\, x + \cos x}$.

Durch (101c) ist eine stehende magnetische Welle im Blech dargestellt. Gehen wir aber von (101a) unmittelbar zur reellen Form über, so kommt

$$\left.\begin{aligned} \mathfrak{H} &= \Re\mathrm{e}\left(\frac{\mathfrak{H}_{r\max}}{\cos k\frac{h}{2}} \cdot \cos kx \cdot e^{j\omega t}\right) = \Re\mathrm{e}\left(\frac{\mathfrak{H}_{r\max}}{\cos k\frac{h}{2}} \cdot \frac{e^{jkx} + e^{-jkx}}{2} e^{j\omega t}\right) = \\ &= \frac{\mathfrak{H}_{r\max}}{2} \Re\mathrm{e}\left[\frac{1}{\cos k\frac{h}{2}} \left(e^{j(\omega t + kx)} + e^{j(\omega t - kx)}\right)\right], \end{aligned}\right\} \qquad (104)$$

womit die stehende Welle in zwei von beiden Seiten des Bleches nach der Mitte zu vordringende Wellen aufgespalten wird. Hierbei ist der reelle Teil von k

$$\Re e(k) = \pm a_1 \cdot \sqrt{\frac{\omega \varkappa \mu \cdot 10^{-8}}{2}}$$

ein Maß der Phasenverzögerung des Innenfeldes gegen das Randfeld. Eine noch anschaulichere Deutung des Ausdruckes $\Re e\,(k)$ erhält man durch Betrachtung des gesamten reellen Postens

$$\omega t \pm \Re e\,(k) \cdot x = \Re e\,(k) \left[\frac{\omega}{\Re e\,(k)} \cdot t \pm x\right],$$

wo ersichtlich

$$c = \frac{\omega}{\Re e\,(k)} = \frac{\omega}{a_1 \cdot \sqrt{\frac{\omega \varkappa \mu \cdot 10^{-8}}{2}}} \tag{105}$$

die **Geschwindigkeit** der Welle mißt.

Führen wir statt der Geschwindigkeit die **Wellenlänge** λ ein mittels

$$\lambda \cdot \frac{\omega}{2\pi} = c,$$

so kommt

$$\lambda = \frac{2\pi}{a_1 \sqrt{\frac{\omega \varkappa \mu \cdot 10^{-8}}{2}}}. \tag{105a}$$

Der imaginäre Anteil

$$\delta = \Im m\,(k) = \mp a_2 \sqrt{\frac{\omega \varkappa \mu \cdot 10^{-8}}{2}} \tag{106}$$

bestimmt die **Stärke der räumlichen Abdämpfung**.

Indem wir uns erinnern, daß $\sqrt{\frac{\omega \varkappa \mu \cdot 10^{-8}}{2}}$ lediglich die Wirbelstromkonstanten enthält, gewinnen die Hysteresekoeffizienten a_1 und a_2 in (105) und (106) eine einfache physikalische Bedeutung: Der starke Abfall von a_1 (Abb. 58) zeigt an, daß die Hystereseerscheinung das Eindringen der Wellen beschleunigt und die Wellenlänge vergrößert; der Anstieg von a_2 sagt aus, daß gleichzeitig die Dämpfung vermehrt wird.

57. Energie und Leistung. Die Energie des Spulenfeldes ist nach Gl. (36), Nr. 9 eine Funktion der Feldverteilung: statische und dynamische Energie sind zu unterscheiden. Der Arbeitsaufwand zur Herstellung des statischen Feldes ist dem Energieprinzip zufolge unabhängig von der Herstellungsart. Wird insbesondere der Strom sehr langsam von Null bis auf seinen stationären Wert gesteigert, so ist das

Feld in jedem Augenblicke merklich statisch; sonach ergeben die Gl. (4) und (26a) die zum Feldaufbau erforderliche Leistung:

$$N = J \cdot E = J \cdot L \frac{dJ}{dt} = \frac{d(\frac{1}{2} L J^2)}{dt}. \tag{107}$$

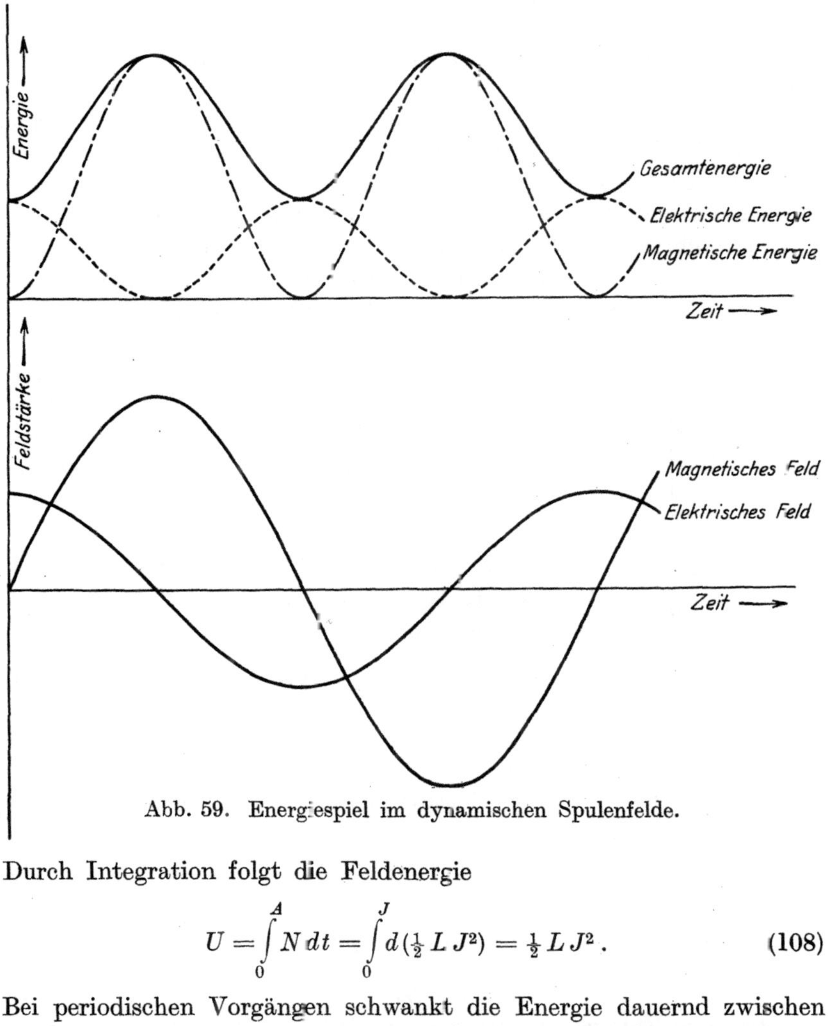

Abb. 59. Energiespiel im dynamischen Spulenfelde.

Durch Integration folgt die Feldenergie

$$U = \int_0^A N\,dt = \int_0^J d(\tfrac{1}{2} L J^2) = \tfrac{1}{2} L J^2. \tag{108}$$

Bei periodischen Vorgängen schwankt die Energie dauernd zwischen Null und ihrem Maximalwert. Die Leistung dient daher lediglich zur Aufbringung der reversiblen Energieänderungen. Ihr zeitlicher Mittelwert verschwindet, das Produkt aus Strom und Spannung ergibt eine reine Blindleistung, deren Größe bei Hochfrequenz wegen der Proportionalität mit der sekundlichen Wechselzahl gewaltige Werte annehmen kann.

Das dynamische Feld ist in dem Begriff der dynamischen Induktivität völlig erfaßt. Für eisenfreie Spulen ist die dynamische Induktivität stets rein reell, daher bleibt die Leistungsgleichung (107) formal gültig. Zugleich mit der Größe der dynamischen Induktivität ändert nach Überschreitung einer kritischen Spulenfrequenz die Leistung ihr Vorzeichen. Je nach dem Frequenzbereich überwiegt also die Schwankung des magnetischen oder elektrischen Energieanteiles.

Die dynamische Energie darf indessen nicht analog (108) berechnet werden, da das dynamische Spulenfeld auch bei verschwindendem dynamischen Strom einen endlichen Energieinhalt besitzt. Zu seiner Ermittelung ist die Integration über das dynamische Feld unmittelbar auszuführen. Das Ergebnis zeigt für einen bestimmten Fall Abb. 59.

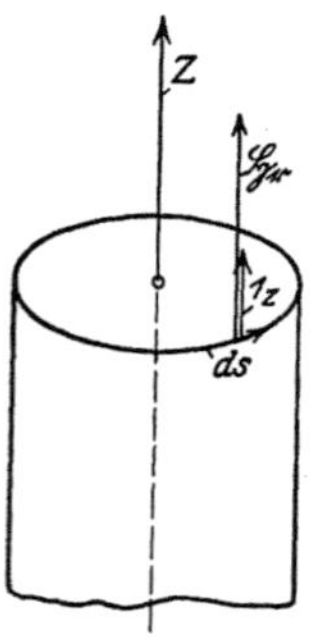

Abb. 60. Zur Berechnung der Eisenverluste.

Für die Leistungsberechnung eisenhaltiger Spulen wird zweckmäßig von den Energiewandlungen im Eisen ausgegangen.

Wir schicken eine allgemeine Betrachtung voraus. Abb. 60 zeigt ein zylindrisches Eisenstück, dessen Achse mit der z-Achse eines rechtsachsigen Koordinatensystems zusammenfalle. Die Randfeldstärke sei nach Größe und Richtung konstant und variiere zeitlich einfach harmonisch

$$\mathfrak{H} = \mathfrak{H}_r = \mathfrak{H}_{r\max} \cdot \cos(\omega t + \varphi) . \tag{109}$$

Der gesamte Induktionsfluß Φ möge ebenfalls einfach harmonisch pulsieren

$$\Phi = \Phi_{\max} \cdot \cos(\omega t) . \tag{110}$$

Wir wollen Φ zu $\mathfrak{H}_r$ in Beziehung setzen mittels

$$\mathfrak{H}_r = \Phi_{\max}(U \cdot \cos\omega t - V \sin\omega t) \cdot 10^{+8} . \tag{111}$$

Die Dichte der Energieeinströmung in das Eisenstück ist nach Poynting gegeben durch

$$\mathfrak{S} = [\mathfrak{E}\mathfrak{H}] . \tag{112}$$

Die Einströmung in eine Scheibe von 1 cm Länge des Eisenstückes ergibt sich durch Integration längs des Umfanges

$$n = \int [\mathfrak{E}_r \mathfrak{H}_r] \cdot [d\mathfrak{s} \cdot 1_z] , \tag{113}$$

wo $d\mathfrak{s}$ nach Abb. 60 ein Element der Berandungskurve eines Querschnittes und 1_z einen Einheitsvektor parallel der z-Achse bedeutet.

Zur Auswertung des Vektorproduktes ist zu bedenken, daß die Wirbelströmung in Ebenen $z =$ konst. verläuft; daher stehen $\mathfrak{E}_r$ und $\mathfrak{H}_r$ senkrecht aufeinander, und der Vektor $\mathfrak{S}$ bildet mit dem Vektor $[d\mathfrak{s} \cdot 1_z]$ den gleichen Winkel wie die Vektoren $\mathfrak{E}_r$ und $d\mathfrak{s}$. Wegen der Voraussetzung $\mathfrak{H}_r =$ konst. kann weiter $\mathfrak{H}_r$ vor das Integral gezogen werden, so daß

$$n = \mathfrak{H}_r \cdot \int \mathfrak{E}_r \cdot d\mathfrak{s} = \mathfrak{H}_r \cdot E_u \tag{113a}$$

entsteht, wo

$$E_u = \int \mathfrak{E}_r \, d\mathfrak{s} \tag{114}$$

die Umlaufsspannung längs des Eisenzylinders ist.

Wir berechnen aus (110) die Umlaufsspannung durch Anwendung des Induktionsgesetzes

$$E_u = -\frac{d\Phi}{dt} \cdot 10^{-8} = -\Phi_{\max} \cdot \omega \cdot \sin\omega t \cdot 10^{-8}. \tag{110a}$$

Durch Kombination von (111) mit (110) ergibt sich die Energieeinströmung

$$n = \Phi_{\max}{}^2 \cdot \omega (U \sin\omega t \cos\omega t - V \sin^2\omega t). \tag{115}$$

Wird statt der Kreisfrequenz die Frequenz $\mathfrak{f}$ mittels $\omega = 2\pi\mathfrak{f}$ eingeführt, so kommt

$$n = \Phi_{\max}{}^2 \cdot 2\pi\mathfrak{f} (U \sin\omega t \cos\omega t - V \sin^2\omega t). \tag{115a}$$

Die Energieeinströmung ist in zwei Anteile zerlegt, deren erster

$$n_s = \Phi_{\max}{}^2 \cdot 2\pi\mathfrak{f} U \cdot \frac{\sin 2\omega t}{2} \tag{116}$$

mit der doppelten Kreisfrequenz um Null pulsiert, während der zweite

$$n_w = -\Phi_{\max}{}^2 \cdot 2\pi\mathfrak{f} \cdot V \sin^2\omega t \tag{117}$$

um den Mittelwert

$$\overline{n}_w = -\Phi_{\max}{}^2 \cdot 2\pi\mathfrak{f} \cdot V \cdot \frac{1}{2} \tag{117a}$$

schwankt. n_s ist ein Maß der Blindleistung, welche die reversiblen magnetischen Energieänderungen bewirkt, während $\overline{n}_w$ als Wirkleistung des Äquivalent der Verluste in das Eisen hineinträgt. In

$$\overline{n}_w/\mathfrak{f} = -\Phi_{\max}{}^2 \cdot \pi \cdot V \tag{118}$$

erkennen wir den Verlust pro Periode. Das negative Vorzeichen rührt von der Vorzeichenwahl des Poyntingschen Vektors her und ist für das Ergebnis belanglos.

Es ist zweckmäßig, die Blechdimensionen dadurch zu eliminieren, daß statt des Induktionsflusses die mittlere räumliche Induktionsamplitude eingeführt wird. Mit dem Eisenblechquerschnitt $q = b \cdot h$ folgt zunächst

$$\mathfrak{B}_{\text{mitt}} = \frac{\Phi_{\max}}{q} = \frac{\Phi_{\max}}{b \cdot h}. \tag{119}$$

Indem Gl. (118) beiderseitig mit q dividiert wird, beziehen wir auch den Verlust auf die Volumeneinheit; er heiße w. An Stelle von w

benutzen wir zur Darstellung des Verlustes die Größe $v = \frac{w}{\mathfrak{B}_{\text{mitt}}{}^2}$, welche die **Verlustziffer** heißt:

$$w = \frac{\bar{n}_w/\mathfrak{k}}{q} = -\frac{\Phi_{\max}{}^2}{q^2}\cdot q\cdot\pi\cdot V = -\mathfrak{B}_{\text{mitt}}{}^2\cdot[q\cdot\pi\cdot V] = -\mathfrak{B}^2{}_{\text{mitt}}\cdot v\,. \quad (120)$$

Wir gehen nun dazu über, die geschilderte Rechnung für den Sonderfall des Eisenbleches durchzuführen.

Zunächst ist der Induktionsfluß zu bestimmen. Durch Integration über den Blechquerschnitt wird in komplexer Form

$$\bar{\Phi} = \bar{\mu}\int\limits_{-\frac{h}{2}}^{+\frac{h}{2}} \mathfrak{H}\cdot dx\cdot\mathfrak{b}$$

und durch Einsetzen von (101a) und (90)

$$\bar{\Phi} = \mu\cdot e^{-j\psi_a}\cdot\frac{\bar{\mathfrak{H}}_r}{\cos k\frac{h}{2}}\cdot\frac{\sin k\cdot\frac{h}{2}}{\frac{k}{2}}\mathfrak{b} = \mu\cdot\mathfrak{b}\cdot h\cdot\bar{\mathfrak{H}}_r\frac{\operatorname{tg} k\frac{h}{2}}{k\frac{h}{2}}e^{-j\psi_a}\,. \quad (121)$$

Die Auflösung nach $\bar{\mathfrak{H}}_r$ ergibt

$$\bar{\mathfrak{H}}_r = \frac{\bar{\Phi}}{\mu\cdot bh}\cdot k\cdot\frac{h}{2}\cdot e^{+j\psi_a}\operatorname{cotg} k\cdot\frac{h}{2}\,. \quad (121\text{a})$$

Mit Rücksicht auf (99b), (99c), (100) und (103) ist

$$k\cdot\frac{h}{2}e^{j\psi_a}\operatorname{cotg} k\cdot\frac{h}{2} = (1-j)\,e^{\frac{j\psi_a}{2}}\cdot\frac{\xi}{2}\cdot\operatorname{cotg}[a_1 - ja_2]\frac{\xi}{2}$$

$$= \left(\cos\frac{\psi_a}{2}+\sin\frac{\psi_a}{2}\right)\frac{\xi}{2}\operatorname{cotg}[a_1-ja_2]\frac{\xi}{2} - j\left(\cos\frac{\psi_a}{2}-\sin\frac{\psi_a}{2}\right)\frac{\xi}{2}\operatorname{cotg}[a_1-ja_2]\frac{\xi}{2}$$

$$= [a_2 - ja_1]\frac{\xi}{2}\cdot\operatorname{cotg}[a_1 - ja_2]\frac{\xi}{2}\,.$$

Die komplexe Kotangensfunktion läßt sich in Real- und Imaginärteil aufspalten[1]) und liefert in (121a) eingesetzt

$$\left.\begin{aligned}\bar{\mathfrak{H}}_r &= \frac{\bar{\Phi}}{\mu\cdot b\cdot h}\cdot[a_2 - ja_1]\frac{\xi}{2}\operatorname{cotg}[a_1 - ja_2]\frac{\xi}{2}\\ &= \frac{\bar{\Phi}}{\mu\cdot b\cdot h}\cdot[a_2 - ja_1]\cdot\frac{\xi}{2}\cdot\frac{\sin a_1\xi + j\,\mathfrak{Sin}\,a_2\xi}{\mathfrak{Cos}\,a_2\xi - \cos a_1\xi}\\ &= \frac{\bar{\Phi}}{\mu\cdot b\cdot h}\cdot\left[\frac{\xi}{2}\cdot\frac{a_2\sin a_1\xi + a_1\,\mathfrak{Sin}\,a_2\xi}{\mathfrak{Cos}\,a_2\xi-\cos a_1\xi} - j\frac{\xi}{2}\cdot\frac{a_1\sin a_1\xi - a_2\,\mathfrak{Sin}\,a_2\xi}{\mathfrak{Cos}\,a_2\xi - \cos a_1\xi}\right].\end{aligned}\right\} \quad (121\text{b})$$

[1]) Jahnke-Emde: a. a. O.

Gehen wir zur reellen Form über, indem $\Phi = \Re e(\overline{\Phi}) = \Re e(\Phi_{\max} e^{j\omega t})$ eingesetzt wird, so kommt endlich

$$\left.\begin{aligned} \mathfrak{H}_r = \Re e(\overline{\mathfrak{H}}_r) = \frac{\Phi_{\max}}{\mu \cdot b \cdot h} \\ \left[\frac{\xi}{2}\frac{a_2 \sin a_1 \xi + a_1 \mathfrak{Sin}\, a_2 \xi}{\mathfrak{Cof}\, a_2 \xi - \cos a_1 \xi} \cdot \cos\omega t - \frac{\xi}{2}\frac{a_2 \mathfrak{Sin}\, a_2 \xi - a_1 \sin a_1 \xi}{\mathfrak{Cof}\, a_2 \xi - \cos a_1 \xi} \cdot \sin\omega t\right]. \end{aligned}\right\} \quad (122)$$

Durch Vergleich mit (111) finden wir

$$10^8 \cdot V = \frac{1}{\mu \cdot b \cdot h} \cdot \frac{\xi}{2} \cdot \frac{a_2 \cdot \mathfrak{Sin}\, a_2 \xi - a_1 \sin a_1 \xi}{\mathfrak{Cof}\, a_2 \xi - \cos a_1 \xi} \quad (123)$$

und demnach

$$v = \frac{\pi}{\mu} \cdot \frac{\xi}{2} \cdot \frac{a_2 \cdot \mathfrak{Sin}\, a_2 \xi - a_1 \sin a_1 \xi}{\mathfrak{Cof}\, a_2 \xi - \cos a_1 \xi} \cdot 10^{-8}. \quad (123\text{a})$$

Für sehr kleine Werte von ξ gelten die Näherungswerte

$$a_2 \,\mathfrak{Sin}\, a_2 \xi - a_1 \sin a_1 \xi = \sim [a_2^2 - a_1^2]\, \xi$$

$$\mathfrak{Cof}\, a_2 \xi - \cos a_1 \xi = \sim [a_2^2 + a_1^2] \frac{\xi^2}{2!},$$

so daß

$$\lim_{\xi \to 0} v = \frac{\pi}{\mu} \cdot \frac{1}{2} \frac{a_2^2 - a_1^2}{[a_2^2 + a_1^2]\frac{1}{2!}} \cdot 10^{-8} = \frac{\pi}{\mu} \cdot \sin\psi_a \cdot 10^{-8} \quad (124)$$

kommt, wo (100) berücksichtigt ist.

Der gewonnene Ausdruck besitzt eine außerordentlich einfache physikalische Bedeutung. Durch Multiplikation mit $\mathfrak{B}_{\text{mitt}}{}^2$ wird der Verlust pro Volumeneinheit erhalten

$$w\, 10^{-8} = \mathfrak{B}_{\text{mitt}}{}^2 \frac{\pi}{\mu} \cdot \sin\psi_a \cdot 10^{-8} = \mathfrak{B}_{\text{mitt}}\, \mathfrak{H}_{\max} \cdot \pi \cdot \sin\psi_a \cdot 10^{-8},$$

worin wir den Inhalt der Hystereseschleife wieder erkennen. Für äußerst geringe reduzierte Blechbreiten ist also der sog. „Hystereseverlust" vorherrschend. Wesentlich für die Bedeutung dieses Ergebnisses ist der Umstand, daß geringe reduzierte Blechbreite vorausgesetzt wird; die Höhe der Frequenz an sich spielt daher keine entscheidende Rolle.

Nimmt umgekehrt ξ erhebliche Werte an, so sind schließlich die trigonometrischen Funktionen gegen die Hyperbelfunktionen zu streichen, und wir erhalten

$$\lim_{\xi \to \infty} v = \frac{\pi}{\mu} \cdot \frac{1}{2} \xi \cdot a_2 \cdot \mathfrak{Tg} \cdot a_2 \xi \cdot 10^{-8} = \frac{\pi}{\mu} \cdot \frac{1}{2} \cdot \xi \cdot a_2 \cdot 10^{-8}. \quad (125)$$

Dieser Fall ist verwirklicht für abnormal starke Bleche oder für hohe Frequenzen. Insbesondere bestimmt also Gleichung (125) die Eisenverluste in den Blechen von Hochfrequenzmaschinen.

Zahlenbeispiel. Wir legen ein Eisenmaterial zugrunde, dessen Leitfähigkeit den Wert

$$\varkappa = 5 \cdot 10^4 \text{ Siemens/cm}^3$$

besitzt. Die räumlich gemittelte Induktion betrage

$$\mathfrak{B}_{\text{mitt}} = 10\,000 \text{ Maxwell/cm}^2,$$

die zugehörige komplexe Permeabilität

$$\overline{\mu} = 4000\, e^{-j5^0 40'} \text{ Maxwell} \cdot \text{cm/Amp},$$

also

$$\mu = 4000 \text{ Maxwell} \cdot \text{cm/Amp}; \qquad \psi_a = 5^0\,40'; \qquad \sin \psi_a = 0{,}09874\,.$$

Hieraus ergeben sich nach Abb. 57 die Hysteresekoeffizienten

$$a_1 = \cos 2^0\,50' - \sin 2^0\,50' = 0{,}9493\,,$$

$$a_2 = \cos 2^0\,50' + \sin 2^0\,50' = 1{,}0483\,.$$

Die Blechbreite möge zu

$$h = 0{,}035 \text{ cm}$$

vorausgesetzt werden.

Wir erhalten somit die Verlustziffern nach den Formeln (123a)

$$v = \frac{\pi}{4000} \cdot \frac{\xi}{2} \cdot \frac{1{,}0483\, \mathfrak{Sin}\, 1{,}0483\, \xi - 0{,}9493 \sin 0{,}9493\, \xi}{\mathfrak{Cof}\, 1{,}0483\, \xi - \cos 0{,}9493\, \xi} \cdot 10^{-8},$$

während sich die reduzierte Blechbreite nach (103) zu

$$\xi = \sqrt{\omega} \cdot \sqrt{\frac{5 \cdot 10^4 \cdot 4000 \cdot 10^{-8}}{2}} \cdot 0{,}035 = \sqrt{\omega} \cdot 0{,}035$$

berechnet.

Das Ergebnis der Rechnung ist in Abhängigkeit von der reduzierten Blechbreite in Abb. 61 dargestellt.

Die Gesamtverlustziffer steigt von dem endlichen Anfangswert, welche den Hystereseverlusten bei statischer Ummagnetisierung gleichkommt, stetig an. Die Kurve oszilliert für hohe reduzierte Blechstärken um die Asymptote

$$v = \frac{\pi}{4000} \cdot \frac{\xi}{2} \cdot 1{,}0483 \cdot 10^{-8}\,.$$

In dieser Kurveneigentümlichkeit spiegelt sich der Einfluß der trigonometrischen Funktionen wieder, da die Hyperbelfunktionen monoton ansteigen. Ihre Extremalwerte sind allein abhängig von dem Produkte $a_1 \xi$ mittels

$$a_1 \xi = k \frac{\pi}{2}, \qquad k = 0, 1, 2, \ldots$$

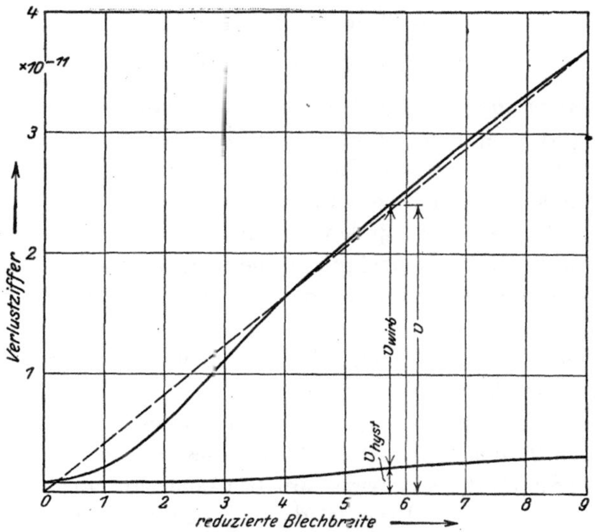

Abb. 61. Abhängigkeit der Eisenverluste von der reduzierten Blechbreite.

Um die Bedeutung dieser Beziehung zu erkennen, ersetzen wir ξ durch (103) und a_1 nach (105a) durch die Wellenlänge λ und erhalten

$$\frac{2\pi}{\lambda}\cdot h = k\,\frac{\pi}{2}$$

oder

$$h = h\cdot\frac{\lambda}{4}, \qquad k = 1, 2, 3, \ldots$$

Das Auftreten der Oszillationen in der Verlustkurve ist hiernach als **Resonanzerscheinung** zu deuten, indem die Blechbreite ein ganzzahliges Vielfaches der Viertelwellenlänge wird.

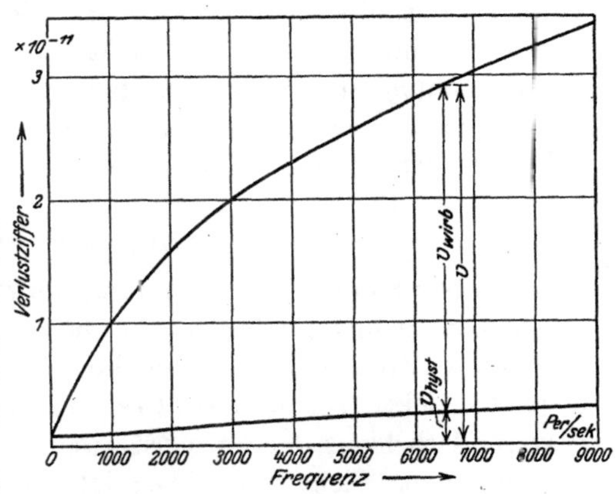

Abb. 62. Abhängigkeit der Eisenverluste von der Frequenz.

Die Übertragung dieser Ergebnisse auf die **Frequenzabhängigkeit** der Verlustziffer erfordert die zusätzliche Annahme, daß der Winkel ψ_a unabhängig von der Frequenz ist. Inwieweit diese Annahme mit den wirklich durchlaufenen Hystereseschleifen vereinbar ist, kann nur an Hand experimentellen Materials entschieden werden. In Abb. 62 ist die Abhängigkeit der Verlustziffer von der Frequenz für konstantes ψ_a dargestellt; die entwickelten Formeln bieten indessen die Möglichkeit, eine etwaige Änderung des Hysteresewinkels mit der Frequenz gesetzmäßig zu erfassen.

c) Technik der Spulen.

Ausnutzungsfähigkeit.

58. Erwärmung. Allen Spulen gemeinsam ist die Joulesche Erwärmung des Spulendrahtes durch den Leitungsstrom. Ihre Begrenzung auf ein zulässiges Maß erfordert die Wahl der Draht-Querschnittsabmessungen nach dem aufzunehmenden Strome; so sind Starkstrom- und Schwachstromspulen zu unterscheiden. Die Maßnahmen, welche bei gegebenen Querschnittsabmessungen auf das Minimum der Wärmeentwicklung abzielen, werden im nächsten Abschnitt genannt werden.

Metallische Leiter im Innern der Spulen werden im hochfrequenten Felde Träger starker Wirbelströme, deren Joulesche Wärme sich zur Wärme des Leitungsstromes addiert und dadurch die Ausnutzungsfähigkeit der Spulen herabsetzt. Hierzu gesellt sich bei eisenhaltigen Spulen noch die Hysteresewärme. Mit Rücksicht auf hohe Ausnutzungsfähigkeit der Spulen mit Eisen ist daher Sorge zu tragen, daß die Feldverdrängung sich nicht zu einer ungünstigen Höhe entwickeln kann; dies ist durch Wahl geeigneter Stoffe und der Abmessungen zu erreichen.

59. Beanspruchung. Die starken elektrischen Felder, welche im dynamischen Spulenfelde wirken, beanspruchen das Isoliermaterial zwischen den einzelnen Windungen. Der Mechanismus dieser Beanspruchung unterscheidet sich in keiner Weise von der dielektrischen Beanspruchung der Kondensatoren. Die physikalischen Gesetze der Beanspruchung sowohl wie die Mittel zu ihrer Beherrschung können daher aus Nr. 35 übernommen werden.

Konstruktionsgrundsätze.

60. Feste Spulen. Zur Schaffung konstanter Induktivitäten werden die Spulen in unveränderliche Formen gebracht.

Schwachstromspulen können ohne Rücksicht auf die Beanspruchung nach rein elektrodynamischen Gesichtspunkten entworfen werden. Die Unveränderlichkeit der Form ist besonders wichtig für Spulen, welche zu Meß- oder Eichzwecken benutzt werden sollen. Sie werden deswegen auf einen steinernen Spulenkern gewickelt und durch einen steinernen Spulenkasten eingeschlossen.

Für Starkstromspulen werden im wesentlichen die gleichen Bauformen ausgeführt. Unterschiede ergeben sich lediglich aus der Forderung größerer Ausnutzungsfähigkeit. Zwecks wirksamer Verstärkung der Isolation werden die Spulen häufig in Öl getaucht; die große Wärmeaufnahmefähigkeit dieses Isolierstoffes im Verein mit der gegenüber dem Spulenkörper vermehrten Oberfläche begünstigt die Wärmeabfuhr aus den Wärmequellen des stromgeheizten Spulendrahtes.

61. Veränderliche Spulen. Sprunghaft veränderliche Induktivitäten werden durch Hintereinander- oder Parallelschaltung von Einzelinduktivitäten oder durch Benutzung wahlweise ausgeschnittener Spulenteile erhalten.

Stetig veränderliche Induktivitäten (Variometer) werden durch Kombination zweier Spulen gebildet, welche gegeneinander verstellt werden können. Der Form der Variometerspulen ist die Beweglichkeit angepaßt. Als Hauptformen entstehen: 1. Das Flachspulvariometer, bei welchem die Bewegung vorzugsweise in der Spulenebene erfolgt, entweder durch Verschiebung oder durch Drehung. 2. Das Zylinderspulenvariometer, bei dem zwei Zylinderspulen ungleichen Durchmessers übereinandergeschoben werden. 3. Das Kugelvariometer, bei welchem eine kugelförmige Spule innerhalb einer zweiten geometrisch ähnlichen Spule oder Zylinderspule gedreht werden kann.

62. Gegeninduktivitäten. Veränderliche Gegeninduktivitäten oder Koppelungstransformatoren dienen zur Variation der Verkettung zweier Stromkreise. Ihre Bauformen stimmen mit denen der Variometer überein. Lediglich die Wickelungsabmessungen der beiden Koppelungsspulen erfahren eine Änderung entsprechend den Stromstärken, deren Transformation sie vollziehen.

3. Die Träger der Leitungsströme.

Wir setzen voraus, daß der Leiter einem homogenen Nichtleiter eingelagert ist. Die Strömung beschränkt sich dann auf den vom Leiter eingenommenen Raum.

a) Stationäre Strömung.

Grundgrößen.

63. Strom. Wir betrachten einen Leiter, dem der Strom durch eine „Elektrode" 1 zugeführt, durch die Elektrode 2 abgeführt werde. Im stationären Felde ist der Verschiebungsstrom überall Null. Das Kontinuitätsgesetz der elektrischen Strömung verlangt daher: Das Flächenintegral der elektrischen Stromdichte

$$J = \int_F (\mathfrak{i}\, df) \tag{1}$$

erstreckt über eine den Leiter durchdringende, ganz außerhalb der Elektroden liegende Fläche ist konstant. Das Integral (1) ist somit von der besonderen Wahl der Fläche gänzlich unabhängig; die hierdurch eindeutig bestimmte Größe heißt der Strom.

64. Wärmeentwicklung. Nach dem Jouleschen Gesetz findet im stromdurchflossenen Leiter eine Wärmeentwicklung statt. Sie berechnet sich für die Zeiteinheit durch den elektromagnetischen Energiestrom, welcher vermittels des stationären Feldes in den Leiter hineingetragen wird. Da der Energiestrom ebenfalls einem Kontinuitätsgesetz unterworfen ist, ist sein Wert unabhängig von der Wahl einer den Leiter vollständig einschließenden Hüllfläche. Somit resultiert als eindeutige Bestimmungsgleichung der sekundlichen Wärmemenge

$$Q = \int_{\mathfrak{F}} \mathfrak{S} \cdot df . \tag{2}$$

65. Widerstand. Das Verhältnis der Wärmeentwicklung zum Quadrate des Stromes ist ein quantitatives Maß der Energieabsorption des Leiters. Es heißt stationärer oder Gleichstromwiderstand

$$R_g = \frac{Q}{J^2} . \tag{3}$$

Der Widerstand ist für eine gegebene Leiterform und ein bestimmtes Material eine Konstante. Die Einheit des Widerstandes ist das Ohm.

Besondere Anordnungen.

66. Widerstand von Drähten. Die einfachste Form des Trägers der Leitungsströme ist der Draht von konstantem Querschnitt. Wir setzen voraus, daß die linearen Abmessungen des Querschnitts f klein sind gegen die Drahtlänge l. In der Nähe der Elektroden sind die Stromfäden komplizierte Kurven; aber bereits in geringem Abstande laufen sie parallel der Drahtachse. Werden die Feldanteile in der Umgebung der Elektroden vernachlässigt, so ist das elektrische Feld im Draht homogen und überall parallel zur Leiterachse. Die Feldstärke ist mit der Stromdichte durch das Ohmsche Gesetz verknüpft

$$\mathfrak{E} = \frac{\mathfrak{i}}{\varkappa} ,$$

während zwischen Stromdichte und Strom die Beziehung

$$J = \mathfrak{i} \cdot f \tag{4}$$

besteht.

Zur Berechnung des Energiestromes wird aus dem Draht ein Stück von 1 cm Länge herausgeschnitten. Ein Element der Berandungskurve des Drahtquerschnittes sei $d\mathfrak{s}$, $\mathfrak{l}_l$ sei ein Einheitsvektor in Richtung der Leiterachse. Der Energiestromvektor $\mathfrak{S}$ steht senkrecht auf elektrischer Feldstärke $\mathfrak{E}$ und magnetischer Feldstärke $\mathfrak{H}$. Da $\mathfrak{E}$ und $\mathfrak{l}_l$ gleiche Richtung besitzen, gleicht der Winkel zwischen $\mathfrak{S}$ und $df = [d\mathfrak{s} \cdot \mathfrak{l}_l]$ dem Winkel zwischen $\mathfrak{H}$ und $d\mathfrak{s}$. Somit wird

$$n = \int_F \mathfrak{S}\, df = \int [\mathfrak{E}\,\mathfrak{H}]\,[d\mathfrak{s} \cdot \mathfrak{l}_l] = \mathfrak{E} \oint \mathfrak{H}\, d\mathfrak{s} . \tag{5}$$

Die magnetische Umlaufsspannung gleicht dem Leitungsstrome, so daß

$$n = \mathfrak{E} \cdot J = \frac{\mathfrak{i}}{\varkappa} \cdot J = \frac{1}{\varkappa \cdot f} J^2 \tag{6}$$

resultiert. Durch Integration längs der Leiterachse findet sich die Gesamteinströmung in den Leiter

$$N = n \cdot l = \frac{l}{\varkappa f} \cdot J^2 . \tag{6a}$$

Der Widerstand folgt hieraus zu

$$R_g = \frac{N}{J^2} = \frac{l}{\varkappa f} . \tag{6b}$$

67. Abhängigkeit des Widerstandes von der Temperatur. Für zahlreiche Leiter ist die Leitfähigkeit $\varkappa$ eine Funktion der Leitertemperatur T, welche für mäßige Intervalle in der Form

$$\varkappa = \frac{\varkappa_0}{1 + \alpha T} \tag{7}$$

geschrieben werden kann; hierin wird der Koeffizient α als Temperaturkoeffizient bezeichnet. Er ist für die meisten Metalle positiv, für Kohle und ähnliche Leiter negativ (vgl. hierzu Nr. 99).

Um größere Temperaturintervalle zu erfassen, ist (7) in

$$\varkappa = \varkappa (T) \tag{7a}$$

zu erweitern. Die Temperaturfunktion $\varkappa$ kann zur Zeit in quantitativ befriedigender Weise nur an Hand experimenteller Ergebnisse angegeben werden, welche beispielsweise den Arbeiten von Somerville[1]) zu entnehmen sind.

Mit der Leitfähigkeit wird auch der Widerstand eine Funktion der Temperatur

$$\frac{E}{J} = R = R(T) , \tag{7b}$$

so daß Gl. (3) ergibt

$$N = E \cdot J = R(T) \cdot J^2 = \frac{E^2}{R(T)} . \tag{8}$$

Bei gegebener Spannung ist hiernach der Strom nicht allein durch die elektrischen Abmessungen des Leitermateriales, sondern gleichzeitig durch die wirksame Leitertemperatur bestimmt. Diese ergibt sich im thermisch stationären Zustande aus der Gleichgewichtsbedingung der zugeführten Leistung N mit der sekundlich abgeführten Wärme A

$$N = A = A(T) . \tag{9}$$

[1]) Phys. Rev. Bd. 31, S. 261. 1910.

Die Funktion $A(T)$ ist durch die Gesetze der Wärmeleitung, Wärmestrahlung und thermischen Konvektionsströmung festgelegt; indessen ist ihre formelmäßige Bestimmung zur Zeit noch nicht in befriedigender Weise geglückt. Indem wir sie im folgenden als experimentell ermittelt voraussetzen, geht Gl. (9) in

$$E \cdot J = A(T) \tag{9a}$$

über. Durch das simultane System (7b) und (9a) ist nunmehr ein temperaturunabhängiger Zusammenhang zwischen Strom und Spannung definiert, den wir die Charakteristik des Widerstandes heißen; sie vertritt betriebsmäßig den Begriff des Widerstandes.

Wir veranschaulichen den Inhalt der Gl. (7b) und (9a) durch Konstruktion der Funktionen

$$\log\left(\frac{E}{J}\right) = \log E - \log J = \log R(T)\,, \tag{10a}$$

$$\log(E \cdot J) = \log E + \log J = \log A(T)\,. \tag{10b}$$

Es sei in einem rechtwinkeligen Koordinatensystem ($\log R$. $\log A$) die aus $A(T)$ und $R(T)$ leicht zu ermittelnde Kurve

$$\log R = \varphi(\log A) \tag{11}$$

gezeichnet. Wir gehen von dem System ($\log R$, $\log A$) zu einem um 45° nach rückwärts verdrehten rechtwinkeligen Koordinatensystem ζ, η über

$$\log A = \tfrac{1}{2}\sqrt{2}\,(\zeta + \eta)\,,$$
$$\log R = \tfrac{1}{2}\sqrt{2}\,(\zeta - \eta)\,.$$

Setzt man also

$$\log E = \tfrac{1}{2}\sqrt{2}\,\zeta\,; \qquad \log J = \tfrac{1}{2}\sqrt{2}\,\eta\,,$$

so stellt, wie durch Vergleich mit (10) hervorgeht, die Funktion (11) im System (ζ, η) die (logarithmische) Charakteristik dar.

Eine Charakteristik soll als normal bezeichnet werden, wenn und soweit die sie darstellende Funktion ansteigt. Die für die Hochfrequenztechnik wichtigen Systeme mit normaler Charakteristik sind neben Drahtwiderständen normaler Bauart die Glühfäden der Elektronenröhren (s. Nr. 83). Charakteristiken, welche die genannte Bedingung nicht erfüllen, heißen abnormal. Wir nennen mit Busch[1]) eine Widerstandscharakteristik fallend, wenn sie ein Spannungsmaximum, rückfallend, wenn sie ein Strommaximum aufweist.

---

[1]) Ann. d. Physik Bd. 64, S. 401. 1920.

68. Theorie der fallenden Charakteristiken: Thermischer Durchschlag fester Isoliermaterialien. Wir setzen ein Material mit fallender Widerstandscharakteristik voraus

$$\frac{dR}{dT} < 0\,, \tag{12}$$

während $A\,(T)$, seiner Bedeutung gemäß, stets steigen muß

$$\frac{dA}{dT} > 0\,. \tag{13}$$

Im Zusammenhang mit (8) ergibt sich hieraus für das vorausgesetzte Material

$$\frac{dJ}{dT} > 0\,. \tag{14}$$

Aus der im vorigen Abschnitt gegebenen Definition folgt als Bedingung der fallenden Charakteristik

$$\frac{dE}{dJ} \leqq 0\,. \tag{15}$$

Mit Rücksicht auf (14) resultiert durch Addition von (10a) und (10b) die hiermit äquivalente Forderung

$$\frac{dE}{dT} = \frac{1}{2}\left[\frac{1}{R}\,\frac{dR}{dT} + \frac{1}{A}\,\frac{dA}{dT}\right] \leqq 0\,. \tag{15a}$$

Der prozentuale Widerstandsabfall pro Grad Temperaturzuwachs muß demnach den prozentualen Anstieg der Abkühlleistung übertreffen.

Bedingungen der Art (15a) sind bei gewissen Stoffen erfüllt, welche bei normaler Temperatur eine außerordentlich geringe Leitfähigkeit aufweisen und daher als Isoliermaterialien Verwendung finden. Abb. 63 zeigt den qualitativen Verlauf ihrer Charakteristik.

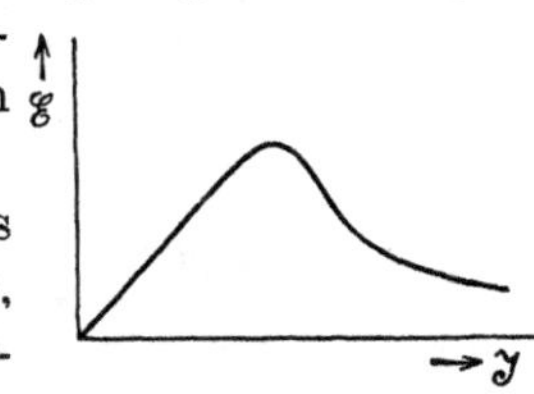

Abb. 63. Charakteristik eines Isoliermateriales.

Solange die angelegte Spannung kleiner als das Spannungsmaximum der Charakteristik ist, befindet sich der Betriebspunkt auf dem „normalen“ ansteigenden Teil der Charakteristik. Überschreitet indes die Spannung den Gipfel der Charakteristik, so vermag sich kein stationärer Zustand mehr auszubilden: Der Strom schwillt fortgesetzt an, bis infolge überhandnehmender Wärmeentwicklung der Isolierstoff verkohlt. Dieser Vorgang wird als **thermischer Durchbruch** bezeichnet. Wir wollen indes nicht verhehlen, daß durch die beschriebenen Gesetzmäßigkeiten nur eine beschränkte Gruppe der gesamten Durchschlagserscheinungen fester Isoliermaterialien aufgedeckt wird. Neuere Untersuchungen berücksichtigen hierneben die Veränderungen der Atomstruktur des beanspruchten Materiales und scheinen damit dem äußerst verwickelten physikalischen Vorgange in qualitativ befriedigender Weise gerecht zu werden.

69. Theorie der rückfallenden Charakteristiken: Widerstände für konstanten Strom[1]**).** Wir setzen ein Material mit steigender Widerstandscharakteristik voraus

$$\frac{dR}{dT} > 0 . \tag{16}$$

Im Verein mit (13) folgt somit aus (8)

$$\frac{dE}{dT} > 0 . \tag{17}$$

Nach der in Nr. 67 gegebenen Definition gilt als Bedingung der rückfallenden Charakteristik

$$\frac{dJ}{dE} \leqq 0 , \tag{19}$$

also folgt mit Rücksicht auf (17) durch Subtraktion der Gl. (10a) von (10b) die Bedingung

$$\frac{d \log J}{dT} = \frac{1}{2}\left[\frac{1}{A}\frac{dA}{dT} - \frac{1}{R}\frac{dR}{dT}\right] \leqq 0 . \tag{19a}$$

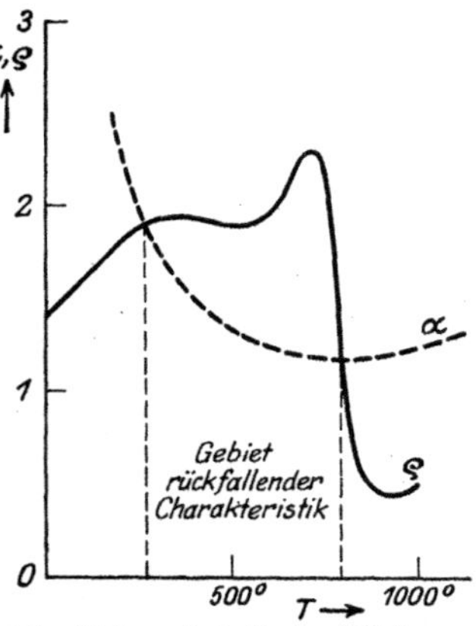

Abb. 64. Abhängigkeit des Widerstandes und der Abkühlungsziffer von der Temperatur (Eisendraht in Wasserstoff).

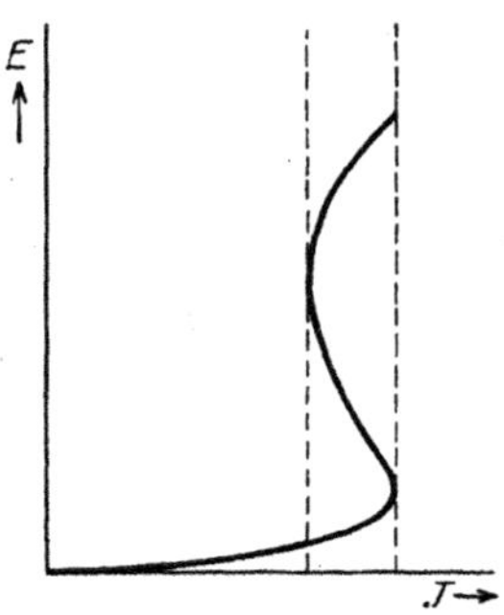

Abb. 65. Charakteristik eines Widerstandes der Daten der Abb. 64.

Hier muß also der prozentuale Widerstandszuwachs pro Grad Temperaturanstieg das prozentuale Anwachsen der Kühlleistung übertreffen.

Ein System, welches diese Bedingung erfüllt, wird durch einen in Wasserstoff von niedrigem Druck gebetteten Eisendraht erfüllt. Für dieses System sind in Abb. 64 die Funktionen

$$\alpha = \frac{T}{A}\frac{dA}{dT}; \qquad \varrho = \frac{T}{R}\frac{dR}{dT} \tag{20}$$

nach Rechnungen und Messungen von H. Busch dargestellt. Die hieraus berechnete Charakteristik zeigt Abb. 65. Sie besteht aus zwei

[1]) Busch, H.: Ann. d. Physik Bd. 64, S. 401. 1920.

für sehr kleine und sehr große Stromstärken „normal" verlaufenden Kurvenstücken, welche durch eine rückfallende Kurve verbunden sind.

Um die Stabilität des rückfallenden Kurventeiles zu prüfen, denke man sich zwei genau gleich dimensionierte Widerstände der beschriebenen Art in Reihe an die Spannung E gelegt. Ein offenbar möglicher stationärer Zustand ist dadurch definiert, daß auf beide Widerstände die gleiche Teilspannung $E' = \frac{E}{2}$ entfällt. Die zugeführte Leistung

$$N = E' \cdot J = \tfrac{1}{2} E J \tag{21}$$

bewirkt im thermisch stationären Zustand in beiden Widerständen die durch (8) bestimmte gleiche Temperatur T_0

$$N = J_0^2 \cdot R(T_0) = A(T_0). \tag{21a}$$

Wir untersuchen kleine Abweichungen vom Gleichgewichtszustand

$$\left.\begin{aligned} &\text{im Widerstand 1:} && T_1 = T_0 + \tau_1 && \tau_1 \ll T_0, \\ &\text{im Widerstand 2:} && T_2 = T_0 + \tau_2 && \tau_2 \ll T_0 \\ \text{und} & && J = J_0 + i && i \ll J_0. \end{aligned}\right\} \tag{22}$$

Ist K die Wärmekapazität jedes Widerstandes, so treten für veränderliche Vorgänge an Stelle der Gl. (9) die Differentialgleichungen

$$N = J^2 R = A(T) + K \frac{dT}{dt}, \tag{23}$$

also, mit Beachtung von (21a) und der Voraussetzungen (22),

$$\left.\begin{aligned} 2 J_0 \cdot i R(T_0) + J_0^2 \left(\frac{\partial R}{\partial T}\right)_{T=T_0} \cdot \tau_1 &= \left(\frac{\partial A}{\partial T}\right)_{T=T_0} \cdot \tau_1 + K \frac{d\tau_1}{dt}, \\ 2 J_0 \cdot i R(T_0) + J_0^2 \left(\frac{\partial R}{\partial T}\right)_{T=T_0} \cdot \tau_2 &= \left(\frac{\partial A}{\partial T}\right)_{T=T_0} \cdot \tau_2 + K \frac{d\tau_2}{dt}. \end{aligned}\right\} \tag{24}$$

Durch Subtraktion entsteht die Differentialgleichung

$$\left[J_0^2 \left(\frac{\partial R}{\partial T}\right)_{T=T_0} - \left(\frac{\partial A}{\partial T}\right)_{T=T_0}\right] \{\tau_1 - \tau_2\} = K \frac{d\{\tau_1 - \tau_2\}}{dt}, \tag{24a}$$

deren Lösung lautet

$$(\tau_1 - \tau_2) = (\tau_1 - \tau_2)_0 \cdot e^{\left[J_0^2 \left(\frac{\partial R}{\partial T}\right)_{T=T_0} - \left(\frac{\partial A}{\partial T}\right)_{T=T_0}\right] t}. \tag{24b}$$

Die Forderung einer mit wachsender Zeit nach Null gehenden Differenz $(\tau_1 - \tau_2)$ ergibt die Stabilitätsbedingung

$$J_0^2 \left(\frac{\partial R}{\partial T}\right)_{T=T_0} - \left(\frac{\partial A}{\partial T}\right)_{T=T_0} \leqq 0 \tag{25}$$

oder wegen (21a)

$$\left(\frac{1}{R} \frac{\partial R}{\partial T}\right)_{T=T_0} - \left(\frac{1}{A} \frac{\partial A}{\partial T}\right)_{T=T_0} \leqq 0. \tag{26}$$

Diese Bedingung steht mit der Eigenschaft (19a) der rückläufigen Charakteristik in Widerspruch und lehrt demgemäß: Der isotherme Zustand zweier hintereinandergeschalteter Widerstände mit rückfallender Charakteristik ist instabil. An Stelle des rückfallenden Kurventeiles tritt daher in der Gesamtcharakteristik der Reihenschaltung eine andere Kurve, welche durch Kombination aller mit den elektrodynamischen Gleichungen der Reihenschaltung

$$E = E_1 + E_2; \qquad J_1 = J_2$$

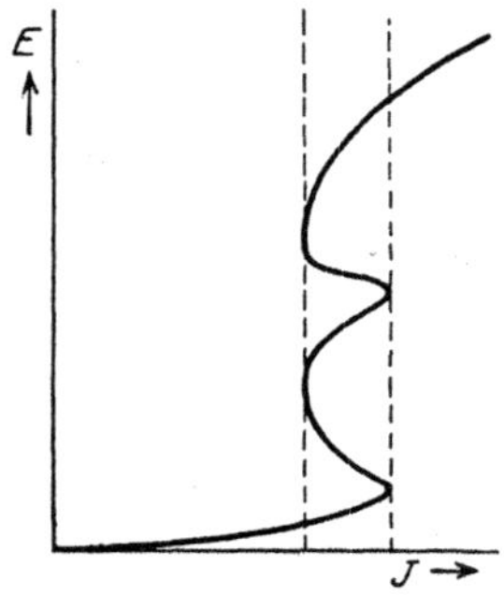

Abb. 66. Stabile Charakteristik zweier in Reihe geschalteter Eisen-Wasserstoffwiderstände.

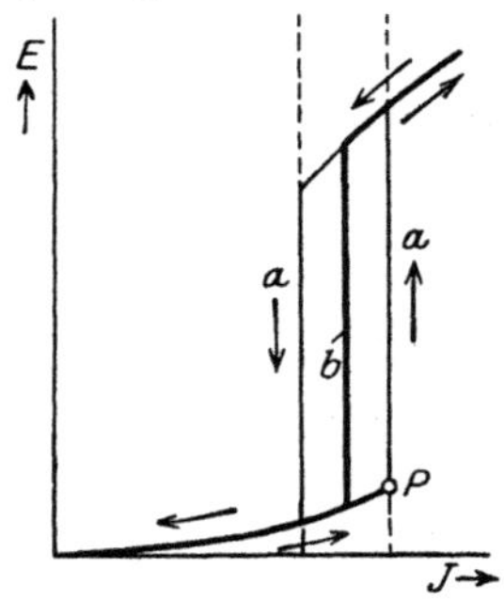

Abb. 67. Stabile Charakteristik für ein System unendlich vieler in Reihe geschalteter Eisen-Wasserstoffwiderstände (Kurve *a*). Charakteristik unter dem Einfluß der Wärmeleitung (Kurve *b*).

verträglichen Zuständen der Eigenschaft

$$T_1 \neq T_2$$

entsteht (Abb. 66).

Diese Überlegung läßt sich leicht auf ein System n gleicher Reihenwiderstände übertragen und liefert im Grenzfall $n \to \infty$ die hystereseartige Charakteristik nach Abb. 67a.

Hat man nicht eine Reihe diskreter Einzelwiderstände, sondern einen kontinuierlichen Widerstandsdraht, so wandelt die Wärmeleitfähigkeit innerhalb des Drahtes die längs der Kette diskreter Einzelwiderstände unstetige Temperaturverteilung in eine stetige um. Im Charakteristikenschaubild ziehen sich die beiden senkrechten Äste der „Hysterese"schleife in eine etwa in der Mitte zwischen ihnen senkrecht aufsteigende Linie zusammen, so daß eine Charakteristik nach Abb. 67b resultiert. Innerhalb des senkrecht ansteigenden Teiles der Charakteristik ist also die an den Enden des Widerstandes wirksame Spannung völlig einflußlos auf den Wert des hindurchgehenden Stromes: Eine Steigerung der Spannung gleicht sich durch Verlängerung des hochtemperierten Drahtteiles selbsttätig aus.

Widerstände der gefundenen Eigenschaft werden zur Regelung des Heizstromes von Glühkathoden (s. Nr. 83) benutzt. Allerdings ist hier ihre Verwendbarkeit durch das beim Einschalten zu überwindende Strommaximum (Punkt P, Abb. 67) wegen der damit verbundenen Überlastung der Heizdrähte eingeschränkt. Man pflegt daher auf die Ausbildung eines völlig senkrecht verlaufenden Kurventeiles zu verzichten und die Widerstände so zu dimensionieren, daß rückläufige Kurvenstücke eben nicht auftreten. Man erhält an Stelle des senkrecht verlaufenden Teiles dann eine Charakteristik mit Wendetangente (Abb. 68), welche innerhalb eines gewissen Spannungsintervalles einen hinreichend konstanten Strom verbürgt.

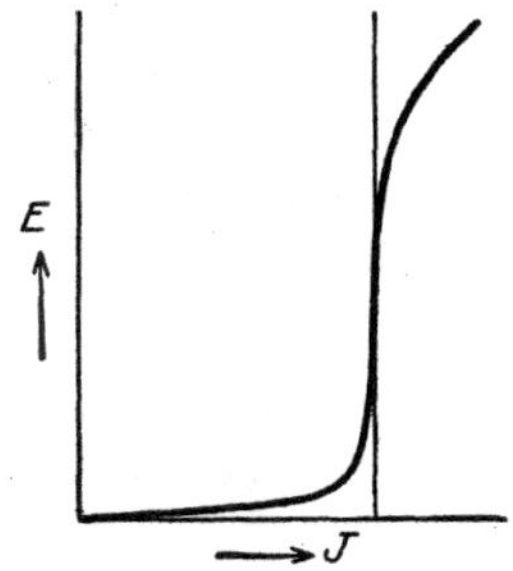

Abb. 68. Charakteristik eines Widerstandes für annähernd konstanten Strom.

b) Dynamische Strömung.

Grundgrößen.

70. Strom. Im dynamischen Felde können elektrische Verschiebungsströme im Dielektrikum den Leitungsstrom ergänzen; dieser variiert dann von Querschnitt zu Querschnitt. Zur eindeutigen Definition wird Festsetzung eines bestimmten Querschnittes erforderlich; zweckmäßig ist die Wahl des Ortes maximaler räumlicher Stromintensität zur Erklärung des dynamischen Stromes J_d.

71. Dynamischer Widerstand. Die Wärmeentwicklung bleibt bei dynamischen Vorgängen eindeutig. Daher kann als dynamischer Widerstand das Verhältnis

$$R_w = \frac{Q}{J_d^2} \tag{27}$$

benutzt werden.

Der dynamische Widerstand unterscheidet sich vom Gleichstromwiderstande durch die veränderte Definition des Stromes und die veränderte Größe der Wärmeentwicklung. Beide Änderungen werden zusammengefaßt in dem Frequenzfaktor α_f, welcher das Verhältnis des Wechselstromwiderstandes zum Gleichstromwiderstande mißt

$$\alpha_f = \frac{R_w}{R_g}. \tag{28}$$

Grundgesetze.

72. Dynamischer Energiefluß. Die Berechnung der Wärmeentwicklung im dynamischen Felde soll für die einfachsten Anordnungen durchgeführt werden. Die Rechnung muß sich auf den Fall eines längs der Leiterachsen konstanten Stromes beschränken, weil der allgemeine Fall veränderlichen Stromes erst mittels der Theorie der leitungsgerichteten Strahlung bewältigt werden kann (Nr. 219).

Der Berechnung des Energiestromes schicken wir eine allgemeine Betrachtung voraus. Aus dem Drahte wird ein Stück von 1 cm Länge ausgeschnitten. Ist die elektrische Feldstärke $\mathfrak{E}_R$ am Umfang der Berandungskurve konstant, so gilt für die Energieeinströmung pro Zentimeter Gl. (5)

$$n = \mathfrak{E}_R \cdot M,$$

wo M die Umlaufsspannung bedeutet. Wir beschränken uns auf harmonische Schwingungen, können also dem Strom den Ansatz

$$I = \Re e\,(\overline{I}) = I_{\max} \cdot \cos \omega t \tag{29}$$

zugrunde legen. Auch die elektrische Feldstärke pulsiert einfach harmonisch; wir vergleichen sie mit dem Strome nach Größe und Phase mittels

$$\mathfrak{E}_R = I_{\max}\,(\alpha_r \cdot \cos \omega t + \alpha_l \cdot \sin \omega t)\,. \tag{30}$$

Nach Gl. (5) wird

$$n = I_{\max}^2\,(\alpha_r \cos^2 \omega t + \alpha_l \cos \omega t \sin \omega t)\,. \tag{31}$$

Im zeitlichen Mittel verschwindet der zweite Anteil; er ist als reversible Energieströmung zur Aufrechterhaltung des magnetischen Feldes im Leiter zu deuten. Der erste Anteil ist die gesuchte Wärmeentwicklung des Leiters und kann mit Rücksicht auf (7)

$$n_w = I^2 \cdot \alpha_r \tag{32}$$

geschrieben werden. Hieraus folgt der Widerstand r_w pro Zentimeter Leiterlänge zu

$$r_w = \frac{n_w}{I^2} = \alpha_r\,. \tag{32a}$$

Zur Berechnung der Größe α_r und α_l sind die Feldgleichungen für das Innere der Leiter zu integrieren.

73. Allseitige Stromverdrängung. Wir legen der Behandlung des Feldes ein Zylinderkoordinatensystem zugrunde, dessen z-Achse mit der Leiterachse übereinstimmt.

Die Strömung wird als rotationssymmetrisch vorausgesetzt; Querströme senkrecht zur Leiterachse werden ausgeschlossen. Bei den Frequenzen der Technik sind diese beiden Vereinfachungen statthaft.

Abb. 69 zeigt den Querschnitt eines kreisförmigen Leiters vom Halbmesser P. Durch den von ϱ und $\varrho + d\varrho$ begrenzten Kreisring tritt der Strom

$$dJ = \mathfrak{i} \cdot 2\pi\varrho \cdot d\varrho\,. \tag{33}$$

Ihm gleicht die längs der Kreise erstreckte magnetische Umlaufsspannung

$$dM = \frac{\partial (2\pi\varrho\,\mathfrak{H})}{\partial \varrho} \cdot d\varrho = 2\pi \left[\mathfrak{H} + \varrho \frac{\partial \mathfrak{H}}{\partial \varrho}\right] d\varrho\,. \tag{34}$$

Als erste Gleichung der Stromverdrängung resultiert aus (33) und (34)

$$\mathfrak{i} \cdot \varrho = \mathfrak{H} + \varrho \frac{\partial \mathfrak{H}}{\partial \varrho}; \qquad \mathfrak{i} = \frac{\partial \mathfrak{H}}{\partial \varrho} + \frac{1}{\varrho} \mathfrak{H}. \tag{35}$$

Zur Anwendung des Induktionsgesetzes legen wir einen ebenen Schnitt durch die Leiterachse (Abb. 70). Durch das Rechteck der Länge 1 cm und der Breite $d\varrho$ tritt der magnetische Induktionsfluß

$$d\Phi = \mathfrak{B} \cdot 1 \cdot d\varrho = \mu \cdot \mathfrak{H} \cdot d\varrho. \tag{36}$$

Hierdurch wird längs des Rechteckumfanges die elektrische Umlaufsspannung entwickelt

$$-dE_u = -\frac{\partial \mathfrak{E}}{\partial \varrho} d\varrho \cdot 1 = \frac{\partial \left(\frac{\mathfrak{i}}{\varkappa}\right)}{\partial \varrho} \cdot d\varrho. \tag{37}$$

Aus (36) und (37) erhalten wir die zweite Gleichung

$$\frac{\partial \left(\frac{\mathfrak{i}}{\varkappa}\right)}{\partial \varrho} = +\mu \frac{\partial \mathfrak{H}}{\partial t} \cdot 10^{-8}. \tag{38}$$

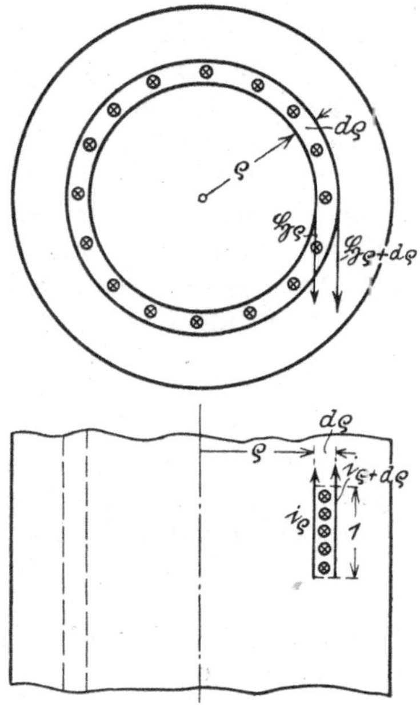

Abb. 69 u. 70. Zur Aufstellung der Gleichungen allseitiger Stromverdrängung.

Wir untersuchen quasistationäre, harmonische Schwingungen im Draht und setzen demgemäß

$$\left.\begin{aligned} \mathfrak{i} &= \Re e\left(\bar{\mathfrak{i}}\, e^{j\omega t}\right) \\ \mathfrak{H} &= \Re e\left(\bar{\mathfrak{H}}\, e^{j\omega t}\right), \end{aligned}\right\} \tag{39}$$

so daß aus (35) und (38)

$$\bar{\mathfrak{i}} = \frac{d\bar{\mathfrak{H}}}{d\varrho} + \frac{1}{\varrho} \cdot \bar{\mathfrak{H}}, \tag{35a}$$

$$\frac{d\bar{\mathfrak{i}}}{d\varrho} = +\mu \varkappa j \omega \bar{\mathfrak{H}} \cdot 10^{-8} \tag{38a}$$

entsteht. Durch Elimination der magnetischen Feldstärke erhalten wir für $\bar{\mathfrak{i}}$ die Differentialgleichung

$$\frac{d^2 \bar{\mathfrak{i}}}{d\varrho^2} + \frac{1}{\varrho} \frac{d\bar{\mathfrak{i}}}{d\varrho} - \mu \varkappa j \omega 10^{-8} \bar{\mathfrak{i}} = 0. \tag{40}$$

Wir setzen zur Abkürzung

$$-\mu \varkappa j \omega \cdot 10^{-8} = k^2, \tag{41}$$

so daß endgültig

$$\frac{d^2 \bar{\mathfrak{i}}}{d\varrho^2} + \frac{1}{\varrho}\frac{d\bar{\mathfrak{i}}}{d\varrho} + k^2 \bar{\mathfrak{i}} = 0 \tag{40a}$$

entsteht.

Diese Gleichung ist der Gleichung der Feldverdrängung im Plattenkondensator verwandt; in der Tat wird nach Hinzufügung des hypothetischen Verschiebungsstromes im Leiter die Stromverdrängung in Leitern mit der Feldverdrängung in nachwirkungsbehafteten Kondensatoren identisch. Insbesondere zeigt sich hier die Analogie zwischen Nachwirkung und Hysterese, wenn für μ entsprechend Nr. 55 komplexe Werte zugelassen werden.

Die in $\varrho = 0$ endliche Lösung der Gl. (40a) ist die Besselsche Funktion nullter Ordnung vom Argumente $k \cdot \varrho$

$$\bar{\mathfrak{i}} = \frac{\bar{\mathfrak{i}}_P}{J_0(kP)} \cdot J_0(k\varrho), \tag{42}$$

wo ersichtlich $\mathfrak{i}_P$ den Randwert der Stromdichte an der Drahtbegrenzung $\varrho = P$ bedeutet. Wir erhalten hieraus den Strom durch Integration über den Drahtquerschnitt

$$\left.\begin{aligned} \bar{I} &= \int_0^P \bar{\mathfrak{i}} \cdot 2\pi\varrho \cdot d\varrho = \int_0^P \frac{\mathfrak{i}_P}{J_0(kP)} \cdot 2\pi\varrho \cdot J_0(k\varrho)\, d\varrho \\ &= \frac{\mathfrak{i}_P}{kJ_0(kP)} \cdot 2\pi \cdot \int_0^P k\varrho \cdot J_0(k\varrho)\, d\varrho . \end{aligned}\right\} \tag{43}$$

Dieses Integral läßt sich mittels der Relation[1])

$$P \cdot J_1(kP) = \int_0^P k\varrho \cdot J_0(k\varrho)\, d\varrho ,$$

welche die Funktion erster Ordnung mit der Funktion nullter Ordnung verknüpft, auswerten und liefert

$$\left.\begin{aligned} \bar{I} &= \frac{\bar{\mathfrak{i}}_P \cdot 2\pi P \cdot J_1(kP)}{k \cdot J_0(kP)} = \bar{\mathfrak{i}}_P \cdot \pi P^2 \cdot \frac{2J_1(kP)}{kP \cdot J_0(kP)} \\ \bar{\mathfrak{i}}_P &= \bar{I} \cdot \frac{1}{\pi P^2} \cdot \frac{kP \cdot J_0(kP)}{2J_1(kP)} . \end{aligned}\right\} \tag{44}$$

Der erste Faktor

$$\bar{\mathfrak{i}}_m = \bar{I} \cdot \frac{1}{\pi P^2}$$

---

[1]) Jahnke-Emde: Funktionentafeln, S. 166.

gibt die mittlere Stromdichte an. Der zweite Faktor

$$\alpha_v = \frac{kP \cdot J_0(kP)}{2\,J_1(kP)} \tag{44a}$$

liefert die Abweichung der Randstromdichte vom räumlichen Mittelwert und wird daher zweckmäßig als Verdrängungsfaktor bezeichnet.

Bei der Berechnung des Verdrängungsfaktors beschränken wir uns auf nichtferromagnetische Leiter. Hier nimmt k den speziellen Wert an

$$\left.\begin{aligned} k^2 &= -0{,}4\,\pi\,\varkappa\,j\,\omega\,10^{-8}\,; \\ k &= \frac{(1-j)}{\sqrt{2}}\cdot\sqrt{0{,}4\,\pi\,\varkappa\,\omega\cdot 10^{-8}} = (1-j)\sqrt{2\,\pi\,\varkappa\,\omega\cdot 10^{-9}}\,. \end{aligned}\right\} \tag{41a}$$

Wir nennen den Ausdruck

$$P\cdot\sqrt{2\,\pi\,\varkappa\,\omega\cdot 10^{-9}} = \xi \tag{46}$$

den reduzierten Drahtradius und finden aus (44a)

$$\left.\begin{aligned} \alpha_v &= \frac{(1-j)\cdot\xi\cdot J_0(\{1-j\}\,\xi)}{2\,J_1(\{1-j\}\,\xi)} = \frac{\sqrt{-j}\,\sqrt{2}\,\xi\,J_0(\sqrt{-j}\,\sqrt{2}\,\xi)}{2\,J_1(\sqrt{-j}\,\sqrt{2}\,\xi)} \\ &= j\cdot\frac{\sqrt{2}\cdot\xi}{2}\cdot\frac{J_0(\sqrt{-j}\,\sqrt{2}\,\xi)}{-\sqrt{-j}\cdot J_1(\sqrt{-j}\,\sqrt{2}\,\xi)}\,. \end{aligned}\right\} \tag{44b}$$

Nach Lord Kelvin wird gesetzt[1])

$$J_0(\sqrt{-j}\,\sqrt{2}\,\xi) = ber\,(\sqrt{2}\,\xi) + j\,bej\,(\sqrt{2}\,\xi)$$

$$-\sqrt{-j}\,J_1(\sqrt{-j}\,\sqrt{2}\,\xi) = ber'(\sqrt{2}\,\xi) + j\,bej'(\sqrt{2}\,\xi),$$

wo die vier Funktionen ber, bej, ber', bej' sämtlich reell sind. Der Verdrängungsfaktor nimmt hiermit die Form an

$$\left.\begin{aligned} \alpha_v &= j\,\frac{\sqrt{2}\,\xi}{2}\cdot\frac{ber\,(\sqrt{2}\,\xi) + j\,bej\,(\sqrt{2}\,\xi)}{ber'(\sqrt{2}\,\xi) + j\,bej'(\sqrt{2}\,\xi)}, \\ &= j\,\frac{\sqrt{2}\,\xi}{2}\cdot\frac{ber(\sqrt{2}\,\xi)\cdot ber'(\sqrt{2}\,\xi) + bej(\sqrt{2}\,\xi)\cdot bej'(\sqrt{2}\,\xi)}{[ber'(\sqrt{2}\,\xi)]^2 + [bej'(\sqrt{2}\,\xi)]^2}, \\ &+ \frac{\sqrt{2}\,\xi}{2}\cdot\frac{ber(\sqrt{2}\,\xi)\,bej'(\sqrt{2}\,\xi) - ber'(\sqrt{2}\,\xi)\,bej\,(\sqrt{2}\,\xi)}{[ber'(\sqrt{2}\,\xi)]^2 + [bej'(\sqrt{2}\,\xi)]^2}\,. \end{aligned}\right\} \tag{44c}$$

Wir setzen abkürzungshalber

$$\alpha_v = A_r + j\,A_j\,, \tag{47}$$

so daß (44) in der Form

$$\bar{i}_P = \frac{\bar{I}}{\pi P^2}\,(j\,A_j + A_r) \tag{44b}$$

geschrieben werden kann.

---

[1]) Jahnke-Emde: Funktionentafeln, S. 144.

Die Berechnung des Energiestromes kann jetzt leicht durch Übergang zur reellen Form erfolgen. Zunächst erhalten wir mit $\bar{I} = \Re e\,(I_{\max}\, e^{j\omega t})$

$$\left.\begin{aligned} \mathfrak{i}_P &= \Re e\,(\bar{\mathfrak{i}}_P) = \frac{1}{\pi P^2}\,\Re e\,[I_{\max}\, e^{j\omega t}\,(j\,\alpha_j + \alpha_r)] \\ &= \frac{I_{\max}}{\pi P^2}\cdot[A_r \cos\omega t - A_j \sin\omega t]\,. \end{aligned}\right\} \tag{48}$$

Die elektrische Randfeldstärke folgt also zu

$$\mathfrak{E}_P = \frac{\mathfrak{i}_P}{\varkappa} = \frac{I_{\max}}{\varkappa\,\pi R^2}\cdot[A_r \cos\omega t - A_j \sin\omega t]\,. \tag{49}$$

Hiermit ist nach Gl. (10) und (12a) der Wechselstromwiderstand pro Längeneinheit des Leiters in

$$\alpha_r = \frac{A_r}{\varkappa\,\pi P^2} = \frac{1}{\varkappa\,\pi P^2}\cdot\frac{\sqrt{2}\cdot\xi}{2}\;\frac{ber(\sqrt{2}\,\xi)\,bej'(\sqrt{2}\,\xi) - ber'(\sqrt{2}\,\xi)\,bej(\sqrt{2}\,\xi)}{[ber'(\sqrt{2}\,\xi)]^2 + [bej(\sqrt{2}\,\xi)]^2} \tag{50}$$

gefunden. Der erste Faktor dieses Ausdrucks gibt ersichtlich den Gleichstromwiderstand; A_r ist also mit dem Frequenzfaktor identisch.

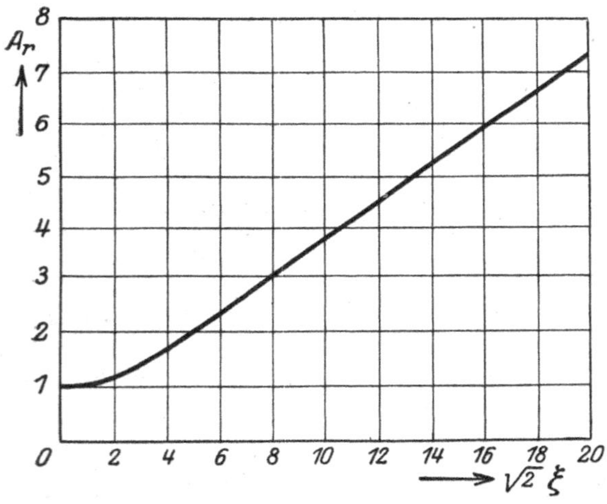

Abb. 71. Abhängigkeit des Frequenzfaktors vom reduzierten Drahthalbmesser.

Abb. 71 zeigt den Frequenzfaktor in Abhängigkeit von dem reduzierten Drahthalbmesser ξ.

74. Einseitige Stromverdrängung. Die einseitige Stromverdrängung ist eine Folge einseitiger Energieeinströmung in den Leiter; sie ist verwirklicht in Nutenwicklungen elektrischer Maschinen und in langen Zylinderspulen.

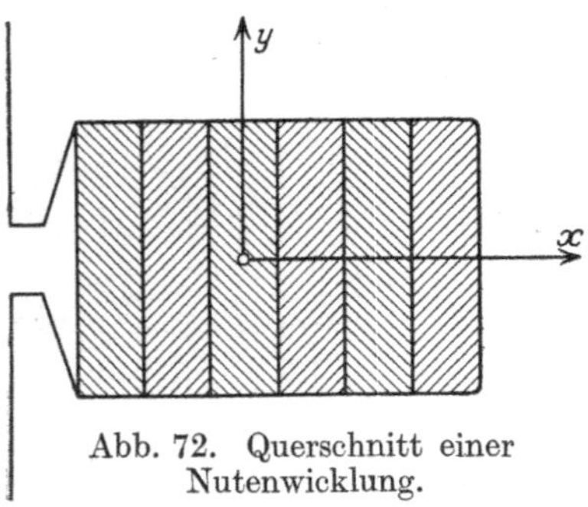

Abb. 72. Querschnitt einer Nutenwicklung.

In Abb. 72 ist der Querschnitt einer Nutenwicklung dargestellt. Das magnetische Feld am Nutengrunde ist wegen der hohen magnetischen Leitfähigkeit des Eisens sehr klein gegenüber dem Felde an der Nutenöffnung. Der Energiestrom dringt daher nach dem Nutengrunde zu von der Öffnung her in die Wicklung ein.

Um die Energieströmung in Zylinderspulen ähnlich darstellen zu können, ist Beschränkung auf hinreichend tiefe Frequenzen geboten; als Grenzfrequenz gilt die Grund-Eigenfrequenz, unterhalb derer der Strom längs des Spulenleiters merklich konstant ist. Unter dieser Voraussetzung gleicht das magnetische Feld dem statischen Felde: Im Innenraum der Spule besitzt es einen konstanten Wert, im Außenraum verschwindet es nahezu. Der Energiestrom dringt vom Innenraum her in den Spulenleiter ein.

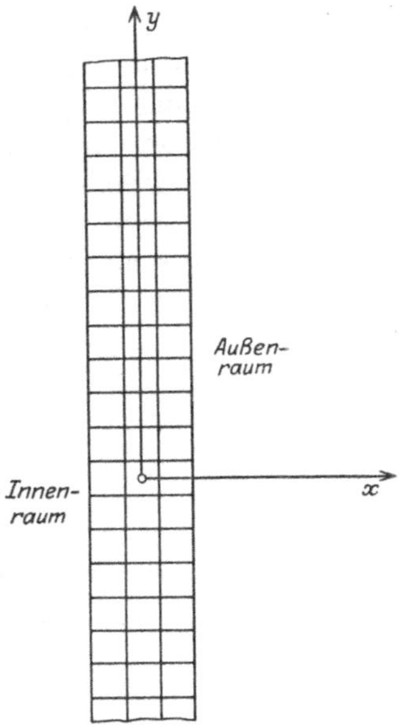

Abb. 73. Querschnittsbild einer Spule.

Die Analogie zwischen Nutenwicklung und Zylinderspule gestattet es, die einseitige Stromverdrängung allein für eine dieser Anordnungen zu berechnen und die Ergebnisse zu übertragen. Wir behandeln die Stromverdrängung in Spulen, welche für die Hochfrequenztechnik große Bedeutung besitzt.

Wir vernachlässigen den Einfluß der Krümmung und behandeln die Aufgabe als ebenes Problem: Die Spule wird längs einer Zylindererzeugenden aufgeschnitten und in eine Ebene abgerollt.

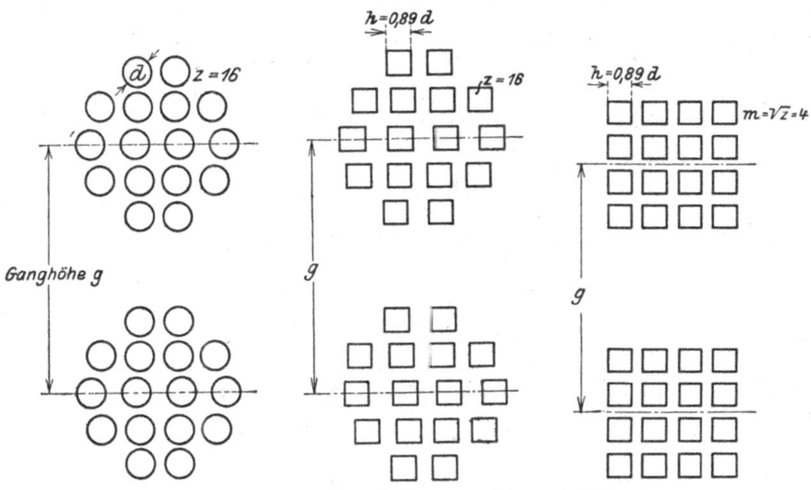

Abb. 74. Querschnittsbild einer Litzendrahtspule.

Für eine z-lagige Spule entsteht eine Querschnittskontur nach Abb. 73. Wir vereinfachen diese Abbildung durch Übergang zu einer idealisierten Wicklung aus rechtkantigen Drähten der Breite b und der Höhe h bei gleichzeitig verschwindender Isolationsstärke.

Mit der z-lagigen Spule elektrodynamisch gleichwertig ist die einlagige Spule aus Litzendraht, wobei die Litze aus z^2 Drähten entsprechend Abb. 74 besteht.

Wir legen ein rechtwinkliges Koordinatensystem zugrunde, dessen x-Achse senkrecht zur abgerollten Wicklung orientiert ist und dessen y-Achse in der abgerollten Wicklung liegt. Als Ursprung des Koordinatensystems wird die Mitte eines der $m$ten Spulenlage angehörenden Drahtes nach Abb. 73 gewählt.

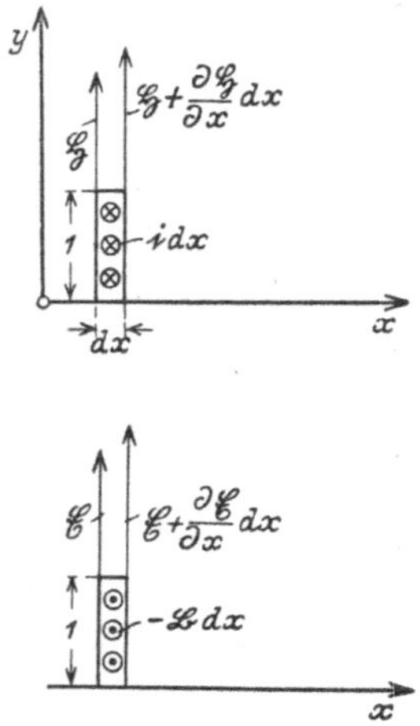

Abb. 75. Zur Aufstellung der Differentialgleichungen der einseitigen Stromverdrängung.

Wegen der Homogenität des Feldes in Richtung der y-Achse ist allein die Abhängigkeit von x zu berücksichtigen.

Die Differentialgleichungen der einseitigen Stromverdrängung gewinnen wir im Anschluß an Abb. 75. Durch ein Rechteck der Breite dx und der Höhe 1 tritt die Durchflutung

$$dJ = \mathfrak{i} \cdot dx \cdot 1\,, \tag{51}$$

welche die magnetische Umlaufsspannung

$$dM = -\frac{\partial \mathfrak{H}}{\partial x} dx \tag{52}$$

hervorbringt. Aus (51) und (52) resultiert

$$\mathfrak{i} = -\frac{\partial \mathfrak{H}}{\partial x}\,. \tag{53}$$

Der Induktionsfluß durch ein schmales Rechteck der Breite dx und der Länge 1 beträgt

$$d\Phi = -\mu\,\mathfrak{H}\,dx\,. \tag{54}$$

Die Umlaufsspannung längs des Rechteckumfanges wird

$$dE_u = -\frac{\partial \mathfrak{E}}{\partial x} dx = -\frac{\partial\left(\frac{\mathfrak{i}}{\varkappa}\right)}{\partial x} dx\,. \tag{55}$$

Das Induktionsgesetz fordert mit Rücksicht auf (54) und (55)

$$\left.\begin{aligned} +\frac{\partial\left(\frac{\mathfrak{i}}{\varkappa}\right)}{\partial x} &= -\mu \frac{\partial \mathfrak{H}}{\partial t} \cdot 10^{-8}\,, \\ +\frac{\partial \mathfrak{i}}{\partial x} &= -\mu\varkappa \frac{\partial \mathfrak{H}}{\partial t} \cdot 10^{-8}\,. \end{aligned}\right\} \tag{56}$$

Indem wir das auf Schwingungen beschränken, ist Einführung komplexer Rechnung nach (39) zweckmäßig, so daß aus (53) und (56)

$$\bar{\mathfrak{i}} = -\frac{d\bar{\mathfrak{H}}}{dx}, \tag{53a}$$

$$+\frac{d\bar{\mathfrak{i}}}{dx} = -\mu\varkappa 10^{-8} j\omega\bar{\mathfrak{H}} \tag{56a}$$

und nach Elimination von $\bar{\mathfrak{i}}$

$$\frac{d^2\bar{\mathfrak{H}}}{dx^2} = \mu\varkappa 10^{-8} j\omega\bar{\mathfrak{H}} \tag{57}$$

entsteht. Mit der Abkürzung (41) geht (57) in

$$\frac{d^2\bar{\mathfrak{H}}}{dx^2} = -k^2\cdot\bar{\mathfrak{H}} \tag{57a}$$

über. Diese Gleichung stimmt formal mit Gl. (98), Nr. 56 überein; diese Übereinstimmung lehrt die innere Verwandtschaft der Feldverdrängungsaufgaben mit dem Problem der Stromverdrängung. Wir ziehen hieraus die Folgerung, daß die magnetische Feldverteilung in kreisrunden Drähten gemäß den Ableitungen Nr. 73 bei dynamischen Vorgängen durch die Besselsche Differentialgleichung (40a) beherrscht wird. Die weitere Durchführung der Analogie sei dem Leser überlassen.

Die Lösungen von (57a) lauten

$$\bar{\mathfrak{H}} = A\cdot\sin kx + B\cdot\cos kx\,. \tag{58}$$

Zur Bestimmung der Integrationskonstanten werden die Randbedingungen herangezogen.

Die magnetische Feldstärke an der Begrenzung des $m$ten Drahtes $x = \pm\frac{h}{2}$ sind in einfacher Weise mit der Durchflutung verknüpft. Denn da das Außenfeld verschwindet, reduziert sich die magnetische Umlaufsspannung der ersten $(m-1)$ Drähte auf

$$M_{m-1} = \mathfrak{H}_{\left(x=-\frac{h}{2}\right)}\cdot b \tag{59}$$

und für die ersten m Drähte

$$M_m = \mathfrak{H}_{\left(x=+\frac{h}{2}\right)}\cdot b\,. \tag{60}$$

Die Ströme I der einzelnen Lagen werden als gleich groß und gleichphasig vorausgesetzt.

Die ersten $(m-1)$ Stäbe liefern die Durchflutung

$$I_{m-1} = (m-1)\,I\,, \tag{61}$$

hierzu fügt der $m$te Stab den Anteil I, so daß die Durchflutung der ersten m Stäbe

$$I_m = I_{m-1} + I = mI \tag{62}$$

beträgt. Entsprechend (39) ist I als einfach harmonisch anzunehmen

$$I = I_{\max}\cos\omega t = \Re e(I_{\max}\cdot e^{j\omega t}) = \Re e(\overline{I}). \tag{63}$$

Die gesuchten Randbedingungen folgen durch Verknüpfung von (59 und 60) mit (61 und 62) in

$$\overline{\mathfrak{H}}_{\left(x=-\frac{h}{2}\right)} = \frac{\overline{I}_{m-1}}{b}; \qquad \mathfrak{H}_{x=-\frac{h}{2}} = \frac{I_{m-1_{\max}}}{b}\cdot\cos\omega t, \tag{64}$$

$$\left.\begin{aligned}\overline{\mathfrak{H}}_{x=+\frac{h}{2}} &= \frac{\overline{I}_m}{b} = \frac{\overline{I}_{m-1}+\overline{I}}{b};\\ \mathfrak{H}_{x=+\frac{h}{2}} &= \frac{I_{m-1_{\max}}+I_{\max}}{b}\cos\omega t.\end{aligned}\right\} \tag{65}$$

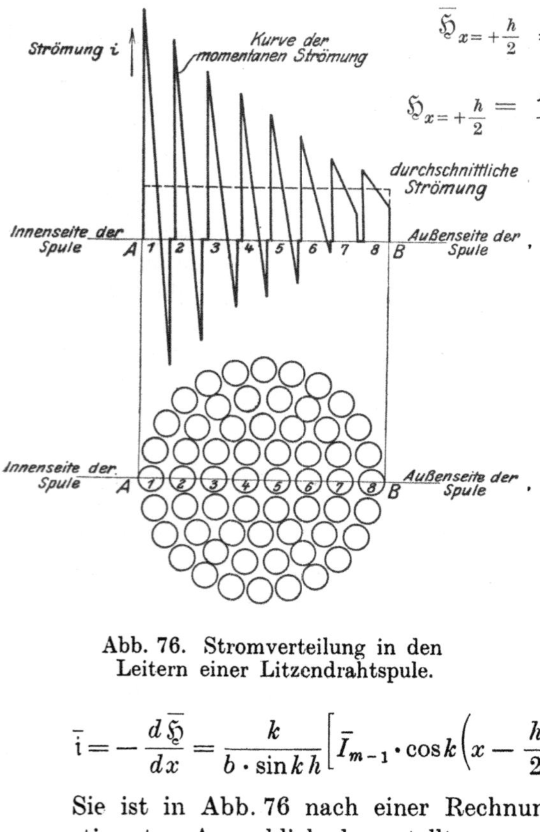

Abb. 76. Stromverteilung in den Leitern einer Litzendrahtspule.

Als Lösung der Gl. (58), welche diesen Grenzbedingungen genügt, schreiben wir

$$\left.\begin{aligned}\overline{\mathfrak{H}} = &-\frac{\overline{I}_{m-1}}{b}\,\frac{\sin k\left(x-\frac{h}{2}\right)}{\sin k h}\\ &+\frac{\overline{I}_m}{b}\,\frac{\sin k\left(x+\frac{h}{2}\right)}{\sin k h},\end{aligned}\right\} \tag{66}$$

wovon man sich durch Einsetzen von $x = \pm\frac{h}{2}$ leicht überzeugt. Die Verteilung der Stromdichte über den Querschnitt folgt durch Differentiation

$$\bar{\mathfrak{i}} = -\frac{d\overline{\mathfrak{H}}}{dx} = \frac{k}{b\cdot\sin k h}\left[\overline{I}_{m-1}\cdot\cos k\left(x-\frac{h}{2}\right) - \overline{I}_m\cdot\cos k\left(x+\frac{h}{2}\right)\right]. \tag{67}$$

Sie ist in Abb. 76 nach einer Rechnung Rogowskis für einen bestimmten Augenblick dargestellt.

Zur Berechnung des Energieflusses ist die Kenntnis der elektrischen Feldstärke an der Leiterbegrenzung $x = \pm\frac{h}{2}$ erforderlich, die wir aus (67) mit Division durch $\varkappa$ gewinnen:

$$\left.\begin{aligned}\mathfrak{E}_{-\frac{h}{2}} &= \frac{k\cdot h}{\varkappa\cdot b\cdot h\cdot\sin k h}\cdot\left[\overline{I}_{m-1}\cdot\cos k h - \overline{I}_m\right]\\ &= \frac{k\cdot h}{\varkappa\cdot b\cdot h\cdot\sin k h}\cdot\left[\overline{I}_{m-1}(\cos k h - 1) - \overline{I}\right],\end{aligned}\right\} \tag{68}$$

$$\left.\begin{aligned}\mathfrak{E}_{+\frac{h}{2}} &= \frac{k\cdot h}{\varkappa\cdot b\cdot h\cdot \sin k h}\cdot\left[\bar{I}_{m-1} - \bar{I}_m \cos k h\right]\\ &= \frac{k\cdot h}{\varkappa\cdot b\cdot h\cdot \sin k h}\cdot\left[\bar{I}_{m-1}(1-\cos k h) - \bar{I}\cos k h\right].\end{aligned}\right\}\quad (69)$$

Die Momentanwerte finden sich als Realteile

$$\left.\begin{aligned}\mathfrak{E}_{-\frac{h}{2}} &= \frac{1}{\varkappa b h}\cdot\mathfrak{Re}\left\{\frac{k h}{\sin k h}\left[\bar{I}_{m-1}(\cos k h - 1) - \bar{I}\right]\right\}\\ &= \frac{1}{\varkappa b h}\cdot\mathfrak{Re}\left\{e^{j\omega t}\frac{k h}{\sin k h}\left[I_{m-1_{\max}}(\cos k h - 1) - I_{\max}\right]\right\}.\end{aligned}\right\}\quad (68\text{a})$$

$$\left.\begin{aligned}\mathfrak{E}_{+\frac{h}{2}} &= \frac{1}{\varkappa b h}\cdot\mathfrak{Re}\left\{\frac{k h}{\sin k h}\left[\bar{I}_{m-1}(1 - \cos k h) - \bar{I}\cos k h\right]\right\}\\ &= \frac{1}{\varkappa b h}\cdot\mathfrak{Re}\left\{e^{j\omega t}\frac{k h}{\sin k h}\left[I_{m-1_{\max}}(1-\cos k h) - I_{\max}\cdot\cos k h\right]\right\}.\end{aligned}\right\}\quad (69\text{a})$$

Wir benutzen diese Ausdrücke zur Berechnung des elektromagnetischen Energiestromes in 1 cm des Spulenleiters.

An der Begrenzung $x = -\frac{h}{2}$ strömt sekundlich die Energie ein

$$\left.\begin{aligned}n_{-\frac{h}{2}} &= \mathfrak{E}_{-\frac{h}{2}}\cdot\mathfrak{H}_{-\frac{h}{2}}\cdot b\\ &= \frac{1}{\varkappa b h}\cdot\mathfrak{Re}\left\{e^{j\omega t}\frac{k h}{\sin k h}\left[I_{m-1_{\max}}(\cos k h - 1) - I_{\max}\right]\right\}\cdot I_{m-1_{\max}}\cdot\cos\omega t\\ &= \frac{1}{\varkappa b h}\cos\omega t\cdot\mathfrak{Re}\left\{e^{j\omega t}\frac{k h}{\sin k h}\left[I_{m-1_{\max}}^2(\cos k h - 1) - I_{\max}\cdot I_{m-1_{\max}}\right]\right\}.\end{aligned}\right\}\quad (70)$$

Durch die Begrenzung $x - \frac{h}{2}$ verläßt den Leiter die Energiemenge

$$\left.\begin{aligned}n_{+\frac{h}{2}} &= \mathfrak{E}_{+\frac{h}{2}}\cdot\mathfrak{H}_{+\frac{h}{2}}\cdot b\\ &= \frac{1}{\varkappa b h}\cdot\mathfrak{Re}\left\{e^{j\omega t}\frac{k h}{\sin k h}\left[I_{m-1_{\max}}(1-\cos k h) - I_{\max}\cdot\cos k h\right]\right\}(I_{m-1_{\max}}\\ &\qquad + I_{\max})\cdot\cos\omega t\\ &= \frac{1}{\varkappa b h}\cdot\cos\omega t\cdot\mathfrak{Re}\left\{e^{j\omega t}\frac{k h}{\sin k h}\left[I_{m-1_{\max}}^2(1-\cos k h) - I_{\max}^2\cdot\cos k h\right.\right.\\ &\qquad \left.\left. + I_{\max}\cdot I_{m-1_{\max}}(1-\cos k h)\right\}.\end{aligned}\right\}\quad (71)$$

Die Gesamtleistung ist die Differenz aus Einströmung und Ausströmung

$$\left.\begin{aligned}n &= n_{-\frac{h}{2}} - n_{+\frac{h}{2}}\\ &= \frac{1}{\varkappa b h}\cdot\cos\omega t\cdot\mathfrak{Re}\left\{e^{j\omega t}\frac{k h}{\sin k h}\cdot\left[I_{\max}^2\cdot\cos k h - 2 I_{m-1_{\max}}^2(1-\cos k h)\right.\right.\\ &\qquad \left.\left. - I_{\max}\cdot I_{m-1_{\max}}\cdot 2(1-\cos k h)\right]\right\}\\ &= \frac{1}{\varkappa b h}\cdot\cos\omega t\cdot\mathfrak{Re}\left\{e^{j\omega t}\frac{k h}{\sin k h}\cdot\left[I_{\max}^2\cdot\cos k h\right.\right.\\ &\qquad \left.\left. - 2 I_{m-1_{\max}}\left(I_{\max} + I_{m-1_{\max}}\right)(1-\cos k h)\right]\right\}.\end{aligned}\right\}\quad (72)$$

Führt man hier die Identität $1 - \cos kh = 2\sin^2\frac{kh}{2}$ ein und zieht die trigonometrischen Funktionen zusammen, so entsteht

$$n = \frac{1}{\varkappa b h}\cdot\cos\omega t\cdot\Re\left\{e^{j\omega t}\cdot kh\cdot\left[I_{\max}^2\cdot\operatorname{cotg} kh - 2 I_{m-1_{\max}}\cdot\left(I_{\max} + I_{m-1_{\max}}\right)\operatorname{tg}\frac{kh}{2}\right]\right\}. \quad (72\text{a})$$

Bei der Berechnung dieses Ausdruckes wollen wir das auf hysteresefreie Materialien beschränken; hier ist also μ rein reell, und für k gilt der Ausdruck

$$k = \frac{(1-j)}{\sqrt{2}}\sqrt{\omega\varkappa\mu} = (1-j)\sqrt{\frac{\omega\varkappa\mu}{2}}.$$

Wir nennen

$$\xi = \sqrt{\frac{\omega\varkappa\mu}{2}}\cdot h \quad (73)$$

die reduzierte Leiterhöhe und erhalten aus (72a) nach Trennung der komplexen trigonometrischen Funktionen in Real- und Imaginärteil[1])

$$\left.\begin{aligned} n &= \frac{1}{\varkappa b h}\cdot\cos\omega t\,\Re\left\{e^{j\omega t}\cdot(1-j)\,\xi\left[I_{\max}^2\cdot\frac{\sin 2\xi + j\,\mathfrak{Sin}\,2\xi}{\mathfrak{Cos}\,2\xi - \cos 2\xi}\right.\right.\\ &\quad\left.\left. + 2 I_{m-1_{\max}}\left(I_{\max} + I_{m-1_{\max}}\right)\cdot\frac{j\,\mathfrak{Sin}\,\xi - \sin\xi}{\mathfrak{Cos}\,\xi + \cos\xi}\right]\right\}\\ &= \frac{1}{\varkappa b h}\cdot\cos^2\omega t\cdot\left[I_{\max}^2\cdot\xi\frac{\sin 2\xi + \mathfrak{Sin}\,2\xi}{\mathfrak{Cos}\,2\xi - \cos 2\xi}\right.\\ &\quad\left. + I_{m-1_{\max}}\left(I_{\max} + I_{m-1_{\max}}\right)2\xi\frac{\mathfrak{Sin}\,\xi - \sin\xi}{\mathfrak{Cos}\,\xi + \cos\xi}\right]\\ &+ \frac{1}{\varkappa b h}\cdot\cos\omega t\cdot\sin\omega t\cdot\left[I_{\max}^2\cdot\xi\frac{\mathfrak{Sin}\,2\xi - \sin 2\xi}{\mathfrak{Cos}\,2\xi - \cos 2\xi}\right.\\ &\quad\left. + I_{m-1_{\max}}\left(I_{\max} + I_{m-1_{\max}}\right)2\xi\frac{\mathfrak{Sin}\,\xi + \sin\xi}{\mathfrak{Cos}\,\xi + \cos\xi}\right]. \end{aligned}\right\} \quad (72\text{b})$$

Der zweite, reversible Anteil bewirkt den Fluß der magnetischen Feldenergie; der erste gibt die Größe der Wärmeentwicklung an. Wir setzen abkürzungshalber (Abb. 77 und 78)

$$\left.\begin{aligned} \varphi(\xi) &= \xi\,\frac{\sin 2\xi + \mathfrak{Sin}\,2\xi}{\mathfrak{Cos}\,2\xi - \cos 2\xi}\\ \psi(\xi) &= 2\xi\,\frac{\mathfrak{Sin}\,2\xi - \sin 2\xi}{\mathfrak{Cos}\,\xi + \cos\xi}, \end{aligned}\right\} \quad (74)$$

so daß wir für die Wärmeleistung schreiben können

$$\left.\begin{aligned} N_w &= \frac{1}{\varkappa b h}\cos^2\omega t\left[I_{\max}^2\,\varphi(\xi) + I_{m-1_{\max}}\cdot\left(I_{\max} + I_{m-1_{\max}}\right)\cdot\psi(\xi)\right]\\ &= \frac{1}{\varkappa b h}\left[I^2\varphi(\xi) + I_{m-1}(I + I_{m-1})\,\psi(\xi)\right]. \end{aligned}\right\} \quad (72\text{c})$$

[1]) Jahnke-Emde: Funktionentafeln, S. 11.

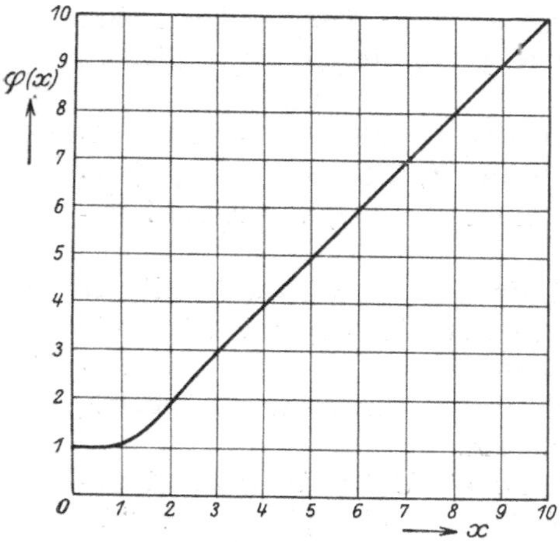

Abb. 77. Die Funktion $\varphi(x)$.

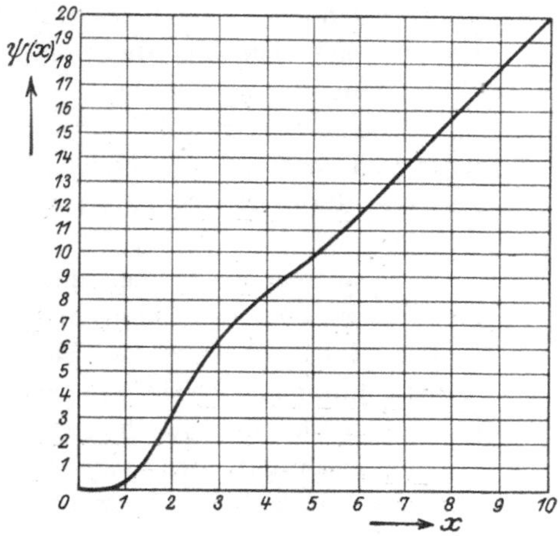

Abb. 78. Die Funktion $\psi(x)$.

Hiernach besteht die Verlustwärme aus der „Eigen"wärme $I^2 \cdot \varphi(\xi)$ und der Verlustrückwirkung der Nachbarleiter $I_{m-1} \cdot (I + I_{m-1}) \cdot \psi(\xi)$. Will man den Gesamtverlust für alle z-Drähte einer Schicht kennen, so ist zunächst mit Rücksicht auf (52c)

$$N_{w_m} = \frac{1}{\varkappa b h} \cdot I^2 [\varphi(\xi) + (m-1)(m) \cdot \psi(\xi)] \tag{72d}$$

und also

$$N_w = \sum_{m=1}^{z} N_{w_m} = \frac{1}{\varkappa b h} I^2 \sum_{n=1}^{z} \{\varphi(\xi) + (m-1)(m)\,\psi(\xi)\}. \tag{75}$$

Mit Benutzung der Summenformel

$$\sum_{m=1}^{z} m(m-1) = z(z^2-1) \cdot \frac{1}{3}$$

wird

$$N_w = \frac{z}{\varkappa b h} \cdot I^2 \cdot \left\{\varphi(\xi) + \frac{z^2-1}{3}\,\psi(\xi)\right\}. \tag{76}$$

Ersichtlich stellt der Faktor $\frac{z}{\varkappa b h}$ den Gleichstromwiderstand der Schicht dar; somit ist der Frequenzfaktor in

$$\alpha_f = \varphi(\xi) + \frac{z^2-1}{3} \cdot \psi(\xi) \tag{76a}$$

gewonnen.

c) Technik der Widerstände.

75. Die Technik der Widerstände muß die Wärmeentwicklung bei gegebenem Werte des Leitungsstromes zu einem Minimum machen.

Bei allseitiger Stromverdrängung führt dies zur Ausbildung großer O b e r f l ä c h e n ohne Rücksicht auf den Querschnitt. Kantige Querschnitte sind runden Querschnitten vorzuziehen; dünnwandige Rohre besitzen bei gleichem Materialaufwand weit geringeren dynamischen Widerstand als Volldrähte.

Dasselbe Prinzip führt zur Konstruktion von Drähten aus schlechtleitendem Material mit einem gutleitenden Oberflächenüberzug (verkupferte Stahlseile als Träger von Antennenströmen, versilberte Zinkdrähte).

Eine andere Möglichkeit zur Ausbildung großer Oberflächen liefert die Unterteilung des Querschnittes. Aus dem Volldraht entsteht ein Litzendraht; die einzelnen Elementardrähte der Litze sind zu verdrillen, damit alle Drähte alle möglichen Lagen innerhalb des Bündels annehmen und den gleichen Strom führen.

Bei einseitiger Stromverdrängung ist die Unterteilung des Querschnittes unerläßlich. In Maschinenwicklungen sind „Kunststäbe“ in Anwendung, bei welchen die notwendige Verdrillung der Einzelstäbe innerhalb der Nut erfolgt. Für Hochfrequenzspulen findet Litzendraht Verwendung.

Die Unterteilung des Querschnittes besitzt einen günstigsten Wert. Bei hinreichend großem z und einer reduzierten Leiterhöhe

$$\xi = \frac{1{,}3}{\sqrt{z}}$$

erreicht die dynamische Wärmeentwicklung mit dem 1,33fachen der stationären Gleichstromwärmeentwicklung ein Minimum[1]).

4. Elektronenströmung.

Grundlagen.

76. Das ruhende Elektron. Elektron heißt die kleinste physikalisch existierende Menge elektrischer Ladung, das Elektrizitätsatom. Seine Größe wird elektrodynamisch durch Angabe seiner Ladung beschrieben, sie ist aus zahlreichen Messungen zu

$$|q| = 1{,}56 \cdot 10^{-19}\ \text{Coulomb} \tag{1}$$

ermittelt worden. Frei beobachtbar sind bisher nur negative Elektrizitätsatome; daher können wir schreiben

$$q = -1{,}56 \cdot 10^{-19}\ \text{Coulomb.} \tag{1a}$$

Die einfachste Vorstellung von der Gestalt des Elektrons weist der Ladung q einen kugelförmigen Bereich zu, innerhalb dessen sie entweder auf die Volumenelemente oder auf die Oberflächenelemente kontinuierlich verteilt ist. Es läßt sich zeigen, daß beide Vorstellungen einander äquivalent sind, sofern man die Abmessungen des volumgeladenen zu den

[1]) Rogowski: Archiv für Elektrotechnik, II, S. 108, Gl. (28).

Abmessungen des oberflächengeladenen Elektrons in ein bestimmtes Verhältnis setzt.

Nach Maßgabe der Elektronenladung ist das Elektron Ursprung eines Bündels elektrischer Kraftlinien, welche symmetrisch nach allen Seiten ausgespannt sind. Das Gesetz der Feldstärkenverteilung ergibt sich aus der Kontinuitätsbedingung der elektrischen Induktionslinien, welche den Fluß durch eine Kugelfläche vom Radius r der Ladung gleichsetzt.

$$\varepsilon_0 \mathfrak{E} \cdot 4\pi r^2 = q\,; \quad \mathfrak{E} = \frac{q}{4\pi \cdot \varepsilon_0} \cdot \frac{1}{r^2}. \tag{2}$$

Wird diesem „inneren" Felde des ruhenden Elektrons ein äußeres Feld der Stärke $\mathfrak{E}_a$ überlagert, so entwickelt sich eine am Elektron wirkende Kraft. Sie berechnet sich, solange das äußere Feld innerhalb des vom Elektron eingenommenen Bereiches als merklich homogen betrachtet werden darf, als Produkt aus Ladung und äußerer Feldstärke

$$\mathfrak{K}_e = q \cdot \mathfrak{E}_a \cdot 10^7\,\text{dyn}. \tag{3}$$

Da q negativ, wirkt somit die Kraft stets entgegen der Richtung des Feldes.

77. Das bewegte Elektron. Unter dem Einfluß der Kraft $\mathfrak{K}_e$ beginnt sich das Elektron zu bewegen. Wir beschreiben die Bewegung durch Angabe seiner gerichteten Geschwindigkeit $\mathfrak{v}$, welche auf ein relativ zu den Trägern des äußeren elektrischen Feldes ruhendes Koordinatensystem bezogen wird.

Das bewegte Elektron stellt, vom ruhenden System betrachtet, einen elektrischen Konvektionsstrom dar. In der Zeiteinheit wird vom Elektron das Stromstück

$$\overline{J \cdot l} = q \cdot \mathfrak{v} \tag{4}$$

gebildet, wo l die durchlaufene Strecke darstellt. Auf das Stromstück wirkt, genau wie auf einen Leitungsstrom, im äußeren magnetischen Felde der Stärke $\mathfrak{B}$ die mechanische Kraft

$$\mathfrak{K}_m = \tfrac{1}{10}[\overline{Jl} \cdot \mathfrak{B}_a] = \tfrac{1}{10} q [\mathfrak{v}\,\mathfrak{B}_a] = -\tfrac{1}{10} q [\mathfrak{B}_a \mathfrak{v}]\,\text{dyn}. \tag{5}$$

Sie steht daher senkrecht auf der Richtung des magnetischen Feldes und der Geschwindigkeit, derart, daß die Vektoren $\mathfrak{B}$, $\mathfrak{v}$, $\mathfrak{K}_m$ ein Rechtssystem bilden (Abb. 79).

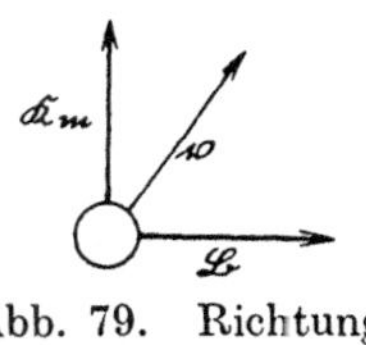

Abb. 79. Richtung der magnetomechanischen Kraft auf ein bewegtes Elektron.

Die Gesamtkraft auf das bewegte Elektron resultiert aus dem elektrischen Anteil (3) und dem magnetischen Anteil (5) zu

$$\mathfrak{K} = \mathfrak{K}_e + \mathfrak{K}_m = q\,\{\mathfrak{E}_a 10^7 - \tfrac{1}{10}[\mathfrak{B}_a \mathfrak{v}]\}. \tag{6}$$

78. Trägheit des Elektrons. Wir definieren die Trägheit m des Elektrons durch die Gleichung der kinetischen Energie

$$M = \tfrac{1}{2} m v^2. \tag{7}$$

Man schreibt dem Elektron keinerlei materielle, chemische Masse zu; die kinetische Energie des bewegten Elektrons soll vielmehr allein elektromagnetischen Ursprungs sein.

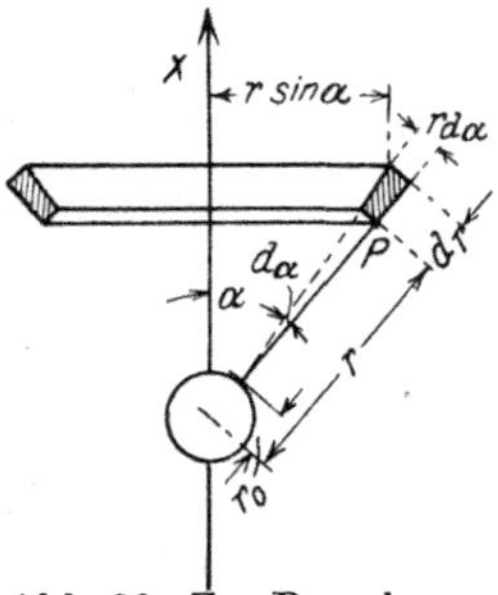

Abb. 80. Zur Berechnung der kinetischen Elektronenenergie.

Zur Berechnung dieser Energie setzen wir eine gegen die Ausbreitungsgeschwindigkeit a des Feldes langsame, gleichförmige Bewegung voraus. Zu dem elektrischen Felde des ruhenden Elektrons gesellt sich dann das vom Konvektionsstrom erregte magnetische Feld. Es sei (Abb. 80) x die Flugrichtung des Elektrons, r die Entfernung eines beliebigen Aufpunktes P vom gleichzeitigen Orte des Elektrons, α der Winkel zwischen der Flugrichtung und dem Fahrstrahl vom Elektron zum Aufpunkt. Die magnetische Feldstärke in P bestimmt sich mittels des Biot-Savartschen Gesetzes (Nr. 3) unter Berücksichtigung der Gl. (4)[1])

$$\mathfrak{H} = \frac{1}{4\pi}\frac{J\cdot l}{r^2}\cdot\sin\alpha = \frac{1}{4\pi}\cdot\frac{q\cdot v}{r^2}\cdot\sin\alpha\,. \tag{8}$$

Die magnetische Induktion im Aufpunkte ist

$$\mathfrak{B} = 0{,}4\,\pi\,\mathfrak{H} = \frac{1}{10}\,\frac{q\cdot v}{r^2}\cdot\sin\alpha\,. \tag{9}$$

Daher bestimmt sich die magnetische Energie des langsam bewegten Elektrons [Gl. (36), Nr. 9]

$$W_m = \frac{1}{2}\int\limits_{\mathfrak{V}} \frac{1}{4\pi}\cdot\frac{q_0\,v}{r^2}\cdot\sin\alpha\cdot\frac{1}{10}\,\frac{q_0\,v}{r^2}\cdot\sin\alpha\cdot 10^{-8}\,dv\,, \tag{10}$$

wo das Integral über den ganzen Feldraum zu erstrecken ist. Sei r_0 der Radius des Elektrons, so wird also (Abb. 80)

$$\left.\begin{aligned} W_m &= \frac{1}{8\pi}\cdot 10^{-9}\cdot q^2\,v^2\cdot\int\limits_{r=r_0}^{\infty}\int\limits_{\alpha=0}^{\pi}\frac{\sin^2\alpha}{r^4}\cdot(2\,\pi\,r\sin\alpha\,dr)\cdot(r\cdot d\alpha) \\ &= \frac{1}{8\pi}\cdot 10^{-9}\cdot\frac{q^2\,v^2}{r_0}\cdot\frac{4}{3}\cdot 2\,\pi = \frac{1}{3}\,\frac{q^2\,v^2}{r_0}\cdot 10^{-9}\text{ Joule} \\ &= \frac{1}{3}\,\frac{q^2\,v^2}{r_0}\cdot 10^{-2}\text{ Erg.} \end{aligned}\right\} \tag{11}$$

Da die elektrische Energie des langsam bewegten Elektrons von der Geschwindigkeit unabhängig ist, folgt durch Vergleich von (7)

[1]) Die Berechtigung dieses Verfahrens wird in Strenge durch die Entwicklungen der Nr. 238 erwiesen werden.

mit (11) die elektromagnetische Trägheit des langsam bewegten Elektrons zu

$$m_0 = \frac{2}{3} \frac{q^2}{r_0} \cdot 10^{-2}. \tag{12}$$

Der Radius des Elektrons ist experimentell zu

$$r_0 = 1{,}85 \cdot 10^{-13}\,\text{cm} \tag{13}$$

ermittelt worden. Es wird also zahlenmäßig

$$m_0 = \frac{2}{3} \cdot \frac{1{,}56^2 \cdot 10^{-38}}{1{,}85 \cdot 10^{-13}} \cdot 10^{-2} = 8{,}7 \cdot 10^{-28}\,\text{g}. \tag{12a}$$

Man sieht diesen Wert, die sog. „Ruhmasse" des Elektrons, auch für langsam beschleunigte Bewegungen als gültig an, sofern nur die Fluggeschwindigkeit selbst klein gegen die Ausbreitungsgeschwindigkeit a des elektromagnetischen Feldes bleibt. Sobald aber die Fluggeschwindigkeit in die Größenordnung der Feldausbreitungsgeschwindigkeit kommt, kann die Feldenergie nicht mehr in der einfachen Form (11) dargestellt werden, weil elektrischer und magnetischer Anteil sich in verwickelter Weise beeinflussen. Hierdurch ergibt sich eine Abhängigkeit der elektromagnetischen Trägheit von der Geschwindigkeit, welche sich mittels der bekannten Lorentz-Transformation leicht ableiten läßt[1]). Die Rechnung ergibt, daß man bis etwa $v = \frac{1}{5} a = 60000$ km/sec mit dem Werte m_0 rechnen darf. Da in hochfrequenztechnischen Systemen höhere Geschwindigkeiten nicht auftreten, können wir auf die Durchführung der Rechnung verzichten.

79. Bewegungsgesetz des Elektrons. Voltgeschwindigkeit, Voltenergie. Mit Benutzung der im vorigen Abschnitt erhaltenen Ergebnisse können wir die Bewegungsgleichung des Elektrons in der aus der Mechanik bekannten Form schreiben

$$m_0 \cdot \frac{d\mathfrak{v}}{dt} = \mathfrak{K}_a, \tag{14}$$

und mit Einführung von (6)

$$m_0 \cdot \frac{d\mathfrak{v}}{dt} = q \cdot \left\{\mathfrak{E}_a \cdot 10^7 - \frac{1}{10}[\mathfrak{B}_a \mathfrak{v}]\right\}. \tag{14a}$$

Durch Multiplikation mit dem Wegelement $d\mathfrak{s}$ der Bahnkurve erhalten wir die Arbeitsgleichung

$$m_0 \cdot \frac{d\mathfrak{v}}{dt} \cdot d\mathfrak{s} = q \cdot \mathfrak{E}_a \cdot d\mathfrak{s} \cdot 10^7, \tag{15}$$

da der Vektor $(\mathfrak{B}_a \mathfrak{v})$ auf der Bahntangente senkrecht steht, das Magnetfeld somit zur Arbeitsleistung bei der Bewegung des Elektrons nichts beiträgt.

---

[1]) Vgl. A. Einstein: „Zur Elektrodynamik bewegter Körper", § 10, in der Monographie „Das Relativitätsprinzip". B. G. Teubner.

Substituiert man

$$\mathfrak{v} = \frac{d\mathfrak{s}}{dt}; \quad d\mathfrak{s} = \mathfrak{v} \cdot dt,$$

so wird

$$m_0 \, d\mathfrak{v} \cdot \mathfrak{v} \equiv m_0 \, d(\tfrac{1}{2} v^2) = q \cdot \mathfrak{E}_a \cdot d\mathfrak{s} \cdot 10^7, \tag{15b}$$

und also durch Integration über den durchlaufenen Weg C

$$v^2 = 2 \frac{q}{m_0} \cdot 10^7 \int_C \mathfrak{E}_a \, d\mathfrak{s} = 2 \frac{q}{m_0} \cdot 10^7 E_c, \tag{16}$$

wo E_c die längs des durchlaufenen Weges wirksame Spannung bedeutet. Führt man für $\frac{q}{m_0}$ die Zahlenwerte (1) und (12a) ein, so erhält man

$$v^2 = 2 \cdot \frac{1{,}56 \cdot 10^{-19}}{8{,}7 \cdot 10^{-28}} \cdot 10^7 E_c = 0{,}36 \cdot 10^{+16} \cdot E_c, \tag{16a}$$

also

$$v = 6 \cdot 10^{+8} \sqrt{E_c} \text{ cm/sec}. \tag{16b}$$

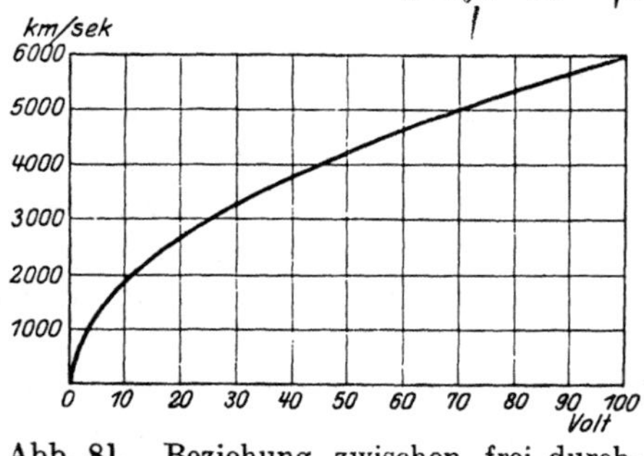

Abb. 81. Beziehung zwischen frei durchlaufener Spannung und Geschwindigkeit des Elektrons.

Es ist üblich, diese überaus einfache Beziehung zwischen Elektronengeschwindigkeit und durchlaufener Spannung geradezu als Definition der Elektronengeschwindigkeit („Voltgeschwindigkeit") zu benutzen, indem man statt der mechanischen Geschwindigkeit die Zahl der durchlaufenen Volt angibt; von hier aus kann man stets mittels Gl. (16b) oder der Kurvendarstellung der Abb. 81 zur mechanischen Geschwindigkeit zurückgehen. Gleichzeitig kann wegen der Unveränderlichkeit der Trägheit m_0 Gl. (16a) zur Messung der kinetischen Energie in Volt („Voltenergie") dienen.

80. Maxwellsche Geschwindigkeitsverteilung. Man hat sich die Vorstellung gebildet, daß eine Vielheit frei beweglicher Elektronen ein System darstellt, welches einem idealen chemischen Gase gleichwertig ist: Die Elemente dieses „Elektronengases" sind die einzelnen Elektronen, welche in ungeordneter Bewegung durcheinanderwirbeln.

Die Bewegungen der Elektronen werden auf ein rechtwinkliges, ruhendes Koordinatensystem x, y, z bezogen. Es seien n Elektronen in der Volumeinheit vorhanden; diese besitzen nach Größe und Richtung alle möglichen Geschwindigkeiten. Die Wahrscheinlichkeit dafür, daß unter den n Elektronen eine gewisse Zahl eine parallel der x-Achse gerichtete Geschwindigkeit im Intervall u bis $u + du$ besitzt, sei durch die Funktion

$$\frac{dn_{(u,\,u+du)}}{n} = f(u)\,du \tag{17a}$$

gegeben. Da alle Richtungen gleichberechtigt sind, wird die Wahrscheinlichkeit einer Bewegung in y-Richtung mit einer Geschwindigkeit im Intervall $v,\ v + dv$

$$\frac{dn_{(v,\,v+dv)}}{n} = f(v)\,dv\,, \tag{17b}$$

ebenso in z Richtung mit einer Geschwindigkeit zwischen $w,\ w + dw$

$$\frac{dn_{(w,\,w+dw)}}{n} = f(w)\,dw\,. \tag{17c}$$

Die Gesamtwahrscheinlichkeit für die Bewegung in den Intervallen $(u, u + du)$, $(v, v + dv)$, $(w, w + dw)$ ist daher

$$\left.\begin{aligned} \frac{dN}{n} &= \frac{dn_{(u,\,u+du)}}{n}\cdot\frac{dn_{(v,\,v+dv)}}{n}\cdot\frac{dn_{(w,\,w+dw)}}{n} \\ &= f(u)\cdot f(v)\cdot f(w)\,du\cdot dv\cdot dw\,. \end{aligned}\right\} \tag{18}$$

Wegen der Gleichberechtigung aller Richtungen muß dies eine Funktion allein von

$$c = \sqrt{u^2 + v^2 + w^2}$$

sein

$$dN = f(u)\,f(v)\,f(w)\,du\cdot dv\cdot dw = g\left(\sqrt{u^2 + v^2 + w^2}\right) du\cdot dv\cdot dw\,. \tag{19}$$

Diese Bedingung wird identisch befriedigt durch

$$f(u) = C\,e^{-\alpha u^2}; \qquad f(v) = C\,e^{-\alpha v^2}; \qquad f(w) = C\,e^{-\alpha w^2}\,. \tag{20}$$

Die Konstante C ist dadurch bestimmt, daß alle Elektronen zwischen $-\infty$ und $+\infty$ in dem Integral über sämtliche Geschwindigkeiten enthalten sein müssen:

$$\int \frac{dN}{n} = \int\limits_{-\infty}^{+\infty}\int\limits_{-\infty}^{+\infty}\int\limits_{-\infty}^{+\infty} f(u)\,f(v)\,f(w)\,du\cdot dv\cdot dw = 1\,. \tag{21}$$

Nach einem bekannten Satze der Integralrechnung ist

$$\int\limits_{-\infty}^{+\infty} e^{-a x^2}\,dx = \sqrt{\frac{\pi}{a}}\,. \tag{22}$$

Daher findet sich durch Einsetzen von (20) in (21)

$$\left[C\cdot\sqrt{\frac{\pi}{\alpha}}\right]^3 = 1\,; \qquad C = \sqrt{\frac{\alpha}{\pi}} \tag{23}$$

und also

$$\frac{dN}{n} = \left(\frac{\alpha}{\pi}\right)^{\frac{3}{2}}\cdot e^{-\alpha(u^2+v^2+w^2)}\,du\cdot dv\cdot dw\,. \tag{24}$$

Hieraus läßt sich die Wahrscheinlichkeit für die Bewegung im Geschwindigkeitsintervall c, $c + dc$ bei beliebiger Größe der Komponentengeschwindigkeiten durch Integration über alle möglichen Richtungen bestimmen. Wir stellen die Geschwindigkeit durch ihren Betrag c und ihre Winkel φ gegen die x-, z-Ebene und ϑ gegen die z-Achse dar und erhalten das Volumelement

$$d\tau = (c \sin\vartheta \, d\varphi) \cdot (c \, d\vartheta) \, dc \, ,$$

also mit Rücksicht auf (24)

$$\left.\begin{aligned} \left(\frac{dN}{n}\right)_{(c,\,c+dc)} &= \left(\frac{\alpha}{\pi}\right)^{\frac{3}{2}} e^{-\alpha c^2} \cdot c^2 \cdot dc \int\limits_{\vartheta=0}^{+\pi} \int\limits_{\varphi=0}^{2\pi} \sin\vartheta \, d\vartheta \, d\varphi \, , \\ &= \left(\frac{\alpha}{\pi}\right)^{\frac{3}{2}} e^{-\alpha c^2} \cdot c^2 \cdot dc \cdot 2 \cdot 2\pi \, , \\ &= \frac{4}{\sqrt{\pi}} \cdot \alpha^{\frac{3}{2}} e^{-\alpha c^2} \cdot c^2 \cdot dc \, . \end{aligned}\right\} \quad (25)$$

Die wahrscheinlichste Geschwindigkeit folgt aus

$$\frac{d}{dc}\left(\frac{4}{\sqrt{\pi}} \alpha^{\frac{3}{2}} e^{-\alpha c^2} \cdot c^2\right) = \frac{4}{\sqrt{\pi}} \alpha^{\frac{3}{2}} (-\alpha \cdot 2 c \, e^{-\alpha c^2} \cdot c^2 + e^{-\alpha c^2} \cdot 2c) = 0$$

zu

$$c_w = \frac{1}{\sqrt{\alpha}} \, . \quad (26)$$

Die mittlere quadratische Geschwindigkeit berechnet sich mittels

$$\begin{aligned} c_m^2 = \int\limits_0^\infty c^2 \cdot \left(\frac{dN}{n}\right)_{(c,\,c+dc)} &= \int\limits_0^\infty \frac{4}{\sqrt{\pi}} \alpha^{\frac{3}{2}} \cdot e^{-\alpha c^2} \cdot c^4 \cdot dc \\ &= \frac{4}{\sqrt{\pi} \cdot \alpha} \int\limits_0^\infty e^{-\alpha c^2} \cdot (\alpha c^2)^{\frac{3}{2}} \cdot \frac{1}{2} d(\alpha c^2) \, . \end{aligned}$$

Das hier auftretende Integral ist aus der Theorie der Gammafunktion[1]) bekannt; es gilt

$$\int\limits_0^\infty e^{-x} x^n \, dx = \Pi n \, . \quad (27)$$

Daher wird

$$c_m^2 = \frac{2}{\sqrt{\pi} \cdot \alpha} \cdot \Pi \frac{3}{2} = \frac{2}{\sqrt{\pi} \cdot \alpha} \cdot \frac{3}{4} \sqrt{\pi} = \frac{3}{2} \cdot \frac{1}{\alpha} \, , \quad (28)$$

also mit Rücksicht auf (26)

$$c_m^2 = \tfrac{3}{2} c_w^2 \, .$$

---

[1]) Jahnke-Emde: Funktionentafeln, S. 26, 27.

Die Gastheorie beweist die Proportionalität der inneren Energie mit der Temperatur. In der kinetischen Vorstellung ist die innere Energie rein mechanischer Natur; sie besitzt pro Volumeinheit den Wert

$$U = n \cdot \tfrac{1}{2} m \cdot c_m^2 . \tag{29}$$

Es ist demnach $\frac{1}{2} m c_m^2$ der Temperatur proportional

$$\tfrac{1}{2} m c_m^2 = K \cdot T . \tag{30}$$

Setzen wir (30) in (24) ein, so erhalten wir für die Geschwindigkeitsverteilung

$$\frac{dN}{n} = \left(\frac{\frac{3}{4} \frac{m}{KT}}{\pi} \right)^{\frac{3}{2}} \cdot e^{-\frac{3}{4} \cdot \frac{m}{KT} (u^2 + v^2 + w^2)} \, du \, dv \, dw . \tag{24a}$$

81. Elektronenemission aus Leiteroberflächen. Austrittsarbeit. Man stellt sich einen elektrischen Leiter als schwammartiges Gebilde vor, in dessen Hohlräumen die Elektronen in ungeordneter Bewegung umherfliegen. Obgleich diese Bewegung wegen des gleichzeitigen Vorhandenseins chemischer Moleküle von der im vorigen Abschnitt behandelten Bewegung des reinen Elektronengases abweicht, kommt man zu einer befriedigenden Darstellung der beobachtbaren Erscheinungen, wenn man die Maxwellsche Geschwindigkeitsverteilung auch für die Elektronenbewegung im Innern der Leiter als gültig annimmt.

Diejenigen Elektronen, deren Geschwindigkeit aus dem Innern auf die Leiteroberfläche zu gerichtet ist, versuchen, den Leiter zu verlassen. Diesem Bestreben stellt sich innerhalb des Leiters die Anziehungskraft der benachbarten Atomverbände entgegen, welche das Elektron an das Innere des Leiters zu fesseln suchen. Außerhalb des Leiters wirken die bereits ausgetretenen Elektronen abstoßend auf jedes Elektron, welches die Leiteroberfläche zu verlassen trachtet. Beide Widerstände lassen sich in dem Begriffe des Austrittswiderstandes zusammenfassen und nach Schottky an dem Bilde des Elektronennapfes veranschaulichen: Materielle Kugeln rollen auf dem Boden eines Napfes mit hochgebogenem Rand umher (Abb. 82); sie können den Napf nur verlassen, wenn ihre kinetische Energie sie zum Hinauflaufen auf den Rand befähigt, also einen gewissen, durch die Höhe des Randes gegebenen Mindestwert überschreitet. Diese Mindestenergie definiert daher einerseits den Austrittswiderstand aus dem Napfe, andererseits die Austrittsarbeit, welche dem Elektron zur Widerstandsüberwindung zuzuführen ist. Wir messen die Austrittsarbeit durch die ihr entsprechende kinetische Voltenergie des Elektrons:

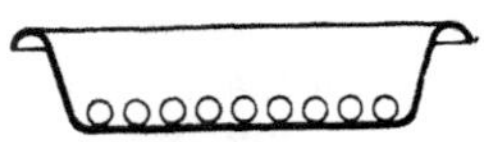
Abb. 82. Elektronennapf nach Schottky.

$$U_a = \tfrac{1}{2} m c_a^2 . \tag{31}$$

Die Höhe des Elektronennapfes ist entsprechend dem inneren und äußeren Anteile des Austrittswiderstandes aus zwei Teilen zusammengesetzt zu denken. Die an den Napfboden unmittelbar anstoßenden Randelemente spiegeln in ihrer Form die atomistische Struktur des Leiters. Der oberste Randteil dagegen gibt die Gestalt des äußeren Feldes wieder. Dieser Vergleich gewinnt eine exakte Gestalt durch Benutzung des Bewegungsgesetzes (16), welches die Aufzeichnung des „Napfrandes" vermittels der von der Leiteroberfläche aus gezählten Spannung des elektrischen Feldes gestattet.

82. Gesetz von Richardson. Um allgemein gültige Ergebnisse zu erhalten, lassen wir zunächst die Form des Randes unbestimmt, nehmen aber die Austrittsarbeit U_a als gegeben an. Wir berechnen die aus einer Einheit der Leiteroberfläche austretende Elektronenzahl.

Der Ursprung eines rechtwinkligen Koordinatensystems wird in die Leiteroberfläche gelegt, derart, daß die x-Achse normal zur Leiteroberfläche weist. u, v, w seien die Geschwindigkeitskomponenten eines austretenden Elektrons, wobei mit Rücksicht auf (31) u der Bedingung

$$u \geqq c_a \tag{32}$$

unterworfen ist. Die Gesamtheit der sekundlich die Oberflächeneinheit durchsetzenden Elektronen mit den Geschwindigkeitskomponenten u, v, w erfüllt einen schräg liegenden Zylinder der Grundfläche 1 und der Höhe u, also des Volumens $1 \cdot u$. Die in diesem Zylinder befindliche Elektronenzahl

$$\frac{dV}{n} = \frac{dN}{n} \cdot u \cdot 1 \tag{33}$$

muß bei stationärer Bewegung wegen der Kontinuität der Strömung die Oberflächeneinheit passieren.

Aus (33) folgt die gesamte sekundlich durch die Oberflächeneinheit tretende Elektronenmenge durch Integration über alle möglichen Geschwindigkeiten unter Beachtung der Vorschrift (32). Setzt man für $\frac{dN}{n}$ den im vorigen Abschnitt abgeleiteten Ausdruck ein, so wird also

$$\frac{V}{n} = \int\limits_{u=c_a}^{+\infty} \int\limits_{v=-\infty}^{+\infty} \int\limits_{w=-\infty}^{+\infty} \left(\frac{3}{4} \frac{m}{KT} \cdot \frac{1}{\pi}\right)^{\frac{3}{2}} e^{-\frac{3}{4} \frac{m}{KT}(u^2+v^2+w^2)} \cdot u \cdot du \cdot dv \cdot dw\,. \tag{34}$$

Die Integration läßt sich mit Beachtung von (22) leicht ausführen und ergibt

$$\left.\begin{aligned} \frac{V}{n} &= \left(\frac{3}{4} \frac{m}{KT} \cdot \frac{1}{\pi}\right)^{\frac{3}{2}} \frac{\pi}{\left(\frac{3}{4} \frac{m}{KT}\right)} 2 \cdot \frac{1}{2} \left| - e^{-\frac{3}{4} \frac{m}{KT} u^2} \right|_{c_a}^{\infty} \\ &= \left(\frac{3}{4} \frac{m}{KT} \cdot \pi\right)^{-\frac{1}{2}} \cdot \frac{1}{2} \cdot e^{-\frac{3}{4} \frac{m}{KT} c_a^2}\,. \end{aligned}\right\} \tag{35}$$

Hieraus folgt die Elektronenstromdichte durch Multiplikation mit der Elektronenladung q_0 zu

$$\mathrm{i} = q_0 \cdot V = n \cdot q_0 \cdot \left(\frac{3}{4}\frac{m}{KT}\pi\right)^{-\frac{1}{2}} \cdot \frac{1}{2} \cdot e^{-\frac{3}{4}\frac{m}{K \cdot T} c_a^2} \tag{36}$$

und mit den Abkürzungen

$$n \cdot q_0 \left(\frac{3}{4}\frac{m}{K}\pi\right)^{-\frac{1}{2}} \cdot \frac{1}{2} = A\,; \quad \frac{3}{4}\frac{m}{K} \cdot c_a^2 = B \tag{37}$$

$$\mathrm{i} = A \cdot \sqrt{T} \cdot e^{-\frac{B}{T}} \quad \text{(Richardsonsche Formel).} \tag{36a}$$

Es ist zweckmäßig, diese Gleichung den Vorstellungen der Gastheorie durch die Substitution

$$\mathrm{i} = \varrho \cdot c_m$$

anzupassen, wo ϱ die Elektronengasdichte bedeutet; sie folgt aus (36a) mit Einführung von (30) zu

$$\varrho = \frac{\mathrm{i}}{\sqrt{\frac{2K}{m}} \cdot \sqrt{T}} = \sqrt{\frac{m}{2K}} \cdot A \cdot e^{-\frac{B}{T}} = n\, q_0 (6\,\pi)^{-\frac{1}{2}} \cdot e^{-\frac{B}{T}}. \tag{39}$$

Es ist bemerkenswert, daß man diese Gleichung ohne Zuhilfenahme gaskinetischer Vorstellungen aus rein thermodynamischen Überlegungen herleiten kann. Man gelangt hier sogar neben (39) zu gewissen allgemeineren Formen der Funktionen $\varrho(T)$ und $\mathrm{i}(T)$. Eine experimentelle Entscheidung zwischen den theoretisch möglichen Funktionen ist zur Zeit noch nicht möglich; wir werden daher fortan Gl. (36a) beibehalten.

Die Elektronenemission erfordert zu ihrer Erhaltung eine dauernde Energiezufuhr; diese Emissionsenergie wird teilweise zur Überwindung der Austrittsarbeit verbraucht, zum anderen Teil geht sie in kinetische Energie der emittierten Elektronen über. Nach der Form der zugeführten Energie unterscheiden wir thermische und elektrodynamische Elektronenemission.

Besondere Systeme.

α) Thermische Elektronenemission.

Die Zweielektrodenröhren.

83. Der Sättigungsstrom. Die Richardsonsche Gleichung gestattet erst dann eine bestimmte Aussage über die Größe des Emissionsstromes, wenn die Austrittsarbeit, die „Höhe" des Elektronennapfes, bekannt ist. Ihre Ermittlung setzt die Kenntnis des Feldverlaufes in unmittelbarer Umgebung der Leiteroberfläche voraus.

Wir spezialisieren auf die Anordnung nach Abb. 83: Der Emissionselektrode ist die Form eines kreiszylindrischen Drahtes vom Radius r_i gegeben. Ihr ist auf die „wirksame“ Länge l eine zweite, hohlzylindrische Elektrode vom Radius r_a gegenübergestellt. Die Emissionselektrode ist mit dem negativen, die zweite Elektrode mit dem positiven Pol einer Spannungsquelle E verbunden, so daß die Emissionselektrode zur Kathode, die zweite Elektrode zur Anode wird. Die Elektroden befinden sich im Hochvakuum, so daß die gesamte Strömung von Elektronen getragen wird.

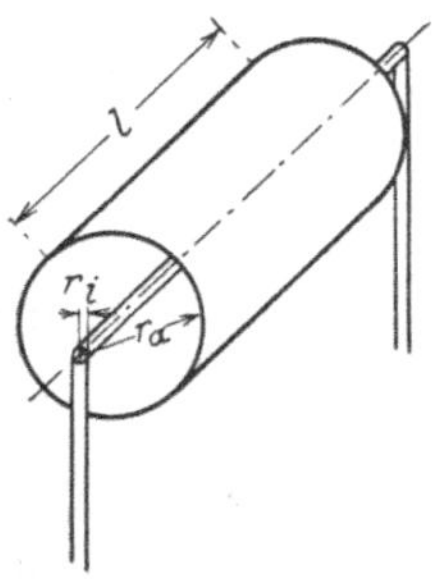

Abb. 83. Zweielektrodenröhre.

Der Verlauf des Feldes an der Kathodenoberfläche ist durch die Größe der äußeren Spannung im Zusammenhang mit der Bewegung der Elektronen gegeben; seine Ermittlung erfordert daher simultane Berechnung der Austrittsarbeit und der äußeren Elektronenbewegung, eine Aufgabe, welche allgemein nicht gelöst ist. Wir vereinfachen daher die Aufgabe durch Voraussetzung eines Feldes, welches an der Kathodenoberfläche gerade die Stärke Null besitzt und von dort aus stetig nach der Anode zu ansteigt (Abb. 84a). Vermöge dieser Voraussetzung resultiert für den „Elektronennapf“ eine Form nach Abb. 84b; sie ist dadurch ausgezeichnet, daß das Extremum der Spannung gegen die Kathode gerade in die Kathodenoberfläche hineinrückt. Ersichtlich reduziert sich in diesem Falle die gesamte Austrittsarbeit der Elektronen auf den „inneren“ Anteil, welcher durch die atomistische Struktur des Kathodenmateriales gegeben, daher konstant ist. Sie beträgt beispielsweise für Wolfram 4,5 Volt.

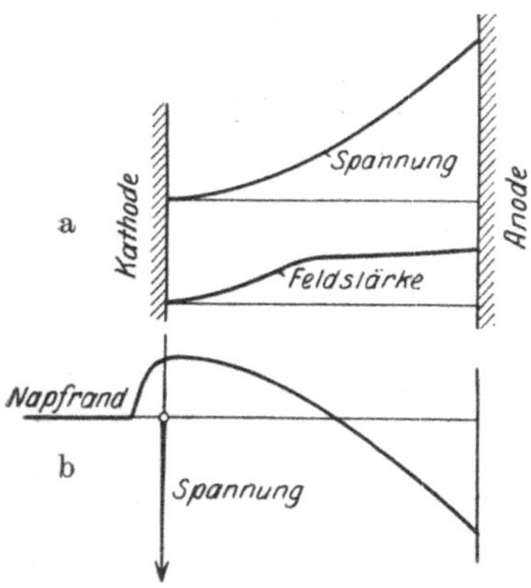

Nunmehr kann die Richardsonsche Gleichung in der Form

$$\frac{i_s}{A \cdot \sqrt{B}} = \sqrt{\frac{T}{B}} \cdot e^{-\frac{B}{T}} = f\left(\frac{T}{B}\right) \tag{40}$$

geschrieben werden, in welcher A und B Materialkonstanten sind. So ist für Wolfram $A = 2{,}36 \cdot 10^7$ Amp/cm² und $B = 5{,}25 \cdot 10^4$/Grad bestimmt worden. Die durch Gl. (40) für jedes Material als Funktion der Kathodentemperatur eindeutig bestimmte Stromdichte heißt die Sättigungsstromdichte; diese Bezeichnung rührt daher, daß sie unter normalen Umständen nicht überschritten werden kann.

In Abb. 85, welche den Verlauf der Funktion (40) zeigt, erkennen wir einen überaus scharfen Anstieg der Sättigungsstromdichte mit der Temperatur. Man pflegt daher die Kathode bis zur Glut zu erhitzen. Die Heizung wird praktisch stets elektrisch durch Anlegen einer Heizspannung E_h an die Enden der drahtförmigen Glühkathode bewirkt, welche den Heizstrom J_h treibt. Von der insgesamt aufzuwendenden Heizleistung geht ein Teil in Emissionsenergie der fortfliegenden Elektronen über, während der Rest in Wärmeleitung und Wärmestrahlung umgesetzt wird.

Bei allen praktisch verwertbaren Anordnungen ist die Emissionsenergie gegen Wärmeleitung und -strahlung völlig zu vernachlässigen; überdies ist die Wärmeleitung klein gegen die Wärmestrahlung. Der Gesamtwert der Wärmestrahlung durch die Leiteroberfläche gleicht daher merklich der „Heizleistung" der Glühelektrode

$$N_s = N_h\,. \tag{41}$$

Für eine bestimmte Leiteranordnung ist die Wärmestrahlung proportional der Leiteroberfläche O und einer gewissen Temperaturfunktion (Gesetz von Stefan und Boltzmann).

$$N_s = O \cdot \varphi(T)\,. \tag{42}$$

Der gesamte Sättigungsstrom aus der Glühelektrode ist

$$J_s = O \cdot i_s\,, \tag{43}$$

also nach (40)

$$J_s = O \cdot A \cdot \sqrt{T} \cdot e^{-\frac{B}{T}}\,. \tag{44}$$

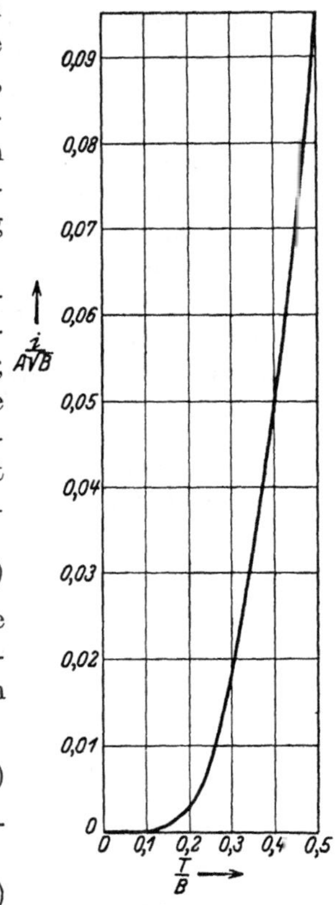

Abb. 85. Abhängigkeit der Sättigungsstromdichte von der Temperatur.

Durch Zusammenfassung von (44), (42) und (41) findet man

$$\frac{J_s}{N_h} = \frac{A\sqrt{T} \cdot e^{-\frac{B}{T}}}{\varphi(T)}\,. \tag{45}$$

Das Verhältnis des Sättigungsstromes zur Heizleistung ist demnach von der Oberfläche der Glühelektrode unabhängig; es enthält außer den Materialkonstanten A und B lediglich die Temperatur T

$$\frac{J_s}{N_h} = H(T)\,. \tag{45a}$$

Die Funktion H heißt das **Heizmaß** der Glühelektrode. Sie ist, da in ihren Wert unmittelbar meßbare Größen eingehen, für den praktischen

Gebrauch weit bequemer als die ursprüngliche Richardsonsche Formel (40), in welcher die Glühelektrodentemperatur T nur schwer zu bestimmen ist.

Mit wachsender Temperatur nimmt die Lebensdauer der Glühelektrode ab. Aus wirtschaftlichen Gründen ist daher die Innehaltung einer Grenztemperatur geboten, welche als Kompromiß aus den einander widerstreitenden Wünschen einer stark emittierenden Elektrode einerseits, einer langlebigen Elektrode andererseits festgesetzt wird. Wegen (45a) ist das Heizmaß geradezu als Definition der Glühelektrodentemperatur zu benutzen. Das genannte Kompromiß führt daher zur Festsetzung eines bestimmten Heizmaßes für jedes Elektrodenmaterial:

1. Wolframelektroden zeichnen sich durch große Regelmäßigkeit der Emission zugleich mit hoher Beständigkeit des Materiales aus. Man wählt für Elektronenröhren

$$H = 1 \div 5\,,$$

wo die kleinen Werte für Schwachleistungsröhren, die großen für Starkleistungsröhren gelten. Als Beispiele seien genannt

Schwachleistungsröhre *RE* 11 [1]) (Telefunken).

Heizspannung .	$E_h = 2{,}8$ Volt
Heizstrom . . .	$J_h = 0{,}50$ Amp
Heizleistung . .	$N_h = 1{,}4$ Watt
Sättigungsstrom	$J = 2 \div 3$ mAmp
Heizmaß	$H = 1{,}4 \div 2{,}15 \dfrac{\text{mAmp}}{\text{Watt}}$

Starkleistungsröhre *RS* 47 [2]) (Telefunken).

Heizspannung .	$E_h = 16$ Volt
Heizstrom . . .	$J_h = 8$ Amp
Heizleistung . .	$N_h = 128$ Watt
Sättigungsstrom	$J = 400$ mAmp
Heizmaß	$H = 3{,}12 \dfrac{\text{mAmp}}{\text{Watt}}$

2. Oxydelektroden. Nach Wehnelt emittieren gewisse Metalloxyde schon bei verhältnismäßig niedrigen Temperaturen sehr stark. Um diese Erscheinung auszunutzen, stellt man Glühelektroden aus einem beliebigen „Trägermetall" her, auf dessen Oberfläche das Oxyd aufgebracht wird. Entsprechend der erhöhten Emission kann das Heizmaß der mit Oxydkathoden versehenen Röhren erheblich heraufgesetzt werden. Bisher sind nur Schwachleistungsröhren in die Technik eingeführt, während sich Starkleistungsröhren mit Oxydelektroden noch im Stadium der Versuche befinden. Beispiel [3]):

---

[1]) Nach Zenneck-Rukop: Lehrbuch d. drahtl. Telegraphie, 5. Aufl., S. 755.
[2]) Nach Zenneck-Rukop: Lehrbuch d. drahtl. Telegraphie, 5. Aufl., S. 619.
[3]) Zenneck-Rukop, a. a. O., S. 755.

S c h w a c h l e i s t u n g s r ö h r e *RE* 48 (T e l e f u n k e n).

Heizspannung	.	$E_h = 1{,}4$ Volt
Heizstrom	. . .	$J_h = 0{,}16$ Amp
Heizleistung	. .	$N_h = 0{,}225$ Watt
Sättigungsstrom		$J = 10$ mAmp
Heizmaß	. . . .	$H = 4{,}5 \frac{\text{mAmp}}{\text{Watt}}$

3. E l e k t r o d e n m i t e m i t t i e r e n d e m Z u s a t z. Bei dieser Gattung von Glühelektroden wird auf ein „Trägermetall“ ein Metall von hoher Emissionsfähigkeit aufgebracht, beispielsweise Thorium. Zur Zeit werden nur Schwachleistungsröhren mit derartigen Glühelektroden hergestellt. Beispiel[1]):

S c h w a c h l e i s t u n g s r ö h r e *RE* 78 (T e l e f u n k e n).

Heizspannung	.	$E_h = 2{,}5$ Volt
Heizstrom	. . .	$J_h = 0{,}07$ Amp
Heizleistung	. .	$N_h = 0{,}175$ Watt
Sättigungsstrom		$J = 5 \div 8$ mAmp
Heizmaß	. . . .	$H = 2{,}9 \div 4{,}6 \frac{\text{mAmp}}{\text{Watt}}$

84. Die Raumladecharakteristik. Man beobachtet, daß die Erzeugung eines nach Abb. 84 verlaufenden Feldes den Aufwand einer gewissen Mindestspannung E_s zwischen Anode und Kathode erfordert, welche die S ä t t i g u n g s s p a n n u n g heißt. Solange die wirksame Spannung diesen Wert nicht erreicht, wird der Emissionsstrom J kleiner als der Sättigungsstrom J_s. Diese Stromminderung ist auf Grund der R i c h a r d s o n schen Gleichung durch eine Zunahme der Austrittsarbeit zu erklären. Diese kommt durch die rücktreibende Kraft der bereits emittierten Elektronen zustande, welche als „Raumladung“ vor der Glühelektrode lagern und hierdurch das beschleunigende, von der Anode herübergreifende Feld abschirmen. Das Feld ist also unmittelbar vor der Glühkathode von dieser weggerichtet. In einiger Entfernung von der Oberfläche verschwindet es, um sodann unter Richtungsumkehr nach der Anode hin anzusteigen. Die Spannung gegen die Glühkathode besitzt an dem Orte verschwindenden Feldes ein Extremum. Der Rand des Elektronennapfes hat sich daher gegenüber Abb. 84. welche für $E = E_s$ galt, in doppelter Weise geändert: Die Höhe des Napfes ist vergrößert, die Kante des Randes ist von der Kathodenoberfläche nach außen gerückt. Abb. 86.

Die Bestimmung des Emissionsstromes unter diesen veränderten Bedingungen stößt, wie im vorigen Abschnitt erwähnt, auf die größten Schwierigkeiten. Von der Überlegung ausgehend, daß jedenfalls die Zahl der wirklich emittierten, das Spannungsminimum überwindenden Elektronen kleiner ist als die bei der gegebenen Temperatur aus der

[1]) Siehe Fußnote 2 der vorigen Seite.

Glühkathodenoberfläche emittierbaren Elektronen, kommt man zu einer brauchbaren Näherungsdarstellung durch die vereinfachende Annahme: Die Glühkathode stellt eine Quelle von Elektronengas dar, welches von ihr in unbegrenzter Menge mit der Geschwindigkeit 0 zur Verfügung gestellt wird.

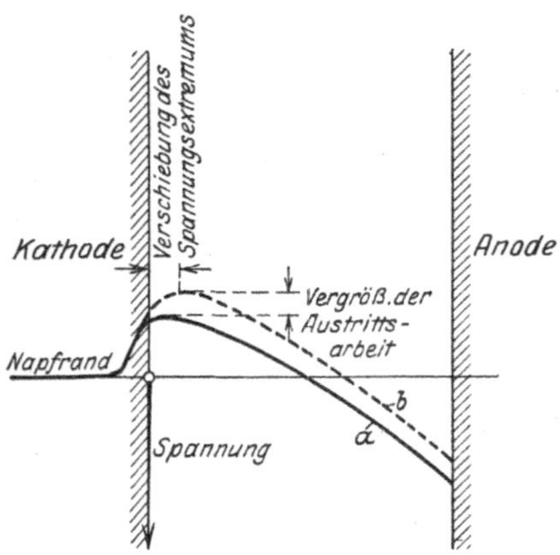

Abb. 86. Qualitative Darstellung des Feldverlaufes im Bereiche der Raumladecharakteristik (Kurve b). Zum Vergleich: Feldverlauf beim Sättigungsstrom (Kurve a).

Hiernach ist die Bestimmung des Feldes in der Röhre leicht möglich.

Es werden zeitlich konstante Felder vorausgesetzt. Das elektrische Feld in der Röhre ist hiernach aus einem Potential φ ableitbar. Die Leitfähigkeit des Materiales der Glühkathode sowie der Anode wird unendlich groß angenommen. Anode und Kathode werden demnach Äquipotentialflächen. Erteilen wir der Kathode das Potential 0, so gibt das (positive) Potential der Anode ihre Spannung gegen die Kathode an, die A n o d e n s p a n n u n g. Diese dient als Maß für die Stärke des Beschleunigungsfeldes.

Um den Einfluß der Raumladung auf die Verteilung des Potentials klar zu erkennen, setzen wir die elektrische Kraft $\mathfrak{K}_e$ überall groß gegen die magnetische Kraft $\mathfrak{K}_m$ voraus. Diese Bedingung läßt sich durch hinreichende Schwächung des Heizstromes oder durch bifilare Führung des Heizdrahtes verifizieren.

Unter der genannten Voraussetzung erfolgt die Bewegung des einzelnen Elektrons allein durch die äußere elektrische Kraft:

$$m_0 \cdot \frac{d\mathfrak{v}}{dt} = q \cdot \mathfrak{E}_a \cdot 10^7 . \tag{46}$$

Hier gehen als äußere Kräfte die Abstoßungskräfte aller benachbarten Elektronen innerhalb der Elektronenwolke ein. Wir vereinfachen die Aufgabe, indem wir das Potential innerhalb der Elektronenwolke mitteln. Die äußere Kraft $\mathfrak{E}_a$ läßt sich dann makroskopisch als Gradient des gemittelten Potentiales φ deuten. Daher führt das Bewegungsgesetz (16) zu der Aussage

$$v = 0{,}6 \cdot 10^8 \cdot \sqrt{\varphi} , \tag{46a}$$

da die Austrittsgeschwindigkeit des Elektrons aus der Kathode gleich Null angenommen wurde.

Im stationären Zustande ist der Elektronenstrom dem Kontinuitätsgesetz des elektrischen Stromes unterworfen. Nennen wir ϱ die Ladung aller gleichzeitig in der Volumeinheit befindlichen Elektronen, die „Ladungsdichte", so wird die (positive) Konvektionsstromdichte durch

$$\mathfrak{i} = -\varrho \cdot v \tag{47}$$

gegeben. Der gesamte Konvektionsstrom folgt durch Integration über die durchströmte Fläche. Aus Symmetriegründen ist v auf einem zum Glühdrahte konzentrisch liegenden Zylinder vom Radius r konstant. Daher ist

$$J = -\mathfrak{i} \cdot 2\pi r \cdot l = -\varrho \cdot v \cdot 2\pi r l\,, \tag{48}$$

und die Kontinuitätsbedingung des Stromes lautet

$$J = -\varrho \cdot v \cdot 2\pi r l = \text{const.} \tag{48a}$$

Die Raumladung ϱ ist mit dem Potential φ durch die Kontinuitätsbedingung der elektrischen Induktionslinien verknüpft.

Aus dem zwischen Anode und Kathode liegenden Raum wird ein konzentrischer zylindrischer Ring der Dicke dr ausgeschnitten. Er enthält die Ladung

$$dQ = 2\pi r \cdot l \cdot dr \cdot \varrho\,. \tag{49}$$

Die Feldstärke bestimmt sich aus dem Potentialabfall zu

$$\mathfrak{E}_a = -\frac{d\varphi}{dr}\,, \tag{50}$$

daher die Induktion

$$\mathfrak{D}_a = \varepsilon_0 \cdot \mathfrak{E}_a = -\varepsilon_0 \frac{d\varphi}{dr}\,. \tag{50a}$$

Die Gesamtzahl der den Ringkörper verlassenden Induktionslinien ist daher

$$\mathfrak{D}_{a(r+dr)} \cdot 2\pi(r+dr) \cdot l - \mathfrak{D}_{a(r)} \cdot 2\pi r l = d(\mathfrak{D}_a \cdot 2\pi r l)\,. \tag{50b}$$

Die Kontinuitätsbedingung der elektrischen Induktionslinien führt mit (50) und (49) unter Beachtung von (50b) zu der Beziehung

$$\varrho = -\frac{1}{r} \cdot \frac{d\left(\varepsilon_0 \cdot \frac{d\varphi}{dr} \cdot r\right)}{dr}\,. \tag{51}$$

Durch Einsetzen von (46a) und (48a) in (51) erhält man für das Potential die Bedingungsgleichung

$$+\frac{1}{r} \cdot \frac{d\left(\varepsilon_0 \cdot \frac{d\varphi}{dr} \cdot r\right)}{dr} \cdot 0{,}6 \cdot 10^8 \cdot \sqrt{\varphi} \cdot 2\pi r l = J\,. \tag{52}$$

Wir versuchen diese Differentialgleichung durch den Ansatz

$$\varphi = \varphi_a \cdot \frac{r^\alpha}{r_a^\alpha} \tag{53}$$

zu lösen, in welchem φ das Anodenpotential, α eine zunächst unbestimmte Konstante bedeutet. Hiermit entstehen

$$\frac{d\varphi}{dr} = \varphi_a \cdot \alpha \cdot \frac{r^{\alpha-1}}{r_a^\alpha}; \quad \frac{d\varphi}{dr} \cdot r = \varphi_a \cdot \frac{\alpha \cdot r^\alpha}{r_a^\alpha}; \quad \frac{d\left(\frac{d\varphi}{dr} \cdot r\right)}{dr} = \varphi_a \cdot \alpha^2 \cdot \frac{r^{\alpha-1}}{r_a^\alpha},$$

also

$$+ \varepsilon_0 \varphi_a \cdot \alpha^2 \cdot \frac{r^{\alpha-1}}{r_a^\alpha} \cdot 0{,}6 \cdot 10^8 \cdot \sqrt{\varphi_a} \cdot \frac{r^{\frac{\alpha}{2}}}{r_a^{\frac{\alpha}{2}}} \cdot 2\pi l = J. \tag{54}$$

Diese Gleichung wird identisch befriedigt durch die Wahl

$$\left.\begin{aligned} \varepsilon_0 \varphi_a \cdot \alpha^2 \cdot 0{,}6 \cdot 10^8 \cdot \sqrt{\varphi_a} \cdot 2\pi l &= J \cdot r_a^{\frac{3}{2}\alpha} \\ r^{\alpha-1} \cdot r^{\frac{\alpha}{2}} \equiv r^{3\frac{\alpha}{2}-1} &= 1. \end{aligned}\right\} \tag{55}$$

Demnach

$$\alpha = \tfrac{2}{3} \tag{55a}$$

und

$$J = \varepsilon_0 \frac{4}{q} \cdot 0{,}6 \cdot 10^8 \cdot 2\pi l \cdot \frac{\varphi_a^{\frac{3}{2}}}{r_a}, \tag{55b}$$

Setzt man für ε_0 seinen Wert ein, so entsteht

$$J = \varphi_a^{\frac{3}{2}} \cdot \frac{l}{r_a} \cdot 1{,}475 \cdot 10^{-5}\,\text{Amp (Langmuirsche Formel).} \tag{56}$$

Die Lösung (53) ergibt für $r = r_i$ einen endlichen Wert des Potentiales; sie steht damit im Widerspruch zu Gl. (46a). Dennoch ist die Langmuirsche Formel durch die Erfahrung weitgehend bestätigt; man kann jene Ungenauigkeit durch eine Korrektur berücksichtigen, welche jedoch das Gesamtbild nur quantitativ beeinflußt.

Die Langmuirsche Formel wird durch Zeichnung der Kurve des Stromes als Funktion des Anodenpotentiales, die Raumladecharakteristik, veranschaulicht (Abb. 87). Selbstverständlich gilt sie nur für Ströme $J < J_s$. Hier ist sie von der Temperatur der Glühelektrode völlig unabhängig. Diese einfache Gesetzmäßigkeit wird freilich dadurch etwas modifiziert, daß mit fallender Temperatur der Glühkathode die wirksame Länge l der Glühkathode kleiner wird, was nach Gl. (56) eine Schwächung des Elektronenstromes zur Folge hat. Zeichnet man daher die Schar der Raumladungs- und Sättigungsstromcharakteristiken für verschiedene Temperaturen, so erhält man ein Bild nach Abb. 88.

Von besonderer Bedeutung für die Funktion der Röhre ist die Änderung des Elektronenstromes mit der Spannung

$$S = \frac{dJ}{d\varphi_a}. \tag{57}$$

Sie ist geometrisch durch den Anstieg der Raumladecharakteristik gegeben und heißt daher die „Steilheit" der Röhre. Ihr Wert folgt aus (56) durch Differentiation zu

$$S = \frac{3}{2} \cdot 1{,}475 \cdot 10^{-5} \cdot \sqrt{\varphi_a} \cdot \frac{l}{r_a}\,. \tag{58}$$

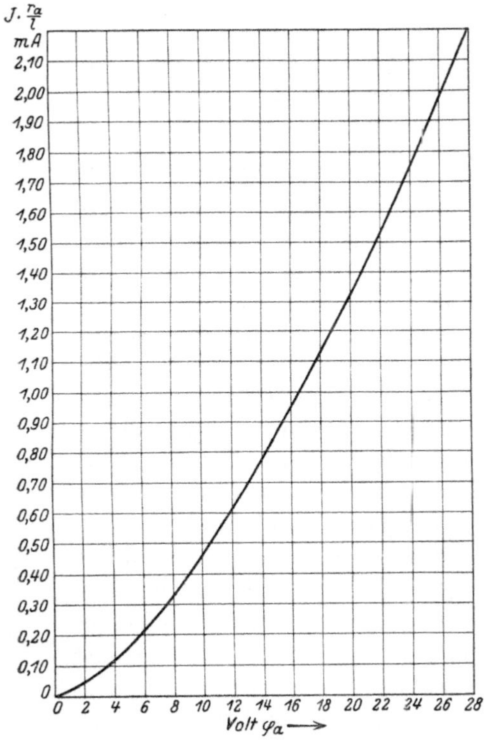

Abb. 87. Raumladecharakteristik.

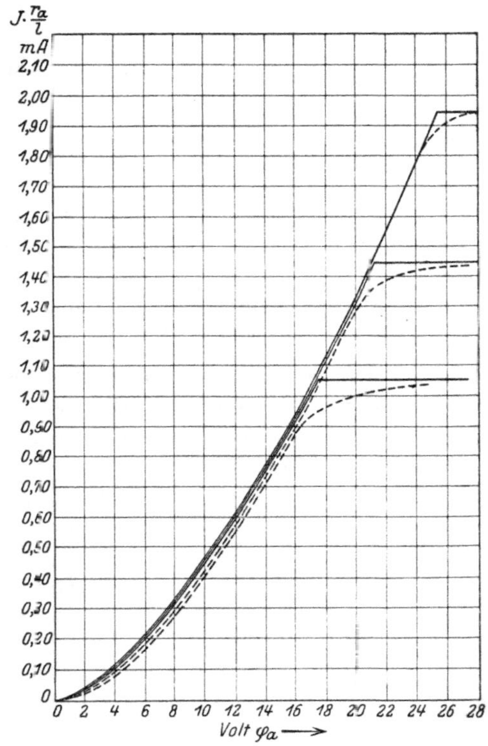

Abb. 88. Raumladecharakteristiken für verschiedene Temperaturen.
——— theoretisch, - - - - praktisch.

Für eine Röhre gegebener Abmessungen wächst demnach die erreichbare Steilheit mit der Wurzel aus der aufgewandten Anodenspannung; bei gegebener Spannung erhält man um so steilere Charakteristiken, je größer die wirksame Länge, je kleiner der Radius des Anodenzylinders ist. Die Glühtemperatur dagegen beeinflußt, solange nur $J_s > J$ ist, die Steilheit nur ganz schwach in der Variation der Glühdrahtlänge l.

Wir können die hier gefundenen Ergebnisse leicht verallgemeinern. Betrachten wir nämlich eine ganz beliebige Anordnung einer Glühkathode, welcher eine kalte Anode gegenübersteht, so gilt für eine beliebige, zwischen Glühkathode und Anode liegende Fläche offenbar eine Stromgleichung der Form (48), sofern nur unter v und ϱ gewisse Mittelwerte auf der Fläche verstanden werden. Nehmen wir hierzu aus Gl. (51) die Proportionalität von ϱ mit φ_a, und aus Gl. (46a) die Proportionalität von v mit $\sqrt{\varphi_a}$, so folgt für J das allgemeine Gesetz der Raumladecharakteristik

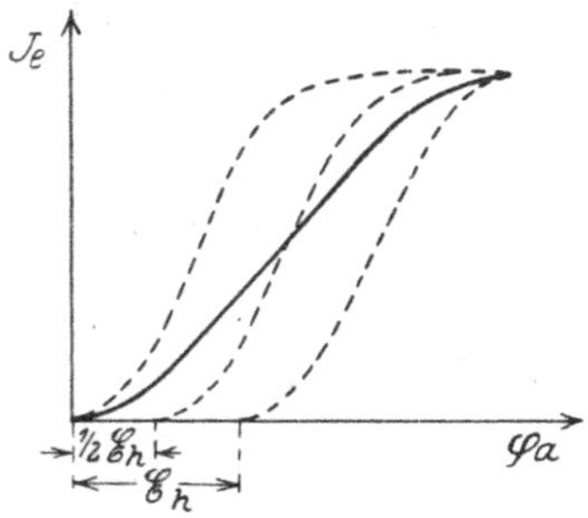

Abb. 89. Berücksichtigung der Heizspannung in der Gesamtcharakteristik.

$$J = K \cdot \varphi_a^{\frac{3}{2}}, \tag{58a}$$

wo K eine gewisse Funktion der Elektrodenabmessungen ist.

Entsprechend läßt sich Gl. (53) in

$$S = \tfrac{3}{2} K \cdot \sqrt{\varphi_a} \tag{59a}$$

verallgemeinern. Diese einfachen Beziehungen verlieren freilich dadurch an Übersicht, daß infolge des von uns vernachlässigten Heizspannungsabfalles längs des Glühdrahtes die Größe φ_a um den Betrag der Heizspannung schwankt. Die resultierende Charakteristik ist daher aus Teilcharakteristiken der Form (56a) zusammenzusetzen, wobei jedem Element der Glühkathode nach Maßgabe des in ihr stattfindenden Spannungsabfalles durch den Heizstrom ein bestimmtes Anodenpotential φ_a zugeordnet ist. Abb. 89, welche die Konstruktion zeigt, läßt in der Gesamtcharakteristik kaum noch das $\varphi_a^{\frac{3}{2}}$ Gesetz erkennen: Die Charakteristik ist fast geradlinig geworden.

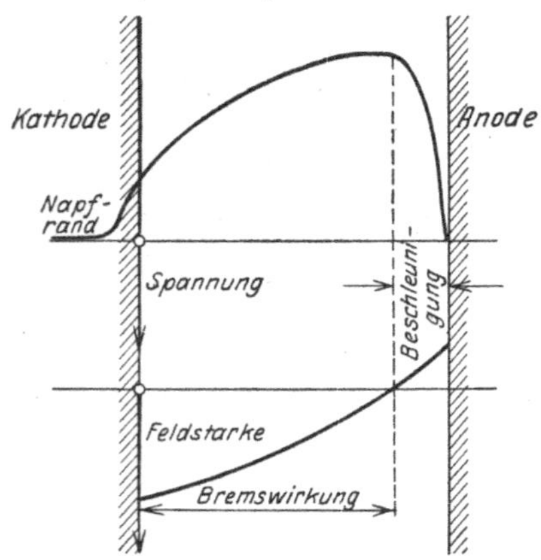

Abb. 90. Qualitative Darstellung des Feldverlaufes im Bereiche der Anlaufstromcharakteristik.

85. Die Anlaufstromcharakteristik. Die Raumladecharakteristik ergibt für $\varphi_a = 0$ auch $J = 0$. Dieses Ergebnis ist eine Folge der Annahme verschwindender Austrittsgeschwindigkeit der Elektronen aus der Glühkathode. Die nach Nr. 80 in Wahrheit stets endliche Austrittsgeschwindigkeit der Elektronen befähigt diese jedoch, in einer gewissen Anzahl gegen das ihnen entgegenstehende Feld der Raumladung an der Glühdrahtoberfläche „anzulaufen" und über den Rand des Elektronennapfes hinweg zur Anode zu gelangen. Die hierzu notwendige Gestalt des Napfes zeigt Abb. 90 unter der Annahme $\varphi_a = 0$. Wir erkennen kurz vor der Anodenoberfläche ein scharfes Extremum des Potentiales. Hierin wird eine eigentümliche Doppelwirkung der Raumladung offenbar, welche die Elektronen zwischen Glühdrahtoberfläche und Potentialextremum bremst, jenseits des Potentialextremums dagegen eine Beschleunigungskraft auf die Elektronen entwickelt. Erst aus dieser Einsicht werden die Raumladungserscheinungen voll verständlich.

Es sei $\bar{\varphi}$ die in Volt gemessene Höhe des Napfes; sie ist wegen (31) und (37) proportional der Emissionskonstanten B. Wir setzen

$$B = \frac{B_0}{\varphi_0} \cdot \varphi\,, \tag{59}$$

worin B_0, φ_0 sich auf den Zustand $\varphi_a = 0$ beziehen mögen. Hiermit wird die Stromdichte

$$\mathfrak{i} = A \cdot \sqrt{T} \cdot e^{-\frac{B_0}{\varphi_0 \cdot T} \cdot \varphi}\,. \tag{60}$$

Für $\varphi_a = 0$, $\varphi = \varphi_0$ resultiert insbesondere

$$\mathfrak{i}_0 = A \cdot \sqrt{T} \cdot e^{-\frac{B_0}{T}}\,. \tag{60a}$$

Wird nun φ_a negativ, so bleiben die Erscheinungen qualitativ unverändert. In dem Bilde des Elektronennapfes wird das Niveau der Anode um φ_a gegenüber der Kathode gehoben, das Potentialextremum näher an die Anode herangedrückt, der Napfrand erhöht. Mit guter Annäherung kann diese Erhöhung der Niveauerhöhung φ_a gleichgesetzt werden, so daß

$$\varphi = \varphi_0 - \varphi_a \quad \text{für} \quad \varphi_a < 0 \tag{61}$$

entsteht. Indem dieser Ausdruck in (60) eingesetzt wird, erhalten wir

$$\mathfrak{i} = A \cdot \sqrt{T} \cdot e^{-\frac{B_0}{\varphi_0 T}(\varphi_0 - \varphi_a)} = A \cdot \sqrt{T} \cdot e^{-\frac{B_0}{T}} \cdot e^{-\frac{B_0}{T_0} \cdot \frac{(-\varphi_a)}{\varphi_0}} \tag{60b}$$

und mit Einführung von (60a)

$$\mathfrak{i} = \mathfrak{i}_0 \cdot e^{-\frac{B_0}{T_0} \cdot \frac{(-\varphi_a)}{\varphi_0}} \quad \text{für} \quad \varphi_a < 0\,. \tag{60c}$$

Die Stromdichte nimmt also von dem Wert $\mathfrak{i} = \mathfrak{i}_0$ an mit negativ werdender Anodenspannung exponentiell ab. Zu einer bestimmten Reduktion des Stromes sind hierbei um so größere Beträge negativer Anodenspannung nötig, je höher die Temperatur der Kathode ist. Da $\mathfrak{i}_0$ selbst in Abhängigkeit von der Temperatur durch eine dem Verlauf des Sättigungsstromes analoge Beziehung beherrscht wird, erhalten wir die in Abb. 91 gezeichneten Anlaufs-

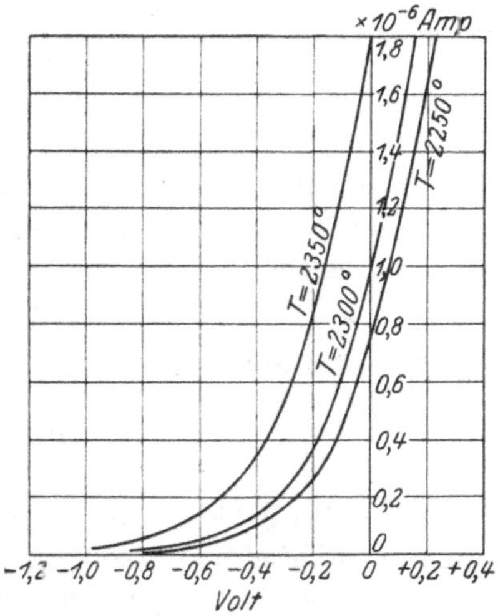

Abb. 91. Anlaufsstromcharakteristiken.

stromcharakteristiken. Wir heben besonders hervor, daß in dem durch sie dargestellten Arbeitsbereich Anode und Kathode nach außen hin ihre Rolle vertauscht haben: Die Röhre liefert Leistung in die Spannungsquelle hinein, sie arbeitet als Generator. Die gelieferte Energie entstammt hierbei der kinetischen Energie der Elektronen, also letzthin der in die Kathode hineingeführten Heizleistung. Man hat es hier mit der unmittelbaren Gewinnung elektrischer Energie aus Wärme zu tun, deren Wirkungsgrad freilich überaus klein ist.

86. Einfluß des Magnetfeldes; Magnetronenröhren. Wir setzen die im vorigen Abschnitt beschriebene Anordnung mit unifilarer Führung des Heizdrahtes voraus. Der Heizstrom J_h entwickelt dann ein Magnetfeld, dessen Einfluß zu berechnen ist.

Der Übersicht halber wird die Raumladung vernachlässigt. Demnach wird das elektrische Feld mit dem elektrostatischen Felde des Zylinderkondensators (Nr. 20) identisch: Die Feldlinien sind in geradem Zuge radial von der Glühkathodenoberfläche zum Anodenbleche ausgespannt. Ist insbesondere die Entfernung

$$d = r_a - r_i$$

beider Zylinder klein gegen die Zylinderradien, so ist das Feld merklich homogen. Sein Betrag bestimmt sich daher zu

$$\mathfrak{E} = \frac{\varphi}{d}. \tag{62}$$

Unter der gleichen Voraussetzung ist auch das Magnetfeld homogen im Raum zwischen Kathodenoberfläche und Anode: Die magnetischen Kraftlinien umgeben die Glühkathode in konzentrischen, senkrecht zur geometrischen Achse der Röhre liegenden Kreisen vom mittleren Radius

$$r_m = \frac{r_a + r_i}{2}.$$

Der Betrag der magnetischen Feldstärke ist durch das Durchflutungsgesetz gegeben, welches in Anwendung auf die Kraftlinie vom Radius r_m zu der Aussage

$$\mathfrak{H} \cdot 2\pi r_m = J \tag{63}$$

führt. Die Induktion ist also

$$\mathfrak{B} = 0{,}4\pi \cdot \mathfrak{H} = \frac{0{,}2\,J}{r_m}. \tag{63a}$$

Nachdem das Feld bekannt ist, wird die Arbeitsweise der Röhre durch Angabe der Elektronenbahn beschrieben.

Wir beziehen die Lage des Elektrons auf ein rechtwinkliges Koordinatensystem x, y, z, dessen Ursprung in den Austrittspunkt des

Elektrons aus der Glühkathode gelegt wird. Die x-Achse wird in Richtung der elektrischen, die y-Achse in Richtung der magnetischen Feldlinien orientiert; die z-Achse bildet zusammen mit der x-Achse eine Ebene senkrecht zur geometrischen Achse der Röhre. Abb. 92.

Durch Zerlegung des Kraft- und Beschleunigungsvektors in drei Komponenten parallel zur x-, y-, z-Achse entstehen die Gleichungen

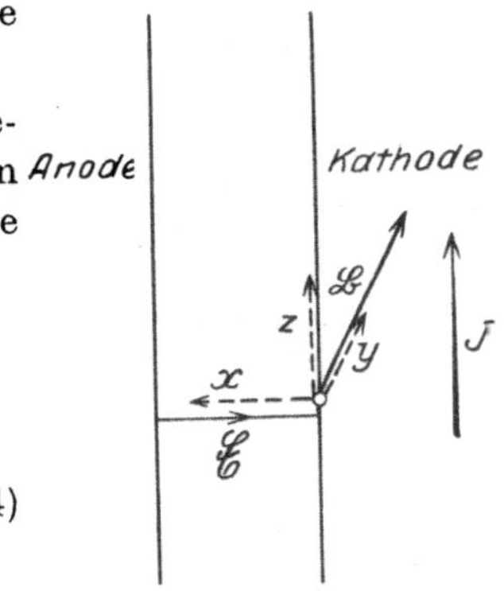

Abb. 92. Zur Aufstellung der Bewegungsgleichungen des Elektrons in der Magnetronenröhre.

$$\left.\begin{aligned} m_0 \cdot \frac{d v_x}{d t} &= \mathfrak{K}_{a_x}, \\ m_0 \cdot \frac{d v_y}{d t} &= \mathfrak{K}_{a_y}, \\ m_0 \cdot \frac{d v_z}{d t} &= \mathfrak{K}_{a_z}. \end{aligned}\right\} \quad (64)$$

Nun ist

$$\left.\begin{aligned} &\mathfrak{E}_x = -\mathfrak{E}; \quad \mathfrak{E}_y = 0; \quad \mathfrak{E}_z = 0 \\ &\text{und nach Abb. 93} \\ &[\mathfrak{v}\,\mathfrak{B}]_x = -v_z \mathfrak{B}; \quad [\mathfrak{v}\,\mathfrak{B}]_y = 0; \\ &\quad [\mathfrak{v}\,\mathfrak{B}]_z = v_x \cdot \mathfrak{B}, \end{aligned}\right\} \quad (65)$$

so daß aus (64) mit Rücksicht auf (6)

$$\left.\begin{aligned} m_0 \cdot \frac{d v_x}{d t} &= q\left\{-\mathfrak{E} \cdot 10^7 - \frac{1}{10} v_z \mathfrak{B}\right\}, \\ m_0 \cdot \frac{d v_y}{d t} &= 0, \\ m_0 \cdot \frac{d v_z}{d t} &= q\left\{+\frac{1}{10} v_x \mathfrak{B}\right\} \end{aligned}\right\} \quad (64\text{a})$$

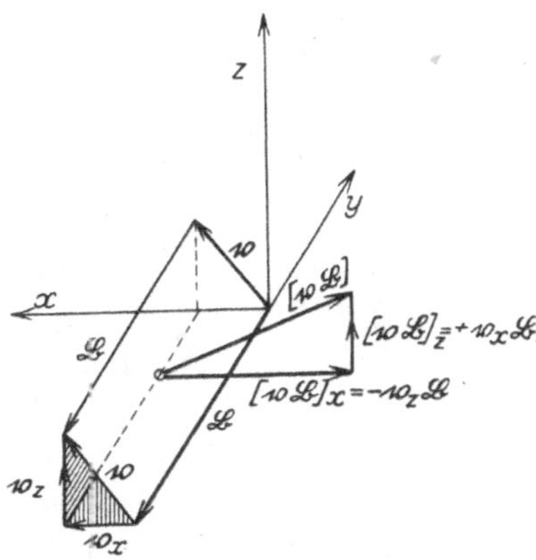

Abb. 93. Zur Berechnung der Magnetkraft auf das Elektron.

als Bewegungsgleichungen des Elektrons resultieren. Hiernach ist die Bewegung des Elektrons in x- und z-Richtung von einer etwaigen Bewegung in y-Richtung unabhängig. Wir dürfen daher $v_y = 0$ setzen, so daß sich die Bahn des Elektrons völlig in der x—z-Ebene befindet.

Zur Integration der Gleichungen (64a) eliminieren wir v_z und erhalten

$$\frac{d^2 v_x}{d t^2} = -\left(\frac{1}{10} \frac{q}{m_0} \mathfrak{B}\right)^2 v_x, \quad (64\text{b})$$

also mit zwei willkürlichen Konstanten C_1 und C_2

$$\left.\begin{aligned} v_x &= C_1 \cdot \sin\left(\frac{1}{10} \cdot \frac{q}{m_0} \cdot \mathfrak{B}\right) t + C_2 \cdot \cos\left(\frac{1}{10} \cdot \frac{q}{m_0} \cdot \mathfrak{B}\right) t \\ &\text{und nach (64a)} \\ v_z &= -C_1 \cdot \cos\left(\frac{1}{10} \cdot \frac{q}{m_0} \cdot \mathfrak{B}\right) t + C_2 \cdot \sin\left(\frac{1}{10} \cdot \frac{q}{m_0} \cdot \mathfrak{B}\right) t + \frac{\mathfrak{E} \cdot 10^8}{\mathfrak{B}}. \end{aligned}\right\} \quad (65)$$

Wir vernachlässigen die Austrittsgeschwindigkeit, so daß als Grenzbedingung für

$$t = 0; \quad v_x = 0; \quad v_z = 0 \qquad (66)$$

entsteht. Sie wird durch die Wahl

$$C_2 = 0; \quad C_1 = -\frac{\mathfrak{E} \cdot 10^8}{\mathfrak{B}}, \qquad (67)$$

also

$$\left.\begin{aligned} v_x &= -\frac{\mathfrak{E}}{\mathfrak{B}} \cdot 10^8 \cdot \sin\left(\frac{1}{10} \cdot \frac{q}{m_0} \cdot \mathfrak{B}\right) t, \\ v_z &= -\frac{\mathfrak{E}}{\mathfrak{B}} \cdot 10^8 \cdot \left\{1 - \cos\left(\frac{1}{10} \cdot \frac{q}{m_0} \cdot \mathfrak{B}\right) t\right\} \end{aligned}\right\} \quad (65\text{a})$$

befriedigt. Hieraus folgt sogleich die Bahn des Elektrons durch Integration

$$\left.\begin{aligned} x &= \int_0^t v_x \, dt = -\frac{\mathfrak{E}\, 10^8}{\mathfrak{B}^2 \frac{1}{10} \frac{q}{m_0}} \left\{1 - \cos\left(\frac{1}{10} \frac{q}{m_0} \mathfrak{B}\right) t\right\}, \\ z &= \int_0^t v_z \, dt = -\frac{\mathfrak{E}\, 10^8}{\mathfrak{B}^2 \frac{1}{10} \frac{q}{m_0}} \left\{t\left(\frac{1}{10} \frac{q}{m_0} \mathfrak{B}\right) - \sin\left(\frac{1}{10} \frac{q}{m_0} \mathfrak{B}\right) t\right\}. \end{aligned}\right\} \quad (68)$$

Um die Form der hierdurch beschriebenen Bahn zu übersehen, denke man sich in Richtung der y-Achse eines rechtwinkeligen Koordinatensystemes, einen Kreis vom Radius

$$R = -\frac{\mathfrak{E}\, 10^8}{\mathfrak{B}^2 \frac{1}{10} \frac{q}{m_0}} \qquad (69)$$

mit der Winkelgeschwindigkeit

$$\omega = \frac{1}{10} \frac{q}{m_0} \mathfrak{B} \qquad (70)$$

abrollen. Der zur Zeit $t = 0$ im Ursprung liegende Punkt P hat nach Abb. 94 zur Zeit t die Lage

$$\left.\begin{aligned} x &= R(1 - \cos \omega t), \\ y &= R(\omega t - \sin \omega t) \end{aligned}\right\} \quad (68\text{a})$$

angenommen. Diese Zykloidengleichungen sind ersichtlich mit (68) identisch. Das Elektron bewegt sich also nach seinem Austritt aus der Glühkathode auf die Anode zu; es kann diese jedoch nur erreichen, wenn

$$2R \geqq d \qquad (71)$$

ist. Andernfalls kehrt es vor der Anode um und wird durch die elektromagnetischen Feldkräfte zur Kathode zurückgetrieben.

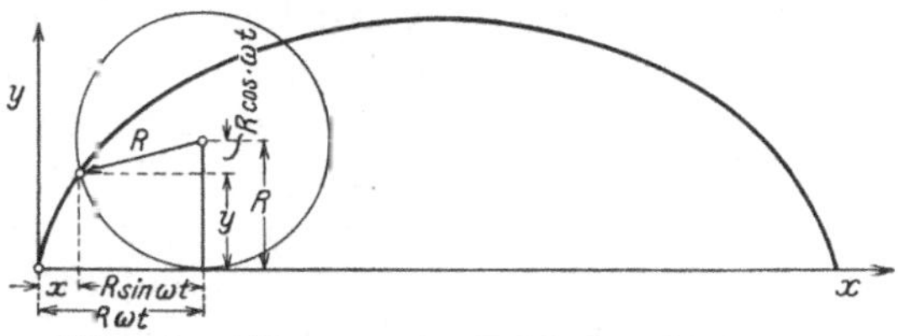

Abb. 94. Ableitung der Zykloidengleichungen.

Wir drücken den Radius der Zykloide (69) vermöge (63) und (62) durch Heizstromstärke und Anodenspannung aus und finden

$$2R = \frac{\varphi}{J_h^2} \cdot \frac{r_m^2}{d}\left(-\frac{2\cdot 10^8}{0{,}2^2\cdot\frac{1}{10}\cdot\frac{q}{m_0}}\right) = \frac{\varphi}{J_h^2}\cdot\frac{r_m^2}{d}\cdot\frac{100}{0{,}36}. \qquad (69\text{a})$$

Es muß also, damit die Elektronen die Anode erreichen können,

$$\frac{\varphi}{J_h^2}\,\frac{r_m^2}{d}\,\frac{100}{0{,}36} \geqq d\,; \quad \frac{\varphi}{J_h^2} \geqq \left(\frac{0{,}6\,d}{10\,r_m}\right)^2 \qquad (71\text{a})$$

erfüllt sein.

Bei gegebener Anodenspannung existiert hiernach ein kritischer Heizstrom

$$J_{hkr} = \pm\sqrt{\varphi}\cdot\frac{10\,r_m}{0{,}6\,d} \qquad (72)$$

von der Eigenschaft, daß für $J_h > J_{hkr}$ alle Elektronen zur Kathode zurückgetrieben werden, während für $J_h < J_{hkr}$ alle Elektronen die Anode erreichen. Man kann also den gesamten Elektronenstrom nach Maßgabe der Abb. 95 durch den Heizstrom steuern: Beim Überschreiten des kritischen Wertes J_{hkr} sinkt der Elektronenstrom von seinem vorherigen Werte plötzlich auf Null. Die „Steilheit" der Charakteristik nimmt also in der Umgebung von $J_h = J_{hkr}$ sehr hohe Werte an. Zweielektronenröhren, deren Wirksamkeit auf der Ausnutzung dieser magnetischen Steuerwirkung beruht, heißen Magnetronenröhren.

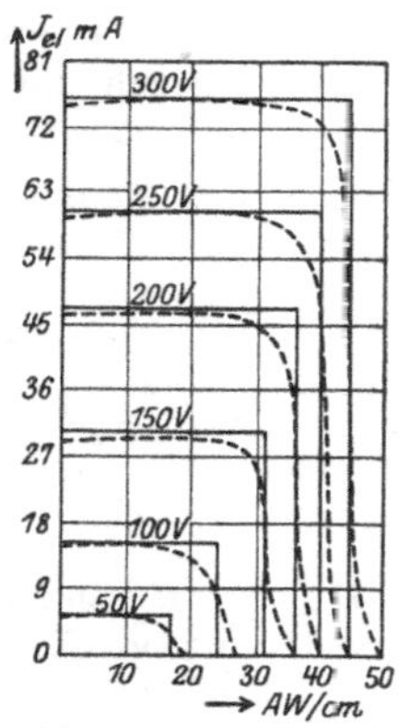

Abb. 95. Charakteristik der Magnetronenröhren: ——— theoretisch, – – – – praktisch.

Die konstruktive Einfachheit der Magnetronenröhren scheint dieser Röhrengattung eine reiche technische Entwicklung zu sichern. Insbesondere dürfte ihnen wegen des nach (74) erforderlichen starken Steuerstromes J_h das Gebiet der Großleistungsröhren vorbehalten sein.

Die hier beschriebenen Erscheinungen bleiben qualitativ unverändert, auch wenn die Raumladung berücksichtigt wird. Diese Bemerkung gestattet die Anwendung unserer Überlegungen auf die Theorie der normalen Elektronenröhren. Hier ist stets $J_h \ll J_{hkr}$. Daher äußert sich die Wirkung des Heizstromes in einer geringen Krümmung der Elektronenbahnen. Man kann ihr Rechnung tragen, indem man an Stelle des wirklichen Radius r_a des Anodenzylinders einen wirksamen Radius $r_a' > r_a$ in Gl. (56) einführt. Hieraus geht hervor, daß unter dem Einfluß des Heizstrom-Magnetfeldes bei sonst gleichen Umständen der Elektronenstrom verkleinert wird, die Steilheit der Charakteristik also sinkt. Die zahlenmäßige Berechnung des wirksamen Radius ist indessen praktisch bedeutungslos, da schon die wirksame Länge des Glühfadens nur annähernd bekannt ist und die Randfelder sich jeder Rechnung entziehen.

Die Dreielektrodenröhren.

87. Effektivpotential. Dreielektrodenröhren gehen aus Zweielektrodenröhren durch Hinzufügung einer kalten Elektrode hervor; ihr fällt die Aufgabe zu, das elektrische Feld in der Umgebung des Glühdrahtes zu beeinflussen. Bei den häufigsten Anordnungen besitzt diese „Steuerelektrode“ die Form einer gitterartig durchbrochenen Metallfläche, welche zwischen Anode und Kathode gestellt wird; sie wird daher kurz als „Gitter“ bezeichnet. In der Dreielektrodenröhre gesellt sich zu dem Felde des Anodenpotentiales φ_a das Feld des Gitterpotentiales φ_g, unter deren gemeinsamer Wirkung der Elektronenstrom zustande kommt.

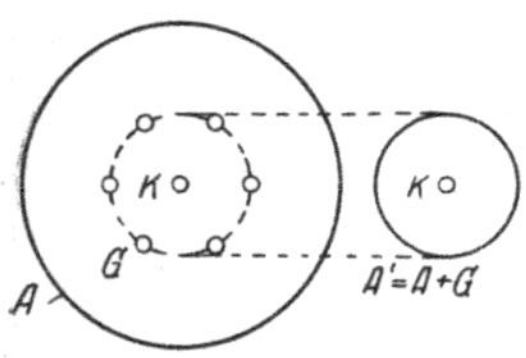

Abb. 96. Dreielektroden- und äquivalente Zweielektrodenröhre.

Die Elektronenabgabe der Glühkathode ist bei gegebener Temperatur eine Funktion der Form des Napfrandes, also der Feldstärke in unmittelbarer Umgebung der Glühkathode, unabhängig von der Art ihrer Entstehung. Insbesondere kann man daher zu jeder Dreielektrodenröhre eine gewisse Zweielektrodenröhre angeben, deren Elektronenstrom dem Elektronenstrom der Dreielektrodenröhre gleicht.

Wir vergleichen die Dreielektrodenröhre mit einer Zweielektrodenröhre. Es werden gleiche Temperaturen und gleiche Abmessungen der Glühkathoden vorausgesetzt. Das Gitter der Dreielektrodenröhre und der Anode der Zweielektrodenröhre seien in homologen Orten der Röhre angeordnet (Abb. 96). Um einen vorgegebenen Wert des Elektronenstromes zu erreichen, sind in der Dreielektrodenröhre die Potentiale φ_a, φ_g aufzuwenden; der Anode der Zweielektrodenröhre ist das Potential φ_{eff} zu erteilen. Der hiernach aus φ_a und φ_g eindeutig bestimmte Wert φ_{st} heißt Effektivpotential.

Durch den Begriff des Effektivpotentiales ist die Berechnung des Emissionsstromes einer Dreielektrodenröhre formal auf die Theorie der Zweielektrodenröhre zurückgeführt: Nach den im vorigen Abschnitt entwickelten Sätzen ergibt sich der Emissionsstrom als eine bestimmte Funktion des Effektivpotentiales; um von ihm auf die Potentiale φ_a und φ_g überzugehen, genügt es, die Beziehung zwischen φ_a, φ_g und φ_{eff} aufzustellen.

Definitionsgemäß wird diese Beziehung durch Vergleich der Felder in der Umgebung der Glühkathoden erhalten. Als quantitatives Maß ihrer Intensitäten benutzen wir die auf der Glühdrahtoberfläche liegenden Ladungen. Unter Vernachlässigung der Raumladung sind sie durch die Potentiale mittels der Maxwellschen Kapazitätsgleichungen (Nr. 18) gegeben: Für die Dreielektrodenröhre kommt

$$q^{(3)} = c_{ak} \cdot \varphi_a + c_{gk} \cdot \varphi_g ,$$

für die Zweielektrodenröhre

$$q^{(2)} = c_{\text{eff}} \cdot \varphi_{\text{eff}} .$$

Die Bedingung $q^{(2)} = q^{(3)}$ liefert demnach die Verknüpfungsgleichung zwischen den Potentialen

$$c_{\text{eff}}\, \varphi_{\text{eff}} = c_{ak}\, \varphi_a + c_{gk} \cdot \varphi_g ; \quad \varphi_{\text{eff}} = \frac{c_{ak}}{c_{\text{eff}}} \cdot \varphi_a + \frac{c_{gk}}{c_{\text{eff}}} \cdot \varphi_g , \tag{73}$$

oder

$$\varphi_{\text{eff}} = \frac{c_{gk}}{c_{\text{eff}}} \cdot \left(\varphi_g + \frac{c_{ak}}{c_{gk}}\, \varphi_a \right) . \tag{73 a}$$

Die Verhältnisse

$$\lambda = \frac{c_{gk}}{c_{\text{eff}}} \tag{74}$$

und

$$D = \frac{c_{ak}}{c_{gk}} \tag{75}$$

sind Funktionen der Röhrenabmessungen, also im Betriebe konstant. Sie sind nicht voneinander unabhängig; denn aus Gl. (73) folgt, da alle Potentiale nur bis eine willkürliche additive Konstante bestimmt sind, die Beziehung:

$$c_{\text{eff}} = c_{ak} + c_{gk} , \tag{76}$$

also mit (75)

$$\lambda = \frac{c_g}{c_a + c_g} = \frac{1}{1 + D} . \tag{74 a}$$

Man nennt λ die Steuerschärfe der Röhre; sie ist vermittels (74a) auf die Größe D zurückgeführt, welche als Durchgriff bezeichnet wird; ihre Bedeutung und ihre Berechnung sind in Nr. 26 für den besonderen Fall der rotationssymmetrischen Anordnung gezeigt worden. Dort hatten wir gefunden, daß D von dem Glühdrahtdurchmesser unabhängig ist. Dieses Ergebnis gestattet jetzt, bei der Definition des Durchgriffes die Raumladung als eine scheinbare Vergrößerung des Glühdrahtdurchmessers in Rechnung zu stellen, ohne daß der oben berechnete Wert von D hierdurch eine Veränderung erleidet.

88. Der Emissionsstrom der Dreielektrodenröhre ist nach den im vorigen Abschnitt entwickelten Gesetzen als eine bekannte Funktion des Effektivpotentiales anzusehen, welche in der Gleichung

$$J = (\varphi_{\mathrm{eff}}) \tag{77}$$

formal zusammengefaßt werden. Setzt man Gl. (73a) ein, so resultiert für die Dreielektrodenröhre als Gleichung des Emissionsstroms

$$\left.\begin{aligned} J &= f(\lambda \cdot (\varphi_g + D\varphi_a)) \\ &= F(\varphi_g + D\varphi_a) = F(\varphi_{st}) . \end{aligned}\right\} \tag{77 a}$$

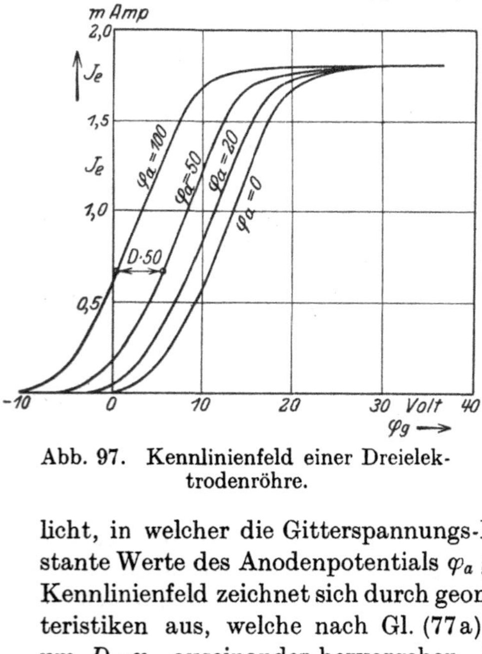

Abb. 97. Kennlinienfeld einer Dreielektrodenröhre.

Hierin wird das Potential φ_{st}, welches sich aus Gitterpotential φ_g und „Anodenrückwirkung“ $D \cdot \varphi_a$ zusammensetzt, als Steuerpotential bezeichnet. Zwischen Steuerpotential und Effektivpotential besteht die Proportionalitätsbeziehung:

$$\varphi_{st} = \lambda \cdot \varphi_{\mathrm{eff}} = \frac{1}{1+D} \cdot \varphi_{\mathrm{eff}} . \tag{78}$$

Es ist demnach das Steuerpotential etwas kleiner als das Effektivpotential.

Die Beziehung (77a) wird durch Abb. 97 veranschaulicht, in welcher die Gitterspannungs-Emissionsstrom-Kurven für konstante Werte des Anodenpotentials φ_a gezeichnet sind. Das entstehende Kennlinienfeld zeichnet sich durch geometrische Kongruenz aller Charakteristiken aus, welche nach Gl. (77a) durch horizontale Verschiebung um $D \cdot \varphi_a$ auseinander hervorgehen. Die Abszissendifferenz zweier im Kennlinienfeld benachbarter Punkte gleichen Emissionsstromes ist hiernach ein Maß des Durchgriffes (Abb. 97).

Ändern sich Anoden- und Gitterpotential und $d\varphi_a$ und $d\varphi_g$, so erleidet der Emissionsstrom die Änderung

$$dJ = \frac{dF(\varphi_{st})}{d\varphi_{st}}\, d\varphi_{st} = \frac{dF(\varphi_{st})}{d\varphi_{st}}\, (d\varphi_g + D\, d\varphi_a) . \tag{79}$$

Hierin ist wegen (57)

$$\frac{dF(\varphi_{st})}{d\varphi_{st}} = S \tag{80}$$

die „Steilheit" einer Emissionsstrom-Gitterpotentialkurve bei konstantem Anodenpotential. Daher wird

$$dJ = S \cdot d\varphi_g + S \cdot D \cdot d\varphi_a . \qquad (79\,a)$$

Diese Beziehung legt den Vergleich mit einer Influenzmaschine nach Abb. 98 nahe: Hier teilt sich der zugeführte Gesamtstrom dJ in den „Influenzstrom"

$$dJ_0 = S \cdot d\varphi_g ,$$

welcher durch das Zusammenwirken der „Erregerspannung" $d\varphi_g$ mit der mechanischen Bewegung der aktiven Elemente zustande kommt, und den „Stromabfall"

$$dJ_v = S \cdot D \cdot d\varphi_a ,$$

welcher von der angelegten Spannung $d\varphi_a$ unter Umgehung des Arbeitspfades durch den „inneren Leitwert"

$$G_i = S \cdot D \qquad (81)$$

getrieben wird. Mit Benutzung dieser Analogie schreibt man Gl. (79a)

$$dJ = S \cdot d\varphi_g + G_i \cdot d\varphi_a , \qquad (79\,b)$$

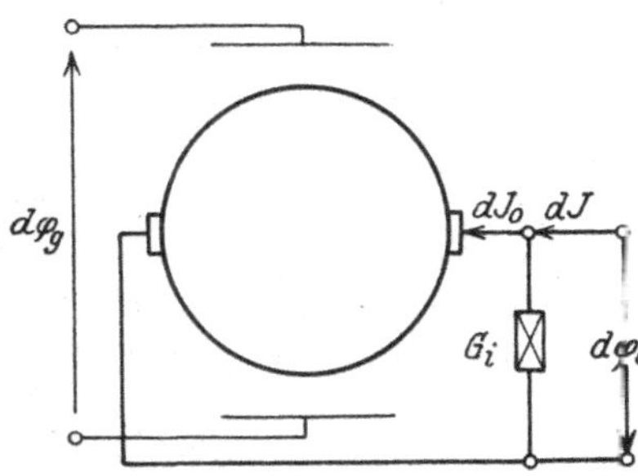

Abb. 98. Influenzmaschine als Analogon zur Dreielektrodenröhre.

wo G_i als innerer Leitwert der Röhre bezeichnet wird. Häufig wird an Stelle von G_i sein Kehrwert als innerer Widerstand R_i der Röhre eingeführt. Zwischen Steilheit, Durchgriff und innerem Widerstand besteht demnach die aus der Definition (81) folgende Gleichung

$$S \cdot D \cdot R_i = 1 \qquad (81\,a)$$

(Formel von Barkhausen).

89. Verteilung des Emissionsstroms auf Anode und Gitter; Negatronröhren. Die aus dem Glühdraht ausgetretenen Elektronen, welche im Emissionsstrome J_e zusammengefaßt sind, strömen teilweise als Gitterstrom J_g durch die Gitterstäbe ab, der Rest wandert als Anodenstrom J_a zur Anode. Die Kontinuität der Strömung verlangt in jedem Augenblick

$$J_e = J_g + J_a . \qquad (82)$$

Wir setzen den Emissionsstrom nach den Ableitungen der vorigen Abschnitte als eine bekannte Funktion des Steuerpotentiales veraus:

$$J_e = F(\varphi_{st}) = F(\varphi_g + D \cdot \varphi_a) . \qquad (77\,a)$$

Nunmehr ergeben sich die Stromanteile J_g und J_a aus den Bahnen der einzelnen Elektronen unter der Einwirkung der aus Anodenfeld und Gitterfeld resultierenden Kräfte.

Der verwickelte Aufbau des resultierenden Feldes verbietet die strenge Durchführung der Rechnung und verweist auf eine Näherung. Diese geht davon aus, daß die Elektronen schon in geringer Entfernung vom Glühdraht überaus rasch fliegen, so daß ihre Bahnen in fast gerader Linie von der Kathode zu den gegenüberliegenden kalten Elektroden ziehen. Wir können daher die Gesamtheit der fliegenden Elektronen in Gitterbündel und Anodenbündel zusammenfassen. Die Gitterbündel verlaufen in schmalen Sektoren, welche sich von der Glühdrahtoberfläche bis zu den Gitterdrähten erstrecken. Die Anodenbündel ziehen in dem von den Gitterbündeln freigelassenen Raum vom Glühdraht bis zur Anode (Abb. 99). Wir berechnen den Elektronenstrom jedes Bündels gesondert unter der Voraussetzung, daß der Glühdraht unendlich viele Elektronen der Austrittsgeschwindigkeit 0 liefert. Nach den Ergebnissen der Nr. 84 können wir dann den Gitterstrom durch eine Gitterstromcharakteristik

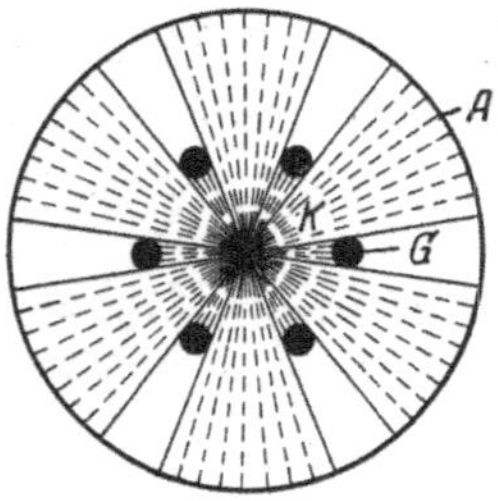

Abb. 99. Ermittlung der Stromverteilung in einer Dreielektrodenröhre.

$$J_g = K_g \cdot \varphi_g^{\frac{3}{2}} \qquad \varphi_g > 0 \tag{83}$$

darstellen. Ähnlich wird die Charakteristik des Anodenstroms

$$J_a = K_a \cdot \varphi_a^{\frac{3}{2}} \qquad \varphi_a > 0\,. \tag{84}$$

Durch Division von (84) durch (83) erhalten wir

$$\frac{J_a}{J_g} = \frac{K_a \cdot \varphi_a^{\frac{3}{2}}}{K_g \cdot \varphi_g^{\frac{3}{2}}} = \varDelta \cdot \left(\frac{\varphi_a}{\varphi_g}\right)^{\frac{3}{2}}. \tag{85}$$

Hierin bedeutet $\varDelta$ eine Konstruktionsgröße der Röhre. Sie vergleicht die Zahl der von der Anode zur Kathode hinübergreifenden Elektronenbahnen mit der Zahl der Elektronenbahnen zwischen Gitter und Kathode. $\varDelta$ stellt also ein gewisses „dynamisches" Analogon zum statischen Durchgriff D dar.

Sei zunächst φ_a oder φ_g negativ. Es wird dann das Stromverhältnis $\frac{J_a}{J_g}$ imaginär, Gl. (85) verliert ihre Bedeutung. In der Tat können bei beispielsweise negativem Gitterpotential keine Elektronen das Gitter erreichen: die negative Gitterladung stößt sie nach der Kathode zurück. Demnach ist Gl. (85) durch die Aussage

$$J_a = 0 \quad \text{für} \quad \varphi_a < 0\,; \qquad J_g = 0 \quad \text{für} \quad \varphi_g < 0 \tag{85a}$$

zu ersetzen. In Verbindung mit (82) folgt hieraus

$$J_a = 0\,; \qquad J_g = J_e \quad \text{für} \quad \varphi_a < 0\,, \qquad \varphi_g > 0 \tag{86}$$

und

$$J_e = 0\,; \qquad J_a = J_e \quad \text{für} \quad \varphi_a > 0\,, \qquad \varphi_g < 0\,. \tag{87}$$

Diese Gleichungen bilden eines der wichtigsten Gesetze der Dreielektrodenröhre; allerdings werden sie praktisch durch den auch beim negativen Potential von Gitter oder Anode möglichen Anlaufsstrom modifiziert.

Sind φ_a und φ_g gleichzeitig positiv, so ergibt Gl. (85) ein reelles Stromverhältnis. Es ist daher ein leichtes, Gitterstrom oder Anodenstrom aus Gl. (77a) zu eliminieren. So folgt

$$J_g = \frac{f(\varphi_g + D \cdot \varphi_a)}{1 + \varDelta\left(\frac{\varphi_a}{\varphi_g}\right)^{\frac{3}{2}}} \tag{88}$$

und

$$J_a = \frac{f(\varphi_g + D \cdot \varphi_a)}{1 + \frac{1}{\varDelta} \cdot \frac{1}{\left(\frac{\varphi_a}{\varphi_g}\right)^{\frac{3}{2}}}} = \varDelta \cdot \left(\frac{\varphi_a}{\varphi_g}\right)^{\frac{3}{2}} \cdot J_g\,. \tag{89}$$

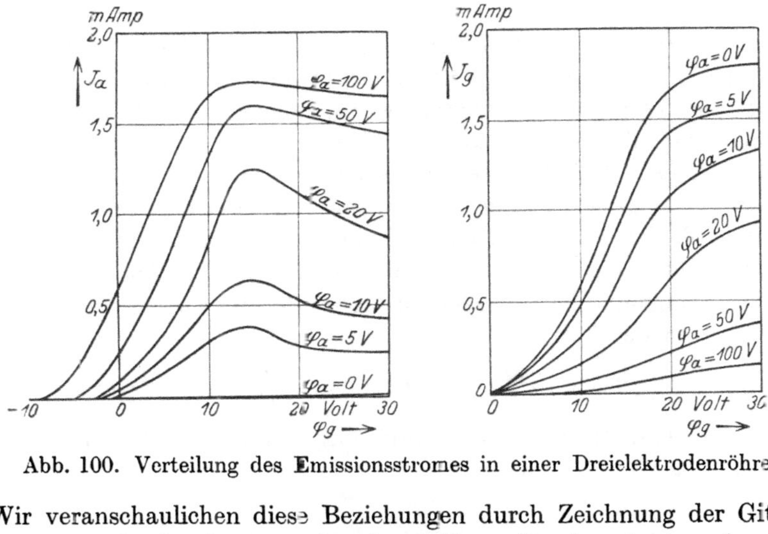

Abb. 100. Verteilung des Emissionsstromes in einer Dreielektrodenröhre.

Wir veranschaulichen diese Beziehungen durch Zeichnung der Gitterstrom- und Anodenstromcharakteristiken für konstantes Anodenpotential (Abb. 100). Man erkennt einen stetigen Anstieg des Gitterstromes mit wachsendem Gitterpotential; er erfolgt um so steiler, je kleiner das gleichzeitig wirkende Anodenpotential ist, bis im Grenzfalle $\varphi_a = 0$ nach (88) das Gitter den gesamten Emissionsstrom aufnimmt, der Anodenstrom also verschwindet. Das gleiche tritt bei endlichem Anodenpotential für extrem hohes Gitterpotential stets ein. Daher besitzt der Anodenstrom bei einer bestimmten, von φ_a abhängigen Gitterspannung φ_g ein Maximum. Die $J_a - E_g$-Kurve, die Anodenstromcharakteristik, fällt also nach Überschreitung jener Gitterspannung.

Auf dieser Erscheinung beruht die Wirkungsweise einer gewissen Klasse von Dreielektrodenröhren, der sog. Negatronröhren.

Übersicht über die Mehrelektrodenröhren.

90. Zweigitterröhren. Zweigitterröhren besitzen zwischen Glühkathode und Anode 2 Gitter, *I* und *II*, in der beispielsweisen Anordnung nach Abb. 101. Wir setzen stationäre Strömung voraus und vernachlässigen den Spannungsabfall in der Kathode. Das Feld in der Röhre läßt sich dann aus einem eindeutigen Potential ableiten. Der Kathode wird das Potential 0 erteilt, dem Gitter *I* das Potential φ_{g_I}, dem Gitter *II* das Potential $\varphi_{g_{II}}$, das Anodenpotential sei φ_a.

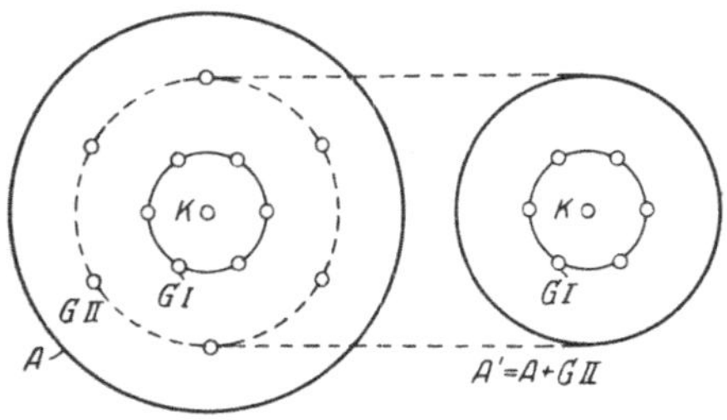

Abb. 101. Vierelektroden- und äquivalente Dreielektrodenröhre.

Wir vergleichen die Zweigitterröhre mit einer Eingitterröhre. Diese soll gleiche Dimensionen der Glühkathode und des Gitters *I* besitzen; an Stelle des Gitters *II* besitze sie am homologen Orte ihre Anode. Dem Gitter dieser Dreielektrodenröhre sei ebenfalls das Potential φ_{g_I} aufgezwungen. Wir definieren als Effektivpotential dasjenige Anodenpotential der Dreielektrodenröhre, welches in der Umgebung der Glühkathode dasselbe Feld erzeugt, wie es in der Zweigitterröhre unter der resultierenden Wirkung aus Gitterpotential $\varphi_{g_{II}}$ und Anodenpotential zustande kommt. Es läßt sich auf Grund der Maxwellschen Kapazitätssätze in der Form

$$\varphi_{\text{eff}} = \frac{c_{ak}}{c_{\text{eff}}} \cdot \varphi_a + \frac{c_{g_{II}k}}{c_{\text{eff}}} \cdot \varphi_{g_{II}} \tag{90}$$

darstellen (vgl. Nr. 87). Mit Einführung des Durchgriffes der Anode durch Gitter *II*

$$D_{II} = \frac{c_{ak}}{c_{g_{II}k}} \tag{91}$$

können wir unter Benutzung der in Nr. 87 abgeleiteten Beziehungen schreiben

$$\varphi_{\text{eff}} = \lambda_{II} \cdot (\varphi_{g_{II}} + D_{II} \cdot \varphi_a) = \frac{1}{1 + D_{II}} (\varphi_{g_{II}} + D_{II} \cdot \varphi_a). \tag{90a}$$

Mit dem Begriff dieses Effektivpotentiales ist die Zweigitterröhre auf die Dreielektrodenröhre zurückgeführt. Insbesondere erhalten wir den Emissionsstrom der Zweigitterröhre in der Form

$$J_e = F(\varphi_{g_I} + D_I \cdot \varphi_{\text{eff}}) = F\left(\varphi_{g_I} + \frac{D_I}{1 + D_{II}} \cdot \varphi_{g_{II}} + D_I \cdot D_{II} \cdot \varphi_a\right). \tag{92}$$

Hierin bedeutet D_I den Durchgriff der oben eingeführten äquivalenten Dreielektrodenröhre durch das Gitter I. Der Emissionsstrom (92) verteilt sich nach Maßgabe der Formeln (88, 89) auf das Gitter I (Strom J_g) und die Kombination Gitter II plus Anode (Strom $J_e - J_g$).

91. Anodenschutznetzröhren. Diese Röhren bezwecken die Minderung des Anodeneinflusses auf die Schwankung des Emissionsstromes.

Dem Gitter II wird ein gegen φ_{g_I} hohes Potential gegeben, so daß der größte Teil des Emissionsstromes durch das Gitter I hindurchgeht. Durch günstige Dimensionierung des Gitters II und der Anode kann der Emissionsstrom fast vollständig der Anode zugeführt werden (vgl. Nr. 89).

Wir veranschaulichen den Inhalt der Gleichung durch Zeichnung der Charakteristiken des Emissionsstromes als Funktion des Potentiales φ_{g_I} für konstante Werte $\varphi_{g_{II}}$ und φ_{g_a}. Das entstehende Kennlinienfeld ist mit dem der Eingitterröhre identisch, wobei einer bestimmten Änderung des Potentiales $\varphi_{g_{II}}$ eine relativ große Lagenänderung proportional $\frac{D_I}{1 + D_{II}}$, während der gleichen Änderung des Potentiales φ_a nur eine kleine Lagenänderung proportional $D_I \cdot D_{II}$ entspricht. Man macht von diesen Verhältnissen Gebrauch, indem man durch Wahl relativ niedriger Gitterpotentiale $\varphi_{g_{II}}$ die Charakteristik an die gewünschte Stelle verschiebt. Gleichzeitig wird die Stromschwankung bei den Potentialänderungen $d\varphi_{g_I}$ und $d\varphi_a$ mit Einführung der Steilheit S der Charakteristik (Nr. 84)

$$dJ_e = S(d\varphi_{g_I} + D_I D_{II}\, d\varphi_a) = S \cdot d\varphi_{g_I} + G_i \cdot d\varphi_a\,, \tag{93}$$

wo

$$G_i = S \cdot D_I D_{II} \tag{94}$$

den inneren Leitwert der Röhre bedeutet. Er ist, wegen der Proportionalität mit $D_I\, D_{II}$, bei gleicher Steilheit der Charakteristik, weit kleiner als der innere Leitwert der Eingitterröhren; die beabsichtigte Minderung des Anodeneinflusses ist erreicht.

92. Raumladenetzröhren. Diese Röhren bezwecken eine Erhöhung der wirksamen Steilheit der Charakteristik. Von der Überlegung ausgehend, daß die Steilheit der Kennlinie einer Dreielektrodenröhre allein durch die Raumladungsverteilung gegeben ist, zielt die Konstruktion der Raumladenetzröhren darauf, die ungünstige Wirkung der unmittelbar durch die Glühkathode lagernden Elektronenwolke zu kompensieren. Das Mittel hierzu ist durch die Gesetze des Sättigungsstromes (Nr. 83) gegeben: Das Feld der Glühdrahtumgebung ist so groß zu wählen, daß das Potentialextremum gerade in die Glühdrahtoberfläche hineinrückt. Demgemäß wird bei den Raumladenetzröhren das Gitterpotential φ_{g_I} nahezu gleich der Sättigungsspannung der Röhre und groß gegen das

Effektivpotential φ_{eff} des Gitters *II* und der Anode gewählt. Die Röhre arbeitet also mit fast konstantem Emissionsstrome $J_e = \sim J_s$. Ihre Wirksamkeit im Anodenkreise ist dann allein durch die Gesetze der Stromverteilung gegeben (Nr. 89). Der durch das Gitter *I* hindurchgehende Strom folgt aus (89) nach sinngemäßem Wechsel der Bezeichnungen zu

$$J_e - J_g = J_s \cdot \frac{\Delta \cdot \left(\frac{\varphi_{\text{eff}}}{\varphi_{g_I}}\right)^{\frac{3}{2}}}{1 + \Delta \cdot \left(\frac{\varphi_{\text{eff}}}{\varphi_{g_I}}\right)^{\frac{3}{2}}}. \tag{95}$$

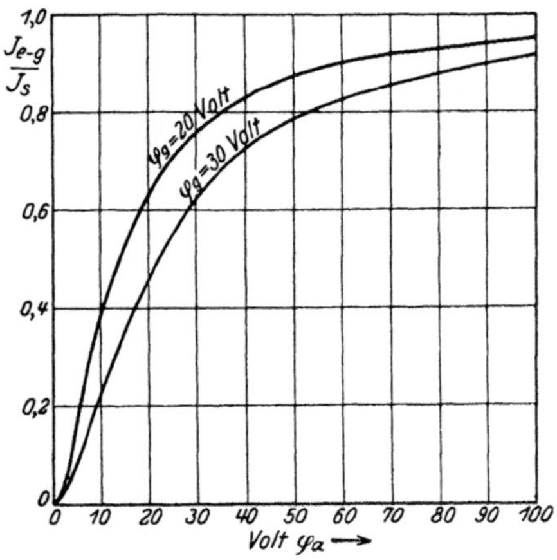

Abb. 102. Charakteristik der Raumladenetzröhren.

Diese Gleichung wird durch Zeichnung der Charakteristiken $J_e - J_g$ als Funktion von φ_{eff} für konstantes φ_{g_I} veranschaulicht (Abb. 102). Man erhält von 0 an steil bis zum Sättigungsstrom ansteigende Kurven, deren Steilheit

$$S = \frac{d(J_e - J_g)}{d\varphi_{\text{eff}}} = J_s \cdot \frac{3}{2} \cdot \frac{1}{\varphi_{g_I}} \cdot \frac{\Delta \cdot \left(\frac{\varphi_{\text{eff}}}{\varphi_{g_I}}\right)^{\frac{1}{2}}}{\left[1 + \Delta \cdot \left(\frac{\varphi_{\text{eff}}}{\varphi_{g_I}}\right)^{\frac{3}{2}}\right]^2} \tag{96}$$

beträgt. Sie erreicht ihren Höchstwert bei

$$\frac{dS}{d\left(\frac{\varphi_{\text{eff}}}{\varphi_{g_I}}\right)} = J_s \cdot \frac{3}{2} \cdot \frac{1}{\varphi_{g_I}} \cdot \frac{\left[1+\Delta\left(\frac{\varphi_{\text{eff}}}{\varphi_{g_I}}\right)^{\frac{3}{2}}\right]^2 \cdot \frac{1}{2}\Delta\left(\frac{\varphi_{\text{eff}}}{\varphi_{g_I}}\right)^{-\frac{1}{2}} - 2\left[1+\Delta\left(\frac{\varphi_{\text{eff}}}{\varphi_{g_I}}\right)^{\frac{3}{2}}\right] \cdot \Delta \cdot \frac{3}{2} \cdot \left(\frac{\varphi_{\text{eff}}}{\varphi_{g_I}}\right)^{\frac{1}{2}} \cdot \Delta\left(\frac{\varphi_{\text{eff}}}{\varphi_{g_I}}\right)^{\frac{1}{2}}}{\left[1+\Delta\left(\frac{\varphi_{\text{eff}}}{\varphi_{g_I}}\right)^{\frac{3}{2}}\right]^4} = 0,$$

also

$$\frac{\varphi_{\text{eff}}}{\varphi_g} = \sqrt[3]{\left(\frac{1}{5\Delta}\right)^2}$$

mit

$$S_{\max} = J_s \cdot \frac{3}{2} \cdot \frac{1}{\varphi_{g_I}} \cdot \frac{\sqrt[3]{(5\Delta)^2}}{6}. \tag{96a}$$

In schärfstem Gegensatz zu den Verhältnissen in Eingitterröhren erzielt man also um so steilere Charakteristiken, je höher der Sättigungsstrom, d. h. die Heizung der Kathode, gewählt wird, und je kleiner die Spannung φ_{g_I} ist; hierbei ist selbstverständlich zu beachten, daß φ_{g_I} die Sättigungsspannung nicht erheblich unterschreiten darf.

93. Dreigitterröhren. In Röhren mit Raumladenetz ist die erzielbare Schwankung des Stromes $J_e - J_{g_I}$ von der wirksamen Änderung des Effektivpotentiales abhängig. Diese setzt sich nach Gl. (90a) aus der Schwankung des Potentiales am Gitter *II* und des Anodenpotentiales φ_a zusammen, welches mit dem Bruchteile $D_{II}\,\varphi_a$ in das Effektivpotential eingeht. Man kann diesen Eingriff schwächen, indem man zwischen Gitter *II* und Anode ein weiteres Gitter *III* nach dem Schema der Abb. 103 einfügt. Die Wirkungsweise der entstehenden Dreigitterröhre ergibt sich aus der Charakteristik des Anodenstromes als Funktion des Potentiales $\varphi_{g_{II}}$ bei festen Werten des Raumladenetzpotentiales φ_{g_I}, des Anodenschutznetzpotentiales $\varphi_{g_{III}}$ und des Anodenpotentiales φ_a. Aus den Entwicklungen der vorigen Abschnitte folgt, daß diese Charakteristik die hohe Steilheit der Raumladenetzröhren mit dem überaus geringen inneren Leitwert der Anodenschutznetzröhren vereinigt. Trotz dieser bedeutenden Vorteile sind Dreigitterröhren bisher nur vereinzelt ausgeführt worden, weil die mechanischen Schwierigkeiten, die der Ausführung solcher hochwertiger Röhren entgegenstehen, eine wirtschaftliche Herstellung nicht gestatten.

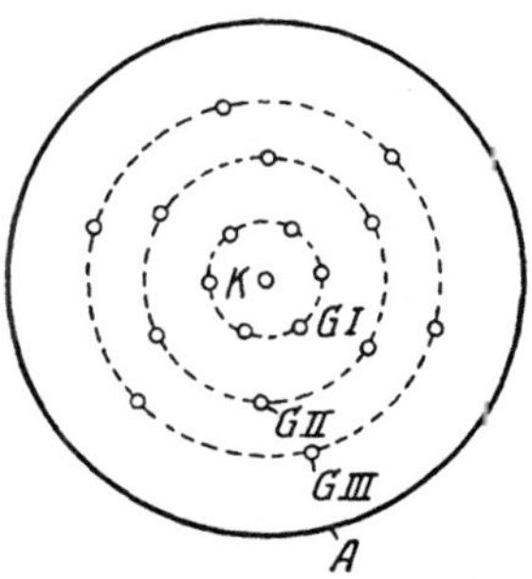

Abb. 103. Schema einer Dreigitterröhre.

β) Elektrodynamische Elektronenemission.

Beeinflussung der Elektronenenergie.

94. Sekundärelektronen. Tritt ein rasch bewegtes Elektron in die Oberfläche einer Elektrode ein, so wird es nach kurzer Zeit zum Stillstand gebracht. Seine Bewegungsenergie geht hierbei in Energie ungeordneter Wärmebewegung der im Leiter befindlichen Elektronen über. Bei hinreichender Größe dieser Energie sind die Elektronen imstande, die Leiteroberfläche als Sekundärelektronen zu verlassen.

Für den Vorgang der Sekundärelektronenemission ist entscheidend, ob in der getroffenen Elektrode freie Elektronen vorhanden sind, oder ob diese im Atom an den positiven, materiellen Kern des Leitermateriales gefesselt sind. Im ersten Falle ist die von den Primärelektronen aufzubringende Arbeit mit der in Nr. 81 genannten Austrittsarbeit aus der Metalloberfläche identisch; im zweiten Falle gesellt sich hierzu der

Arbeitsbetrag, welcher zur Absprengung des Elektrones aus dem Atomverbande erforderlich ist. Es scheint, daß beide Fälle nebeneinander bestehen; für die Erzeugung der Sekundärelektronen ist eine gewisse mittlere Arbeit in Rechnung zu stellen, welche für die üblichen Elektrodenmaterialien etwa 10 Volt beträgt. Ist φ die in Volt gemessene Energie des erregenden Elektrons, so bestimmt sich die Zahl s der von einem Primärelektron erzeugbaren Sekundärelektronen dem Energieprinzip zufolge durch die Näherungsgleichung

$$\varphi = \sim 10\, s; \qquad s = \sim \frac{\varphi}{10}. \tag{97}$$

Hierbei ist zu beachten, daß Bruchteile von Elektronen physikalisch unmöglich sind. Die Formel (97) ergibt also erst dann eine reale Sekundärstrahlung, wenn

$$\varphi \geqq 10 \text{ Volt}.$$

Ist diese Bedingung erfüllt, so kann die Zahl sekundärer Elektronen durch Steigerung allein von φ, also der Voltgeschwindigkeit des primären Elektrons, vergrößert werden. Allerdings wird die Beziehung (97) durch eine Reihe von Nebenumständen verwaschen, deren wichtigste sind:

1. Tertiäre Elektronenemission: Erreichen die Sekundärelektronen eine Voltgeschwindigkeit $\varphi > 10$ Volt, so sind sie zur Erzeugung weiterer tertiärer Elektronen befähigt, welche sich an der Bewegung der Sekundärelektronen beteiligen;

2. Röntgenlichterzeugung: Bei der Bremsung der Elektronen tritt eine Röntgenstrahlung (Bremsstrahlung) auf, welcher sich die Eigenstrahlung des angeregten Elektrodenmateriales überlagert.

Die erzeugten Sekundärelektronen besitzen die ihnen mitgeteilte Geschwindigkeit von 10 Volt; da jedoch ihre Richtungen ungeordnet sind, gelangt nur ein gewisser Bruchteil von ihnen aus der Elektrode hinaus. Dieser ist nicht nur von der mittleren, ungeordneten Geschwindigkeit der sekundären Elektronen entsprechend den Gesetzen der Austrittsarbeit (Nr. 81) abhängig, sondern nimmt mit zunehmender Eindringtiefe der primären Elektronen ab; denn die im Innern der getroffenen Elektrode erzeugten Elektronen gelangen selbst bei einer zur Oberfläche hin gerichteten Geschwindigkeit nicht bis dorthin, sondern setzen vorher ihre kinetische Energie in ungeordnete Bewegung um. Das Maximum der Wirkung liegt nach Lenard[1]) bei etwa 500 Volt Geschwindigkeit der Primärelektronen. Für den Gesamtkomplex dieser verwickelten Erscheinungen liegen hinreichende theoretische Darstellungen bisher nicht vor. Innerhalb eines gewissen Geschwindigkeitsbereiches hat sich eine analog (97) gebaute Gesetzmäßigkeit bewährt,

---

[1]) Quantitatives über Kathodenstrahlen aller Geschwindigkeiten. Heidelberg 1918.

welche die Zahl der von einem Primärelektron erzeugten, aus der Elektrodenoberfläche austretenden Sekundärelektronen der Voltgeschwindigkeit φ des Primärelektrons proportional setzt

$$s = k \cdot \varphi \quad \text{mit} \quad k < 10\,. \tag{97b}$$

Insbesondere bestätigt die Erfahrung, daß mit wachsender Geschwindigkeit der Primärelektronen die Zahl der emittierten Sekundärelektronen die Zahl der Primärelektronen weit übertreffen kann.

Je nach der Größe der ihnen mitgeteilten Energie erreicht die Austrittsgeschwindigkeit der Sekundärelektronen eine Größe bis zu 10 Volt als obere Grenze.

95. Einfluß der Sekundärelektronen auf die Stromverteilung in Dreielektrodenröhren; Dynatronröhren. Wir wenden die Gesetzmäßigkeiten der Sekundärelektronenemission auf die Stromverteilung in Dreielektrodenröhren an.

Seien zunächst Gitter- und Anodenpotential kleiner als die Erregungsspannung von 10 Volt, so werden nirgends Sekundärelektronen erzeugt; dieser Fall ist somit durch Nr. (89) erledigt. Ist jedoch eines dieser Potentiale größer als 10 Volt, so kann die betreffende Elektrode Sitz einer sekundären Elektronenemission werden, welche die Stromverteilung beeinflußt.

Die folgenden Überlegungen werden durch die Feststellung erleichtert, daß keines der Sekundärelektronen zur Kathode fliegen kann, weil seine Austrittsgeschwindigkeit zur Überwindung des gegenwirkenden Kathodenfeldes nicht ausreicht. Der von den Sekundärelektronen getragene Strom verkehrt daher nur zwischen Gitter und Anode.

Nunmehr sei allein $\varphi_g < 10$ Volt vorausgesetzt. Die Anode beginnt dann, sobald φ_a 10 Volt übersteigt, Sekundärelektronen zu emittieren. Diese können, solange $\varphi_a - \varphi_g < 10$ Volt bleibt, gegen das ihnen entgegenstehende Gitterfeld anlaufen und dringen zu einem gewissen Teil in die Gitterstäbe ein; die gleiche Elektronenmenge wird der Anode entzogen, der Anodenstrom nimmt gegen die durch (89) gegebene Größe ab. Dieser Strömungszustand hört auf, sobald $\varphi_a - \varphi_g > 10$ Volt wird. Die Sekundärelektronen der Anode vermögen dann das Gitter nicht mehr zu erreichen, sie werden zur Anode zurückgestoßen. In diesem Bereiche regelt sich daher die Größe der Ströme nach den in Nr. 89 entwickelten Gesetzen. Wir erhalten zusammenfassend die in Abb. 104 gezeichneten Charakteristiken des Gitter- und Anodenstromes.

Schließlich werde $\varphi_g \gg 10$ Volt vorausgesetzt. Solange $\varphi_a < 10$ Volt, emittiert allein das Gitter Sekundärelektronen; diese können aber gegen das niedrige Anodenpotential nicht anlaufen, beteiligen sich also nicht an der Stromverteilung. Wird nun durch Vergrößerung von φ_a auch die Anode zur Sekundäremission befähigt, so tritt ein sekundärer Anodenstrom auf das Gitter über, der Anodenstrom sinkt. Diese Abnahme kann so groß werden, daß der Anodenstrom seine Richtung umkehrt. Nähert sich das Anodenpotential dem Gitterpotential bis auf 10 Volt, so können sich auch die sekundären Gitterelektronen am Stromübergang beteiligen: Der Gitterstrom nimmt wieder ab, der Anodenstrom wächst an, um bei extrem hohen Anodenpotentialen in den Sättigungsstrom überzugehen. Man erhält daher die Charakteristik des Gitter- und Anodenstromes nach Abb. 105, welche sich durch das starke Fallen des Anodenstromes mit beginnender Sekundärelektronenemission auszeichnet. Diese Erscheinung wird in den sog. Dynatronröhren zur Herstellung von Anfachungen ausgenutzt (vgl. Nr. 139).

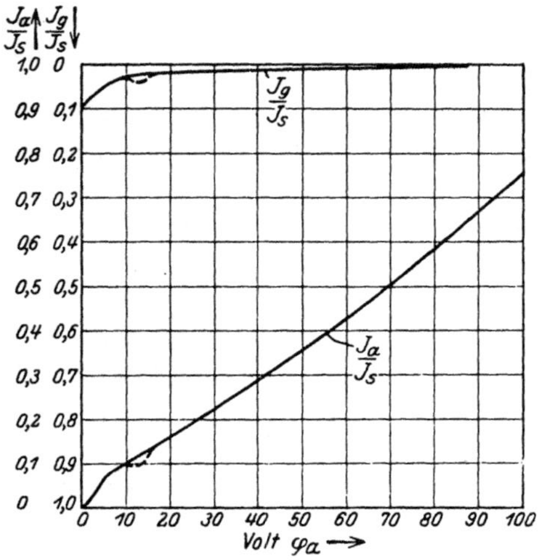

Abb. 104. Verlauf von Gitter- und Anodenstrom für $\varphi_g < 10$ Volt:
——— ohne Sekundärelektronen,
– – – – mit Sekundärelektronen.

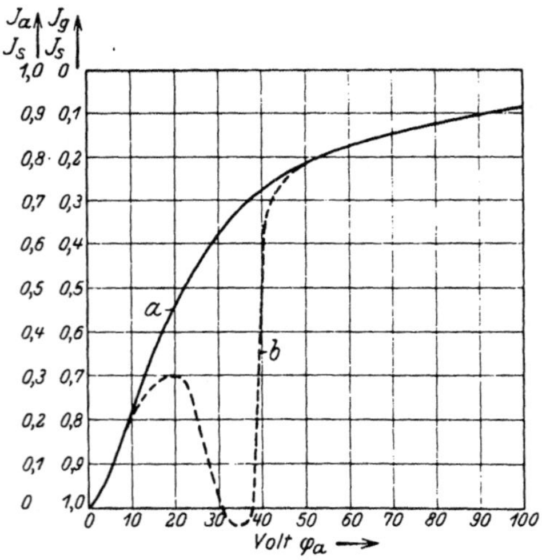

Abb. 105. Verlauf von Gitter- und Anodenstrom für $\varphi_g \gg 10$ Volt:
——— ohne Sekundärelektronen,
– – – – mit Sekundärelektronen (Dynatroncharakteristik).

96. Eigenschwingungen in Dreielektrodenröhren. Erteilt man dem Gitter einer Dreielektrodenröhre eine hohe positive, der Anode eine schwach negative Spannung gegen die Kathode, so gelangen keine Elektronen auf die Anode. Die im „Anodenbündel" (vgl. Nr. 89) vereinigten Elektronen werden durch das resultierende Feld in der Umgebung des Glühdrahtes beschleunigt, durcheilen das Gitter in der Lücke zwischen zwei Stäben, gelangen jedoch vor der Anode zum Stillstand und werden durch das gegenwirkende Anodenfeld zur Kathode zurückgetrieben. Als Folge dieser Elektronenschwingungen können Stromschwingungen in äußeren, an Gitter und Anode angeschlossenen Leitungen beobachtet werden.

Wir setzen eine idealisierte Röhre voraus, deren Glühdrahthalbmesser und Anodenhalbmesser groß ist gegen den Abstand d_a von Glühdraht und Kathode und den Abstand d_a von Glühdraht und Gitter. Um den Einfluß des Gitters auf die Elektronenbewegung in einfacher Weise für sämtliche Elektronen zu erfassen, wird das Gitter durch eine geschlossene, aber für die Elektronen durchlässige Fläche konstanter Spannung E_g gegen die Kathode ersetzt. Sie trennt das gesamte Röhrenfeld in zwei homogene Feldanteile

$$\mathfrak{E}_{gk} = \frac{E_g}{d_g} \tag{98}$$

in dem Raum zwischen Gitter und Kathode,

$$\mathfrak{E}_{ag} = -\frac{E_g - E_c}{d_a - d_g} \tag{99}$$

in dem Raum zwischen Gitter und Anode (Abb. 106).

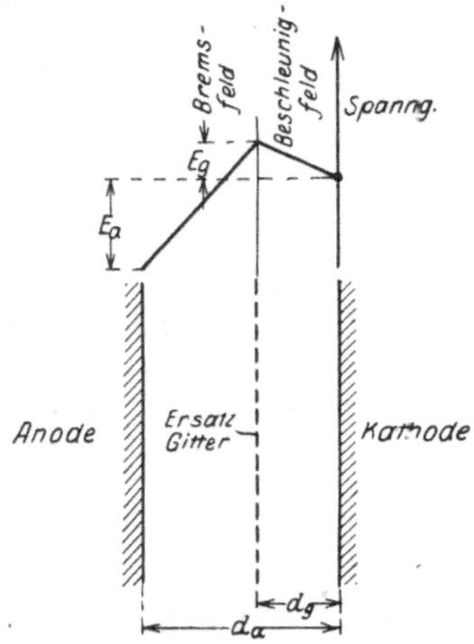

Abb. 106. Feldverteilung in der idealisierten Dreielektrodenröhre.

Wir sehen zunächst $E_g > 0$ und $E_a < 0$ als zeitlich konstant an. Ein aus der Glühkathode austretendes Elektron durchfliegt den Raum zwischen Gitter und Kathode mit der konstanten Beschleunigung

$$b_{kg} = \frac{\mathfrak{E}_{kg} \cdot q_0}{m_0} = \frac{E_g}{d_g} \cdot \frac{q_0}{m_0}. \tag{98 a}$$

Es erreicht die Ersatzgitterfläche nach Gl. (16) mit der Geschwindigkeit

$$v_g = \sqrt{2 \frac{q}{m_0} \cdot 10^7 \cdot E_g}, \tag{100}$$

also nach der Zeit

$$T_{kg} = \frac{v_g}{b_{kg}} = \frac{\sqrt{2}\, d_g}{\sqrt{E_g \cdot \frac{q}{m_0} \cdot 10^7}}. \tag{101}$$

Nunmehr tritt das Elektron in den Raum zwischen Gitter und Anode ein, wo es der konstanten Verzögerung

$$-b_{ga} = -\frac{\mathfrak{E}_{ag} \cdot q_0}{m_0} = \frac{E_g - E_a}{d_a - d_g} \tag{99 a}$$

unterworfen wird. Es kommt daher nach der Zeit

$$T_{ga} = \frac{v_g}{|b_{ga}|} = \frac{\sqrt{2}\,(d_a - d_g)}{\sqrt{E_g \cdot \frac{q}{m_0} \cdot 10^7}} \cdot \frac{E_g}{E_g - E_a} \tag{102}$$

zum Stillstand; das Elektron wird jetzt zurückgetrieben, erreicht nach Verlauf der Zeit T_{ga} erneut die Gitterfläche, nach $T_{ga} + T_{kg}$ die Kathode. Hiermit ist der Anfangszustand wieder erreicht, die Bewegung beginnt erneut in der beschriebenen Weise. Die Dauer einer vollen Schwingung bestimmt sich also durch

$$\left.\begin{aligned} T = 2[T_{kg} + T_{ga}] &= \frac{2\sqrt{2}}{\sqrt{E_g \cdot \frac{q_0}{m_0}}} \cdot \left[d_g + (d_a - d_g) \cdot \frac{E_g}{E_g - E_a}\right] \\ &= \frac{2\sqrt{2}}{\sqrt{E_g \cdot \frac{q_0}{m_0}}} \cdot \frac{d_a \cdot E_g - d_g \cdot E_a}{E_g - E_a}. \end{aligned}\right\} \quad (103)$$

Sie ist also umgekehrt proportional der Fluggeschwindigkeit durch das Gitter und, bei gegebenen Spannungen E_g und E_a, direkt proportional den Elektrodenabständen. Wegen der hohen Fluggeschwindigkeit der Elektronen und der kleinen Elektrodenabstände kann daher T außerordentlich kleine Werte annehmen, die Frequenz $f = \frac{1}{T}$ der Eigenschwingungen daher außerordentlich groß werden.

Zahlenbeispiel: Setzt man die Zahlenwerte der Gl. (16b) ein, so wird

$$T = \frac{2\sqrt{2}}{6 \cdot 10^8 \sqrt{E_g}} \cdot \frac{d_a E_g - d_g \cdot E_a}{E_g - E_a},$$

also mit beispielsweise

$$E_g = 100 \text{ Volt}; \qquad E_a = 0 \text{ Volt}; \qquad d_a = 2 \text{ cm}$$

$$T = \frac{2\sqrt{2}}{6 \cdot 10^8 \cdot 10} \cdot 2 = 0{,}94 \cdot 10^{-9} \text{ sec}; \qquad f = 1{,}06 \cdot 10^9 \text{ Per/sec.}$$

Unter der Wirkung der schwingenden Elektronen bilden sich an Gitter und Anode Wechselspannungen der berechneten Frequenz aus; diese können, sofern ihre Amplituden klein sind gegen die Werte E_g und E_a, die Fluggeschwindigkeit der Elektronen und daher die Frequenz der Schwingungsbewegung nicht merklich beeinflussen. Man kann indes zeigen, daß unter Vermittlung dieser Wechselspannungen die schwingenden Elektronen zur Energieabgabe und damit zur Aufrechterhaltung eines mit Verlusten verknüpften äußeren Schwingungsvorganges befähigt werden (vgl. hierzu das Kapitel „Anfachung").

Beeinflussung der Austrittsarbeit.

97. Kalte Elektronenemission. In der Abhängigkeit der Elektronenemission von der mittleren Bewegungsenergie der Elektronen und ihrer Austrittsarbeit aus der Oberfläche behauptet die Richardsonsche

Formel neben der Emissionsmöglichkeit durch Änderung der Elektronenenergie eine Emissionsmöglichkeit durch Herabsetzung der Austrittsarbeit. Diese Emission wird als kalte Elektronenemission bezeichnet.

Die Bedingungen der kalten Elektronenemission folgen aus dem Bilde des Elektronennapfes: Äußere Kräfte müssen den Rand herabbiegen. Die erforderliche Feldstärke bestimmt sich vermittels der Deutung des Randes als Spannungsfunktion gegen die Elektrodenoberfläche durch die „Steilheit" des natürlichen, beim Fehlen äußerer Kräfte vorhandenen Randes. Diese ist eine aus dem Atombau des Elektrodenmateriales zu folgernde Konstante, welche beispielsweise für Wolfram den Wert

$$\mathfrak{E} = 1{,}4 \cdot 10^{8} \text{ Volt/cm}$$

besitzt. Sie erstreckt sich auf einen Bereich von etwa 10 ÷ 20 Atomabständen, also etwa $3 \cdot 10^{-7}$ cm.

Wir setzen eine Anordnung zweier vollkommen ebener Elektroden voraus, welche im Abstande d einander gegenüberstehen. Solange $d \gg 3 \cdot 10^{-7}$ cm ist, wächst beim Fehlen jedes äußeren Feldes die Spannung annähernd linear mit der Entfernung von der Elektrodenoberfläche. Zum Herabbiegen eines Napfrandes ergibt sich daher die Mindestspannung

$$E = \mathfrak{E} \cdot d\,,$$

welche für Abstände von der Größenordnung eines Millimeters außerordentlich hohe Werte annimmt. Will man daher mit mäßigen Spannungen eine kalte Elektronenströmung erzeugen, so müssen die einander gegenüberstehenden Elektroden einander bis auf die Größenordnung des Atomabstandes genähert werden.

Hierbei tritt aber eine neue Erscheinung auf: Die von beiden Elektroden her aufsteigenden Napfränder können sich nicht mehr frei ausbilden, sie „fließen ineinander". Gleichzeitig lagern sich auf den Elektrodenoberflächen Ladungen ab, deren homogenes Feld sich dem resultierenden „inneren" Felde überlagert, um die „Niveaudifferenz" der Napfböden der angelegten äußeren Spannung anzupassen.

Wir beschränken uns auf stationäre Felder; diese sind sodann aus einer eindeutigen Potentialfunktion ableitbar. Sei φ_1 die Potentialfunktion des Randes einer Elektrode, φ_2 die Potentialfunktion des Randes der gegenüberstehenden Elektrode, x der Abstand eines Aufpunktes von der ersten Elektrode, αx die Potentialfunktion des homogenen Ladungsfeldes, so resultiert demnach

$$\varphi = \varphi_1 + \varphi_2 + \alpha x\,. \tag{104}$$

Da die äußere Spannung E der Potentialdifferenz beider Elektroden gleicht, gilt

$$\varphi(d) - \varphi(0) = \varphi_1(d) + \varphi_2(d) - \varphi_1(0) - \varphi_2(0) + \alpha d = E\,, \tag{105}$$

woher sich für jede Spannung α, also die Ladung der Elektroden, bestimmt. Hiermit ist die Randform, insbesondere also die Höhe des Randes, gegeben, welche die Austrittsarbeit definiert. Durch Einsetzen in die Richardsonsche Formel ergibt sich hieraus der von Elektrode zu Elektrode übergehende Elektronenstrom.

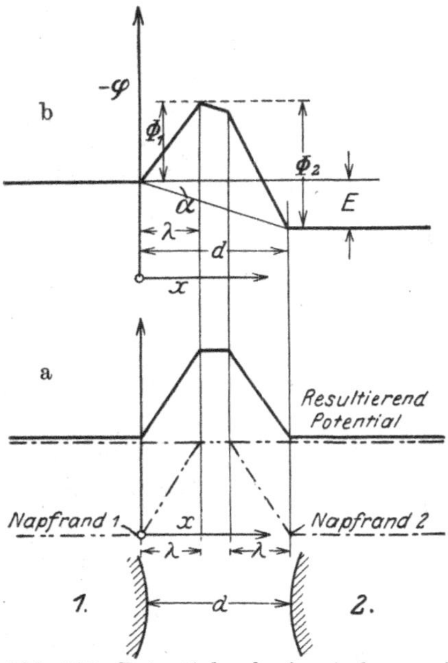

Abb. 107. Potentialverlauf zwischen zwei Körnern eines Mikrophons.

98. Wirkungsweise des Körnermikrophons. Das Körnermikrophon besteht aus einer großen Zahl von Kohlenkörnern, welche zwischen eine feste und eine bewegliche Elektrode eingebettet sind.

Der Strom, welchen eine zwischen feste und bewegliche Elektrode angelegte Spannung zu treiben vermag, wird wesentlich bestimmt durch die Vorgänge an der Stoßstelle zweier benachbarter Körner 1 und 2. Hier können die Ergebnisse des vorigen Abschnittes verwertet werden.

Wegen der gleichartigen Struktur beider Körner sind die Funktionen φ_1 und φ_2 relativ zu den zugehörigen Körnern gleich. Ihrer Gestalt legen wir den Verlauf nach Abb. 107 zugrunde. In $0 < x < \lambda$ sei $\varphi_1 = -\mathfrak{E}\cdot x$; in $x > \lambda$ sei $\varphi_1 = -\mathfrak{E}\cdot\lambda$. Der resultierende, zusammengeflossene Napf besitzt daher beim Fehlen einer äußeren Spannung die in Abb. 107a gezeichnete Form. Es folgt aus (105)

$$\varphi_1(d) + \varphi_2(d) - \varphi_1(0) - \varphi_2(0) + \alpha d = \alpha d = E; \quad \alpha = \frac{E}{d}. \tag{106}$$

Wird nunmehr das Niveau des Kornes 2 um E gehoben, so resultiert ein Potentialverlauf nach Abb. 107b. Die „Höhe" des zusammengeflossenen Randes in der Stromrichtung ist

$$\Phi_1 = n\,\mathfrak{E}\cdot\lambda - \alpha\cdot\lambda = \left(\mathfrak{E} - \frac{E}{d}\right)\lambda\,, \tag{107}$$

während sie entgegen der Stromrichtung

$$\Phi_2 = E + \Phi_1 \tag{107a}$$

beträgt. Mit Benutzung der Schreibweise (59) finden wir also den von 1 nach 2 fließenden Strom

$$J_{1,2} = A\sqrt{T}\cdot e^{-\frac{B_0}{T}\frac{\Phi_1}{\varphi_0}} = A\sqrt{T}\cdot e^{-\frac{B_0\lambda}{T}\cdot\frac{\left(\mathfrak{E}-\frac{E}{d}\right)}{\varphi_0}}\,, \tag{108}$$

welchem von 2 nach 1 der Strom

$$J_{2,1} = A \cdot \sqrt{T}\, e^{-\frac{B_0}{T}\frac{\Phi_2}{\varphi_0}} = J_{1,2}\, e^{-\frac{B_0}{T}\frac{E}{\varphi_0}} \tag{108a}$$

entgegenfließt. Es resultiert

$$\left.\begin{aligned} J &= J_{1,2} - J_{2,1} = J_{1,2}\left(1 - e^{-\frac{B_0}{T}\frac{E}{\varphi_0}}\right) \\ &= A \cdot \sqrt{T}\, e^{-\frac{B_0 \cdot \lambda}{T}\frac{\left(\mathfrak{E} - \frac{E}{d}\right)}{\varphi_0}} \cdot \left(1 - e^{-\frac{B_0}{T}\frac{E}{\varphi_0}}\right), \end{aligned}\right\} \tag{108b}$$

also, für hinreichend große Spannungen,

$$J = \sim A \cdot \sqrt{T}\, e^{-\frac{B_0 \cdot \lambda}{T}\frac{\left(\mathfrak{E} - \frac{E}{d}\right)}{\varphi_0}}. \tag{108c}$$

Das Mikrophon gleicht hiernach einem Ohmschen Widerstand vom Betrage

$$R = \frac{E}{J} = \frac{e^{+\frac{B_0 \cdot \lambda}{T}\frac{\left(\mathfrak{E} - \frac{E}{d}\right)}{\varphi_0}}}{A \cdot \sqrt{T}} \cdot E = \frac{e^{\frac{B_0 \cdot \lambda}{T} \cdot \frac{\mathfrak{E}}{\varphi_0}}}{A \cdot \sqrt{T}} \cdot E \cdot e^{-\frac{B_0 \cdot \lambda}{T \varphi_0} \cdot \frac{E}{d}}. \tag{109}$$

Dieser Widerstand nimmt mit fallendem Abstande d stark ab. Hiervon wird Gebrauch gemacht, um den Widerstand von einem Drucke abhängig zu machen, welcher die bewegliche Elektrode gegen die feste Elektrode nähert und dadurch die Körner gegeneinander preßt. Setzen wir Druck p und Abstand d durch die Gleichung

$$d = d_0 \cdot \frac{p_0}{p}$$

miteinander in Beziehung, so wird

$$R = \frac{e^{\frac{B_0}{T} \cdot \frac{\mathfrak{E} \lambda}{\varphi_0}}}{A \cdot \sqrt{T}} \cdot e^{-\frac{B_0}{T \cdot \varphi_0} \cdot \frac{E}{d_0} \cdot \frac{p}{p_0} \cdot \lambda} \cdot E.$$

Schwankt der Druck um den Mittelwert p_0 gemäß

$$p = p_0 + p_1; \quad p_1 \ll p_0,$$

so entsteht

$$\left.\begin{aligned} R &= \frac{e^{\frac{B_0}{T} \cdot \frac{\mathfrak{E} \lambda}{\varphi_0}}}{A \cdot \sqrt{T}} \cdot e^{-\frac{B_0}{T \cdot \varphi_0} \cdot \frac{E}{d_0} \cdot \lambda} \cdot e^{-\frac{B_0}{T \cdot \varphi_0} \cdot \frac{E}{d_0} \cdot \frac{p_1}{p_0} \cdot \lambda} \cdot E \\ &= R_0\left(1 - \frac{B_0}{T \varphi_0} \cdot \frac{E}{d_0} \cdot \frac{p_1}{p_0} \cdot \lambda\right), \end{aligned}\right\} \tag{109a}$$

wo zur Abkürzung

$$R_0 = \frac{e^{\frac{B_0}{T} \cdot \frac{\mathfrak{E} \lambda}{\varphi_0}}}{A \sqrt{T}} \cdot e^{-\frac{B_0}{T \cdot \varphi_0} \cdot \frac{E}{d_0} \cdot \lambda} \cdot E$$

gesetzt ist. Der Widerstand schwingt also um einen gewissen Mittelwert proportional mit der Druckänderung.

99. Silitwiderstände. Unter dem Namen „Silitwiderstände" werden in der Technik stabförmige Körper als Stromleiter benutzt, welche aus einem Gemisch von Graphit und Siliziumkarbid unter gleichzeitigem Zusatz von Ton hergestellt sind. Das entstehende Gebilde weist eine kornartige Struktur auf, so daß für den Stromübergang im Silit die im vorigen Abschnitt gefundenen Gesetzmäßigkeiten maßgebend sind. Der unveränderlichen Lage der einzelnen Körner im Gefüge ist hierbei durch einen unveränderlichen Abstandswert d Rechnung zu tragen.

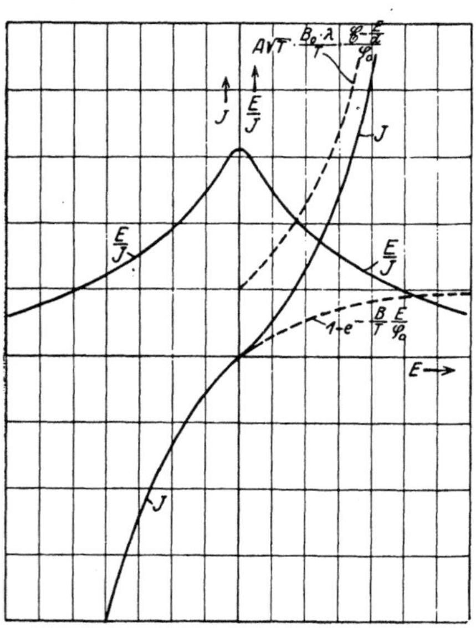

Abb. 108. Abhängigkeit des Stromes und des Widerstandes eines Silitstabes von der Spannnng.

Da die **Richardson**sche Formel die Dichte des Elektronenstromes liefert, bezieht sich die aus Gl. (109) abzuleitende Widerstandsgröße auf einen Stab von 1 cm^2 wirksamem Querschnitt, wobei seine Länge dem Kornabstande gleicht. Der Widerstand des ganzen Stabes ist daher, wie bei metallischen Widerständen, proportional der Länge, umgekehrt proportional dem Querschnitt. Zu dem so gefundenen Werte ist noch ein konstanter Widerstand hinzuzuzählen, welcher die Reibungsarbeit der Elektronen bei Durchgang durch das schlechtleitende Siliziumkarbid und Graphit erfaßt und in bekannter Weise berechnet werden kann. Wir beschränken uns jedoch hier auf den ersten, durch (109) dargestellten Widerstandsanteil, welcher die Eigentümlichkeiten der Silitwiderstände in reiner Form zum Ausdruck bringt. Insbesondere zeichnet er sich gegenüber Widerständen metallischer Leiter durch die Abhängigkeit von Temperatur und Spannung aus.

Um diese Abhängigkeit zu übersehen, zeichnen wir die Kurve des Stromes

$$J = A \cdot \sqrt{T}\, e^{-\frac{B_0 \cdot \lambda}{T} \frac{\left(\mathfrak{E} - \frac{E}{d}\right)}{\varphi_0}} \left(1 - e^{-\frac{B_0}{T} \cdot \frac{E}{\varphi_0}}\right) \qquad (108\,b)$$

für konstante Temperatur. Der Verlauf der Funktion läßt sich an Hand der Abb. 108 leicht übersehen, in welcher die Faktorenfunktionen

$A\cdot\sqrt{T}\,e^{-\frac{B_0}{T}\cdot\lambda\cdot\frac{\left(\mathfrak{E}-\frac{E}{d}\right)}{\varphi_0}}$ und $1-e^{-\frac{B_0}{T}\cdot\frac{E}{\varphi_0}}$ einzeln dargestellt sind. Hierbei ist zu beachten, daß die Form (108b) nur für $E>0$ gültig ist; für $E<0$ kehrt die Funktion in die entgegengesetzt gleichen Werte um, so daß die gesamte Charakteristik nach Abb. 108 verläuft.

Der Widerstand berechnet sich zu

$$R=\frac{E}{J}=\frac{e^{\frac{B_0}{T}\cdot\frac{\lambda\mathfrak{E}}{\varphi_0}\left[1-\frac{E}{d\mathfrak{E}}\right]}}{A\cdot\sqrt{T}}\cdot\frac{E}{1-e^{-\frac{B_0}{T}\cdot\frac{E}{\varphi_0}}}=\frac{e^{\frac{B_0'}{T}\left[1-\frac{E}{d\mathfrak{E}}\right]}}{A\cdot\sqrt{T}}\cdot\frac{E}{1-e^{-\frac{B_0'}{T}\cdot\frac{E}{\lambda\mathfrak{E}}}}\qquad(109\,\text{b})$$

mit

$$B_0'=B_0\cdot\frac{\lambda\,\mathfrak{E}}{E}.$$

Für extrem kleine Spannungen folgt der Grenzwert

$$\lim_{E\to 0}R=\frac{e^{\frac{B_0'}{T}}}{A\cdot\sqrt{T}}\cdot T\cdot\frac{\lambda\,\mathfrak{E}}{B_0'}=\frac{\lambda\,\mathfrak{E}}{A\,B_0'}\cdot\sqrt{T}\,e^{\frac{B_0'}{T}}.\qquad(109\,\text{c})$$

Die höchste Spannung, für welche diese Überlegungen gültig sind, ist

$$E=d\cdot\mathfrak{E},$$

da hier wegen der Gleichheit der äußeren $\left(\frac{E}{d}\right)$ mit der inneren Feldstärke ($\mathfrak{E}$) der Napfrand gerade horizontal liegt. Hierfür folgt

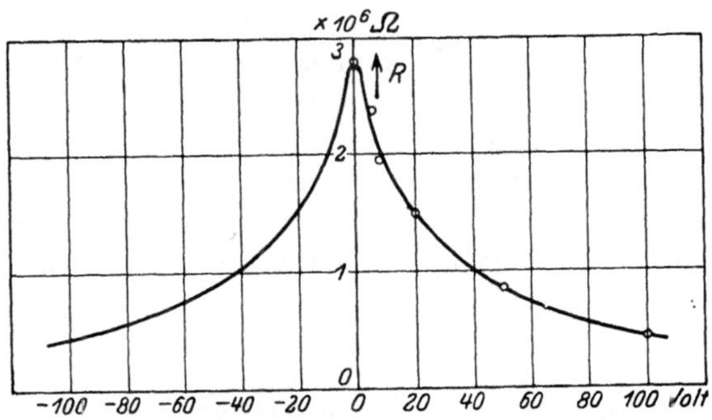

Abb. 109. Empirisch gefundener Zusammenhang zwischen Widerstand und Spannung eines Silitstabes.

$$R=\frac{1}{A\cdot\sqrt{T}}\cdot\frac{d\cdot\mathfrak{E}}{1-e^{-\frac{B_0}{T}\cdot\frac{d}{\lambda}}}.\qquad(109\,\text{d})$$

Dieser Wert ist wegen der Proportionalität mit $\frac{1}{\sqrt{T}}$ stets sehr viel kleiner als der Wert (109c): Mit wachsender Spannung und konstanter Temperatur nimmt der Widerstand stark ab (Abb. 108 u. 109). Die „Spannungsabhängigkeit", d. i. die Veränderung von R mit E, ist wegen der Proportionalität der Exponentialfunktionen in (109c) mit $\frac{1}{T}$ um so größer, je niedriger die Temperatur ist. Wird umgekehrt die Spannung konstant gehalten und die Temperatur verändert, so ergibt sich: Bei niedrigen Spannungen fällt der Widerstand stets mit wachsender Temperatur. Bei hohen Spannungen dagegen nimmt der Widerstand mit von Null an steigender Temperatur zunächst ab, erreicht ein Minimum und wächst dann wieder an. Praktisch arbeitet man stets unterhalb des Extremums, so daß auch hier der Widerstand mit wachsender Temperatur abnimmt. Die „Temperaturabhängigkeit", d. i. die Veränderung von R mit T, sinkt jedoch mit zunehmender Spannung.

Alle diese Gesetze der Elektronenströmung gelten auch für schwingende Spannungen, solange nur die Dauer einer Schwingung groß bleibt gegen die Wanderungszeit eines Elektrons von Oberfläche zu Oberfläche. Man hat jedoch zu beachten, daß sich bei raschen Schwingungen der Spannung dem Elektronenstrom ein elektrischer Verschiebungsstrom überlagert. Dieser kann, da nach Nr. 97 und Gl. (106) das homogene Feld der Elektrodenladungen der Spannung proportional ist, durch Angabe einer wirksamen Stabkapazität erfaßt werden, welche dem verschiebungsstromfreien Silitstab parallel geschaltet zu denken ist. Der gesamte wahre Strom durch den Silitstab setzt sich aus dem Strom (108b) und dem Verschiebungsstrom durch die Stabkapazität zusammen, welche nach Nr. 30 berechnet werden kann.

100. Kontaktdetektoren. Kontaktdetektoren stellen eine Anordnung dar, welche einen von der Spannungsrichtung abhängigen Widerstand besitzt. Das Mittel hierzu ist das Zusammenwirken zweier Elektronennäpfe mit verschieden steilem Rand, d. h. Verwendung zweier Elektroden aus verschiedenem Material. Wir kennzeichnen sie durch die inneren Feldstärken $\mathfrak{E}_1$ und $\mathfrak{E}_2$ zusammen mit ihren Wirkungsbereichen λ_1 und λ_2, wobei

$$\mathfrak{E}_1 \lambda_1 = \mathfrak{E}_2 \lambda_2 \qquad (110)$$

vorausgesetzt werde. Der zusammengeflossene Napf besitzt also beim Fehlen äußerer Spannungen die in Abb. 110a gezeichnete Form. Eine äußere Spannung ruft daher ein Zusatzfeld nach Gl. (106) hervor.

Für $E > 0$ entsteht eine Potentialverteilung nach Abb. 110b. In Richtung des Stromes müssen die Elektronen die Höhe

$$\Phi_1 = \left(\mathfrak{E}_1 - \frac{E}{d}\right) \lambda_1 , \qquad (111\,a)$$

entgegen der Stromrichtung die Höhe

$$\Phi_2 = \Phi_1 + E \qquad (111\,b)$$

überwinden. Daher besitzt der Gesamtstrom die Größe

$$J = A \sqrt{T} \cdot e^{-\frac{B_0\left(\lambda_1 \mathfrak{E}_1 - \frac{E\lambda_1}{d}\right)}{T\varphi_0}} \left(1 - e^{-\frac{B_0}{T}\frac{E}{\varphi_0}}\right); \quad E > 0 . \qquad (112)$$

Nunmehr sei $E < 0$; die Potentialverteilung erfolgt jetzt entsprechend Abb. 110c. In Richtung des Stromes besitzt der zusammengeflossene Napf die Höhe

$$\Phi_2' = \left(\mathfrak{E}_2 - \frac{|E|}{d}\right) \lambda_2 , \tag{113a}$$

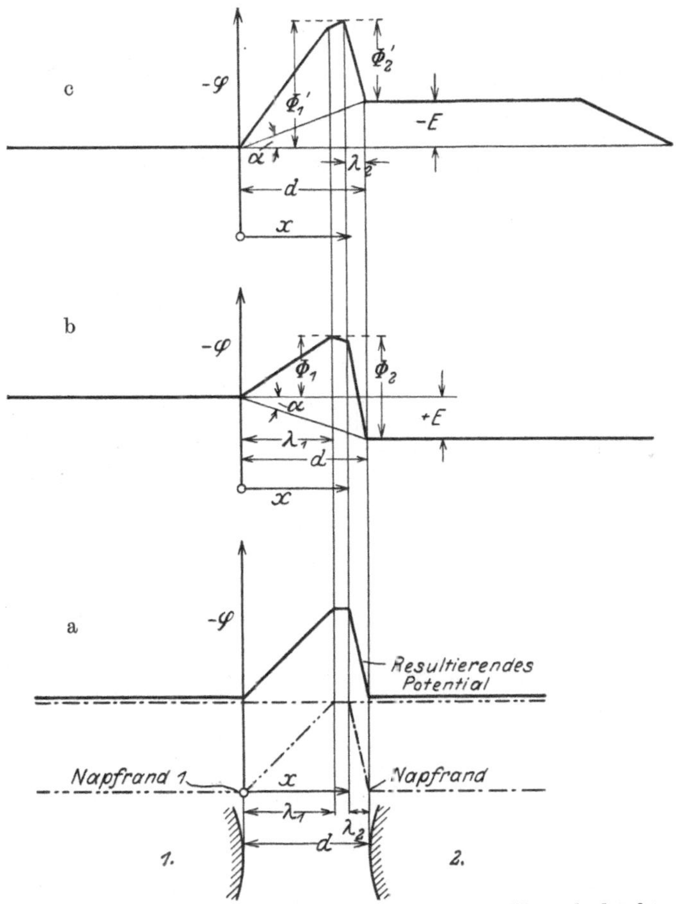

Abb. 110. Form des Elektronennapfes beim Kontaktdetektor.

entgegen der Stromrichtung

$$\Phi_1' = \Phi_2' + |E| , \tag{113b}$$

so daß der Strom

$$J_- = -A\sqrt{T}\, e^{-\frac{B_0\left(\lambda_2 \mathfrak{E}_2 - \frac{|E|\lambda_2}{d}\right)}{T\varphi_0}} \left(1 - e^{-\frac{B_0}{T}\frac{|E|}{\varphi_0}}\right); \quad E < 0 \tag{114}$$

zustande kommt.

Die Übersicht über den Inhalt der Gl. (112) und (114) wird durch die Schreibweise

$$i_+ \equiv \frac{J_+}{A\sqrt{T}} e^{\frac{B_0 \lambda_2 \mathfrak{E}_2}{T \varphi_0}} = e^{\frac{B_0}{T} \frac{\frac{E \lambda_2}{d}}{\varphi_0}} \left(1 - e^{-\frac{B_0}{T} \frac{E}{\varphi_0}}\right); \qquad E > 0 \qquad (112\,\mathrm{a})$$

$$i_- \equiv \frac{J_-}{A\sqrt{T}} e^{\frac{B_0 \lambda_1 \mathfrak{E}_1}{T \varphi_0}} = -e^{\frac{B_0}{T} \frac{\frac{|E| \lambda_1}{d}}{\varphi_0}} \left(1 - e^{-\frac{B_0}{T} \frac{|E|}{\varphi_0}}\right); \qquad E < 0 \quad (114\,\mathrm{a})$$

erleichtert, wo die links stehenden Ausdrücke i_+ und i_- wegen (110) den Strömen proportional sind. In Abb. 111 sind für konstante Temperatur die Charakteristiken i_+ und i_- als Funktion der Spannung unter der Annahme $\mathfrak{E}_1 < \mathfrak{E}_2$, also $\lambda_1 > \lambda_2$ gezeichnet. Die Gesamtcharakteristik ist unsymmetrisch: der Detektor besitzt gegenüber positiven Spannungen eine weit größere Durchlässigkeit als gegenüber negativen. Die gefundene Charakteristik stimmt mit den Beobachtungen weitgehend überein; als Beweis hierfür möge die in Abb. 112 beigefügte, experimentell erhaltene Kennlinie eines Pyritdetektors dienen. Mit wachsender Stromintensität steigt die Kontakttemperatur: Im thermisch stationären Zustand gleicht die elektrisch zugeführte Leistung der thermisch abgeführten (vgl. Nr. 67). Mit wachsender Spannung biegt daher die Kurve des Stromes von der für niedere Temperatur gültigen Kennlinie ab, um sich einer Hochtemperatur-

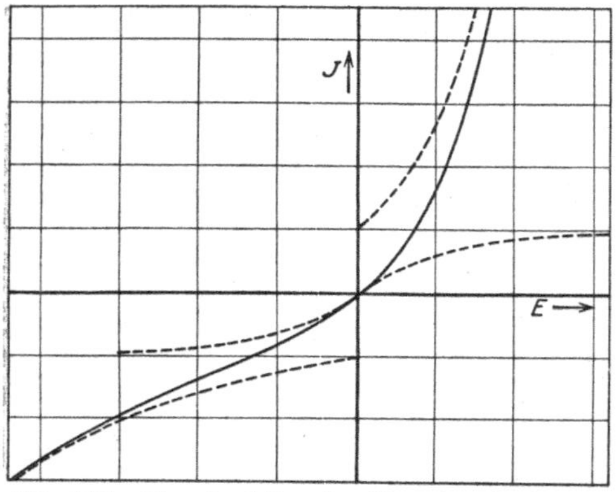

Abb. 111. Konstruktion der Charakteristik eines Detektors.

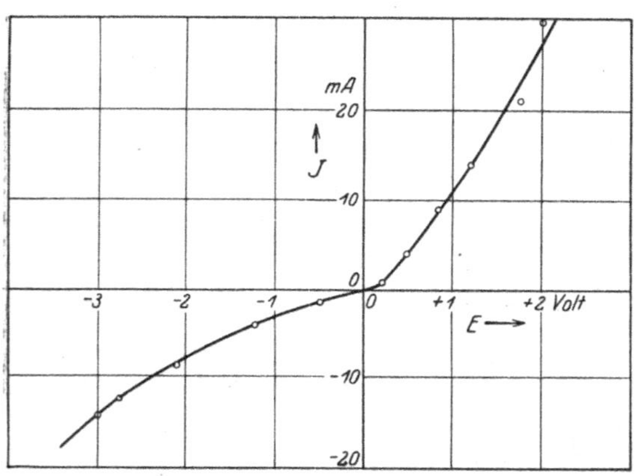

Abb. 112. Experimentell bestimmte Detektorcharakteristik.

charakteristik zu nähern (Abb. 113). Durch geeignete thermisch-elektrische Bedingungen (Nr. 68) kann die Charakteristik des Übergangsbogens zu einer fallenden gemacht werden. Ein in diesem Bereich arbeitender Detektor wird als Schwingdetektor bezeichnet (vgl. Nr. 135).

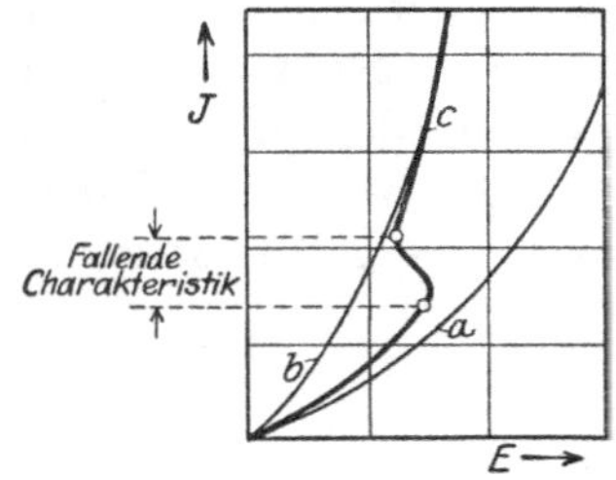

Abb. 113. Einfluß der Temperatur auf die Detektorcharakteristik.

a Charakteristik für konstante, tiefe Temperatur.
b Charakteristik für konstante, hohe Temperatur.
c Charakteristik für variable Temperatur des selbstheizenden Schwingdetektors.

5. Ionenströmung.

Grundlagen.

101. Das einzelne Ion. Ion heißt jeder Träger positiver oder negativer elektrischer Ladungen, welcher sich unter dem Einfluß elektromagnetischer Feldkräfte bewegen kann. Es werden positive und negative Ionen unterschieden. Das positive Ion ist mit mindestens einer positiven Elementarladung versehen (vgl. Nr. 76). Es erscheint stets mit einer materiellen Masse behaftet, deren Größe von der Natur des Ions abhängt, beispielsweise beim positiven Wasserstoffion rund das 2000fache der Ruhmasse des Elektrons beträgt. Das negative Ion wird entweder durch ein selbständiges Elektron gebildet, oder es entsteht durch Anlagerung eines Elektrons an ein vorher neutrales Teilchen. Im folgenden soll der Begriff des negativen Ions diesen zusammengesetzten Gebilden vorbehalten bleiben, während die von Materie freien negativen Ionen als Elektronen schlechthin bezeichnet werden sollen.

In einem zwischen einer positiven Elektrode (Anode) und einer negativen Elektrode (Kathode) ausgespannten elektrischen Feld bewegen sich die positiven Ionen nach der Kathode, die negativen Ionen zur Anode. Daher werden die positiven Ionen als Kationen („Die Herabwandernden"), die negativen Ionen als Anionen („Die Heraufwandernden") bezeichnet. Bei Beschränkung auf hinreichend niedrige Geschwindigkeiten ist neben der Ladung auch die Trägheit des Ions eine eindeutige Konstante. Daher gilt als Bewegungsgleichung des Ions

$$m\frac{dv}{dt} = \mathfrak{K}_a = q\left\{\mathfrak{E}\cdot 10^7 + \frac{1}{10}[\mathfrak{v}\,\mathfrak{B}]\right\}. \tag{1}$$

Für eine aus der Ruhe ($v = 0$) beginnende Bewegung ergibt sich analog Gl. (16), Nr. 79 das Energiegesetz

$$\frac{1}{2}m v^2 = q\cdot 10^7\cdot E; \qquad v = \sqrt{2\frac{q}{m}\cdot 10^7}\,\sqrt{E}\,. \tag{2}$$

Diese Gleichung dient in der ersten Form zur Definition der „Voltenergie“ des Ions, in der zweiten Form zur Definition seiner „Voltgeschwindigkeit“ (vgl. Nr. 79).

102. Wechselwirkungen zwischen Ionen und Gas. Wir setzen die in Abb. 114 gezeichnete Zweielektrodenanordnung voraus. Zwischen den Elektroden befinde sich ionisiertes Gas. Unter dem Einwirken eines elektrischen Feldes, welches von der Anode zur Kathode gespannt ist, überlagert sich die feldgetriebene, geordnete Ionenbewegung der ungeordneten Wärmebewegung der neutralen Gasmoleküle: Nach Durchlaufen der „freien Weglänge“ λ wird das Ion durch Zusammenprall mit einem Gasmolekül zum Stillstand gebracht.

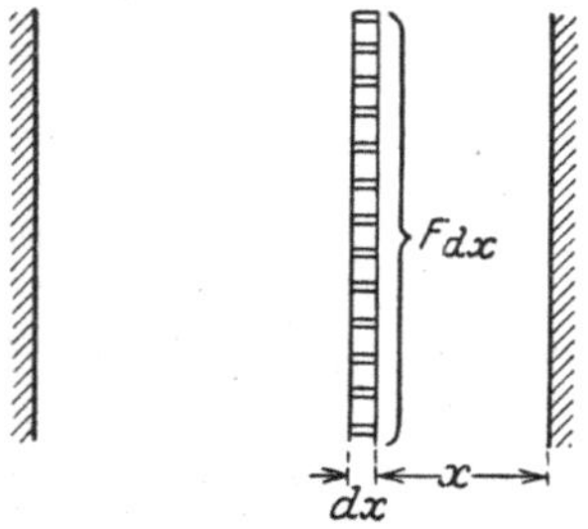

Abb. 114. Veranschaulichung des Absorptionsquerschnittes.

Zur Berechnung der freien Weglänge denke man sich ν über eine Flächeneinheit verteilte Ionen in bestimmter Richtung durch ein ruhendes Gas der „Dichte“ n Moleküle je Raumeinheit bewegt. Eine Gasschicht der Dicke dx stellt den Ionen einen undurchdringlichen, mit n proportionalen „Absorbtionsquerschnitt“ $F \cdot dx$ in den Weg, dadurch die Zahl ν der bewegten Ionen um $d\nu$ gemäß der Beziehung

$$\frac{d\nu}{\nu} = -\frac{F \cdot dx}{1} \tag{3}$$

vermindernd. Nach Durchschreiten der Strecke x befinden sich also von anfänglich ν_0 Ionen noch

$$\nu = \nu_0 \cdot e^{-F \cdot x} \tag{3a}$$

Ionen in fortschreitender Bewegung, während im Intervall x bis $x + dx$

$$d\nu = \nu_0 \cdot F e^{-F \cdot x} \cdot dx \tag{3b}$$

Ionen absorbiert werden: x ist die freie Weglänge der $d\nu$ Ionen. Der Quotient

$$\frac{d\nu}{\nu_0} = F \cdot e^{-F \cdot x} \cdot dx \tag{3c}$$

mißt die relative Häufigkeit einer zwischen x und $x + dx$ gelegenen freien Weglänge. Daher wird die mittlere freie Weglänge

$$x_m = \int_{\xi=0}^{\infty} \xi \cdot F \cdot e^{-F \cdot \xi} \, d\xi = \frac{1}{F}. \tag{4}$$

und Gl. (3c) geht in

$$\frac{d\nu}{\nu_0} = \frac{1}{x_m} \cdot e^{-\frac{x}{x_m}} \cdot dx = e^{-\frac{x}{x_m}} \cdot d\left(\frac{x}{x_m}\right) \tag{3d}$$

über. Mit dem Absorptionsquerschnitt ist die mittlere freie Weglänge der Dichte n der Gasmoleküle proportional, daher nach den Gasgesetzen dem Druck umgekehrt proportional.

Wir setzen im folgenden die mittlere freie Weglänge als sehr klein gegen die Längeneinheit voraus. Innerhalb einer freien Weglänge darf dann das Feld als merklich homogen gelten. Sei $\mathfrak{E}$ die Feldstärke in Richtung der Ionenbewegung, so ist also die Weglängenspannung

$$E = \int_0^x \mathfrak{E}\, dx = \mathfrak{E} \cdot x\,. \tag{5}$$

Nach Durchlaufen der Weglänge x besitzt also ein Ion die Voltgeschwindigkeit (Gl. 2).

$$\frac{1}{2}\frac{m}{q} v^2 = \mathfrak{E} \cdot x \cdot 10^7\,. \tag{6}$$

Die Gesamtzahl der auf die Längeneinheit entfallenden Zusammenstöße ist

$$N = \frac{1}{x_m}\,. \tag{7}$$

Eine zwischen $\mathfrak{E} \cdot x$ und $\mathfrak{E} \cdot (x + dx)$ liegende Voltgeschwindigkeit kommt daher beim Durchschreiten einer Weglängeneinheit mit der Häufigkeit vor

$$N \cdot \frac{d\nu}{\nu_0} = \frac{1}{x_m} \cdot e^{-\frac{x}{x_m}} \cdot d\left(\frac{x}{x_m}\right)\,. \tag{8}$$

103. Ionisierung, Anregung. Die Herstellung eines Ions aus einem elektrisch neutralen Teilchen heißt Ionisierung.

Der Ionisierungsvorgang wird am Bohrschen Atommodell gedeutet: Das Atom besteht aus einem positiv geladenen Kern, um welchen Elektronen kreisen. Die Bahnen dieser Elektronen sind durch eine klassische Bedingung (Gleichheit der Anziehungskraft zum Kern mit der Zentrifugalkraft) und eine quantentheoretische Bedingung (Energie ein ganzes Vielfaches des Wirkungsquantums) festgelegt; es ergibt sich eine Mannigfaltigkeit von Bahnen, welche unstetig, mit Zwischenräumen, aufeinander folgen. Die Ladung des Kernes gleicht der Ladungssumme aller ihn umkreisenden Elektronen, seine Trägheit ist stets sehr viel größer als die Trägheit eines Elektrons, so daß praktisch die gesamte Trägheit eines Ions vom Kern herrührt.

Nach dieser Vorstellung ist Ionisierung: Absprengung eines Elektrons aus seiner Bahn im Atom, wodurch das vorher neutrale Atom um ein negatives Elementarquantum verarmt, zum positiven Ion wird.

Jede Bewegung eines Elektrons aus seiner Bahn erfordert einen Arbeitsaufwand. Dieser ist durch die Änderung der potentiellen Energie des Elektrons gegeben, daher ein ganzzahliges Vielfaches des Wirkungsquantums; reicht dieser Arbeitsaufwand nicht hin, um das Elektron völlig abzusprengen, so springt das Elektron von einer Bahn auf eine andere unter Aussendung von Licht, dessen Frequenz dem Quotienten aus Arbeitsaufwand und Wirkungsquantum gleicht. Dieser Vorgang heißt Anregung, die hierzu erforderliche Arbeit die Anregungsenergie. Die Bedingung der Absprengung ist identisch mit der Forderung, das Elektron auf eine im Unendlichen gelegene Bahn zu stoßen. Die hierzu erforderliche denkbar größte Anregungsenergie heißt Ionisierungsarbeit. Sie ist für jedes Atom eine Konstante seiner Struktur und aus dieser berechenbar[1]). Die Ionisierungsarbeit E_a wird in Volt gemessen; sie beträgt beispielsweise für Luft im Mittel $E_a = 16$ Volt.

Tritt umgekehrt ein Elektron in ein positives Ion ein, so wird diesem die Ionisierungsarbeit zugeführt. Dieser dem Ionisierungsvorgang reziproke Vorgang heißt Molisierung.

Je nach der Form der beim Ionisierungsvorgange tätigen Energie werden verschiedene Arten der Ionisierung unterschieden, deren hochfrequenztechnisch wichtigste im folgenden besprochen werden.

104. Stoßionisation. Stoßionisation heißt die Ionenerzeugung durch primär vorhandene bewegte Ionen, deren kinetische Energie die Ionisierungsarbeit vollbringt. Die Bedingung für die Möglichkeit der Stoßionisation lautet daher mit Benutzung von (6)

$$\mathfrak{E} \cdot x \geqq E_a\,; \qquad x \geqq \frac{E_a}{\mathfrak{E}} = x_a\,, \tag{9}$$

sie fordert also für jede Feldstärke ein Minimum x_a freier Weglänge. Unter der zusätzlichen Annahme, daß jedes der Bedingung (9) genügende Ion auch wirklich ein neues Ion erzeugt[2]), ergibt sich die Ionisierungszahl, die Anzahl der auf einer Weglängeneinheit erzeugten Ionen gleich der Zahl der Ionen, deren freie Weglänge x_a übertrifft. Nach Gl. (8) wird also

$$\alpha = \int\limits_{\xi = x_a}^{\infty} \frac{1}{x_m} \cdot e^{-\frac{\xi}{x_m}} \cdot d\left(\frac{\xi}{x_m}\right) = \frac{1}{x_m} e^{-\frac{x_a}{x_m}} \tag{10}$$

und mit Einführung von (9) und (7)

$$\alpha = N \cdot e^{-\frac{E_a \cdot N}{\mathfrak{E}}}. \tag{10a}$$

Bei der Verwertung dieser Beziehung ist zwischen Elektronen und positiven Ionen als Stoßträgern zu unterscheiden. Denn der Absorptions-

[1]) Sommerfeld: Atombau und Spektrallinien. 3. Auflage, S. 419 u. f. Braunschweig: Vieweg & Sohn 1922.

[2]) Kritik: Schumann, W. O.: Elektrische Durchbruchsfeldstärke von Gasen, S. 113. Berlin: Julius Springer 1923.

querschnitt des Gases ist für die positiven Ionen wegen ihrer größeren Masse viel größer als für die Elektronen. Daher übertrifft die Stoßzahl N_p der positiven Ionen die Stoßzahl N_n der Elektronen. Es wird daher die Ionisierungszahl der positiven Ionen

$$\alpha_p = N_p \cdot e^{-\frac{E_a \cdot N_p}{\mathfrak{E}}}, \tag{10p}$$

die der Elektronen dagegen

$$\alpha_n = N_n \cdot e^{-\frac{E_a \cdot N_n}{\mathfrak{E}}}. \tag{10n}$$

Bei normalen Drucken überwiegt das Exponentialglied, so daß hier α_p stets sehr viel kleiner ist als α_n. Dieser Unterschied wird durch Differenzen der „positiven" und „negativen" Ionisierungsarbeit noch verstärkt.

105. Lichtelektrische Ionisation. Durch Bestrahlung mit Licht wird dem Atom Energie U zugeführt, deren Betrag dem Produkte aus Lichtschwingungszahl f und Wirkungsquantum h gleicht

$$U = h \cdot f.$$

Die Ionisierungsbedingung

$$U \geqq E_a$$

fordert also eine Mindestfrequenz des erregenden Lichtes. Dies weist für die Zwecke der lichtelektrischen Ionisation auf Verwendung von Lichtquellen mit starker ultravioletter Strahlung hin. Als solche sind Funken und Lichtbögen geeignet.

Eine besonders kräftige lichtelektrische Wirkung kommt wegen ihrer enorm hohen Frequenz den Röntgenstrahlen zu. Diese sind, soweit nicht besondere Röntgenröhren sie erzeugen, stets als Folge radioaktiver Emanation aus der Erde vorhanden: Jedes Gas besitzt eine „natürliche" Ionisation.

Mit der lichtelektrischen Ionisation verwandt, aber von dieser wohl zu unterscheiden ist die lichtelektrische Elektronenemission aus Metallen (siehe Nr. 94). Sie ist jedoch hochfrequenztechnisch bedeutungslos und wird daher im folgenden nicht behandelt.

Besondere Systeme.

α) Unselbständige Strömung im homogenen Felde.

106. Grundgesetze. Eine Ionenströmung heißt unselbständig, wenn und solange zu ihrer Aufrechterhaltung allein eine fortgesetzte Fremdionisierung im Strömungsraum wirkt, eine Eigenionisierung durch den Stoß der bewegten Ionen nicht vorhanden ist.

Wir setzen homogenes Feld zwischen zwei ebenen Platten vom Abstande δ voraus. Die Elektrodenspannung sei E. Der Fremdionisator möge sekundlich N_0 Ionen in jeder Raumeinheit des Strömungsraumes erzeugen; von diesen wird ein Teil durch Molisierung wieder neutralisiert. Wir setzen das Feld als so stark voraus, daß die Ionen an den Elektroden abgesetzt sind, bevor eine merkliche Molisierung stattgefunden hat. In einer durch den Entladungsraum von Elektrode zu Elektrode gelegten Röhre vom Einheitsquerschnitt werden also sekundlich insgesamt

$$\mathfrak{i}_s = q \cdot N_0 \cdot \delta \tag{11}$$

Ionen beiderlei Vorzeichens erzeugt, welche zu den Elektroden gelangen, somit einen Ionenstrom der Stärke $\mathfrak{i}_s$ durch das Gas vermitteln. Unter den gegebenen Bedingungen ist diese Stromdichte die denkbar größte; sie wird in Analogie zu den in Nr. 83 genannten Erscheinungen die Sättigungsstromdichte genannt. Ihr Bestehen ist an die Wirkung eines Feldes geknüpft, dessen Stärke nach unten durch die Bedingung vernachlässigbar kleiner Molisierung, nach oben durch die Bedingung noch nicht erfolgender Eigenionisierung begrenzt ist. Innerhalb dieses Intervalles ist die Sättigungsstromdichte unabhängig von der Feldstärke.

107. Einfluß unvollkommenen Vakuums auf die Stromverteilung in Elektronenröhren. Die Gesetze des Sättigungsstromes greifen in die Strömungsvorgänge der Elektronenröhren mit unvollkommenem Vakuum ein. Der „Fremdionisator" ist hier durch die aus dem Glühdraht emittierten Elektronen dargestellt, welche bei ihrem Flug zur Anode auf die Gasmoleküle treffen und das Gas ionisieren.

Wir berechnen die Stärke der Ionenströmung für eine Dreielektrodenröhre mit ebenen Elektroden. Das Anodenpotential wird positiv, das Gitterpotential negativ vorausgesetzt. Offenbar findet dann die Ionisation wesentlich in dem Raum zwischen Gitter und Anode statt. Sei $\mathfrak{i}_{el}$ die Elektronenstromdichte in diesem Gebiet, so gehen sekundlich $\frac{\mathfrak{i}_{el}}{q_0}$ Elektronen durch die Flächeneinheit. Von ihnen werden also beim Fortschreiten um die Weglängeneinheit

$$N_0 = \alpha_n \cdot \frac{\mathfrak{i}_{el}}{q_0} \tag{12}$$

Ionen erzeugt. Es überlagert sich also dem Elektronenstrom ein Ionenstrom der Dichte

$$\mathfrak{i}_j = N_0 \cdot \delta = \alpha_n \cdot \mathfrak{i}_{el} \cdot \delta\,. \tag{13}$$

Führen wir (10 n) ein, so entsteht

$$\mathfrak{i}_j = N_n \cdot e^{-\frac{E_a \cdot N_n}{\mathfrak{E}}} \cdot \mathfrak{i}_{el} \cdot \delta\,. \tag{13a}$$

Durch das Anodenpotential ist, abgesehen von Nebenerscheinungen, die Feldstärke $\mathfrak{E}$ bestimmt. Für ein fest gegebenes Anodenpotential können wir also schreiben

$$\mathfrak{i}_j = V \cdot \mathfrak{i}_{el}\,, \tag{13b}$$

wo die Funktion V jetzt nur noch von der Zahl der Zusammenstöße eines Elektrons in der Weglängeneinheit abhängt. Diese Zahl ist aber dem Druck direkt proportional, d. h. der Güte des Vakuums. V kann daher als Maß des Vakuums dienen und wird als Vakuumfaktor bezeichnet. Die Abhängigkeit des Vakuumfaktors von der Stärke $\mathfrak{E}$ des Anodenfeldes, also von dem Anodenpotential, ist durch den Exponentialfaktor $e^{-\frac{E_a \cdot N_n}{\mathfrak{E}}}$ bestimmt. Für kleine Feldstärken steigt daher der Vakuumfaktor mit dem Anodenpotential an, um sich mit wachsendem Anodenpotential einem Grenzwerte zu nähern.

Unter den obengenannten Voraussetzungen positiven Anodenpotentiales und negativen Gitterpotentials schließen sich die negativen Ionen dem Zuge der Elektronen an und wandern zur Anode. Die positiven Ionen dagegen strömen in das Gitter und geben Veranlassung zur Bildung eines Gitterstromes, welcher dem Elektronengitterstrom (Anlaufstrom) entgegengesetzt gerichtet ist. Er kann bei hinreichend großem Steuerpotential den Elektronenstrom weit übertreffen, so daß man Gitterstromcharakteristiken von der in Abb. 115 dargestellten Form erhält.

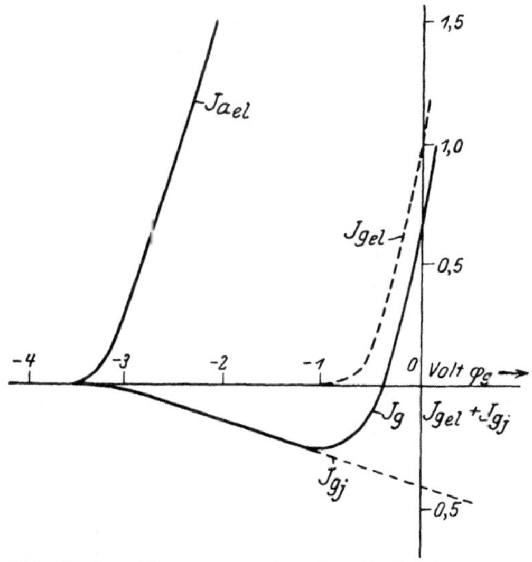

Abb. 115. Gitterstromcharakteristik in einer Elektronenröhre mit unvollkommenem Vakuum.

Neben den besprochenen Erscheinungen macht sich mit schlechter werdendem Vakuum in steigendem Maße eine Kompensation der negativen Raumladung der Elektronen durch die positiven Ionen geltend. Mit kleiner werdender Raumladung nimmt die Steilheit der Emissionskennlinien zu (Nr. 84). Diese die Wirkungsweise der Röhren verbessernde Erscheinung kann im allgemeinen nicht verwertet werden, da die Unregelmäßigkeit der Gasentladungen, vor allem aber die mit der Betriebsdauer veränderliche Güte des Vakuums einen konstanten Betrieb unmöglich macht.

Die erste Elektronenröhre, die sog. Liebenröhre, welche praktisch verwertet wurde, machte von dem Prinzip der Raumladungskompensation Gebrauch. Trotz ihrer vorzüglichen Eigenschaften ist sie wegen der Inkonstanz der Betriebsdaten durch die völlig konstanten Hochvakuumröhren verdrängt worden, welche mit reiner Elektronenströmung arbeiten. Erst in allerjüngster Zeit werden erneut Versuche mit gashaltigen Röhren unternommen; sie haben bisher noch zu keinem praktischen Ergebnis geführt.

β) Gemischt-unselbständige Entladung.

108. Grundgesetze. Eine Ionenströmung wird gemischt-unselbständig genannt, wenn und solange zu ihrer Aufrechterhaltung eine fortgesetzte Fremdionisation zur Unterstützung der durch Stoß der bewegten Ionen erfolgenden Eigenionisation erforderlich ist.

Es wird die im vorigen Abschnitt behandelte ebene Anordnung vorausgesetzt. Wir zählen längs der Kraftlinienrichtung, von der negativen Elektrode beginnend, die Abszisse z. Die Bewegung der Ionen erfolgt merklich in z-Richtung. Es sei v_n die Geschwindigkeit der negativen Ionen entgegen der Kraftlinienrichtung, v_p die Geschwindigkeit der positiven Ionen in Kraftlinienrichtung. Die Zahl negativer Ionen pro Raumeinheit sei n_n, positiver Ionen u_p, q ihre Ladung. Durch die Flächeneinheit senkrecht zur z-Achse tritt sekundlich die Elektrizitätsmenge

$$\mathfrak{i} = q\,(n_p \cdot v_p + n_n \cdot v_n)\,. \tag{14}$$

Wir setzen stationären Zustand voraus. Das Kontinuitätsgesetz der Strömung verlangt also

$$\mathfrak{i} = q\,(n_p \cdot v_p + n_n \cdot v_n) = \text{konst.} \tag{14a}$$

Wir stellen die Kontinuitätsbedingung für ein aus dem Strömungsfelde herausgeschnittenes Raumelement vom Querschnitt 1 und der Schichtdicke dz auf. Die Zahl der sekundlich einwandernden negativen Ionen ist

$$-\frac{d}{dz}(n_n \cdot v_n)\,dz\,. \tag{15}$$

Hierzu gesellen sich die durch Fremdionisierung erzeugten Ionen im Betrage

$$N_0 \cdot dz\,. \tag{16}$$

Durch die Stoßwirkung der positiven und negativen Ladungsträger werden

$$(\alpha_p\, n_p\, v_p + \alpha_n\, n_n\, v_n)\,dz \tag{17}$$

Ionen beiderlei Vorzeichens erzeugt. Aus der Zusammenfassung von (15), (16) und (17) folgt also die Kontinuitätsbedingung

$$\frac{d}{dz}(n_n \cdot v_n) = N_0 + \alpha_p\, n_p\, v_p + \alpha_n \cdot n_n \cdot v_n \tag{18}$$

und mit Einführung von (14a)

$$\frac{d}{dz}(n_n \cdot v_n) = N_0 + \alpha_p \left(\frac{\mathrm{i}}{q} - n_n \cdot v_n\right) + \alpha_n \cdot n_n \cdot v_n \tag{18a}$$

oder

$$\frac{d}{dz}(n_n \cdot v_n) - (n_n \cdot v_n) \cdot (\alpha_n - \alpha_p) = N_0 + \alpha_p \cdot \frac{\mathrm{i}}{q}. \tag{18b}$$

Das Integral dieser Differentialgleichung lautet

$$n_n \cdot v_n = -\frac{N_0}{\alpha_n - \alpha_p} - \frac{\alpha_p \cdot \frac{\mathrm{i}}{q}}{\alpha_n - \alpha_p} + K \cdot e^{(\alpha_n - \alpha_p) z}. \tag{19}$$

Die Integrationskonstante K bestimmt sich aus der Grenzbedingung an der Kathode:

Für $z = 0$ ist $n_n \cdot v_n = 0$

zu

$$K = \frac{N_0}{\alpha_n - \alpha_p} + \frac{\alpha_p \cdot \frac{\mathrm{i}}{q}}{\alpha_n - \alpha_p}. \tag{20}$$

An der Anode gibt $n_n \cdot v_n$ mangels einer positiven Ionenbewegung den gesamten Strom an:

$$\frac{\mathrm{i}}{q} = (n_n \cdot v_n)_{z=\delta} = -\frac{N_0}{\alpha_n - \alpha_p} - \frac{\alpha_p \cdot \frac{\mathrm{i}}{q}}{\alpha_n - \alpha_p} + \left(\frac{N_0}{\alpha_n - \alpha_p} + \frac{\alpha_p \cdot \frac{\mathrm{i}}{q}}{\alpha_n - \alpha_p}\right) e^{(\alpha_n - \alpha_p)\delta}. \tag{21}$$

Hieraus folgt die Beziehung zwischen Fremdionisierungsstärke N_0 und Stärke der gemischt-unselbständigen Strömung

$$\frac{\mathrm{i}}{q} = N_0 \cdot \frac{e^{(\alpha_n - \alpha_p)\delta} - 1}{\alpha_n - \alpha_p \cdot e^{(\alpha_n - \alpha_p)\delta}} = (N_0 \cdot \delta) \frac{e^{(\alpha_n - \alpha_p)\delta} - 1}{\alpha_n \cdot \delta - \alpha_p \cdot \delta\, e^{(\alpha_n - \alpha_p)\delta}}. \tag{22}$$

Die Stromdichte gleicht also der Sättigungsstromdichte (13), multipliziert mit dem Ionisierungsfaktor

$$\mathfrak{k}_{st} = \frac{e^{(\alpha_n - \alpha_p)\delta} - 1}{\alpha_n \cdot \delta - \alpha_p \cdot \delta\, e^{(\alpha_n - \alpha_p)\delta}}. \tag{22a}$$

109. Durchbruchsfeldstärke zwischen ebenen Elektroden. Der Ionisierungsfaktor wächst für

$$\alpha_n \cdot \delta - \alpha_p \cdot \delta \cdot e^{(\alpha_n - \alpha_p)\cdot\delta} = 0; \qquad \frac{\alpha_n \cdot \delta}{\alpha_p \cdot \delta} = \frac{e^{\alpha_n \cdot \delta}}{e^{\alpha_p \cdot \delta}} \tag{23}$$

über alle Grenzen an: es genügt in diesem Falle schon eine unendlich kleine Fremdionisierung zur Aufrechterhaltung eines endlichen Stromes. Die zur Hervorrufung des Zustandes (23) erforderliche Feldstärke heißt Durchbruchsfeldstärke. Der hier stattfindende Vorgang ist einem mechanischen Knickvorgang eines Stabes zu vergleichen: eine beliebig kleine Anfangsexzentrizität führt unter dem Einwirken der Knicklast zu unendlich großen Ausbiegungen des Stabes. Durch (23) in Verbindung mit (10 p) und (10 n) ist die Durchbruchsfeldstärke bestimmt. Insbesondere ist bei Normaldruck $\alpha_p \ll \alpha_n$ (siehe Nr. 102), daher aus (23)

$$(\alpha_n - \alpha_p)\,\delta = \ln\frac{\alpha_n}{\alpha_p}; \qquad \delta = \frac{\ln\frac{\alpha_n}{\alpha_p}}{\alpha_n - \alpha_p} = \sim \frac{\ln\frac{\alpha_n}{\alpha_p}}{\alpha_n}. \tag{23a}$$

Führt man hier (10 p) und (10 n) ein, so entsteht

$$\delta = \frac{\ln\dfrac{N_n \cdot e^{-\frac{E_a \cdot N_n}{\mathfrak{E}}}}{N_p \cdot e^{-\frac{E_a \cdot N_p}{\mathfrak{E}}}}}{N_n \cdot e^{-\frac{E_a \cdot N_n}{\mathfrak{E}}}} = \frac{\ln\dfrac{N_n}{N_p} + \dfrac{E_a(N_p - N_n)}{\mathfrak{E}}}{N_n \cdot e^{-\frac{E_a \cdot N_n}{\mathfrak{E}}}} \tag{24}$$

und, da die Anzahl N_n Stöße der negativen Ionen weit kleiner als die Stoßzahl N_p der positiven Ionen ist,

$$\delta = \sim \frac{E_a \cdot N_p}{N_n} \cdot \frac{e^{\frac{E_a \cdot N_n}{\mathfrak{E}}}}{\mathfrak{E}} = \frac{N_p}{N_n^2} \cdot \left(e^{\frac{E_a \cdot N_n}{\mathfrak{E}}}\right) \cdot \frac{E_a \cdot N_n}{\mathfrak{E}}. \tag{24a}$$

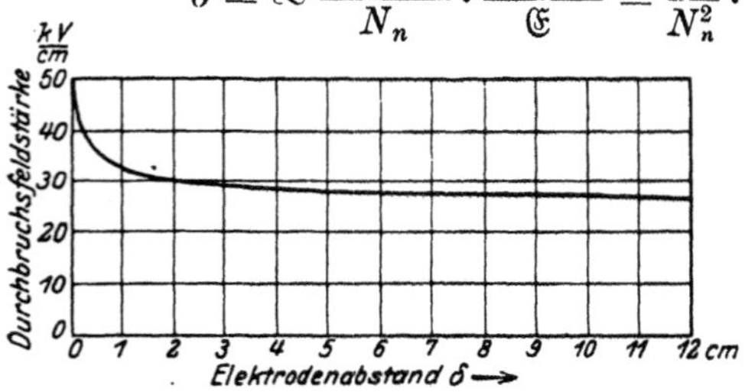

Abb. 116a. Durchbruchsfeldstärke zwischen ebenen Elektroden nach W. O. Schumann.

Die hierin ausgesprochene Beziehung zwischen Durchbruchsfeldstärke und Elektrodenabstand gibt den qualitativen Verlauf der Abhängigkeit für nicht zu kleine Abstände δ richtig wieder, reicht aber für eine quantitative Darstellung nicht aus. Der Grund hierfür liegt in dem Versagen der Gl. (10p), (10n), welche nur für niedrige Drücke in Übereinstimmung mit den Beobachtungen sind. Man ist daher vorerst gezwungen, die Gl. (24) fallen zu lassen; an ihre Stelle tritt dann zweckmäßig eine empirische Beziehung zwischen Durchbruchsfeldstärke und Elektrodenabstand. Diese ist in Abb. 116a nach W. O. Schumann dargestellt. Aus ihr läßt sich durch Multiplikation mit δ leicht die Durchbruchsspannung oder Zündspannung

$$E_z = \mathfrak{E} \cdot \delta$$

entwickeln. (Abb. 116b).

Existenz und Größe der Zündspannung ist für alle Gasentladungsstrecken von grundlegender Bedeutung. Ihre Berechnung erfolgt auf dem von uns angegebenen Wege unter Berücksichtigung der geometrischen Form der Elektroden. Sie ist jedoch bisher erst für wenige einfache Formen in befriedigender Weise durchgeführt, so daß man auch hier meist auf das Experiment, zumindest aber auf Einführung experimentell gefundener Ionisierungszahlen α_p und α_n angewiesen ist.

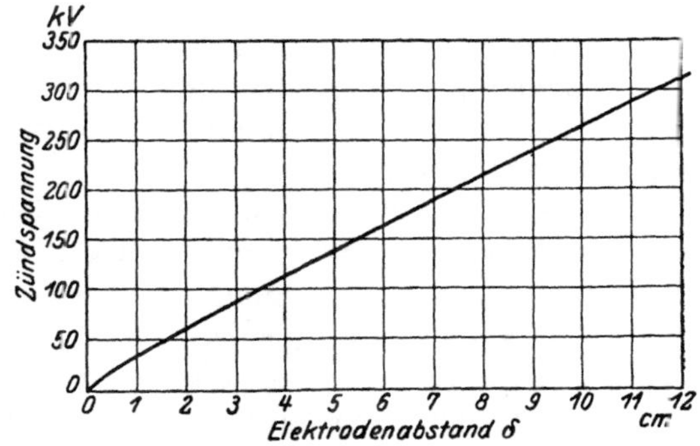

Abb. 116b. Zündspannung zwischen ebenen Elektroden.

110. Entladeverzug. Steigert man die zwischen den Elektroden liegende Spannung langsam, so stellt sich der durch Gl. (22) bestimmte Strom nicht momentan ein. Die Zeit, welche bis zum Erreichen des stationären Zustandes verstreicht, ist wesentlich durch die Stärke der Fremdionisierung gegeben. Insbesondere kann sie bei schwacher Fremdionisierung außerordentlich hohe Werte annehmen; umgekehrt geht sie bei starker Fremdionisierung auf unmeßbar kleine Beträge herab.

Die genannte Erscheinung hat zur Folge, daß nach Erreichen der Durchbruchsspannung noch eine endliche Zeit vergeht, bis der Durchbruch erfolgt. Diese Zeit heißt der Entladeverzug. Innerhalb des Entladeverzuges kann die Elektrodenspannung ein Vielfaches der Durchbruchsspannung erreichen, ohne daß der Durchbruch erfolgt. Diese für die Arbeitsweise der technischen Ionenströmung höchst unerwünschte Erscheinung wird mit Sicherheit vermieden, wenn eine künstliche Fremdionisierungsquelle zur Unterstützung der natürlichen (Nr. 105) eingreift. Als Fremdionisatoren werden fast stets lichtelektrische Ionisatoren in Form von Funkenstrecken oder Bogenlampen angewandt, welche neben den zu ionisierenden Raum gestellt werden.

γ) Selbständige Entladung.

111. Definition der selbständigen Entladung. Eine Ionenströmung heißt selbständig, wenn sie zu ihrer Existenz keines fremden Ionisators bedarf.

Die Formen der selbständigen Ionenströmung sind je nach den äußeren Bedingungen mannigfacher Art. Wir beschränken uns daher auf die hochfrequenztechnisch wichtigen, selbständigen Gasentladungen: Funken und Lichtbogen.

112. Der stationäre Funken. Nach Überschreiten der Durchbruchsfeldstärke strömen die Ionen innerhalb eines hoch erhitzten Gasschlauches von Elektrode zu Elektrode. Diese Erscheinung soll im folgenden dann als Funken bezeichnet werden, wenn und solange die Elektrodentemperatur niedrig gegen die Temperatur der Entladungsstrecke ist. Diese Erklärung schließt die Beschränkung auf kurzzeitige Entladungen in sich.

Das Feld der Funkenbahn weicht von dem statischen Felde, das bis zum Erreichen der Zündspannung wirkte, stark ab.

In hinreichender Entfernung von den Elektroden ist der Strömungszustand in aufeinanderfolgenden Querschnitten merklich derselbe, das Feld also homogen: Es gelten die Gesetze der gemischt-unselbständigen Strömung für den Grenzfall des Durchbruches. Hierbei ist indessen zu beachten, daß infolge der hohen Temperatur der Entladungsbahn die freien Weglängen der Ionen sehr groß sind, die Ionisierungszahlen daher weit höhere Werte als in Luft normaler Temperatur besitzen. Dieser „Raumeffekt" wird durch eine Selbstionisation durch die ungeordnete Wärmebewegung der Gasmoleküle (thermische Ionisation) und die Einwirkung der von den Wänden der Funkenbahn ausgehenden ultravioletten Strahlung verstärkt. Es ist daher zur Aufrechterhaltung einer kräftigen Ionenströmung nur eine sehr kleine „Durchbruchs"-Feldstärke erforderlich.

An den Ansatzstellen der Funkenbahn an die Elektroden findet ein Temperatursturz bis auf Normaltemperatur statt. In der unmittelbaren Umgebung der Elektroden kann daher die selbständige Strömung nur durch Ionenstoß aufrechterhalten werden.

An der Kathodenoberfläche müssen negative Ionen (Elektronen) durch den Stoß positiver Ionen aus dem Atomverband geschlagen werden. Die positiven Ionen ihrerseits entquellen dem Bande der Funkenbahn auf dem der Kathode zugewandten Ende; sie werden dort durch den Stoß der von der Kathode heraneilenden Elektronen erzeugt. Diese eigentümliche wechselwirkende Ionisierung wird als zweifache Grenzionisierung bezeichnet. Zu ihrer Aufrechterhaltung müssen die Ionen mindestens ihre Ionisierungsspannung frei durchlaufen. Unmittelbar vor der Kathode befindet sich daher ein nichtleuchtender Raum, innerhalb dessen ein Spannungsabfall von der Größe der Ionisierungsspannung erfolgt, der Kathodenfall. Dieselben Erscheinungen spielen sich an der Anode ab, mit dem Unterschiede, daß es dort die negativen Ionen sind, welche an der Elektrodenoberfläche die positiven Ionen zu erzeugen haben; die hierzu erforderliche Spannung heißt der Anodenfall. Da die Ionisierungsspannung der positiven Ionen weit größer ist als die der negativen (Nr. 104), übertrifft der Kathodenfall den Anodenfall beträchtlich.

Nach vorstehendem ergibt sich der gesamte Spannungsverlauf im Funken aus Kathodenfall, „Durchbruchsspannung" der leuchtenden Gasstrecke und Anodenfall nach Abb. 117a.

Hierin sind Anodenfall und Kathodenfall als Ionisierungsspannungen von der Stromstärke des Funkens unabhängig; diese beeinflußt nur die „Durchbruchsspannung". Bei mäßigen Funkenlängen sind Anoden- und Kathodenfall groß gegen den Spannungsabfall im leuchtenden Bande. Daher nimmt die Funkenspannung mit wachsender Stromstärke nur ganz schwach ab, um sich schließlich dem durch die Summe von Anoden- und Kathodenfall gegebenen Grenzwerte zu nähern.

Diese Beziehung zwischen Funkenspannung und Strom wird durch die in Abb. 117b dargestellte Funkencharakteristik veranschaulicht, in welche die Zündspannung ebenfalls eingetragen ist.

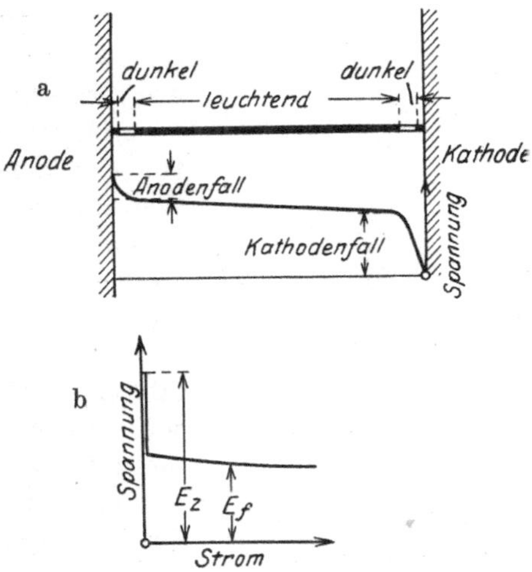

113. Der dynamische Funken. Bei zeitlichen Änderungen des Stromes wird die Beziehung zwischen Elektrodenspannung und Stromstärke ebenfalls durch eine eindeutige Charakteristik dargestellt.

Solange der Strom während seiner Änderungen stets positiv bleibt, verschiebt sich der Betriebspunkt auf der in Abb. 117b gegebenen statischen Charakteristik, die Elektrodenspannung bleibt also annähernd konstant.

Schwankt jedoch der Strom vom positiven zum negativen Werte, so sind mehrere Fälle zu unterscheiden:

1. Bei stetigen Stromänderungen ist im Augenblick der Stromrichtungsumkehr noch die gesamte vorherige Strombahn von Ionen erfüllt. Der Richtungswechsel der Strömung erfordert daher nur die Vertauschung der Wirkungsstellen von Anoden- und Kathodenfall, ohne daß hier eine erneute „Zündung" notwendig wäre. Diese Erscheinung wird begünstigt durch Metalldampf, welcher sich von den Elektroden ablöst und in die Entladungsbahn tritt. Man erhält hiernach die in Abb. 118a dargestellte dynamische Charakteristik für stetige Stromänderungen.

2. Ist die Strömung in positiver Richtung von der Strömung in negativer Richtung durch eine stromlose Pause getrennt, so nimmt die Ionenzahl im Entladungsraum rasch ab, der von den Elektroden losgelöste Metalldampf entweicht. Es ist daher vor der Stromumkehr ein erneuter Aufbau eines statischen Feldes und hiernach eine erneute

Zündung erforderlich. Man erhält daher die in Abb. 118b dargestellte dynamische Charakteristik für unstetige Strömungen.

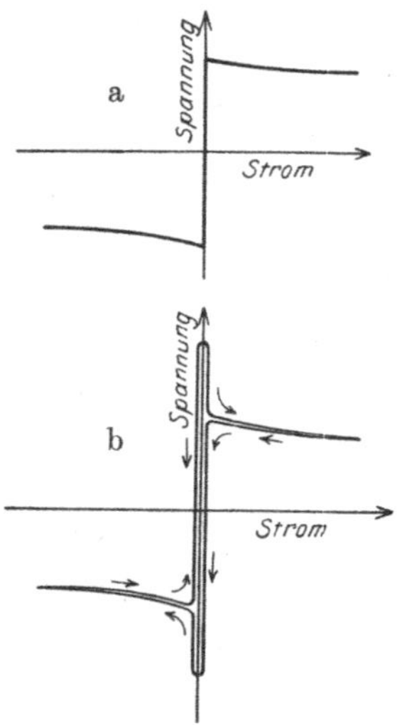

Abb. 118. Dynamische Funkencharakteristiken.

Die beschriebene Erscheinung kann durch äußere Mittel begünstigt werden:

a) künstliche Kühlung der Elektroden (große Kühlflächen, Kühlrippen, Ventilation),

b) schnelle Entionisierung des Entladungsraumes nach Aufhören des Stromes (Quermagnetfeld, Durchtrieb bewegter Luft),

c) Kühlung der Gasstrecke (Verwendung von Gas hoher Wärmeleitfähigkeit, wie etwa Wasserstoff, Leuchtgas).

Funkenstrecken, welche diese Bedingungen erfüllen, werden Löschfunkenstrecken genannt. Zwischen den Löschfunkenstrecken und den nach 1. wirkenden Funkenstrecken existieren zahlreiche Übergangsformen, die auf mehr oder minder vollkommene Löschwirkung zurückzuführen sind.

114. Der stationäre Lichtbogen. Wenn der Strom der selbständigen Entladung hohe Werte annimmt, beginnen sich die Elektroden infolge des Aufpralles der Ionen zu erhitzen. Infolgedessen entweichen aus der Kathode Elektronen, welche unter dem Einfluß des elektrischen Feldes in den Entladungsraum hineinwandern, die dort stattfindenden Ionisierungsvorgänge nach Art eines Fremdionisators unterstützend. Diese wesentlich auf Voraussetzung hoher Kathodentemperatur beruhende Gasentladung soll dann als Lichtbogen bezeichnet werden, wenn und solange die Elektrodentemperatur hoch gegen die Gastemperatur ist.

Durch das Eingreifen der Elektronen in den Ionisierungsvorgang wird die Feldstärke in der leuchtenden Entladung so weit herabgesetzt, daß dort die Feldstärke völlig vernachlässigt werden kann. Die gesamte Elektrodenspannung geht in steigendem Maße auf die Grenze Elektrode—Gas über. Die dem Lichtbogen zugeführte Leistung

$$N = E \cdot J\,, \tag{26}$$

welche die Beschleunigungsarbeit der den Kathoden- und Anodenfall durcheilenden Ionen leistet, wird daher beim Aufprall der Ladungsträger auf die Elektroden zum größten Teil zur Erhitzung der Elektroden auf die Temperatur T verbraucht. Im stationären Zustande muß diese elektrisch aufgenommene Leistung in Form von Temperaturstrahlung und -leitung wieder abgegeben werden. Wir können daher

$$N = S \cdot T \tag{27}$$

setzen, wo S eine Konstante der Elektrodenabmessungen bedeutet. Der gesamte Lichtbogenstrom setzt sich aus dem der Kathode entströmenden Elektronenstrom und dem positiven Ionenstrom zusammen. In der Gasstrecke kompensieren sich Elektronen- und Ionenladung. Den aus der Kathode emittierten Elektronen steht eine bewegungshindernde Raumladung nicht im Wege. Es entströmt daher der Kathode der bei der gegebenen Temperatur erreichbare Sättigungsstrom (Nr. 83),

$$J_{\mathrm{el}} = A\sqrt{T}\cdot e^{-\frac{B}{T}}. \tag{28}$$

Der positive Ionenstrom ist bei fest angenommenem Felde im Gasraum dem Elektrodenstrom proportional.

$$J_{\mathrm{j}} = J_{\mathrm{el}}\cdot \alpha_n \cdot \delta. \tag{29}$$

Durch Zusammenfassung von (28) und (29) folgt also

$$\left.\begin{aligned} J &= J_{\mathrm{el}} + J_{\mathrm{j}} = J_{\mathrm{el}}\cdot(1+\alpha_n\cdot\delta)\\ &= A'\cdot\sqrt{T}\cdot e^{-\frac{B}{T}}. \end{aligned}\right\} \tag{30}$$

Führen wir hier die Beziehung (27) zwischen N und T ein, so entsteht

$$J = A'\cdot\sqrt{\frac{N}{S}}\cdot e^{-\frac{BS}{N}} = a\cdot\sqrt{N}\cdot e^{-\frac{b}{N}}. \tag{30 a}$$

Der Zusammenhang zwischen Leistung und Strom wird daher durch die bereits in Nr. 83 benutzte, in Abb. 119 dargestellte Funktion gegeben. Für die Anwendungen ist es zweckmäßig, den Strom in Abhängigkeit von der Lichtbogenspannung zu kennen. Man erhält diese Abhängigkeit leicht aus Abb. 119 durch Division des Leistungswertes durch den zugehörigen Stromwert. Die resultierende Funktion besitzt hyperbelförmigen Verlauf. Diese sog. statische Lichtbogencharakteristik kann daher in guter Näherung in der Form

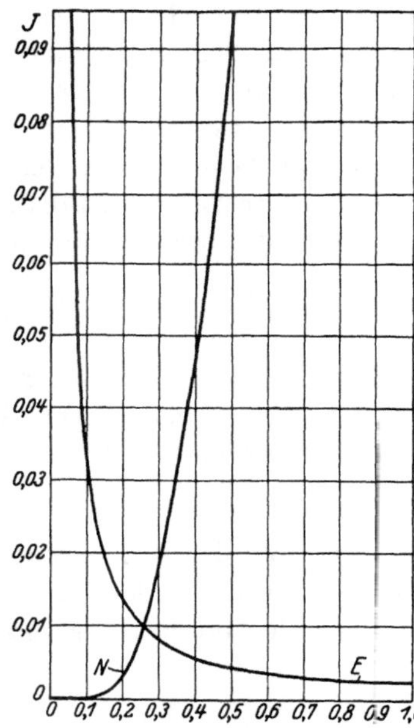

Abb. 119. Stromleistungs- und Stromspannungscharakteristik des stationären Lichtbogens.

$$E = h + \frac{k}{J} \tag{31}$$

dargestellt werden. Diese Form wurde zuerst von Ayrton empirisch gefunden, welcher auch die „Lichtbogenkonstanten" h und k für verschiedene Fälle angab[1]). Die gefundene Charakteristik gilt, ihrer Ab-

[1]) Vgl. Zenneck-Rukop: Lehrbuch der drahtlosen Telegraphie S. 470. Stuttgart: Encke 1925.

leitung nach, nur, solange die Heizleistung an den Elektroden groß ist gegen die im Entladungsraum umgesetzte Leistung. Sie versagt daher insbesondere für sehr kleine Spannungen, bei welchen die Lichtbogencharakteristik in die Funkencharakteristik übergeht. Ebenso ist bei langen Entladungsstrecken dem Spannungsverlust in der Gassäule durch eine Zusatzspannung Rechnung zu tragen, welche dem Elektrodenabstand proportional anwächst.

115. Der dynamische Lichtbogen. Schwankungen der Elektrodentemperatur folgt der Elektronenstrom trägheitslos, solange die Flugzeit von der Kathode zur Anode klein ist gegen die Schwingungsdauer. Setzen wir diese Bedingung als erfüllt voraus, so gilt Gl. (30a) auch für den dynamischen Lichtbogen.

Während im stationären Zustand die gesamte elektrische Leistung N in jedem Augenblick abgeführt wird, wird im dynamischen Zustande ein gewisser Teil zur Aufladung der Wärmekapazität W der Elektroden verbraucht. Die Leistungsgleichung lautet daher

$$N = T \cdot S + \frac{dT}{dt} \cdot W. \tag{32}$$

Diese Gleichung erlaubt, für einen bekannten zeitlichen Verlauf der Leistung die Abhängigkeit der Temperatur von der Zeit zu ermitteln. Wir spezialisieren auf das Zeitgesetz

$$N = N_0 + N_1 \cdot \cos \omega t. \tag{33}$$

Zur Lösung der Differentialgleichung (32) beschränken wir uns auf die Untersuchung stationärer Schwingungen. Dieser Voraussetzung geben wir durch Einführung komplexer Schreibweise Ausdruck:

$$N = N_0 + \Re e(\overline{N}_1 \cdot e^{j\omega t}),$$
$$T = T_0 + \Re e(\overline{T}_1 \cdot e^{j\omega t}).$$

Aus (32) folgt also

$$\left.\begin{aligned} N_0 &= T_0 \cdot S; \quad T_0 = \frac{N_0}{S} \\ \text{und} \quad \overline{N}_1 &= \overline{T}_1(S + j\omega W); \quad \overline{T}_1 = \frac{\overline{N}_1}{S + j\omega W}. \end{aligned}\right\} \tag{34}$$

Durch Übergang zur reellen Form wird

$$T = \frac{N_0}{S} + \frac{N_1 \cdot \cos(\omega t - \varphi)}{S\sqrt{1 + \frac{\omega^2 \cdot W^2}{S^2}}}; \qquad \operatorname{tg}\varphi = \frac{\omega W}{S}. \tag{34a}$$

Setzen wir zur Abkürzung

$$\sqrt{1 + \frac{\omega^2 \cdot W^2}{S^2}} = w, \tag{35}$$

so wird durch Einsetzen von (34) in (30a)

$$J = a \cdot \sqrt{N_0 + \frac{N_1 \cdot \cos(\omega t - \varphi)}{w}} \cdot e^{-\frac{b}{N_0 + \frac{N_1 \cos(\omega t - \varphi)}{w}}}. \tag{36}$$

Hierdurch liegt der Verlauf des Stromes fest. Er ergibt zusammen mit dem Leistungsgesetz (33) die dynamische Lichtbogencharakteristik. Abb. 120 zeigt ihre Konstruktion, Abb. 121 eine Schar von Charakteristiken für verschiedene Leistungsamplituden bei konstanter Frequenz: Durch den Einfluß der Wärmeaufspeicherung in den Elektroden

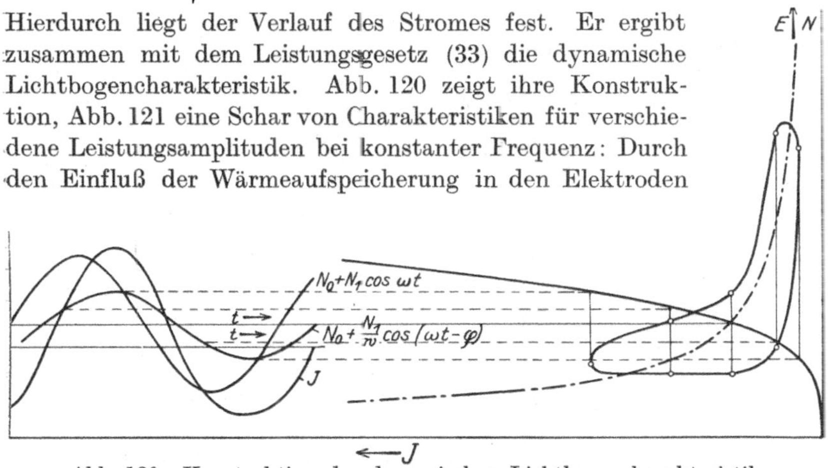

Abb. 120. Konstruktion der dynamischen Lichtbogencharakteristik.

wird die vordem eindeutige Stromspannungskurve in eine hysteresisartige Kurve auseinandergezerrt (**Lichtbogenhysterese**).

Für die Anwendungen ist es bequem, den analytischen Ausdruck der Lichtbogenhysterese für extrem kleine Schwingungen zu besitzen. Wir schreiben Gl. (30a) der Abkürzung halber formal

$$J = f(T), \tag{30b}$$

so daß im stationären Zustande mit (27)

$$\left.\begin{aligned} J_0 &= f(T_0) \\ N_0 &= E_0 J_0 = S \cdot T_0 \end{aligned}\right\} \tag{37}$$

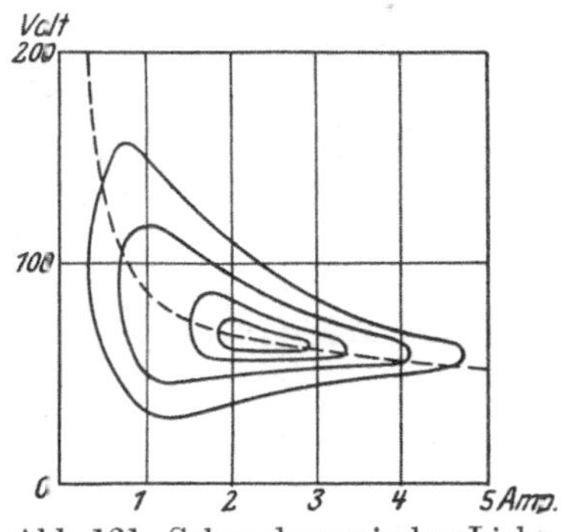

Abb. 121. Schar dynamischer Lichtbogencharakteristiken für konstante Frequenz und veränderliche Schwingleistung.

gilt. Für kleine Zustandsänderungen sei

$$\left.\begin{aligned} T &= T_0 + T_1; \quad T_1 \ll T_0 \\ J &= J_0 + J_1; \quad J_1 \ll J_0 \\ E &= E_0 + E_1; \quad E_1 \ll E_0 \\ N &= N_0 + N_1; \quad N_1 \ll N_0 \end{aligned}\right\} \tag{38}$$

also

$$N_1 = E_0 J_1 + J_0 E_1,$$

so entsteht aus (30b) und (32) mit Beachtung von (37) das System

$$J_1 = f'(T_0) \cdot T_1, \tag{39}$$

$$N_1 = E_0 J_1 + J_0 E_1 = S \cdot T_1 + W \frac{dT_1}{dt}, \tag{40}$$

also, mit Elimination von T_1,

$$\left.\begin{aligned} E_1 &= \frac{S \cdot J_1}{f'\left(\frac{N_0}{S}\right) \cdot J_0} - \frac{E_0}{J_0} \cdot J_1 + \frac{W}{f'\left(\frac{N_0}{S}\right) \cdot J_0} \cdot \frac{dJ_1}{dt} \\ &= -J_1 \left(\frac{E_0}{J_0} - \frac{S}{f'\left(\frac{N_0}{S}\right) \cdot J_0}\right) + \frac{W}{f'\left(\frac{N_0}{S}\right) \cdot J_0} \cdot \frac{dJ_1}{dt}. \end{aligned}\right\} \tag{40a}$$

Setzen wir zur Abkürzung

$$r = \frac{E_0}{J_0} - \frac{S}{f'\left(\frac{N_0}{S}\right) \cdot J_0}; \quad l = \frac{W}{f'\left(\frac{N_0}{S}\right) \cdot J_0}, \tag{41}$$

so wird die Analogie des Lichtbogens mit der Reihenschaltung eines (negativen) Widerstandes r mit der wirksamen Induktivität l offenbar. Insbesondere ist demnach r mit der Neigung der statischen Charakteristik identisch.

Der Ansatz (30b) läßt den Einfluß variablen Feldes auf den positiven Ionenstrom [siehe Gl. (29)] unberücksichtigt. Soll auch dieser rechnerisch erfaßt werden, so kann (30b) in

$$J = f(T, E) \tag{30c}$$

erweitert werden. Bei kleinen Zustandsänderungen wird

$$J_1 = \frac{\partial f}{\partial T} \cdot T_1 + \frac{\partial f}{\partial E} E_1; \qquad T_1 = \frac{J_1 - \frac{\partial f}{\partial E} E_1}{\frac{\partial f}{\partial T}}. \tag{30d}$$

Durch Einsetzen dieses Ausdruckes in (40) entsteht

$$E_0 J_1 + J_0 E_1 = S \cdot \frac{J_1 - \frac{\partial f}{\partial E} E_1}{\frac{\partial f}{\partial T}} + W \cdot \frac{\frac{dJ_1}{dt} - \frac{\partial f}{\partial E} \cdot \frac{dE_1}{dt}}{\frac{\partial f}{\partial T}}, \tag{40b}$$

also

$$E_1 \left[J_0 + \frac{S \cdot \frac{\partial f}{\partial E}}{\frac{\partial f}{\partial T}}\right] + \frac{dE_1}{dt} \cdot W \frac{\frac{\partial f}{\partial E}}{\frac{\partial f}{\partial T}} = J_1 \left[\frac{S}{\frac{\partial f}{\partial T}} - E_0\right] + \frac{dJ_1}{dt} \frac{W}{\frac{\partial f}{\partial T}}. \tag{40c}$$

Mit den Abkürzungen

$$J_0 + S\frac{\frac{\partial f}{\partial E}}{\frac{\partial f}{\partial T}} = c_3; \quad W\frac{\frac{\partial f}{\partial E}}{\frac{\partial f}{\partial T}} = c_4; \quad \frac{S}{\frac{\partial f}{\partial T}} - E_0 = c_1; \quad \frac{W}{\frac{\partial f}{\partial T}} = c_2 \tag{42}$$

wird aus (40c)

$$E_1 \cdot c_3 + \frac{dE_1}{dt} \cdot c_4 = J_1 \cdot c_1 + \frac{dJ_1}{dt} \cdot c_2 . \tag{40d}$$

Diese Beziehung läßt sich in komplexer Form schreiben

$$\bar{E}_1[c_3 + j\,\omega\,c_4] = \bar{J}_1[c_1 + j\,\omega\,c_2] \tag{40e}$$

und zeigt an, daß sich der Lichtbogen wie ein komplexer Widerstand der Größe

$$\mathfrak{r} = \frac{\bar{E}_1}{\bar{J}_1} = \frac{c_1 + j\,\omega\,c_2}{c_3 + j\,\omega\,c_4} \tag{43}$$

verhält. Hierin ist c_4 nach (42) als kleine Größe zu betrachten, so daß für mäßige Frequenzen (43) in (41) übergeht.

Der komplexe Widerstand läßt sich nach den Ergebnissen der Nr. 55 dahin deuten, daß die dynamische Charakteristik die Form einer **Ellipse** besitzt. Hierbei weist die Frequenzabhängigkeit der Größe $\mathfrak{r}$ auf eine Veränderung der Ellipsenlage mit der Frequenz hin. Insbesondere ergibt sich für extrem hohe Frequenzen

$$\lim_{\omega \to \infty} \mathfrak{r} = \frac{c_2}{c_4} . \tag{44}$$

Hier ist sowohl c_2 wie c_4 stets positiv, wie aus der Bedeutung dieser Ausdrücke hervorgeht. Daher nähert sich mit wachsender Frequenz das Verhalten des Lichtbogens dem eines sehr hohen (positiven) Ohmschen Widerstandes. Im Zusammenhang mit den aus Gl. (41) gezogenen Folgerungen ergibt sich also: Die Hauptachse der Charakteristik-Ellipse dreht sich mit wachsender Frequenz von ihrer Tangentenlage mit der statischen Charakteristik über die Horizontallage weg bis in nahezu Vertikallage.

Die Theorie der dynamischen Vorgänge im Lichtbogen ist zuerst von H. Th. **Simon** entwickelt worden; in der **Simon**schen Theorie wird im Gegensatz zu (30c) der „Widerstand" $\frac{E}{J}$ des Lichtbogens als Temperaturfunktion angesetzt. Trotz dieses Unterschiedes stimmen die hier gefundenen Ergebnisse mit den **Simon**schen überein, sofern man nur den dynamischen Konstanten c_1, c_2, c_3, c_4 eine etwas veränderte Bedeutung erteilt.

B. Die Schwingungserzeugung.

I. Freie Schwingungen.

1. Der Schwingungsverlauf.

a) Einfach harmonische Schwingungen.

Grundlagen.

116. Der Schwingungskreis. Das Grundgebilde der Schwingungserzeugung entsteht durch Vereinigung eines Kondensators als Träger elektrischer Verschiebungsströme mit einer Spule als Träger magnetischer Verschiebungsströme zum konzentrierten oder geschlossenen Schwingungskreise nach Abb. 122. Die notwendigen Verbindungsleitungen sind als Drähte ausgebildet.

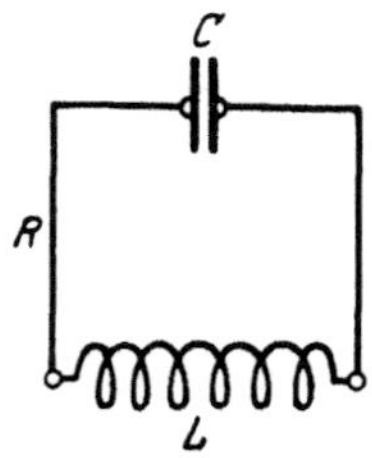

Abb. 122. Geschlossener Schwingungskreis.

Als Ergebnis der Untersuchung des dynamischen Feldes der Kondensatoren, Spulen und Widerstände haben wir im Kapitel A die Begriffe und die Größen der dynamischen Kapazität, Induktivität und des dynamischen Widerstandes gewonnen.

Die Bestimmungsstücke des Schwingungskreises sind daher jetzt in voller Strenge erfaßbar durch Angabe von wirksamer Kapazität, Induktivität und Widerstand für die Betriebsfrequenz, ohne daß eine nochmalige Untersuchung der dynamischen Feldstruktur notwendig wird.

Wir werden im folgenden mit den dynamischen Werten rechnen; der größeren Einfachheit und bequemeren Schreibweise wegen soll jedoch der Index w der wirksamen Größen als selbstverständlich fortgelassen werden.

117. Die Schwingungsgleichung. Der (dynamische) Strom J, welcher den Kondensator verläßt, ruft beim Durchströmen der Leitungsbahn zwischen Belegung und Belegung die (dynamische) Widerstandsspannung

$$E_R = J \cdot R \tag{1}$$

hervor. Zusammen mit der dynamischen Kondensatorspannung E_c ergibt sich die Umlaufsspannung längs der aus Spulendraht und Randfeldlinie des Kondensators gebildeten Kontur

$$E_u = J \cdot R - E_c . \tag{2}$$

Ihr gleicht dem Induktionsgesetz zufolge die dynamische Spulenumlaufsspannung

$$E_u = - L \frac{dJ}{dt} , \tag{3}$$

während sich der Strom aus der dynamischen Spannung zu

$$J = -C\frac{dE_c}{dt}; \qquad E_c = -\frac{1}{C}\int J\,dt \tag{4}$$

bestimmt.

Die Verknüpfung von (2), (3) und (4) liefert für den Strom die Beziehung

$$J \cdot R = -\frac{1}{C}\int J\,dt - L\frac{dJ}{dt} \tag{5}$$

oder nach Differentiation und Division mit L

$$\frac{d^2J}{dt^2} + \frac{R}{L}\frac{dJ}{dt} + \frac{1}{LC}\cdot J = 0\,. \tag{5a}$$

Diese Gleichung wird als Schwingungsgleichung bezeichnet.

Der Lösung dieser Gleichung steht die Abhängigkeit der Größen C, L, R von dem Stromverlauf erschwerend im Wege. Wir suchen zunächst unter Vorbehalt des späteren Berechtigungsnachweises eine Lösung, welche konstanten Werten von R, L und C entspricht. Bekanntlich erfüllt dann die Funktion

$$J = I\,e^{\alpha t} \tag{6}$$

die Differentialgleichung (5a), sofern der Exponent α der charakteristischen Gleichung

$$\alpha^2 + \frac{R}{L}\alpha + \frac{1}{LC} = 0 \tag{7}$$

genügt. Wir setzen die Wurzeln dieser Gleichung

$$\alpha_{1,2} = -\frac{R}{2L} \pm \sqrt{\frac{R^2}{4L^2} - \frac{1}{LC}} = j\beta_{1,2}\,, \tag{8}$$

wo β die komplexe Kreisfrequenz heißt. Mit diesem Begriff ist formal der Anschluß an die Theorie des dynamischen Feldes in Kondensatoren (Nr. 32), Spulen (Nr. 53, 54) und Widerständen (Nr. 73, 74) erreicht, die Annahme konstanter Werte dieser Größen somit in der Tat als zulässig erwiesen. Allerdings sind sie nicht als gegeben anzunehmen, sondern gemäß ihrer besonderen Formung von der zu errechnenden komplexen Kreisfrequenz mittels ihrer dynamischen Feldstruktur funktionell abhängig. Die hierdurch geschaffene Komplikation läßt die schrittweise Auflösung der Gl. (7) mit Hilfe geeigneter Näherungsverfahren als zweckmäßig erscheinen.

Grundgesetze.

118. Die Schwingungsformen. Die Näherungslösung, welche nach den Entwicklungen der vorigen Nummer aufzusuchen ist, benutzt als Ausgangspunkt die statischen Werte der Größen C, L, R. Hierdurch ist der Gültigkeitsbereich der folgenden Formeln auf hinreichend niedrige Frequenzen beschränkt.

Werden die statischen, als bekannt zu erachtenden Größen der C, L, R in (7) eingeführt, so werden sämtliche Koeffizienten positiv und reell. Diese Voraussetzung genügt zur Eingrenzung verschiedener Schwingungsformen:

a) Im Falle der Ungleichung

$$\frac{R^2}{4L^2} > \frac{1}{LC} \tag{9}$$

sind beide Wurzeln in (8) reell und negativ. Der Strom besteht daher im allgemeinen aus zwei Anteilen, deren Absolutwerte monoton abnehmen und schließlich unter jede Grenze sinken. Dieser Entladungsform mangelt jedes Kennzeichen einer Schwingung; sie wird aperiodisch genannt. Ein Schwingungskreis, dessen Daten der Ungleichung (9) genügen, heißt aperiodischer Kreis.

b) Der Bedingung (9) gegenüber steht

$$\frac{R^2}{4L^2} < \frac{1}{LC}. \tag{10}$$

Wir setzen abkürzungsweise

$$\frac{R}{2L} = \delta; \qquad \sqrt{\frac{1}{CL} - \frac{R^2}{4L^2}} = \omega, \tag{11}$$

so daß aus (8)

$$\alpha_{1,2} = -\delta \pm j\,\omega = j\,\beta_{1,2} \tag{8a}$$

entsteht. Hiermit lautet das Integral von (5 a) mit Hinzufügung zweier Integrationskonstanten

$$\overline{J} = \overline{I}_1 e^{-\delta t + j\omega t} + \overline{I}_2 e^{-\delta t - j\omega t}. \tag{12}$$

Wählen wir insbesondere $\overline{I}_2$ zu $\overline{I}_1$ konjugiert komplex, so entsteht

$$\overline{J} = \overline{I}_1 e^{-\delta t + j\omega t} + \overline{I}_1^* e^{-\delta t - j\omega t}. \tag{12a}$$

Eine physikalisch mögliche Lösung folgt hieraus durch Abspaltung des Realteiles

$$\left.\begin{aligned} J = \Re e(\overline{J}) &= \Re e(\overline{I}_1 e^{-\delta t + j\omega t} + \overline{I}_1^* e^{-\delta t - j\omega t}) \\ &= \Re e(2\,\overline{I}_1 e^{-\delta t + j\omega t}) \\ &= \Re e(\overline{I} e^{-\delta t + j\omega t}), \end{aligned}\right\} \tag{12b}$$

wo von einer bekannten Eigenschaft konjugiert komplexer Zahlen Gebrauch gemacht ist und $\overline{I} = 2\,\overline{I}_1$ substituiert ist.

Wird $\overline{I} = A + jB$ gesetzt, so läßt sich die in (12 b) geforderte Abspaltung ausführen und liefert

$$J = e^{-\delta t}[A \cos\omega t - B \sin\omega t]. \tag{12c}$$

Der Strom besteht also aus zwei einfach harmonischen Schwingungen der Kreisfrequenz ω, deren Amplituden monoton abnehmen, um schließlich unter jede Grenze zu sinken.

c) Als Grenzfall ist die Möglichkeit

$$\frac{R^2}{4\,L^2} = \frac{1}{L\,C} \tag{13}$$

zwischen (9) und (10) gestellt. Die Wurzel der Gl. (8) wird einwertig, der Ansatz (6) liefert daher nur eine Partikularlösung der Schwingungsgleichung. Das allgemeine Integral findet man aus (12) durch Ausführung des Grenzüberganges $\frac{1}{L\,C} - \frac{R^2}{4\,L^2} \rightarrow 0$ in der Form

$$J = I_1 \cdot e^{-\delta t} + I_2 \cdot \delta t \cdot e^{-\delta t}, \tag{14}$$

wovon man sich durch Einsetzen leicht überzeugt. Der erste Anteil sinkt monoton gegen Null, während der zweite in seinem anfänglichen Anstieg noch einen letzten Ansatz zu einem schwingungsartigen Verlauf erkennen läßt (Abb. 123). Wegen dieser Eigentümlichkeit wird (13) als **aperiodischer Grenzfall** bezeichnet.

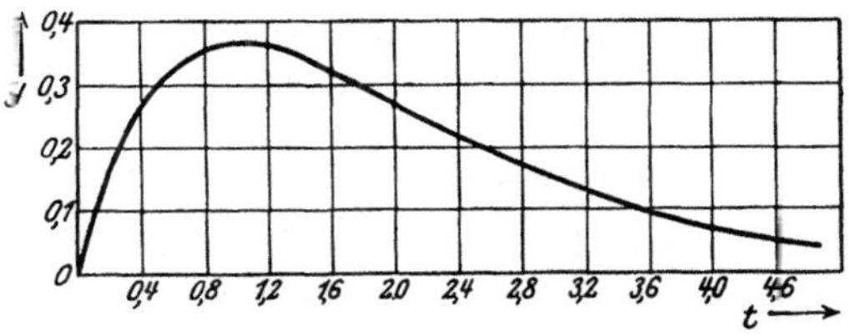

Abb. 123. Stromverlauf beim aperiodischen Grenzfall: Die Funktion $y = t \cdot e^{-t}$.

119. Die Schwingungskonstanten; erste Näherung. Nachdem die möglichen Schwingungsformen gegeneinander abgegrenzt sind, beschränken wir uns in der Folge auf den periodischen Fall, welcher praktisch der wichtigste ist. Zur Diskussion der entwickelten Formeln wird zunächst die in voriger Nummer benutzte Näherung: C, L, R gleich den statischen Werten beibehalten.

Neben der Kreisfrequenz ω wird als Maß der Schwingungsgeschwindigkeit die Periode oder Schwingungsdauer T benutzt. Sie ist definiert als kleinste Zeitdauer, welche zwei Schwingungszustände gleicher Phase trennt

$$e^{j\omega t} = e^{j\omega(t+T)} = e^{j[\omega t + 2\pi]}. \tag{15}$$

Die Schwingungsdauer ist hiernach mit der Frequenz und Kreisfrequenz durch die einfache Beziehung

$$\omega T = 2\pi; \qquad T = \frac{2\pi}{\omega} = \frac{1}{\mathfrak{f}} \tag{16}$$

verknüpft.

Mit Rücksicht auf (11) folgt

$$\omega = \sqrt{\frac{1}{L\,C} - \frac{R^2}{4\,L^2}}; \qquad T = \frac{2\pi}{\sqrt{\frac{1}{L\,C} - \frac{R^2}{4\,L^2}}}. \tag{11a}$$

Ist insbesondere der Widerstand so klein, daß

$$\frac{R^2}{4L^2} \ll \frac{1}{LC}, \tag{17}$$

so gilt mit großer Näherung die sog. Thomsonsche Formel

$$\omega^2 LC = 1\,; \qquad T_0 = 2\pi\sqrt{LC}. \tag{11 b}$$

Die Größe δ mißt die sekundliche Abnahme der Schwingungsintensität; sie wird der Dämpfungsfaktor genannt. Indem die Abnahme der Intensität auf das Verhältnis zweier, um eine volle Periode getrennter Ströme bezogen wird, gelangt man in

$$D = \frac{J(t)}{J(t+T)} = \frac{I\,e^{[-\delta+j\omega]t}}{I\,e^{[-\delta+j\omega][t+T]}} \tag{18}$$

zu einem neuen Dämpfungsmaß, dem Dämpfungsverhältnis. Mit Rücksicht auf (16) resultiert aus (18) der Wert

$$D = e^{\delta T} = e^{\pi\cdot\frac{R}{L}\cdot\frac{1}{\sqrt{\frac{1}{LC}-\frac{R^2}{4L^2}}}} = \sim e^{\pi R\cdot\sqrt{\frac{C}{L}}}, \tag{19}$$

wo von den Beziehungen (11 a), (11 b) Gebrauch gemacht ist. Ein dem Dämpfungsverhältnis gleichwertiges Dämpfungsmaß ist sein natürlicher Logarithmus

$$\vartheta = \ln D = \pi\frac{R}{L}\frac{1}{\sqrt{\frac{1}{LC}-\frac{R^2}{4L^2}}} = \sim \pi R\sqrt{\frac{C}{L}}, \tag{20}$$

welches als logarithmisches Dämpfungsdekrement bezeichnet wird.

Mit Benutzung des Dekrementes geht Gl. (11 a) in

$$T = \frac{2\pi}{\sqrt{\frac{1}{LC}-\frac{\vartheta^2}{T^2}}} = \frac{2\pi}{\sqrt{\frac{(2\pi)^2}{T_0^2}-\frac{\vartheta^2}{T_0^2}\cdot\frac{T_0^2}{T^2}}} = \frac{1}{\sqrt{\frac{1}{T_0^2}-\left(\frac{\vartheta}{2\pi}\right)^2\frac{1}{T_0^2}\cdot\frac{T_0^2}{T^2}}} \tag{11 b}$$

über. Nach Quadrierung und Umformung entsteht

$$T^2 = T_0^2\left[1+\left(\frac{\vartheta}{2\pi}\right)^2\right]. \tag{11 c}$$

Die Thomsonsche Gleichung ist also anwendbar, solange

$$\vartheta \ll 2\pi \tag{11 d}$$

erfüllt ist.

120. Oberschwingungen. Die elementare Bestimmung der Schwingungskonstanten nach den Regeln der vorigen Nummer hat zur Ermittlung einer einzigen komplexen Kreisfrequenz geführt, deren Komponenten als Grundfrequenz und -dämpfung bezeichnet seien. Dieses Ergebnis ist bei Berücksichtigung der in Nr. 117 genannten Verknüpfung von komplexer Kreisfrequenz und Größe von C, L, R nicht mehr aufrechtzuerhalten; vielmehr geht im allgemeinen Gl. (7) in eine transzendente Gleichung über, welche unendlich viele Wurzeln besitzt: zu der Grundschwingung tritt eine unbegrenzte Reihe von Oberschwingungen hinzu.

Soweit es nur auf die Ermittlung der Grundfrequenz ankommt, genügt es, mit den Werten der ersten Näherung in die dynamischen Feldgleichungen der Kondensatoren, Spulen, Widerstände einzugehen und deren wirksame Größen auszurechnen; diese liefern, rückwärts in die Frequenzgleichung eingesetzt, eine zweite Näherung. Durch sinngemäße Fortsetzung kann die Genauigkeit beliebig weit getrieben werden.

Dieses mühevolle Verfahren kann indessen für schwach gedämpfte Schwingungskreise entsprechend dem Kriterium (17) durch eine graphische Methode ersetzt werden, welche zudem außer der Grundschwingung sämtliche Oberfrequenzen liefert. Der Einfluß der Dämpfung auf die Größe der wirksamen Kapazität und Induktivität kann vernachlässigt werden, C und L werden Funktionen allein der Kreisfrequenz ω. Gl. (11b) kann also in der Form

$$\omega \cdot L(\omega) = \frac{1}{\omega \cdot C(\omega)} \tag{11c}$$

geschrieben werden, welche nur reelle Funktionen enthält und daher leicht graphisch gelöst werden kann.

Als Beispiel behandeln wir einen Schwingungskreis, welcher aus einem Plattenkondensator mit kreisförmigen Belegungen und einer einwindigen Spule zusammengesetzt ist.

Nach Gl. (65a), Nr. 32 ist die wirksame Kondensatorkapazität

$$C = C_0 \cdot \frac{2\,J_1\left(\frac{\omega}{c} P\right)}{\frac{\omega}{a} \cdot P \cdot J_0\left(\frac{\omega}{a} P\right)}, \tag{21}$$

wo C_0 die statische Kapazität, P den Plattenradius bedeutet. Für die Induktivität der einwindigen Spule von der Windungsweite l war in (44a), Nr. 53 Ausdruck

$$L = L_0 \cdot \frac{\operatorname{tg}\left(\frac{\omega}{a} l\right)}{\frac{\omega}{a} \cdot l} \tag{22}$$

abgeleitet worden, wo L_0 die statische Induktivität bedeutet. Im vorliegenden Fall nimmt also Gl. (11c) die besondere Gestalt an

$$L_0 \cdot \frac{\operatorname{tg}\frac{\omega}{a} l}{\frac{l}{c}} = \frac{1}{C_0 \cdot \frac{2\,J_1\left(\frac{\omega}{a} P\right)}{\frac{P}{c} \cdot J_0\left(\frac{\omega}{a} P\right)}}. \tag{23}$$

Ist
$$\omega \ll \frac{a}{l} \quad \text{und} \quad \omega \ll \frac{a}{P}, \tag{24}$$
so geht (23) in
$$L_0 \cdot \omega = \frac{1}{C_0 \cdot \omega} \tag{23a}$$
über. Der Vergleich mit (11b) lehrt, daß die Ungleichung (24) das Kriterium für die Zulässigkeit der ersten Näherung bildet.

Die genaue Konstruktion der Schwingungsfrequenz erfolgt durch Zeichnung der Kurven
$$\left.\begin{aligned} y_1 &= L_0 \cdot \frac{\operatorname{tg}\left(\omega \frac{l}{a}\right)}{\frac{l}{a}}, \\ y_2 &= \frac{1}{C_0 \dfrac{2 J_1\left(\omega \frac{P}{a}\right)}{\frac{P}{a} J_0\left(\omega \frac{P}{a}\right)}} \end{aligned}\right\} \tag{23b}$$
als Funktion von ω; ihre Schnittpunkte liefern gemäß (23) die Frequenz.

Als Beispiel behandeln wir einen Schwingungskreis mit den Daten:

Kondensator:

$\varepsilon/\varepsilon_0 = 1$, $P = 100$ cm, $a = 3 \cdot 10^{10}$ cm/sec, $C_0 = 250\,\text{cm} = \frac{250}{9 \cdot 10^{11}}$ Fa.

Spule:

$\varepsilon/\varepsilon_0 = 1$, $l = 100$ cm, $a = 3 \cdot 10^{10}$ cm/sec, $L_0 = 160\,\text{cm} = \frac{160}{10^9}$ Henry.

Hiermit lauten die Kurvengleichungen
$$y_1 = \frac{160}{10^9} \cdot \frac{\operatorname{tg}(\omega \cdot 0{,}33 \cdot 10^{-8})}{0{,}33 \cdot 10^{-8}} = 48 \operatorname{tg}(\omega \cdot 0{,}33 \cdot 10^{-8}),$$
$$y_2 = \frac{1}{\frac{250}{9 \cdot 10^{11}} \cdot \frac{2 J_1(\omega \cdot 0{,}33 \cdot 10^{-8})}{0{,}33 \cdot 10^{-8} \cdot J_0(\omega \cdot 0{,}33 \cdot 10^{-8})}} = 6 \cdot \frac{J_0(\omega \cdot 0{,}33 \cdot 10^{-8})}{J_1(\omega \cdot 0{,}33 \cdot 10^{-8})}.$$

Abb. 124 zeigt den Verlauf dieser Kurven für mäßige Frequenzwerte; wir entnehmen dem Schaubilde die ersten fünf Werte einer unbegrenzten Reihe von Schnittpunkten, welche nun die Eigenfrequenzen heißen. Die kleinste Eigenfrequenz heißt Grundfrequenz, die größeren werden als Oberfrequenzen bezeichnet. Alle Schwingungsvorgänge, deren Frequenz einer der Oberfrequenzen gleicht, werden Oberschwingungen genannt. Zahlenmäßig ergibt sich
$$\begin{aligned} \omega_0 &= 1{,}3 \cdot 10^8, \\ \omega_1 &= 9{,}1 \cdot 10^8, \\ \omega_2 &= 11{,}8 \cdot 10^8, \\ \omega_3 &= 18{,}6 \cdot 10^8, \\ \omega_4 &= 27{,}3 \cdot 10^8. \end{aligned}$$

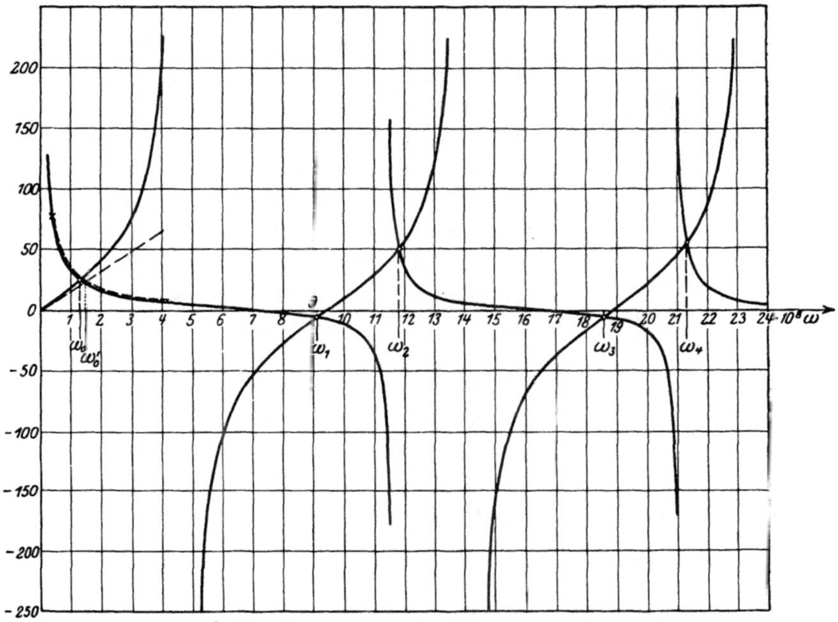

Abb. 124. Bestimmung der Oberschwingungen.

Diese Frequenzen stehen zueinander in irrationalen Verhältnissen. Wir vergleichen mit der gewonnenen genauen Lösung die Aussage der ersten Näherung,

$$\omega \cdot L_0 = \frac{1}{\omega \cdot C_0}; \qquad \omega \cdot \frac{160}{10^9} = \frac{1}{\omega \cdot \dfrac{250}{9 \cdot 10^{11}}},$$

wobei die Kurve y_1 in eine Gerade durch den Ursprung, die Kurve y_2 in eine gleichseitige Hyperbel übergeht (in Abb. 124 gestrichelt gezeichnet). Hier ergibt sich als einziger Schnittpunkt die Grundfrequenz in der Größe

$$\omega_0' = 1{,}5 \cdot 10^8$$

nicht unbeträchtlich größer als der genaue Wert. Die Existenz der Oberschwingungen wird von der Näherungslösung völlig verschwiegen.

121. Die Schwingungsvariabeln; der Schwingungswiderstand. Als Schwingungsvariabeln, welche den zeitlichen Verlauf des Gesamtvorganges beschreiben, benutzen wir Spulenstrom und Kondensatorspannung.

Die zweckmäßigste Darstellung des Spulenstromes liegt in der Form (12b) vor; wir können den Stromverlauf hiernach in einem Vektordiagramm zur Anschauung bringen. In der Gaußschen Zahlenebene wird (Abb. 125) die logarithmische Spirale $\bar{I}\,e^{-\delta t}$ aufgezeichnet, längs deren Kontur sich die Spitze eines um den Ursprung mit der Winkelgeschwindigkeit ω im mathematisch-positiven Sinne gedrehten Fahrstrahles bewegt; seine Projektion auf eine festgehaltene Zeitachse liefert dann gemäß (12b) den Momentanwert des Stromes, sofern die reelle Achse mit der Zeitachse identifiziert wird. Das gewonnene Diagramm stellt eine Verallgemeinerung des bekannten Vektordiagrammes für Wechselströme dar, indem mit $\delta = 0$ die Spirale in einen Kreis degeneriert. In diesem Zusammenhang wird die komplexe Kreisfrequenz (8a) auch die **komplexe Winkelgeschwindigkeit** genannt.

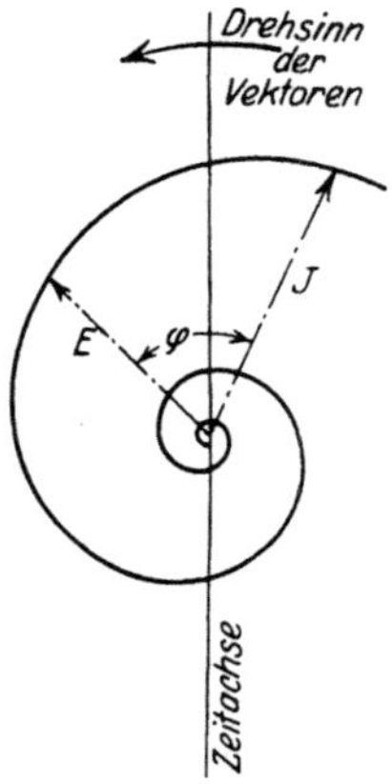

Abb. 125. Vektordiagramm der Schwingungsvariabeln.

Die Kondensatorspannung läßt sich gemäß Gl. (4) durch Integration des Schwingungsstromes gewinnen. Indem wir die komplexe Darstellung (12b) zugrunde legen, erhalten wir sogleich

$$E = \Re e(\bar{E})\,; \quad \bar{E} = -\frac{1}{C[-\delta + j\,\omega]}\,\bar{I}\cdot e^{[-\delta + j\omega]t}. \tag{25}$$

In der Analogie zu reinen Wechselstromvorgängen, bei welchen C mit dem Faktor $j\,\omega$ behaftet ist, wird der Term $C[-\delta + j\,\omega]$ als komplexer Schwingungswiderstandsoperator des Kondensators bezeichnet.

Nun gilt die Identität

$$\frac{1}{-\delta + j\,\omega} \equiv -\frac{1}{\sqrt{\delta^2 + \omega^2}}\cdot e^{j\varphi} \quad \text{mit} \quad \operatorname{tg}\varphi = \frac{\omega}{\delta}. \tag{26}$$

Mit Rücksicht auf (11) wird

$$\delta^2 + \omega^2 = \frac{1}{LC}. \tag{11a}$$

Die Beziehung (25) kann also in die Form

$$\bar{E} = +\sqrt{\frac{L}{C}}\cdot \bar{I}\,e^{-\delta t}\cdot e^{j[\omega t + \varphi]} \tag{25a}$$

gebracht werden. Wir definieren

$$\bar{E} = \sqrt{\frac{L}{C}}\cdot \bar{I} \tag{27}$$

als **komplexe Amplitude der Spannung**; der Verknüpfungsfaktor

$$Z = \sqrt{\frac{L}{C}} \tag{27a}$$

wird wegen der Analogie der Gl. (27) mit dem Ohmschen Gesetz als **Schwingungswiderstand** bezeichnet. Aus der Amplitude (26) kann im Gegensatz zur reinen Wechselspannungsamplitude nicht auf den wirklichen Höchstwert der Spannung geschlossen werden, welcher durch die Höhe der Dämpfung beeinflußt wird. Das Spannungsmaximum fällt nach Gl. (4) mit dem Nulldurchgang des Stromes zusammen. Ist dieser Zeitpunkt aus (12b) gefunden, folgt der Spannungshöchstwert durch Einsetzen in (25a) und Abspaltung des Realteiles.

Da die Spannung die gleiche komplexe Winkelgeschwindigkeit besitzt wie der Strom, kann sie in dem gleichen Vektordiagramm dargestellt werden; hierbei ist der Spannung die Phasenvoreilung φ gegenüber dem Entladestrom zu erteilen. Nur für den widerstandsfreien Kreis erreicht φ den Grenzwert 90°.

Zeichentechnisch wird zweckmäßig ein und dieselbe Spirale zur Darstellung von Strom und Spannung benutzt, wobei ihre quantitativen Beziehungen durch Wahl verschiedener Maßstäbe gemäß (27) berücksichtigt werden.

122. Energetik der Schwingungen. Zur Berechnung der Schwingungsleistungen multiplizieren wir die Spannungsgleichung (5) mit dem Strome; mit Rücksicht auf (7) und (3) resultiert

$$J^2 R = +J \cdot E_c + J E_u . \tag{28}$$

Nun ist nach Gl. (68), Nr. 33 und (107), Nr. 57

$$J \cdot E_c = -\frac{d\,U_e}{dt}\,; \quad J \cdot E_u = -\frac{d\,U_m}{dt}\,, \tag{29}$$

wo U_e den Energieinhalt des Kondensators, U_m den der Spule bezeichnet. Durch Verknüpfung von (28) mit (29) entsteht die Energiegleichung

$$J^2 R = -\frac{d}{dt}\,[U_e + U_m]\,. \tag{28a}$$

Die Wärmeentwicklung wird hiernach durch Abnahme des gesamten, dem Schwingungskreise innewohnenden Energievorrates bestritten. Besonders einfach gestaltet sich das Energiespiel in einem Kreis mit verschwindend kleinem Widerstand. Hier liefert (28a) durch Integration

$$U_e + U_m = \text{Konst.} \tag{28b}$$

Hier beschränkt sich also die Energieumsetzung auf eine fortgesetzte Pendelung der Energie zwischen Kondensator und Spule. Der Mechanismus dieser Pendelung ist für die Grundschwingung leicht zu übersehen, wenn die dynamischen Werte von L und C merklich dem statischen gleichen. Denn dann gelten für U_e und U_m die einfachen Ausdrücke der Gl. (69), Nr. 33 und (108), Nr. 57, so daß (28b) in

$$\tfrac{1}{2}\, C_0 \cdot E^2 + \tfrac{1}{2}\, L_0 \cdot J^2 = \text{Konst.} \tag{28c}$$

übergeht. Da Strom und Spannung nach (26) eine zeitliche Phasendifferenz von 90° besitzen, trifft der Höchstwert der elektrischen Energie des Kondensators mit dem Verschwinden der magnetischen Spulenenergie zusammen und umgekehrt; die beiden Energiehöchstwerte stimmen aber gemäß (28c) überein. Nennen wir die Amplituden der Spannung $E_{\max}$, des Stromes $J_{\max}$, so zieht (28c) die Forderung

$$U = U_e + U_m = \tfrac{1}{2} C_0 E_{\max}^2 = \tfrac{1}{2} L_0 J_{\max}^2; \quad E_{\max} = \sqrt{\frac{L_0}{C_0}} \cdot J_{\max} \tag{28d}$$

nach sich, in Übereinstimmung mit Gl. (27).

Um den Einfluß des Widerstandes auf die Energieschwingungen zu übersehen, schreiben wir δ nach (11) in der Form

$$\delta = \frac{R}{2L} = \frac{\tfrac{1}{2} R \cdot J_{\max}^2}{L \cdot J_{\max}^2} = \frac{\overline{N}_w}{2\, U_{m_{\max}}}. \tag{30}$$

Die Dämpfung setzt demnach die Verlustleistung ins Verhältnis zur gesamten Schwingungsenergie; ganz ähnlich bezieht das logarithmische Dekrement diese Energiebilanz auf eine volle Periode.

Bei den Oberfrequenzen überlagert sich der Energieschwingung zwischen Kondensator und Spule die innere Energiewanderung im Kondensator- oder Spulenfelde, welche das Energiegleichgewicht zwischen elektrischen und magnetischen Anteilen der dynamischen Felder aufrechtzuerhalten hat.

b) Unharmonische Schwingungen.

123. Der eisenhaltige Schwingungskreis. Die Induktivität einer eisenhaltigen Spule ist vermöge der Sättigungs- und Hystereseerscheinungen im Eisen stromabhängig. Es ist daher zweckmäßig, den Hilfsbegriff der Induktivität aus der Schwingungsgleichung zu eliminieren und zur Beschreibung der Schwingungen den magnetischen Spulenfluß in die Rechnung unmittelbar einzuführen.

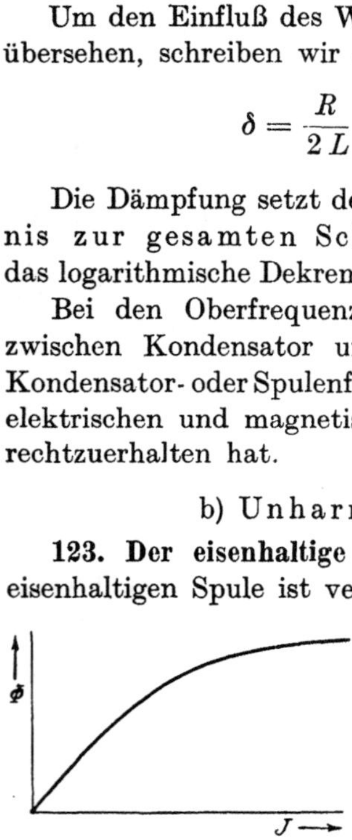

Abb. 126. Magnetisierungskurve.

Die Verknüpfung von Induktionsfluß Φ und Spulenstrom J ist in der Magnetisierungskurve (Abb. 126) der Spule gegeben, welche aus den magnetischen Eigenschaften des verwendeten Eisens vorausberechnet werden kann. Wir legen ihr formal den analytischen Ausdruck

$$J = g(\Phi) \tag{31}$$

zugrunde; in dieser Funktion kann die Hystereseerscheinung berücksichtigt werden; eine einfache Erfassung der Wirbelströmung dagegen ist nicht möglich.

124. Die Schwingungsgleichung des eisenhaltigen Kreises. Neben den Wirbelströmen im aktiven Eisen der Spule sollen auch alle Jouleschen

Wärmeverluste in den Trägern der Leitungsströme vernachlässigt werden. Wir legen den Schwingungskreis der Abb. 127 zugrunde, in welchem Spule und Kondensator widerstandsfrei verbunden sind. Das Energieprinzip fordert hierfür in jedem Augenblick die Gleichheit der von der Spule abgegebenen Leistung N_m mit der Leistungsaufnahme des Kondensators N_c:

$$-N_m = N_c\,. \qquad (32)$$

Die Spulenleistung ist das Produkt aus dynamischer Spannung und Spulenstrom

$$N_m = -E_u \cdot J = \frac{d\Phi}{dt} \cdot 10^{-8} \cdot J = \frac{d\Phi}{dt} \cdot 10^{-8} \cdot g(\Phi)\,, \qquad (33)$$

wo (31) eingeführt ist. Die Kondensatorleistung gleicht der Änderung der Kondensatorenergie

$$N_c = \frac{d(\frac{1}{2} C E_c^2)}{dt} \qquad (34)$$

und, da wegen Vernachlässigung des Ohmschen Widerstandes $|E_c| = |E_u|$

$$N_c = \frac{d\left[\frac{1}{2} C\left(\frac{d\Phi}{dt} \cdot 10^{-8}\right)^2\right]}{dt}\,. \qquad (34\,\text{a})$$

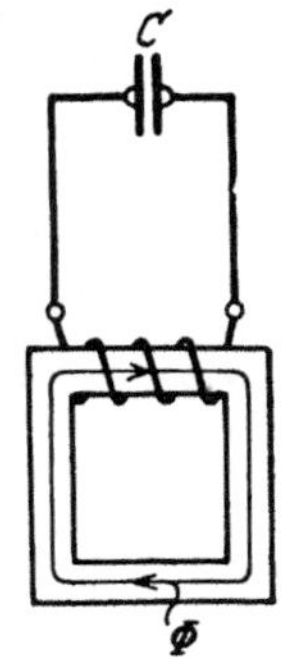

Abb. 127. Anordnung eines Schwingungskreises mit eisenhaltiger Induktivität.

Durch Einsetzen von (33) und (34a) in (32) wird

$$\frac{d\Phi}{dt} g(\Phi) \cdot 10^{-8} + \frac{d}{dt}\left[\frac{1}{2} C\left(\frac{d\Phi}{dt} 10^{-8}\right)^2\right] = 0 \qquad (32\,\text{a})$$

als Schwingungsgleichung gewonnen.

125. Die Schwingungsform. Durch Integration von (32a) folgt

$$10^{-8}\int_{\Phi_0}^{\Phi} d\Phi \cdot g(\Phi) + \frac{1}{2} C\left(\frac{d\Phi}{dt} \cdot 10^{-8}\right)^2 = 0\,. \qquad (32\,\text{b})$$

Wir führen mittels

$$10^{-8}\int_{\Phi_0}^{\Phi} d\Phi \cdot g(\Phi) = +[U(\Phi) - U(\Phi_0)] \qquad (35)$$

die Arbeitsfunktion der Spule ein; sie mißt die von der Spule nutzbar abgegebene Energie, bezogen auf die Anfangsenergie. In hysteresefreien Spulen stimmt mangels jeder anderweitigen Energieumsetzung die Arbeitsfunktion mit der Abnahme der Spulenenergie überein.

Mit (35) wird (32b) integrierbar und liefert mit der Anfangsbedingung

$$t = 0\,; \quad \frac{d\Phi}{dt} = 0\,, \qquad (36)$$

für die Abhängigkeit der Zeit vom Fluß

$$t = \int_{\Phi_0}^{\Phi} \frac{d\Phi \cdot 10^{-8}}{\sqrt{\frac{2}{C}[U(\Phi_0) - U(\Phi)]}}. \tag{37}$$

Um den Anschluß an die Theorie des eisenfreien Schwingungskreises zu gewinnen, werde mittels

$$U(\Phi_0) = \frac{1}{2} \frac{[\Phi_0 \cdot 10^{-8}]^2}{L_0} \tag{35a}$$

die Anfangsinduktivität der eisenhaltigen Spule eingeführt. Hiermit geht (37) in

$$\sqrt{C \cdot L_0} \cdot \int_1^{\frac{\Phi}{\Phi_0}} \frac{d\left(\frac{\Phi}{\Phi_0}\right)}{\sqrt{1 - \frac{U(\Phi)}{U(\Phi_0)}}} = t \tag{37a}$$

über; die dimensionslose Größe

$$\tau \equiv \frac{t}{\sqrt{C \cdot L_0}} = \int_1^{\frac{\Phi}{\Phi_0}} \frac{d\left(\frac{\Phi}{\Phi_0}\right)}{\sqrt{1 - \frac{U(\Phi)}{U(\Phi_0)}}}, \tag{37b}$$

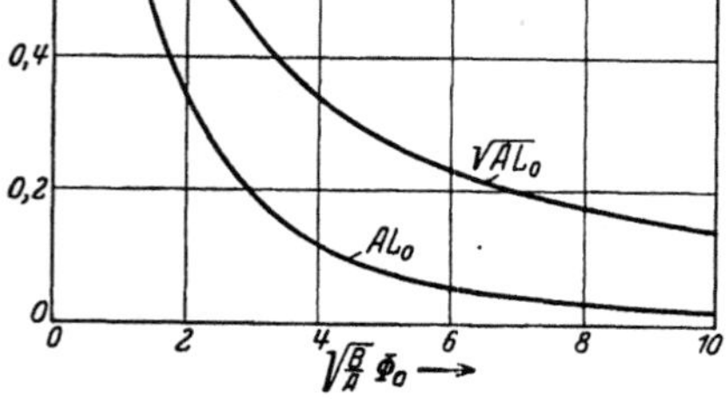

Abb. 128. Abhängigkeit der Anfangsinduktivität von der Amplitude.

welche für die Form des Schwingungsvorganges entscheidend ist, wird als numerische Zeit bezeichnet.

Der analytischen Rechnung ist ein geschlossener Ausdruck für die Magnetisierungskurve zugrunde zu legen; vernachlässigt man die Hysterese, so kann der Ansatz

$$J = g(\Phi) = A\Phi + B\Phi^3 \tag{38}$$

als brauchbarer Näherungsausdruck der Magnetisierungskurve benutzt werden. Hiermit wird nach (35)

$$10^8 U(\Phi) = \tfrac{1}{2} A\Phi^2 + \tfrac{1}{4} B\Phi^4, \tag{39}$$

und also nach (35 a)

$$L_0 = \frac{1}{2}\,\frac{[\Phi_0 \cdot 10^{-8}]^2}{[\frac{1}{2} A\Phi_0^2 + \frac{1}{4} B\Phi_0^4]\,10^{-8}}; \qquad L_0 \cdot A = \frac{\frac{1}{2}}{\frac{1}{2} + \frac{1}{4}\frac{B}{A}\Phi_0^2} \cdot 10^{-8} \quad (35\text{b})$$

(Abb. 128). Für die numerische Schwingungszeit entsteht aus (37 b)

$$\tau = \int\limits_1^{\frac{\Phi}{\Phi_0}} \frac{d\left(\frac{\Phi}{\Phi_0}\right)}{\sqrt{1 - \frac{\frac{1}{2}A\Phi^2 + \frac{1}{4}B\Phi^4}{\frac{1}{2}A\Phi_0^2 + \frac{1}{4}B\Phi_0^4}}} = \int\limits_1^{\frac{\Phi}{\Phi_0}} \frac{d\left(\frac{\Phi}{\Phi_0}\right)}{\sqrt{1 - \frac{\frac{1}{2}A\Phi_0^2\cdot\left(\frac{\Phi}{\Phi_0}\right)^2 + \frac{1}{4}B\Phi_0^4\cdot\left(\frac{\Phi}{\Phi_0}\right)^4}{\frac{1}{4}A\Phi_0^2 + \frac{1}{4}B\Phi_0^4}}}. \quad (40)$$

Nun ist identisch

$$1 - \left(1 - \left\{\frac{\Phi}{\Phi_0}\right\}^2\right)\left(1 + \alpha^2\left\{\frac{\Phi}{\Phi_0}\right\}^2\right) = \left\{\frac{\Phi}{\Phi_0}\right\}^2(1 - \alpha^2) + \left\{\frac{\Phi}{\Phi_0}\right\}^4 \cdot \alpha^2 .$$

Mit der Substitution

$$\frac{\frac{1}{2}A\Phi_0^2}{\frac{1}{2}A\Phi_0^2 + \frac{1}{4}B\Phi_0^4} = 1 - \alpha^2; \qquad \frac{\frac{1}{2}B\Phi_0^4}{\frac{1}{2}A\Phi_0^2 + \frac{1}{4}B\Phi_0^4} = \alpha^2, \quad (41)$$

wird also aus (40)

$$\tau = \int\limits_1^{\frac{\Phi}{\Phi_0}} \frac{d\left(\frac{\Phi}{\Phi_0}\right)}{\sqrt{\left(1 - \left\{\frac{\Phi}{\Phi_0}\right\}^2\right)\left(1 + \varkappa^2\left\{\frac{\Phi}{\Phi_0}\right\}^2\right)}}. \quad (40\text{a})$$

Wir führen durch

$$\frac{\Phi}{\Phi_0} = \cos\psi; \quad d\left(\frac{\Phi}{\Phi_0}\right) = \sin\psi\, d\psi \quad (42)$$

eine neue Integrationsvariable ein und erhalten

$$\tau = \int\limits_0^{\psi} \frac{d\psi}{\sqrt{1 + \alpha^2 - \alpha^2\sin^2\psi}} = \frac{1}{\sqrt{1 + \alpha^2}} \int\limits_0^{\psi} \frac{d\psi}{\sqrt{1 - \frac{\alpha^2}{1 + \alpha^2}\sin^2\psi}}, \quad (40\text{b})$$

oder mit

$$\frac{\alpha^2}{1 + \alpha^2} = \frac{\frac{1}{4}B\Phi_0^4}{\frac{1}{2}A\Phi_0^2 + \frac{1}{2}B\Phi_0} = k^2, \quad (43)$$

$$\tau = \frac{1}{\sqrt{1 + \alpha^2}} \int\limits_0^{\psi} \frac{d\psi}{\sqrt{1 - k^2\sin^2\psi}}. \quad (40\text{c})$$

Dieses elliptische Integral erster Gattung kann mit Hilfe von Tabellen der elliptischen Funktionen leicht numerisch ausgewertet werden. Insbesondere erhalten wir die numerische Periodendauer

$$\tau = \frac{1}{\sqrt{1+\alpha^2}} \cdot 2 \int_{\psi=0}^{\pi} \frac{d\psi}{\sqrt{1-k^2 \sin^2\psi}} = \frac{4 \cdot K}{\sqrt{1+\alpha^2}}, \qquad (40\,\mathrm{d})$$

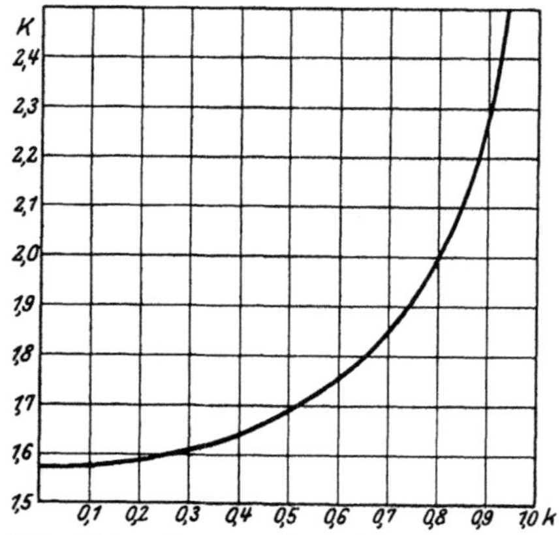

Abb. 129. Das vollständige elliptische Integral.

wo das vollständige Integral K für den Modul k nach Abb. 129 zu bestimmen ist.

Insbesondere wird für extrem kleine Amplituden nach (41) $\alpha = 0$; demnach mit (43) $k = 0$, also aus (40c)

$$\tau = \psi .$$

Wird hier (42) und (36b) eingesetzt, so entsteht

$$\Phi = \Phi_0 \cdot \cos\tau = \Phi_0 \cdot \cos\frac{t}{\sqrt{C \cdot L_0}} .$$

Wir erhalten also im Grenzfall einfach harmonische Schwingungen, deren Dauer nach der Thomsonschen Formel (11b) bestimmt ist.

Für endliche Amplituden sind die Gl. (41) und (43) in voller Strenge zu berücksichtigen; hieraus resultiert im Verein mit (35b) eine Abhängigkeit der Schwingungsdauer von der Amplitude (Abb. 130), welche als Hauptmerkmal der unharmonischen Schwingungen anzusehen ist.

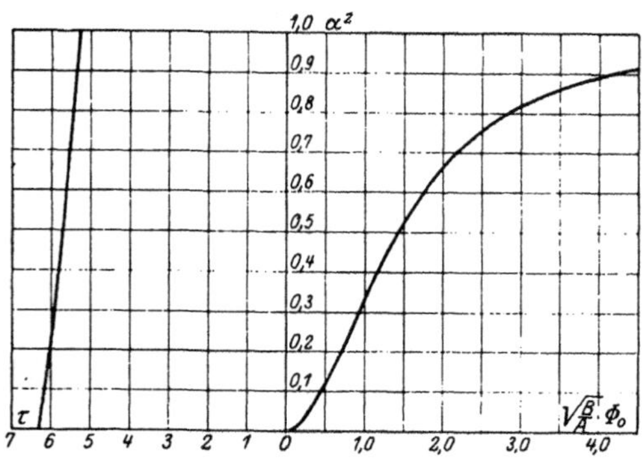

Abb. 130. Abhängigkeit der numerischen Schwingungsdauer von der Amplitude.

Aus (40c) läßt sich rückwärts

$$\Phi = \cos\mathrm{am}\left(\tau\sqrt{1+\alpha^2}, k\right) \qquad (44)$$

und durch Eingehen in (31) die Abhängigkeit des Stromes von der Zeit gewinnen.

Will man von der vorgegebenen Magnetisierungskurve unmittelbar ausgehen, wobei auch die Hysterese berücksichtigt werden kann, so muß die Integration graphisch erfolgen. Durch Planimetrierung der

Fläche, welche von der Magnetisierungskurve, der Ordinatenachse und den im Abstand Φ_0 und Φ parallel zur Abszissenachse gezogenen Geraden begrenzt wird, erhält man die Arbeitsfunktion $U(\Phi) - U(\Phi_0)$ (Abb. 131 a). Die Wurzel und der reziproke Wert der Wurzel aus der Arbeitsfunktion können nach Abb. 131 b unmittelbar aufgezeichnet werden, endlich liefert die Planimetrierung der letzten Kurve die Zeit. Hierbei ist allerdings zu beachten, daß an den Polen des Integranden das graphische Verfahren durch ein analytisches zu ersetzen ist, indem der Integrand durch einen geschlossenen Ausdruck angenähert wird. In Abb. 131 c ist das Ergebnis einer solchen graphischen Integration dargestellt. Wir erhalten Schwingungen, deren Kurvenform stark von der Sinuswelle abweicht.

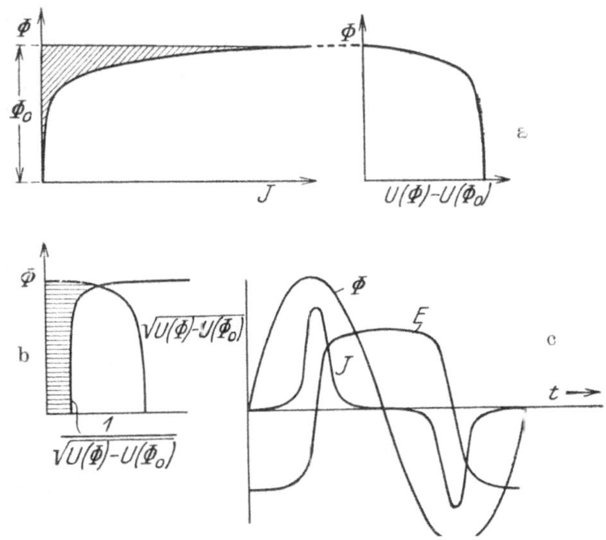

Abb. 131. Graphische Ermittlung der unharmonischen Schwingungsform.

Über die Abhängigkeit der Schwingungsdauer von der Amplitude gibt nur eine wiederholte Anwendung des Verfahrens Auskunft; man erhält das qualitativ gleiche Ergebnis, welches durch analytische Rechnung oben gefunden wurde.

2. Die Schwingungserregung.

a) Diskontinuierliche Erregung.

Grundforderungen.

126. Die Stetigkeitsbedingungen. Die durch die Gesetze des vorigen Abschnittes in ihrem Allgemeinverlauf gegebenen Schwingungsvariabeln werden erst völlig bestimmt durch Angabe ihrer komplexen Amplituden; zusammen mit der Verknüpfungsgleichung (25a), Nr. 121 zwischen Strom- und Spannungsamplitude sind also noch zwei Aussagen über den physikalischen Zustand des Schwingungskreises in irgendeiner Schwingungsphase erforderlich. Insbesondere heißen diese Aussagen für den Einsatzzeitpunkt der Schwingungen die Anfangsbedingungen.

Die physikalische Herstellung des Anfangszustandes heißt die Erregung; sie heißt diskontinuierlich, wenn sie von einem schwingungslosen Zustand in einen Schwingungsvorgang überleitet. Der Mechanismus des Überganges wird durch die Forderung beherrscht, jedes Anwachsen des Feldes über alle Grenzen als naturwidrig auszuschließen. Aus ihr folgen durch Eingehen in das Induktionsgesetz und das verallgemeinerte Durchflutungsgesetz die Stetigkeitsbedingungen: Magnetischer und elektrischer Verschiebungsstrom müssen endlich bleiben. Indem diese Überlegung auf die Verschiebungsstromdichten übertragen wird, gelangen wir zu den Stetigkeitsbedingungen der magnetischen und elektrischen Induktion. Im Gegensatz hierzu sind Leitungsstrom und Leitungsstromdichte keinen Stetigkeitsbedingungen unterworfen, da ihre zeitlichen Ableitungen in die Feldgleichungen nicht eingehen; bei ihnen sind also sprunghafte Änderungen physikalisch zulässig.

Für den Schwingungskreis resultieren hiernach Stetigkeitsbedingungen des Spulenfeldes und des Kondensatorfeldes. Sie erhalten eine besonders einfache Formulierung, wenn die Schwingungen gemäß dem Kriterium (24) langsam verlaufen; dann dürfen die dynamischen Felder merklich den statischen gleichgesetzt werden. Demnach resultiert aus der Spulengleichung

$$E_u = -L \frac{dJ}{dt} \tag{1}$$

die Stetigkeitsbedingung des Spulenstromes, ebenso aus der Kondensatorgleichung

$$J = -C \frac{dE_c}{dt} \tag{2}$$

die Stetigkeitsbedingung der Kondensatorspannung.

Die Stetigkeitsbedingungen des Spulenstromes und der Kondensatorspannung sind wegen der genannten Einschränkung des Frequenzbereiches allein auf die Grundschwingung anwendbar. Ihre strenge Formulierung muß auf die Bildung des dynamischen Feldes Rücksicht nehmen; die Lösung dieser erschwerten Aufgabe gelingt mittels der Formel von Heaviside (166). Im folgenden werden wir allein die Erregung der Grundschwingung behandeln.

Besondere Systeme.

127. Der Unterbrecher. Abb. 132 zeigt das Schaltschema des Systems. Ein Element treibt über die Spule des Schwingungskreises den Unterbrecher S zu mechanischen Schwingungen an.

Die Frequenz der mechanischen Schwingungen wird als sehr klein im Vergleich zur Grundfrequenz des elektrischen Schwingungskreises vorausgesetzt. Dies hat zur Folge, daß die elektrischen Schwingungen unter dem Einflusse der Dämpfung während einer vollen Unterbrecherperiode praktisch vollkommen verklingen. Bei jeder einzelnen Unterbrechung durch S setzt somit eine diskontinuierliche Schwingungserregung ein.

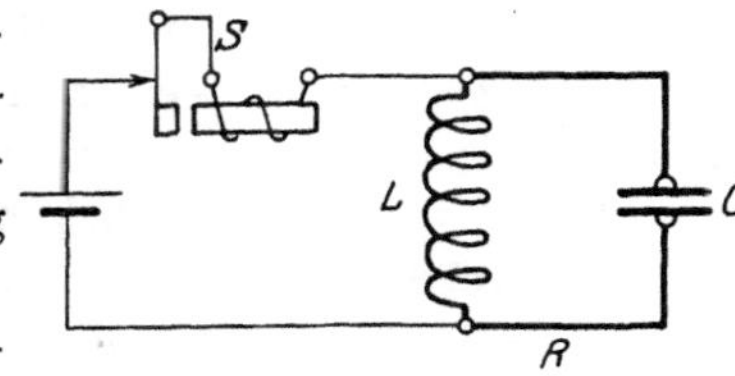

Abb. 132. Schwingungserregung durch Unterbrechung.

Wir setzen einen idealen Unterbrecher voraus, welcher dadurch gekennzeichnet ist, daß er dem vom Element getriebenen Strom momentan funkenlos unterbricht.

Der Spulenstrom vor der Unterbrechung sei J_0, die Spulenspannung sei zu vernachlässigen; entsprechend ist vor der Unterbrechung auch die Kondensatorspannung Null. Beginnen wir die Zeitzählung im Augenblick der Unterbrechung, so lauten also die Anfangsbedingungen:

$$\text{Für } t = 0: \quad J = J_0, \qquad E_c = 0. \tag{3}$$

Aus (12b), Nr. 118 und (25a), Nr. 125 folgt

$$\Re e(\overline{I}) = J_0; \qquad \Re e\left(-\sqrt{\frac{L}{C}} \cdot \overline{I} e^{j\varphi}\right) = 0. \tag{4}$$

Setzen wir

$$\overline{I} = J_{\max} \cdot e^{j\varphi_0}, \tag{5}$$

so entsteht aus (32)

$$J_{\max} \cdot \cos\varphi_0 = J_0; \qquad J_{\max} \cdot \cos(\varphi_0 + \varphi) = 0, \tag{4a}$$

also

$$\varphi_0 = \frac{\pi}{2} - \varphi; \qquad J_{\max} = \frac{J_0}{\sin\varphi}. \tag{4b}$$

Für den zeitlichen Verlauf des Stromes gilt also

$$\left.\begin{aligned} J = \Re e\left(\overline{I} e^{(-\delta + j\omega)t}\right) &= \frac{J_0}{\sin\varphi} \cdot e^{-\delta t} \cdot \cos\left[\omega t + \frac{\pi}{2} - \varphi\right] \\ &= J_0 \cdot e^{-\delta t}[\cos\omega t - \sin\omega t \cdot \operatorname{ctg}\varphi]. \end{aligned}\right\} \tag{6}$$

Dieser Verlauf ist in Abb. 133 dargestellt. Vernachlässigt man den geringen Einfluß der Dämpfung, so beginnt der Strom mit seiner Amplitude; die Kondensatorspannung erreicht dann nach Gl. (27), Nr. 121 eine Viertelperiode später den Grenzwert

$$E_{\max} = \sqrt{\frac{L}{C}} \cdot J_0. \tag{7}$$

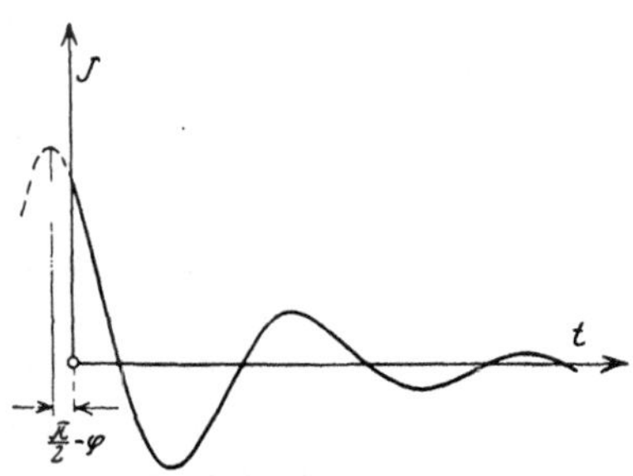

Abb. 133. Stromverlauf bei der Schwingungserregung durch Unterbrecher.

Sie ist in praktischen Fällen oft ein Vielfaches der Elementspannung. Diese

Erscheinung wird zur Erzeugung hoher Spannungen im Funkeninduktor ausgenutzt. Umgekehrt wird sie beim Ausschalten induktiver Starkstromkreise mit Kapazität als gefährlicher Überspannungserreger gefürchtet; sie kann durch Verringerung des Schwingungswiderstandes, also große (Schutz-)Kapazität, herabgedrückt werden.

Als Zahlenbeispiel behandeln wir die zu Meßzwecken häufig benutzte Eichhornsche Summerschaltung; die Schaltung erfolgt nach Abb. 132, als Stromquelle dient ein Element von 1 Volt, als Unterbrecher ein ,,Summer", welcher etwa 500 Unterbrechungen pro Sekunde bewirkt; der Summerstrom betrage 0,05 Amp.

Als Daten des Schwingungskreises werden angenommen

$$L = 10^6 \text{ cm} = 10^{-3} \text{ Hy}; \qquad C = 10^3 \text{ cm} = \tfrac{1}{9} \cdot 10^{-8} \text{ Fa}.$$

Der Schwingungswiderstand berechnet sich also zu

$$\boldsymbol{Z} = \sqrt{\frac{L}{C}} = \sqrt{\frac{10^{-3}}{\frac{1}{9} \cdot 10^{-8}}} = \mathbf{950\ \Omega}.$$

Der Grenzwert der Kondensatorspannung beträgt

$$\boldsymbol{E}_{\max} = 950 \cdot 0{,}05 = \mathbf{47{,}5\ Volt},$$

sie ist also annähernd 50mal größer als die Elementspannung.

128. Funkenerregung; Löschwirkung. Bei dieser Erregungsart erhält der Schwingungskreis eine Funkenstrecke, an deren Elektroden die Spannungsquelle angeschlossen wird. Nach Überschreitung der statischen Zündspannung setzt unter Vermittlung des Konvektionsstromes in der Funkenstrecke der Strom im Schwingungskreise ein.

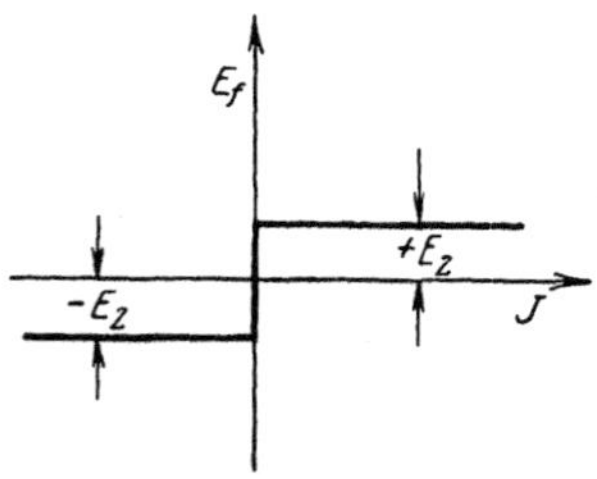

Abb. 134. Zum analytischen Ansatz der Funkencharakteristik.

Der Einfluß der Funkenstrecke auf den Stromverlauf wird durch Einführung der Funkencharakteristik in die Schwingungsgleichung erfaßt. Mit E_f = Brennspannung während des Funkenüberganges finden wir aus Abb. 134 den analytischen Ausdruck der Funkenspannung

$$E_f = \pm E_z, \tag{8}$$

wobei das positive Vorzeichen positivem Strom, das entgegengesetzte negativem Strom durch die Funkenstrecke zugeordnet ist (Nr. 113).

Bevor der Funken einsetzt, sind die Elektroden kalt. Daher ist statt der dynamischen Funkenspannung die statische Zündspannung $E_{z0} > E_z$ für den Durchschlag aufzuwenden (Nr. 112, Abb. 117b).

Die beim Stromrichtungswechsel auftretende Unstetigkeit der Funkenspannung zwingt zur getrennten Aufstellung der Schwingungsgleichung für positive und negative Ströme. Indem die Funkenspannung (8) der Ohmschen Spannung in (5), Nr. 117 hinzugezählt wird, resultiert die nichtanalytische Differentialgleichung

$$J \cdot R \pm E_z = E_c + E_u = -\frac{1}{C}\int J\,dt - L\frac{dJ}{dt} \qquad J \neq 0 . \tag{9}$$

Mit Ausnahme der Unstetigkeitsstelle ist überall Differentiation erlaubt; wegen $E_z = \text{const.}$ folgt bei gleichzeitiger Division mit L

$$\frac{d^2 J}{dt^2} + \frac{R}{L}\frac{dJ}{dt} + \frac{1}{LC} \cdot J = 0 \qquad J \neq 0 . \tag{9a}$$

Die Anfangsbedingungen sind durch den Mechanismus der Zündung bestimmt. Wir setzen einen von Null nach positiven Werten anschwellenden Strom voraus. Wird die Zeitzählung im Zündmoment begonnen, so lautet die Anfangsbedingung:

$$\text{Für } t = 0: \quad J = 0 , \qquad E_c = E_{z0} . \tag{10}$$

Schreiben wir den Strom in der Form (5), so liefert die Strombedingung in (12b), Nr. 118

$$\Re e(\overline{I}) = J_{\max} \cdot \cos\varphi_0 = 0; \qquad \varphi_0 = -\frac{\pi}{2}, \tag{11}$$

wo das negative Vorzeichen wegen der Voraussetzung anschwellenden Stromes gewählt ist. Zur Berücksichtigung der Spannungsbedingung ist wegen des Einflusses der Funkenspannung Gl. (9) heranzuziehen, welche unter Beachtung der Strombedingung (10)

$$\left(L\frac{dJ}{dt}\right)_{t=0} = (E_c)_{t=0} - E_z = E_{z0} - E_z \tag{12}$$

ergibt. Durch Differentiation von (12b), Nr. 118 erhalten wir mit (11)

$$\Re e\left(L \cdot J_{\max} \cdot \{-\delta + j\omega\} e^{-j\frac{\pi}{2}}\right) = L\omega \cdot J_{\max} = E_{z0} - E_z \tag{12a}$$

oder

$$J_{\max} = \frac{E_{z0} - E_z}{L \cdot \omega} . \tag{12b}$$

Der Strom verläuft also nach der Beziehung

$$\left.\begin{aligned} J &= \Re e\left(J_{\max} \cdot e^{j\varphi_0} \cdot e^{-[\delta + j\omega]t}\right) \\ &= \frac{E_{z0} - E_z}{\omega L} e^{-\delta t} \cdot \sin\omega t . \end{aligned}\right\} \tag{13}$$

Er erreicht nach einer Halbperiode $\frac{T}{2}$ abermals den Wert Null; in diesem Zeitpunkt besitzt die Kondensatorspannung nach (9) den Wert

$$(E_c)_{t=\frac{T}{2}} = E_z + L\left(\frac{dJ}{dt}\right)_{t=\frac{T}{2}} = E_z - (E_{z0} - E_z) \cdot e^{-\delta\frac{T}{2}} . \tag{14}$$

Nunmehr wechseln Strom und Funkenspannung ihr Vorzeichen. Daher wird die bisherige Darstellung des Stromverlaufes für die Folgezeit ungültig.

Wir brechen die Schwingung ab und lassen ihr eine neue (Index 1) folgen, deren Anfangsbedingungen durch den Zustand des Schwingungskreises nach erfolgtem Stromrichtungswechsel gegeben sind. Insbesondere verlangt die Stetigkeitsbedingung der Kondensatorspannung die Spannung (42) als Anfangswert der neuen Schwingung; die neuen Anfangsbedingungen lauten also:

$$\text{Für } t_1 = 0: \quad J^1 = 0, \qquad \left.\begin{aligned} E_c^1 &= E_z - (E_{z0} - E_z)\, e^{-\delta \frac{T}{2}} \\ &= E_z\left(1 + \frac{1}{\sqrt{D}}\right) - E_{z0}, \end{aligned}\right\} \tag{15}$$

wo (18) benutzt ist.

Die Strombedingung läßt sich analog (11) verwerten. Zur Einführung der Spannungsbedingung ist gemäß dem nach negativen Werten gehenden Strom die negative Funkenspannung zu berücksichtigen; aus (9) entsteht also mit Beachtung von (12a)

$$L\left(\frac{dJ^1}{dt}\right)_{t_1=0} = (E_c^1)_{t_1=0} - E_f = E_z\left(1 + \frac{1}{\sqrt{D}}\right) - E_{z0} - (-E_z) = L \cdot \omega \cdot J^1_{\max} \tag{16}$$

oder

$$J^{(1)}_{\max} = \frac{-E_{z0} + E_z\left(2 + \frac{1}{\sqrt{D}}\right)}{\omega L}. \tag{16a}$$

Diese Gleichung ist jedoch mit der Annahme negativen Stromes nur dann vereinbar, wenn die Ungleichung

$$E_{z0} \geqq E_z\left(2 + \frac{1}{\sqrt{D}}\right) \tag{17}$$

zutrifft.

Ist (17) nicht erfüllt, so kann ein Stromrichtungswechsel nicht stattfinden. Die Funkenstrecke kann dann nach Beendigung der ersten Halbschwingung nicht mehr durchschlagen werden; durch den Zusammenbruch der Ionenbrücke reißt der gesamte Schwingungsvorgang plötzlich ab.

Die Bedingungen für den Eintritt dieser Löschwirkung sind in (17) ausgesprochen; sie wird begünstigt durch

1. große Dämpfung, also durch starken Energieentzug während der Halbschwebung (Nr. 122);

2. geringen Unterschied zwischen statischer und dynamischer Zündspannung, also

a) Verhinderung des Entladeverzuges,

b) geringstmögliche Temperaturerhöhung der Elektroden durch den Funkenübergang.

Während die Bedingung 1 die Kreisdaten eingrenzt, ist durch 2. die Verwendung bestimmter Funkenstrecken gefordert, welche **Löschfunkenstrecken** heißen. In der Methode der **Schwingungserregung mittels Löschfunken**, welche in Nr. 198 besprochen werden wird, sind beide Bedingungen zu einer technisch höchst wirksamen Anordnung vereinigt.

Ist die Ungleichung (17) erfüllt, so läßt sich der weitere Verlauf des Schwingungsvorganges durch Fortführung des gleichen Rechenverfahrens leicht gewinnen: Bei jedem Nulldurchgang des Stromes wird die Schwingung abgebrochen und durch eine neu beginnende, sich stetig anschließende fortgesetzt.

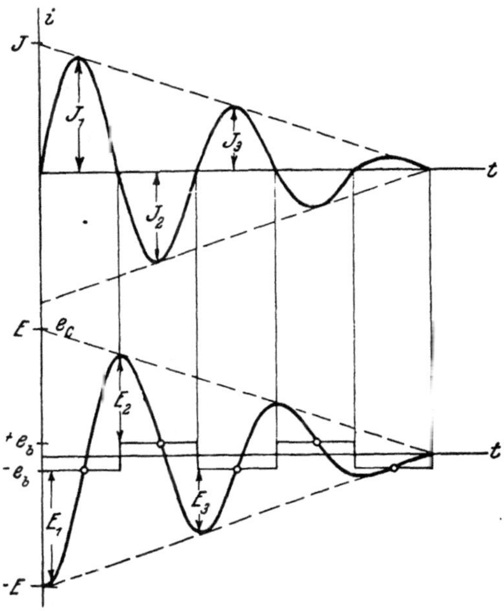

Abb. 135. Verlauf von Strom und Spannung bei Funkenerregung.

Der Verlauf von Strom und Spannung ist in Abb. 135 dargestellt. Im Gegensatz zu dem allmählichen Verklingen der Amplituden bei summererregten Schwingungen muß hier stets nach einer **endlichen** Zahl von Halbperioden die Schwingung **plötzlich abreißen**, nachdem die Kondensatorspannung den erforderlichen Zündwert unterschritten hat. Die Energie, welche hierbei an der weiteren Pendelung zwischen ihrer magnetischen und elektrischen Form gehindert wird, bleibt entsprechend der Höhe der Kondensatorspannung auf dem Kondensator liegen.

Gemäß den Wirkungen des Ohmschen Widerstandes und der Zündspannung, welche die Schwingungsamplituden herabdrücken, setzt sich die Dämpfung aus den beiden Komponenten: Widerstandsdämpfung und Funkendämpfung zusammen. Die Funkendämpfung stellt die im Funken in Wärme und Ionisierungsarbeit umgesetzte Energie ins Verhältnis zur gesamten Schwingungskreisenergie.

Die Amplitudenkurve der Schwingungsvariabeln setzt sich unter dem gemeinsamen Einfluß von Widerstandsdämpfung und Funkendämpfung aus einer Exponentialkurve und einer Geraden zusammen. Die in Nr. 119 genannten Dämpfungsmaße, welche an den exponentiellen Verlauf der Amplitudenkurve anknüpfen, sind daher für Schwingungskreise mit Funkenerregung nicht mehr anwendbar. Als Ersatz wird zuweilen die „lineare Dämpfung“ eingeführt, welche als Neigung der bei überwiegender Funkendämpfung entstehenden Amplitudengeraden (Abb. 135) erklärt ist.

b) Kontinuierliche Erregung (Anfachung).

Grundforderungen.

129. Leistungsbedingung der Anfachung. Die Erregung des Schwingungskreises wird zu einer kontinuierlichen, wenn und solange die Schwingungsamplituden durch dauernde Energiezufuhr auf gleicher Höhe erhalten werden. Das Organ, welche diese Energiezufuhr bewirkt, heißt die Anfachung.

Die Anfachungsleistung hat, um die Bedingung gleichmäßiger Amplituden zu erfüllen, die im Ohmschen Widerstand des Schwingungskreises verbrauchte Leistung innerhalb einer vollen Periode zu kompensieren: Die Anfachung wirkt für die Schwingungsvorgänge als Leistungserzeuger. Setzen wir die mittlere Anfachungsleistung $\overline{N}$ zum Strome formal mittels

$$\overline{N} = \frac{1}{T}\int_0^T R' J^2\,dt \tag{18}$$

in Beziehung, so muß R' negativ werden. Durch diesen negativen Anfachungswiderstand wird der positive Ohmsche Kreiswiderstand ausgeglichen; der angefachte Kreis ist somit einem widerstandsfreien Kreise äquivalent; aus dieser Analogie heraus hat sich für die angefachten Schwingungen der Ausdruck: ungedämpfte Schwingungen gebildet, der allerdings im Sinne der vorangehenden Sätze als nicht exakt zu bezeichnen ist.

Als Äquivalent der an den Schwingungskreis gelieferten Anfachungsleistung verlangt die Anfachung eine Leistungszufuhr. Je nach der Art der Leistungszufuhr werden mechanische und elektrische Anfachungen unterschieden.

Die elektrischen Anfachungen sind elektrodynamische Umformer. Wir untersuchen die Bedingungen, unter welchen eine elektrische Anfachung Gleichleistung aufnimmt, um Schwingungsleistung zu erzeugen.

Die Anfachungsspannung sei E; ihr Gleichanteil betrage E^g, während der Wechselanteil zu $\mathfrak{e}$ angenommen werde:

$$E = E_g + \mathfrak{e}\,, \tag{19}$$

wo also $\mathfrak{e}$ durch

$$\int_0^T \mathfrak{e}\,dt = 0 \tag{19a}$$

definiert ist.

Entsprechend sei der Anfachungsstrom J im Gleichanteil J_g und Wechselanteil $\mathfrak{i}$ zerlegt

$$J = J_g + \mathfrak{i} \tag{20}$$

mit

$$\int_0^T \mathfrak{i}\, dt = 0\,. \tag{20a}$$

Durch Multiplikation von (19) mit (20) erhalten wir die gesamte, der Anfachung zugeführte Leistung

$$N \equiv E \cdot J = E_g \cdot J_g + \mathfrak{e} \cdot \mathfrak{i} + \mathfrak{e} \cdot J_g + E_g \cdot \mathfrak{i}\,. \tag{21}$$

Für die Energiebilanz (18) der Anfachung ist der Mittelwert der Leistung während einer vollen Periode zu berechnen

$$\left.\begin{aligned} \overline{N} = \frac{1}{T}\int_0^T E \cdot J \cdot dt = E_g \cdot J_g + \frac{1}{T}\int_0^T \mathfrak{e} \cdot \mathfrak{i}\, dt \\ + \frac{1}{T}\int_0^T \mathfrak{e} \cdot J_g\, dt + \frac{1}{T}\int_0^T E_g \cdot \mathfrak{i}\, dt\,. \end{aligned}\right\} \tag{22}$$

Nun ist wegen (19a)

$$\frac{1}{T}\int_0^T \mathfrak{e} \cdot J_g\, dt = \frac{1}{T} \cdot J_g \cdot \int_0^T \mathfrak{e}\, dt = 0\,,$$

ebenso ist wegen (20a)

$$\frac{1}{T}\int_0^T E_g\, \mathfrak{i}\, dt = \frac{1}{T} \cdot E_g \cdot \int_0^T \mathfrak{i}\, dt = 0\,.$$

Die Leistungsgleichung (21) vereinfacht sich also in

$$\overline{N} = E_g \cdot J_g + \frac{1}{T}\int_0^T \mathfrak{e} \cdot \mathfrak{i}\, dt\,. \tag{22a}$$

Hiernach setzt sich die mittlere Anfachungsleistung aus G l e i c h l e i s t u n g und W e c h s e l l e i s t u n g additiv zusammen.

Damit die Anfachung an den Schwingungskreis Leistung abgibt, muß die Wechselleistung negativ werden.

$$\frac{1}{T}\int_0^T \mathfrak{e}\, \mathfrak{i}\, dt < 0\,. \tag{23}$$

Diese Ungleichung verlangt, daß Wechselspannung und Wechselstrom im zeitlichen Mittel verschiedenes Vorzeichen besitzen. In Abb. 136 ist durch einen Kurvenzug der schwingungsbetriebsmäßige Zusammenhang zwischen Anfachungsspannung und -strom dargestellt, die dynamische Anfachungscharakteristik. Die Zerlegung (19, 20) wird geometrisch durch die in Abb. 136 eingezeichnete Transformation des Koordinatensystems mittels zweimaliger Parallelverschiebung um J_0 und E_0 bewirkt. In dem neuen Koordinatensystem liefert die dynamische Charakteristik sogleich den Zusammenhang zwischen $\mathfrak{i}$ und $\mathfrak{e}$. Die Bedingung (23) verlangt, daß die dynamische Charakteristik im zeitlichen Mittel im zweiten und vierten Quadranten des Koordinatensystems $\mathfrak{i}$, $\mathfrak{e}$ liege. Eine solche Charakteristik heißt fallend. Allerdings ist das Kriterium der fallenden Charakteristik nur einfach, wenn die Charakteristik annähernd auf einem ungeschlossenen Kurvenzuge verläuft; dagegen ist die Entscheidung, ob eine „fallende“ Charakteristik nach (23) vorliegt, bei auseinandergezogenen, geschlossenen Konturen nicht mehr allein aus dem Kurvenbild heraus zu fällen, weil die dynamische Charakteristik die Zeit nicht explizite enthält.

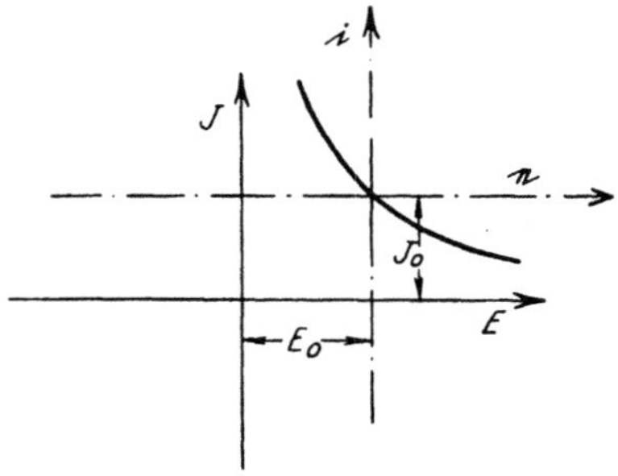

Abb. 136. Anfachungscharakteristik.

Da sowohl in den Kondensatoren wie in den Spulen im stationären Schwingungszustande die mittlere Schwingungsleistung verschwindet, kann bei ihnen die Anfachungsbedingung nie erfüllt sein; eine Umsetzung von Gleich- in Wechselleistung kann nur mittels geeignet gesteuerten Widerständen oder Konvektionsstromträgern erfolgen.

130. Wirkungsgradbedingung der Anfachung. In der Leistungsbilanz der elektrischen Anfachung

$$-\frac{1}{T}\int_0^T \mathfrak{e}\,\mathfrak{i}\,dt = E_g \cdot J_g - \frac{1}{T}\int_0^T E J\,dt \tag{22b}$$

stellt die Differenz aus zugeführter Gleichleistung und gewonnener Wechselleistung

$$\overline{N}_v = \frac{1}{T}\int_0^T E J\,dt \tag{24}$$

die innerhalb der Anfachung in Wärme umgewandelte Verlustleistung dar. Daher ist der Wirkungsgrad der Gleichleistung—Wechselleistungsumformung durch

$$\eta = \frac{-\frac{1}{T}\int_0^T \mathfrak{e}\,\mathfrak{i}\,dt}{E_g J_g} = \frac{E_g J_g - N_v}{E_g J_g} = 1 - \frac{N_v}{E_g J_g} \tag{25}$$

gegeben. Er erreicht seinen Höchstwert, wenn das Verlustintegral (24) verschwindet. Wegen der Wirkungslosigkeit etwa vorhandener Kondensatoren oder Spulen darf vorausgesetzt werden, daß E und J stets gleichzeitig im ersten oder dritten Quadranten liegen; aus (24) folgt daher als Bedingung höchsten Wirkungsgrades: Während des Stromflusses soll die Anfachungsspannung, während der Einwirkung der Spannung soll der Strom verschwinden.

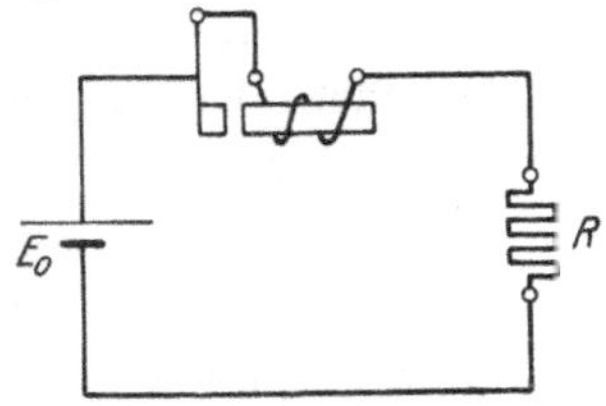

Abb. 137. Unterbrecher als Schwingungserzeuger.

Als einfachstes Gebilde genügt dieser Forderung der Unterbrecher: Bei geschlossenem Kontakt verhindert der sehr kleine Widerstand die Entstehung einer Spannung, bei geöffnetem Kontakt dagegen findet der Strom keinen Durchtritt. Umgekehrt läßt die Wirkungsgradbedingung nur jene Anfachungen als technisch brauchbar erkennen, welche vermöge ihrer elektrodynamischen Eigenschaften im angefachten Schwingungskreise die Funktion eines Unterbrechers ausüben.

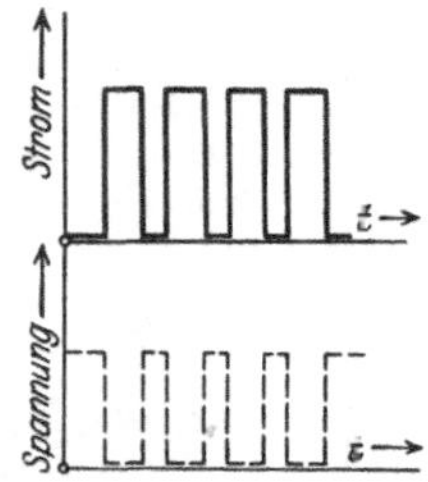

Abb. 138. Strom- und Spannungsverlauf im Unterbrecher.

In engem Zusammenhange mit der Wirkungsgradbedingung steht die Kurvenform des angefachten Stromes: Wir legen die Schaltung nach Abb. 137 zugrunde, bei welcher die Gleichspannung E_0 über den Unterbrecher U auf den Widerstand R arbeitet. Bei Kontaktschluß springt der Strom momentan auf den Wert $\frac{E_0}{R}$, um bei Kontaktöffnung wieder unstetig bis auf Null abzufallen; entsprechend variiert die Spannung am Unterbrecher zwischen

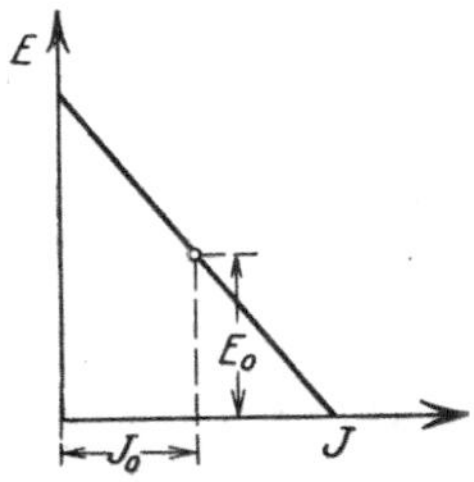

Abb. 139. Schwingungserregung mit geradliniger Charakteristik.

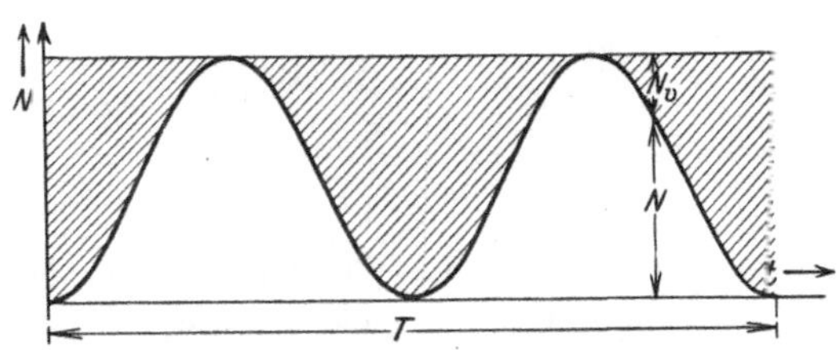

Abb. 140. Leistungsverteilung für den günstigsten Fall einer Anfachung mit geradliniger Charakteristik.

0 und E_0. Die entstehenden Rechteckskurven (Abb. 138) ergeben sich in gleicher Weise für alle als Unterbrecher wirkenden Anfachungen als notwendige Bedingung höchsten Wirkungsgrades. Umgekehrt ist der Anfachungswirkungsgrad für angefachte Sinusschwingungen meist

gering; insbesondere ergeben sich für geradlinige Charakteristik nach Abb. 139 die in Abb. 140 gezeichneten Leistungslinien, wobei der Wirkungsgrad bestenfalls $\frac{1}{2}$ erreicht.

131. Statische Stabilität. Die Charakteristik einer elektrischen Anfachung sei durch

$$E = f(J) \tag{26}$$

gegeben. Die Gleichstromleistung werde seitens einer Gleichspannungsquelle E_0 unter Vorschaltung des Widerstandes R_0 und der Induktivität L_0 geliefert. Auf den Stromfluß im Gleichstromkreise wirkt die Summe der Gleichspannung E_0 und der Umlaufsspannung in der Induktivität, welcher durch Ohmschen Spannungsabfall im Verein mit der Spannung an der Anfachung das Gleichgewicht gehalten wird:

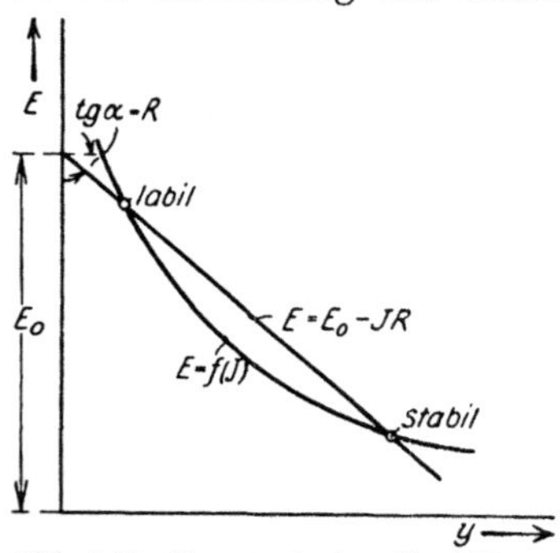

Abb. 141. Zur statischen Stabilität.

$$E_0 - L_0 \cdot \frac{dJ}{dt} = J \cdot R_0 + f(J) \,. \tag{27}$$

Für den stationären Strom J_0 resultiert nach Streichung der zeitlichen Ableitung:

$$E_0 - J_0 R_0 = f(J_0) \,. \tag{27a}$$

Diese Gleichung läßt sich lösen durch Einzeichnen der „Widerstandslinie" $E = E_0 - J\,R_0$ in das Schaubild der Charakteristik (Abb. 141). Die Schnittpunkte der Widerstandsgeraden mit der Charakteristik liefern gemäß (27a) sämtliche möglichen Gleichgewichtslösungen.

Um die Stabilität der so ermittelten Stromzustände zu prüfen, wird dem stationären Wert J_0 ein Zuwachs i erteilt, welcher seine Entstehung irgendeiner zufälligen Störung verdanken möge. Der Gesamtstrom beträgt

$$J = J_0 + i \,, \tag{28}$$

wo

$$i \ll J_0 \tag{28a}$$

vorausgesetzt wird. Gl. (26) kann in der Umgebung von J_0 nach dem Taylorschen Satz entwickelt werden,

$$f(J_0 + i) = f(J_0) + i\,f'(J_0) \,, \tag{29}$$

wobei wegen (28a) mit dem ersten Gliede der Entwicklung abgebrochen werden darf. Die Einführung von (28) und (29) in (27) liefert die Gleichung:

$$E_0 - L_0 \cdot \frac{dJ_0}{dt} - L_0 \cdot \frac{di}{dt} = J_0 \cdot R_0 + i\,R_0 + f(J_0) + i\,f'(J_0) \,. \tag{30}$$

Wird (27a) berücksichtigt, so vereinfacht sich die Beziehung beträchtlich und liefert für den Störungsstrom i die Differentialgleichung:

$$L_0 \cdot \frac{di}{dt} + i\,[R_0 + f'(J_0)] = 0\,, \tag{30a}$$

deren Integral

$$i = i_0 \cdot e^{-\frac{R_0 + f'(J_0)}{L_0} \cdot t} \tag{31}$$

ergibt. Damit das Gleichgewicht stabil ist, muß die Störung mit wachsender Zeit verklingen; hierzu muß nach (31) die Umgleichung

$$\left.\begin{aligned} R_0 + f'(J_0) &> 0 \\ \text{oder} \quad f'(J_0) &> -R_0 \end{aligned}\right\} \tag{32}$$

erfüllt sein: Bedingung der statischen Stabilität.

In dem Charakteristikenschaubild der Abb. 141 ist $-R_0$ die Neigung der Widerstandsgeraden, $f'(J_0)$ die Neigung der statischen Charakteristik im Betriebspunkte. Die Stabilitätsbedingung (32) fordert demnach, daß die Widerstandsgerade in der Umgebung eines stationären Betriebspunktes steiler geneigt sei als die Charakteristik. Hieraus ergibt sich mittels geometrischer Anschauung die Aussage: Stabile und labile Betriebspunkte folgen aufeinander. Man vergleiche hierzu das mechanische Analogon einer Kugel auf einer Wellenfläche nach Abb. 142: Die Talsohle ist ein stabiler, die benachbarten Gipfel sind labile Gleichgewichtsstätten der Kugel.

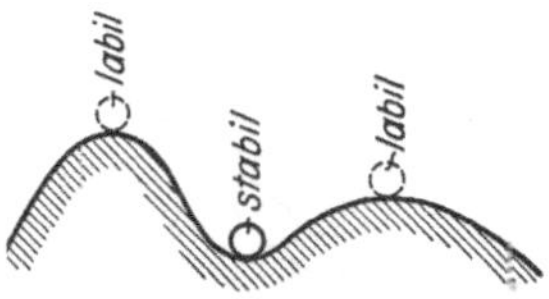

Abb. 142. Mechanisches Analogon zur Folge der stabilen und labilen Zustände.

132. Dynamische Stabilität. Für die Energiebilanz des angefachten Schwingungskreises gelten die in Nr. 122 entwickelten Gesetze, wenn von den Ohmschen Verlusten die Anfachungsleistung in Abzug gebracht wird,

$$J^2 R - N = -\frac{d}{dt}[U_e + U_m]\,. \tag{33}$$

Wir integrieren diese Gleichung über eine Vollperiode und erhalten

$$\frac{1}{T}\int_0^T J^2 R\,dt - \frac{1}{T}\int_0^T N\,dt = -\frac{1}{T}\,\Big|\,U_e + U_m\Big|_0^T \tag{33a}$$

oder

$$R J_{\mathrm{eff}}^2 - \bar{N} = -\frac{\Delta U_{e+m}}{T}\,. \tag{33b}$$

Wir führen einen äquivalenten Schwingungsstrom von einfach harmonischem Verl[illegible] durch die Definition der äquivalenten Amplitude

$$\tfrac{1}{2} J_{\max}^2 = J_{\mathrm{eff}}^2 \tag{34}$$

ein.

Mittels (29), Nr. 122 können wir die Größe der Energie durch das Produkt aus Stromamplitude und effektiver Induktivität L_{eff} des Schwingungskreises erfassen und erhalten

$$\frac{R}{2} \cdot J_{\max}^2 - \overline{N} = - \frac{\Delta(\frac{1}{2} L_{\text{eff}} \cdot J_{\max}^2)}{T}. \tag{33 c}$$

Wir definieren den dynamischen Gleichgewichtszustand durch

$$\Delta(\tfrac{1}{2} L_{\text{eff}} J_{\max}^2) = 0, \tag{35}$$

woher für die stationäre Amplitude

$$R \cdot \frac{J_{\max_0}^2}{2} = \overline{N}(J_{\max_0}^2) \tag{35 a}$$

resultiert. Die Kurve $\overline{N}$ als Funktion von $J_{\max}^2$ heiße die Leistungscharakteristik, während $R \cdot \frac{J_{\max}^2}{2}$ als Widerstandsgerade bezeichnet werde. Ersichtlich sind gemäß (35a) alle möglichen dynamischen Gleichgewichtszustände durch den Schnitt der Leistungscharakteristik mit der Widerstandsgeraden gegeben (Abb. 143). Zur Prüfung der Stabilität wird dem Amplitudenquadrat $J_{\max_0}^2$ ein Zuwachs $i_{\max}^2$ erteilt. Indem $\overline{N}$ in der Umgebung des Gleichgewichtswertes (35a) in eine Taylorsche Reihe entwickelt wird, entsteht für $i_{\max}^2$ die Differenzengleichung

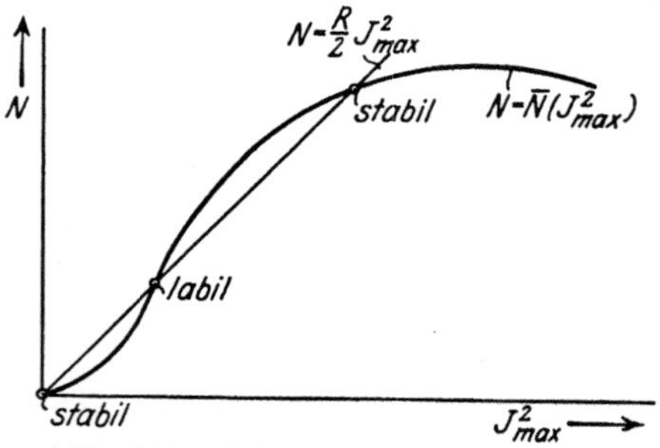

Abb. 143. Zur dynamischen Stabilität.

$$R \frac{i_{\max}^2}{2} - \overline{N}'(J_{\max_0}^2) \cdot i_{\max}^2 = - \frac{\Delta(\frac{1}{2} L_{\text{eff}} i_{\max}^2)}{T}. \tag{36}$$

Ihre Lösung lautet

$$i_{\max}^2 = i_{\max_0}^2 \cdot e^{\alpha p T}, \qquad p = 0, 1, 2, 3 \ldots \tag{36 a}$$

wobei α der Gleichung

$$\left[\frac{R}{2} - \overline{N}'(J_{\max_0}^2)\right] = - \frac{e^{\alpha T} - 1}{T} \cdot \frac{1}{2} L_{\text{eff}} \tag{36 b}$$

unterworfen ist. Hieraus folgt

$$\alpha = \frac{1}{T} \ln\left[\frac{\overline{N}' - \frac{1}{2} R}{\frac{1}{2} L} \cdot T + 1\right]. \tag{36 c}$$

Damit der Schwingungszustand $J_{\max_0}$ stabil ist, muß jede Störung $i_{\max_0}$ mit wachsender Zeit abnehmen, demnach ergibt (36c) die dynamische Stabilitätsbedingung:

$$\overline{N}' - \tfrac{1}{2} R < 0; \qquad \overline{N}' < \tfrac{1}{2} R. \tag{37}$$

Nun ist N' der Anstieg der dynamischen Leistungscharakteristik, $\frac{R_{\text{eff}}}{2}$ diejenige der Widerstandsgeraden. Demnach läßt sich die Bedingung (37) der dynamischen Stabilität geometrisch in der Forderung fassen: Die Widerstandsgerade muß steiler ansteigen als die dynamische Leistungscharakteristik (Abb. 143). An Hand der geometrischen Anschauung folgt: Bei zunehmender Stromamplitude wechseln stabile und labile Punkte einander ab.

Alle diese Sätze weisen eine bemerkenswerte Analogie zu den Bedingungen der statischen Stabilität auf.

133. Stetigkeit des Anfachungsvorganges. Im dynamischen Gleichgewichte reiht sich Schwingung regelmäßig an Schwingung; die in

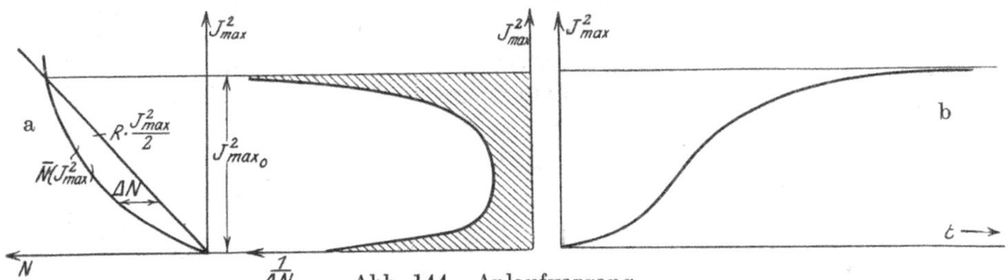

Abb. 144. Anlaufvorgang.

Nr. 126 geforderten Stetigkeitsbedingungen des elektrischen und magnetischen Verschiebungsstromes sind von selbst gewahrt.

Ist aber das Schwingungssystem anfangs stromlos, so müssen sich die Schwingungen von Null aus stetig bis zu ihrem Endwerte „aufschaukeln", damit die elektrische und magnetische Umlaufsspannung stets endlich bleiben.

Zur analytischen Formulierung des „Aufschaukelns" dient Gl. (33b). Schreiben wir

$$T = \frac{\Delta\left(\frac{1}{2} L_{\text{eff}} J^2_{\max}\right)}{\overline{N}(J^2_{\max}) - R \cdot \frac{J^2_{\max}}{2}}, \tag{33c}$$

so liefert die Summation den Zusammenhang zwischen Zeit und Amplitude

$$t = \sum T = \sum_{0}^{J^2_{\max}} \frac{\Delta\left(\frac{1}{2} L_{\text{eff}} J^2_{\max}\right)}{\overline{N}(J^2_{\max}) - R \cdot \frac{J^2_{\max}}{2}}. \tag{33d}$$

Die Auswertung dieser Summe erfolgt am einfachsten graphisch. Man trägt als Funktion von $J^2_{\max}$ das Reziproke der Differenz ΔN zwischen Leistungscharakteristik und Widerstandslinie auf (Abb. 144a). Der Flächeninhalt der erhaltenen Kurve zwischen den Grenzen O und

$J^2_{\max}$ liefert nach Multiplikation mit $\frac{1}{2}L$ gemäß (33d) die Zeit. Um den ganzen Anlaufvorgang zu verfolgen, hat man die obere Grenze der Summe (33d) bis zum Gleichgewichtswert $J^2_{\max_0}$ zu erstrecken (Abb. 144b).

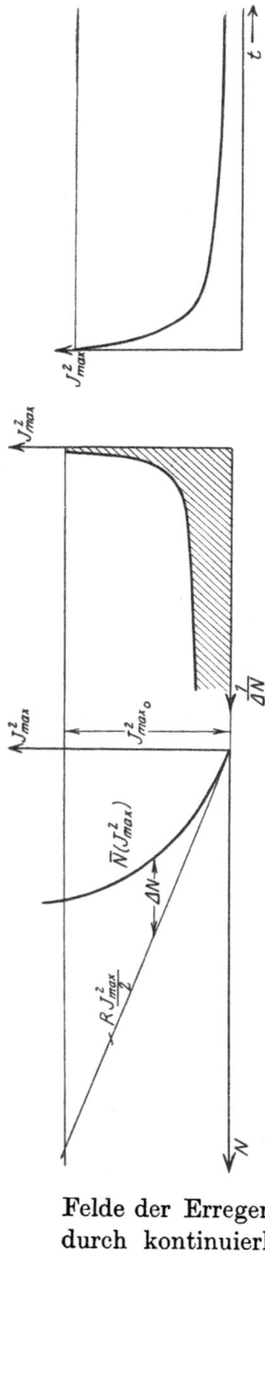

Abb. 145. Abklingvorgang.

Wird in einem stationär schwingenden, angefachten System der Widerstand verändert, so setzt ein Regelvorgang ein, welcher das System stetig in den neuen stationären Zustand überführt. Die analytische Darstellung des Regelvorganges folgt aus (33d) unter Berücksichtigung der Grenzen, welche durch den Zustand vor dem Regelvorgang und am Ende des Regelvorganges gegeben sind. Wird insbesondere der Widerstand so weit vergrößert, daß stationäre Schwingungen unmöglich werden, so verklingen die Schwingungen völlig. Abb. 145 zeigt den Verlauf eines solchen Abklingvorganges, dessen Gleichung sich aus (33d) zu

$$t = \sum_{J^2_{\max_0}}^{0} \frac{\Delta\left(\frac{1}{2} L J^2_{\max}\right)}{N(J^2_{\max}) - R \cdot \frac{J_{\max}}{2}} \qquad (33\,\mathrm{e})$$

ergibt.

Besondere Systeme.

134. Die Hauptstrom-Kommutatormaschine als Anfachung. Wir behandeln als erstes Beispiel für die Anwendung der im vorigen Abschnitt entwickelten Gesetze eine mechanische Anfachung, die Hauptstrom-Kommutatormaschine, welche nach Abb. 146 in einen Schwingungskreis geschaltet ist. Die Wirkungsweise einer solchen Maschine wird als bekannt vorausgesetzt: In dem Anker der Maschine wird durch Bewegung im

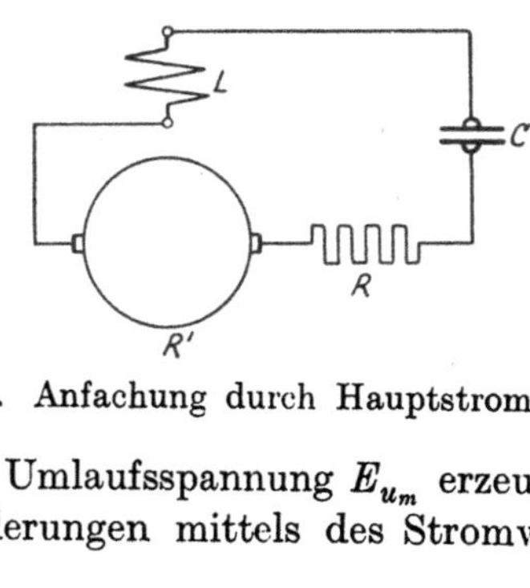

Abb. 146. Anfachung durch Hauptstrommaschine.

Felde der Erregerwicklung eine Umlaufsspannung E_{u_m} erzeugt, welche durch kontinuierliche Schaltänderungen mittels des Stromwenders in jedem Zeitpunkte proportional dem gleichzeitig wirkenden magnetischen Induktionsfluß Φ gemacht wird. Für eine bestimmte Maschine ist der Proportionalitätsfaktor eine Konstante, sofern die Umlaufszahl konstant erhalten wird.

$$E_{u_m} = k \cdot \Phi . \tag{38}$$

Der Induktionsfluß ist mit dem Erregerstrom J durch die Magnetisierungskurve der Maschine verknüpft. Ersetzen wir in (38) den Fluß durch den Strom, so können wir schreiben

$$E_{u_m} = R' \cdot J , \tag{38a}$$

wo R' eine Funktion des Stromes gemäß Abb. 147 wird.

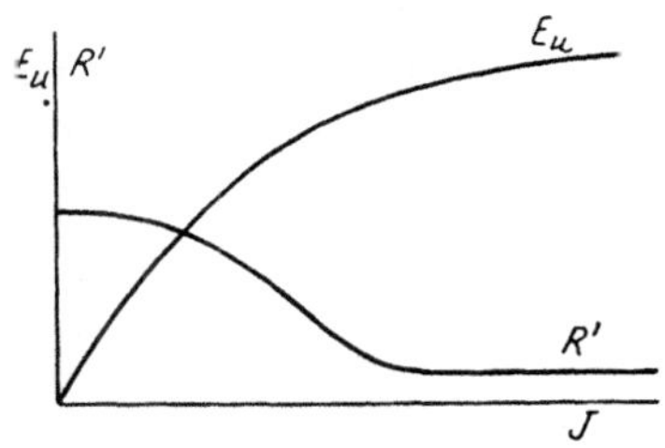

Abb. 147. Abhängigkeit des Anfachungswiderstandes einer Hauptstrommaschine von der Stromamplitude.

Die Anfachungsleistung beträgt

$$N = R' \cdot J^2 . \tag{38b}$$

Wir setzen formal

$$R - R' = \varrho , \tag{39}$$

wo ϱ der scheinbare Gesamtwiderstand des Schwingungskreises heißt.

Wegen der Sättigungserscheinungen in der Maschine ist die Induktivität L des angefachten Kreises eine Funktion des Stromes. Die in L entwickelte Umlaufsspannung beträgt daher

$$E_u = -\frac{d(LJ)}{dt} . \tag{40}$$

Mit Rücksicht auf (39a) und (40) geht die Schwingungsgleichung (5), Nr. 117 für den angefachten Kreis in

$$J \cdot \varrho = -\frac{1}{C}\int J\,dt - \frac{d(LJ)}{dt} \tag{41}$$

über. Solange die Schwingungen von dem einfach-harmonischen Verlaufe nicht stark abweichen, können die Verluste durch Hysterese und Wirbelströme durch komplexe Werte der dynamischen Induktivität berücksichtigt werden; für die Leistungsbedingung der Anfachung genügt indessen hierzu auch ein entsprechender Zuschlag zum Widerstande der Maschine.

Wir setzen demgemäß für das Folgende L als reell voraus. Gl. (40) gleicht dann formal der Schwingungsgleichung, unterscheidet sich aber von dieser durch die Inkonstanz von R' und L, welche ihre Linearität aufhebt. Wir sind zu einer Näherung gezwungen, welche in der Einführung einer mittleren Induktivität L_{eff} und eines mittleren Anfachungswiderstandes R'_{eff} ihren Ausdruck findet. Ihre Werte werden durch

$$\int_0^{J_{\max}} J \cdot d(LJ) = \int_0^{J_{\max}} L_{\text{eff}} \cdot J\,dJ = L_{\text{eff}} \cdot \tfrac{1}{2} J^2_{\max} \tag{40 a}$$

und

$$\frac{1}{T}\int_0^{T} R' \cdot J^2\,dt = R'_{\text{eff}} \cdot \tfrac{1}{2} J^2_{\max} \tag{38 c}$$

definiert, so daß magnetische Energie und Wärmeleistung als Hauptgrößen der Anfachung erhalten bleiben. R'_{eff} und L_{eff} werden hierbei Funktionen allein der Amplitude $J_{\max}$.

Nach Einführung der Größen (40a) und (38c) wird Gl. (41) linear und mit der Schwingungsgleichung identisch. Alle Gesetze der Schwingungsformen und der Schwingungskonstanten können aus Nr. 118 und 119 übernommen werden.

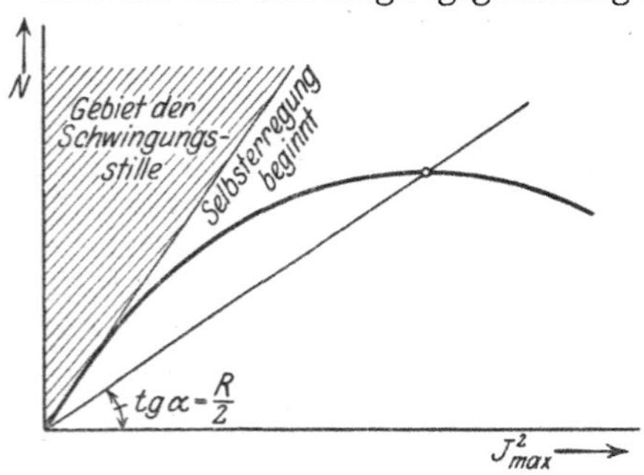

Abb. 148. Leistungsdiagramme der Anfachung durch Reihenschlußmaschine.

Wir beschränken die Diskussion auf den periodischen Fall

$$\frac{\varrho^2}{4L^2} < \frac{1}{LC}.$$

Solange

$$\varrho > 0, \tag{42}$$

gleicht die Schwingungsform der des nichtangefachten Kreises; hier bewirkt die Anfachung lediglich eine scheinbare Dämpfungsminderung gemäß (39), die Amplitudenabnahme wird verlangsamt. Ist dagegen

$$\varrho < 0, \tag{42 a}$$

so wachsen die Schwingungen an, sie „schaukeln sich auf“. Dieser Anstieg findet unter dem Einflusse der Sättigung und der damit verbundenen Abnahme von R' seine Grenze, bei

$$\varrho = 0. \tag{42 b}$$

Die geometrische Deutung der Gl. (42, 42a, 42b) ist in Abb. 148 gegeben, inwelcher dynamische Leistungscharakteristik (41) und Widerstandsgerade $R \cdot \frac{J^2_{\max}}{2}$ eingezeichnet sind. Solange die Widerstandsgerade in das schraffierte Gebiet der „Schwingungsstille“ fällt, liegt (42) vor: Die Anfachung genügt nicht zur Aufrechterhaltung der Schwingungen. Wird der Widerstand verkleinert, so setzen bei einem bestimmten kritischen Werte die Schwingungen ein (Selbsterregung); bei weiterer Verkleinerung des Widerstandes wächst die stationäre Leistung zunächst an, um nach Überschreitung eines Maximums wieder stark zu fallen. Hierbei werden die Zustände (42a) stetig durchlaufen.

Im dynamischen Gleichgewichtszustande ergibt sich die Schwingungsdauer in voller Strenge nach der Thomsonschen Formel

$$T = 2\pi\sqrt{LC} \tag{43}$$

unabhängig von der Umlaufszahl der Maschine. Dieses bemerkenswerte Ergebnis wird allerdings in seiner Bedeutung dadurch eingeschränkt, daß wegen der magnetischen Sättigung auch die Induktivität L eine Funktion der Amplitude ist.

Neben der Reihenschlußschaltung können zahlreiche andere Schaltungen von Kommutatormaschinen als Anfachung dienen; eine praktische Bedeutung hat indessen keine dieser Anordnungen erlangt, da konstruktive und betriebliche Schwierigkeiten sehr groß sind.

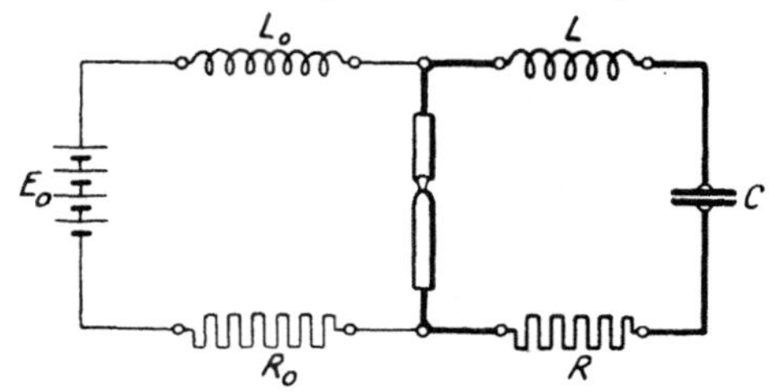

Abb. 149. Schaltung der Lichtbogenanfachung.

135. Der Lichtbogen als Anfachung. Vermöge seiner fallenden Charakteristik ist der Lichtbogen fähig, als elektrische Anfachung zu wirken.

Abb. 149 zeigt die Schaltanordnung. Die Gleichspannung E_0 liegt über Induktivität L_0 und Stabilisierungswiderstand R_0 am Lichtbogen, an dessen Elektroden der Schwingungskreis angeschlossen ist.

Wir bezeichnen den Strom, welcher von E_0 getrieben wird, mit J_0, den Strom des Schwingungskreises mit J, den Lichtbogenstrom mit J_b. Die Beziehung zwischen Lichtbogenspannung E_b und Strom J_b sei durch

$$E_b = f(J_b) \tag{44}$$

gegeben; sie ist aus Nr. 111—115 bekannt.

Im Kreise des Stromes J_0 hält die Summe aus treibender Spannung E_0 und der Umlaufsspannung E_{u0} der Induktivität L_0 dem Ohmschen Spannungsabfall und der Lichtbogenspannung das Gleichgewicht:

$$E_0 + E_{u0} \equiv E_0 - L_0 \frac{dJ_0}{dt} = J_0 R_0 + E_b. \tag{45}$$

Die Gleichung für den Schwingungsstrom resultiert aus (5), Nr. 117 nachdem der Ohmschen Spannung die Lichtbogenspannung hinzugezählt ist:

$$-\frac{1}{C}\int J \cdot dt - L\frac{dJ}{dt} = J \cdot R + E_b. \tag{46}$$

Der Lichtbogen führt gleichzeitig die Ströme J_0 und J:

$$J_b = J_0 + J \tag{47}$$

Durch das System der vier Gleichungen (44), (45), (46), (47) ist die gesamte Elektrodynamik der Lichtbogenschwingungen umschrieben; ihre Einzelformen entstehen durch besondere Annahmen über die charakteristische Funktion (44), welche durch die Theorie des Lichtbogens bestimmt ist (Nr. 115). Daher gelten dieselben Gleichungen für alle Systeme nach Abb. 149, in welchen der Lichtbogen durch einen beliebigen Feldträger mit fallender Charakteristik ersetzt ist (Dynatron Nr. 95, Schwingdetektor Nr. 100). Im folgenden beschränken wir uns der Einfachheit halber auf Lichtbogenschwingungen, die alles grundsätzlich Wichtige erkennen lassen.

136. Lichtbogenschwingungen erster Art sind dadurch definiert, daß der Lichtbogenstrom J_b stets positiv bleibt.

Wir behandeln zunächst sehr kleine Schwingungen, welche als einfach harmonisch um den Schwingungsmittelpunkt verlaufend angenommen werden können. Führen wir für die veränderlichen Teile der Lichtbogenvariablen komplexe Schreibweise ein, so lautet die dynamische Lichtbogencharakteristik mit Einschluß der Hystereseerscheinung nach Nr. 115:

$$\bar{\mathfrak{e}}_b = \bar{\mathfrak{i}}_b \cdot \mathfrak{R}', \tag{48}$$

wo

$$\mathfrak{R}' = \frac{c_1 + j\,\omega\,c_2}{c_3 + j\,\omega\,c_4}. \tag{49}$$

Der Strom des Speisekreises besteht ebenso wie der Lichtbogenstrom aus Gleichanteil J_{0_g} und Wechselanteil $\mathfrak{i}_0$; dagegen wird dem Schwingungskreise jeder Gleichstrom durch den Kondensator abgesperrt. Der veränderliche Speisestromanteil $\mathfrak{i}_0$ wird durch Wahl geeignet großer Induktivitäten L_0 so klein gemacht, daß er gegen J_{0_g} vernachlässigt werden darf. Dann durchfließt der veränderliche Teil des Lichtbogenstroms allein den Schwingungskreis:

$$\bar{J} = \bar{\mathfrak{i}}_b, \tag{47a}$$

wo der Schwingungsstrom in komplexer Form eingeführt ist. Wir eliminieren aus (46) durch Differentiation die Gleichspannung; nach Division mit L erhalten wir die Differentialgleichung

$$\frac{d^2\bar{J}}{dt^2} + \frac{R + \mathfrak{R}'}{L} \cdot \frac{d\bar{J}}{dt} + \frac{1}{LC} \cdot \bar{J} = 0\,. \tag{46a}$$

Sie stimmt formal mit der Schwingungsgleichung überein, unterscheidet sich aber von dieser wesentlich durch den komplexen Charakter des zweiten Gliedes. Gemäß (47a) machen wir zur Lösung von (46a) den Ansatz

$$\bar{J} = J_{\max} \cdot e^{j\omega t}, \tag{47b}$$

womit (46a) in

$$-\omega^2 J_{\max} + \frac{R + \mathfrak{R}'}{L} \cdot j\,\omega\,J_{\max} + \frac{1}{LC} J_{\max} = 0 \tag{46b}$$

übergeht.

Wir zerlegen $\mathfrak{R}'$ in Realteil und Imaginärteil mittels

$$\mathfrak{R}' = +r' + j\,\omega\,l, \tag{50}$$

so daß (46b) in

$$-\omega^2 - \frac{l}{L}\,\omega^2 + \frac{1}{LC} = 0 \tag{46c}$$

und

$$R + r' = 0 \tag{46d}$$

zerfällt. Gl. (46c) liefert die Frequenz der Lichtbogenschwingungen zu

$$\omega^2 = \frac{1}{LC\left(1 + \dfrac{l}{L}\right)} = \frac{1}{(L+l)\,C}, \tag{46e}$$

welche also stets kleiner ist als die nach der Thomsonschen Formel berechnete Frequenz[1]). Das Maß der Minderung ist durch die scheinbare Vermehrung der Induktivität um l unter dem Einfluß der Lichtbogenhysterese gegeben.

Durch (46d) ist ersichtlich nach Multiplikation mit $J^2_{\max}$ die Leistungsbedingung der Anfachung gegeben.

Die für den Verlauf der Schwingung entscheidenden Größen $\mathfrak{r}'$ und l sind vermöge (49) Funktionen der Frequenz. Wir übersehen diesen Zusammenhang durch Darstellung der komplexen Größe $\mathfrak{R}'$ in der Gaußschen Zahlenebene. Mittels der Umformung

$$\left.\begin{aligned} \mathfrak{R}' - \frac{c_2}{c_4} &= \frac{1}{c_4}\cdot\frac{c_4 c_1 - c_3 c_2}{c_3 + j\,\omega\,c_4} = \frac{m^2}{c_3 + j\,\omega\,c_4} \\ m^2 &= \frac{c_4 c_1 - c_3 c_2}{c_4} \end{aligned}\right\} \tag{49}$$

kann $\mathfrak{R}'$ leicht konstruiert werden. Wir zeichnen (Abb. 150) den Vektor $c_3 + j\,\omega\,c_4$, dessen Endpunkt für den Frequenzbereich $0 < \omega < \infty$ die „Frequenzgerade" parallel der imaginären Achse durchläuft. Durch Inversion vom Ursprung O aus gewinnen wir den Vektor $\mathfrak{R}' - \frac{c_2}{c_4}$, wobei die Frequenzgerade in einen Halbkreis durch den Ursprung übergeht. Die Zuordnung der Kreispunkte zur Frequenz ergibt sich leicht aus der Proportionalität des Vektors $j\,\omega\,c_4$ mit der Frequenz, wonach die Frequenzgerade als Frequenzskala dienen kann: Eine Gerade, welche den Kreispunkt P mit dem Ursprung verbindet, schneidet demnach auf der gespiegelten Frequenzgeraden ein der Frequenz proportionales Stück ab. Durch Parallelverschiebung der Koordinaten um $\frac{c_2}{c_4}$ bis O' wird schließlich $\mathfrak{R}'$ selbst als Vektor von O' bis P gewonnen.

Für $\omega = 0$ ist $\mathfrak{R}'$ mit der Neigung der statischen Charakteristik identisch, welche hier negativ (reell) vorausgesetzt sei; dagegen geht für

[1]) Man beachte, daß hiernach auch bei verschwindendem L Schwingungen möglich sind, deren Frequenz indes über l von J_0 und E_0 abhängt.

extrem hohe Frequenzen $\mathfrak{R}'$ in den stets positiven reellen Vektor $\frac{c_2}{c_4} = \overline{O'O}$ über. Für eine beliebige Frequenz wird $\mathfrak{R}'$ gewonnen, indem der entsprechende Punkt der Frequenzgeraden mit dem Ursprung verbunden und mit dem Kreis in P zum Schnitt gebracht wird (Abb. 150). Hierbei ist $\mathfrak{r}'$ durch die Abszisse, l durch die Ordinate des Kreispunktes gegeben.

Für einen kritischen Frequenzpunkt wird $\mathfrak{r}'$ Null, um bei höherer Frequenz stets positiv zu bleiben. Oberhalb dieser kritischen Frequenz kann (46d) bei beliebigen Werten von R nicht erfüllt werden, der Lichtbogen ist zur Anfachung kontinuierlicher Schwingungen nicht mehr fähig, er wird „inaktiv".

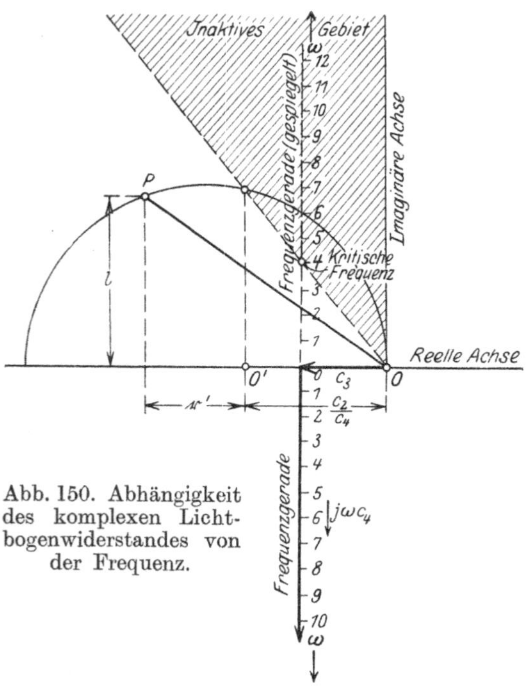

Abb. 150. Abhängigkeit des komplexen Lichtbogenwiderstandes von der Frequenz.

In der Ausdrucksweise der Charakteristik tritt dies dann ein, wenn die dynamische Charakteristik (Ellipse) bei ihrer Drehung um den Schwingungsmittelpunkt eine „im Mittel" horizontale Lage annimmt, um bei weiterer Frequenzsteigerung in eine steigende Charakteristik überzugehen.

Die Grenze kann durch geeignete Wahl der Elektroden sowohl wie der äußeren Bedingungen des Lichtbogens beeinflußt werden. Für Homogen-Kohlelichtbogen gilt als Grenzfrequenz etwa $\omega = 2\pi \cdot 50\,000$, für Aluminiumelektroden etwa $\omega = 2\pi \cdot 10^8$. Unter sonst gleichen Bedingungen wird die Grenzfrequenz durch energische Kühlung und Entionisierung des Lichtbogens mittels eines Magnetgebläses (vgl. Nr. 86) herabgesetzt. Dieses Prinzip findet seine wichtigste Anwendung in dem Lichtbogenschwingungserzeuger von Poulsen, welcher in einer Wasserstoff- oder Leuchtgasatmosphäre betrieben wird.

Für das folgende setzen wir die Betriebsfrequenz kleiner als die kritische Frequenz voraus, so daß der Lichtbogen Schwingungen anfachen kann. Überschreitet $\mathfrak{R}'$, absolut genommen, R, so überwiegt die Anfachungsleistung die im Widerstand umgesetzte Wärmeleistung, die Schwingungen wachsen an.

Mit dem Anwachsen der Schwingungen wird die Form der Charakteristik verzerrt. In Annäherung schwankt die Schwingungsleistung einfach harmonisch um die zugeführte Gleichleistung. Hierfür sind in Nr. 115 die dynamischen Charakteristiken entsprechend Abb. 121 gefunden worden. Aus ihnen gewinnen wir durch Aufzeichnung der Wechselleistung als Funktion des Stromamplitudenquadrates die dynamische Leistungscharakteristik, welche nach Rechnungen von H. Th. Simon[1]) für ein bestimmtes Beispiel gezeichnet worden ist (Abb. 151).

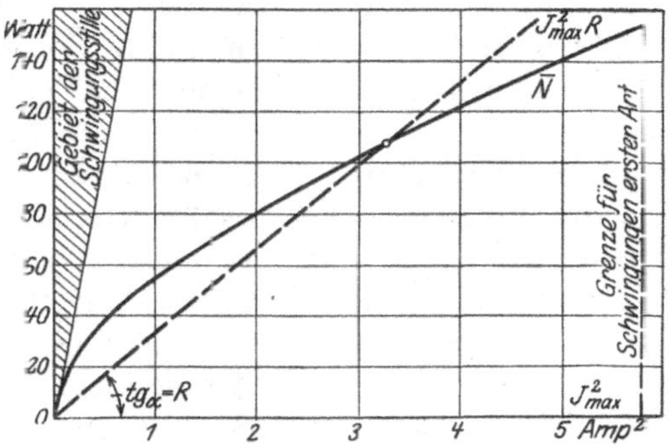

Abb. 151. Leistungscharakteristik einer Lichtbogenanfachung in der Umgebung eines Punktes auf fallender Charakteristik.

In das gleiche Diagramm ist die Widerstandsgerade $R \cdot \frac{J^2_{\max}}{2}$ eingetragen.

Solange die Widerstandsgerade in das schraffierte Gebiet fällt, genügt die Anfachung nicht zur Aufrechterhaltung der Schwingung (Gebiet der Schwingungsstille); erst nach Überschreitung eines bestimmten kritischen Widerstandes setzen die Schwingungen ein.

In einzelnen Fällen kann der Schwingungsmittelpunkt (E_{b0}, J_{b_0}) bei so hohen Stromstärken liegen, daß die Neigung der statischen Charakteristik dort schon positiv ist; dies hat zur Folge, daß die dynamische Leistungscharakteristik zunächst negativ wird, um erst nach Überschreitung einer bestimmten „Stoßamplitude" zu positiven Werten überzugehen (Abb. 152). Die Einzeichnung der Wider-

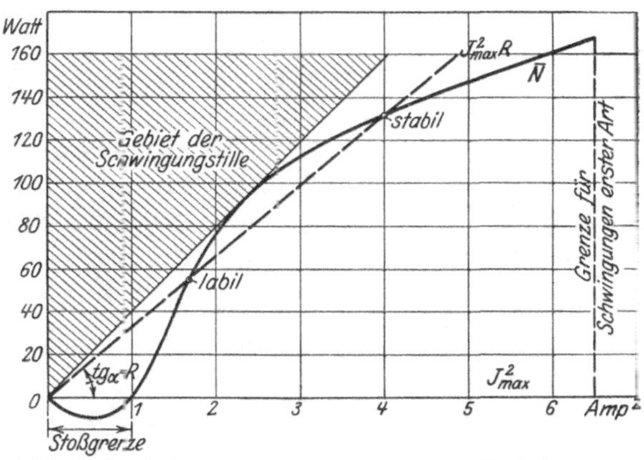

Abb. 152. Leistungscharakteristik einer Lichtbogenanfachung in der Umgebung eines Punktes mit steigender Charakteristik.

[1]) Phys. Zeitschr. VII, 1906, S. 433.

standslinie liefert hier wieder ein Gebiet der Schwingungsstille (schraffiert). Bei Verkleinerung des Widerstandes über seinen kritischen Wert schneidet die Widerstandsgerade die Leistungscharakteristik in zwei Punkten endlicher Stromamplitude. Von ihnen erweist sich indessen vermöge des Kriteriums (37) nur der zur größeren Amplitude gehörige als stabil.

Eine selbständige Erregung dieser Schwingungen ist wegen des negativen Verlaufes der Leistungscharakteristik in der Umgebung des Ursprunges unmöglich; diese können vielmehr erst einsetzen, nachdem durch einen Stoß der Strom über die „Stoßamplitude" hinaus in das Gebiet positiver Charakteristik gesteigert worden ist.

Wird der Widerstand R sehr klein, so wachsen die Schwingungen an, bis die Gleichstromstärke J_{b0} der Stromamplitude $J_{\max}$ gleicht. Der Bogen erlischt, die Schwingungen gehen über in

137. Lichtbogenschwingungen zweiter Art. Die dynamische Charakteristik dieser Schwingungen kann nach Nr. 113 durch den gebrochenen Linienzug der Abb. 153 ersetzt werden; ihre Gleichungen lauten:

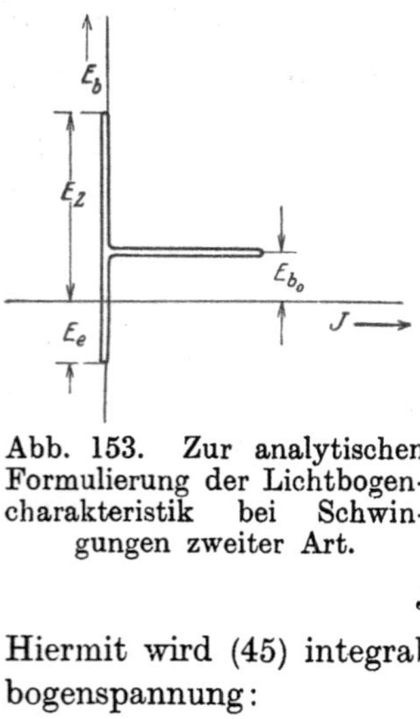

Abb. 153. Zur analytischen Formulierung der Lichtbogencharakteristik bei Schwingungen zweiter Art.

$$E_z \gtreqless E_b \gtreqless E_e\,, \qquad J_b = 0\,. \tag{51}$$

$$E_b = E_{b0}\,, \qquad J_b \neq 0\,. \tag{52}$$

Diesen Gleichungen entsprechend unterscheiden wir die Intervalle erloschenen Lichtbogens ($J_b = 0$) und brennenden Lichtbogens ($J_b \neq 0$). Erstes Intervall: $J_b = 0$.

Als Grundlage dienen die Gl. (44) bis (47). Wir vernachlässigen den veränderlichen Anteil des Speisestromes. Aus (47) folgt dann wegen $J_b = 0$:

$$J = -J_0 = -J_{0_g}\,. \tag{53}$$

Hiermit wird (45) integrabel und liefert sogleich den Wert der Lichtbogenspannung:

$$E_b = +\frac{1}{C}\cdot J_{0_g}\cdot t + J_{0_g} R\,. \tag{54}$$

Sie nimmt gemäß Abb. 154a linear zu, bis die Zündspannung E_z erreicht ist. Der Strom setzt ein, die Lichtbogenspannung springt auf E_{b0} (Gl. 52). Es folgt das zweite Intervall: $J_b \neq 0$.

Die anschließenden Schwingungen werden durch die Gesetze

$$-\frac{1}{C}\int J\,dt - L\frac{dJ}{dt} = JR + E_{b0} \qquad J_b \neq 0 \tag{46f}$$

beherrscht.

Ein partikulares Integral von (46f) lautet

$$-\frac{1}{C}\int J_1\,dt = E_{b0}; \qquad J_1 = 0\,. \tag{55}$$

Hierbei brennt der Lichtbogen mit der konstanten Stromstärke J_{0_g}, der Schwingungskreis ruht, im Kondensator besteht ein statisches Feld.

Mögliche Schwingungen werden gemäß (46f) durch den übergelagerten Strom J_2 beschrieben, welcher als Integral der homogenen Gleichung

$$-\frac{1}{C}\int J_1\,dt - L\frac{dJ_1}{dt} = J_1 R \tag{46g}$$

resultiert. Er verläuft also als gedämpfter Schwingungszug, dessen Charakter nach den in Nr. 119 abgeleiteten Gesetzen durch die Daten allein des Schwingungskreises bestimmt sind. Entsprechend ist die Schwingspannung E_1 durch Gl. (25a), Nr. 121 gegeben. Die Anfangsbedingungen für Schwingstrom und -spannung sind durch die Stetigkeitsbedingungen an den Endzustand des ersten Intervalles geknüpft:

$$\left.\begin{aligned} &\text{Für } t = 0\,,\\ &\quad J_1 = -J_{0_g}\,,\\ &E_1 + E_{b_0} = E_z - J_{0_g} R\,. \end{aligned}\right\} \tag{56}$$

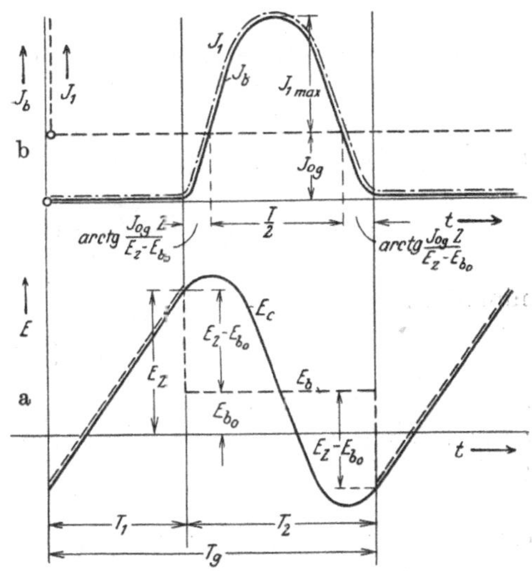

Abb. 154. Verlauf von Strom und Spannung bei Schwingungen zweiter Art.

Die allgemeinen Ausdrücke für J_1 und E_1, welche hiermit entstehen, sind sehr unübersichtlich gebaut. Wir behandeln daher den Schwingungskreis mit sehr kleinem Ohmschen Widerstand, dessen Gesetze ein gutes Näherungsbild liefern. Zunächst folgt aus (12), Nr. 118 mit Benutzung der Schreibweise (5) die Strombedingung

$$J_{\max}\cdot\cos\varphi_0 = -J_{0_g}\,, \tag{57}$$

während die Spannungsbedingung durch Einführung in (25a), Nr. 121

$$(E_1)_{t=0} = Z J_{\max}\cdot\cos\left(\frac{\pi}{2}+\varphi_0\right) = -Z\cdot J_{\max}\cdot\sin\varphi_0 = E_z - E_{b_0} \tag{58}$$

ergibt. Da

$$J = \Re\mathrm{e}\,(J_{\max}\cdot e^{j(\omega t+\varphi_0)}) = J_{\max}(\cos\omega t\cos\varphi_0 - \sin\omega t\sin\varphi_0)$$

resultiert der Stromverlauf

$$\left.\begin{aligned} J_1 &= -J_{0_g}\cos\omega t + \frac{E_z - E_{b_0}}{Z}\sin\omega t\,,\\ &= \sqrt{J_{0_g}^2 + \left(\frac{E_z - E_{b_0}}{Z}\right)^2}\,\sin\left(\omega t - \operatorname{artg}\frac{J_{0_g}\cdot Z}{E_z - E_{b_0}}\right). \end{aligned}\right\} \tag{59}$$

Für die Schwingspannung finden wir also mit Rücksicht auf (25a), Nr. 121

$$\left.\begin{aligned} E_1 &= \sqrt{J_{0_g}^2 Z^2 + (E_z - E_{b_0})^2}\,\sin\left(\omega t + \frac{\pi}{2} - \operatorname{artg}\frac{J_0 Z}{E_z - E_{b_0}}\right),\\ &= \sqrt{J_{0_g}^2 Z^2 + (E_z - E_{b_0})^2}\,\cos\left(\omega t - \operatorname{artg}\frac{J_0 Z}{E_z - E_{b_0}}\right). \end{aligned}\right\} \tag{60}$$

Den Verlauf der beiden Schwingungsvariabeln nach Gl. (59) und (60) zeigt Abb. 154a und b. Nach der Zeit

$$T_2 = \frac{\pi}{\omega} + \frac{2}{\omega}\operatorname{artg}\frac{J_{0_g}\cdot Z}{E_z - E_{b_0}} = T\left(\frac{1}{2} + \frac{1}{\pi}\operatorname{artg}\frac{J_{0_g} Z}{E_z - E_{b_0}}\right) \tag{61}$$

nimmt der Strom seinen Anfangswert $-J_{0_g}$ an, während die Spannung bis

$$(E_A)_{t=T_2} = -(E_z - E_{b_0}) \tag{62}$$

herabgeschwungen ist. Nunmehr erlischt der Bogen wieder, die Aufladung des Kondensators durch den Strom J_{0_g} setzt nach den oben (erstes Schwingungsintervall) beschriebenen Gesetzen aufs neue ein. Die erforderliche Ladedauer ist durch die Ladungsänderung des Kondensators von seiner Spannung am Ende des zweiten Intervalles aus

$$E_{c_e} = (E_1)_{t=T_2} + E_{b_0} = -E_z + 2\,E_{b_0} \tag{63}$$

bis auf die Zündspannung gegeben

$$C(E_z - E_{c_e}) = C(2\,E_z - 2\,E_{b_0}) = J_{0_g}\cdot T_1, \tag{64}$$

also

$$T_1 = \frac{2\,C(E_z - E_{b_0})}{J_{0_g}} = \frac{2\cdot\pi\sqrt{LC}\sqrt{C}}{\pi\cdot\sqrt{L}}\cdot\frac{E_z - E_{b_0}}{J_{0_g}} = \frac{T}{\pi}\cdot\frac{E_z - E_{b_0}}{J_{0_g}\cdot Z}. \tag{64a}$$

Hiermit ist eine volle Periode vollendet, für deren Dauer durch Zusammenfassung von (61) mit (64a) der Wert

$$T_g = T_1 + T_2 = T\left(\frac{1}{2} + \frac{1}{\pi}\left\{\frac{E_z - E_{b_0}}{J_{0_g}\cdot Z} + \operatorname{artg}\frac{J_{0_g}\cdot Z}{E_z - E_{b_0}}\right\}\right) \tag{65}$$

resultiert.

Der durch Lichtbogenschwingungen zweiter Art angefachte Strom weicht gemäß den verschiedenen physikalischen Vorgängen während der beiden Schwingungsintervalle um so mehr von der Sinusform ab, je größer die Zeit T_1 ist, in welcher der Lichtbogen erloschen ist. Da in ihr die Aufladung des Kondensators erfolgt, muß sie mit zunehmender Schwingungsleistung vergrößert werden.

Neueren Konstruktionen ist es gelungen, Speisestrom, Zündspannung und Brennspannung des Bogens während des Betriebes in so hohem Grade konstant zu halten, daß dem Lichtbogen-Schwingungserzeuger gemäß Gl. (65) eine wohldefinierte Betriebsfrequenz eigen ist. Dagegen ist der Übelstand stark verzerrter Kurvenformen, sofern große Leistungen bei hohem Wirkungsgrade umgesetzt werden sollen, mit dem Mechanismus des Schwingungsvorganges unabänderlich verknüpft (vgl. Nr. 130).

Sofern sich der Ohmsche Widerstand in mäßigen Werten hält, beeinflußt er die Periodendauer nur wenig. Dagegen ergibt sich eine Eingrenzung des Bereiches möglicher Schwingungen zweiter Art durch die Leistungsbedingung der Anfachung. Da die Energie, welche dem Schwingungskreise pro Periode zugeführt wird, in erster Reihe von der Ladedauer T_1 abhängt, bestimmt die Leistungsbedingung einen unteren Grenzwert des Verhältnisses T_1/T. Wird er unterschritten, so schlagen die Schwingungen entweder in Schwingungen erster Art um, oder der Bogen wird inaktiv.

Bei besonders kleiner Dämpfung des Schwingungskreises oder bei sehr großen Werten des Verhältnisses T_2/T kann die Kondensatorspannung beim Abschwingen zu negativen Werten hin den Lichtbogen in umgekehrter Richtung zünden. Diese Erscheinung wird durch die Unsymmetrie der Zündcharakteristik des Gleichstrombogens begünstigt.

Das Verhältnis T_2/T, welches hiernach für das Entstehen der Schwingungen zweiter Art entscheidend ist, kann nach (61) durch Wahl des Produktes $J_{0_g} \cdot Z$ beeinflußt werden.

Die bei Rückzündung des Bogens entstehenden Schwingungen werden als

138. Schwingungen dritter Art bezeichnet.

Die genaue Berechnung der Schwingungen dritter Art kann mühelos nach dem bei Schwingungen zweiter Art geschilderten Verfahren unter Berücksichtigung der nach Abb. 155 veränderten dynamischen Charakteristik erfolgen. Bei sehr hohen Frequenzen und hinreichender Kühlung des Bogens gehen die Schwingungen dritter Art in die gewöhnliche Funkenerregung über (Nr. 128). Die Lichtbogenschwingungen dritter Art zeichnen sich durch große Unregelmäßigkeit aus und sind zur Zeit technisch bedeutungslos. Einige ihrer Formen sind in den Abb. 156 und 157 dargestellt.

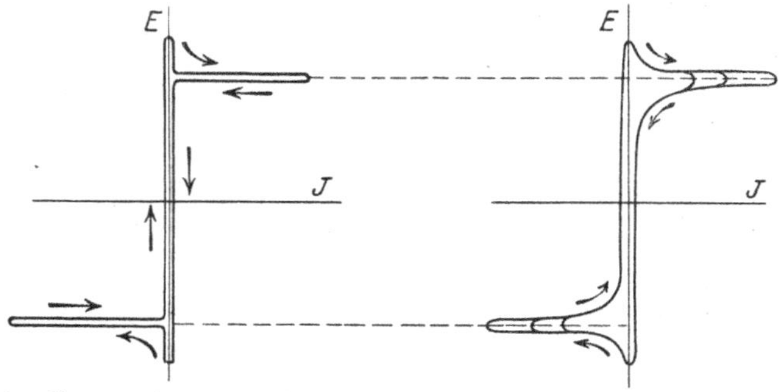

Abb. 155. Zur analytischen Formulierung der Lichtbogencharakteristik bei Schwingungen dritter Art.

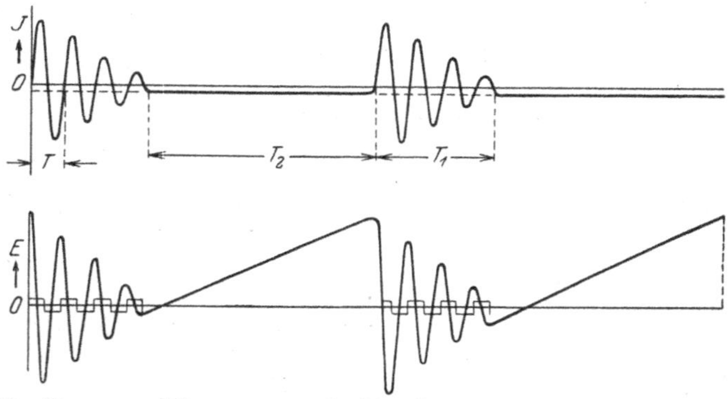

Abb. 156. Strom- und Spannungsverlauf bei Lichtbogenschwingungen dritter Art.

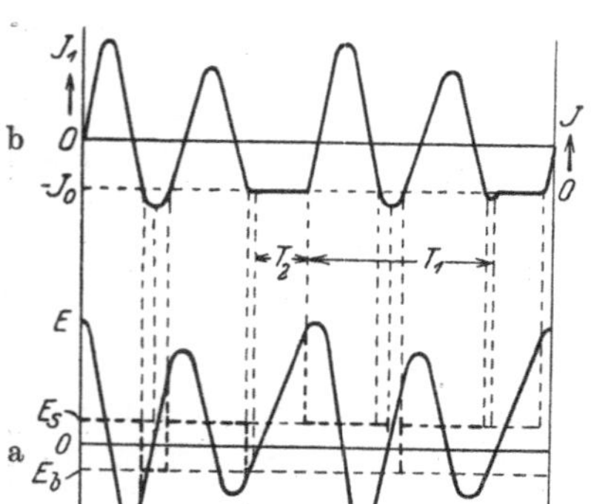

Abb. 157. Strom- und Spannungsverlauf bei Lichtbogenschwingungen dritter Art.

139. Die Elektronenröhren als Anfachung: erste Gruppe. Eine Zweielektrodenröhre ist wegen ihrer stets ansteigenden Charakteristik als Anfachung unbrauchbar. Dagegen kann in Mehrelektrodenröhren die Grundbedingung der Anfachungswirkung dadurch erfüllt werden, daß durch Einwirkung mehrerer steuernder Felder auf die Elektronen eine fallende Charakteristik erzwungen wird.

Die erste Gruppe der Anfachungen durch Elektronenröhren besitzt eine Charakteristik, welche unabhängig von äußeren Vorgängen fallend verläuft. Als Beispiel diene die Dynatronröhre von Hull, welche die Erscheinung der Sekundärelektronenstrahlung ausnutzt (Nr. 95).

Um eine derartige Röhre als Schwingungserzeuger zu verwenden, kann sie beispielsweise ebenso wie ein Lichtbogen in einen Schwingungskreis eingeschaltet werden. Für die Ausbildung der Schwingungen gelten dann die gleichen Grundgesetze. Unterschiede der Schwingungsform und Schwingungsamplitude sind lediglich durch die veränderte Gestalt der Charakteristik gegeben, als deren wichtigsten das Fehlen der Hysterese zu nennen ist. Insbesondere existiert daher für die genannte Anfachung keine Frequenzgrenze. Trotz der bemerkenswerten Einfachheit dieser Anfachungsart hat sie bisher, abgesehen von Sonderfällen, keine praktische Bedeutung erlangt, weil sich die Energieumsetzung in der Röhre ungünstig gestaltet.

140. Elektronenröhren als Anfachung: zweite Gruppe. Bei der zweiten Gruppe erfolgt die Herstellung der fallenden Charakteristik erst durch die Schwingungsvorgänge selbst. Das Organ, welches Schwingungskreis und Röhre elektrodynamisch verknüpft, ist das definierende Merkmal dieser Gruppe: es heißt die Rückkopplung.

Wir behandeln den wichtigsten Fall der Schwingungserzeugung mittels einer Dreielektrodenröhre, in deren Anodenstromkreis fallende Charakteristik erzwungen werden soll. Unter Vernachlässigung des Gitterstromes gilt für den Anodenstrom die Beziehung (Nr. 87):

$$J_a = f(E_g + D \cdot E_a)\,. \tag{66}$$

Bei Schwankungen der Anodenspannung ändert sich der Strom gemäß

$$\frac{dJ_a}{dE_a} = \frac{\partial J_a}{\partial E_a} + \frac{\partial J_a}{\partial E_g}\cdot\frac{dE_g}{dE_a} = \frac{\partial f}{\partial E_g}\left(D + \frac{dE_g}{dE_a}\right). \tag{67}$$

Dieser Ausdruck gibt die Neigung der Charakteristik an. Setzen wir der Einfachheit halber die Steilheit $\frac{\partial f}{\partial E_g}$ als positiv voraus, so ergibt sich aus (67) die Bedingung fallender Charakteristik:

$$\frac{dE_g}{dE_a} \leqq -D\,. \tag{68}$$

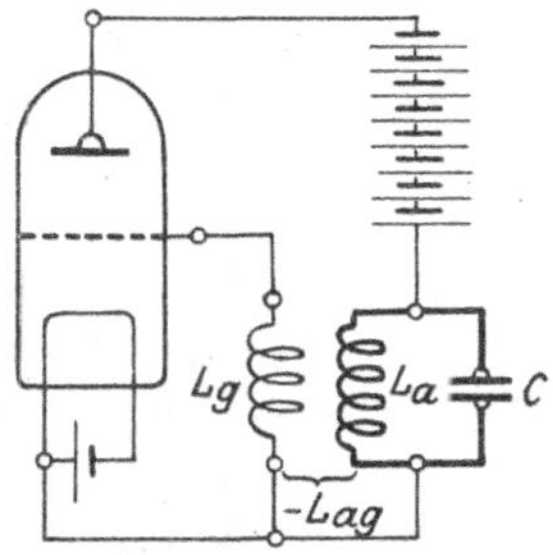

Abb. 158. Typisches Schaltbild einer Elektronenröhrenanfachung.

Sind insbesondere dE_g und dE_a Wechselspannungen, so läßt sich die Rückkopplungsbedingung (68) aussprechen: Gitter- und Anodenspannung müssen im zeitlichen Mittel entgegengesetzte Phase besitzen; ihr Amplitudenverhältnis muß größer sein als der Durchgriff der Röhre.

Als Beispiel einer Anfachung mit Rückkopplung wird die Schaltung nach Abb. 158 behandelt, welche als typisch gelten kann. Andere werden in Nr. 151 und 170 genannt werden.

Der Schwingungskreis, bestehend aus Induktivität L_a, Kapazität C und Widerstand R, ist in den Anodenkreis gelegt. In den Gitterkreis ist die Induktivität L_g geschaltet; zwischen L_a und L_g vermittle die wegen (68) negative Gegeninduktivität $-L_{a_g}$ die Rückkopplung.

Wir bezeichnen den Strom in der Induktivität L_a mit J_L, den Strom im Kondensator mit J_C. Beide unterscheiden sich um den Anodenstrom J_a, so daß

$$J_C + J_a = J_L\,, \qquad J_C = J_L - J_a \tag{69}$$

gilt. J_L wie J_A enthalten Gleich- und Wechselanteile. Da jedoch der Kondensator einen Gleichanteil nicht hindurchläßt, muß der Anodengleichstrom die Spule durchfließen.

Zur Aufstellung der Differentialgleichung des Stromes wird die induktive Rückwirkung des Gitterstromes auf den Anodenkreis vernachlässigt. Diese Annahme ist in der Umgebung des Nullpunktes der Gitterspannung gut erfüllt.

Der Ohmsche Spannungsabfall des Spulenstromes J_L im Widerstande R wird durch die Summe aus Spulenumlaufsspannung und Kondensatorspannung aufgebracht:

$$J_L \cdot R = -L_a \frac{d J_L}{dt} - \frac{1}{C}\int J_C\, dt\,. \tag{70}$$

Mit Rücksicht auf (69) entsteht

$$J_L \cdot R + L_a \frac{d J_L}{dt} + \frac{1}{C}\int J_L\, dt = \frac{1}{C}\int J_a\, dt\,. \tag{70a}$$

Die rechte Seite dieser Gleichung erfaßt die Anfachungswirkung des zugeführten Anodenstromes.

Ein Partikularintegral von (70a) lautet:

$$J_{L_0} = J_{a_0} = \text{konst.} \tag{71}$$

Es stellt den schwingungslosen Zustand der Röhre dar, wobei der Anodengleichstrom J_{a_0} den Widerstand R durchfließt und dabei die Gleichspannung $J_{a_0} \cdot R$ bildet. Dieser Widerstandsspannung entspricht eine Kondensatorgleichspannung derselben Größe.

Der Strom J_{a_0} ist allein durch die statische Röhrencharakteristik bestimmt. Wir nehmen ihn als gegeben an. Demnach bleibt der überlagerte Schwingstrom $\mathfrak{i}_L$ zu ermitteln. Seine Größe ist durch die dynamische Charakteristik bestimmt.

141. Kleine Schwingungen der Elektronenröhrenanfachung. Für kleine Schwingungen kann die Charakteristik in der Umgebung von J_{a_0} durch eine Gerade der Steilheit S ersetzt werden. Der innere Leitwert G_i wird vernachlässigt. Somit erhalten wir für den Anodenstrom-Wechselanteil

$$\mathfrak{i}_a = S\,\mathfrak{e}_g\,. \tag{72}$$

Die Gitterspannung resultiert als Umlaufsspannung in L_g, verursacht durch die Schwankung des Spulenstromes $\mathfrak{i}_L$ (Rückkopplungsgleichung):

$$\mathfrak{e}_g = -\left(-L_{a_g}\frac{d\,\mathfrak{i}_L}{dt}\right) = L_{a_g}\frac{d\,\mathfrak{i}_L}{dt}\,. \tag{73}$$

Durch Einführung in (70a) gewinnt man also für den Verlauf des Stromes die Gleichung

$$\mathfrak{i}_L \cdot R + L_a \frac{d\,\mathfrak{i}_L}{dt} + \frac{1}{C}\int \mathfrak{i}_L\,dt = \frac{1}{C}\cdot S \cdot L_{a_g}\cdot \mathfrak{i}_L \tag{70b}$$

oder

$$\mathfrak{i}_L\left(R - \frac{S\cdot L_{a_g}}{C}\right) + L_a\frac{d\,\mathfrak{i}_L}{dt} + \frac{1}{C}\int \mathfrak{i}_L\,dt = 0\,. \tag{70c}$$

Mit der Substitution

$$R - \frac{S\cdot L_{a_g}}{C} = \varrho \tag{74}$$

gelangt man durch Differentiation und Division mit L_a zu der Schwingungsgleichung

$$\frac{d^2\,\mathfrak{i}_L}{dt^2} - \frac{\varrho}{L_a}\frac{d\,\mathfrak{i}_L}{dt} + \frac{1}{C L_a} = 0\,. \tag{70d}$$

Wir sind hiermit zu derselben Gleichung gelangt, welche die Anfachung durch den Hauptstrom-Kommutatorgenerator beherrscht. Insbesondere finden wir für den stationären Zustand die Bedingung:

$$\varrho = R - \frac{S\cdot L_{a_g}}{C} = 0\,, \tag{75}$$

während die stationäre Frequenz der Thomsonschen Formel

$$\omega^2 \cdot L_a C = 1 \tag{76}$$

gehorcht.

Die gefundene Beziehung (75) muß mit der Leistungsbedingung der Anfachung identisch sein. Durch Multiplikation mit $\frac{1}{2}\,\mathfrak{i}^2_{L_{\max}}$ und Erweiterung der rechten Seite mit ω entsteht

$$\frac{1}{2}R\,\mathfrak{i}^2_{L_{\max}} = \frac{1}{2}S\cdot L_{a_g}\cdot\omega\cdot\mathfrak{i}_{L_{\max}}\cdot\frac{1}{C\omega}\cdot\mathfrak{i}_{L_{\max}} \tag{75a}$$

oder mit Rücksicht auf (76)

$$\tfrac{1}{2}R\cdot\mathfrak{i}^2_{L_{\max}} = \tfrac{1}{2}S\cdot L_{a_g}\cdot\omega\cdot\mathfrak{i}_{L_{\max}}\cdot\omega L_a\cdot\mathfrak{i}_{L_{\max}}\,. \tag{75b}$$

Nun ist

$$S\cdot L_{a_g}\cdot\omega\cdot\mathfrak{i}_{L_{\max}} = \mathfrak{i}_{a_{\max}} \tag{77}$$

die Amplitude des Anodenstromes und

$$\omega\cdot L_a\cdot\mathfrak{i}_{L_{\max}} = \mathfrak{e}_{a_{\max}}\,, \tag{78}$$

die Amplitude der Anodenspannung, wenn der kleine Ohmsche Spannungsabfall vernachlässigt wird. Also wird

$$\tfrac{1}{2} R \cdot \mathfrak{i}^2_{L_{\max}} = \tfrac{1}{2} \mathfrak{e}_{a_{\max}} \cdot \mathfrak{i}_{a_{\max}}, \tag{79}$$

womit die Bedingung (75) in der Tat auf die Leistungsbedingung der Anfachung zurückgeführt ist.

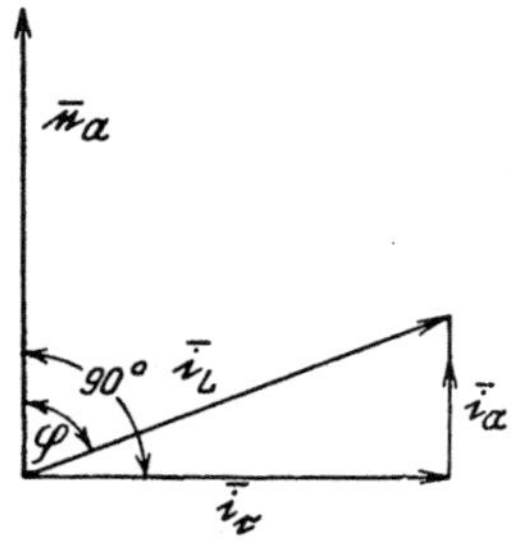

Abb. 159. Vektordiagramm der Schwingungsströme der Elektronenröhrenanfachung.

Die Ergebnisse dieser Rechnung lassen sich in einem Vektordiagramm zur Anschauung bringen. In Abb. 159 ist $\mathfrak{e}_a$ der Vektor der Anodenspannung; hinter ihr um $\varphi = \operatorname{ctg} \frac{\omega L}{R}$ hereilend ist der Vektor des Spulenstromes gezeichnet, während der Entladestrom $\bar{\mathfrak{i}}_C$ des Kondensators 90° Verspätung gegen $\bar{\mathfrak{e}}_a$ besitzt. Der Anodenstrom $\mathfrak{i}_a$ resultiert als Differenz aus Kondensatorstrom und Spulenstrom. In komplexer Form ist demnach

$$\bar{\mathfrak{i}}_L = \frac{\bar{\mathfrak{e}}_a}{R + j\,\omega L_a}; \qquad \bar{\mathfrak{i}}_C = -\bar{\mathfrak{e}}_a\, j\,\omega C, \tag{80}$$

also

$$\bar{\mathfrak{i}}_a = \bar{\mathfrak{i}}_L - \bar{\mathfrak{i}}_C = \bar{\mathfrak{e}}_a\left[\frac{1}{R + j\,\omega L_a} + j\,\omega C\right] = \bar{\mathfrak{e}}_a\left[\frac{1 - \omega^2 L_a C + R\,j\,\omega C}{R + j\,\omega L_a}\right]. \tag{81}$$

Ist $R \ll j\,\omega L_a$, so wird mit Rücksicht auf (76)

$$\bar{\mathfrak{i}}_a = \mathfrak{e}_a \cdot \frac{R\,j\,\omega C}{R + j\,\omega L_a} = \sim \bar{\mathfrak{e}}_a \cdot \frac{RC}{L_a}. \tag{81 a}$$

Der dem Schwingungskreise zuzuführende Strom schwingt demnach in Phase mit der Spannung; der Schwingungskreis wirkt auf die Röhre zurück wie ein rein Ohmscher Widerstand der Größe

$$P = \frac{L_a}{RC}. \tag{81 b}$$

Insbesondere ist die mittlere Leistung des Schwingungskreises

$$\overline{N} = \tfrac{1}{2} \mathfrak{e}_{a_{\max}} \cdot \mathfrak{i}_{a_{\max}} = P\,\tfrac{1}{2}\,\mathfrak{i}^2_{a_{\max}} = R\,\tfrac{1}{2}\,\mathfrak{i}^2_{L_{\max}}, \tag{82}$$

so daß (79) in

$$P \cdot \tfrac{1}{2}\,\mathfrak{i}^2_{a_{\max}} = \tfrac{1}{2} \mathfrak{e}_{a_{\max}} \cdot \mathfrak{i}_{a_{\max}} \tag{79a}$$

übergeht. In die Anfachungsbedingung gehen daher die Dimensionen des Schwingungskreises nur in der Kombination $\frac{L_a}{RC}$ ein (vgl. Nr. 157).

Die beschriebene Schwingungsform ist für die Erzeugung großer Leistungen mit gutem Wirkungsgrade nicht verwendbar, da die Schwingungsvariabeln einfach harmonisch verlaufen. Der Schwingungskreis ist daher so zu dimensionieren, daß die Anfachungsleistung die im

Schwingungskreise umgesetzte Wärmeleistung überwiegt, so daß Strom und Spannung bis zu

142. Großen Schwingungen der Elektronenröhrenanfachung aufschwingen. Hier versagt der Ansatz (72): Die wirklichen, gekrümmten statischen Kennlinien sind in die Rechnung einzuführen. Wir setzen die Gleichanteile der Gitter- und Anodenspannung als gegeben voraus. Die Größe des Anodenwechselstromes kann formal durch

$$\mathfrak{i}_a = f(\mathfrak{e}_g,\ \mathfrak{e}_a) \tag{83}$$

erfaßt werden. Die Differentialgleichungen des angefachten Stromes werden wegen des komplizierten Baues der Funktion (83) nicht linear[1]). Als Ausgangspunkt der erforderlichen Näherungslösung wird den Ergebnissen der vorigen Nummer entnommen: Die im Schwingungskreise umgesetzte Leistung läßt sich durch Angabe des Widerstandes P erfassen. Anodenstrom und Anodenspannung schwingen annähernd phasengleich, Anodenspannung und Gitterspannung in Gegenphase.

Wir definieren durch die Leistungsgleichung

$$\frac{1}{2}\,\mathfrak{e}_{a_{\max}}\cdot\mathfrak{i}_{a_{\max}} \equiv \frac{1}{T}\int_0^T \mathfrak{e}_a\,\mathfrak{i}_a\,dt = \frac{1}{T}\int_0^T \mathfrak{e}_a\cdot f(\mathfrak{e}_g,\ \mathfrak{e}_a)\,dt = \frac{1}{2}\,\mathfrak{e}_{a_{\max}}\cdot\bar{S}\cdot\mathfrak{e}_{g_{\max}}, \tag{84}$$

die mittlere Steilheit $\bar{S}$. Hierdurch wird die Gültigkeit der Differentialgleichung (70d) aufrecht erhalten, sofern nur formal S durch $\bar{S}$ ersetzt wird.

Die mittlere Steilheit $\bar{S}$ wird gemäß Gl. 84 eine Funktion allein der Amplitude. Wir veranschaulichen diese Abhängigkeit durch Zeichnung der Kurve

$$\mathfrak{i}_{a_{\max}} = \bar{S}\,\mathfrak{e}_{g_{\max}}, \tag{84a}$$

welche wegen ihrer formalen Analogie mit der Gleichung einer statischen Kennlinie als Schwingkennlinie bezeichnet wird.

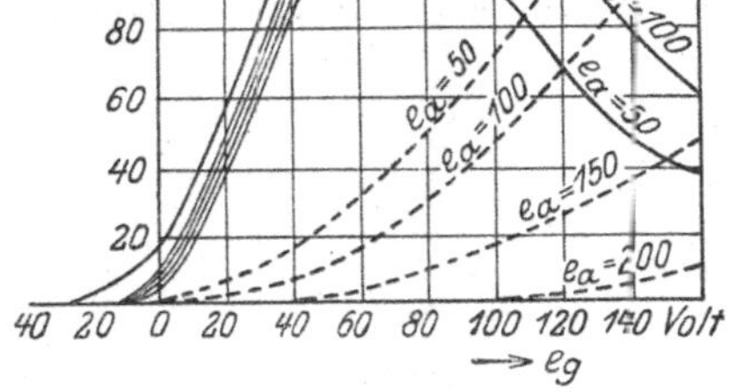

Abb. 160. Statische Kennlinien.
——— $\mathfrak{i}_a$, - - - - $\mathfrak{i}_g$.

Die Konstruktion der Schwingkennlinien wird durch Gl. (84) vorgeschrieben. Für angenommene Werte der in Gegenphase schwingenden Gitter- und Anodenspannung wird aus dem statischen Kennlinienfelde der Röhre (Abb. 160) der zeitliche Verlauf des Anodenstromes gezeichnet (Abb. 161). Multiplikation der Stromwerte mit der gleich-

[1]) Vgl. auch Nr. 170.

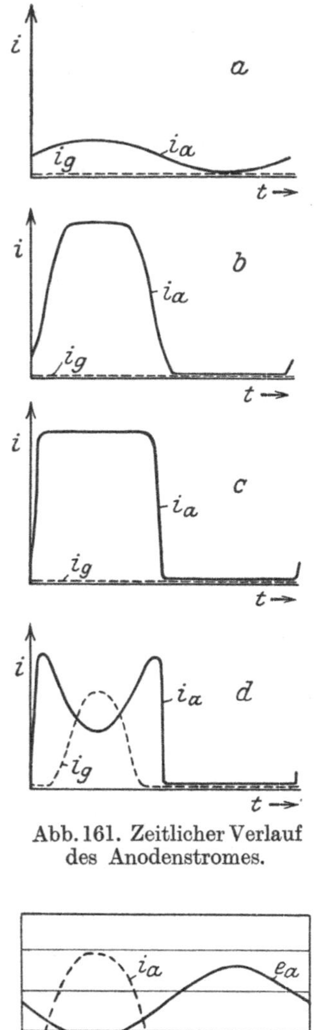

Abb. 161. Zeitlicher Verlauf des Anodenstromes.

zeitig wirkenden Anodenspannung liefert das Leistungs-Zeitdiagramm (Abb. 162); aus dem Mittelwert dieser Kurve ergibt sich schließlich durch Division mit der halben Amplitude der Anodenspannung die äquivalente Stromamplitude $i_{a_{max}}$. Die Gesamtheit dieser Werte für veränderliche Amplituden $e_{a_{max}}$ und $e_{g_{max}}$ liefert, in ein Kurvenblatt als Funktion von $e_{g_{max}}$ eingetragen, das Schwingkennlinienfeld [Abb. 163[1])]. Hierin ist, um eine bequeme Anwendung auf verschieden dimensionierte Schwingungskreise zu ermöglichen, als Parameter der scheinbare Widerstand P gewählt.

Der Verlauf einer zu einem festen P-Werte gehörigen Schwingkennlinie läßt ein Maximum der erreichbaren Stromamplitude bei einer bestimmten „Grenzspannung" erkennen. Die Ursache dieses Extremalwertes geht aus den Kurvenbildern der Abb. 161 hervor: Für extrem kleine Werte der Steuerspannung verläuft der Strom harmonisch. Sobald die Gitterspannung der Röhre den Wert der Sättigungsspannung erreicht, beginnt sich der Scheitel der Stromkurve abzuflachen; bei weiterer Erhöhung der Gitterspannung nähert sich die Stromkurve mehr und mehr dem idealen Rechteckdiagramm: Die Röhre arbeitet in

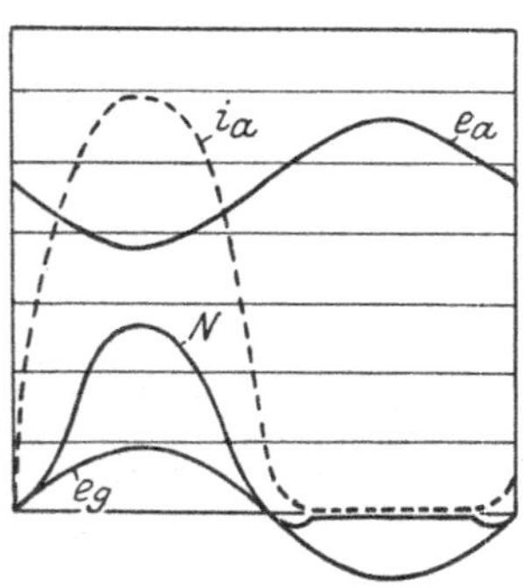

Abb. 162. Zeitlicher Verlauf der Leistung.

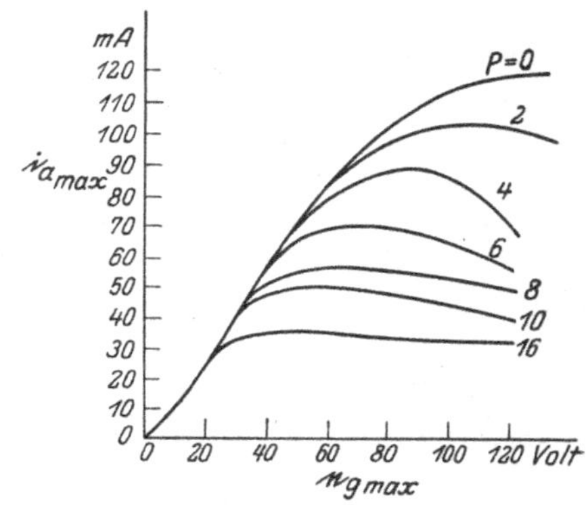

Abb. 163. Schwingkennlinienfeld.

[1]) Nach H. G. Möller: Die Elektronenröhren, 2. Aufl., S. 79. Braunschweig: Vieweg 1922.

diesem Bereich als nahezu vollkommener Unterbrecher (vgl. Nr. 130). Endlich wird für sehr hohe Steuerspannungen eine Einsattelung der Stromkurve beim Scheitel merklich, welche die äquivalente Amplitude der Stromkurve herabdrückt; diese Einsattelung wird durch die hohe Gitterspannungsamplitude verursacht, welche einen erheblichen Teil der emittierten Elektronen auf das Gitter hinüberzieht.

Durch die „Grenzspannung" wird der Arbeitsbereich der Röhre in zwei grundsätzlich verschiedene Gebiete getrennt: Ist die Gitterspannung kleiner als die Grenzspannung, so arbeitet die Röhre bei nahezu rechteckiger Kurvenform des Stromes mit gutem Wirkungsgrade; die Röhre heißt „unterspannt". Wird dagegen die Gitterspannung größer als die Grenzspannung, so wird die Stromkurve stark verzerrt, der Wirkungsgrad sinkt: die Röhre heißt „überspannt".

Um mit Hilfe des Schwingkennliniendiagrammes die Amplitude der angefachten Schwingungen zu finden, schreiben wir die Leistungsgleichung (79a) mit Rücksicht auf (73), (78) und (84) in der Form

$$P \cdot \bar{S} \cdot \mathfrak{e}_{g_{\max}} = \mathfrak{e}_{a_{\max}} = \frac{L_a}{L_{a_g}} \cdot \mathfrak{e}_{g_{\max}}$$

oder

$$\bar{S} \cdot \mathfrak{e}_{g_{\max}} = \frac{L_a}{P \cdot L_{a_g}} \cdot \mathfrak{e}_{g_{\max}}.$$

Diese Gleichung wird graphisch gelöst, indem die „Rückkopplungsgerade"

$$\mathfrak{i}_{a_{\max}} = \frac{L_a}{P \cdot L_{a_g}} \cdot \mathfrak{e}_{g_{\max}}$$

mit der zum Parameter P gehörigen Schwingkennlinie zum Schnitt gebracht wird.

Für sehr große Werte des Ausdruckes $\frac{L_a}{P \cdot L_{a_g}}$ wird kein Schnittpunkt der Schwingkennlinie mit Rückkopplungsgeraden gefunden: Gebiet der Schwingungsstille. Die Möglichkeit stationärer angefachter Schwingungen beginnt, sobald bei hinreichend vermindertem $\frac{L_a}{P \cdot L_{a_g}}$ die Rückkopplungsgerade die Schwingkennlinie tangiert. Diese „kritische" Neigung wird seitens der Röhre durch die Höhe der mittleren Steilheit begrenzt; liegt sie fest, so sind dem Schwingungskreise ein Höchstwert der Induktivität L_a, Mindestwerte für wirksamen Widerstand P und Rückkopplungsgegeninduktivität L_{a_g} auferlegt.

Da die kritische Neigung im allgemeinen die Neigung der Schwingkennlinien im Ursprung überschreitet, können sich die Schwingungen nicht von selbst aufschaukeln. Hierzu ist vielmehr der Wert $\frac{L_a}{P \cdot L_{a_g}}$

so weit zu verkleinern, daß die Neigung der Rückkopplungsgeraden der Neigung der Schwingkennlinie im Ursprunge gleicht (Abb. 164). Die entstehenden Schwingungen schaukeln sich dann bis zum stabilen Schnittpunkt der Rückkopplungsgeraden mit der Schwingkennlinie auf. In dieser Selbsterregungsbedingung ist die Ergänzung der Gl. (75) unter Berücksichtigung des inneren Leitwertes gefunden.

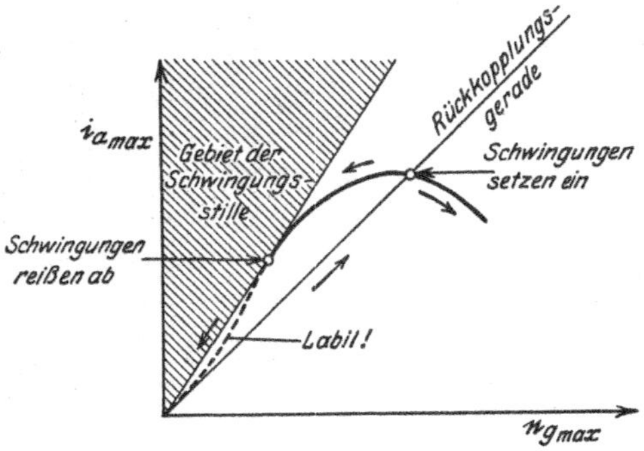

Abb. 164. Ermittlung der stationären Amplituden der Elektronenröhrenanfachung.

Wird durch Variation von $\frac{L_a}{P \cdot L_{a_g}}$ die Neigung der Rückkopplungsgeraden vergrößert, so läuft der stationäre Betriebspunkt auf dem stabilen Teil der Schwingkennlinie entlang, bis die Neigung die kritische Größe erreicht hat; hier reißen die Schwingungen ab. Ersichtlich stimmen die Neigungen der Rückkopplungsgeraden, welche Einsetzen und Abreißen der angefachten Schwingungen bewirken, nicht überein.

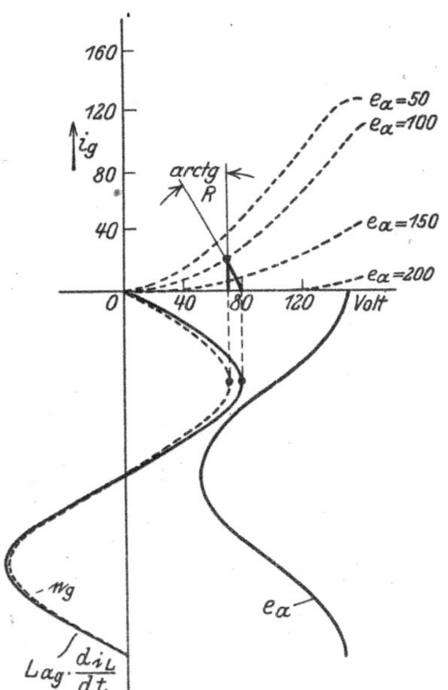

Abb. 165. Wirkung eines Gitterwiderstandes auf den zeitlichen Verlau der Gitterspannung.

143. Gitterregelung, Reißdiagramm. Zur Regelung der stationären, angefachten Amplitude wird häufig ein Regelorgan in den Gitterkreis geschaltet.

Wird der Gitterstrom J_g durch einen in den Gitterkreis geschalteten Widerstand R_g getrieben, so sinkt die Gitterspannung von dem Werte (73) nach Maßgabe des Ohmschen Spannungsabfalles in R_g auf

$$e_g = L_{a_g} \cdot \frac{d\,i_L}{dt} - i_g \cdot R. \quad (73\,a)$$

Bei gegebener Umlaufsspannung $L_{a_g} \frac{d\,i_L}{dt}$ wird hiernach der zeitliche Verlauf der Gitterspannung nach Abb. 165 gewonnen. Die Konstruktion der Schwingkennlinien kann sodann wie oben erfolgen, sofern der veränderte Verlauf der Gitterspannung berücksichtigt wird.

Ersichtlich können die Änderungen gegenüber den früher ermittelten Schwingkennlinien erst bei merklich einsetzendem Gitterstrom, d. i. in der Umgebung des Stromamplitudenmaximums, hervortreten; dagegen werden weder Selbsterregungsbedingungen noch Frequenz der angefachten Schwingungen modifiziert. Durch Widerstandsänderung im Gitterkreise kann demnach die stationäre Amplitude der Schwingungen geändert werden. Diese Möglichkeit findet für Zwecke der drahtlos-telephonischen Nachrichtenübertragung vielfache Anwendung, indem der Gitterwiderstand in Abhängigkeit des Sprechstroms gesetzt wird.

Ein zweites Gitterregelungsverfahren besteht in der Einbringung einer Gleichspannung in den Gitterkreis. Je stärker diese Gleichspannung nach negativen Werten hin geregelt wird, desto flacher verläuft die Schwingkennlinie im Ursprunge; für veränderliche Regelspannungen

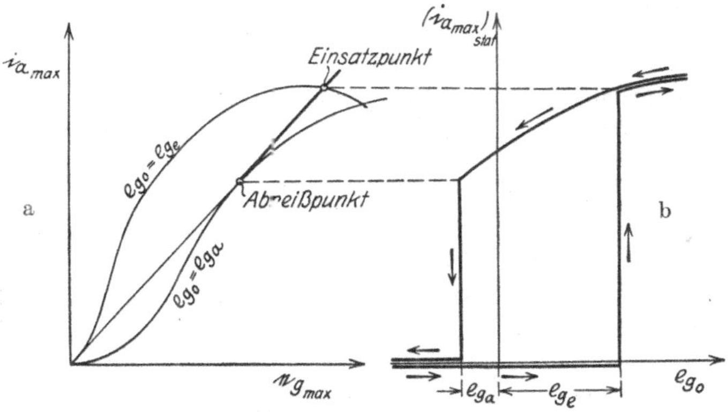

Abb. 166. Schwingkennlinienfeld für variable Gittergleichspannung.

erhält man das Schwingkennlinienfeld nach Abb. 166a, wobei die am tiefsten liegende Schwingkennlinie der am stärksten negativen Gitterspannung zugeordnet ist. Liegt ein fester Schwingungskreis nebst bestimmter Rückkopplungsgeraden vor, so kann die Selbsterregungsbedingung und stationäre Amplitude durch die Gitterspannung beeinflußt werden: Man erhält für die Abhängigkeit der Amplitude von der Gitterspannung den in Abb. 166b dargestellten Zusammenhang; er ist dadurch ausgezeichnet, daß die Schwingungen bei einem bestimmten „kritischen" Werte der Spannung anspringen, bei einem niedrigeren Werte abreißen.

Diese „Springstellen" sind zu meiden, wenn durch die Regelung die stationäre Amplitude stetig geregelt werden soll; dies ist besonders bei denjenigen Telephonieschaltungen zu beachten, welche die Modulation der Amplitude vermittels einer dem Gitterkreis aufgezwungenen Spannungsänderung bewirken. Umgekehrt ist in den „Springpunkten" die Möglichkeit einer endlichen Amplitudenänderung durch unendlich kleine

Spannungsänderungen gegeben, wovon für gewisse Verstärkerzwecke Gebrauch gemacht wird, nachdem die Differenz aus Einsetz- und Aussetzspannung („Schwinghysterese") durch besondere Mittel zum Verschwinden gebracht ist.

Dem stationären Betriebe können nur stabile Punkte der Kennlinienfelder dienen. Um ihre Gesamtheit zu übersehen, wird die stationäre Anfachungsamplitude $i_{L_{max}}$ als Funktion der Gittergleichspannung

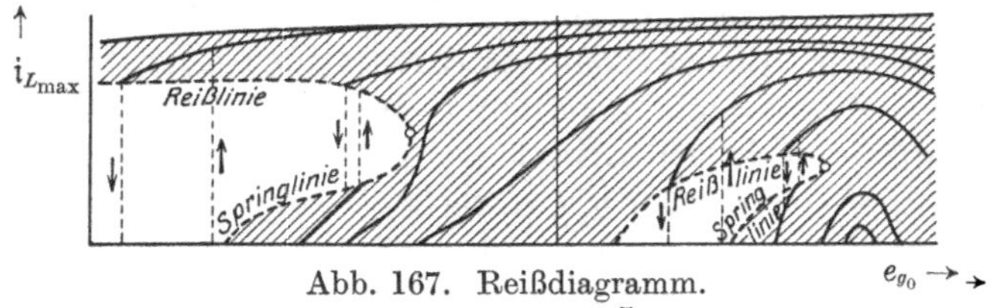

Abb. 167. Reißdiagramm.

in einem „Reißdiagramm"[1]) dargestellt, wobei als Parameter die Werte der Rückkopplung oder anderer wichtiger Schaltungsdaten benutzt werden (Abb. 167). Die Bereiche instabiler Amplituden heißen Fehlstellen; sie werden von den Bereichen stabiler Amplituden durch Grenzkurven getrennt: Beim Überschreiten der unteren Grenzkurve, bei wachsender Gittergleichspannung und konstanter Rückkopplung springen die Schwingungen an: „Springlinie"; wird die obere Grenzkurve durch Verkleinern der Gittergleichspannung unterschritten, so reißen die Schwingungen ab: „Reißlinie".

II. Erzwungene Schwingungen.

1. Gesteuerte Schwingungen.

a) Harmonische Schwingungen.

Grundforderungen.

144. Leistungsbedingung der Steuerung. Steuerung heißt eine Vorrichtung, mit welcher der elektrodynamische Zustand eines Systems willkürlich beeinflußt werden kann.

Die zur Betätigung des Steuermechanismus notwendige Eingangsleistung N_e wird bei der vollkommenen Steuerung vollständig in Eingangsverluste N_{v_e} umgesetzt, welche bei Betrieb der Steuerung entstehen

$$N_e = N_{v_e}. \tag{1}$$

Die ideale Steuerung ist durch

$$N_e = N_{v_e} = 0 \tag{2}$$

definiert. Bei unvollkommener Steuerung gelangt ein Teil der Eingangsleistung in den Arbeitskreis.

[1]) Nach Rukop: Telefunken-Zeitung Nr. 31/35, Januar 1924.

Wir legen der Schwingungserzeugung durch Steuerung das Schaltbild der Abb. 168 zugrunde: Die Batterie E_0 treibt über die Steuerung S den Strom in den Arbeitswiderstand R_a. Wir nennen die Wechselleistung, die bei Betrieb der Steuerung in den Arbeitswiderstand einströmt, die Ausgangsleistung N_a; sie entstammt, da die Batterie nur Gleichleistung liefern kann, einer innerhalb der Steuerung stattfindenden Energiewandlung: die Batterieleistung N_g wird in der Steuerung zum Teil in Wärme, zum Teil in die Wechselleistung N_{st} gewandelt, welche die Steuerleistung heißt. Steuerleistung und Ausgangsleistung unterscheiden sich um den Ausgangsverlust N_{v_a}.

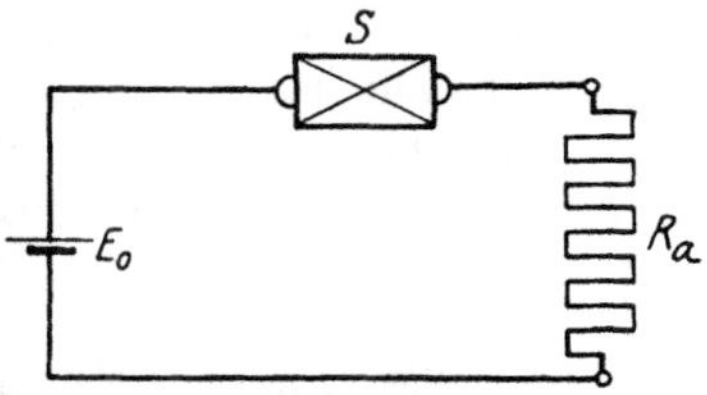

Abb. 168. Prinzipschema einer Steuerungsschaltung.

$$N_a = N_{st} - N_{v_a}. \tag{3}$$

Die Wirksamkeit der Steuerung wird durch die Beziehung zwischen Ausgangsleistung und Eingangsleistung gekennzeichnet

$$N_a = s(N_e), \tag{4}$$

wo die Funktion s die Leistungscharakteristik der Steuerung heißt. Durch geeignete Wahl der elektrodynamischen Systemdaten kann N_a beliebig groß gegen N_e gemacht werden: Das System „verstärkt" die der Steuerung zugeführte Eingangsleistung. Als Maß dieser Wirkung dient der Verstärkungsgrad

$$\eta_v = \frac{N_a}{N_e}, \tag{5}$$

welcher für die ideale Steuerung nach (2) den Wert

$$\eta_v = \infty \tag{5a}$$

annimmt.

Die Bedingung der Energiewandlung Gleichleistung → Wechselleistung ist mit der Leistungsgleichung der Anfachung identisch (Nr. 129)

$$N_a = \frac{1}{T}\int_0^T e\,i\,dt < 0 .$$

Die Betriebscharakteristik der Steuerung

$$E = f(J)$$

muß demnach im zeitlichen Mittel fallen.

145. Bedingung der Verzerrungsfreiheit. Damit eine Steuerung als Verstärker arbeiten kann, muß der zeitliche Verlauf der Eingangsleistung dem zeitlichen Verlauf der Ausgangsleistung ähnlich sein. Diese Bedingung der Verzerrungsfreiheit ist dann und nur dann erfüllt, wenn der Verstärkungsgrad unabhängig von Höhe und Frequenz der Leistungen ist.

Wir betrachten eine Steuerung mit geradlinig um den Ruhepunkt (E_0, J_0) fallender Stromspannungscharakteristik

$$\mathfrak{e} = -\varrho\,\mathfrak{i}\,. \tag{6}$$

Durch die Eingangsleistung

$$N_e = N_{e_{\max}} \cdot \sin^2 \omega t \tag{7}$$

möge der Betriebspunkt auf der Charakteristik verschoben werden, wobei in der Steuerung der Verlust

$$N_v = v \cdot \mathfrak{i}^2_{\max} \cdot \sin^2 \omega t \tag{8}$$

entstehe. Mit Rücksicht auf (1) folgt

$$N_{e_{\max}} = v \cdot \mathfrak{i}^2_{\max}\,. \tag{7a}$$

Wegen (6) befolgt die Steuerleistung das Gesetz

$$N_{st} = -\mathfrak{e}_{\max} \cdot \mathfrak{i}_{\max} \cdot \sin^2 \omega t = -\varrho\,\mathfrak{i}^2_{\max} \cdot \sin^2 \omega t\,. \tag{9}$$

Sehen wir vom Ausgangsverlust ab, so ergibt sich durch Zusammenfassung von (9) mit (7a)

$$\eta_v = \frac{N_a}{N_e} = -\frac{N_{st}}{N_e} = \frac{+\varrho \cdot \mathfrak{i}^2_{\max} \cdot \sin^2 \omega t}{v \cdot \mathfrak{i}^2_{\max} \cdot \sin^2 \omega t} = \frac{\varrho}{v}\,. \tag{10}$$

Die Gleichungen (6) und (8) stellen demnach hinreichende Bedingungen verzerrungsfreier Verstärkung dar. Insbesondere sind diejenigen Teile der Charakteristik zu meiden, in denen eine vollkommene Sperrung des Stromes zustande kommt oder die Spannung verschwindet. Im Vergleich mit der Wirkungsgradbedingung der Anfachung, welche diese Gebiete als Arbeitsgebiete vorschreibt, ergibt sich eine Reziprozität der günstigsten Arbeitsbereiche einerseits der Anfachung, andererseits der Steuerung.

146. Bedingung der Steuerstabilität. Zur Vergrößerung des Verstärkungsgrades kann ein Teil der Ausgangsleistung zur Betätigung der Anfachung vermittels einer Rückkopplung der Steuerung zugeführt werden.

Beim Bestehen der Rückkopplung steigt die Eingangsleistung auf

$$N'_e = N_e + k \cdot N_a\,, \tag{11}$$

wo k die Stärke der Rückkopplung mißt. Demnach wird die Ausgangsleistung

$$N_a = s(N'_e) = s(N_e + k\,N_a)\,. \tag{12}$$

Sie wird nach Abb. 169 graphisch bestimmt, indem in das Schaubild der Leistungscharakteristik von der Abszisse N_e aus die Rückkopplungsgerade unter dem Winkel $\alpha = \operatorname{arc\,ctg} k$ gezogen und mit der Leistungscharakteristik zum Schnitt gebracht wird.

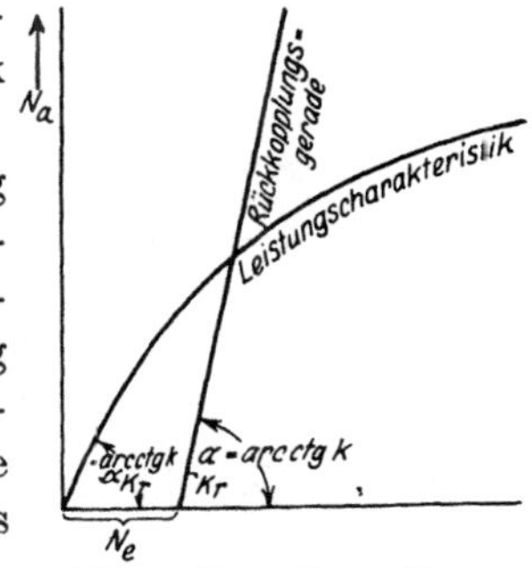

Abb. 169. Zur Steuerstabilität.

Bei hinreichend starker Rückkopplung bleibt N_a auch für verschwindende Eingangsleistung endlich: die Anordnung ist selbsterregend geworden, sie ist in eine Anfachung übergegangen. Die Bedingung der Verzerrungsfreiheit ist verletzt, das System hat die Eigenschaften der Steuerung vermöge seines dauernden Energieaustausches mit dem Arbeitskreis verloren. Dieser Zustand wird mit Sicherheit vermieden, wenn die Rückkopplungsgerade steiler geneigt ist als die Tangente vom Ursprung an die Leistungscharakteristik. Nennen wir die entsprechende kritische Kopplung k_{k_r}, so lautet die Bedingung der Steuerstabilität

$$k \leqq k_{k_r}. \tag{13}$$

Besondere Systeme.

Elektromechanische Systeme.

147. Das Mikrophon. Das Mikrophon dient zur Steuerung eines elektrischen Kreises durch Schallschwingungen. Die mechanische Steuerleistung wird von einer schwingungsfähigen Membran aufgenommen, welche durch ihre Bewegung den Druck einer Kohlenkörnerschicht ändert, welche zwischen die Membran und eine feste Gegenelektrode gebettet ist. Die Gesamteigenschaften der Kohlenkörnerschicht einschließlich der Elektroden können durch Angabe des Verhältnisses der Mikrophonspannung zum Mikrophonstrom erfaßt werden, welches der Mikrophonwiderstand heißt. Die Abhängigkeit des Mikrophonwiderstandes von der Struktur der Kohlenkörner und der Elektroden wird durch die Gesetze der kalten Elektronenströmung beherrscht (Nr. 98). Ist

$$P = P_{\max} \cdot \sin \omega t \tag{14}$$

die auf die Membran wirkende Kraft, so kann der zeitliche Verlauf des Mikrophonwiderstandes mit guter Näherung durch

$$r = r_0 - r_{\max} \cdot \sin \omega t \tag{15}$$

ausgedrückt werden, wobei $P_{\max}$ und $r_{\max}$ einander proportional angesetzt werden. Demgemäß ist r_0 der Ruhewiderstand des Mikrophons beim Fehlen äußerer Kräfte.

Die Schaltung des Mikrophonstromkreises ist durch Abb. 168 gegeben, indem die Steuerung S durch das Mikrophon ersetzt wird. Demnach gilt:

$$E_0 = J(r + R_a) = J(r_0 + R_a - r_{\max} \cdot \sin\omega t)\,. \tag{16}$$

Zur Lösung dieser Gleichung setzen wir

$$J = J_0 + J_1\,, \tag{17}$$

so daß

$$\left.\begin{aligned} E_0 = {} & J_0(r_0 + R_a) \\ & - J_0 r_{\max} \cdot \sin\omega t + J_1(r_0 + R_a - r_{\max} \cdot \sin\omega t) \end{aligned}\right\} \tag{16a}$$

entsteht. Wir wählen

$$E_0 = J_0(r_0 + R_a)\,, \tag{16b}$$

also

$$\left.\begin{aligned} J_1(r_0 + R_a - r_{\max} \cdot \sin\omega t) &= J_0 \cdot r_{\max} \cdot \sin\omega t \\ &= \frac{E_0}{r_0 + R_a} \cdot r_{\max} \cdot \sin\omega t\,. \end{aligned}\right\} \tag{16c}$$

Es ist demnach J_0 der Ruhestrom des Systems, welcher beim Auftreffen der Steuerleistung auf die Membran gemäß der Widerstandsschwankung die Wechselspannung $J_0 r_{\max} \cdot \sin\omega t$ erzeugt. Um den zeitlichen Verlauf des Stromes J_1 zu verfolgen, zerlegen wir

$$J_1 = i_1 + J_2\,, \tag{17a}$$

und erhalten aus (16a)

$$\left.\begin{aligned} J_0 r_{\max} \cdot \sin\omega t = {} & i_1(r_0 + R_a) \\ & - i_1 r_{\max} \cdot \sin\omega t + J_2(r_0 + R_a - r_{\max} \cdot \sin\omega t)\,. \end{aligned}\right\} \tag{16d}$$

Mit der Wahl

$$J_0 \cdot r_{\max} \cdot \sin\omega t = i_1(r_0 + R_a) \tag{16e}$$

wird also

$$J_2(r_0 + R_a - r_{\max} \cdot \sin\omega t) = i_1 \cdot r_{\max} \cdot \sin\omega t = \frac{J_0 \cdot r_{\max}^2 \cdot \sin^2\omega t}{r_0 + R_a}\,. \tag{16f}$$

Der von $J_0 \cdot r_{\max} \cdot \sin\omega t$ hervorgerufene Wechselstrom i_1 erzeugt seinerseits eine Wechselspannung $\frac{J_0 \cdot r_{\max}^2 \cdot \sin^2\omega t}{r_0 + R_a}$, welche neben einem konstanten Anteil eine Spannung von doppelter Frequenz enthält.

Indem dieses Rechenverfahren fortgesetzt wird, entsteht

$$J = J_0 + i_1 + i_2 + i_3 + \cdots \tag{18}$$

mit

$$\left.\begin{aligned} J_0 &= \frac{E_0}{r_0 + R_a}\,; & i_1 &= \frac{J_0 \cdot r_{\max} \cdot \sin\omega t}{r_0 + R_a}\,; \\ i_2 &= \frac{i_1 \cdot r_{\max} \cdot \sin\omega t}{r_0 + R_a}\,; & i_3 &= \frac{i_2 \cdot r_{\max} \cdot \sin\omega t}{r_0 + R_a}\,. \end{aligned}\right\} \tag{19}$$

Für die Stromamplituden erhalten wir also die Reihe

$$\left.\begin{aligned} J_0 &= \frac{E_0}{r_0 + R_a}\,; & i_{1_{\max}} &= \frac{E_0}{(r_0 + R_a)^2}\cdot r_{\max}\,; \\ i_{2_{\max}} &= \frac{E_0}{(r_0 + R_a)^3}\cdot r_{\max}^2\,; & i_{3_{\max}} &= \frac{E_0}{(r_0 + R_a)^4}\cdot r_{\max}^3 \ldots \end{aligned}\right\} \tag{19a}$$

Soll das Mikrophon verzerrungsfrei arbeiten, so müssen die Oberschwingungen klein gegen die Grundschwingung werden, die Reihe der Amplituden muß rasch konvergieren. Als Bedingung hierfür folgt

$$\frac{r_{\max}}{r_0 + R_a} \ll 1\,. \tag{20}$$

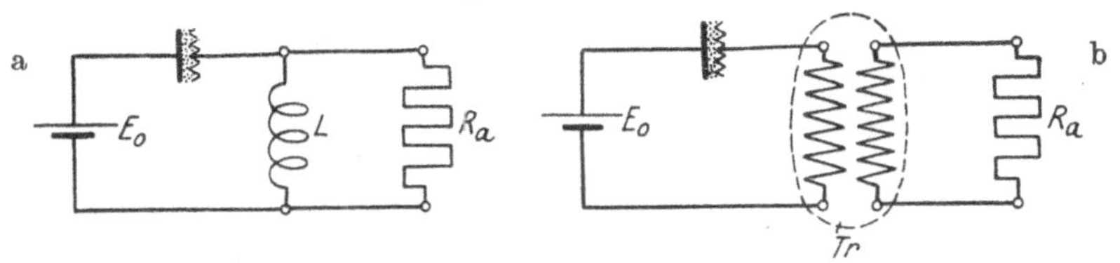

Abb. 170. Verzerrungsfreie Starkleistungs-Mikrophonschaltungen (nach Barkhausen).

Um dieser Bedingung gerecht zu werden, gleichzeitig aber den Ruhestrom J_0, welchem i_1 proportional ist, auf wirksamer Höhe zu erhalten, wird der Arbeitswiderstand für den Gleichstrom J_0 durch eine Induktivität L von kleinem Ohmschen Widerstand überbrückt: Es entsteht die Schaltung der Abb. 170a, welche durch Ersatz der Induktivität durch einen Transformator (s. Nr. 158) nach Abb. 170b modifiziert werden kann.

148. Das Kathodophon. Um die mechanische Verzerrung des Mikrophones zu vermeiden, muß die träge Masse der Membran vermieden werden. Die Möglichkeit hierzu gibt der Ersatz der Kohlekörnerschicht durch eine ionisierte Gasschicht, welche mit der schalltragenden Luft unmittelbar kommunizieren kann.

Das Gasmikrophon oder Kathodophon besteht aus zwei Elektroden, zwischen welchen durch Heizung der Kathode eine unselbständige Ionenströmung aufrechterhalten werden kann. Der Widerstand der Gasstrecke, definiert als Verhältnis der Spannung zum Ionenstrom, wird durch den Gasdruck beeinflußt. Für hinreichende kleine Druckschwankungen

$$p = p_0 + p_{\max}\cdot\sin\omega t \tag{21}$$

kann näherungsweise der Ansatz

$$r = r_0 - r_{\max}\cdot\sin\omega t \tag{22}$$

für den zeitlichen Verlauf des Mikrophonwiderstandes gemacht werden, wobei $p_{\max}$ und $r_{\max}$ einander proportional sind. Die Entwicklung des gestörten Stromes erfolgt dann nach den Gesetzen des Mikrophonstromes.

Auch die unselbständige Ionenströmung des Lichtbogens kann durch Druckschwankungen der Lichtbogenatmosphäre beeinflußt werden: Ankommende Schallschwingungen kann der Lichtbogen „belauschen", indem er elektrische Schwingungen gleicher Form in den Speisekreis hineinsteuert. Trotz seiner bemerkenswerten Einfachheit hat diese Form des Gasmikrophons keine technische Verwertung gefunden.

Elektromagnetische Systeme.

149. Der Lichtbogenverstärker. Vermöge seiner fallenden Charakteristik kann der Lichtbogen als Verstärker benutzt werden. Die Schaltung erfolgt nach Abb. 171 derart, daß in den Speisekreis des Lichtbogens an einer Stelle die Spannung $\mathfrak{e}$ eingebracht wird, welche den Strom $\mathfrak{i}$ über die Speiseinduktivität L_a, den Arbeitswiderstand R_a und den Lichtbogen treibt.

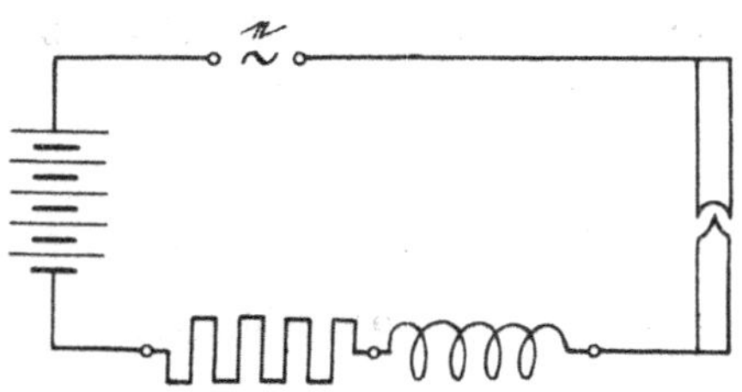

Abb. 171. Schaltung des Lichtbogenverstärkers.

Für hinreichend kleine Schwingungen wird die Lichtbogencharakteristik bei Beschränkung auf die Wechselanteile nach Nr. 115 durch den komplexen Widerstand

$$\varrho = -\mathfrak{r} + j\,\omega\,l \tag{23}$$

erfaßt. Demnach fordert das Gleichgewicht der Spannungen bei Benutzung komplexer Schreibweise

$$\mathfrak{e} = \Re\mathfrak{e}(\bar{\mathfrak{e}}\cdot e^{j\omega t})\,; \qquad \bar{\mathfrak{i}} = \Re\mathfrak{e}(\bar{\mathfrak{i}}\cdot e^{j\omega t})\,. \tag{24}$$

die Gleichung

$$\bar{\mathfrak{e}} = \bar{\mathfrak{i}}(-\mathfrak{r} + j\,\omega\,l + R_a + j\,\omega\,L_a)\,. \tag{25}$$

Daher wird

$$\bar{\mathfrak{i}} = \frac{\bar{\mathfrak{e}}}{-\mathfrak{r} + R_a + j\,\omega(l + L_a)} = \frac{\bar{\mathfrak{e}}\cdot e^{-j\,\mathrm{arctg}\frac{\omega(l+L_a)}{-\mathfrak{r}+R_a}}}{\sqrt{(-\mathfrak{r}+R_a)^2 + \omega^2(l+L_a)^2}}\,, \tag{26}$$

und durch Übergang zur reellen Form

$$\mathfrak{i} = \frac{\mathfrak{e}_{\max}}{\sqrt{(-\mathfrak{r}+R_a)^2 + \omega^2(l+L_a)^2}}\cdot\cos\left(\omega t - \mathrm{arctg}\frac{\omega(l+L_a)}{-\mathfrak{r}+R_a}\right), \tag{27}$$

falls

$$\mathfrak{e} = \mathfrak{e}_{\max}\cdot\cos\omega t \tag{24a}$$

gesetzt wird.

Die Eingangsleistung folgt aus (26)

$$N_e = \frac{i_{\max}^2}{2}[-\mathfrak{r} + R_a]\,, \tag{28}$$

während die Ausgangsleistung

$$N_a = \frac{i_{\max}^2}{2} \cdot R_a \qquad (29)$$

wird. Der Verstärkungsgrad besitzt also den Wert

$$\eta_v = \frac{N_a}{N_e} = \frac{R_a}{-\mathfrak{r} + R_a} = \frac{1}{1 - \dfrac{\mathfrak{r}}{R_a}}. \qquad (30)$$

Hierin ist $-\mathfrak{r}$ vermöge der dynamischen Vorgänge im Lichtbogen gemäß der Formel

$$-\mathfrak{r} + j\,\omega\, l = \frac{c_1 + j\,\omega\, c_2}{c_3 + j\,\omega\, c_4} \qquad (31)$$

eine Funktion der Frequenz. Als Bedingung für verzerrungsfreies Arbeiten folgt

$$\left.\begin{array}{l} j\,\omega\, c_2 \ll c_1 \\ \text{und} \quad j\,\omega\, c_4 \ll c_3\,, \end{array}\right\} \qquad (32)$$

so daß

$$\left.\begin{array}{l} -\mathfrak{r} = \sim \dfrac{c_1}{c_3}\,; \\ l = \sim 0 \end{array}\right\} \qquad (31\,\text{a})$$

ist. Der Betriebspunkt muß sich also merklich auf der statischen Charakteristik bewegen. Ist dies erfüllt, so ergibt sich die Bedeutung der Glei-

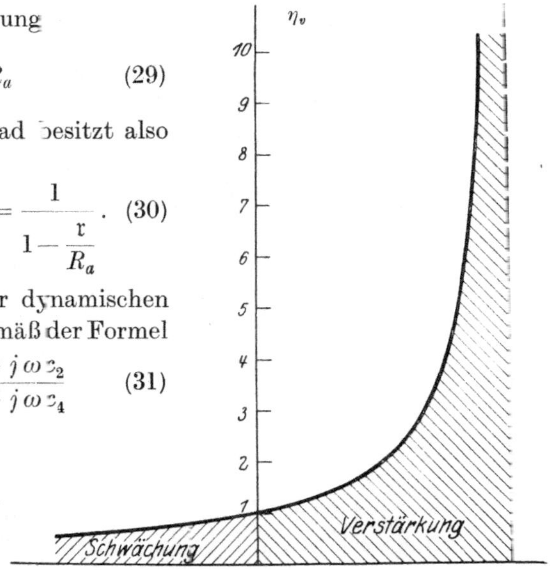

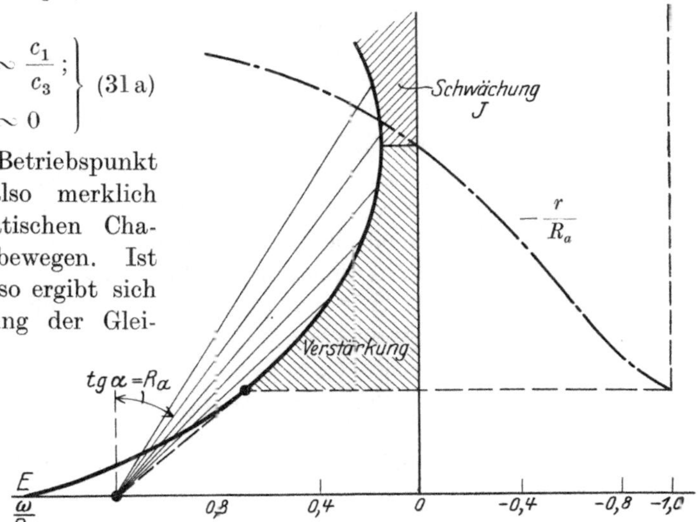

Abb. 172. Ermittlung des Verstärkungsgrades eines Lichtbogenverstärkers.

chung (30) leicht an Hand der Abb. 172. Aus der Lichtbogencharakteristik $E_b = f(J)$ ergeben sich die stationären, stabilen Betriebspunkte des Lichtbogenstromes durch Einzeichnen der Widerstandsgeraden $E = E_0 - J \cdot R_a$, wo E_0 die Batteriespannung bedeutet; die obere Grenze des Widerstandes ist dann erreicht, wenn die Widerstandsgerade die Charakteristik eben tangiert. Das Verhältnis $-\frac{\mathfrak{r}}{R_a}$ läßt sich graphisch der Charakteristik als Funktion von J entnehmen, wenn man beachtet, daß $\mathfrak{r}$ wegen (32) der Neigung der Charakteristik gleicht. Indem die gewonnene Kurve mit der Verstärkungskurve nach Gleichung (30) verknüpft wird, erkennt man: die Verstärkung nimmt mit abnehmendem Strom zu, um bei Erreichen des Grenzstromes entsprechend dem oben genannten Grenzarbeitswiderstand über alle Grenzen zu wachsen: Hier arbeitet der Lichtbogen als ideale Steuerung. Umgekehrt wird für sehr große Ströme der Verstärkungsgrad kleiner als Eins, statt Verstärkung findet Schwächung statt, weil die Lichtbogencharakteristik ansteigt.

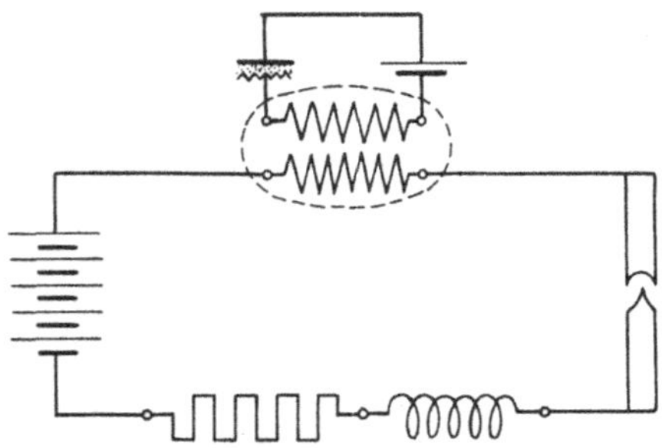

Abb. 173. Sprechender Lichtbogen.

Trotz seiner bemerkenswerten Einfachheit und Leistungsfähigkeit findet der Lichtbogenverstärker kaum technische Anwendung, weil die genaue Innehaltung konstanter Betriebsverhältnisse schwierig ist. Dagegen ist eine physikalische Anwendung als sprechende Lichtbogen sehr bekannt: Der Arbeitsstrom erwärmt im Takte seiner Pulsationen die Lichtbogenatmosphäre; die Wärmeschwankungen setzen sich in Druckschwankungen um, welche in Form von Schallwellen nach außen eilen. Um den Schallwellen willkürliche Schwingungsformen aufzudrücken, kann die dem Kreise eingebrachte Spannung $\mathfrak{e}$ durch ein Mikrophon nach Abb. 173 gesteuert werden.

Die gefundenen Gesetzmäßigkeiten gelten in gleicher Weise für alle Verstärkungsanordnungen, welche ein Organ mit fallender Charakteristik analog der Schaltung der Abb. 171 besitzen. Insbesondere finden zu diesem Zwecke Negatron- und Dynatronröhren oder Schwingdetektoren Anwendung.

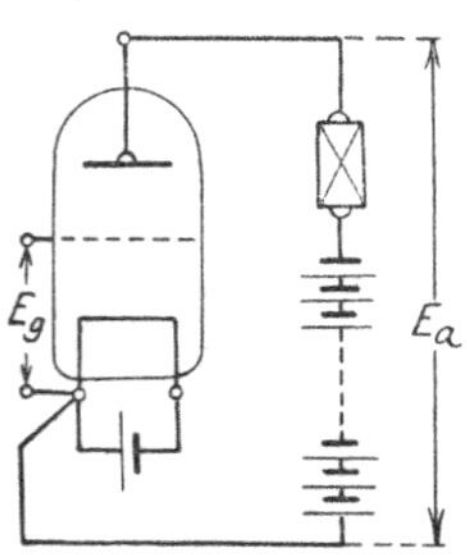

Abb. 174. Elektronenröhrenverstärker.

150. Der Elektronenröhrenverstärker für Mittel- und Niederfrequenz. Wir legen der Behandlung des Elektronenröhrenverstärkers das Schaltbild der Abb. 174 zugrunde: Die zu verstärkende Spannung E_g wird zwischen Gitter und Kathode eines Eingitterrohres gelegt, der Arbeitswiderstand in den Anodenkreis eingeschaltet. Bei Verwendung von Mehrgitterröhren in Raumladenetzschaltung oder Anodenschutzschaltung resultiert nach den Ergebnissen der Nr. 91 und 92 kein qualitativer Unterschied gegenüber den

Eigenschaften der Eingitterröhre; lediglich die kennzeichnenden Funktionen zwischen Strömen und Spannungen erfahren eine quantitative Modifikation. Legt man zwischen die einzelnen Elektroden Gleichspannungen, so können sich stationär nur Gleichströme ausbilden. Diese verkehren zum einen Teil als Kriechströme über die Isolationswiderstände zwischen den einzelnen Elektroden, zum anderen Teil als Elektronenströme, wobei die unter dem Einfluß statischer Felder bewegten Elektronen Träger der Elektrizitätsströmung werden. In allen praktischen Fällen sind die Isolationswiderstände zwischen den einzelnen Elektronen so groß, daß die durch sie fließenden Kriechströme völlig bedeutungslos sind. So findet man bei Gleichstrombetrieb praktisch nur Elektronenströme vorhanden. Bei fest angenommener und von irgendwelchen sonstigen Strömen unabhängiger Heizung der Glühelektrode werden diese Ströme gewisse eindeutige Funktionen der angelegten Spannungen: für konstante Spannungen ergeben sich konstante Ströme.

Wegen der hohen Geschwindigkeit der Elektronen gleichen bei Mittel- und Niederfrequenz die dynamischen Elektronenströme merklich den statischen Strömen; die elektrischen und magnetischen Verschiebungsströme im Innern der Röhre sind zu vernachlässigen.

Wir bezeichnen die Elektronenströme mit J_a für die Anode, J_g für das Gitter und nennen E_a die Spannung der Anode, E_g die Spannung des Gitters gegen den negativen Pol des Heizfadens. Das Charakteristikenfeld der Röhre läßt sich formal durch

$$\left.\begin{aligned} J_a &= f(E_a, E_g), \\ J_g &= g(E_a, E_g) \end{aligned}\right\} \tag{33}$$

erfassen, wo f und g nach Nr. 89 als bekannt zu betrachten sind. Demnach ist die Eingangsleistung des Rohres durch

$$N_e = E_g \cdot J_g = E_g \cdot g(E_g, E_a) \tag{34}$$

gegeben. Man gelangt zu einem idealen Verstärker mit $N_e = 0$ durch eine solche Wahl der Spannungen, daß der Gitterstrom verschwindet. Die hierzu notwendige und hinreichende Bedingung ist bei einem Hochvakuumrohr

$$E_g < 0\,. \tag{35}$$

Hiermit vereinfacht sich das System (33) in

$$\left.\begin{aligned} J_a &= f(E_g, E_a) = F(E_g + DE_a), \\ J_g &= 0, \end{aligned}\right\} \tag{33a}$$

wo sowohl die Funktion f wie der Durchgriff D nach Nr. 87 bekannte Röhreneigenschaften sind.

Beim Arbeiten der Röhre als Verstärker werden e_g und e_a Funktionen der Zeit. Im allgemeinen enthalten beide Spannungen einen

Gleichspannungsanteil und einen Wechselspannungsanteil; entsprechend tritt auch ein Anodengleichstrom und ein Anodenwechselstrom auf.

Bezeichnen wir die Gleichgrößen mit e_{g_0}, e_{a_0}, $\mathfrak{i}_{a_{el_0}}$, die Wechselgrößen mit $\mathfrak{e}_g$, $\mathfrak{e}_a$, $\mathfrak{i}_{a_{el}}$, so hat man also

$$\left.\begin{aligned} e_g &= e_{g_0} + \mathfrak{e}_g\,, \\ e_a &= e_{a_0} + \mathfrak{e}_a\,, \\ \mathfrak{i}_{a_{el}} &= i_{a_{el_0}} + \mathfrak{i}_a\,, \end{aligned}\right\} \tag{36}$$

und durch Einsetzen in (33a) wird

$$i_{a_{el_0}} + \mathfrak{i}_{a_{el}} = F(e_{g_0} + D \cdot e_{a_0} + \{\mathfrak{e}_g + D \cdot \mathfrak{e}_a\})\,. \tag{33b}$$

Beim Verstärker muß, um der Bedingung der Verzerrungsfreiheit zu genügen, stets $\mathfrak{e}_g + D\mathfrak{e}_a$ so klein sein, daß die Funktion F im Arbeitsbereich merklich linear ist.

So ergibt sich

$$i_{a_{el_0}} + \mathfrak{i}_{a_{el}} = F(e_{g_0} + D \cdot e_{a_0}) + (\mathfrak{e}_g + D \cdot \mathfrak{e}_a) \cdot F'(e_{g_0} + D \cdot e_{a_0}) \tag{33c}$$

und durch Trennung der Gleich- und Wechselanteile

$$i_{a_{el_0}} = F(e_{g_0} + D \cdot e_{a_0})\,, \tag{33d}$$

$$\mathfrak{i}_{a_{el}} = (\mathfrak{e}_g + D \cdot \mathfrak{e}_a) \cdot F'(e_{g_0} + D \cdot e_{a_0})\,. \tag{33e}$$

Bei gegebenem $\mathfrak{e}_g$ und $\mathfrak{e}_a$ erzielt man hiernach ein um so größeres $\mathfrak{i}_a$, eine um so kräftigere Verstärkung, je größer der Wert $F'(e_{g_0} + D \cdot e_{a_0})$ ist. e_{g_0} ist, wie eingangs erwähnt, durch die Bedingung bestimmt, den Gitterstrom auf 0 hinabzudrücken. Hiernach bestimmt sich $F'(e_{g_0} + D \cdot e_{a_0})$ allein noch durch die Größe der „Verschiebungsspannung" $D \cdot e_{a_0}$.

Bei bestimmten e_{g_0} und e_{a_0} ist der Wert $F'(e_{g_0} + D \cdot e_{a_0})$ geometrisch leicht darstellbar durch den Neigungstangens der Charakteristik

$$i_a = F(e_g + D \cdot e_{a_0}) \tag{33a}$$

im Punkte $e_g = e_{g_0}$. Dieser Bedeutung wegen wird

$$F'(e_{g_0} + D \cdot e_{a_0}) = S \tag{37}$$

die „Steilheit" genannt. Hiermit geht (33e) in

$$\mathfrak{i}_a = (\mathfrak{e}_g + D\mathfrak{e}_a) \cdot S \tag{33f}$$

über.

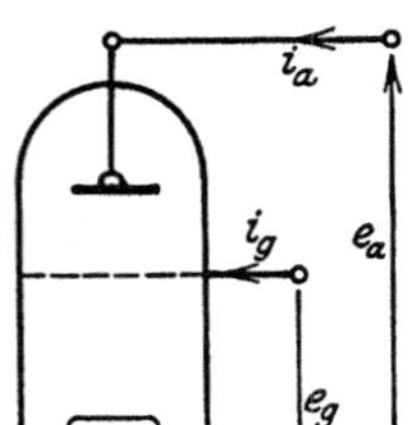

Abb. 175. Zählrichtungsschema entsprechend Gl. (33a).

Es erweist sich als zweckmäßig, dieser Gleichung mit Rücksicht auf die physikalische Funktion des Verstärkers eine andere Formulierung zu geben. In Abb. 175 ist noch einmal die Eingitterröhre gezeichnet, auf welche sich die Charakteristik (33a) bezieht. Damit diese Gleichung richtig ist, müssen Ströme und Spannungen in demjenigen Sinne positiv gezählt werden, welcher in Abb. 175 durch

Pfeile eingetragen ist; dabei sind mit Hinsicht auf die späteren Entwicklungen sogleich die Werte der Gesamtströme, welche in Anoden- und Gitterkreise fließen, benutzt. Aus den gezeichneten Pfeilrichtungen ergibt sich das leistungsbildende Zusammenwirken der Spannungen und Ströme; positiven Werten der Produkte $e_a \cdot i_a$ und $e_g \cdot i_g$ entsprechen hiernach Leistungen, welche von außen her an die Röhre herangeführt werden. Der Verstärker hat jedoch die Aufgabe, im Gitterkreis Leistung von außen aufzunehmen und im Anodenkreis Leistung nach außen abzugeben; bei Festhalten an obiger Bezeichuungsweise würde daher das Produkt $\mathfrak{e}_a \cdot \mathfrak{i}_a$ negativ. Dies kann umgangen werden, wenn man die zweite der Gleichungen (36) in

$$e_a = e_{a_0} - \mathfrak{e}_a \tag{36a}$$

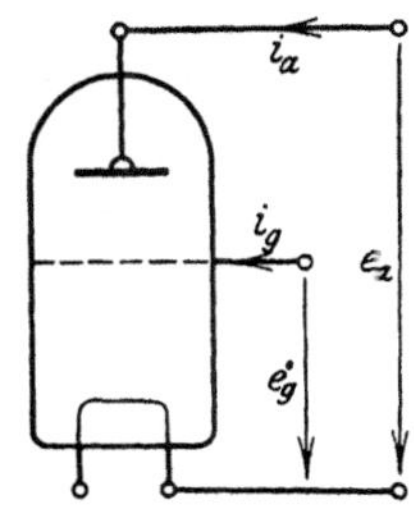

Abb. 176. Zählrichtungsschema entsprechend Gl. (33 g).

abändert. Hiermit nimmt (33f) die Form

$$\mathfrak{i}_{a_{el}} = (\mathfrak{e}_g - D\,\mathfrak{e}_a) \cdot S \tag{33g}$$

an. Entsprechend (36a) erfährt auch Abb. 175 im Anodenkreise eine Änderung hinsichtlich der Wechselvorgänge. Für diese gilt das in Abb. 176 gezeichnete Zählrichtungsschema der Spannungen und Ströme.

Schreibt man definitionsweise (Nr. 88).

$$D \cdot S = G_i \tag{38}$$

mit G_i = innerer Leitwert, so geht (33g) in

$$i_{a_e} = S \cdot \mathfrak{e}_g - G_i\,\mathfrak{e}_a \tag{39}$$

über.

Wir behandeln einfach harmonische Vorgänge und setzen demgemäß

$$\left.\begin{aligned} \mathfrak{e}_g &= \Re\mathrm{e}\,(\bar{\mathfrak{e}}_g \cdot e^{j\omega t})\,, \\ \mathfrak{e}_a &= \Re\mathrm{e}\,(\bar{\mathfrak{e}}_a \cdot e^{j\omega t})\,, \\ \mathfrak{i}_a &= \Re\mathrm{e}\,(\bar{\mathfrak{i}}_a \cdot e^{j\omega t})\,. \end{aligned}\right\} \tag{40}$$

Die Belastung des Anodenkreises wird durch das komplexe Verhältnis

$$\mathfrak{y}_a = \frac{\bar{\mathfrak{i}}_a}{\bar{\mathfrak{e}}_a} = y_a \cdot e^{j\varphi_a}\,; \qquad y_a = \frac{|\bar{\mathfrak{i}}_a|}{|\bar{\mathfrak{e}}_a|} \tag{41}$$

erfaßt, welches wir den Arbeitsleitwert nennen.

Die Abhängigkeit des Anodenstromes $\mathfrak{i}_a$, der Anodenspannung $\mathfrak{e}_a$ und der Ausgangsleistung N_a von der Größe der Belastung $\mathfrak{y}_a$ bei gegebenem $\mathfrak{e}_g$ läßt sich leicht übersehen, wenn man konstante Phasenverschiebung φ_a zwischen $\mathfrak{e}_a$ und $\mathfrak{i}_a$ bei beliebigen Werten des Scheinleitwertes $y_a = |\mathfrak{y}_a|$ voraussetzt. Dann läßt sich Gl. (39) durch das

Vektordiagramm Abb. 177 wiedergeben: Der Belastungspunkt P bewegt sich bei konstantem φ_a auf einem Kreise über $S \cdot \mathfrak{e}_g$ als Sehne; dieser Kreis ist gleichfalls in Abb. 177 eingetragen.

Bei Kurzschluß ($y_a = \infty$) fällt der Belastungspunkt P mit P_k zusammen ($\mathfrak{e}_a = 0$), wandert bei abnehmendem y_a auf dem Anodenarbeitskreis entlang, bis er bei Offenlauf ($y_a = 0$) mit P_0 ($\mathfrak{i}_a = 0$) identisch wird. Um für einen beliebigen Arbeitspunkt y_a zu finden, trägt man von P_k aus auf $P_k P_0$ da beliebige Stück l ab und zieht durch den gewonnenen Endpunkt A die Parallele $y \div y$ zur Kreistangente $t \div t$ in P_k. Die

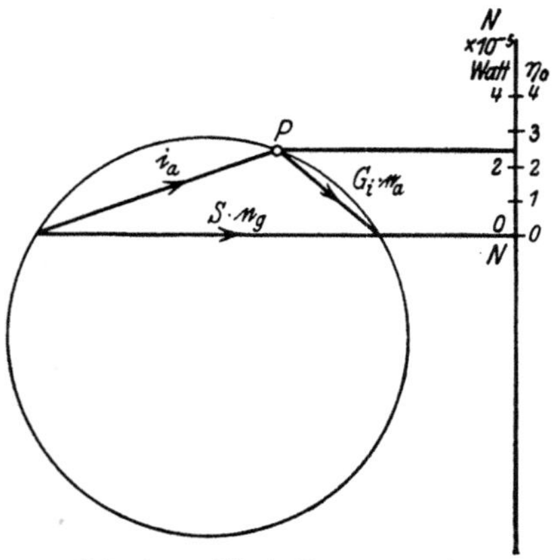

Abb. 177. Kreisdiagramm des Niederfrequenzverstärkers.

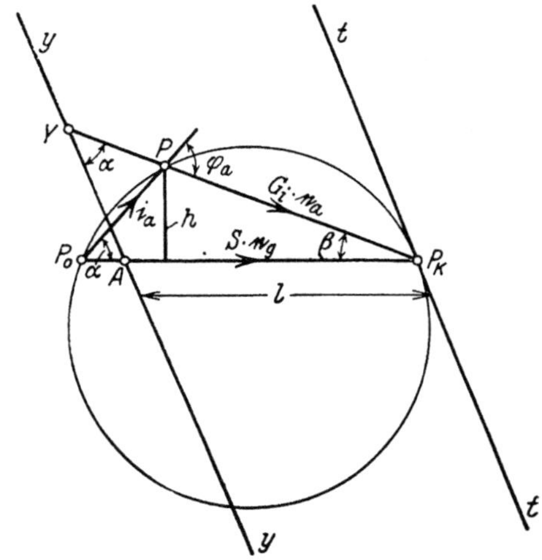

Abb. 178. Graphische Ermittlung des Belastungsleitwertes und der Ausgangsleistung.

Gerade $P_k P$ schneidet $y \div y$ in Y, mit $\sphericalangle P P_k P_0 = \beta$ $\sphericalangle P P_0 P_k = \alpha$ folgt aus elementargeometrischen Überlegungen $\sphericalangle A Y P_k = \alpha$, und durch Anwendung des Sinussatzes auf die Dreiecke $A Y P_k$ und $P_0 P P_k$

$$\frac{\overline{YA}}{\sin\beta} = \frac{l}{\sin\alpha}, \tag{42}$$

$$\frac{\overline{P_0 P}}{\sin\beta} = \frac{\overline{P P_k}}{\sin\alpha}, \tag{43}$$

also

$$\overline{YA} = l \cdot \frac{\overline{P_0 P}}{\overline{P P_k}} \tag{42 a}$$

und unter Berücksichtigung der Abb. 178

$$\overline{YA} = l \cdot \frac{y_a}{G_i}. \tag{42 b}$$

Da G_i eine Röhrenkonstante, l eine Konstruktionsgröße der Zeichnung ist, hat man also in $\overline{YA}$ ein Maß für den Leitwert.

Für rein Ohmsche Belastung wird $\varphi_a = 0$. Die Vektoren $\bar{\mathfrak{e}}_g$, $\bar{i}_a$ und $\mathfrak{e}_a$ sind daher gleichphasig, der Anodenkreis artet in eine Gerade aus (Abb. 179). Induktive und kapazitive Belastung mit gleichem Absolutwert der Phasenverschiebung liefern zueinander spiegelbildlich liegende Kreise, welche bei rein induktiver und rein kapazitiver Belastung in zwei sich überdeckende Vollkreise übergehen (Abb. 179).

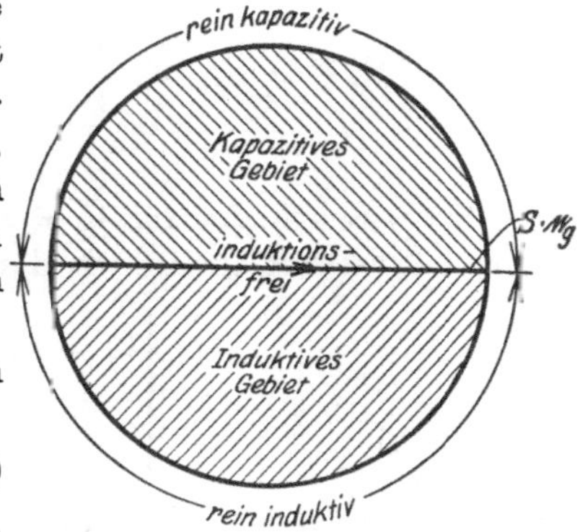

Abb. 179. Arbeitsgebiete des Niederfrequenzverstärkers.

Die Ausgangsleistung ist durch den Ausdruck

$$N_a = |\mathfrak{e}_a| \cdot |\mathfrak{i}_a| \cdot \cos\varphi_a \qquad (44)$$

gegeben. In Abb. 178 ist die Strecke $\overline{PP_0} = |\mathfrak{i}_a|$, $\overline{PP_k} = G_i |\mathfrak{e}_a|$, daher die Dreiecksfläche $F(P_0 P P_k)$

$$F = |\mathfrak{e}_a| \cdot |\mathfrak{i}_a| \cdot \sin\varphi_a \cdot \tfrac{1}{2} \cdot G_i. \qquad (44\,\text{a})$$

Fällt man von P das Lot h auf $P_0 P_k$, so ist

$$F = \overline{P_0 P_k} \cdot h \cdot \tfrac{1}{2} \qquad (45)$$

also unter Berücksichtigung der Beziehung $P_0 P_k = S \cdot |\mathfrak{e}_g|$ aus Abb. 177

$$h = \frac{2F}{S \cdot |\mathfrak{e}_g|} \qquad (45\,\text{a})$$

und mit Einführung von (44) und (44 a)

$$h = \frac{|\mathfrak{e}_a| \cdot |\mathfrak{i}_a| \cdot \sin\varphi_a \cdot G_i}{S \cdot |\mathfrak{e}_g|} = N_a \cdot \operatorname{tg}\varphi_a \frac{G_i}{S \cdot |\mathfrak{e}_g|} = N_a \operatorname{tg}\varphi_a \cdot \frac{D}{|\mathfrak{e}_g|}. \qquad (45\,\text{b})$$

Hiernach ist also h ein Maß der Leistung, da φ_a und $|\mathfrak{e}_g|$ Betriebskonstanten, G_i und S Röhrenkonstanten sind. Statt die Größe h selbst zu benutzen, kann man zum Zweck besseren Vergleichs durch die Betriebspunkte, für welche N_a bestimmt werden soll, Parallelen zu $P_0 P_k$ ziehen, welche auf einer beliebigen Senkrechten $N \div N$ zu $P_0 P_k$ die Stücke h abschneiden (Abb. 177).

Diese Darstellung versagt für rein Ohmsche Belastung, wo h_a mit $\operatorname{tg}\varphi_a$ gleichzeitig verschwindet. In analytischer Darstellung wird nach (39)

$$\bar{\mathfrak{i}}_a = S \cdot \bar{\mathfrak{e}}_g - G_i \cdot \bar{\mathfrak{e}}_a = S \cdot \bar{\mathfrak{e}}_g - G_i \cdot \frac{\bar{\mathfrak{i}}_a}{\bar{\mathfrak{y}}_a}, \qquad (46)$$

also

$$\bar{\mathfrak{i}}_a = \frac{S \cdot \bar{\mathfrak{e}}_g}{1 + \dfrac{G_i}{\bar{\mathfrak{y}}_a}}. \qquad (46\,\text{a})$$

Hieraus findet sich wegen der Realität von $\mathfrak{y}_a$ sogleich die Ausgangsleistung

$$N_a = \frac{1}{2} \frac{|\bar{\mathfrak{i}}_a|^2}{\mathfrak{y}_a} = \frac{1}{2} \cdot \frac{S^2 \cdot |\bar{\mathfrak{e}}_g|^2}{\left[1 + \frac{G_i}{y_a}\right]^2 y_a} = \frac{1}{2} \frac{S^2 |\bar{\mathfrak{e}}_g|^2 \frac{1}{y_a}}{\left[1 + G_i \frac{1}{y_a}\right]^2}. \tag{47}$$

Sie verschwindet für $y_a = \infty$ (Kurzschluß) und $y_a = 0$ (Offenlauf); den Höchstwert finden wir durch

$$\frac{dN_a}{d\left(\frac{1}{y_a}\right)} = \frac{1}{2} S^2 |\bar{\mathfrak{e}}_g|^2 \left[\frac{\left(1 + G_i \frac{1}{y_a}\right)^2 - \frac{1}{y_a} \cdot 2\left(1 + G_i \frac{1}{y_a}\right) \cdot G_i}{\left(1 + G_i \frac{1}{y_a}\right)^2}\right] = 0,$$

woher sich der optimale Leitwert

$$y_{a_{\text{opt}}} = G_i \tag{48}$$

bestimmt. Die höchste Arbeitsleistung der Röhre wird durch Einsetzen von (48) in (47) mit Rücksicht auf (38) zu

$$N_{a_{\max}} = \frac{1}{2} \frac{S^2 |\bar{\mathfrak{e}}_g|^2}{4 \cdot G_i} = \frac{1}{2} \cdot \frac{1}{4} \frac{S}{D} |\bar{\mathfrak{e}}_g|^2 \tag{47 a}$$

erhalten. Sie hängt demnach für eine gegebene Gitterspannung nur von der Röhrenkonstante $\frac{S}{D}$ ab, welche die G ü t e d e r R ö h r e heißt.

Steilheit und Durchgriff sind bei gegebenen Werten der Anoden- und Gittergleichspannung durch die Raumladecharakteristik (Nr. 84)

$$i_a = F(E_g + DE_a) = K(E_g + DE_a)^{\frac{3}{2}} \tag{49}$$

verknüpft; die Güte der Röhre

$$\frac{S}{D} = \frac{K \cdot \frac{3}{2} \cdot (E_g + DE_a)^{\frac{1}{2}}}{D} \tag{49 a}$$

wird daher eine Funktion allein des Durchgriffes, also der geometrischen Röhrenabmessungen. Der optimale Durchgriff ist durch

$$\left[\frac{d\left(\frac{S}{D}\right)}{dD}\right] = K \cdot \frac{3}{2} \cdot \frac{D \frac{1}{2} (E_g + DE_a)^{-\frac{1}{2}} E_a - (E_g + DE_a) \cdot 1}{D^2} = 0$$

oder

$$D_{\text{opt}} = -\frac{2 E_g}{E_a} \tag{50}$$

gegeben; hierin liegt $-E_g$ bereits durch die Bedingung fest, daß der Gitterstrom abgesperrt werden muß.

Durch Einsetzen von (50) in (49a) wird

$$\left.\begin{aligned}\left(\frac{S}{D}\right)_{\max} = \frac{K\cdot\frac{3}{2}\cdot(-2E_g)^{\frac{1}{2}}}{-2E_g/E_a} &= E_a\cdot K\cdot\frac{3}{2}\cdot\frac{(-2E_g)^{\frac{1}{2}}}{-2E_g}\\ &= E_a\cdot K\cdot\frac{3}{2}\cdot\frac{1}{\sqrt{-2E_g}}.\end{aligned}\right\}\quad(49\,\mathrm{b})$$

Die Leistungsfähigkeit der Röhre ist demnach der Anodengleichspannung direkt proportional, der Wurzel aus der Gittersperrfähigkeit umgekehrt proportional.

Wegen $N_g = 0$ ist der Verstärkungsgrad der Röhre

$$\eta_v = \frac{N_a}{N_g}$$

unendlich groß. Aus Gründen, welche später (Nr. 160) offenbar werden, ist es zweckmäßig, dem Gitter ein Organ zur Spannungserhöhung vorzuschalten. Ohne auf eine besondere Schaltung einzugehen, kann dieses energetisch durch die Leistungsgleichung

$$N_e = G_g\,\tfrac{1}{2}\,|\mathfrak{e}_g|^2 \qquad (51)$$

definiert werden, wo G_g, da nach Gl. (33a) von den Vorgängen im Anodenkreis völlig unabhängig, als Wirkleitwert des Eingangskreises bezeichnet werden darf[1]). Der Verstärkungsgrad der Gesamtanordnung Röhre-Eingangskreis besitzt den endlichen Wert

$$\eta_v = \frac{N_a}{N_e}, \qquad (52)$$

welcher bei günstigstem Abgleich des Anodenkreises gemäß Gleichung (47a) mit Rücksicht auf Gl. (51) und (38) den Wert

$$\eta_v = \frac{1}{4}\cdot\frac{S}{D\cdot G_g} \qquad (52\,\mathrm{a})$$

annimmt. Um den allgemeinen Fall in einfacher Weise zu beherrschen, greifen wir auf die graphische Darstellung der Abb. 177 zurück. Bei konstantem $|\mathfrak{e}_g|$ ist daher N_g ebenfalls konstant, nach (52) also η_v dem Werte von N_a genau proportional. Die auf $N \div N$ abgetragene Skala für N_a stellt also zugleich in einem bestimmten, von N_g abhängigen Maßstabe den Verstärkungsgrad η_v dar.

Als Zahlenbeispiel behandeln wir eine Röhre mit den Daten

$$S = 10^{-4}\,\text{Siemens},$$

$$D = 0{,}07\,,$$

---

1) Hiermit darf die Barkhausensche „Güte der Schaltung" G_s (Barkhausen, Elektronenröhren, S. 89) nicht verwechselt werden, welche angenähert der reziproke Wert des hier eingeführten Leitwertes ist.

also
$$G_i = 7 \cdot 10^{-6}\,\text{Siemens}$$
und
$$\frac{S}{D} = \frac{10^{-4}}{0{,}07} = \frac{10^{-2}}{7} = 1{,}427 \cdot 10^{-3}\,.$$

Als Wirkleitwert der Eingangsanordnung sei
$$G_g = 10^{-5}\,\text{Siemens}$$
angenommen. Der höchstmögliche Verstärkungsgrad wird nach Gl. (52a)
$$\eta_v = \frac{1}{4} \cdot \frac{1{,}427 \cdot 10^{-3}}{10^{-5}} = \frac{1{,}427}{4} \cdot 10^2 = 35{,}7\,.$$

Wegen des kleinen Wertes G_i ist es meist unmöglich, diesen günstigsten Betriebszustand des Verstärkers innezuhalten; die wirkliche Ausgangsleistung ist
$$N_a = \eta_a \cdot N_{a_{\max}}$$
wo η_a der Gütegrad des Arbeitskreises heißt. Mit
$$\eta_a = 0{,}4$$
wird der Verstärkungsgrad auf
$$\eta_v = 0{,}4 \cdot 35{,}7 = 14{,}28$$
herabgedrückt.

151. Der Elektronenröhrenverstärker für Hochfrequenz. Bei sehr raschen Wechselvorgängen wird das elektrische Wechselfeld Träger dielektrischer Verschiebungsströme, welche zu ihrer Aufrechterhaltung gleich große Leitungsströme erfordern. Diese Ströme überlagern sich den Strömen, welche die durch Elektronen weggeführte Ladung zu kompensieren haben. Die Gesamtströme, welche den Elektroden zufließen, sind daher jetzt nicht allein Funktionen der Spannungen zwischen den Elektroden, sondern außerdem noch von der zeitlichen Änderung der Spannungen abhängig.

Bei Beschränkung auf nicht extrem hohe Frequenzen gleicht das elektrische Feld der Röhre merklich dem statischen Felde. Die Raumladung werde vernachlässigt; das Feld ist dann durch die erzeugenden Spannungen und die Größe und relative Lage der Elektroden eindeutig bestimmt.

Von den drei möglichen Spannungen sind nur zwei unabhängig voneinander wählbar; wir benutzen, wie oben, Gitter- und Anodenspannung. Die relative Lage der drei Elektroden läßt sich durch Angabe der „Teilkapazitäten" ausdrücken:

$$\left.\begin{aligned} C_g &= \text{Teilkapazität zwischen Gitter und Kathode,} \\ C_a &= \text{Teilkapazität zwischen Anode uud Kathode,} \\ C_{ga} &= \text{Teilkapazität zwischen Gitter und Anode.} \end{aligned}\right\} \qquad (53)$$

Die Maxwellschen Kapazitätsgleichungen bestimmen die auf den Elektroden befindlichen Ladungen. Insbesondere erhält man für deren Wechselanteile mit den Bezeichnungen der Abb. 176 die Gitterladung

$$q_g = C_g \cdot \mathfrak{e}_g + C_{ga}(\mathfrak{e}_a + \mathfrak{e}_g) = C^g \cdot \mathfrak{e}_g + C_{ga} \cdot \mathfrak{e}_a \tag{54}$$

mit

$$C^g = C_g + C_{ga} \tag{54a}$$

und die Anodenladung

$$q_a = -C_a \cdot \mathfrak{e}_a - C_{ga}(\mathfrak{e}_a + \mathfrak{e}_g) = -C^a\,\mathfrak{e}_a - C_{ga} \cdot \mathfrak{e}_g \tag{55}$$

mit

$$C^a = C_a + C_{ga}\,. \tag{55a}$$

Bei Änderung der Spannungen $\mathfrak{e}_g$ und $\mathfrak{e}_a$ schwanken gemäß (54) und (55) auch die Ladungen. Die Verschiebungsströme ergeben sich gleich den Ladeströmen von Gitter und Anode, welche sich durch Differentiation zu Gitterladestrom

$$\mathfrak{i}_{gl} = C^g \frac{d\mathfrak{e}_g}{dt} + C_{ga} \cdot \frac{d\mathfrak{e}_a}{dt} \tag{54b}$$

und Anodenladestrom

$$\mathfrak{i}_{ael} = -C^a \frac{d\mathfrak{e}_a}{dt} - C_{ga} \frac{d\mathfrak{e}_g}{dt} \tag{55b}$$

berechnen.

Die Gesamtströme des Hochfrequenzverstärkers resultieren aus der Superposition der Elektronenströme und der Ladeströme. Wir legen den Elektronenströmen die Gl. (33a) zugrunde und erhalten in

$$\mathfrak{i}_g = C^g \cdot \frac{d\mathfrak{e}_g}{dt} + C_{ga} \frac{d\mathfrak{e}_a}{dt}\,, \tag{56}$$

$$\mathfrak{i}_a = S \cdot \mathfrak{e}_g - G_i\,\mathfrak{e}_a - C^a \frac{d\mathfrak{e}_a}{dt} - C_{ga} \cdot \frac{d\mathfrak{e}_g}{dt}\,. \tag{57}$$

die Grundgleichungen des Hochfrequenzverstärkers.

Unter den gleichen Voraussetzungen über die Art der Belastung im Anodenkreise, wie wir sie im vorigen Abschnitt machten, und unter der Voraussetzung einer einfach-harmonisch pulsierenden Gitterspannung werden im stationären Zustande sämtliche Ströme und Spannungen ebenfalls einfach harmonische Funktionen der Zeit. Führt man also nach (40) symbolische Rechnung ein, so lauten die Integrale von (56) und (57)

$$\bar{\mathfrak{i}}_g = C^g \cdot j\,\omega \cdot \bar{\mathfrak{e}}_g + C_{ga}\,j\,\omega\,\bar{\mathfrak{e}}_a\,, \tag{56a}$$

$$\bar{\mathfrak{i}}_a = S \cdot \bar{\mathfrak{e}}_g - G_i\,\bar{\mathfrak{e}}_a - C^a\,j\,\omega\,\bar{\mathfrak{e}}_a - C_{ga}\,j\,\omega\,\bar{\mathfrak{e}}_g\,. \tag{57a}$$

Löst man das System nach $\bar{\mathfrak{e}}_g$ und $\bar{\mathfrak{i}}_g$ auf, so erhält man

$$\bar{\mathfrak{e}}_g = \frac{G^i + C^a\,j\,\omega}{S - C_{ag}\,j\,\omega}\,\bar{\mathfrak{e}}_a + \frac{1}{S - C_{ag}\,j\,\omega} \cdot \bar{\mathfrak{i}}_a\,, \tag{58}$$

$$\bar{\mathfrak{i}}_g = \left(j\,\omega\,C_{ag} + j\,\omega\,C^g \frac{G^i + C^a\,j\,\omega}{S - C_{ag}\,j\,\omega}\right)\bar{\mathfrak{e}}_a + \frac{C^g\,j\,\omega}{S - C_{ag}\,j\,\omega}\,\bar{\mathfrak{i}}_a\,. \tag{59}$$

Diese beiden linearen Gleichungen lassen sich einfach deuten, indem sie auf Offenlauf ($\mathfrak{i}_a = 0$) und Kurzschluß ($\mathfrak{e}_a = 0$) angewendet werden.

Für Offenlauf ergibt sich aus (58) und (59)

$$\bar{\mathfrak{e}}_g = \frac{G^i + C^a j\omega}{S - C_{a_g} j\omega}\,\bar{\mathfrak{e}}_{a_0}, \tag{58a}$$

$$\bar{\mathfrak{i}}_{g_0} = \left(j\omega C_{a_g} + j\omega C^g \frac{G^i + C^a j\omega}{S - C_{a_g} j\omega}\right)\bar{\mathfrak{e}}_{a_0}. \tag{59a}$$

Hiernach bildet sich also eine Offenlaufspannung $\bar{\mathfrak{e}}_{a_0}$ aus, deren Größe und Phase im Verhältnis zur Gitterspannung $\bar{\mathfrak{e}}_g$ durch das „Übersetzungsverhältnis"

$$\mathfrak{u}_0 = \frac{G^i + C^a j\omega}{S - C_{a_g} j\omega} \tag{60}$$

gegeben ist. Gleichzeitig nimmt das Gitter einen Leerlaufstrom $\mathfrak{i}_{g_0}$ auf, welcher sich durch Division von (59 a) durch (58 a) als Produkt aus Gitterspannung und „Leerlaufsleitwert" $\mathfrak{y}_0$ ergibt. Der Leerlaufsleitwert beträgt hierbei

$$\mathfrak{y}_0 = \left(j\omega C_{a_g} + j\omega C^g \frac{G^i + C^a j\omega}{S - C_{a_g} j\omega}\right)\frac{1}{\mathfrak{u}_0}. \tag{61}$$

Bei Kurzschluß gehen (58) und (59) in

$$\mathfrak{e}_g = \frac{1}{S - C_{a_g} j\omega}\cdot \mathfrak{i}_{a_\mathfrak{k}}, \tag{58b}$$

$$\mathfrak{i}_{g_\mathfrak{k}} = \frac{C^g j\omega}{S - C_{a_g} j\omega}\,\mathfrak{i}_{a_\mathfrak{k}} \tag{59b}$$

über. Hier ist dem Gitter ein Kurzschlußstrom zuzuführen, der sich durch Division von (59 b) durch (58 b) zu

$$\mathfrak{i}_{g_k} = C^g j\omega\cdot\mathfrak{e}_g = \frac{\mathfrak{e}_g}{\mathfrak{z}_\mathfrak{k}}, \quad \mathfrak{z}_\mathfrak{k} = \frac{1}{C^g\cdot j\cdot\omega} \tag{62}$$

ergibt, wo $\mathfrak{z}_\mathfrak{k}$ der „Kurzschlußwiderstand" des Gitterkreises ist. Auf der Anodenseite tritt nach (59 b) der Anodenkurzschlußstrom $\mathfrak{i}_{a_\mathfrak{k}}$ auf, der sich aus i_{g_k} nach Größe und Phase mittels des „Übersetzungsverhältnisses" $\mathfrak{u}_\mathfrak{k}$ zu

$$\mathfrak{i}_{a_k} = \frac{\mathfrak{i}_{g_k}}{\mathfrak{u}_\mathfrak{k}} = i_{g_k}\frac{S - C_{a_g} j\omega}{C^g j\omega}, \quad \mathfrak{u}_\mathfrak{k} = \frac{C^g j\omega}{S - C_{a_g} j\omega} \tag{63}$$

bestimmen läßt.

Mit den Definitionen (60), (61), (62), (63) gehen (58) und (59) in

$$\bar{\mathfrak{e}}_g = \mathfrak{u}_0\cdot\bar{\mathfrak{e}}_a + \mathfrak{u}_\mathfrak{k}\mathfrak{z}_\mathfrak{k}\cdot\bar{\mathfrak{i}}_a, \tag{58c}$$

$$\bar{\mathfrak{i}}_g = \mathfrak{u}_0\cdot\mathfrak{y}_0\cdot\bar{\mathfrak{e}}_a + \mathfrak{u}_\mathfrak{k}\cdot\bar{\mathfrak{i}}_a \tag{59c}$$

über.

Für das Verhalten der Röhre unter allen möglichen Betriebsbedingungen sind die Größen (60), (61), (62), (63) bestimmend. Bei vorgegebener Frequenz sind sie lediglich von den Eigenschaften der Röhre, nicht dagegen von den Verhältnissen in steuerndem und gesteuertem Kreise abhängig; ehe wir auf diese eingehen, müssen daher die Konstanten diskutiert werden.

Einen einfachen Überblick erhält man durch Bestimmung von Absolutbetrag und Phasenverschiebungswinkel. So ergibt sich für das „Übersetzungsverhältnis der Spannungen bei Leerlauf" (60) $\mathfrak{u}_0 = u_0 \cdot e^{j\gamma_0}$

$$u_0 = \sqrt{\frac{D^2 + v_a^2}{1 + v^2}}\,, \tag{60 a}$$

$$\operatorname{tg}\gamma_0 = \frac{Dv + v_a}{D - v\,v_a}\,, \tag{60 b}$$

wo zur Abkürzung

$$v = \frac{\omega\, C_{a_g}}{S}\,, \tag{64}$$

$$v_a = \frac{\omega\, C^a}{S} \tag{64 a}$$

gesetzt ist. Für das „Übersetzungsverhältnis bei Kurzschluß" (63) ergibt die entsprechende Rechnung

$$\mathfrak{u}_k = u_k \cdot e^{j\gamma_k}\,,$$

$$u_k = v_g \frac{1}{\sqrt{1 + v^2}}\,, \tag{63 a}$$

$$\operatorname{tg}\gamma_k = -\frac{1}{v} \tag{63 b}$$

mit

$$v_g = \frac{\omega\, C^g}{S}\,, \tag{64 b}$$

der Kurzschlußwiderstand $\mathfrak{z}_k = z_k \cdot e^{j\varphi_k}$ berechnet sich zu

$$z_k = \frac{1}{\omega\, C_g}\,, \tag{62 a}$$

$$\operatorname{tg}\varphi_k = -\infty\,. \tag{62 b}$$

Für den Leerlaufsleitwert $\mathfrak{y}_0 = y_0 \cdot e^{j\varphi_0}$ ist der komplexe Wert (61) unmittelbar zu benutzen. Durch einfache algebraische Rechnung findet man die Determinante des Systemes (58), (59)

$$\Delta \equiv \mathfrak{u}_0\, \mathfrak{u}_k (1 - \mathfrak{y}_0\, \mathfrak{z}_k) = \frac{-j\,\omega\, C_{a_g}}{S - j\,\omega\, C_{a_g}}\,. \tag{65}$$

Zerlegt man auch sie in Absolutwert und Phasenwinkel $\Delta = |\Delta| \cdot e^{j\delta}$, so ergibt sich mit Einführung von (64)

$$\left.\begin{aligned} |\Delta| &= \frac{1}{\sqrt{1+\frac{1}{v^2}}} = \frac{v}{\sqrt{1+v^2}}, \\ \operatorname{tg}\delta &= \frac{1}{v}. \end{aligned}\right\} \tag{65 a}$$

Durch Auflösung von (58c) und (59c) nach $\mathfrak{e}_a$ und $\mathfrak{i}_a$ findet man unter Einführung von (65)

$$\mathfrak{e}_a = \frac{\mathfrak{u}_\mathfrak{k} \cdot \mathfrak{e}_g - \mathfrak{u}_\mathfrak{k}\,\mathfrak{z}_\mathfrak{k}\,\mathfrak{i}_g}{\Delta}, \tag{66}$$

$$\mathfrak{i}_a = \frac{\mathfrak{u}_0\,\mathfrak{i}_g - \mathfrak{u}_0\,\mathfrak{y}_0\,\mathfrak{e}_g}{\Delta}. \tag{67}$$

Durch Multiplikation von (66) mit $\dfrac{\Delta}{\mathfrak{u}_\mathfrak{k}\,\mathfrak{z}_\mathfrak{k}}$ und (67) mit $\dfrac{\Delta}{\mathfrak{u}_0}$ erhält man hieraus

$$\bar{\mathfrak{e}}_a' \equiv \frac{\bar{\mathfrak{e}}_a \cdot \Delta}{\mathfrak{u}_\mathfrak{k}\,\mathfrak{z}_\mathfrak{k}} = \frac{\bar{\mathfrak{e}}_g}{\mathfrak{z}_\mathfrak{k}} - \bar{\mathfrak{i}}_g, \tag{66 a}$$

$$\bar{\mathfrak{i}}_a' \equiv \frac{\bar{\mathfrak{i}}_a \cdot \Delta}{\mathfrak{u}_0} = \bar{\mathfrak{i}}_g - \mathfrak{y}_0 \cdot \bar{\mathfrak{e}}_g, \tag{67 a}$$

wo zwei neue Vektoren $\mathfrak{e}_a'$ und $\bar{\mathfrak{i}}_a'$ eingeführt sind, welche sich von $\mathfrak{e}_a$ und $\bar{\mathfrak{i}}_a$ nur durch Konstante unterscheiden. Berücksichtigt man (62), (61), (59a), so wird

$$\bar{\mathfrak{e}}_a' = \bar{\mathfrak{i}}_{g_k} - \bar{\mathfrak{i}}_g, \tag{66 b}$$

$$\bar{\mathfrak{i}}_a' = \bar{\mathfrak{i}}_g - \bar{\mathfrak{i}}_{g_0} \tag{67 b}$$

und durch Division von (67 b) und (66 b)

$$\frac{\bar{\mathfrak{i}}_a'}{\bar{\mathfrak{e}}_a'} = \frac{\dfrac{\bar{\mathfrak{i}}_a \cdot \Delta}{\mathfrak{u}_0}}{\dfrac{\bar{\mathfrak{e}}_a \cdot \Delta}{\mathfrak{u}_\mathfrak{k} \cdot \mathfrak{z}_\mathfrak{k}}} = \frac{\bar{\mathfrak{i}}_g - \bar{\mathfrak{i}}_{g_0}}{\bar{\mathfrak{i}}_{g_k} - \bar{\mathfrak{i}}_g}. \tag{68}$$

Diese Gleichung zwischen komplexen Größen ist dann und nur dann erfüllt, wenn beide Seiten gleichen Betrag und gleiche Phase haben. Führt man also für die komplexen Konstanten in Gleichung (68) die Beziehungen (60a), (60b), (63a), (63b), (62a), (62b) ein und berücksichtigt, daß zwischen $\mathfrak{i}_a$ und $\mathfrak{e}_a$ die Phasenverschiebung φ_a vorausgesetzt ist, so ergibt die Aufspaltung von (68)

$$\frac{|\mathfrak{i}_a|}{|\mathfrak{e}_a|} \cdot \frac{u_k\,z_k}{u_0} = \frac{|\mathfrak{i}_g - \mathfrak{i}_{g_0}|}{|\mathfrak{i}_{g_k} - \mathfrak{i}_g|}, \tag{68 a}$$

$$e^{j\varphi_a} \cdot e^{j(\gamma_k + \varphi_k - \gamma_0)} = e^{j\chi}, \tag{68 b}$$

worin χ die Phasenverschiebung zwischen den Vektoren $\mathfrak{i}'_a = \mathfrak{i}_g - \mathfrak{i}_{g_0}$ und $\mathfrak{e}'_a = \mathfrak{i}_{g_k} - \mathfrak{i}_g$ bedeutet. Aus der Gleichheit der Phasenwinkel in (68 b) folgt die Beziehung

$$\varphi_a + \gamma_k + \varphi_k - \gamma_0 = \chi\,, \tag{68 e}$$

welche für $\varphi_a =$ konst. auch $\chi =$ konst. ergibt: Der geometrische Ort des Gitterstromvektors $\mathfrak{i}_g$ ist ein Kreis, welcher über der Sehne $(\mathfrak{i}_{g_0} - \mathfrak{i}_{g_k})$ den Winkel $180° - \chi$ als Peripheriewinkel faßt, Abb. 180. Aus unserer Ableitung folgt der wichtige Satz, daß die Gültigkeit des Kreisdiagrammes unabhängig von dem Werte der Determinante Δ ist, welche ja in der Vektorgleichung (68) durch Division herausgefallen ist; selbstverständlich ist diese Division nur im Falle $\Delta = 0$ zulässig.

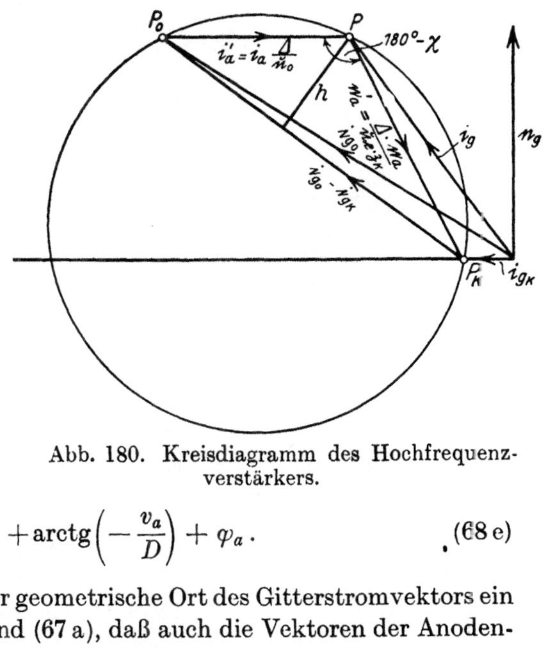

Abb. 180. Kreisdiagramm des Hochfrequenzverstärkers.

Die Winkelgleichung (68 c) vereinfacht sich durch Einführung von (60), (62) und (63), indem

$$\operatorname{tg}(\gamma_k + \varphi_k - \gamma_0) = -\frac{v_a}{D} \tag{68 d}$$

folgt, zu

$$\chi = +\operatorname{arctg}\left(-\frac{v_a}{D}\right) + \varphi_a\,. \tag{68 e}$$

Nachdem gezeigt ist, daß der geometrische Ort des Gitterstromvektors ein Kreis ist, folgt aus (66 a) und (67 a), daß auch die Vektoren der Anodenspannung $\mathfrak{e}_a$ und des Anodenstromes $\mathfrak{i}_a$ Kreise erfüllen. Durch Koordinatentransformation gehen nämlich aus dem Gitterstrom-Arbeitskreise zunächst die Vektoren $\mathfrak{e}'_a$ und $\mathfrak{i}'_a$ hervor, und aus diesen lassen sich durch Drehstreckung gemäß den Gleichungen

$$\mathfrak{e}_a = \frac{\mathfrak{u}_\mathfrak{k}\cdot\mathfrak{z}_\mathfrak{k}}{\Delta}\,\mathfrak{e}'_a = \frac{j}{\omega\, C_{a_g}}\cdot \mathfrak{e}'_a \tag{66 c}$$

und

$$\mathfrak{i}_a = \frac{\mathfrak{u}_0}{\Delta}\,\mathfrak{i}'_a = \frac{j}{\omega\, C_{a_g}}\,(G_i + C^a\, j\,\omega)\cdot \mathfrak{i}'_a \tag{66 d}$$

die Größen $\mathfrak{e}_a$ und $\mathfrak{i}_a$ gewinnen.

Für $\varphi_a = 0$ ergibt sich der in Abb. 181 gezeichnete „Blindkreis", welcher durch das Verschwinden der Anodenleistung gekennzeichnet ist; der innerhalb des Blindkreises gelegene Bereich wird durch den

„Wirkkreis" entsprechend rein Ohmscher Belastung in kapazitive und induktive Arbeitsgebiete zerlegt.

Die Ausgangsleistung folgt aus Gl. (57a) durch Multiplikation des Anodenstromes mit der Wirkkomponente der Anodenspannung (Abb. 180)

$$\left.\begin{aligned} N_a \equiv \tfrac{1}{2}\,|\,\bar{e}_a\,|\cdot|\,\bar{i}_a\,|\cdot\cos\varphi_a = \tfrac{1}{2}\,[S\,|\,\bar{e}_g\,|\cdot|\,\bar{e}_a\,|\cdot\cos(\bar{e}_g,\bar{e}_a) - G_i\,|\,\bar{e}_a\,|^2 \\ - C_{g_a}\cdot\omega\,|\,\bar{e}_g\,|\cdot|\,\bar{e}_a\,|\cdot\sin(\bar{e}_g,\bar{e}_a)]\,. \end{aligned}\right\} \quad (69)$$

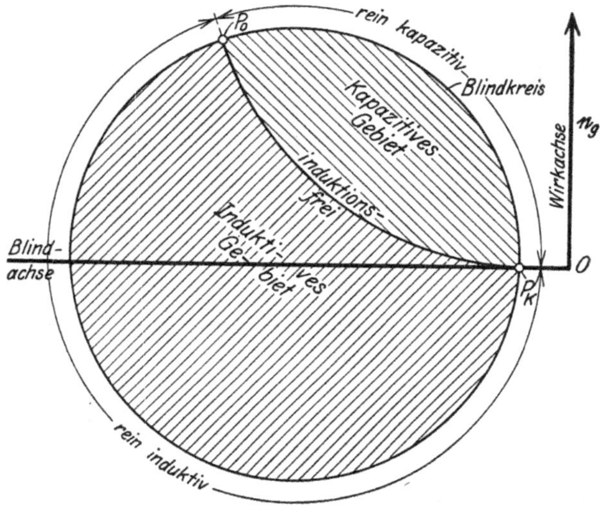

Abb. 181. Arbeitsgebiete des Hochfrequenzverstärkers.

Für die Gitterleistung ergibt sich entsprechend (Abb. 181)

$$\left.\begin{aligned} N_g \equiv \tfrac{1}{2}\,|\,\bar{e}_g\,|\cdot|\,\bar{i}_g\,|\cdot\cos\varphi_g &= \tfrac{1}{2}\,C_{g_a}\cdot\omega\cdot|\,\bar{e}_a\,|\cdot|\,\bar{e}_g\,|\cdot\sin(\bar{e}_a,\bar{e}_g) \\ &= -C_{g_a}\cdot\omega\,|\,\bar{e}_a\,|\cdot|\,\bar{e}_g\,|\cdot\sin(\bar{e}_g,\bar{e}_a)\,. \end{aligned}\right\} \quad (70)$$

Durch Kombination von (69) mit (70) folgt die Leistungsgleichung

$$N_a = \tfrac{1}{2}\,[S\,|\,\bar{e}_g\,|\cdot|\,\bar{e}_a\,|\cos(\bar{e}_g,\bar{e}_a) - G_i\,|\,e_a\,|^2] + N_g\,. \quad (71)$$

Da

$$N_{v_a} = \tfrac{1}{2}\,G_i\,|\,\bar{e}_a\,|^2 \quad (72)$$

den Ausgangsverlust darstellt, ist in

$$N_{st} = \tfrac{1}{2}\,S\,|\,\bar{e}_g\,|\,|\,\bar{e}_a\,|\cdot\cos(\bar{e}_g,\bar{e}_a) \quad (73)$$

die Steuerleistung gewonnen, welche vermöge der fallenden Betriebscharakteristik von der Röhre in den Arbeitskreis geliefert wird. Eingangs- und Ausgangsleistung werden gleich und der Verstärkungsgrad gleich 1, wenn Ausgangsverlust und Steuerleistung einander gerade aufheben:

$$G_i\,|\,\bar{e}_a\,|^2 - S\,|\,\bar{e}_g\,|\,|\,\bar{e}_a\,|\cos(\bar{e}_g,\bar{e}_a) = 0\,. \quad (71\text{a})$$

Mit Rücksicht auf (66a) läßt sich diese Bedingung in der Form

$$\frac{G_i\,|\bar{e}_a|}{\cos(\bar{e}_g, \bar{e}_a)} = S\cdot|\bar{e}_g|\,; \qquad \frac{G_i\,|\bar{e}_a'|}{\sin(\bar{e}_g, \bar{e}_a')}\,\frac{1}{\omega\, C_{a_g}} = S\cdot|\bar{e}_g| \tag{71 b}$$

oder

$$\frac{|\bar{e}_a'|}{\sin(\bar{e}_g, \bar{e}_a')} = \omega\, C_{a_g}\cdot\frac{S}{G_i}\,|\bar{e}_g| = \frac{\omega\, C_{a_g}}{D}\,|\bar{e}_g| \tag{71 c}$$

schreiben.

Diese Gleichung wird durch Abb. 182 veranschaulicht. Das Diagramm lehrt, daß e_a' durch die Bedingung $\eta_v = 1$ noch nicht eindeutig bestimmt ist; vielmehr liegen die Endpunkte sämtlicher Vektoren e_a', welche dieser Bedingung genügen, auf einem Halbkreise über dem Durchmesser $|e_g|\cdot\frac{\omega\, C_{a_g}}{D}$. Wir nennen diesen Kreis den „Grenzkreis“.

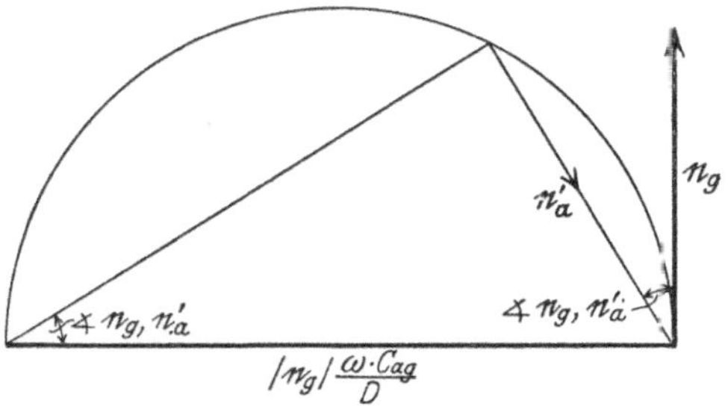

Abb. 182. Konstruktion des Grenzkreises.

Um die somit noch vieldeutige Bestimmung des e_a' für $\eta_v = 1$ eindeutig zu machen, legen wir den Durchmesser $|e_g|\,\frac{\omega\, C_{a_g}}{D}$ in Richtung der

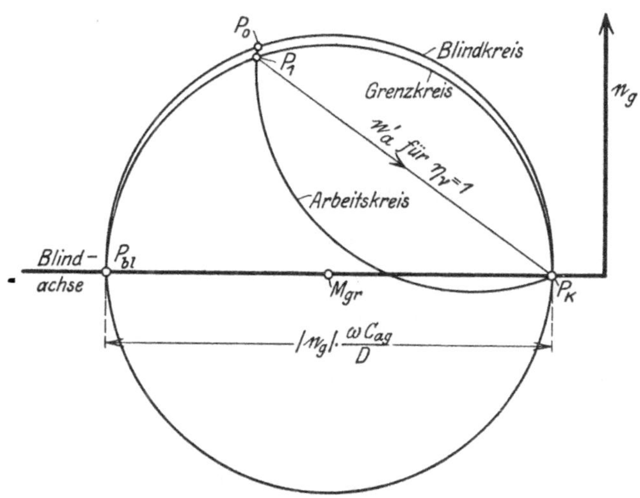

Abb. 183. Vereinigung von Grenzkreis, Blindkreis und Arbeitskreis.

„Blindachse“ und lassen seinen einen Endpunkt mit dem Kurzschlußpunkt P_k eines Arbeitskreises zusammenfallen. Zeichnen wir in Abb. 183 Grenzkreis und Arbeitskreis, so ist nach (66b) e_a' gegeben als Vektor von Kurzschlußpunkt zu Arbeitspunkt. Soll e_a' gleichzeitig die Bedingung $\eta_v = 1$ erfüllen, so hat man den Arbeitspunkt auf dem Grenzkreise zu wählen. Somit folgt:

Für einen beliebigen Arbeitskreis liefert der Schnittpunkt P_1 mit dem Grenzkreise denjenigen Arbeitspunkt, für welchen der Verstärkungsgrad gleich 1 wird.

Dieser Satz liefert eine einfache Konstruktion des Grenzkreises, wenn wir ihn auf den Schnitt von Grenzkreis und Blindkreis anwenden. Da dieser Kreis durch $N_a = 0$ definiert ist, kann η_v offenbar nur 1 werden, wenn gleichzeitig die Gitterleistung verschwindet. Dies findet statt im Schnittpunkt von Blindkreis mit Blindachse. Somit folgt:

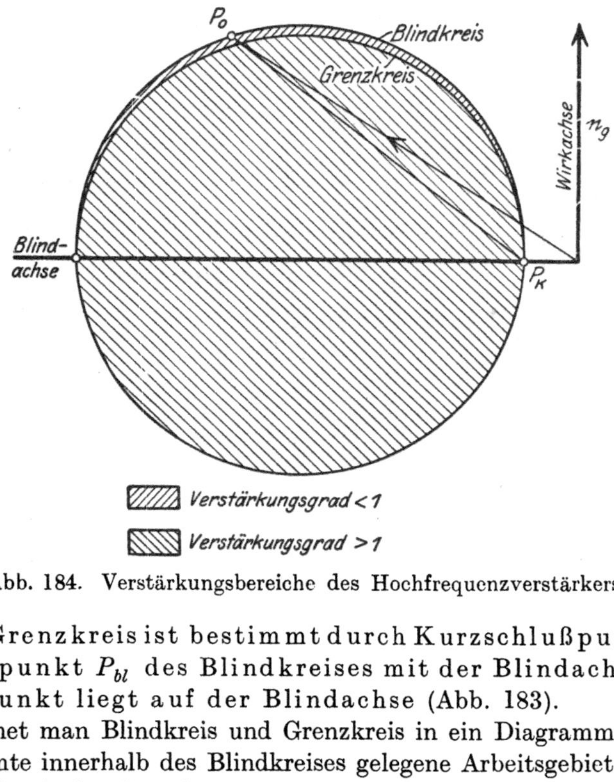

Abb. 184. Verstärkungsbereiche des Hochfrequenzverstärkers.

Der Grenzkreis ist bestimmt durch Kurzschlußpunkt und Schnittpunkt P_{bl} des Blindkreises mit der Blindachse; sein Mittelpunkt liegt auf der Blindachse (Abb. 183).

Zeichnet man Blindkreis und Grenzkreis in ein Diagramm, so wird das gesamte innerhalb des Blindkreises gelegene Arbeitsgebiet des Verstärkers durch den Grenzkreis in zwei Bereiche aufgespalten (Abb. 184), von denen der eine dadurch ausgezeichnet ist, daß in ihm kein Arbeitskreis liegt, welcher den Grenzkreis schneidet. In diesem Bereich kann daher die Anodenleistung nicht einmal die Größe der Gitterleistung erreichen, statt Verstärkung findet Schwächung statt!

Um für einen beliebigen Arbeitspunkt den Verstärkungsgrad zu erhalten, suchen wir eine Darstellung der Leistungen im Diagramm. Wir wollen in Abb. 184 die Achse des Gitterspannungsvektors $\mathfrak{e}_g$ die

„Wirkachse" heißen, die dazu senkrechte Gerade die „Blindachse". Unter Anwendung der Gitterleistungsgleichung

$$N_g = |\mathfrak{e}_g| \cdot |\mathfrak{i}_g| \cdot \cos(\mathfrak{e}_g, \mathfrak{i}_g) \tag{74}$$

und bei Beachtung unserer Voraussetzung $|\mathfrak{e}_g| =$ konst. finden wir dann leicht die Größe

$$\mathfrak{i}_{g_W} = \mathfrak{i}_g \cdot \cos(\mathfrak{e}_g, \mathfrak{i}_g), \tag{75}$$

den Gitter-Wirkstrom, als Maß der Eingangsleistung. Der Wirkstrom ist gegeben als Abstand des Arbeitspunktes von der Blindachse.

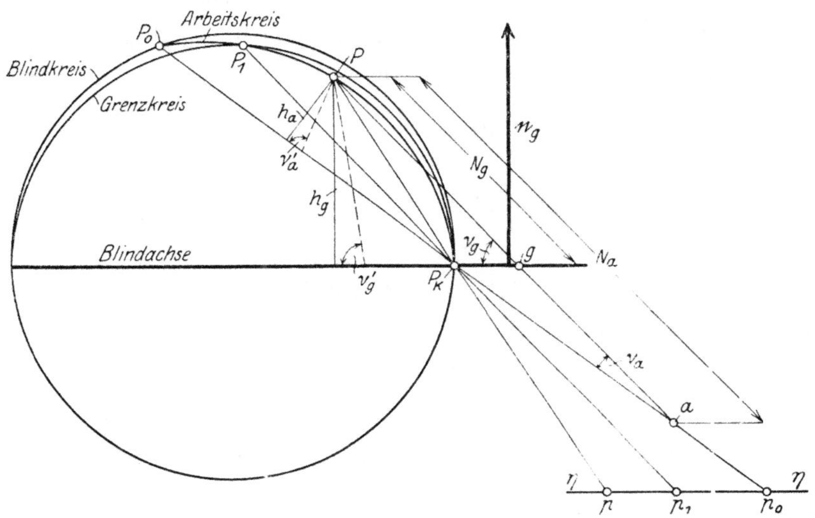

Abb. 185. Darstellung der Leistungen im Kreisdiagramm.

Eine ähnlich einfache Darstellung der Ausgangsleistung folgt aus den Ergebnissen der vorigen Nummer in der Länge des Lotes, welches vom Arbeitspunkt P auf die Kreissehne $P_0 P_k$ gefällt wird.

Die Bestimmung der Leistungen kann nach Abb. 185 in gleicher Weise mittels Gerader geschehen, welche die beliebigen Winkel ν'_g und ν'_a mit dem Wirkstrom einerseits, der Dreieckshöhe andererseits bilden, sofern nur für alle Betriebspunkte dasselbe Winkelpaar ν'_g, ν'_a benutzt wird.

Durch eine zweckmäßige Wahl der Winkel können wir erreichen, daß die Leistungen im gleichen Maßstabe erscheinen. Wir ziehen durch P die Parallele zu $P_1 P_k$, welche die Blindachse nach Abb. 185 in g, die Verlängerung von $P_0 P_k$ in a schneidet. Die Strecken $\overline{Pg}$ und $\overline{Pa}$ sind nach obigem den Leistungen proportional. Daß sie aber auch beide Leistungen im gleichen Maßstab darstellen, ergibt sich leicht durch Betrachtung des Sonderfalles $P = P_1$. Denn dann rücken g und a in P_k hinein, und Pg wird mit Pa identisch gleich $P_1 P_k$. Da aber P_1

durch die Gleichheit der Eingangs- und Ausgangsleistung definiert ist, müssen in der Tat auch die Leistungsmaßstäbe einander gleichen.

Um die Gesetzmäßigkeiten zu erkennen, welche in den abgeleiteten Diagrammen ausgesprochen sind, behandeln wir einen Hochfrequenzverstärker für die Frequenz $f = 50\,000/\mathrm{sec}$.

Aus dem Kennlinienfelde der Röhre sei bekannt

$$S = 10^{-4}\ \text{Siemens},$$

$$D = 0{,}07\,,$$

also

$$G_i = S \cdot D = 7 \cdot 10^{-6}\ \text{Siemens}.$$

Die Kapazitäten der Elektroden einschließlich der Zuleitungen bis zu den angeschlossenen Apparaten mögen

$$C_{ga} = 10\,\text{cm} = \frac{10}{9 \cdot 10^{11}}\ \text{Farad},$$

$$C^a = 14\,\text{cm} = \frac{14}{9 \cdot 10^{11}}\ \text{Farad},$$

$$C^g = 17\,\text{cm} = \frac{17}{9 \cdot 10^{11}}\ \text{Farad}$$

betragen. Hiermit werden

$$v = \frac{\omega \cdot C_{ga}}{S} = 3{,}45 \cdot 10^{-2},$$

$$v_a = \frac{\omega \cdot C^a}{S} = 4{,}88 \cdot 10^{-2},$$

$$v_g = \frac{\omega \cdot C^g}{S} = 5{,}93 \cdot 10^{-2},$$

Nach Gl. (60a) berechnen wir

$$u_0 = \sqrt{\frac{49 \cdot 10^{-4} + 23{,}8 \cdot 10^{-4}}{1 + 11{,}9 \cdot 10^{-4}}} = 8{,}51 \cdot 10^{-2},$$

nach Gl. (63a)

$$u_k = \frac{5{,}93 \cdot 10^{-2}}{\sqrt{1 + 11{,}9 \cdot 10^{-4}}} = 5{,}93 \cdot 10^{-2},$$

nach Gl. (62a) und (62b)

$$z_k = \frac{1}{2\pi \cdot 50000 \cdot \frac{17}{9 \cdot 10^{11}}} = 1{,}68 \cdot 10^5\,\Omega, \qquad \varphi_k = -90^\circ$$

und nach Gl. (61)

$$\mathfrak{y}_0 = j \cdot 3{,}45 \cdot 10^{-6}\,\frac{10^{-4} - j \cdot 3{,}45 \cdot 10^{-6}}{7 \cdot 10^{-6} + j4{,}88 \cdot 10^{-6}} + j\,5{,}93 \cdot 10^{-6}$$

oder hieraus $y_0 = 4{,}52 \cdot 10^{-5}$ Siemens, $\varphi_0 = 57{,}66^\circ$.

Endlich wird mit Gleichung (68d)

$$\operatorname{tg}(\gamma_k + \varphi_k - \gamma_0) = -\frac{4{,}88 \cdot 10^{-2}}{7 \cdot 10^{-2}} = -0{,}698\,, \quad \gamma_k + \varphi_k - \gamma_0 = -34{,}9^\circ.$$

Setzen wir eine Gitterspannung von 1 Volt voraus, so können wir sogleich den Leerlaufstrom

$$|\mathfrak{i}_{g_0}| = 1 \cdot y_0 = 4{,}52 \cdot 10^{-5}\ \text{Amp.}, \qquad \varphi_0 = 57{,}66^\circ$$

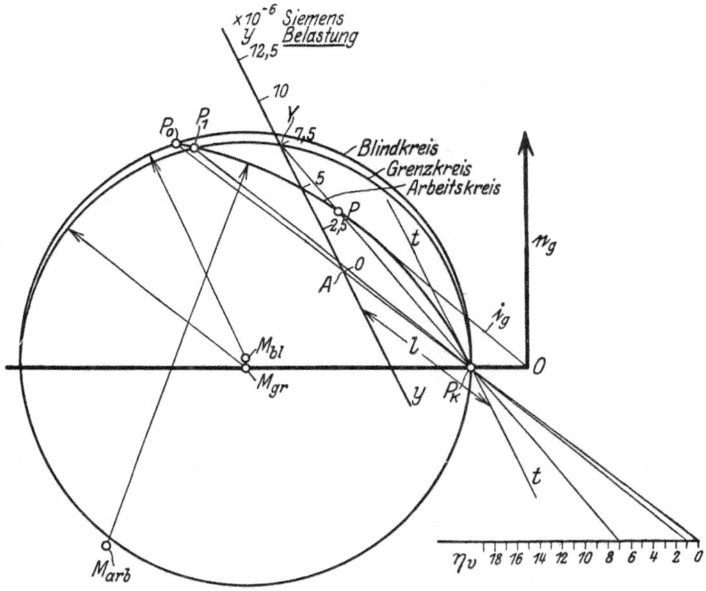

Abb. 186. Diagramm für kapazitive Belastung.

und den Kurzschlußstrom

$$|\mathfrak{i}_{g_k}| = \frac{1}{z_k} = 0{,}595 \cdot 10^{-5}\ \text{Amp.}, \qquad \varphi_k = 90^\circ$$

berechnen und als Leerlaufpunkt P_0 und Kurzschlußpunkt P_k in das Diagramm eintragen, wobei die Vektoren auf die Achse des Vektors $\mathfrak{e}_g$, die „Wirkachse", bezogen sind.

Wir zeichnen mit $\varphi_a = 90^\circ$ den „Blindkreis" und entwerfen für $\cos\varphi_a = \frac{1}{2}$, also $\varphi_a = \pm 60^\circ$, den kapazitiven und induktiven Arbeitskreis (Abb. 186 und 187). Grenzkreis und Arbeitskreise liefern die Schnittpunkte P_1. Auf einer beliebigen Parallelen $\eta \div \eta$ zur Blindachse ist dann nach obigen Entwicklungen der Verstärkungsgrad abzulesen, indem die drei Geraden $P_0 P_k$, $P_1 P_k$, $P P_k$ mit $\eta \div \eta$ zum Schnitt gebracht werden. Auf den Parallelen $y \div y$ zur Tangente in P_k sind die zugehörigen y_a-Werte aufgetragen.

Für den kapazitiven Arbeitskreis ergibt sich ein stetiges Anwachsen des Verstärkungsgrades von Leerlauf bis Kurzschluß; bei maximaler Ausgangsleistung besitzt der Verstärker etwa 7fache Verstärkung bei einer Belastung von 8,5 Siemens.

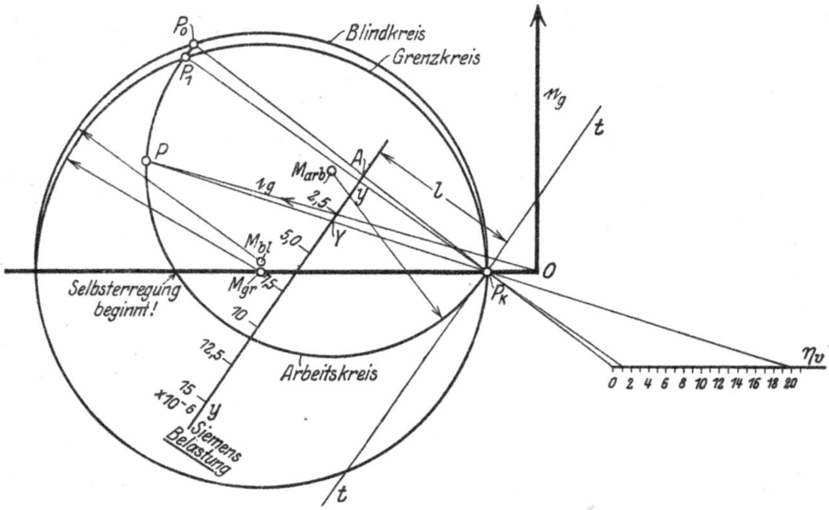

Abb. 187. Diagramm für induktive Belastung.

Im Gegensatz hierzu wächst bei induktiver Belastung der Verstärkungsgrad über alle Grenzen, sobald y_a etwa $6 \cdot 10^{-6}$ Siemens erreicht; bei höheren Werten ergibt sich formal η_v negativ, ein Zeichen,

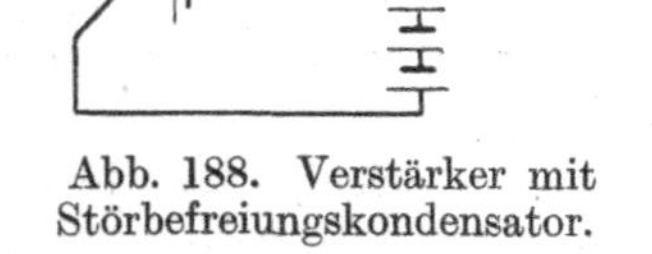

Abb. 188. Verstärker mit Störbefreiungskondensator.

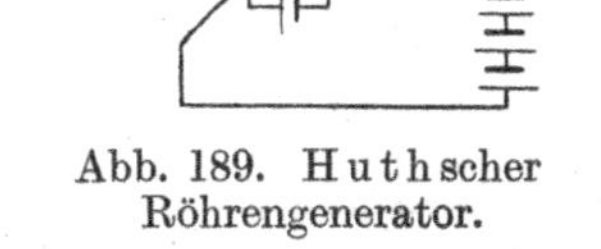

Abb. 189. Huthscher Röhrengenerator.

daß vermöge der Rückkopplung durch die Gitter-Anodenkapazität ein Teil der Ausgangsleistung in den Steuerkreis zurückwandert. Bei induktiver Belastung tritt also im Steuerkreis eine Dämpfungsverminderung ein, welche sich bis zur Selbsterregung des ganzen Systemes steigern kann.

Will man diese für Verstärker höchst lästige Erscheinung mit Sicherheit vermeiden, so muß die Ausgangsbelastung „kapazitiver" gemacht werden: Der Ausgangsinduktivität wird ein Störbefreiungskondensator nach Abb. 188 parallel geschaltet. Umgekehrt kann durch geeignete Wahl der Eingangs- und Ausgangskreisdaten die Selbsterregung absichtlich gefördert werden; von dieser Anfachungsmöglichkeit macht die sog. Huthsche Röhrengeneratorschaltung Gebrauch (Abb. 189).

152. Das Verhalten des Elektronenröhrenverstärkers bei schlechtem Vakuum. Befinden sich Gasmoleküle in der Röhre, so werden diese beim Eintritt des Elektronenstromes nach Maßgabe von Zahl und Geschwindigkeit der stoßenden Elektronen ionisiert. Die positiven Ionen fliegen an das negativ geladene Gitter und setzen dort ihre Ladung ab. In der Gitterzuleitung superponieren sich der Gitter-Ionenstrom, welcher die Ionenladung zu kompensieren hat, mit dem regulären Gitter-Elektronenstrom. Da beide Ströme entgegengesetzte Richtung haben, gibt es einen ausgezeichneten Wert der Gitterspannung, bei welchem der aus Ionenstrom und Elektronenstrom resultierende Gitterstrom verschwindet. Wächst die Gitterspannung über diesen Wert hinaus, so überwiegt der Elektronenstrom und bewirkt einen insgesamt positiven Gitterstrom; umgekehrt übertrifft bei kleinerer Gitterspannung der Ionenstrom den Elektronenstrom, so daß der Gesamtstrom des Gitters negativ wird.

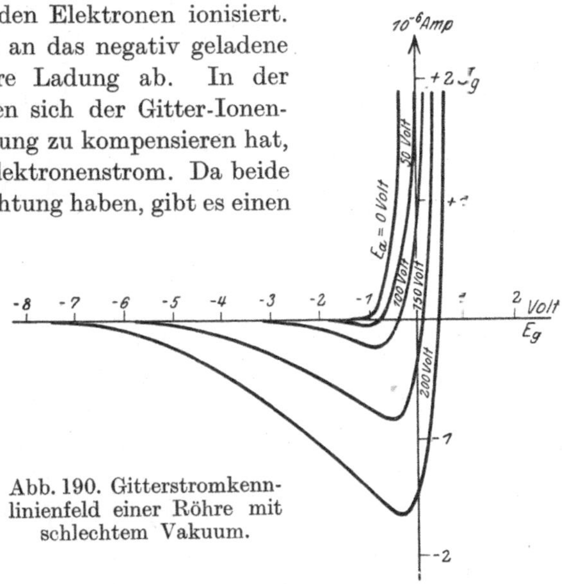

Abb. 190. Gitterstromkennlinienfeld einer Röhre mit schlechtem Vakuum.

Die Größe des Ionenstromes ist nach Nr. 107 dem Anodenstrom proportional

$$i_{\text{jon}} = + V \cdot i_a , \tag{76}$$

wo V der Vakuumfaktor heißt. Für sehr stark negative Gitterspannungen geht daher der Ionenstrom zugleich mit dem Anodenstrom nach Null; es entsteht hiernach durch Zusammenfassung der Elektronenstromcharakteristik mit der Charakteristik des Ionenstromes das Gitterkennlinienfeld der Röhre nach Abb. 190[1]) (vgl. Nr. 107, Abb. 115).

Wir können den gesamten Erscheinungskomplex des Gitterstromes formal erfassen durch Zurückgreifen auf Gleichung (33), aus welcher sich mit (36) durch Entwicklung nach Taylor

$$i_g = g(e_{g_0},\ e_{a_0}) + \frac{\partial g}{\partial e_g} e_g - \frac{\partial g}{\partial e_a} e_a \tag{77}$$

[1]) Nach Barkhausen: Elektronenröhren. 1. Aufl. S. 109.

ergibt. Der Gleichanteil dieses Stromes

$$i_{g_0} = g(e_{g_0}, e_{a_0}) \tag{77a}$$

verursacht beim Durchfließen des im Eingangskreise liegenden Widerstandes R_g den Spannungsabfall $i_{g_0} R_g$, so daß die dem Eingangskreise anzulegende Spannung e_0 die Gitterspannung e_{g_0} übertrifft

$$e_0 = e_{g_0} + i_{g_0} \cdot R_g; \qquad i_{g_0} = -\frac{e_{g_0} - e_0}{R_g}. \tag{78}$$

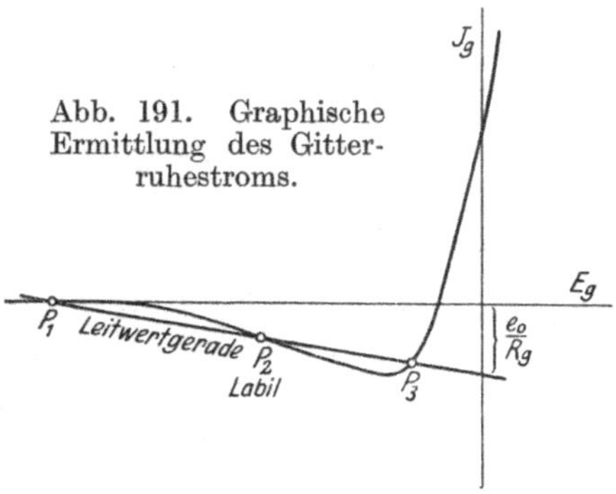

Abb. 191. Graphische Ermittlung des Gitterruhestroms.

Für eine fest angenommene Anodenspannung e_{a_0} ist der Gitterruhestrom durch (77a) und (78) bestimmt. Wir lösen das Gleichungssystem graphisch durch Einzeichnen der Leitwertgeraden (78) in das Schaubild der Gittercharakteristik (Abb. 191), man erhält im allgemeinen drei Schnittpunkte P_1, P_2, P_3, von denen P_2 labil ist, weil die Charakteristik dort steiler geneigt ist als die Leitwertgeraden (vgl. Nr. 131).

Für die Untersuchung der Wechselvorgänge beschränken wir uns auf einfach harmonische Vorgänge; demgemäß haben wir im Eingangskreise einen komplexen Widerstand $\mathfrak{R}_g$ in Rechnung zu stellen, durch welchen die Eingangsspannung $\bar{\mathfrak{e}}_{g_0}$ gemäß der Gleichung

$$\bar{\mathfrak{e}}_{g_0} - \bar{\mathfrak{i}}_g \cdot \mathfrak{R}_g = \bar{\mathfrak{e}}_g \tag{78a}$$

auf den Wert der Gitterspannung vermindert wird.

Wir beschränken uns auf die Betrachtung eines Verstärkers für Mittel- und Niederfrequenz, da die Ausdehnung unserer Überlegungen auf den Hochfrequenzverstärker keine neuen Erkenntnisse vermittelt. Hier erhalten wir durch Einsetzen von (78a) in (77)

$$\bar{\mathfrak{i}}_g = \frac{\partial g}{\partial e_g}[\bar{\mathfrak{e}}_{g_0} - \bar{\mathfrak{i}}_g \cdot \mathfrak{R}_g] - \frac{\partial g}{\partial e_a} \cdot \bar{\mathfrak{e}}_a \tag{79}$$

und

$$\bar{\mathfrak{i}}_a = S[\bar{\mathfrak{e}}_{g_0} - \bar{\mathfrak{i}}_g \cdot \mathfrak{R}_g] - G_i \bar{\mathfrak{e}}_a. \tag{80}$$

Durch die Stoßionisierung wird also zwischen Arbeitskreis und Eingangskreis eine Ionenrückkopplung bewirkt.

Durch Auflösung von (79), (80) nach $\bar{\mathfrak{e}}_{g_0}$ und $\bar{\mathfrak{i}}_g$ finden wir

$$\bar{\mathfrak{e}}_{g_0} = \bar{\mathfrak{e}}_a\left[\frac{G_i}{S}\left(1 + \frac{\partial g}{\partial e_g}\mathfrak{R}_g\right) - \mathfrak{R}_g\frac{\partial g}{\partial e_a}\right] + \bar{\mathfrak{i}}_a \cdot \frac{1 + \frac{\partial g}{\partial e_g} \cdot \mathfrak{R}_g}{S}, \tag{81}$$

$$\bar{\mathfrak{i}}_g = \bar{\mathfrak{e}}_a\left[-\frac{\partial g}{\partial e_a} + \frac{G_i}{S}\frac{\partial g}{\partial e_g}\right] + \bar{\mathfrak{i}}_a \frac{\frac{\partial g}{\partial e_g}}{S}. \tag{82}$$

Wir setzen zur Abkürzung

$$\left.\begin{aligned} &\frac{G_i}{S}\left(1+\frac{\partial g}{\partial e_g}\cdot\mathfrak{R}_g\right)-\mathfrak{R}_g\frac{\partial g}{\partial e_a}=\mathfrak{u}_0\,; &\quad \frac{1+\dfrac{\partial g}{\partial e_g}\cdot\mathfrak{R}_g}{S}&=\mathfrak{u}_{\mathfrak{k}}\,\mathfrak{z}_{\mathfrak{k}}\,,\\ &-\frac{\partial g}{\partial e_a}+\frac{G_i}{S}\frac{\partial g}{\partial e_g}=\mathfrak{u}_0\,\mathfrak{y}_0\,; &\quad \frac{\dfrac{\partial g}{\partial e_g}}{S}&=\mathfrak{u}_{\mathfrak{k}}\,, \end{aligned}\right\} \tag{83}$$

so daß die Gl. (81, 82) auf die Form (58c, 59c) zurückgeführt sind.

Der Einfachheit halber möge R_g als rein Ohmscher Widerstand vorausgesetzt werden, was für mäßige Frequenzen erlaubt ist. Hiermit werden sämtliche Größen (83) reell, so daß wir mit Rücksicht auf (38) schreiben können

$$\left.\begin{aligned} &D\left(1+\frac{\partial g}{\partial e_g}R_g\right)-R_g\frac{\partial g}{\partial e_a}=u_0\,; &\quad \frac{1+\dfrac{\partial g}{\partial e_g}R_g}{S}&=u_k\,z_k\,,\\ &-\frac{\partial g}{\partial e_a}+D\frac{\partial g}{\partial e_g}=u_0\,y_0\,; &\quad \frac{\dfrac{\partial g}{\partial e_g}}{S}&=u_k\,. \end{aligned}\right\} \tag{83a}$$

Wie ein Blick auf Abb. 190 zeigt, ist stets

$$\frac{\partial g}{\partial e_a}<0\,; \qquad \text{also} \qquad -R_g\frac{\partial g}{\partial e_a}>0\,, \tag{84}$$

während $\frac{\partial g}{\partial e_g}$ positiver und negativer Werte fähig ist.

Stabil sind aber nach Abb. 191 nur diejenigen Punkte, für welche

$$R_g<\frac{1}{-\dfrac{\partial g}{\partial e_g}} \tag{85}$$

(vgl. Nr. 131).

Daher ist

$$1+\frac{\partial g}{\partial e_g}R_g>0 \tag{85a}$$

unabhängig davon, ob der Ruhestrom des Gitterkreises auf dem steigenden oder fallenden Teil der Charakteristik liegt. Hieraus schließen wir die Ungleichungen

$$u_0>0\,; \qquad u_k z_k>0\,. \tag{86}$$

Nun ist der Offenlauf dadurch definiert, daß der Anodenwechselstrom verschwindet; gleichzeitig mit ihm muß der Ionenstrom des Gitters zum Versiegen kommen, so daß allein ein Elektronenwechselstrom dem Gitter zufließen kann; aus dieser Überlegung folgt im Zusammenhang mit (84)

$$y_0>0\,; \qquad u_0\,y_0>0\,. \tag{87}$$

Endlich bleibt noch der Term u_k zu diskutieren; er kann je nach der Lage des Gitter-Ruhestromes auf der Charakteristik positive und negative Werte annehmen.

Nach diesen Vorbereitungen können wir die in der vorigen Nummer abgeleiteten Sätze benutzen, um die Arbeitsweise des Verstärkers für eine beliebige Belastung zu verfolgen.

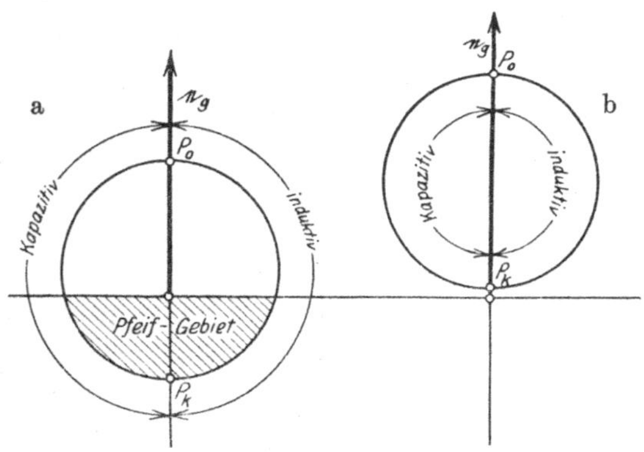

Abb. 192. Arbeitsdiagramme eines Verstärkers mit schlechtem Vakuum.

Wir setzen die Eingangsspannung nach Größe und Frequenz konstant voraus und charakterisieren den Anodenkreis durch die Größe seines komplexen Arbeitsleitwertes $\mathfrak{y}_a$. Ändert sich sodann $\mathfrak{y}_a$ derart, daß die Phasenverschiebung zwischen Anodenstrom und -spannung konstant gehalten wird, so durchläuft der Endpunkt des Gitterstromvektors einen Kreis. Da Leerlaufspunkt P_0 und Kurzschlußpunkt P_k auf der reellen Achse liegen, wird nach Gl. (68c) der charakteristische Winkel $\chi = \varphi_a$; insbesondere werden für rein induktive oder rein kapazitive Belastung Halbkreise über der Sehne $P_0 P_k$ durchlaufen. Besonderes Interesse besitzt der Fall $z_k < 0$ (Abb. 192a). Hier wird im Kurzschlußzustande der Gitter-Wirkstrom negativ, die Röhre liefert in den Eingangskreis Leistung hinein; das System wirkt als Anfachung, der Verstärker „pfeift". Verschiebt man nun den Arbeitspunkt auf dem Kreise durch Einschalten von Kapazitäten oder Induktivitäten, so nimmt der Gitterwirkstrom dauernd ab; für einen bestimmten Wert der Belastung verschwindet die Eingangsleistung, die Anordnung arbeitet als ideale Steuerung.

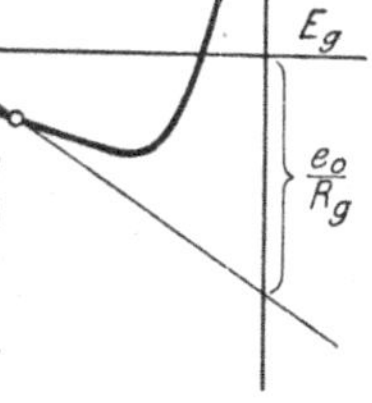

Abb. 193. Zur Herstellung des Falles $z_k < 0$ erforderliche Lage der Widerstandsgeraden.

Der geschilderte Betriebsfall ist nur bei mäßigen Werten des Widerstandes R_g nach Abb. 193 herstellbar. Ist dagegen R_g sehr groß, so sind nur die beiden äußeren Betriebspunkte P_1, P_3 nach Abb. 191 stabil. Im Punkte P_3 ist $\frac{\partial g}{\partial e_g} > 0$, daher $z_k > 0$; der Kreis des Gitterstromvektors nimmt die Gestalt der Abb. 192 b an, die Eingangsleistung ist stets positiv, daher der Verstärkungsgrad sehr klein. Im Punkte P_1 dagegen ist mit dem Gitterstrom zugleich der Anodenstrom Null, daher eine Verstärkung überhaupt nicht zu erreichen.

b) Unharmonische Schwingungen.

153. Modulation. Modulation heißt die Beeinflussung eines schwingenden Systemes durch eine Steuerung derart, daß die Schwingungsamplituden von Schwingungsstrom und Schwingungsspannung entsprechend der Funktion der Steuerung geändert werden.

154. Die Elektronenröhre als Modulator. Als Beispiel eines Modulators diene der Kreis nach Abb. 194: die Batterie E_0 treibt ihren Strom durch die Modulationsröhre, an deren Gitter die Spannung

$$e_g = e_{g_0} + e_1 \sin\omega_1 t + e_2 \sin\omega_2 t \quad (88)$$

tätig sei.

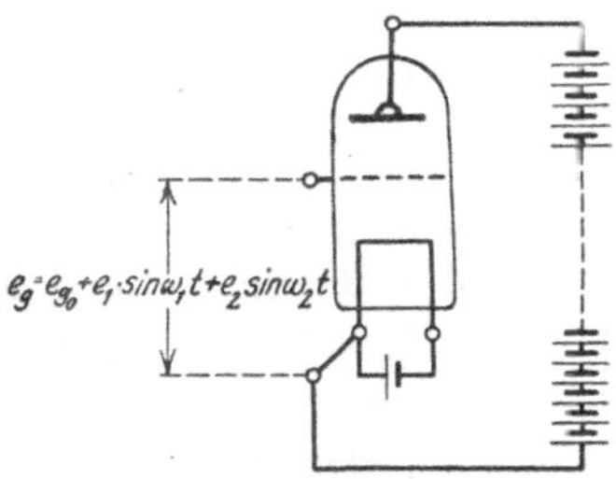

Abb. 194. Modulationsröhre.

Ist zunächst der Widerstand des Anodenkreises Null, so wird der Anodenstrom

$$i_a = f(e_g) = f(e_{g_0} + e_1 \sin\omega_1 t + e_2 \sin\omega_2 t)\,. \tag{89}$$

Wir entwickeln in eine Taylorsche Reihe und erhalten bei Beschränkung auf die ersten Glieder

$$\left.\begin{aligned} i_a = f(e_{g_0}) &+ (e_1 \sin\omega_1 t + e_2 \sin\omega_2 t)\, f'(e_{g_0}) \\ &+ \frac{(e_1 \sin\omega_1 t + e_2 \sin\omega_2 t)^2 f''(e_{g_0})}{2!} \\ &+ \cdots \end{aligned}\right\} \tag{89 a}$$

oder nach einfacher Umformung

$$\left.\begin{aligned} i_a = f(e_{g_0}) &+ f''(e_{g_0})\, \tfrac{1}{4}\, [e_1^2 + e_2^2] \\ &+ f'(e_{g_0})\, [e_1 \sin\omega_1 t + e_2 \sin\omega_2 t] \\ &- f''(e_{g_0})\, \tfrac{1}{4}\, [e_1^2 \cos 2\,\omega_1 t + e_2^2 \cos 2\,\omega_2 t] \\ &+ f''(e_{g_0})\, e_1\, e_2 \cdot \sin\omega_1 t \cdot \sin\omega_2 t\,. \end{aligned}\right\} \tag{89 b}$$

Über den Gleichstrom

$$i_{a_0} = f(e_{g_0}) + f''(e_{g_0})\, \tfrac{1}{4}\, [e_1^2 + e_2^2] \tag{89 c}$$

lagern sich also zwei Ströme, welche den steuernden Spannungen frequenzgleich sind, sowie zwei Ströme der doppelten Frequenz. In dem letzten Anteil dagegen finden wir einen Strom, welcher beide Spannungswirkungen in sich vereinigt: Wir wollen ihn den modulierten

Strom nennen, insofern die Amplitude des Stromes $f''(e_{g_0})\, e_1\, e_2 \sin \omega_1 t$ im Takt der Frequenz ω_2 schwankt (Abb. 195).

Durch Aufspaltung des Produktes trigonometrischer Funktionen erhalten wir für den modulierten Strom die gleichwertige Darstellung

$$f''(e_{g_0})\, e_1\, e_2 \sin \omega_1 t \cdot \sin \omega_2 t \equiv - f''(e_{g_0}) \frac{e_1 e_2}{2} [\cos(\omega_2 + \omega_1) t - \cos(\omega_2 - \omega_1) t]. \quad (89\,\mathrm{d})$$

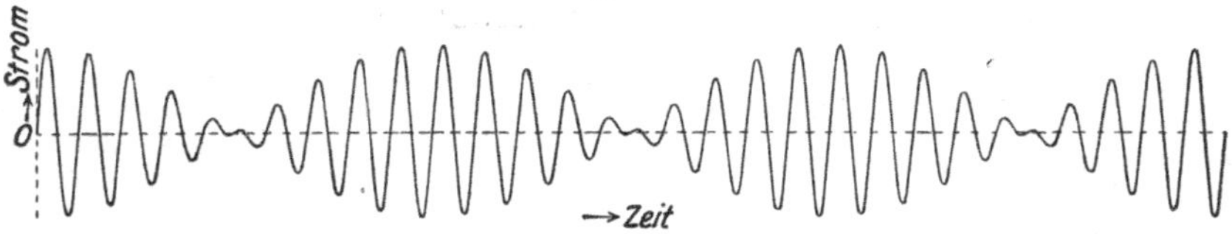

Abb. 195. Modulierter Strom.

Der modulierte Strom ist also gleichwertig der Summe zweier Ströme, welche die Kombinationsfrequenzen $\omega_2 \pm \omega_1$ besitzen. Deuten wir insbesondere ω_2 als „Trägerfrequenz", welche durch ω_1 moduliert wird, so wird der Bereich $\omega_2 - \omega_1 \leqq \omega_2 \leqq \omega_2 + \omega_1$ als Trägerfrequenz mit Seitenbändern bezeichnet, wobei die Bereichbreite durch die doppelte Modulationsfrequenz gegeben ist. Die Stärke der Modulation ist durch die Konstante $f''(e_{g_0})$ gegeben; Röhren mit geradliniger Charakteristik sind daher als Modulatoren unbrauchbar.

Um unsere Überlegungen auf eine Röhre mit endlichem Arbeitswiderstand zu übertragen, ist in der Gleichung der Charakteristik

$$i_a = f(e_g + D e_a)$$

der Ohmsche Spannungsabfall durch

$$e_a = e_0 - i_a R_a \qquad (90)$$

zu berücksichtigen.

Die Gleichung der Charakteristik geht daher in die Form

$$i_a = f(e_g + D e_0 - D R_a i_a)$$

über. Wie aus Abb. 196 ersichtlich, kann hiernach die Charakteristik aus der Kurve

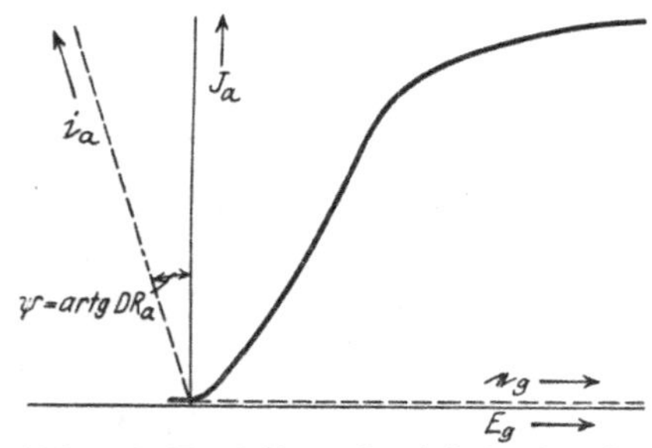

Abb. 196. Ermittlung der Arbeitscharakteristik der belasteten Röhre.

$$i_a = f(e_g + D e_0)$$

durch Übergang zu einem schiefwinkligen Koordinatensystem gewonnen werden, dessen Ordinatenachse gegen die ursprüngliche Achse um den Winkel

$$\psi = \operatorname{arctg} D R_a \qquad (91)$$

geneigt ist. Hierdurch ist der Fall der belasteten Röhre auf den behandelten Fall zurückgeführt[1]).

[1]) Über andere Möglichkeiten der Modulation mittels Elektronenröhren vergleiche den Abschnitt: Gitterregelung Nr. 143.

155. Modulation durch Steuerinduktivität[1]). Eine Steuerinduktivität besteht aus einem eisernen Kern, auf welchem sich Arbeitswicklung und Steuerwicklung befinden. Seien w_a und w_{st} die Windungszahlen, J_a und J_{st} die Ströme in diesen Wicklungen, so ist die magnetische Umlaufsspannung bei Vernachlässigung der Wirbelströme durch

$$M = J_a w_a + J_{st} \cdot w_{st} \tag{92}$$

gegeben. Hieraus bestimmt sich der magnetische Induktionsfluß gemäß

$$\Phi = f(M), \tag{93}$$

wo f die Magnetisierungsfunktion des Kernes ist; in ihr sind die magnetischen Eigenschaften des Eisens und die Abmessungen der Spule enthalten.

Der Steuerstrom möge aus einem Gleichstrom mit überlagertem Modulationsstrom der Frequenz ω_1 bestehen.

$$J_{st} = J_0 + i_{st} \cdot \sin\omega_1 t. \tag{94}$$

Der Arbeitsstrom besitze die Frequenz ω_2.

$$J_a = i_a \cdot \sin\omega_2 t. \tag{95}$$

Substituieren wir diese Ausdrücke in (92) und (93), so resultiert

$$\Phi = f(J_0 \cdot w_{st} + i_{st} \cdot w_{st} \cdot \sin\omega_1 t + i_a w_a \sin\omega_2 t). \tag{93 a}$$

Die Gleichung stimmt formal mit (89) überein; wir können daher sogleich anschreiben

$$\left.\begin{aligned} \Phi = {} & f(J_0 w_{st}) + f''(J_0 w_{st}) \tfrac{1}{4} [i_{st}^2 w_{st}^2 + i_a^2 w_a^2] \\ & + f'(J_0 w_{st})[i_{st} w_{st} \cdot \sin\omega_1 t + i_a w_a \cdot \sin\omega_2 t] \\ & - f''(J_0 w_{st}) \tfrac{1}{4} [i_{st}^2 w_{st}^2 \cos 2\omega_1 t + i_a^2 w_a^2 \cos 2\omega_2 t] \\ & + f''(J_0 w_{st}) i_{st} \cdot w_{st} \cdot i_a w_a \cdot \sin\omega_1 t \cdot \sin\omega_2 i. \end{aligned}\right\} \tag{93 b}$$

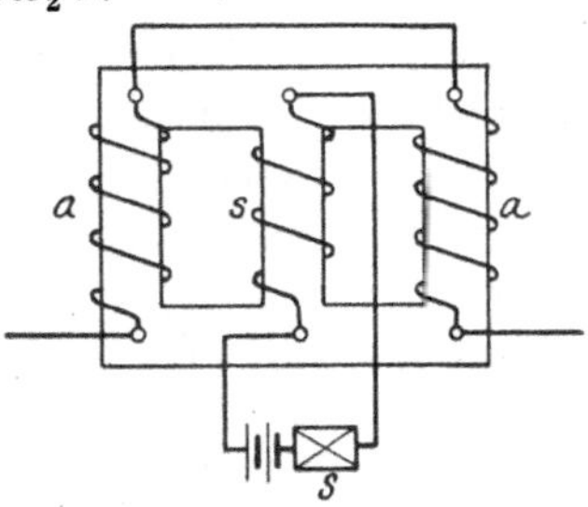

Abb. 197. Dreischenkel-Steuerinduktivität.

Durch die Krümmung der Magnetisierungskurve wird demnach eine Modulation des Flusses bewirkt; hierbei hat man es durch geeignete Wahl des Gleichstromes in der Hand, einen Arbeitsbereich großer Modulationsfähigkeit aufzusuchen, gleichzeitig die Superposition der magnetisierenden Ströme herabzudrücken. Ein ähnlicher Gedanke liegt der Dreischenkel-Steuerinduktivität nach Abb. 197 zugrunde: Auf den äußeren Schenkeln befinden sich die Arbeitswicklungen, auf dem Mittelschenkel die Steuerwicklung. Durch geeignet bemessenen Steuerstrom kann auch hier der magnetische Sättigungszustand des gesamten Eisenkörpers beeinflußt und damit eine Modulation erzwungen werden.

[1]) Vgl. hierzu Nr. 167.

155. Modulation durch Verstimmung. Ein grundsätzlich anderer Weg zur Modulation ergibt sich aus der Erkenntnis, daß jeder Modulationsvorgang auf eine Verschiebung des ursprünglichen Frequenzwertes hinausläuft. Zahlreiche Schaltungen zur Beeinflussung der Betriebsfrequenz schwingender Systeme sind zur Ausführung gelangt, welche alle auf der Änderung der wirkenden Kapazitäten oder Induktivitäten beruhen; ein Eingehen auf Einzelheiten erübrigt sich daher.

2. Energieschwingungen.

Im vorigen Kapitel haben wir die Energieumformungen kennengelernt, welche in einem Träger von Leitungs- oder Konvektionsströmen erzwungen werden können. Hierbei sind die Umformungen aus Gleich- in Wechselleistung die einzig möglichen Energiewandlungen, weil in jedem Augenblick der gesamte elektromagnetisch zugeführte Energiestrom in irreversibler Weise in Wärme umgesetzt wird.

Die aktiven Elemente von Maschinen, in denen eine unmittelbare Umsetzung der zugeführten Leistung in elektrische Leistung erfolgen soll, müssen demnach als Träger vorwiegend elektrischer oder magnetischer Verschiebungsströme ausgebildet sein; ihre Grundformen entstehen danach durch Kombination von Kondensatoren und Spulen.

In Kapazitäten und Induktivitäten von zeitlich unveränderlicher Lage der aktiven Elemente beschränken sich die möglichen Energieschwingungen auf die reversible Umformung des Energiestromes in Feldenergie des Dielektrikums und des Diamagnetikums. Wir wollen diese einfachste Gruppe der Energieschwingungen unter dem Begriff der Energieschwingungen in elektromagnetischen Systemen zusammenfassen.

Sind dagegen die aktiven Elemente der Kapazitäten oder Induktivitäten mechanisch gegeneinander zu verschieben, so können die Kräfte des elektromagnetischen Feldes Arbeit leisten: Zu dem elektromagnetischen Energiestrom gesellt sich ein mechanischer Energiestrom, welcher die Umformung elektromagnetischer in mechanische Energie in reversibler Weise gestattet. Diese zweite Gruppe der Energieschwingungen soll in dem Begriff der Energieschwingungen in elektromechanischen Systemen zusammengefaßt werden.

a) Elektromagnetische Systeme.

Einfach harmonische Schwingungen.

156. Erzwungene Stromschwingungen im Schwingungskreise. Ein Schwingungskreis wird gemäß Abb. 198 unterbrochen und an die Spannung

$$E = E_{max} \cdot \cos \omega t \tag{1}$$

gelegt. Wir definieren den Schwingungskreis durch Angabe der auf die Frequenz ω bezogenen wirksamen Kapazität C, Induktivität L und seines Widerstandes R.

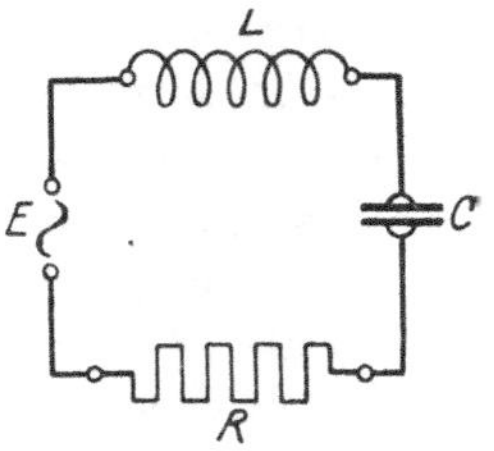

Abb. 198. Schaltung zur Erzwingung von Stromschwingungen.

Der Ohmsche Spannungsabfall des erzwungenen Stromes J muß der Summe der treibenden Spannung E, der Kondensatorspannung E_C und der Spulenumlaufsspannung E_u das Gleichgewicht halten.

$$J R = E + E_u + E_C\,, \tag{2}$$

also nach Gl. (3) und (4), Nr. 117

$$J \cdot R + L \frac{dJ}{dt} + \frac{1}{C}\int J\,dt = E_{\max} \cdot \cos\omega t\,. \tag{2a}$$

Zur Lösung der Gl. (2a) schreiben wir in komplexer Form

$$E = \Re e(\bar{E} \cdot e^{j\omega t}) \tag{1a}$$

und erhalten mit dem Ansatz

$$J = \Re e(\bar{J} \cdot e^{j\omega t}) \tag{3}$$

nach Wegkürzung des gemeinsamen Faktors $e^{j\omega t}$ für $\bar{J}$ die algebraische Gleichung

$$\bar{J}\left(R + j\omega L + \frac{1}{j\omega C}\right) = \bar{E}\,, \tag{2b}$$

also

$$\bar{J} = \frac{\bar{E}}{R + j\omega L + \frac{1}{j\omega C}} = \frac{\bar{E} \cdot e^{-j\varphi}}{\sqrt{R^2 + \left(\omega L - \frac{1}{\omega C}\right)^2}}\,; \quad \operatorname{tg}\varphi = \frac{\omega L - \frac{1}{\omega C}}{R}\,. \tag{2c}$$

Gehen wir zur reellen Form mittels (3) zurück, so kommt

$$J = \frac{E_{\max} \cdot \cos(\omega t - \varphi)}{\sqrt{R^2 + \left(\omega L - \frac{1}{\omega C}\right)^2}}\,. \tag{2d}$$

Ist bei konstanter Spannungsamplitude die Betriebsfrequenz veränderlich, so erreicht die Stromamplitude für

$$\omega L - \frac{1}{\omega C} = 0 \tag{4}$$

mit

$$J_{\max} = \frac{E_{\max}}{R}\,; \qquad \operatorname{tg}\varphi = 0 \tag{2e}$$

ein Maximum. Dieser Betriebszustand, bei welchem also elektrische und magnetische Verschiebungsströme einander aufheben, heißt **Spannungsresonanz**. Die Resonanzbedingung (4) gleicht der in Nr. 119

abgeleiteten Beziehung für die Eigenfrequenz des aus L und C gebildeten, aber ungedämpften Schwingungskreises; die Resonanzfrequenzen weichen demnach von den Eigenfrequenzen des wirklichen Kreises um so mehr ab, je größer der wirksame Widerstand ist.

In vielen Fällen genügt die Kenntnis der niedrigsten Resonanzfrequenz aus dem unendlichen Spektrum der Resonanzfrequenzen. Man kann dann L und C als näherungsweise konstant annehmen und verschafft sich einen bequemen Überblick über die Größe des Stromes durch Aufzeichnen der Resonanzkurve

$$J_{\max} = \frac{E_{\max}}{\sqrt{R^2 + \left(\omega L - \frac{1}{\omega C}\right)^2}} = f(\omega) \tag{2f}$$

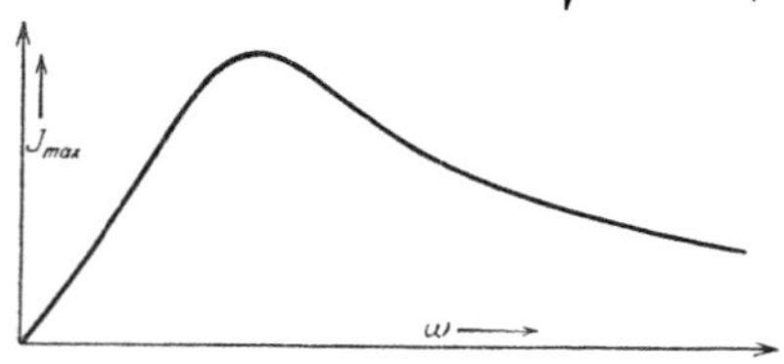

Abb. 199. Resonanzkurve der „Spannungsresonanz".

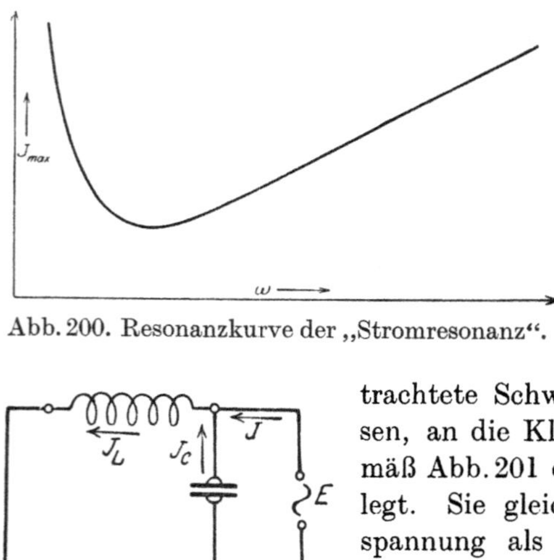

Abb. 200. Resonanzkurve der „Stromresonanz".

als Funktion der Betriebsfrequenz nach Abb. 199. Für schwach gedämpfte Kreise übertrifft der Resonanzstrom um ein Vielfaches den Strom, welcher von Spannungen anderer Frequenz getrieben wird. Ist umgekehrt die Frequenz der erzwingenden Spannung gegeben, so kann stets durch Abstimmung der Größen L und C gemäß Gl. 4 der Resonanzzustand herbeigeführt werden.

157. Erzwungene Spannungsschwingungen am Schwingungskreise. Der in der vorigen Nummer betrachtete Schwingungskreis werde geschlossen, an die Klemmen des Kondensators gemäß Abb. 201 die erzwingende Spannung gelegt. Sie gleicht sowohl der Kondensatorspannung als der Summe aus Ohmschem Spannungsabfall und negativer Spulenumlaufsspannung

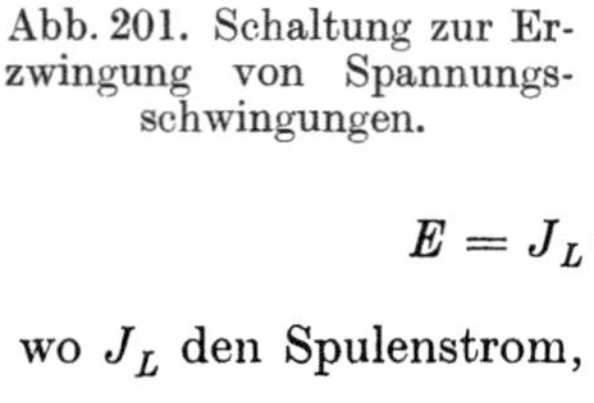

Abb. 201. Schaltung zur Erzwingung von Spannungsschwingungen.

$$E = E_C = J_L R - E_u, \tag{5}$$

also nach Gl. (3) und (4), Nr. 117

$$E = J_L \cdot R + L \cdot \frac{dJ_L}{dt} = -\frac{1}{C}\int J_C\, dt, \tag{5a}$$

wo J_L den Spulenstrom, J_C den Kondensatorstrom bezeichnet.

Mit (1a und 3) erhalten wir in komplexer Schreibweise

$$\overline{E} = \overline{J}_L(R + j\,\omega\,L) = -\frac{1}{C\,j\,\omega}\,\overline{J}_C \tag{5b}$$

demnach

$$\overline{J}_L = \frac{\overline{E}}{R + j\,\omega\,L}\,; \qquad \overline{J}_C = -C\,j\,\omega\cdot\overline{E}\,. \tag{5c}$$

Der erzwingende Strom gleicht nach Abb. 201 der Differenz des Spulenstromes und des Kondensatorstromes

$$\overline{J} = \overline{J}_L - \overline{J}_C = \frac{\overline{E}}{R + j\,\omega\,L} + C\,j\,\omega\,\overline{E} = \overline{E}\,\frac{R\,C\,j\,\omega + 1 - \omega^2\,L\,C}{R + j\,\omega\,L}\,. \tag{6}$$

Wir wollen einen schwach gedämpften Kreis voraussetzen

$$R \ll \omega\,L\,, \tag{7}$$

so daß

$$\overline{J} = \overline{E}\,\frac{R\,C\,j\,\omega + 1 - \omega^2\,L\,C}{j\,\omega\,L} = \overline{E}\left[R\,\frac{C}{L} + \frac{1}{j\,\omega\,L} + j\,\omega\,C\right] \tag{6a}$$

entsteht. Durch Übergang zur reellen Form wird

$$J = E_{\max}\cdot\cos(\omega C - \varphi)\cdot\sqrt{R^2\frac{C^2}{L^2} + \left(\frac{1}{\omega\,L} - \omega\,C\right)^2}\,; \quad \operatorname{tg}\varphi = \frac{\frac{1}{\omega\,L} - \omega\,C}{R\,\frac{C}{L}}\,. \tag{6b}$$

Für

$$\frac{1}{\omega\,L} - \omega\,C = 0 \tag{4}$$

erreicht die Stromamplitude mit

$$J_{\max} = E_{\max}\cdot R\,\frac{C}{L}\,; \qquad \operatorname{tg}\varphi = 0 \tag{6c}$$

ein Minimum. Dieser Betriebszustand heißt die Stromresonanz. Seine Bedingungen sind — mit der Einschränkung (7) — mit den Bedingungen der Spannungsresonanz identisch. Die Gleichung der Resonanzkurve

$$J_{\max} = E_{\max}\cdot\sqrt{R^2\,\frac{C^2}{L^2} + \left(\frac{1}{\omega\,L} - \omega\,C\right)^2} = g\,(\omega) \tag{6d}$$

führt zu dem in Abb. 200 dargestellten Verlauf der Amplitude in Abhängigkeit von der Betriebsfrequenz.

Wir wollen den scheinbaren Widerstand des Schwingungskreises bei Resonanz

$$R_s = \frac{L}{R\,C} \tag{8}$$

in Beziehung setzen zu dem scheinbaren Widerstand der Induktivität

$$R_{s_L} = \omega\,L\,. \tag{9}$$

Mit Rücksicht auf (4) findet sich

$$\frac{R_s}{R_{s_L}} = \frac{\frac{L}{RC}}{\omega L} = \frac{\frac{L}{RC}}{\frac{1}{\omega C}} = \frac{\omega L}{R}. \tag{10}$$

Nun ist

$$\frac{\omega L}{R} = f \cdot \pi \cdot \frac{2L}{R} = \pi \cdot \frac{2L}{R} \cdot \frac{1}{T} = \frac{\pi}{\vartheta}, \tag{10a}$$

wo ϑ das logarithmische Dekrement des Schwingungskreises bedeutet (Nr. 119). Daher wird

$$\frac{R_s}{R_{s_L}} = \frac{\pi}{\vartheta}. \tag{10b}$$

Durch das Parallelschalten einer Kapazität zu einer Induktivität kann also der scheinbare Widerstand der Induktivität auf das $\frac{\pi}{\vartheta}$-fache heraufgesetzt werden. Von dieser Möglichkeit zur Herstellung sehr großer scheinbarer Widerstände wird häufig Gebrauch gemacht.

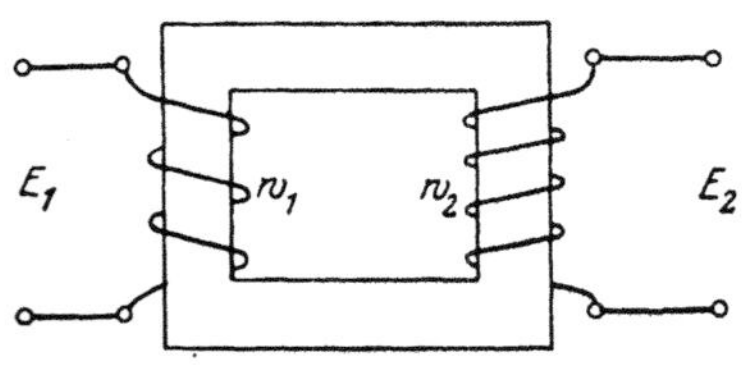

Abb. 202. Prinzipschema des Transformators.

158. Transformatoren. Die Transformatoren der Hochfrequenztechnik unterscheiden sich in ihrer Wirkungsweise nicht von den Niederfrequenztransformatoren.

In Abb. 202 ist das Schema eines Eisentransformators dargestellt. Die Primärwicklung (Index 1) besteht aus w_1 Windungen, die Sekundärwicklung (Index 2) aus w_2 Windungen.

Es seien J_1 und J_2 die Ströme im Transformator. Die von ihnen getriebenen Flüsse zerlegen wir in Arbeitsfluß, in welchem alle mit beiden Wicklungen verketteten Induktionslinien zusammengefaßt sind, und Streufluß, welcher alle mit je einer Wicklung verketteten Linien in sich vereint. Die Größe dieser Flüsse läßt sich durch Induktivitäten und Gegeninduktivitäten erfassen.

$$\left.\begin{aligned} \Phi_1 \cdot 10^{-8} &= L_1 \cdot J_1 + L_{12} J_2, \\ \Phi_2 \cdot 10^{-8} &= L_2 \cdot J_2 + L_{21} J_1. \end{aligned}\right\} \tag{11}$$

Aus (11) bestimmen sich die Umlaufsspannungen

$$\left.\begin{aligned} E_{u_1} &= -\frac{d\Phi_1}{dt} \cdot 10^{-8} = -L_1 \frac{dJ_1}{dt} - L_{12} \frac{dJ_2}{dt}, \\ E_{u_2} &= -\frac{d\Phi_2}{dt} \cdot 10^{-8} = -L_2 \frac{dJ_2}{dt} - L_{21} \frac{dJ_1}{dt}. \end{aligned}\right\} \tag{11a}$$

In der Primärwicklung erzeugt diese Umlaufsspannung zusammen mit der treibenden Spannung E_1 den Ohmschen Spannungsabfall

$$E_1 + E_{u_1} = J_1 R_1 . \tag{12}$$

In der Sekundärwicklung resultiert die Klemmenspannung aus Umlaufsspannung und Ohmschem Spannungsabfall

$$E_2 = E_{u_2} - J_2 R_2 . \tag{13}$$

Wir erhalten daher das System simultaner Gleichungen

$$\left.\begin{aligned} E_1 &= J_1 R_1 + L_1 \frac{dJ_1}{dt} + L_{12} \frac{dJ_2}{dt} , \\ -E_2 &= J_2 R_2 + L_2 \frac{dJ_2}{dt} + L_{21} \frac{dJ_1}{dt} . \end{aligned}\right\} \tag{11 b}$$

Wir untersuchen einfach harmonische Schwingungen und setzen demgemäß

$$\left.\begin{aligned} E_1 &= \Re e(\bar{E}_1 \cdot e^{j\omega t}); \qquad E_2 = \Re e(\bar{E}_2 \cdot e^{j\omega t}) , \\ J_1 &= \Re e(\bar{J}_1 \cdot e^{j\omega t}); \qquad J_2 = \Re e(\bar{J}_2 \cdot e^{j\omega t}) . \end{aligned}\right\} \tag{14}$$

Aus (11 b) entstehen hiermit die linearen Gleichungen

$$\left.\begin{aligned} \bar{E}_1 &= \bar{J}_1 R_1 + j\,\omega L_1 \cdot \bar{J}_1 + j\,\omega L_{12} \cdot \bar{J}_2 , \\ -\bar{E}_2 &= \bar{J}_2 R_2 + j\,\omega L_2 \cdot \bar{J}_2 + j\,\omega L_{21} \cdot \bar{J}_1 . \end{aligned}\right\} \tag{11 c}$$

Diese Transformatorgleichungen sind im Gegensatz zu (11 b) für Transformatoren mit Verlusten durch Hysterese und Wirbelströme gültig, sofern nur entsprechend dem komplexen Wert der magnetischen Durchlässigkeit auch die Größen L_1, L_{12}, L_{21}, L_2 komplex gewählt werden.

Ist die Frequenz hinreichend niedrig, so daß unter Berücksichtigung der Eisenabmessungen die wirksamen Induktivitäten merklich den statischen gleichen, so gilt nach Nr. 43

$$L_1 = L_{1_s} + L_{1_a}; \qquad L_2 = L_{2_s} + L_{2_a} , \tag{15}$$

wo L_{1_s} und L_{2_s} die Streuinduktivitäten der Wicklungen sind. Die Induktivitäten L_{1_a} und L_{2_a} sind ein Maß der Arbeitsspulenflüsse. Sie lassen sich leicht durch die vereinfachende Annahme berechnen, daß alle Arbeitslinien im Eisen verlaufen. Unter Vernachlässigung der Sättigung kann dann der Berechnung von L_{1_a}, L_{2_a} und L_{12} das Feld der Toroidspule zugrunde gelegt werden.

Wir entnehmen den in Nr. 44 ausgeführten Rechnungen die Beziehungen

$$L_{1_a} = L_{12} \cdot \frac{w_1}{w_2} = L_{2_a} \cdot \frac{w_1^2}{w_2^2} \tag{16}$$

und schreiben das System (16b) in der Form

$$\left.\begin{aligned} E_1 &= J_1 R_1 + (L_{1s} + L_{1a})\frac{dJ_1}{dt} + \left(L_{12}\frac{w_1}{w_2}\right)\frac{d\left(J_2\frac{w_2}{w_1}\right)}{dt} \\ E_2\frac{w_1}{w_2} &= \left(J_2\frac{w_2}{w_1}\right)\left(R_2\frac{w_1^2}{w_2^2}\right) + \left(L_{2s}\frac{w_1^2}{w_2^2} + L_{2a}\frac{w_1^2}{w_2^2}\right)\frac{d\left(J_2\frac{w_2}{w_1}\right)}{dt} + \left(L_{21}\cdot\frac{w_1}{w_2}\right)\frac{dJ_1}{dt}. \end{aligned}\right\} \quad (11\,\mathrm{d})$$

Mit den Substitutionen

$$E_2' = E_2\cdot\frac{w_1}{w_2}; \quad J_2' = J_2\cdot\frac{w_2}{w_1}; \quad R_2' = R_2\cdot\frac{w_1^2}{w_2^2}; \quad L_{2s}' = L_{2s}\cdot\frac{w_1^2}{w_2^2}; \quad (17)$$

$$L_{2a}' = L_{2a}\cdot\frac{w_1^2}{w_2^2}; \qquad L_{12}' = L_{21}' = L_{12}\cdot\frac{w_1}{n_2}$$

geht (11d) in die Form

$$\left.\begin{aligned} E_1 &= J_1 R_1 + (L_{1s} + L_{1a})\frac{dJ_1}{dt} + L_{12}'\cdot\frac{dJ_2'}{dt}, \\ -E_2' &= J_2' R_2' + (L_{2s}' + L_{2a}')\frac{dJ_2'}{dt} + L_{21}'\cdot\frac{dJ_1}{dt} \end{aligned}\right\} \quad (11\,\mathrm{e})$$

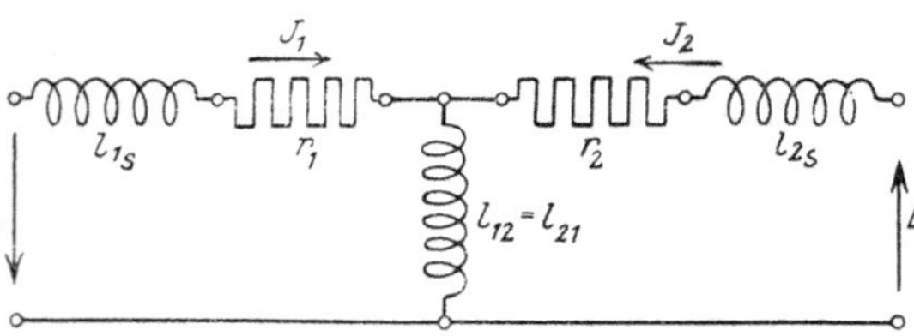

Abb. 203. Ersatzschema des Transformators.

über, welches zwar formal dem System (11b) äquivalent ist, in welchem aber sämtliche Konstanten von gleicher Größenordnung sind: Das Übersetzungsverhältnis $\frac{w_2}{w_1} = \ddot{u}$ ist aus den Gleichungen eliminiert, es kommt lediglich in (17) zum Ausdruck.

In Abb. 203 ist ein sog. T-Schaltglied dargestellt; seine horizontalen Schenkel mögen durch die Induktivitäten l_{1s} und l_{2s} zusammen mit den Widerständen r_1 und r_2 dargestellt sein, der vertikale Schenkel besitze die Induktivität $l_{12} = l_{21} \cdot J_1$, und J_2 seien die horizontalen Schenkelströme, E_1 und E_2 die an den Enden des T-Gliedes wirkenden Spannungen. Ersichtlich stimmen die elektrodynamischen Gleichungen des Schaltgliedes mit (11e) überein, sofern l_{1s} mit L_{1s}, l_{2s} mit L_{2s}, l_{12} mit l_{12}' identifiziert wird: Schaltglied und Transformator sind äquivalente Systeme. Die Diskussion der Vorgänge in verwickelten Schaltungen wird hierdurch oft sehr vereinfacht.

159. Der Resonanztransformator. Wird der Transformator mit einem Schwingungskreise belastet, so entsteht ein System nach Abb. 204, welches als Resonanztransformator bezeichnet wird.

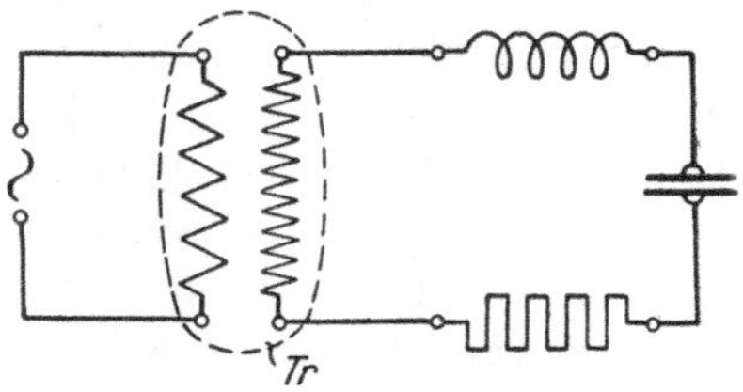

Abb. 204. Schaltung des Resonanztransformators.

Wir können die Induktivität des Schwingungskreises mit der Streuinduktivität der Sekundärwicklung zur resultierenden Streuinduktivität zusammenfassen; das gleiche gilt für die Primärseite, wenn in den Primärkreis besondere Regulierinduktivitäten eingeschaltet sind.

Nennen wir C die Schwingungsinduktivität, so läßt sich daher das Verhalten des Resonanztransformators durch die Aussage

$$E_{C_2} = -\frac{1}{C}\int J_2\,dt = -E_2 \tag{18}$$

im Verein mit den Transformatorgleichungen erfassen. Wir beschränken das auf einfach harmonische Vorgänge, so daß Gl. (18) in komplexer Form

$$\frac{1}{C j \omega}\bar{J}_2 = \bar{E}_2 \tag{18a}$$

lautet: Unabhängig von der Größe der Kapazität besteht zwischen Strom und Spannung des Sekundärkreises eine Phasenverschiebung von 90°. Wir lösen (11c) nach $\bar{E}_1$ und $\bar{J}_1$ auf und finden

$$\bar{E}_1 = -\frac{R_1 + j\omega L_1}{j\omega L_1}\bar{E}_2 - \frac{(R_1 + j\omega L_1)(R_2 + j\omega L_2) + \omega^2 L_{12} L_{21}}{j\omega L_{12}}\bar{J}_2, \tag{19}$$

$$\bar{J}_1 = -\frac{1}{j\omega L_{12}}\bar{E}_2 - \frac{R_2 + j\omega L_2}{j\omega L_{12}}\cdot\bar{J}_2. \tag{20}$$

Wir setzen abkürzungsweise

$$\left.\begin{aligned} -\frac{R_1 + j\omega L_1}{j\omega L_{12}} &= \mathfrak{u}_0; & -\frac{(R_1 + j\omega L_1)(R_2 + j\omega L_2) + \omega^2 L_{12} L_{21}}{j\omega L_{12}} &= \mathfrak{u}_f\mathfrak{z}_f, \\ -\frac{1}{j\omega L_{12}} &= \mathfrak{u}_0\cdot\mathfrak{y}_0; & -\frac{R_2 + j\omega L_2}{j\omega L_{12}} &= \mathfrak{u}_f, \end{aligned}\right\} \tag{21}$$

womit (19, 20) in die Form

$$\bar{E}_1 = \mathfrak{u}_0\bar{E}_2 + \mathfrak{u}_f\mathfrak{z}_f\bar{J}_2. \tag{19a}$$

$$\bar{J}_1 = \mathfrak{u}_0\cdot\mathfrak{y}_0\bar{E}_2 + \mathfrak{u}_f\cdot\bar{J}_2 \tag{20a}$$

mit der Besonderheit

$$\Delta = \mathfrak{u}_0\mathfrak{u}_f - \mathfrak{u}_0\mathfrak{y}_0\cdot\mathfrak{u}_f\mathfrak{z}_f = 1 \tag{21a}$$

übergehen. Gleichungen derselben Gestalt traten bei der Untersuchung der Vorgänge im Hochfrequenzverstärker auf (Nr. 151); dort hatten wir bewiesen: Bei konstanter Spannung $\bar{E}_1$ und konstanter sekundärer Phasenverschiebung ist der geometrische Ort aller primären Stromvektoren für verschiedene Größe der Belastung ein Kreis, welcher durch Leerlaufs- und Kurzschlußpunkt hindurchgeht. Aus dem Ortsdiagramm des primären Stromes ergeben sich die Werte des Sekundärstromes, abgesehen von konstanten Maßstabsfaktoren, durch die Länge des Vektors vom Belastungspunkt zum Leerlaufspunkt, ebenso der Sekundärspannung durch die Länge des Vektors vom Belastungspunkt zum Kurzschlußpunkt. Wenn wir hiermit auch schon die Arbeitsweise des Resonanztransformators in allen Zügen übersehen, ist es doch im vorliegenden Fall zweckmäßig, die Lage des Kreises unter Umgehung der Winkelbeziehung (68c), Nr. 151 unmittelbar zu bestimmen.

Gehen wir mit (18a) in (19a, 20a) ein, so resultiert

$$\bar{E}_1 = \left[\frac{\mathfrak{u}_0}{C j \omega} + \mathfrak{u}_{\mathfrak{k}} \mathfrak{z}_{\mathfrak{k}}\right] \bar{J}_2, \tag{19b}$$

$$\bar{J}_1 = \left[\frac{\mathfrak{u}_0 \mathfrak{y}_0}{C j \omega} + \mathfrak{u}_{\mathfrak{k}}\right] \bar{J}_2, \tag{20b}$$

daher

$$\bar{J}_1 = \frac{\mathfrak{u}_0 \mathfrak{y}_0 + \mathfrak{u}_{\mathfrak{k}} C j \omega}{\mathfrak{u}_0 + \mathfrak{u}_{\mathfrak{k}} \mathfrak{z}_{\mathfrak{k}} C j \omega} \cdot \bar{E}_1 \tag{22}$$

oder

$$\bar{J}_1 - \bar{J}_{1_k} = \left[\frac{\mathfrak{u}_0 \mathfrak{y}_0 + \mathfrak{u}_{\mathfrak{k}} C j \omega}{\mathfrak{u}_0 + \mathfrak{u}_{\mathfrak{k}} \mathfrak{z}_{\mathfrak{k}} C j \omega} - \frac{1}{\mathfrak{z}_{\mathfrak{k}}}\right] \bar{E}_1 = \frac{\mathfrak{u}_2 [\mathfrak{y}_0 \mathfrak{z}_{\mathfrak{k}} - 1]}{\mathfrak{z}_{\mathfrak{k}} [\mathfrak{u}_0 + \mathfrak{u}_{\mathfrak{k}} \mathfrak{z}_{\mathfrak{k}} \cdot C j \omega]} \cdot \bar{E}_1 \tag{22a}$$

und mit Rücksicht auf (21)

$$\bar{J}_1 - \bar{J}_{1k} = + \frac{\omega^2 L_{12}^2 \cdot \bar{E}_1}{(R_1 + j\omega L_1)[(R_1 + j\omega L_1)(R_2 + j\omega L_2) + \omega^2 L_{12} L_{21}] + [(R_1 + j\omega L_1)(R_2 + j\omega L_2) + \omega^2 L_{12} L_{21}]^2 j \omega C} . \tag{22b}$$

Diese Gleichung spricht die Konstruktion des Kreises durch Inversion der Geraden

$$\left.\begin{aligned} \mathfrak{C} = (R_1 + j\omega L_1)[(R_1 + j\omega L_1)(R_2 + j\omega L_2) + \omega^2 L_{12} L_{21}] \\ + [(R_1 + j\omega L_1)(R_2 + j\omega L_2) + \omega^2 L_{12} L_{21}]^2 j \omega C \end{aligned}\right\} \tag{23}$$

aus, welche bei variabler Kapazität und konstanter Betriebsfrequenz durchlaufen wird; als Inversionszentrum dient der Kurzschlußpunkt. In der Gesamtheit ihrer Parameterwerte C bildet sie die Maßstabsgerade für die Größe der Belastungskapazität.

Nach den Grundgesetzen der Inversion schließen Inversionsgerade und Kreistangente im Inversionszentrum entgegengesetzt gleiche Werte mit der reellen Achse ein. Die Richtung der Inversionsgeraden ist durch

$$\mathfrak{t} = [(R_1 + j\omega L_1)(R_2 + j\omega L_2) + \omega^2 L_{12} L_{21}]^2 j \omega \tag{23a}$$

gegeben. Da ein reeller Faktor für die Richtung der Geraden belanglos ist, können wir durch $\omega \cdot \omega^2 L_1 L_2$ dividieren und erhalten das (23 a) äquivalente Richtunsgmaß

$$\mathfrak{t}' = \left[\frac{R_1}{\omega L_1} \cdot \frac{R_2}{\omega L_2} - \frac{L_1 L_2 - L_{12} L_{21}}{L_1 L_2} + j\left(\frac{R_1}{\omega L_1} + \frac{R_2}{\omega L_2}\right)\right]^2 \cdot j. \quad (23\,\text{b})$$

Wir führen mittels

$$\frac{R_1}{\omega L_1} = \frac{\vartheta_1}{\pi}; \qquad \frac{R_2}{\omega L_2} = \frac{\vartheta_2}{\pi} \quad (24)$$

die Dämpfungsdekremente des primären und sekundären Kreises und durch

$$\sigma = \frac{L_1 L_2 - L_{12} L_{21}}{L_1 L_2} \quad (25)$$

die totale Transformatorstreuung ein und erhalten

$$\left.\begin{aligned} \mathfrak{t}' &= \left[\frac{\vartheta_1 \cdot \vartheta_2}{\pi^2} - \sigma + j\left(\frac{\vartheta_1 + \vartheta_2}{\pi}\right)\right]^2 j \\ &= \left[\left(\frac{\vartheta_1 \vartheta_2}{\pi^2} - \sigma\right)^2 - \left(\frac{\vartheta_1 + \vartheta_2}{\pi}\right)^2\right] j - 2\left(\frac{\vartheta_1 \vartheta_2}{\pi^2} - \sigma\right)\frac{\vartheta_1 + \vartheta_2}{\pi}. \end{aligned}\right\} \quad (23\,\text{c})$$

Die Richtung der Kreistangente im Kurzschlußpunkt ist durch den konjugiert komplexen Wert

$$\mathfrak{t}'^* = -\left[\left(\frac{\vartheta_1 \vartheta_2}{\pi^2} - \sigma\right)^2 - \left(\frac{\vartheta_1 + \vartheta_2}{\pi}\right)^2\right] j - 2\left(\frac{\vartheta_1 \vartheta_2}{\pi^2} - \sigma\right)\frac{\vartheta_1 + \vartheta_2}{\pi} \quad (23\,\text{d})$$

gegeben. Man pflegt bei Resonanztransformatoren die Streuung groß gegen die Dämpfungsdekremente zu machen; daher gilt in guter Näherung

$$\mathfrak{t}'^* = \sim -\sigma^2 j + 2\sigma \frac{\vartheta_1 + \vartheta_2}{\pi} = \sigma\left[-\sigma j + 2\frac{\vartheta_1 + \vartheta_2}{\pi}\right]. \quad (23\,\text{e})$$

Diese Beziehung wird durch Abb. 205 dargestellt. Wir tragen vom Kurzschlußpunkte in Richtung der negativ imaginären Achse die Strecke σ gleich $\overline{P_k \Sigma}$ auf, an sie reiht sich die Strecke $2\frac{\vartheta_1 + \vartheta_2}{\pi} = \overline{\Sigma \Theta}$ in Richtung der positiv reellen Achse. Die Verbindungsgerade $\overline{P_k \Theta}$ liefert die gesuchte Kreistangente.

Der gesamte Kreis ist nunmehr aus Leerlaufspunkt, Kurzschlußpunkt und Tangentenrichtung im Kurzschlußpunkte mitsamt der Maßstabsgeraden für die Belastung konstruierbar (Abb. 205). Wir erkennen:

Im Leerlauf ($C = 0$) hat die Sekundärspannung ihren normalen, durch das Übersetzungsverhältnis gegebenen Wert. Bei steigender Kapazität fällt die primäre Stromamplitude bis auf ein Minimum (Punkt P_1), während gleichzeitig die Amplituden des sekundären

Stromes und der Sekundärspannung anwachsen. Wir nennen den in P_1 verwirklichten Zustand die sekundäre Stromresonanz; er läßt sich an Hand des Ersatzschemas Abb. 203 als Resonanz der auf Primär reduzierten Kapazität C' mit der Gegeninduktivität L'_{12} deuten.

Wird die Kapazität weiter gesteigert, so nimmt auch der Primärstrom wieder zu. In P_2 erreicht die sekundäre Spannungsamplitude ein Maximum, der Stromkreis befindet sich im Zustande der Spannungsresonanz. Bei noch weiterer Vergrößerung der Kapazität nimmt die

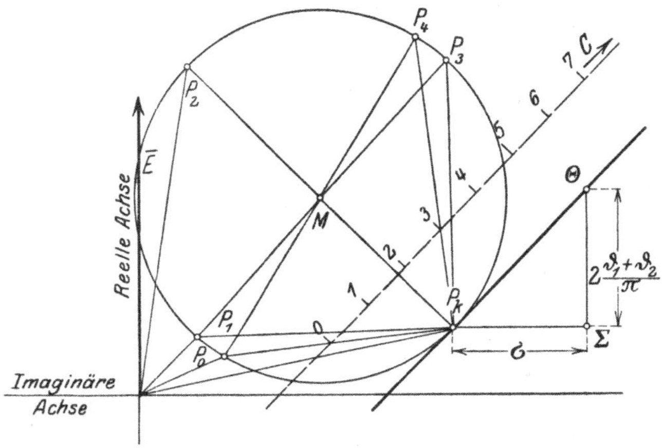

Abb. 205. Kreisdiagramm des Resonanztransformators.

sekundäre Spannungsamplitude langsam ab, während sowohl die primäre (P_3) wie die sekundäre Stromamplitude (P_4) einem Höchstwerte zustreben.

Diese Erscheinung wird mittels des Ersatzschemas Abb. 203 als Resonanz der Streuinduktivitäten mit der Kapazität C' gedeutet. Nach Überschreitung dieser Resonanz nähern sich die Ströme ihren Kurzschlußwerten, während die sekundäre Spannung bis auf Null absinkt.

160. Der Transformator mit Eigenkapazität; Verstärkertransformatoren. In den bisherigen Rechnungen haben wir den Transformator durch Angabe seiner Induktivitäten und seiner Gegeninduktivität gekennzeichnet. Diese Annahmen verlieren ihre Berechtigung, wenn die elektrischen Verschiebungsströme so stark werden, daß die magnetischen Felder sowohl wie die Stromverteilung in den Wicklungen merklich von den statischen Werten abweichen. Dies tritt bei Transformatoren mit sehr hoher sekundärer Windungszahl ein. Das Problem des Transformators wäre als gelöst zu betrachten, wenn es gelänge, das dynamische Feld des Transformators in ähnlicher Weise zu erfassen, wie dies in Nr. 53, 54 für die Spule geschehen ist. Die Rechnung stößt jedoch, will sie den praktischen Verhältnissen annähernd gerecht werden[1]), auf so außerordentlich große Schwierigkeiten, daß man auf qualitative Näherungen angewiesen ist. Diese nehmen ihren Ausgang von dem in Nr. 53 gefundenen Satz, wonach bis zur niedrigsten kritischen Frequenz das elektrische Feld durch Angabe einer „Wicklungskapazität" C_w erfaßt werden kann, welche der schwingenden Spule parallel liegt. Berücksichtigen wir, daß beim Transformator mit hoher sekundärer Windungszahl das sekundäre elektrische Feld das der Primärseite um ein Vielfaches übertrifft, so werden wir also für den Transformator auf das Ersatzschema Abb. 206 geführt, in welchem wir die Belastungskapazität

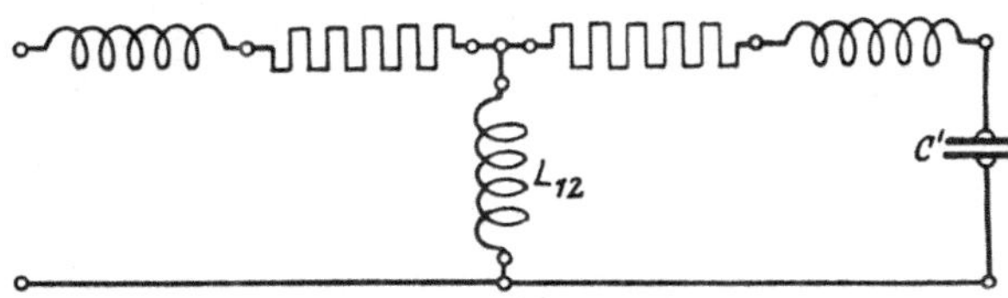

Abb. 206. Ersatzschema des Transformators mit Eigenkapazität.

als sekundäre Wicklungskapazität C_{w_2} des Transformators auffassen; wir sind somit auf das Schema eines Resonanztransformators geführt worden.

Um die Wirkung der Wicklungskapazität auf die Arbeitsweise des Transformators zu übersehen, wollen wir uns auf eine konstante Primärwicklung nacheinander Sekundärwicklungen verschiedener Windungszahl w_2 aufgebracht denken.

Wir betrachten die Wicklungskapazität C_{w_2} als Funktion des Übersetzungsverhältnisses der Windungszahlen

$$C_{w_2} = c(\ddot{u}) = c\left(\frac{w_2}{w_1}\right), \tag{26}$$

wo c als Resultat von Messung oder Rechnung vorliegen möge. Ferner setzen wir gemäß Gl. (16) die Gegeninduktivität proportional $\ddot{u}$, die sekundäre Streuinduktivität proportional $\ddot{u}^2$ voraus. Diese Beziehungen legen es nahe, alle sekundären Größen auf Primär zu reduzieren, wobei Gegeninduktivität und sekundäre Streuinduktivität in Konstante übergehen. Das Übersetzungsverhältnis erscheint allein in der auf Primär reduzierten Wicklungskapazität

$$C'_{w_2} = \ddot{u}^2 \cdot C_{w_2} = \ddot{u}^2 \cdot c(\ddot{u})\,. \tag{26a}$$

Für variables Übersetzungsverhältnis $0 < \ddot{u} < \infty$ bestreicht die reduzierte Wicklungskapazität den Bereich $0 < C_w\, \ddot{u}^2 < \infty$. Demnach

[1]) So bewirkt nach Barkhausen das bloße Umpolen eines Transformators eine Änderung des elektrischen Feldes im Verhältnis 1:2 (Barkhausen: Elektronenröhren. 1. Aufl. S. 82).

gleicht das Verhalten des Transformators mit variabler Sekundärwicklung völlig dem Verhalten des Resonanztransformators mit variabler Belastungskapazität, sofern nur sämtliche Variabeln der Sekundärseite auf Primär gemäß Gl. (17) reduziert sind. Insbesondere gilt bei konstanter Primärspannung das im vorigen Abschnitt entwickelte Kreisdiagramm der Ströme und der Sekundärspannung, wobei die „Kapazitätsgerade" $\mathfrak{C}$ in Abb. 205 als Maßstabsgerade des Übersetzungsverhältnisses dient.

Von sehr kleinen Werten des Übersetzungsverhältnisses aus steigt die reduzierte Sekundärspannungsamplitude ein wenig an, während der Primärstrom bis auf seinen Minimalwert sinkt. In diesem Bereich nimmt also die wahre Sekundärspannung etwas rascher als das Übersetzungsverhältnis zu. Bei weiterer Erhöhung des Übersetzungsverhältnisses wachsen Primärstrom und Sekundärspannung gleichzeitig an; die Sekundärspannung erreicht ein Maximum und geht bei sehr starker Vergrößerung des Übersetzungsverhältnisses gemäß Gl. (18a) wie

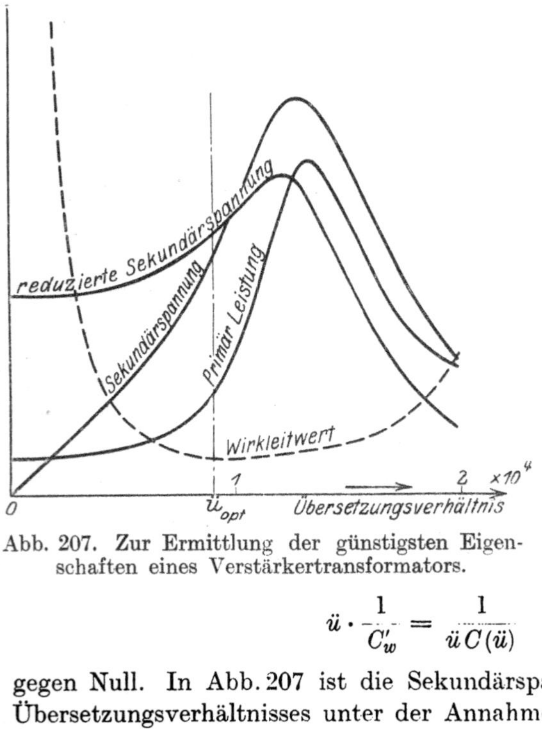

Abb. 207. Zur Ermittlung der günstigsten Eigenschaften eines Verstärkertransformators.

$$\ddot{u} \cdot \frac{1}{C_w'} = \frac{1}{\ddot{u}\, C(\ddot{u})}$$

gegen Null. In Abb. 207 ist die Sekundärspannung als Funktion des Übersetzungsverhältnisses unter der Annahme

$$c(\ddot{u}) = k \cdot \ddot{u}$$

für konstante Primärspannung dargestellt. Wir erkennen, daß die Eigenkapazität der Wicklung der Spannungssteigerung eine Grenze setzt. Dieser Satz ist für die Konstruktion der Funkeninduktoren wichtig.

Transformatoren mit hohem Übersetzungsverhältnis werden häufig zur Verbesserung der Wirkungsweise von Elektronenröhrenverstärkern in der Schaltung der Abb. 208 benutzt, wobei man sich freilich wegen der hohen Werte der Induktivitäten auf Nieder- und Mittelfrequenzverstärker beschränken muß. Als bestimmende Größe für die Höhe des Verstärkungsgrades hatten wir in Nr. 150 den Wirkleitwert gefunden, das Verhältnis der Eingangsleistung zum Quadrate der effektiven Gitterspannung. In unserem Diagramm ist die Eingangsleistung durch die Wirkkomponente des Primärstromes, die Gitterspannung durch die Sekundärspannung gegeben. Es ist daher ein leichtes, aus dem Diagramm die Größe des Wirkleitwertes zu entnehmen, wie dies in Abb. 207 geschehen ist. Ersichtlich besitzt der Wirkleitwert ein ausgeprägtes Minimum bei einem bestimmten, durch die Bauart des Transformators und die Betriebsfrequenz gegebenen Übersetzungsverhältnis $\ddot{u}_{\mathrm{opt}}$, welches wesentlich unter dem zur maximalen Spannung gehörigen Übersetzungsverhältnis liegt; gleichzeitig erreicht der Verstärkungsgrad, welcher ja dem Kehrwert des Wirkleitwertes proportional ist, einen Höchstwert. Es hat demnach keinen Sinn, die Sekundärwindungszahl allzu hoch zu machen; da das Minimum des Wirkleitwertes ziemlich flach verläuft, kann man vielmehr mit dem Übersetzungsverhältnis etwa 30% unter dem günstigsten Werte $\ddot{u}_{\mathrm{opt}}$ bleiben, ohne daß eine wesentliche Zunahme des Wirkleitwertes eintritt.

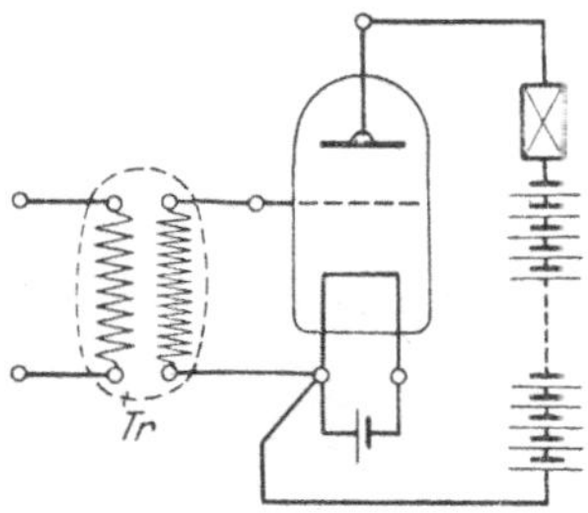

Abb. 208. Eingangstransformator eines Verstärkers.

Wegen der Abhängigkeit des günstigsten Übersetzungsverhältnisses von der Frequenz ist die Ausnutzung dieser Resonanzerscheinungen im allgemeinen nur für ein schmales Frequenzband möglich; will man dagegen ein breites Frequenzgebiet verstärken, wie beispielsweise Sprache oder Musik, so müssen die Resonanzbereiche zwecks Vermeidung von Verzerrungen außerhalb aller möglichen Frequenzen liegen.

Zusammengesetzte Schwingungen. Grundlagen.

161. Darstellung zusammengesetzter Schwingungen durch Fouriersche Reihen. Zusammengesetzte Schwingungen entstehen durch Superposition einfach harmonischer Schwingungen. Dieser Satz ist umkehrbar: Jede integrierbare periodische Funktion der Schwingungsdauer T kann in eine Reihe periodischer, einfach harmonischer Funktionen zerlegt werden, deren Schwingungsdauer ein ganzes Vielfaches von T beträgt (Satz von Fourier).

Wir setzen

$$\left.\begin{aligned} p(t) = \frac{a_0}{2} + a_1\cdot\cos\left(\frac{2\pi}{T}\right)\cdot t + a_2\cdot\cos 2\left(\frac{2\pi}{T}\right)t + \cdots \\ + b_1\cdot\sin\left(\frac{2\pi}{T}\right)t + b_2\sin 2\left(\frac{2\pi}{T}\right)t + \cdots\,. \end{aligned}\right\} \quad (27)$$

Durch Integration über eine volle Periode entsteht mit Einführung der Integrationsvariabeln λ

$$\int\limits_{\lambda=\lambda_0}^{\lambda_0+T} p(\lambda)\,d\lambda = \frac{a_0}{2}\,T; \qquad a_0 = \frac{2}{T}\int\limits_{\lambda_0}^{\lambda_0+T} p(\lambda)\,d\lambda\,, \tag{28}$$

da alle anderen Glieder der rechten Seite von (27) bei der Integration verschwinden. Weiter findet man durch Multiplikation mit $\cos\left(\frac{2\pi}{T}\right)\lambda$ und Integration über eine volle Periode

$$\left.\begin{aligned} \int\limits_{\lambda=\lambda_0}^{\lambda_0+T} p(\lambda)\cdot\cos\left(\frac{2\pi}{T}\right)\lambda\cdot d\lambda = a_1\cdot\int\limits_{\lambda_0}^{\lambda_0+T}\cos^2\left(\frac{2\pi}{T}\right)\lambda\cdot d\lambda = \frac{a_1}{2}\cdot T;\\ a_1 = \frac{2}{T}\int\limits_{\lambda_0}^{\lambda_0+T} p(\lambda)\cos\left(\frac{2\pi}{T}\right)\lambda\cdot d\lambda\,, \end{aligned}\right\} \tag{29}$$

da alle Produktglieder verschiedener Frequenzen sowohl wie der Sinus- und Cosinusfunktionen beliebiger Frequenzen den Integralmittelwert Null besitzen. Entsprechend ergibt sich die Reihe der Koeffizienten $a_1, b_1, a_2, b_2, \ldots$ durch die Gleichungen

$$\left.\begin{aligned} a_1 &= \frac{2}{T}\int\limits_{\lambda_0}^{\lambda_0+T} p(\lambda)\cdot\cos\left(\frac{2\pi}{T}\right)\lambda\cdot d\lambda\,, & b_1 &= \frac{2}{T}\int\limits_{\lambda_0}^{\lambda_0+T} p(\lambda)\cdot\sin\left(\frac{2\pi}{T}\right)\lambda\cdot d\lambda\,,\\ a_2 &= \frac{2}{T}\int\limits_{\lambda_0}^{\lambda_0+T} p(\lambda)\cos 2\left(\frac{2\pi}{T}\right)\lambda\cdot d\lambda\,, & b_2 &= \frac{2}{T}\int\limits_{\lambda_0}^{\lambda_0+T} p(\lambda)\sin 2\left(\frac{2\pi}{T}\right)\lambda\cdot d\lambda\,,\\ &\vdots\qquad\qquad\vdots & &\vdots\qquad\qquad\vdots\\ a_n &= \frac{2}{T}\int\limits_{\lambda_0}^{\lambda_0+T} p(\lambda)\cos n\left(\frac{2\pi}{T}\right)\lambda\cdot d\lambda\,, & b_n &= \frac{2}{T}\int\limits_{\lambda_0}^{\lambda_0+T} p(\lambda)\sin n\left(\frac{2\pi}{T}\right)\lambda\cdot d\lambda\,. \end{aligned}\right\} \tag{29a}$$

Daher wird aus (27)

$$\left.\begin{aligned} p(t) = \frac{2}{T}\int\limits_{\lambda_0}^{\lambda_0+T} p(\lambda)\,d\lambda + \sum_{k=1}^{\infty}\cos k\left(\frac{2\pi}{T}\right)\cdot t\cdot\int\limits_{\lambda=\lambda_0}^{\lambda_0+T} p(\lambda)\cos k\left(\frac{2\pi}{T}\right)\lambda\cdot d\lambda\\ + \sum_{k=1}^{\infty}\sin k\left(\frac{2\pi}{T}\right)\cdot t\cdot\int\limits_{\lambda=\lambda_0}^{\lambda_0=T} p(\lambda)\sin k\left(\frac{2\pi}{T}\right)\lambda\cdot d\lambda\,. \end{aligned}\right\} \tag{30}$$

Hier können die vor den Integralzeichen stehenden, nur von der Zeit abhängigen Koeffizienten unter das Integralzeichen gezogen werden, so daß

$$\left.\begin{aligned} p(t) &= \frac{2}{T}\int_{\lambda_0}^{\lambda_0+T} p(\lambda)\,d\lambda \\ &+ \sum_{k=1}^{\infty}\frac{2}{T}\int_{\lambda=\lambda_0}^{\lambda_0+T} p(\lambda)\left[\cos k\left(\frac{2\pi}{T}\right)t\cos k\left(\frac{2\pi}{T}\right)\lambda + \sin k\left(\frac{2\pi}{T}\right)t\sin k\left(\frac{2\pi}{T}\right)\lambda\right]d\lambda \\ &= \frac{2}{T}\int_{\lambda_0}^{\lambda_0+T} p(\lambda)\,d\lambda + \sum_{k=1}^{\infty}\frac{2}{T}\int_{\lambda=\lambda_0}^{\lambda_0+T} p(\lambda)\cdot\cos\left[k\left(\frac{2\pi}{T}\right)\cdot(t-\lambda)\right]\cdot d\lambda \end{aligned}\right\} \quad (30\text{a})$$

entsteht.

162. Das Fouriersche Doppelintegral[1]**).** Wir wollen in Gl. (30a) zur Grenze $T \to \infty$ übergehen. Es werde

$$\lim_{T\to\infty}\int_{\lambda=\lambda_0}^{\lambda_0+T} p(\lambda)\,d\lambda$$

als endlich vorausgesetzt. In der Grenze gilt dann

$$\lim_{T\to\infty}\frac{2}{T}\int_{\lambda=\lambda_0}^{\lambda_0+T} p(\lambda)\,d\lambda = 0\,.$$

Somit entsteht aus (30a)

$$p(t) = \sum_{k=1}^{\infty}\lim_{T\to\infty}\frac{2}{T}\int_{\lambda=\lambda_0}^{\lambda_0+T} p(\lambda)\cos\left[k\left(\frac{2\pi}{T}\right)(t-\lambda)\right]d\lambda\,. \qquad (30\text{b})$$

Setzen wir abkürzungshalber

$$k\cdot\left(\frac{2\pi}{T}\right) = m\,, \qquad (31)$$

so ist der Zuwachs Δm beim Fortschreiten von k auf $k+1$ in der Summe

$$\Delta m = 1\cdot\left(\frac{2\pi}{T}\right), \qquad (31\text{a})$$

so daß (30) in die Form

$$p(t) = \sum_{k=1}^{\infty}\lim_{\Delta m\to 0}\frac{\Delta m}{\pi}\int_{\lambda=\lambda_0}^{\lambda_0+T} p(\lambda)\cdot\cos\left[k\left(\frac{2\pi}{T}\right)(t-\lambda)\right]d\lambda \qquad (30\text{c})$$

---

[1]) Nr. 162 kann bei der ersten Lektüre übergangen werden.

gebracht werden kann. Nach der Definition des bestimmten Integrales ist diese Gleichung mit der Integraldarstellung

$$p(t) = \frac{1}{\pi}\int\limits_{m=0}^{\infty} dm \int\limits_{\lambda=\lambda_0}^{\lambda_0+T} p(\lambda)\cos[m(t-\lambda)]\,d\lambda \tag{30 d}$$

identisch, wo (31) berücksichtigt wurde. Führen wir hier noch $\lambda_0 = -\infty$, $\lambda_0 + T = +\infty$ ein, so wird

$$p(t) = \frac{1}{\pi}\int\limits_{m=0}^{\infty} dm \int\limits_{-\infty}^{+\infty} p(\lambda)\cos[m(t-\lambda)]\,d\lambda\,. \tag{30 e}$$

Diese Gleichung leistet also die Zerlegung einer im Intervall

$$-\infty < t < +\infty$$

willkürlich gegebenen Funktion in einfach harmonische Funktionen; sie heißt das Fouriersche Doppelintegral.

Besondere Schwingungsformen.

163. Stoßerregung elektrischer Schwingungskreise. Auf einen Schwingungskreis wirke in der Schaltung der Abb. 198, Nr. 156, die periodische Spannung der Frequenzen

$$E = p(t) = E_1 + E_2 + E_3 + \cdots, \tag{32}$$

wo die Teilspannungen E_1, E_2, $E_3 \ldots$ einfach harmonisch verlaufen und die Frequenzen ω, 2ω, $3\omega \ldots$ besitzen, während ihre Amplituden durch die Gl. (32) bestimmt sind. Für den Strom gilt in Verallgemeinerung von (2a)

$$J\cdot R + L\frac{dJ}{dt} + \frac{1}{C}\int J\,dt = E = E_1 + E_2 + E_3 + \cdots. \tag{33}$$

Wegen der Linearität dieser Gleichung können wir setzen

$$J = J_1 + J_2 + J_3 + \cdots, \tag{34}$$

wobei die Wahl der J_n so getroffen wird, daß

$$\left.\begin{aligned} J_1 R + L\frac{dJ_1}{dt} + \frac{1}{C}\int J_1\,dt &= E_1,\\ J_2 R + L\frac{dJ_2}{dt} + \frac{1}{C}\int J_2\,dt &= E_2,\\ J_3 R + L\frac{dJ_3}{dt} + \frac{1}{C}\int J_3\,dt &= E_3,\\ \vdots \qquad \vdots \qquad \vdots \qquad &\vdots \end{aligned}\right\} \tag{33 a}$$

erfüllt sind.

Die Gleichungen dieser erzwungenen Schwingungen sind in Nr. 156 gelöst worden; dort hatte es sich gezeigt, daß sich diejenigen Ströme zu besonderer Höhe ausbilden, deren Frequenz der Eigenfrequenz des widerstandslos gedachten Kreises nahekommt: Gegenüber der verzerrten Spannungskurve wirkt der Schwingungskreis als Filter, welches alle Eigenfrequenzen passieren läßt, alle fremden Frequenzen nahezu absorbiert. Es ist daher möglich, mit einer verzerrten Nieder- oder Mittelfrequenzschwingung hochfrequente Schwingungen zu erzwingen. Eine Spannungskurve, welche diese Erscheinung in besonders ausgeprägter Weise hervorruft, zeigt Abb. 209. Sie besteht aus scharfen Spannungsspitzen, welche in regelmäßigen Zeitabständen den Schwingungskreis anstoßen (**Stoßerregung**).

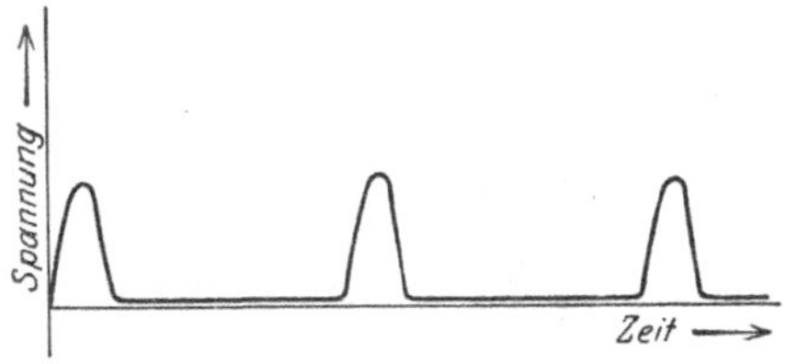

Abb. 209. Zur Stoßerregung geeignete Spannungskurve.

Die **Fouriersche** Methode, welche wir in den Gleichungen (33a) anwandten, führt im vorliegenden Fall nur durch umständliche Rechnungen zum Ziel, weil die Reihe (34) nur langsam konvergiert; wir verwenden daher das allgemeine Resultat, wonach sich wesentlich nur die Eigenschwingungen des angestoßenen Kreises entwickeln können, um die Berechnung der Schwingungen von dieser Seite her durchzuführen. Wegen der Linearität der Gl. (33) dürfen wir den Schwingungsstrom aus einer unbegrenzten Reihe von Teilströmen superponieren, deren jede seiner Entstehung nur einem einzigen Spannungsstoß verdankt.

Die Bestimmung eines solchen Teilstromes ist in Nr. 127 durchgeführt worden, indem die Eigenschwingungen des Schwingungskreises unter den beim Stoß verwirklichten Anfangsbedingungen berechnet wurden. Es ergab sich ein zeitlich gedämpfter, einfach harmonischer Strom der Schwingungsdauer T, welche durch die Daten des Schwingungskreises gegeben ist.

Wir wollen die Zahl der Stöße in der Zeiteinheit durch die Stoßdauer T_s kennzeichnen, welche zwei aufeinander folgende Stöße trennt. Für den Charakter der Schwingung ist das Verhältnis $\frac{T_s}{T}$ von entscheidender Bedeutung.

1. Ist $T_s \gg T$, so sind die freien Schwingungen praktisch infolge der Dämpfung völlig abgeklungen, wenn ein neuer Stoß erfolgt: Es reihen sich in der Periode T_s zeitlich gedämpfte Schwingungszüge aneinander, welche zusammen eine kontinuierliche Schwingung gemäß Abb. 210 bilden. Dieser Fall ist in Systemen verwirklicht, welche durch langsame mechanische Unterbrecher angestoßen werden. Weil hier

wesentlich nur Eigenschaften des angestoßenen Kreises in den Schwingungsverlauf eingehen, ist diese Methode der Schwingungserzeugung von hervorragender Bedeutung für die meßtechnische Untersuchung von

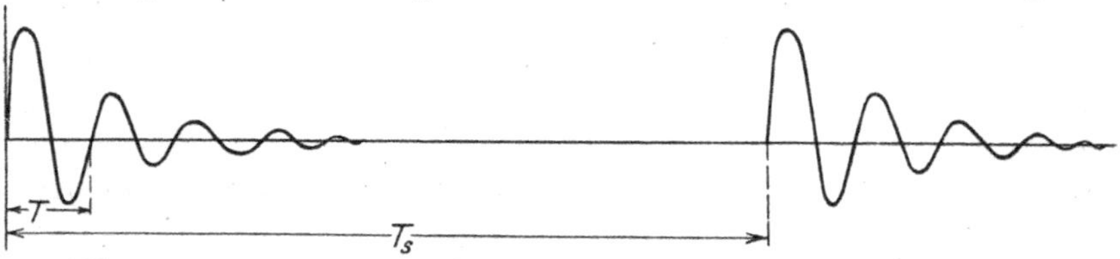

Abb. 210. Stoßerregung: Stoßdauer groß gegen Eigenschwingungsdauer.

Schwingungsgebilden, bei welcher sie insbesondere in Form der Eichhornschen Summerschaltung (Nr. 127) ausgedehnte Anwendung findet.

2. Nähert sich die Größenordnung von T_s der Größenordnung von T, so sind immer beim Einsetzen eines neuen Schwingungszuges die

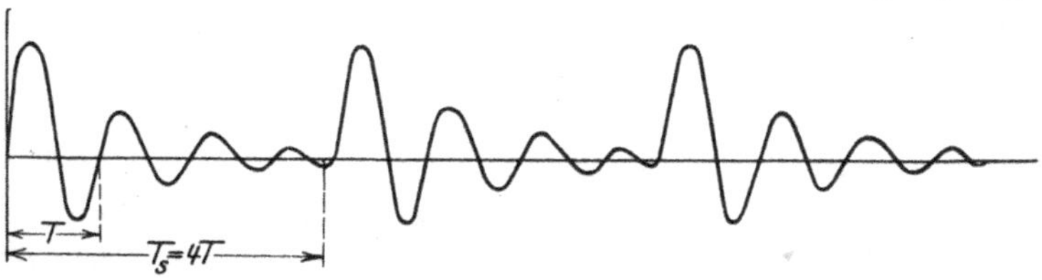

Abb. 211. Stoßerregung: Stoßdauer gleich vierfacher Eigenschwingungsdauer.

vorangegangenen Schwingungen noch in merklicher Stärke vorhanden; als Folge dieser Überlappung der Schwingungszüge tritt die in Abb. 211 gezeichnete Form erzwungener Schwingungen auf. Ihr Verlauf weicht um so mehr von dem der gedämpften freien Schwingungen ab, je kleiner T_s und je schwächer die Dämpfung des angestoßenen Kreises ist. Wählt man insbesondere

$$T_s = k \cdot T\,, \tag{35}$$

wo k eine ganze Zahl ist, so entsteht nach Abb. 212 eine kontinuierliche Schwingung von fast konstanter Amplitude.

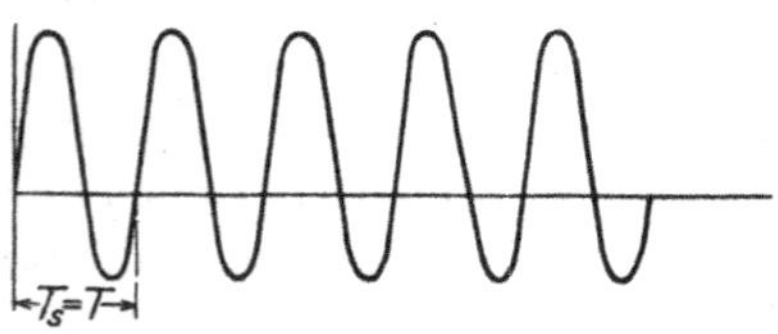

Abb. 212. Stoßerregung: Stoßdauer gleich Eigenschwingungsdauer.

Diese Art der Schwingungserzeugung ist noch in der technischen Entwicklung begriffen und bildet zur Zeit ein aussichtsreiches Verfahren. Die Mittel zur Erzeugung der Stoßspannungen sind: Regelmäßige rasche Funkenfolge (Taktfunken), Lichtbogenschwingungen dritter Art (Nr. 138), Anwendung von Ventilröhren (Nr. 183), Löschfunken (Nr. 198), Anwendung von gesättigten Eisenkernspulen (Nr. 167).

164. Zusammengesetzte Schwingungen in linearen Systemen[1]. Wir behandeln im folgenden die Dynamik von Systemen, deren wirk-

[1]) Nr. 164—166 können bei der ersten Lektüre übergangen werden.

same Kapazitäten, Induktivitäten, Widerstände von der Größe der in ihnen tätigen Felder unabhängig sind und durch äußere Eingriffe nicht geändert werden; dagegen lassen wir eine Frequenzabhängigkeit dieser Größen entsprechend den im Abschnitt „Die Träger hochfrequenter Felder" ermittelten Gesetzen zu. Die so definierten Systeme mögen als lineare Systeme bezeichnet werden.

Die Linearität findet ihren analytischen Ausdruck in einer Gleichung, deren Variable explizite samt ihren Differentialquotienten linear eingehen, während in den Koeffizienten implizite Frequenzen und Dämpfungen der Variabeln enthalten sind. Nennen wir u die Variable, p die erzwingende Größe, so gilt demnach eine Beziehung der Form

$$a_n \frac{d^n u}{dt^n} + a_{n-1} \frac{d^{n-1} u}{dt^{n-1}} + \cdots + a_1 \frac{du}{dt} + a_0 = p(t)\,, \tag{36}$$

wo die a_k Funktionen von u; $\frac{du}{dt}$; $\frac{d^2u}{dt^2}$; ... sind.

Die Lösung dieser linearen Differo-Integralgleichung gelingt, wie wir im vorangegangenen gezeigt haben, leicht für den Fall einer einfach harmonischen erzwingenden Kraft

$$p(t) = p_{\max} \cdot \cos\omega t\,. \tag{37}$$

Denn durch Übergang zur komplexen Form

$$\left.\begin{aligned} p &= \Re e(\overline{p}\, e^{j\omega t})\,, \\ u &= \Re e(\overline{u}\, e^{j\omega t}) \end{aligned}\right\} \tag{38}$$

entsteht aus (36)

$$[a_n \cdot (j\,\omega)^n + a_{n-1} \cdot (j\,\omega)^{n-1} + \cdots + a_1\, j\,\omega + a_0]\,\overline{u} = \overline{p}\,, \tag{36a}$$

also

$$\overline{u} = \frac{\overline{p}}{a_n \cdot (j\,\omega)^n + a_{n-1} \cdot (j\,\omega)^{n-1} + \cdots + a_1 \cdot j\,\omega + a_0}\,. \tag{36b}$$

Hierin sind die a_k nach Voraussetzung allein Funktion von $j\omega$, deren Berechnung wir für besondere Fälle gezeigt haben; daher können wir (36) in der Form

$$\overline{u} = \frac{\overline{p}}{Z(j\,\omega)} \tag{36c}$$

schreiben, wo Z nur von $j\omega$ abhängt und als **Operator** des linearen Systems bezeichnet wird. Diese Formel gilt selbstverständlich in gleicher Weise, wenn Gleichung (36) als System linearer Gleichungen beliebiger Ordnung $m < n$ geschrieben wird, was für die Rechnung oft bequemer ist.

Wir wollen nunmehr Gl. (36c) auf einen beliebigen Zeitverlauf der erzwungenen Größe p verallgemeinern. Hierzu dient die Darstellung mittels des **Fourier**schen Doppelintegrales

$$p(t) = \frac{1}{\pi} \int\limits_0^{\infty} d\,\omega \int\limits_{\lambda=-\infty}^{+\infty} p(\lambda) \cos\omega\,(t - \lambda)\, d\lambda \tag{39}$$

oder, da

$$\cos[\omega\,(t-\lambda)] = \cos[(-\omega)\,(t-\lambda)],$$

$$p(t) = \frac{1}{2\pi}\int_{-\infty}^{\infty} d\omega \int_{\lambda=-\infty}^{+\infty} p(\lambda)\cos\omega\,(t-\lambda)\,d\lambda \tag{39a}$$

und in komplexer Form

$$p(t) = \Re e\left[\frac{1}{2\pi j}\int_{-\infty}^{+\infty} d(j\omega)\cdot\int_{\lambda=-\infty}^{+\infty} p(\lambda)\cdot e^{j\omega(t-\lambda)}\,d\lambda\right]. \tag{39b}$$

Die Elementargröße

$$d\overline{p} = p(\lambda)\,e^{j\omega(t-\lambda)}\,d\lambda, \tag{40}$$

welche die Frequenz ω besitzt, erzwingt gemäß (36c) die Elementargröße

$$d\overline{u} = \frac{d\overline{p}}{Z(j\omega)} = \frac{p(\lambda)\,e^{j\omega(t-\lambda)}\cdot d\lambda}{Z(j\omega)}. \tag{36d}$$

Durch Integration gemäß (39b) folgt

$$\overline{u} = \frac{1}{2\pi j}\int_{-\infty}^{+\infty} d(j\omega)\int_{\lambda=-\infty}^{+\infty}\frac{p(\lambda)\,e^{j\omega(t-\lambda)}\,d\lambda}{Z(j\omega)} \tag{41}$$

und, da $Z(j\omega)$ und $e^{j\omega t}$ von λ unabhängig sind,

$$\overline{u} = \frac{1}{2\pi j}\int_{-\infty}^{+\infty}\frac{d(j\omega)\,e^{j\omega t}}{Z(j\omega)}\cdot\int_{\lambda=-\infty}^{+\infty} p(\lambda)\cdot e^{-j\omega\lambda}\cdot d\lambda. \tag{41a}$$

Wir substituieren

$$j\omega = \alpha \tag{42}$$

und erhalten

$$\overline{u} = \frac{1}{2\pi j}\cdot\int_{-\infty}^{+\infty}\frac{d\alpha\,e^{\alpha t}}{Z(\alpha)}\cdot\int_{\lambda=-\infty}^{+\infty} p(\lambda)\cdot e^{-\alpha\lambda}\,d\lambda. \tag{41b}$$

165. Atmosphärische Störungen. Atmosphärische Störungen entstehen durch Zusammenbruch elektromagnetischer Felder im Raum. Von der Störungsstelle eilen elektromagnetische Wellen nach allen Seiten. Treffen sie auf elektrische Systeme, so erzwingen sie in diesen Schwingungen, welche als Störungen bezeichnet werden.

In vielen Fällen kann die Störung als eine plötzlich wirkende Spannung aufgefaßt werden, welche von $t = 0$ ab nach dem Gesetze

$$E = E_0\cdot e^{[-\delta+j\sigma]t} \tag{43}$$

verklingt. Nach Abb. 213 können wir also setzen

$$\left.\begin{aligned} -\infty < \lambda < 0\,, \qquad & p(\lambda) = E = 0\,; \\ 0 \leqq \lambda \leqq \infty\,, \qquad & p(\lambda) = E = E_0\, e^{[-\delta + j\sigma]\lambda}\,. \end{aligned}\right\} \qquad (43\,\varepsilon)$$

Hiermit wird

$$\int\limits_{\lambda=-\infty}^{+\infty} p(\lambda)\, e^{-\alpha\lambda}\, d\lambda = E_0 \cdot \int\limits_0^{\infty} e^{-\delta\lambda} \cdot e^{[-\alpha + j\sigma]\lambda}\, d\lambda = -E_0 \frac{1}{-\delta + [-\alpha + j\sigma]}\,. \qquad (44)$$

Für den Störungsstrom erhalten wir also

$$\bar{J} \equiv \bar{u} = -\frac{E_0}{2\pi j} \int\limits_{-\infty}^{+\infty} \frac{d\alpha \cdot e^{\alpha t}}{\{-\delta + [-\alpha + j\sigma]\}\, Z(\alpha)}\,, \qquad (45)$$

worin das Integral gemäß Gleichung (42) in der komplexen α-Ebene längs der imaginären Achse zu erstrecken ist.

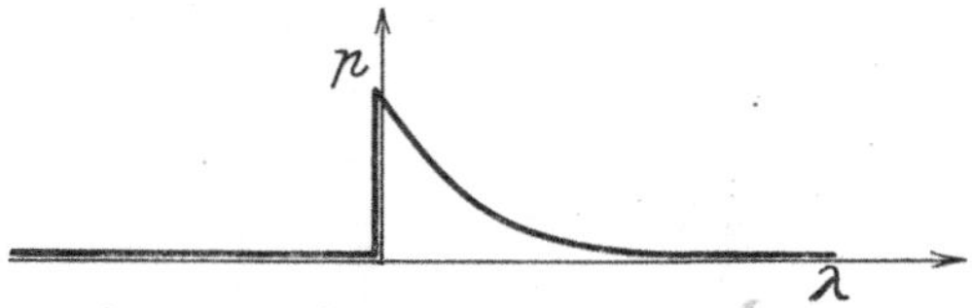

Abb. 213. Verlauf einer atmosphärischen Störung.

Für die Rechnung ist es bequem, von dem ungeschlossenen zu einem geschlossenen Wege überzugehen; hierbei muß das hinzutretende Stück des Integrationsweges so beschaffen sein, daß das längs ihm erstreckte Integral (45) verschwindet.

Wir beschränken uns nunmehr auf Systeme mit der besonderen Eigenschaft

$$\lim_{\alpha \to \infty} |Z(\alpha)| \geqq \varepsilon\,, \qquad (46)$$

unter ε eine positive endliche Zahl verstanden. Hiermit finden wir einen Integrationsweg der genannten Art, indem wir von der positiv imaginären Achse mit einem Halbkreis von unendlich großem Radius in der linken Halbebene zur negativ imaginären Achse zurückgehen. Denn die Gleichung dieses Halbkreises ist

$$\alpha = R \cdot e^{j\vartheta}\,, \qquad \frac{\pi}{2} < \vartheta < 3\frac{\pi}{2}\,, \qquad (47)$$

so daß das längs des Halbkreises erstreckte Integral die Form

$$\oint\limits_{+\infty}^{-\infty} \frac{R \cdot j\, e^{j\vartheta}\, d\vartheta \cdot e^{R(\cos\vartheta + j\sin\vartheta)t}}{\{-\delta + [-R e^{j\vartheta} + j\sigma]\}\, Z(R e^{j\vartheta})}$$

annimmt. Für $\lim_{R\to\infty}$ wird $|Re^{j\vartheta}| \gg |-\delta + j\sigma|$; mit Rücksicht auf (47) und (46) gilt also

$$\lim_{R\to\infty}\left|\oint_{+\infty}^{-\infty}\frac{R\,j\,e^{j\vartheta}\,d\vartheta\,e^{R(\cos\vartheta+j\sin\vartheta)t}}{\{-\delta+[-Re^{j\vartheta}+j\sigma]\}\,Z(Re^{j\vartheta})}\right| < \int_{\frac{\pi}{2}}^{\frac{3\pi}{2}}\frac{j\,d\vartheta\,e^{R\cos\vartheta t}}{\varepsilon}.$$

Da in

$$\frac{\pi}{2} < \vartheta < \pi\,, \qquad \cos\vartheta < 0 \quad \text{und} \quad |\cos\vartheta| < \left|\vartheta - \frac{\pi}{2}\right|,$$

wird

$$\int_{\frac{\pi}{2}}^{\frac{3\pi}{2}}\frac{j\,d\vartheta\,e^{R\cdot\cos\vartheta\cdot t}}{\varepsilon} < 2\int_{\frac{\pi}{2}}^{\pi}\frac{j\,d\vartheta\,e^{-R\cdot\left(\vartheta-\frac{\pi}{2}\right)\cdot t}}{\varepsilon} = \frac{2}{R\cdot t\cdot\varepsilon}\,j\left[e^{-R\cdot\frac{\pi}{2}\cdot t} - 1\right]$$

und also für $t > 0$

$$\lim_{R\to\infty}\left|\oint_{+\infty}^{-\infty}\frac{R\,j\,e^{j\vartheta}\,d\vartheta\,e^{R(\cos\vartheta+j\sin\vartheta)t}}{\{-\delta+[-Re^{j\vartheta}+j\sigma]\}\,Z(Re^{j\vartheta})}\right| = 0\,. \tag{45a}$$

Hiermit ist bewiesen, daß in der Tat unter den genannten Voraussetzungen sich das ungeschlossene Integral (45) auf das Konturintegral

$$\bar{J} = -\frac{E_0}{2\pi j}\int_{\mathfrak{S}}\frac{d\alpha\,e^{\alpha t}}{\{-\delta+[-\alpha+j\sigma]\}\,Z(\alpha)} \tag{45b}$$

(vgl. Abb. 214) zurückführen läßt.

Nach den allgemeinen Sätzen der Funktionentheorie liefern zu dem Konturintegral nur diejenigen Stellen der α-Ebene einen Beitrag, an denen der Integrand singulär wird[1]). Als Maß der Singularität einer beliebigen Funktion $f(\alpha)$ an der Stelle $\alpha = \alpha_0$ dient das Umlaufsintegral

$$R(\alpha_0) = \frac{1}{2\pi j}\oint f(\alpha)\,d\alpha\,, \tag{48}$$

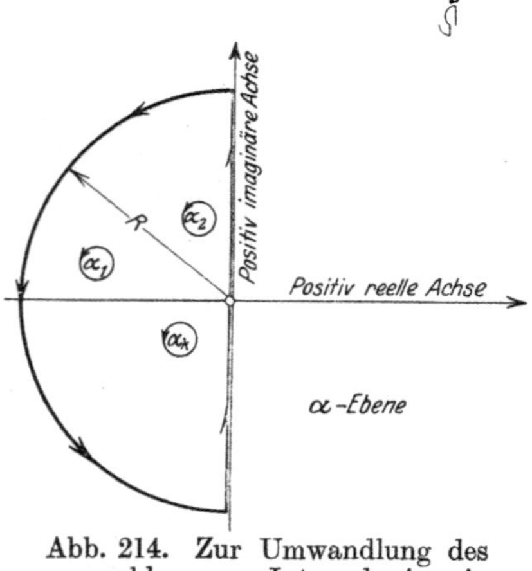

Abb. 214. Zur Umwandlung des ungeschlossenen Integrals in ein Konturintegral.

[1]) Der Beweis dieses Satzes ist in den Entwicklungen der Nr. 25 enthalten.

erstreckt über einen α_0 umgebenden Kreis; dieses Umlaufsintegral heißt das Residuum der Funktion f an der Stelle $\alpha = \alpha_0$. Wir können daher Gl. (45b) in die Form

$$\bar{J} = -E_0 \cdot \sum_K R(\alpha_K) \tag{45c}$$

schreiben, wobei die Summe über sämtliche Singularitäten der Funktion

$$f(\alpha) = \frac{e^{\alpha t}}{\{-\delta + [-\alpha + j\sigma]\} Z(\alpha)} \tag{49}$$

zu erstrecken ist. Die Zählerfunktion ist im ganzen Integrationsbereich regulär; Singularitäten können daher nur durch das Verschwinden der Nennerfunktion

$$n(\alpha) = \{-\delta + [-\alpha + j\sigma]\} Z(\alpha) \tag{50}$$

verursacht sein. In der Umgebung einer Nullstelle $\alpha = \alpha_0$ ist die Potenzentwicklung möglich

$$\left.\begin{aligned} n(\alpha) &= a_\lambda(\alpha - \alpha_0)^\lambda + a_{\lambda+1} \cdot (\alpha - \alpha_0)^{\lambda+1} + \cdots \\ &= a_\lambda \cdot (\alpha - \alpha_0)^\lambda \left[1 + \frac{a_{\lambda+1}}{a_\lambda}(\alpha - \alpha_0) + \cdots\right], \end{aligned}\right\} \tag{50a}$$

wo die ganze Zahl λ die „Ordnung der Nullstelle“ heißt.

Mit der Substitution

$$\alpha - \alpha_0 = \bar{\alpha}; \quad d\alpha = d\bar{\alpha} \tag{51}$$

wird demnach das Residuum

$$R(\alpha_0) = \frac{1}{2\pi j} \oint \frac{e^{(\bar{\alpha} + \alpha_0) t}}{n(\bar{\alpha} + \alpha_0)} d\bar{\alpha} = \frac{1}{2\pi j} \oint \frac{e^{(\bar{\alpha} + \alpha_0) t}}{1 + \frac{a_{\lambda+1}}{a_\lambda}\bar{\alpha} + \cdots} \cdot \frac{d\bar{\alpha}}{a_\lambda \cdot (\bar{\alpha})^\lambda}. \tag{48a}$$

Die Gleichung eines Kreises mit dem Radius ϱ um $\alpha = \alpha_0$ lautet

$$\bar{\alpha} = \varrho \cdot e^{j\vartheta} \quad 0 \leqq \vartheta \leqq 2\pi, \tag{52}$$

so daß (48a) in

$$R(\alpha_0) = \frac{1}{2\pi j} \lim_{\varrho \to 0} \int_{\vartheta=0}^{2\pi} \frac{e^{[\varrho(\cos\vartheta + j\sin\vartheta) + \alpha_0] t}}{1 + \frac{a_{\lambda+1}}{a_\lambda}\varrho \cdot e^{j\vartheta} + \cdots} \cdot \frac{\varrho \cdot j \cdot e^{j\vartheta} \cdot d\vartheta}{a_\lambda \cdot \varrho^\lambda \cdot e^{j\lambda\vartheta}}, \tag{48b}$$

oder

$$R(\alpha_0) = \frac{1}{2\pi j} \lim_{\varrho \to 0} \int_{\vartheta=0}^{2\pi} \frac{e^{\alpha_0 t}}{1 + \frac{a_{\lambda+1}}{a_\lambda}\varrho\, e^{j\vartheta}} \cdot \frac{e^{\varrho[\cos\vartheta + j\sin\vartheta] t} \cdot j\, d\vartheta}{a_\lambda\, e^{j(\lambda-1)\vartheta}\, \varrho^{\lambda-1}} \tag{48c}$$

übergeht.

Nun ist

$$e^{\varrho(\cos\vartheta + j\sin\vartheta)t} \equiv e^{\varrho\cdot e^{j\vartheta}\cdot t} = 1 + \frac{\varrho}{1!} e^{j\vartheta}\cdot t + \frac{\varrho^2}{2!} e^{j2\vartheta}\cdot t^2 + \cdots$$

$$+ \frac{\varrho^{\lambda-1}}{(\lambda-1)!} e^{j(\lambda-1)\vartheta} + \frac{\varrho^\lambda}{\lambda!} e^{j\lambda\vartheta} + \cdots.$$

Wir wählen zunächst

$$\varrho \frac{a_{\lambda+1}}{a_\lambda} \ll 1,$$

und erhalten aus (48c)

$$R(\alpha_0) = e^{\alpha_0 t}\cdot \lim_{\varrho\to 0} \frac{1}{2\pi j}\int_{\vartheta=0}^{2\pi} \frac{\left[1+\frac{\varrho}{1!}e^{j\vartheta}\cdot t + \frac{\varrho^2}{2!}e^{j2\vartheta}\cdot t^2+\cdots\frac{\varrho^{\lambda-1}}{(\lambda-1)!}e^{j(\lambda-1)\vartheta}\cdot t^{\lambda-1}+\frac{\varrho^\lambda}{\lambda!}e^{j\lambda\vartheta}\cdot t^\lambda+\cdots\right]\cdot j\,d\vartheta}{a_\lambda e^{j(\lambda-1)\vartheta}\cdot\varrho^{\lambda-1}}. \quad (48\,\mathrm{d})$$

Bei der Integration nach ϑ fallen alle Glieder fort, deren Exponent $n \gtrless (\lambda - 1)$ ist, so daß

$$R(\alpha_0) = e^{\alpha_0 t}\cdot\frac{t^{\lambda-1}}{a_\lambda(\lambda-1)!} \tag{48e}$$

resultiert. Wir erhalten daher für den Strom die endgültige Darstellung

$$\bar{J} = -E_0\cdot\sum_K \frac{e^{\alpha_K t}\cdot t^{\lambda_K - 1}}{a_{K_\lambda}(\lambda-1)!}, \tag{53}$$

wobei die α_K aus der charakteristischen Gleichung

$$n(\alpha) = \{-\delta + [-\alpha + j\sigma]\}\, Z(\alpha) = 0 \tag{54}$$

zu berechnen sind.

Wir wollen uns fortan auf den spezielleren, praktisch fast stets vorliegenden Fall einfacher Nullstellen beschränken; setzen wir demgemäß $\lambda = 1$, so wird mit Rücksicht auf (45d)

$$\bar{J} = -E_0\sum_K \frac{e^{\alpha_K t}}{a_{K_1}} = E_0\sum_K -\frac{e^{\alpha_K t}}{n'(\alpha)_{\alpha=\alpha_K}}, \tag{53a}$$

da nach Gl. (50a) sich der Koeffizient a_{K_1} durch Differentiation zu

$$a_{K_1} = \left(\frac{dn}{d\alpha}\right)_{\alpha=\alpha_K} = n'(\alpha)_{\alpha=\alpha_K} \tag{55}$$

berechnet. Durch Nullsetzen des ersten Faktors der Funktion (50) ergibt sich

$$\alpha_0 = -\delta + j\sigma. \tag{56}$$

Diesem Werte entspricht also ein Anteil des Störstromes, welcher gleiche Frequenz und Dämpfung besitzt wie die störende Spannung. Ihm reihen sich mittels

$$Z(\alpha) = 0;\ \alpha = \alpha_1;\ \alpha_2;\ \alpha_3;\ \ldots \tag{57}$$

eine Folge von Stromanteilen an, deren Frequenz und Dämpfung von der störenden Spannung gänzlich unabhängig sind: Wir erkennen in ihnen die durch die störende Spannung angestoßenen Eigenschwingungen des linearen Systemes. In linearen Systemen rufen demnach atmosphärische Störungen stets kräftige Eigenschwingungen hervor; ein grundsätzliches Mittel, sie herabzudrücken, ist für lineare Systeme nicht anzugeben.

166. Elektrische Schaltvorgänge; Satz von Heaviside. Wir wollen im folgenden die Vorgänge in linearen Systemen untersuchen, welche nach dem plötzlichen Eingriff einer erzwingenden Kraft erfolgen, die sodann konstant bleibt. Der Einfachheit halber möge wiederum die erzwingende Kraft als Spannung, die Variable als Strom gedeutet werden. Wir erhalten dann den in Abb. 215 gezeichneten zeitlichen Verlauf der erzwingenden Spannung, welchen wir für $t > 0$ durch die Gleichung

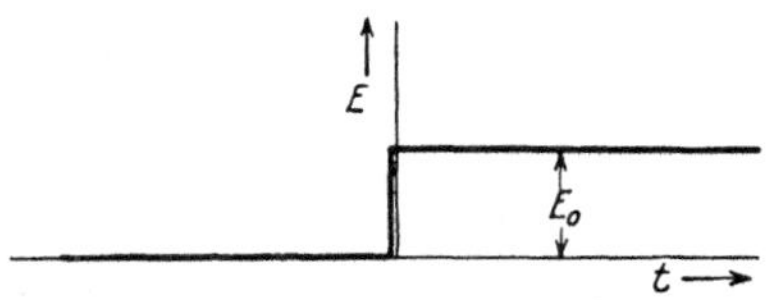

Abb. 215. Verlauf einer Einschaltspannung.

$$E = E_0 \tag{58}$$

darstellen können. Ersichtlich geht diese Funktion aus der im vorigen Abschnitt angewandten Störgleichung durch den Grenzübergang $\delta \to 0$, $\sigma \to 0$ hervor; entsprechend vereinfacht sich die Nennerfunktion zu

$$\left.\begin{aligned} n(\alpha) &= -\alpha \cdot Z(\alpha) \\ \text{und also} \qquad n'(\alpha) &= -Z(\alpha) - \alpha \cdot \frac{dZ}{d\alpha}. \end{aligned}\right\} \tag{58a}$$

Da nach (56) $\alpha_0 \to 0$, so wird aus Gl. (53a) mit Rücksicht auf (58a)

$$\bar{J} = -E_0 \sum \frac{e^{\alpha_K t}}{n'(\alpha)_{\alpha=\alpha_K}} = E_0 \left[\frac{1}{Z(0)} + \sum_K \frac{e^{\alpha_K t}}{\alpha_K \left(\frac{dZ}{d\alpha}\right)_{\alpha=\alpha_K}}\right]. \tag{59}$$

Diese Formel von Heaviside wird mit Nutzen zur schnellen Berechnung elektrischer Einschaltvorgänge verwandt. Der Koeffizient

$$\frac{\bar{J}}{E} = \frac{1}{Z(0)} + \sum_K \frac{e^{\alpha_K t}}{\alpha_K \cdot \left(\frac{dZ}{d\alpha}\right)_{\alpha=\alpha_K}} = H(t), \tag{59a}$$

welcher den beim Schalten wirksamen Leitwert des ganzen Systemes gegenüber dem Strome $\bar{J}$ ausdrückt, heißt die Übergangsfunktion des Systemes; sie ist ebenso wie die Größen α_K selbst von der Höhe der schaltenden Spannung gänzlich unabhängig, dem Systeme eigentümlich.

Der Begriff der Übergangsfunktion gestattet eine Verallgemeinerung der Theorie der Schaltvorgänge, welche für die Anwendungen von Wichtigkeit sind.

Für eine Spannung, welche zur Zeit τ gemäß Abb. 215 in der sodann konstant bleibenden Größe $E_0(\tau)$ zu wirken beginnt, führt die Zeittransformation

$$t' = t - \tau \tag{60}$$

auf den behandelten Einschaltvorgang zurück; wir erhalten daher den Strom

$$\bar{J}(\tau) = E_0(\tau) \cdot H(t') = E_0(\tau) \cdot H(t - \tau)\,. \tag{59b}$$

Eine beliebig verlaufende, zur Zeit $t = 0$ einsetzende Spannung läßt sich durch

$$E(t) = \int_0^t \frac{dE}{d\tau} \cdot d\tau = \int_0^t dE_\tau \tag{61}$$

darstellen; wegen der Linearität des Systemes können die von den Elementarspannungen dE_τ nach (59) berechenbaren Elementarströme überlagert werden, so daß

$$\bar{J} = \int_0^t dJ_\tau = \int_0^t dE_\tau \cdot H(t - \tau) \tag{62}$$

entsteht.

Insbesondere wird beim Einschalten der Wechselspannung

$$E = E_{\max} \cdot \sin \omega t\,, \tag{63}$$

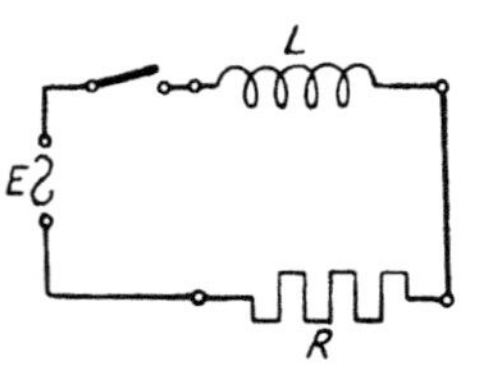

Abb. 216. Schalten eines induktiven Widerstandes.

nach Gl. (61)

$$dE_\tau = E_{\max} \cdot \omega \cdot \cos \omega \tau \cdot d\tau$$

und also

$$\bar{J} = \int_0^t E_{\max} \cdot \omega \cos \omega \tau \cdot d\tau \cdot H(t - \tau) \tag{62a}$$

welche Gleichung für die Wechselstromschnelltelegraphie von grundlegender Bedeutung ist.

Wir wollen die abgeleiteten Beziehungen auf das Einschalten eines linearen Systemes anwenden, welches gemäß Abb. 216 aus einer Induktivität und einem Widerstande in Reihe besteht.

Da die treibende Spannung im Verein mit der Umlaufsspannung der Spule dem Ohmschen Spannungsabfall das Gleichgewicht hält, lautet die Differentialgleichung des Stromes

$$JR = E - L\frac{dJ}{dt}\,. \tag{64}$$

In komplexer Form wird also

$$\bar{J}(R + j\omega L) = \bar{\bar{E}} \tag{64a}$$

oder mit der Substitution $j\omega = \alpha$ [Gl. (42)]

$$\bar{J}(R + \alpha L) = \bar{\bar{E}}, \tag{64b}$$

so daß

$$Z(\alpha) = \frac{\bar{\bar{E}}}{\bar{J}} = R + \alpha L \tag{64c}$$

resultiert. Die Forderung $Z(\alpha) = 0$ ergibt als einzige Wurzel

$$\alpha_1 = -\frac{R}{L}. \tag{65}$$

Weiter ist

$$Z(0) = R \tag{66}$$

und

$$\left(\alpha \cdot \frac{dZ}{d\alpha}\right)_{\alpha=\alpha_1} = (\alpha \cdot L)_{\alpha=\alpha_1} = -R. \tag{67}$$

Nach Gl. (59a) ist also

$$\bar{J} = \frac{E_0}{R} - \frac{E_0 e^{-\frac{R}{L}t}}{R} = E_0 \frac{1 - e^{-\frac{R}{L}t}}{R} \tag{68}$$

und die Übergangsfunktion

$$H(t) = \frac{1 - e^{-\frac{R}{L}t}}{R}. \tag{68a}$$

Für den Schaltstrom, der von einer Wechselspannung nach (63) verursacht wird, kommt also

$$\bar{J} = \int_0^t E_{\max} \cdot \omega \cdot \cos\omega\tau\, d\tau \cdot \frac{1 - e^{-\frac{R}{L}(t-\tau)}}{R} \tag{69}$$

und nach Ausführung der Integration

$$\left.\begin{aligned} J &= \frac{E_{\max} \cdot \sin\omega t}{R} - \frac{E_{\max} \cdot \omega}{R} e^{-\frac{R}{L}t}\left[e^{+\frac{R}{L}t}\frac{\omega\sin\omega t + \frac{R}{L}\cos\omega t}{\omega^2 + \frac{R^2}{L^2}} - \frac{\frac{R}{L}}{\omega^2 + \frac{R^2}{L^2}}\right] \\ &= E_{\max}\left[\frac{R}{\omega^2 L^2 + R^2}\sin\omega t - \frac{\omega L}{\omega^2 L^2 + R^2}\cdot\cos\omega t + e^{-\frac{R}{L}t}\frac{\omega L}{\omega^2 L^2 + R^2}\right]. \end{aligned}\right\} \tag{69a}$$

Setzt man

$$\cos\varphi = \frac{R}{\sqrt{\omega^2 L^2 + R^2}}; \qquad \sin\varphi = \frac{\omega L}{\sqrt{\omega^2 L^2 + R^2}}; \qquad \operatorname{tg}\varphi = \frac{\omega L}{R},$$

so wird

$$J \equiv \bar{J} = E_{\max}\left[\frac{\sin(\omega t - \varphi)}{\sqrt{\omega^2 L^2 + R^2}} + \frac{\sin\varphi \cdot e^{-\frac{R}{L}t}}{\sqrt{\omega^2 L^2 + R^2}}\right]. \tag{69b}$$

Dieses Ergebnis ist aus elementaren Rechnungen bekannt.

Unharmonische Schwingungen.

167. Erzwungene Stromschwingungen im eisenhaltigen Schwingungskreise. Von den bisher behandelten linearen Systemen unterscheidet sich der eisenhaltige Schwingungskreis durch die Abhängigkeit seiner Induktivität von der Größe des wirksamen Flusses. Abb. 217 zeigt einen Schwingungskreis, welcher als Induktivität die Hintereinanderschaltung einer eisenlosen Spule und einer eisenhaltigen Ringspule enthält. In der Schwingungsgleichung

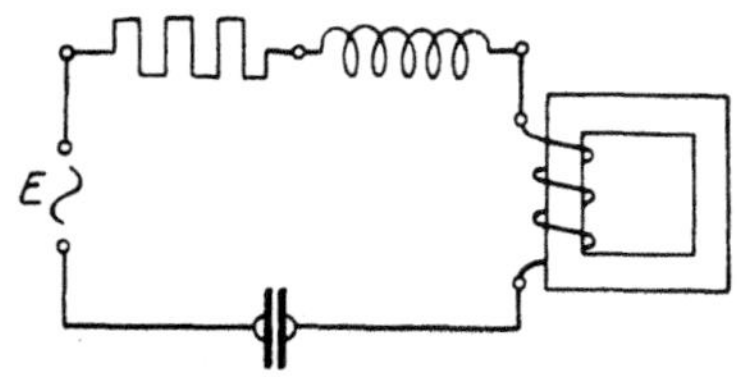

Abb. 217. Schaltung zur Erzwingung von Stromschwingungen im eisenhaltigen Schwingungskreise.

$$J \cdot R = E + E_u + E_c$$

ist mit dem Gesamtspulenflusse Φ

$$E_u = -\frac{d\Phi}{dt} \cdot 10^{-8}.$$

Wir zerlegen Φ in Luftspulenfluß Φ_l und Eisenspulenfluß Φ_e

$$E_u = -\frac{d(\Phi_l + \Phi_e)}{dt} \cdot 10^{-8}.$$

Der Luftspulenfluß ist mit dem Strome durch die Größe der Induktivität L_l verknüpft,

$$\Phi_l \cdot 10^{-8} = L_l \cdot J\,, \tag{70}$$

während für den Eisenspulenfluß eine Beziehung der Form

$$\Phi_e \cdot 10^{-8} = f(J) \tag{71}$$

besteht, in welcher die Funktion f die Magnetisierungskurve enthält, also auch die Hystereseerscheinung in sich faßt. Die Umlaufsspannung läßt sich also durch

$$E_u = -\frac{d[L_l \cdot J + f(J)]}{dt} = -\left(L_l + \frac{df}{dJ}\right)\frac{dJ}{dt} \tag{72}$$

ausdrücken, wo die Größe

$$L_d = L_l + \frac{df}{dJ} \tag{72a}$$

in Analogie mit (70) als differentielle Induktivität bezeichnet werden kann; L_d unterscheidet sich von L_l wesentlich durch die Abhängigkeit von J.

Setzen wir die treibende Spannung einfach harmonisch voraus:

$$E = E_{\max} \cdot \cos\omega t\,,$$

so folgt für J die nichtlineare Differentialgleichung

$$J \cdot R + \frac{1}{C}\int J\,dt + \left(L_l + \frac{df}{dJ}\right)\frac{dJ}{dt} = E_{\max} \cdot \cos\omega t\,. \tag{73}$$

Eine Lösung dieser Gleichung ist in geschlossener Form nicht möglich. Dagegen gestattet sie den Schluß, daß im stationären Zustande J eine periodische Funktion der Zeit wird, deren Form aber gegenüber der Sinuskurve verzerrt wird. Setzen wir für den Anteil der Grundfrequenz

$$J_g = J_{\max} \cdot \cos(\omega t - \varphi)\,,$$

so wird

$$\left.\begin{aligned} J_{\max} \cdot R \cdot \cos(\omega t - \varphi) + \frac{1}{C\omega} J_{\max} \cdot \sin(\omega t - \varphi) - J_{\max} \cdot \omega \cdot \sin(\omega t - \varphi)\left(L_c + \frac{df}{dJ}\right) \\ = E_{\max} \cdot \cos \omega t\,, \end{aligned}\right\} \quad (73\,\mathrm{a})$$

woraus ersichtlich ist, daß auch die längs L_d entwickelte Umlaufsspannung schon allein durch den Stromanteil der Grundfrequenz verzerrt wird. Auch sie besitzt aber einen Anteil der Grundfrequenz, für welchen wir

$$E_{u_g} = -L_m \cdot \frac{dJ_g}{dt} \qquad (74)$$

schreiben. Die Rechengröße L_m kann als „mittlere Schwingungsinduktivität" bezeichnet werden; sie hängt nur mehr von der Amplitude des Stromes ab.

Mit Einführung der mittleren Schwingungsinduktivität geht (73a) in

$$J_{\max} \cdot R \cdot \cos(\omega t - \varphi) + \frac{1}{C\omega} \cdot J_{\max} \cdot \sin(\omega t - \varphi) - J_{\max} \cdot \omega \cdot L_m \cdot \sin(\omega t - \varphi), \\ = E_{\max} \cdot \cos \omega t$$

über, deren Lösung nach Nr. 156 durch

$$J_{\max} = -\frac{E_{\max}}{\sqrt{R^2 + \left(\frac{1}{C\omega} - \omega L_m\right)^2}}, \qquad \operatorname{tg}\varphi = -\frac{\omega L_m - \frac{1}{\omega C}}{R} \qquad (75)$$

dargestellt wird.

Aus der formalen Übereinstimmung mit (2d) schließen wir insbesondere, daß $J_{\max}$ für

$$\omega L_m - \frac{1}{\omega C} = 0 \qquad (76)$$

den Extremalwert

$$J_{\max} = \frac{E_{\max}}{R} \qquad \operatorname{tg}\varphi = 0 \qquad (75\,\mathrm{a})$$

annimmt (Resonanzfall).

Der Spannunganteil an L_d

$$\Sigma E_0 = -J_{\max} \sin(\omega t - \varphi)\left(L_l + \frac{df}{dJ}\right) - [J_{\max} \cdot \sin(\omega t - \varphi) \cdot L_m]$$

$$= -J_{\max} \sin(\omega t - \varphi)\left(L_l + \frac{df}{dJ} - L_m\right)$$

enthält der Definition von L_m nach nur Frequenzen, welche ein Mehrfaches der Grundfrequenz betragen. Als Folge entstehen Ströme entsprechender Frequenz, welche durch den ganzen Schwingungskreis getrieben werden und sich J_g überlagerte. In der Nähe der durch (76) gegebenen Resonanzlage sind jedoch die überlagerten Ströme vernachlässigbar klein. Allen folgenden Rechnungen liegt die hieraus folgende Annahme zugrunde, daß man sich auf die Ermittlung des J_g beschränken darf.

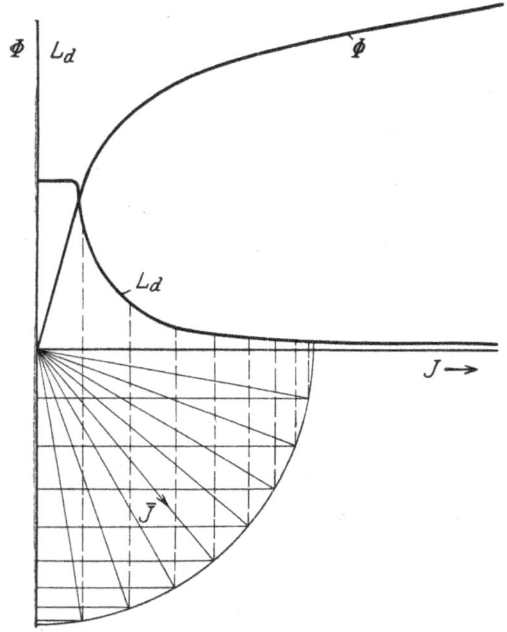

Abb. 218. Abhängigkeit des Spulenflusses und der dynamischen Induktivität vom Strom.

An Stelle der mittleren Schwingungsinduktivität berechnen wir bequemer die ihr entsprechende Umlaufsspannung. In Abb. 218 ist der Spulenfluß

$$\Phi_e + \Phi_l = f(J) + L_e \cdot J$$

sowie die dynamische Induktivität

$$L_e + \frac{df}{dJ} = L_d$$

als Funktion von J gezeichnet. In dem gleichen Diagramm ist J_g für einen willkürlich angenommenen Maximalwert $\overline{J_{\max}}$ durch die Projektionen der $\overline{J}_g$-Vektoren auf die Abszissenachse dargestellt, wobei jedem Vektor ein bestimmter Zeitpunkt der vollen Periode entspricht. Der zugehörige Wert der differentiellen Induktivität ist aus der gezeichneten Kurve zu entnehmen, während die Größe $\frac{dJ}{dt}$ sich als Projektion des $\overline{J}_g$-Vektors auf die Ordinatenachse ergibt.

Hiermit ist die Umlaufsspannung als Produkt aus $\frac{dJ}{dt}$ und L_d konstruierbar (Abb. 219). Man erhält eine Spannungskurve von äußerst spitzem Verlauf, in welcher man neben der Grundfrequenz eine besonders scharf ausgeprägte dritte Oberfrequenz durch Fouriersche Analyse findet (vgl. Nr. 161).

Führt man die Konstruktion für verschiedene Stromamplituden durch und trägt die resultierende Amplitude der Spannungsgrundschwingung in einem Diagramme auf, so erhält man die in Abb. 220

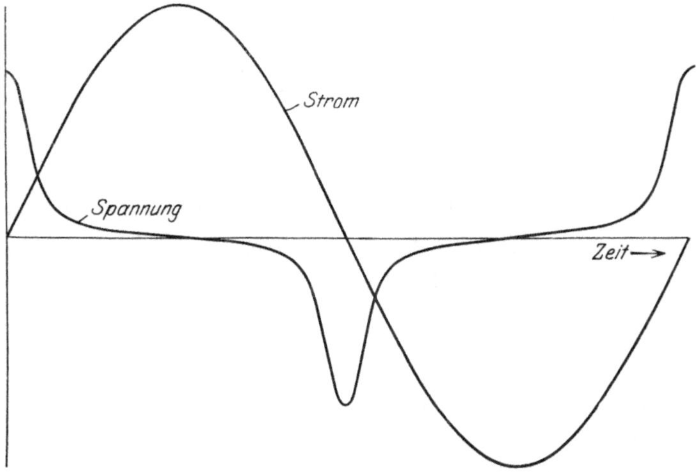

Abb. 219. Konstruktion der Umlaufsspannung.

dargestellte magnetische Schwingcharakteristik. Sie ist analytisch durch den Ausdruck

$$E_{\max} = L_m (J_{\max}) \cdot \omega \cdot J_{\max} \tag{77}$$

erfaßbar, wo durch $L_m(J_{\max})$ die Abhängigkeit der mittleren Schwinginduktivität von der Stromamplitude angedeutet ist.

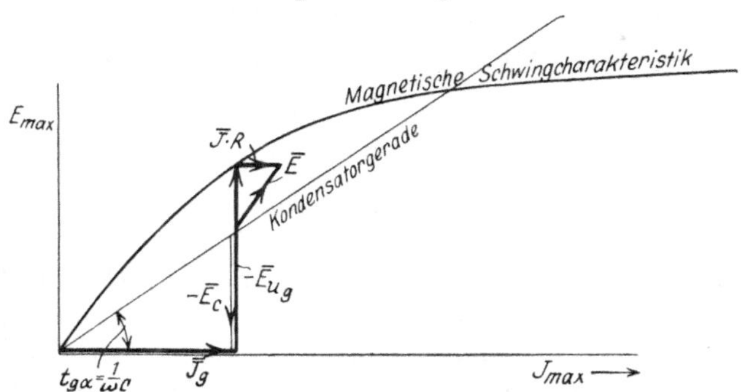

Abb. 220. Magnetische Schwingcharakteristik.

Da der Konstruktion der magnetischen Schwingcharakteristik einfach-harmonischer Verlauf von Strom und Spannung zugrunde liegt, kann die Kurve vektoriell gedeutet werden. Wird insbesondere der $\bar{J}_g$-Vektor in Richtung wachsender $J_{\max}$-Werte gelegt, so fällt der Vektor $-\bar{E}_{ug} = L_d \cdot \frac{d\bar{J}_g}{dt}$ in die Richtung der positiven Ordinatenachse. Dieses Resultat gilt unabhängig von der Frequenz, welche lediglich noch die Höhe der Ordinaten bestimmt.

Ganz entsprechend kann die Kondensatorspannung

$$-\bar{E}_c = \frac{1}{c}\int \bar{J}_g\,dt; \qquad E_{c\max} = \frac{1}{\omega C}\cdot J_{\max} \tag{78}$$

nach Größe und Richtung vektoriell dargestellt werden durch die „Kondensatorgerade“, welche nach (78) den Winkel $\alpha = \operatorname{artg}\frac{1}{\omega C}$ mit der Abszissenachse bildet, wobei der Vektor $-E_c$ in Richtung der negativen Ordinatenachse fällt. Die Summe

$$L\frac{dJ_g}{dt} + \frac{1}{C}\int J_g\,dt$$

wird daher nach Abb. 220 als Differenz aus den Ordinaten der magnetischen Schwingcharakteristik und der Kondensatorgeraden erhalten. Fügt man hierzu noch den Vektor der Ohmschen Spannung $J \cdot R$, so gleicht die Resultierende nach Größe und Richtung dem Vektor der treibenden Spannung E.

Der durch (76) gegebene Resonanzzustand wird im Schaubilde durch den Schnitt von magnetischer Schwingkennlinie mit der Kondensatorgeraden ausgedrückt. Hieraus folgt:

Resonanz tritt dann und nur dann auf, wenn die magnetische Schwingcharakteristik im Ursprunge steiler ansteigt als die Gerade der Kondensatorspannung. Diese Bedingung läßt sich mit Benutzung der mittleren Schwinginduktivität für sehr kleine Schwingungen L_{m_0} formulieren:

$$\omega L_{m_0} \geqq \frac{1}{\omega C} \tag{79}$$

oder

$$\omega^2 L_{m_0}\cdot C \geqq 1\,. \tag{79 a}$$

Da also hier die Resonanzbedingung nicht durch eine Gleichung, sondern durch eine Ungleichung ausgedrückt ist, gibt es keine ausgesprochene Resonanzfrequenz. Vielmehr kann nach Überschreitung einer Mindestfrequenz ω_0, welche durch das Gleichheitszeichen in (79) bestimmt ist, bei jeder Frequenz Resonanz eintreten, sofern nur die Stromamplitude den erforderlichen Wert erreicht.

Den Zusammenhang zwischen Frequenz und Stromamplitude bei gegebener Spannungsamplitude liefern die in Abb. 221 gezeichneten Resonanzkurven, wobei jeder Spannungsamplitude eine Kurve entspricht. Steigert man also die Frequenz stetig, so steigt der Strom langsam bis zu seinem Extremalwert an, um dann bei weiterer Steigerung der Frequenz sprungweise auf einen sehr kleinen Wert herunterzugehen. Umgekehrt springt bei Erniedrigung der Frequenz der Strom plötzlich auf einen viel höheren Wert an, um dann allmählich abzunehmen. Das punktierte Kurvenstück entspricht einem labilen Zustande.

Diese unstetige Änderung der Stromamplitude heißt **Kipperscheinung.**

Ersichtlich tritt dieselbe Kipperscheinung auch auf bei konstanter Frequenz, konstanter Spannungsamplitude und veränderlicher Kapazi-

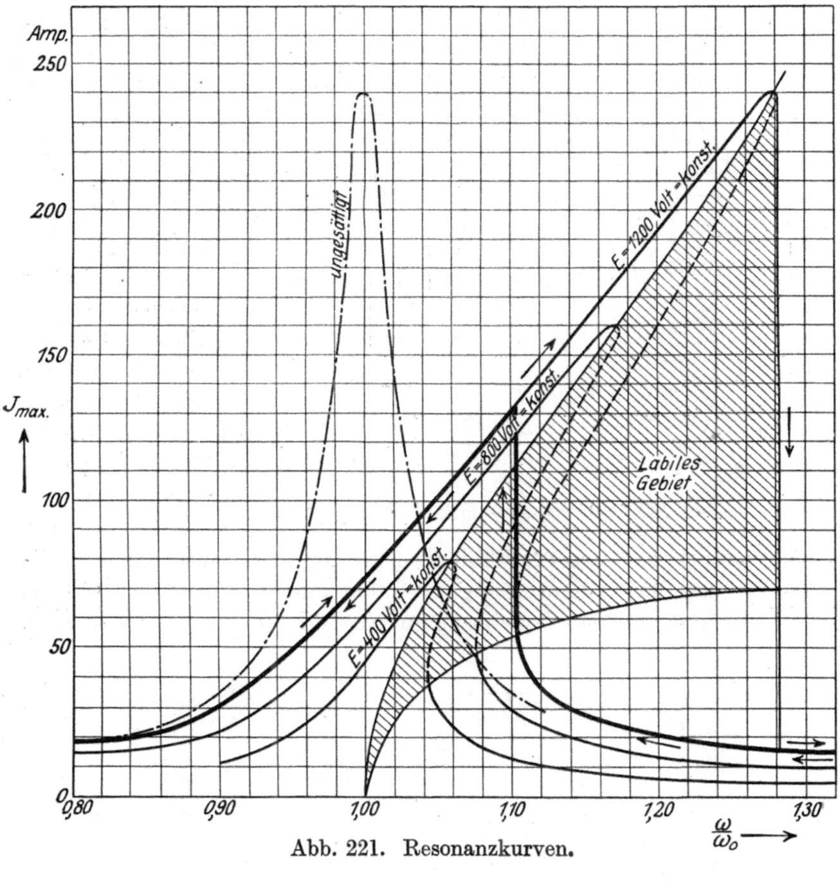

Abb. 221. Resonanzkurven.

tät, welche in das Diagramm (220) als veränderliche Neigung der Kondensatorgeraden eingeht.

Ein ähnlicher Vorgang findet statt, wenn bei konstant gehaltener Frequenz und Kapazität durch Änderung der treibenden Spannung die Stromamplitude und damit die mittlere Schwinginduktivität L_d geändert wird.

Abb. 222 zeigt das Stromspannungsdiagramm. Bei steigender Spannung nimmt der Strom zunächst bis P_1 zu, um dann plötzlich auf P_2

zu springen, bei fallender Spannung nimmt er bis P_3 ab und geht dann sprungweise auf P_4 über. Das punktierte Kurvenstück entspricht auch hier labilem Zustande.

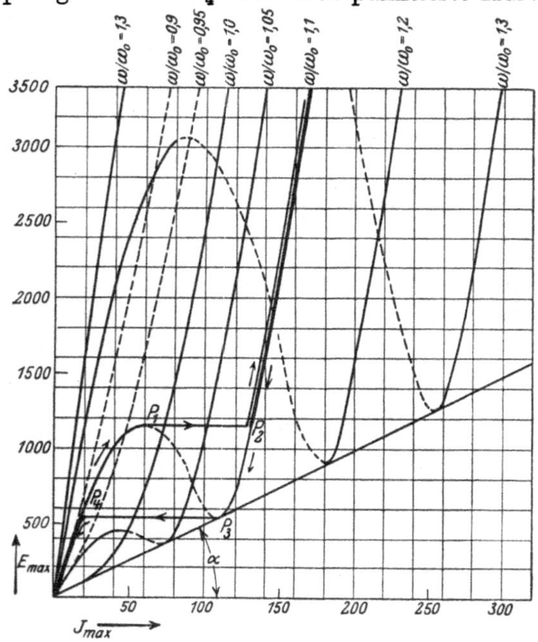

Abb. 222. Stromspannungskurven.

Auf das behandelte System läßt sich der Schwingungskreis mit eisenhaltiger Spule nach Abb. 223 zurückführen, welcher neben der im Schwingungskreis liegenden Wicklung noch eine Hilfswicklung besitzt. Diese ist über eine sehr große Induktivität L_h an eine Gleichspannung E_0 angeschlossen. Der Strom in diesem zweiten Kreise wird von Gleichspannung und Umlaufsspannung getrieben. Weil aber L_g sehr groß ist, kann ein Wechselstrom merklicher Größe als Folge der Umlaufsspannung nicht zustande kommen. Die Wirkung der Hilfswicklung ist daher eine Vormagnetisierung der Eisenspule derart, daß die magnetische Feldstärke um den Mittel-

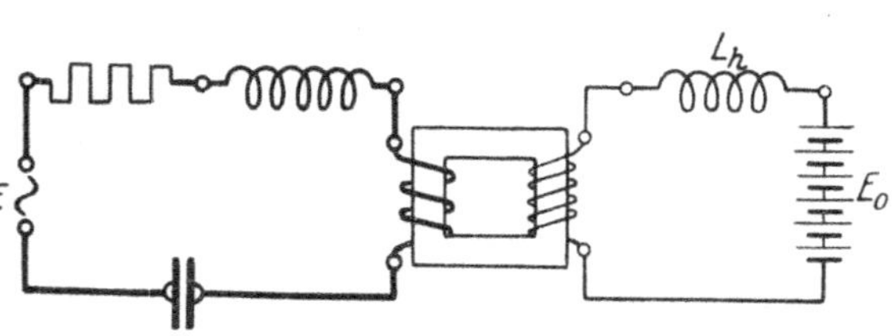

Abb. 223. Spule mit Vormagnetisierung im Schwingungskreise.

wert schwankt, welcher durch den Strom der Hilfswicklung bestimmt ist. Daher kann auch hier die Umlaufsspannung durch

$$E_u = -L_d \cdot \frac{dJ}{dt}; \qquad E_{u_{\max}} = L_m \cdot \omega \cdot J_{\max}$$

dargestellt werden (Abb. 224), wo aber L_m außer von $J_{\max}$ von der Vormagnetisierung des Hilfsstromes abhängt.

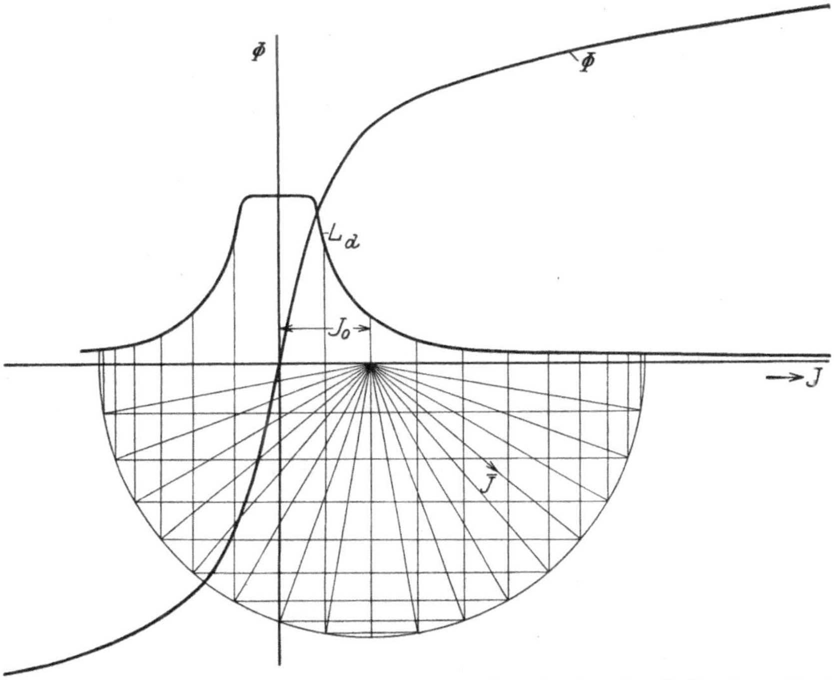

Abb. 224. Konstruktion der magnetischen Schwingcharakteristik einer Spule mit Vormagnetisierung.

Für einen festen Wert der Vormagnetisierung läßt sich die Schwingcharakteristik nach der oben entwickelten Methode berechnen. Das

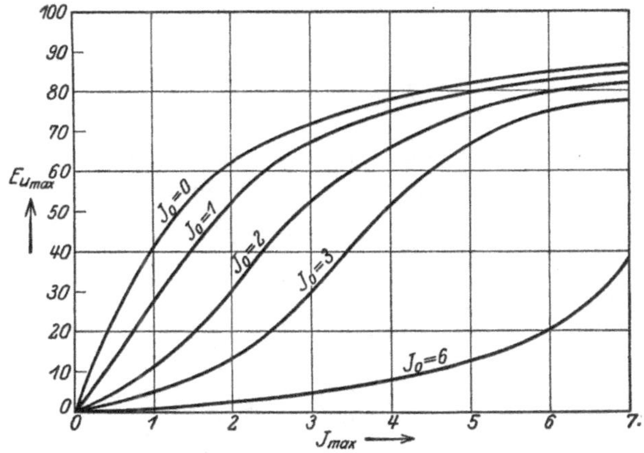

Abb. 225. Magnetische Schwingcharakteristiken einer Spule mit Vormagnetisierung.

Ergebnis ist in Abb. 225 dargestellt. Bei Durchführung der vorstehend gezeigten Konstruktion der Stromkurven erkennt man aus der eigentümlichen Form der Charakteristik für feste Vormagnetisierung (z. B. $J_0 = 3$) das Auftreten zweier Kippbereiche bei kleiner und großer Stromamplitude.

Aus der Abhängigkeit der Amplitude von der Vormagnetisierung bei festen Betriebsgrößen des Schwingungskreises ergibt sich die Möglichkeit der Modulation hochfrequenter Schwingungen durch Steuerung des vormagnetisierenden Gleichstromes.

168. Erzwungene Spannungsschwingungen am eisenhaltigen Schwingungskreise. Der Behandlung der erzwungenen Spannungsschwingungen wird die Schaltung nach Abb. 226 zugrunde gelegt.

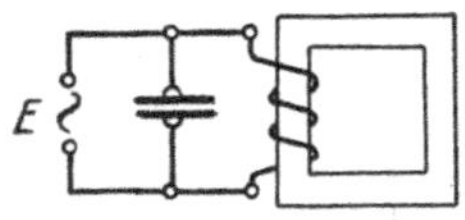

Abb. 226. Schaltung zur Erzwingung von Spannungsschwingungen.

Der Ohmsche Spannungsabfall soll vernachlässigt werden. Die treibende Spannung E muß dann sowohl mit der Umlaufsspannung E_u als auch der Kondensatorspannung E_c ein Gleichgewichtssystem bilden:

$$E + E_u = 0; \qquad E + E_c = 0.$$

Wir drücken E_u durch den Spulenfluß, E_c durch den Kondensatorstrom J_c aus und erhalten die beiden Gleichungen

$$E = \frac{d\Phi}{dt} \cdot 10^{-8} \tag{80}$$

und

$$E = \frac{1}{C}\int J_c\, dt, \tag{81}$$

also

$$\Phi \cdot 10^{-8} = \int_0^t E\, dt, \tag{80a}$$

$$J_c = -C\frac{dE}{dt}. \tag{81a}$$

Aus Φ ergibt sich der Spulenstrom J_L mittels der Magnetisierungskurve, welcher wir den in Nr. 125 eingeführten analytischen Ausdruck

$$J_L = A\Phi + B\Phi^3 \tag{82}$$

zugrunde legen wollen.

Sei beispielsweise

$$E = E_{\max} \cdot \cos\omega t,$$

so wird

$$\Phi \cdot 10^{-8} = \frac{1}{\omega} E_{\max} \cdot \sin\omega t \tag{80b}$$

$$J_c = E_{\max} C\omega \cdot \sin\omega t \tag{81b}$$

und mit (82)

$$J_L = A \cdot \frac{E_{\max}}{\omega} \cdot 10^8 \cdot \sin\omega t + B \cdot \frac{E_{\max}^3}{\omega^3}(10^8)^3 \cdot \sin^3\omega t. \tag{83}$$

Da
$$\sin^3 \omega t = \tfrac{3}{4} \sin \omega t - \tfrac{1}{4} \sin 3\, \omega t\,,$$
entsteht
$$\left.\begin{aligned} J_L = &\left[A \frac{E_{\max}}{\omega} \cdot 10^8 + \frac{3}{4} B \frac{E_{\max}^3}{\omega^3} (10^8)^3\right] \sin \omega t \\ &- \frac{1}{4} B \frac{E_{\max}^3}{\omega^3} (10^8)^3 \sin^3 \omega t\,. \end{aligned}\right\} \quad (83\,\mathrm{a})$$

Der von der treibenden Spannung gelieferte Gesamtstrom ist
$$J = J_L - J_c$$
also mit (81 b) und (83 a)
$$\left.\begin{aligned} J = &\left[A \frac{E_{\max}}{\omega} \cdot 10^8 + \frac{3}{4} B \frac{E_{\max}^3}{\omega^3} (10^8)^3 - C\omega E_{\max}\right] \sin \omega t \\ &- \frac{1}{4} B \frac{E_{\max}^3}{\omega^3} (10^8)^3 \sin^3 \omega t\,. \end{aligned}\right\} \quad (84)$$

Wir erkennen aus dieser Formel, daß der Gesamtstrom für keine Spannung und keine Frequenz identisch verschwinden kann, weil seine beiden Anteile verschiedene Frequenz besitzen. In dieser Hinsicht steht also der eisenhaltige Schwingungskreis in scharfem Gegensatz zum Schwingungskreis mit konstanter Induktivität, bei welchem durch Verkleinerung des Ohmschen Widerstandes der Gesamtstrom beliebig herabgedrückt werden kann. Dieser Satz findet eine wichtige Anwendung auf Erdschlußspulen der Starkstromtechnik, welche zusammen mit der Kapazität der zu schützenden Netze Schwingungskreise der behandelten Art darstellen.

169. Die Transformation der Frequenz. a) Aus Abb. 218 ergibt sich, daß die längs einer eisenhaltigen Spule bei Kippresonanz entwickelte Umlaufsspannung eine spitze Form besitzt. Eine derartige Spannung kann nach Nr. 163 zur Anstoßung eines weiteren Schwingungskreises verwendet werden.

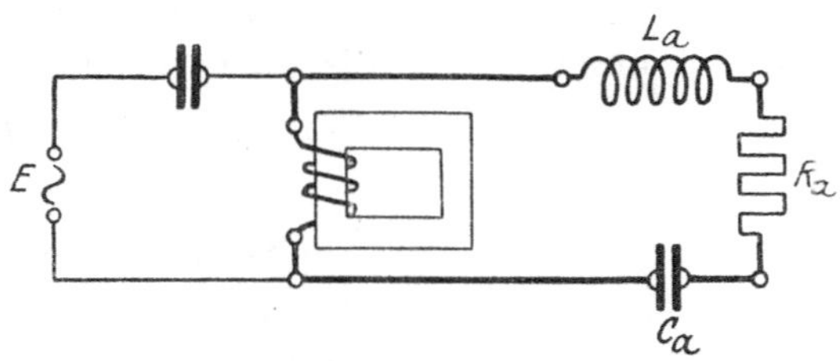

Abb. 227. Schaltung zur Stoßerregung mittels Kippresonanz.

Die hierzu erforderliche Schaltung ist in Abb. 227 dargestellt. Die Spannung E treibt einen Strom durch den Kondensator C, die Luftinduktivität L_l und die eisenhaltige Ringspule L_e. Der Schwingungskreis L_l, C, L_e befindet sich in Kippresonanz für die Betriebsfrequenz der Maschine. An den Klemmen der Spule L_e herrscht also eine stark verzerrte Spannung, welche den Arbeitskreis L_a, C_a, R zu gedämpften Schwingungen anstößt.

b) Durch das Verfahren der Frequenztransformation mittels ruhender Transformatoren wird aus der verzerrten Spannungskurve einer eisenhaltigen Spule eine Schwingung höherer Frequenz entnommen. In Abb. 228 ist die Schaltung für zweifache Frequenztransformation dargestellt.

Zwei genau gleich dimensionierte Eisenringe a und b tragen je eine Primärwicklung, eine Hilfswicklung und eine Sekundärwicklung. Die beiden Primärwicklungen sind hintereinander geschaltet und bilden zusammen mit der Primärinduktivität L_l der Maschine und der Primärkapazität C_1 einen Schwingungskreis, welcher sich für die Betriebsfrequenz der Maschine in Kippresonanz befindet. Die beiden gegeneinander geschalteten Sekundärspulen arbeiten auf den aus C_2, L_2, R_2 gebildeten Schwingungskreis. Die Hilfswicklungen sind über eine Induktivität L_h an eine Gleichspannung gelegt. Wir setzen L_h so groß voraus, daß ein merklicher Wechselstrom im Hilfskreise nicht zustande kommen kann; dem Hilfsstrom fällt also lediglich die Aufgabe zu, in den beiden Eisenringen eine Vormagnetisierung hervorzubringen.

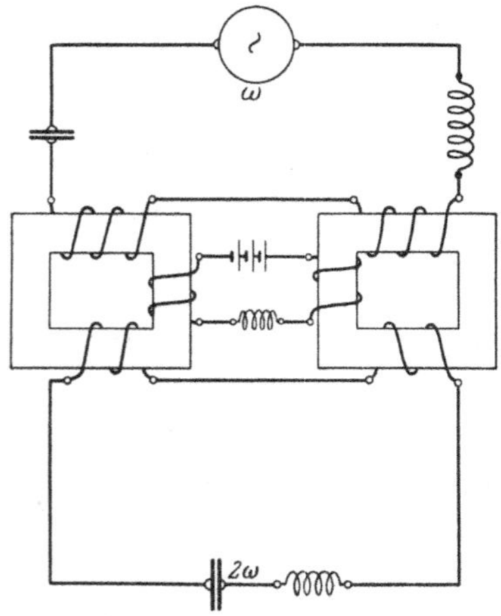

Abb. 228. Schaltung für zweifache Frequenztransformation.

Wir reduzieren sämtliche Wicklungen auf gleiche Windungszahl w (Nr. 158). Nennen wir J_1 den Primärstrom, J_2 den Sekundärstrom, J_h den Hilfsstrom, so wird die magnetische Umlaufsspannung im Ringe a

$$M_a = w(J_1 + J_2 + J_h) \tag{84a}$$

und ebenso im Ringe b

$$M_b = w(J_1 - J_2 - J_h)\,. \tag{84b}$$

Im Leerlauf ($J_2 = 0$) bestimmt sich demnach der Fluß und die Umlaufsspannung jedes Ringes nach den in Nr. 167 abgeleiteten Gesetzen des eisenhaltigen Schwingungskreises mit Vormagnetisierung: Jede der Spannungskurven enthält über der Grundschwingung eine stark ausgeprägte zweite Oberschwingung. Wegen ihrer symmetrischen Lage heben sich diese Oberschwingungen bei der Summenbildung auf, bei der Differenzbildung dagegen verstärken sie sich, während hier die Grundschwingung gelöscht wird (Abb. 229).

Bei Anschaltung des Sekundärkreises treibt die Umlaufsspannung der zweiten Oberfrequenz einen frequenzgleichen Strom über den

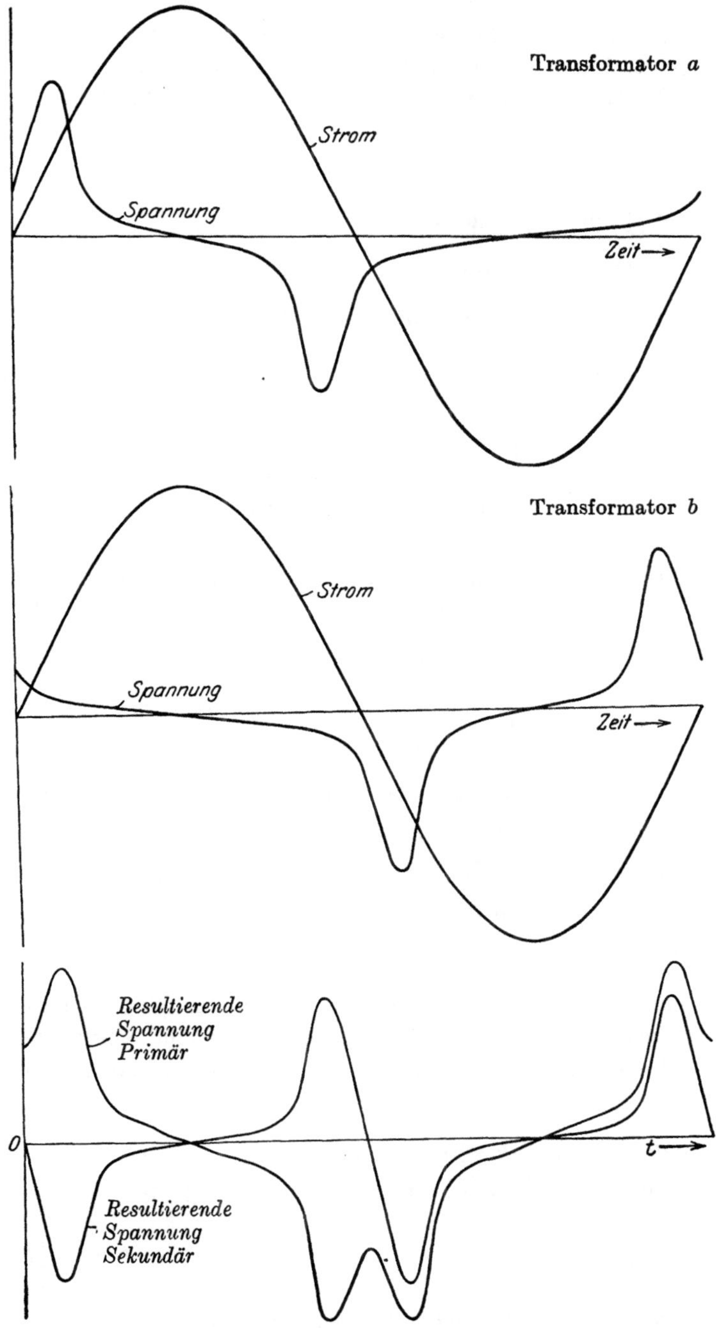

Abb. 229. Einzelspannungen der Transformatoren und resultierende Spannungen.

Kondensator und den Belastungswiderstand. Wir wollen die sehr weitläufige Rechnung nicht durchführen, sondern uns mit den Grundsätzlichen der Methode begnügen. Wir machen für den Fluß im Ringe a den Ansatz

$$\Phi_a = \Phi_1 \cdot \sin\omega t + \Phi_2 \cdot \sin(2\,\omega t - \varphi) + \Phi_0 \tag{85a}$$

und für den Fluß im Ringe b

$$\Phi_b = \Phi_1 \cdot \sin\omega t - \Phi_2 \cdot \sin(2\,\omega t - \varphi) - \Phi_0\,. \tag{85b}$$

Die Umlaufsspannung des Primärkreises ist

$$E_{u_1} = -\frac{d(\Phi_a + \Phi_b)}{d\,t} \cdot 10^{-8} = -2 \cdot \Phi_1 \cdot \omega \cdot 10^{-8} \cos\omega t\,, \tag{86a}$$

die des Sekundärkreises

$$E_{u_2} = -\frac{d(\Phi_a - \Phi_b)}{d\,t} \cdot 10^{-8} = -2 \cdot \Phi_2 \cdot 2\,\omega \cdot 10^{-8} \cos(2\,\omega t - \varphi)\,. \tag{86b}$$

Für die Beziehung zwischen magnetischer Umlaufsspannung und Fluß benutzen wir als Näherungsdarstellung den Ausdruck (vgl. Nr. 125)

$$M = A \cdot \Phi + B\,\Phi^3\,. \tag{87}$$

Daher entsteht

$$\left.\begin{aligned} M_{a,b} &= A[\Phi_1 \cdot \sin\omega t \mp \Phi_2 \cdot \sin(2\,\omega t - \varphi) \mp \Phi_0] \\ &\quad + B[\Phi_1 \cdot \sin\omega t \mp \Phi_2 \cdot \sin(2\,\omega t - \varphi) \mp \Phi_0]^3 \\ &= A[\Phi_1 \cdot \sin\omega t \mp \Phi_2 \cdot \sin(2\,\omega t - \varphi) \mp \Phi_0] \\ &\quad + B[\Phi_1^3 \cdot \sin^3\omega t \mp 3\,\Phi_1^2 \cdot \sin^2\omega t\,\{\Phi_2 \cdot \sin(2\,\omega t - \varphi) + \Phi_0\} \\ &\quad + 3\,\Phi_1 \cdot \sin\omega t\,\{\Phi_2 \sin(2\,\omega t - \varphi) + \Phi_0\}^2 \\ &\quad \mp \{\Phi_2 \sin(2\,\omega t - \varphi)\,\Phi_0\}^3]\,, \end{aligned}\right\} \tag{88}$$

wo das untere Vorzeichen für Ring a, das obere für Ring b gültig ist. Entwickelt man die trigonometrischen Funktionen und vernachlässigt alle Oberschwingungen von mehr als doppelter Grundfrequenz, so resultiert

$$\left.\begin{aligned} M_{a,b} &= A[\Phi_1 \cdot \sin\omega t \mp \Phi_2 \cdot \sin(2\,\omega t - \varphi) \mp \Phi_0] \\ &\quad + B[\Phi_1^3 \cdot \tfrac{3}{4} \cdot \sin\omega t \mp 3\,\Phi_1^2 \cdot \tfrac{1}{2}\,\Phi_2 \cdot \sin(2\,\omega t - \varphi) \mp 3 \cdot \Phi_1^2 \cdot \tfrac{1}{2} \cdot \Phi_0 \\ &\quad \pm 3\,\Phi_1^2\,\Phi_0 \cdot \cos 2\,\omega t + 3\,\Phi_1 \cdot \sin\omega t \cdot \Phi_0^2 + 3 \cdot \Phi_1 \cdot \sin\omega t \cdot \frac{\Phi_2^2}{2} \\ &\quad - \tfrac{3}{2}\,\Phi_1\,\Phi_2\,\Phi_0 \cdot \cos(\omega t - \varphi) \mp \Phi_2^3 \cdot \sin(2\,\omega t - \varphi) \cdot \tfrac{3}{4} \mp 3\,\Phi_2^2 \cdot \frac{\Phi_0}{2} \\ &\quad \mp 3\,\Phi_2 \cdot \sin(2\,\omega t - \varphi) \cdot \Phi_0^2 \mp \Phi_0^3]\,. \end{aligned}\right\} \tag{88a}$$

Hieraus folgen vermöge (84a, b) die Ströme

$$w \cdot J_h = A \cdot \Phi_0 + B \cdot \Phi_0^3 + B[\tfrac{3}{2}\,\Phi_1^2\,\Phi_0 + \tfrac{3}{2}\,\Phi_2^2\,\Phi_0]\,, \tag{89}$$

$$\left.\begin{aligned} w \cdot J_1 = {} & A\,\Phi_1 \cdot \sin\omega\,t + B[\Phi_1^3 \cdot \tfrac{3}{4} \cdot \sin\omega\,t + 3\,\Phi_1\,\Phi_0^2 \cdot \sin\omega\,t \\ & + \tfrac{3}{2}\,\Phi_1\,\Phi_2^2 \sin\omega\,t - \tfrac{3}{2}\,\Phi_1\,\Phi_2\,\Phi_0 \cos(\omega\,t - \varphi)]\,, \end{aligned}\right\} \tag{90}$$

$$\left.\begin{aligned} w \cdot J_2 = {} & A\Phi_2 \cdot \sin(2\,\omega\,t - \varphi) + B[\tfrac{3}{2}\Phi_1^2\Phi_2 \sin(2\,\omega\,t - \varphi) \\ & - 3\Phi_1^2\Phi_0 \cdot \cos 2\,\omega t + \tfrac{3}{4}\,\Phi_2^3 \sin(2\,\omega\,t - \varphi) \\ & + 3\,\Phi_2\,\Phi_0^2 \cdot \sin(2\,\omega\,t - \varphi)]\,. \end{aligned}\right\} \tag{91}$$

Aus diesem Werte des Sekundärstromes läßt sich nunmehr entsprechend der sekundären Belastung die Sekundärspannung ermitteln. Beispielsweise wird für rein kapazitive Last

$$\left.\begin{aligned} E_{c_2} & = -\frac{1}{C}\int J_2\,dt \\ & = -\frac{1}{w \cdot C \cdot 2\,\omega}[-A\Phi_2 \cdot \cos(2\,\omega\,t - \varphi) \\ & \quad - B \cdot \tfrac{3}{2}\,\Phi_1^2\,\Phi_2 \cos(2\,\omega\,t - \varphi) - B \cdot \tfrac{3}{4}\,\Phi_2^3 \cos(2\,\omega\,t - \varphi) \\ & \quad - B\,3\,\Phi_2\,\Phi_0^2 \cos(2\,\omega\,t - \varphi) - 3\,\Phi_1^2\,\Phi_0 \cdot \sin 2\,\omega\,t]\,. \end{aligned}\right\} \tag{92}$$

Diese Spannung liefert zusammen mit der Umlaufsspannung der Sekundärwicklung ein Gleichgewichtssystem. Durch Einführung von (86b) resultiert

$$\left.\begin{aligned} & 2\,\Phi_2 \cdot 2\,\omega \cdot 10^{-8} \cdot \cos(2\,\omega\,t - \varphi) \\ & + \frac{1}{w\,C \cdot 2\,\omega} \cdot [-A\,\Phi_2 \cdot \cos(2\,\omega\,t - \varphi) - \cdots - 3\,\Phi_1^2\,\Phi_0 \cdot \sin 2\,\omega t] = 0\,, \end{aligned}\right\} \tag{92a}$$

also

$$\left.\begin{aligned} & \varphi = -\frac{\pi}{2}\,; \\ & A\Phi_2 + B \cdot \tfrac{3}{2}\,\Phi_1^2\,\Phi_2 + B \cdot \tfrac{3}{4}\,\Phi_2^3 + B \cdot 3 \cdot \Phi_2\,\Phi_0^2 = 3\,\Phi_1^2\,\Phi_0 \\ & \quad + 2\,\Phi_2 \cdot 10^{-8} \cdot w \cdot C \cdot (2\,\omega)^2. \end{aligned}\right\} \tag{92b}$$

Wir nennen in Analogie zu (87) die Funktion

$$\overline{M}(\Phi_2) = A\Phi_2 + B[\tfrac{3}{2}\,\Phi_1^2\Phi_2 + \tfrac{3}{4}\,\Phi_2^3 + 3\,\Phi_2\,\Phi_0^2]_{\Phi_0 = \text{konst.};\ \Phi_1 = \text{konst.}} \tag{93}$$

die magnetische Schwingcharakteristik des Frequenztransformators. Bei gegebenen Werten des Ruheflusses Φ_0 und der Primärspannung (Φ_1) ergibt sich der stationäre Sekundärstrom gemäß (87) graphisch durch den Schnitt der Schwingcharakteristik mit der Geraden $3\,\Phi_1\,\Phi_0 + 2\,\Phi_2 \cdot 10^{-8} \cdot w \cdot C \cdot (2\,\omega)^2$. Diese Konstruktion führt zu ähnlichen Ergebnissen, wie sie in Nr. 167 für den eisenhaltigen Schwingungskreis abgeleitet wurden.

Ist der Sekundärfluß Φ_2 auf diese Weise ermittelt, so ergeben sich aus den Gl. (89, 90) rückwärts Primärstrom und Hilfsstrom. Ersichtlich führt das Verfahren auch bei komplizierteren Annahmen über die Form der Sekundärlast zum Ziel; doch soll nicht verschwiegen werden, daß die Gesamtheit der in den Formeln ausgesprochenen Gesetzmäßigkeiten infolge des verwickelten Baues der Gleichungen nur an Hand umfangreicher Zahlenrechnungen übersehen werden kann.

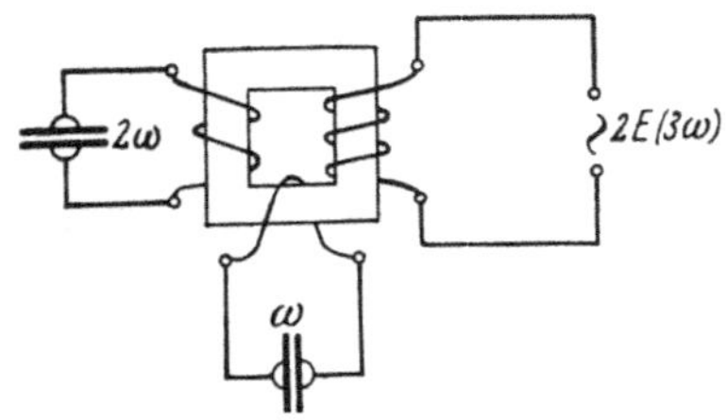

Abb. 230. Prinzipielle Schaltung zur Reduktion der Frequenz.

c) Die Frequenztransformation mittels ruhender Wandler läßt eine Verallgemeinerung zu, welche für manche Zwecke nützlich ist. Wie in Nr. 155 gezeigt, bewirken Ströme verschiedener Frequenz ω_1 und ω_2 in einer eisenhaltigen Spule neben Flußschwankungen derselben Frequenz solche von den Kombinationsfrequenzen $\omega_1 \pm \omega_2$. Diese können dazu benutzt werden, um in angeschlossenen Wicklungen frequenzgleiche Umlaufsspannungen hervorzurufen, welche durch passend dimensionierte Systeme von Schwingungskreisen starke Kombinationsströme treiben. In Entwicklung dieser Gedankengänge ist es neuerdings beispielsweise geglückt, in einem nach Abb. 230 geschalteten System durch eine vorhandene Schwingung der Frequenz 3ω in zwei Schwingungskreisen 1 und 2 die Schwingungen der Frequenzen ω und 2ω zu erzeugen, also eine Reduktion der Frequenz mittels ruhender Wandler durchzuführen.

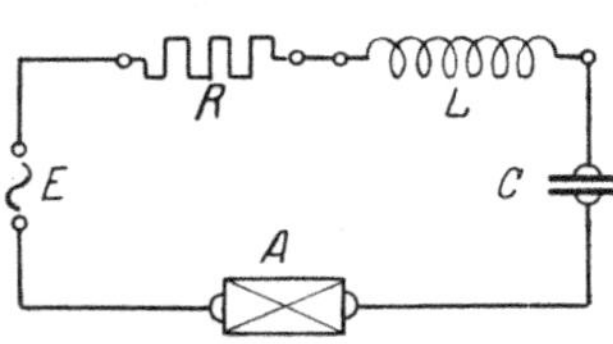

Abb. 231. Schaltung zur Erzwingung von Stromschwingungen in einem Kreise mit Anfachung.

170. Erzwungene Schwingungen in angefachten Systemen. Von der Erkenntnis ausgehend, daß eine Anfachung in dem von ihr beeinflußten Kreise eine Dämpfungsminderung bewirkt, kann man eine Anfachung zur Verstärkung erzwungener Energieschwingungen benutzen. Man erhält so Systeme, in denen eine eigentümliche Verkopplung der Eigenschaften eines selbsterregten Systems mit den Erscheinungen der Resonanz unter dem Einfluß erzwingender Schwingungen stattfindet; wegen ihrer hervorragenden Empfindlichkeit bilden sie die Elemente zahlreicher Empfangsanordnungen.

Abb. 231 zeigt die Schaltung: der Schwingungskreis besteht aus der Kapazität C in Reihe mit der Induktivität L, dem Widerstande R und der Anfachung A. An irgendeiner Stelle sei die Strombahn geöffnet; dort wirke die erzwingende Schwingungsspannung E, welche wir einfach harmonisch verlaufend gemäß

$$E = E_{\max} \cdot \cos \omega t \tag{94}$$

voraussetzen.

Im Schwingungskreise gleicht die Summe der Spulenumlaufsspannung E_u, der Kondensatorspannung E_c und der erzwingenden Spannung E der Summe des Ohmschen Spannungsabfalles $J \cdot R$ und der an der Anfachung liegenden Spannung e:

$$E_u + E_c + E = J \cdot R + e. \tag{95}$$

Die Umlaufsspannung ist mit dem Strome durch das Induktionsgesetz verknüpft,

$$E_u = -L \cdot \frac{dJ}{dt}, \tag{96}$$

während der Strom sich aus der Abnahme der Kondensatorladung zu

$$J = -C \frac{dE_c}{dt} \tag{97}$$

berechnet. Durch Einsetzen von (94), (96), (97) in (95) folgt

$$L \cdot \frac{dJ}{dt} + R \cdot J + \frac{1}{C} \int J\,dt + e = E_{\max} \cdot \cos \omega t. \tag{95a}$$

Hierin muß die Anfachungsspannung e als Funktion des Stromes bekannt sein. Für eine gegebene Anfachung ist diese Funktion aus den physikalischen Vorgängen innerhalb des Anfachungsorganes berechenbar. Wir spezialisieren auf eine Anfachung mittels einer Eingitter-Elektronenröhre in der Schaltung nach Abb. 232. Der Schwingungskreis greift durch Parallelschaltung seiner Kapazität C mit dem Gitterkreise steuernd in den Anodenkreis ein; die Anfachungswirkung wird durch eine im Anodenkreis liegende Rückkopplungsspule hervorgebracht, deren Größe wir durch die Gegeninduktivität M zur Schwingungskreis-Induktivität L in Beziehung setzen. Nennen wir J_a den Anodenstrom, so ist also

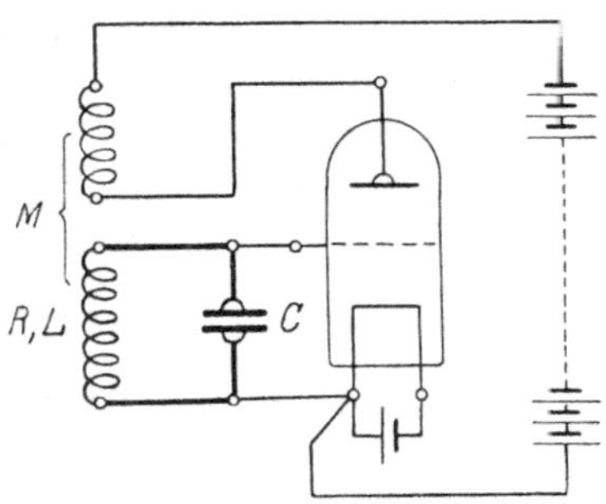

Abb. 232. Röhrenanfachung.

$$e = -M \frac{dJ_a}{dt} \tag{96}$$

die Anfachungsspannung. Hier ist zur Verknüpfung des Stromes J_a mit dem Schwingungsstrom J die Arbeitsweise der Röhre einzuführen. Die Anodenwechselspannung wird vernachlässigt, also eine Röhre mit extrem kleinem Durchgriff vorausgesetzt. Es ist dann J_a eine Funktion allein der Gitterspannung E_g

$$J_a = g(E_g)\,. \tag{97}$$

Also wird

$$e = -M\frac{dJ_a}{dt} = -M\frac{dg}{dt} = -M\frac{dg}{dE_g}\cdot\frac{dE_g}{dt}\,. \tag{96a}$$

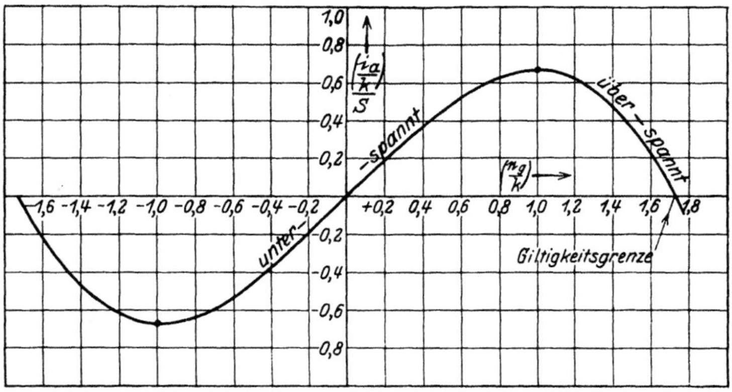

Abb. 233. „Normalcharakteristik".

Um diese Beziehung auszuwerten, müssen wir der Funktion g einen analytischen Ausdruck zugrunde legen. Wir wollen voraussetzen, daß die Schwingungen durch geeignete Wahl der Ruhe-Steuerspannung gezwungen werden, um den Wendepunkt der Kennlinie (Abb. 233) zu schwingen. Unterhalb der Sättigung kann ersichtlich der Verlauf der Kennlinie durch

$$\mathfrak{i}_a = S\,\mathfrak{e}_g\left(1 - \frac{\mathfrak{e}_g^2}{3k^2}\right) \tag{98}$$

wiedergegeben werden. Hierin ist S die Steilheit der Kennlinie im Wendepunkt, während k diejenige Amplitude angibt, bei welcher der Sättigungsstrom eben erreicht wird; wir nennen k die Sättigungsamplitude. In der Form

$$\frac{\mathfrak{i}_a}{k} = S\,\frac{\mathfrak{e}_g}{k}\left(1 - \frac{\mathfrak{e}_g^2}{3k^2}\right) \tag{98a}$$

gilt diese Beziehung als „Normalcharakteristik" für alle Röhren gleicher Steilheit, aber verschiedener Sättigungsamplituden. Ersichtlich umfaßt hierbei der Bereich

$$0 \leq \left|\frac{\mathfrak{e}_g}{k}\right| \leq 1$$

den „unterspannten" Betrieb, während in

$$\left|\frac{\mathfrak{e}_g}{k}\right| > 1$$

die Charakteristik des „überspannten" Betriebes qualitativ wiedergegeben wird (vgl. Nr 142). Für

$$\left|\frac{e_g}{k}\right| > \sqrt{3}$$

wird

$$1 - \frac{e_g^2}{3k^2} < 0 .$$

Dieser Bereich ist daher von der Untersuchung auszuschließen.

Durch Einführung von (98) in (96a) folgt

$$e = -M S \cdot \left(1 - \frac{e_g^2}{k^2}\right)\frac{d e_g}{dt} . \tag{96 b}$$

Die Gitterspannung wird durch die Kondensatorspannung des Schwingungskreises aufgebracht

$$e_g + E_c = 0; \qquad e_g = +\frac{1}{C}\int J\,dt . \tag{98}$$

Die Anfachungsspannung läßt sich also zum angefachten Strom mittels

$$e = -\frac{M \cdot S}{C}\left(1 - \frac{\left[\int J\,dt\right]^2}{k^2 C^2}\right) \cdot J \tag{96 c}$$

in Beziehung setzen. Indem wir hiermit in (95a) eingehen, resultiert

$$L\frac{dJ}{dt} + R \cdot J + \frac{1}{C}\int J\,dt = \frac{M S}{C}\left(1 - \frac{\left[\int J\,dt\right]^2}{k^2 C^2}\right) J + E_{\max} \cdot \cos\omega t . \tag{95 b}$$

Mit den Abkürzungen

$$\frac{R}{2L} = \delta; \quad \frac{1}{LC} = \alpha^2; \quad \frac{M S}{2LC} = \mu; \quad \frac{1}{k^2 C^2} = \frac{1}{K^2}; \quad \frac{E_{\max}}{L} = E \tag{99}$$

und den Substitutionen

$$\frac{J}{K} = i; \qquad \frac{E}{K} = \varepsilon \tag{100}$$

entsteht die (95b) äquivalente Gleichung

$$\frac{di}{dt} + 2\delta \cdot i + \alpha^2\int i\,dt = 2\mu\left(1 - \left[\int i\,dt\right]^2\right) i + \varepsilon \cdot \cos\omega t \tag{95 c}$$

als Grundgleichung unseres Problems. Hierin ist nach Nr. 119 δ der Dämpfungsfaktor, α^2 die Eigenfrequenz des Kreises, während wir μ als Anfachungsfaktor δ gegenüberstellen können. Wegen (99) gilt diese Gleichung nicht nur für die Gesamtheit aller Röhren mit verschiedener Sättigungsamplitude, sondern wir haben uns auch weitgehend von dem Einfluß der Kapazität C befreit, welche jetzt nur noch in die Eigenfrequenz α eingeht.

Eine geschlossene Lösung der nichtlinearen Differentialgleichung (95c) ist nicht bekannt. Es ist daher die Lösung in Form einer Reihe aufzubauen. Wir beschränken uns hierbei auf die Ermittlung periodischer Lösungen, deren Existenz nach der allgemeinen Theorie der Differentialgleichungen feststeht.

Als Folge der erzwingenden Spannung der Kreisfrequenz ω entsteht ein erzwungener Strom i_z gleicher Frequenz, der Zwangsstrom; ihm kann sich vermöge der schwingungserzeugenden Wirkung der Anfachung ein Freistrom i_f der von ω verschiedenen Freifrequenz ω_f überlagern. Diese Überlagerung führt für das Anfangsglied der Lösung der Gl. (95c) auf den Ansatz

$$i_s = i_z \cdot \cos(\omega t - \varphi) + i_f \cdot \cos \omega_f t\,, \tag{101}$$

wo φ einen zunächst unbestimmten Phasenwinkel zwischen erzwingender Spannung und Zwangsstrom bedeutet. Hiermit resultiert für die linke Seite der Gl. (95c)

$$\left.\begin{aligned} &- i_z \cdot \omega \cdot \sin(\omega t - \varphi) + 2\,\delta \cdot i_z \cdot \cos(\omega t - \varphi) \\ &\qquad + \frac{\alpha^2}{\omega} \cdot i_z \cdot \sin(\omega t - \varphi)\,, \\ &- i_f \cdot \omega_f \cdot \sin \omega_f t + 2\,\delta\, i_f \cdot \cos \omega_f t + \frac{\alpha^2}{\omega_e}\, i_f \cdot \sin \omega_f t\,. \end{aligned}\right\} \tag{102}$$

Zur Berechnung der rechten Seite bestimmen wir zunächst

$$\begin{aligned} [\textstyle\int i_s\, d t]^2 &= \left[\frac{i_z}{\omega} \cdot \sin(\omega t - \varphi) + \frac{i_f}{\omega_f} \cdot \sin \omega_f t\right]^2 \\ &= \frac{1}{2}\left[\frac{i_z^2}{\omega^2} + \frac{i_f^2}{\omega_f^2}\right] - \frac{i_z}{\omega} \cdot \frac{i_f}{\omega_f}[\cos(\omega t - \varphi + \omega_f \cdot t) - \cos(\omega t - \varphi - \omega_f \cdot t)] \\ &\quad - \frac{1}{2}\,\frac{i_z^2}{\omega^2} \cdot \cos 2(\omega t - \varphi) - \frac{1}{2}\,\frac{i_f^2}{\omega_f^2} \cdot \cos 2\,\omega_f \cdot t\,, \end{aligned}$$

so daß

$$\begin{aligned} 1 - \left[\int i_s dt\right]^2 &= \left[1 - \frac{1}{2}\left(\frac{i_z^2}{\omega^2} + \frac{i_f^2}{\omega_f^2}\right)\right] + \frac{i_z \cdot i_f}{\omega \cdot \omega_f}[\cos(\omega t - \varphi + \omega_f t) - \cos(\omega t - \varphi - \omega_f t)] \\ &\quad + \frac{1}{2}\,\frac{i_z^2}{\omega^2} \cos 2(\omega t - \varphi) + \frac{1}{2}\,\frac{i_f^2}{\omega_f^2} \cdot \cos 2\,\omega_f t \end{aligned}$$

entsteht. Indem dieser Ausdruck mit (101) multipliziert wird, entstehen neben Gliedern der Frequenzen ω und ω_f eine Reihe von Gliedern der „Kombinationsfrequenzen“ $\omega \mp \omega_f$; sie sind mit dem Ansatz (101) unverträglich, daher als erzeugende Spannungen für die Restglieder der Lösungsreihen der Gl. (95c) anzusprechen. Fortan beschränken wir uns indessen auf die Ermittlung der Anfangsglieder, welche für das Gesamtverhalten des Systemes entscheidend sind; demgemäß vernachlässigen wir alle Glieder, welche Kombinationsfrequenzen aufweisen, und erhalten

$$
\begin{aligned}
&2\,\mu(1-[\textstyle\int i\,dt]^2)\cdot i\\
&=2\,\mu\left[1-\frac{1}{2}\left(\frac{i_z^2}{\omega^2}+\frac{i_f^2}{\omega_f^2}\right)\right]i_z\cdot\cos(\omega\,t-\varphi)\\
&+2\,\mu\left[1-\frac{1}{2}\left(\frac{i_z^2}{\omega^2}+\frac{i_f^2}{\omega_f^2}\right)\right]i_f\cdot\cos\omega_f t\\
&+2\,\mu\cdot\frac{1}{2}\cdot\frac{i_z^2}{\omega^2}\cdot\frac{1}{2}\cdot i_z\cos(\omega\,t-\varphi)+2\,\mu\cdot\frac{1}{2}\cdot\frac{i_f^2}{\omega_f^2}\cdot\frac{1}{2}\cdot i_f\cdot\cos\omega_f t
\end{aligned}
$$

oder durch Zusammenfassung

$$
\left.\begin{aligned}
&2\,\mu(1-[\textstyle\int i\,dt]^2)\cdot i\\
&=2\,\mu\left[1-\frac{1}{2}\left(\frac{1}{2}\,\frac{i_z^2}{\omega^2}+\frac{i_f^2}{\omega_f^2}\right)\right]\cdot i_z\cdot\cos(\omega\,t-\varphi)\\
&+2\,\mu\left[1-\frac{1}{2}\left(\frac{i_z^2}{\omega^2}+\frac{1}{2}\,\frac{i_f^2}{\omega_f^2}\right)\right]i_f\cdot\cos\omega_f\cdot t\,.
\end{aligned}\right\}\quad(103)
$$

Durch Einsetzen der Ausdrücke (102) und (103) in (95c) folgt

$$
\left.\begin{aligned}
&-i_z\cdot\omega\cdot\sin(\omega\,t-\varphi)+2\,\delta\cdot i_z\cdot\cos(\omega\,t-\varphi)+\frac{\alpha^2}{\omega}\cdot i_z\cdot\sin(\omega t-\varphi)\\
&-i_f\cdot\omega_f\cdot\sin\omega_f\cdot t+2\,\delta\,i_f\cdot\cos\omega_f\cdot t+\frac{\alpha^2}{\omega_f}\cdot i_f\cdot\sin\omega_f\cdot t\\
&=2\,\mu\left[1-\frac{1}{2}\left(\frac{1}{2}\,\frac{i_z^2}{\omega^2}+\frac{i_f^2}{\omega_f^2}\right)\right]i_z\cdot\cos(\omega\,t-\varphi)+\varepsilon\cdot\cos\omega\,t\\
&+2\,\mu\left[1-\frac{1}{2}\left(\frac{i_z^2}{\omega^2}+\frac{1}{2}\,\frac{i_f^2}{\omega_f^2}\right)\right]i_f\cdot\cos\omega_f t\,.
\end{aligned}\right\}\quad(104)
$$

Diese Gleichung kann nur dann identisch erfüllt sein, wenn die Faktoren von $\cos\omega\,t$, $\sin\omega\,t$, $\cos\omega_f\,t$, $\sin\omega_f\,t$ einzeln verschwinden. Es muß also gelten

$$
\left.\begin{aligned}
&i_z\cdot\omega\cdot\sin\varphi+2\,\delta\cdot i_z\cos\varphi-\frac{\alpha^2}{\omega}\cdot i_z\cdot\sin\varphi\\
&=2\,\mu\left[1-\frac{1}{2}\left(\frac{1}{2}\,\frac{i_z^2}{\omega^2}+\frac{i_f^2}{\omega_f^2}\right)\right]i_z\cdot\cos\varphi+\varepsilon
\end{aligned}\right\}\quad(105)
$$

$$
\left.\begin{aligned}
&-i_z\cdot\omega\cos\varphi+2\,\delta\,i_z\cdot\sin\varphi+\frac{\alpha^2}{\omega}\cdot i_z\cdot\cos\varphi\\
&=2\,\mu\left[1-\frac{1}{2}\left(\frac{i_z^2}{\omega^2}+\frac{1}{2}\,\frac{i_f^2}{\omega_f^2}\right)\right]i_z\cdot\sin\varphi
\end{aligned}\right\}\quad(106)
$$

$$
-i_f\cdot\omega_f+\frac{\alpha^2}{\omega}\,i_f=0\,,\qquad(107)
$$

$$
2\,\delta\,i_f=2\,\mu\left[1-\frac{1}{2}\left(\frac{i_z^2}{\omega^2}+\frac{1}{2}\,\frac{i_f^2}{\omega_f^2}\right)\right].\qquad(108)
$$

Wir setzen zur Abkürzung

$$\omega - \frac{\alpha^2}{\omega} = \omega\left(1 - \frac{\alpha^2}{\omega^2}\right) = v\,, \tag{109}$$

wo v ein Maß der Verstimmung des Schwingungskreises gegen die Frequenz der erzwingenden Schwingungen ist, und erhalten das System

$$i_z \cdot v \cdot \sin\varphi + i_z\left\{2\,\delta - 2\,\mu\left[1 - \frac{1}{2}\left(\frac{1}{2}\frac{i_z^2}{\omega^2} + \frac{i_f^2}{\omega_f^2}\right)\right]\right\}\cos\varphi = \varepsilon\,, \tag{105a}$$

$$-\,i_z \cdot v \cdot \cos\varphi + i_z\left\{2\,\delta - 2\,\mu\left[1 - \frac{1}{2}\left(\frac{1}{2}\frac{i_z^2}{\omega^2} + \frac{i_f^2}{\omega_f^2}\right)\right]\right\}\sin\varphi = 0\,, \tag{106a}$$

$$-\,i_f \cdot \omega_f + \frac{\alpha^2}{\omega_f} \cdot i_f = 0\,, \tag{107a}$$

$$2\,\delta\, i_f = 2\,\mu \cdot \left[1 - \frac{1}{2}\left(\frac{i_z^2}{\omega^2} + \frac{1}{2}\frac{i_f^2}{\omega_f^2}\right)\right]. \tag{108a}$$

Aus Gl. (107a) folgt mit

$$\omega_f^2 = \alpha^2 \tag{107b}$$

die Aussage: Die Frequenz der freien Schwingungen gleicht der Eigenfrequenz des angefachten Kreises. Demnach wird aus (108a)

$$2\,\delta \cdot i_f = 2\,\mu\left[1 - \frac{1}{2}\left(\frac{i_z^2}{\omega^2} + \frac{1}{2}\frac{i_f^2}{\alpha_f^2}\right)\right] i_f\,. \tag{108b}$$

Diese Gleichung besitzt zwei grundsätzlich verschiedene Lösungen:

Lösung A:

$$i_f = 0\,. \tag{109}$$

Lösung B:

$$2\,\delta = 2\,\mu\left[1 - \frac{1}{2}\left(\frac{i_z^2}{\omega^2} + \frac{1}{2}\frac{i_f^2}{\alpha^2}\right)\right] \tag{110}$$

oder

$$\frac{i_f^2}{\alpha^2} = \left(1 - \frac{\delta}{\mu}\right)4 - 2\,\frac{i_z^2}{\omega^2}\,. \tag{110a}$$

Hierin ist A durch die alleinige Existenz der erzwungenen Schwingungen gekennzeichnet: Zwangslösung, während bei B entsprechend Gl. (101) eine Schwebungserscheinung zwischen Zwangsschwingung und Freischwingung möglich ist: Schwebungslösung.

A. Die Zwangslösung. Mit Rücksicht auf (106, 106a) gewinnen wir zur Bestimmung der Zwangsamplitude i_z und der Phasenverschiebung φ die beiden Gleichungen

$$i_z \cdot v \cdot \sin\varphi + i_z\left(2\,\delta - 2\,\mu\left[1 - \frac{1}{4}\frac{i_z^2}{\omega^2}\right]\right)\cos\varphi = \varepsilon\,, \tag{106b}$$

$$\operatorname{tg}\varphi = \frac{v \cdot i_z}{\left\{2\,\delta - 2\,\mu\left[1 - \frac{1}{4}\frac{i_z^2}{\omega^2}\right]\right\} i_z}\,. \tag{106c}$$

Wegen des komplizierten Baues dieser Gleichungen ist es nicht möglich, φ und i_z als Funktion von ε und v explizite darzustellen. Wir müssen daher umgekehrt zunächst φ und ε als Funktion von i_z und v berechnen. Für den Charakter dieser Funktionen ist die Wirkspannung

$$\varepsilon \cdot \cos\varphi = \left\{2\,\delta - 2\,\mu\left[1 - \frac{1}{4}\,\frac{i_z^2}{\omega^2}\right]\right\} i_z \tag{111}$$

von entscheidender Bedeutung. Zur Veranschaulichung zeichnen wir in Abb. 234 die „Zwangscharakteristik“

$$\varepsilon_z = 2\,\mu\left[1 - \frac{1}{4}\,\frac{i_z^2}{\omega^2}\right] i_z \tag{112}$$

und die „Dämpfungsgerade“

$$\varepsilon_d = 2\,\delta \cdot i_z\,. \tag{113}$$

Für

$$\delta > \mu \tag{114a}$$

verläuft die Dämpfungsgerade überall steiler als die Zwangscharakteristik: Als einziger Schnittpunkt existiert $i_z = 0$, für $i_z \neq 0$ ist (111) stets positiv und endlich. Für

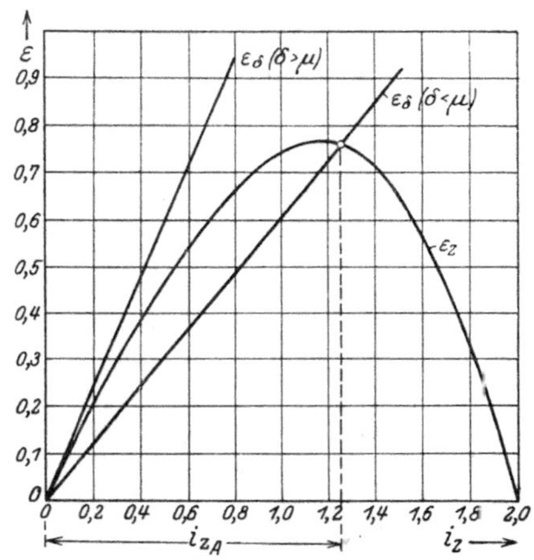

Abb. 234. Zwangscharakteristik.

$$\delta < \mu \tag{114b}$$

dagegen steigt die Dämpfungsgerade anfänglich flacher an als die Zwangscharakteristik, zu $i_z = 0$ gesellt sich eine endliche Amplitude $i_z = i_{z_A}$, für welche (111) verschwindet:

$$\left\{2\,\delta - 2\,\mu\left[1 - \frac{1}{4}\,\frac{i_{z_A}^2}{\omega^2}\right]\right\} i_{z_A} = 0\,, \tag{115}$$

also

$$\frac{i_{z_A}^2}{\omega^2} = \left(1 - \frac{\delta}{\mu}\right) 4\,. \tag{115a}$$

(111) wechselt daher beim Durchgang von i_z durch i_{z_A} das Vorzeichen. Wir werden später zeigen, daß die Ungleichungen (114a, b) mit der Selbsterregungsbedingung der Anfachung bei fehlender erzwingender Spannung ε in engstem Zusammenhange steht: Der durch (114a) gekennzeichnete Betriebsfall gibt die Arbeitsweise des Systemes im Gebiete der Schwingungsstille wieder (siehe Nr. 142, Abb. 164), mit der Besonderheit $\mu = 0$ eines Systemes mit fehlender Rückkopplung; dagegen gilt (114b) für das schwingungsfähige System.

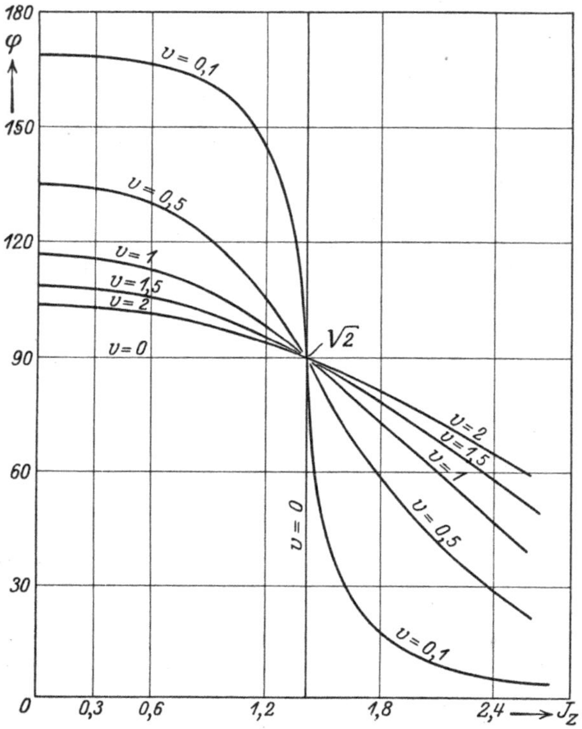

Abb. 235. Zwangslösung: Phasenwinkel als Funktion der Amplitude für konstante Verstimmung: $\mu > \delta$.

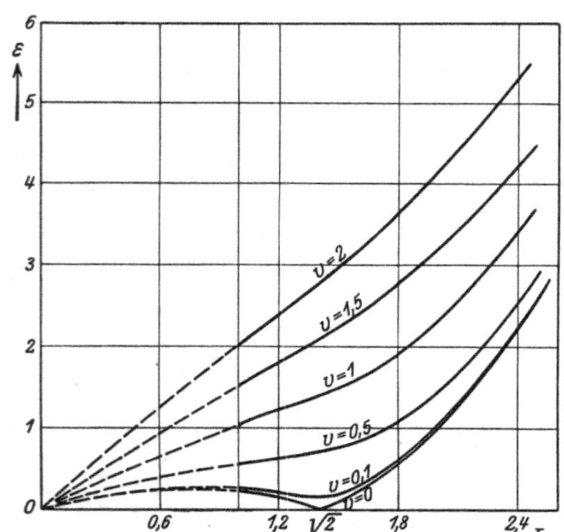

Abb. 236. Zwangslösung: Spannung als Funktion der Amplitude für konstante Verstimmung: $\mu > \delta$.

Hiernach sind die Gl. (106 b, c) auszuwerten. Dies ist in den Abb. 235, 236 geschehen, in welchen die Kurven φ und ε als Funktion von i_z für konstante Werte der Verstimmung v gezeichnet sind. Hierbei tritt die Verschiedenheit der Fälle (114 a) und (114 b) deutlich hervor: Beim schwingungsfähigen System wechselt die Wirkspannung während des Durchganges durch die

Lage $i_z = i_{z_A}$ das Vorzeichen: das System nimmt für $|i_z| > |i_{z_A}|$ Leistung auf, dagegen gibt es für $|i_z| < |i_{z_A}|$ Leistung ab. Für das nichtschwingungsfähige System dagegen besteht die Möglichkeit der Leistungsabgabe nicht.

Aus den nunmehr bekannten Zusammenhängen können wir leicht die Beziehungen zwischen i_z und v für konstante erzwingende Spannungsamplituden ε herleiten. Dies ist in den Kurven der Abb. 237, 238 geschehen. Während die Kurven für das nichtschwingungsfähige System

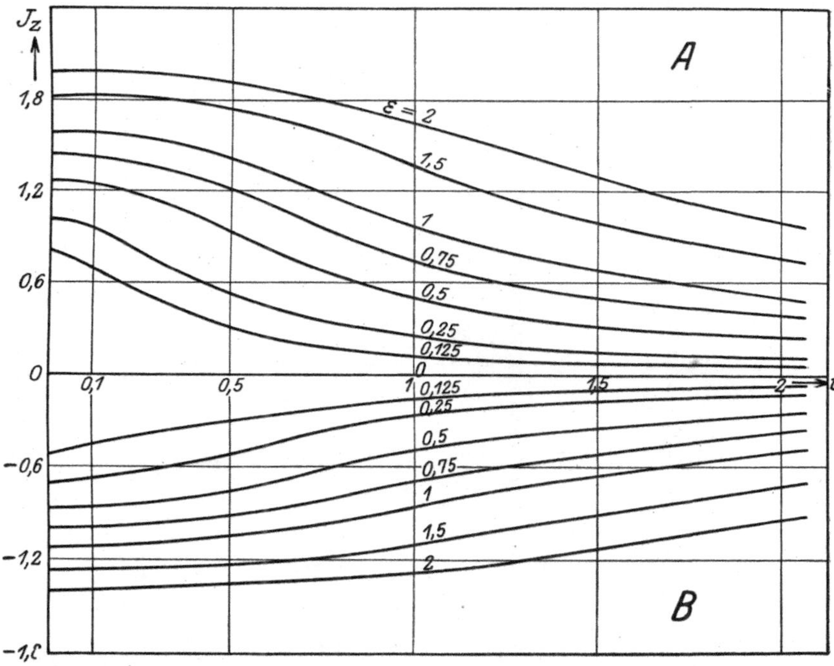

Abb 237. Resonanzkurven für konstante Spannung für $\mu < \delta$ (*A* Zwangslösung, *B* Schwebungslösung).

keinerlei Besonderheiten erkennen lassen, sehen wir in dem Schaubilde des schwingungsfähigen Systemes für $\varepsilon = 0$ und $v = 0$ isolierte Punkte. Die zugehörige Stromamplitude ist mit i_{z_A} identisch; sie ist demnach nichts anderes als die angefachte Schwingung des Systemes, da ja für $v = 0$ und $\varepsilon = 0$ die Begriffe der freien und der erzwungenen Schwingungen ineinander übergehen.

B. Die Schwebungslösung. Für die Amplitude der Freischwingung besteht Gl. (110a)

$$\frac{i_f^2}{\alpha^2} = \left(1 - \frac{\delta}{\mu}\right) 4 - 2\,\frac{i_z^2}{\omega^2}\,.$$

Damit sie reelle, von Null verschiedene Lösungen besitze, muß

$$1 - \frac{\delta}{\mu} > 0\,; \quad \mu > \delta \tag{116}$$

sein, wobei gleichzeitig die Zwangsamplitude den Grenzwert

$$\frac{i_z^2}{\omega^2} = 2\left(1 - \frac{\delta}{\mu}\right) \tag{117}$$

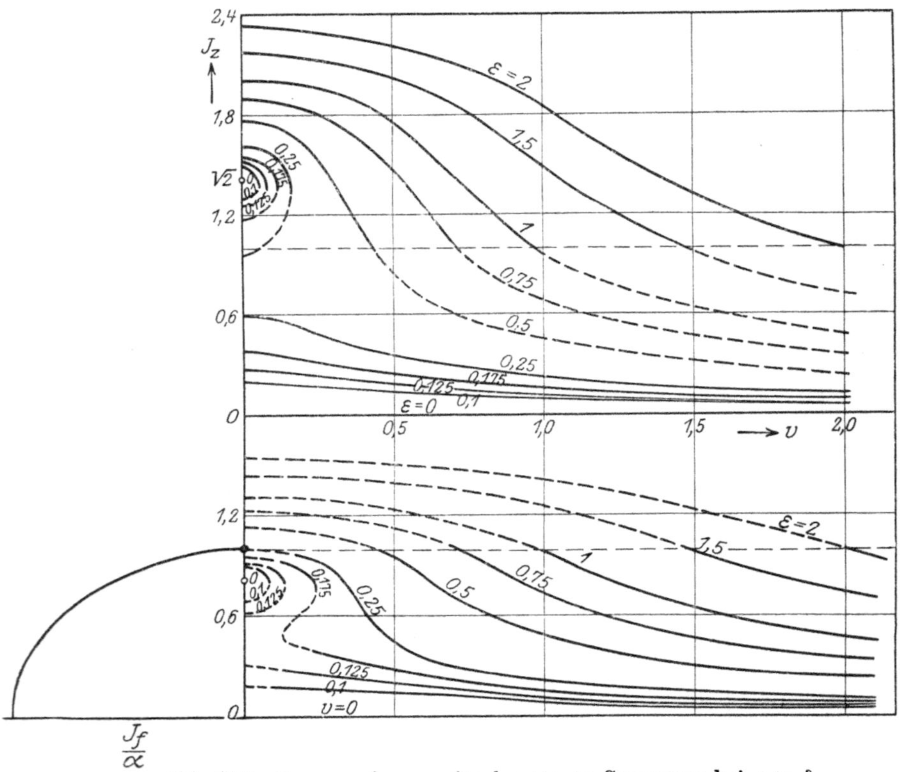

Abb. 238. Resonanzkurven für konstante Spannung bei $\mu > \delta$.
Oberes Schaubild: Zwangslösung. Unteres Schaubild: Schwebungslösung.

nicht überschreiten darf. Die Bedeutung dieser Einschränkungen wird durch Erörterung des Grenzfalles $i_z = 0$ offenbar: Hier existieren allein die freien angefachten Schwingungen des Systems, für deren Amplitude aus (110a)

$$\frac{i_f^2}{\alpha^2} = \left(1 - \frac{\delta}{\mu}\right) 4 \tag{118}$$

resultiert. In der Form

$$\left\{2\,\delta - 2\,\mu\left[1 - \frac{1}{4}\,\frac{i_f^2}{\alpha^2}\right]\right\} i_f = 0 \tag{118a}$$

wird diese Gleichung mit (111) identisch, sofern α gemäß Gl. (107b) durch die Freifrequenz ω_f ersetzt wird. Die Selbsterregungsbedingung (116) ist demnach im Einklang mit den allgemeinen Überlegungen der Nr. 141 weder von der Sättigungsamplitude noch von der Eigenfrequenz des angefachten Kreises abhängig.

Indem wir (110a) in (105a), (106a) einsetzen, entstehen die Gleichungen

$$i_z \cdot v \cdot \sin\varphi + i_z \cdot \left\{2\,\delta - 2\,\mu\left[1 - \frac{1}{2}\left(-\frac{3}{2}\,\frac{i_z^2}{\omega^2} + \left(1 - \frac{\delta}{\mu}\right)4\right)\right]\right\} = \varepsilon\,, \tag{119}$$

$$-i_z \cdot v \cdot \cos\varphi + i_z \cdot \left\{2\,\delta - 2\,\mu\left[1 - \frac{1}{2}\left(-\frac{3}{2}\,\frac{i_z^2}{\omega^2} + \left(1 - \frac{\delta}{\mu}\right)4\right)\right]\right\} \sin\varphi = 0 \tag{120}$$

oder

$$i_z \cdot v \cdot \sin\varphi + i_z \cdot \left\{-2\,\delta + 2\,\mu\left[1 - \frac{3}{4}\,\frac{i_z^2}{\omega^2}\right]\right\} = \varepsilon\,, \tag{119a}$$

$$\operatorname{tg}\varphi = \frac{v \cdot i_z}{\left\{-2\,\delta + 2\,\mu\left[1 - \frac{3}{4}\,\frac{i_z^2}{\omega^2}\right]\right\} i_z}\,. \tag{120a}$$

Hier ist für den Verlauf der Funktionen ε und φ die Wirkspannung

$$\varepsilon \cdot \cos\varphi = \left\{-2\,\delta + 2\,\mu\left[1 - \frac{3}{4}\,\frac{i_z^2}{\omega^2}\right]\right\} i_z \tag{121}$$

maßgebend. Wir zeichnen als Funktion von i_z in Abb. 239 die „Schwebungscharakteristik“

$$\varepsilon_s = 2\,\mu\left[1 - \frac{3}{4}\,\frac{i_z^2}{\omega^2}\right] i_z \tag{122}$$

und die „Dämpfungsgerade“

$$\varepsilon_d = 2\,\delta \cdot i_z\,. \tag{123}$$

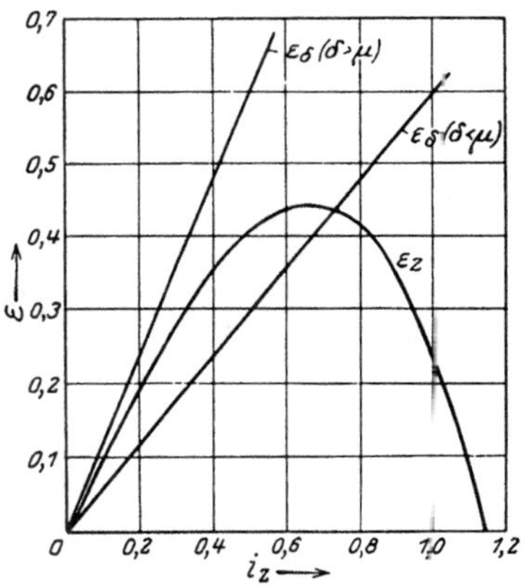

Abb. 239. Schwebungscharakteristik.

Mit Rücksicht auf (116) existiert stets ein von Null verschiedener Schnittpunkt für $i_z = i_{z_B}$, welcher sich durch Vergleich mit (115) zu

$$\frac{3}{4}\,\frac{i_{z_B}^2}{\omega^2} = \frac{1}{4}\,\frac{i_{z_A}^2}{\omega^2}\,, \tag{124}$$

also mit (115a)

$$i_{z_B}^2 = \frac{4}{3} \cdot \left(1 - \frac{\delta}{\mu}\right) \tag{124a}$$

bestimmt. Beim Durchgang durch $i_z = i_{z_B}$ wechselt (121) das Vorzeichen. Dementsprechend erleidet in $i_z = i_{z_B}$ die Wirkspannung einen Vorzeichenwechsel: Im Bereich $|i_z| > |i_{z_B}|$ nimmt das System Leistung auf, für $|i_z| < |i_{z_B}|$ gibt es Leistung ab.

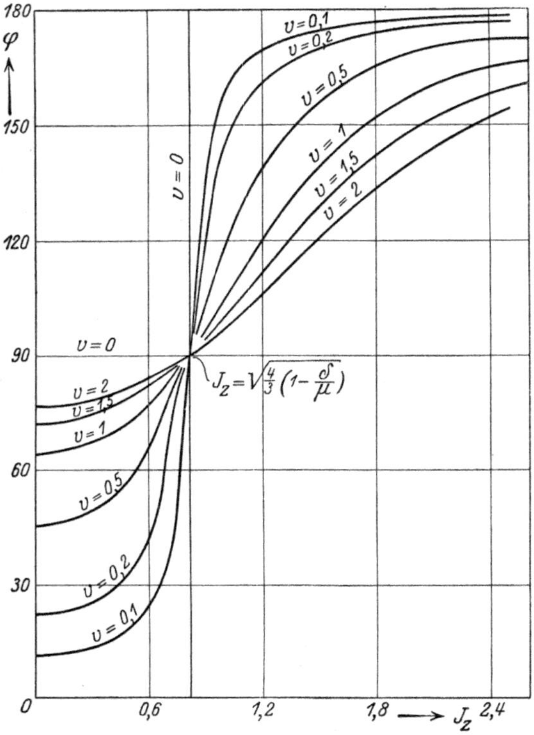

Abb. 240. Schwebungslösung: Phasenwinkel als Funktion der Amplitude für konstante Verstimmung: $\mu > \delta$.

Den Verlauf der Kurven ε und φ als Funktion von i_z für konstante Verstimmung zeigen die Kurven der Abb. 240, 241. Aus ihnen gewinnen wir die Abhängigkeit des Stromes i_z als Funktion der Verstimmung v für konstante Intensität ε der erzwingenden Schwingung. In dem Schaubilde, welches diesen Zusammenhang darstellt, Abb. 242, erscheinen für $\varepsilon = 0$ und $v = 0$ zwei isolierte Punkte in $i_z = 0$ und $i_z = i_{z_B}$. Wir berechnen die zugehörigen Werte der Freischwingung. Für $i_z = 0$ wird mit Rücksicht auf $v = 0$ die Frequenz $\omega_f = \alpha = \omega$, daher mit Rücksicht auf (110a) und (115a)

$$i_z = 0 : i_f = i_{z_A}. \tag{125}$$

Dagegen folgt für $i_z = i_{z_B}$ aus (110a) mit Beachtung von (124a)

$$\frac{i_f^2}{\alpha^2} = \frac{i_f^2}{\omega^2} = \left(1 - \frac{\delta}{\mu}\right)4 - 2\frac{i_{z_B}^2}{\omega^2} = \left(1 - \frac{\delta}{\mu}\right)4 - 2\cdot\frac{4}{3}\left(1 - \frac{\delta}{\mu}\right) = \frac{i_{z_B}^2}{\omega^2}. \tag{126}$$

Für diesen singulären Punkt sind also Freischwingung und Zwangsschwingung gleichzeitig endlich und nach Frequenz und Amplitude einander gleich. Die resultierende Amplitude folgt durch Zusammenfügung beider Schwingungen unter Berücksichtigung ihrer Phasenverschiebung. Indessen verliert für $v = 0$ und $i_z = i_{z_B}$ Gl. (120a) jede Bedeutung, weil Zähler und Nenner unabhängig voneinander nach Null gehen. Dies Versagen findet in mathematischer Beziehung seine Erklärung durch den Grenzübergang $\omega \to \omega_f$, durch welchen einige der oben gestrichenen „Kombinationsströme" der Frequenzen $2\,\omega \mp \omega_f$ und $2\,\omega_f \mp \omega$ in die Rechnung eintreten. Eine Rechnung, welche auf Grund dieser Überlegung mit dem Ansatz

$$i_s = i_z \cdot \cos(\omega t - \varphi)$$

unmittelbar durchgeführt wird, ergibt als einzige neben (125) mögliche Lösung

$$i_s = 0\,.$$

Es ist somit in der Schwebungslösung $\varphi = 180°$ als wahre Phasenverschiebung für den singulären Punkt einzusetzen, so daß Zwangsschwingung und Freischwingung einander aufheben.

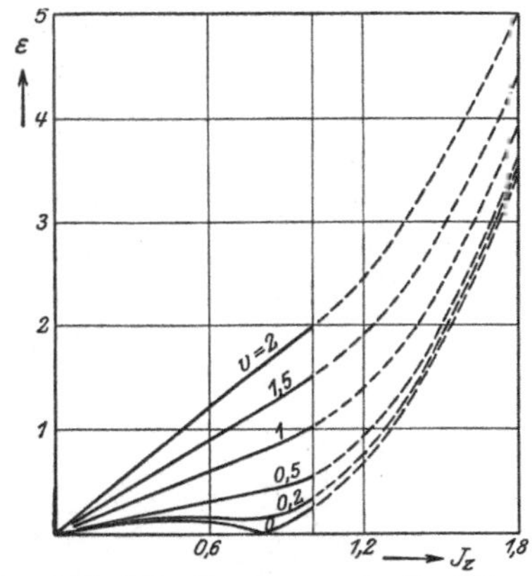

Abb. 241. Spannung als Funktion der Amplitude: $\mu > \delta$.

Für den allgemeinen Fall ergibt sich die Größe der Freiamplitude durch Zeichnung der Ellipse

$$\frac{i_f^2}{\alpha^2} + 2\,\frac{i_z^2}{\omega^2} = \left(1 - \frac{\delta}{\mu}\right) \cdot 4\,, \tag{127}$$

welche, mit dem Diagramm des Stromes i_z nach Abb. 242 verknüpft, die Freiamplitude sogleich zu bestimmen gestattet.

C. Zusammenfügung der Zwangslösung und der Schwebungslösung. Für den wirklich eintretenden Zustand des Systemes ist die aus Gl. (117) gezogene Folgerung entscheidend, nach welcher oberhalb der Amplitude

$$\frac{i_z}{\omega} = \sqrt{2}\sqrt{1 - \frac{\delta}{\mu}} \tag{117a}$$

allein die Zwangslösung reell ist. Eine in dem Diagramm der Abb. 242 in der Entfernung (117a) von der Abszissenachse gezogene Parallele trennt daher die gesamte obere Halbebene in zwei Bereiche: Oberhalb der Trennlinie existiert allein die Zwangslösung, unterhalb der Trennlinie sind Zwangslösung und Schwebungslösung gleichzeitig existenzberechtigt.

Bei der Entscheidung der Frage, ob Zwangslösung oder Schwebungslösung eintritt, knüpfen wir an die Erfahrung an, welche für hinreichend große Verstimmungen und hinreichend kleine erzwingende Spannungen den Eintritt von Schwebungen beweist. Wir nehmen daher für den genannten Bereich die Schwebungslösung als vorherrschend an und gelangen zu anderen Arbeitsbereichen durch stetiges Fortschreiten auf den theoretisch ermittelten Kurvenzügen der Abb. 240, in welcher auf Grund des Gesagten unterhalb der Trennlinie die Kurven der Schwebungslösung, oberhalb die Trennlinie die Kurven der Zwangslösung eingetragen sind; hierbei ist für stetigen Anschluß der von beiden Seiten an die Trennlinie heranlaufenden Kurvenzüge beider Lösungen durch Gl. (110a) von selbst gesorgt.

Am einfachsten lassen sich die Verhältnisse bei großer Intensität ε der erzwingenden Spannung übersehen: Bei Resonanz des Schwingungskreises mit der aufgedrückten Frequenz ($v = 0$) erhalten wir eine einzige Amplitude, welche dem Bereich der Zwangslösung angehört. An sie schließen sich nach beiden Seiten symmetrische Kurvenstücke an, welche ebenfalls der Zwangslösung angehören; die Zwangsamplitude nimmt mit wachsender Verstimmung stetig ab, um bei einer bestimmten,

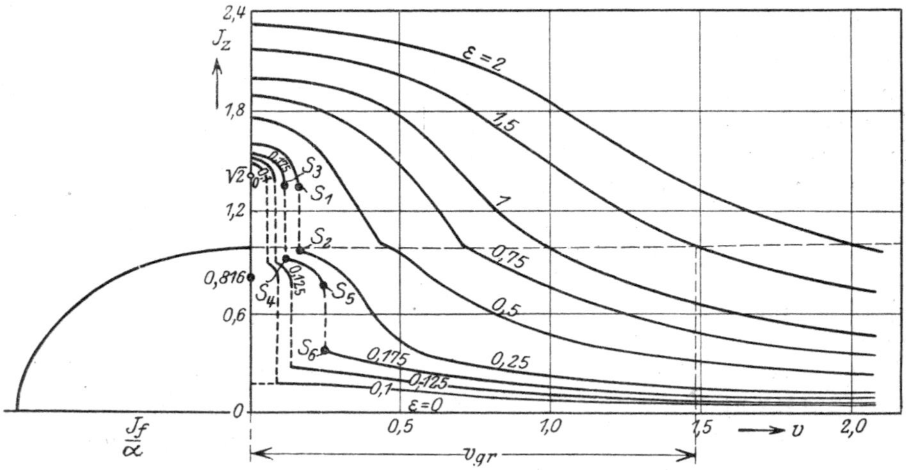

Abb. 242. Resultierende Resonanzkurven für konstante Spannung.

von ε abhängigen Grenzverstimmung $v_{gr}(\varepsilon)$ den durch Gl. (117) ausgedrückten Wert zu erreichen. Wird die Verstimmung über v_{gr} hinaus vergrößert, so gelangen wir in den Bereich der Schwebungslösung:

Der Zwangsschwingung überlagert sich eine von Null aus stetig ansteigende Freischwingung, bis sich für extrem große Verstimmungen die Zwangsamplitude dem Werte Null nähert, während die Freiamplitude dem Grenzwert

$$i_g^2 = \left(1 - \frac{\delta}{\mu}\right) \cdot 4\,\alpha^2 \tag{128}$$

zustrebt (Abb. 242). In der Umgebung des Resonanzpunktes existiert also im vorliegenden Falle ein Bereich, in welchem nur die Zwangslösung reell ist. Von der Vorstellung der Schwebungslösung als natürlichem Systemzustande ausgehend, kann diese Erscheinung als Mitnahme der angefachten Schwingungen durch die erzwingende Spannung gedeutet werden; in diesem Sinne wird der Bereich $-v_{gr} < v < +v_{gr}$ als „Mitnahmebereich" der Anfachung für die Intensität ε bezeichnet.

Für mittlere Intensitäten ε gestaltet sich die Übersicht über die Gesamtlösung schwieriger. Denn hier ergeben sich für den Resonanzfall zwei Amplituden als möglich (Abb. 242), welche der Zwangslösung angehören. Aus Stabilitätsbetrachtungen ergibt sich die größere beider Amplituden als stabil. Wird nun der Schwingungskreis verstimmt, so nimmt die Zwangsamplitude bis zum Punkt S_1, an welchem die Kurve senkrecht verläuft, stetig ab; bei weiterer Verstimmung kann die Zwangsamplitude im Bereich der Zwangslösung nicht mehr stetig folgen: Sie springt in den Bereich der Schwebungslösung bei gleichzeitiger Entstehung einer endlichen Freiamplitude (Punkt S_2, Abb. 242). Mit wachsender Verstimmung nimmt die Zwangsamplitude stetig ab, die Freiamplitude nach Maßgabe von (110a) stetig zu.

Schließlich diskutieren wir das Verhalten des Systemes bei extrem kleinen Intensitäten ε der erzwingenden Schwingung. Im Resonanzfalle ergeben sich wiederum zwei dem Bereich der Zwangslösung angehörige Amplituden, deren größere wir als stabil betrachten. Der Sprung setzt hier schon bei einer sehr kleinen Verstimmung von dem Punkte S_3 des Zwangslösungsbereiches auf den Punkt S_4 des Schwebungsbereiches ein. Hierauf nimmt mit wachsender Verstimmung die Zwangsamplitude weiter ab, die Freiamplitude steigt an, bis im Punkt S_5 die Zwangsamplitude erneut abreißt und auf den untersten Kurvenast zum Punkte S_6 springt. Wird die Verstimmung noch weiter getrieben, so fällt nunmehr die Zwangsamplitude stetig ab, die Freiamplitude nimmt stetig zu.

b) Elektromechanische Systeme.

171. Die rotierenden Hochfrequenzmaschinen. In den rotierenden Hochfrequenzmaschinen werden durch Änderung des Spulenflusses in Wicklungsarmaturen Umlaufsspannungen oder Hüllströme erzwungen. Von den Maschinen der Niederfrequenztechnik unterscheiden sich die Hochfrequenzmaschinen lediglich durch die Höhe der Frequenz. Die Bedingung hohen Wirkungsgrades erheischt daher bei den Hochfrequenzmaschinen sorgfältigste Auswahl der Baustoffe unter Beachtung der in Nummer 57 gefundenen Gesetzmäßigkeiten.

Ist n die minutliche Umlaufszahl, p die Gesamtpolpaarzahl, so werden in der Sekunde

$$f = \frac{n}{60} \cdot p \tag{1}$$

Polpaare an einem festen Punkt des Ständers vorbeigeführt. f ist demnach die Frequenz der erzwungenen Schwingungen. In der doppelten Abhängigkeit dieser Frequenzgleichung von Polpaarzahl und Umlaufszahl sind die Schwierigkeiten des Hochfrequenzmaschinenbaues ausgesprochen: die hohe Polpaarzahl erfordert einen großen Umfang des bewegten Maschinenteiles, welcher aber der Umlaufszahl mit Rücksicht auf die Festigkeitseigenschaften eine Grenze setzt. Zu diesen konstruktiven Schwierigkeiten gesellen sich betriebstechnisch schwer zu erfüllende Bedingungen einer genau konstanten Umlaufszahl. Beispielsweise ist die Maschine von Alexanderson mit einem Läufer von 30 cm Durchmesser bei 300 Polpaaren und einer Betriebsdrehzahl von $n = 20\,000/\text{min}$ ausgerüstet, wobei die Umlaufsgeschwindigkeit schon 314 m/sec erreicht. Die Betriebseigenschaften solcher Maschinen sind derart ungünstig, daß man sich zur Zeit mit der unmittelbaren Erzeugung von 10^4 Schwingungen/sec begnügt und die weitere Frequenzsteigerung durch besondere Organe bewirkt (Nr. 169).

Wir beschränken die Untersuchung auf die zur Zeit fast ausschließlich gebauten Induktivitätsmaschinen, welche auf der Erzeugung von Umlaufsspannungen vermittels magnetischer Verschiebungsströme beruhen. Alle diese Maschinen besitzen grundsätzlich zwei Wicklungen, die Erregerwicklung und die Arbeitswicklung. Wir setzen die Gestaltung solcher Wicklungen ebenso wie die Formung des Maschinenkörpers im folgenden als bekannt voraus und besprechen nur die hochfrequenztechnisch wichtigen Eigentümlichkeiten.

172. Die rotierenden Hochfrequenzmaschinen bei Leerlauf. Im Leerlaufzustande wird der Spulenfluß allein durch den Feldstrom J_e erzeugt, welchen wir als Gleichstrom voraussetzen.

Maschinen mit Wechselpolanordnung besitzen auf dem Läufer $2p$ Pole, welche durch die auf dem Läufer befindliche Erregerwicklung magnetisiert werden. Mit wachsender Polpaarzahl wird der Raum immer schlechter ausgenutzt, weil die Drähte der Erregerwicklung zwischen den Polen Platz finden müssen. Die Hochfrequenztechnik verläßt daher diesen in der Niederfrequenztechnik herrschenden Maschinentyp und geht zur Gleichpolanordnung über, welche eine bessere Raumausnutzung gestattet.

Abb. 243 zeigt schematisch einen axialen Schnitt durch die Maschine.

Der Läufer besteht aus einem Eisenringe, längs dessen Umfanges die Erregerwicklung liegt. Von beiden Rändern des Ringes greifen wechselnd gegeneinander versetzte Eisenklauen über, welche die Wicklung halten.

Der Ständer wird durch einen genuteten Ring gebildet, welcher mit der in Abb. 243b skizzierten, wellenartig verlaufenden Wicklung versehen ist. Der Abstand zweier aufeinander folgender Stäbe ist gleich der Breite einer Läuferklaue.

Der Erregerstrom wird der Wicklung durch zwei Schleifringe von außen zugeführt. Er treibt die Induktionslinien durch Läuferring, Läuferklaue oder Läuferlücke, Luftspalt und Ständer.

In Abb. 243a ist ein Teil des Läufers herausgezeichnet, welcher magnetisch einem Polpaar entspricht. Die Kraftlinien treten beispielsweise vom Joch durch rechte Ringseite und Luftspalt in den Ständer über und kehren von dort durch den Luftspalt in linke Ringseite und Joch zurück. Ersichtlich gilt dies in gleicher Weise für alle Stellen auf dem ganzen Ringumfange, so daß jede Ringseite eine bestimmte Polarität zeigt.

Der Windungsfluß werde für den in Abb. 243b herausgezeichneten Wicklungsteil bestimmt, welchen wir als eine Windung zu bezeichnen haben (vgl. Nr. 39).

Befindet sich gerade eine Klaue unter der Windung, so ist der Windungsfluß im Maximum. Er besteht aus dem Anteil Φ_e, welcher die durch die Klaue tretenden Induktionslinien, und dem Teil $-\Phi_l$, welcher die in der axial neben der Klaue gelegenen Lücke zurücklaufenden Linien umfaßt. Es gilt also

$$\Phi_{w_{\max}} = \Phi_e - \Phi_l. \tag{2}$$

Durch Drehung um eine Klauenbreite, also eine Polteilung, nimmt Φ_w den entgegengesetzt gleichen Wert an. Die Umlaufsspannung besitzt den Wert

$$E_u = -\frac{d\Phi}{dt} \cdot 10^{-8}. \tag{3}$$

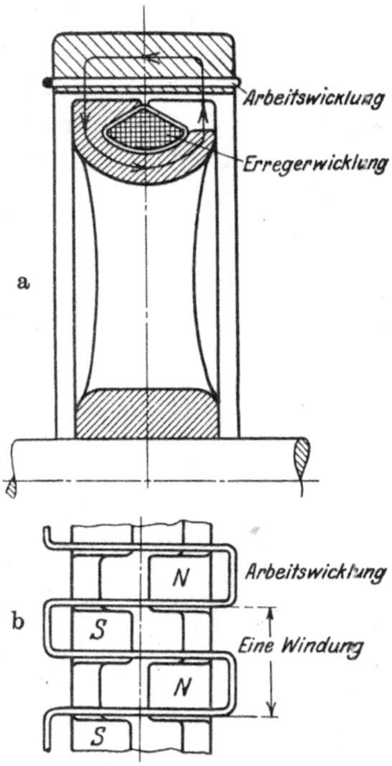

Abb. 243. Schematisches Bild einer Maschine mit Gleichpolanordnung.

Die Dauer der Drehung um eine halbe Polteilung ist

$$\frac{T}{2} = \frac{1}{2f}, \tag{4}$$

so daß sich der Mittelwert der Umlaufsspannung während dieser Zeit zu

$$M(E_u) = \frac{1}{T/2}\int\limits_{t=0}^{T/2} E_u\, dt = \frac{2}{T}\int\limits_{t=0}^{T/2} d\Phi_w \cdot 10^{-8} = 4 \cdot f\, \Phi_{w_{\max}} \cdot 10^{-8} \tag{5}$$

berechnet. Vom Mittelwert gelangen wir durch Multiplikation mit dem Formfaktor k_f der Spannungskurve zum Effektivwert

$$E_{u_{\mathrm{eff}}} = k_f\, M(E_u) = 4 \cdot f \cdot k_f\, \Phi_{w_{\max}} \cdot 10^{-8}. \tag{5a}$$

Wir wollen die Abhängigkeit der Spannung von der Erregung aufsuchen, die „Leerlaufscharakteristik“ der Maschine. Hierzu ist nach Gl. (2) lediglich die Größe $\Phi_e - \Phi_l$ zu berechnen.

Solange das Eisen ungesättigt ist, sind die Flüsse Φ_e und Φ_l nahezu proportional dem Erregerstrom J_e, umgekehrt proportional der Länge des zu überquerenden Luftspaltes, daher $\Phi_e \gg \Phi_l$. Mit wachsender Erregung macht sich die Sättigung des Eisens zunächst beim Fluß Φ_e geltend, welcher durch den magnetischen Widerstand des Eisens herabgedrückt wird; in diesem Stadium wächst jedoch Φ_l wegen des viel größeren Luftweges noch weiter annähernd proportional der Erregung an. Dieser Unterschied in dem Verhalten der Flüsse Φ_e und Φ_l wird aber, sobald sich auch für Φ_e die Eisensättigung bemerkbar macht, immer kleiner; für extrem hohe Erregung ist das Eisen voll gesättigt, der gesamte magnetische Widerstand des Flußpfades liegt sowohl für Φ_e wie für Φ_l im Eisen; daher werden Φ_e und Φ_l merklich gleich. In Abb. 244 sind diese Verhältnisse dargestellt: Mit steigender Erregung nimmt die Spannung der Gleichpolmaschinen zu, erreicht bei einer bestimmten „günstigsten“ Erregung ihren Höchstwert und nähert sich mit wachsender Erregung dem Werte Null. Für die Leerlaufscharakteristik ergibt sich somit der durch die Kurve $\Phi_e - \Phi_l$ dargestellte Verlauf nach Abb. 244, welcher von den Leerlaufscharakteristiken der Wechselpolmaschinen völlig abweicht.

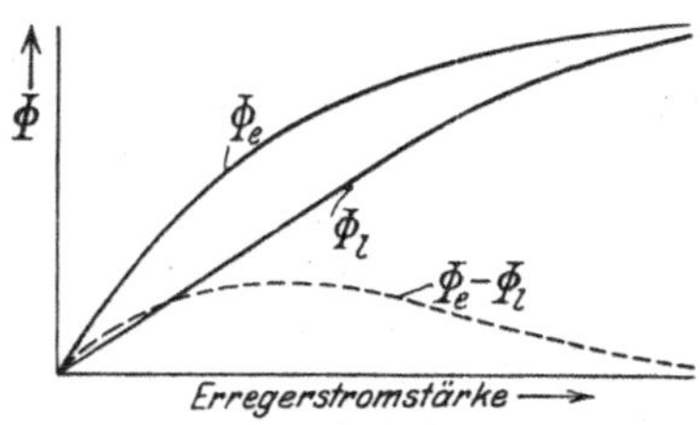

Abb. 244. Leerlaufcharakteristik einer Gleichpolmaschine.

Die Induktormaschinen erzwingen den magnetischen Verschiebungsstrom durch Änderung der magnetischen Durchlässigkeit ihres Kraftflußpfades.

Abb. 245 zeigt einen axialen Schnitt der Maschine. Der Läufer besteht aus einer gleichmäßig gezahnten Scheibe ohne Wicklung. Der Ständer trägt in einer peripher verlaufenden Nut die Erregerwicklung.

Die ebenfalls im Ständer befindliche Wicklung zur Aufnahme der Umlaufsspannung besteht aus zwei zu beiden Seiten des Läufers verlaufenden Wellen nach Abb. 245a. Eine „Windung“ besitzt die Breite eines Läuferzahnes. Der Erregerstrom J_e treibt die Induktionslinien durch den Ständer, Luftspalt, gezahnten Läufer und zweiten Luftspalt wieder in den Ständer zurück (Abb. 245b).

Der Kraftfluß, welcher ein Polpaar durchsetzt, läßt sich in den Anteil Φ_e zerlegen, welcher die den Zahn durchtretenden Induktionslinien umfaßt, und in den Anteil Φ_l der Induktionslinien in der Zahnlücke.

Steht der Zahn vor der Windung, so erreicht der Windungsfluß sein Maximum

$$\Phi_{w_{\max}} = \Phi_e . \tag{6}$$

Durch Drehung des Läufers um eine halbe Polteilung wird die Lücke vor die Windung gebracht, was eine Verminderung des Windungsflusses auf den Miminalwert

$$\Phi_{w_{\min}} = \Phi_l \tag{7}$$

zur Folge hat. Der Mittelwert der Umlaufsspannung ergibt sich daher zu

$$M(E_{uw}) = -\frac{2}{T}\int\limits_{\Phi_{w_{\max}}}^{\Phi_{w_{\min}}} \frac{d\Phi}{dt}\, dt = \frac{2}{T}(\Phi_{w_{\max}} - \Phi_{w_{\min}}) \tag{8}$$

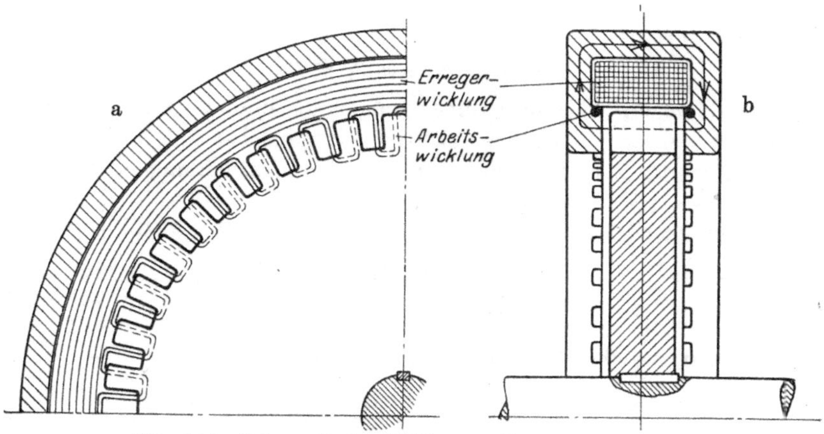

Abb. 245. Schematisches Bild einer Induktormaschine.

oder mit (6, 7) und Einführung der Frequenz

$$M(E_{uw}) = 2f(\Phi_e - \Phi_l) . \tag{8a}$$

Die Wirkungsweise der Induktormaschinen ähnelt also der der Gleichpolmaschinen mit dem einzigen Unterschiede, daß die Spannung unter sonst gleichen Umständen wegen des Fehlens der Flußrichtungsumkehr nur halb so groß wird. Wir können uns daher bei der weiteren Untersuchung auf eine der beiden Maschinentypen beschränken.

173. Die rotierenden Hochfrequenzmaschinen bei Belastung. Die Arbeitswicklung der Maschine sei durch den Widerstand R_a geschlossen. Die Umlaufsspannung treibt durch R_a den Arbeitsstrom J_a, dessen Feld sich dem Erregerfelde des Stromes J_e überlagert.

Wir zerlegen den gesamten Spulenfluß, welcher von J_a hervorgerufen wird, in zwei Anteile: Im Streufluß Φ_s sind alle Induktionslinien zusammengefaßt, welche allein die Arbeitswindungen umschlingen. Der Fluß der Ankerrückwirkung Φ_a besteht aus den Linien, welche Arbeitswicklung und Läufereisen verketten. Er bewirkt die Entstehung mechanischer Kräfte am Läuferumfang und bestimmt hierdurch den Mechanismus der Energieübertragung von der Antriebsmaschine zum Arbeitsfeld.

Um die Größe der wirksamen Flüsse in einfacher Weise zu formulieren, greifen wir auf die Begriffe der Induktivitäten und Gegeninduktivitäten zurück. Es sei

$$\left.\begin{array}{ll} L_e & \text{die Induktivität der Erregerwicklung,} \\ L_a & \text{die Induktivität der Arbeitswicklungen,} \\ L_{ea} & \text{die Gegeninduktivität beider Wicklungen.} \end{array}\right\} \tag{9}$$

Die Gegeninduktivität beider Wicklungen ist nach Maßgabe der Stellung des Läufers zeitlich variabel; wir wollen den zeitlich einfach harmonischen Verlauf

$$L_{ea} = L_{ea_{\max}} \cdot \cos \omega t \tag{9 a}$$

zugrunde legen. Demgegenüber mögen L_e und L_a als konstant betrachtet werden; hiermit verzichten wir zunächst auf eine Erfassung der durch die Eisensättigung verursachten Erscheinungen, welche wir später (Nr. 175) behandeln werden.

Unter Benutzung von (9) werden die Spulenflüsse durch

$$\left.\begin{aligned} 10^{-8}\,\Phi_e &= L_e \cdot J_e + L_{ea} \cdot J_a\,, \\ 10^{-8}\,\Phi_a &= L_a \cdot J_a + L_{ea} \cdot J_e \end{aligned}\right\} \tag{10}$$

dargestellt, welche die Umlaufsspannungen

$$\left.\begin{aligned} E_{u_e} &= -\frac{d\Phi_e}{dt} \cdot 10^{-8} = -L_e \frac{dJ_e}{dt} - \frac{d(L_{ea} J_a)}{dt}\,, \\ E_{u_a} &= -\frac{d\Phi_a}{dt} \cdot 10^{-8} = -L_a \frac{dJ_a}{dt} - \frac{d(L_{ea} J_e)}{dt} \end{aligned}\right\} \tag{10 a}$$

entwickeln. In der Erregerwicklung gleicht die treibende Gleichspannung E_0 im Verein mit der Umlaufsspannung dem Ohmschen Spannungsabfall $J_e R_e$

$$E_0 + E_{u_e} = J_e R_e\,, \tag{11}$$

also

$$E_0 = J_e R_e + L_e \frac{dJ_e}{dt} + \frac{d(L_{ea} J_a)}{dt}\,. \tag{11 a}$$

In der Arbeitswicklung ist die Umlaufsspannung durch die Größe des Ohmschen Abfalles in R_a gegeben:

$$J_a R_a = E_{u_a}\,, \tag{12}$$

also

$$0 = J_a R_a + L_a \frac{dJ_a}{dt} + \frac{d(L_{ea} J_e)}{dt}\,. \tag{12 a}$$

Zur Lösung der Differentialgleichungen (11a) und (12a) setzen wir

$$\left.\begin{aligned} J_e &= J_{e_1} + i_{e_1}, \\ J_a &= J_{a_1} + i_{a_1}, \end{aligned}\right\} \tag{13}$$

so daß aus (11a)

$$\left.\begin{aligned} E_0 &= J_{e_1} R_e + L_e \frac{dJ_e}{dt} \\ &+ i_{e_1} R_e + L_e \frac{di_{e_1}}{dt} + \frac{d(L_{ea} J_{a_1})}{dt} + \frac{d(L_{ea} i_{a_1})}{dt} \end{aligned}\right\} \tag{11b}$$

und aus (12a)

$$\left.\begin{aligned} 0 &= J_{a_1} R_a + L_a \frac{dJ_{a_1}}{dt} + \frac{d(L_{ea} J_{e_1})}{dt} \\ &+ i_{a_1} R_a + L_a \frac{di_{a_1}}{dt} + \frac{d(L_{ea} i_{e_1})}{dt} \end{aligned}\right\} \tag{12b}$$

entstehen. Wir wählen die Stromanteile J_{e_1} und J_{a_1} so, daß

$$E_0 = J_{e_1} R_e + L_e \frac{dJ_{e_1}}{dt}, \tag{11c}$$

$$0 = J_{a_1} R_a + L_a \frac{dJ_{a_1}}{dt} + \frac{d(L_{ea} J_{e_1})}{dt} \tag{12c}$$

erfüllt werden. Die erste Gleichung besitzt das Partikularintegral

$$J_{e_1} = \frac{E_0}{R_e}, \tag{14}$$

welches dem stationären Erregerstrome der leerlaufenden Maschine entspricht. Hiermit läßt sich mit Rücksicht auf die Annahme (9a) die Gleichung des Arbeitsstromes in die Form bringen

$$J_{a_1} R_a + L_a \frac{dJ_{a_1}}{dt} = J_{e_1} L_{ea_{\max}} \cdot \omega \cdot \sin \omega t \,. \tag{15}$$

Der Stromanteil J_{a_1} ist also der von der Leerlaufsspannung getriebene Strom; seine Größe folgt aus (15) durch Integration

$$\left.\begin{aligned} J_{a_1} &= J_{e_1} L_{ea_{\max}} \cdot \omega \cdot \sin(\omega t - \varphi_{a_1}) \cdot \frac{1}{\sqrt{R_a^2 + \omega^2 L_a^2}} \\ &= J_{a_1 \max} \cdot \sin(\omega t - \varphi_{a_1}); \quad \operatorname{tg} \varphi_{a_1} = \frac{\omega L_a}{R_a}\,. \end{aligned}\right\} \tag{15a}$$

Zur Berechnung der Ströme i_{e_1} und i_{a_1} setzen wir

$$\left.\begin{aligned} i_{e_1} &= J_{e_2} + i_{e_2}, \\ i_{a_1} &= J_{a_2} + i_{a_2} \end{aligned}\right\} \tag{16}$$

und erhalten aus (11b), (12b) mit Rücksicht auf (14), (15)

$$\left.\begin{aligned} 0 &= J_{e_2} R_e + L_e \frac{dJ_{e_2}}{dt} + \frac{d(L_{ea} J_{a_1})}{dt} \\ &+ i_{e_2} R_e + L_e \frac{di_{e_2}}{dt} + \frac{d(L_{ea} J_{a_2})}{dt} + \frac{d(L_{ea} i_{a_2})}{dt} \end{aligned}\right\} \tag{11d}$$

und

$$\left.\begin{aligned} 0 &= J_{a_2} R_a + L_a \frac{dJ_{a_2}}{dt} + \frac{d(L_{ea} J_{e_2})}{dt} \\ &+ i_{a_2} R_a + L_a \frac{di_{a_2}}{dt} + \frac{d(L_{ea} i_{e_2})}{dt}. \end{aligned}\right\} \tag{12d}$$

J_{e_2} und J_{a_2} bestimmen wir durch die Festsetzung

$$J_{e_2} R_e + L_e \frac{dJ_{e_2}}{dt} + \frac{d(L_{ea} J_{a_1})}{dt} = 0, \tag{11e}$$

$$J_{a_2} R_a + L_a \frac{dJ_{a_2}}{dt} + \frac{d(L_{ea} J_{e_2})}{dt} = 0. \tag{12e}$$

Da

$$\left.\begin{aligned} \frac{d(L_{ea} J_{a_1})}{dt} &= \frac{d(L_{ea_{\max}} \cdot \cos\omega t \cdot J_{a_1\max} \cdot \sin[\omega t - \varphi_{a_1}])}{dt} \\ &= L_{ea_{\max}} \cdot J_{a_1} \cdot \omega \cdot \cos(2\omega t - \varphi_{a_1}), \end{aligned}\right\} \tag{17}$$

muß J_{e_1} ebenfalls die Frequenz 2ω besitzen; aus (11e) folgt durch Integration mit Rücksicht auf (17)

$$\left.\begin{aligned} J_{e_2} &= -L_{ea_{\max}} \cdot J_{a_1\max} \cdot \omega \cdot \cos(2\omega t - \varphi_{e_2}) \cdot \frac{1}{\sqrt{R_e^2 + (2\omega)^2 L_e^2}} \\ &= -J_{e_2\max} \cdot \cos(2\omega t - \varphi_{e_2})\quad \varphi_{e_2} = \varphi_{a_1} + \operatorname{arctg}\frac{(2\omega) L_e}{R_e}. \end{aligned}\right\} \tag{18}$$

Aus (12e) läßt sich nunmehr J_{a_2} als Folge der von J_{e_2} erzeugten Umlaufsspannung gewinnen. Mit

$$\left.\begin{aligned} \frac{d(L_{ea} J_{e_2})}{dt} &= \frac{d(L_{ea_{\max}} \cdot \cos\omega t \cdot [-J_{e_2\max} \cdot \cos(2\omega t - \varphi_{e_2})]}{dt} \\ &= L_{ea_{\max}} \cdot J_{e_2\max} \cdot 2\omega [\tfrac{3}{4}\sin(3\omega t - \varphi_{e_2}) + \tfrac{1}{4}\sin(\omega t - \varphi_{e_2})] \end{aligned}\right\} \tag{19}$$

wird

$$\left.\begin{aligned} J_{a_2} &= -L_{ea_{\max}} \cdot J_{e_2\max} \cdot 2\omega \cdot \tfrac{3}{4}\sin(3\omega t - \varphi_{a_2}^{(3)}) \\ &\quad -L_{ea_{\max}} \cdot J_{e_2\max} \cdot 2\omega \cdot \tfrac{1}{4}\sin(\omega t - \varphi_{a_2}^{(1)}), \\ \varphi_{a_2}^{(3)} &= \operatorname{arctg}\frac{(3\omega) L_a}{R_a} + \varphi_{e_2};\quad \varphi_{a_2}^{(1)} = \operatorname{arctg}\frac{(\omega)\cdot L_a}{R_a} + \varphi_{e_2}. \end{aligned}\right\} \tag{20}$$

Durch Fortsetzung dieses Iterationsverfahrens erhält man abwechselnd Arbeits- und Erregerströme in unbegrenzter Zahl, deren

Frequenz dauernd wächst; hierbei sind die geradzahligen Frequenzen 0, 2ω, 4ω, ... dem Erregerkreis, die ungeradzahligen Frequenzen ω, 3ω, 5ω, ... dem Arbeitskreis eigen. Wir können diese fortgesetzte gegenseitige Frequenzerhöhung als einen elektrodynamischen Spiegelungsvorgang deuten: Die magnetischen Wechselfelder können in entgegengesetzt umlaufende Drehfelder gleicher Amplitude zerlegt werden, welche zusammen mit der mechanischen Frequenz des Läufers Anlaß zur Entstehung der berechneten Umlaufsspannungen geben (Nr. 175).

Die Frequenzsteigerung durch elektrodynamische Spiegelung tritt auch in einphasigen oder unsymmetrisch belasteten Mehrphasengeneratoren auf; dort sind die Oberschwingungen unerwünscht und werden durch eine besondere Kurzschlußwicklung auf dem Läufer unschädlich gemacht.

Für die Hochfrequenztechnik folgt dagegen aus der durchgeführten Rechnung die Möglichkeit einer indirekten Schwingungserzeugung, welche von relativ niedrigen mechanischen Frequenzen ihren Ausgang nimmt und innerhalb der Maschine die Frequenzsteigerung rein elektrodynamisch vornimmt.

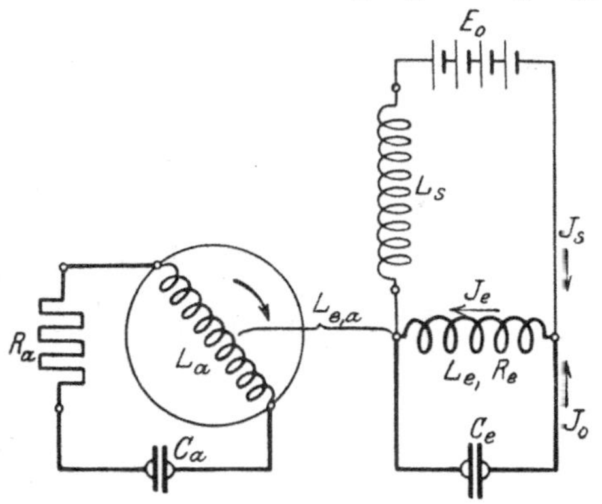

Abb. 246. Prinzipielle Schaltung der Goldschmidtschen Maschine.

174. Die Goldschmidtsche Hochfrequenzmaschine. Die Anordnung Goldschmidts zur Erzeugung hochfrequenter Schwingungen beruht auf dem Prinzip der wechselseitigen Frequenzerhöhung durch elektrodynamische Spiegelung zwischen Ständer und Läufer, welches wir im vorigen Abschnitt entwickelt haben.

Abb. 246 zeigt die Schaltung der Goldschmidtschen Maschine. Die Gleichspannung E_0 treibt über die sehr große Induktivität L_s den Strom in die Erregerwicklung, welcher die Kapazität C_e parallel geschaltet ist. Die Belastung ist durch den Widerstand R_a in Reihe mit der Kapazität C_a gebildet.

Auf der Erregerseite resultiert der Spulenstrom J_e, aus dem Kondensatorstrom J_c und dem Speisestrom J_s:

$$J_e = J_s + J_c\,. \tag{21}$$

Durch eine hinreichend große Induktivität L_s werden alle Pulsationen des Speisestromes unterdrückt.

$$J_s = \text{Konst.} = J_0\,. \tag{22}$$

In der Erregerspule setzt sich demnach der Strom aus diesem konstanten Erregerstrom und einem überlagerten Wechselstrom zusammen, welcher dem Kondensator entströmt. Die Umlaufsspannung in der Erregerspule bildet zusammen mit der Spannung des Kondensators die treibende Kraft für den Ohmschen Spannungsabfall der Erregerspule

$$E_{c_e} + E_{u_s} = J_e \cdot R_e \tag{23}$$

oder

$$J_e \cdot R_e + \frac{1}{C_e}\int J_c\,dt + L_s \cdot \frac{dJ_e}{dt} + \frac{d(L_{ea} J_a)}{dt} = 0\,. \tag{23a}$$

Wegen (21) und (22) ist

$$\frac{dJ_e}{dt} = \frac{dJ_c}{dt}\,,$$

so daß (23a) in

$$J_e R_e + \frac{1}{C_e}\int J_c\,dt + L_s \cdot \frac{dJ_c}{dt} + \frac{d(L_{ea} J_a)}{dt} = 0 \tag{23b}$$

übergeht. Die entsprechende Überlegung ergibt für die Arbeitswicklung die Gleichung

$$J_a R_a + \frac{1}{C_a}\int J_a\,dt + L_a \cdot \frac{dJ_a}{dt} + \frac{d(L_{ea} J_s)}{dt} = 0\,. \tag{24}$$

In (23b) und (24) sind die Grundgleichungen der Goldschmidtschen Maschine gewonnen. Zu ihrer Integration benutzen wir das im vorigen Abschnitt entwickelte Iterationsverfahren. Wir setzen

$$\left.\begin{aligned} J_c &= J_{c_1} + i_{c_1}\,, \\ J_e &= J_{e_1} + i_1\,, \\ J_a &= J_{a_1} + i_{a_1} \end{aligned}\right\} \tag{25}$$

und unterwerfen die Stromanteile J_{c_1} und J_{a_1} den Gleichungen

$$J_{e_1} \cdot R_e + \frac{1}{C_e}\int J_{c_1}\,dt + L_s \cdot \frac{dJ_{c_1}}{dt} = 0\,, \tag{26}$$

$$J_{a_1} \cdot R_a + \frac{1}{C_a}\int J_{a_1}\,dt + L_a \cdot \frac{dJ_{a_1}}{dt} = -\frac{d(L_{ea} \cdot J_{s_1})}{dt}\,. \tag{27}$$

Ein Partikularintegral von (26) lautet

$$J_{c_1} = 0\,, \tag{26a}$$

also mit Rücksicht auf (21) und (22)

$$J_{e_1} = J_{s_0}\,. \tag{26b}$$

Durch Einsetzen in (27) entsteht

$$J_{a_1} \cdot R_a + \frac{1}{C_a}\int J_{a_1}\,dt + L_a \cdot \frac{dJ_{a_1}}{dt} = -\frac{d(L_{ea} \cdot J_{s_0})}{dt}\,. \tag{27a}$$

Diese Gleichung geht mit Rücksicht auf die Annahme (9a) in die Gleichung einfach harmonischer, erzwungener Schwingungen über:

$$J_{a_1} \cdot R_a + \frac{1}{C_a}\int J_{a_1}\, d t + L_a \frac{d J_{a_1}}{d t} = L_{e a_{\max}} \cdot J_{s_0}\, \omega \sin \omega t\,. \qquad (27\,\mathrm{b})$$

Bei Beschränkung auf den stationären Zustand können wir die Lösung den Entwicklungen der Nr. 156 entnehmen.

$$J_{a_1} = \frac{L_{e a_{\max}} \cdot J_{s_0} \cdot \omega \cdot \sin(\omega t - \varphi_{a_1})}{\sqrt{R_a^2 + \left(L_a \omega - \dfrac{1}{C_a \omega}\right)^2}}\,; \qquad \operatorname{tg} \varphi_{a_1} = \frac{L_a \omega - \dfrac{1}{C_a \omega}}{R_a}\,. \qquad (27\,\mathrm{c})$$

Werden L_a und C_a auf Resonanz mit der Frequenz ω abgestimmt, so nimmt J_{a_1} den besonderen Wert an

$$J_{a_1} = \frac{L_{e a_{\max}} \cdot J_{s_0} \cdot \omega \cdot \sin \omega t}{R_a} = J_{a_1 \max} \cdot \sin \omega t\,. \qquad (27\,\mathrm{d})$$

Fortan halten wir an der Annahme der Abstimmung auf Resonanz fest. Wir führen die weitere Zerlegung ein

$$\left.\begin{aligned} i_{c_1} &= J_{c_2} \cdot i_{c_2}\,, \\ i_{e_1} &= J_{e_2} + i_{e_2}\,, \\ i_{a_1} &= J_{a_2} + i_{a_2} \end{aligned}\right\} \qquad (28)$$

und unterwerfen die Ströme J_{e_2}, J_{ca}, J_{a_2} den Gleichungen

$$J_{e_2} \cdot R_e + \frac{1}{C_e}\int J_{c_2}\, d t + L_s \cdot \frac{d J_{c_2}}{d t} + \frac{d (J_{a_1} \cdot L_{e a})}{d t} = 0 \qquad (29)$$

und

$$J_{a_2} \cdot R_a + \frac{1}{C_a}\int J_{a_2}\, d t + L_a \frac{d J_{a_2}}{d t} + \frac{d (L_{e a} \cdot J_{e_2})}{d t} = 0\,. \qquad (30)$$

Unter Berücksichtigung von (27d) ist

$$J_{a_1} \cdot L_{e a} = J_{a_1 \max} \cdot \sin \omega t \cdot L_{e a_{\max}} \cdot \cos \omega t = J_{a_1 \max} \cdot L_{e a_{\max}} \cdot \tfrac{1}{2} \cdot \sin 2 \omega t\,, \qquad (31)$$

so daß für J_{c_2} die Gleichung erzwungener Schwingungen

$$J_{c_2} \cdot R_e + \frac{1}{C_e}\int J_{c_2}\, d t + L_s \cdot \frac{d J_{c_2}}{d t} = - J_{a_1 \max} \cdot L_{e a_{\max}} \cdot \omega \cos 2 \omega t \qquad (29\,\mathrm{a})$$

entsteht. Bei abermaliger Beschränkung auf den stationären Zustand ist also

$$\left.\begin{aligned} J_{c_2} &= \frac{- J_{a_1 \max} \cdot L_{e a_{\max}} \cdot \omega \cdot \cos(2 \omega t - \varphi_{c_2})}{\sqrt{R_s^2 + \left(2 \omega L_s - \dfrac{1}{2 \omega C_e}\right)^2}}\,; \\ \operatorname{tg} \varphi_{c_2} &= \frac{2 \omega L_s - \dfrac{1}{2 \omega C_e}}{R_s}\,. \end{aligned}\right\} \qquad (29\,\mathrm{b})$$

Dieser Strom erreicht bei Resonanz mit der Frequenz 2ω sein Maximum

$$J_{c_2} = \frac{-J_{a_1 \max} \cdot L_{e a_{\max}} \cdot \omega \cos 2\omega t}{R_s} = J_{c_2 \max} \cdot \cos 2\omega t\,. \tag{29 c}$$

Es ist nunmehr leicht, den Fortgang der Rechnung zu übersehen.

Wegen (22) gilt

$$J_{e_2} = J_{c_2}\,. \tag{31}$$

Dieser Strom entwickelt in der Arbeitswicklung die Umlaufsspannung

$$\left.\begin{aligned} E_{u a_2} &= -\frac{d(J_{c_2} \cdot L_{e a})}{dt} = -\frac{d(J_{c_2 \max} \cos 2\omega t \cdot L_{e a_{\max}} \cdot \cos\omega t)}{dt}, \\ &= -\frac{1}{2} J_{c_2 \max} \cdot L_{e a_{\max}} \cdot \frac{d}{dt}(\cos\omega t + \cos 3\omega t) \\ &= +\tfrac{1}{2} J_{c_2 \max} \cdot L_{e a_{\max}} \cdot (\omega \cdot \sin\omega t + 3\omega \cdot \sin 3\omega t)\,. \end{aligned}\right\} \tag{32}$$

Ihr entsprechen in der Arbeitswicklung Ströme der Frequenzen ω und 3ω, deren erster mit dem Arbeitskreise resoniert und sich zu der Höhe

$$J_{a_2(\omega)} = \frac{1}{2} \frac{J_{C_2 \max} \cdot L_{e a_{\max}} \cdot \omega \cdot \sin\omega t}{R_a} \tag{33}$$

entwickelt. Der Strom der Frequenz 3ω dagegen kann sich im Arbeitskreise nur schwach ausbilden, es sei denn, daß er in einen zweiten Arbeitsresonanzkreis geführt wird, welcher auf die Frequenz 3ω abgestimmt ist. Dieser dritte Oberstrom läßt sich mit dem bisherigen Verfahren ohne Schwierigkeiten, allerdings unter erheblichem Aufwand von Rechenarbeit, ermitteln. Da jedoch hierbei keine physikalisch neuartigen Erscheinungen eintreten, wollen wir uns mit den abgeleiteten Ergebnissen begnügen.

Man pflegt praktisch einen der Oberströme zur Nutzleistung heranzuziehen, wobei also sämtliche Ströme niedrigerer Frequenz einschließlich des speisenden Gleichstroms als Hilfserregungen wirken. Mit Rücksicht auf die mit wachsender Zahl der Hilfserregerströme stark anschwellenden Verluste in Form von Stromwärme und Ummagnetisierungsarbeit begnügt man sich im allgemeinen mit einem Arbeitsstrome der höchsten 4fachen Grundfrequenz und bewirkt eine etwa gewünschte weitere Frequenzsteigerung mittels ruhender Wandler (Nr. 169).

175. Einfluß der Eisensättigung auf die Arbeitsweise kapazitätsbelasteter Generatoren. Die im vorigen Abschnitt entwickelten Gesetzmäßigkeiten beruhen auf der Annahme konstanter Induktivitäten. Ihre Gültigkeit ist daher auf eisenlose Maschinen oder Maschinen mit extrem niedriger Sättigung beschränkt.

Im folgenden soll die Eisensättigung in die Rechnung einbezogen werden. Der Übersicht halber wird eine Maschine mit Wechselpolanordnung vorausgesetzt. Der Widerstand des Arbeitsstromkreises sowie die Hysterese- und Wirbelstromerscheinungen in der Maschine sollen vernachlässigt werden.

Der gesamte Arbeitsspulenfluß wird in den Streufluß und Fluß der Ankerrückwirkung zerlegt. Die Streulinien verlaufen zum überwiegenden Teil in Luft oder ungesättigtem Eisen; sie können daher mit hinreichender Genauigkeit in der konstanten Streuinduktivität der Maschine zusammengefaßt werden.

Zur Berechnung der Ankerrückwirkung diene Abb. 247, welche einen schematischen Schnitt senkrecht zur Achse der Maschine zeigt. Längs des Läuferumfanges werden die Abszisse ξ, längs des Ständerumfanges die Abszisse ξ' gezählt, wobei einem Polpaar das Intervall 2π entsprechen möge. Auf diese Messung in „elektrischen Graden" beziehen wir die mechanische Winkelgeschwindigkeit ω des Läufers, so daß mit Einführung eines zunächst beliebigen Phasenwinkels ψ die Beziehung

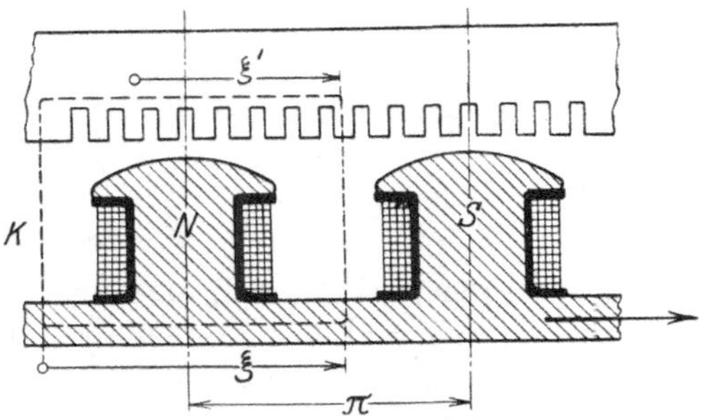

Abb. 247. Schematisches Bild einer Wechselpolmaschine.

$$\xi' = \xi + (\omega \cdot t - \psi) \tag{34}$$

stattfindet.

Das Feld des Luftspaltes zwischen Ständer und Läufer ist gemäß der Aussage des Durchflutungsgesetzes aus der Überlagerung der von Erregerwicklung und Arbeitswicklung einzeln erzeugten Durchflutungen zu berechnen. Wir bestimmen die Größe der Luftspaltdurchflutungen als Summe aller Stromwindungen, welche von der am Läufer angehefteten Kontur K (Abb. 247) umschlossen werden.

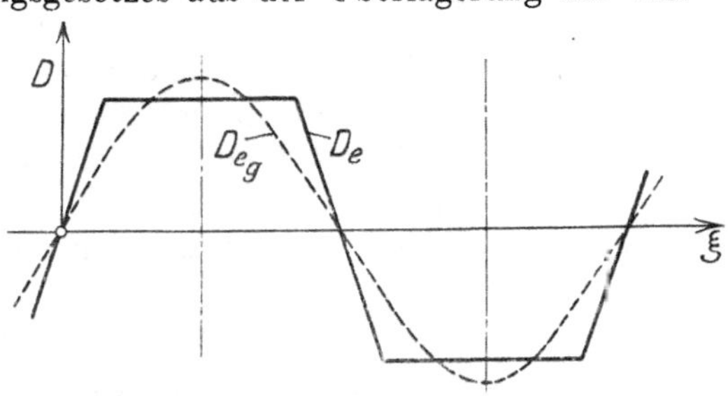

Abb. 248. Verlauf der Durchflutung längs des Umfanges einer Wechselpolmaschine.

Die Läuferdurchflutung ist durch die Formung der Wicklung zusammen mit der Größe des Erregerstromes in ihrem räumlichen Verlauf längs des Läuferumfanges bestimmt. Bei den üblichen Anordnungen ergibt sich bekanntlich eine etwa trapezförmige Kurve nach Abb. 248, deren Periode der doppelten Polteilung gleicht. Wir zerlegen diese Kurve mittels der in Nr. 161 gegebenen Formeln in eine **Fouriersche** Reihe, deren Grundwelle

$$D_{e_g} = w_e \cdot J_e \cdot \sin\xi \tag{35}$$

betrage. Hierin heiße die Größe w_e die wirksame Polwindungszahl; sie übertrifft die wirkliche Zahl der pro Pol aufgebrachten Windungen in demselben Maße, als die räumliche Grundwelle der Durchflutung die Höhe der Maximaldurchflutung übersteigt (vgl. Abb. 248).

Eine in gleicher Weise für die Arbeitswicklung durchgeführte Rechnung liefert die Höhe der Durchflutung zu

$$D_{a_g} = w_a \cdot J_a \cdot \sin\xi' . \tag{35a}$$

Fortan setzen wir

$$J_e = J_{e_0} = \text{konst.} \tag{36}$$

und

$$J_a = J_{a_{\max}} \cdot \cos\omega t \tag{37}$$

voraus. Demnach ist (36) eine relativ zum Läufer ruhende konstante Durchflutung, während (37) eine relativ zum Ständer ruhende, zeitlich einfach harmonisch pulsierende Wechseldurchflutung darstellt. Nun ist identisch

$$w_a \cdot J_{a_{\max}} \cdot \cos\omega t \cdot \sin\xi = w_a \cdot J_{a_{\max}} \cdot \tfrac{1}{2} \cdot \{\sin[\xi' + \omega t] + \sin[\xi' - \omega t]\} . \tag{37a}$$

Hierin ist die Zerlegung der Durchflutung in zwei relativ zum Läufer mit der Geschwindigkeit ω umlaufende Anteile der konstanten Größe

$$D_{a\pm} = J_{a_{\max}} \cdot \tfrac{1}{2} w_a \cdot \sin[\xi' \pm \omega t] \tag{37b}$$

ausgesprochen.

Den mit dem Läufer synchron laufenden Anteil können wir mit der Erregerdurchflutung unmittelbar zusammenfassen. Als resultierende Synchrondurchflutung entsteht mit Rücksicht auf (35)

$$D = D_{e_g} + D_{a+} = w_e \cdot J_e \cdot \sin\xi + \tfrac{1}{2} w_a \cdot J_{a_{\max}} \cdot \sin[\xi - \psi] . \tag{38}$$

Unter der Wirkung der resultierenden Durchflutung wird ein relativ zum Läufer ruhender Synchronfluß durch Luftspalt und Eisen getrieben. Seine Größe wird relativ zum Läufer durch eine Funktion beschrieben, welche in bekannter Weise aus den Abmessungen der Maschine und den magnetischen Eigenschaften des aktiven Eisens folgt. Diese Funktion liege in der Form

$$\Phi \cdot 10^{-8} = f(D) \tag{39}$$

vor, welche durch die Leerlaufscharakteristik geometrisch dargestellt wird. Durch die mechanische Bewegung des Läufers schwankt dieser Synchronfluß relativ zum Ständer nach einer zeitlich periodischen Funktion, welche wir als einfach harmonisch voraussetzen.

Als Resultat der relativ zum Läufer mit der Geschwindigkeit 2ω umlaufenden Durchflutung bildet sich in der Maschine ein entgegengesetzt zum Läufer umlaufender Fluß Φ_- aus. Wegen des Fehlens einer gleichsinnig umlaufenden Läuferdurchflutung ist Φ_- im allgemeinen kleiner als Φ_+; es darf, abgesehen von Sekundärerscheinungen, Φ_+ als bestimmend für den magnetischen Zustand der Maschine angesehen werden. Demnach können wir mit guter Annäherung Φ_- proportional D_{a-} ansetzen, daher die Gesamtheit der entgegengesetzt zum Läufer umlaufenden Induktionslinien mit der Streuinduktivität der Maschine zu einer resultierenden Induktivität L zusammenfassen.

Es ist zweckmäßig, die Berechnung des Arbeitsstromes an Hand des Ersatzschemas der Abb. 249 vorzunehmen. In ihm stellt G einen streuungsfreien, nur mit Ankerrückwirkung behafteten Generator dar; die in ihm entwickelte Umlaufsspannung E_{u_g} arbeitet auf die Reihenschaltung der Induktivität L und der Kapazität C. Die Beziehung zwischen E_{u_g} und J lautet demnach:

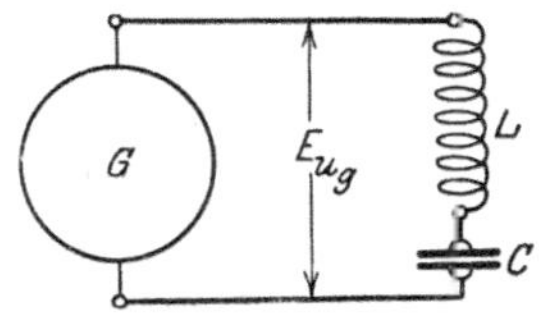

Abb. 249. Ersatzschema des gesättigten Generators mit Kapazitätsbelastung.

$$E_{u_g} = L \cdot \frac{dJ_a}{dt} + \frac{1}{C}\int J_a\,dt\,. \tag{40}$$

Mit dem Ansatz (37) entsteht also

$$\left.\begin{aligned} E_{u_g} &= -L\omega \cdot J_{a_{\max}} \cdot \sin\omega t + \frac{1}{\omega C} \cdot J_{a_{\max}} \cdot \sin\omega t \\ &= -\left(L\omega - \frac{1}{C\omega}\right) \cdot J_{a_{\max}} \cdot \sin\omega t\,. \end{aligned}\right\} \tag{40 a}$$

Die Umlaufsspannung folgt aus dem Synchronfluß mittels des Induktionsgesetzes

$$E_{u_g} = -\frac{d\Phi_+}{dt} \cdot 10^{-8}\,; \tag{41}$$

durch Verknüpfung von (41) mit (40a) wird also

$$\Phi_+ \cdot 10^{-8} = -\int E_{u_g}\,dt = -\left(L - \frac{1}{C\omega^2}\right) \cdot J_{a_{\max}} \cdot \cos\omega t\,. \tag{40 b}$$

Der Synchronfluß muß demnach mit dem Strome phasengleich sein. Dies ist dann und nur dann möglich, wenn Erregerdurchflutung und Synchronanteil der Arbeitsdurchflutung unter sich in Phase sind. Hierbei geht die geometrische Addition der Durchflutungen in eine algebraische über, nach Gl. (38, 39) gilt

$$\Phi_+ \cdot 10^{-8} = f\left(w_e J_e + \frac{1}{2} w_a \cdot J_{a_{\max}}\right). \tag{42}$$

Wir erhalten daher zur Ermittlung des Arbeitsstromes die Gleichung

$$f\left(w_e \cdot J_e + \frac{1}{2} w_a \cdot J_{a_{\max}}\right) = -\left(L - \frac{1}{C \cdot \omega^2}\right) J_{a_{\max}}\,, \tag{40 c}$$

welche mit der Substitution

$$w_e \cdot J_e + \frac{1}{2} w_a \cdot J_{a_{\max}} = w_e \cdot J \tag{43}$$

in

$$f(w_e \cdot J) = -\left(L - \frac{1}{C\,\omega^2}\right) \cdot 2\,\frac{w_e}{w_a}\,(J - J_e) \tag{40 d}$$

übergeht. Hierin stellt die linke Seite die Leerlaufscharakteristik dar, während die rechte Seite durch eine vom Leerlaufspunkte aus ansteigende „Belastungsgerade“ mit der auf den Läufer umgerechneten Neigung $\left(L - \frac{1}{C\,\omega^2}\right) 2\,\frac{w_e}{w_a}$ wiedergegeben wird.

Aus Abb. 250, welche diese Überlegungen zusammenfaßt, folgt daher sogleich der Arbeitsstrom in einem nach Maßgabe des „Übersetzungsverhältnisses“ $2\,\frac{w_a}{w_e}$ auf den Erregerstrom umgerechneten Maßstabe durch Projektion des Stückes der Belastungsgeraden, welches zwischen dem „Erregerpunkt“ $J = J_e$ und ihrem Schnittpunkt mit der Belastungsgeraden liegt.

Vergrößert man bei fester Erregung die Größe der Kapazität von sehr niedrigen Werten an, so dreht sich die Belastungsgerade um ihren Schnittpunkt mit der Abszissenachse nach rechts. Man erkennt, daß sich unterhalb einer bestimmten, von der Erregungsstärke abhängigen Größe der Kapazität drei Schnittpunkte zwischen Leerlaufscharakteristik und Belastungsgeraden ergeben; von ihnen sind jedoch nur die beiden äußeren stabil. Damit diese Mehrdeutigkeit der Lösung möglich ist, muß offenbar die Neigung der Belastungsgeraden kleiner sein als die Ursprungsneigung der Leerlaufscharakteristik. Dieser Satz besitzt eine einfache physikalische Bedeutung: Indem in der Umgebung des Ursprunges die Sättigung der Maschine nicht zur Geltung kommt, haben wir in der aufgestellten geometrischen Grenzbedingung die Resonanzbedingung eines nichteisenhaltigen Kreises nach Nr. 156 wiedergefunden. Weil aber das Auftreten der Resonanz hier nicht durch eine Gleichung, sondern eine Ungleichung beherrscht wird, gibt es oberhalb der Grenzlage bei jedem Wert der Frequenz und der Kapazität einen Schnitt zwischen Leerlaufscharakteristik und Belastungsgeraden, welcher nur quantitativ höhere Werte ergibt als unterhalb der Grenzlage. Lediglich wenn

$$L - \frac{1}{C\,\omega^2} = 0\,, \tag{44}$$

also Resonanz zwischen Streuinduktivität, Gegenlauffeld und Kapazität, führt die Konstruktion zu horizontaler Lage der Belastungsgeraden, also unendlich großen Werten des Arbeitsstromes; freilich wird in Wirklichkeit durch die rechnungsmäßig nicht berücksichtigten Ohmschen Widerstände im Verein mit der auch in den Streupfaden dann wirksamen magnetischen Sättigung auf einem endlichen, wenn auch sehr hohen Werte gehalten.

Überschreitet die Kapazität den durch (44) gegebenen Wert, so läuft die Belastungsgerade vom Leerlaufspunkt aus nach links oben: Die Belastung ist induktiv geworden, der Arbeitsstrom schwächt durch Ankerrückwirkung das Feld, jede Resonanzerscheinung ist ausgeschlossen. Im Diagramm kommt das durch die Eindeutigkeit des Schnittpunktes der Leerlaufscharakteristik und der Belastungsgeraden zum Ausdruck. Die hier herrschenden Gesetzmäßigkeiten sind leicht zu übersehen.

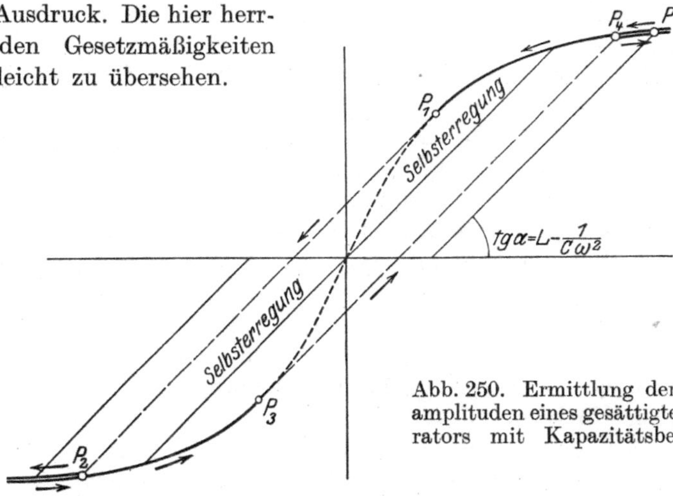

Abb. 250. Ermittlung der Stromamplituden eines gesättigten Generators mit Kapazitätsbelastung.

Fortan beschränken wir die Diskussion auf den Fall überwiegend kapazitiver Belastung

$$L < \frac{1}{C\,\omega^2}, \tag{44 a}$$

wobei aber die Neigung der Belastungsgeraden kleiner als die Ursprungsneigung der Charakteristik sein möge.

Wird hierbei die Erregung langsam geschwächt, so rückt die Belastungsgerade mit unveränderter Neigung nach links. Es ergibt sich, wie in Abb. 250 dargestellt, auch für $J_{l_0} = 0$ eine endliche Amplitude des Stromes J_a und der Generatorspannung E_{u_g}: Die Maschine erzeugt ohne Fremderregung Schwingungen, sie ist selbsterregend geworden. Wird schließlich die Erregerwicklung umgepolt, die Erregung also negativ, so rückt die Belastungsgerade weiter nach links. Hierbei vermag aber der Schnittpunkt P der Belastungsgeraden und der Leerlaufscharakteristik nur bis P_1 stetig zu folgen, um bei weiterer Steigerung der negativen Erregung auf P_2 zu springen: Die Maschine kippt, wobei die Amplituden von Strom und Spannung beträchtlich wachsen, ihre Phasen um 180° springen. Beim Rückwärtsgehen wiederholen sich die Kippvorgänge am Punkte P_3, von wo der Strom nach P_4 herüberspringt. Bei einem vollständigen magnetischen Kreisprozeß des Erregerstromes wird also ein hysteresisartig verlaufender Kurvenzug durchlaufen. Es sind dies dieselben Erscheinungen, welchen wir bei der Untersuchung erzwungener Schwingungen im eisenhaltigen Kreise begegneten (Nr. 167 und 169).

Offenbar lassen sich diese Überlegungen leicht auf den Fall variabler Frequenz übertragen, welche nach (40d) die Lage von Leerlaufscharakteristik und Belastungsgeraden bei festen Werten L und C bestimmt.

176. Die schwingenden Hochfrequenzmaschinen. Die schwingenden Hochfrequenzmaschinen unterscheiden sich von den rotierenden Maschinen nur durch die mechanische Anordnung ihrer aktiven Elemente: Die Erzeugung der wirksamen Verschiebungsströme erfolgt nicht durch rotierende, sondern durch schwingende Bewegung. Diese Änderung der Anordnung zwingt aus konstruktiven Rücksichten zur Beschränkung auf ein einziges Polpaar; die elektrische Frequenz der schwingenden Hochfrequenzmaschinen gleicht daher ihrer mechanischen Frequenz. Diese ist durch die Trägheit der bewegten Massen nach oben begrenzt und schließt die Verwendung schwingender Maschinen für extrem hohe Frequenzen aus. Ihr Hauptanwendungsgebiet ist daher den akustischen Frequenzen vorbehalten: Sie dienen der Umwandlung von Schallenergie in elektrische Energie und umgekehrt in ihren zahlreichen Formen als Mikrophon, Telephon und Signalapparate.

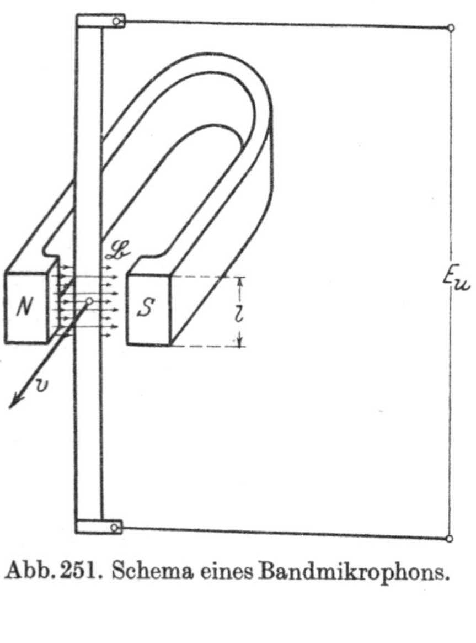

Abb. 251. Schema eines Bandmikrophons.

Obwohl zur Zeit die schwingenden Induktivitätsmaschinen weitaus überwiegen, werden für Sonderzwecke schwingende Kapazitätsmaschinen hergestellt; so zeichnen sich Kondensatormikrophone und -Telephone gewisser Bauart durch besonders reine Wiedergabe der durch sie vermittelten Schallübertragungen aus. Das elektrodynamische Verhalten dieser Maschinen kann auf Grund bekannter Analogien aus dem Verhalten ihnen reziproker Induktivitätssysteme erschlossen werden, auf welche wir uns daher beschränken dürfen.

177. Das Bandmikrophon dient zur Umformung von Schallenergie in elektrische Energie, in seiner elektrodynamischen Umkehrung zur Umformung elektrischer Energie in Schallenergie als Lautsprecher. Es besteht aus einem dünnen leitenden Band, welches entsprechend Abb. 251 frei beweglich zwischen zwei Magnetpolen ausgespannt ist. Die Erregerwicklung befindet sich auf den Magnetschenkeln, die Arbeitswicklung wird durch das Band selbst zusammen mit den Abführungsleitungen gebildet; diese Anordnung entspricht der Wechselpolanordnung.

Das Erregerfeld besitze längs der wirksamen Länge h des Bandes die überall gleiche Induktionsliniendichte $\mathfrak{B}$. Bei einer Auslenkung x des Bandes senkrecht zur Richtung der Induktionslinien wird die Flußänderung

$$\Delta \Phi = \mathfrak{B} \cdot h \cdot x \tag{45}$$

erzwungen; die Umlaufsspannung der Arbeitswicklung wird daher

$$E_u = -\frac{d\Delta\Phi}{dt} 10^{-8} = -\mathfrak{B} \cdot h \cdot \frac{dx}{dt} 10^{-8} = -\mathfrak{B} \cdot h \cdot v \cdot 10^{-8}, \tag{46}$$

wo v die Geschwindigkeit des bewegten Bandes bedeutet. Spannung und Geschwindigkeit sind somit einander in jedem Augenblick proportional.

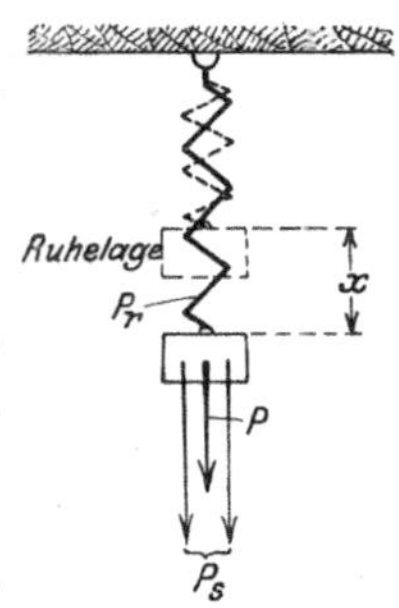

Abb. 252. Mechanisches Ersatzschema des Bandmikrophons.

Der Zusammenhang zwischen der Bandgeschwindigkeit und der Intensität des erregenden oder erregten Schallfeldes ist durch die Form und Elastizität des Bandes im Zusammenhang mit den elastischen Konstanten des schallübertragenden Mediums gegeben. Die Bewegung läßt sich in groben Zügen an Hand des Ersatzschemas nach Abb. 252 verfolgen. An der äquivalenten Bandmasse M greifen die von der Bandelastizität herrührende Rückführkraft P_r, die treibende Kraft P sowie eine die Energiekopplung mit dem umgebenden Medium berücksichtigende Strahlkraft P_s an:

$$M \frac{d^2 x}{dt^2} = P_r + P + P_s. \tag{47}$$

In erster Näherung kann

$$P_r = -c \cdot x \tag{48}$$

gesetzt werden, wo c die „Federkonstante" des Bandes ist, während der Strahlkraft der Ansatz

$$P_s = -r_s v = -r_s \cdot \frac{dx}{dt} \tag{49}$$

zugrunde gelegt wird. Der Proportionalitätsfaktor r_s, welcher den Vorgängen im schallübertragenden Medium gerecht wird, heißt der Strahlungswiderstand des Bandes. Seine Berechnung erfolgt durch Integration der elastischen Feldgleichungen unter Berücksichtigung der Bandbewegung. Wir müssen uns die Durchführung der Integration versagen; indes wird uns die Berechnung des elektrodynamischen Strahlungswiderstandes einer Antenne, welche im zweiten Teile dieses Werkes durchgeführt werden wird, gewisse Analogieschlüsse auf die Struktur des elastischen Strahlungswiderstandes gestatten.

Mit Einführung von (48) und (49) in (47) entsteht die formal einfache Bewegungsgleichung

$$M \frac{d^2 x}{d t^2} + r_s \frac{d x}{d t} + c x = P(t) , \tag{47a}$$

welche aber wegen der Abhängigkeit des Strahlungswiderstandes von der Bewegung als Integralgleichung anzusprechen ist. Ist aber insbesondere

$$P(t) = P_{\max} \cdot \cos \omega t ,$$

so wird auch x eine einfach harmonische Funktion der Zeit, daher $r_s = r_s(\omega)$ berechenbar. Durch diese Beschränkung reduziert sich die Integralgleichung (47 a) auf die Differentialgleichung der erzwungenen Schwingungen

$$M \frac{d^2 x}{d t^2} + r_s(\omega) \frac{d x}{d t} + c \cdot x = P_{\max} \cdot \cos \omega t , \tag{47b}$$

deren Lösung nach Nr. 156

$$x = \frac{P_{\max} \cdot \cos(\omega t - \varphi)}{\sqrt{[c - M \omega^2]^2 + r_s(\omega^2) \cdot \omega^2}} ; \qquad \operatorname{tg} \varphi = \frac{r_s(\omega) \cdot \omega}{c - M \omega^2} \tag{50}$$

und daher

$$v = \frac{d x}{d t} = - \frac{P_{\max} \cdot \sin(\omega t - \varphi)}{\sqrt{\left[\frac{c}{\omega} - M \omega\right]^2 + r_s^2(\omega)}} \tag{50a}$$

lautet. Bei gegebener Kraftamplitude ist also sowohl die Größe als auch die Phase der erzwungenen Bewegung von der Frequenz abhängig; durch geeignete Wahl der Größen c, M, r_s läßt sich diese Verzerrung beliebig herabdrücken. Wird insbesondere $\frac{c}{\omega} \ll M \omega$ und $M \omega \ll r_s(\omega)$, so gilt näherungsweise

$$v = \sim - \frac{P_{\max} \cdot \sin(\omega t - \varphi)}{r_s(\omega)} .$$

Man erhält demnach eine annähernd verzerrungsfreie Bewegung durch Reduktion der Bandmasse und der Federkraft. Diese Bedingungen werden praktisch durch Verwendung langer, dünner Bänder erfüllt.

178. Das Telephon. Das Telephon dient zur Erzeugung von Schallschwingungen aus elektrischen Schwingungen.

In Abb. 253 ist ein Schnitt durch das Telephon dargestellt. Die Erregerwicklung ist durch einen permanenten Stahlmagneten ersetzt, dessen Polschuhe die Arbeitswicklung tragen. Der magnetische Kreis wird durch eine eingespannte eiserne Membran geschlossen, welche durch ihre Bewegung die Schallübertragung an das umgebende Medium vermittelt. Durch die Membranbewegungen wird der magnetische Widerstand des ganzen Kreises geändert, während die Flußrichtung unverändert bleibt; das Telephon gleicht daher in seiner Wirkungsweise den Induktormaschinen.

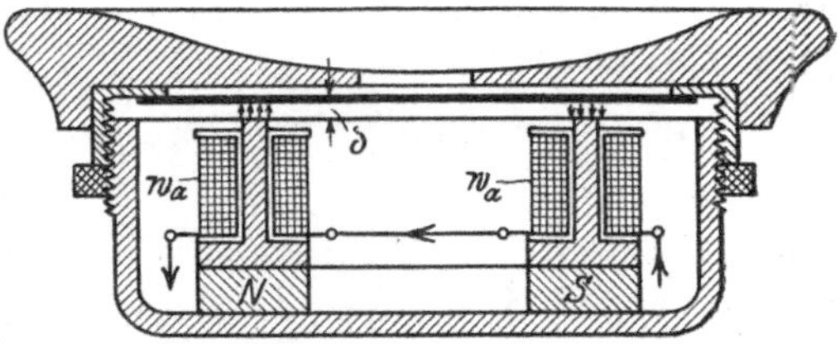

Abb. 253. Schematische Darstellung eines Telephons.

Wir zerlegen den Gesamtfluß der Arbeitswicklung in Streufluß und Arbeitsfluß. Die Größe des Streuflusses wird durch die Streuinduktivität L_s zusammen mit dem Telephonstrom J bestimmt. Der Arbeitsfluß dagegen wird durch die resultierende Magnetisierung des permanenten Magneten und des Arbeitsstromes durch den magnetischen Kreis getrieben.

Wir wollen uns die permanente Magnetisierung durch eine Erregung mittels fingierter Erregerwicklung ersetzt denken, deren Windungszahl $2\,w_e$ von dem fingierten Erregerstrom J_e durchflossen werde. Aus Zweckmäßigkeitsgründen wählen wir $2\,w_e$ gleich der Windungszahl $2\,w_a$ der Arbeitswicklung. Die magnetische Umlaufsspannung längs des gesamten magnetischen Kreises berechnet sich mittels des Durchflutungsgesetzes

$$M = 2\,w_e \cdot J_e + 2\,w_a \cdot J_a = 2\,w_a\,(J_e + J_a)\,. \tag{51}$$

Wegen des überwiegenden magnetischen Widerstandes der Luftschicht δ zwischen Polschuh und Membran ist nahezu die gesamte magnetische Umlaufsspannung längs des Luftweges tätig, so daß die wirksame Luftfeldstärke sich aus

$$M = 2\,\mathfrak{H}_\delta \cdot \delta \tag{52}$$

oder

$$\mathfrak{H}_\delta = \frac{M}{2\,\delta} = \frac{w_a}{\delta}\,(J_e + J_a) \tag{52 a}$$

ergibt. Die von ihr getriebenen Induktionslinien setzen auf der Polschuhoberfläche an und spannen sich innerhalb zweier Bündel in geradem Zuge zur Membran. Ihre Dichte beträgt

$$\mathfrak{B}_\delta = \mu \cdot \mathfrak{H}_\delta = 0{,}4\,\pi\,\frac{w_a}{\delta}\,(J_e + J_a)\,. \tag{52 b}$$

Sei F die Polschuhoberfläche, so wird der Arbeitsfluß

$$\Phi_a = F \cdot \mathfrak{B}_\delta = 0{,}4\,\pi \frac{w_a}{\delta} (J_e + J_a) . \tag{52 c}$$

Wir berechnen die magnetische Energie des Luftfeldes mittels Gl. (36), Nr. 9. Durch Integration über den von beiden Induktionslinienbündeln eingenommenen Raum

$$W_m = \tfrac{1}{2} \int_{\mathfrak{V}} \mathfrak{H}_\delta \mathfrak{B}_\delta \cdot 10^{-8}\, dv = \tfrac{1}{2} \cdot 0{,}4\,\pi \cdot 10^{-8} \cdot \mathfrak{H}_\delta^2 \cdot 2 \cdot \delta \cdot F . \tag{53}$$

Wir benutzen diesen Ausdruck zur Ermittlung der mechanischen Kraft auf die Membran. Es werde die Membran um die virtuelle Strecke $\partial \delta$ aus der ursprünglichen Lage entfernt, gleichzeitig aber durch vermehrte Stromzufuhr $\mathfrak{H}_\delta$ und $\mathfrak{B}_\delta$ auf ihrem Anfangswerte erhalten. Die virtuelle Energieänderung wird dann

$$\partial W_m = \tfrac{1}{2} \cdot 0{,}4\,\pi \cdot 10^{-8} \cdot \mathfrak{H}_\delta^2 \cdot 2\, \partial \delta \cdot F . \tag{53 a}$$

Da mit $\mathfrak{B}_\delta$ der Arbeitsfluß bei dem beschriebenen Vorgange konstant bleibt, kommt in der Arbeitswicklung keine Umlaufsspannung zustande; daher ist die Zuführung des Energiezuwachses ∂W_m auf elektrischem Wege ausgeschlossen; dieser muß vielmehr der mechanischen Arbeit der längs $\partial \delta$ verschobenen Membrankraft $-P_m$ entstammen

$$\partial W_m = \partial A = \partial \delta (-P_m) = -\partial \delta \cdot P_m . \tag{54}$$

Hieraus folgt die Größe der Membrankraft

$$P_m = -\tfrac{1}{2} \cdot 0{,}4\,\pi \cdot 10^{-8} \cdot \mathfrak{H}_\delta^2 \cdot 2 \cdot F \tag{54 a}$$

oder mit Rücksicht auf (52 a)

$$\left.\begin{aligned} P_m &= -\frac{1}{2} \cdot 0{,}4\,\pi \cdot 10^{-8} \cdot \left(\frac{w_a}{\delta}\right)^2 \cdot 2\, F \cdot (J_e + J_a)^2 \\ &= -\frac{1}{2} \cdot 0{,}4\,\pi \cdot 10^{-8} \cdot \left(\frac{w_a}{\delta}\right)^2 \cdot 2\, F \cdot (J_e^2 + 2\, J_e J_a + J_a^2) . \end{aligned}\right\} \tag{54 b}$$

Außer der Ruhekraft

$$P_{m_0} = -\frac{1}{2} \cdot 0{,}4\,\pi \cdot 10^{-8} \left(\frac{w_a}{\delta}\right)^2 J_e^2 \tag{55}$$

wirken also auf die Membran zwei Arbeitskräfte ein, deren erste dem Arbeitsstrom unmittelbar, deren zweite dem Quadrate des Arbeitsstromes proportional ist. Dieser zweite Anteil enthält daher bei einem zeitlich harmonischen Vorgange entsprechend

$$J_a = J_{a_{\max}} \cdot \cos \omega t$$

neben einer konstanten Kraft eine Kraft von der Frequenz $2\,\omega$; sie bewirkt Verzerrungen und kann durch

$$J_a \ll J_e \tag{56}$$

unschädlich gemacht werden. Setzen wir diese Bedingung von nun ab als erfüllt voraus, so wird der veränderliche Anteil der Membrankraft

$$\mathfrak{P}_m = P_m - P_{m_0} = -\frac{1}{2}\cdot 0{,}4\,\pi\cdot 10^{-8}\cdot\left(\frac{w_a}{\delta}\right)^2\cdot 2\,F\cdot 2\,J_e\cdot J_a = -k\cdot J_a\,. \quad (57)$$

Für eine gegebene Arbeitsdurchflutung $J_a w_a$ wächst sie demnach mit stärkerer „Vormagnetisierung“ $w_a\cdot J_e$ und mit abnehmendem Luftspalt δ. Die hieraus folgenden Konstruktionsgrundsätze werden allerdings dadurch nicht unerheblich modifiziert, daß das Verhalten des permanenten Magneten sich nicht durch einen konstant erregten Eisenpfad erschöpfend wiedergeben läßt, sobald zeitlich variable Vorgänge stattfinden. Es scheint, daß der permanente Magnet Wechselmagnetisierungen einen Widerstand entgegenstellt, dessen Größenordnung den Widerstand eines Luftweges von der Länge der Induktionslinien innerhalb des Magneten erreicht.

Im Betriebe des Telephons schwankt die Größe des Luftspaltes nach Maßgabe der Membranbewegung; wir setzen

$$\delta = \delta_0 + \delta_1 = \delta_0\,(1 + x)\,, \quad (58)$$

wo δ_0 die Größe des „Ruhespaltes“, x den reduzierten Membranausschlag bedeutet. Für den Arbeitsfluß erhalten wir also

$$\Phi_a = F\cdot 0{,}4\,\pi\,\frac{w_a}{\delta_0\,(1+x)}\,(J_e + J_a)\,. \quad (59)$$

Wir beschränken uns auf Untersuchung kleiner Schwingungen

$$x \ll 1\,, \quad (60)$$

so daß

$$\Phi_a = F\cdot 0{,}4\,\pi\,\frac{w_a}{\delta_0}\,(1 - x)\,(J_e + J_a) \quad (58\,\mathrm{a})$$

resultiert. Hieraus ergibt sich der magnetische Verschiebungsstrom

$$-\frac{d\Phi_a}{dt}\cdot 10^{-8} = -F\cdot 0{,}4\,\pi\cdot\frac{w_a}{\delta_0}\cdot 10^{-8}\left[(1-x)\frac{dJ_a}{dt} - \frac{dx}{dt}\,(J_e + J_a)\right] \quad (59\,\mathrm{b})$$

und wegen (56) und (60)

$$-\frac{d\Phi_a}{dt}\cdot 10^{-8} = -F\cdot 0{,}4\,\pi\cdot\frac{w_a}{\delta_0}\cdot 10^{-8}\left[\frac{dJ_a}{dt} - \frac{dx}{dt}\cdot J_e\right]. \quad (59\,\mathrm{c})$$

Ihm gleicht die Umlaufsspannung einer Arbeitswindung; die gesamte Arbeitsumlaufsspannung wird

$$E_{u_a} = -Z\,w_a\,\frac{d\Phi_a}{dt}\cdot 10^{-8} = -F\cdot 0{,}4\,\pi\cdot 2\cdot\frac{w_a^2}{\delta_0}\cdot 10^{-8}\left[\frac{dJ_a}{dt} - \frac{dx}{dt}\cdot J_e\right]. \quad (59\,\mathrm{d})$$

Zu ihr gesellt sich die Streuspannung der Arbeitswicklung

$$E_{u_s} = -L_s\,\frac{dJ_a}{dt}\,. \quad (61)$$

Die Summe beider Spannungen gleicht zusammen mit der treibenden Spannung E dem Ohmschen Spannungsabfall im Widerstande R_a der Arbeitswicklung

$$E + E_{u_a} + E_{u_s} = J_a R_a \tag{62}$$

oder mit (59d) und (61)

$$\left.\begin{aligned} E &= J_a \cdot R_a + L_s \cdot \frac{dJ_a}{dt} + F \cdot 0{,}4\pi \cdot 2 \cdot \frac{w_a^2}{\delta_0} \cdot 10^{-8} \cdot \frac{dJ_a}{dt} \\ &\qquad - F \cdot 0{,}4\pi \cdot 2 \cdot \frac{w_a^2}{\delta_0} \cdot 10^{-8} \cdot \frac{dx}{dt} \cdot J_e \\ &= J_a \cdot R_a + L_a \cdot \frac{dJ}{dt} - K \cdot \frac{dx}{dt}\,. \end{aligned}\right\} \tag{62a}$$

wobei zur Abkürzung verschiedene Konstanten zusammengefaßt sind. Um aus dieser Grundgleichung des Telephons den Arbeitsstrom zu eliminieren, ist die Bewegungsgleichung der Membran aufzustellen. Unter Verzicht auf Feinheiten der Membranschwingungen kennzeichnen wir die Membran durch ihre äquivalente Masse M, Federkraft C und Strahlungswiderstand r_s und gelangen, wie im vorigen Abschnitt gezeigt, zu der Gleichung

$$M \frac{d^2(\delta_0 x)}{dt^2} + r_s \cdot \frac{d(\delta_0 x)}{dt} + C(\delta_0 x) = P \tag{63}$$

und mit Rücksicht auf (57)

$$M \frac{d^2 x}{dt^2} + r_s \cdot \frac{dx}{dt} + C x = -\frac{k}{\delta_0} \cdot J_a = -k' \cdot J_a\,. \tag{63a}$$

Es ist bequem, zunächst mittels

$$e = E - J_a R_a - L_a \frac{dJ}{dt} \tag{64}$$

das Verhalten eines idealisierten, widerstands- und induktivitätsfreien Telephons zu behandeln, bei welchem also gemäß

$$e = -C \frac{dx}{dt} \tag{65}$$

die angelegte Spannung der durch Bewegung der Membran verursachten Umlaufsspannung gleichen würde; ist J_a als Funktion von e gefunden, so kann man stets leicht auf (64) zurückgehen.

Wir gehen zu komplexer Schreibweise über und machen für $\bar{\mathfrak{e}}$ den harmonischen Ansatz

$$e = \Re\mathfrak{e}(\bar{\mathfrak{e}}) = \Re\mathfrak{e}(\bar{\mathfrak{e}}_{\max} \cdot e^{j\omega t})\,, \tag{66}$$

wodurch für x die Gleichung

$$\bar{x} = -\frac{1}{K j \omega} \cdot \bar{\mathfrak{e}} \tag{65a}$$

entsteht. Durch Einsetzen in (63a) erhalten wir die Größe des Stromes

$$\bar{\mathfrak{i}}_a = \frac{\bar{\mathfrak{e}}}{K \cdot k'} \left[M j\omega + \frac{C}{j\omega} + r_s \right]. \tag{67}$$

Wir stellen diese Gleichung in der Gaußschen Zahlenebene dar. Auf der reellen Achse wird der Vektor $\bar{e}\,\frac{r_s}{K\,k'}$ gleich $\overline{OR}$ aufgetragen; an ihn reihen sich in Richtung der positiv imaginären Achse $\bar{e}\,\frac{M\,j\,\omega}{K\,k'}$ gleich $\overline{RM}$ und in Richtung der negativ imaginären Achse der Vektor $\bar{e}\,\frac{C}{K\cdot k'\cdot j\,\omega}$ gleich $\overline{MC}$. Der resultierende Fahrstrahl $\overline{OC}$ gibt Lage und Größe des Stromes $\bar{i}_a$ an. Ändert sich die Frequenz, so bleibt $\bar{e}\,\frac{r_s}{K\,k'}$ konstant: Der Endpunkt des Vektors $\bar{i}_a$ bewegt sich auf der Frequenzgeraden von $-\infty$ bis $+\infty$ (Abb. 254). Durch Inversion gewinnen wir für die Spannung als Funktion der Frequenz bei konstantem Strome einen Kreis, welcher ebenfalls in Abb. 254 eingetragen ist.

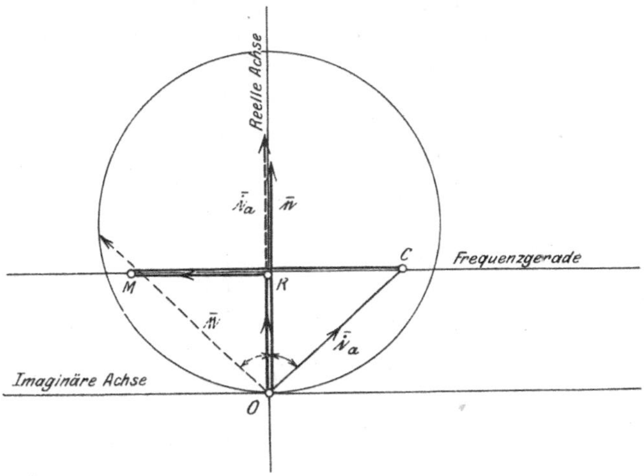

Abb. 254. Arbeitsdiagramm des widerstands- und induktivitätsfreien Telephons.

Die Leistung, welche $\bar{e}$ und $\bar{i}_a$ treiben, wandert in Form des elektromagnetischen Energiestromes von den Polschuhoberflächen in die Membran und wird dort — abgesehen von mechanischen Verlusten — in Schallenergie umgesetzt. Sie kann daher unmittelbar als Maß der Lautstärke dienen[1]). In dem Kreisdiagramm, welches wir für konstanten Strom aufgestellt haben, wird diese Leistung durch die Wirkkomponente der Spannung gemessen. Wir erkennen an Hand der Abb. 254 die Existenz eines Leistungsmaximums für den Fall der Koinzidenz des Spannungsvektors mit der reellen Achse. Die analytische Bedingung hierfür folgt aus (67)

$$M\,j\,\omega_r + \frac{C}{j\,\omega_r} = 0; \qquad \frac{M}{C}\,\omega_r^2 = 1\,. \tag{68}$$

Die hierdurch bestimmte Frequenz ω_r ist die mechanische Eigenfrequenz der ungedämpft schwingenden Membran, wie aus (67) mit $r_s = 0$, $J_a = 0$ leicht ersichtlich. Bei konstantem Telephonstrom hat somit die

[1]) Hierbei bleiben die physiologischen Eigenschaften des Gehörorgans unberücksichtigt.

Lautstärke ein scharfes Maximum für die mechanische Eigenfrequenz der Membran. Von diesem Satz wird in der Technik der Hochfrequenztelegraphie Gebrauch gemacht, um durch absichtliche gleiche Wahl der Betriebsfrequenzen mit den Eigenfrequenzen der Membran alle fremden Frequenzen unhörbar zu machen (sog. Monotelephone). Dagegen ist diese Erscheinung für alle Telephone schädlich, welche der Sprachübertragung dienen sollen. Man muß daher entweder unter Verzicht auf höchste Lautstärke die Eigenfrequenz der Membran weit höher (oder weit tiefer) legen als sämtliche vorkommenden Frequenzen der Sprache oder durch besondere Konstruktion der Membran das Auftreten von Eigenschwingungen von vornherein unmöglich machen.

Vermittels Gl. (64) sind wir nunmehr imstande, das Verhalten des wirklichen Telephons zu untersuchen. Wir erhalten für die Klemmenspannung in komplexer Schreibweise

$$\bar{E} = \bar{\mathfrak{e}} + \bar{\mathfrak{i}}_a (R_a + j\omega L_a) = \bar{\mathfrak{i}}_a \left[\frac{K k'}{M j\omega + \frac{C}{j\omega} + r_s} + R_a + j\omega L_a \right] \tag{69}$$

oder

$$\bar{E} = \bar{\mathfrak{i}}_a \left[\frac{K k' \left(-M j\omega - \frac{C}{j\omega} + r_s \right)}{\sqrt{\left(M\omega + \frac{C}{\omega} \right)^2 + r_s^2}} + R_a + j\omega L_a \right]. \tag{69a}$$

Solange die Betriebsfrequenz des Telephons kleiner ist als die mechanische Eigenfrequenz ω_r der ungedämpften Membran, ist der Term $-Mj\omega - \frac{C}{j\omega}$ positiv imaginär; daher ist das Telephon einer Induktivität mit vorgeschaltetem Widerstande äquivalent. Wird dagegen $\omega > \omega_r$, so geht $-Mj\omega - \frac{C}{j\omega}$ nach negativen Werten hin, der Imaginärteil des scheinbaren komplexen Telephonwiderstandes $\frac{\bar{\mathfrak{i}}_a}{\bar{E}}$ nimmt stetig ab, um schließlich bei sehr hohen Frequenzen negativ zu werden: Hier ist daher das Telephon einem Widerstande in Reihe mit einer Kapazität von gewisser Größe gleichwertig.

Noch übersichtlicher wird die Arbeitsweise des Telephons, wenn man sich die Frequenz festgehalten denkt und Masse oder Federkraft der Membran verändert, Maßnahmen, wie sie zur Einstellung der Monotelephone erforderlich sind. Wir schreiben Gl. (69) in der Form

$$i_a = \bar{E} \cdot \frac{M j\omega + \frac{C}{j\omega} + r_s}{K k' + (R_a + j\omega L_a)\left(M j\omega + \frac{C}{j\omega} + r_s \right)}, \tag{69b}$$

in welcher nun ω als konstant, dagegen M oder C als variabel zu betrachten ist. Diese Gleichung ist mit der in Nr. 159, Gl. (22) abgeleiteten Arbeitsgleichung des Resonanztransformators formal identisch. Einer Variation der Membranmasse bei festgehaltenem Werte der Federkraft entspricht dort eine Variation des Parameters C im Intervall $0 \leqq C < \infty$; einer Variation der Federkraft dagegen bei einem bestimmten Werte der Membranmasse die Änderung des Parameters C in $-\infty < C \leqq 0$. Hieraus folgt, daß eine schwingende Masse einer Kapazität elektrodynamisch gleichwertig ist, eine Feder dagegen einer

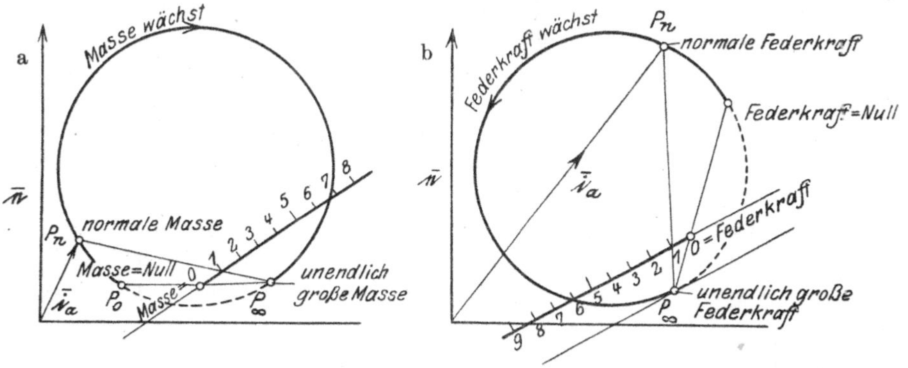

Abb. 255. Arbeitsdiagramm des Monotelephons:
a Veränderliche Membranmasse, b Veränderliche Federkraft } bei konstanter Frequenz.

Induktivität[1]). Für eine konstante Spannungsamplitude durchläuft der Endpunkt des Vektors $\bar{i}_a$ einen Kreis, wobei auf Grund der soeben gefundenen Analogie für variable Masse der obere Kreisteil, für variable Federkraft der untere Kreisteil beschrieben wird (Abb. 255).

C. Die Schwingungsgleichrichtung.

I. Grundlagen.

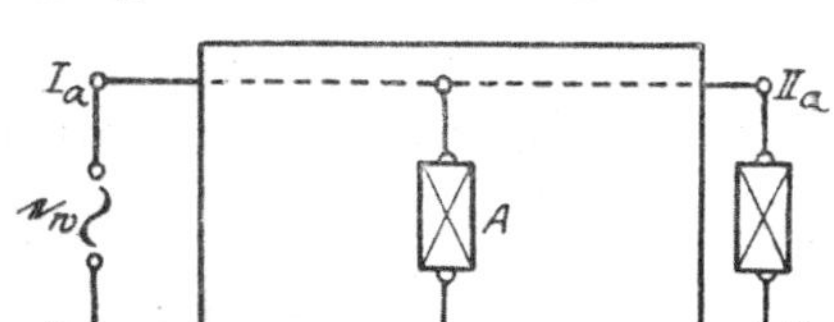

Abb. 256. Zur Ableitung der Gleichrichtungsbedingungen.

179. Gleichrichtungseffekt. Als Typus eines Gleichrichters gelte der in Abb. 256 gezeichnete Vierpol *Ia*, *Ib*, *IIa*, *IIb*. An den Klemmen *Ia*, *Ib* wirke die Wechselspannung e_w, zwischen den Klemmen *IIa*, *IIb* sei der Verbrauchsapparat V angeschlossen, der vom Strome i_v durchflossen werde.

[1]) Dieses Ergebnis gilt allgemein.

Wird $\mathfrak{e}_w$ bis auf Null erniedrigt, so fließt in V der „Ruhe-Gleichstrom" i_{v_0}. Unter der Wirkung der Spannung $\mathfrak{e}_w$ steigt der Gleichstrom V auf den Arbeitswert i_v an. Die Differenz

$$\varDelta i_v = i_v - i_{v_0} \qquad (1)$$

heißt Gleichrichtereffekt.

180. Bedingung der Gleichrichtungscharakteristik. Der gleichrichtende Vierpol sei aus einer beliebigen Kombination konstanter Widerstände, Leitwerte, Kapazitäten, Induktivitäten und eingeprägten Gleichspannungen samt einem Träger A von Leitungs- oder Konvektionsströmen zusammengesetzt. Durch Entfernung von A entsteht ein Restsystem, dessen Differentialgleichungen wegen der Unabhängigkeit der Feldstruktur von der Größe der treibenden Kräfte linear sind. In diesem Linearsystem gilt das Superpositionsprinzip: Gleich- und Wechselvorgänge sind unabhängig voneinander. Insbesondere kann also in einem solchen System eine Wechselspannung $\mathfrak{e}_w$ gegebener Frequenz nur einen Wechselstrom i_v gleicher Frequenz in v hervorrufen; ein etwa in V wirksamer Gleichstrom kann daher nur einer Gleichspannung entstammen, welche unabhängig von $\mathfrak{e}_w$ im Vierpol wirkt; der Gleichrichtereffekt verschwindet somit, weil Ruhestrom und Arbeitsstrom identisch werden.

Damit gemäß (1) ein Gleichrichtereffekt auftritt, muß der Gleichstrom in V durch die Größe von $\mathfrak{e}_w$ beeinflußt werden; dies tritt dann und nur dann ein, wenn die Differentialgleichungen des Systemes nicht linear sind; die Feldstruktur in A, dem Träger der Beitrags- oder Konvektionsströme, muß demnach von der Intensität des Feldes abhängen.

Für die Berechnung des Gleichrichtungseffektes muß diese Abhängigkeit bekannt sein, was nach den Entwicklungen des ersten Kapitels geschehen kann. Der Allgemeinheit halber wollen wir sie mittels der Charakteristik der Gleichrichtung darstellen, in welcher die Beziehung zwischen den gleichzeitig an A wirkenden Spannungen und Strömen zusammengefaßt ist. In dem geometrischen Bilde der Gleichrichtungscharakteristik kommt die oben als Gleichrichtungsbedingung geforderte Abhängigkeit der Feldstruktur von der Intensität durch eine Krümmung der Charakteristik zum Ausdruck; diese ist demnach eine notwendige und hinreichende Bedingung der Gleichrichtung.

II. Besondere Systeme.

181. Der Kontaktdetektor besteht aus einer Kombination zweier Mineralien oder eines Minerales und eines Metalles, welche miteinander in einem meist örtlich sehr kleinen Bereich Kontakt machen. Bei bestimmter Größe des Kontaktdruckes stellt die Kombination ein System mit gekrümmter Charakteristik dar.

Nach dem heutigen Stande der Kenntnisse scheinen zwei Klassen von Kontaktdetektoren vorhanden zu sein:

a) Elektronendetektoren. Ihre Wirkungsweise beruht auf den Gesetzmäßigkeiten der kalten Elektronenströmung; sie zeichnen sich daher insbesondere durch völlig trägheitslose Arbeitsweise aus, die dynamische Charakterstik gleicht der statischen Charakteristik (Nr. 100).

b) Thermodetektoren. Bei diesen Kontaktdetektoren entwickelt sich an der Kontaktstelle beim Stromdurchgang eine thermoelektrische EMK, welche Ursache eines Gleichstromes wird. Sie zeigen wegen der endlichen Wärmekapazität der kontaktbildenden Teile stets ausgesprochene Trägheitserscheinungen, ihre dynamische Charakteristik weicht in demselben Sinne von der statischen Charakteristik ab, wie wir dies für den Lichtbogen gezeigt haben (Nr. 115).

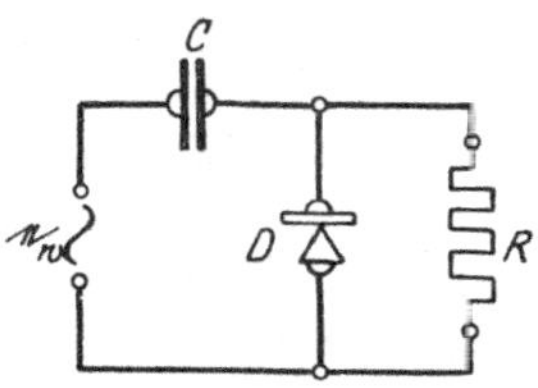

Abb. 257. Schaltung des Kontaktdetektors.

Die Unterscheidung der Gruppen a und b ist weder eine vollständige noch eine endgültige. Insbesondere scheinen zahlreiche Zwischenstufen vorhanden zu sein.

Wir schließen die Berechnung des Gleichrichtungseffektes an die Schaltung nach Abb. 257 an. Die Wechselspannung liegt über einem „Sperrkondensator" C am Detektor D, welchem der Arbeitswiderstand R parallel geschaltet ist.

Wir bezeichnen die Detektorspannung mit e_D, den Detektorstrom mit i_D, den Arbeitsstrom mit i_r, den Gesamtstrom mit i.

Das Ziel der Schaltung ist die Erzeugung eines Gleichstromes in R; wegen der Parallelschaltung von D und R ist

$$i_r = \frac{e_D}{R}, \tag{2}$$

daher muß e_D einen konstanten Anteil e_{D_0} enthalten. Bezeichnen wir den noch übrigbleibenden Wechselanteil mit $\mathfrak{e}_D$, so hat man also

$$e_D = e_{D_0} + \mathfrak{e}_D \tag{3}$$

und daher

$$i_r = \frac{e_{D_0}}{R} + \frac{\mathfrak{e}_D}{R}. \tag{2a}$$

Der Detektorstrom i_D ergibt sich vermittels der Charakteristik aus e_D, welche wir analytisch

$$i_D = f(e_D) \tag{4}$$

schreiben können. Durch Einführung von (3) in (4) kommt

$$i_D = f(e_{D_0} + \mathfrak{e}_D). \tag{4a}$$

Bei Beschränkung auf nicht zu große Wechselspannungen e_D ist eine Taylorsche Entwicklung nach Potenzen von e_D zulässig, welche mit dem zweiten Gliede abgebrochen wird:

$$i_D = f(e_{D_0}) + e_D \cdot f'(e_{D_0}) + \frac{e_D^2}{2} \cdot f''(e_{D_0}) \,. \tag{4b}$$

Durch Zusammenzählen von (2a) und (4b) ergibt sich der Gesamtstrom

$$\left.\begin{aligned} i = i_D + i_R = \frac{e_{D_0}}{R} + f(e_{D_0}) + \frac{e_D^2}{2} \cdot f''(e_{D_0}) \\ + e_D\left(f'(e_{D_0}) + \frac{1}{R}\right). \end{aligned}\right\} \tag{5}$$

Er enthält den konstanten Anteil

$$M(i) = \frac{1}{T}\int i\,dt = f(e_{D_0}) + \frac{e_{D_0}}{R} + \frac{e_{D\mathrm{eff}}^2}{2} f''(e_{D_0}) \tag{6}$$

mit T = Wechselstromperiode, $e_{D\mathrm{eff}}$ = Effektivwert von e_D. Dem Mittelwerte ist ein reiner Wechselstrom

$$i = e_D\left(f'(e_{D_0}) + \frac{1}{R}\right) + \frac{e_D^2 - e_{D\mathrm{eff}}^2}{2} \cdot f''(e_{D_0}) \tag{7}$$

überlagert, welcher aus einem Anteil von gleicher Frequenz mit e_D und aus einem Anteil von wesentlich doppelter Frequenz besteht.

Den Blockkondensator C können nur Verschiebungsströme passieren, der Gleichanteil des Stromes i wird abgesperrt; es gilt daher nach (6)

$$f(e_{D_0}) + \frac{e_{D_0}}{R} + \frac{e_{D\mathrm{eff}}^2}{2} \cdot f''(e_{D_0}) = 0 \,. \tag{6a}$$

Diese Gleichung gestattet es, die Gleichrichterspannung e_{D_0} als Funktion von $e_{D\mathrm{eff}}$ zu ermitteln. Wir schreiben sie in der Form

$$+ \frac{e_{D_0}}{R} = - \frac{e_{D\mathrm{eff}}^2}{2} \cdot f''(e_{D_0}) - f(e_{D_0}) \,. \tag{6b}$$

Wir wollen in Analogie zu (4) die Kurve

$$i_{D_0} = + \frac{e_{D\mathrm{eff}}^2}{2} \cdot f''(e_{D_0}) + f(e_{D_0}) \tag{8}$$

die Richtcharakteristik des Detektors heißen; sie ist nach Abb. 258 für gegebene Amplitude der gleichrichtenden Spannung leicht konstruierbar. Aus ihr ergibt sich mit Rücksicht auf (6b) leicht die stationäre Gleichspannung, indem die Widerstandsgerade $-\frac{e_{D_0}}{R}$ in das Diagramm eingezeichnet und mit der Richtcharakteristik zum Schnitt gebracht wird.

Aus der stationären Gleichspannung folgt der stationäre Gleichstrom gemäß Gl. (2); daher wird die Gleichrichtungsleistung

$$N_0 = i_{r_0} \cdot e_{D_0} = \frac{e_{D_0}^2}{R}; \tag{9}$$

die dem Detektor zugeführte Wechselleistung ist

$$N_w = \mathfrak{e}_D \cdot \mathfrak{i}_w; \tag{10}$$

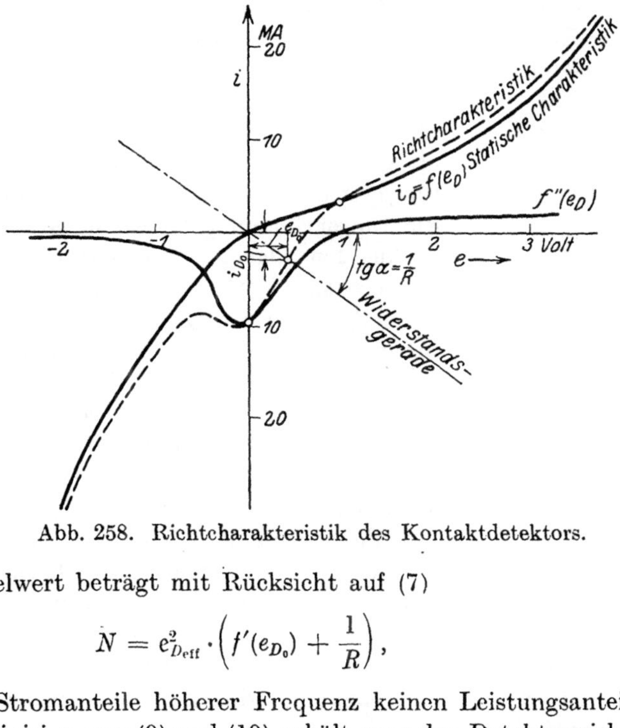

Abb. 258. Richtcharakteristik des Kontaktdetektors.

ihr Mittelwert beträgt mit Rücksicht auf (7)

$$\overline{N} = \mathfrak{e}_{D_{\text{eff}}}^2 \cdot \left(f'(e_{D_0}) + \frac{1}{R}\right), \tag{10a}$$

da alle Stromanteile höherer Frequenz keinen Leistungsanteil liefern. Durch Division von (9) und (10) erhält man den Detektorwirkungsgrad

$$\eta_D = \frac{N_0}{N_w} = \frac{e_{D_0}^2}{\mathfrak{e}_{D_{\text{eff}}}^2} \cdot \frac{1}{R \cdot f'(e_{D_0}) + 1}. \tag{11}$$

Enthält der Arbeitswiderstand eine Induktivität der Größe L, so wird an Stelle von (2)

$$R \cdot i_r + L\frac{d\,i_r}{dt} = e_D \tag{12}$$

und durch Zerlegung in Gleich- und Wechselanteil

$$\left.\begin{aligned} R \cdot i_{r_0} &= e_{D_0}, \\ R \cdot \mathfrak{i}_r + L\frac{d\,\mathfrak{i}_r}{dt} &= \mathfrak{e}_D. \end{aligned}\right\} \tag{12a}$$

Da somit der konstante Arbeitsstrom durch die Induktivität nicht beeinflußt wird, bleibt Gl. (6 b) für die Größe des Gleichrichtungseffektes bestehen.

182. Der Gasdetektor. Da der Thermodetektor im Betriebe äußerst unzuverlässig ist, ist es wichtig, andere Anordnungen zu kennen, welche ähnliche Eigenschaften aufweisen. Bei einer Zweielektrodenröhre mit Glühkathode kann ein merklicher Strom nur dann von Elektrode zu Elektrode übergehen, wenn das elektrische Feld in der Röhre eine Bewegung der Elektronen fördert. Bezeichnen wir die Spannung zwischen den Elektroden mit e_D, den Strom mit i_D, so wird also die Charakteristik

$$i_D = f(e_D) \tag{4}$$

in der Umgebung von $e_D = 0$ eine starke Krümmung aufweisen, welche ihre Ursache dem Richtungswechsel des Feldes verdankt und darum Richtungskrümmung heißen möge.

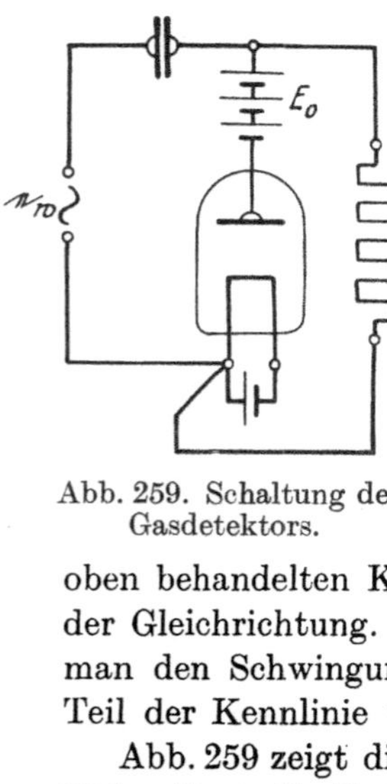

Abb. 259. Schaltung des Gasdetektors.

Aus den allgemeinen Gesetzen der Elektronenemission (Nr. 83) wissen wir ferner, daß der Strom i_D einen Grenzwert besitzt; er ist dadurch gegeben, daß alle pro Zeiteinheit emittierten Elektronen durch die beschleunigende Kraft des Feldes fortgeführt werden. Die Charakteristik muß also an der Übergangsstelle der Raumladungscharakteristik in den Sättigungsstrom eine „Sättigungskrümmung" aufweisen.

Jede gekrümmte Stelle der Charakteristik ist zur Hervorbringung des Gleichrichtungseffektes brauchbar. Im Unterschied gegen den oben behandelten Kontaktdetektor erscheinen hier zwei Möglichkeiten der Gleichrichtung. Um diese aber wirklich ausnutzen zu können, muß man den Schwingungsmittelpunkt der Spannung in den gekrümmten Teil der Kennlinie verlegen.

Abb. 259 zeigt die hierzu erforderliche Schaltung: In Reihe mit der Röhre liegt die Batterie E_0, welche die „Vorspannung" $e^0_{D_0}$ und den Ruhestrom $i^0_{D_0}$ hervorbringt. Das System Röhre + Batterie ersetzt die Funktion des Kontaktdetektors in der im vorigen Abschnitt behandelten Gleichrichterschaltung.

Um die Wirkungsweise des Gasdetektors zu übersehen, konstruieren wir, wie im vorigen Abschnitt abgeleitet, die „Richtcharakteristik" des Gebildes (Abb. 260). Sie ergibt im Schnitt mit der Widerstandsgeraden den Gleichrichtereffekt, welcher auf die Ruhegrößen $e^0_{D_0}$ oder $i^0_{D_0}$ zu beziehen ist.

Für sehr kleinen Widerstand R erhält man in der Richtungskrümmung einen negativen Spannungsgleichrichtungseffekt. Mit wachsender

Vorspannung nimmt dieser Effekt nach Maßgabe der flacher werdenden statischen Kennlinien ab, geht im Wendepunkt durch Null und erreicht in der Sättigungskrümmung seinen größten positiven Wert (Abb. 261, 262, 263).

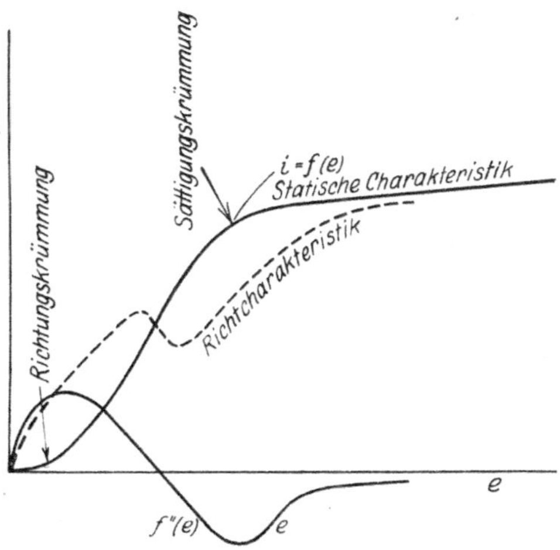

Abb. 260. Richtcharakteristik des Gasdetektors.

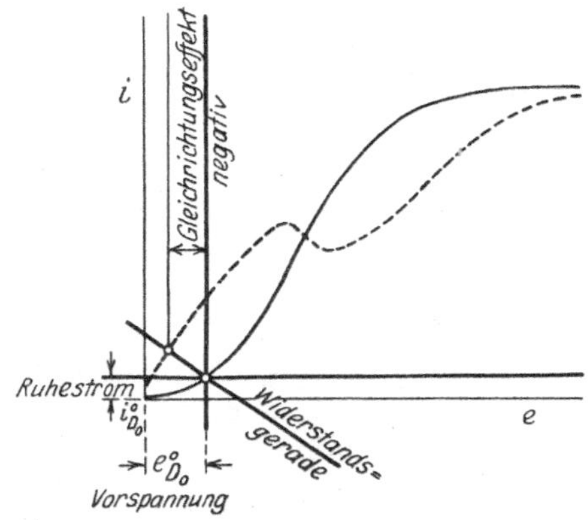

Abb. 261. Gleichrichtung in der Richtungskrümmung.

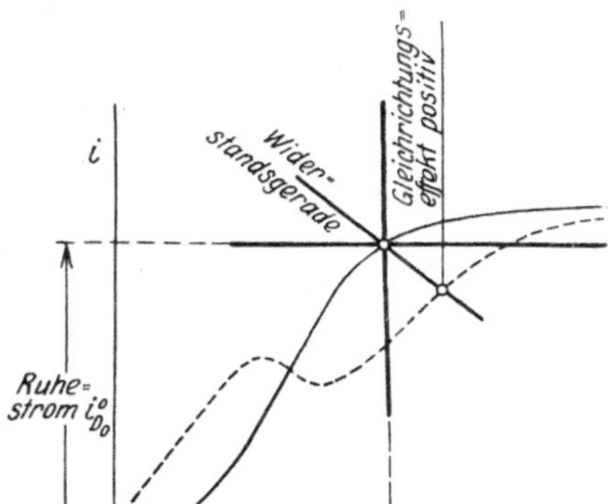

Abb. 262. Gleichrichtung in der Sättigungskrümmung; Vorzeichenumkehr!

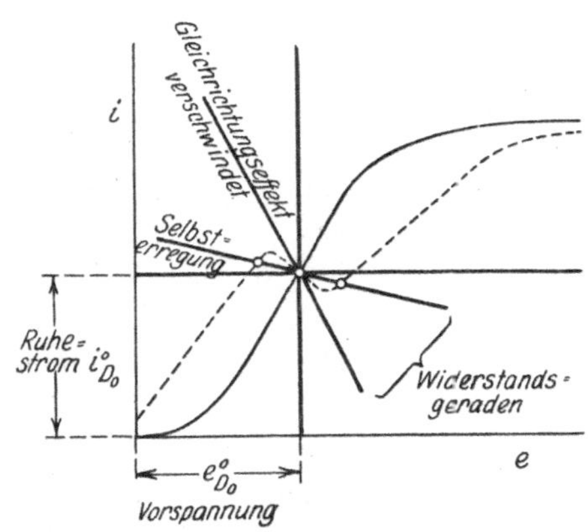

Abb. 263. Gleichrichtung im Wendepunkt: Selbsterregungs- und Kipperscheinungen.

Vergrößert man den Widerstand R, so wird die Neigung der Widerstandsgeraden immer kleiner. Sobald die Neigung der Richtcharakteristik im Wendepunkt der statischen Charakteristik die Neigung der Widerstandsgeraden übertrifft, erhält man drei Schnittpunkte zwischen

Charakteristik und Widerstandsgerader: das System ist selbsterregend geworden, es schafft sich die zunächst nicht vorhandene Krümmung selbst durch Verlagerung des Spannungsmittelpunktes. Der Kurventeil in der Umgebung des Wendepunktes selbst wird labil: Bei langsamer Vergrößerung der Vorspannung springt der Gleichrichtereffekt vom linken Teil der Richtcharakteristik auf den rechten über, das System „kippt". Diese Erscheinung tritt jedoch ersichtlich nur dann auf, wenn die Richtcharakteristik im Wendepunkt fällt, also nach (8) die Bedingung

$$f'(e^0_{D_0}) + \frac{e^2_{D\,\mathrm{eff}}}{2} \cdot f'''(e^0_{D_0}) \lesssim 0 \qquad (13)$$

oder

$$e^2_{D\,\mathrm{eff}} \gtreqless 2 \frac{f'(e^0_{D_0})}{-f'''(e^0_{D_0})} \qquad (13\,a)$$

erfüllt ist. Es genügt demnach nicht, daß $f'''(e^0_{D_0})$ negativ ist, sondern die gleichrichtende Spannung muß eine durch das Gleichheitszeichen in (13a) bestimmten kritischen Wert erreichen.

Abgesehen von diesen Erscheinungen des Kippens ist der Gasdetektor dem Kontaktdetektor völlig gleichwertig. Insbesondere entstammt die Leistung des Gleichrichtungseffektes der ankommenden Wechselleistung; die Batterie hat lediglich im Ruhezustande in Wärme umgesetzte Leistung zu decken.

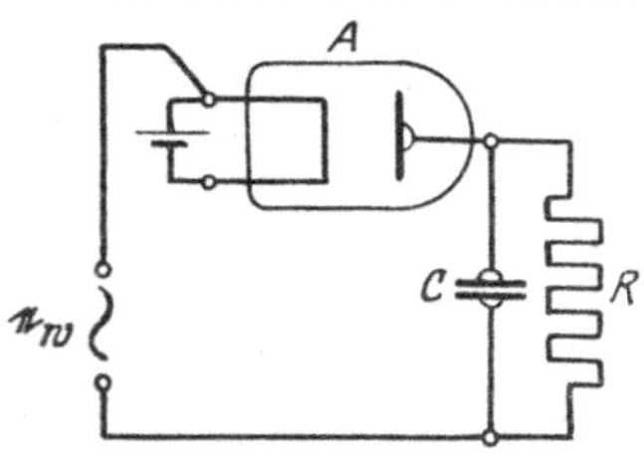

Abb. 264. Schaltung einer Ventilröhre.

183. Ventilröhren. In einer Zweielektrodenröhre in der Anordnung nach Abb. 259 kommt bei fehlender Vorspannung ein Strom praktisch nur dann zustande, wenn die Spannung zwischen Anode und Kathode positiv ist. Diese Erscheinung wird als Ventilwirkung bezeichnet.

Wir legen der Behandlung der Ventilröhren die Schaltung der Abb. 264 zugrunde. Die Wechselspannung

$$e_w = E_{\max} \cdot \sin \omega t \qquad (14)$$

treibt den Arbeitsstrom über das Ventil A durch einen Kondensator C, welchem der Arbeitswiderstand R parallel geschaltet ist.

Der Ventilstrom J_v ist nach Maßgabe der Charakteristik eine Funktion der an seinen Klemmen wirksamen Ventilspannung E_v. Diese resultiert aus treibender Spannung e_w und Kondensatorspannung E_c

$$E_v = e_w + E_c\,. \qquad (15)$$

Man dimensioniert zwecks Verminderung der Verluste die Ventilröhren so, daß schon bei sehr geringer positiver Ventilspannung der Sättigungsstrom der Röhre erreicht wird. Daher lautet in großer Annäherung die Betriebscharakteristik

$$\left.\begin{aligned} J_v &= J_s \quad E_v > 0\,, \\ J_v &= 0 \quad E_v \leqq 0\,. \end{aligned}\right\} \tag{16}$$

Wir wollen den zeitlichen Verlauf der Kondensatorspannung untersuchen. Der Entladestrom des Kondensators hat den Arbeitsstrom und den Ventilstrom zu decken

$$J_c = -C\frac{dE_c}{dt} = J_R + J_v\,. \tag{17}$$

Die Arbeitsspannung gleicht der Kondensatorspannung

$$J_R \cdot R = E_c\,. \tag{18}$$

Durch Verknüpfung von (18) mit (17) resultiert die Differentialgleichung

$$-J_v = \frac{E_c}{R} + C\cdot\frac{dE_c}{dt}\,. \tag{17 a}$$

Sei zunächst der Kondensator spannungsfrei, so wird gemäß (15) $E_v > 0$, daher das Ventil durchlässig und mit Rücksicht auf (16)

$$-J_s = \frac{E_c}{R} + C\frac{dE_c}{dt}\,. \tag{17 b}$$

Das allgemeine Integral dieser Gleichung lautet

$$E_c = -J_s\cdot R + E_{d_1}\cdot e^{-\frac{1}{RC}\cdot t}, \tag{19}$$

wo E_d eine Integrationskonstante ist; sie bestimmt sich aus der Anfangsbedingung

$$\text{für } t = 0 \quad \text{sei} \quad E_c = 0 \tag{20}$$

zu

$$E_{d_1} = +J_s\cdot R\,,$$

so daß

$$E_c = -J_s\cdot R\left(1 - e^{-\frac{1}{RC}\cdot t}\right) \tag{19 a}$$

resultiert. Unter dem Einflusse dieser negativen Kondensatorspannung nimmt die Ventilspannung gemäß Gl. (15) nach dem Gesetze

$$E_v = E_{\max}\cdot\sin\omega t - J_s\cdot R\cdot\left(1 - e^{-\frac{1}{RC}\cdot t}\right) \tag{19 b}$$

ab (vgl. Abb. 265). Die Zeit T_0, in welcher die Ventilspannung bis auf Null herabgesunken ist und damit die Durchlässigkeit aufhört, ist demnach durch die transzendente Gleichung

$$0 = E_{\max}\cdot\sin\omega T_0 - J_s\cdot R\cdot\left(1 - e^{-\frac{1}{RC}\cdot T_0}\right) \tag{21}$$

gegeben. Für die nun folgende Zeit wird die Ventilspannung negativ, das Ventil sperrt, Gl. (17 b) verliert ihre Gültigkeit. Wir brechen die Spannungsfunktion ab und lassen ihr, von $t_1 = 0$ beginnend, eine neue Spannungsfunktion folgen, welche mit Rücksicht auf (16) der Gleichung

$$0 = \frac{E_0}{R} + C \cdot \frac{dE_c}{dt_1} \tag{17 c}$$

unterworfen ist. Mit Einführung einer neuen Integrationskonstanten wird also für die Sperrzeit

$$E_c = E_{s_1} \cdot e^{-\frac{1}{RC} \cdot t_1}. \tag{22}$$

E_{s_1} ist wegen der Bedingung einer stetigen Änderung der Kondensatorspannung gleich $E_c(T_0)$. Dieser Entladevorgang hält wegen (16) an,

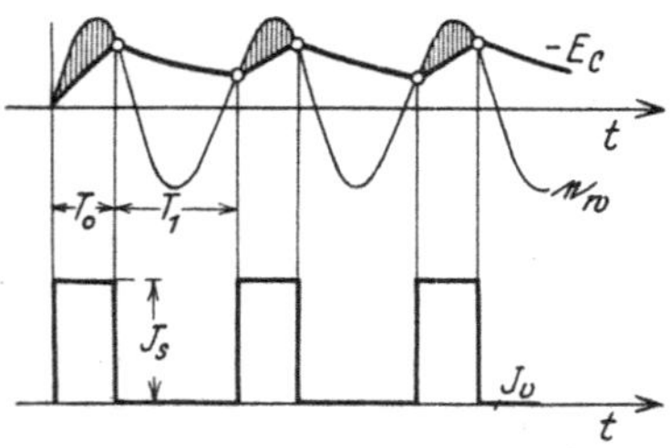

Abb. 265. Verlauf der Kondensatorspannung.

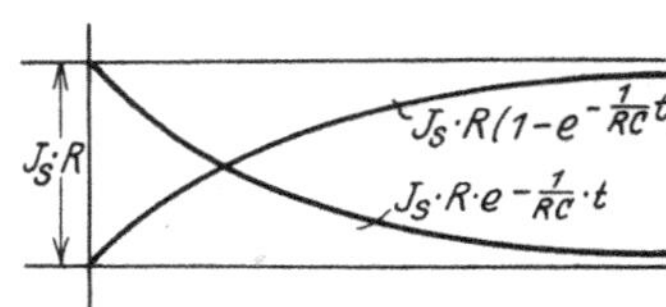

Abb. 266. Hilfskurve zur Konstruktion des Spannungsverlaufs.

bis die wieder anschwellende Spannung e_w die Kondensatorspannung gerade wieder erreicht, was zur Zeit $t_1 = T_1$ geschieht (Abb. 265). Die Kondensatorspannung besitzt hierbei im allgemeinen einen endlichen Wert

$$E_{c_{(t_1 = T_1)}} < 0 . \tag{23}$$

In der Folgezeit wird wegen (16) das Ventil wieder durchlässig. Wir brechen die Spannungsfunktion abermals ab und lassen ihr, von $t_2 = 0$ beginnend, eine neue Spannungsfunktion folgen, welche der Gl. (17 b) gehorcht. Ihr Integral wird analog (19 a)

$$E_c = -J_s \cdot R + E_{d_2} \cdot e^{-\frac{1}{RC} \cdot t_2}, \tag{19 b}$$

wobei E_{d_2} nunmehr durch die Bedingung eines stetigen Anschlusses der Spannung an die absinkende Spannung zur Zeit $t_1 = T_1$ bestimmt ist. In Fortsetzung dieses Rechenverfahrens finden wir gemäß Abb. 267 eine langsam ansteigende Spannungskurve, welche aus einzelnen, aus Exponentialkurven bestehenden, stetig aneinandergereihten Kurvenstücken gegeben ist. Der Gleichrichtvorgang ist stationär geworden, sobald das Absinken der Kondensatorspannung während der Sperrzeit des Ventiles gerade ebenso groß ist wie der Spannungsanstieg durch den

Ladestrom während der Durchlaßperiode des Ventiles. Man bestimmt die Höhe der stationären Spannung am einfachsten graphisch. Die Kurven (Abb. 266)

$$\left.\begin{aligned} E_d &= -J_s \cdot R \cdot \left(1 - e^{-\frac{1}{RC} \cdot t}\right), \\ E_s &= -J_s \cdot R \cdot e^{-\frac{1}{RC} \cdot t} \end{aligned}\right\} \tag{24}$$

werden auf je ein durchsichtiges Kurvenblatt gezeichnet, welche über der Kurve $e_w = E_{w_{\max}} \cdot \sin \omega t$ bei Decklage der Abszissenachsen so lange verschoben werden, bis der Anfangspunkt der Ladeperiode und der Endpunkt der Entladeperiode auf der Sinuslinie der treibenden Spannung gleiche Höhe einnehmen.

Die Konstruktion erfährt eine Vereinfachung durch die Substitution

$$\tau = \frac{t}{C}, \tag{25}$$

womit

$$\left.\begin{aligned} E_d' &= -J_s R \left(1 - e^{-\frac{\tau}{R}}\right), \\ E_s' &= -J_s \cdot R \cdot e^{-\frac{\tau}{R}} \\ e_w' &= E_{w_{\max}} \cdot \sin(\omega C) \cdot \tau \end{aligned}\right\} \tag{26}$$

und

entstehen: Die Höhe der stationären Spannung sowohl wie die stationäre Kurvenform sind bei einem gegebenen Arbeitswiderstande nicht von

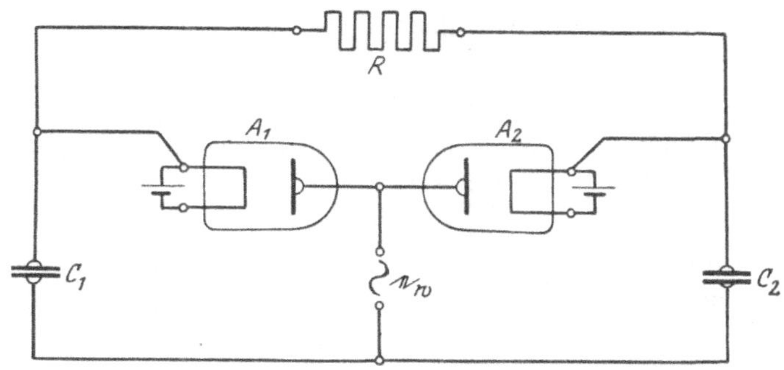

Abb. 267. Zweiröhrenventilschaltung.

der absoluten Höhe der Frequenz abhängig, sondern nur von dem Produkt aus Kapazität und Kreisfrequenz, dem sog. kapazitiven Blindwiderstand. Um insbesondere hohe stationäre Spannungen wie kleine Spannungsschwankungen am Arbeitskreise zu erzielen, muß man diesen kapazitiven Blindwiderstand möglichst hoch wählen. Wir erkennen hieraus, daß der Betrieb der Ventilröhren mit Hochfrequenz wesentlich kleinere Kapazitäten erfordert als bei Niederfrequenz.

Der behandelten Schaltung haftet als Mangel die Ausnutzung nur einer Hälfte der Spannungskurve $\mathfrak{e}_w$ an. Man kann diesen Nachteil durch Verwendung mehrerer Ventilröhren umgehen, beispielsweise in der Zweiröhrenschaltung nach Abb. 267.

Neben den Elektronenventilröhren ist noch eine große Zahl anderer Ventilröhren eingeführt, insbesondere Ionenröhren. Noch innerhalb technischer Entwicklung befinden sich Magnetonenröhren, welche einen weiten Anwendungsbereich besitzen und eine große Zukunft versprechen.

184. Der Richtverstärker. Zur Erzielung eines energetisch günstigeren Gleichrichtungseffektes ist es erwünscht, eine von der ankommenden Wechselleistung unabhängige Energiequelle zur Erzeugung der Gleichrichterleistung zu verwenden und die Wechselleistung nur zur S t e u e r u n g heranzuziehen. Die Mittel zur Erzwingung solcher Arbeitsweise sind uns aus der Theorie des Verstärkers (Nr. 150) bekannt: Durch Wahl einer hinreichend starken negativen Gittervorspannung ist der Gitterstrom zum Verschwinden zu bringen.

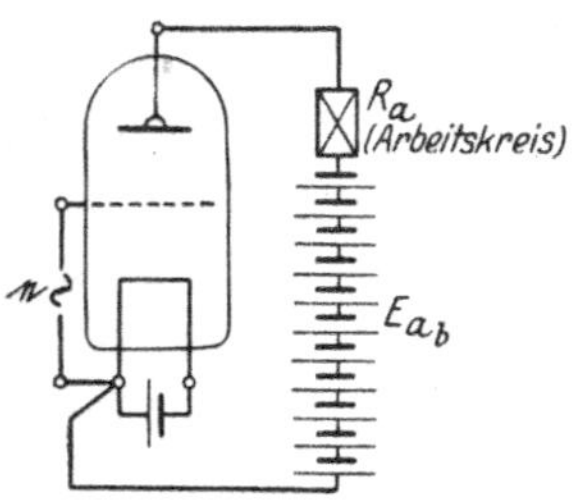

Abb. 268. Schaltung des Richtverstärkers.

Mit dieser Voraussetzung ist allein der Anodenstrom in Betracht zu ziehen. Wie in Nr. 87 abgeleitet, läßt sich i_a als Funktion der Steuerspannung e_{st} darstellen

$$i_a = f(e_{st}) . \tag{27}$$

Die Steuerspannung ist eine lineare Funktion aus Gitterspannung e_g und Anodenspannung

$$e_{st} = e_g + D \cdot e_a . \tag{28}$$

Die Gitterspannung setzt sich aus der konstanten Gittervorspannung e_{g_0} und der Wechselspannung $\mathfrak{e}_g$ zusammen.

$$e_g = e_{g_0} + \mathfrak{e}_g . \tag{29}$$

Der Berechnung der Anodenspannung legen wir die Schaltung der Abb. 268 zugrunde. Die Batteriespannung e_{ab} wird durch den Ohmschen Spannungsabfall des Ruhestromes $i^0_{a_0}$ und den Betrag $i^0_{a_0} \cdot R_a$ auf

$$e_{a_0} = e_{ab} - i^0_{a_0} R_a \tag{30}$$

vermindert; hierzu kommt der dynamische Abfall Δe_a bei Betrieb des Gleichrichters, wobei die Beziehung zwischen i_a und Δe_a durch den Aufbau des Arbeitskreises gegeben ist. Wir schreiben zunächst allgemein

$$e_a = e_{a_0} - \Delta e_a . \tag{31}$$

Mit (29) und (30) wird die Steuerspannung

$$\left.\begin{aligned} e_{st} &= e_{g_0} + \mathfrak{e}_g + D\, e_{a_0} - D \cdot \Delta e_a \\ &= e_{st_0} + \mathfrak{e}_g - D \cdot \Delta e_a , \end{aligned}\right\} \tag{28a}$$

wo die Ruhesteuerspannung

$$e_{st_0} = e_{g_0} + D\,e_{a_0} \tag{28b}$$

eingeführt wurde. Setzen wir (28a) in (27) ein, so resultiert durch Entwicklung nach Taylor die Gleichung des Arbeitsstromes

$$i_a = f(e_{st_0}) + (\mathfrak{e}_g - D\cdot\Delta\,\mathfrak{e}_a)\cdot f'(e_{st_0}) + \frac{(\mathfrak{e}_g - D\cdot\Delta\,\mathfrak{e}_a)^2}{2}\cdot f''(e_{st_0}), \tag{32}$$

daher die Schwankung des Anodenstromes gegenüber dem Ruhestrom

$$\Delta\,i_a = (\mathfrak{e}_g - D\,\Delta\,e_a)\,f'(e_{st_0}) + \frac{(\mathfrak{e}_g - D\,\Delta\,e_a)^2}{2}\cdot f''(e_{st_0})\,. \tag{33}$$

Durch Mittelwertbildung findet man hieraus den Gleichrichtereffekt

$$\Delta\,i_{a_0} = -D\cdot f'(e_{st_0})\cdot M(\Delta\,e_a) + \frac{f''(e_{st_0})}{2}\,M(\mathfrak{e}_g - D\,\Delta\,e_a)^2\,. \tag{34}$$

Um diesen Ausdruck auszuwerten, muß die Beziehung zwischen $\Delta\,e_a$ und $\Delta\,i_a$ eingeführt werden; wir besprechen die wichtigsten Fälle.

1. Der Widerstand des Anodenkreises ist induktionsfrei. Nennen wir den Widerstand des Anodenkreises R_a, so wird der Spannungsabfall

$$\Delta\,e_a = R_a\cdot\Delta\,i_a\,. \tag{35}$$

Durch Zerlegung der Anodenstromschwankung $\Delta\,i_a$ in Gleichanteil $\Delta\,i_{a_0}$ und Wechselanteil $\Delta\,i_a$ wird

$$\Delta\,e_a = R_a\cdot\Delta\,i_{a_0} + R_a\,\Delta\,\mathfrak{i}_a\,. \tag{35a}$$

Durch Einführung in (34) erhält man

$$\left.\begin{aligned}\Delta\,i_{a_0} &= -D\cdot f'(e_{st_0})\cdot M(R_a\cdot\Delta\,i_{a_0} + R_a\,\Delta\,\mathfrak{i}_a)\\ &\quad+\frac{f''(e_{st_0})}{2}\,M(\mathfrak{e}_g - D\,R_a\,\Delta i_{s_0} - D\,R_a\,\Delta i_a)^2\,.\end{aligned}\right\} \tag{34a}$$

Zur Ausrechnung der Mittelwerte muß der zeitliche Verlauf von $\Delta\,\mathfrak{i}_a$ bekannt sein. Wir wollen hierbei die Krümmung vernachlässigen und finden aus (33) mit Rücksicht auf (35a)

$$\Delta\,\mathfrak{i}_a = \Delta\,i_a - \Delta\,i_{a_0} = \mathfrak{e}_g\cdot f'(e_{st_0}) - D\cdot R_a\cdot f'(e_{st_0})\cdot\Delta\,\mathfrak{i}_a\,, \tag{36}$$

also

$$\Delta\,\mathfrak{i}_a = \mathfrak{e}_g\cdot\frac{f'(e_{st_0})}{1 + D\cdot f'(e_{st_0})\cdot R_a}\,. \tag{36a}$$

Hiermit ist

$$M(R_a\cdot\Delta\,i_{a_0} + R_a\,\Delta\,\mathfrak{i}_a) = R_a\cdot\Delta\,i_{a_0}$$

und

$$M(\mathfrak{e}_g - D\cdot R_a\cdot\Delta\,i_{a_0} - D\cdot R_a\cdot\Delta\,\mathfrak{i}_a)^2 = M\left(\frac{\mathfrak{e}_g}{1 + D\cdot f'(e_{st_0})\cdot R_a} - D\cdot R_a\cdot\Delta\,i_{a_0}\right)^2$$

$$= \frac{\mathfrak{e}^2_{g_{\text{eff}}}}{(1 + D\cdot f'(e_{st_0})\cdot R_a)^2} + D^2\cdot R_a^2\cdot\Delta^2 i_{a_0}$$

und durch Einführung in (34)

$$\Delta i_{a_0} = -D \cdot f'(e_{st_0}) R_a \cdot \Delta i_{a_0} + \frac{f''(e_{st_0})}{2} \left[\left(\frac{e_{g_{\text{eff}}}}{1 + D \cdot f'(e_{st_0}) \cdot R_a} \right)^2 + D^2 R_a^2 \cdot \Delta^2 i_{a_0} \right] \quad (34\,\text{b})$$

oder

$$\Delta i_{a_0} = \frac{\frac{f''(e_{st_0})}{1 + D \cdot f'(e_{st_0}) \cdot R_a}}{2} \left[\left(\frac{e_{g_{\text{eff}}}}{1 + D \cdot f'(e_{st_0}) \cdot R_a} \right)^2 + D^2 R_a^2 \, \Delta^2 i_{a_0} \right]. \quad (34\,\text{c})$$

Für $R_a = 0$ (Kurzschluß) entsteht insbesondere

$$\Delta i_{a_0} = \frac{f''(e_{st_0})}{2} e_{g_{\text{eff}}}^2 .$$

Sieht man in (34c) von dem kleinen Korrekturgliede $D^2 R_a^2 \cdot \Delta^2 i_{a_0}$ ab, so kommt also der Einfluß des Widerstandes in einer scheinbaren Verminderung der Krümmung sowohl wie der wirksamen Spannung in dem Verhältnis $\frac{1}{1 + D \cdot f'(e_{st_0}) \cdot R_a}$ zum Ausdruck.

Dieses Resultat besitzt eine einfache physikalische Bedeutung; in der Schwächung der wirksamen Spannung e_g auf $\frac{e_g}{1 + D \cdot f'(e_{st_0}) R_a}$ kommt die Rückwirkung des Anoden-Spannungsabfalles zum Ausdruck, welcher durch den mit e_g frequenzgleichen Anodenstrom hervorgerufen wird. In der Minderung der wirksamen Kennlinienkrümmung auf $\frac{f''(e_{st_0})}{1 + D \cdot f'(e_{st_0}) \cdot R_a}$, dagegen kommt die Rückwirkung des Anodengleichspannungsabfalles zum Ausdruck. Dieser Gleichspannungsabfall ist mit der Gleichleistungsabgabe im Anodenkreis untrennbar verknüpft, dagegen ist der Spannungsabfall des Anodenwechselstromes für den Gleichrichtungseffekt belanglos. Er kann vermieden werden, wenn dem Anodenwechselstrom ein praktisch widerstandsfreier Weg geboten wird.

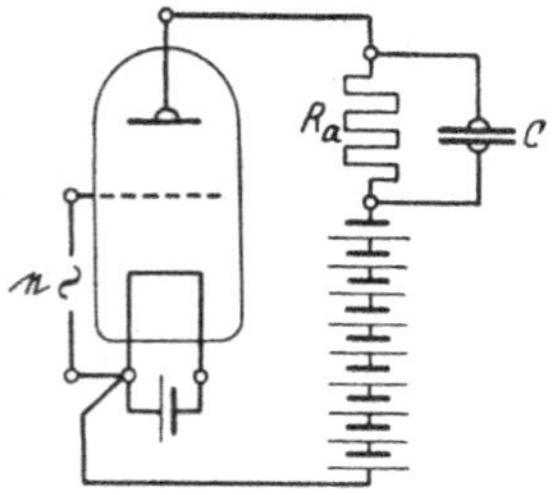

Abb. 269. Schaltung des Überbrückungskondensators.

2. Dem Widerstande des Anodenkreises ist ein Überbrückungskondensator parallel geschaltet. Eine Schaltung, welche der soeben entwickelten Forderung eines widerstandsfreien Weges für den Anodenwechselstrom gerecht wird, ist in Abb. 269 gezeichnet. Dem Belastungswiderstande R_a ist der Kondensator C parallel geschaltet. Die an ihm beim Durchgange des Stromes Δi_a auftretende Spannung ist

$$\Delta e_a = \frac{1}{C} \cdot \int \Delta i_a \cdot dt . \quad (35)$$

Sie kann durch Wahl eines hinreichend großen Kondensators in der Tat beliebig reduziert werden. Wir dürfen daher im folgenden $\Delta \mathfrak{e}_a$ vernachlässigen. Da der Kondensator nur Verschiebungsströme passieren läßt, bildet er für den Gleichstrom Δi_{a_0} eine Sperre; der Gleichstrom muß daher den Arbeitswiderstand R_a durchströmen, wobei er den Spannungsabfall

$$\Delta e_{a_0} = R_a \cdot \Delta i_{a_0} \tag{36}$$

hervorruft. Indem dies in (34) eingesetzt wird, finden wir

$$\Delta i_{a_0} = -D \cdot f'(e_{st_0}) \cdot R_a \cdot \Delta i_{a_0} + \frac{f''(e_{st_0})}{2} \mathfrak{M}(\mathfrak{e}_g - DR_a \cdot \Delta i_{a_0})^2 \tag{34 d}$$

oder

$$\Delta i_{a_0} = \frac{\dfrac{f''(e_{st_0})}{1 + D \cdot f'(e_{st_0}) \cdot R_a}}{2} \cdot \left(\mathfrak{e}^2_{g_{\text{eff}}} + D^2 R_a^2 \cdot \Delta^2 i_{a_0}\right). \tag{34 e}$$

Vernachlässigt man das quadratische Korrekturglied, so entsteht

$$\Delta i_{a_0} = \frac{\dfrac{f''(e_{st_0})}{1 + D \cdot f'(e_{st_0}) \cdot R_a}}{2} \cdot \mathfrak{e}^2_{g_{\text{eff}}}. \tag{34 f}$$

Durch den Überbrückungskondensator wird also in der Tat der Gleichrichtungseffekt beträchtlich vergrößert, indem die Gitterspannung $\mathfrak{e}_g$ voll zur Wirkung gelangt.

Die Formel, welche wir für den Gleichrichtungseffekt abgeleitet haben, bleibt auch dann gültig, wenn R_a induktiv ist; denn da der Hochfrequenzstrom seinen Weg völlig über den Überbrückungskondensator nimmt, kann sich in R_a keine Umlaufsspannung entwickeln. Wir können demnach unsere Überlegungen unverändert auf den Fall übertragen, daß der Arbeitskreis ein Telephon oder Galvanometer als Indikatororgan des gleichgerichteten Stromes enthält.

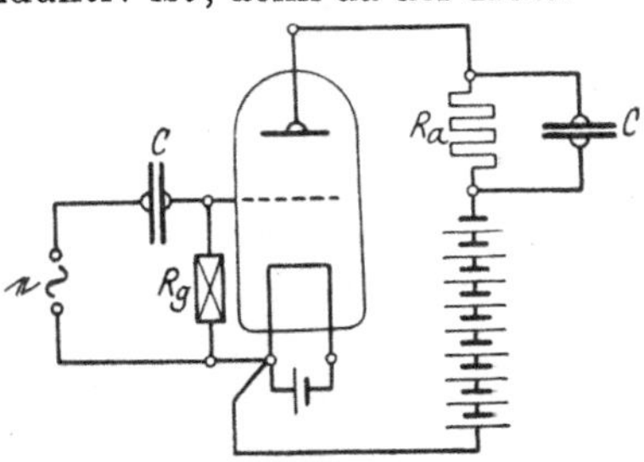

Abb. 270. Audionschaltung.

185. Das Audion. Weit empfindlicher als die Gleichrichtungsschaltungen, welche die Krümmungseigenschaften der Anodentrennlinien ausnutzen, ist die Audionschaltung, welche auf der Krümmung der Gitterstromkennlinie beruht.

In Abb. 270 ist die Schaltung dargestellt. Zwischen Gitter und Glühkathode ist der sehr große Widerstand R_g gelegt, die Wechselspannung $\mathfrak{e}_w$ liegt über dem Sperrkondensator C an der Parallelkombination des Widerstandes R_g mit der Vakuumstrecke Gitter—Kathode.

Würde der Gitterstrom verschwinden, so unterschiede sich die Anordnung von dem im vorigen Abschnitt behandelten Richtverstärker nur dadurch, daß die Gitterwechselspannung um den Betrag der Kondensatorspannung gegenüber $\mathfrak{e}_w$ vermindert wäre. Zur Erzielung anderer Effekte muß man daher einen Arbeitspunkt aufsuchen, in welchem der Gitterstrom von 0 verschieden ist.

Wir setzen eine Röhre mit extrem gutem Vakuum voraus. In ihr kann der Gitterstrom allein durch Elektronen getragen werden. Seine Stärke ist innerhalb des Arbeitsbereiches des Audions merklich unabhängig von der Höhe der gleichzeitig wirkenden Anodenspannung, daher eine Funktion allein der Gitterspannung

$$J_g = f(E_g), \tag{37}$$

für welche in guter Annäherung

$$J_g = J_{g_0} \cdot e^{\alpha E_g} \tag{37 a}$$

geschrieben werden kann (Nr. 85).

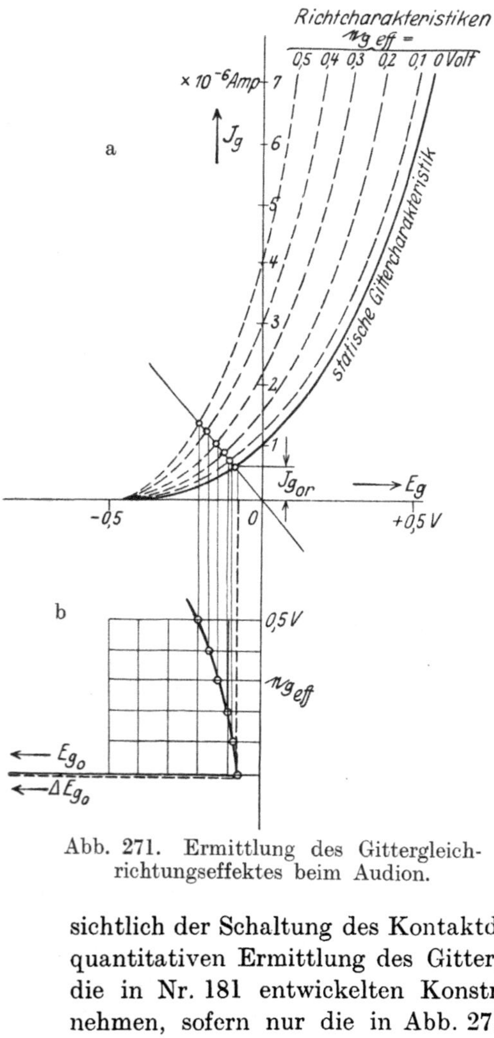

Abb. 271. Ermittlung des Gittergleichrichtungseffektes beim Audion.

Das geometrische Bild dieser Funktion ist in Abb. 271 a dargestellt. Hier entspricht negativem Spannungswerte ein positiver Strom, der Gitterkreis ist ein Erzeuger elektrischer Leistung, welche aus der kinetischen Energie der vom Glühdraht emittierten Elektronen bestritten wird.

Wegen der Unabhängigkeit des Gitterstromes von der Anodenspannung können die Vorgänge im Gitterkreise unabhängig von denen im Arbeitskreise ermittelt werden. Denkt man sich demgemäß den Anodenkreis völlig entfernt, so ist der Gitterkreis ersichtlich der Schaltung des Kontaktdetektors Abb. 257 äquivalent. Zur quantitativen Ermittlung des Gittergleichrichtungseffektes sind daher die in Nr. 181 entwickelten Konstruktionen ohne weiteres zu übernehmen, sofern nur die in Abb. 271 a gezeichnete Charakteristik benutzt wird. Die Richtcharakteristik

$$J_0 = -\frac{\mathfrak{e}_{w_{\text{eff}}}}{2} \cdot f''(E_{g_0}) - f(E_{g_0}) \tag{38}$$

ist mit Rücksicht auf Gl. (37 a) der Gitterstromkennlinie geometrisch ähnlich. Die Konstruktion ist in Abb. 271 a, b ausgeführt. Es ergibt sich bereits für $\mathfrak{e}_{w_{eff}} = 0$ ein endlicher negativer Gitterstrom $J_{g_{0r}}$, welcher seine Existenz der oben erwähnten Arbeitsweise des Gitterkreises als Generator verdankt. Mit wachsender effektiver Gitterwechselspannung verschiebt sich die Richtcharakteristik nach oben, die Gittergleichspannung sinkt. In Abb. 271 b ist der Zusammenhang zwischen effektiver Gitterwechselspannung und Gittergleichspannung dargestellt; aus ihm finden wir die Größe des Gittergleichrichtungseffektes leicht als Differenz zwischen Gitter-Ruhegleichspannung und Betriebsgleichspannung des Audions.

Wir gehen nunmehr dazu über, die Arbeitsweise des Anodenkreises zu untersuchen. Der Berechnung des Anodenstromes wird wiederum Gl. (34) zugrunde gelegt, wobei aber bei Berechnung der Steuerspannungsänderung der Gittergleichrichtungseffekt zu berücksichtigen ist

$$\varDelta E_{st} = \varDelta E_{g_0} + \{\mathfrak{e}_g - D \cdot \varDelta E_a\} . \tag{39}$$

Wir wollen voraussetzen, daß gemäß Abb. 269 vermittels eines Überbrückungskondensators der Wechselspannungsabfall im Anodenkreise zum Verschwinden gebracht sei.

$$\varDelta E_a = \varDelta E_{a_0} = \varDelta J_{a_0} \cdot R_a . \tag{36}$$

Daher entsteht für den Gleichrichtungseffekt aus (34) durch Mittelwertsbildung

$$\left.\begin{aligned} \varDelta J_{a_0} &= \varDelta E_{g_0} \cdot f'(E_{st_0}) - D \cdot R_a \cdot f'(E_{st_0}) \cdot \varDelta J_{a_0} + \frac{\varDelta E_{g_0}^2}{2} \cdot f''(E_{st_0}) \\ &- \varDelta E_{g_0} \cdot D \cdot R_a \cdot \varDelta J_{a_0} \cdot f''(E_{st_0}) + \frac{\mathfrak{e}_{g_{eff}}^2}{2} \cdot f''(E_{st_0}) + \frac{D^2 R_a^2 \cdot \varDelta J_{a_0}^2}{2} \cdot f''(E_{st_0}) . \end{aligned}\right\} \tag{34 g}$$

Nun ist stets

$$D \cdot R_a \cdot \varDelta J_{a_0} \ll \varDelta E_{g_0} ,$$

so daß mit großer Näherung

$$\varDelta J_{a_0} = \frac{\varDelta E_{g_0} \cdot f'(E_{st_0}) + \dfrac{\varDelta E_g^2}{2} \cdot f''(E_{st_0}) + \dfrac{\mathfrak{e}_{g_{eff}}^2}{2} \cdot f''(E_{st_0})}{1 + D \cdot f'(E_{st_0}) \cdot R_a} \tag{34 h}$$

folgt.

Der gesamte Gleichrichtungseffekt setzt sich also aus drei Teilen zusammen. Der erste verdankt seine Entstehung der Verschiebung der Gittergleichspannung unter der Wirkung der gekrümmten G i t t e r kennlinie. Seine Größe ist der Steilheit der Anodenkennlinie proportional, dagegen von ihrer Krümmung gänzlich unabhängig. In dem zweiten und dritten Anteil dagegen erkennen wir Effekte, welche der Krümmung der A n o d e n kennlinie proportional sind; hier überlagern sich also dem

Audioneffekt die vom Richtverstärker her bekannten Erscheinungen. Da der Audioneffekt die anderen Anteile überwiegt, arbeitet man zweckmäßig auf der steilsten Stelle der Kennlinie. Diese ist durch

$$\frac{d f'(e_{st_0})}{d e_{st_0}} = f''(e_{st_0}) = 0 \tag{40}$$

definiert und geometrisch durch den Wendepunkt der Kennlinie gegeben. Setzt man (40) voraus, so wird

$$\Delta J_{a_0} = \frac{\Delta E_{g_0} \cdot f'(E_{st_0})}{1 + D \cdot R_a \cdot f'(E_{st_0})}. \tag{34 i}$$

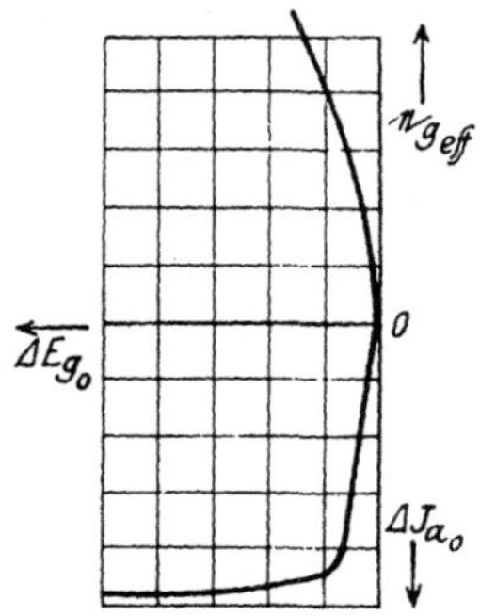

Abb. 272. Zusammenhang zwischen Gitter- und Anodengleichrichtung des Audions.

Da die Gittergleichspannung stark negativ ist, muß man zur Verlegung des Arbeitspunktes in den Wendepunkt der Anodenstromkennlinie eine relativ große „Verschiebungsspannung" $D \cdot E_{a_0}$ anwenden (vgl. Nr. 150). Um trotzdem mit mäßigen Anodenspannungen auszukommen, ist der Durchgriff der Röhre hinreichend groß zu wählen. Obwohl also Gl. (34 i) formal mit der Verstärkergleichung (46 a, Nr. 150) identisch ist, ergeben sich verschiedenartige Forderungen der Dimensionierung: Während dort hohe Verstärkungsgrade einen kleinen Durchgriff erforderten, ist hier ein nicht zu kleiner Durchgriff günstig. Man kann demnach eine gute Verstärkerröhre im allgemeinen nicht gut für Gleichrichterzwecke in der Audionschaltung verwenden, wie umgekehrt eine Audionröhre sich für den Verstärkerbetrieb schlecht eignet.

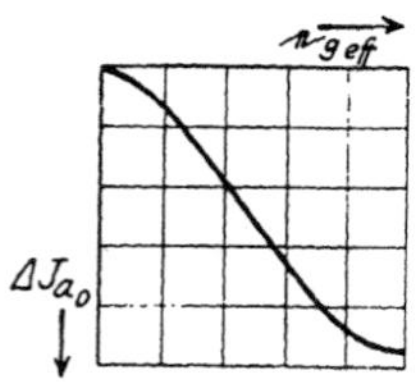

Abb. 273. Resultierender Gleichrichtungseffekt des Audions.

Um nunmehr die gesamte Arbeitsweise des Audions zu übersehen, verknüpfen wir die Gesetze der Gittergleichrichtung mit Gl. (34 i) für den Gleichrichtungseffekt im Anodenkreise. Dies geschieht am einfachsten graphisch; wir tragen ΔE_{g_0} als Funktion von $e_{g\,eff}$ in einem Schaubilde auf, ebenso in einem zweiten Schaubilde ΔJ_{a_0} als Funktion von ΔE_{g_0}. Beide Schaubilder werden mit den ΔE_{g_0}-Achsen zusammengeheftet (Abb. 272) und ergeben nun leicht den Zusammenhang zwischen $e_{g\,eff}$ und ΔJ_{a_0}, welcher der Übersicht halber in Abb. 273 nochmals besonders herausgezeichnet ist.

186. Schwebungsgleichrichtung. Zur Verbesserung der Empfindlichkeit pflegt man häufig der gleichzurichtenden Wechselspannung $e'_{g\omega}$, eine Hilfsspannung e'_g zu überlagern, deren Frequenz von der Frequenz ω verschieden ist. Machen wir demgemäß den Ansatz

$$\left.\begin{aligned} e_g &= e_{g_{\max}} \cdot \cos \omega t \\ e'_g &= e'_{g_{\max}} \cdot \cos \omega' t, \end{aligned}\right\} \tag{41}$$

und

so ist die resultierende Spannung

$$\mathfrak{e} = \mathfrak{e}_g + \mathfrak{e}'_g = \mathfrak{e}_{g_{\max}} \cdot \cos\omega t + \mathfrak{e}'_{g_{\max}} \cdot \cos\omega' t\,. \tag{41 a}$$

Wir substituieren die Mittelfrequenz

$$\omega_m = \frac{\omega + \omega'}{2}$$

und die Differenzfrequenz (42)

$$\omega_d = \frac{\omega - \omega'}{2}$$

und erhalten aus (41 a)

$$\left.\begin{aligned} \mathfrak{e} &= \mathfrak{e}_{g_{\max}} \cdot \cos(\omega_m + \omega_d)\, t + \mathfrak{e}'_{g_{\max}} \cdot \cos(\omega_m - \omega_d) \cdot t \\ &= \left(\mathfrak{e}_{g_{\max}} + \mathfrak{e}'_{g_{\max}}\right) \cdot \cos\omega_d t \cdot \cos\omega_m t + \left(\mathfrak{e}_{g_{\max}} - \mathfrak{e}'_{g_{\max}}\right) \sin\omega_d \cdot t \cdot \sin\omega_m t \end{aligned}\right\} \tag{41 b}$$

oder

$$\left.\begin{aligned} \mathfrak{e} &= \sqrt{\left(\mathfrak{e}_{g_{\max}} + \mathfrak{e}'_{g_{\max}}\right)^2 \cdot \cos^2\omega_d t + \left(\mathfrak{e}_{g_{\max}} - \mathfrak{e}'_{g_{\max}}\right) \sin^2\omega_d t} \cdot \cos(\omega_m t - \psi) \\ &= \sqrt{\mathfrak{e}^2_{g_{\max}} + \mathfrak{e}'^2_{g_{\max}} + 2\, \mathfrak{e}_{g_{\max}} \cdot \mathfrak{e}'_{g_{\max}} \cdot \cos 2\omega_d t} \cdot \cos(\omega_m t - \psi) \\ &\text{mit} \quad \operatorname{tg}\psi = \frac{\mathfrak{e}_{g_{\max}} - \mathfrak{e}'_{g_{\max}}}{\mathfrak{e}_{g_{\max}} + \mathfrak{e}'_{g_{\max}}} \cdot \operatorname{tg}\omega_d t\,. \end{aligned}\right\} \tag{41 c}$$

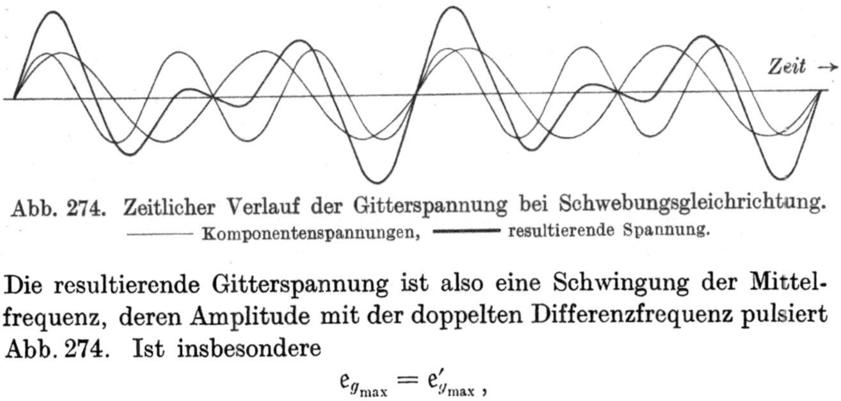

Abb. 274. Zeitlicher Verlauf der Gitterspannung bei Schwebungsgleichrichtung.
——— Komponentenspannungen, ▬▬▬ resultierende Spannung.

Die resultierende Gitterspannung ist also eine Schwingung der Mittelfrequenz, deren Amplitude mit der doppelten Differenzfrequenz pulsiert Abb. 274. Ist insbesondere

$$\mathfrak{e}_{g_{\max}} = \mathfrak{e}'_{g_{\max}}\,,$$

so wird

$$\mathfrak{e} = \left[\left(\mathfrak{e}_{g_{\max}} + \mathfrak{e}'_{g_{\max}}\right) \cdot \cos\omega_d t\right] \cdot \cos\omega_m t\,. \tag{41 d}$$

Hier ist die Amplitude eine einfach harmonisch schwankende Funktion der Differenzfrequenz. Solange $\omega_d \ll \omega_m$ ist, kann die Amplitude während einer Periode der Mittelfrequenz als merklich konstant betrachtet werden. Man kann dann den Gleichrichtereffekt am Audion so berechnen, als ob die effektive Spannung

$$\mathfrak{e}_{\text{eff}} = \tfrac{1}{2}\left[\left(\mathfrak{e}_{g_{\max}} + \mathfrak{e}'_{g_{\max}}\right) \cdot \cos\omega_d t\right]^2 \tag{43}$$

am Gitter wirksam wäre. Der Gleichrichtereffekt wird also jetzt eine Funktion der Zeit. Man gewinnt den zeitlichen Verlauf des Anodenstromes, indem man mit (43) in die Charakteristik der Gittergleichrichtung eingeht und von hier aus mittels der im vorigen Abschnitt entwickelten Gesetzmäßigkeiten den Anodenstrom berechnet. Dies ist in Abb. 275 geschehen. Man erhält gemäß (43) einen mit der doppelten Differenzfrequenz schwankenden Strom von eigentümlichem Kurvenverlauf.

Zum Vergleich ist in das gleiche Schaubild der durch $\mathfrak{e}_g$ allein hervorgebrachte Gleichrichtereffekt eingetragen. Man erkennt, daß durch den Zusatz der Hilfsspannung $\mathfrak{e}'_{g_{\max}}$ nicht nur Schwebungen des Anodenstromes bewirkt werden, sondern der gesamte Effekt wesentlich vergrößert wird. Das geschilderte Verfahren der Schwebungsgleichrichtung bildet daher eine der empfindlichsten Empfangsmethoden der drahtlosen Telegraphie.

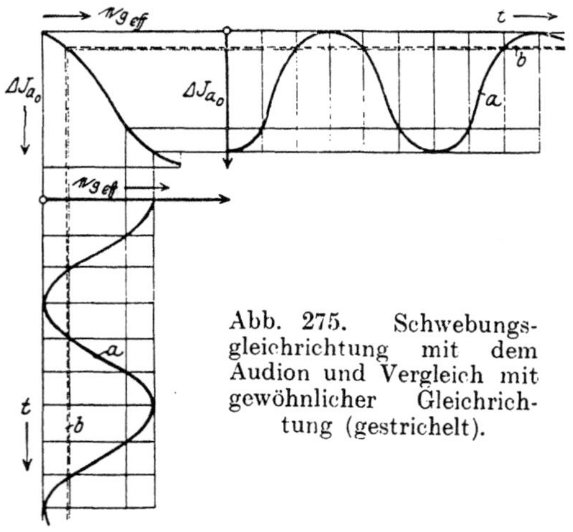

Abb. 275. Schwebungsgleichrichtung mit dem Audion und Vergleich mit gewöhnlicher Gleichrichtung (gestrichelt).

Durch geeignete Wahl der Zusatzfrequenz ω' kann die Schwebungsfrequenz ω_d beliebig eingeregelt werden. Hierauf gründen sich zahlreiche Methoden zur Minderung atmosphärischer Störungen; denn diese, als Summe unendlich vieler verschiedener Frequenen, bilden zusammen mit der Zusatzfrequenz ein unregelmäßiges Schwingungsgemisch, welches mit Hilfe besonders abgestimmter Systeme von den regelmäßigen Schwebungszügen nach Gl. (43) leicht getrennt werden kann. Insbesondere kann man die Schwebungsfrequenz in den Bereich hörbarer Töne verlegen, so daß eintreffende Signale der Form (41) als musikalische Töne, Störungen dagegen als Geräusche vernommen werden. Dieses Verfahren der Störbefreiung kann verfeinert werden, wenn die Schwebungsgleichrichtung zweimal hintereinander angewandt wird. Durch Zusatz einer primären Hilfsspannung der Frequenz ω' wird eine relativ zu ω niedrige, aber oberhalb des akustischen Tonbereiches liegende Schwebung der „Zwischenfrequenz“ $\omega_z = \omega - \omega'$ erzielt. Aus dieser Zwischenfrequenz wird durch Zusatz einer sekundären Hilfsspannung der Frequenz ω'' eine Schwebung der Frequenz $\omega_d = \omega_z - \omega''$ gewonnen, welche nunmehr in den Bereich musikalischer Töne verlegt werden kann.

187. Das Schwingaudion. Man kann die Schwebungsgleichrichtung in einem einzigen Systeme hervorbringen, wenn man neben der Gleichrichterwirkung der Röhre ihre Fähigkeit ausnutzt, einen Schwingungskreis zu kontinuierlichen Schwingungen anzufachen. Eine der hierfür möglichen Schaltungen zeigt Abb. 276. Der Schwingungskreis, bestehend aus Kapazität C, Induktivität L und Widerstand R, wirkt über den Blockkondensator C_b auf das Gitter einer Röhre steuernd ein; die hierdurch bewirkten Schwankungen des Anodenstroms werden einer Rückkopplungsspule zugeführt, von welcher sie vermöge magnetischer Verkettung mit der Induktivität L in den Schwingungskreis die Anfachungsspannung e einbringen. Zur Hervorbringung des Gittergleichrichtungseffektes ist der Vakuumstrecke Gitter — Kathode der Widerstand R_g parallel geschaltet. Die gleichzurichtende Spannung $\mathfrak{e}$ wirkt an irgendeiner Stelle des Schwingungskreises. Das Schwingaudion geht in dem Sonderfall $C_b = \infty$, $R_g = \infty$ in das System über, welches wir in Nr. 170 untersucht haben. Bei endlichen Werten von C_g und R_g überlagert sich den dort gefundenen Erscheinungen der Gleichrichtereffekt im Gitterkreise, welcher nach Maßgabe der in Nr. 186 entwickelten Gesetze Schwankungen des Anodenstromes zur Folge hat. Daher ist für den Betrieb des Schwingaudions die Lage des Schwingungsmittelpunktes auf der Anodenkennlinie nicht als gegeben zu betrachten, sondern hängt über Gitterspannung und Gleichrichtungscharakteristik von der Größe des Stromes im Schwingungskreise ab.

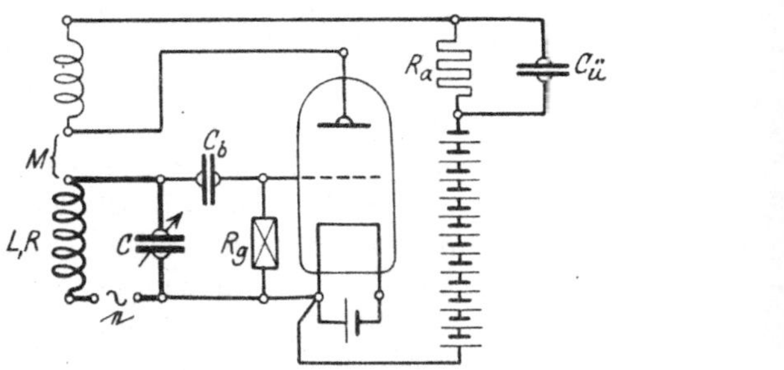

Abb. 276. Schwingaudionschaltung.

Man erhält eine brauchbare Näherung, wenn man Schwingungsvorgänge und Gleichrichtungsvorgänge getrennt voneinander behandelt. Hierzu berechtigt der Umstand, daß sich bei Schwankungen des Schwingungsmittelpunktes die auf ihn bezogene Anodenkennlinie nur quantitativ ändert; es ist daher möglich, den Einfluß der Anodenstromschwankung durch Einführung einer gewissen mittleren Kennliniengleichung zwischen $\mathfrak{e}_g$ und $\mathfrak{i}_a$ zu berücksichtigen.

Hiernach können wir die Ergebnisse der Nr. 170 auf die Theorie des Schwingaudions anwenden. Solange der Anfachungsfaktor kleiner als der Dämpfungsfaktor des Schwingungskreises ist, können allein die Zwangsschwingungen zustande kommen. Wegen des Fehlens von Schwebungserscheinungen erhält man im Anodenkreise einen Gleichrichtungseffekt, welcher dem in Nr. 185 behandelten qualitativ gleicht.

Indessen bewirkt die Rückkopplung eine scheinbare Minderung der Dämpfung: Man kann durch allmähliche Verstärkung der Rückkopplung die Dämpfung beliebig weit reduzieren, insbesondere also Schwingungskreise mit starker natürlicher Dämpfung δ mit gleichem Erfolge verwenden wie Schwingungskreise mit schwacher natürlicher Dämpfung (Drahtersparnis!).

Sobald aber der Anfachungsfaktor den Dämpfungsfaktor übertrifft, ist die Möglichkeit angefachter Freischwingungen gegeben. Für hinreichend große Verstimmungen v des Schwingungskreises gegen die Frequenz der erzwingenden Schwingung kommen sowohl Zwangsschwingung wie Freischwingung zustande. Dementsprechend enthält auch die Gitterspannung Anteile der erzwungenen Frequenz und der Freifrequenz. Der Anodengleichstrom pulsiert mit der doppelten Schwebungsfrequenz, wie in Nr. 186 entwickelt. Hierbei hat man es durch geeignete Wahl der Kreisdaten L und C in der Hand, die Freifrequenz nach Belieben einzustellen und daher auch eine Schwebungsfrequenz von beliebiger Höhe zu erzielen. Stimmt man also den Schwingungskreis mehr und mehr auf die aufgedrückte Frequenz ab, so wird der Schwebungston immer tiefer. Dies geschieht, solange sich das System im Gebiete der Schwebungslösung befindet. Bei der Grenzverstimmung v_{gr} setzt die Freischwingung infolge des Anstieges der Zwangsschwingung aus, der Schwebungston verlöscht. In dem anschließenden „Mitnahmebereich" bleibt allein die Zwangsschwingung bestehen, wir erhalten demnach keinerlei Schwebungen des Anodenstromes. Der Gleichrichtereffekt läßt sich innerhalb des Mitnahmebereiches nach den Gesetzen des nichtschwingenden Audions berechnen.

Für den Empfang telegraphischer Zeichen ist es erwünscht, Schwebungen zu erzeugen. Entsprechend der Gleichheit beider Gitterspannungsanteile müssen zur Erzielung höchster Empfindlichkeit auch die Amplituden der Zwangsschwingung und der Freischwingung einander gleichen. In den Bezeichnungen der Nr. 170 muß also die Bedingung

$$\frac{i_f}{\alpha} = \frac{i_z}{\omega} \tag{44}$$

oder mit Rücksicht auf Nr. 170, Gl. (110a)

$$1 - \frac{\delta}{\mu} = \frac{3}{4} \frac{i_z^2}{\omega^2} \tag{44a}$$

erfüllt sein. Demnach muß $\frac{\delta}{\mu}$ um so näher gleich 1 gemacht werden, je kleiner die Intensität der erzwingenden Schwingung und damit die Zwangsamplitude ist. Diese Variation von $\frac{\delta}{\mu}$ kann, da δ eine Konstante des Schwingungskreises, durch Regelung von μ bewirkt werden. In

Anlehnung an die Verhältnisse ausgeführter Empfangsschaltungen sei zu diesem Zweck die Rückkopplung variabel vorausgesetzt, wobei einer Vergrößerung von $\frac{\delta}{\mu}$ eine Schwächung der Rückkopplung entspricht. Um den Zusammenhang zwischen Intensität der erzwingenden Spannung und günstigster Rückkopplung zu übersehen, berechnen wir aus (44 a)

$$\frac{\mu_{\mathrm{opt}}}{\delta} = \frac{1}{1 - \frac{3}{4}\frac{i_z^2}{\omega^2}} \tag{44 b}$$

daher mit Gl. (119), (120) Nr. 170

$$\operatorname{tg}\varphi = \infty\,, \qquad \varphi = 90^\circ$$

und

$$i_z \cdot v = \varepsilon\,, \tag{45}$$

so daß

$$\frac{\mu_{\mathrm{opt}}}{\delta} = \frac{1}{1 - \frac{3}{4}\frac{\varepsilon^2}{v^2\,\omega^2}} \tag{44 c}$$

resultiert. Man kann hiernach durch geeignete Einstellung der Rückkopplung und hinreichend kleine Verstimmung beliebig große Intensitäten der Schwingungsamplituden erzielen, die Empfindlichkeit des Audions beliebig hochtreiben.

Zweiter Teil.

Raumfelder.

A. Die Kopplung.

188. Definition und Arten der Kopplung. Der Energieaustausch zwischen zwei schwingenden Systemen wird durch den elektromagnetischen Energiestrom vermittelt.

Die Formen der Kondensatoren, Spulen und Träger von Leitungs- und Konvektionsströmen entstehen aus dem Prinzipe minimaler Energieströmung in die Umgebung; dieses Prinzip führt dazu, die elektrodynamischen Felder auf denjenigen Raum zu beschränken, welcher durch die statischen Felder erfüllt wird. Der Wirkungsbereich des Energiestromes ist daher hierbei ebenfalls auf die unmittelbare Umgebung dieser Feldträger beschränkt. Die hiermit gegebene Art des Energieaustausches heißt Kopplung.

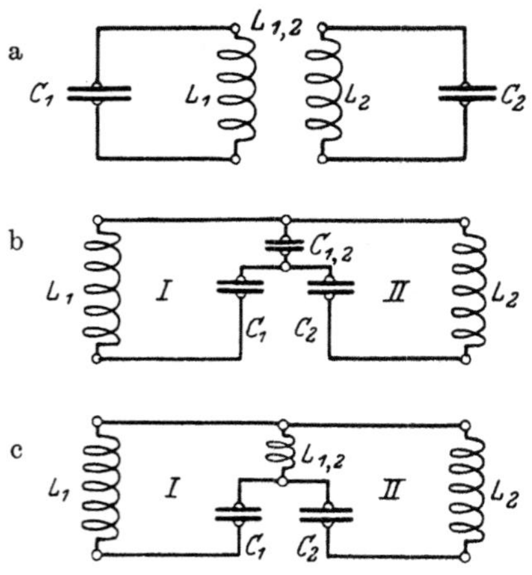

Abb. 277. Zur Definition der Kopplungsarten.

Aus der gegebenen Definition folgt, daß die Größe der Kopplung durch Angabe der am Energieaustausch beteiligten Kapazität, Induktivität und des Widerstandes bestimmt ist.

Zwei Systeme heißen elektrisch oder kapazitiv gekoppelt, wenn ein elektrischer Verschiebungsstrom beiden Systemen gemeinsam ist. In Abb. 277 b ist dies durch den „Kopplungskondensator“ $C_{1,2}$ erreicht, der den beiden „gekoppelten“ Schwingungskreisen I und II angehört.

Abb. 277 c zeigt magnetische oder induktive Kopplung. Hier besitzen zwei gekoppelte Schwingungskreise in L_{12} einen gemeinsamen Träger magnetischen Verschiebungsstromes. Ihr gleichwertig ist die

Schaltung, welche zum gleichen Zweck eine Gegeninduktivität besitzt, Abb. 277a.

Ein gemeinsamer Widerstand R oder ein gemeinsamer Träger von Elektronen- oder Ionenströmen vermittle galvanische Kopplung, Abb. 277d.

Die Vereinigung mehrerer Kopplungselemente führt zu den gemischten Kopplungen, von welchen die galvanisch-induktive oder direkte die häufigste ist. In dem wichtigsten Falle kleinen Widerstandes ist die direkte Kopplung der induktiven merklich gleichwertig.

Die induktive Kopplung ist praktisch die wichtigste. Sie ist aber auch theoretisch die wichtigste, weil die Betrachtung anderer Kopplungsarten keine wesentlich neuen physikalischen Einblicke vermittelt. Die im folgenden entwickelte Theorie bezieht sich größtenteils auf die induktive Kopplung.

I. Freie Schwingungen gekoppelter Systeme.

1. Grundlagen.

189. Grundgleichungen gekoppelter Schwingungskreise. In Abb. 277a sind zwei Schwingungskreise dargestellt, welche durch die Gegeninduktivität L_{12} gekoppelt sind. Der „primäre" Schwingungskreis I wird auf eine der oben besprochenen Arten erregt, der „sekundäre" Kreis II dagegen erhält seine Schwingungsleistung lediglich durch den elektromagnetischen Energiestrom zugeführt. Der Primärkreis sei definiert durch seinen Widerstand R_1, seine Kapazität C_1 und seine Induktivität L_1, ebenso der Sekundärkreis durch den Widerstand R_2, die Kapazität C_2 und die Induktivität L_2. Die Stärke des Primärstromes J_1 und des Sekundärstromes J_2 bestimmt sich aus der Gleichheit des Spannungsabfalles mit der Summe aus Kondensatorspannung und Umlaufsspannung

$$J_1 R_1 = E_{C_1} + E_{u_1}, \tag{1}$$

$$J_2 R_2 = E_{C_2} + E_{u_2}. \tag{2}$$

Die Umlaufsspannungen werden durch die Änderung des Spulenflusses entwickelt, welcher in jeder Spule aus zwei Anteilen besteht,

$$E_{u_1} = -\frac{d\Phi_1}{dt} \cdot 10^{-8} = -L_1 \frac{dJ_1}{dt} - L_{12} \frac{dJ_2}{dt}, \tag{3}$$

$$E_{u_2} = -\frac{d\Phi_2}{dt} \cdot 10^{-8} = -L_2 \frac{dJ_2}{dt} - L_{12} \frac{dJ_1}{dt}, \tag{4}$$

wo für die Anteile des jeweils eigenen Stromes die Induktivität, die Anteile des fremden Stromes die Gegeninduktivität eingeführt ist.

Drückt man die Kondensatorspannungen durch die Ströme aus entsprechend den Gl. (4), Nr. 116, so erhalten wir in

$$J_1 R_1 + L_1 \frac{dJ_1}{dt} + \frac{1}{C_1}\int J_1\, dt = -L_{12}\frac{dJ_2}{dt}, \tag{5}$$

$$J_2 R_2 + L_2 \frac{dJ_2}{dt} + \frac{1}{C_2}\int J_2\, dt = -L_{12}\frac{dJ_1}{dt}. \tag{6}$$

2. Besondere Schwingungsformen.

a) Extrem lose Kopplung.

190. Definition der extrem losen Kopplung. Wir setzen voraus, daß der Primärkreis auf eine der im Kapitel „Schwingungserregung" besprochenen Weisen mittels eines besonderen Organes zu Schwingungen angeregt wird; dagegen soll der Sekundärkreis seine Leistung allein durch Vermittlung des elektromagnetischen Energiestromes aus dem Primärsystem erhalten. Die Schwingungskreise heißen extrem lose gekoppelt, wenn die aus dem Sekundärkreis in den Primärkreis rückwandernde Energie klein ist gegen die Eigenschwingungsenergie des Primärkreises; die extrem lose Kopplung ist hiernach durch das Gleichungspaar

$$J_1 R_1 + L_1 \frac{dJ_1}{dt} + \frac{1}{C_1}\int J_1\, dt = 0, \tag{5a}$$

$$J_2 R_2 + L_2 \frac{dJ_2}{dt} + \frac{1}{C_2}\int J_2\, dt = -L_{12}\frac{dJ_1}{dt} \tag{6}$$

analytisch definiert.

Der Primärstrom entwickelt sich wegen (5a) gänzlich unabhängig von den Vorgängen im Sekundärkreise; er ist daher nach Nr. 121 als bekannt zu betrachten. Das gleiche gilt für die von ihm erzeugte sekundäre Umlaufsspannung $-L_{12}\frac{dJ_2}{dt}$; wir dürfen ihr das Gesetz

$$\left.\begin{aligned} E_1 = E_{1\max}\cdot e^{-\delta_1 t}\cdot \sin\omega_1 t &= \Re e\left(-E_{1\max}\cdot j\cdot e^{-(\delta_1+j\omega_1)t}\right)\\ &= \Re e\left(-E_{1\max}\cdot j\cdot e^{\alpha_1 t}\right)\end{aligned}\right\} \tag{7}$$

zugrunde legen, wo α_1 durch die charakteristische Gleichung des Primärkreises

$$\alpha_1^2 + \frac{R_1}{L_1}\cdot\alpha_1 + \frac{1}{L_1 C_1} = 0 \tag{8}$$

bestimmt ist. Setzen wir (7) in (6) ein, so resultiert für den Sekundärstrom die Differentialgleichung

$$\left.\begin{aligned} J_2 R_2 + L_2\frac{dJ_2}{dt} + \frac{1}{C_2}\int J_2\, dt &= E_{1\max}\cdot e^{-\delta_1 t}\sin\omega_1 t\\ &= \Re e\left(-E_{1\max}\cdot j\, e^{\alpha_1 t}\right).\end{aligned}\right\} \tag{6a}$$

191. Der erzwungene Strom. In Analogie mit den Ergebnissen der Nr. 156 suchen wir ein Partikularintegral mit der komplexen Kreisfrequenz α_1

$$J_2 = \Re e\left(\bar{J}_2 e^{\alpha_1 t}\right). \tag{8}$$

Hiermit geht (6a) in die algebraische Gleichung

$$\bar{J}_{2z}\left(R_2 + L_2 \alpha_1 + \frac{1}{C_2 \alpha_1}\right) = -E_{1\max} \cdot j \tag{8a}$$

über. Wir substituieren die Sekundärdämpfung

$$\delta_2 = \frac{R_2}{2 L_2}$$

und die Eigenfrequenz des widerstandsfrei gedachten Sekundärkreises

$$\omega_2^2 = \frac{1}{L_2 C_2}$$

und erhalten unter der Voraussetzung

$$R_2 + L_2 \alpha_1 + \frac{1}{C_2 \alpha_1} \neq 0 \tag{9}$$

aus (6b) mit Rücksicht auf (7)

$$\left.\begin{aligned} \bar{J}_{2z} &= -\frac{E_{1\max} \cdot j}{L_2} \cdot \frac{1}{2\delta_2 + \alpha_1 + \dfrac{\omega_2^2}{\alpha_1}} \\ &= -\frac{E_{1\max} \cdot j}{L_2} \cdot \frac{1}{2\delta_2 + j\omega_1 - \delta_1 - \dfrac{\omega_2^2 (j\omega_1 + \delta_1)}{\omega_1^2 + \delta_1^2}}. \end{aligned}\right\} \tag{8b}$$

In reeller Form ist also

$$\left.\begin{aligned} J_{2z} &= \frac{E_{1\max}}{L} \cdot \frac{e^{-\delta_1 t} \cdot \sin(\omega_1 t - \varphi_{2z})}{\sqrt{\left(2\delta_2 - \delta_1 - \dfrac{\omega_2^2 \delta_1}{\omega_1^2 + \delta_1^2}\right)^2 + \left(\omega_1 - \dfrac{\omega_2^2 \omega_1}{\omega_1^2 + \delta_1^2}\right)^2}}; \\ \operatorname{tg}\varphi_{2z} &= \frac{\omega_1 - \dfrac{\omega_2^2 \cdot \omega_1}{\omega_1^2 + \delta_1^2}}{2\delta_2 - \delta_1 - \dfrac{\omega_2^2 \delta_1}{\omega_1^2 + \delta_1^2}}. \end{aligned}\right\} \tag{8c}$$

Wir beschränken uns fortan auf kleine Dämpfungen und Resonanznähe ($\omega_1 = \sim \omega_2$); aus (6a) folgen dann die Näherungsgleichungen

$$\left.\begin{aligned} J_{2z} &= \sim \frac{E_{1\max}}{L} \cdot \frac{e^{-\delta_1 t} \cdot \sin(\omega_1 t - \varphi_{2z})}{\sqrt{(2\delta_2 - 2\delta_1)^2 + 4(\omega_2 - \omega_1)^2}} \\ &= \frac{E_{1\max}}{2L} \cdot \frac{e^{-\delta_1 t} \cdot \sin(\omega_1 t - \varphi_{2z})}{\sqrt{(\delta_2 - \delta_1)^2 + (\omega_2 - \omega_1)^2}}; \quad \operatorname{tg}\varphi_{2z} = \frac{\omega_2 - \omega_1}{\delta_2 - \delta_1}. \end{aligned}\right\} \tag{8d}$$

192. Der freie Strom. Um den vollständigen Sekundärstrom zu erhalten, ist dem Anteil (8) eine freie Schwingung zu überlagern, welche der homogenen Gleichung

$$J_2 R_2 + L_2 \frac{dJ_2}{dt} + \frac{1}{C_2}\int J_2\,dt = 0 \tag{10}$$

genügt. Nach Nr. 118 ist mit dem hier benutzten Annäherungsgrade

$$J_{2f} = \Re e\,(-j \cdot J_{2f_{\max}} \cdot e^{(\alpha_2 - j\varphi_{2f})t}) = \Re e\,(-j \cdot J_{2f_{\max}} \cdot e^{-(\delta_2 + j\omega_2)t - j\varphi_{2f}}), \tag{11}$$

wobei α_2 durch die charakteristische Gleichung des Sekundärkreises bestimmt ist

$$\alpha_2^2 + \frac{R_2}{L_2} \cdot \alpha_2 + \frac{1}{L_2 C_2} = 0\,. \tag{12}$$

193. Der Gesamtstrom. Zur Ermittlung der Integrationskonstanten J_{2f} und φ_{2f} postulieren wir, daß das Sekundärsystem zur Zeit $t = 0$ im Ruhezustande gewesen sein soll.

Für $t = 0$

$$\left.\begin{aligned} J_2 &= J_{2z} + J_{2f} = 0\,, \\ E_{C_2} &= E_{C_{2z}} + E_{C_{2f}} = 0\,. \end{aligned}\right\} \tag{13}$$

Für die erste dieser Bedingungen folgt aus (8d) und (11)

$$0 = -\frac{E_{1\max}}{2L} \cdot \frac{\sin\varphi_{2z}}{\sqrt{(\delta_2 - \delta_1)^2 + (\omega_2 - \omega_1)^2}} - J_{2f_{\max}} \cdot \sin\varphi_{2f}, \tag{13a}$$

während die zweite der Bedingungen (13) mit Berücksichtigung der oben gemachten Voraussetzungen kleiner Dämpfung und Resonanznähe die Form

$$0 = -\frac{E_{1\max}}{2L} \cdot \frac{\cos\varphi_{2z}}{\sqrt{(\delta_2 - \delta_1)^2 + (\omega_2 - \omega_1)^2}} - J_{2f_{\max}} \cdot \cos\varphi_{2f} \tag{13b}$$

annimmt. Aus (13a) und (13b) folgt sogleich

$$\varphi_{2f} = \varphi_{2z}\,; \qquad J_{2f_{\max}} = -\frac{E_{1\max}}{2L} \cdot \frac{1}{\sqrt{(\delta_2 - \delta_1)^2 + (\omega_2 - \omega_1)^2}} \tag{14}$$

und also

$$\left.\begin{aligned} J_2 &= J_{2z} + J_{2f} \\ &= \frac{E_{1\max}}{2L} \cdot \frac{1}{\sqrt{(\delta_2-\delta_1)^2 + (\omega_2-\omega_1)^2}} \cdot [e^{-\delta_1 t} \cdot \sin(\omega_1 t - \varphi_{2z}) - e^{-\delta_2 t} \cdot \sin(\omega_2 t - \varphi_{2z})]\,. \end{aligned}\right\} \tag{15}$$

Führt man statt der Eigenfrequenzen ω_1 und ω_2 Mittelfrequenz ω_m und Schwebungsfrequenz ω_d mittels

$$\omega_m = \frac{\omega_1 + \omega_2}{2}\,; \qquad \omega_d = \frac{\omega_2 - \omega_1}{2}$$

ein, so geht (15) in

$$\left.\begin{aligned} J_2 &= \frac{E_{1\,\mathrm{max}}}{2\,L}\,\frac{1}{\sqrt{(\delta_2-\delta_1)^2+\omega_d^2}}\cdot\sqrt{e^{-2\delta_1 t}+e^{-2\delta_2 t}-2e^{-(\delta_1+\delta_2)t}\cdot\cos 2\omega_d\cdot t}\cdot\sin(\omega_m t-\varphi_{2z}+\psi) \\ &= A\cdot\sin(\omega_m t-\varphi_{2z}+\psi)\,; \qquad \operatorname{tg}\psi=\operatorname{tg}(\omega_d t)\,\frac{e^{-\delta_1 t}+e^{-\delta_2 t}}{e^{-\delta_1 t}-e^{-\delta_2 t}} \end{aligned}\right\} \quad (15\mathrm{a})$$

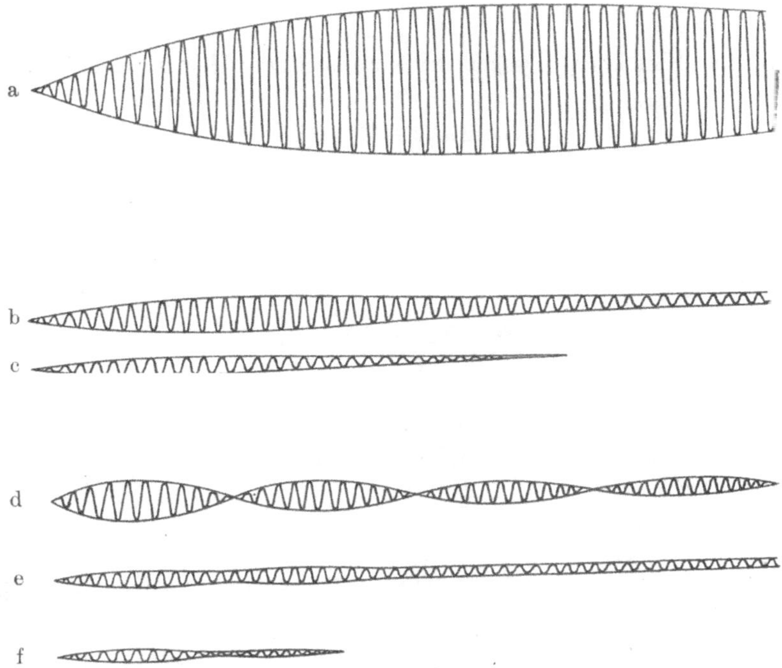

Abb. 278. Zeitlicher Verlauf des Sekundärstromes bei extrem loser Kopplung.
a $\omega_1 = \omega_2$; $\delta_1 = \delta_2$ klein. b $\omega_1 = \omega_2$; $\delta_1 \neq \delta_2$. c $\omega_1 = \omega_2$; $\delta_1 = \delta_2$ groß.
d $\omega_1 \neq \omega_2$; $\delta_1 = \delta_2$ klein. e $\omega_1 \neq \omega_2$; $\delta_1 \neq \delta_2$. f $\omega_1 \neq \omega_2$; $\delta_1 = \delta_2$ groß.

über, wo die Funktion A die Amplitude des Schwingungsstromes der Mittelfrequenz mißt. Zur Veranschaulichung des Stromverlaufes genügt die Aufzeichnung der „Amplitudenkurve" $A(t)$; dies ist in Abb. 278 für verschiedene Fälle geschehen[1]).

Besonderes Interesse besitzt der Effektivwert des Stromes

$$J_{2\,\mathrm{eff}}^2 = \int_0^\infty J_2^2\,dt\,, \qquad (16)$$

[1]) Nach Bjerknes: Ann. d. Phys. Bd. 55, S. 121. 1895.

wofür nach leichter trigonometrischer Umformung aus (15)

$$\left.\begin{aligned} J_{2\,\mathrm{eff}}^2 = \frac{E_{1\,\max}^2}{4L^2}\cdot\frac{1}{(\delta_2-\delta_1)^2+(\omega_2-\omega_1)^2}\cdot\int_0^\infty\Big[e^{-2\delta_1 t}\cdot\frac{1-\cos(2\,\omega_1 t-2\,\varphi_{2z})}{2} \\ + e^{-(\delta_1+\delta_2)t}\big\{\cos\{\omega_1 t+\omega_2 t-2\,\varphi_{2z}\}-\cos\{\omega_1 t-\omega_2 t\}\big\} \\ + e^{-2\delta_2 t}\cdot\frac{1-\cos(2\,\omega_2 t-2\,\varphi_{2z})}{2}\Big]\,dt \end{aligned}\right\} \quad (16\,\mathrm{a})$$

entsteht. Hier können wegen der Voraussetzung kleiner Dämpfung die Anteile

$$\int_0^\infty e^{-2\delta_1 t}\cdot\frac{\cos(2\,\omega_1 t-2\,\varphi_{2z})}{2}\,dt\,;$$

$$\int_0^\infty e^{-(\delta_1+\delta_2)t}\cdot\cos\{\omega_1 t+\omega_2 t-2\,\varphi_{2z}\}\,dt\,;$$

$$\int_0^\infty e^{-2\delta_2 t}\cdot\frac{\cos(2\,\omega_2 t-2\,\varphi_{2z})}{2}\,dt\,,$$

deren Integranden wesentlich symmetrisch um Null schwankende Funktionen sind, gegen die anderen Anteile vernachlässigt werden. Es wird daher

$$\left.\begin{aligned} J_{2\,\mathrm{eff}}^2 & \\ \cong & \frac{E_{1\,\max}^2}{4L^2}\cdot\frac{1}{(\delta_2-\delta_1)^2+(\omega_2-\omega_1)^2}\int_0^\infty\Big[\frac{e^{-2\delta_1 t}}{2}-e^{-(\delta_1+\delta_2)t}\cdot\cos\{\omega_1 t-\omega_2 t\}+\frac{e^{-2\delta_2 t}}{2}\Big]dt \\ = & \frac{E_{1\,\max}^2}{4L^2}\cdot\frac{1}{(\delta_2-\delta_1)^2+(\omega_2-\omega_1)^2}\cdot\Big[\frac{1}{4\,\delta_1}-\frac{\delta_1+\delta_2}{(\delta_1+\delta_2)^2+(\omega_2-\omega_1)^2}+\frac{1}{4\,\delta_2}\Big] \\ = & \frac{E_{1\,\max}^2}{16\,L^2}\cdot\frac{\delta_1+\delta_2}{\delta_1\cdot\delta_2}\cdot\frac{1}{(\delta_1+\delta_2)^2+(\omega_2-\omega_1)^2}\quad\text{(Formel von Bjerknes).} \end{aligned}\right\} \quad (16\,\mathrm{b})$$

Indem diese Gleichung die Berechnung des effektiven Sekundärstromes für jede vorgelegte „Verstimmung" $\omega_2-\omega_1$ gestattet, liefert sie die Theorie der Resonanzkurven für gedämpfte Erregung. Insbesondere ergibt sich der Resonanzstrom

$$J_{2r_{\mathrm{eff}}}^2 \equiv J_{2\,\mathrm{eff}\,(\omega_2=\omega_1)}^2 = \frac{E_{1\,\max}^2}{16\,L^2}\,\frac{\delta_1+\delta_2}{\delta_1\cdot\delta_2}\cdot\frac{1}{(\delta_1+\delta_2)^2} = \frac{E_{1\,\max}^2}{16\,L^2}\cdot\frac{1}{\delta_1\cdot\delta_2}\cdot\frac{1}{\delta_1+\delta_2} \quad (16\,\mathrm{c})$$

und daher das Verhältnis des effektiven Stromes bei beliebiger Verstimmung zum Resonanzstrom

$$\frac{J_{2\,\mathrm{eff}}^2}{J_{2r_{\mathrm{eff}}}^2} = \frac{(\delta_1+\delta_2)^2}{(\delta_1+\delta_2)^2+(\omega_2-\omega_1)^2}\,. \quad (17)$$

Löst man diese Gleichung nach $(\delta_1 + \delta_2)$ auf, so entsteht

$$\delta_1 + \delta_2 = (\omega_1 - \omega_2) \cdot \sqrt{\frac{J_{2\,\mathrm{eff}}^2}{J_{2\,r_{\mathrm{eff}}}^2 - J_{2\,\mathrm{eff}}^2}}\,. \tag{17a}$$

Diese einfache Beziehung liefert also aus der Resonanzkurve die Dämpfung und bildet daher eine der wichtigsten Grundlagen der Hochfrequenzmeßtechnik. Insbesondere ergibt sich für $\delta_1 = 0$ (Anfachung im Primärkreise) nach Gl. (17a) unmittelbar der Wert der Sekundärdämpfung.

In den vorangegangenen Ableitungen ist der Fall

$$R_2 + L_2 \cdot \alpha_1 + \frac{1}{C_2\,\alpha_1} = 0$$

also der vollständigen Gleichheit des Primär- und Sekundärkreises ausgeschlossen; in der Tat wird mit $\omega_1 = \omega_2$ und $\delta_1 = \delta_2$ Gl. (15) völlig unbestimmt. Um den hier gültigen Ausdruck zu finden, setzen wir zunächst $\omega_1 = \omega_2$, aber $\delta_1 \neq \delta_2$ und erhalten aus (15)

$$\begin{aligned} J_2 &= \frac{E_{1\,\max}}{2\,L} \cdot \sin(\omega_1 t - \varphi_{2z}) \cdot \frac{e^{-\delta_1 t} - e^{-\delta_2 t}}{\delta_2 - \delta_1} \\ &= \frac{E_{1\,\max}}{2\,L} \cdot e^{-\delta_1 t} \cdot \sin(\omega_1 t - \varphi_{2z}) \cdot \frac{1 - e^{-(\delta_2 - \delta_1)t}}{\delta_2 - \delta_1}\,. \end{aligned}$$

Gehen wir jetzt zur Grenze $\delta_2 \to \delta_1$ über, so entsteht

$$J_2 = \frac{E_{1\,\max}}{2\,L} \cdot e^{-\delta_1 t} \cdot t \cdot \sin(\omega_1 t - \varphi_{2z})\,. \tag{18}$$

Der Verlauf des Stromes ist in diesem Sonderfall also durch ein von (15) völlig abweichendes Gesetz gegeben; die Amplitudenkurve ist in Abb. 278a dargestellt. Der Effektivwert folgt aus

$$J_{2\,\mathrm{eff}}^2 = \frac{E_{1\,\max}^2}{4\,L^2} \cdot \int_0^\infty e^{-2\delta_1 t} \cdot t^2 \cdot \frac{1 - \cos 2(\omega_1 t - \varphi_{2z})}{2}\,dt$$

und, wenn wie oben der zweite Bestandteil vernachlässigt wird,

$$J_{2\,\mathrm{eff}}^2 = \frac{E_{1\,\max}^2}{4\,L^2} \int_0^\infty \frac{e^{-2\delta_1 t} \cdot (2\,\delta_1 t)^2 \cdot d(2\,\delta_1 t)}{8\,\delta_1^3 \cdot 2}\,dt = \frac{E_{1\,\max}^2}{4\,L^2} \cdot \frac{1}{8\,\delta_1^3}$$

in Übereinstimmung mit dem aus (16b) folgenden Ausdruck.

b) Feste Kopplung.

194. Definition der festen Kopplung. Die Kopplung zweier Schwingungskreise wird als fest bezeichnet, wenn durch die Rückwirkung des Sekundärkreises auf den Primärkreis der Stromablauf in diesem merklich beeinflußt wird. Die feste Kopplung ist daher analytisch durch das simultane System

$$J_1 R_1 + L_1 \frac{dJ_1}{dt} + \frac{1}{C_1}\int J_1\, dt = -L_{12}\frac{dJ_2}{dt}, \tag{5}$$

$$J_2 R_2 + L_2 \frac{dJ_2}{dt} + \frac{1}{C_2}\int J_2\, dt = -L_{12}\frac{dJ_1}{dt} \tag{6}$$

definiert. Wir versuchen den simultanen Lösungsansatz

$$\left.\begin{aligned} J_1 &= \Re e\,(\overline{J}_1 \cdot e^{\alpha t}),\\ J_2 &= \Re e\,(\overline{J}_2 \cdot e^{\alpha t}) \end{aligned}\right\} \tag{19}$$

mit gleicher komplexer Kreisfrequenz für beide Ströme. Durch Einsetzen folgt

$$\left.\begin{aligned} \overline{J}_1\left(R_1 + L_1\alpha + \frac{1}{C_1\alpha}\right)\cdot e^{\alpha t} &= -L_{12}\alpha\,\overline{J}_2\cdot e^{\alpha t},\\ \overline{J}_2\left(R_2 + L_2\alpha + \frac{1}{C_2\alpha}\right)\cdot e^{\alpha t} &= -L_{12}\alpha\,\overline{J}_1\cdot e^{\alpha t} \end{aligned}\right\} \tag{20}$$

oder nach Wegkürzen des gemeinsamen Faktors $e^{\alpha t}$ und Umstellung

$$\left.\begin{aligned} \overline{J}_1\left(R_1 + L_1\alpha + \frac{1}{C_1\alpha}\right) + \overline{J}_2 L_{12}\cdot\alpha &= 0,\\ \overline{J}_1 \cdot L_{12}\alpha + \overline{J}_2\left(R_2 + L_2\alpha + \frac{1}{C_2\alpha}\right) &= 0. \end{aligned}\right\} \tag{20a}$$

Offenbar erhält man hieraus nur dann endliche Werte für $\overline{J}_1$ und $\overline{J}_2$, wenn man die aus (20a) folgenden Stromverhältnisse

$$\left.\begin{aligned} \frac{\overline{J}_1}{\overline{J}_2} &= -\frac{L_{12}\alpha}{R_1 + L_1\alpha + \frac{1}{C_1\alpha}},\\ \frac{\overline{J}_1}{\overline{J}_2} &= -\frac{R_2 + L_2\alpha + \frac{1}{C_2\alpha}}{L_{12}\alpha} \end{aligned}\right\} \tag{20b}$$

einander gleichsetzt. So erhält man

$$\frac{L_{12}\alpha}{R_1 + L_1\alpha + \frac{1}{C_1\alpha}} = \frac{R_2 + L_2\alpha + \frac{1}{C_2\alpha}}{L_{12}\alpha}, \tag{21}$$

wodurch der in (19) eingehende Exponent α bestimmt ist. Durch Erweitern mit α und Ausmultiplikation nimmt (21) die Form

$$\left.\begin{aligned} \alpha^4\cdot L_{12}^2 = L_1 L_2\alpha^4 + (R_1 L_2 + R_2 L_1)\,\alpha^3 + \left(\frac{R_1}{C_2} + \frac{R_2}{C_1}\right)\alpha\\ + \left(\frac{L_1}{C_2} + \frac{L_2}{C_1} + R_1 R_2\right)\alpha^2 + \frac{1}{C_1 C_2} \end{aligned}\right\} \tag{21a}$$

an, welcher nach Ordnung der Glieder und Division mit $L_1 L_2$ in

$$\left.\begin{aligned}&\alpha^4\left(1-\frac{L_{12}^2}{L_1 L_2}\right)+\alpha^3\left(\frac{R_1}{L_1}+\frac{R_2}{L_2}\right)+\alpha^2\left(\frac{1}{L_2 C_2}+\frac{1}{L_1 C_1}+\frac{R_1}{L_1}\frac{R_2}{L_2}\right)\\&\qquad+\alpha\left(\frac{R_1}{L_1}\frac{1}{L_2 C_2}+\frac{R_2}{L_2}\frac{1}{L_1 C_1}\right)+\frac{1}{L_1 C_1\cdot L_2 C_2}=0\end{aligned}\right\}\tag{21b}$$

übergeht.

Hier ist

$$\frac{L_{12}}{\sqrt{L_1\cdot L_2}}=k$$

der in Nr. 43 eingeführte Kopplungskoeffizient,

$$1-\frac{L_{12}^2}{L_1 L_2}=1-k^2=\sigma$$

der Streukoeffizient der Spulen L_1 und L_2. Substituieren wir ferner die Eigendämpfungen der ungekoppelten Kreise

$$\delta_1=\frac{R_1}{2L_1};\qquad \delta_2=\frac{R_2}{2L_2}$$

und die Eigenfrequenzen der ungekoppelten, dämpfungsfrei gedachten Kreise

$$\omega_1^2=\frac{1}{L_1 C_1};\qquad \omega_2^2=\frac{1}{L_2 C_2},$$

so nimmt (21b) die „Normalform" an

$$\alpha^4\cdot\sigma+2\alpha^3(\delta_1+\delta_2)+\alpha^2(\omega_2^2+\omega_1^2+4\delta_1\delta_2)+2\alpha(\delta_1\cdot\omega_2^2+\delta_2\cdot\omega_1^2)+\omega_1^2\cdot\omega_2^2=0\,.\tag{21c}$$

Wir beschränken die Diskussion der Gl. (21c) auf den praktisch fast allein wichtigen Fall, daß die Widerstände sehr klein sind.

195. Die Koppelfrequenzen. Indem wir die mit Widerständen behafteten Glieder zunächst streichen, erhalten wir aus (21c)

$$\alpha^4\cdot\sigma+\alpha^2(\omega_1^2+\omega_2^2)+\omega_1^2\cdot\omega_2^2=0\,.\tag{22}$$

Diese biquadratische Gleichung läßt sich sofort lösen

$$\alpha_{1,2}^2=-\frac{\omega_1^2+\omega_2^2}{2\cdot\sigma}\pm\frac{\sqrt{(\omega_1^2+\omega_2^2)^2-4\,\sigma\cdot\omega_1^2\,\omega_2^2}}{2\,\sigma}\,.\tag{23}$$

Da der Betrag der Wurzel stets kleiner ist als der des vorhergehenden Gliedes, werden beide α^2-Werte negativ, daher die α-Werte selbst konjugiert imaginär. Im Zusammenhang mit dem Ansatz (19) ergibt sich die Bedeutung dieses Ergebnisses: Es entstehen Schwingungen, deren Kreisfrequenzen Ω_1 und Ω_2 den imaginären α-Werten gleichen:

$$\Omega_{1,2}=\pm\sqrt{\frac{\omega_1^2+\omega_2^2}{2\,\sigma}\mp\frac{\sqrt{(\omega_1^2+\omega_2^2)^2-4\,\sigma\,\omega_1^2\,\omega_2^2}}{2\,\sigma}}\,.\tag{23a}$$

Für die Rechnung ist es vorteilhaft, die entstehenden „Koppelfrequenzen“ auf die Eigenfrequenz eines Kreises, beispielsweise des primären Kreises, zu beziehen. So erlangt man

$$O_{1,2} \equiv \frac{\Omega_{1,2}}{\omega_1} = \sqrt{\frac{1+\left(\frac{\omega_2}{\omega_1}\right)^2}{2\,\sigma} \mp \frac{\sqrt{\left(1+\left(\frac{\omega_2}{\omega_1}\right)^2\right)^2 - 4\,\sigma\left(\frac{\omega_2}{\omega_1}\right)^2}}{2\,\sigma}}\,. \qquad (23\,\mathrm{b})$$

Das hier eingehende Verhältnis der Frequenzquadrate

$$x^2 = \left(\frac{\omega_2}{\omega_1}\right)^2 \qquad (24)$$

kann als Maß der Verstimmung des Kreises 2 gegen Kreis 1 gedeutet werden. Mit Einführung der Verstimmung schreibt sich (23b)

$$O_{1,2} = \sqrt{\frac{1+x^2}{2\,\sigma} \mp \frac{\sqrt{(1+x^2)^2 - 4\,\sigma\,x^2}}{2\,\sigma}}\,. \qquad (23\,\mathrm{c})$$

In Abb. 279 ist O als Funktion der Verstimmung für verschiedene Werte von σ dargestellt. Besonders bemerkenswert ist der Wert der Koppelfrequenzen für den Fall der Abstimmung zwischen beiden Kreisen, also $x^2 = 1$. Hier wird nach (23c)

$$O_{1,2} = \sqrt{\frac{1+1}{2\,\sigma} \mp \frac{\sqrt{2^2 - 4\,\sigma}}{2\,\sigma}} = \sqrt{\frac{1}{\sigma} \mp \frac{\sqrt{1-\sigma}}{\sigma}}$$

und nach Ersatz des Streukoeffizienten durch den Kopplungskoeffizienten

$$O_{1,2} = \sqrt{\frac{1}{1-k^2} \mp \frac{k}{1-k^2}}\,,$$

also

$$O_1 = \frac{1}{\sqrt{1+k}}\,; \qquad O_2 = \frac{1}{\sqrt{1-k}}\,. \qquad (23\,\mathrm{d})$$

Die Koppelfrequenzen werden also sogar bei genauer Abstimmung beider Kreise in eine „langsame“ Koppelfrequenz O_1 und eine „schnelle“ Koppelfrequenz O_2 aufgespalten.

Aus Gl. (23d) ergibt sich durch Quadrierung

$$1 + k = \frac{1}{O_1^2}\,; \qquad 1 - k = \frac{1}{O_2^2}\,,$$

also durch Subtraktion

$$2\,k = \frac{1}{O_1^2} - \frac{1}{O_2^2}\,. \qquad (23\,\mathrm{e})$$

Hiernach kann man aus der Kenntnis der Koppelfrequenzen bei Resonanzabstimmung den Kopplungskoeffizienten bestimmen.

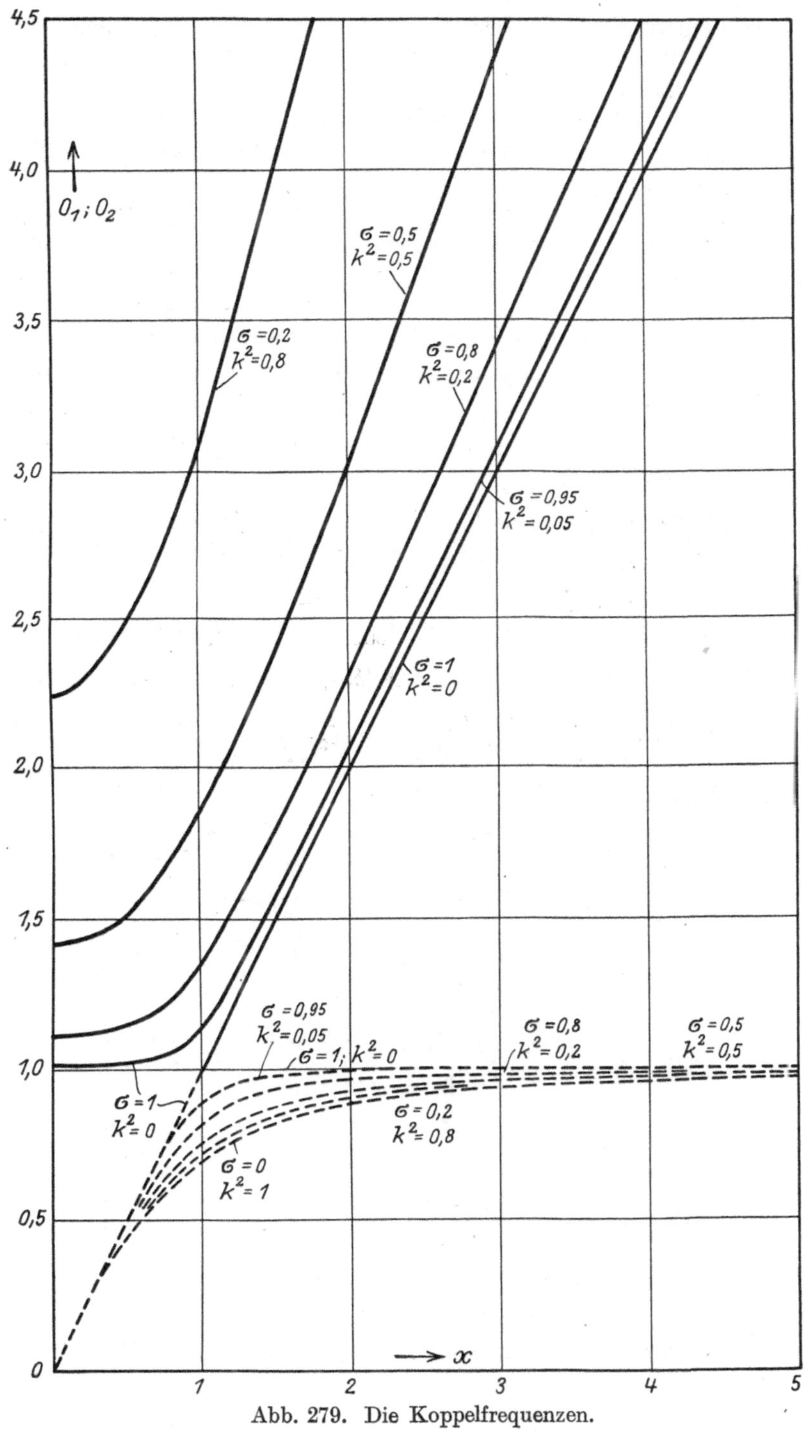

Abb. 279. Die Koppelfrequenzen.

Diese Folgerung aus der Theorie wird meßtechnisch zur experimentellen Bestimmung des Kopplungskoeffizienten zweier induktiv gekoppelter Kreise benutzt.

Für beliebig gekoppelte Kreise hält man die Beziehung (73) aufrecht und kommt so zu einer allgemein gültigen Definition des Kopplungskoeffizienten.

196. Die Koppeldämpfungen. Indem bisher die Widerstände vernachlässigt wurden, erhielten wir ungedämpfte Schwingungen. Der Einfluß der Widerstände muß sich in einer Dämpfung zeigen, welche der in den Widerständen umgesetzten Wärmeleistung entspricht.

Entsprechend dem allgemeinen Ansatz (19) setzen wir daher

$$\alpha = -\Delta + j\,\Omega \tag{19a}$$

und erhalten aus (21c), indem alle Glieder höherer als erster Potenz der Produkte Δ und δ wegen der Voraussetzung kleiner Widerstände gestrichen werden dürfen,

$$\left.\begin{aligned} &(j\,\Omega)^4\cdot\sigma + (j\,\Omega)^2\,(\omega_2^2+\omega_1^2) + \omega_1^2\cdot\omega_2^2 - 4\,(j\,\Omega)^3\cdot\Delta\cdot\sigma \\ &\quad + 2\,(j\,\Omega)^3\,(\delta_1+\delta_2) + 2\,(j\,\Omega)\,(-\Delta)\,(\omega^2+\omega_1^2) \\ &\quad + 2\,(j\,\Omega)\,(\delta_1\cdot\omega_2^2+\delta_2\cdot\omega_1^2) = 0\,. \end{aligned}\right\} \tag{25}$$

Hier verschwinden die ersten drei Glieder wegen (22). Daher erhalten wir

$$\Delta\,[4\,\Omega^3\cdot\sigma - 2\,\Omega\,(\omega_2^2+\omega_1^2)] = 2\,\Omega^3\,(\delta_1+\delta_2) - 2\,\Omega\,(\delta_1\cdot\omega_2^2+\delta_2\,\omega_1^2)$$

oder

$$\Delta = \delta_1\,\frac{\Omega^2-\omega_2^2}{2\,\Omega^2\,\sigma-(\omega_2^2+\omega_1^2)} + \delta_2\,\frac{\Omega^2-\omega_1^2}{2\,\Omega^2\,\sigma-(\omega_2^2+\omega_1^2)} \tag{25a}$$

und durch Division mit ω_1^2

$$\Delta = \delta_1\cdot\frac{O^2-x^2}{2\,O^2\,\sigma-(1+x^2)} + \delta_2\,\frac{O^2-1}{2\,O^2\cdot\sigma-(1+x^2)}\,. \tag{25b}$$

Durch Einsetzen von (23c) findet man schließlich

$$\left.\begin{aligned} \Delta &= \delta_1\cdot\frac{1}{2\,\sigma}\left[\frac{(1+x^2)\mp\sqrt{(1+x^2)^2-4\,\sigma\,x^2}-2\,\sigma\,x^2}{\mp\sqrt{(1+x^2)^2-4\,\sigma\,x^2}}\right] \\ &\quad + \delta_2\cdot\frac{1}{2\,\sigma}\left[\frac{(1+x^2)\mp\sqrt{(1+x^2)^2-4\,\sigma\,x^2}-2\,\sigma}{\mp\sqrt{(1+x^2)^2-4\,\sigma\,x^2}}\right] \\ &= \delta_1\cdot\frac{1}{2\,\sigma}\left[1\mp\frac{(1+x^2)-2\,\sigma\,x^2}{\sqrt{(1+x^2)^2-4\,\sigma\,x^2}}\right] \\ &\quad + \delta_2\cdot\frac{1}{2\,\sigma}\left[1\mp\frac{(1+x^2)-2\,\sigma}{\sqrt{(1+x^2)^2-4\,\sigma\,x^2}}\right]. \end{aligned}\right\} \tag{25c}$$

In dieser Gleichung gilt das obere Vorzeichen entsprechend Gl. (23c) für die langsamere, das untere Vorzeichen für die schnellere Koppelfrequenz. Demnach ist die raschere Frequenz stärker gedämpft.

a

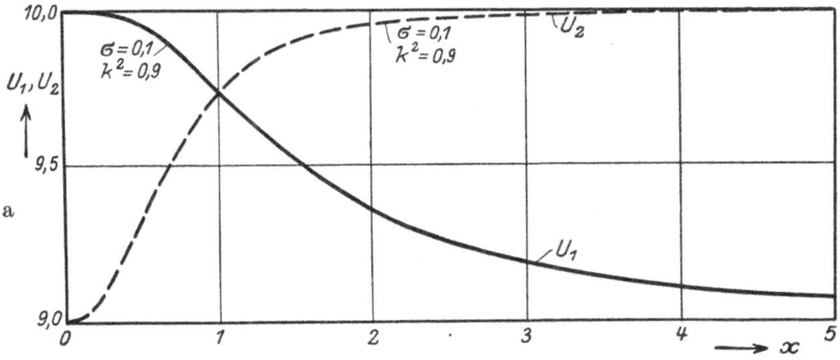

b

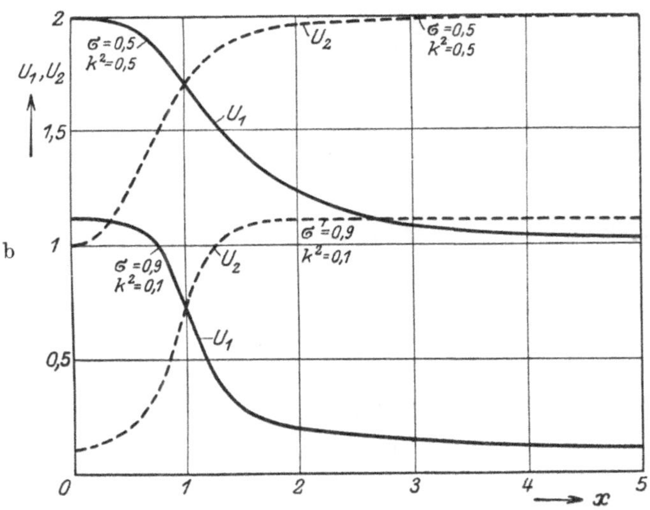

Abb. 280. Dämpfungsgewichte der raschen Koppelschwingung.

Rogowski gibt Gl. (25b) die Deutung:

Die „ungekoppelten" Dämpfungen δ_1 und δ_2 erscheinen nach der Kopplung mit den „Gewichten" u_1, u_2, U_1, U_2 belastet, derart, daß für die langsame Koppelschwingung

$$\varDelta_1 = \delta_1 u_1 + \delta_2 u_2 ,$$

für die raschere dagegen

$$\varDelta_2 = \delta_1 U_1 + \delta_2 U_2 , \tag{25d}$$

gilt, wo die Funktionen u_1, u_2, U_1, U_2 aus (25c) zu entnehmen sind.

In Abb. 280a, 280b, 281 sind die Dämpfungsgewichte nach den Berechnungen Rogowskis gezeichnet.

Mit Hilfe der beiden Koppelfrequenzen Ω_1 und Ω_2 sowie der Koppeldämpfungen Δ_1 und Δ_2 ergibt sich der Verlauf des Stromes J_1 durch Hinzufügung einer komplexen Integrationskonstanten

$$J_1 = \Re e\left(\bar{J}_1^{(1)} \cdot e^{(-\Delta_1 + j\Omega_1)t} + \bar{J}_1^{(2)} \cdot e^{(-\Delta_2 + j\Omega_2)t}\right) \tag{26}$$

und

$$J_2 = \Re e\left(\bar{J}_2^{(1)} \cdot e^{(-\Delta_1 + j\Omega_1)t} + \bar{J}_2^{(2)} \cdot e^{(-\Delta_2 + j\Omega_2)t}\right), \tag{27}$$

wo die Konstanten des primären Stromes und des sekundären Stromes durch die Beziehung (20b) verknüpft sind.

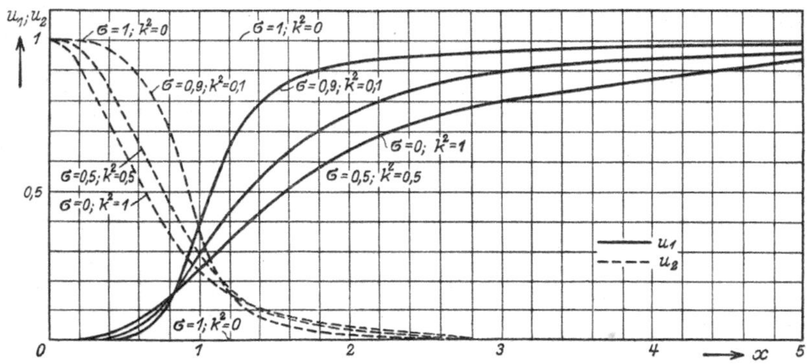

Abb. 281. Dämpfungsgewichte der langsamen Koppelschwingung.

$$\left.\begin{aligned} \bar{J}_2^{(1)} &= -\bar{J}_1^{(1)} \frac{L_{12}\alpha_1}{R_2 + L_2\alpha_1 + \dfrac{1}{C_2\alpha_1}} \\ &= -\bar{J}_1^{(1)} \frac{L_{12}(-\Delta_1 + j\Omega_1)}{R_2 + L_2(-\Delta_1 + j\Omega_1) + \dfrac{1}{C_2(-\Delta_1 + j\Omega_1)}}, \end{aligned}\right\} \tag{28}$$

$$\left.\begin{aligned} \bar{J}_2^{(2)} &= -\bar{J}_1^{(2)} \frac{L_{12}\alpha_2}{R_2 + L_2\alpha_2 + \dfrac{1}{C_2\alpha_2}} \\ &= -\bar{J}_1^{(2)} \frac{L_{12}(-\Delta_2 + j\Omega_2)}{R_2 + L_2(-\Delta_2 + j\Omega_2) + \dfrac{1}{C_2(-\Delta_2 + j\Omega_2)}}. \end{aligned}\right\} \tag{29}$$

Es sind also insgesamt zwei komplexe Konstanten zu bestimmen, wozu vier Angaben erforderlich sind. Indem wir diese auf den Anfangszustand des Systems beziehen, verknüpfen wir die resultierende Schwingungsform mit der Art der Schwingungserregung.

197. Erregung durch Kondensatoraufladung. Wir knüpfen an die in Nr. 189 beschriebene Schaltung an und setzen voraus: Zur Zeit $t = 0$

sind Primär- und Sekundärsystem stromlos. Die Erregung der Schwingungen erfolgt durch Aufladung des Primärkondensators mit der Spannung E, der Sekundärkondensator ist ungeladen. Somit gilt

$$t = 0 \left\{ \begin{aligned} E_{c_1} &= E\,, \\ J_1 &= 0\,, \\ E_{c_2} &= 0\,, \\ J_2 &= 0\,. \end{aligned} \right\} \tag{30}$$

Die Ausrechnung der Integrationskonstanten für den allgemeinsten Fall führt zu weitläufigen und unübersichtlichen Rechnungen. Wir beschränken uns daher auf den Fall kleiner Dämpfungen und behandeln die Aufgabe unter der Voraussetzung, daß beide Systeme in Resonanz sind. Hierfür vereinfachen sich die Gl. (28, 29) in

$$\left.\begin{aligned} \bar{J}_2^{(1)} &= -\bar{J}_1^{(1)} \cdot \frac{L_{12} \cdot j\,\Omega_1}{L_2 \cdot j\,\Omega_1 + \dfrac{1}{C_2\, j\,\Omega_1}} = -\bar{J}_1 \cdot \frac{L_{12}}{L_2} \cdot \frac{1}{1 - \dfrac{\omega_2^2}{\Omega_1^2}} = +\bar{J}_1^{(1)} \cdot \frac{L_{12}}{L_2} \cdot \frac{1}{k}\,, \\ \bar{J}_2^{(2)} &= -\bar{J}_1^{(2)} \cdot \frac{L_{12} \cdot j\,\Omega_2}{L_2 \cdot j\,\Omega_2 + \dfrac{1}{C_2\, j\,\Omega_2}} = -\bar{J}_1 \cdot \frac{L_{12}}{L_2} \cdot \frac{1}{1 - \dfrac{\omega_2^2}{\Omega_2^2}} = -\bar{J}_1^{(2)} \cdot \frac{L_{12}}{L_2} \cdot \frac{1}{k}\,. \end{aligned}\right\} \tag{31}$$

Setzen wir nun

$$\bar{J}_1^{(1)} = J_{1\,\max}^{(1)} \cdot e^{j\,\psi_1^{(1)}}; \qquad \bar{J}_1^{(2)} = J_{1\,\max}^{(2)} \cdot e^{j\,\psi_1^{(2)}}, \tag{32}$$

so wird aus (30)

$$J_{1\,\max}^{(1)} \cdot \cos\psi_1^{(1)} + J_{1\,\max}^{(2)} \cdot \cos\psi_1^{(2)} = 0 \tag{30a}$$

und

$$J_{1\,\max}^{(1)} \cdot \cos\psi_1^{(1)} \cdot \frac{L_{12}}{L_2} \cdot \frac{1}{k} - J_{1\,\max}^{(2)} \cdot \cos\psi_1^{(2)} \cdot \frac{L_{12}}{L_2} \cdot \frac{1}{k} = 0\,, \tag{30b}$$

woher sogleich folgt

$$\cos\psi_1^{(1)} = 0; \quad \cos\psi_1^{(2)} = 0; \quad \psi_1^{(1)} = \frac{\pi}{2}; \quad \psi_1^{(2)} = \frac{\pi}{2}\,. \tag{33}$$

Die Ströme folgen daher den Gesetzen

$$\left.\begin{aligned} J_1 &= J_{1\,\max}^{(1)} \cdot e^{-\Delta_1 t} \cdot \sin\Omega_1 t + J_{1\,\max}^{(2)} \cdot e^{-\Delta_2 t} \cdot \sin\Omega_2 t\,, \\ J_2 &= J_{1\,\max}^{(1)} \cdot \frac{L_{12}}{L_2} \cdot \frac{1}{k} \cdot e^{-\Delta_1 t} \cdot \sin\Omega_1 t - J_{1\,\max}^{(2)} \cdot \frac{L_{12}}{L_2} \cdot \frac{1}{k} \cdot e^{-\Delta_2 t} \cdot \sin\Omega_2 t\,. \end{aligned}\right\} \tag{34}$$

Unter Vernachlässigung des Dämpfungseinflusses ergeben sich hieraus die Kondensatorspannungen

$$\left.\begin{aligned} E_{c_1} &= +\frac{1}{C_1}\left[J_{1\,\max}^{(1)}\,\frac{e^{-\Delta_1 t} \cdot \cos\Omega_1 t}{\Omega_1} + J_{1\,\max}^{(2)} \cdot \frac{e^{-\Delta_2 t} \cdot \cos\Omega_2 t}{\Omega_2}\right], \\ E_{c_2} &= +\frac{1}{C_2}\left[J_{1\,\max}^{(1)} \cdot \frac{L_{12}}{L_2} \cdot \frac{1}{k}\,\frac{e^{-\Delta_1 t} \cdot \cos\Omega_1 t}{\Omega_1}\right. \\ &\qquad \left. - J_{1\,\max}^{(2)} \cdot \frac{L_{12}}{L_2} \cdot \frac{1}{k} \cdot \frac{e^{-\Delta_2 t} \cdot \cos\Omega_2 t}{\Omega_2}\right]. \end{aligned}\right\} \tag{35}$$

Durch Verbindung mit (30) gewinnen wir die Bedingungsgleichungen

$$+\frac{1}{C_1}\cdot\left[J^{(1)}_{1\max}\cdot\frac{1}{\Omega_1}+J^{(2)}_{1\max}\cdot\frac{1}{\Omega_2}\right]=E\,, \tag{30c}$$

$$\frac{1}{C_2}\cdot\left[J^{(1)}_{1\max}\cdot\frac{L_{12}}{L_2}\cdot\frac{1}{k}\frac{1}{\Omega_1}-J^{(2)}_{1\max}\cdot\frac{L_{12}}{L_2}\cdot\frac{1}{k}\cdot\frac{1}{\Omega_2}\right]=0\,, \tag{30d}$$

woher

$$J^{(1)}_{1\max}=2C_1E_1\Omega_1=2C_1E_1\omega_1\cdot\frac{1}{\sqrt{1+k}};\quad J^{(2)}_{1\max}=2C_1E_1\Omega_2=2C_1E_1\omega_1\cdot\frac{1}{\sqrt{1-k}}$$

resultieren. Durch Einsetzen in (34 und 35) erhalten wir den zeitlichen Verlauf der Ströme und Spannungen

$$\left.\begin{aligned}J_1&=C_1\cdot E_1\cdot\omega_1\cdot\frac{1}{2}\left[\frac{e^{-\Delta_1 t}\cdot\sin\frac{\omega_1}{\sqrt{1+k}}t}{\sqrt{1+k}}+\frac{e^{-\Delta_2 t}\cdot\sin\frac{\omega_1}{\sqrt{1-k}}\cdot t}{\sqrt{1-k}}\right],\\ J_2&=C_1\cdot E_1\cdot\omega_1\cdot\sqrt{\frac{L_1}{L_2}}\cdot\frac{1}{2}\left[\frac{e^{-\Delta_1 t}\cdot\sin\frac{\omega_1}{\sqrt{1+k}}t}{\sqrt{1+k}}-\frac{e^{-\Delta_2 t}\cdot\sin\frac{\omega_1}{\sqrt{1-k}}\cdot t}{\sqrt{1-k}}\right],\end{aligned}\right\} \tag{34a}$$

$$\left.\begin{aligned}E_{c_1}&=E_1\cdot\frac{1}{2}\cdot\left[e^{-\Delta_1 t}\cdot\cos\frac{\omega_1}{\sqrt{1+k}}\cdot t+e^{-\Delta_2 t}\cdot\cos\frac{\omega_1}{\sqrt{1-k}}\cdot t\right],\\ E_{c_2}&=E_1\cdot\sqrt{\frac{L_2}{L_1}}\cdot\frac{1}{2}\cdot\left[e^{-\Delta_1 t}\cdot\cos\frac{\omega_1}{\sqrt{1+k}}\cdot t-e^{-\Delta_2 t}\cdot\cos\frac{\omega_1}{\sqrt{1-k}}\cdot t\right].\end{aligned}\right\} \tag{35a}$$

Die Schwingungsvariabeln pulsieren also wesentlich mit der Mittelfrequenz

$$\omega_m=\left[\frac{\omega_1}{\sqrt{1+k}}+\frac{\omega_1}{\sqrt{1-k}}\right]\frac{1}{2}=\sim\omega_1\,, \tag{36}$$

wobei im Takte der Kreisfrequenz

$$\omega_d=\left[\frac{\omega_1}{\sqrt{1-k}}-\frac{\omega_1}{\sqrt{1+k}}\right]\frac{1}{2}=\sim\omega_1\frac{k}{2} \tag{37}$$

Schwebungen auftreten. Diese Verhältnisse werden durch Abb. 282 veranschaulicht. Wir erkennen, daß die Schwebungsamplituden von J_1 und E_{c_1} einerseits, die von J_2 und E_{c_2} andererseits miteinander in Phase sind. Dagegen sind Primär- und Sekundärschwebungsamplitude gegeneinander versetzt, derart, daß gleichzeitig mit dem Maximalwert einer Amplitude die andere verschwindet. Diese Erscheinung läßt sich energetisch deuten: Die elektrische Energie des Primärkondensators, dargestellt durch das Quadrat seiner Spannungsamplitude, setzt sich um in magnetische Energie des Primärsystems, magnetische Energie des Sekundärsystems und elektrische Energie des Sekundärsystems. In jedem Kreise findet dabei ein fortgesetztes Hin- und Herpendeln der Energie zwischen ihrer elektrischen und magnetischen Form statt, wobei einem Höchstwert der einen Energieform der Nullwert der anderen entspricht. Die Summe aus elektrischer und magnetischer Energie des Primärkreises ist im ersten Viertel der Schwebungsperiode in stetem Abnehmen begriffen, da die Kondensatorspannungs- und die Stromamplitude abnehmen. Gleichzeitig wächst die Summe aus elektrischer

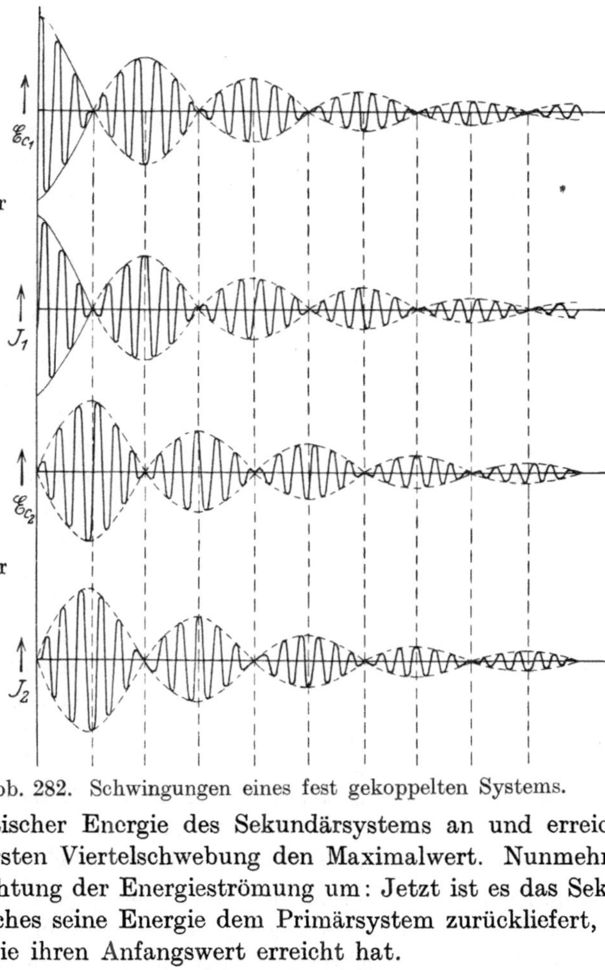

Abb. 282. Schwingungen eines fest gekoppelten Systems.

und magnetischer Energie des Sekundärsystems an und erreicht am Ende der ersten Viertelschwebung den Maximalwert. Nunmehr kehrt sich die Richtung der Energieströmung um: Jetzt ist es das Sekundärsystem, welches seine Energie dem Primärsystem zurückliefert, bis die Primärenergie ihren Anfangswert erreicht hat.

198. Funkenerregung fest gekoppelter Schwingungskreise. Bei dieser Erregungsart wird die primäre Strombahn durch eine Funkenstrecke F unterbrochen. An die Elektroden der Funkenstrecke wird eine Spannung angelegt, welche den Kondensator des Primärkreises aufladet. Nach Überschreitung der Grundspannung setzt der Schwingungsvorgang ein.

Eine Berücksichtigung der Funkencharakteristik in der Weise, wie sie in Nr. 128 durchgeführt wurde, ist wegen der verwickelten Erscheinungen undurchführbar. Wir gehen zu einer Näherung über, indem wir der „natürlichen" Dämpfung δ_1 ein exponentielles Glied als „Funkendämpfung" hinzufügen; gleichzeitig soll aber die wesentlichste Eigenschaft der Funkenbahn, ihre Löschfähigkeit, erhalten bleiben.

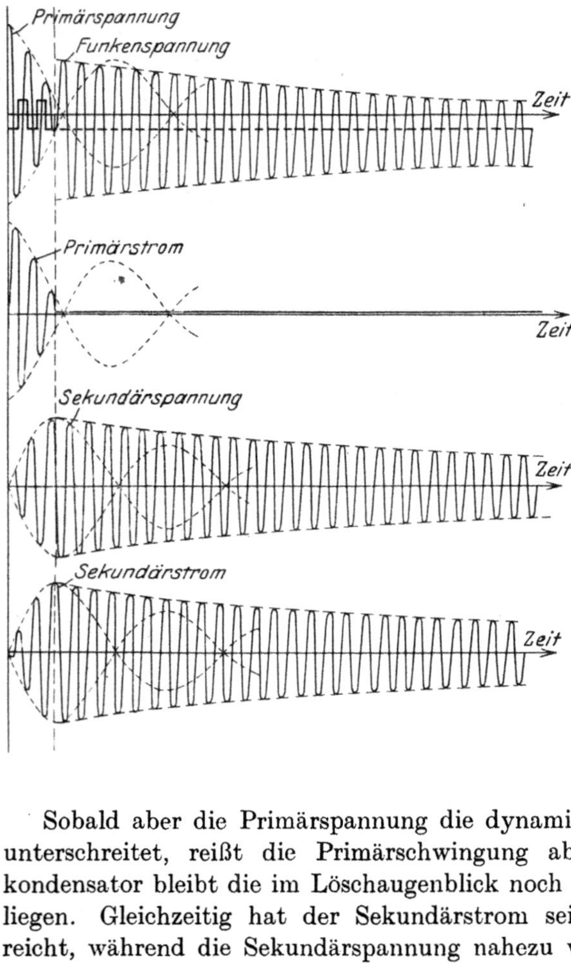

a

b

Solange der Funken besteht, können Ströme und Spannungen daher durch die im vorigen Abschnitt abgeleiteten Gesetze (34a, 35a) dargestellt werden. Insbesondere strömt auch hier zunächst die Energie auf den Sekundärkreis über, wobei die Amplituden von Primärstrom und Spannung über die Eigendämpfung hinaus weitgehend vermindert werden.

Sobald aber die Primärspannung die dynamische Funkenspannung unterschreitet, reißt die Primärschwingung ab. Auf dem Primärkondensator bleibt die im Löschaugenblick noch vorhandene Spannung liegen. Gleichzeitig hat der Sekundärstrom seinen Maximalwert erreicht, während die Sekundärspannung nahezu verschwindet.

In Abb. 283a ist der Verlauf der Ströme und Spannungen bis zum Löschaugenblick gezeichnet. Die Zeit, welche bis zum Verlöschen des Funkens vergeht, ist ersichtlich mindestens gleich der Dauer einer Viertelschwebung, vermindert um etwa $\frac{1}{4}$ Periode der Mittelfrequenz. Aus Gl. (37) folgt die Dauer einer Viertelschwebung zu

$$-T_1 \frac{1}{2}\omega_1\left[\frac{1}{\sqrt{1+k}}-\frac{1}{\sqrt{1-k}}\right]=\frac{\pi}{2}; \quad T_1=\frac{\pi}{\omega_1}\cdot\frac{\sqrt{1-k^2}}{\sqrt{1+k}-\sqrt{1-k}}, \tag{37a}$$

während die Schwingungsdauer der resultierenden Schwingung

$$T = \frac{2\pi}{\omega_1} \cdot \frac{2\sqrt{1-k^2}}{\sqrt{1+k}+\sqrt{1-k}} \tag{36a}$$

beträgt. Die zum Ablauf von z Halbschwingungen erforderliche Zeit ist also

$$T_2 = \frac{z \cdot 2\pi}{2\omega_1} \cdot \frac{2\sqrt{1-k^2}}{\sqrt{1+k}+\sqrt{1-k}}. \tag{36b}$$

Da das Löschen eine halbe Halbschwingungsdauer vor Ende der Viertelschwebung erfolgen soll, gilt

$$T_2 + \frac{1}{2} \cdot \frac{T}{2} = T_1,$$

woher durch Einsetzen

$$z = \frac{\sqrt{1-k}}{\sqrt{1+k}-\sqrt{1-k}} \tag{38}$$

entsteht. Diese Beziehung zwischen Kopplungskoeffizient und Zahl der Halbschwingungen bis zum ersten Nulldurchgang des Stromes ist in Abb. 284 dargestellt. Besonders bemerkenswert ist der Fall $k = 0{,}6$, welcher dem Frequenzverhältnis $\frac{\Omega_1}{\Omega_2} = \frac{1}{2}$ entspricht: Hier reißt die Primärschwingung schon nach einer einzigen Halbschwingung ab.

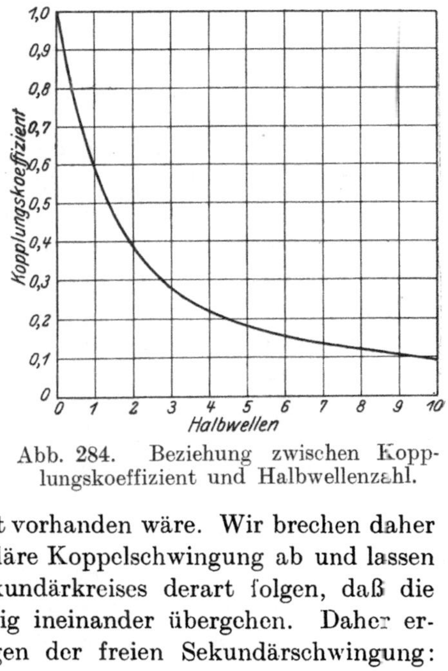

Abb. 284. Beziehung zwischen Kopplungskoeffizient und Halbwellenzahl.

Nachdem der Primärkreis durch das Löschen des Funkens unterbrochen worden ist, schwingt der Sekundärkreis so weiter, als ob der Primärkreis nicht vorhanden wäre. Wir brechen daher vor diesem Zeitpunkte die sekundäre Koppelschwingung ab und lassen ihr die freie Schwingung des Sekundärkreises derart folgen, daß die Strom- und Spannungswerte stetig ineinander übergehen. Daher erhalten wir als Anfangsbedingungen der freien Sekundärschwingung:

$$t = 0; \qquad J_2 = J_{2\,\max}; \qquad E_{c_2} = 0\,.$$

Diese Bedingung ist mit der in Nr. 127 eingeführten identisch, die Lösung kann daher von dort unternommen werden.

Das durch J_2 erzeugte schwingende Magnetfeld entwickelt mit denjenigen Induktionslinien, welche mit der Primärspule L_1 verkettet sind, längs dieser eine Umlaufsspannung. Diese überlagert sich, wie in Abb. 283a gezeichnet, der am Primärkondensator liegenden Gleichspannung.

Erreicht dann die gesamte Funkenspannung einen so hohen Betrag, daß die Funkenstrecke erneut durchschlagen wird, so beginnen auch im Primärkreise wieder Schwingungen, die Energie strömt vom Sekundärkreise auf den Primärkreis zurück, es bildet sich die oben beschriebene Schwebungserscheinung aus. Nun wiederholt sich die Strömung der Energie von Primärkreis in den Sekundärkreis, bis der Primärstrom durch abermalige Löschwirkung des Funkens zum Erliegen kommt. Dieses Hin- und Herschwingen der Energie dauert so lange an, als die primäre Funkenspannung erreicht werden kann. Sobald diese endgültig unterschritten ist, schwingt allein der Sekundärkreis in seiner Eigenschwingung aus.

Gelingt es durch Wahl von Löschfunkenstrecken (Nr. 113), die Rückzündung des Primärkreises zu verhindern, so erhält man den in Abb. 283 b gezeichneten Schwingungsverlauf: Nahezu die gesamte Primärkreisenergie wird auf den Sekundärkreis übertragen, um in der Eigenschwingung des Sekundärkreises zu verklingen. Diese Schwingungsform wird als Stoßerregung durch Löschfunken bezeichnet (Nr. 163). Sie bildet eine der wichtigsten Methoden zur Erzeugung schwach gedämpfter Schwingungen großer Intensität.

199. Aufgabe der Anfachung in gekoppelten Systemen. Im einfachen Schwingungskreise bewirkt die Anfachung durch Ausgleich der in Widerstandswärme umgesetzten Leistung Schwingungen gleichbleibender Amplitude. Demgegenüber fällt ihr in gekoppelten Schwingungskreisen die Doppelaufgabe zu, sowohl den Wärmeverlust des angefachten Kreises zu decken, als auch das Leistungsäquivalent des Energiestromes zu liefern, welcher dem angefachten System vermöge der Kopplung fortdauernd entzogen wird.

200. Erregungsbedingung primär angefachter Koppelschwingungen. Wenn die Größe der Anfachung allein vom Primärstrome abhängt, kann sie durch einen negativen „Anfachungswiderstand" $-R_a$ ersetzt werden, welcher zu dem Primärwiderstande R_1 hinzugezählt den primären Scheinwiderstand R' ergibt (Nr. 129).

$$R_1' = R_1 - R_a. \tag{39}$$

Für kleine stationäre Schwingungen sowohl wie für das Anschwingen ist R_a als gegeben angesehen. Somit ist R_1' bekannt, es können als Stromgleichungen die allgemeinen Gleichungen gekoppelter Schwingungskreise übernommen werden, sofern nur R_1 durch R_1' ersetzt wird. So gewinnt man aus (5) und (6)

$$\left.\begin{aligned} J_1 R' + L_1 \frac{dJ_1}{dt} + \frac{1}{C_1}\int J_1\,dt &= -L_{12}\frac{dJ_2}{dt}, \\ J_2 R_2 + L_2 \frac{dJ_2}{dt} + \frac{1}{C_2}\int J_2\,dt &= -L_{12}\frac{dJ_1}{dt}. \end{aligned}\right\} \tag{40}$$

Wir beschränken uns wieder auf den wichtigen Fall, daß R_1' und R_2 die Frequenz der entstehenden Schwingung nicht merklich beeinflussen. Aus den Ergebnissen der Nr. 195 und 196 folgt: Es entstehen zwei Schwingungen der Koppelfrequenzen; ihre „Dämpfung“ ist durch

$$\left.\begin{aligned} \Delta_1 &= \delta_1' \cdot u_1 + \delta_2 \cdot u_2 ; \\ \Delta_2 &= \delta_1' \cdot U_1 + \delta_2 \cdot U_2 ; \end{aligned}\right\} \delta_1' = \frac{R_1'}{2 L_1} = \frac{R_1 - R_a}{2 L_1}; \qquad \delta_2 = \frac{R_2}{2 L_2} \tag{41}$$

gegeben. Trotz der formalen Übereinstimmung dieser Ausdrücke mit den Gl. (25 d) ist ihre qualitative Aussage völlig von diesen verschieden: Mit R_1' wird auch δ_1' negativ, die resultierenden Koppeldämpfungen können durch die Wirkung der Anfachung unter ihre natürlichen Werte herabgedrückt, sogar negativ gemacht werden. Die Bedeutung solcher Werte der Koppeldämpfungen geht aus der Schreibweise

$$J^{(1)} = \Re e\left(\bar{J}^{(1)} \cdot e^{-\Delta_1 t} \cdot e^{j \Omega_1 t}\right);$$
$$J^{(2)} = \Re e\left(\bar{J}^{(2)} \cdot e^{-\Delta_2 t} \cdot e^{j \Omega_2 t}\right)$$

hervor: Für

$$\Delta_{1,2} = 0 \tag{42 a}$$

ergeben sich Schwingungen konstanter Amplitude, während für

$$\Delta_{1,2} < 0 \tag{42 b}$$

die Amplituden anwachsen. Somit ist (42 b) die Selbsterregungsbedingung primär angefachter Koppelschwingungen.

Wir bringen demgemäß (40) in die Form

$$\left.\begin{aligned} &\frac{R_1}{2 L_1} \cdot u_1 - \frac{R_a}{2 L_1} \cdot u_1 + \frac{R_2}{2 L_2} \cdot u_2 \leqq 0 ; \quad &\frac{R_a}{R_2} \cdot \frac{L_2}{L_1} - \frac{R_1}{R_2} \cdot \frac{L_2}{L_1} \geqq \frac{u_2}{u_1} \\ &\frac{R_1}{2 L_1} \cdot U_1 - \frac{R_a}{2 L_1} \cdot U_1 + \frac{R_2}{2 L_2} \cdot U_2 \leqq 0 ; \quad &\frac{R_a}{R_2} \cdot \frac{L_2}{L_1} - \frac{R_1}{R_2} \cdot \frac{L_2}{L_1} \geqq \frac{U_2}{U_1} . \end{aligned}\right\} \tag{40 a}$$

Das Verhältnis der Dämpfungsgewichte ist hiernach der Differenz von Anfachung und Widerstand proportional; zufolge der in Nr. 199 geschilderten Funktion der Anfachung erkennen wir also in den Verhältnissen der Dämpfungsgewichte ein Maß des vom Primär- zum Sekundärkreise übertretenden elektromagnetischen Energiestromes der zugehörigen Koppelfrequenz. Wir berechnen diese Energiestromanteile mittels der Gl. (25c) und stellen sie als Funktion der Verstimmung x dar (Abb. 285). Die Bedingungen (40 a) lassen sich im Diagramm einfach durch Einzeichnung der „Anfachungsgeraden“

$$y = \frac{R_a}{R_2} \cdot \frac{L_2}{L_1} - \frac{R_1}{R_2} \cdot \frac{L_2}{L_1} \tag{43}$$

deuten: In allen Kurventeilen $\frac{u_2}{u_1}$; $\frac{U_2}{U_1}$, welche unterhalb der Anfachungsgeraden liegen, ist (40a) erfüllt, die Schwingungen klingen an; in den Schnittpunkten der Kurven $\frac{u_2}{u_1}$; $\frac{U_2}{U_1}$ mit der Anfachungsgeraden ist der Zustand stationär, es entstehen Schwingungen gleichbleibender Amplitude; in den oberhalb der Anfachungsgeraden liegenden Kurvenstücken $\frac{u_2}{u_1}$; $\frac{U_2}{U_1}$ endlich ist (40a) nicht erfüllt, dort können nur gedämpfte Koppelschwingungen zustande kommen.

Um die hierdurch ausgedrückten Gesetzmäßigkeiten zu finden, denken wir uns der Anfachungsgeraden verschiedene Lagen erteilt.

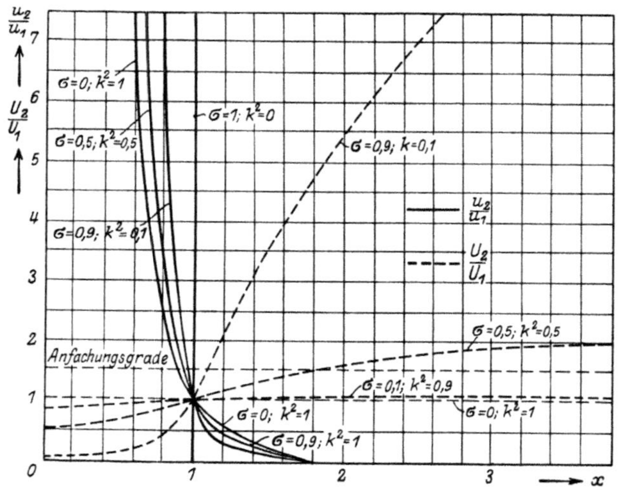

Abb. 285. Verhältnis der Dämpfungsgewichte in Abhängigkeit von der Verstimmung.

Jede Lage entspricht einer bestimmten Differenz $R_a - R_1$; durch die Veränderung dieser Größe werden somit die Gesetze variabler Anfachung und variablen Primärwiderstandes gleichzeitig erfaßt.

Ist $R_a < R_1$, so kann für keine einzige Verstimmung die Anfachung zustande kommen.

Wird nunmehr R_a etwas größer als R_1 gemacht, so setzt für große Verstimmung x eben die langsame Koppelfrequenz ein, welche nach Abb. 279 etwas niedriger als die Resonanzfrequenz des Primärsystemes ist. Kurz vor Erreichen der Resonanzlage ($x = 1$) schwillt der Energiestrom nach dem Sekundärkreis so stark an, daß die Anfachung die Leistung nicht mehr zu liefern vermag: Die Schwingung reißt ab (Abb. 286).

Bei noch weiterer Steigerung der Anfachung, welche aber der Bedingung $y < 1$ noch genügen soll, tritt für große x-Werte wiederum nur die langsame Koppelfrequenz auf. Bei Annäherung an Resonanz reißt wiederum die Schwingung ab, weil der Energiestrom zu groß wird. Nach Unterschreiten der Resonanz aber erfolgt ein erneutes Einsetzen der Schwingungen, indem jetzt die Anfachung den Energiestrom der raschen Koppelschwingung überwiegt: Die Schwingungen reißen nur in der Umgebung der Resonanz ab (Abb. 287).

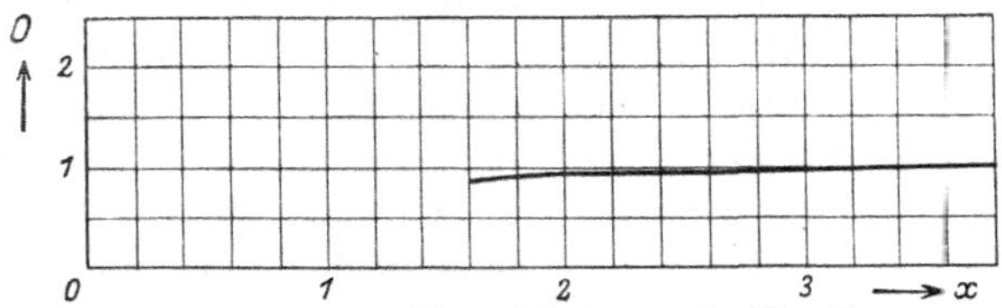

Abb. 286. Frequenz in Abhängigkeit von der Verstimmung: Schwingungen nur oberhalb Resonanz möglich.

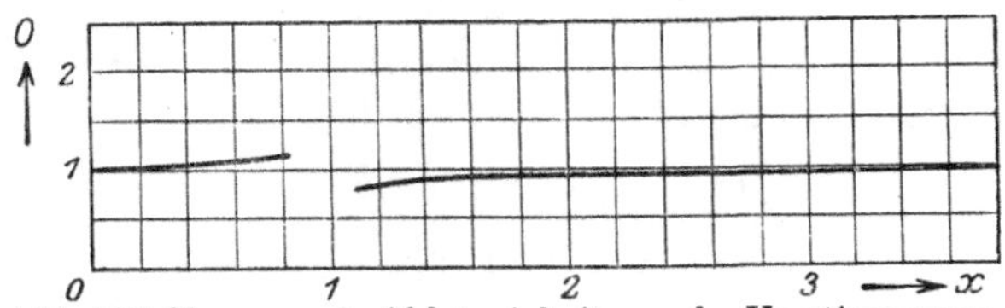

Abb. 287. Frequenz in Abhängigkeit von der Verstimmung: Oberhalb der Resonanz: langsame Koppelschwingung; unterhalb der Resonanz: rasche Koppelschwingung; in der Umgebung der Resonanz: keine Schwingung.

Wird die Anfachung so groß, daß die Anfachungsgerade den Abstand 1 von der Abszissenachse erhält, so wird, da im Resonanzpunkte die Energiestromanteile der langsamen und der raschen Koppelschwingung einander gleichen, für Verstimmungen $x > 1$ die rasche Koppelschwingung, für $x < 1$ die langsame Koppelschwingung erregt. Beide Koppelschwingungen gehen lückenlos ineinander über (Abb. 288).

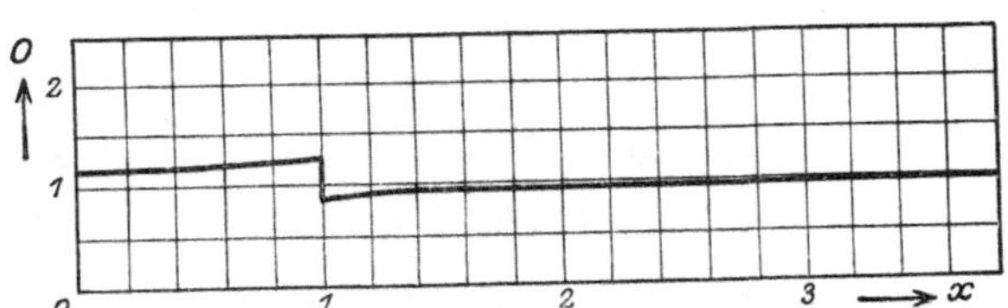

Abb. 288. Frequenz in Abhängigkeit von der Verstimmung: Oberhalb der Resonanz: langsame Koppelschwingung; unterhalb der Resonanz: rasche Koppelschwingung; bei Resonanz: Frequenzsprung.

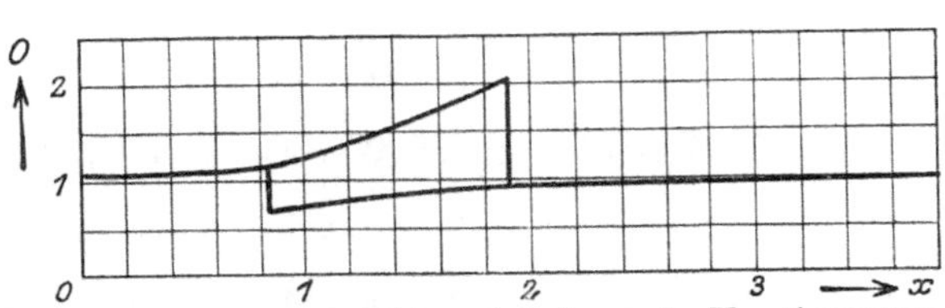

Abb. 289. Frequenz in Abhängigkeit von der Verstimmung: Oberhalb der Resonanz: langsame Koppelschwingung; unterhalb der Resonanz: rasche Koppelschwingung; in der Umgebung der Resonanz: Ziehschleife.

Überschreitet die Anfachung diesen Wert, so können von einem bestimmten Werte $x > 1$ ab beide Schwingungen erregt werden, da die

Anfachung den Energiestrom beider Koppelfrequenzen überwiegt. Von einem Werte $x < 1$ ab reißt die langsame Koppelschwingung ab, während die rasche weiter erregt bleibt. Diese Zweideutigkeit der erregten Frequenz wird als Ziehen bezeichnet (Abb. 289).

201. Die stationären Frequenzen primär angefachter Koppelschwingungen. Dem Anwachsen der Schwingungsamplituden, welches bei negativen Werten der Koppeldämpfungen erfolgt, ist durch die gleichzeitige Abnahme des negativen Anfachungswiderstandes R_a eine Grenze gesetzt. Im stationären Zustand ist daher R_a nicht als bekannt zu betrachten, sondern ist eine Funktion der angefachten Amplitude selbst. Wir berechnen zunächst die stationären Frequenzen.

Die Grundgleichungen des stationären Zustandes ergeben sich aus der Bedingung verschwindender Koppeldämpfungen. Streichen wir demgemäß in (19a) Δ, so resultiert aus (21c)

$$\left.\begin{aligned}(j\,\Omega)^4\,\sigma + j\,\Omega^2(\omega_2^2 + \omega_1^2 + 4\,\delta_1'\cdot\delta_2) + \omega_1^2\,\omega_2^2\\ + 2\,(j\,\Omega)^3(\delta_1' + \delta_2) + 2\,(j\,\Omega)\,(\delta_1'\,\omega_2^2 + \delta_2\cdot\omega_1^2)\,.\end{aligned}\right\}\tag{43}$$

Hier können reelle und imaginäre Teile getrennt werden.

$$\Omega^4\,\sigma - \Omega^2(\omega_2^2 + \omega_1^2 + 4\,\delta_1'\cdot\delta_2) + \omega_1^2\cdot\omega_2^2 = 0\,;\tag{44}$$

$$\Omega^2(\delta_1' + \delta_2) - (\delta_1'\cdot\omega_2^2 + \delta_2\cdot\omega_1^2) = 0\,.\tag{45}$$

Durch Division mit der Eigenfrequenz ω_1^2 des Primärkreises entsteht

$$O^4\,\sigma - O^2(x^2 + 1 + 4\,D_1'\,D_2) + x^2 = 0\,;\tag{44a}$$

$$O^2(D_1' + D_2) - (D_1'\,x^2 + D_2) = 0\,,\tag{45a}$$

wo O die in Nr. 195 angegebene Bedeutung besitzt, während D_1' und D_2 die auf die Primärfrequenz bezogenen „Dämpfungen" δ_1' und δ_2, also den logarithmischen Dekrementen proportional sind. Aus (45a) folgt sogleich

$$\frac{D_1'}{D_2} = \frac{O^2 - 1}{x^2 - O^2}\tag{45b}$$

und durch Einsetzen dieses Wertes in (44a)

$$O^6\,\sigma - O^4(\sigma\,x^2 + x^2 + 1 - 4\,D_2^2) + O^2(2\,x^2 + x^4 - 4\,D_2^2) - x^4 = 0\,.$$

Der Inhalt dieser Gleichungen ist am einfachsten für den Fall der Resonanz ($x = 1$) zu übersehen. Aus (45b) folgt hierfür

$$\frac{D_1'}{D_2} = \frac{O^2 - 1}{1 - O^2}\,.\tag{45c}$$

Ist zunächst $O \neq 1$, so ergibt sich durch Einsetzen von (45c) in (44a)

$$O^2 = \frac{1 - 2\,D_2^2}{\sigma} \pm \sqrt{\frac{(1 - 2\,D_2^2)^2 - \sigma}{\sigma^2}} = \frac{1 - 2\,D_2^2}{1 - k^2} \pm \sqrt{\frac{k^2 - 4\,D_2^2 + 4\,D_2}{(1 - k^2)^2}}\tag{44c}$$

und bei Beschränkung auf schwach gedämpfte Kreise ($D_2^2 \ll D_2$)

$$O^2 = \sim \frac{1 - 2\,D_2^2}{1 - k^2} \pm \frac{\sqrt{k^2 - 4\,D_2^2}}{1 - k^2}\,. \tag{44 d}$$

Solange

$$k \gg 2\,D_2 \quad (\text{„Extrem feste Kopplung“})$$

wird

$$O^2 = \sim \frac{1 \pm k}{1 - k^2}\,; \qquad O_1 = \frac{1}{\sqrt{1 + k}}\,; \qquad O_2 = \frac{1}{\sqrt{1 - k}}\,, \tag{44 e}$$

die entstehenden Frequenzen sind also mit den Koppelfrequenzen (23d) identisch. Nähert sich nun k der Größenordnung von D_2, so weichen die aus (44d) folgenden Werte mehr und mehr von den Koppelfrequenzen ab (Abb. 290), bis für

$$k = 2\,D_2 = k_{Kr} \quad (\text{„Kritische Kopplung“}) \tag{46}$$

die Frequenz den[1]) Wert annimmt

$$O^2 = \frac{1 - 2\,D_2^2}{1 - k^2}\,; \quad O_1 = O_2 = \sqrt{\frac{1 - 2\,D_2^2}{1 - 4\,D_2^2}} = \sim 1\,. \tag{44 e}$$

Wird schließlich

$$k \ll 2\,D_2 \quad (\text{„Lose Kopplung“})\,,$$

so wird die Wurzel $\sqrt{k^2 - 4\,D_2^2}$ imaginär, die Annahme $O \neq 1$ somit physikalisch unzulässig.

Setzen wir demgemäß jetzt $O = 1$ voraus, so verliert (45c) ihre Bedeutung, während Gl. (44a) in

$$\sigma - (2 + 4\,D_1'\,D_2) + 1 = 0\,; \quad 4\,D_1'\,D_2 = -k^2\,; \quad D_1' = -\frac{k^2}{4\,D_2} \tag{44 f}$$

übergeht. Wir erkennen hieraus, daß $O = 1$ eine zulässige Lösung für alle Kopplungen darstellt. Im Zusammenhang mit dem oben Erhaltenen ergibt sich also für $k > k_{Kr}$ die Existenz dreier stationär angefachter Frequenzwerte, dagegen für $k \leq k_{Kr}$ nur mehr die Existenz eines einzigen Frequenzwertes.

Für sehr kleine Verstimmung ($x = 0$) entsteht aus (44a)

$$O^6\,\sigma - O^4(1 - 4\,D_2^2) - O^2 \cdot 4\,D_2^2 = 0\,.$$

Da die Lösung $O = 0$ als physikalisch unbrauchbar ausscheidet, folgt

$$O^4 - O^2\,\frac{1 - 4\,D_2^2}{\sigma} - \frac{4\,D_2^2}{\sigma} = 0\,; \quad O^2 = \frac{1 - 4\,D_2^2}{2\,\sigma} \pm \frac{\sqrt{(1 - 4\,D_2^2)^2 + 4\,D_2^2\,\sigma}}{2\,\sigma}\,. \tag{44 g}$$

[1]) Genau folgt für den Fall der kritischen Kopplung aus (44c):

$$O^2 = \frac{1 - 2\,D_2^2 \pm 2\,D_2^2}{1 - 4\,D_2^2}\,; \qquad O_1 = 1; \quad O_2 = \frac{1}{\sqrt{1 - 4\,D_2^2}}\,.$$

Diese zwei Werte fallen so dicht zusammen, daß die Näherungsdarstellung (44e) genügt.

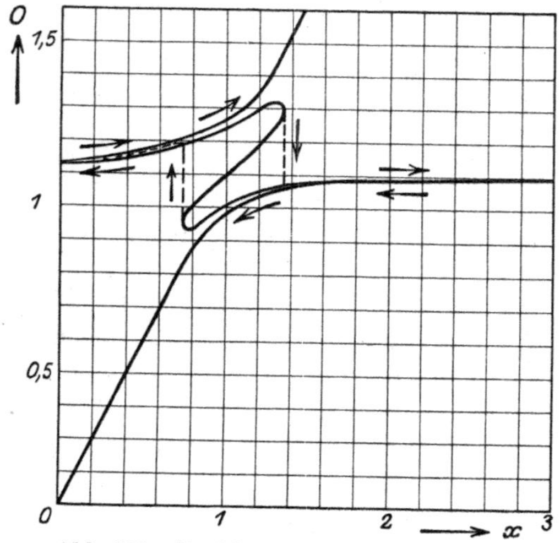

Abb. 290. Beziehung der stationär angefachten Frequenz zu den Koppelfrequenzen.

Hier führt offenbar nur das positive Vorzeichen zu einer reellen Lösung: Bei beliebigen Kopplungen existiert stets nur eine einzige stationär angefachte Frequenz, deren Wert bei schwachen Dämpfungen

$$O^2 = \frac{1}{\sigma} = \frac{1}{1-k^2}\,;$$

$$O = \frac{1}{\sqrt{1-k^2}}$$

beträgt, also der rascheren Koppelschwingung (O_2) gleicht.

Für sehr große Verstimmungen ($x \to \infty$) entsteht aus (44a) sofort

$$O^2 = \sim 1\,; \quad O = 1\,. \tag{44h}$$

Es existiert ebenfalls nur eine einzige stationär angefachte Frequenz, deren Wert der langsamen Koppelschwingung (O_1) gleicht. Wir sind hiermit zu den Ergebnissen des vorigen Abschnittes zurückgelangt (Abb. 290).

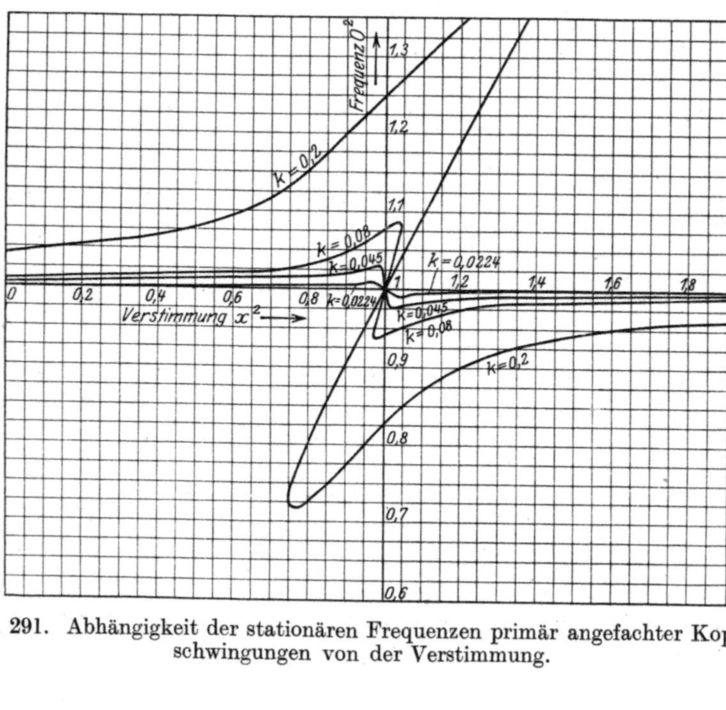

Abb. 291. Abhängigkeit der stationären Frequenzen primär angefachter Koppelschwingungen von der Verstimmung.

Zusammenfassend erhalten wir also die in Abb. 291 dargestellte Abhängigkeit der stationär angefachten Frequenzen von Verstimmung und Kopplung, welche für ein bestimmtes Beispiel von Pauli berechnet wurden. In der Umgebung der Resonanz besitzen alle Kurven mit $k > k_{Kr}$ drei Werte, für bestimmte, von k abhängige Verstimmung werden sie eindeutig, um sich schließlich den Grenzwerten (44 g) und (44 h) zu nähern. Die Kurven mit $k < k_{Kr}$ dagegen sind im ganzen Verstimmungsintervall eindeutig.

202. Die stationären Amplituden primär angefachter Koppelschwingungen. Nachdem die Größe der Frequenz für alle Verhältnisse bekannt ist, können wir vermittels (45 b) die Größe $\frac{D_1'}{D_2}$ leicht ermitteln. Es sei zunächst wieder Resonanz vorausgesetzt. Hierfür folgen als mögliche Werte $\frac{D_1'}{D_2}$ aus (44 f) und (46)

$$\frac{D_1'}{D_2} = -1\,; \qquad O \neq 1 \quad \text{und} \quad \frac{D_1'}{D_2} = -\frac{k^2}{4\,D_2^2} = -\frac{k^2}{k_{Kr}^2}\,. \tag{45 d}$$

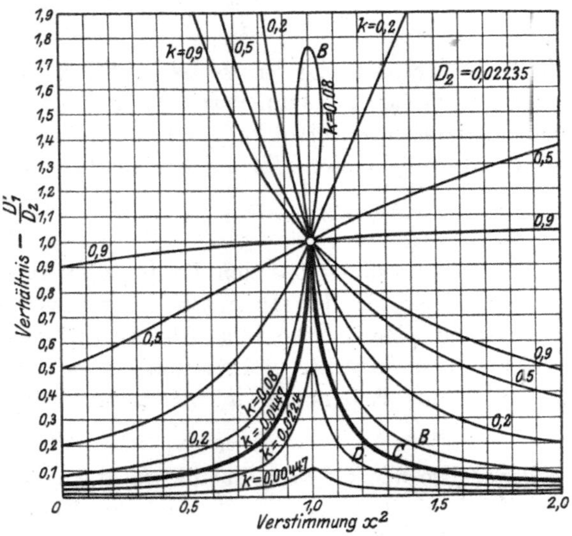

Abb. 292. Abhängigkeit der stationären Amplituden primär angefachter Koppelschwingungen von der Verstimmung.

Von diesen besitzt der erste nur für $k > k_{Kr}$ reale Bedeutung, während er für $k > k_{Kr}$ als unerreichbar physikalisch ausscheidet. Dagegen besteht der zweite für alle Kopplungen zu Recht. Insbesondere ist für $k > k_{Kr}$ der Betrag $\left|\frac{D_1'}{D_2}\right| > 1$, dagegen für $k < k_{Kr}$ der Betrag $\left|\frac{D_1'}{D_2}\right| < 1$. Nach diesen Ergebnissen läßt sich nun unter Zuhilfenahme der Kurven der Abb. 291 die Größe der Verhältnisse $\frac{D_1'}{D_2}$ für verschiedene Kopplungen und Verstimmungen gewinnen. Dies ist in Abb. 292 für das schon oben benutzte Zahlenbeispiel geschehen. In einer gewissen Umgebung der Resonanz sind die Kurven $k > k_{Kr}$ zweideutig, die Kurven $k < k_{Kr}$

eindeutig, für große Verstimmungen werden sie gemäß (44g) und (44h) sämtlich eindeutig.

In engster Beziehung zu dem so gefundenen Verhältnis $\frac{D_1'}{D_2}$ stehen die stationären Amplituden der angefachten Ströme.

Aus den Grundgleichungen (5, 6) folgen durch Multiplikation mit den Strömen die Leistungsgleichungen

$$J_1^2 \cdot R_1' + L_1 \cdot J_1 \frac{dJ_1}{dt} + \frac{1}{C_1} J_1 \int J_1 dt = J_1^2 \cdot R_1' + \frac{dU_{m_1}}{dt} + \frac{dU_{e_1}}{dt} = -L_{12} \frac{dJ_2}{dt} \cdot J_1, \quad (47)$$

$$J_2^2 \cdot R_2 + L_2 \cdot J_2 \frac{dJ_2}{dt} + \frac{1}{C_2} J_2 \int J_2 dt = J_2^2 \cdot R_2 + \frac{dU_{m_2}}{dt} + \frac{dU_{e_2}}{dt} = -L_{12} \frac{dJ_1}{dt} \cdot J_2, \quad (48)$$

wo magnetische (U_m) und elektrische (U_e) Energie der schwingenden Kreise nach Nr. 122 eingeführt sind. Durch Addition folgt

$$J_1^2 \cdot R_1' + J_2^2 \cdot R_2$$
$$+ \frac{dU_{m_1}}{dt} + \frac{dU_{m_2}}{dt} + \frac{dU_{e_1}}{dt} + \frac{dU_{e_2}}{dt} = -L_{12} \frac{d(J_1 J_2)}{dt} = -\frac{dU_{m_{1,2}}}{dt}. \quad (48)$$

Das hier eingehende Glied

$$\frac{dU_{m_{1,2}}}{dt} = L_{12} \frac{d(J_1 J_2)}{dt}$$

stellt die wechselseitige magnetische Energie beider Systeme dar.

Im stationären Zustande erreicht die Feldenergie in allen Feldträgern nach Verlauf einer vollen Periode ihren Anfangswert. Durch Integration über eine volle Periode folgt daher aus (48)

$$J_{1\,\text{eff}}^2 \cdot R_1' + J_{2\,\text{eff}}^2 \cdot R_2 = 0; \qquad -\frac{R_1'}{R_2} = \frac{J_{2\,\text{eff}}^2}{J_{1\,\text{eff}}^2} \quad (48\,\text{a})$$

in Übereinstimmung mit den Forderungen des Energieprinzips.

Das Verhältnis des scheinbaren Primärwiderstandes zum Sekundärwiderstand gleicht also dem Absolutwerte nach dem Verhältnis der Effektivstromquadrate. Führt man in den Primärkreis einen fingierten „induzierten" Widerstand R_i mittels der Definition ein

$$J_{1\,\text{eff}}^2 \cdot R_i = J_{2\,\text{eff}}^2 \cdot R_2,$$

welcher also den gleichen Energieumsatz im Primärkreise bewirkt, der in Wirklichkeit durch Vermittlung des Energiestromes im Sekundärkreise stattfindet, so nimmt (48a) die Form an

$$J_{1\,\text{eff}}^2 (R_1' + R_i) = 0. \quad (48\,\text{b})$$

Es muß sich also die Anfachung so einstellen, daß sie die Summe aus wahrem Primärwiderstand R_1 und induziertem Widerstand R_i kompensiert. Dieser Satz stellt das vollkommene Analogon zu der in Nr. 129 abgeleiteten Leistungsbedingung der Anfachung im einzelnen Schwingungskreise dar.

Erweitern wir (48a) mit $\frac{L_1}{L_2}$, so entsteht

$$\frac{L_1\left(-\frac{R_1'}{L_1}\right)}{L_2\cdot\frac{R_2}{L_2}} = -\frac{L_1}{L_2}\cdot\frac{D_1'}{D_2} = \frac{J_{2\,\mathrm{eff}}^2}{J_{1\,\mathrm{eff}}^2}. \tag{48c}$$

Hiernach geben die in Abb. 292 gezeichneten Kurven in einem gewissen Maßstab gleichzeitig das Verhältnis der Stromquadrate. Um aus ihm den Betrag der Ströme selbst festzustellen, hat man zunächst aus den

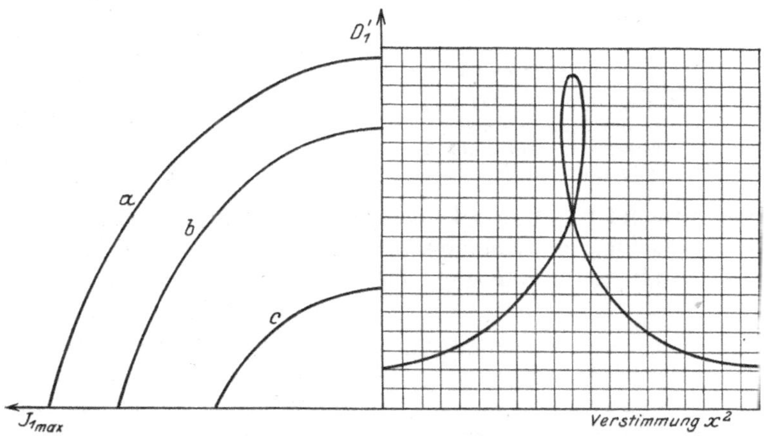

Abb. 293. Konstruktion der primären Stromamplituden für *a* starke, *b* mittlere, *c* schwache Anfachung.

Daten des Sekundärkreises D_2 zu ermitteln. Eine Maßstabsänderung der Ordinaten im Verhältnis $\frac{D_2}{1}$ führt die Kurvenschar der Abb. 292 in die Kurvenschar der D_1'-Werte über. An die Ordinatenachse des entstandenen Diagramms hefte man (Abb. 293) ein Diagramm, welches den Zusammenhang zwischen $J_{1\,\mathrm{max}}$ und D_1' enthält; dieser kann nach Nr. 134—142 als bekannt vorausgesetzt werden. Der Zusammenhang zwischen der stationären Primärstromamplitude und der Verstimmung x folgt nun in einfachster Weise, indem in der $(D_1'x)$-Kurve und in der $(D_1'J_{1\,\mathrm{max}})$-Kurve Punkte gleicher Ordinaten einander zugeordnet werden; mit Benutzung der Beziehung (48c) ist gleichzeitig die sekundäre Stromamplitude bestimmt.

Trägt man die Stromamplituden als Funktion der Verstimmung x in einem Schaubilde auf, so erhält man die in Abb. 294, 295 für einen bestimmten Fall dargestellten Resonanzkurven. Ihre Form weicht von der in Nr. 156 und 193 gefundenen vollständig ab. Insbesondere

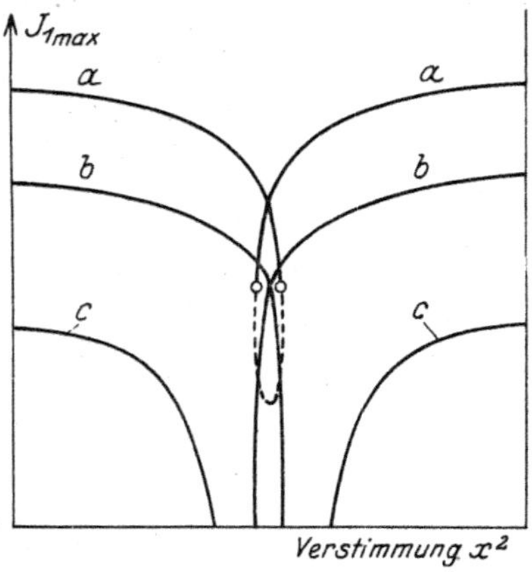

Abb. 294. Resonanzkurven des Primärstromes für *a* starke, *b* mittlere, *c* schwache Anfachung. Im Falle *a* bildet sich eine Ziehschleife aus.

bilden sich hier jene eigentümlichen Ziehschleifen aus, deren wichtigste Typen in Nr. 200 entwickelt worden sind.

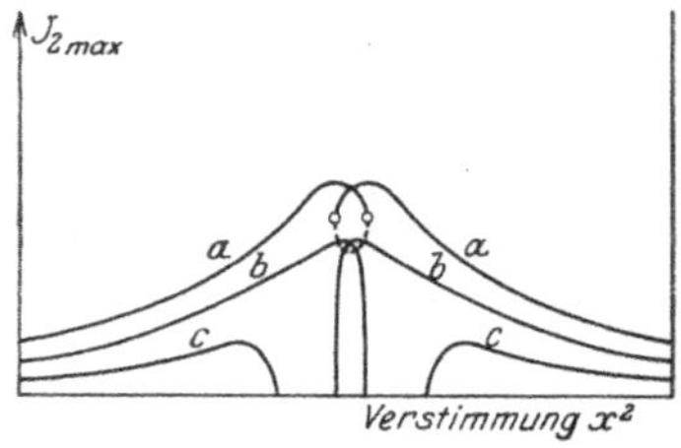

Abb. 295. Resonanzkurven des Sekundärstromes für *a* schwache, *b* mittlere, *c* starke Anfachung. Im Falle *a* bildet sich eine Ziehschleife aus.

203. Grundgleichungen sekundär angefachter Koppelschwingungen. Wird als Anfachung eine Kommutatormaschine oder eine Dreielektrodenröhre verwandt, so ist es möglich, die Höhe der Anfachung vom Sekundärstrom abhängig zu machen.

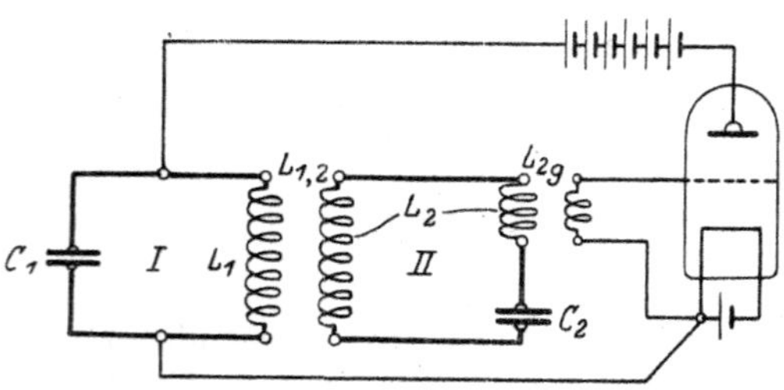

Abb. 296. Sekundär angefachtes gekoppeltes System.

Abb. 296 zeigt eine der einfachsten Schaltungen dieser Art für zwei durch eine Elektronenröhre angefachte Kreise. Der Sekundärkreis steuert über die Gegeninduktivität L_{2g} den Gitterkreis der Röhre, an diesem also die Spannung

$$\mathfrak{e}_g = -L_{2g} \cdot \frac{dJ_2}{dt} \tag{49}$$

entwickelnd. Nennen wir

$$J_a = S \cdot \mathfrak{e}_g$$

den Anodenstrom der Röhre, so folgt die in den Primärkreis eingebrachte Anfachungsspannung nach Nr. 140, Gl. (70 a)

$$E_1 = \frac{1}{C_1}\int J_a\,dt = -\frac{1}{C_1} \cdot L_{2g} \cdot S \cdot J_2 \,. \tag{50}$$

An Stelle der Grundgleichung (5) tritt daher

$$J_1 R_1 + L_1 \frac{dJ_1}{dt} + \frac{1}{C_1}\int J_1\,dt = -L_{12} \cdot \frac{dJ_2}{dt} - \frac{1}{C_1} L_{2g} \cdot S \cdot J_2 \tag{51}$$

oder

$$J_1 \cdot 2\,\delta_1 + \frac{dJ_1}{dt} + \omega_1^2 \int J_1\,dt = -\frac{L_{12}}{L_1} \cdot \frac{dJ_2}{dt} - \omega_1^2 \cdot L_{2g} \cdot S \cdot J_2\,, \tag{51 a}$$

während (6) unverändert bleibt

$$J_2 \cdot 2\,\delta_2 + \frac{dJ_2}{dt} + \omega_2^2 \int J_2\,dt = -\frac{L_{12}}{L_1} \cdot \frac{dJ_1}{dt}\,. \tag{6}$$

Wir untersuchen stationäre angefachte Koppelschwingungen

$$J_1 = \Re e\,(\bar{J}_1 \cdot e^{j\Omega t})\,; \qquad J_2 = \Re e\,(\bar{J}_2 \cdot e^{j\Omega t})\,. \tag{52}$$

Hiermit gehen (51 a), (6) in

$$\bar{J}_1\left(2\,\delta_1 + j\Omega + \frac{\omega_1^2}{j\Omega}\right) = -\frac{L_{12}}{L_2}\,j\Omega \cdot \bar{J}_2 - \omega_1^2 \cdot L_{2g} \cdot S \cdot \bar{J}_2\,, \tag{51 b}$$

$$\bar{J}_2\left(2\,\delta_2 + j\Omega + \frac{\omega_2^2}{j\Omega}\right) = -\frac{L_{12}}{L_2}\,j\Omega \cdot \bar{J}_1 \tag{6 a}$$

über, was mit der Forderung endlicher Amplituden nur verträglich ist, wenn

$$\left.\begin{aligned}&\left(2\,\delta_1 + j\Omega + \frac{\omega_1^2}{j\Omega}\right)\left(2\,\delta_2 + j\Omega + \frac{\omega_2^2}{j\Omega}\right) - k^2 \cdot \Omega^2 + \omega_1^2 \cdot L_{2g} \cdot S \cdot \frac{L_{12}}{L_2} \cdot j\Omega = 0\,,\\&(j\Omega^4)\sigma + (j\Omega)^3\left[2\,\delta_1 + 2\,\delta_2 + \frac{L_{12} \cdot L_{2g} \cdot S\,\omega_1^2}{L_2}\right] + (j\Omega^2)\,(\omega_1^2 + \omega_2^2 + 4\,\delta_1\,\delta_2)\\&\quad + (j\Omega)\,(2\,\delta_2 \cdot \omega_1^2 + 2\,\delta_1\,\omega_2^2) + \omega_1^2\,\omega_2^2 = 0\end{aligned}\right\} \tag{53}$$

erfüllt ist (vgl. Nr. 194). Durch Trennung reeller und imaginärer Anteile entsteht

$$\left.\begin{aligned}&\Omega^4\,\sigma - \Omega^2(\omega_1^2 + \omega_2^2 + 4\,\delta_1\,\delta_2) + \omega_1^2\,\omega_2^2 = 0\,;\\&O^4\,\sigma - O^2(1 + x^2 + 4\,D_1\,D_2) + x^2 = 0\end{aligned}\right\} \tag{54}$$

und

$$\left.\begin{aligned}&\Omega^2\left(2\,\delta_1 + 2\,\delta_2 + \frac{L_{12}\,L_{2g} \cdot S \cdot \omega_1^2}{L_2}\right) - (2\,\delta_2\,\omega_1^2 + 2\,\delta_1\,\omega_2^2) = 0\,;\\&O^2\left(D_1 + D_2 + \frac{L_{12}\,L_{2g} \cdot S}{2\,L_2}\right) - (D_2 + D_1\,x^2) = 0\,.\end{aligned}\right\} \tag{55}$$

204. Die stationären Frequenzen und Amplituden sekundär angefachter Koppelschwingungen. Die erste der Gl. (54) spricht die Erzeugung zweier stationärer Frequenzen aus, in welchen wir, abgesehen von der kleinen Widerstandskorrektion im zweiten Gliede, die Koppelfrequenzen unangefachter Kreise erkennen (Nr. 195).

Aus Gl. (55) findet man daher mit den beiden Koppelfrequenzen O_1 und O_2

$$\frac{L_{12} \cdot L_{2g} \cdot S \cdot \omega_1}{2\,L_2} = D_1\left(\frac{x^2}{O_{1,2}^2} - 1\right) + D_2\left(\frac{1}{O_{1,2}^2} - 1\right). \tag{55 a}$$

Aus Abb. 279 sind für die rasche Koppelschwingung O_2 die Ungleichungen abzulesen

$$O_1^2 > x^2 \quad \text{und} \quad O_1^2 > 1$$

und ebenso für die langsame

$$O_2^2 < x^2 \quad \text{und} \quad O_2^2 < 1 \tag{56}$$

für beliebige Kopplungen und Verstimmungen. Somit wird

$$\left.\begin{aligned}\frac{L_{12} L_{2g} \cdot S \cdot \omega_1}{2 L_2} &> 0 \text{ für die rasche Koppelschwingung,}\\ \frac{L_{12} L_{2g} \cdot S \cdot \omega_1}{2 L_2} &< 0 \text{ für die langsame Koppelschwingung.}\end{aligned}\right\} \quad (55\,\text{b})$$

Man hat es demnach durch einfaches Umpolen entweder der Spule L_{2g} oder der Spule L_{12} (Vorzeichenänderung!) in der Hand, nach Wahl die

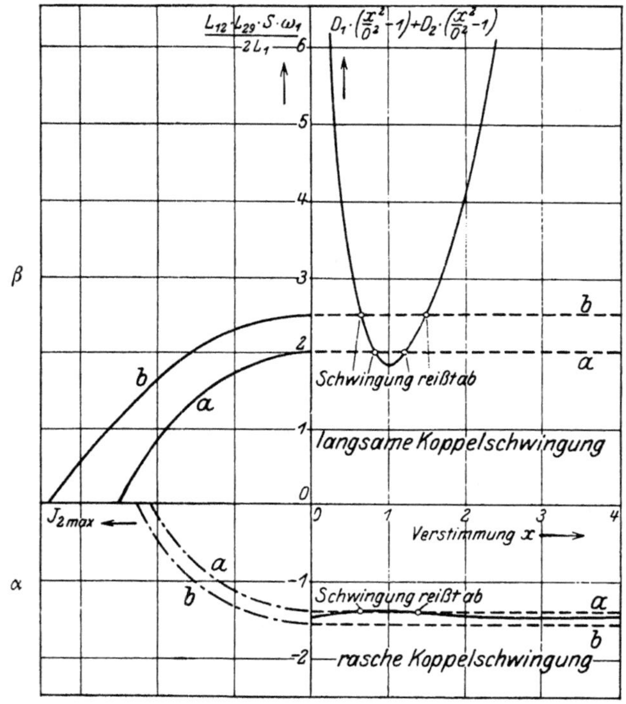

Abb. 297. Ermittlung der stationären Amplituden bei einem sekundär angefachten System.

langsame oder die rasche Koppelschwingung zu erzeugen. Beide Schwingungen können jedoch, im Gegensatz zu den Verhältnissen bei primärer Anfachung, niemals gleichzeitig existieren, die Ausbildung von Ziehschleifen ist ausgeschlossen.

Um die Größe der stationär angefachten Amplitude $J_{1\,\max}$ zu finden, zeichnen wir die Größe $D_1\left(\frac{x^2}{O_{1,2}^2} - 1\right) + D_2\left(\frac{x^2}{O_{1,2}^2} - 1\right)$ als Funktion der Verstimmung x (Abb. 297). Wir verknüpfen hiermit den Zusammenhang zwischen S und $J_{2\,\max}$, welcher aus dem Schwingkennliniendiagramm

(Nr. 142) bekannt ist. Aus Abb. 297 ergibt sich dann sogleich durch Zuordnung der Punkte gleicher Ordinatenhöhe der Zusammenhang zwischen Verstimmung und Strom. Insbesondere erhalten wir zugleich mit den zum Strom Null gehörigen Verstimmungswerten die Selbsterregungsbedingungen. In Abb. 297 α ist die Selbsterregungsbedingung für die rasche Koppelfrequenz dargestellt. Im Falle a setzt bei Abstimmung der Schwingungskreise ($x = 1$) die Schwingung ein; bei Verstimmung des Sekundärkreises reißen die Schwingungen an einer gewissen Stelle ab. In der Lage b hingegen, welche einer stärkeren Anfachung (oder Rückkopplung L_{2g}) entspricht, kann die Schwingung überall aufrecht erhalten werden.

Führt man die gleiche Überlegung für die langsame Koppelschwingung durch (Abb. 297 β), so findet man den Einsatzwert a der Anfachung etwas größer; die Schwingungen reißen in der Umgebung der Resonanzlage ab. Eine Verstärkung der Anfachung vermag hier, im Gegensatz zu den Verhältnissen bei der raschen Koppelschwingung, lediglich den Bereich möglicher Schwingungen zu verbreitern; das ganze Frequenzintervall kann jedoch niemals angefacht werden.

II. Erzwungene Koppelschwingungen.

1. Grundlagen.

205. Erzwungene Koppelschwingungen in linearen Systemen. Wir setzen ein lineares System der in Nr. 164 beschriebenen Art voraus. Dieses möge dadurch verallgemeinert werden, daß an k beliebigen Orten untereinander frequenzgleiche Spannungen von einfach harmonischem Verlaufe

$$E_i = \Re\mathrm{e}\left(\overline{E}_i \cdot e^{j\omega t}\right) \qquad i = 1, 2, 3 \ldots k \tag{1}$$

wirken sollen. Aus Nr. 164 folgt, daß dann in jedem Teilleiter n ein einfach harmonisch pulsierender Strom der Frequenz ω fließt

$$J_n = \Re\mathrm{e}\left(\overline{J}_n \cdot e^{j\omega t}\right). \tag{2}$$

Dieser kann als Summand aus k Gliedern dargestellt werden, deren jedes nur von $\overline{E}_1, \overline{E}_2, \overline{E}_3 \ldots \overline{E}_i, \overline{E}_k$ linear abhängt. Insbesondere bildet sich beim Durchfluß des Stromes durch den Leiter n die Spannung

$$\overline{E}_n = -\overline{J}_n \cdot \Re_a, \tag{3}$$

wo $\Re_a$ der komplexe „Apparatwiderstand" des Leiters n ist. Zufolge des oben ausgesprochenen Superpositionsprinzipes der Ströme ist also der Strom $\overline{J}_n$ als Summe des Kurzschlußstromes $\overline{J}_{n_K}$ darstellbar, welcher bei verschwindender Spannung $\overline{E}_n$ ($\Re_a = 0$!) fließt, und des

Rückwirkungsstromes $\bar{J}_{n_r}$, welcher seine Entstehung der Wirksamkeit von $\bar{E}_n$ verdankt

$$\bar{J}_n = \bar{J}_{n_K} + \bar{J}_{n_r}. \tag{4}$$

Bei der Berechnung der Rückwirkung sind sämtliche Spannungen, außer $\bar{E}_n$, gleich Null zu setzen; wir können daher schreiben

$$\bar{J}_{n_r} = + \frac{\bar{E}_n}{\mathfrak{R}_i}, \tag{5}$$

wo $\mathfrak{R}_i$ der komplexe „innere" Widerstand ist, den das spannungslose Linearsystem einer in n angreifenden Spannung entgegenstellt. Durch Einführung von (3 und 5) in (4) folgt

$$\bar{J}_n = \bar{J}_{n_K} + \frac{\bar{E}_n}{\mathfrak{R}_i} = \bar{J}_{n_K} - \bar{J}_n \cdot \frac{\mathfrak{R}_a}{\mathfrak{R}_i}; \qquad \bar{J}_n = \frac{\bar{J}_{n_K} \cdot \mathfrak{R}_i}{\mathfrak{R}_a + \mathfrak{R}_i}. \tag{6}$$

Die Spannung am Leiter n ist also

$$-\bar{E}_n = \mathfrak{R}_a \cdot \bar{J}_n = \bar{J}_{n_K} \cdot \mathfrak{R}_i \cdot \frac{\mathfrak{R}_a}{\mathfrak{R}_a + \mathfrak{R}_i}. \tag{6a}$$

Sie nähert sich bei unbegrenzt wachsendem Apparatwiderstand dem Grenzwerte

$$E_{n_0} = \lim_{\mathfrak{R}_a \to \infty} - \bar{E}_n = \bar{J}_{n_K} \cdot \mathfrak{R}_i, \tag{6b}$$

wo offenbar $\bar{E}_{n_0}$ die bei Stromunterbrechung an den Klemmen des Leiters n auftretende Leerlaufsspannung bedeutet. Führen wir (6b) in (6) ein, so entsteht

$$\bar{J}_n = \frac{\bar{E}_{n_0}}{\mathfrak{R}_a + \mathfrak{R}_i} \tag{6c}$$

und für $\mathfrak{R}_a = 0$

$$\bar{J}_{n(\mathfrak{R}_a=0)} \equiv \bar{J}_{n_K} = \frac{\bar{E}_{n_0}}{\mathfrak{R}_i} \tag{6d}$$

eine zur experimentellen Bestimmung von $\mathfrak{R}_i$ besonders bequeme Regel.

206. Leistungsübertragung in Linearsystemen. Wir drücken $\mathfrak{R}_a$ und $\mathfrak{R}_i$ in ihren reellen und imaginären Komponenten aus

$$\mathfrak{R}_a = R_{a_s}(\cos\varphi_a + j\sin\varphi_a); \qquad \mathfrak{R}_i = R_{i_s}(\cos\varphi_i + j\sin\varphi_i) \tag{7}$$

und erhalten aus (6c)

$$\bar{J}_n = \frac{\bar{E}_{n_0} \cdot e^{-j\,\mathrm{arctg}\frac{R_{a_s}\cdot\sin\varphi_a + R_{i_s}\cdot\sin\varphi_i}{R_{a_s}\cdot\cos\varphi_a + R_{i_s}\cdot\cos\varphi_i}}}{\sqrt{R_{a_s}^2 + R_{i_s}^2 + 2\,R_{a_s}\cdot R_{i_s}\cdot\cos(\varphi_a - \varphi_i)}}. \tag{8}$$

Die in $\mathfrak{R}_a$ hineingeführte Leistung beträgt also

$$\bar{N}_a = J_{n_{\mathrm{eff}}}^2 \cdot R_{a_s} \cdot \cos\varphi_a = \frac{E_{n_0\,\mathrm{eff}}^2 \cdot R_{a_s} \cdot \cos\varphi_a}{R_{a_s}^2 + R_{i_s}^2 + 2\,R_{a_s}\cdot R_{i_s}\cos(\varphi_a - \varphi_i)}. \tag{9}$$

Sie erreicht ein Extremum, wenn

$$0 = \frac{d\overline{N}_a}{dR_{a_s}}$$

$$= E^2_{n_0\,\mathrm{eff}} \cdot \frac{[R^2_{a_s}+R^2_{i_s}+2R_{a_s}\cdot R_{i_s}\cdot\cos(\varphi_a-\varphi_i)]\cos\varphi_a - R_{a_s}\cdot\cos\varphi_a[2R_{a_s}+2R_{i_s}\cdot\cos(\varphi_a-\varphi_i)]}{[R^2_{a_s}+R^2_{i_s}+2R_{a_s}\cdot R_{i_s}\cos(\varphi_a-\varphi_i)]^2}$$

oder $R_{a_s} = R_{i_s}$ (erstes Anpassungsgesetz) (10a)

erfüllt ist, innerer und Apparatwiderstand einander gleichen. Durch Einsetzen in (9) folgt der Höchstwert

$$\overline{N}_{a_{\max}} = E^2_{n_0\,\mathrm{eff}} \cdot \frac{1}{2R_{i_s}} \cdot \frac{\cos\varphi_a}{1+\cos(\varphi_a-\varphi_i)}, \quad (9a)$$

welcher für

$$\frac{d\overline{N}_{a_{\max}}}{d\varphi_a} = E^2_{n_0\,\mathrm{eff}} \cdot \frac{1}{2R_{i_s}} \cdot \frac{[1+\cos(\varphi_a-\varphi_i)][-\sin\varphi_a]+\cos\varphi_a\cdot\sin(\varphi_a-\varphi_i)}{[1+\cos(\varphi_a-\varphi_i)]^2} = 0$$

oder

$\sin\varphi_a = -\sin\varphi_i$; $\varphi_a = -\varphi_i$ (zweites Anpassungsgesetz) (10b)

das Optimum

$$\overline{N}_{a_{\max}} = E^2_{n_0\,\mathrm{eff}} \cdot \frac{1}{2R_{i_s}} \cdot \frac{\cos\varphi_i}{1+\cos 2\varphi_i} \quad (9b)$$

annimmt. Versteht man unter $\mathfrak{R}_i^*$ den konjugiert komplexen Wert von $\mathfrak{R}_i$, so lassen sich beide Anpassungsgesetze zusammenfassen

$\mathfrak{R}_a = \mathfrak{R}_i^*$ (allgemeines Anpassungsgesetz). (10c)

Insbesondere erhalten wir für $\varphi_i = 0$,

$$N_{a_{\max}} = E^2_{n_0\,\mathrm{eff}} \cdot \frac{1}{4R_{i_s}}. \quad (9c)$$

2. Besondere Schwingungsformen.

207. Das Zweikreissystem. Das einfachste gekoppelte System wird durch zwei Kreise in der Anordnung nach Abb. 298 dargestellt, in dessen Primärkreis die Spannung

$$E_1 = \mathfrak{R}\mathrm{e}(\bar{E}_1 \cdot e^{j\omega t}) \quad (11)$$

treibend eingreift. Diese Schaltung bildet ein wichtiges Element zahlreicher Empfangsanordnungen der hochfrequenztechnischen Nachrichtenübermittlung.

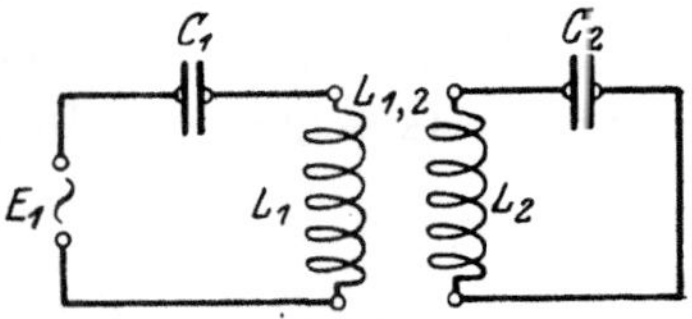

Abb. 298. Zweikreissystem.

Die Grundgleichungen entstehen aus (5) und (6), Nr. 189, indem wir die Spannung (11) der primären Umlaufsspannung hinzuzählen

$$E_1 = J_1 R_1 + L_1 \cdot \frac{dJ_1}{dt} + \frac{1}{C_1}\int J_1\,dt + L_{12}\frac{dJ_2}{dt}, \quad (12)$$

$$0 = J_2 R_2 + L_2 \cdot \frac{dJ_2}{dt} + \frac{1}{C_2}\int J_2\,dt + L_{12}\frac{dJ_1}{dt}, \quad (13)$$

welche mit dem Ansatz einfach harmonischer Ströme der erzwingenden Frequenz ω

$$J_1 = \Re e(\overline{J}_1 e^{j\omega t}); \qquad J_2 = \Re e(\overline{J}_2 e^{j\omega t}) \tag{14}$$

in

$$\overline{E}_1 = \overline{J}_1\left(R_1 + L_1 j\,\omega + \frac{1}{C_1 j\,\omega}\right) + \overline{J}_2 j\,\omega\, L_{12}, \tag{12a}$$

$$0 = \overline{J}_2\left(R_2 + L_2 j\,\omega + \frac{1}{C_2 j\,\omega}\right) + \overline{J}_1 j\,\omega\, L_{12} \tag{13a}$$

übergehen. Durch Auflösung dieses Gleichungspaares nach den Strömen folgt sogleich

$$\overline{E}_1 = \overline{J}_1 \frac{\left(R_2 + j\,\omega\, L_2 + \frac{1}{j\,\omega\, C_2}\right)\left(R_1 + j\,\omega\, L_1 + \frac{1}{j\,\omega\, C_1}\right) + \omega^2 L_{12}^2}{R_2 + j\,\omega\, L_2 + \frac{1}{j\,\omega\, C_2}}, \tag{15}$$

$$\overline{E}_1 = -\overline{J}_2 \frac{\left(R_2 + j\,\omega\, L_2 + \frac{1}{j\,\omega\, C_2}\right)\left(R_1 + j\,\omega\, L_1 + \frac{1}{j\,\omega\, C_1}\right) + \omega^2 L_{12}^2}{j\,\omega\, L_{12}}. \tag{16}$$

Indem wir mit $\frac{\omega^2}{L_1 L_2}$ erweitern, wird

$$\overline{E}_1 = -\overline{J}_1 \frac{\omega^4 \sigma - 2j\,\omega^3\{\delta_1 + \delta_2\} - \omega^2\{\omega_2^2 + \omega_1^2 + 4\,\delta_1\,\delta_2\} + 2j\,\omega\{\delta_1 \cdot \omega_2^2 - \delta_2 \cdot \omega_1^2\} + \omega_1^2 \cdot \omega_2^2}{\left(R_2 + j\,\omega\, L_2 + \frac{1}{j\,\omega\, C_2}\right)\frac{\omega^2}{L_1 L_2}}, \tag{15a}$$

$$\overline{E}_1 = \overline{J}_2 \frac{\omega^4 \sigma - 2j\,\omega^3\{\delta_1 + \delta_2\} - \omega^2\{\omega_2^2 + \omega_1^2 + 4\,\delta_1\,\delta_2\} + 2j\,\omega\{\delta_1 \cdot \omega_2^2 + \delta_2 \cdot \omega_1^2\} + \omega_1^2 \cdot \omega_2^2}{j\,\omega^3 \cdot \frac{L_{12}}{L_1 \cdot L_2}}. \tag{16a}$$

Besonderes Interesse besitzt die Kenntnis des Betriebszustandes, bei welchem dem Sekundärwiderstand R_2 maximale Leistung zugeführt wird. Hierzu müssen wir nach Nr. 206 den „inneren Widerstand“ des primär kurzgeschlossenen Systemes gegen eine sekundär an Stelle von R_2 wirkende Spannung kennen. Dieser folgt ersichtlich leicht aus (15a) durch Vertauschung der Indizes und Nullsetzen von δ_2 zu

$$R_i = -\frac{\omega^4 \sigma - 2j\,\omega^3 \cdot \delta_1 - \omega^2\{\omega_2^2 + \omega_1^2\} + 2j\,\omega \cdot \delta_1 \cdot \omega_2^2 + \omega_1^2 \cdot \omega_2^2}{\left(R_1 + j\,\omega\, L_1 + \frac{1}{j\,\omega\, C_1}\right)\frac{\omega^2}{L_1 L_2}}. \tag{17}$$

Die Anpassungsbedingung

$$R_i = R_2 \tag{18}$$

bestimmt zusammen mit (17) für jede vorgegebene Betriebsfrequenz die günstigste Anordnung des gekoppelten Systemes. Wir betrachten die wichtigsten Sonderfälle.

1. Es seien Primär- und Sekundärkreis in Resonanz mit der aufgezwungenen Frequenz ω

$$j\,\omega\,L_1 + \frac{1}{j\,\omega\,C_1} = 0; \qquad \omega^2 = \omega_1^2 = \omega_2^2.$$

Hierfür reduziert sich (17) auf

$$R_{i_{\text{res}}} = \frac{\omega^2(1-\sigma)}{R_1\cdot\frac{1}{L_1\cdot L_2}} = \frac{\omega^2 k^2}{R_1\cdot\frac{1}{L_1\cdot L_2}}, \tag{17a}$$

und die Anpassungsbedingung nimmt die Form an

$$\omega^2 k^2 = \frac{R_1\cdot R_2}{L_1\cdot L_2}; \qquad k^2 = 4\,D_1\cdot D_2, \tag{18a}$$

deren Analogie mit Gl. (44f), Nr. 201, bemerkenswert ist. Die gefundene Beziehung lehrt also, zu einer gegebenen Sekundärdämpfung eine günstigste Kopplung zu finden, welche mit der Wurzel aus der Sekundärdämpfung ansteigt.

2. Es sei $\omega_1 \neq \omega$, $\omega_2 \neq \omega$. Unter Voraussetzung kleiner Dämpfung wird der Nenner in (17) rein imaginär; die Bedingung (18) fordert daher das Verschwinden der reellen Zählerglieder in (17)

$$\omega^4\sigma - \omega^2\{\omega_2^2 + \omega_1^2\} + \omega_1^2\,\omega_2^2 = 0. \tag{19}$$

Im Verein mit Gl. (22), Nr. 195, verlangt diese Beziehung: Primär- und Sekundärkreis müssen derart eingestellt sein, daß eine ihrer Koppelfrequenzen mit der Betriebsfrequenz übereinstimmt. Hierfür wird aus (17)

$$R_{i_{(\omega=\Omega_{1,2})}} = -\frac{-2\,j\,\omega^3\,\delta_1 + 2\,j\,\omega\,\delta_1\,\omega_2^2}{j\,\omega\left(\frac{\omega^2-\omega_1^2}{\omega^2}\right)\cdot\frac{\omega^2}{L_2}} = 2\,\delta_1\,L_2\cdot\frac{\omega^2-\omega_2^2}{\omega^2-\omega_1^2}, \tag{17b}$$

und die Anpassungsbedingung (18) geht über in

$$2\,\delta_1\cdot\frac{\omega^2-\omega_2^2}{\omega^2-\omega_1^2} = \frac{R_2}{L_2} = 2\,\delta_2; \qquad \frac{D_1}{D_2} = \frac{\omega^2-\omega_1^2}{\omega^2-\omega_2^2} \tag{18b}$$

in Analogie zu Gl. (45c), Nr. 101. Für gegebene Dämpfungen fordert also (19) eine günstigste Verstimmung, zu welcher (18b) die günstigste Kopplung liefert.

3. Es sei $\omega_2^2 \ll \omega_1^2$, der Sekundärkreis also ein „aperiodischer Kreis" (Nr. 118). Gl. (17) liefert

$$R_i = -\frac{\omega^4\sigma - 2\,j\,\omega^3\delta - \omega^2\cdot\omega_1^2}{\left(R_1 + j\,\omega\,L_1 + \frac{1}{j\,\omega\,C_1}\right)\frac{\omega^2}{L_1\,L_2}} = \frac{\omega^4 k^2 - \omega^2(\omega^2-\omega_1^2) + 2\,j\,\omega^3\,\delta}{[\omega^2(\omega^2-\omega_1^2) - 2\,j\,\omega^3\,\delta]\cdot\left(-\frac{1}{L_2\,j\,\omega}\right)}. \tag{17c}$$

Die Anpassungsbedingung verlangt also

$$\frac{\omega^4 k^2}{\omega^2(\omega^2 - \omega_1^2) - 2 j \omega^3 \delta} = 1 - \frac{R_2}{L_2 j \omega} \qquad (18\,\mathrm{c})$$

oder mit Übergang zu Betrag und Phasenwinkel dieser komplexen Zahlen

$$\frac{\omega^4 k^2}{\sqrt{\omega^4(\omega^2 - \omega_1^2)^2 + 4\,\omega^6 \delta_1^2}} = \sqrt{1 + \frac{R_2^2}{L_2^2 \omega^2}} \quad \text{und} \quad \frac{2\,\omega^3 \delta_1}{\omega^2(\omega^2 - \omega_1^2)} = \frac{R_2}{L_2 \omega}. \qquad (18\,\mathrm{d})$$

Beide Gleichungen lassen sich mit Elimination von ω_1 zusammenfassen in

$$\frac{\omega k^2}{2 \delta_1} = \frac{L_2 \omega}{R_2} + \frac{R_2}{L_2 \omega}. \qquad (20)$$

Bei überwiegendem Ohmschen Widerstand ($R_2 \gg L_2 \omega$) folgt

$$\frac{\omega k^2}{2 \delta_1} = \frac{R_2}{L_2 \omega}; \qquad k^2 = 4\,D_1 \cdot D_2\,, \qquad (20\,\mathrm{a})$$

also bei vorgegebener Dämpfung die Forderung einer günstigsten, von der Betriebsfrequenz abhängigen Kopplung.

Überwiegt hingegen die Umlaufsspannung in L_2 den Ohmschen Abfall ($L_2 \omega \gg R_2$), so entsteht die Anpassungsbedingung

$$\frac{\omega k^2}{2 \delta_1} = \frac{L_2 \omega}{R_2}; \qquad k^2 = \frac{D_1}{D_2}. \qquad (20\,\mathrm{b})$$

Hier ist also die günstigste Kopplung unabhängig von der Frequenz.

Der mehrfach erwähnte Zusammenhang zwischen den hier entwickelten Formeln mit den Gesetzen der angefachten Koppelschwingungen (Nr. 201 und 202) findet seine Erklärung in der Leistungsgleichung der gekoppelten Kreise. Diese verlangt, daß die gesamte, dem Primärkreis zugeführte Leistung N_1 bei genauer Anpassung sich zu gleichen Teilen auf Primär- und Sekundärkreis verteile ($R_a = R_i$)

$$J_{1\,\mathrm{eff}}^2 \cdot R_1 = J_{2\,\mathrm{eff}}^2 \cdot R_2\,.$$

Diese Beziehung stimmt in der Tat bis auf das Vorzeichen mit der in Nr. 202, Gl. (48 a), abgeleiteten Leistungsgleichung angefachter Koppelschwingungen überein. Wir erkennen, daß der oben eingeführte „induzierte“ Widerstand mit dem hier benutzten „inneren“ Widerstand identisch ist.

208. Schwingungsketten entstehen durch Kopplung mehrerer Leitergebilde genau gleichen elektromagnetischen Aufbaues, welche durch eine an einem Element angreifende Spannung zu erzwungenen Schwingungen angeregt werden.

In Abb. 299 ist eine aus z „Gliedern“ bestehende Anordnung gezeichnet [„Allgemeiner Kettenleiter“].

Die erzwingende Spannung E wirkt am ersten Ketten„glied". Sie treibt einen Strom durch das erste Glied, welcher an den Kopplungsorganen zwischen erstem und zweitem Gliede eine zweite Spannung hervorruft. Diese ist Ursache eines Stromes im zweiten Gliede, welcher an der Kopplung mit dem dritten Gliede eine dritte Spannungsbildung bewirkt. So fortschreitend, durchläuft die Schwingungserregung die

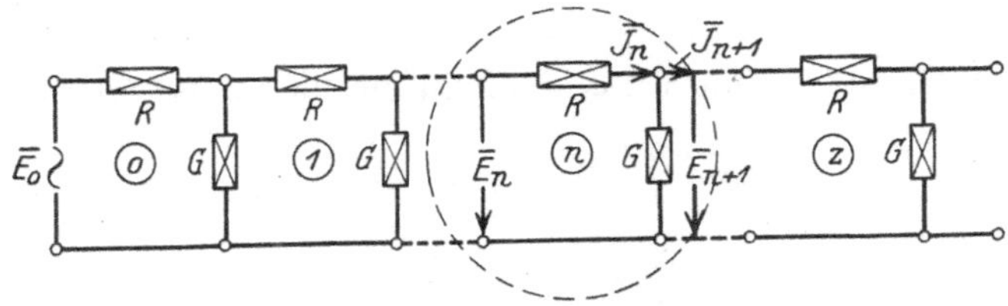

Abb. 299. Schema des allgemeinen Kettenleiters.

ganze Schwingungskette, welche am Schlusse durch eine beliebige, von dem Aufbau der Schwingungskette verschiedene Anordnung geschlossen wird.

Setzen wir das System als Linearsystem voraus, so hat eine am Anfang der Kette ($n = 0$) tätige einfach harmonisch pulsierende Spannung

$$E_0 = \Re e(\bar{E}_0 \cdot e^{j\omega t})$$

in allen Kettenelementen Ströme gleicher Frequenz zur Folge.

In Abb. 299 ist ein Kettenglied herausgezeichnet.

Setzen wir

$$\bar{J}_n \cdot \mathfrak{R} = \bar{E}_n - \bar{E}_{n+1}, \tag{21}$$

so ist hiermit der komplexe Reihenwiderstand $\mathfrak{R}$ definiert. Die Differenz der Ströme zweier aufeinanderfolgender Glieder findet sich der Spannung E_{n+1} proportional

$$\bar{E}_{n+1} \cdot \mathfrak{G} = \bar{J}_n - \bar{J}_{n+1} \tag{22}$$

und definiert hierdurch den komplexen Leitwert $\mathfrak{G}$.

Indem wir voraussetzungsgemäß

$$\bar{E}_0 = \Re e(\bar{E}_0 e^{j\omega t})$$

und also

$$\left.\begin{aligned} \bar{E}_n &= \Re e(\bar{E}_n e^{j\omega t}), \\ \bar{J}_n &= \Re e(\bar{J}_n e^{j\omega t}) \end{aligned}\right\} \tag{23}$$

einführen, erhalten wir aus (21), (22)

$$\bar{J}_n \cdot \mathfrak{R} = \bar{E}_n - \bar{E}_{n+1}, \tag{21 a}$$

$$\bar{E}_{n+1} \cdot \mathfrak{G} = \bar{J}_n - \bar{J}_{n+1}. \tag{22 a}$$

Mit dem Ansatz

$$\left.\begin{aligned} \overline{E}_n &= \overline{E}\, e^{\alpha n}, \\ \overline{J}_n &= \overline{J}\, e^{\alpha n} \end{aligned}\right\} \tag{24}$$

entstehen aus den „Differenzengleichungen“ (21 a, 22 a)

$$\overline{J}\, e^{\alpha n} \cdot \mathfrak{R} = \overline{E}\, e^{\alpha n} (1 - e^{\alpha}), \tag{21 b}$$

$$\overline{E}\, e^{\alpha n} \cdot e^{\alpha} \cdot \mathfrak{G} = \overline{J}\, e^{\alpha n} (1 - e^{\alpha}) \tag{22 b}$$

oder nach Multiplikation mit $e^{-\frac{\alpha}{2}}$ und Umordnung der Glieder

$$\overline{J}\, e^{-\frac{\alpha}{2}} \cdot \mathfrak{R} = \overline{E} \left(e^{-\frac{\alpha}{2}} - e^{\frac{\alpha}{2}}\right), \tag{21 c}$$

$$\overline{J}\, e^{-\frac{\alpha}{2}} \left(e^{-\frac{\alpha}{2}} - e^{\frac{\alpha}{2}}\right) = \overline{E} \cdot \mathfrak{G}. \tag{22 c}$$

Wir führen an Stelle des Stromes J_n die ihm proportionale Größe

$$\overline{J}'_n = e^{-\frac{\alpha}{2}} \cdot \overline{J}_n \tag{25}$$

als Strommaß ein und fassen die in (21 c, 22 c) eingehenden Exponentialfunktionen in Hyperbelfunktionen zusammen

$$2\, \mathfrak{Sin}\, \frac{\alpha}{2} = e^{\frac{\alpha}{2}} - e^{-\frac{\alpha}{2}},$$

so daß die Gl. (21 c, 22 c) in

$$\overline{J}'\, \mathfrak{R} = -\overline{E} \cdot 2\, \mathfrak{Sin}\, \frac{\alpha}{2}, \tag{21 d}$$

$$-\overline{J}'\, 2\, \mathfrak{Sin}\, \frac{\alpha}{2} = \overline{E} \cdot \mathfrak{G} \tag{22 d}$$

übergehen.

Sollen $\overline{J}'$ und $\overline{E}$ endliche Werte besitzen, so muß aus beiden Gleichungen der gleiche Verhältniswert resultieren

$$\frac{\overline{E}}{\overline{J}'} = -\frac{\mathfrak{R}}{2\, \mathfrak{Sin}\, \frac{\alpha}{2}} = -\frac{2\, \mathfrak{Sin}\, \frac{\alpha}{2}}{\mathfrak{G}}. \tag{26}$$

Somit ist α durch die Beziehung

$$\left(2\, \mathfrak{Sin}\, \frac{\alpha}{2}\right)^2 = \mathfrak{R}\mathfrak{G} \tag{26 a}$$

oder

$$\mathfrak{Cos}\, \alpha = 1 + 2\, \mathfrak{Sin}^2 \frac{\alpha}{2} = 1 + \frac{\mathfrak{R}\mathfrak{G}}{2} \tag{26 b}$$

bestimmt. Gleichzeitig gewinnen wir aus (26)

$$\frac{\overline{E}}{\overline{J}'} = -\frac{(\pm \sqrt{\mathfrak{R}\mathfrak{G}})}{\mathfrak{G}} = \mp \sqrt{\frac{\mathfrak{R}}{\mathfrak{G}}} = \mp \mathfrak{Z}. \tag{26 c}$$

$\mathfrak{Z}$ besitzt die Dimension eines Widerstandes und wird wegen seiner Bedeutung für die Strom- und Spannungsgrößen längs der Kette als Schwingungswiderstand der Kette bezeichnet.

Entscheidend für das Verhalten der Kette ist der aus (26 a, b) resultierende Wert von α. Im allgemeinen ist $\Re\mathfrak{G}$ komplex

$$\Re\mathfrak{G} = A + j B.$$

Daher wird auch

$$\alpha_{1,2} = \pm(\delta + j v)$$

komplex, wobei wegen des quadratischen Eingehens in (26 a) positives und negatives Vorzeichen gleichberechtigt auftreten.

Dieses Ergebnis besitzt eine sehr anschauliche physikalische Bedeutung. Wählen wir zunächst das negative Vorzeichen von α, so wird durch Zurückgehen in (23)

$$E_n = \Re e\,(\bar{E}\, e^{\delta n}\, e^{j(\omega t + v n)}) \tag{27}$$

oder mit der einfachen Annahme reellen Wertes von $\bar{E}$

$$E_n = E\, e^{-\delta n} \cos(\omega t - v n)\,. \tag{27 a}$$

Der Faktor δ gibt also die Dämpfung der Spannung beim Fortschreiten längs der Kette an (n wachsend!). Die Größe v hingegen bestimmt die Phasennacheilung der $n$ten Spannung gegenüber der Anfangsspannung ($n = 0$). Eine bestimmte, durch

$$\varphi = \omega t - v n$$

gegebene Phase der Spannung am Anfange findet sich also zur Zeit

$$t = \frac{\varphi + v n}{\omega} = \frac{\varphi}{\omega} + \frac{v}{\omega} \cdot n$$

an dem $n$ten Gliede vor. Es bewegt sich somit, da dies für ganz beliebige Phasenwerte φ gilt, die ganze Spannungskurve mit der durch den Quotienten $\frac{\omega}{v}$ bestimmten Geschwindigkeit längs der Kette fort, wobei die Amplitude nach der räumlichen Dämpfung δ abnimmt: Durch (27) ist eine fortschreitende, räumlich gedämpfte Welle gegeben.

Auf genau dem gleichen Wege erkennt man, daß durch Benutzung des positiven Wertes α_1 eine rückschreitende, räumlich gedämpfte Welle dargestellt wird.

Dieses Resultat ist von irgendeiner speziellen Anordnung ganz unabhängig. Es beruht lediglich darauf, daß der α-Wert komplex wird.

Nennen wir α den Eigenwert der Kette, so wollen wir definieren: Schwingungsketten sind Ketten mit komplexen Eigenwerten. Im Sinne dieser Definition gilt dann der Satz:

Der allgemeinste Betriebszustand der Schwingungsketten wird durch Überlagerung fortschreitender und rückschreitender Wellen dargestellt.

Führt man die Überlagerung aus, so erhält man für die Spannung

$$\overline{E}_n = \overline{E}_a \cdot e^{\delta n} e^{j v n} + \overline{E}_b e^{-\delta n} e^{-j v n} \tag{28}$$

und entsprechend den Strom unter Benutzung von (26c)

$$\overline{J}'_n = -\frac{\overline{E}_a}{\mathfrak{Z}} e^{\delta n} e^{j v n} + \frac{\overline{E}_b}{\mathfrak{Z}} e^{-\delta n} e^{-j v n}, \tag{29}$$

also nach (25)

$$\overline{J}_n = -\frac{\overline{E}_a}{\mathfrak{Z} e^{-\frac{\delta + j v}{2}}} \cdot e^{\delta n} e^{j v n} + \frac{\overline{E}_b}{\mathfrak{Z} e^{+\frac{\delta + j v}{2}}} \cdot e^{-\delta n} e^{-j v n}. \tag{30}$$

Die hier eingehenden willkürlichen Summationskonstanten $\overline{E}_a$ und $\overline{E}_b$ werden durch die physikalischen Bedingungen am Anfang und Ende der Schwingungskette gegeben.

1. Ist die Kette sehr lang, und befindet sich die Energiequelle nur am Anfang der Kette, so müssen die rückschreitenden Wellen verschwinden; denn sie können nur durch Reflexion am Ende entstehen und sind daher praktisch unwirksam, da die Kette als sehr lang vorausgesetzt wurde. Somit gilt für diesen Fall

$$\overline{E}_n = \overline{E}_b \cdot e^{-\delta n} e^{-j v n}; \tag{28a}$$

$$\overline{J}_n = \frac{\overline{E}_b}{\mathfrak{Z} e^{+\frac{\delta + j v}{2}}} \cdot e^{-\delta n} e^{-j v n}. \tag{30a}$$

Ist die Anfangsspannung ($n = 0$) nach (23) gegeben, so folgt

$$\overline{E}_n = E_0 e^{-\delta n} e^{-j v n}, \tag{28b}$$

$$\overline{J}_n = \frac{E_0}{\mathfrak{Z} e^{+\frac{\delta + j v}{2}}} \cdot e^{-\delta n} e^{-j v n}. \tag{30b}$$

2. Anstatt die Schwingungskette sehr lang zu machen, kann die rückschreitende Welle auch durch Wahl einer geeigneten Endbelastung vernichtet werden.

Besitzt die Kette insgesamt z Glieder, so definieren wir den komplexen Endwiderstand X durch

$$\overline{E}_{z+1} = \overline{J}_{z+1} \cdot X. \tag{31}$$

Diese Grenzbedingung darf für die nur z-gliedrige Kette noch benutzt werden, weil die in ihr auftretenden Größen $\overline{E}_{z+1}$ und $\overline{J}_{z+1}$ aus den vorangehenden Größen $\overline{E}_z$ und $\overline{J}_z$ mittels der Beziehungen (21, 22) hervorgehen und somit gleichzeitig aus der Differenzengleichung berechnet werden können.

Ist die rückschreitende Welle vernichtet, so gilt nach (28, 30)

$$\bar{E}_{z+1} = E_0 \, e^{-\delta(z+1)} \, e^{-jv(z+1)},$$

$$\bar{J}_{z+1} = \frac{E_0}{\mathfrak{Z} e^{\frac{\delta+jv}{2}}} \, e^{-\delta(z+1)} \, e^{-jv(z+1)}$$

und vermöge (31)

$$\frac{E_0}{X} \cdot e^{-\delta(z+1)} \, e^{-jv(z+1)} = \frac{E_0}{\mathfrak{Z} e^{\frac{\delta+jv}{2}}} \cdot e^{-\delta(z+1)} \, e^{-jv(z+1)}.$$

Es muß also der Endwiderstand

$$X = \mathfrak{Z} \cdot e^{\frac{\delta+jv}{2}} \tag{32}$$

gemacht werden.

Wir werden uns im folgenden auf die Betrachtung von Schwingketten beschränken, in welchen nur fortschreitende Wellen verkehren; eine einfache Methode zur Untersuchung von Schwingketten mit beliebigem Endwiderstand wird sich im Anschluß an die Theorie der leitungsgerichteten Strahlung in Nr. 225 ergeben.

209. Die Spulenkette. In Abb. 300 ist die Anordnung der „Spulenkette" gezeichnet: Die komplexen Reihenwiderstände werden durch Induktivitäten dargestellt, die Leitwerte durch Kondensatoren.

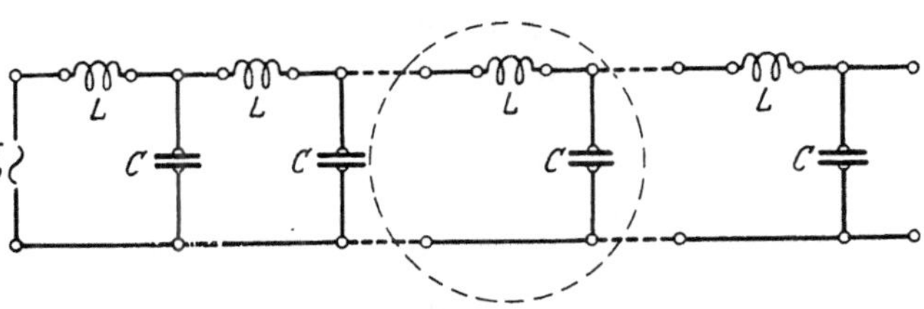

Abb. 300. Spulenkette.

Der Ohmsche Spannungsabfall des $n$ten Gliedes gleicht der Summe aus Umlaufsspannung an der $n$ten Spule und der an Anfang und Ende wirkenden Spannungen E_n und $-E_{n+1}$

$$J_n \cdot R = E_n - E_{n+1} - L \frac{dJ_n}{dt}; \quad E_n - E_{n+1} = J_n \cdot R + L \cdot \frac{dJ_n}{dt}. \tag{32}$$

Durch Übergang zur komplexen Form wird

$$\bar{E}_n - \bar{E}_{n+1} = \bar{J}_n (R + j\omega L) = \bar{J}_n \cdot \mathfrak{R}, \tag{32a}$$

wo der komplexe Reihenwiderstand

$$\mathfrak{R} = R + j\omega L \tag{32b}$$

eingeführt ist.

Der Strom des $(n+1)$ten Kreises übertrifft den Strom des $n$ten Kreises um den koppelnden Strom, der dem Kondensator C entquillt

$$J_{n+1} - J_n = -C \frac{dE_{n+1}}{dt} \tag{33}$$

oder in komplexer Schreibweise

$$\bar{J}_n - \bar{J}_{n+1} = C j \omega \bar{E}_{n+1} = \mathfrak{G} \bar{E}_{n+1} \tag{33a}$$

mit

$$C j \omega = \mathfrak{G}. \tag{33b}$$

Für den Exponenten α erhalten wir die Bestimmungsgleichung

$$\mathfrak{Cof}\,\alpha = 1 + \frac{\Re \mathfrak{G}}{2} = 1 + \frac{(R + j\omega L)(C j \omega)}{2} = 1 - \frac{\omega^2 L C}{2} + \frac{R C j \omega}{2}. \tag{34}$$

Indem wir $\alpha = \delta + j v$ einführen, wird

$$\mathfrak{Cof}(\delta + j v) = \mathfrak{Cof}\,\delta \cos v + j\, \mathfrak{Sin}\,\delta \sin v,$$

also mit (34)

$$\mathfrak{Cof}\,\delta \cos v = 1 - \frac{\omega^2 L C}{2} = 1 - \frac{1}{2}\frac{\omega^2}{\omega_1^2} = 1 - \frac{1}{2} O^2, \tag{34a}$$

$$\mathfrak{Sin}\,\delta \sin v = \frac{R C \omega}{2} = \frac{R}{2 L \omega_1} \cdot \frac{\omega}{\omega_1} = D \cdot O, \tag{34b}$$

wo die auf die Eigenfrequenz des dämpfungsfrei gedachten Gliedes bezogene Frequenz O und Dämpfung D substituiert sind.

Um die Grundeigenschaften der Spulenkette klar zu übersehen, beschränken wir uns auf den Fall vernachlässigbar kleiner Dämpfung ($D = \backsim 0$); aus (34b) folgt dann entweder $\mathfrak{Sin}\,\delta = 0$ oder $\sin v = 0$, also $\mathfrak{Cof}\,\delta = 1$ oder $\cos v = \pm 1$.

Im ersten Falle ist die Welle längs der Kette räumlich ungedämpft. Dies ist aber nach Gl. (34a) dann und nur dann möglich, wenn

$$\left| 1 - \frac{O^2}{2} \right| \leq 1, \tag{35}$$

weil sonst v imaginär werden würde. Nennen wir die hierdurch gegebene Grenzfrequenz

$$O_{Kr}^2 = 4 \tag{35a}$$

die kritische Frequenz der Spulenkette, so gilt also: Unterhalb der kritischen Frequenz läßt die Kette Strom und Spannungswellen ungeschwächt vom Anfang zum Ende hindurch.

Bei der Annäherung an die kritische Frequenz nähert sich der Phasenwinkel v wegen $\cos v \to -1$ dem Wert π.

Wird die kritische Frequenz überschritten, so ist der zweite Fall, $\cos v = -1$, physikalisch realisiert. Daher erhalten wir

$$\mathfrak{Cof}\,\delta = \frac{O^2}{2} - 1 \tag{35b}$$

Die längs der Kette fortschreitenden Wellen erfahren somit eine nach Überschreitung der kritischen Frequenz rasch wachsende räumliche Dämpfung.

Diese Verhältnisse sind in Abb. 301 zur Darstellung gebracht. Dort ist als Funktion der Frequenz O^2 der Wert von $\mathfrak{Cof}\,\delta$ und $\cos v$ aufgetragen. An das so entstandene Schaubild ist ein zweites geheftet, welches die Werte von $\mathfrak{Cof}\,\delta$ und $\cos v$ als Funktion von δ und v wiedergibt. Durch Kombination je zweier Kurvenpunkte gleicher Ordinatenhöhe ist der Zusammenhang zwischen O^2 und δ, v gegeben (Abb. 302).

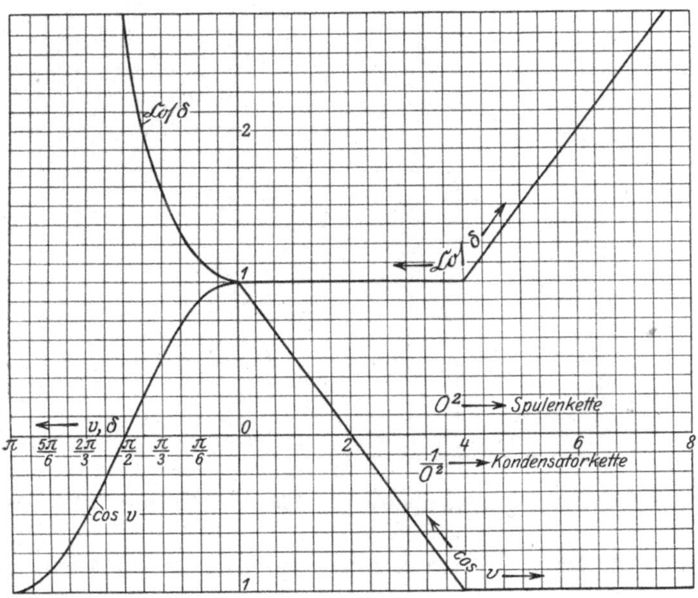

Abb. 301. Zur Ermittlung von Dämpfung und Phasenwinkel für Spulenkette und Kondensatorkette.

Zur Berechnung des Energiestromes ermitteln wir nach (26c)

$$\mathfrak{Z} = \sqrt{\frac{j\,\omega\,L}{j\,\omega\,C}} = \sqrt{\frac{L}{C}} = Z\,, \tag{36}$$

wo Z der Schwingungswiderstand eines Gliedes ist (Nr. 208).

Für Betrieb unterhalb der kritischen Frequenz gilt also

$$\bar{E}_n = E_0\,e^{-jvn}\,,$$

$$\bar{J}_n = \frac{E_0}{Z \cdot e^{\frac{jv}{2}}}\,e^{-jvn}\,.$$

Strom und Spannung besitzen die Phasenverschiebung $\varphi = \frac{v}{2}$, wobei nach Abb. 301 stets $0 \leqq \varphi \leqq \frac{\pi}{2}$ gilt. Hieraus finden wir die Größe des Energiestromes

$$N_n = \frac{E_0^2}{Z} \cdot \cos\varphi = \frac{E_0^2}{Z} \cdot \cos\frac{v}{2}. \tag{37}$$

Der Energiestrom nimmt also mit wachsender Frequenz dauernd ab, solange die Anfangsspannung konstant gehalten wird.

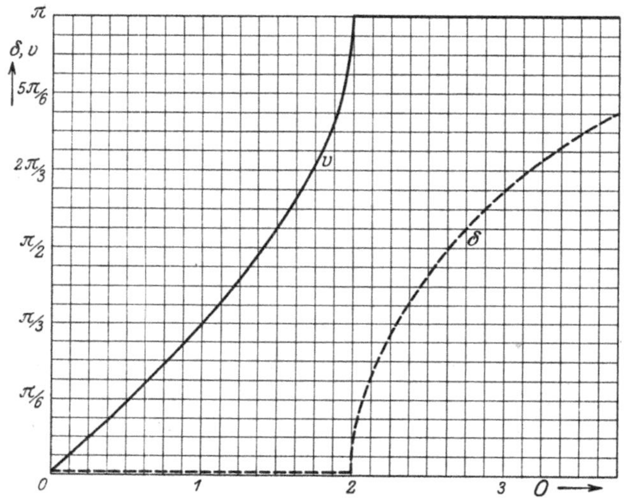

Abb. 302. Verlauf von Dämpfung und Phasenwinkel für eine Spulenkette.

Wird die kritische Frequenz überschritten, so ergibt sich

$$E_n = E_0 \cdot e^{-j\pi n} e^{-\delta n},$$

$$\bar{J}_n = \frac{E_0}{Z e^{j\frac{\pi}{2}}} e^{-j\pi n} e^{-\delta n}.$$

Die Phasenverschiebung zwischen Strom und Spannung beträgt stets 90°, daher wird

$$N_n = 0. \tag{37a}$$

W i r d d i e K e t t e o b e r h a l b d e r k r i t i s c h e n F r e q u e n z b e t r i e b e n , s o k a n n s i e k e i n e n E n e r g i e s t r o m l e i t e n.

210. Die Kondensatorkette ist die elektrodynamische Umkehr der Spulenkette. Abb. 303 stellt die Anordnung dar, welche sich von der Spulenkette durch Vertauschung von Induktivitäten und Kapazitäten innerhalb jeden Gliedes unterscheidet.

Sehen wir wiederum der Übersichtlichkeit halber vom Widerstande der Spulen ab, so gibt die Bedingung verschwindender Spannungen für ein Glied

$$E_n - E_{n+1} + E_{c_n} = E_n - E_{n+1} - \frac{1}{C}\int J_n\,dt = 0 \tag{38}$$

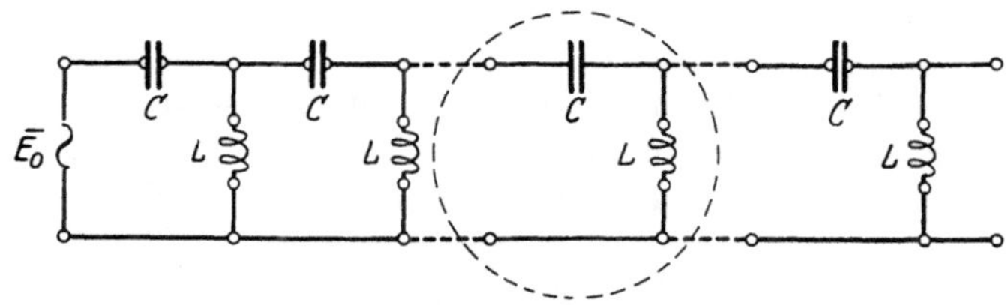

Abb. 303. Kondensatorkette.

oder in komplexer Form

$$\overline{E}_n - \overline{E}_{n+1} = \frac{1}{C\,j\,\omega}\overline{J}_n\,, \tag{38a}$$

also

$$\mathfrak{R} = \frac{1}{C\,j\,\omega}\,. \tag{38b}$$

Die Umlaufsspannung

$$-E_{u_{n+1}} = +E_{n+1}$$

wird in L durch den aus J_n und J_{n+1} resultierenden Strom entwickelt

$$-E_{u_{n+1}} = +L\frac{d(J_n - J_{n+1})}{dt}\,, \tag{39}$$

in komplexer Schreibweise

$$\overline{E}_{n+1} = -\overline{E}_{u_{n+1}} = L\,j\,\omega(\overline{J}_n - \overline{J}_{n+1})\,, \tag{39a}$$

also

$$\mathfrak{G} = \frac{1}{L\,j\,\omega}\,. \tag{39b}$$

Der Exponent α genügt also der Bestimmungsgleichung

$$\mathfrak{Cof}\,\alpha = 1 + \frac{\mathfrak{R}\,g}{2} = 1 + \frac{1}{(C\,j\,\omega)\,(L\,j\,\omega)\cdot 2} = 1 - \frac{1}{2\,\omega^2 LC} = 1 - \frac{1}{2}\cdot\frac{1}{O^2} \tag{40}$$

und durch Einsetzen von $\alpha = \delta + j\,v$

$$\mathfrak{Cof}\,\delta\cos v = 1 - \frac{1}{2\,O^2}\,, \tag{40a}$$

$$\mathfrak{Sin}\,\delta\sin v = 0\,. \tag{40b}$$

Diese Gleichungen sind unter Beachtung der Voraussetzung $D = 0$ mit (34a, b) formal identisch, wenn nur beachtet wird, daß in die Gleichungen der Spulenkette O^2, in die der Kondensatorkette dagegen $\frac{1}{O^2}$ eingeht. Daher ist sofort der Schluß gestattet:

Für die Kondensatorkette besteht eine kritische Betriebsfrequenz, welche durch

$$\left|1 - \frac{1}{2O^2}\right| \leqq 1, \tag{41}$$

also

$$O_{Kr}^2 = \tfrac{1}{4} \tag{41a}$$

gegeben ist. Oberhalb der kritischen Frequenz läßt die Kondensatorkette alle Strom- und Spannungswellen ungeschwächt durch; unterhalb der kritischen Frequenz werdenalle Wellen stark räumlich gedämpft. Zur Beurteilung dieser Verhältnisse kann Abb. 301 benutzt werden, wofern nur an Stelle von O für die Kondensatorkette $\frac{1}{O}$ als Abszisse genommen wird (Frequenzreziprozität).

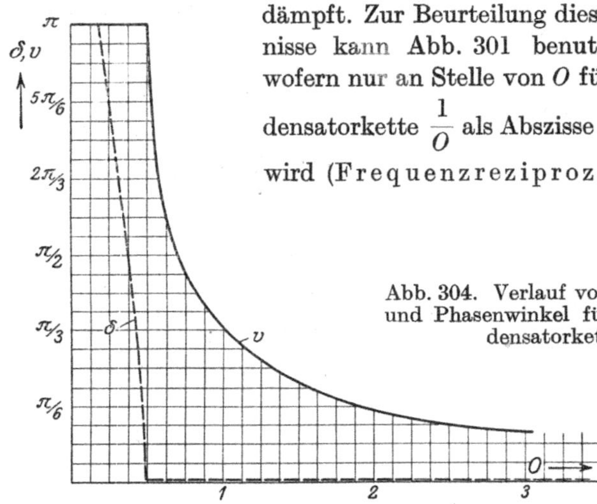

Abb. 304. Verlauf von Dämpfung und Phasenwinkel für eine Kondensatorkette.

Die Abhängigkeit des Phasenwinkels v und des Dämpfungsexponenten δ ist in Abb. 304 für die Kondensatorkette dargestellt.

Für das Widerstandsverhältnis erhalten wir

$$\mathfrak{Z} = \sqrt{\frac{\mathfrak{R}}{g}} = \sqrt{\frac{Lj\omega}{Cj\omega}} = Z, \tag{42}$$

also, wie oben, den konstanten Schwingungswiderstand eines Gliedes. Daher können alle oben durchgeführten Betrachtungen über die Größe des Energiestromes unverändert übernommen werden:

Für Betriebsfrequenzen oberhalb der kritischen Frequenz wird

$$N_n = \frac{E_0^2}{Z} \cdot \cos\frac{v}{2}. \tag{43}$$

Dagegen verschwindet der Energiestrom für Frequenzen unterhalb der kritischen Frequenz.

211. Die Siebkette. Die Siebkette vereinigt die Elemente der Kondensatorkette und der Spulenkette.

Eine erste Anordnung gibt Abb. 305 wieder. Jedes Reihenglied besteht aus einem Kondensator c mit einer Induktivität L in Hintereinanderschaltung. Hier wird also

$$E_n - E_{n+1} + E_{u_n} + E_{c_n} = 0$$

oder

$$E_n - E_{n+1} = L\frac{dJ_n}{dt} + \frac{1}{c}\int J_n\,dt \tag{44}$$

und in komplexer Form

$$\overline{E}_n - \overline{E}_{n+1} = \overline{J}_n\left(L j\omega + \frac{1}{cj\omega}\right) = \overline{J}_n \cdot \mathfrak{R} \tag{44a}$$

mit

$$\mathfrak{R} = Lj\omega + \frac{1}{cj\omega} = j\left(L\omega - \frac{1}{c\omega}\right). \tag{44b}$$

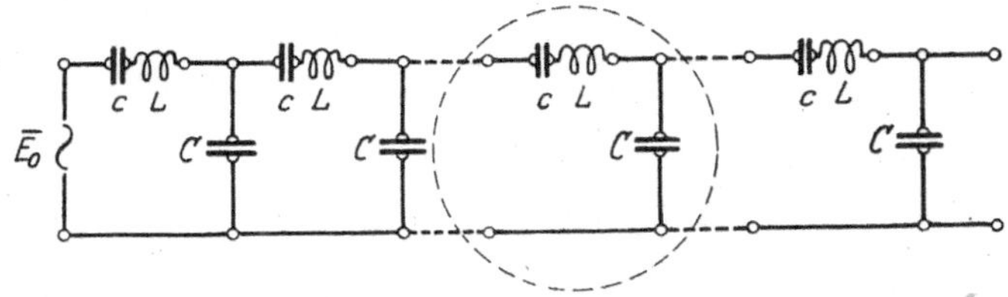

Abb. 305. Siebkette erster Art.

Der Exponent α folgt mit $\mathfrak{G} = Cj\omega$ aus Gl. (26b) zu

$$\mathfrak{Cof}\,\alpha = 1 + \frac{\mathfrak{R}\mathfrak{G}}{2} = 1 - \frac{C\omega\left(L\omega - \frac{1}{c\omega}\right)}{2} = 1 + \frac{1}{2}\cdot\frac{C}{c} - \frac{O^2}{2}, \tag{45}$$

also

$$\mathfrak{Cof}\,\delta\cos v = 1 + \frac{1}{2}\frac{C}{c} - \frac{O^2}{2}, \tag{45a}$$

$$\mathfrak{Sin}\,\delta\sin v = 0. \tag{45b}$$

Wieder sind also die beiden Fälle

a) $\mathfrak{Sin}\,\delta = 0, \quad \mathfrak{Cof}\,\delta = 1;$

b) $\sin v = 0, \quad \cos v = \pm 1$

zu unterscheiden. Die Funktion $\mathfrak{Cof}\,\delta \cdot \cos v$ erreicht (Abb. 306) für

$$O^2 = \frac{C}{c} \tag{46}$$

den Wert 1, nimmt mit wachsendem O^2 ab und nimmt für

$$O^2 = \frac{C}{c} + 4 \tag{46a}$$

den Wert -1 an. Daher kann der Fall $\mathfrak{Sin}\,\delta = 0$, also dämpfungsfreien Wellendurchtrittes, nur im Intervall

$$\frac{C}{c} \leqq O^2 \leqq \frac{C}{c} + 4 \tag{47}$$

stattfinden, während die Wellen außerhalb dieses Bereiches stark gedämpft werden.

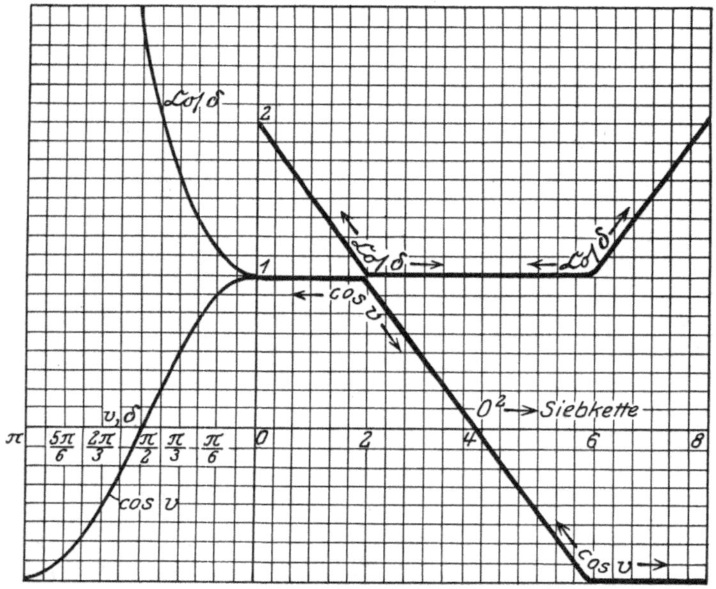

Abb. 306. Zur Ermittlung von Dämpfung und Phasenwinkel einer Siebkette. $\frac{C}{c} = 2$.

Führen wir in die Durchlässigkeitsbedingung (47) die Gliedfrequenz ω_1^2 wieder ein, so wird

$$\omega_1^2 \frac{C}{c} \leqq \omega^2 \leqq \omega_1^2 \frac{C}{c} + 4\,\omega_1^2 . \tag{47 a}$$

Durch Wahl des Verhältnisses $\frac{C}{c}$ können die Grenzen des Intervalls und die Intervallgröße beeinflußt werden. Insbesondere wird für

$$\frac{C}{c} \cdot \omega_1^2 \gg 4$$

das Intervall, für welches die Kette durchlässig ist, auf die unmittelbare Umgebung der Hauptfrequenz

$$\omega_h = \sqrt{\frac{C}{c}} \cdot \omega_1 = \sqrt{\frac{1}{c \cdot L}} \tag{47 b}$$

zusammengedrängt, während sich die „Maschenweite" zu

$$m = \left(\sqrt{4 + \frac{C}{c}} - \sqrt{\frac{C}{c}}\right)\omega_1 = \sim \sqrt{\frac{C}{c}}\,\omega_1\left(2\,\frac{c}{C}\right)\omega_1 = 2\sqrt{\frac{c}{C}}\cdot\omega_1 \qquad (47\,\mathrm{c})$$

oder in Prozenten der Hauptfrequenz

$$\mu = \frac{2\sqrt{\frac{c}{C}}\cdot\omega_1}{\sqrt{\frac{C}{c}}\cdot\omega_1}\,100 = 2\,\frac{c}{C}\cdot 100\% \qquad (47\,\mathrm{d})$$

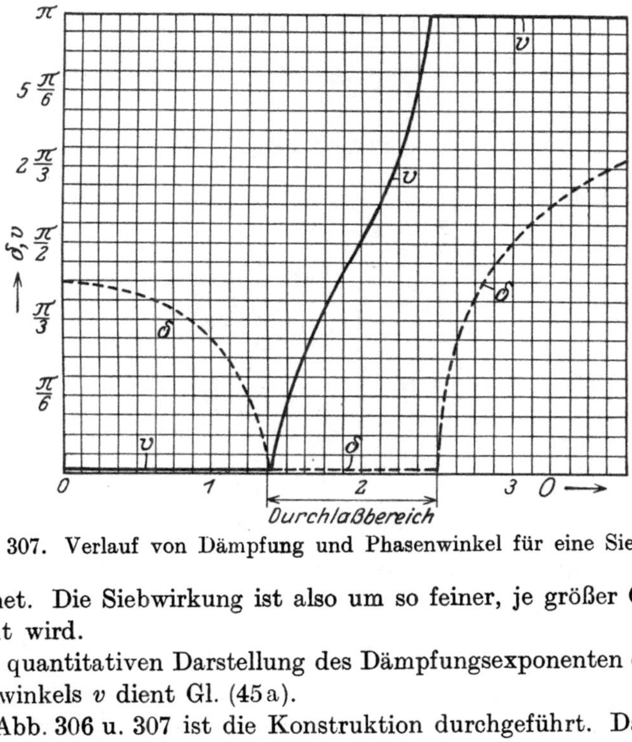

Abb. 307. Verlauf von Dämpfung und Phasenwinkel für eine Siebkette.

berechnet. Die Siebwirkung ist also um so feiner, je größer C gegen c gemacht wird.

Zur quantitativen Darstellung des Dämpfungsexponenten δ und des Phasenwinkels v dient Gl. (45a).

In Abb. 306 u. 307 ist die Konstruktion durchgeführt. Das Widerstandsverhältnis ist

$$\mathfrak{Z} = \sqrt{\frac{\mathfrak{R}}{\mathfrak{G}}} = \sqrt{\frac{L\omega - \frac{1}{c\,\omega}}{C\,\omega}} = \sqrt{\frac{L}{C} - \frac{1}{c\,C\,\omega^2}} = Z\sqrt{1 - \left(\frac{\omega_h}{\omega}\right)^2}\,. \qquad (48)$$

Im Frequenzintervall $\omega < \omega_h$ ist also Z rein imaginär

$$\mathfrak{Z} = j\,Z\sqrt{\left(\frac{\omega_h}{\omega}\right)^2 - 1}\,. \qquad (48\,\mathrm{a})$$

Da $\cos v = 1$ ist, gilt

$$\overline{E}_n = E_0 \cdot e^{-n\delta},$$

$$\overline{J}_n = \frac{E_0 \cdot e^{-n\delta}}{j Z \sqrt{\left(\frac{\omega_h}{\omega}\right)^2 - 1} \cdot e^{\frac{\delta}{2}}}.$$

Zwischen Strom und Spannung herrscht eine zeitliche Phasenverschiebung von 90°; der Energiestrom verschwindet.

Für $\omega > \omega_h$ dagegen wird $\mathfrak{Z}$ stets reell

$$\mathfrak{Z} = Z \sqrt{1 - \left(\frac{\omega_h}{\omega}\right)^2} \tag{48 b}$$

Wegen

$$1 \geqq \cos v \geqq -1$$

wird

$$1 \geqq \cos \frac{v}{2} \geqq 0.$$

Also erhalten wir

$$\overline{E}_n = E_0 \, e^{-jvn},$$

$$\overline{J}_n = \frac{E_0 \, e^{-jvn}}{Z \sqrt{1 - \left(\frac{\omega_h}{\omega}\right)^2} \cdot e^{\frac{jv}{2}}}.$$

Somit wird der Energiestrom

$$N_n = \frac{E_0^2 \cdot \cos \frac{v}{2}}{Z \sqrt{1 - \left(\frac{\omega_h}{\omega}\right)^2}}. \tag{49}$$

Beim Eintritt in das frequenzdurchlässige Gebiet ($\omega = \omega_h$) nimmt also der Energiestrom der dämpfungsfreien Siebkette über alle Grenzen zu, beim Austritt dagegen $\left(\cos \frac{v}{2} \neq 0\right)$ verschwindet er. Die erste Erscheinung ist als Spannungsresonanz des aus L und c gebildeten Schwingungskreises zu deuten (Nr. 156), welcher die Hauptfrequenz als Eigenfrequenz besitzt, während die Stelle verschwindenden Energiestromes durch die Theorie der Spulenleitung als kritische Frequenz des aus C und der Kombination hintereinandergeschalteter Spule L und Kondensators c bekannt ist.

Eine zweite Art von Siebketten entsteht aus der Spulenkette durch Parallelschaltung der Induktivität l zu der Kapazität C (Abb. 308).

Der Reihenwiderstand dieser Ketten ist derselbe wie der Reihenwiderstand der Spulenketten

$$\mathfrak{R} = j \omega L. \tag{50}$$

Den Strom durch den Leitwert zerlegen wir in die Anteile des Kondensatorstromes

$$\overline{J}_C = -j\,\omega\,C\,\overline{E}_C = -j\,\omega\,C\cdot\overline{E}_n$$

und den zur Erzeugung der Umlaufsspannung längs l erforderlichen magnetisierenden Strom

$$\overline{J}_l = -\frac{\overline{E}_{u_l}}{j\,\omega\,l} = \frac{\overline{E}_n}{j\,\omega\,l},$$

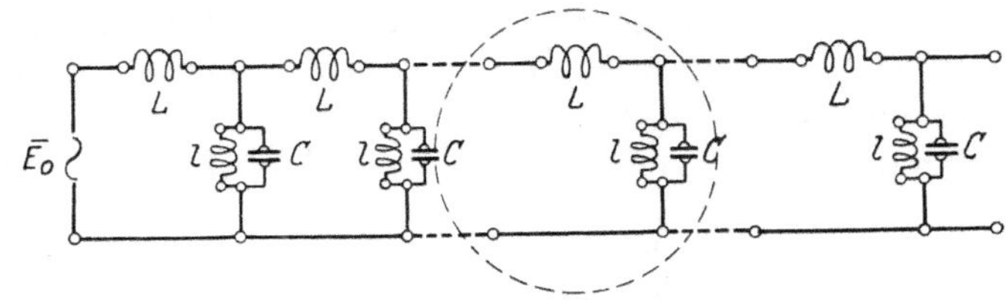

Abb. 308. Siebkette zweiter Art.

wo wegen der Parallelschaltung

$$\overline{E}_C = -\overline{E}_{u_l} = \overline{E}_n$$

ist. Der Gesamtstrom durch die aus C und l gebildete Kombination beträgt

$$\overline{J} = \overline{J}_l - \overline{J}_C = \overline{E}_n\left(j\,\omega\,C - \frac{1}{j\,\omega\,l}\right), \tag{51}$$

so daß der Leitwert sich zu

$$\mathfrak{G} = j\left(\omega\,C - \frac{1}{\omega\,l}\right) \tag{51 a}$$

berechnet. Aus (50) und (51 a) resultiert für α die Bestimmungsgleichung

$$\mathfrak{Cof}\,\alpha = 1 - \frac{\omega\,L\,C}{2} + \frac{L}{l} = 1 + \frac{1}{2}\frac{L}{l} - \frac{O^2}{2}. \tag{52}$$

Diese Gleichung ist (45) äquivalent, sofern man $\frac{L}{l}$ mit $\frac{C}{c}$ identifiziert. Hieraus folgt, daß auch diese Kette eine „Hauptfrequenz" besitzt

$$\omega_h^2 = \frac{1}{l\cdot C}, \tag{53}$$

auf deren Umgebung das Gebiet der Frequenzdurchlässigkeit beschränkt ist. Sowohl die Höhe der Hauptfrequenz als auch die Maschenweite

$$\mu = 2\,\frac{l}{L}\cdot 100\% \tag{53 a}$$

können durch Wahl des Verhältnisses $\frac{l}{L}$ weitgehend beeinflußt werden.

Für das Widerstandsverhältnis finden wir

$$\mathfrak{Z} = \sqrt{\frac{\mathfrak{R}}{\mathfrak{G}}} = \sqrt{\frac{j\,\omega L}{j\left(\omega C - \frac{1}{\omega l}\right)}} = Z\sqrt{\frac{1}{1-\left(\frac{\omega_h}{\omega}\right)^2}}\,. \tag{54}$$

Ist $\omega < \omega_h$, so wird $\mathfrak{Z}$ rein imaginär; da in dem gleichen Frequenzintervall $\cos v = 1$ gilt, beträgt die Phasenverschiebung zwischen Strom und Spannung 90°, der Energiestrom verschwindet.

Wird $\omega = \omega_h$, so wächst Z über alle Grenzen an. Diese Erscheinung ist nach Gl. (51) als Stromresonanz des aus l und C bestehenden Schwingungskreises mit der Betriebsfrequenz zu deuten (Nr. 157).

Überschreitet ω die Hauptfrequenz, so bleibt Z stets reell. Im Intervall

$$\omega_h^2 \leqq \omega^2 \leqq \omega_h^2 + 4 \tag{55}$$

nimmt entsprechend der Beziehung

$$1 \geqq \cos v \geqq -1$$

der Winkel $\frac{v}{2}$ von 0° bis 90° zu. Daher gilt für die Leistung nach (54)

$$N_n = E_{n_{\mathrm{eff}}} J_{n_{\mathrm{eff}}} \cdot \cos\frac{v}{2}\; \frac{E_{n\,\mathrm{eff}}^2}{Z\sqrt{\frac{1}{1-\left(\frac{\omega_h}{\omega}\right)^2}}} \cdot \cos\frac{v}{2} \geqq 0\,, \tag{56}$$

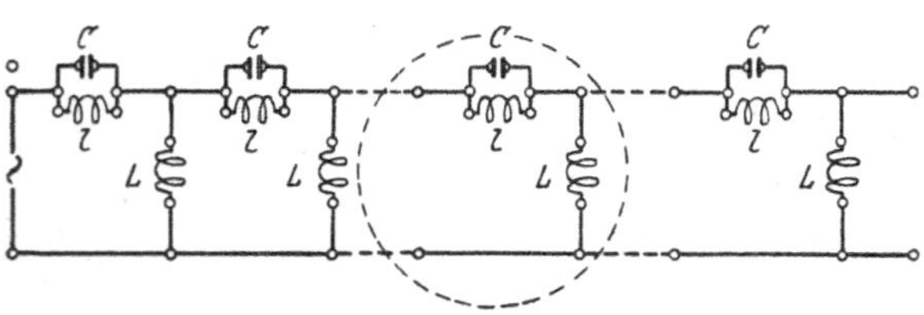

Abb. 309. Wellenschlucker.

wobei die Grenze 0 gerade an der Grenze des Frequenzintervalls (55) erreicht wird.

Wächst die Frequenz noch weiter an, so bleibt $\cos\frac{v}{2}$ bei 0 liegen. Die Kette arbeitet dann wie eine Spulenkette, der Energiestrom bleibt dauernd gleich Null.

In Analogie zu der Frequenzreziprozität Spulenkette-Kondensatorkette existiert als elektrodynamische Umkehrung der Siebkette der in Abb. 309 dargestellte „Wellenschlucker“. Er besitzt die Eigenschaft, innerhalb einer gewissen Maschenweite alle Wellen abzudämpfen, dagegen Wellen von höherer oder niedrigerer Frequenz ungeschwächt passieren zu lassen[1]).

Die in Nr. 209, 210, 211 gefundenen Gesetze lassen sich ohne Änderung mit Benutzung der Ergebnisse der Transformatorentheorie

[1]) Der Leser führe den Beweis selbst durch!

Nr. (158) auf Ketten übertragen, welche nach Abb. 310 aus einzelnen Schwingungskreisen zusammengesetzt sind.

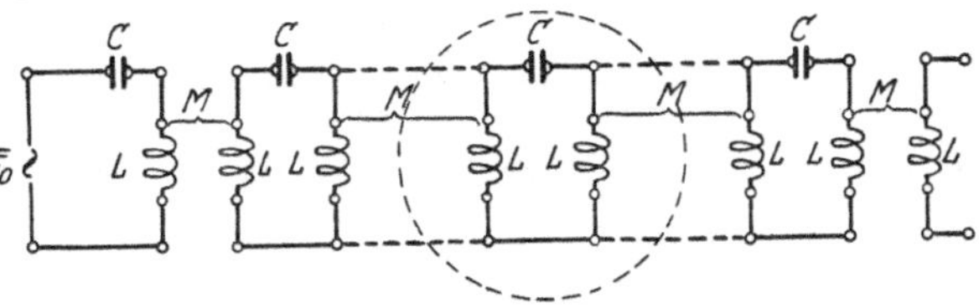

Abb. 310. Aus einzelnen Schwingungskreisen bestehende Schwingungskette.

212. Vierpolketten; Umkehrungssatz. Unter einem Vierpol verstehen wir ein Linearsystem, welches zwei Primär- und zwei Sekundärklemmen besitzt, im übrigen aber beliebig zusammengesetzt ist. Dieser Vierpol sei durch die in Nr. 151 und 159 benutzten Gleichungen

$$\overline{E}_1 = \mathfrak{u}_0 \overline{E}_2 + \mathfrak{u}_k \mathfrak{z}_k \cdot \overline{J}_2 , \tag{57}$$

$$\overline{J}_1 = \mathfrak{u}_0 \cdot \mathfrak{y}_0 \overline{E}_2 + \mathfrak{u}_k \overline{J}_2 \tag{58}$$

definiert. Unter einer Vierpolkette verstehen wir ein nach Abb. 311 aus der Reihenschaltung z gleicher Vierpole entstehendes Gebilde; es um-

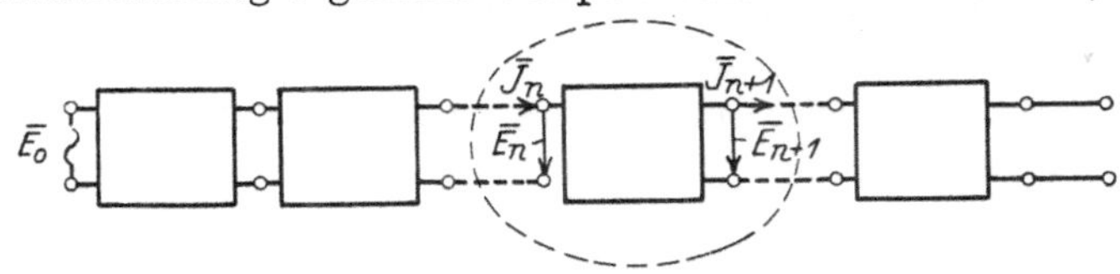

Abb. 311. Vierpolkette.

faßt offenbar bei geeigneter Benennung der Glieder die vorstehend behandelten Schwingketten als Sonderfall.

Für ein beliebig herausgegriffenes Kettenglied n gelten die Gl. (57), (58) nachdem der Index 1 durch n, 2 durch $(n + 1)$ ersetzt ist,

$$\overline{E}_n = \mathfrak{u}_0 \overline{E}_{n+1} + \mathfrak{u}_k \mathfrak{z}_k \overline{J}_{n+1} , \tag{57a}$$

$$\overline{J}_1 = \mathfrak{u}_0 \mathfrak{y}_0 \cdot \overline{E}_{n+1} + \mathfrak{u}_k \overline{J}_{n+1} . \tag{58a}$$

Mit dem Ansatz

$$\overline{E}_n = \overline{E}_0 \cdot e^{\alpha n}; \qquad \overline{J}_n = \overline{J}_0 \cdot e^{\alpha n} \tag{59}$$

folgt aus (57a, 58a)

$$\overline{E}_0 \cdot e^{\alpha n}[1 - \mathfrak{u}_0 \cdot e^{\alpha}] - \mathfrak{u}_k \cdot \mathfrak{z}_k \overline{J}_0 \cdot e^{\alpha} \cdot e^{\alpha n} = 0 , \tag{57b}$$

$$- \mathfrak{u}_0 \mathfrak{y}_0 \overline{E}_0 \cdot e^{\alpha n} \cdot e^{\alpha} + \overline{J}_0 [1 - \mathfrak{u}_k \cdot e^{\alpha}] = 0 . \tag{58b}$$

Dieses Gleichungssystem führt nur dann zu endlichen Werten von Strom und Spannung, wenn

$$[1 - \mathfrak{u}_0 e^{\alpha}] [1 - \mathfrak{u}_k e^{\alpha}] - \mathfrak{u}_0 \mathfrak{y}_0 \cdot \mathfrak{u}_k \mathfrak{z}_k \cdot e^{2\alpha} = 0 \tag{60}$$

erfüllt ist. Setzen wir die Determinante

$$\Delta = \mathfrak{u}_0 \cdot \mathfrak{u}_k - \mathfrak{u}_0 \mathfrak{y}_0 \cdot \mathfrak{u}_k \mathfrak{z}_k = e^{\delta}, \tag{61}$$

so kommt

$$1 - [\mathfrak{u}_0 + \mathfrak{u}_k] e^{\alpha} + \Delta \cdot e^{2\alpha} = 0 \tag{60 a}$$

oder nach Division mit $\sqrt{\Delta} \cdot e^{\alpha}$ und Einführung der Schreibweise (61)

$$e^{-\alpha} \cdot e^{-\frac{\delta}{2}} + e^{+\alpha} e^{+\frac{\delta}{2}} \equiv 2 \operatorname{Cof}\left(\alpha + \frac{\delta}{2}\right) = \frac{\mathfrak{u}_0 + \mathfrak{u}_k}{\sqrt{\Delta}}. \tag{60 b}$$

Gilt insbesondere

$$\Delta = 1; \qquad \delta = 0, \tag{61 a}$$

so vereinfacht sich (60 b) in

$$\operatorname{Cof} \alpha = \tfrac{1}{2} (\mathfrak{u}_0 + \mathfrak{u}_k). \tag{60 c}$$

Diese Beziehung liefert, da $\operatorname{Cof} \alpha$ eine g e r a d e Funktion von α, stets zwei entgegengesetzt gleiche Wurzeln $\alpha_1 = -\alpha_2$. In einer Vierpolkette der Eigenschaft $\Delta = 1$ wird daher die Strom- und Spannungsverteilung durch je eine vorwärts und rückwärts schreitende Welle gleicher Fortpflanzungsgeschwindigkeit und gleicher räumlicher Dämpfung dargestellt: Die Kette verhält sich gleichmäßig für Energieströmungen in Richtung Anfang—Ende und Ende—Anfang, sie ist u m k e h r b a r. Die notwendige und hinreichende Bedingung der Umkehrbarkeit ist durch $\Delta = 1$ gegeben[1]).

Ist

$$\Delta \neq 1; \qquad \delta \neq 0, \tag{61 b}$$

so setzen wir

$$\bar{\alpha} = \alpha + \frac{\delta}{2} \tag{62}$$

und erhalten aus Gl. (60 b)

$$\operatorname{Cof} \bar{\alpha} = \frac{1}{2} \frac{\mathfrak{u}_0 + \mathfrak{u}_k}{\sqrt{\Delta}}, \tag{60 d}$$

deren Wurzeln zwei entgegengesetzt gleiche Werte $\bar{\alpha}_1 = -\bar{\alpha}_2$ sind. Zusammen mit (62) folgen hieraus zwei ungleiche α-Werte

$$\alpha_1 = \bar{\alpha}_1 - \frac{\delta}{2}; \qquad \alpha_2 = -\bar{\alpha}_1 - \frac{\delta}{2}. \tag{63}$$

Bei Vierpolketten der Eigenschaft (61 b) werden daher sowohl Fortpflanzungsgeschwindigkeit als räumliche Dämpfung in beiden Richtungen der Kette verschieden, das System ist nicht umkehrbar.

---

[1]) Der Leser führe die ausgesprochenen Sätze an dem in Nr. 208 gegebenen System durch!

213. Nicht umkehrbare Vierpolketten; Transformation der Vierpolkonstanten. Mit den Fortpflanzungskonstanten α_1 und α_2 läßt sich der allgemeinste Zustand auf der Kette durch

$$\overline{E}_n = \overline{E}_a \cdot e^{\alpha_1 n} + \overline{E}_b \cdot e^{\alpha_2 n}, \tag{64}$$

$$\overline{J}_n = \overline{J}_a \cdot e^{\alpha_1 n} + \overline{J}_b \cdot e^{\alpha_2 n} \tag{65}$$

darstellen; hierbei bestimmen sich die Ströme aus den Spannungen mittels der aus (57a) folgenden Verhältnissen

$$\frac{\overline{J}_{na}}{\overline{E}_{na}} = \frac{1}{\mathfrak{Z}_a} = \frac{1 - \mathfrak{U}_0 \cdot e^{\alpha_1}}{\mathfrak{U}_k \mathfrak{z}_k \cdot e^{\alpha_1}}; \qquad \frac{\overline{J}_{nb}}{\overline{E}_{nb}} = \frac{1}{\mathfrak{Z}_b} = \frac{1 - \mathfrak{U}_0 \cdot e^{\alpha_2}}{\mathfrak{U}_k \mathfrak{z}_k \cdot e^{\alpha_2}}, \tag{66}$$

welche im allgemeinen nicht nur dem Vorzeichen, sondern auch dem Betrage nach voneinander abweichen. Für eine z-gliedrige Kette sind daher insbesondere Anfangsgrößen ($n = 0$) und Endgrößen ($n = z$) durch die Beziehung verknüpft

$$\left.\begin{aligned} \overline{E}_z &\equiv \overline{E}_{z_a} + \overline{E}_{z_b} = \overline{E}_a \cdot e^{\alpha_1 z} + \overline{E}_b \cdot e^{\alpha_2 z}; \quad \overline{E}_a = \overline{E}_{z_a} \cdot e^{-\alpha_1 z}, \quad \overline{E}_b = \overline{E}_{z_b} \cdot e^{-\alpha_2 z}, \\ \overline{J}_z &\equiv \overline{J}_{z_a} + \overline{J}_{z_b} = \frac{\overline{E}_a}{\mathfrak{Z}_a} \cdot e^{\alpha_1 z} + \frac{\overline{E}_b}{\mathfrak{Z}_b} \cdot e^{\alpha_2 z}; \quad \overline{J}_a = \frac{\overline{E}_{z_a} \cdot e^{-\alpha_1 z}}{\mathfrak{Z}_a}, \quad \overline{J}_b = \frac{\overline{E}_{z_b} \cdot e^{-\alpha_2 z}}{\mathfrak{Z}_b}. \end{aligned}\right\} \tag{67}$$

Diese Gleichungen ermöglichen es, das ganze z-gliedrige Vierpolsystem auf einen einzigen resultierenden Vierpol der Konstanten $\mathfrak{U}_0$, $\mathfrak{U}_k$, $\mathfrak{Y}_0$, $\mathfrak{Z}_k$ zu reduzieren. Hierzu ist nach (57, 58) zu setzen

$$\left.\begin{aligned} e^{-\alpha_1 z} &= \mathfrak{U}_0 + \frac{\mathfrak{U}_k \mathfrak{Z}_k}{\mathfrak{Z}_a}; \qquad & e^{-\alpha_2 z} &= \mathfrak{U}_0 + \frac{\mathfrak{U}_k \mathfrak{Z}_k}{\mathfrak{Z}_b}, \\ \frac{e^{-\alpha_1 z}}{\mathfrak{Z}_a} &= \mathfrak{U}_0 \mathfrak{Y}_0 + \frac{\mathfrak{U}_k}{\mathfrak{Z}_a}; \qquad & \frac{e^{-\alpha_2 z}}{\mathfrak{Z}_b} &= \mathfrak{U}_0 \mathfrak{Y}_0 + \frac{\mathfrak{U}_k}{\mathfrak{Z}_b}, \end{aligned}\right\} \tag{68}$$

woher leicht die Transformationsformeln folgen

$$\left.\begin{aligned} \mathfrak{U}_0 &= \frac{\mathfrak{Z}_a \cdot e^{-\alpha_1 z} - \mathfrak{Z}_b \cdot e^{-\alpha_2 z}}{(\mathfrak{Z}_a - \mathfrak{Z}_b)}, \\ \mathfrak{U}_k &= \frac{\dfrac{e^{-\alpha_1 z}}{\mathfrak{Z}_a} - \dfrac{e^{-\alpha_2 z}}{\mathfrak{Z}_b}}{\dfrac{1}{\mathfrak{Z}_a} - \dfrac{1}{\mathfrak{Z}_b}}, \\ \mathfrak{Y}_0 &= \frac{e^{-\alpha_1 z} - e^{-\alpha_2 z}}{\mathfrak{Z}_a \cdot e^{-\alpha_1 z} - \mathfrak{Z}_b \cdot e^{-\alpha_2 z}}, \\ \mathfrak{Z}_k &= \frac{e^{-\alpha_1 z} - e^{-\alpha_2 z}}{\dfrac{e^{-\alpha_1 z}}{\mathfrak{Z}_a} - \dfrac{e^{-\alpha_2 z}}{\mathfrak{Z}_b}}. \end{aligned}\right\} \tag{69}$$

B. Die Strahlung.

Einleitung in die Strahlungstheorie.

214. Die partiellen Differentialgleichungen der Elektrodynamik. Strahlung heißt diejenige Energieströmung, welche die Umgebung statischer Feldträger verläßt und in den Raum übertritt.

Die Grundlage der Strahlungstheorie bilden daher nicht die statischen Feldgleichungen und die aus ihnen abgeleiteten Begriffe der Kapazität und Induktivität, sondern die Feldgleichungen der Dynamik. Um aus ihnen weitere Schlüsse ziehen zu können, ist es zweckmäßig, von den allgemeinen Gleichungen der Nr. 7 und 8 auf die für ein Raumelement gültigen Beziehungen überzugehen.

In den Feldraum legen wir ein rechtswindiges Koordinatensystem x, y, z. Die entsprechenden Komponenten der Feldvektoren werden durch die Indizes x, y, z bezeichnet. Als Raumelement, für welches wir die Feldgleichungen anschreiben wollen, diene das Parallelepiped der Kantenlängen dx, dy, dz.

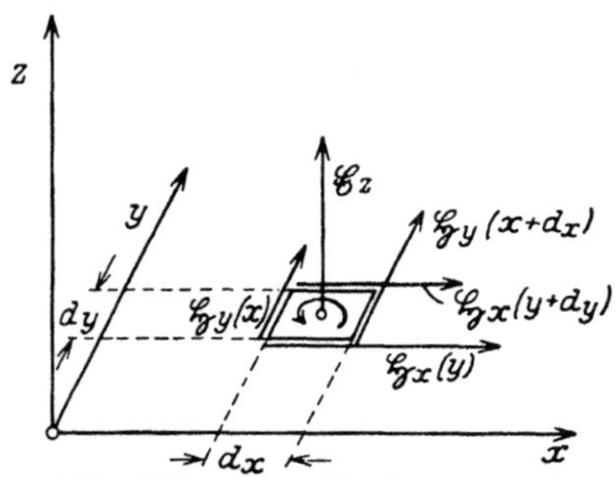

Abb. 312. Zur Umformung des Durchflutungsgesetzes in Differentialform.

1. Das Durchflutungsgesetz. Durch das Rechteck dx, dy tritt der Verschiebungsstrom (Abb. 312)

$$J_v = \frac{\partial \mathfrak{D}_z \cdot dx \cdot dy}{\partial t} = \varepsilon \frac{\partial \mathfrak{E}}{\partial}$$

Hierzu kommt der Le

$$J_l = \mathfrak{i}_z \cdot dx \cdot$$

Für die magnetische Umlaufsspannung gilt (Abb. 312)

$$M = \mathfrak{H}_{y_{(x+dx)}} \cdot dy - \mathfrak{H}_{x_{(y+dy)}} \cdot dx - \mathfrak{H}_{y_{(x)}} \cdot dy + \mathfrak{H}_{x_{(y)}} \cdot d$$
$$= \left(\frac{\partial \mathfrak{H}_y}{\partial x} - \frac{\partial \mathfrak{H}_x}{\partial y}\right) dx\, dy\,.$$

Die Gleichheit der Umlaufsspannung mit der Summe aus Leitungsstrom und Verschiebungsstrom liefert

$$\varepsilon \frac{\partial \mathfrak{E}_z}{\partial t} + \mathfrak{i}_z = \frac{\partial \mathfrak{H}_y}{\partial x} - \frac{\partial \mathfrak{H}_x}{\partial y}\,. \tag{1z}$$

Die entsprechenden Komponentengleichungen der x- und y-Achse erhält man durch zyklische Vertauschung der Indizes zu

$$\varepsilon \frac{\partial \mathfrak{E}_x}{\partial t} + \mathfrak{i}_x = \frac{\partial \mathfrak{H}_z}{\partial y} - \frac{\partial \mathfrak{H}_y}{\partial z}\,, \tag{1x}$$

$$\varepsilon \frac{\partial \mathfrak{E}_y}{\partial t} + \mathfrak{i}_y = \frac{\partial \mathfrak{H}_x}{\partial z} - \frac{\partial \mathfrak{H}_z}{\partial x}\,. \tag{1y}$$

2. Das Induktionsgesetz. Durch das Rechteck $dx\,dy$ tritt der magnetische Verschiebungsstrom

$$J_v = -\frac{\partial \mathfrak{B}_z}{\partial t} \cdot 10^{-8}$$

oder, bei Beschränkung auf nicht ferromagnetische Körper,

$$J_v = -\frac{\partial(\mu \cdot \mathfrak{H}_z)}{\partial t} \cdot 10^{-8} = -\frac{\partial \mathfrak{H}_z}{\partial t} \cdot \mu \cdot 10^{-8}.$$

Die elektrische Umlaufsspannung folgt aus der magnetischen M durch Vertauschung von $\mathfrak{H}$ mit $\mathfrak{E}$

$$E_u = \frac{\partial \mathfrak{E}_y}{\partial x} - \frac{\partial \mathfrak{E}_x}{\partial y}.$$

Aus der Gleichheit der Umlaufsspannung mit dem Verschiebungsstrom folgt

$$-\frac{\partial \mathfrak{H}_z}{\partial t} \cdot \mu \cdot 10^{-8} = \frac{\partial \mathfrak{E}_y}{\partial x} - \frac{\partial \mathfrak{E}_x}{\partial y} \tag{2z}$$

und durch zyklische Vertauschung

$$-\frac{\partial \mathfrak{H}_x}{\partial t} \cdot \mu \cdot 10^{-8} = \frac{\partial \mathfrak{E}_z}{\partial y} - \frac{\partial \mathfrak{E}_y}{\partial z}, \tag{2x}$$

$$-\frac{\partial \mathfrak{H}_y}{\partial t} \cdot \mu \cdot 10^{-8} = \frac{\partial \mathfrak{E}_x}{\partial z} - \frac{\partial \mathfrak{E}_z}{\partial x}. \tag{2y}$$

215. Krummlinige Orthogonalkoordinaten eines Raumpunktes heißen die Zahlen u, v, w, deren gleichzeitige Werte die rechtwinkligen Koordinaten x, y, z dieses Punktes umkehrbar mittels der Funktionen

$$\left.\begin{aligned} x &= x(u, v, w) \\ y &= y(u, v, w) \\ z &= z(u, v, w) \end{aligned}\right\} \tag{3}$$

bestimmen, wobei die durch einen Punkt gehenden Flächen $u =$ konst., $v =$ konst., $w =$ konst. aufeinander senkrecht stehen.

Sei du, dv, dw der „Abstand" benachbarter Punkte in krummlinigen Orthogonalkoordinaten, so wird die in rechtwinkligen Koordinaten gemessene Bogenlänge des Stückes du

$$ds_u = \sqrt{\left(\frac{\partial x}{\partial u}\right)^2 + \left(\frac{\partial y}{\partial u}\right)^2 + \left(\frac{\partial z}{\partial u}\right)^2} \cdot du = U \cdot du\,; \quad U = \sqrt{\left(\frac{\partial x}{\partial u}\right)^2 + \left(\frac{\partial y}{\partial u}\right)^2 + \left(\frac{\partial z}{\partial u}\right)^2}$$

Ebenso folgen die Bogenlängen der Stücke dv und dw

$$ds_v = V \cdot dv\,; \qquad V = \sqrt{\left(\frac{\partial x}{\partial v}\right)^2 + \left(\frac{\partial y}{\partial v}\right)^2 + \left(\frac{\partial z}{\partial v}\right)^2},$$

$$ds_w = W \cdot dw\,; \qquad W = \sqrt{\left(\frac{\partial x}{\partial w}\right)^2 + \left(\frac{\partial y}{\partial w}\right)^2 + \left(\frac{\partial z}{\partial w}\right)^2}. \tag{4}$$

Wir formen die Feldgleichungen der Elektrodynamik auf krummlinige Orthogonalkoordinaten um. Hierzu übertragen wir die im vorigen Abschnitt am Parallelepiped dx, dy, dz durchgeführten Überlegungen auf das krummlinige Parallelepiped ds_u, ds_v, ds_w.

1. Das Durchflutungsgesetz. Durch das Rechteck

$$ds_u \cdot ds_v = (U du) \cdot (V dv)$$

tritt der Verschiebungsstrom

$$J_w = \frac{\partial \mathfrak{D}_w}{\partial t} \cdot ds_u \cdot ds_v = \varepsilon \frac{\partial \mathfrak{E}_w}{\partial t} \cdot U du \cdot V dv$$

und der Leitungsstrom

$$J_l = \mathfrak{i}_w \cdot ds_u \cdot ds_v = \varkappa \mathfrak{E}_w \cdot U du \cdot V dv .$$

Die magnetische Umlaufsspannung wird

$$M = (\mathfrak{H}_v \cdot ds_v)_{u+du} - (\mathfrak{H}_u \cdot ds_u)_{v+dv} - (\mathfrak{H}_v \cdot ds_v)_u + (\mathfrak{H}_u \cdot ds_u)_v$$
$$= \frac{\partial(\mathfrak{H}_v \cdot V)}{\partial u} \cdot du \cdot dv - \frac{\partial(\mathfrak{H}_u \cdot U)}{\partial v} \cdot dv \cdot du ,$$

also liefert das Durchflutungsgesetz

$$\varepsilon \cdot \frac{\partial \mathfrak{E}_w}{\partial t} + \varkappa \mathfrak{E}_w = \frac{1}{U \cdot V} \cdot \left[\frac{\partial(\mathfrak{H}_v \cdot V)}{\partial u} - \frac{\partial(\mathfrak{H}_u \cdot U)}{\partial v}\right] \tag{5w}$$

und durch zyklische Vertauschung

$$\varepsilon \cdot \frac{\partial \mathfrak{E}_u}{\partial t} + \varkappa \mathfrak{E}_u = \frac{1}{V \cdot W} \cdot \left[\frac{\partial(\mathfrak{H}_w \cdot W)}{\partial v} - \frac{\partial(\mathfrak{H}_v \cdot V)}{\partial w}\right], \tag{5u}$$

$$\varepsilon \cdot \frac{\partial \mathfrak{E}_v}{\partial t} + \varkappa \mathfrak{E}_v = \frac{1}{W \cdot U} \left[\frac{\partial(\mathfrak{H}_u \cdot U)}{\partial w} - \frac{\partial(\mathfrak{H}_w \cdot W)}{\partial u}\right]. \tag{5v}$$

2. Das Induktionsgesetz. Durch das Rechteck $ds_u \cdot ds_v$ tritt der magnetische Verschiebungsstrom

$$J_v = -\frac{\partial \mathfrak{B}_w}{\partial t} \cdot 10^{-8} \cdot U du \cdot V dv = -\frac{\partial \mathfrak{H}_w}{\partial t} \cdot \mu \cdot 10^{-8} \cdot U du \cdot V dv .$$

Die elektrische Umlaufsspannung längs der Rechtecksberandung geht nach Vertauschung von $\mathfrak{H}$ mit $\mathfrak{E}$ aus M hervor

$$E_u = \frac{\partial(\mathfrak{E}_v \cdot V)}{\partial u} du \, dv - \frac{\partial(\mathfrak{E}_u \cdot U)}{\partial v} \cdot dv \cdot du .$$

Das Induktionsgesetz fordert

$$-\frac{\partial \mathfrak{H}_w}{\partial t} \cdot \mu \cdot 10^{-8} = \frac{1}{U \cdot V} \left[\frac{\partial(\mathfrak{E}_v \cdot V)}{\partial u} - \frac{\partial(\mathfrak{E}_u \cdot U)}{\partial v}\right] \tag{6w}$$

und durch zyklische Vertauschung

$$-\frac{\partial \mathfrak{H}_u}{\partial t}\cdot\mu\cdot 10^{-8}=\frac{1}{V\cdot W}\left[\frac{\partial(\mathfrak{E}_w\cdot W)}{\partial v}-\frac{\partial(\mathfrak{E}_v\cdot V)}{\partial w}\right], \qquad (6\,u)$$

$$-\frac{\partial \mathfrak{H}_v}{\partial t}\cdot\mu\cdot 10^{-8}=\frac{1}{W\cdot U}\left[\frac{\partial(\mathfrak{E}_u\cdot U)}{\partial w}-\frac{\partial(\mathfrak{E}_w\cdot W)}{\partial u}\right]. \qquad (6\,v)$$

Die partiellen Differentialgleichungen (1) und (2) sowie (5) und (6) bilden die analytische Grundlage der Strahlungstheorie.

I. Leitungsgerichtete Strahlung.

1. Grundlagen.

216. Definition der leitungsgerichteten Strahlung. Leitungsgerichtete Strahlung heißt die längs eines Mehrfachleitersystems (Nr. 21) erfolgende Strahlung mit der besonderen Eigenschaft verschwindenden Magnetfeldes in der Leitererstreckung.

Damit kräftige Verschiebungsströme zur Leitung der Energie zustande kommen, werden die Leiter des Mehrfachleitersystemes in einen Nichtleiter des elektrischen Stromes eingelagert.

Wir nennen die Längserstreckungsrichtung der Leiter die Leitungsachse, jede dazu senkrechte Ebene eine Querschnittsebene. In die Leitungsachse legen wir die z-Achse eines rechtwinkligen Koordinatensystems, in eine Querschnittsebene die x- und y-Achse. Die Grundbedingung der leitungsgerichteten Strahlung lautet also

$$\mathfrak{H}_z = 0\,. \qquad (7)$$

Der gesamte Energiestrom $\mathfrak{S}$ kann daher in zwei Komponenten zerlegt werden, entsprechend der Komponente der elektrischen Feldstärke in Richtung der Leitungsachse $\mathfrak{E}_z$ und der Komponente $\mathfrak{E}_{xy}$ in der Querschnittsebene

$$\mathfrak{S}_z = [\mathfrak{E}_{x,y}\cdot\mathfrak{H}_{x,y}]\,, \qquad \mathfrak{S}_{x,y} = [\mathfrak{E}_z\cdot\mathfrak{H}_{x,y}]\,.$$

In den meisten Fällen sorgt man durch möglichst hohe Leitfähigkeit des gesamten Leitungsmateriales für eine kleine Feldkomponente $\mathfrak{E}_z$. Hier wird der Anteil $\mathfrak{S}_z$ der Energieströmung außerordentlich groß gegenüber $\mathfrak{S}_{x,y}$; die Energieströmung erfolgt also vorwiegend in der Richtung der Leitungsachse.

217. Grundgleichungen des dämpfungsfreien Mehrfachleitersystems. Die Gesetze der leitungsgerichteten Strahlung nehmen ihre einfachste Form für „vollkommene“ Leiter mit unendlich großer Leitfähigkeit an. Im Innern des vollkommenen Leiters kann ein elektromagnetisches Feld nicht bestehen. Die Leitungsströmung drängt sich auf die Oberflächenschicht der Leiter zusammen. Die hierdurch gegebene Grenzbedingung gegen den Träger der Verschiebungsströme lautet

$$\mathfrak{E}_z = 0\,, \tag{8}$$

da ein endlicher Strom am widerstandslosen Leiter keinen Spannungsabfall hervorrufen kann.

Da das Feld im Leiterinnern verschwindet, beschränkt sich das Gesamtfeld auf den Verschiebungsraum. Wir erhalten die für ihn gültigen Feldgleichungen aus (1), (2) unter Streichung der Leitungsströme und Berücksichtigung der Voraussetzung (7) und der Annahme (8) zu

$$\left.\begin{aligned} 0 &= \frac{\partial \mathfrak{H}_y}{\partial x} - \frac{\partial \mathfrak{H}_x}{\partial y}\,,\\ \varepsilon \frac{\partial \mathfrak{E}_x}{\partial t} &= -\frac{\partial \mathfrak{H}_y}{\partial z}\,,\\ \varepsilon \frac{\partial \mathfrak{E}_y}{\partial t} &= \frac{\partial \mathfrak{H}_x}{\partial z}\,,\\ 0 &= \frac{\partial \mathfrak{E}_y}{\partial x} - \frac{\partial \mathfrak{E}_x}{\partial y}\,,\\ -\frac{\partial \mathfrak{H}_x}{\partial t}\mu \cdot 10^{-8} &= -\frac{\partial \mathfrak{E}_y}{\partial z}\,,\\ -\frac{\partial \mathfrak{H}_y}{\partial t}\mu \cdot 10^{-8} &= \frac{\partial \mathfrak{E}_x}{\partial z}\,. \end{aligned}\right\} \tag{9}$$

Für eine Querschnittsebene gelten also insbesondere die Gesetze (7) und (8). Wir geben ihnen ihre endgültige Gestalt durch Einführung der Querschnittsbedingungen.

Die Gl. (7) spricht das Verschwinden der elektrischen Umlaufsspannung als Folge des in einem Elementargebiet verschwindenden magnetischen Verschiebungsstromes aus. Da er in der ganzen Querschnittsebene verschwindet, läßt sich die Feldstärke als Gradient eines für die Querschnittsebene definierten ebenen Potentials darstellen

$$\mathfrak{E}_x = -\frac{\partial \varphi}{\partial x}\,; \qquad \mathfrak{E}_y = -\frac{\partial \varphi}{\partial y}\,. \tag{10}$$

Für die magnetische Feldstärke machen wir den Ansatz

$$\mathfrak{H}_x = +\frac{\partial \psi}{\partial y}\,; \qquad \mathfrak{H}_y = -\frac{\partial \psi}{\partial x}\,. \tag{11}$$

Die Bedeutung der Funktion ψ ergibt sich durch Betrachtung einer Kurve

$$\psi(x, y) = \text{konst.}$$

Durch Differentiation entsteht

$$\frac{\partial \psi}{\partial x} dx + \frac{\partial \psi}{\partial y} \cdot dy = 0 ; \qquad \frac{dy}{dx} = - \frac{\frac{\partial \psi}{\partial x}}{\frac{\partial \psi}{\partial y}},$$

woraus durch Vergleich mit (11)

$$\frac{dy}{dx} = \frac{\mathfrak{H}_y}{\mathfrak{H}_x} \tag{12}$$

folgt. Somit ist jede Kurve $\psi(x, y) =$ konst. mit einer magnetischen Kraftlinie identisch, weswegen ψ die Stromfunktion genannt wird.

Durch Einsetzen der Ausdrücke (10, 11) in die partiellen Differentialgleichungen (9) findet sich

$$\left.\begin{aligned} \varepsilon \frac{\partial^2 \varphi_x}{\partial x \partial t} &= + \frac{\partial^2 \psi}{\partial x \partial z} \\ \varepsilon \frac{\partial^2 \varphi_y}{\partial y \partial t} &= \frac{\partial^2 \psi}{\partial y \partial z} \end{aligned}\right\}$$

und

$$\left.\begin{aligned} - \frac{\partial^2 \psi}{\partial y \partial t} \cdot \mu \cdot 10^{-8} &= - \frac{\partial^2 \varphi}{\partial y \partial z} \\ - \frac{\partial^2 \psi}{\partial x \partial t} \cdot \mu \cdot 10^{-8} &= - \frac{\partial^2 \varphi}{\partial x \partial z} \end{aligned}\right\} \tag{9a}$$

Diese Gleichungen sind allgemein erfüllt, wenn

$$\varepsilon \frac{\partial \varphi}{\partial t} = \frac{\partial \psi}{\partial z} ; \qquad \frac{\partial \psi}{\partial t} \cdot \mu \cdot 10^{-8} = \frac{\partial \varphi}{\partial z}, \tag{13}$$

aus welchen für φ und ψ die partielle Differentialgleichung

$$\frac{\partial^2 \varphi}{\partial t^2} = \frac{10^8}{\varepsilon \mu} \frac{\partial^2 \varphi}{\partial z^2} = a^2 \frac{\partial^2 \varphi}{\partial z^2} \tag{13a}$$

folgt. Diese Gleichung ist aus der Theorie der schwingenden Saite bekannt. Ihre allgemeine Lösung lautet

$$\varphi = \varphi_0(x, y) \left(f(z - a t) + g(z + a t) \right), \tag{14}$$

wo die von z unabhängige Querschnittsfunktion φ durch die geometrische Anordnung des Mehrfachleitersystems bestimmt ist.

Der Faktor a hat die Dimension einer Geschwindigkeit. Seine Größe erhält man durch Umformung auf die Konstanten ε_0 und μ_0 des Vakuums zu

$$\left.\begin{aligned} a^2 &= \frac{10^8}{\left(\frac{\mu}{\mu_0}\right) \cdot \left(\frac{\varepsilon}{\varepsilon_0}\right) \cdot \mu_0 \cdot \varepsilon_0} = \frac{10^8}{\left(\frac{\mu}{\mu_0}\right) \cdot \left(\frac{\varepsilon}{\varepsilon_0}\right) \cdot 0{,}4\pi \cdot \frac{1}{4\pi \cdot 9 \cdot 10^{11}}} = \frac{9 \cdot 10^{20}}{\left(\frac{\mu}{\mu_0}\right) \cdot \left(\frac{\varepsilon}{\varepsilon_0}\right)} \\ &\text{oder} \\ a &= \frac{3 \cdot 10^{10}}{\sqrt{\left(\frac{\mu}{\mu_0}\right) \cdot \left(\frac{\varepsilon}{\varepsilon_0}\right)}} \text{ cm/sec.} \end{aligned}\right\} \tag{15}$$

Insbesondere wird also im Vakuum a mit der Lichtgeschwindigkeit identisch.

Nunmehr lassen sich Gl. (14) und die entsprechenden Gleichungen der anderen Feldkomponenten leicht deuten.

Jede Feldkomponente besteht aus zwei Anteilen.

Für den ersten Anteil ändert sich das Argument

$$\zeta_0 = z_0 - a\,t_0$$

nicht, wenn stets

$$\zeta = z - a\,t = \zeta_0\,; \qquad z = \zeta_0 + a\,t$$

erfüllt bleibt. Wandert man also längs der Leitung mit der Geschwindigkeit a entlang, so findet man stets die gleiche Querschnittsverteilung der Feldgrößen. Da dies unabhängig von einem speziellen Werte ζ_0 gilt, bewegt sich die Feldverteilung als Ganzes mit der Geschwindigkeit a in Richtung der Leitung. Durch den ersten Anteil von (14) ist somit eine fortschreitende Welle dargestellt.

Ebenso ist durch den zweiten Anteil eine rückschreitende Welle gegeben.

Aus der allgemeinen Lösung (14) folgt nach (13)

$$\frac{\partial \psi'}{\partial z} = \varepsilon\,\varphi_0(x, y)\,\big(-a\,f'(z - a\,t) + a\,g'(z + a\,t)\big)\,,$$

also

$$\psi' = \varepsilon\,\varphi_0(x, y)\,[-a\,f(z - a\,t) + a\,g(z + a\,t)]\,,$$

und mit (15)

$$\left.\begin{aligned}\psi &= 10^4 \cdot \sqrt{\frac{\varepsilon}{\mu}} \cdot \varphi_0(x, y)\,[-f(z - a\,t) + g(z + a\,t)]\\ &= \Psi_0(x, y)\,[-f(z - a\,t) + g(z + a\,t)]\,.\end{aligned}\right\} \tag{16}$$

In jeder Querschnittsebene sind also die Funktionen φ_0 und ψ_0 einander proportional. Elektrische Äquipotentiallinien und magnetische Kraftlinien decken einander.

218. Die Strahlungskonstanten des dämpfungsfreien Mehrfachleitersystemes. Die Bestimmung der Potentialfunktion φ_0 und der Stromfunktion ψ_0 ist eine rein statische Aufgabe, welche durch die in Nr. 21 bis 25 durchgeführten Rechnungen bereits gelöst ist. Insbesondere entnehmen wir Gl. (18), Nr. 18, die Beziehung zwischen den Ladungen und Spannungen

$$E_K = \sum_i \gamma_{Ki}\,q_i\,, \tag{17}$$

wo die Koeffizienten $\gamma_{Ki} = \gamma_{iK}$ die elektrostatischen Induktionskoeffizienten bedeuten.

Setzen wir hier $q_i = 1$, $q_K = 0$ $\quad (k = 1, 2 \ldots i - 1, i + 1 \ldots n)$ ein, so wird

$$\varphi_{K_0} = E_{K_0} = \gamma_{iK}\,. \tag{17a}$$

Die Koeffizienten γ_{iK} sind also mit der Potentialfunktion gefunden. Der magnetische Induktionsfluß, welcher durch ein Band von der Breite der Längeneinheit zwischen dem $k$ten Leiter und dem Nulleiter tritt, steht mit den Strömen J_K in linearer Beziehung

$$\Phi_K \cdot 10^{-8} = \sum_i L_{K_i} \cdot J_i \,. \tag{18}$$

Hierin sind die Koeffizienten L_{K_i} Induktivität und Gegeninduktivität der Schleifen, welche durch K ten Leiter, Nulleiter und zwei beliebige, in den Querschnittsebenen der Bandbegrenzung liegende Kurven gebildet werden. Ihren Zusammenhang mit der Funktion ψ finden wir, indem wir $J_i = 1$ setzen, während alle anderen Ströme verschwinden mögen. Hier wird

$$10^{-8}\, \Phi_K = L_{K_i} \,.$$

Andererseits finden wir durch Integration längs einer beliebigen, in einer Querschnittsebene liegenden Kurve C

$$\Phi_K = \mu \int_0^K \mathfrak{H}_n \cdot d\,s\,,$$

wo $\mathfrak{H}_n$ die zum Wegelement ds senkrechte Komponente der magnetischen Feldstärke bedeutet. Wegen (11) wird

$$\mathfrak{H}_n = \frac{\partial \psi}{\partial s}\,,$$

so daß

$$\Phi_K = \mu \int_0^K \frac{\partial \psi}{\partial s}\, d\,s = \mu (\psi_K - \psi_0) \tag{18a}$$

resultiert. Die Berücksichtigung der Proportionalität von ψ mit φ gestattet, an Stelle der Differenz $\psi_K - \psi_0$ die Spannung E_K einzuführen. Da der Strom in der Zeiteinheit ebenso wie alle anderen Feldgrößen die Strecke a in Leitungsachse durcheilt, liegt die Ladung $q_K = \frac{1}{a}$ auf der Längeneinheit auf. Durch Vergleich mit (17 a) wird also

$$E_K = \frac{E_{K_0}}{a} = \frac{\gamma_{iK}}{a}$$

und

$$\Phi_K = \mu \cdot (\psi_K = \psi_0) = \mu \psi_K = \mu \cdot \varepsilon \cdot a \cdot \varphi_K = \mu \cdot \varepsilon \frac{E_{K_0}}{a} = \mu \cdot \varepsilon \cdot \gamma_{iK}\,,$$

also

$$L_{iK} = \Phi_K \cdot 10^{-8} = \mu \cdot \varepsilon \cdot 10^{-8}\, \gamma_{iK} = \frac{\gamma_{iK}}{a^2}\,,$$

$$\frac{\gamma_{iK}}{L_{iK}} = a^2\,. \tag{19}$$

Der hier gefundene Zusammenhang zwischen den Spannungen und Ladungen einerseits, den Induktionsflüssen und Strömen andererseits gestattet, die Aufstellung der Strom- und Spannungsgleichungen unmittelbar durchzuführen.

Das Induktionsgesetz liefert in Anwendung auf ein Band der Breite dz entsprechend Nr. 53 die Beziehung

$$d E_{K_u} \equiv E_{K_{(z+dz)}} - E_{K_{(z)}} \equiv \frac{\partial E_K}{\partial z} dz = -\frac{\partial \Phi}{\partial t} \cdot dz \cdot 10^{-8},$$

also mit (18)

$$\frac{\partial E_K}{\partial z} = -\sum_i L_{Ki} \frac{\partial J_i}{\partial t}. \tag{20}$$

Eine zweite Beziehung ergibt das Kontinuitätsgesetz des elektrischen Stromes. Wir betrachten ein Leitungsstück der Länge dz, welches die Ladung $q_K\,dz$ trägt. Jede Änderung dieser Ladung muß ihr Äquivalent in einer Zufuhr oder Abfuhr durch den Leitungsstrom finden

$$\frac{\partial q_K}{\partial t} \cdot dz = -J_{K_{(z+dz)}} + J_{K_z} = -\frac{\partial J_K}{\partial z} dz$$

oder

$$\frac{\partial q_K}{\partial t} = -\frac{\partial J_K}{\partial z},$$

durch Einführung der elektrischen Induktionskoeffizienten wird

$$\frac{\partial E_K}{\partial t} = \sum_i \gamma_{Ki} \frac{\partial q_K}{\partial t} = -\sum_i \gamma_{Ki} \frac{\partial J_K}{\partial z}. \tag{21}$$

Durch Differentiation finden wir aus (20) und (21)

$$\frac{\partial^2 E_K}{\partial z\,\partial t} = -\sum_i L_{Ki} \frac{\partial^2 J_i}{\partial t^2}; \qquad \frac{\partial^2 E_K}{\partial t\,\partial z} = -\sum_i \gamma_{Ki} \frac{\partial^2 J_K}{\partial z^2},$$

also mit Rücksicht auf (19)

$$\frac{\gamma_{Ki}}{L_{Ki}} \frac{\partial^2 J_i}{\partial z^2} \equiv a^2 \frac{\partial^2 J_i}{\partial z^2} = \frac{\partial^2 J_i}{\partial t^2}. \tag{22}$$

Auch der Strom gehorcht also einer Gleichung vom Typ der Saitenschwingungsgleichung. Über die Beziehungen von Strömen und Spannungen gibt Gl. (20) Auskunft, aus welcher wir für eine vorwärtsschreitende Welle

$$E_{K_v} = +\sum_i a L_{Ki} J_{i_v},$$

also mit (19)

$$E_{K_v} = \sum_i \sqrt{\gamma_{Ki} L_{Ki}}\, J_{i_v} \tag{23}$$

herleiten. Wir nennen

$$Z_{iK} = Z_{Ki} = \sqrt{\gamma_{Ki} L_{Ki}} \tag{24}$$

die wechselseitigen Wellenwiderstände der Leitungen i und K. Hiermit können wir schreiben

$$E_{K_v} = \sum_i Z_{K_i} J_{i_v}. \tag{23a}$$

Auf demselben Wege finden wir für die rücklaufende Welle

$$E'_{K_r} = -\sum_i a L_{K_i} J'_{i_r}$$

$$E_{K_r} = -\sum_i Z_{K_i} J_{i_r}. \tag{23b}$$

219. Die Strahlungskonstanten des gedämpften Mehrfachleitersystems. Beim Fortschreiten der Welle längs des Mehrfachleitersystems kommen wegen der in Wahrheit stets nur endlichen Leitfähigkeit der Leitungsdrähte in diesen Stromwärmeverluste zustande. Sie können mittels des wirksamen Ohmschen Widerstandes erfaßt werden (Nr. 71). Sei R_K diese Größe für die Längeneinheit des Leiters k, so wird der Verlust pro Längeneinheit nach der in Nr. 71 gegebenen Definition

$$V_K = J_K^2 \cdot R_K. \tag{25}$$

Zu den Stromwärmeverlusten in den Leitern gesellt sich ein Verlustposten gleicher Ursache im Erdreich. Er kann namentlich bei trockenem Boden hohe Werte erreichen, ist aber einstweilen nur qualitativ durch einen Zuschlag zu R_K in die Rechnung einzuführen.

Neben den Stromwärmeverlusten in den Strängen des Mehrfachleitersystems können Wärmeverluste in irregulären Strompfaden, namentlich Kriechwegen zwischen den einzelnen Elementen des Mehrfachleitersystems auftreten. Ihre Größe kann durch einen, den regulären Stromweg verlassenden Ableitungsstrom

$$J_{K_a} = \sum_i A_{iK} \cdot E_i \tag{26}$$

in Rechnung gestellt werden; die Konstanten A_{i_K} werden Ableitungen genannt.

Zu den genannten Stromwärmeverlusten können in gewissen Fällen Verluste anderer Ursache hinzutreten; solche sind:

1. Hystereseverluste in ferromagnetischen Stoffen (Nr. 55),
2. Wirbelstromverluste in benachbarten Leitern (Nr. 56),
3. Verluste durch dielektrische Nachwirkung im Verschiebungsraum (Nr. 31),
4. Verluste durch Ionisierung an Orten starker elektrischer Felder (sog. Koronaverluste).

Oft ist es mit hinreichender Annäherung gestattet, die in 1. und 2. genannten Verluste durch eine Vergrößerung von R_K, die in 3. und 4. genannten Verluste durch einen Zuschlag zu A_{i_K} zu berücksichtigen (vgl. auch Nr. 33 und 57). Der Einfachheit halber dürfen wir uns daher im folgenden auf R_K und A_{i_K} als Verlustursachen beschränken.

Das Auftreten der Verluste ist ein sicheres Anzeichen dafür, daß ein Teil des längs der Leitung im Verschiebungsraum ziehenden Energiestromes von dem in Richtung der Leitung strömenden Hauptteil abzweigt, um in die Träger der Verluste einzudringen. Das elektrische Feld kann daher nicht mehr strenge transversal sein, Gl. (8) wird hinfällig. Hiermit verlieren auch die Gl. (9) samt den aus ihnen gefolgerten elektrostatischen Induktionskoeffizienten und Induktivitäten ihre Bedeutung.

Indessen folgt auch in diesem verwickelteren Falle aus der Definition (7) die Existenz eines einwertigen elektrischen Potentiales in jeder Querschnittsebene; die Begriffe der elektrostatischen Induktionskoeffizienten γ_{i_K} wie der Induktivitäten L_{i_K} bleiben eindeutig definierbar, lediglich ihre Quantität erfährt eine Änderung; ebenso wird die Verknüpfungsgleichung (19) ungültig.

Hiernach folgen die Grundgleichungen des gedämpften Mehrfachleitersystemes durch eine leichte Erweiterung der in Nr. 218 durchgeführten Überlegungen.

Das Induktionsgesetz, angewandt auf ein Band von der Breite der Längeneinheit zwischen Ktem Leiter und Nulleiter liefert nach (20)

$$J_K \cdot R_K + \frac{\partial E_K}{\partial z} = -\sum_i L_{K_i} \frac{\partial J_i}{\partial t}; \qquad \frac{\partial E_K}{\partial z} = -\left(J_K R_K + \sum_i L_{K_i} \frac{\partial J_i}{\partial t}\right), \quad (27)$$

wo zu der oben allein berücksichtigten Umlaufsspannung der Ohmsche Abfall pro Längeneinheit zugefügt ist. Um das Kontinuitätsgesetz für die gedämpfte Leitung anzuwenden, ist dem Leitungsstrome der Ableitungsstrom hinzuzufügen

$$\frac{\partial q_K}{\partial t} = -\left(\frac{\partial J_K}{\partial z} + J_{K_a}\right),$$

also nach (21)

$$\frac{\partial q_K}{\partial t} = -\frac{\partial J_K}{\partial z} - \sum_i A_{i_K} E_i$$

und mit Einführung der Kapazitätskoeffizienten

$$\frac{\partial J_K}{\partial z} = -\sum_i \left(c_{i_K} \frac{\partial E_i}{\partial t} + A_{i_K} E_i\right). \quad (28)$$

Wegen seiner Bedeutung für die Fortpflanzung von Telegraphenzeichen längs Leitungen wird das System (27, 28) als „Telegraphengleichungen" bezeichnet.

Von der Überlegung ausgehend, daß die hier eingehenden Größen der Induktionskoeffizienten und der Induktivitäten im Grenzfall verschwindender Verluste streng in die Werte der Nr. 218 übergehen müssen, kommt man zu einer praktisch völlig ausreichenden Näherung, indem man für kleine Dämpfungen die oben berechneten Größen qualitativ übernimmt. Die genaue Berechnung des Feldes der gedämpften Leitung müssen wir, als zu weit führend, unterdrücken; wir verweisen jedoch auf Nr. 249, aus welcher der Gang der Rechnung erkennbar wird.

2. Besondere Systeme.

a) Die Einfachleitung.

220. Die Betriebskonstanten der Einfachleitung. Die Einfachleitung besteht aus zwei gleichen Drähten, welche wir symmetrisch über der Erdoberfläche ausgespannt voraussetzen. Beziehen wir alle Größen auf die Erde als Nulleiter, so wird aus Symmetriegründen

$$\varphi_1 = -\varphi_2$$

oder mit Einführung der Leitungsspannung

$$E = \varphi_1 - \varphi_2$$

$$\varphi_1 = +\frac{E}{2}; \qquad \varphi_2 = -\frac{E}{2}.$$

Auch die Ströme besitzen entgegengesetzt gleiche Werte

$$J_1 = J; \qquad J_2 = -J,$$

während der Erdstrom verschwindet. Wir erhalten somit aus (23a) die Grundgleichungen der verlustfreien Einfachleitung

$$J = \frac{E}{2(Z_{11} - Z_{12})} = \frac{E}{Z_b}, \tag{1}$$

wo

$$Z_b = 2(Z_{11} - Z_{12}) \tag{2}$$

für eine gegebene Anordnung als Betriebswellenwiderstand der Leitung definiert ist. Hiermit wird die Leistung einer vorwärtseilenden Welle

$$N = E \cdot J = J^2 \cdot Z_b. \tag{3}$$

In dieser Form besitzt Z_b eine besonders anschauliche Bedeutung; indem man die durch den Energiestrom fortgetragene Leistung mit der von J in einem Ohmschen Widerstande R entwickelten Wärmeleistung vergleicht, deutet man Z_b als „Strahlungswiderstand". Die Analogie erstreckt sich aber lediglich auf die mathematische Form der Leistungsgesetze: Z_b ist ein Maß der umkehrbaren elektromagnetischen Strahlungsleistung, ein Ohmscher Widerstand dagegen mißt die Größe einer irreversiblen Wärmeerzeugung.

Um den Betriebswellenwiderstand in den Konstanten der Leitung auszudrücken, haben wir nach Gl. (24)

$$Z_{11} = \sqrt{\gamma_{11} \cdot L_{11}}; \qquad Z_{12} = \sqrt{\gamma_{12} \cdot L_{12}}.$$

Andererseits erhalten wir aus (20)

$$-\frac{\partial E_1}{\partial z} = -\frac{1}{2}\frac{\partial E}{\partial z} = L_{11}\frac{\partial J_1}{\partial t} + L_{12}\frac{\partial J_2}{\partial t} = \quad (L_{11} - L_{12})\frac{\partial J}{\partial t},$$

$$-\frac{\partial E_2}{\partial z} = +\frac{1}{2}\frac{\partial E}{\partial z} = L_{22}\frac{\partial J_2}{\partial t} + L_{21}\frac{\partial J_1}{\partial t} = -(L_{22} - L_{21})\frac{\partial J}{\partial J},$$

also durch Bildung der Differenz

$$-\frac{\partial E}{\partial t} = (L_{11} - L_{12} + L_{22} - L_{12})\frac{\partial J}{\partial t} = 2(L_{11} - L_{12})\frac{\partial J}{\partial t} = L_b\frac{\partial J}{\partial t}\,; \quad L_b = 2(L_{11} - L_{12}), \tag{4}$$

wo L_b die „Betriebsinduktivität" der Leitung heißt.

Aus (21) folgt

$$\frac{\partial q_1}{\partial t} = \frac{\partial q}{\partial t} = c_{11}\cdot\frac{\partial E_1}{\partial t} + c_{12}\cdot\frac{\partial E_2}{\partial t} = \frac{c_{11} - c_{12}}{2}\frac{\partial E}{\partial t} = -\frac{\partial J_1}{\partial z} = -\frac{\partial J}{\partial z}$$

oder

$$-\frac{\partial J}{\partial z} = C_b\cdot\frac{\partial E}{\partial t}\,; \qquad C_b = \frac{C_{11} - C_{12}}{2}\,, \tag{5}$$

wo C_b die „Betriebskapazität" der Leitung heißt.

Zwischen Kapazitätskoeffizienten, elektrischen Induktionskoeffizienten und Spannungen bestehen die einfachen Beziehungen

$$E_1 = \frac{E}{2} = \gamma_{11} q_1 + \gamma_{12} q_2 = q_1(\gamma_{11} - \gamma_{12})$$

und

$$q_1 = q = c_{11}\cdot E_1 + c_{12} E_2 = \frac{E}{2}(c_{11} - c_{12})\,,$$

woher durch Vergleich

$$\gamma_{11} - \gamma_{12} = \frac{1}{c_{11} - c_{12}}$$

folgt. Daher gilt

$$\sqrt{\frac{L_b}{C_b}} = \sqrt{\frac{2(L_{11} - L_{12})}{\frac{c_{11} - c_{12}}{2}}} = 2\sqrt{(L_{11} - L_{12})(\gamma_{11} - \gamma_{12})}$$

oder mit (19)

$$\sqrt{\frac{L_b}{C_b}} = 2\,\mathrm{a}\,(L_{11} - L_{12}) = 2(Z_{11} - Z_{12}) = Z_b\,. \tag{7}$$

Der Betriebs-Wellenwiderstand ist hiernach durch das Verhältnis der Betriebsinduktivität zur Betriebskapazität gegeben.

Der Ohmsche Spannungsabfall in der Längeneinheit der Leitung 1 ist durch den wirksamen Ohmschen Widerstand R_1, ebenso der Spannungsabfall in Leitung 2 durch R_2 bestimmt. Für die Längeneinheit von Hin- und Rückleitung wirkt also der Betriebswiderstand

$$R_b = R_1 + R_2\,. \tag{8}$$

Der Ableitungsstrom der Leitung 1 besitzt die Größe

$$J_{A_1} = E_1(A_{11} + A_{12}),$$

der der Leitung 2

$$J_{A_2} = E_2(A_{22} + A_{21}).$$

Die gesamten Ableitungsverluste berechnen sich also durch

$$V_A = E_1 J_{A_1} + E_2 J_{A_2} = \frac{E^2}{4}(A_{11} + 2A_{12} + A_{22}) = E^2 \cdot A_b; \quad A_b = \frac{1}{4}(A_{11} + 2A_{12} + A_{22}), \tag{9}$$

wo A_b die Betriebsableitung heißt.

221. Schwingungsstrahlung der verlustfreien Leitung. Für die verlustfreie Leitung gilt die Definition

$$R_b = 0; \qquad A_b = 0.$$

Daher sind die in Nr. 217, 218 gefundenen Gesetze anwendbar; sie ergeben Strom und Spannung als Überlagerung hin- und rückeilender Leitungswellen

$$\begin{aligned} E &= E_v(z - at) + E_r(z + at), \\ J &= J_v(z - at) + J_r(z + at), \\ &= \frac{E_v(z - at)}{Z_b} - \frac{E_r(z - at)}{Z_b}. \end{aligned} \tag{10}$$

Unter Schwingungsstrahlung verstehen wir diejenige Strahlungsform, welche durch zeitlich einfach harmonische Feldpulsationen in jeder Querschnittsebene ausgezeichnet ist

$$\left.\begin{aligned} E &= \Re\mathrm{e}\left(\overline{E} \cdot e^{j\omega t}\right), \\ J &= \Re\mathrm{e}\left(\overline{J} \cdot e^{j\omega t}\right). \end{aligned}\right\} \tag{11}$$

Dieser Ansatz kann mit den Strahlungslösungen (10) nur dann verträglich sein, wenn

$$z - at = \frac{a}{\omega}\left(z\frac{\omega}{a} - \omega t\right); \qquad z + at = \frac{a}{\omega}\left(z\frac{\omega}{a} - \omega t\right),$$

und also gleichzeitig

$$\left.\begin{aligned} E &= \Re\mathrm{e}\left(\overline{E}_v \cdot e^{-j\left(z\frac{\omega}{a} - \omega t\right)} + \overline{E}_r \cdot e^{+j\left(z\frac{\omega}{a} + \omega t\right)}\right), \\ J &= \Re\mathrm{e}\left(\overline{J}_v \cdot e^{-j\left(z\frac{\omega}{a} - \omega t\right)} + \overline{J}_r \cdot e^{+j\left(z\frac{\omega}{a} - \omega t\right)}\right), \\ &= \Re\mathrm{e}\left(\frac{\overline{E}_v}{Z_b} \cdot e^{-j\left(z\frac{\omega}{a} - \omega t\right)} - \frac{\overline{E}_r}{Z_b} \cdot e^{+j\left(z\frac{\omega}{a} - \omega t\right)}\right) \end{aligned}\right\} \tag{10a}$$

erfüllt ist. Die zeitlich harmonische Feldschwankung erzwingt demnach durch die Struktur des Strahlungsfeldes für jeden Zeitpunkt (t = konst.) eine räumlich einfach harmonische Feldverteilung. Insbesondere kehren die in der Querschnittsebene $z = z_0$ wirksamen Felder wieder, wenn man längs der Leitung um die Wellenlänge λ fortschreitet, welche das Argument der Exponentialfunktionen $e^{\pm j\left(z\frac{\omega}{a} \pm \omega t\right)}$ um $2\pi j$ vermehrt:

$$(z_0 + \lambda)\frac{\omega}{a} = z_0 + 2\pi; \qquad \lambda = 2\pi \cdot \frac{a}{\omega} = 2\pi \cdot \frac{a}{2\pi f} = \frac{a}{f}. \tag{12}$$

Hier ist in der letzten Umformung die Frequenz f der Schwingungen eingeführt.

Setzen wir (12) in (10a) ein, so erhalten wir

$$\left.\begin{aligned} E &= \Re\mathrm{e}\left(\overline{E}_v \cdot e^{-j\left(z\frac{2\pi}{\lambda} - \omega t\right)} + \overline{E}_r \cdot e^{+j\left(z\frac{2\pi}{\lambda} + \omega t\right)}\right) \\ \text{und} \qquad J &= \Re\mathrm{e}\left(\overline{J}_v \cdot e^{-j\left(z\frac{2\pi}{\lambda} - \omega t\right)} + \overline{J}_r \cdot e^{+j\left(z\frac{2\pi}{\lambda} + \omega t\right)}\right). \end{aligned}\right\} \tag{10 b}$$

222. Grundgleichungen der Schwingungsstrahlung der gedämpften Leitung. Mit Benutzung der Konstanten (4), (5) und (8), (9) nehmen die Telegraphengleichungen (27), (28) die Form an

$$\left.\begin{aligned} -\frac{\partial E}{\partial z} &= J \cdot R_b + L_b \cdot \frac{\partial J}{\partial t}, \\ -\frac{\partial J}{\partial z} &= E \cdot A_b + C_b \cdot \frac{\partial E}{\partial t}, \end{aligned}\right\} \tag{13}$$

welche mit dem Schwingungsansatze (11) in die totalen Differentialgleichungen

$$\left.\begin{aligned} -\frac{d\overline{E}}{dz} &= \overline{J}(R_b + j\,\omega\,L_b) \\ -\frac{d\overline{J}}{dz} &= \overline{E}(A_b + j\,\omega\,C_b) \end{aligned}\right\} \tag{13 a}$$

übergehen. Zur Lösung dieses simultanen Systemes setzen wir

$$\overline{J} = \overline{J}_0 \cdot e^{\alpha z}; \qquad \overline{E} = E_0 \cdot e^{\alpha z} \tag{14}$$

und erlangen aus (13a)

$$\left.\begin{aligned} -\overline{E}_0 \cdot \alpha &= \overline{J}_0(R_b + j\,\omega\,L_b), \\ -\overline{J}_0 \cdot \alpha &= \overline{E}_0(A_b + j\,\omega\,C_b). \end{aligned}\right\} \tag{13 b}$$

Eine physikalisch brauchbare Lösung, welche endliche Werte von E_0 und $\overline{J}_0$ fordert, unterwirft hiernach den „räumlichen" Exponenten α der Bedingungsgleichung

$$\left.\begin{aligned} \frac{\overline{E}}{\overline{J}} &= \frac{R_b + j\,\omega\,L_b}{\alpha} = \frac{\alpha}{A_b + j\,\omega\,C_b}; \\ \alpha^2 &= (R_b + j\,\omega\,L_b)\,(A_b + j\,\omega\,C_b). \end{aligned}\right\} \tag{15}$$

Hieraus resultieren zwei entgegengesetzt gleiche, im allgemeinen komplexe Wurzeln

$$\alpha_{1,2} = \pm(\beta + j\varphi), \tag{16}$$

wo β und φ den Gleichungen

$$\left.\begin{aligned} \beta^2 - \varphi^2 &= R_b A_b - \omega^2 L_b \cdot C_b, \\ 2\beta\varphi &= \omega(L_b \cdot A_b + R_b \cdot C_b) \end{aligned}\right\} \tag{16a}$$

zu genügen haben.

Um die Bedeutung dieses Ergebnisses zu übersehen, setzen wir (16a) in (14) ein und erhalten

$$E = \Re e\left(\overline{E}_{0v} \cdot e^{-\beta z} \cdot e^{j(\omega t - \varphi z)} + \overline{E}_{0r} \cdot e^{+\beta z} \cdot e^{j(\omega t + \varphi z)}\right), \tag{14a}$$

wo entsprechend den beiden Werten α_1 und α_2 zwei Integrationskonstanten $\overline{E}_{0v}$ und $\overline{E}_{0r}$ eingeführt sind.

Zur Darstellung des Stromes finden wir aus (13a)

$$\frac{\overline{E}}{\overline{J}} \equiv \mathfrak{Z} = \sqrt{\frac{R_b + j\omega L_b}{A_b + j\omega C_b}} = \sqrt{\frac{L_b}{C_b}} \cdot \sqrt{\frac{\frac{R_b}{j\omega L_b} + 1}{\frac{A_b}{j\omega C_b} + 1}} = Z_b \cdot \sqrt{\frac{\frac{R_b}{j\omega L_b} + 1}{\frac{A_b}{j\omega C_b} + 1}}, \tag{17}$$

wo $\mathfrak{Z}$ der komplexe Wellenwiderstand der Leitung heißt. Hiermit gewinnen wir aus (14a) für den Strom das Verteilungsgesetz

$$\overline{J} = \Re e\left(\frac{\overline{E}_{v_0} \cdot e^{-\beta z} \cdot e^{j(\omega t - \varphi z)}}{\mathfrak{Z}} - \frac{\overline{E}_{r_0} \cdot e^{+\beta z} \cdot e^{j(\omega t + \varphi z)}}{\mathfrak{Z}}\right). \tag{14b}$$

223. Die Verzerrung. In den Gl. (14a) und (14b) sind wir zur Darstellung des Feldes durch Überlagerung hin- und rücklaufender Wellen gelangt. Hierbei mißt der Exponent β die Stärke der räumlichen Dämpfung, während φ die Phasenänderung der Schwingung beim Fortschreiten um die Längeneinheit angibt. Insbesondere findet sich die in einer bestimmten Querschnittsebene ($z = z_0$) vorhandene Phase der Schwingung um die Wellenlänge λ von z_0 entfernt, wobei

$$\varphi(z_0 + \lambda) = \varphi z_0 + 2\pi; \qquad \lambda = \frac{2\pi}{\varphi} \tag{18}$$

gilt. Hieraus folgt die Fortpflanzungsgeschwindigkeit der Wellen zu

$$a' = \lambda \cdot f = \frac{2\pi f}{\varphi} = \frac{\omega}{\varphi}. \tag{18a}$$

Gemäß Gl. (15 u. 17) sind α und $\mathfrak{Z}$ Funktionen der Frequenz. Um die hieraus fließenden Eigentümlichkeiten der Schwingungsstrahlung auf gedämpften Leitungen zu übersehen, setzen wir zunächst eine schwach gedämpfte Leitung voraus und berücksichtigen demgemäß nur lineare Dämpfungsglieder. Das System (16a) reduziert sich hierbei auf

$$\left.\begin{aligned} -\varphi_0^2 &= -\omega^2 L_b \cdot C_b; & \varphi_0 &= \omega\sqrt{L_b \cdot C_b} = \frac{\omega}{a} \\ 2\beta_0\varphi_0 &= \omega(L_b A_b + R_b C_b); & \beta_0 &= \frac{L_b A_b + R_b C_b}{\sqrt{L_b C_b}} = \frac{1}{2}\left(A_b \cdot \sqrt{\frac{L_b}{C_b}} + R_b\sqrt{\frac{C_b}{L_b}}\right). \end{aligned}\right\} \quad (16\,\text{b})$$

In erster Näherung erweist sich also sowohl die Dämpfung als auch die Wellenlänge von der Frequenz unabhängig, und die Wellenlänge besitzt denselben Wert wie bei verlustfreier Strahlung.

Die zweite Näherung ergibt durch Eintragen des berechneten Dämpfungswertes in die erste der Gl. (16a). So folgt für φ

$$\varphi_1^2 = \varphi_0^2 + \beta_0^2 - R_b \cdot A_b = \omega^2 L_b \cdot C_b + \frac{1}{4}\left(A_b \cdot \sqrt{\frac{L_b}{C_b}} - R_b\sqrt{\frac{C_b}{L_b}}\right)^2 \quad (16\,\text{c})$$

oder mit Rücksicht auf (16b)

$$\left.\begin{aligned} \varphi^2 &= \varphi_0^2\left[1 + \frac{1}{4\,\omega^2}\left(\frac{A_b}{C_b} - \frac{R_b}{L_b}\right)^2\right]; \\ \varphi &= \varphi_0 \cdot \sqrt{1 + \frac{1}{4\,\omega^2}\left(\frac{A_b}{C_b} - \frac{R_b}{L_b}\right)^2} = \sim \varphi_0\left[1 + \frac{1}{8\,\omega^2}\left(\frac{A_b}{C_b} - \frac{R_b}{L_b}\right)^2\right]. \end{aligned}\right\} \quad (16\,\text{d})$$

Nach (18a) sinkt also unter der Wirkung der Dämpfung die Fortpflanzungsgeschwindigkeit auf

$$a' = \frac{\omega}{\varphi_0} \cdot \frac{1}{1 + \frac{1}{8\,\omega^2}\left(\frac{A_b}{C_b} - \frac{R_b}{L_b}\right)^2} = \frac{a}{1 + \frac{1}{8\,\omega^2}\left(\frac{A_b}{C_b} - \frac{R_b}{L_b}\right)^2}. \quad (18\,\text{b})$$

Das Maß der Verkleinerung ist aber abhängig von der Betriebsfrequenz. Wellen sehr hoher Frequenz erreichen fast die Fortpflanzungsgeschwindigkeit des Lichtes, während Wellen niedriger Frequenz eine geringere Geschwindigkeit besitzen.

Diese Tatsache ist von höchster Bedeutung für Wellen, welche aus mehreren Teilwellen verschiedener Frequenzen zusammengesetzt sind. Denn da alle Teilwellen verschiedene Geschwindigkeiten besitzen, wird die Welle beim Forteilen längs der Leitung verzerrt.

Als Maß der Verzerrung kann bei gegebener Frequenz der in (16c) eingehende Ausdruck

$$v = \frac{A_b}{C_b} - \frac{R_b}{L_b} \quad (19)$$

benutzt werden. Ist insbesondere

$$\left.\begin{aligned} v &= 0, \\ \text{so wird} \quad a' &= a \end{aligned}\right\} \quad (19\,\text{a})$$

für alle Frequenzen. Die durch (19a) ausgezeichnete Leitung heißt daher verzerrungsfrei.

Wir berechnen schließlich die Dämpfung in zweiter Näherung durch Einsetzen von (16d) in die zweite der Gl. (16a) und finden

$$\left.\begin{aligned}\beta &= \frac{\omega(L_b A_b + R_b C_b)}{\varphi_0\left[1 + \frac{1}{8\omega^2}\cdot v^2\right]} = \infty\, \beta_0\left[1 - \frac{1}{8\omega^2}\cdot v^2\right]\\ &= \frac{1}{2}\left[A_b\sqrt{\frac{L_b}{C_b}} + R_b\sqrt{\frac{C_b}{L_b}}\right]\cdot\left[1 - \frac{1}{8\omega^2}\cdot v^2\right].\end{aligned}\right\} \qquad (16\text{e})$$

Hiernach werden im allgemeinen die Wellen verschiedener Frequenz auch verschieden stark gedämpft. Ist dagegen die Leitung **verzerrungsfrei**, so erreicht die Dämpfung den für alle Frequenzen gleichen Wert $\beta = \beta_0$. Die verzerrungsfreie Leitung führt somit Wellen der verschiedensten Frequenzen mit gleicher Geschwindigkeit und Dämpfung über die Leitung hin.

Schreiben wir den komplexen Wellenwiderstand $\mathfrak{Z}$ in der Form

$$\mathfrak{Z} = |\mathfrak{Z}|\cdot e^{j\zeta},$$

so entsteht aus (17) leicht

$$|\mathfrak{Z}| = Z_b\sqrt[4]{\frac{R_b^2 + \omega^2 L^2}{A_b^2 + \omega^2 C^2}}; \qquad \operatorname{tg} 2\zeta = v\cdot\frac{L_b\cdot C_b}{\frac{R_b A_b}{\omega} + \omega L_b\cdot C_b}. \qquad (20)$$

Der Winkel ζ ist hiernach ein Maß der Verzerrung; er wird der **Verzerrungswinkel** der Leitung genannt.

Ist insbesondere die Leitung verzerrungsfrei ($v = 0$), so wird

$$|\mathfrak{Z}| = Z_b; \qquad \operatorname{tg} 2\zeta = 0, \qquad (20\text{a})$$

also der Wellenwiderstand gleich dem einer verlustfreien Leitung.

224. Strahlung längs unbegrenzter Leitung. Auf einer unendlich langen Leitung können nur fortschreitende Wellen verkehren, da mit wachsender Leitungslänge die Amplituden von Strom und Spannung gegen 0 konvergieren müssen. Für die unbegrenzte Leitung reduzieren sich daher die Gleichungen (14a) und (14b) auf

$$\left.\begin{aligned}E &= \Re e\left(\overline{E}_{0v}\cdot e^{-\beta z}\cdot e^{j(\omega t - \varphi z)}\right),\\ J &= \Re e\left(\frac{\overline{E}_{v_0}\cdot e^{-\beta z}\cdot e^{j(\omega t - \varphi z)}}{\mathfrak{Z}}\right).\end{aligned}\right\} \qquad (21)$$

Dieser Zustand kann auch auf begrenzten Leitungen erzwungen werden, sofern ein komplexer Endwiderstand von passender Größe gewählt wird[1]). Sei l die Leitungslänge, $\mathfrak{X}$ der komplexe Endwiderstand, so folgt aus Gl. (14a), (14b)

$$\frac{\overline{E}_v}{\overline{J}_v} = \mathfrak{Z} = \mathfrak{X}. \qquad (22)$$

[1]) Vgl. jedoch den folgenden Abschnitt!

Der komplexe Endwiderstand ist also dem Wellenwiderstand der Leitung anzupassen. Insbesondere ist er für die verzerrungsfreie Leitung als rein Ohmscher Widerstand auszubilden. Dieser nimmt die gesamte, von der Welle mitgeführte Leistung in jedem Moment auf.

225. Grenzbedingungen der Leitung endlicher Länge. Während die Gl. (10b) den Allgemeinverlauf der Schwingungsstrahlung schildern, sind zu ihrer eindeutigen Festlegung gemäß der Doppeldeutigkeit der Wurzeln (16) zwei weitere physikalische Angaben erforderlich. Es ist üblich, diese durch Angabe der Spannungs- und Stromwerte oder deren Verhältnisse an Leitungsanfang und Leitungsende rechnungsmäßig zu erfassen.

Um die Bedeutung dieser Grenzbedingungen zu erkennen, bedenken wir, daß ein für beliebiges z endliches elektromagnetisches Feld nur dann mit den Gl. (10b) verträglich ist, wenn das Feld längs der gesamten, von $+\infty$ bis $-\infty$ ziehenden z-Achse endlich ist; insbesondere ergeben sich aus (10b) auch längs der nicht realen Leitungsteile eindeutige Werte von Strom und Spannung. Diese Folgerung steht mit dem wirklichen Verhalten einer begrenzten Leitung in Widerspruch: Für diese muß das Feld in hinreichender Entfernung von Leitungsanfang und -ende verschwinden. Wir erkennen, daß die Gl. (10b) nicht imstande sind, das Feld einer Leitung endlicher Länge in Strenge darzustellen: Für diese muß daher die Feldstruktur von den in Nr. 217, 218 ermittelten abweichen.

Wir werden trotz dieser grundsätzlichen Schwierigkeit im folgenden zunächst die Gl. (10b) auch für die Leitung endlicher Länge beibehalten; die Theorie der Raumstrahlung (Nr. 275) wird uns lehren, das wirkliche Feld näherungsweise zu bestimmen und den hier begangenen Fehler abzuschätzen.

226. Verteilung von Strom und Spannung längs begrenzter Leitung. Für die Darstellung der Fernleitungsgesetze der Schwingungsstrahlung über begrenzte Entfernungen ist es zweckmäßig, den im vorigen Abschnitt entwickelten Gesetzen eine etwas andere Gestalt zu geben.

Wir führen durch die Identität

$$\alpha^2 = (R + j\,\omega\, L_b)\,(A + j\,\omega\, C_b) = -k^2; \qquad k = \pm\, j\,\alpha \tag{23}$$

die „Wellendichte“ k ein.

Hiermit geht (14a) in

$$\overline{E} = \overline{E}_v \cdot e^{jkz} + \overline{E}_r\, e^{-jkz} = \left(\overline{E}_v + \overline{E}_r\right)\cos k z + \left(\overline{E}_v - \overline{E}_r\right) j \sin k z$$

über. Durch Zusammenfassung der trigonometrischen Funktionen wird der äquivalente Ausdruck gewonnen

$$\overline{E} = \overline{E}_0 \cos(kz - \psi)\,; \quad \overline{E}_0 = \sqrt{(\overline{E}_v + \overline{E}_r)^2 + (\overline{E}_v - \overline{E}_r)^2 j^2} = 2\sqrt{\overline{E}_v\,\overline{E}_r}\,; \quad \operatorname{tg}\psi = j\,\frac{\overline{E}_v - \overline{E}_r}{\overline{E}_v - \overline{E}_r}\,. \tag{24}$$

Hieraus folgt mit Rücksicht auf (23) und Beachtung von (17) und (13a) der Strom, wenn unter k die negative Wurzel verstanden wird,

$$\bar{J} = -\frac{\bar{E}_0 j}{\mathfrak{Z}} \cdot \sin(k z - \psi) \tag{25}$$

und also das Verhältnis von Strom durch Spannung

$$\mathfrak{y} = \frac{\bar{J}}{\bar{E}} = -\frac{j}{\mathfrak{Z}} \operatorname{tg}(k z - \psi) . \tag{26}$$

Um den Inhalt der Gl. (24), (25) und (26) zu übersehen, schreiben wir

$$\frac{\bar{E}}{\bar{E}_0} = \cos(k z - \psi) = \sin\left(k z - \psi + \frac{\pi}{2}\right), \tag{24a}$$

$$-\frac{\bar{J}}{\bar{E}_0} \cdot \frac{\mathfrak{Z}}{j} = \sin(k z - \psi), \tag{25a}$$

$$-\frac{\bar{J}}{\bar{E}} \cdot \frac{\mathfrak{Z}}{j} = \operatorname{tg}(k z - \psi) . \tag{26a}$$

Wir bilden den natürlichen Logarithmus

$$w_E \equiv \ln\left(\frac{E}{E_0}\right) = \ln\cos(k z - \psi), \tag{24b}$$

$$w_J \equiv \ln\left(\frac{J}{E_0} \cdot \frac{\mathfrak{Z}}{j}\right) = \ln\sin(k z - \psi), \tag{25b}$$

$$w_{\frac{J}{E}} \equiv \ln\left(-\frac{J}{E} \cdot \frac{\mathfrak{Z}}{j}\right) = \ln\operatorname{tg}(k z - \psi) . \tag{26b}$$

Mit der Abkürzung

$$k z - \psi = \mathfrak{x} \tag{27}$$

gehen diese Gleichungen in die Form

$$w = f(\mathfrak{x}) \tag{28}$$

über, wo f aus (24b), (25b), (26b) zu entnehmen ist.

Stellen wir w und $\mathfrak{x}$ in je einer komplexen Zahlenebene dar, so ist durch (28) eine umkehrbare Zuordnung der Punkte der $\mathfrak{x}$-Ebene zu den Punkten der w-Ebene ausgesprochen, die Ebenen werden durch die Funktion f aufeinander abgebildet. Da f analytisch ist, ist diese Abbildung in den kleinsten Teilen ähnlich, konform. Insbesondere bilden die Geraden parallel der Imaginärachse der w-Ebene

$$\Re e\,(w) = \text{const} \tag{29a}$$

und die Geraden parallel der Realachse der w-Ebene

$$J m\,(w) = \text{const} \tag{29b}$$

in der $\mathfrak{r}$-Ebene ein orthogonales Kurvennetz. Hierbei sind die aus (29a) transformierten Kurven der $\mathfrak{r}$-Ebene mit Rücksicht auf

$$\left.\begin{array}{l} \Re e(\ln w_E) = \ln|w_E| = \ln\left|\frac{E}{E_0}\right|; \quad \Re e(\ln w_J) = \ln|w_J| = \ln\frac{|J|\cdot|\mathfrak{Z}|}{|E_0|}; \\ \Re e\left(\ln w_{\frac{J}{E}}\right) = \ln\left|w_{\frac{J}{E}}\right| = \ln\frac{|J|\cdot|\mathfrak{Z}|}{|E|} \end{array}\right\} \quad (30)$$

konstanten Werten der Spannungsamplitude $\frac{|E|}{|E_0|}$; der Stromamplitude $\frac{|J|}{|E_0|}$; des Scheinleitwertes $\frac{|J|}{|E|}$ zugeordnet, während die aus (29b) hervorgegangenen Kurven der $\mathfrak{r}$-Ebene wegen

$$\left.\begin{array}{l} Jm(\ln w_E) = \arg^{1)} w_E = \arg E - \arg E_0; \; Jm(\ln w_J) = \arg w_J = \arg -\frac{J\mathfrak{Z}}{j} - \arg E_0; \\ Jm\left(\ln w_{\frac{E}{J}}\right) = \arg w_{\frac{E}{J}} = \arg\frac{E}{J} - \arg\frac{\mathfrak{Z}}{j} \end{array}\right\} (31)$$

konstanten Werten der Phasenverschiebung der Spannung; des Stromes gegen E_0; des Phasenwinkels des Scheinleitwertes entsprechen. Ist insbesondere die Leitung verzerrungsfrei, so wird $\mathfrak{Z} = Z$ reell (Gl. 20a), daher

$$\left.\begin{array}{ll} \ln|w_J| = \ln\frac{|J|}{|E_0|}\cdot Z; & \ln\left|w_{\frac{J}{E}}\right| = \ln\frac{|J|}{|E|}\cdot Z, \\ \arg w_J = \arg J - \arg E_0 - 90^\circ; & \arg w_{\frac{E}{J}} = \arg\frac{E}{J} + 90^\circ. \end{array}\right\} \quad (32)$$

Wir beschränken uns fortan der Einfachheit halber auf diesen wichtigsten Fall; der allgemeine Fall imaginären Wellenwiderstandes läßt sich durch eine leichte Ergänzung des folgenden auf analoge Weise erledigen.

In den Abb. 313 („Sinusrelief") und 314 („Tangensrelief") sind die Kurven (29a) und (29b) für die spezielle Form (24b), (26b) der Funktionen $\mathfrak{f}$ nach Rechnungen Emdes[2]) dargestellt. Um aus diesen Abbildungen den Wert der Spannung, des Stromes, des Scheinleitwertes entnehmen zu können, bedarf es nur noch der Einzeichnung des Vektors $\mathfrak{r}$.

Für $z = 0$ (Leitungsanfang) ist

$$\mathfrak{r}_0 = -\psi'.$$

Um $\mathfrak{r}$ für $z \neq 0$ zu erhalten, muß dieser komplexen Zahl der Vektor $k\cdot z$ hinzugezählt werden. Dieser ist eine mit $|k|z$ gleiche Strecke, deren Richtung durch $\arg k$ gegeben, also eine Konstante der Leitung ist. Beim Fortschreiten längs der Leitung (z variabel) beschreibt dem-

---

[1]) arg bedeutet Argument, Winkel der komplexen Zahl gegen die Realachse.

[2]) Sinusrelief und Tangensrelief in der Elektrotechnik. Braunschweig: Vieweg 1924.

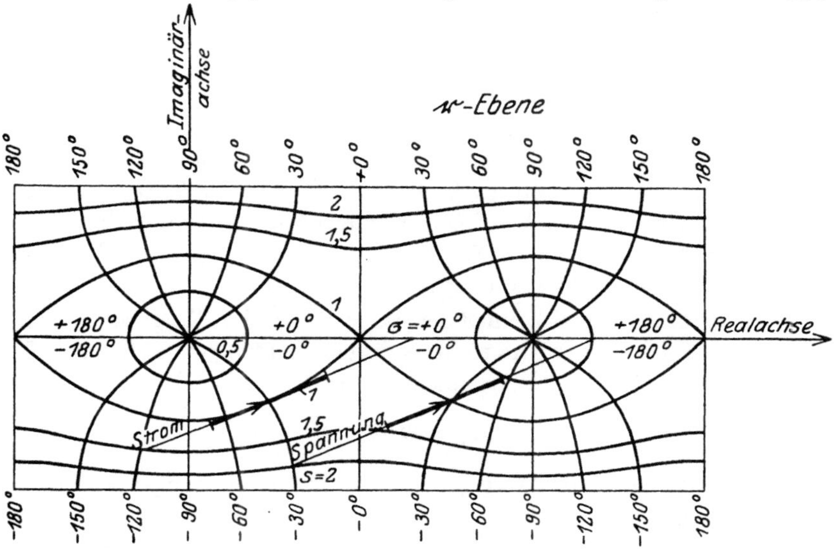

Abb. 313. Die Funktion $\sin \mathfrak{r} = s \cdot e^{j\sigma}$ („Sinusrelief").

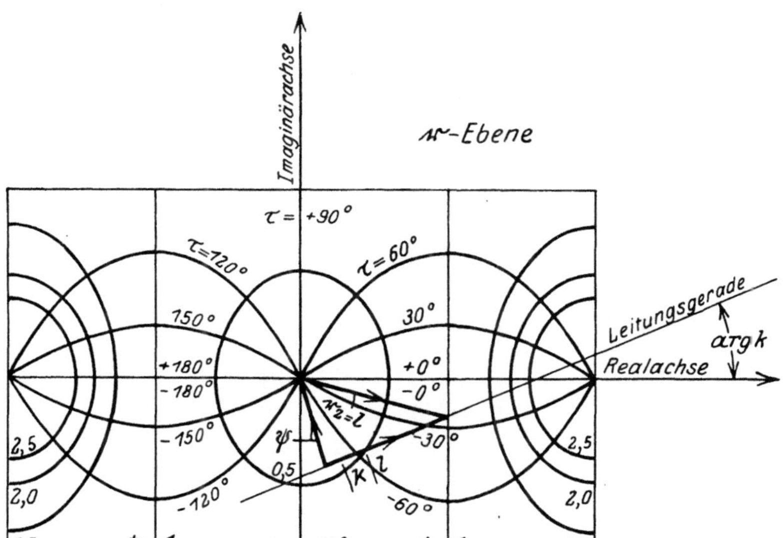

Abb. 314. Die Funktion $\operatorname{tg} \mathfrak{r} = t\, e^{j\tau}$ („Tangensrelief").

nach $\mathfrak{r}$ eine Gerade von der in Abb. 314 gegebenen Lage. Diese bestimmt durch ihren Schnitt mit den in das Sinus- und Tangensrelief eingezeichneten Kurven Stromamplitude, Phasenverschiebung des Stromes, Scheinleitwert, Phasenwinkel des Scheinleitwertes und, nach Verschiebung um $\frac{\pi}{2}$, Spannungsamplitude und Phasenverschiebung der Spannung für jeden Punkt der Leitung (Abb. 313).

Die gegebenen Entwicklungen gestatten nunmehr die Lösung folgender Grundaufgabe der Fernleitung von Wechselströmen: Gegeben eine (verzerrungsfreie) Leitung bestimmter Größen L, R, C, A und bestimmter Leitungslänge l. Gegeben die „Endbelastung" durch den komplexen Scheinleiterwert am Ende der Leitung ($z = l$). Wie verteilen sich Strom und Spannung längs der Leitung?

Der Betrag des Scheinleitwertes bestimmt im Tangensrelief eine Kurve, der Phasenwinkel eine zweite, orthogonale Kurve. Ihr Schnittpunkt gleicht dem Argumente $\mathfrak{x}$ des Leitungsendes

$$\mathfrak{x}_{(z=l)} = k\,l - \psi\,,$$

legt also die Phasenkonstante ψ fest. Im Zusammenhang mit dem gegebenen Endpunkt bestimmt diese die gesamte Lage der „Leitungsgeraden" (27), s. Abb. 314. Überträgt man die gefundene Strecke nach Größe und Richtung in das Sinusrelief, so liefert sie die Stromverteilung längs der Leitung, um 90° dagegen verschoben die Spannungsverteilung.

227. Die Leitung als Vierpol. Für eine Leitung der Länge l erhalten wir aus Gl. (24a), (25a) die Endwerte von Strom und Spannung

$$\left(\frac{\overline{E}}{\overline{E}_0}\right)_{z=l} = \cos(k\,l - \psi) = \cos k\,l \cdot \cos\psi + \sin k\,l \cdot \sin\psi\,, \tag{33}$$

$$-\left(\frac{\overline{J}}{\overline{E}_0}\right)_{z=l} \cdot \frac{\mathfrak{Z}}{j} = \sin(k\,l - \psi) = \sin k\,l \cdot \cos\psi - \cos k\,l \cdot \sin\psi\,, \tag{34}$$

während sich die Anfangswerte zu

$$\left(\frac{\overline{E}}{\overline{E}_0}\right)_{z=0} = \cos\psi\,, \tag{35}$$

$$\left(\frac{\overline{J}}{\overline{E}_0}\right)_{z=0} \cdot \frac{\mathfrak{Z}}{j} = \sin\psi \tag{36}$$

berechnen. Durch Einsetzen der Werte (35), (36) in (33), (34) erhalten wir

$$\left(\frac{\overline{E}}{\overline{E}_0}\right)_{z=l} = \sin k\,l \cdot \left(\frac{\overline{J}}{\overline{E}_0}\right)_{z=0} \cdot \frac{\mathfrak{Z}}{j} + \cos k\,l \cdot \left(\frac{\overline{E}}{\overline{E}_0}\right)_{z=0}\,, \tag{33a}$$

$$\left(\frac{\overline{J}}{\overline{E}_0}\right)_{z=l} = \cos k\,l \cdot \left(\frac{\overline{J}}{\overline{E}_0}\right)_{z=0} - \frac{j}{\mathfrak{Z}} \sin k\,l \cdot \left(\frac{\overline{E}}{\overline{E}_0}\right)_{z=0}\,. \tag{34a}$$

Durch Vertauschung von Leitungsanfang und Leitungsende folgt hieraus

$$\left(\frac{\bar{E}}{\bar{E}_0}\right)_{z=0} = -\sin k\,l \cdot \left(\frac{\bar{J}}{\bar{E}_0}\right)_{z=l} \frac{\mathfrak{Z}}{j} + \cos k\,l \cdot \left(\frac{\bar{E}}{\bar{E}_0}\right)_{z=b}, \tag{33b}$$

$$\left(\frac{\bar{J}}{\bar{E}_0}\right)_{z=0} = \cos k\,l \cdot \left(\frac{\bar{J}}{\bar{E}_0}\right)_{z=l} + \frac{j}{\mathfrak{Z}} \sin k\,l \cdot \left(\frac{\bar{E}}{\bar{E}_0}\right)_{z=b}. \tag{34b}$$

Diese Gleichungen stimmen mit den in Nr. 212 (57, 58) aufgestellten Vierpolgleichungen überein, sofern wir

$$\left.\begin{aligned} \mathfrak{u}_0 &= +\cos k\,l\,; & \mathfrak{u}_k \mathfrak{z}_k &= -\sin k\,l \cdot \frac{\mathfrak{Z}}{j}\,, \\ \mathfrak{u}_k &= \cos k\,l\,; & \mathfrak{u}_0 \mathfrak{y}_0 &= +\frac{j}{\mathfrak{Z}} \sin k\,l \end{aligned}\right\} \tag{37}$$

setzen. Diese Bestimmungsstücke des Ersatz-Vierpoles einer Leitung erfüllen offenbar die Bedingung

$$\varDelta = \mathfrak{u}_0 \cdot \mathfrak{u}_k - \mathfrak{u}_0 \mathfrak{y}_0 \mathfrak{u}_k \mathfrak{z}_k = 1 \tag{38}$$

in Übereinstimmung mit der der Leitung zukommenden Eigenschaft der Umkehrbarkeit.

228. Zurückführung von Schwingketten auf eine gedämpfte Einfachleitung. Die Transformation einer Leitung in einen Vierpol besitzt eine gewisse Reziprozität in der Überführungsmöglichkeit einer Schwingkette in eine Einfachleitung gewisser Eigenschaften.

Für die Strom- und Spannungsverteilung längs einer Schwingkette hatten wir in Nr. 208 die Gleichungen abgeleitet

$$\bar{E} = \Re e\left(\bar{E}_v \cdot e^{-\delta n} \cdot e^{j(\omega t - v \cdot n)} + \bar{E}_r \cdot e^{+\delta n} \cdot e^{j(\omega t + v \cdot n)}\right),$$

$$\bar{J} = \Re e\left(\bar{J}_v \cdot e^{-\delta n} \cdot e^{j(\omega t - v \cdot n)} + \bar{J}_r \cdot e^{+\delta n} \cdot e^{j(\omega t + v \cdot n)}\right).$$

Diese gehen mit den Substitutionen

$$\delta = \beta\,; \qquad v = \varphi\,; \qquad z = n \tag{39}$$

formal in die Gleichungen der gedämpften Einfachleitung über (Nr. 222). Indessen ist bei der Anwendung der Analogie zu beachten, daß bei den Schwingketten nur den ganzzahligen Werten von n eine physikalische Bedeutung zukommt.

Zur Bestimmung der Schwingkettenkonstanten haben wir in Nr. 208, Gl. (26a) die Beziehung abgeleitet

$$\mathfrak{Sin}\,\frac{\alpha}{2} = \frac{1}{2}\sqrt{\mathfrak{R}\mathfrak{G}}\,.$$

Durch Einführung der Wellendichte $k = j\alpha$ wird also

$$\mathfrak{Sin}\,\frac{j k}{2} = j \sin\frac{k}{2} = \frac{1}{2}\sqrt{\mathfrak{R}\mathfrak{G}}\,; \qquad \ln \sin\frac{k}{2} = \ln\frac{1}{2j}\sqrt{\mathfrak{R}\mathfrak{G}}\,.$$

Hiernach lassen sich die durch einen beliebigen Punkt $\mathfrak{r} = \frac{k}{2}$ gehenden Kurven des Sinusreliefs als Betrag und Phasenwinkel der komplexen Zahl $\frac{1}{2j}\sqrt{\mathfrak{R}\mathfrak{G}}$ deuten. Umgekehrt bestimmen diese Größen als gegeben die komplexe Zahl k nach Größe und Richtung. Durch $\frac{1}{2j}\sqrt{\mathfrak{R}\mathfrak{G}}$ ist somit in einfachster Weise die Richtung der „Leitungsgeraden" gleichzeitig festgelegt.

Als Beispiel sei noch einmal die Spulenkette behandelt (Nr. 209). Für die unterkritische Frequenz ist [Gl. (35)]

$$\tfrac{1}{2} \cdot \sqrt{\mathfrak{R}\mathfrak{G}} = \tfrac{1}{2} j \omega \sqrt{LC} \leqq 1 \cdot j\,.$$

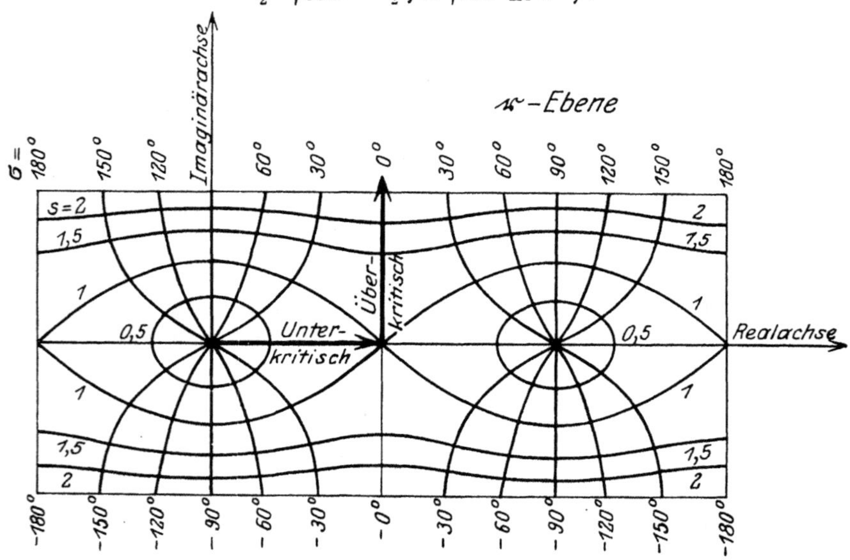

Abb. 315. Darstellung des Verhaltens einer Spulenkette im Sinusrelief.

Der Vektor k wächst daher mit von 0 ansteigender Frequenz aus dem Ursprung heraus längs der Realachse. Für überkritische Frequenz dagegen muß der Endpunkt des Vektors k gemäß

$$\tfrac{1}{2}\,\omega \sqrt{LC} \geqq 1$$

von der Realachse abweichen: mit wachsender Frequenz gleitet er längs einer Parallelen zur Imaginärachse hin. Wir erhalten daher durch Einzeichnung des in Abb. 315 dargestellten geknickten Linienzuges in das Sinusrelief in der Tat die in Nr. 209 gefundenen Eigenschaften der Spulenkette wieder; die neue Darstellung gestattet jedoch gleichzeitig, die Strom- und Spannungsverteilung längs der Kette in einfachster Weise abzulesen: Die Leitungsgerade, in Richtung von k gezogen, bestimmt durch ihren Schnitt mit den eingezeichneten Kurven Amplituden und Phasen der Schwingungsvariabeln[1]).

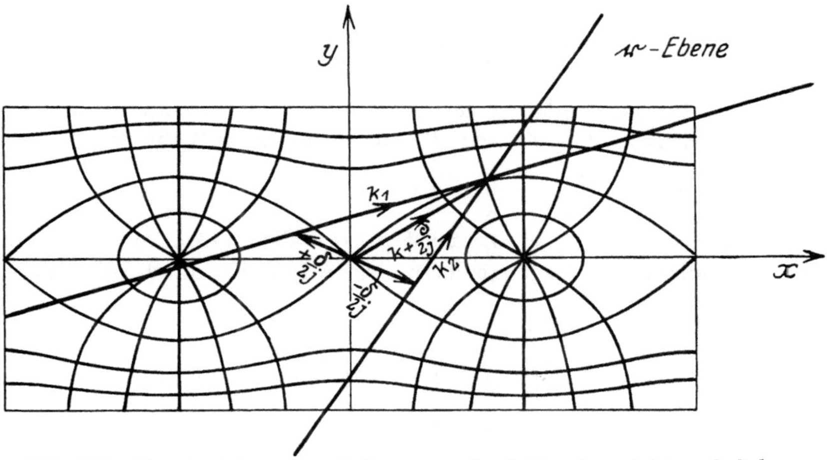

Abb. 316. Konstruktion der „Leitungsgeraden" für eine nicht umkehrbare Vierpolkette.

229. Strom- und Spannungsverteilung auf Vierpolketten. Für die Konstante x einer Vierpolkette hatten wir in Nr. 212 die Beziehung abgeleitet

$$\mathfrak{Cof}\left(\alpha + \frac{\delta}{2}\right) = \frac{\mathfrak{u}_0 + \mathfrak{u}_k}{2\sqrt{\Delta}}.$$

Durch Übergang zur Wellendichte wird also

$$\mathfrak{Cof}\, j\left(k + \frac{\delta}{2\,j}\right) \equiv \cos\left(k + \frac{\delta}{2\,j}\right) = \frac{\mathfrak{u}_0 + \mathfrak{u}_k}{2\sqrt{\Delta}}; \qquad \ln \cdot \cos\left(k + \frac{\delta}{2\,j}\right) = \ln \frac{\mathfrak{u}_0 + \mathfrak{u}_k}{2\sqrt{\Delta}}.$$

Diese Gleichung spricht folgende Konstruktion aus (Abb. 316): Man suche im Cosinusrelief die Kurven, deren Schnitt nach Betrag und Phasenwinkel der komplexen Zahl $\frac{\mathfrak{u}_0 + \mathfrak{u}_k}{2\sqrt{\Delta}}$ gleicht. Der Fahrstrahl, welcher diesen Schnittpunkt mit dem Ursprung verbindet, liefert nach Größe und Richtung die Zahl $\pm\left(k + \frac{\delta}{2\,j}\right)$. Eine Koordinatentransformation um $\frac{\delta}{2\,j}$ ergibt die beiden (verschiedenen) Wellendichten k und legt dadurch die Richtungen der zwei Leitungsgeraden fest.

Durch diesen Satz wird eine einfache Behandlung beliebiger Kombinationen von Leitungen mit Linearsystemen ermöglicht.

---

[1]) Der Leser führe die gezeigte Konstruktion für die Kondensatorkette und die Siebketten durch (Nr. 210). Welchen Einfluß hat bei diesen die Veränderlichkeit des Wellenwiderstandes mit der Frequenz auf die Deutung der Diagramme? (Vgl. Nr. 226.)

b) Die Leitung verminderter Dämpfung.

230. Die Pupinleitung. Aus der Dämpfungsformel

$$\beta = \frac{1}{2}\left(A_b \sqrt{\frac{L_b}{C_b}} + R_b \sqrt{\frac{C_b}{L_b}}\right) \tag{40}$$

ergibt sich die Möglichkeit einer Beeinflussung der Dämpfung bei gegebenen Verlustgrößen A_b und R_b durch geeignete Wahl der Wellenkonstanten $Z_b = \sqrt{\frac{L_b}{C_b}}$.

Für $Z_b = 0$ und $Z_b = \infty$ wächst β über alle Grenzen an. Es muß also ein Minimalwert für β existieren, dessen Lage wir durch Differentiation finden

$$\frac{d\beta}{dZ_b} = \frac{1}{2}\left(A_b - \frac{R_b}{Z_b^2}\right) = 0\,,$$

$$Z_b = \sqrt{\frac{L_b}{C_b}} = \sqrt{\frac{R_b}{A_b}}\,. \tag{41}$$

Die verzerrungsfreie Leitung weist also den Kleinstwert der Dämpfung auf; dieser ergibt sich durch Einsetzen von (41) in (40) als

$$\beta_{\min} = \sqrt{A_b \cdot R_b}\,. \tag{42}$$

In praktisch ausgeführten Leitungen ist stets $A_b \ll R_b$. Daher nimmt der günstigste Wert von Z_b außerordentlich hohe Werte an.

Die Mittel zur Beeinflussung des Wellenwiderstandes sind in Gl. (40) ausgesprochen. Hiernach wird eine Vergrößerung bewirkt 1. durch Verkleinerung der Betriebskapazität, 2. durch Vergrößerung der Induktivität.

Von diesen beiden Mitteln ist dem ersten durch die zur Verminderung des Ohmschen Widerstandes notwendige Leiterdimensionierung eine enge Grenze gesetzt, so daß praktisch nur das zweite in Frage kommt.

Die Wirksamkeit der Pupinleitung beruht auf der Einschaltung konzentrierter Induktivitäten L_p in gleicher Entfernung l in die Leitung. Diese überwiegen weit den Einfluß der zwischen zwei Spulen liegenden Leitungsinduktivität

$$L_p \gg L_b \cdot l\,.$$

Daher kann die induktive Wirkung des Leitungsstückes vernachlässigt werden, die Leitung demnach durch die Kapazität

$$C = l \cdot c_b$$

ersetzt werden.

In dieser ersten Annäherung gilt für die Leitung das in Abb. 317 gezeichnete Ersatzschema. Ersichtlich sind wir hiermit zu der in Nr. 209 besprochenen Spulenkette zurückgelangt. Strom und Spannungsverteilung längs der Spulenkette ergibt vor- und rückwärtsschreitende Spulenkettenwellen, deren Geschwindigkeit und Dämpfung nicht Funktionen des Feldträgermateriales, sondern durch die Daten der Spulenkette bestimmt sind. Wir finden die Existenz einer „kritischen Frequenz“, welche die Gebiete nahezu dämpfungsfreien Wellendurchtrittes von jenen trennt, für welche die Wellen nahezu gelöscht werden. Die „Grenzfrequenz“ darf daher bei einer zu übertragenden Schwingung nicht überschritten werden. Umgekehrt fordert eine gegebene Frequenz die Innehaltung entweder einer gewissen Maximalinduktivität oder einer gewissen Maximalkapazität. Die erste Bedingung beschränkt die Größe der Pupinspulen, die zweite setzt bei gegebener Leiteranordnung die Höchstentfernung zweier benachbarter Pupinspulen fest.

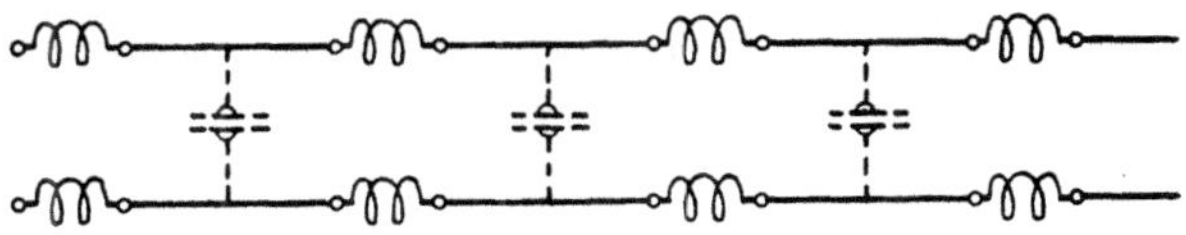
Abb. 317. Ersatzschema der Pupinleitung.

Eine genauere Betrachtung hat neben den hier behandelten Spulenkettenwellen die Leitungswellen zu berücksichtigen, welche sich auf den Zwischenstücken zweier benachbarter Spulen ausbilden. Insbesondere unterscheiden sich diese beiden Wellentypen durch ihre Fortpflanzungsgeschwindigkeit: Die Leitungswellen eilen mit Lichtgeschwindigkeit über die Drähte hin, während die Fortpflanzungsgeschwindigkeit der Spulenkettenwellen beträchtlich kleiner ist. Als primärer physikalischer Vorgang haben die raschen Leitungswellen zu gelten, durch deren Umbildung und Reflexion an den Pupinspulen L_p die Spulenkettenwellen als resultierende Wellenverteilung entstehen. Hierauf ist namentlich bei der Untersuchung sehr rascher Vorgänge (Schaltvorgänge) zu achten. Wir begnügen uns hier mit der vorstehenden Annäherung, nachdem durch Nr. 228 in Verbindung mit dem Heavisideschen Satz (Nr. 166) die Grundlagen auch zur Beherrschung des allgemeinsten Zustandes gegeben sind.

231. Das Krarupkabel benutzt zur Erhöhung der Induktivität die hohe magnetische Leitfähigkeit des Eisens: die stromführenden Leiter werden mit Eisendraht umwickelt.

Die Gesetze der leitungsgerichteten Strahlung längs des Krarupkabels werden durch die magnetischen Eigenschaften des Eisens in doppelter Weise gegenüber den in Nr. 218 behandelten geändert: Die Magnetisierungskurve in Verbindung mit den Erscheinungen der Hysterese und Nachwirkung führt zu einer verwickelten Beziehung zwischen Strom und Induktionsfluß; zu der Magnetisierung durch den Leitungsstrom tritt die Magnetisierung durch Wirbelströme in der Eisenarmierung hinzu.

Wir beschränken uns auf die Untersuchung der Wellenfortpflanzung auf dem verlustfreien Krarupkabel. Für dieses gilt Gl. (5)

$$-\frac{\partial J}{\partial z} = C_b \cdot \frac{\partial E}{\partial t}. \tag{5}$$

Zur Aufstellung des Induktionsgesetzes benötigen wir die Beziehung zwischen Induktionsfluß Φ_b und Strom

$$\Phi_b \cdot 10^{-8} = f(J), \tag{43}$$

wo $f(J)$ die Magnetisierungskurve des Krarupkabels heißt. Hiermit tritt an Stelle der Gl. (4)

$$-\frac{\partial E}{\partial z} = \frac{\partial \Phi_b}{\partial t} \cdot 10^{-8} = \frac{df}{dJ} \cdot \frac{\partial J}{\partial t} = L_{bd} \cdot \frac{\partial J}{\partial t}. \tag{44}$$

Wir nennen

$$L_{bd} = \frac{df}{dJ} \tag{44a}$$

die dynamische Betriebsinduktivität des Krarupkabels. Durch ihre Abhängigkeit vom Strome weichen die formal mit den Gl. (13) übereinstimmenden Grundgleichungen des Krarupkabels von diesen entscheidend ab.

Wir setzen

$$E = K(J), \tag{45}$$

wo K eine noch zu bestimmende Funktion ist. Durch Einsetzen in (44) finden wir

$$-\frac{\partial E}{\partial z} = -\frac{dK}{dJ}\frac{\partial J}{\partial z} = L_{bd} \cdot \frac{\partial J}{\partial t},$$

und durch Einsetzen in (5)

$$C_b \frac{\partial E}{\partial t} = C_b \frac{dK}{dJ}\frac{\partial J}{\partial t} = -\frac{\partial J}{\partial z}.$$

Diese beiden Gleichungen können aber nur dann miteinander verträglich sein, wenn

$$-\frac{L_{bd}}{\frac{dK}{dJ}} = -C_b \frac{dK}{dJ} \tag{46}$$

erfüllt ist. Hieraus leiten wir für die Funktion K die Beziehung ab

$$\left(\frac{dK}{dJ}\right)^2 = (-1)^2 \frac{L_{bd}}{C_b},$$

also

$$\frac{dK}{dJ} = \mp\sqrt{\frac{L_{bd}}{C_b}} = -Z_{bd}, \tag{47}$$

wo

$$\sqrt{\frac{L_{bd}}{C_b}} = Z_{bd} \tag{47a}$$

als dynamischer Wellenwiderstand eingeführt ist. Im Gegensatz zur normalen Leitung ist also der Wellenwiderstand des Krarupkabels mit dem Strome veränderlich. Hieraus finden wir

$$E = K(J) = \int_0^J \frac{dK}{dJ}\, dJ = \int_0^J Z_{bd} \cdot dJ\,, \tag{48}$$

während die Differentialgleichung (44) in

$$\mp \sqrt{C_b L_{bd}}\, \frac{\partial J}{\partial t} = + \frac{\partial J}{\partial z} \tag{44 b}$$

übergeht.

In Analogie mit (14), Nr. 217, versuchen wir den Ansatz

$$J = f(z \mp a' t)\,, \tag{49}$$

wo wir aber eine Abhängigkeit des a' von J zulassen wollen.

Nun ist

$$\frac{\partial J}{\partial t} = \mp \frac{\partial f}{\partial t} \cdot a' + \frac{\partial f}{\partial a'} \cdot \frac{\partial a'}{\partial t} = -f'(z \mp a' t) \cdot \left[a' + t \cdot \frac{da'}{dJ}\, \frac{\partial J}{\partial t}\right],$$

$$\frac{\partial J}{\partial t} = \mp \frac{f'(z + a' t) \cdot a'}{1 - f'(z \mp a' t) \cdot t \cdot \dfrac{da}{dJ}}$$

und

$$\frac{\partial J}{\partial z} = \frac{\partial f}{\partial z} + \frac{\partial f}{\partial a'} \cdot \frac{\partial a'}{\partial z} = f'(z \mp a' t) \cdot \left[1 + t \cdot \frac{da'}{dJ} \cdot \frac{\partial J}{\partial z}\right],$$

$$\frac{\partial J}{\partial z} = \frac{f'(z \mp a' t)}{1 - f'(z + a' t) \cdot t \cdot \dfrac{da'}{dJ}}\,.$$

Wir setzen diese Ausdrücke in (44a) ein und erhalten nach Streichen des gemeinsamen Nenners

$$\mp \sqrt{C_b L_b} \cdot f'(z \mp a' t) \cdot a' = f'(z \mp a' t)\,.$$

Diese Gleichung wird durch die Wahl

$$a' = \mp \frac{1}{\sqrt{C_b \cdot L_b}} \tag{50}$$

identisch befriedigt.

Auf dem Krarupkabel pflanzt sich somit die leitungsgerichtete Strahlung in Form vorwärts und rückwärts eilender Wellen fort, deren Geschwindigkeit den vom Strom abhängigen Wert

$$a' = \frac{1}{\sqrt{C_b L_{bd}}}$$

besitzt: Jeder Strom schreitet mit einer ihm eigentümlichen Geschwindigkeit fort. Hat die Stromwelle am Anfang der Leitung die in Abb. 318 gezeichnete Form, so wird sie durch die verschiedenen Geschwindigkeiten ihrer Einzelpunkte verzerrt.

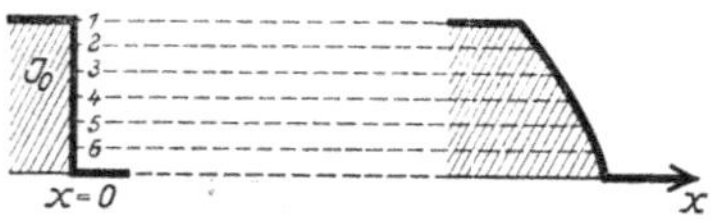

Abb. 318. Verzerrung einer Welle beim Fortschreiten längs des Krarupkabels.

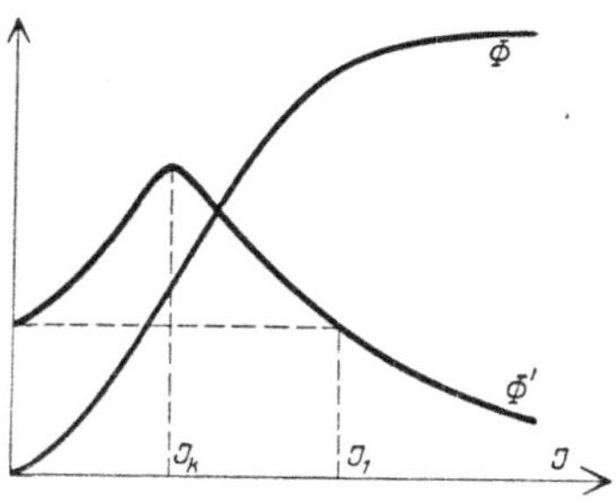

Abb. 319. Abhängigkeit der Größe L_{b_d} und Φ vom Strom.

In Abb. 319 ist die Abhängigkeit der Größen L_{b_d} von J dargestellt. L_{b_d} steigt zunächst bis zu einem Maximum an; dort erreicht a' ein Minimum. Überschreitet der Strom den kritischen Wert, welcher diesem Extremum von a zugehört, so würden für alle größeren Stromwerte wieder höhere Geschwindigkeiten resultieren, die oberen Teile der Welle würden über die unteren hinweglaufen, die Welle „brandet". Eine solche Erscheinung tritt jedoch nicht ein. Alle Ströme, deren Stärke den kritischen Wert überschreitet, besitzen vielmehr eine konstante Fortpflanzungsgeschwindigkeit, welche den oben berechneten Minimalwert noch unterschreitet. Hierdurch wird eine ganz außerordentlich große Verzerrung bewirkt. Praktisch bleibt man daher stets unterhalb der kritischen Stromstärke.

c) Gekoppelte Systeme.

232. Leistungsübertragung längs der Einfachleitung. Ist am Leitungsanfange ein Generator vom inneren Widerstande $\mathfrak{R}_1$ und der Spannung E_1 tätig, am Ende der Leitung ein Verbrauchswiderstand $\mathfrak{R}_2$ angeschlossen, so bestimmt sich der Endstrom mittels der aus (33b), (34b) folgenden Gleichungen

$$\overline{E}_1 - \overline{J}_{z=0} \cdot \mathfrak{R}_1 = -\sin k\,l \cdot \overline{J}_{z=l} \cdot \frac{\mathfrak{Z}}{j} + \cos k\,l \cdot \overline{E}_{z=l}, \qquad (51)$$

$$\overline{J}_{z=0} = \cos k\,l \cdot J_{z=l} + \frac{j}{\mathfrak{Z}} \cdot \sin k\,l \cdot \overline{E}_{z=l}, \qquad (52)$$

$$\frac{\overline{E}_{z=l}}{\overline{J}_{z=l}} = \mathfrak{R}_2, \qquad (53)$$

also

$$E_1 = J_l \left[\cos k\,l(\mathfrak{R}_1 + \mathfrak{R}_2) + j \sin k\,l\left(\frac{\mathfrak{R}_1\mathfrak{R}_2 - \mathfrak{Z}^2}{\mathfrak{Z}}\right)\right]. \qquad (54)$$

Indem in diese Gleichung $\mathfrak{R}_1$ und $\mathfrak{R}_2$ symmetrisch eingehen, spricht sie die Vertauschbarkeit beider Widerstände aus (Vertauschungssatz).

Von besonderer Wichtigkeit ist die Frage nach der größtmöglichen Leistungsübertragung, welche wir mittels der in Nr. 206 aufgestellten Sätze erledigen.

Für einen gegebenen Endwiderstand $\mathfrak{R}_2$ berechnet sich der komplexe Widerstand der Leitung, am Leitungsanfange gemessen, zu

$$\mathfrak{R}_l = \frac{-\sin kl \cdot \bar{J}_{z=l} \cdot \frac{\mathfrak{Z}}{j} + \cos kl \cdot \bar{J}_{z=l} \cdot \mathfrak{R}_2}{\cos kl \cdot \bar{J}_{z=l} + \frac{j}{\mathfrak{Z}} \cdot \sin kl \cdot \bar{J}_{z=l} \cdot \mathfrak{R}_2} = \frac{-\sin kl \cdot \frac{\mathfrak{Z}}{j} + \cos kl \cdot \mathfrak{R}_2}{\cos kl + \frac{j}{\mathfrak{Z}} \cdot \sin kl \cdot \mathfrak{R}_2}. \tag{55}$$

Das Anpassungsgesetz verlangt für maximale Leistungsabgabe des Generators

$$\mathfrak{R}_1^* = \mathfrak{R}_l. \tag{56}$$

Der „innere Widerstand" der Leitung + Generator, vom Leitungsende aus gemessen, wird nach (51), (52)

$$\mathfrak{R}_i = \frac{-\sin kl \cdot \frac{\mathfrak{Z}}{j} + \cos kl \cdot \mathfrak{R}_1}{\cos kl + \frac{j}{\mathfrak{Z}} \cdot \sin kl \cdot \mathfrak{R}_1}. \tag{57}$$

Die Anpassungsbedingung für maximale Leistungsabgabe an $\mathfrak{R}_2$ fordert

$$\mathfrak{R}_i = \mathfrak{R}_2^*. \tag{58}$$

Die Bedingungen (56), (57), (58) werden für die verzerrungsfreie Leitung gleichzeitig erfüllt durch die Wahl

$$\mathfrak{R}_1 = \mathfrak{R}_2 = \mathfrak{Z} = Z, \tag{59}$$

also bei Betrieb mit fortschreitender Welle (Nr. 224). Dagegen gilt für die verzerrende Leitung das Gesetz (59) nicht. Hier liefert der Betrieb mit fortschreitender Welle nicht die größte Leistung; diese ist an Hand der Gl. (58) auszuwerten, also vom Verzerrungswinkel der Leitung abhängig.

233. Kopplung einer Einfachleitung mit Trägern konzentrierter Felder. In vielen Fällen pflegt man den strahlungserregenden Generator nicht unmittelbar, sondern über ein Koppelorgan mit der Leitung zu verbinden. Nach den Ergebnissen des vorigen Abschnittes ist die Theorie dieser Organe gegeben, sobald ihr „Widerstand" $\mathfrak{R}_1$ bekannt ist.

Abb. 320. Kondensatorkopplung.

Die wichtigsten Kopplungen sind:

1. Die K o n d e n s a t o r k o p p l u n g, Abb. 320. Ein Stück der Leitung von der Länge l bildet die innere Belegung des Koppelkondensators C_K. Der „innere Widerstand" ist für die Kreisfrequenz ω gegeben durch

$$\mathfrak{R}_i = C_K j \omega.$$

Zum Zwecke maximaler Leistungsübertragung ist

$$|\mathfrak{R}_i| = C_K\,\omega = Z_b$$

zu wählen.

2. Die Schwingkettenkopplung, Abb. 321. Die Leitung ist an das Ende einer Schwingkette angeschlossen. Der „innere Widerstand“

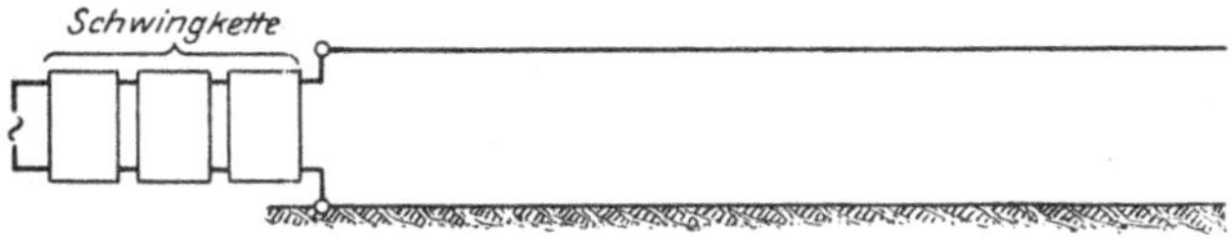

Abb. 321. Schwingkettenkopplung.

der Schwingkette ist bei Vermeidung rücklaufender Schwingkettenwellen gleich dem Schwingungswiderstand z eines Kettengliedes.

α) Die Kopplung mittels Spulenkette gestattet eine Leistungsübertragung nur in dem Frequenzbereich unterhalb der kritischen Frequenz der Spulenkette.

β) Die Kopplung mittels Kondensatorkette überträgt nur Leistungen von einer Frequenz, welche die kritische Frequenz der Kondensatorkette übersteigt.

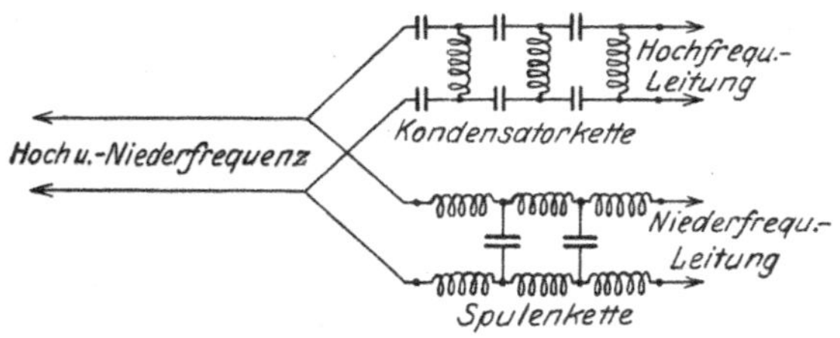

Abb. 322. Elektrische Weiche.

γ) Mittels der Siebkette können nur Leistungen, deren Frequenz innerhalb der Maschenweite liegt, übertragen werden.

δ) Durch gleichzeitigen Anschluß verschiedenartiger Schwingketten an die Leitung können:

1. Leistungen verschiedener Frequenz gleichzeitig auf die Leitung übertragen werden (Mehrfachstrahlung);

2. Leitungsgerichtete Strahlung, welche verschiedenfrequente Anteile besitzt, in diese Anteile getrennt werden (elektrische Weichen, Abb. 322).

234. Die Leitungskopplung überträgt Leistung von einer Leitung zur anderen durch den Energiestrom des transversalen elektromagnetischen Feldes der leitungsgerichteten Strahlung.

Der einfachste Fall ist in Abb. 323 dargestellt. Auf der verlustfreien Leitung *1* schreitet im Teile a eine Welle vorwärts. Ihr Spannungswert betrage

$$E_a = E^a_{r_1},$$

ihr Stromwert

$$J_a = J^a_{c_1}.$$

An der Stelle z_0 tritt die Leitung *2* in das Strahlungsfeld der Leitung *1*. Als Folge entstehen nunmehr auch in Leitung *2* Strom- und Spannungswellen, welche in den an Leitung *2* angeschlossenen Widerstand R_2 Leistung hineinführen. Diese Wellen wirken auf den Verlauf der Ströme und Spannungen in *1* zurück und werden Ursache zweier rücklaufender Wellen $E^a_{r_1}$ und $J^a_{r_1}$, während sie die durchlaufenden Wellen $E^b_{v_1}$ und $J^b_{v_1}$ umbilden.

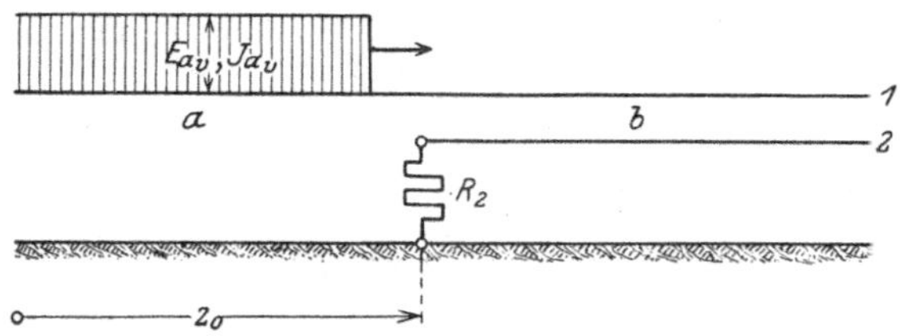

Abb. 323. Strahlungserregung durch Wanderwelle.

An der Übergangsstelle zwischen den beiden Strahlungsfeldern a und b müssen stets die Bedingungen erfüllt sein

$$\left.\begin{aligned} E_{1a} &= E_{1b}\,, \\ J_{1a} &= J_{1b}\,, \end{aligned}\right\} \quad z = z_0\,, \tag{60}$$

deren erste eine Folge des Induktionsgesetzes deren zweite eine Folge des Kontinuitätsgesetzes ist.

Zwischen den Strom- und Spannungswerten der Leitung *2* gilt das Ohmsche Gesetz

$$E_{2b} = -J_{2b} \cdot R_2 \;\}\quad z = z_0 \tag{61}$$

wegen der Einschaltung des Widerstandes in die Leitung.

Wir führen die gefundenen Beziehungen in die Gleichungen des verlustfreien Mehrfachleitersystems ein, indem wir im Strahlungsfelde a

$$\left.\begin{aligned} E_{a_1} &= E_{a_1 v} + E_{a_1 r}\,, \\ J_{a_1} &= J_{a_1 v} + J_{a_1 r} \end{aligned}\right\} \tag{62}$$

setzen, im Strahlungsfelde b dagegen, wo nur fortschreitende Wellen vorhanden sind

$$\left.\begin{aligned} E_{b_1} &= E_{b_1 v}\,, \\ J_{b_1} &= J_{b_1 v} \end{aligned}\right\} \tag{63}$$

und

$$\left.\begin{aligned} E_{b_2} &= E_{b_2 v}\,, \\ J_{b_2} &= J_{b_2 v}\,. \end{aligned}\right\} \tag{64}$$

Somit wird an der Übergangsstelle

$$\left.\begin{aligned} E_{1a_v} &= -E_{1a_r} + E_{1b_v} = +Z_{11} \cdot J_{1a_r} + Z_{11} \cdot J_{1b_v} + Z_{12} \cdot J_{2b_v}\,, \\ E_{2b_v} &= -J_{2b_v} \cdot R_2 \quad = \quad Z_{22} \cdot J_{2b_v} + Z_{12} \cdot J_{1b_v}\,. \end{aligned}\right\} \tag{65}$$

Hierin führen wir aus (60)

$$J_{1a_r} = -J_{1a_v} + J_{1b_v}$$

ein und erhalten für J_{1a_v} und J_{1b_v} die Bestimmungsgleichungen

$$\left.\begin{aligned} E_{1a_v} &= -Z_{11}J_{1a_v} + 2Z_{11}J_{1b_v} + Z_{12}\cdot J_{2b_v} \\ J_{2b_v}(R_2+Z_{22}) &= -Z_{12}\cdot J_{1b_v}. \end{aligned}\right\} \quad (66)$$

und

Da

$$Z_{11}\cdot J_{1a_v} = \sim E_{1a_v}$$

ist, wird schließlich

$$\left.\begin{aligned} J_{2b_v} &= -\frac{Z_{12}}{R_2+Z_{22}}\cdot J_{1b_v}, \\ J_{1b_v} &= \frac{2E_{1a_v}}{2Z_{11}-\dfrac{Z_{12}^2}{R_2+Z_{22}}} = \frac{J_{1a_v}}{1-\dfrac{Z_{12}^2}{2Z_{11}(R_2+Z_{22})}}. \end{aligned}\right\} \quad (66\text{a})$$

Der durchlaufende Strom wird somit infolge der Rückwirkung des Stromes in der Leitung *2* etwas vergrößert. Wird aber die Kopplung lose ($Z_{12} \ll Z_{11}$) so wird nahezu

$$J_{1b_v} = J_{1a_v}.$$

Wir finden für diesen Fall den Strom in der gekoppelten Leitung

$$J_{2b_v} = \sim -\frac{Z_{12}}{R_2+Z_{22}}\cdot J_{a_1v}.$$

Durch die Kopplung wird die Leistung

$$N_2 = J_{2b_v}^2\cdot R_2 = J_{a_1v}^2\cdot\frac{Z_{12}^2}{(R_2+Z_{22})^2}\cdot R_2$$

übertragen. Sie nimmt den Höchstwert an, wenn

$$R_2 = Z_{22}$$

gemacht wird, also der Widerstanp R_2 der Leitung 2 „angepaßt" wird

$$N_{2\max} = J_{a_1v}^2\cdot\frac{R_2}{4}.$$

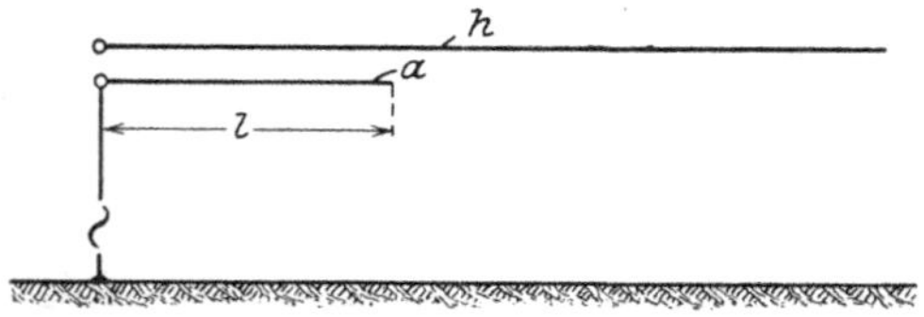

Abb. 324. Strahlungserregung durch Hilfsantenne.

235. Strahlungserregung durch Leitungskopplung. Die geschilderte Möglichkeit der Leistungsübertragung zwischen benachbarten Leitungen wird zur Schwingungserregung der leitungsgerichteten Strahlung benutzt.

Abb. 324 zeigt die Anordnung. Neben der zur Strahlung benutzten Hauptleitung h ist auf die Strecke l ein Hilfsdraht geführt, die Antenne a. Die Antenne wird durch die an ihrem Anfang wirkende Spannung $\mathfrak{E}$ zu Schwingungen angeregt.

Die allgemeinen Gleichungen des Mehrfachleitersystems, angewandt auf das aus h und a bestehende System, führen zu den Beziehungen

$$\left.\begin{aligned}
\bar{E}_a &= \bar{E}_{a_v} e^{-j\frac{2\pi}{\lambda}\cdot z} + \bar{E}_{a_r} e^{+j\frac{2\pi}{\lambda}\cdot z}, \\
\bar{J}_a &= \bar{J}_{a_v} e^{-j\frac{2\pi}{\lambda}\cdot z} + \bar{J}_{a_r} e^{+j\frac{2\pi}{\lambda}\cdot z}, \\
\bar{E}_h &= \bar{E}_{h_v} e^{-j\frac{2\pi}{\lambda}\cdot z} + \bar{E}_{h_r} e^{+j\frac{2\pi}{\lambda}\cdot z}, \\
\bar{J}_h &= \bar{J}_{h_v} e^{-j\frac{2\pi}{\lambda}\cdot z} + \bar{J}_{h_r} e^{+j\frac{2\pi}{\lambda}\cdot z},
\end{aligned}\right\} \qquad (67)$$

während die Ströme mit den Spannungen durch das Gesetz der Wellenwiderstände verbunden sind

$$\left.\begin{aligned}
\bar{E}_{a_v} &= \bar{J}_{a_v}\cdot Z_a + \bar{J}_{h_v}\cdot Z_{ah}, \\
\bar{E}_{a_r} &= \bar{J}_{a_r}\cdot Z_a - \bar{J}_{h_r}\cdot Z_{ah}, \\
\bar{E}_{h_v} &= \bar{J}_{h_v}\cdot Z_h + \bar{J}_{a_v}\cdot Z_{ha}, \\
\bar{E}_{h_r} &= -\bar{J}_{h_r}\cdot Z_h - \bar{J}_{a_r}\cdot Z_{ha}.
\end{aligned}\right\} \qquad (68)$$

Wir berechnen aus diesen Gleichungen den „inneren Widerstand", den das gesamte aus Hauptleitung und Antenne bestehende Leitersystem besitzt. Hierzu haben wir nach Definition die Antenne an der Erregungsstelle kurzzuschließen und bei $z = l$ an der Hauptleitung eine Spannung wirken zu lassen. Indem wir der bequemeren Rechnung halber $z = 0$ und $z = l$ miteinander vertauschen, ist der geschilderte Zustand durch die Gleichungen bestimmt

$$\left.\begin{aligned}
E_a(l) &= \bar{E}_{a_v}\cdot e^{-j\frac{2\pi}{\lambda}l} + \bar{E}_{a_r}\cdot e^{+j\frac{2\pi}{\lambda}l} = 0, \qquad (69)\\
J_h(l) &= \bar{J}_{h_v}\cdot e^{-j\frac{2\pi}{\lambda}l} + \bar{J}_{h_r}\cdot e^{j\frac{2\pi}{\lambda}l} = 0, \qquad (70)
\end{aligned}\right\} z = l$$

$$\left.\begin{aligned}
E_h(0) &= \bar{E}_{h_v} + \bar{E}_{h_r} = \bar{E}, \qquad (71)\\
\bar{J}_a(0) &= \bar{J}_{a_v} + J_{a_r} = 0. \qquad (72)
\end{aligned}\right\} z = 0$$

Setzt man die Beziehungen (68) ein, so lassen sich die Spannungen eliminieren; aus (69) und (71) entstehen

$$\left.\begin{aligned}
(\bar{J}_{a_v}\cdot Z_a + \bar{J}_{h_v}\cdot Z_{ah})\, e^{-j\frac{2\pi}{\lambda}l} + (-J_{a_r}\cdot Z_a - J_{h_r}\cdot Z_{ah})\, e^{+j\frac{2\pi}{\lambda}l} &= 0, \\
\bar{J}_{a_v}\cdot Z_{h_a} + \bar{J}_{h_v}\cdot Z_h + (-J_{a_r}\cdot Z_{h_a} - J_{h_r}\cdot Z_h) &= \bar{E}
\end{aligned}\right\} \qquad (73)$$

oder mit Rücksicht auf (70) und (72)

$$\left.\begin{aligned}
\bar{J}_{a_v}\left(e^{+j\frac{2\pi}{\lambda}l} + e^{-j\frac{2\pi}{\lambda}l}\right)\cdot Z_a + \bar{J}_{h_v}\cdot 2\cdot e^{-j\frac{2\pi}{\lambda}l}\cdot Z_{ah} &= 0, \\
\bar{J}_{a_v}\cdot 2\cdot Z_{h_a} + \bar{J}_{h_v}\cdot Z_h\left(1 + e^{-2\cdot j\frac{2\pi}{\lambda}l}\right) &= E.
\end{aligned}\right\} \qquad (74)$$

Hieraus bestimmen sich sogleich die Stromamplituden

$$\left.\begin{aligned}\overline{J}_{a_v} &= -\overline{E}\,\frac{2\cdot e^{-j\frac{2\pi}{\lambda}l}\cdot Z_{ah}}{e^{-j\frac{2\pi}{\lambda}l}\cdot 4\left[\left(\cos^2\frac{2\pi}{\lambda}l\right)Z_a\cdot Z_h - Z_{ah}\cdot Z_{h_a}\right]},\\ \overline{J}_{h_v} &= \overline{E}\,\frac{2\cdot\cos\frac{2\pi}{\lambda}l\cdot Z_a}{e^{-j\frac{2\pi}{\lambda}l}\cdot 4\left[\left(\cos^2\frac{2\pi}{\lambda}l\right)Z_a\cdot Z_h - Z_{ah}\cdot Z_{h_a}\right]}.\end{aligned}\right\}\qquad(74\text{ a})$$

Der Strom der Hauptleitung erreicht für $z = 0$ den Wert

$$\overline{J}_h = \overline{J}_{h_v} + \overline{J}_{h_r} = \overline{E}\,\frac{j\cos\frac{2\pi}{\lambda}l\cdot\sin\frac{2\pi}{\lambda}l\cdot Z_a}{\left[\left(\cos^2\frac{2\pi}{\lambda}l\right)\cdot Z_a\cdot Z_h - Z_{ah}\cdot Z_{h_a}\right]},\qquad(74\text{ b})$$

so daß wir für den „inneren Widerstand“

$$\mathfrak{R}_i = \frac{\overline{E}}{\overline{J}_h} = \frac{\cos^2\frac{2\pi}{\lambda}l\cdot Z_a\cdot Z_h - Z_{ah}\cdot Z_{h_a}}{j\,Z_a\cdot\cos\frac{2\pi}{\lambda}l\cdot\sin\frac{2\pi}{\lambda}l}\qquad(75)$$

finden. Die Anpassungsbedingung fordert.

$$|\mathfrak{R}_i| = \infty\,|Z_h|,$$

also

$$\left.\begin{aligned}Z_h &= -\frac{\cos^2\frac{2\pi}{\lambda}\cdot l\cdot Z_a\cdot Z_h - Z_{ah}\cdot Z_{h_a}}{Z_a\cdot\sin\frac{2\pi}{\lambda}\cdot l\cdot\cos\frac{2\pi}{\lambda}l};\\ \sin\frac{2\pi}{\lambda}l\cdot\cos\frac{2\pi}{\lambda}l - \cos^2\frac{2\pi}{\lambda}l &= -\frac{Z_{ah}\cdot Z_{h_a}}{Z_a Z_h} = -\zeta^2,\end{aligned}\right\}\qquad(76)$$

wo der „Wellenkopplungsfaktor“

$$\zeta = \frac{Z_{ah}}{\sqrt{Z_a Z_h}}\qquad(77)$$

eingeführt ist. Schreibt man (76) in der Form

$$\sin\left(2\cdot\frac{2\pi}{\lambda}\cdot l\right) - \cos\left(2\cdot\frac{2\pi}{\lambda}\cdot l\right) = 1 - 2\,\zeta^2,\qquad(76\text{ a})$$

so wird hierdurch bei gegebener Betriebswellenlänge λ die zur Anpassung erforderliche günstigste Antennenlänge l bestimmt (Abb. 325). Für extrem lose Kopplung ($\zeta^2 \ll 1$) nähert sich diese dem Grenzwert

$$l = \frac{\lambda}{8}$$

und nimmt mit wachsender Kopplung dauernd ab.

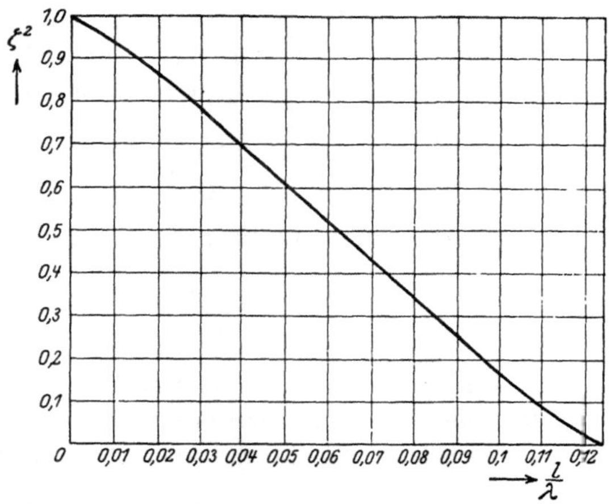

Abb. 325. Zur Bestimmung der günstigsten Länge der Hilfsantenne.

II. Raumstrahlung.

1. Grundlagen.

236. Die Differentialgleichung der Hertzschen Funktion. Die einfachste Form der Raumstrahlung entsteht aus der leitungsgerichteten Strahlung, wenn die Transversalität des Magnetfeldes trotz der Abwesenheit richtender Leiter erhalten bleibt.

Wir machen die z-Achse eines rechtwinkligen Koordinatensystems zur Achse des magnetischen Feldes; als Bedingung der Transversalität haben wir also

$$\mathfrak{H}_z = 0\,. \tag{1}$$

Hiermit erhalten wir als Feldgleichungen des leeren Raumes nach 1 und 2, Nr. 214

$$\left.\begin{aligned}
\varepsilon\frac{\partial\mathfrak{E}_x}{\partial t} &= -\frac{\partial\mathfrak{H}_y}{\partial z}\,,\\
\varepsilon\frac{\partial\mathfrak{E}_y}{\partial t} &= \frac{\partial\mathfrak{H}_x}{\partial z}\,,\\
\varepsilon\frac{\partial\mathfrak{E}_z}{\partial t} &= \frac{\partial\mathfrak{H}_y}{\partial x} - \frac{\partial\mathfrak{H}_x}{\partial y}\,,\\
0 &= \frac{\partial\mathfrak{E}_y}{\partial x} - \frac{\partial\mathfrak{E}_x}{\partial y}\,,\\
-\frac{\partial\mathfrak{H}_x}{\partial t}\cdot\mu\cdot 10^{-8} &= \frac{\partial\mathfrak{E}_z}{\partial y} - \frac{\partial\mathfrak{E}_y}{\partial z}\,,\\
-\frac{\partial\mathfrak{H}_y}{\partial t}\cdot\mu\cdot 10^{-8} &= \frac{\partial\mathfrak{E}_x}{\partial z} - \frac{\partial\mathfrak{E}_z}{\partial y}\,.
\end{aligned}\right\} \tag{2}$$

In jeder Querschnittsebene $z =$ konst verschwindet der magnetische Verschiebungsstrom. Daher ist $\mathfrak{E}$ aus einem Potentiale ableitbar, welches für jede Querschnittsebene zu definieren ist

$$\mathfrak{E}_x = -\frac{\partial \varphi}{\partial x}; \qquad \mathfrak{E}_y = -\frac{\partial \varphi}{\partial y}, \tag{3}$$

während wir $\mathfrak{H}$ durch die Stromfunktion ψ darstellen

$$\mathfrak{H}_x = \frac{\partial \psi}{\partial y}; \qquad \mathfrak{H}_y = -\frac{\partial \psi}{\partial x}. \tag{4}$$

Im Gegensatze zur leitungsgerichteten Strahlung sind bei der Raumstrahlung die einzelnen Querschnittsebenen nicht mehr gleichberechtigt, φ und ψ werden Funktionen von z. Wir bringen dies durch den Ansatz

$$\varphi = -\frac{\partial \Pi}{\partial z} \tag{5}$$

zum Ausdruck, in welchem nun Π eine im ganzen Raum definierte Funktion bedeutet; sie heißt die Hertzsche Funktion.

Mit Einführung der Hertzschen Funktion gehen die Gl. (2) über in

$$\left.\begin{aligned}
+\varepsilon \frac{\partial^3 \Pi}{\partial x\, \partial t\, \partial z} &= +\frac{\partial \psi}{\partial x\, \partial z}, \\
+\varepsilon \frac{\partial^3 \Pi}{\partial y\, \partial t\, \partial z} &= \frac{\partial \psi}{\partial y\, \partial z}, \\
\varepsilon \frac{\partial \mathfrak{E}_z}{\partial t} &= -\left(\frac{\partial \psi}{\partial x^2} + \frac{\partial \psi}{\partial y^2}\right), \\
-\frac{\partial \psi}{\partial y\, \partial t} \cdot \mu \cdot 10^{-8} &= -\frac{\partial \mathfrak{E}_z}{\partial y} + \frac{\partial^3 \Pi}{\partial y\, \partial z^2}, \\
+\frac{\partial \psi}{\partial x\, \partial t} \cdot \mu \cdot 10^{-8} &= +\frac{\partial^2 \Pi}{\partial x\, \partial z^2} - \frac{\partial \mathfrak{E}_z}{\partial y}.
\end{aligned}\right\} \tag{2a}$$

Die ersten beiden Gleichungen werden identisch befriedigt durch

$$\psi = +\varepsilon \frac{\partial \Pi}{\partial t}; \qquad \frac{\partial \psi}{\partial z} = -\varepsilon \frac{\partial \varphi}{\partial t}. \tag{6}$$

Hieraus folgt für $\mathfrak{E}_z$ der Ausdruck

$$\varepsilon \frac{\partial \mathfrak{E}_z}{\partial t} = -\varepsilon \left[\frac{\partial^3 \Pi}{\partial t \cdot \partial x^2} + \frac{\partial^3 \Pi}{\partial t \cdot \partial y^2}\right]$$

oder

$$\mathfrak{E}_z = -\left[\frac{\partial^2 \Pi}{\partial x^2} + \frac{\partial^2 \Pi}{\partial y^2}\right]. \tag{7}$$

Aus (6), (7) und (2a) folgt

$$-\varepsilon\mu\cdot 10^{-8}\cdot\frac{\partial^3 \Pi}{\partial y\,\partial t^2} = \frac{\partial}{\partial y}\left(\frac{\partial^2 \Pi}{\partial x^2}+\frac{\partial^2 \Pi}{\partial y^2}+\frac{\partial^2 \Pi}{\partial z^2}\right),$$

$$+\varepsilon\mu\cdot 10^{-8}\cdot\frac{\partial^3 \Pi}{\partial x\,\partial t^2} = -\frac{\partial}{\partial x}\left(\frac{\partial^2 \Pi}{\partial z^2}+\frac{\partial^2 \Pi}{\partial x^2}+\frac{\partial^2 \Pi}{\partial y^2}\right),$$

also

$$\frac{\partial^2 \Pi}{\partial t^2} = \frac{10^8}{\varepsilon\mu}\left(\frac{\partial^2 \Pi}{\partial x^2}+\frac{\partial^2 \Pi}{\partial y^2}+\frac{\partial^2 \Pi}{\partial z^2}\right) = a^2\left(\frac{\partial^2 \Pi}{\partial x^2}+\frac{\partial^2 \Pi}{\partial y^2}+\frac{\partial^2 \Pi}{\partial z^2}\right), \qquad (8)$$

wo die Fortpflanzungsgeschwindigkeit der Wellen im leeren Raum

$$a^2 = \frac{10^8}{\varepsilon\cdot\mu} = \frac{9\cdot 10^{20}}{\left(\frac{\varepsilon}{\varepsilon_0}\right)\cdot\left(\frac{\mu}{\mu_0}\right)}$$

eingeführt ist. Die in (8) gefundene Grundgleichung der Raumstrahlung wird als Wellengleichung bezeichnet.

Der hier eingehende Differentialparameter

$$\Delta \Pi \equiv \frac{\partial^2 \Pi}{\partial x^2}+\frac{\partial^2 \Pi}{\partial y^2}+\frac{\partial^2 \Pi}{\partial z^2} \qquad (9)$$

besitzt eine von der Wahl des Koordinatensystems unabhängige Bedeutung, welche an dem Beispiele des elektrostatischen Feldes erläutert sei. Ist φ die Potentialfunktion dieses Feldes, so berechnen sich die Feldstärken

$$\mathfrak{E}_x = -\frac{\partial\varphi}{\partial x};\qquad \mathfrak{E}_y = -\frac{\partial\varphi}{\partial y};\qquad \mathfrak{E}_z = -\frac{\partial\varphi}{\partial z}.$$

Aus einem Parallelepiped dx, dy, dz treten in x-Richtung

$$dN_x = \mathfrak{E}_{x_{(x+dx)}}\cdot dy\cdot dz - \mathfrak{E}_{x_{(x)}}\cdot dy\cdot dz$$

Feldlinien; entsprechend in y- und z-Richtung

$$dN_y = \frac{\partial\mathfrak{E}_y}{\partial y}\cdot dy\cdot dz\cdot dx,$$

$$dN_z = \frac{\partial\mathfrak{E}_z}{\partial z}\cdot dz\cdot dx\cdot dy.$$

Insgesamt verlassen also das Parallelepiped

$$dN = dN_x + dN_y + dN_z = \left(\frac{\partial\mathfrak{E}_x}{\partial x}+\frac{\partial\mathfrak{E}_y}{\partial y}+\frac{\partial\mathfrak{E}_z}{\partial z}\right)dx\cdot dy\cdot dz$$

Feldlinien; es ist daher

$$\frac{dN}{dx\cdot dy\cdot dz} = \frac{\partial\mathfrak{E}_x}{\partial x}+\frac{\partial\mathfrak{E}_y}{\partial y}+\frac{\partial\mathfrak{E}_z}{\partial z} = -\left[\frac{\partial^2\varphi}{\partial x^2}+\frac{\partial^2\varphi}{\partial y^2}+\frac{\partial^2\varphi}{\partial z^2}\right] = -\Delta\varphi \qquad (10)$$

die Linienergiebigkeit der Volumeinheit. Indem man nunmehr Volumelemente $d\tau$ beliebiger Form zulassen kann, erhält man die Definitionsgleichung

$$\Delta\varphi = -\frac{dN}{d\tau}, \tag{10a}$$

wo dN die gesamte, die Oberfläche von $d\tau$ durchsetzende Kraftlinienzahl bedeutet.

Es sei insbesondere das Potential φ eine Funktion der krummlinigen Koordinaten u, v, w. Zur Berechnung der Feldstärke vergleichen wir zwei benachbarte Punkte. Beim Fortschreiten um du ist die Potentialänderung

$$d\varphi_u = \frac{\partial\varphi}{\partial u}\cdot du.$$

Nach Gl. (4), Nr. 215, ist also die Feldstärke in u-Richtung

$$\mathfrak{E}_u = -\frac{\partial\varphi_u}{\partial s_u} = -\frac{1}{U}\frac{\partial\varphi}{\partial u}.$$

Ebenso folgen

$$\mathfrak{E}_v = -\frac{1}{V}\cdot\frac{\partial\varphi}{\partial v},$$

$$\mathfrak{E}_w = -\frac{1}{W}\cdot\frac{\partial\varphi}{\partial w}.$$

Zur Berechnung der Linienzahl dN betrachten wir gegenüberliegende Flächen des Parallelepipeds aus ds_u, ds_v, ds_w. In u-Richtung ist

$$dN_u = (ds_v\cdot ds_w\cdot\mathfrak{E}_u)_{u+du} - (ds_v\cdot ds_w\cdot\mathfrak{E}_u)_u,$$

also nach (4), Nr. 215

$$dN_u = \frac{\partial}{\partial u}\left(-\frac{V\cdot W}{U}\cdot\frac{\partial\varphi}{\partial u}\right)du\cdot dv\cdot dw. \tag{11u}$$

Durch zyklische Vertauschung ergibt sich hieraus

$$dN_v = \frac{\partial}{\partial v}\left(=\frac{W\cdot U}{V}\cdot\frac{\partial\varphi}{\partial v}\right)dv\cdot dw\cdot du, \tag{11v}$$

$$dN_w = \frac{\partial}{\partial w}\left(-\frac{UV}{W}\cdot\frac{\partial\varphi}{\partial w}\right)dw\cdot du\cdot dv. \tag{11w}$$

Das Volumen des Parallelepipeds ist

$$d\tau = ds_u\cdot ds_v\cdot ds_w = U\cdot V\cdot W\cdot du\cdot dv\cdot dw.$$

Durch Zusammenfassung von (11u), (11v), (11w) folgt die Volumergiebigkeit

$$\left.\begin{aligned}\frac{dN_x + dN_y + dN_z}{d\tau} = -\Delta\varphi = -\frac{1}{U\cdot V\cdot W}\Bigg[\frac{\partial}{\partial u}\left(\frac{V\cdot W}{U}\cdot\frac{\partial\varphi}{\partial u}\right)\\ + \frac{\partial}{\partial v}\left(\frac{W\cdot U}{V}\cdot\frac{\partial\varphi}{\partial v}\right) + \frac{\partial}{\partial w}\left(\frac{U\cdot V}{W}\cdot\frac{\partial\varphi}{\partial w}\right)\Bigg].\end{aligned}\right\} \tag{12}$$

Hierin ist die Umformung des Differentialparameters auf krummlinige Koordinaten geleistet. Das Ergebnis ist von physikalischen Feldeigenschaften gänzlich unabhängig. Wir können daher nach Ersatz von φ durch Π den Ausdruck (12) in die Wellengleichung einführen und erhalten

$$a^2 \cdot \frac{1}{UVW}\left[\frac{\partial}{\partial u}\left(\frac{VW}{U}\frac{\partial \Pi}{\partial u}\right) + \frac{\partial}{\partial v}\left(\frac{WU}{V}\frac{\partial \Pi}{\partial v}\right) + \frac{\partial}{\partial w}\left(\frac{UV}{W}\frac{\partial \Pi}{\partial w}\right)\right] = \frac{\partial^2 \Pi}{\partial t^2}. \quad (8\,a)$$

2. Struktur des Strahlungsfeldes.

a) Dipolstrahlung.

Die Hertzsche Lösung.

237. Kugelwellen. Die von H. Hertz angegebene Lösung der Wellengleichung liefert von einem Zentrum nach außen eilende Wellen.

Wir legen der Behandlung dieser Wellen ein räumliches Polarkoordinatensystem zugrunde, in welchem die Lage eines Aufpunktes durch Ursprungsabstand r, Azimut ϑ und Länge ψ bestimmt ist. Zwischen diesen Koordinaten und rechtwinkligen Parallelkoordinaten x, y, z bestehen die Beziehungen

$$\left.\begin{aligned} x &= r \cdot \sin\vartheta \cdot \cos\psi\,, \\ y &= r \cdot \sin\vartheta \cdot \sin\psi\,, \\ z &= r \cdot \cos\vartheta\,. \end{aligned}\right\} \quad (13)$$

Offenbar bilden die Koordinaten r, ϑ, ψ ein orthogonales System. Wir können daher die im vorigen Abschnitt entwickelten Formeln anwenden und finden mit $u = r$, $v = \vartheta$, $w = \psi$

$$\left.\begin{aligned} U &= \sqrt{\left(\frac{\partial x}{\partial r}\right)^2 + \left(\frac{\partial y}{\partial r}\right)^2 + \left(\frac{\partial z}{\partial r}\right)^2} = \sqrt{\sin^2\vartheta\cos^2\psi + \sin^2\vartheta\sin^2\psi + \cos^2\vartheta} = 1\,, \\ V &= \sqrt{\left(\frac{\partial x}{\partial \vartheta}\right)^2 + \left(\frac{\partial y}{\partial \vartheta}\right)^2 + \left(\frac{\partial z}{\partial \vartheta}\right)^2} = \sqrt{r^2\cos^2\vartheta\cos^2\psi + r^2\cos^2\vartheta\sin^2\psi + r^2\sin^2\vartheta} = r\,, \\ W &= \sqrt{\left(\frac{\partial x}{\partial \psi}\right)^2 + \left(\frac{\partial y}{\partial \psi}\right)^2 + \left(\frac{\partial z}{\partial \psi}\right)^2} = \sqrt{r^2\sin^2\vartheta\sin^2\psi + r^2\sin^2\vartheta\cos^2\psi + 0} = r\sin\vartheta\,, \end{aligned}\right\} \quad (13\,a)$$

also durch Einsetzen in (8a)

$$a^2 \cdot \frac{1}{r^2 \cdot \sin\vartheta}\left[\frac{\partial}{\partial r}\left(r^2\sin\vartheta\,\frac{\partial \Pi}{\partial r}\right) + \frac{\partial}{\partial \vartheta}\left(\sin\vartheta\,\frac{\partial \Pi}{\partial \vartheta}\right) + \frac{\partial}{\partial \psi}\left(\frac{1}{\sin\vartheta}\,\frac{\partial \Pi}{\partial \psi}\right)\right] = \frac{\partial^2 \Pi}{\partial t^2}.$$

Mit der Annahme, daß Π nur von r, nicht aber von ϑ und ψ abhängt, reduziert sich diese Gleichung auf

$$a^2 \cdot \frac{1}{r^2} \cdot \frac{\partial}{\partial r}\left(r^2\,\frac{\partial \Pi}{\partial r}\right) = \frac{\partial^2 \Pi}{\partial t^2}. \quad (8\,b)$$

31*

Nun ist identisch

$$\frac{\partial}{\partial r}\left(r^2 \frac{\partial \Pi}{\partial r}\right) \equiv r \frac{\partial^2 (r\,\Pi)}{\partial r^2},$$

so daß sich Gl. (13) in der Form

$$a^2 \cdot \frac{\partial^2 (r\,\Pi)}{\partial r^2} = \frac{\partial^2 (r\,\Pi)}{\partial t^2} \tag{13a}$$

schreiben läßt. Nach Gl. (14), S. 447, ist die Lösung dieser Gleichung

$$r\,\Pi = f\left(t - \frac{r}{a}\right) + g\left(t + \frac{r}{a}\right)$$

also

$$\Pi = \frac{f\left(t - \frac{r}{a}\right) + g\left(t + \frac{r}{a}\right)}{r}. \tag{14}$$

Hierin stellt der erste Anteil eine nach außen eilende, der zweite Anteil eine zum Mittelpunkt konvergierende Kugelwelle dar. Wir beschränken uns fortan auf den ersten Anteil, welcher einer freien, reflexionslosen Raumstrahlung entspricht.

Aus der Hertzschen Funktion Π berechnen wir das Potential φ des elektrischen Feldes (vgl. Nr. 236)

$$\varphi = -\frac{\partial \Pi}{\partial z} = -\frac{z}{r}\left(\frac{-f\left(t - \frac{r}{a}\right)}{r^2} - \frac{f'\left(t - \frac{r}{a}\right)}{a\,r}\right). \tag{15}$$

Für eine gegebene Querschnittsebene $z = z_0$ und einen gegebenen Zeitpunkt $t = t_0$ lautet also die Gleichung einer Niveaulinie

$$\varphi = \text{konst} = +\frac{z_0}{r} \cdot \left(\frac{f\left(t_0 - \frac{r}{a}\right)}{r^2} + \frac{f'\left(t_0 - \frac{r}{a}\right)}{a\,r}\right)$$

φ hängt nur von r ab; die Äquipotentiallinien werden Kreise. In jeder Querschnittsebene verlaufen also die elektrischen Feldlinien radial vom Erregungsmittelpunkt nach außen, und da dies für die Gesamtheit aller Feldlinien gilt, so liegen sie alle in Meridianebenen.

Aus dem Potential φ berechnen wir die elektrische Feldstärke mittels der Beziehungen (3), (4) und (7).

$$\left.\begin{aligned}
\mathfrak{E}_x &= \frac{3\,x\,z}{r^5} \cdot f\left(t - \frac{r}{a}\right) + \frac{3\,x\,z}{a\,r^4} \cdot f'\left(t - \frac{r}{a}\right) + \frac{x\,z}{a^2\,r^3} \cdot f''\left(t - \frac{r}{a}\right), \\
\mathfrak{E}_y &= \frac{3\,y\,z}{r^5} \cdot f\left(t - \frac{r}{a}\right) + \frac{3\,y\,z}{a\,r^4} \cdot f'\left(t - \frac{r}{a}\right) + \frac{y\,z}{a^2\,r^3} \cdot f''\left(t - \frac{r}{a}\right), \\
\mathfrak{E}_z &= \frac{3\,z^2 - r^2}{r^5} \cdot f\left(t - \frac{r}{a}\right) + \frac{3\,z^2 - r^2}{a\,r^4} \cdot f'\left(t - \frac{r}{a}\right) + \frac{z^2 - r^2}{a^2\,r^3} \cdot f''\left(t - \frac{r}{a}\right).
\end{aligned}\right\} \tag{16}$$

Die Stromfunktion ψ folgt aus (14) zu

$$\psi = \varepsilon \frac{\partial \Pi}{\partial t} = \varepsilon \cdot \frac{f'\left(t - \frac{r}{a}\right)}{r}. \tag{16a}$$

Eine Kraftlinie wird dargestellt durch $\psi = \text{konst}$, also für gegebenes t_0

$$\psi = \text{konst} = \varepsilon \cdot \frac{f'\left(t_0 - \frac{r}{a}\right)}{r}.$$

In jeder Querschnittsebene sind also die magnetischen Kraftlinien Kreise um die Achse des Feldes. Die Feldstärke selbst beträgt nach (4)

$$\left.\begin{aligned} \mathfrak{H}_x &= \varepsilon \frac{\partial \psi}{\partial y} = -\frac{\varepsilon y \cdot f'\left(t - \frac{r}{a}\right)}{r^3} - \frac{\varepsilon y \cdot f''\left(t - \frac{r}{a}\right)}{a r^2}, \\ \mathfrak{H}_y &= -\varepsilon \frac{\partial \psi}{\partial x} = \frac{\varepsilon x \cdot f'\left(t - \frac{r}{a}\right)}{r^3} + \frac{\varepsilon x \cdot f''\left(t - \frac{r}{a}\right)}{a r^2}. \end{aligned}\right\} \tag{17}$$

238. Die Nahzone. Nahzone heißt der Feldbereich in unmittelbarer Umgebung des Ursprunges. Im Ursprung selbst verlieren die Ausdrücke der Feldkomponenten ihre Gültigkeit. Dort befindet sich das Erregungszentrum der Welle. Die Untersuchung der Gesetzmäßigkeiten der Nahzone liefert daher die Eigenschaften des Erregungszentrums.

Für das Feld in der Nahzone kommen merklich nur diejenigen Feldanteile zur Wirkung, welche r in hoher Potenz im Nenner enthalten; ferner kann für $t > 0$

$$t - \frac{a}{r} = \sim t$$

angenommen werden. Für das Potential φ in der Nahzone gilt daher der Ausdruck

$$\varphi = \frac{z \cdot f(t)}{r^3}. \tag{18}$$

Wir vergleichen dieses Feld mit dem statischen Felde eines „Dipols", der Zusammenfassung einer positiven und negativen Ladung q, welche die Entfernung l voneinander besitzen.

Wir legen die positive Ladung in die z-Achse um $\frac{1}{2} l$ vom Ursprung entfernt, die negative um $-\frac{1}{2} l$ entfernt. Die z-Achse sei als „Achse des Dipols" bezeichnet.

Das Potential des Dipols erhalten wir durch Überlagerung der von jeder Ladung herrührenden Potentiale.

In Abb. 326 ist die Ladung q dargestellt. Die elektrischen Kraftlinien verlaufen radial nach außen. Der in der Entfernung r_1 wirkende elektrische Induktionsfluß gleicht der Ladung

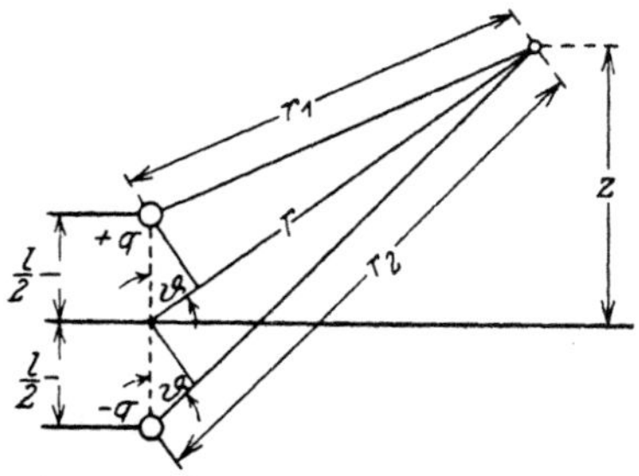

Abb. 326. Zum Potential des Dipols.

$$\mathfrak{D} \cdot 4\pi r_1^2 = q\,,$$

also wird

$$\mathfrak{E} = \frac{\mathfrak{D}}{\varepsilon} = \frac{q}{\varepsilon} \cdot \frac{1}{4\pi r_1^2}\,,$$

und das Potential berechnet sich zu

$$\varphi_q = +\frac{q}{\varepsilon} \cdot \frac{1}{4\pi r_1}\,. \tag{19}$$

Auf demselben Wege ergibt sich für das Potential der negativen Ladung

$$\varphi_{-q} = -\frac{q}{\varepsilon} \cdot \frac{1}{4\pi r_2}\,,$$

also wird das Potential des Dipols

$$\varphi_d = \varphi_q + \varphi_{-q} = +\frac{q}{\varepsilon} \cdot \frac{1}{4\pi} \cdot \left(\frac{1}{r_1} - \frac{1}{r_2}\right)$$

Setzen wir

$$r_1 \gg l; \qquad r_2 \gg l$$

voraus, so wird

$$r_1 \cdot r_2 = \sim r^2\,.$$

Ferner ist nach Abb. 326

$$r_2 = r + \frac{l\cos\vartheta}{2}\,,$$

$$r_1 = r - \frac{l\cos\vartheta}{2}$$

mit

$$\cos\vartheta = \frac{z}{r}\,.$$

Für Entfernungen r, welche groß sind gegen die Abmessungen des Dipols, gilt also nach (19)

$$\varphi_d = +\frac{q}{4\pi\varepsilon} \cdot \frac{r_2 - r_1}{r_1 \cdot r_2} = \sim +\frac{q}{4\pi\varepsilon}\,\frac{l\cos\vartheta}{r^2} = +\frac{q \cdot l}{4\pi\varepsilon}\,\frac{z}{r^3}\,. \tag{20}$$

Dieses wird aber in der Tat mit (18) identisch, wenn

$$\frac{m}{4\pi \cdot \varepsilon} = \frac{q \cdot l}{4\pi \cdot \varepsilon} = f(t) \tag{21}$$

gesetzt wird. Wir nennen

$$m = q \cdot l \tag{22}$$

das „Moment“ des Dipols.

Werden die Träger der Ladungen durch einen Draht verbunden, so entsteht bei Ladungsschwankungen ein Strom

$$J = -\frac{dq}{dt} = -\frac{dm}{dt}\cdot\frac{1}{l} = -\frac{4\pi\cdot\varepsilon}{l}\cdot f'(t)\,, \tag{23}$$

also wird

$$f'(t) = -\frac{J\cdot l}{4\pi\cdot\varepsilon}\,. \tag{24}$$

Führt man dies in den Ausdruck für das Magnetfeld der Nahzone ein

$$\mathfrak{H}_x = -\frac{\varepsilon\, y\cdot f'(t)}{r^3}\,,$$

$$\mathfrak{H}_y = \frac{\varepsilon\, x\cdot f'(t)}{r^3}\,,$$

so wird

$$\mathfrak{H}_x = \frac{J\cdot l\cdot y}{4\pi\cdot r^3}\,,$$

$$\mathfrak{H}_y = -\frac{J\cdot l\cdot x}{4\pi\cdot r^3}\,.$$

Insbesondere besitzt also $\mathfrak{H}$ in der Entfernung $y = r$ den Wert

$$\mathfrak{H}_r = \frac{J\cdot l}{4\pi\cdot r^2}\,.$$

Dieses Gesetz ist mit dem Biot-Savartschen Elementargesetz identisch (Nr. 3).

Zusammenfassend erkennen wir also:

Die räumliche Kugelwelle wird erzeugt durch den Hertzschen Erreger; dieser besteht aus zwei Kugeln, welche je die Ladung q tragen. Durch einen verbindenden Draht ist den Ladungen die Möglichkeit des Ausgleiches gestattet.

239. Die Fernzone. Wir setzen nunmehr r so groß voraus, daß nur die Glieder einen merklichen Anteil zum Felde liefern, deren Nenner r in der niedrigsten Potenz enthält.

Für das elektrische Feld erhält man also

$$\left.\begin{aligned}
\mathfrak{E}_x &= \frac{x\,z}{a^2\,r^3}\cdot f''\left(t-\frac{r}{a}\right),\\
\mathfrak{E}_y &= \frac{y\,z}{a^2\,r^3}\cdot f''\left(t-\frac{r}{a}\right),\\
\mathfrak{E}_z &= \frac{z^2-r^2}{a^2\,r^3}\cdot f''\left(t-\frac{r}{a}\right).
\end{aligned}\right\} \tag{25}$$

Um die Bedeutung dieser Ausdrücke zu erkennen, gehen wir auf räumliche Polarkoordinaten zurück. Da alle Feldlinien in Meridianebenen ψ = konst verlaufen, beschränkt sich die Berechnung der Feldstärke auf die Abhängigkeit von r und ϑ.

Setzen wir in (25) $x = \varrho$, so erhalten wir die radiale Feldkomponente

$$\mathfrak{E}_r = \frac{\varrho\, z}{a^2\, r^3} \cdot f''\left(t - \frac{r}{a}\right), \tag{25r}$$

also mit (13)

$$\mathfrak{E}_r = \frac{\sin\vartheta \cos\vartheta}{a^2\, r} \cdot f''\left(t - \frac{r}{a}\right). \tag{25b}$$

Die axiale Komponente beträgt

$$\mathfrak{E}_z = \frac{z^2 - r^2}{a^2\, r^3} \cdot f''\left(t - \frac{r}{a}\right) = \frac{-\sin^2\vartheta}{a^2\, r} \cdot f''\left(t - \frac{r}{a}\right). \tag{25z}$$

Das Verhältnis von Radial- zu Axialkomponente beträgt somit

$$\frac{\mathfrak{E}_r}{\mathfrak{E}_z} = -\operatorname{cotg}\vartheta. \tag{26}$$

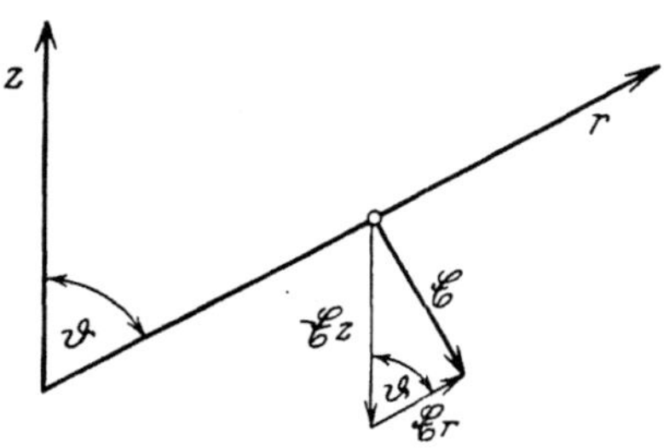

Abb. 327. Zur Richtungsbestimmung des elektrischen Feldes in der Fernzone.

Hieraus folgt nach Abb. 327, daß $\mathfrak{E}$ auf r senkrecht steht. In großer Entfernung vom Erregungszentrum sind also die elektrischen Feldlinien in jeder Meridianebene Kreise um den Ursprung. Der Betrag der Feldstärke ist

$$\mathfrak{E} = \frac{\mathfrak{E}_r}{\cos\vartheta} = \frac{\sin\vartheta}{a^2\, r} \cdot f''\left(t - \frac{r}{a}\right). \tag{27}$$

Die Feldstärke besitzt ihren Höchstwert in der Äquatorebene ($\vartheta = 90°$), während sie in den Polen den Wert 0 erreicht.

Das magnetische Feld erreicht in der Fernzone die Größe

$$\left.\begin{aligned} \mathfrak{H}_x &= -\frac{\varepsilon\, y \cdot f''\left(t - \frac{r}{a}\right)}{a\, r^2}, \\ \mathfrak{H}_y &= +\frac{\varepsilon\, x \cdot f''\left(t - \frac{r}{a}\right)}{a\, r^2}. \end{aligned}\right\} \tag{28}$$

Für $x = \varrho$, $y = 0$ erhalten wir den Wert der Feldstärke senkrecht zu einer Meridianebene

$$\mathfrak{H}_\varphi = +\frac{\varepsilon\, \varrho\, f''\left(t - \frac{r}{a}\right)}{a\, r^2} = \frac{\varepsilon \sin\vartheta \cdot f''\left(t - \frac{r}{a}\right)}{a\, r}. \tag{28a}$$

Wegen der Transversalität des Magnetfeldes ist $\mathfrak{H}_\varphi$ gleich dem Betrage der Feldstärke. Wir finden durch Vergleich mit (27):

In der Fernzone sind Betrag der elektrischen Feldstärke und der magnetischen Feldstärke einander proportional. Ihrer Richtung nach stehen sie aufeinander senkrecht.

240. Die Zwischenzone. Während die magnetischen Kraftlinien, wie oben bewiesen, überall Kreise um die Feldachse sind, gehen die elektrischen Feldlinien von den Formen des Dipolfeldes in die Kreislinien der Fernzone über. In welcher Weise dies erfolgt, hat Hertz durch Zeichnung der Kraftlinien gezeigt.

Die Hertzschen Kraftlinienbilder, welche in Abb. 328 (s. nächste Seite) wiedergegeben sind, beziehen sich auf einen rein periodischen Wechsel des Ladungsmomentes. Setzen wir demgemäß

$$f(t) = \Re(e^{j\omega t}),$$

so wird

$$f\left(t - \frac{r}{a}\right) = \Re e\left(e^{j\left(\omega\left\{t - \frac{r}{a}\right\}\right)}\right) = \Re e\left(e^{j\omega t - j\frac{\omega r}{a}}\right).$$

Für einen gegebenen Zeitpunkt bleibt das Argument dieser Funktion ungeändert, wenn man um die Wellenlänge λ fortschreitet, wobei λ durch

$$\frac{\omega\lambda}{a} = 2\pi; \qquad \lambda = \frac{2\pi a}{\omega} = \frac{a}{f}$$

gegeben ist.

241. Der Energiestrom. Der Vektor der Energieströmung $\mathfrak{S}$ steht nach Nr. 10 auf $\mathfrak{E}$ und $\mathfrak{H}$ senkrecht. Da $\mathfrak{H}$ senkrecht zu den Meridianebenen liegt, strömt die Energie vom Erregungszentrum aus in Linien nach außen, welche ganz in den Meridianebenen liegen. Wegen der Orthogonalität von $\mathfrak{S}$ mit $\mathfrak{E}$ sind die Linien der Energieströmung die zu den elektrischen Kraftlinien der Meridianebene senkrechten Kurven.

Ersichtlich verlaufen in der Fernzone die Linien der Energieströmung rein radial vom Erregungszentrum nach außen. Die Größe des Energiestromes beträgt dort

$$\mathfrak{S} = \mathfrak{E} \cdot \mathfrak{H} = \frac{\varepsilon \cdot \sin^2\vartheta}{a^3 r^2} f''^2\left(t - \frac{r}{a}\right). \tag{29}$$

Wir schlagen um den Ursprung mit dem Radius r eine Kugel und berechnen die gesamte Strahlungsleistung durch die Kugel.

Die Breite eines Streifens der Kugelfläche, welcher zwischen den Winkeln ϑ und $\vartheta + d\vartheta$ liegt, beträgt $r \cdot d\vartheta$. Sein Umfang ist durch $2\pi\varrho = 2\pi r \cdot \cos\vartheta$ gegeben. Der Flächeninhalt des Streifens beträgt also

$$df = 2\pi \cdot r \cdot r\, d\vartheta \cdot \sin\vartheta.$$

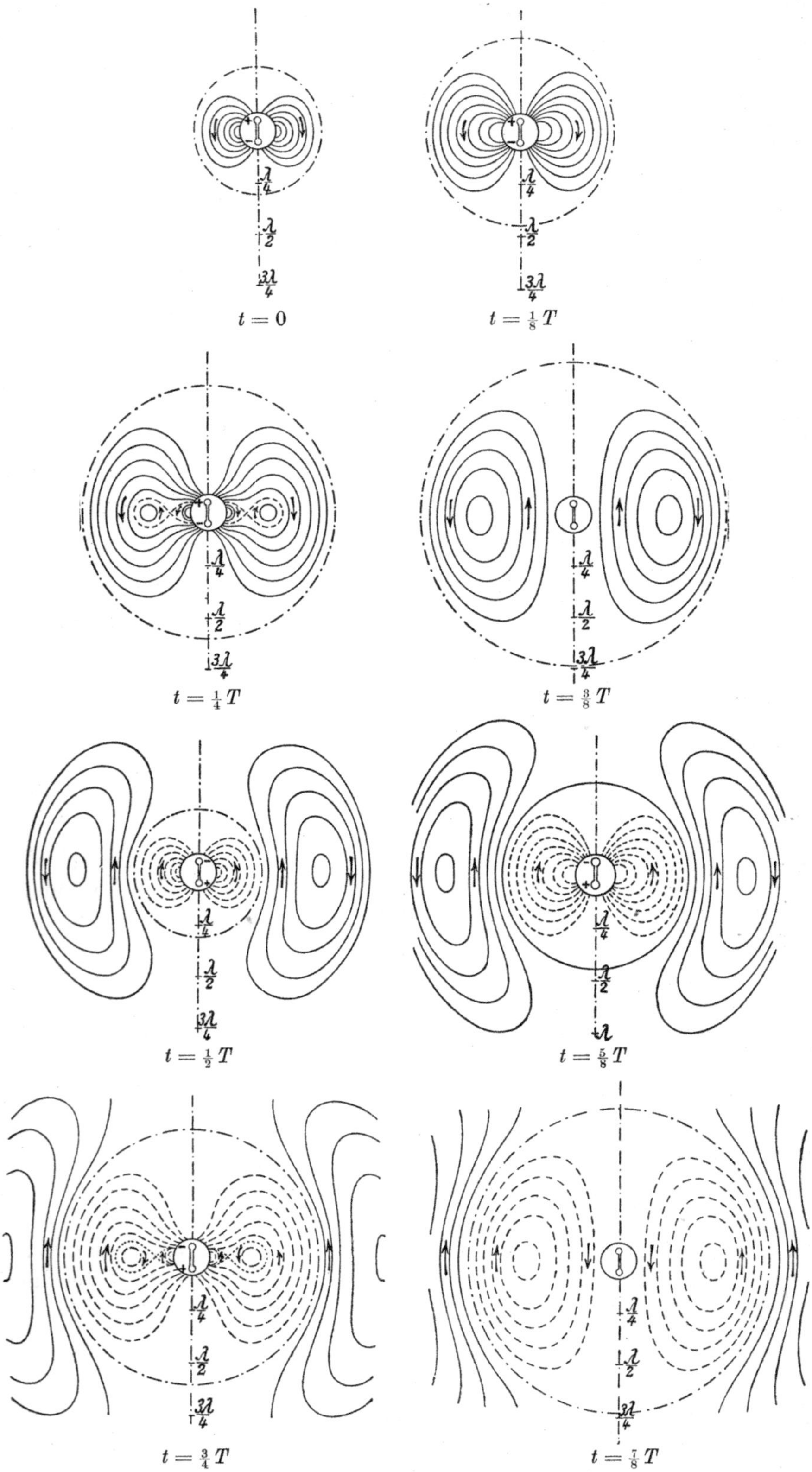

Abb. 328. Elektrische Feldlinien eines Hertzschen Erregers.

Es wird hiermit der Energiestrom durch den Streifen

$$dN = \mathfrak{S} \cdot df = \frac{\varepsilon \cdot 2\pi \cdot \sin^3 \vartheta}{a^3} f^{2\prime\prime}\left(t - \frac{r}{a}\right)$$

und daher die Gesamtleistung der Strahlung

$$N_{str} = \int_0^\pi \frac{\varepsilon \cdot 2\pi \cdot \sin^3 \vartheta}{a^3} \cdot d\vartheta \cdot f^{2\prime\prime}\left(t - \frac{r}{a}\right) = \frac{2\pi\varepsilon}{a^3} \cdot \frac{4}{3} \cdot f^{2\prime\prime}\left(t - \frac{r}{a}\right). \tag{30}$$

Ist

$$J = J_{\max} \cdot \cos \omega t$$

so wird nach (23)

$$f'(t) = -\frac{l}{4\pi\varepsilon} \cdot J = -\frac{l}{4\pi\varepsilon} \cdot J_{\max} \cdot \cos \omega t \tag{23 a}$$

und

$$f''(t) = \frac{l}{4\pi\varepsilon} \cdot J_{\max} \cdot \omega \cdot \sin \omega t\,. \tag{23 b}$$

Führen wir hierin die Wellenlänge λ sowie die elektrische Durchlässigkeit des leeren Raumes ein, so wird der Betrag der elektrischen Feldstärke

$$\left.\begin{aligned} \mathfrak{E} &= \frac{\sin\vartheta}{a^2 r} \cdot \frac{l}{4\pi \cdot \frac{1}{4\pi \cdot 9 \cdot 10^{11}}} \cdot J_{\max} \cdot \frac{2\pi a}{\lambda} \cdot \sin \frac{2\pi a}{\lambda} t \\ &= 2\pi \cdot \frac{l}{\lambda} \cdot J_{\max} \cdot \frac{1}{r} \cdot 30 \cdot \sin \frac{2\pi a}{\lambda} t \end{aligned}\right\} \tag{31}$$

mit dem Effektivwert

$$\mathfrak{E}_{\text{eff}} = \frac{\mathfrak{E}_{\max}}{\sqrt{2}} = 60\pi \cdot \sin\vartheta \cdot \frac{l}{\lambda} \cdot \frac{1}{r} \cdot J_{\text{eff}} \text{ Volt/cm.} \tag{31 a}$$

Für den Betrag der magnetischen Feldstärke ergibt sich ebenso

$$\mathfrak{H}_{\text{eff}} = a\,\varepsilon \cdot \mathfrak{E}_{\text{eff}} = \frac{1}{2} \cdot \sin\vartheta \cdot \frac{l}{\lambda} \cdot \frac{1}{r} \cdot J_{\text{eff}} \text{ AW/cm.} \tag{32}$$

Die Strahlungsleistung findet sich

$$\left.\begin{aligned} N_{str} &= \frac{2\pi}{a} \cdot \frac{4}{3} \cdot \frac{l^2}{(4\pi)^2} \cdot \frac{(2\pi)^2 \cdot 4\pi \cdot 9 \cdot 10^{11}}{\lambda^2} \cdot J^2_{\max} \cdot \sin^2 \omega t \\ &= 80\pi^2 \cdot \frac{l^2}{\lambda^2} \cdot J^2_{\max} \cdot \sin^2 \omega t\,. \end{aligned}\right\} \tag{33}$$

Ihr Mittelwert beträgt

$$\overline{N}_{str} = 80\pi^2 \frac{l^2}{\lambda^2} \cdot J^2_{\text{eff}} = R_s \cdot J^2_{\text{eff}}, \tag{33 a}$$

wo R_s der Strahlungswiderstand des Erregers heißt.

242. Superposition Hertzscher Lösungen. Die Hertzsche Lösung liefert das Raumstrahlungsfeld eines in der z-Achse liegenden Dipols.

Legen wir den Dipol in eine beliebige Gerade s, so wird diese zur Achse des Feldes. Wir erhalten die bezügliche Lösung der Feldgleichungen durch Transformation der Hertzschen Funktion auf die neue Achse. Um diese Richtung der Hertzschen Funktion zum Ausdruck zu bringen, schreiben wir

$$\mathfrak{Z} = \Pi \cdot \mathfrak{s}, \tag{34}$$

wo $\mathfrak{s}$ ein in der Achse s gelegener „Einheitsvektor" ist. Die in (34) eingehende Größe heißt der „Hertzsche Vektor". Aus ihm lassen sich rückwärts alle Feldkomponenten gewinnen, indem man ihn in Komponenten $\mathfrak{Z}_x$, $\mathfrak{Z}_y$, $\mathfrak{Z}_z$ zerlegt und auf sie einzeln die durch (4), (5), (6), (7) vorgeschriebenen Operationen anwendet.

Der Hertzsche Vektor ist wie die Hertzsche Funktion von dem Argumente $t - \frac{r}{a}$ abhängend. Als Lösung der Feldgleichungen für einen beliebig liegenden Dipol ergibt sich also

$$\mathfrak{Z} = \frac{f\left(t - \frac{r}{a}\right)}{r} \cdot \mathfrak{s}.$$

Der Betrag des Vektors gleicht der Hertzschen Funktion des Dipols, zwischen Betrag und Moment des Dipols besteht also Gl. (23)

$$f(t) = \frac{m}{4\pi\varepsilon}; \qquad f'(t) = -\frac{Jl}{4\pi\varepsilon}.$$

Wegen der Linearität der Wellengleichung erhält man durch Überlagerung der von einzelnen Dipolen herrührenden Felder ein Raumstrahlungsfeld, das den Feldgleichungen genügt. Der allgemeine Hertzsche Vektor

$$\bar{\mathfrak{Z}} = \sum \mathfrak{Z} = \sum \frac{f\left(t - \frac{r}{a}\right)}{r} \mathfrak{s}, \tag{35}$$

erstreckt über sämtliche Dipole, ist also eine Lösung der Feldgleichungen. Das zugehörige Feld ergibt sich durch Komponentenzerlegung und Überlagerung der nach (35) berechneten Felder.

Die Abrahamsche Lösung.

243. Grenzbedingungen der Strahlung an einem ebenen, vollkommen leitenden Körper. Der Erreger befindet sich im leeren Raum; das Strahlungsfeld wird einseitig durch die Oberfläche eines vollkommen leitenden Körpers begrenzt.

Im leeren Raum gelten die Feldgleichungen (2), Nr. 234. Dagegen muß im vollkommenen Leiter das elektrische Feld und damit auch das magnetische Feld verschwinden, weil jeder endliche Feldwert zu einem unendlich großen Strome und damit zu unendlich großer Wärmeentwicklung führen würde. Dagegen kann der Strom endlich bleiben.

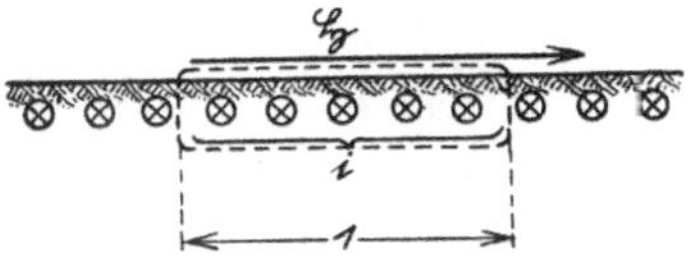

Abb. 329. Zur Formulierung der Grenzbedingungen an der vollkommen leitenden Ebene.

Wir wenden das Durchflutungsgesetz auf das in Abb 329 gezeichnete schmale Rechteck der Länge *1* in der Grenzfläche an und finden die magnetische Spannung

$$M = \oint \mathfrak{H} \cdot d\mathfrak{s} = \mathfrak{H} ,$$

da $\mathfrak{H}$ allein im leeren Raum endlich ist. Nennen wir $\mathfrak{i}$ den Strom pro cm Länge, so wird die Durchflutung des Rechteckes

$$D = \mathfrak{i} \cdot 1 = \mathfrak{i} .$$

Für jedes ganz im Leiter befindliche Rechteck verschwindet mit $\mathfrak{H}$ zugleich die magnetische Spannung. Aus

$$M = D \tag{1}$$

folgt daher: Der Strom ist auf eine außerordentlich dünne Schicht längs der Oberfläche des vollkommenen Leiters beschränkt, er ist „flächenhaft" verteilt. Seine Stärke ist überall durch die magnetische Feldstärke unmittelbar gegeben.

Wir wenden das Induktionsgesetz auf das in der Grenzebene befindliche Rechteck des Bildes an. Wird die Länge gleich *1* gewählt, die Breite fortgesetzt verkleinert, so verschwindet in der Grenze der magnetische Verschiebungsstrom. Die elektrische Umlaufsspannung, welche sich auf

$$E_u = \oint \mathfrak{E} \cdot d\mathfrak{s} = \mathfrak{E} \cdot \cos(\mathfrak{E}, d\mathfrak{s}) \cdot 1 \tag{2}$$

reduziert, muß daher verschwinden. Somit erhalten wir die Grenzbedingung

$$\mathfrak{E} \cdot \cos(\mathfrak{E}, d\mathfrak{s}) = 0 . \tag{2a}$$

Die elektrische Feldstärke muß auf der Oberfläche des vollkommenen Leiters senkrecht stehen.

244. Die Oberfläche des vollkommenen Leiters als Spiegel. Wir ersetzen das wirkliche System, bestehend aus Dipol und vollkommenem Leiter, durch ein fingiertes; dieses besteht aus dem realen Dipol samt seinem Spiegelbilde an der Ebene des vollkommenen Leiters, wofür als Äquivalente der vollkommene Leiter fortgenommen gedacht wird. Die Spiegelung bezieht sich dabei sowohl auf die räumliche Lage des Dipols wie auf seine Ladungen, welche in ihre entgegengesetzt gleichen Werte übergehen.

Das Feld des realen und des gespiegelten Dipoles erfüllt die Grenzbedingung (2). Wir beweisen diesen Satz durch Superposition der den beiden Dipolen entsprechenden Hertzschen Vektoren. Nennen wir r und r' die Entfernungen eines beliebigen Punktes P von den beiden Dipolen, so lautet die Gleichung der Ebene

$$r = r' .$$

Jede der Dipolachsen sei gleichzeitig z- und z'-Achse eines rechtwinkligen Koordinatensystems x, y, z und x', y', z'. Die Punkte der Ebene erfüllen dann die Bedingungen der Spiegelung

$$x = x' ,$$
$$y = y' ,$$
$$z = -z' .$$

Führen wir dies in die Gleichungen (25), Nr. 238 ein, so erhalten wir sogleich die Beziehungen zwischen den Feldstärken des realen und des gespiegelten Dipoles auf die Ebene

$$\mathfrak{E}_x = -\mathfrak{E}'_x ,$$
$$\mathfrak{E}_y = -\mathfrak{E}'_y ,$$
$$\mathfrak{E}_z = \mathfrak{E}'_z$$

und

$$\mathfrak{H}_x = \mathfrak{H}'_x ,$$
$$\mathfrak{H}_y = \mathfrak{H}'_y .$$

Für die resultierenden Feldstärken gilt also

$$\left.\begin{aligned} \mathfrak{E}_{r_x} &= \mathfrak{E}_x + \mathfrak{E}'_x = 0 , \\ \mathfrak{E}_{r_y} &= \mathfrak{E}_y + \mathfrak{E}'_y = 0 , \\ \mathfrak{E}_{r_z} &= \mathfrak{E}_z + \mathfrak{E}'_z = 2\,\mathfrak{E}_z \end{aligned}\right\} \quad (3)$$

und

$$\left.\begin{aligned} \mathfrak{H}_{r_x} &= \mathfrak{H}_x + \mathfrak{H}'_x = 2\,\mathfrak{H}_x , \\ \mathfrak{H}_{r_y} &= \mathfrak{H}_y + \mathfrak{H}'_y = 2\,\mathfrak{H}_y . \end{aligned}\right\} \quad (4)$$

Vermöge (3) ist in der Tat die geforderte Grenzbedingung (2) erfüllt.

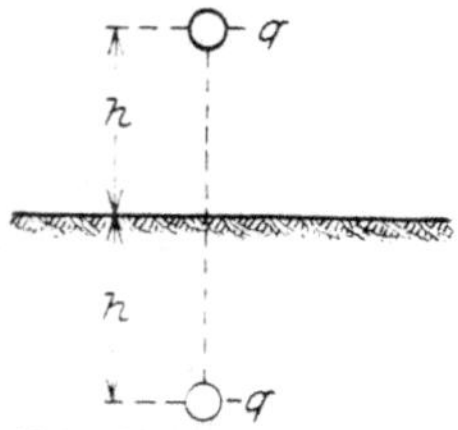

Abb. 330. Abrahamscher Erreger.

245. Der Abrahamsche Erreger. Die durchgeführte Betrachtung läßt sich leicht auf die in Abb. 330 gezeichnete Anordnung übertragen, bei welcher eine im Abstande $h = \frac{l}{2}$ von der Grenzebene befindliche Ladung q Schwingungen ausführt. Wir nennen diese Anordnung den Abrahamschen Erreger.

Als gleichwertiges fingiertes System entsteht hier der Hertzsche Erreger, von welchem wir in Nr. 237 ausgingen. In der Tat, setzen wir in den Gl. (25), Nr. 238 $z = 0$, so verschwinden $\mathfrak{E}_x$ und $\mathfrak{E}_y$ identisch, so daß der Grenzbedingung (2) Genüge geleistet ist.

Unter Benutzung des allgemeinen Hertzschen Vektors läßt sich jetzt das Spiegelungsverfahren auf ein beliebiges Dipolsystem, das dem freien Raum eingelagert ist, übertragen.

Das Feld des Hertzschen und des Abrahamschen Erregers ist im leeren Raum identisch. Als wesentlicher Unterschied ist aber beim Abrahamschen Erreger die Wirkung der nach (1) berechenbaren Erdströme in Betracht zu ziehen, ohne deren Mitwirkung die Ausbildung der Wellen ganz anders verlaufen würde.

Aus der flächenhaften Verteilung der Erdströme ergibt sich die praktisch höchst bedeutsame Folgerung: Die physikalische Beschaffenheit des unteren Halbraumes unterhalb einer sehr dünnen Schicht von guter Leitfähigkeit ist für die Ausbildung der Wellen beim Abrahamschen Erreger völlig belanglos. Die Bedingungen des Abrahamschen Erregers sind daher insbesondere an einem Strahle über Seewasser oder über sehr stark durchfeuchtetem Boden sehr annähernd gegeben innerhalb des Bereiches, über den sich die gut leitende Schicht erstreckt. Hiermit sind die oben genannten Voraussetzungen gefunden, unter denen die Erde als vollkommener Leiter betrachtet werden darf.

Ist J der rein harmonische Strom des Erregers, so wird nach Gl. (33), Nr. 240 die Strahlung des fingierten Hertzschen Dipoles

$$N_{str_f} = R_{str} \cdot J_{\text{eff}}^2 = \left(80\,\pi^2 \frac{l^2}{\lambda^2}\right) \cdot J_{\text{eff}}^2 \,.$$

Beim Abrahamschen Erreger ist real nur die Strahlung im oberen Halbraum, während im vollkommenen Leiter zugleich mit dem elektromagnetischen Felde auch die Strahlung verschwindet. Daher beträgt die Strahlung des Abrahamschen Erregers nur

$$N_{str} = \frac{1}{2} \cdot N_{str_f} = \left(40\,\pi^2 \frac{l^2}{\lambda^2}\right) \cdot J_{\text{eff}}^2 \,. \tag{5}$$

Definieren wir den Strahlungswiderstand des Abrahamschen Erregers analog (33a), Nr. 240 durch

$$N_{str} = R_{str} \cdot J_{\text{eff}}^2 \,,$$

so folgt durch Vergleich mit (5)

$$R_{str} = 40\,\pi^2 \cdot \frac{l^2}{\lambda^2} \,. \tag{5a}$$

Wir formen diesen Ausdruck um, indem wir statt der Länge l des fingierten Dipoles die wahre Höhe h des Abrahamschen Erregers mittels

$$l = 2\,h \tag{6}$$

einführen. Hiermit wird

$$R_{str} = 40\,\pi^2 \cdot \frac{(2\,h)^2}{\lambda^2} = 160\,\pi^2 \cdot \frac{h^2}{\lambda^2} \tag{5b}$$

der Strahlungswiderstand des Abrahamschen Erregers. Setzen wir (6) in die Ausdrücke der magnetischen und elektrischen Feldstärke ein, so ergibt sich

$$\mathfrak{E}_{\text{eff}} = 120\,\pi \cdot \cos\vartheta \cdot \frac{h}{l} \cdot \frac{1}{r} \cdot J_{\text{eff}}\,\text{Volt/cm}\,, \tag{7}$$

$$\mathfrak{H}_{\text{eff}} = \cos\vartheta \cdot \frac{h}{l} \cdot \frac{1}{r} \cdot J_{\text{eff}}\,\text{Amp/cm}\,. \tag{8}$$

246. Die Heaviside-Schicht[1]**).** Der Vergleich der theoretisch ermittelten Feldintensitäten eines Hertzschen oder Abrahamschen Erregers mit der Beobachtung zeigt oft auffallende Unstimmigkeiten: Die wirkliche Feldintensität übertrifft die theoretische um ein bedeutendes. Diese Erscheinung tritt unregelmäßig ein; ihre Größe und Dauer ist stark abhängig von der Witterung, der Jahreszeit und dem Stande der Sonne zum Orte des Erregers. Insbesondere werden zur Zeit des Sonnenauf- und -untergangs starke Schwankungen der Form des Strahlungsfeldes beobachtet.

Eine Hypothese, welche die abnormen Felddeformationen zu erklären sucht, ist die Annahme einer stark ionisierten Gasschicht in der Atmosphäre; die Ionisation wird entstanden gedacht durch die Wirkung der Sonnenstrahlen. Diese hypothetische Schicht wird die Heaviside-Schicht genannt.

Über die Struktur der Heaviside-Schicht können zwei grundsätzlich verschiedene Annahmen gemacht werden.

1. Die Heaviside-Schicht bestehe aus einer zusammenhängenden, vom Erdboden überall äquidistanten Fläche;

2. die Heaviside-Schicht bestehe aus mehreren unzusammenhängenden zerklüfteten Teilen.

Die hypothetische Heaviside-Schicht kann in erster Annäherung für hinreichend niedrige Frequenzen (lange Wellen) ersetzt werden durch fingierte vollkommene Leiter, welche die Form der Heaviside-Schicht besitzen.

Diese vollkommenen Leiter bewirken nach den Entwicklungen des vorigen Abschnittes eine vollständige Reflexion der einfallenden Wellen nach den Gesetzen des optischen Spiegels (Abrahamsche Lösung).

Annahme 1 führt dann zu dem in Abb. 331 gezeichneten Schema. Erde und Heaviside-Schicht sind durch zwei vollkommen leitende Ebenen dargestellt.

---

[1]) Vgl. hierzu Nr. 262 und 263.

Beide Ebenen wirken für die entsandte elektromagnetische Strahlung unter Bildung flächenhaft verteilter Leitungsströme als Spiegelflächen. Daher können wir die einzelnen Strahlen bei ihrer Ausbreitung nach den bekannten optischen Gesetzen der Reflexion verfolgen.

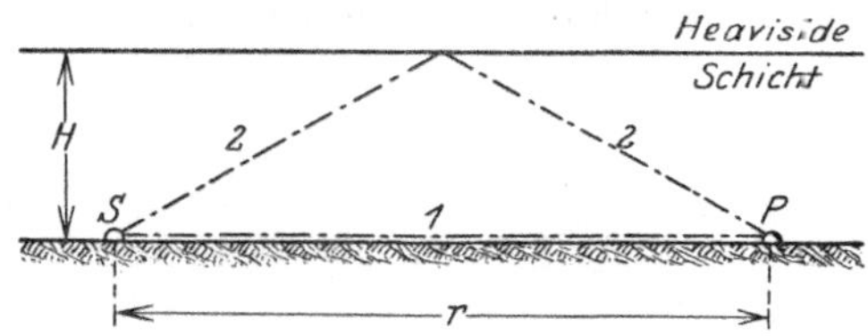

Abb. 331. Ebene Heaviside-Schicht.

In Abb. 331 sei H der Abstand zwischen Erde und Heaviside-Schicht. Der Strahl *1* möge den Feldpunkt P der Fernzone auf geradem Wege erreichen, der Strahl *2* dagegen erst nach mindestens einmaliger Reflexion an der Heaviside-Schicht. Ist die Entfernung zwischen P und dem Erreger r, so ist die Weglänge des Strahles *1*

$$s_1 = r\,, \tag{9}$$

dagegen die des Strahles *2*

$$s_2 = 2\sqrt{\left(\frac{r}{2}\right)^2 + H^2} = r\cdot\sqrt{1+\left(\frac{2\cdot H}{r}\right)^2}\,. \tag{10}$$

Der Strahl *1* besitzt daher in P die Phase

$$\varphi_1 = \omega\,t - \frac{s_1}{a} = \omega\,t - \frac{r\cdot\omega}{a}\,, \tag{9a}$$

dagegen Strahl *2*

$$\varphi_2 = \omega\,t - \frac{s_2}{a} = \omega\,t - \frac{r\cdot\omega}{a}\cdot\sqrt{1+\left(\frac{2\cdot H}{r}\right)^2}\,. \tag{10a}$$

Zwischen den auf verschiedenen Wegen eilenden Strahlen hat sich daher bei ihrer Ankunft in P der Phasenunterschied

$$\psi = \varphi_1 - \varphi_2 = \frac{r}{a}\cdot\omega\cdot\sqrt{1+\left(\frac{2\cdot H}{r}\right)^2} = 2\,\pi\,\frac{r}{\lambda}\sqrt{1+\left(\frac{2\cdot H}{r}\right)^2} \tag{11}$$

ausgebildet. Ist nun $\frac{r}{\lambda}\cdot\sqrt{1+\left(\frac{2\cdot H}{r}\right)^2}$ eine ganze Zahl, so wirken die Strahlen *1* und *2* in gleichem Sinne, es kommt eine verstärkte Wirkung zustande. Ist aber $\frac{r}{\lambda}\cdot\sqrt{1+\left(\frac{2\cdot H}{r}\right)^2}$ die Hälfte einer ganzen Zahl, so sind beide Wellen in Phasenopposition, ihre resultierende Wirkung ist gleich Null. Die Heaviside-Schicht bewirkt also auf der Erde die Bildung von Zonen verstärkter Wirkung und abgeschwächter Wirkung durch Interferenz der Wellen. Diese Erscheinung wird allerdings zum Teil durch mehrfache Reflexion überdeckt und daher verwaschen.

Ein typischer Fall für Annahme 2 ist in Abb. 332 dargestellt.

Wiederum verfolgen wir den Weg eines direkten und eines reflektierten Strahles. Ersichtlich sind hier die Gangunterschiede zwischen beiden Strahlungen von unberechenbaren Formen der Heaviside-,,Wolke" abhängig. Auf dem Erdboden findet im allgemeinen eine Zonenbildung starker und schwacher Felder statt, welche aber nicht durch leicht übersehbare mathematische Gesetzmäßigkeiten beherrscht wird.

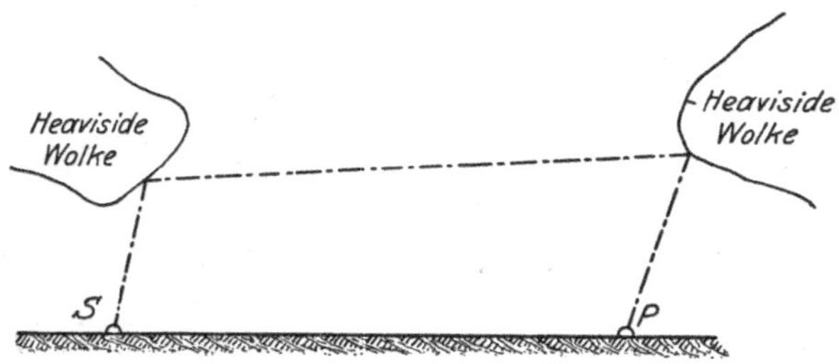

Abb. 332. Heaviside-Wolken.

Die Sommerfeldsche Lösung.

247. Wellengleichung für ein halbleitendes Medium. Die Sommerfeldsche Lösung liefert das Feld eines Strahlers über ebenem Boden endlicher Leitfähigkeit. Der gesamte Strahlungsraum wird durch eine ,,Grenzebene" in oberen und unteren Halbraum zerlegt: Der obere Halbraum (Index 1) soll den leeren Raum darstellen, der untere Halbraum (Index 2) dagegen das Erdreich. Für die Fundamentalkonstanten μ, ε, $\varkappa$ haben wir somit

$$\left.\begin{aligned} \mu_1 &= 0{,}4\,\pi\,; \qquad & \varepsilon_1 &= \varepsilon_0 \qquad & \varkappa &= 0\,, \\ \mu_2 &= 0{,}4\,\pi\,; \qquad & \varepsilon_2 &= \left(\frac{\varepsilon_2}{\varepsilon_0}\right)\cdot\varepsilon_0\,; \qquad & \varkappa &= \varkappa_2\,. \end{aligned}\right\} \tag{1}$$

Wir lassen die Grenzebene mit der x-, y-Ebene eines rechtwinkligen Koordinatensystemes zusammenfallen. Der obere Halbraum ist demnach durch $z > 0$, der untere durch $z < 0$ analytisch definiert.

Wir haben die Hertzsche Funktion für beide Medien getrennt zu ermitteln

$$\Pi_1 \quad \text{für} \quad z > 0\,,$$

$$\Pi_2 \quad \text{für} \quad z < 0\,.$$

Wir beschränken uns auf Untersuchung einfach harmonischer Schwingungen

$$\Pi_1 = \Re e\left(\overline{\Pi}_1\, e^{j\omega t}\right), \tag{2}$$

wodurch (8), Nr. 236 in die besondere Form

$$a^2\left(\frac{\partial^2 \overline{\Pi}_1}{\partial x^2} + \frac{\partial^2 \overline{\Pi}_1^2}{\partial y^2} + \frac{\partial^2 \overline{\Pi}_1}{\partial z^2}\right) = -\overline{\Pi}_1\,\omega^2 \tag{3}$$

übergeht.

Eine genau gleich gebaute Wellengleichung beherrscht das Feld im Medium 2. Denn mit

$$\mathfrak{E} = \Re e\left(\overline{\mathfrak{E}} \cdot e^{j\omega t}\right)$$

gehen die Gleichungen (1), Nr. 214 in

$$\left.\begin{aligned}
\overline{\mathfrak{E}}_x (j\,\omega\,\varepsilon_2 + \varkappa_2) &= -\frac{\partial \overline{\mathfrak{H}}_y}{\partial z},\\
\overline{\mathfrak{E}}_y (j\,\omega\,\varepsilon_2 + \varkappa_2) &= \frac{\partial \overline{\mathfrak{H}}_x}{\partial z},\\
\overline{\mathfrak{E}}_z (j\,\omega\,\varepsilon_2 + \varkappa_2) &= \frac{\partial \overline{\mathfrak{H}}_y}{\partial x} - \frac{\partial \overline{\mathfrak{H}}_x}{\partial y}
\end{aligned}\right\} \tag{4}$$

über, welche mit der Substitution der „komplexen Durchlässigkeit“

$$j\,\omega\,\bar{\varepsilon}_2 = j\,\omega\,\varepsilon_2 + \varkappa_2; \qquad \bar{\varepsilon}_2 = \varepsilon_2 + \frac{\varkappa_2}{j\,\omega} \tag{5}$$

formal mit (2), Nr. 235 identisch werden. Daher gilt für $\overline{\Pi}_2$ die Wellengleichung

$$\bar{a}_2^2\left(\frac{\partial^2 \overline{\Pi}_2}{\partial x^2} + \frac{\partial^2 \overline{\Pi}_2}{\partial y^2} + \frac{\partial^2 \overline{\Pi}^2}{\partial z^2}\right) = -\overline{\Pi}_2\,\omega_1^2 \tag{3a}$$

mit der komplexen Wellengeschwindigkeit

$$\bar{a}_2^2 = \frac{9 \cdot 10^{20}}{\dfrac{\varepsilon_2 + \dfrac{\varkappa_2}{j\,\omega}}{\varepsilon_0} \cdot \dfrac{\mu_2}{\mu_0}} = \frac{9 \cdot 10^{20} \cdot \varepsilon_0}{\bar{\varepsilon}}. \tag{6}$$

248. Grenzbedingungen am Halbleiter. Die Funktionen $\overline{\Pi}$ und $\overline{\Pi}_2$ sind durch die Vorgänge an der Grenzschicht miteinander verknüpft.

Zur Aufstellung der Grenzbedingungen dienen wie in Nr. 241 Durchflutungs- und Induktionsgesetz. Wegen der endlichen Leitfähigkeit des Mediums 2 kann aber eine flächenhafte elektrische Strömung nicht zustande kommen. Aus (1), Nr. 242 folgt daher

$$\mathfrak{H}_{1(z=0)} = \mathfrak{H}_{2(z=0)} \tag{7}$$

entsprechend liefert (2), Nr. 242 für die elektrischen Feldstärken

$$\mathfrak{E}_{r_1(z=0)} = \mathfrak{E}_{r_2(z=0)}. \tag{8}$$

Aus den Funktionen Π_1 und Π_2 berechnen sich Funktionen des magnetischen Feldes nach (5) und (6), Nr. 235.

$$\bar{\psi}_1 = \varepsilon_1 \cdot j\,\omega \cdot \Pi_1,$$

$$\bar{\psi}_2 = \left(\varepsilon_2 + \frac{\varkappa_2}{j\,\omega}\right) j\,\omega \cdot \overline{\Pi}_2 = \bar{\varepsilon}_2\, j\,\omega\,\Pi_2.$$

Indem hiermit $\mathfrak{H}_x$ und $\mathfrak{H}_y$ nach (4), Nr. 235 gegeben sind, folgt die Grenzbedingung der magnetischen Feldstärke

$$\varepsilon_1 \cdot \overline{\Pi}_1 = \bar{\varepsilon}_2 \cdot \overline{\Pi}_2 \qquad \text{für} \qquad z = 0. \tag{7a}$$

Das elektrische Feld ergibt sich aus der Potentialfunktion φ nach (3), Nr. 235,

$$\overline{\varphi}_1 = -\frac{\partial \overline{\Pi}_1}{\partial z},$$

$$\overline{\varphi}_2 = -\frac{\partial \overline{\Pi}_2}{\partial z},$$

also lautet die Grenzbedingung der elektrischen Feldstärke

$$\frac{\partial \overline{\Pi}_1}{\partial z} = \frac{\partial \overline{\Pi}_2}{\partial z} \quad \text{für} \quad z = 0. \tag{8a}$$

249. Zylinderwellen. Wir zerspalten den von Hertz eingeführten Dipol in zwei Einzelpole, welche als Ursprung der Strahlung angesehen werden. Sei A_1 die Stärke des Strahlers im Medium 1, A_2 die entsprechende Größe für das Medium 2, so lauten die Hertzschen Lösungen

und

$$\left.\begin{aligned} \frac{f_1\left(t - \frac{a_1}{r}\right)}{r} &= A_1 \cdot \frac{e^{j\omega\left(t - \frac{r}{a}\right)}}{r} \\ \frac{f_2\left(t - \frac{a_2}{r}\right)}{r} &= A_2 \cdot e^{j\omega\left(t - \frac{r}{a_2}\right)}. \end{aligned}\right\} \tag{9}$$

Wir nennen die Pole A_1 und A_2 der Strahlung die Primärerregung. Das Feld der Primärerregung befriedigt die Grenzbedingungen an der Grenzebene nicht. Diese muß daher Ursprung einer zweiten Strahlung sein. Diese Sekundärerregung stellt sich so ein, daß sie im Verein mit der Primärerregung den Grenzbedingungen gerecht wird.

Zur Aufsuchung der Sekundärerregung formen wir die Wellengleichung auf ein räumliches Zylinderkoordinatensystem um; zwischen seinen Koordinaten z, r, φ und den rechtwinkligen Koordinaten x, y, z bestehen die Verknüpfungsgleichungen

$$z = z.$$

$$x = \varrho \cos\varphi,$$

$$y = \varrho \sin\varphi.$$

Setzen wir vorübergehend $\varrho = u$, $\varphi = v$, $z = w$, so können wir die in Nr. 235 entwickelten Transformationsformeln anwenden. Wir erhalten

$$U = \sqrt{\left(\frac{\partial x}{\partial \varrho}\right)^2 + \left(\frac{\partial y}{\partial \varrho}\right)^2 + \left(\frac{\partial z}{\partial \varrho}\right)^2} = \sqrt{\cos^2\varphi + \sin^2\varphi + 0} = 1,$$

$$V = \sqrt{\left(\frac{\partial x}{\partial \varphi}\right)^2 + \left(\frac{\partial y}{\partial \varphi}\right)^2 + \left(\frac{\partial z}{\partial \varphi}\right)^2} = \sqrt{\varrho^2 \sin^2\varphi + \varrho^2 \cos^2\varphi + 0} = \varrho,$$

$$W = \sqrt{\left(\frac{\partial x}{\partial z}\right)^2 + \left(\frac{\partial y}{\partial z}\right)^2 + \left(\frac{\partial z}{\partial w}\right)^2} = \sqrt{0 + 0 + 1} = 1,$$

und die Wellengleichung nimmt die Form an

$$\frac{1}{\varrho}\left[\frac{\partial}{\partial\varrho}\left(\varrho\frac{\partial\overline{\Pi}}{\partial\varrho}\right)+\frac{\partial}{\partial\varphi}\left(\frac{1}{\varrho}\cdot\frac{\partial\overline{\Pi}}{\partial\varphi}\right)+\frac{\partial}{\partial z}\left(\varrho\frac{\partial\overline{\Pi}}{\partial z}\right)\right]=-\frac{\omega^2}{\bar{a}^2}\cdot\overline{\Pi}. \tag{10}$$

Aus Symmetriegründen verschwindet $\frac{\partial\overline{\Pi}}{\partial\varphi}$, so daß sich (10) auf

$$\frac{1}{\varrho}\cdot\frac{\partial}{\partial\varrho}\left(\varrho\frac{\partial\overline{\Pi}}{\partial\varrho}\right)+\frac{\partial^2\overline{\Pi}}{\partial z^2}=-\frac{\omega^2}{\bar{a}^2}\overline{\Pi} \tag{10a}$$

reduziert. Wir versuchen die Hertzsche Funktion als Produkt zweier Faktorfunktionen $\overline{\Pi}_\varrho$ und $\overline{\Pi}_z$ darzustellen, deren erste allein von ϱ, deren zweite allein von z abhängt:

$$\overline{\Pi}=\overline{\Pi}_\varrho\cdot\overline{\Pi}_z. \tag{11}$$

Durch Einsetzen entsteht

$$\frac{\partial^2\Pi_z}{\partial z^2}\cdot\Pi_\varrho+\frac{\partial^2\Pi_\varrho}{\partial\varrho^2}\cdot\Pi_z+\frac{1}{\varrho}\cdot\frac{\partial\Pi_\varrho}{\partial\varrho}\cdot\Pi_z=-\Pi_\varrho\cdot\Pi_z\cdot\frac{\omega^2}{a^2} \tag{10b}$$

und nach Division mit $\Pi_\varrho\cdot\Pi_z$

$$\left(\frac{\partial^2\Pi_z}{\partial z^2}\cdot\frac{1}{\Pi_z}+\frac{\partial^2\Pi_\varrho}{\partial\varrho^2}\cdot\frac{1}{\Pi_\varrho}+\frac{1}{\varrho}\cdot\frac{\partial\Pi_\varrho}{\partial\varrho}\cdot\frac{1}{\Pi_\varrho}\right)=-\frac{\omega^2}{a^2}. \tag{10c}$$

Da die rechte Seite konstant ist, muß auch die linke konstant sein. Mit einer willkürlichen Größe $-\nu^2$ spaltet sich also (10c) in

$$\frac{d^2\Pi_\varrho}{d\varrho^2}\cdot\frac{1}{\Pi_\varrho}+\frac{1}{\varrho}\cdot\frac{d\Pi_\varrho}{d\varrho}\cdot\frac{1}{\Pi_\varrho}=-\nu^2;\qquad\frac{d^2\Pi_\varrho}{d\varrho^2}+\frac{1}{\varrho}\cdot\frac{d\Pi_\varrho}{d\varrho}+\nu^2\cdot\Pi_\varrho=0 \tag{12}$$

und

$$\frac{d^2\Pi_z}{dz^2}\cdot\frac{1}{\Pi_z}-\nu^2=-\frac{\omega^2}{a^2};\qquad\frac{d^2\Pi_z}{dz^2}=\left(\nu^2-\frac{\omega^2}{a^2}\right)\cdot\Pi_z. \tag{13}$$

Die Lösung der Gl. (13) lautet

$$\Pi_z=e^{\pm\sqrt{\nu^2-\frac{\omega^2}{a^2}}\cdot z}. \tag{14}$$

Eine physikalisch zulässige Feldverteilung zwingt zur Vorzeichenwahl

und

$$\left.\begin{aligned}\Pi_{1z}&=e^{-\sqrt{\nu^2-\frac{\omega^2}{a_1^2}}\cdot z}&&z>0\\ \Pi_{2z}&=e^{+\sqrt{\nu^2-\frac{\omega^2}{a_2^2}}\cdot z}&&z<0,\end{aligned}\right\} \tag{14a}$$

so daß Π_{1z} und Π_{2z} für $|z|\to\infty$ verschwinden.

Gl. (12) tritt bei der Behandlung der Stromverdrängung kreisförmiger Drähte auf. Dieser Zusammenhang ist kein zufälliger; die oben gezeigte Lösung geht vielmehr aus der hier angewandten hervor, wenn der Sonderfall eines von z unabhängigen Strahlungsfeldes betrachtet wird (vgl. auch Nr. 219).

Die Differentialgleichung (12) wird durch Zylinderfunktionen der Ordnung 0 und des Argumentes $\nu\varrho$ erfüllt

$$\overline{\Pi}_\varrho = C \cdot J_0(\nu\varrho)\,, \tag{15a}$$

wo C eine wie ν von ϱ und z unabhängige Zahl bedeutet; sie kann daher gleichzeitig mit ν willkürlich als

$$C = \nu \cdot h(\nu)$$

gewählt werden.

Wir erhalten somit die Lösungen

$$\left.\begin{aligned} \overline{\Pi}_1' &= \Pi_{1z} \cdot \Pi_{1\varrho} = e^{-\sqrt{\nu^2 - \frac{\omega^2}{a_1^2}}\cdot z} \cdot \nu \cdot h_1(\nu) \cdot J_0(\nu \cdot \varrho) \\ \text{und} \qquad \overline{\Pi}_2' &= \Pi_{2z} \cdot \Pi_{2\varrho} = e^{+\sqrt{\nu^2 - \frac{\omega^2}{a_2^2}}\cdot z} \cdot \nu \cdot h_2(\nu) \cdot J_0(\nu \cdot \varrho)\,. \end{aligned}\right\} \tag{15b}$$

Da ν willkürlich ist, stellt auch eine Superposition derartiger Teillösungen ein Integral der komplexen Wellengleichung dar:

$$\left.\begin{aligned} \Pi_1'' &= \int\limits_{\nu=0}^{\infty} e^{-\sqrt{\nu^2 - \frac{\omega^2}{a_1^2}}\cdot z} \cdot \nu \cdot h_1(\nu) \cdot J_0(\nu\varrho) \cdot d\nu \\ \text{und} \qquad \Pi_2'' &= \int\limits_{\nu=0}^{\infty} e^{+\sqrt{\nu^2 - \frac{\omega^2}{a_2^2}}\cdot z} \cdot \nu \cdot h_2(\nu) \cdot J_0(\nu\varrho) \cdot d\nu\,. \end{aligned}\right\} \tag{15c}$$

Durch Zusammenfassung von (9) und (15b) ergibt sich

$$\left.\begin{aligned} \Pi_1 &= A_1 \cdot \frac{e^{-j\frac{r\cdot\omega}{a_1}}}{r} + \int\limits_{\nu=0}^{\infty} e^{-\sqrt{\nu^2 - \frac{\omega^2}{a_1^2}}\cdot z} \cdot \nu \cdot h_1(\nu) \cdot J_0(\nu\varrho)\, d\nu\,, \\ \Pi_2 &= A_2 \cdot \frac{e^{-j\frac{r\cdot\omega}{a_2}}}{r} + \int\limits_{\nu=0}^{\infty} e^{+\sqrt{\nu^2 - \frac{\omega^2}{a_2^2}}\cdot z} \cdot \nu \cdot h_2(\nu) \cdot J_0(\nu\varrho)\, d\nu\,. \end{aligned}\right\} \tag{16}$$

Zur Bestimmung der Konstanten A_1 und A_2 sowie der willkürlichen Funktionen $h_1(\nu)$ und $h_2(\nu)$ sind die Grenzbedingungen heranzuziehen.

In der Nahzone ist wesentlich die Primärerregung wirksam. Daher liefert die Bedingung (7a) die Beziehung

$$\varepsilon_1 \cdot A_1 = \bar{\varepsilon}_2 \cdot A_2\,; \qquad \frac{A_2}{A_1} = \frac{\varepsilon_1}{\bar{\varepsilon}_2} = \frac{\bar{a}_2^2}{a_1^2} \tag{17}$$

für die Stärke der Strahlpole. Wir setzen der bequemen Rechnung halber $A_1 = 1$; im allgemeinen besitzt also der Strahlpol im Medium 2 eine von A_1 verschiedene Größe. Nur für $a_1 = \bar{a}_2$ gelangen wir mit $A_1 = A_2 = 1$ zur ursprünglichen Hertzschen Lösung zurück. Andererseits wird für $\varkappa_2 \to \infty$, also für den vollkommenen Leiter, $A_2 = 0$; wir erhalten die Abrahamsche Lösung.

Um die Grenzbedingung (7a) über die ganze Grenzebene hin erstrecken zu können, ist es zweckmäßig, die Gleichungen der Primärerregung in ein Integral von ähnlichem Aufbau wie dasjenige der Sekundärerregung umzuschreiben. Dies gelingt mit Hilfe der Identität

$$\frac{e^{-jr\frac{\omega}{a}}}{r} = \int\limits_0^\infty \frac{\nu\, d\nu}{\sqrt{\nu^2 - \left(\frac{\omega}{a}\right)^2}} \cdot J_0(\nu r)\, e^{\mp\sqrt{\nu^2 - \left(\frac{\omega}{a}\right)^2}\, z}. \tag{18}$$

Die Einführung in (16) liefert für $z = 0$

$$\left.\begin{aligned} \Pi_{1_{z=0}} &= \int\limits_0^\infty \left[\frac{1}{\sqrt{\nu^2 - \left(\frac{\omega}{a_1}\right)^2}} + h_1(\nu)\right] J_0(\nu\varrho)\,\nu\, d\nu\,, \\ \Pi_{2_{z=0}} &= \int\limits_0^\infty \left[\frac{1\left(\frac{\varepsilon_1}{\bar{\varepsilon}_2}\right)}{\sqrt{\nu^2 - \left(\frac{\omega}{\bar{a}_2}\right)^2}} + h_2(\nu)\right] J_0(\nu\varrho)\,\nu\, d\nu \end{aligned}\right\} \tag{16a}$$

und daher nach (7a)

$$\varepsilon_1 \cdot \int\limits_0^\infty \left[\frac{1}{\sqrt{\nu^2 - \left(\frac{\omega}{a_1}\right)^2}} + h_1(\nu)\right] J_0(\nu\varrho)\,\nu\, d\nu$$

$$= \bar{\varepsilon}_2 \cdot \int\limits_0^\infty \left[\frac{1\cdot\left(\frac{\varepsilon_1}{\bar{\varepsilon}_2}\right)}{\sqrt{\nu^2 - \left(\frac{\omega}{\bar{a}_2}\right)^2}} + h_2(\nu)\right] \cdot J_0(\nu\varrho)\,\nu\, d\nu\,.$$

Diese Gleichung wird identisch erfüllt durch die Wahl

$$\frac{1}{\sqrt{\nu^2 - \left(\frac{\omega}{a_1}\right)^2}} + h_1(\nu) = \frac{1}{\sqrt{\nu^2 - \left(\frac{\omega}{\bar{a}_2}\right)^2}} + \left(\frac{\bar{\varepsilon}^2}{\varepsilon_1}\right) h_2(\nu)\,. \tag{19}$$

Zur Verwertung der Grenzbedingung (8a) überzeugen wir uns zunächst, daß die Primärerregung die Gleichung $\frac{\partial \Pi}{\partial z}$ von selbst erfüllt. Dies folgt unmittelbar aus ihrer Identität mit der Hertzschen Lösung, für welche die Grenzebene zur Äquatorialebene wird. Daher geht in (8a) nur die Sekundärerregung ein, und wir erhalten aus (16a) durch Differentiation

$$\left.\begin{aligned} \left(\frac{\partial \Pi_1}{\partial z}\right)_{z=0} &= \int\limits_{\nu=0}^{\infty} -\sqrt{\nu^2 - \left(\frac{\omega}{a_1}\right)^2}\, h_1(\nu)\, J_0(\nu\varrho)\,\nu\,d\nu\,, \\ \left(\frac{\partial \Pi_2}{\partial z}\right)_{z=0} &= \int\limits_{\nu=0}^{\infty} +\sqrt{\nu^2 - \left(\frac{\omega}{a_2}\right)^2}\, h_2(\nu)\, J_0(\nu\varrho)\,\nu\,d\nu\,, \end{aligned}\right\} \tag{16b}$$

woher durch Gleichsetzung

$$-\sqrt{\nu^2 - \left(\frac{\omega}{a_1}\right)^2}\cdot h_1(\nu) = \sqrt{\nu^2 - \left(\frac{\omega}{a_2}\right)^2}\cdot h_2(\nu) \tag{20}$$

entsteht. Die Gleichungen (19) und (20) lassen sich nach $h_1(\nu)$ und $h_2(\nu)$ auflösen und ergeben

$$\left.\begin{aligned} h_1(\nu) &= \frac{\varepsilon_1}{\sqrt{\nu^2 - \left(\frac{\omega}{a_1}\right)^2}} \cdot \frac{\sqrt{\nu^2 - \left(\frac{\omega}{a_1}\right)^2} - \sqrt{\nu^2 - \left(\frac{\omega}{a_2}\right)^2}}{\varepsilon_1\cdot\sqrt{\nu^2 - \left(\frac{\omega}{a_2}\right)^2} + \varepsilon_2\cdot\sqrt{\nu^2 - \left(\frac{\omega}{a_1}\right)^2}}\,, \\ h_2(\nu) &= \frac{\varepsilon_1}{\sqrt{\nu^2 - \left(\frac{\omega}{a_2}\right)^2}} \cdot \frac{\sqrt{\nu^2 - \left(\frac{\omega}{a_2}\right)^2} - \sqrt{\nu^2 - \left(\frac{\omega}{a_1}\right)^2}}{\varepsilon_1\cdot\sqrt{\nu^2 - \left(\frac{\omega}{a_2}\right)^2} + \varepsilon_2\cdot\sqrt{\nu^2 - \left(\frac{\omega}{a_1}\right)^2}}\,. \end{aligned}\right\} \tag{21}$$

Hiermit ist die vollständige Lösung gegeben. Indem wir die Gl. (18) heranziehen, schreiben wir nach Zusammenfassung gleichartiger Glieder

$$\left.\begin{aligned} \Pi_1 &= \int\limits_0^{\infty} \varepsilon_1\left(1 + \frac{\varepsilon_2}{\varepsilon_1}\right)\cdot \frac{1}{\varepsilon_1\cdot\sqrt{\nu^2 - \left(\frac{\omega}{a_2}\right)^2} + \varepsilon_2\cdot\sqrt{\nu^2 - \left(\frac{\omega}{a_1}\right)^2}}\cdot J_0(\nu\varrho)\, e^{-\sqrt{\nu^2 - \left(\frac{\omega}{a_1}\right)^2}z}\cdot\nu\cdot d\nu\,, \\ \Pi_2 &= \int\limits_0^{\infty} \varepsilon_1\left(1 + \frac{\varepsilon_1}{\varepsilon_2}\right)\cdot \frac{1}{\varepsilon_1\cdot\sqrt{\nu^2 - \left(\frac{\omega}{a_2}\right)^2} + \varepsilon_2\cdot\sqrt{\nu^2 - \left(\frac{\omega}{a_1}\right)^2}}\cdot J_0(\nu\varrho)\, e^{+\sqrt{\nu^2 - \left(\frac{\omega}{a_2}\right)^2}z}\cdot\nu\cdot d\nu\,. \end{aligned}\right\} \tag{22}$$

250. Bestandteile der Zylinderwellen. In den gefundenen Ausdrücken der Wellenfunktionen Π_1 und Π_2 sind die eingehenden Konstanten im allgemeinen komplex. Daher ist es notwendig, das Integral in der komplexen Ebene auszuführen und von einem ungeschlossenen Wege auf einen geschlossenen überzugehen. Zu dem Integral tragen wir diejenigen Stellen der komplexen Ebene bei, an denen der Integrand singulär wird (vgl. Nr. 164). Es gibt deren drei:

1. und 2. Für

$$\nu_1 = \frac{\omega}{a_1}; \qquad \nu_2 = \frac{\omega}{\bar{a}_2} \tag{23}$$

fallen je die beiden Werte der Wurzel

$$\sqrt{\nu^2 - \frac{\omega}{a_1^2}}; \qquad \sqrt{\nu^2 - \frac{\omega^2}{\bar{a}_2^2}}$$

zusammen, während sie für alle außerhalb ν_1 und ν_2 gelegenen Punkte doppeldeutig werden. Hier verzweigt sich daher die Funktion. Wir trennen die beiden Blätter, auf welchen die Gesamtheit der Werte $\sqrt{\nu^2 - \left(\frac{\omega}{a_1}\right)^2}$ in der Umgebung von ν_1 und ν_2 zu liegen kommt, durch je einen Verzweigungsschnitt, welcher von ν_1 oder ν_2 ausgehend in das Unendliche reicht. Die beiden Ufer des Schnittes sind dadurch bestimmt, daß seiner physikalischen Bedeutung nach der reelle Teil der Wurzel stets positiv sein muß, in der Grenze höchstens verschwinden kann; demnach wird auf dem Verzweigungsschnitt

$$\sqrt{\nu^2 - \left(\frac{\omega}{a_1}\right)^2} = \pm j\,\tau_1 \tag{24 I}$$

rein imaginär, wobei das positive Vorzeichen einem Ufer, das negative dem anderen zugeordnet ist. Auf dem Wege vom unendlich fernen Punkt der komplexen Ebene über $\nu = \nu_1$ bis zurück zum unendlich fernen Punkte längs des Verzweigungsschnittes durchläuft also τ_1 das Intervall

$$-\infty < \tau_1 < +\infty. \tag{24a}$$

Eine genau entsprechende Überlegung folgt für ν_2. Auch hier ist ein Verzweigungsschnitt von ν_1 bis in den Unendlichkeitspunkt zu legen, welcher durch

$$-\infty < \tau_2 < +\infty \tag{24b}$$

mit

$$+\sqrt{\nu^2 - \left(\frac{\omega}{\bar{a}_2}\right)^2} = \pm j\,\tau_2 \tag{24 II}$$

definiert ist.

3. Eine Stelle $\nu = \nu_0$, in welcher der Integrand unendlich wird; sie berechnet sich aus (22) zu

$$\varepsilon_1 \sqrt{\nu_0^2 - \left(\frac{\omega}{\bar{a}_2}\right)^2} + \bar{\varepsilon}_2 \sqrt{\nu_0^2 - \left(\frac{\omega}{a_1}\right)^2} = 0\,; \quad \nu_0^2\left[1 - \left(\frac{\varepsilon_1}{\bar{\varepsilon}_2}\right)^2\right] = \left(\frac{\omega}{a_1}\right)^2 - \left(\frac{\omega}{\bar{a}_2}\right)^2 \left(\frac{\varepsilon_1}{\bar{\varepsilon}_2}\right)^2$$

und mit (17)

$$\nu_0^2[\varepsilon_1^2 - \bar{\varepsilon}_2^2] = \bar{\varepsilon}_2^2 \cdot \left(\frac{\omega}{a_1}\right)^2 - \left(\frac{\omega}{a_1} \cdot \frac{a_1}{\bar{a}_2}\right)^2 (\varepsilon_1^2)$$

$$= \bar{\varepsilon}_2^2 \cdot \left(\frac{\omega}{a_1}\right)^2 - \left(\frac{\omega}{a_1}\right)^2 \cdot \bar{\varepsilon}_2 \cdot \varepsilon_1 = \left(\frac{\omega}{a_1}\right)^2 \cdot \bar{\varepsilon}_2 (\bar{\varepsilon}_2 - \varepsilon_1)$$

und also

$$\nu_0 = \frac{\omega}{a_1} \cdot \sqrt{\frac{\bar{\varepsilon}_2}{\varepsilon_1 + \bar{\varepsilon}_2}}\,. \tag{25}$$

Durch die drei Werte (23) und (25) sind drei Wellentypen gekennzeichnet. In ν_0 gehen die Konstanten beider Medien 1 und 2 gleichzeitig ein; die ν_0 entsprechenden Wellen haben ihre Entstehung daher der Grenzebene zu danken und sind hauptsächlich auf die Umgebung der Grenzebene konzentriert: O b e r f l ä c h e n w e l l e n.

Ihnen gegenüber sind die Wellen, welche den Werten ν_1 und ν_2 entsprechen, allein von den Konstanten je ihres Mediums abhängig. Sie verbreiten sich daher wesentlich unabhängig von der Grenzebene, welche nur ihre Amplitudenabnahme beim Fortschreiten beeinflußt, in dem Raume ihres Mediums: R a u m w e l l e n.

Da die Besselschen Funktionen $J_0(\nu\,\varrho)$ für unendlich komplexe Werte ihres Argumentes divergieren, sind sie zur Auswertung der Integrale in Hankelsche Funktionen aufgespalten, welche endlich bleiben. Dies geschieht mittels der Identität

$$J_0(x) = \tfrac{1}{2}\,[H_0^{(2)}(x) + H_0^{(1)}(x)]^{1)}\,. \tag{26}$$

$H^{(1)}$ verschwindet für unendlich positives komplexes Argument, $H^{(2)}$ für negativ unendliches Argument. Diese Feststellung gestattet eine einfache physikalische Deutung der Zerlegung (26): Die Darstellung der Wellen mittels $J_0(x)$ liefert stehende Zylinderwellen, dagegen werden durch die Hankelschen Funktionen rückwärts schreitende ($H^{(1)}$) und vorwärts schreitende ($H^{(2)}$) Zylinderwellen beschrieben. Der Natur des Problemes nach können wir uns auf fortschreitende Wellen beschränken.

251. Die Grundgleichungen des Oberflächenfeldes. Die Oberflächenwellen sind mathematisch gekennzeichnet durch das Verschwinden des Nenners im Integranden. Zu ihrer Berechnung ist daher das $2\pi j$-fache

[1]) J a h n k e und E m d e: Funktionentafeln, S. 95.

Residuum an der Stelle $\nu = \nu_0$ aufzusuchen. Mit Rücksicht auf den in Nr. 164 ausgesprochenen Satz folgt

$$
\left.\begin{aligned}
&= \frac{\varepsilon_1\left(1+\frac{\bar{\varepsilon}_2}{\varepsilon_1}\right)}{2}\cdot H_0^{(2)}(\nu_0\varrho)\, e^{-\sqrt{\nu_0^2-\left(\frac{\omega}{a_1}\right)^2}\cdot z}\cdot\nu_0\cdot\frac{2\pi j}{\frac{d}{d\nu}\left(\varepsilon_1\sqrt{\nu^2-\left(\frac{\omega}{\bar{a}_2}\right)^2}+\bar{\varepsilon}_2\sqrt{\nu^2-\left(\frac{\omega}{a_1}\right)^2}\right)_{\nu=\nu_0}}\\
&\text{ıd}\\
&= \frac{\varepsilon_1\left(1+\frac{\varepsilon_1}{\bar{\varepsilon}_2}\right)}{2}\cdot H_0^{(2)}(\nu_0\varrho)\, e^{+\sqrt{\nu_0^2-\left(\frac{\omega}{\bar{a}_2}\right)^2}\cdot z}\cdot\nu_0\cdot\frac{2\pi j}{\frac{d}{d\nu}\left(\varepsilon_1\sqrt{\nu^2-\left(\frac{\omega}{\bar{a}_2}\right)^2}+\bar{\varepsilon}_2\sqrt{\nu^2-\left(\frac{\omega}{a_1}\right)^2}\right)_{\nu=\nu_0}}.
\end{aligned}\right\}\quad(26)
$$

Die Ausführung der Differentiation liefert für den Nenner der Gl. (26)

$$
\varepsilon_1\cdot\frac{\nu_0}{\sqrt{\nu_0^2-\left(\frac{\omega}{\bar{a}_2}\right)^2}}+\bar{\varepsilon}_2\frac{\nu_0}{\sqrt{\nu_0^2-\left(\frac{\omega}{a_1}\right)^2}},
$$

also mit Rücksicht auf (25)

$$
\nu_0\left(\frac{\varepsilon_1}{j\,\frac{\omega}{a_1}\sqrt{\frac{\bar{\varepsilon}_2^2}{\varepsilon_1(\varepsilon_1+\bar{\varepsilon}_2)}}}-\frac{\bar{\varepsilon}_2}{j\,\frac{\omega}{a_1}\sqrt{\frac{\varepsilon_1}{\varepsilon_1+\bar{\varepsilon}_2}}}\right)=\frac{1}{j\cdot\sqrt{\frac{\bar{\varepsilon}_2}{\varepsilon_1}}}\left[\varepsilon_1\cdot\sqrt{\frac{\varepsilon_1}{\bar{\varepsilon}_2}}-\bar{\varepsilon}_2\cdot\sqrt{\frac{\bar{\varepsilon}_2}{\varepsilon_1}}\right],\quad(27)
$$

da aus besonderen Überlegungen folgt, daß das Vorzeichen beider Wurzeln verschieden zu wählen ist.

Gehen wir mit (27) in (26) zurück, so finden wir

$$
\left.\begin{aligned}
P_1 &= \frac{\varepsilon_1\left(1+\frac{\bar{\varepsilon}_2}{\varepsilon_1}\right)}{2}\cdot H_0^{(2)}(\nu_0\varrho)\cdot e^{-\sqrt{\nu_0^2-\left(\frac{\omega}{a_1}\right)^2}\cdot z}\,\nu_0\cdot\frac{2\pi}{\sqrt{\frac{\bar{\varepsilon}_2}{\varepsilon_1}}}\left[\varepsilon_1\sqrt{\frac{\varepsilon_1}{\bar{\varepsilon}_2}}-\bar{\varepsilon}_2\sqrt{\frac{\bar{\varepsilon}_2}{\varepsilon_1}}\right],\\
P_2 &= \frac{\varepsilon_1\left(1+\frac{\varepsilon_1}{\bar{\varepsilon}_2}\right)}{2}\cdot H_0^{(2)}(\nu_0\varrho)\cdot e^{+\sqrt{\nu_0^2-\left(\frac{\omega}{\bar{a}_2}\right)^2}\cdot z}\,\nu_0\cdot\frac{2\pi}{\sqrt{\frac{\bar{\varepsilon}_2}{\varepsilon_1}}}\left[\varepsilon_1\sqrt{\frac{\varepsilon_1}{\bar{\varepsilon}_2}}-\bar{\varepsilon}_2\sqrt{\frac{\bar{\varepsilon}_2}{\varepsilon_1}}\right].
\end{aligned}\right\}\quad(26\,\text{a})
$$

Besonders interessiert der Wert von Π_1 und Π_2 in großen Entfernungen vom Ursprung. Hier gilt die asymptotische Darstellung der Hankelschen Funktion

$$
H_0^{(2)}(x)=\sqrt{\frac{2}{\pi x}}\cdot e^{j\left(x-\frac{\pi}{4}\right)},\quad(28)
$$

so daß wir in weiter Entfernung vom Erregungszentrum die Wellen

$$\left.\begin{aligned}
P_1 &= \frac{\varepsilon_1\left(1+\frac{\bar\varepsilon_2}{\varepsilon_1}\right)}{2}\left[\varepsilon_1\sqrt{\frac{\varepsilon_1}{\bar\varepsilon_2}}-\bar\varepsilon_2\sqrt{\frac{\bar\varepsilon_2}{\varepsilon_1}}\right]\frac{2\,\nu_0}{\sqrt{\frac{\bar\varepsilon_2}{\varepsilon_1}}}\cdot\sqrt{\frac{2\pi}{\nu_0\,\varrho}}\cdot e^{j\nu_0\varrho}\cdot e^{-j\frac{\pi}{4}}\cdot e^{-\sqrt{\nu_0^2-\left(\frac{\omega}{a_1}\right)^2}\cdot z},\\
P_2 &= \frac{\varepsilon_1\left(1+\frac{\varepsilon_1}{\bar\varepsilon_2}\right)}{2}\left[\varepsilon_1\sqrt{\frac{\varepsilon_1}{\bar\varepsilon_2}}-\bar\varepsilon_2\sqrt{\frac{\bar\varepsilon_2}{\varepsilon_1}}\right]\frac{2\,\nu_0}{\sqrt{\frac{\bar\varepsilon_2}{\varepsilon_1}}}\cdot\sqrt{\frac{2\pi}{\nu_0\,\varrho}}\cdot e^{j\nu_0\varrho}\cdot e^{-j\frac{\pi}{4}}\cdot e^{+\sqrt{\nu_0^2-\left(\frac{\omega}{\bar a_2}\right)^2}\cdot z}
\end{aligned}\right\}\quad(26\,\mathrm{b})$$

antreffen. Indem wir die konstanten Faktoren zusammenfassen, erhalten wir einfacher

$$\left.\begin{aligned}
P_1 &= C_1\cdot\sqrt{\frac{2\pi}{\nu_0\,\varrho}}\cdot e^{+j\nu_0\varrho-\sqrt{\nu_0^2-\left(\frac{\omega}{a_1}\right)^2}\cdot z} & z &> 0\,,\\
P_2 &= C_2\cdot\sqrt{\frac{2\pi}{\nu_0\,\varrho}}\cdot e^{+j\nu_0\varrho+\sqrt{\nu_0^2-\left(\frac{\omega}{\bar a_2}\right)^2}\cdot z} & z &< 0\,.
\end{aligned}\right\}\quad(26\,\mathrm{c})$$

243. Die Ausbreitung des Oberflächenfeldes. Zur Ermittlung des Feldes sind die „Stromfunktionen" ψ und die „Potentiale" φ zu bilden, und

$$\left.\begin{aligned}
\psi_1 &= \varepsilon_1\cdot j\,\omega\cdot P_1 = C_1\cdot\varepsilon_1^2\,j\,\omega\cdot\sqrt{\frac{2\pi}{\nu_0\,\varrho}}\cdot e^{j\nu_0\varrho-\sqrt{\nu_0^2-\left(\frac{\omega}{a_1}\right)^2}\cdot z},\\
\bar\psi_2 &= \bar\varepsilon_2\cdot j\,\omega\cdot P_2 = C_2\cdot\varepsilon_1\cdot\bar\varepsilon_2\cdot j\,\omega\cdot\sqrt{\frac{2\pi}{\nu_0\,\varrho}}\cdot e^{j\nu_0\varrho+\sqrt{\nu_0^2-\left(\frac{\omega}{\bar a_2}\right)^2}\cdot z}
\end{aligned}\right\}\quad(29\,\mathrm{a})$$

und

$$\left.\begin{aligned}
\bar\varphi_1 &= -\frac{\partial P_1}{\partial z} = C_1\sqrt{\nu_0^2-\left(\frac{\omega}{a_1}\right)^2}\cdot\sqrt{\frac{2\pi}{\nu_0\,\varrho}}\cdot e^{j\nu_0\varrho-\sqrt{\nu_0^2-\left(\frac{\omega}{a_1}\right)^2}\cdot z},\\
\bar\varphi_2 &= -\frac{\partial P_2}{\partial z} = -C_2\sqrt{\nu_0^2-\left(\frac{\omega}{\bar a_2}\right)^2}\cdot\sqrt{\frac{2\pi}{\nu_0\,\varrho}}\cdot e^{j\nu_0\varrho+\sqrt{\nu_0^2-\left(\frac{\omega}{\bar a_2}\right)^2}\cdot z}.
\end{aligned}\right\}\quad(29\,\mathrm{b})$$

Hieraus ergibt sich sogleich das Feld; um einen Vergleich mit früheren Formeln zu ermöglichen, führen wir rückwärts ein x, y-, z-Koordinatensystem ein und identifizieren x mit ϱ. So folgt

$$\left.\begin{aligned}
\mathfrak{E}_{\varrho_1} &= -\frac{\partial\bar\varphi_1}{\partial x} = -j\,C_1\cdot\sqrt{\nu_0^2-\left(\frac{\omega}{a_1}\right)^2}\cdot\sqrt{\frac{2\pi\nu_0}{\varrho}}\cdot e^{j\nu_0\varrho-\sqrt{\nu_0^2-\left(\frac{\omega}{a_1}\right)^2}\cdot z},\\
\mathfrak{E}_{z_1} &= -\left[\frac{\partial^2 P_1}{\partial x^2}+\frac{\partial^2 P_1}{\partial y^2}\right] = -C_1\cdot\nu_0\cdot\sqrt{\frac{2\pi\nu_0}{\varrho}}\cdot e^{j\nu_0\varrho-\sqrt{\nu_0^2-\left(\frac{\omega}{a_1}\right)^2}\cdot z}
\end{aligned}\right\}\quad(30\,\mathrm{I})$$

und

$$\mathfrak{H}_{\varphi_1} = -\frac{\partial\bar\psi_1}{\partial x} = C_1\,\varepsilon_1^2\,\omega\cdot\sqrt{\frac{2\pi\nu_0}{\varrho}}\cdot e^{j\nu_0\varrho-\sqrt{\nu_0^2-\left(\frac{\omega}{a_1}\right)^2}\cdot z}.\quad(31\,\mathrm{I})$$

Für das Medium 2 lauten die entsprechenden Gleichungen

$$\left.\begin{aligned}\mathfrak{E}_{\varrho_2} &= -\frac{\partial \overline{\varphi}_2}{\partial x} = -j\,C_2 \sqrt{\nu_0^2 - \left(\frac{\omega}{\overline{a}_2}\right)^2} \cdot \sqrt{\frac{2\pi\nu_0}{\varrho}} \cdot e^{j\nu_0\varrho + \sqrt{\nu_0^2 - \left(\frac{\omega}{\overline{a}_2}\right)^2}\cdot z}, \\ \mathfrak{E}_{z_2} &= -\left[\frac{\partial^2 \Pi_2}{\partial x^2} + \frac{\partial^2 \Pi_2}{\partial y^2}\right] = -C_2\nu_0 \cdot \sqrt{\frac{2\pi\nu_0}{\varrho}} \cdot e^{j\nu_0\varrho + \sqrt{\nu_0^2 - \left(\frac{\omega}{\overline{a}_2}\right)^2}\cdot z}\end{aligned}\right\} \tag{30 II}$$

und

$$\mathfrak{H}_{\varphi_2} = -\frac{\partial \overline{\psi}_2}{\partial x} = C_2\,\varepsilon_1\,\overline{\varepsilon}_2\,\omega \cdot \sqrt{\frac{2\pi\nu_0}{\varrho}} \cdot e^{j\nu_0\varrho + \sqrt{\nu_0^2 - \left(\frac{\omega}{\overline{a}_2}\right)^2}\cdot z}. \tag{31 II}$$

Die Wellenamplituden erfahren somit beim Vorwärtseilen eine („geometrische") Abnahme durch Ausbreitung im Verhältnis $\frac{1}{\sqrt{\varrho}}$; dies ist ein typisches Kennzeichen der Oberflächenwellen und erklärt sich aus der Verteilung des Energievorrates über Zylinderflächen hin, welche proportional mit ϱ anwachsen.

Hierzu gesellt sich eine Amplitudenabnahme durch Dämpfung; sie ist quantitativ durch δ, den reellen Teil des Exponenten $j\nu_0$,

$$\delta = \Re\mathrm{e}\,(j\nu_0\varrho) = \Re\mathrm{e}\left(j\frac{\omega}{a_1} \cdot \sqrt{\frac{\overline{\varepsilon}_2}{\varepsilon_1 + \overline{\varepsilon}_2}}\right) \tag{32}$$

gegeben. δ verschwindet ersichtlich für $\overline{\varepsilon}_2 = \varepsilon_1$ und $\overline{\varepsilon}_2 = \infty$. Der erste Fall entspricht dem homogenen Medium, der zweite dem vollkommenen Leiter (Abrahamsche Lösung). Zwischen diesen Grenzwerten muß daher δ ein Extremum aufweisen. Über den Verlauf von δ gibt ein Vektordiagramm am leichtesten Aufschluß. Wir zeichnen zunächst den Vektor

$$\overline{d} - 1 = \frac{\overline{\varepsilon}_2}{\varepsilon_1 + \overline{\varepsilon}_2} - 1 = -\frac{\varepsilon_1}{\varepsilon_1 + \overline{\varepsilon}_2},$$

welcher für jedes

$$\overline{\varepsilon}_2 = \varepsilon_2 + \frac{\varkappa_2}{j\omega}$$

bei $\varepsilon_2 =$ konst. $\varkappa_2$ oder ω variabel einen Kreis durchläuft, Abb. 333.

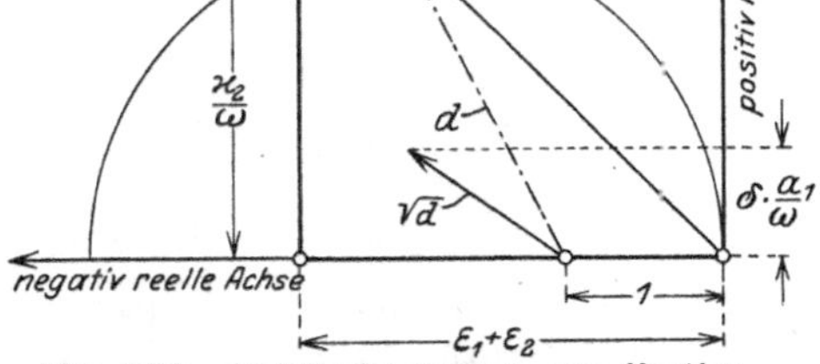

Abb. 333. Vektordiagramm zur Bestimmung der räumlichen Dämpfung.

δ ist, abgesehen von Konstanten als Wurzel aus d gegeben und daher leicht konstruierbar, Abb. 333. Wir erkennen, daß mit wachsendem ε_2 die Werte $\varkappa$, für welche δ seinen Maximalwert annimmt, ebenfalls zunehmen; der entsprechende spezifische

Widerstand $\frac{1}{\varkappa}$ nimmt dementsprechend ab. Quantitativen Rechnungen von Zenneck ist Abb. 334 entnommen, welche die geschilderten Verhältnisse für Oberflächenwellen längs Süßwasser, Seewasser und Erdreich darstellt. Dabei ist der bequemen Übersicht halber nicht δ selbst, sondern $\varrho = \frac{1}{\delta}$ als diejenige Größe berechnet, für welche die Wellenamplitude um den $e$ten Teil $= \sim \frac{1}{3}$ ihres Wertes sinkt.

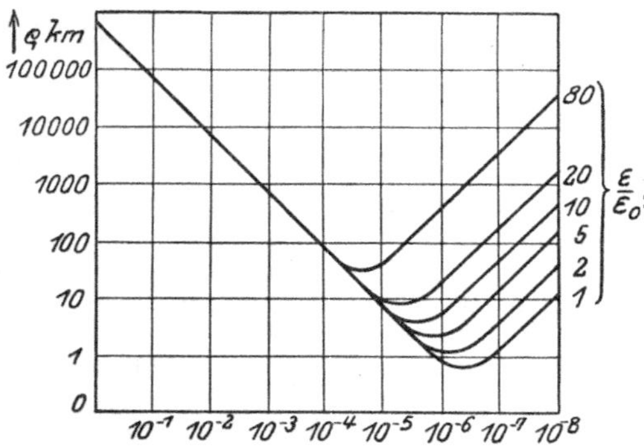

Abb. 334. Entfernung, für welche die Wellenamplitude auf den $e$ten Teil sinkt [$\lambda = 300$ m].

Die Abnahme der Oberflächenwellen längs der z-Achse ist im Medium 1 durch den reellen Anteil δ_1 des Exponenten

$$\sqrt{\nu_0^2 - \left(\frac{\omega}{a_1}\right)^2} = j\,\frac{\omega}{a_1} \cdot \sqrt{\frac{\varepsilon_1}{\varepsilon_1 + \bar{\varepsilon}_2}}$$

$$\delta_1 = \Re\mathrm{e}\left(j\,\frac{\omega}{a_1} \cdot \sqrt{\frac{\varepsilon_1}{\varepsilon_1 + \bar{\varepsilon}_2}}\right) \tag{33 I}$$

gegeben; ebenso folgt für Medium 2

$$\delta_2 = \Re\mathrm{e}\left(\nu_0^2 - \left(\frac{\omega}{\bar{a}_2}\right)^2\right) = \Re\mathrm{e}\left(j\,\frac{\omega}{a_1}\sqrt{\frac{\bar{\varepsilon}_2^2}{\varepsilon_1(\varepsilon_1 + \bar{\varepsilon}_2)}}\right). \tag{33 II}$$

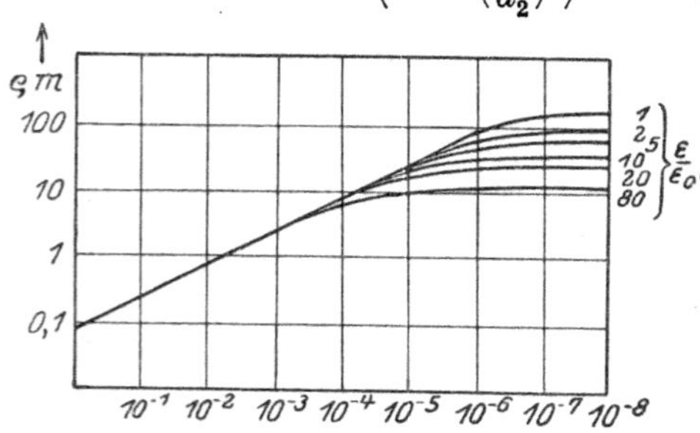

Abb. 335. Tiefe, für welche die Wellenamplitude auf den $e$ten Teil sinkt [$\lambda = 300$ m].

Diese Ausdrücke sind ähnlich gebaut wie (32), so daß sich eine allgemeine Diskussion erübrigt. δ_2 ist stets größer als δ_1; die Wellen erfahren also beim Eindringen in das leitende Medium 2 eine starke Abdämpfung. Für $\bar{\varepsilon}_2 \to j\infty$ (vollkommener Leiter) wächst auch δ_2 über alle Grenzen. Hier dringen also die Wellen nur in eine außerordentlich dünne Schicht der Oberfläche ein, in Übereinstimmung mit der Abrahamschen Lösung. Quantitative Daten für den allgemeinen Fall zeigt Abb. 335.

253. Die Richtung des Oberflächenfeldes. Nach Gl. (30, I) und (30, II) besteht das elektrische Feld aus zwei Komponenten, welche gegeneinander eine zeitliche Phasendifferenz haben. Daher schwankt an jedem Feldpunkte die elektrische Feldstärke nach Richtung und Größe.

Das Feldstärkenverhältnis beträgt

$$\frac{\mathfrak{E}_{z_1}}{\mathfrak{E}_{x_1}} = \frac{\nu_0}{j\sqrt{\nu_0^2 - \left(\frac{\omega}{a_1}\right)^2}} = + \frac{\sqrt{\frac{\bar{\varepsilon}_2}{\varepsilon_1 + \bar{\varepsilon}_2}}}{\sqrt{\frac{\varepsilon_1}{\varepsilon_1 + \bar{\varepsilon}_2}}} = + \sqrt{\frac{\bar{\varepsilon}_2}{\varepsilon_1}} \tag{34 I}$$

und

$$\frac{\mathfrak{E}_{z_2}}{\mathfrak{E}_{x_2}} = \frac{\nu_0}{j\sqrt{\nu_0^2 - \left(\frac{\omega}{a_2}\right)^2}} = + \frac{\sqrt{\frac{\bar{\varepsilon}_2}{\varepsilon_1 + \bar{\varepsilon}_2}}}{\sqrt{\frac{\bar{\varepsilon}_2^2}{\varepsilon_1(\varepsilon_1 + \bar{\varepsilon}_2)}}} = + \sqrt{\frac{\varepsilon_1}{\bar{\varepsilon}_2}}, \tag{34 II}$$

worin wir das bekannte Brechungsgesetz der elektrischen Kraftlinien in komplexer Form wiederfinden. Hierbei weist das komplexe Verhältnis darauf hin, daß die beiden Feldkomponenten nicht in Phase sind: Es bildet sich resultierend ein elliptisches Drehfeld.

Von Wichtigkeit ist der Winkel, welchen die Maximalamplitude des elliptischen Drehfeldes mit der Grenzebene einschließt. Wir begnügen uns hier mit einem Näherungswerte, indem wir in $\bar{\varepsilon}_2 = \varepsilon_2 + \frac{\varkappa_2}{j\,\omega}$ den zweiten Summanden $\frac{\varkappa_2}{j\,\omega} \ll \varepsilon_2$ voraussetzen. Dies ist gestattet, wenn die Leitfähigkeit genügend gering ist, während gleichzeitig die Frequenz hohe Werte besitzt. Hierbei ist $\bar{\varepsilon}_2$ wesentlich reell; daher geht das elliptische Drehfeld merklich in ein Wechselfeld über, und wir erhalten für den Winkel zwischen Vertikaler und resultierendem Felde die Beziehung

$$\operatorname{tg}\gamma = \frac{\mathfrak{E}_{x_1}}{\mathfrak{E}_{z_1}} = + \sqrt{\frac{\varepsilon_1}{\bar{\varepsilon}_2}} = \sim \sqrt{\frac{\varepsilon_1}{|\bar{\varepsilon}_2|}} = \sqrt{\frac{\varepsilon_1}{\sqrt{\varepsilon_2^2 + \frac{\varkappa_2^2}{\omega^2}}}}$$

oder

$$\operatorname{tg}\gamma = \sqrt{\frac{\frac{\omega}{\varkappa}\cdot\varepsilon_1}{\sqrt{\frac{\omega^2\,\varepsilon_2^2}{\varkappa^2} + 1}}} = \sqrt{\frac{\frac{1}{4\pi\cdot 9\cdot 10^{11}}\cdot\frac{\omega}{\varkappa}}{\sqrt{\frac{\omega^2}{\varkappa^2}\,\frac{1}{(4\pi\cdot 9\cdot 10^{11})^2}\left(\frac{\varepsilon_2}{\varepsilon_1}\right)^2 + 1}}}\,. \tag{35}$$

In Abb. 336 sind die Werte γ, welche dieser Gleichung entsprechen, nach Berechnungen von Sommerfeld dargestellt. Ersichtlich kann γ bei trockenem Boden erhebliche Werte annehmen, während über Seewasser die Abweichung der Feldrichtung unmerklich wird.

Nach Gl. (34 II) bestimmt der gleiche Winkel γ die Neigung der Feldrichtung zur Horizontalebene im Medium 2.

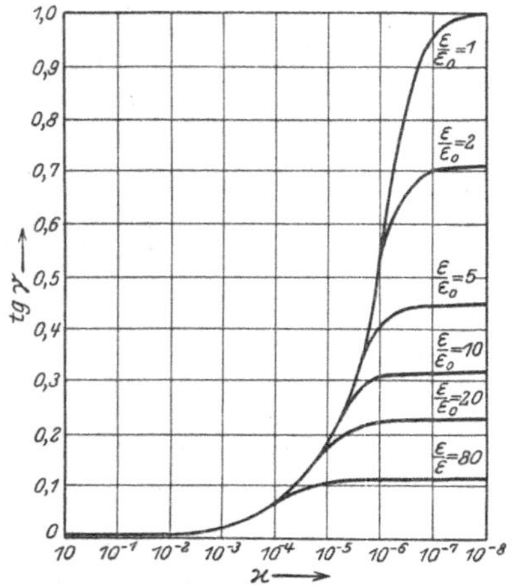

Abb. 336. Richtung des Oberflächenfeldes [$\lambda = 600$ m].

In Abb. 337 ist das elektrische Feld an der Grenzebene dargestellt. Im freien Raum sind die Wellen in der Fortpflanzungsrichtung nach vorwärts geneigt, während sie im Medium 2 nach rückwärts nachschleppen.

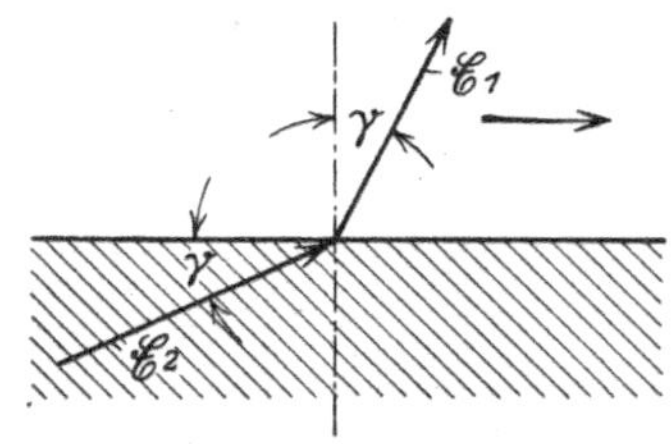

Abb. 337. Feldverlauf an der Grenzebene.

254. Grundgleichungen des Raumwellenfeldes[1]**).** Den Wellenanteil, welcher als jedem Medium eigentümlich Raumwelle heißt, erhalten wir durch Auswertung des komplexen Integrales (22) längs der von ν_1 und ν_2 ausgehenden Verzweigungsschnitte.

Wir berechnen zunächst den Anteil Q_1 des freien Raumes.

Indem wir uns wiederum auf fortschreitende Zylinderwellen beschränken dürfen, erhalten wir

$$Q_1 = \int \frac{\varepsilon_1\left(1+\frac{\bar{\varepsilon}_2}{\varepsilon_1}\right)}{2} \cdot \frac{1}{\varepsilon_1 \cdot \sqrt{\nu^2 - \left(\frac{\omega}{\bar{a}_2}\right)^2} + \bar{\varepsilon}_2 \sqrt{\nu^2 - \left(\frac{\omega}{a_1}\right)^2}} \, H_0^{(2)}(\nu\varrho)\, e^{-\sqrt{\nu^2 - \left(\frac{\omega}{a_1}\right)^2}\cdot z} \cdot \nu\, d\nu \qquad (36)$$

oder mit Einführung von (24a)

$$Q_1 = \int\limits_{\tau_1=-\infty}^{+\infty} \frac{\varepsilon_1\left(1+\frac{\bar{\varepsilon}_2}{\varepsilon_1}\right)}{2} \cdot \frac{1}{\varepsilon_1 \sqrt{-\tau_1^2 + \left(\frac{\omega}{a_1}\right)^2 - \left(\frac{\omega}{\bar{a}_2}\right)^2} + \bar{\varepsilon}_2\, j\tau_1} \cdot H_0^{(2)}(\nu\varrho) \cdot \nu \cdot d\nu \cdot e^{-j\tau_1 \cdot z} \qquad (36\text{a})$$

Dieses Integral läßt sich, wie Sommerfeld gezeigt hat, bei Beschränkung auf hinreichend große Werte des Argumentes ϱ auswerten. Zunächst kann mittels der Beziehung

$$\frac{d[H'^0(\nu\varrho)\cdot\nu]}{d\nu} = -H^0(\nu\varrho)\cdot(\nu\cdot\varrho),$$

[1]) Dieser und der folgende Abschnitt können bei der ersten Lektüre übergangen werden.

welche unmittelbar aus der Besselschen Differentialgleichung folgt, eine partielle Integration vorgenommen werden; da aber $H_0^{(2)}(\nu\varrho)$ im Unendlichen verschwindet, fällt der integralfreie Term fort, und wir erhalten

$$\left.\begin{aligned} Q_1 &= -\frac{\varepsilon_1\left(1+\frac{\bar{\varepsilon}_2}{\varepsilon_1}\right)}{2\varrho}\int\limits_{\tau_1=-\infty}^{+\infty}\frac{d}{d\nu}\left(\frac{e^{-j\tau_1 z}}{\varepsilon_1\sqrt{-\tau^2+\left(\frac{\omega}{a_1}\right)^2-\left(\frac{\omega}{\bar{a}_2}\right)^2}+\bar{\varepsilon}_2 j\tau}\right)\cdot H_0'^{(2)}(\nu\varrho)\cdot\nu\,d\nu \\ &= \frac{\varepsilon_1\left(1+\frac{\bar{\varepsilon}_2}{\varepsilon_1}\right)}{2\varrho}\int\limits_{\tau_1=-\infty}^{+\infty}\frac{d}{d\tau_1}\left(\frac{e^{-j\tau_1 z}}{\varepsilon_1\sqrt{-\tau_1^2+\left(\frac{\omega}{a_1}\right)^2-\left(\frac{\omega}{\bar{a}_2}\right)^2}+\bar{\varepsilon}_2 j\tau_1}\right)\cdot\frac{\nu}{\tau_1}\cdot H_0'^{(2)}(\nu\varrho)\,\nu\cdot d\nu\,, \end{aligned}\right\}\tag{36b}$$

wo die aus (24 I) folgende Beziehung

$$\nu\cdot d\nu = -\tau\,d\tau$$

benutzt ist.

Zur weiteren Auswertung beschränken wir uns auf große Werte von ϱ. Hier benutzen wir den schon oben eingeführten asymptotischen Wert der fortschreitenden Zylinderwelle (28) und erhalten mit Rücksicht auf (36b)

$$\left.\begin{aligned} Q_1 &= \frac{\varepsilon_1\left(1+\frac{\bar{\varepsilon}_2}{\varepsilon_1}\right)}{2\varrho}\int\limits_{\tau=-\infty}^{+\infty}\frac{d}{d\tau_1}\left(\frac{e^{-j\tau_1 z}}{\varepsilon_1\sqrt{-\tau^2+\left(\frac{\omega}{a_1}\right)^2-\left(\frac{\omega}{\bar{a}_2}\right)^2}+\bar{\varepsilon}_2 j\tau}\right)\cdot\frac{1}{\tau_1}\cdot\sqrt{\frac{2}{\nu\cdot\varrho\cdot\pi}}\cdot\nu^2\cdot d\nu\, e^{j\nu\varrho} \\ &= \frac{\varepsilon_1\left(1+\frac{\bar{\varepsilon}_2}{\varepsilon_1}\right)}{\varrho\sqrt{2\pi\varrho}}\int\limits_{\tau=-\infty}^{+\infty}\frac{d}{d\tau_1}\left(\frac{e^{-j\tau_1 z}}{\varepsilon_1\sqrt{-\tau^2+\left(\frac{\omega}{a_1}\right)^2-\left(\frac{\omega}{\bar{a}_2}\right)^2}+\bar{\varepsilon}_2 j\tau}\right)\frac{\nu\cdot\sqrt{\nu}\cdot d\nu}{\sqrt{\nu+\frac{\omega_1}{a_1}}\cdot\sqrt{\nu-\frac{\omega_1}{a_1}}}e^{j\nu\varrho}\cdot e^{-j\frac{\pi}{4}}. \end{aligned}\right\}\tag{37}$$

Dieses Integral besitzt bei $\nu = \frac{\omega_1}{a_1}$ eine Singularität; wir führen daher mittels

$$N = \nu - \frac{\omega}{a_1}\,;\qquad dN = d\nu$$

eine neue Variable ein und finden

$$Q_1 = \frac{\varepsilon_1\left(1+\frac{\bar{\varepsilon}_2}{\varepsilon_1}\right)}{\varrho\cdot\sqrt{2\pi\varrho}}\int\limits_{\tau_1=-\infty}^{+\infty}\frac{d}{d\tau_1}\left(\frac{e^{-j\tau_1 z}}{\varepsilon_1\sqrt{-\tau^2+\left(\frac{\omega}{a_1}\right)^2-\left(\frac{\omega}{\bar{a}_2}\right)^2+\bar{\varepsilon}_2 j\tau}}\right)\cdot\frac{\nu\cdot\sqrt{\nu}\cdot dN}{\sqrt{\nu+\frac{\omega}{a_1}}\cdot\sqrt{N}}\,e^{jN\varrho}\cdot e^{j\frac{\omega}{a_1}\cdot\varrho}\cdot e^{-j\frac{\pi}{4}}. \quad (37\,a)$$

Nur der Faktor $\frac{e^{jN\varrho}}{\sqrt{N}}$ ist in der Umgebung von $N = 0$ irregulär. Wir bedenken nun, daß bei großem ϱ der Zähler sehr rasch verschwindend klein wird, sobald N endlich ist; lediglich die Stelle $N = 0$ und die entsprechenden Teile der sonstigen Faktorfunktionen liefern einen merklichen Beitrag zu Q_1; indem wir daher den Faktor $(N\varrho)$ absondern, erhalten wir den Näherungswert

$$Q_{11} = \frac{\varepsilon_1\left(1+\frac{\bar{\varepsilon}_2}{\varepsilon_1}\right)}{\varrho\cdot\sqrt{2\pi\varrho}}\cdot e^{-j\frac{\pi}{4}}\int\limits_{\tau_1=-\infty}^{+\infty}\frac{d}{d\tau}\left(\frac{e^{-j\tau_1 z}}{\varepsilon_1\sqrt{-\tau^2+\left(\frac{\omega}{a_1}\right)^2-\left(\frac{\omega}{\bar{a}_2}\right)^2+\bar{\varepsilon}_2 j\tau}}\right)\frac{e^{jN\cdot\varrho}\,d(N\cdot\varrho)}{\sqrt{\varrho}\cdot\sqrt{N\cdot\varrho}}\cdot\frac{\nu\cdot\sqrt{\nu}\cdot e^{j\frac{\omega}{a_1}\cdot\varrho}}{\sqrt{\nu+\frac{\omega}{a_1}}}$$

$$=\sim\frac{\varepsilon_1\left(1+\frac{\bar{\varepsilon}_2}{\varepsilon_1}\right)}{\varrho^2\cdot\sqrt{2\pi}}\cdot e^{-j\frac{\pi}{4}}\frac{d}{d\tau_1}\left(\frac{e^{-j\tau_1 z}}{\varepsilon_1\sqrt{-\tau_1^2+\left(\frac{\omega}{a_1}\right)^2-\left(\frac{\omega}{\bar{a}_2}\right)^2+\bar{\varepsilon}_2 j\tau_1}}\right)_{N=0}\cdot\left[\frac{\nu\cdot\sqrt{\nu}\cdot e^{j\frac{\omega}{a_1}\cdot\varrho}}{\sqrt{\nu+\frac{\omega}{a_1}}}\right]_{N=0}\cdot\int\limits_{N=-j\infty}^{+j\infty}\frac{e^{jN\varrho}\,d(N\varrho)}{\sqrt{N\varrho}}$$

Das letzte Integral besitzt den endlichen Wert[1])

$$\int\limits_{-j\infty}^{j\infty}\frac{e^{jN\varrho}\,d(N\varrho)}{\sqrt{N\varrho}} = 2\cdot\sqrt{j}\int\limits_{jN\varrho=0}^{\infty}e^{-jN\varrho}\frac{1}{\sqrt{jN\varrho}}\,d(jN\varrho) = 2\cdot\sqrt{j}\cdot\pi(-\tfrac{1}{2}) = 2e^{j\frac{\pi}{4}}\cdot\sqrt{\pi}\,.$$

Somit erlangen wir

$$Q_{11} = +\frac{\varepsilon_1\left(1+\frac{\bar{\varepsilon}_2}{\varepsilon_1}\right)}{\varrho^2}\cdot\sqrt{2}\,\frac{d}{d\tau_1}\left(\frac{e^{-j\tau_1 z}}{\varepsilon_1\sqrt{-\tau_1^2+\left(\frac{\omega}{a_1}\right)^2-\left(\frac{\omega}{\bar{a}_2}\right)^2+\bar{\varepsilon}_2 j\tau_1}}\right)_{N=0}\cdot\left[\frac{\nu\cdot\sqrt{\nu}\,e^{j\frac{\omega}{a_1}\cdot\varrho}}{\sqrt{\nu+\frac{\omega}{a_1}}}\right]_{N=0}.$$

---

[1]) Jahnke-Emde: Funktionentafeln, S. 28 (Gammafunktion).

Für $N = 0$ verschwindet auch τ; daher erhalten wir nach Ausführung der Differentiation

$$Q_{11} = \frac{\varepsilon_1\left(1+\frac{\bar{\varepsilon}_2}{\varepsilon_1}\right)}{\varrho^2}\cdot\sqrt{2}\cdot(-j)\left[\frac{\varepsilon_1\sqrt{\left(\frac{\omega}{a_1}\right)^2-\left(\frac{\omega}{\bar{a}_2}\right)^2}}{\varepsilon_1^2\left[\left(\frac{\omega}{a_1}\right)^2-\left(\frac{\omega}{\bar{a}_2}\right)^2\right]}z+\frac{\bar{\varepsilon}_2}{\varepsilon_1^2\left[\left(\frac{\omega}{a_1}\right)^2-\left(\frac{\omega}{\bar{a}_2}\right)^2\right]}\right]\cdot\frac{\frac{\omega}{a_1}\cdot\sqrt{\frac{\omega}{a_1}}}{\sqrt{2\frac{\omega}{a_1}}}\cdot e^{j\frac{\omega}{a_1}\cdot\varrho}$$

$$= -j\varepsilon_1\left(1+\frac{\bar{\varepsilon}_2}{\varepsilon_1}\right)\cdot\left[\frac{1}{\varepsilon_1\sqrt{\left(\frac{\omega}{a_1}\right)^2-\left(\frac{\omega}{\bar{a}_2}\right)^2}}\cdot z+\frac{\bar{\varepsilon}_2}{\varepsilon_1^2\left[\left(\frac{\omega}{a_1}\right)^2-\left(\frac{\omega}{\bar{a}_2}\right)^2\right]}\right]\frac{\omega}{a_1}\cdot\frac{e^{j\frac{\omega}{a_1}\cdot\varrho}}{\varrho^2}.$$

Durch Zusammenfassung der ersten, von ϱ unabhängigen Faktoren mittels

$$K_{11} = -j\varepsilon_1\left(1+\frac{\bar{\varepsilon}_2}{\varepsilon_1}\right)\left[\frac{1}{\varepsilon_1\sqrt{\left(\frac{\omega}{a_1}\right)^2-\left(\frac{\omega}{\bar{a}_2}\right)^2}}\cdot z+\frac{\bar{\varepsilon}_2}{\varepsilon_1^2\cdot\left[\left(\frac{\omega}{a_1}\right)^2-\left(\frac{\omega}{\bar{a}_2}\right)^2\right]}\right]\cdot\frac{\omega}{a_1}, \qquad (38\,\mathrm{I})$$

gewinnen wir schließlich den Ausdruck

$$Q_{11} = K_{11}\cdot\frac{e^{j\frac{\omega}{a_1}\cdot\varrho}}{\varrho^2}. \qquad (39\,\mathrm{I})$$

Der Raumwellenanteil Q_{22}, im zweiten Medium, welcher dem Verzweigungspunkte ν_2 entspricht, folgt aus dem abgeleiteten Ausdruck leicht, indem unter dem Integral $-z$ mit $+z$ und $\frac{\omega}{a_1}$ mit $\frac{\omega}{\bar{a}_2}$ vertauscht wird. So erhalten wir mit Rücksicht auf (25)

$$Q_{22} = -j\varepsilon_1\left(1+\frac{\varepsilon_1}{\bar{\varepsilon}_2}\right)\left[\frac{(-1)}{\varepsilon_2\sqrt{\left(\frac{\omega}{\bar{a}_2}\right)^2-\left(\frac{\omega}{a_1}\right)^2}}\cdot z+\frac{\varepsilon_1}{\bar{\varepsilon}_2^2\left[\left(\frac{\omega}{\bar{a}_2}\right)^2-\left(\frac{\omega}{a_1}\right)^2\right]}\right]\cdot\frac{\omega}{\bar{a}_2}\cdot\frac{e^{j\frac{\omega}{\bar{a}_2}\cdot\varrho}}{\varrho^2}$$

$$= K_{22}\cdot\frac{e^{j\frac{\omega}{\bar{a}_2}\cdot\varrho}}{\varrho^2} \qquad (38\,\mathrm{II})$$

mit

$$K_{22} = -j\varepsilon_1\left(1+\frac{\varepsilon_1}{\bar{\varepsilon}_2}\right)\left[-\frac{1}{\varepsilon_2\sqrt{\left(\frac{\omega}{\bar{a}_2}\right)^2-\left(\frac{\omega}{a_1}\right)^2}}\cdot z+\frac{\varepsilon_1}{\bar{\varepsilon}_2^2\left[\left(\frac{\omega}{\bar{a}_2}\right)^2-\left(\frac{\omega}{a_1}\right)^2\right]}\right]\cdot\frac{\omega}{\bar{a}_2}.$$

Schließlich sind noch die beiden Raumwellenanteile Q_{12} und Q_{21} zu berechnen, welche im Medium 1 dem Verzweigungsschnitt ν_2, im Medium 2 dem Verzweigungsschnitt ν_1 entsprechen. Der Berechnungsweg ist genau der gleiche, den wir für den Anteil Q_{11} durchgeführt haben. Zunächst wird

$$Q_{12} = \int_{\tau_2=-\infty}^{+\infty} \frac{\varepsilon_1\left(1+\frac{\bar{\varepsilon}_2}{\varepsilon_1}\right)}{2} \cdot \frac{1}{\varepsilon_1 \cdot j\,\tau_2 + \bar{a}_2 \sqrt{-\tau_2^2 + \left(\frac{\omega}{\bar{a}_2}\right)^2 - \left(\frac{\omega}{a_1}\right)^2}} \cdot H_0^{(2)}(\nu\varrho) \cdot e^{-\sqrt{\nu^2 - \left(\frac{\omega}{a_1}\right)^2} \cdot z} \cdot \nu\, d\nu\,.$$

Die partielle Integration ergibt

$$Q_{12} = -\frac{\varepsilon_1\left(1+\frac{\bar{\varepsilon}_2}{\varepsilon_1}\right)}{2\varrho} \int_{\tau_2=-\infty}^{+\infty} \frac{d}{d\tau_2} \cdot \left(\frac{e^{-z\sqrt{-\tau_2^2+\left(\frac{\omega}{\bar{a}_2}\right)^2-\left(\frac{\omega}{a_1}\right)^2}}}{\varepsilon_1 \cdot j\,\tau_2 + \bar{\varepsilon}_2 \sqrt{-\tau_2^2 + \left(\frac{\omega}{\bar{a}_2}\right)^2 - \left(\frac{\omega}{a_1}\right)^2}} \right) \frac{\nu}{\tau_2} H_0^{(2)}(\nu\varrho)\, \nu\, d\nu\,.$$

Beschränken wir uns auch hier auf die Fernzone, so entsteht

$$Q_{12} = \frac{\varepsilon_1\left(1+\frac{\bar{\varepsilon}_2}{\varepsilon_1}\right)}{\varrho \cdot \sqrt{2\pi\varrho}} \int_{\tau_2=-\infty}^{+\infty} \frac{d}{d\tau_2} \cdot \left(\frac{e^{-z\sqrt{-\tau_2^2+\left(\frac{\omega}{\bar{a}_2}\right)^2-\left(\frac{\omega}{a_1}\right)^2}}}{\varepsilon_1 \cdot j\,\tau_2 + \bar{\varepsilon}_2 \sqrt{-\tau_2^2 + \left(\frac{\omega}{\bar{a}_2}\right)^2 - \left(\frac{\omega}{a_1}\right)^2}} \right) \frac{\nu \cdot \sqrt{\nu} \cdot dN_2}{\sqrt{\nu + \frac{\omega}{\bar{a}_2}} \cdot \sqrt{N_2}}\, e^{j\cdot\nu\cdot\varrho}\, e^{-j\frac{\pi}{4}}$$

mit

$$N_2 = \nu - \frac{\omega}{\bar{a}_2}\,; \qquad dN_2 = d\nu\,,$$

und also

$$Q_{12} = \frac{\varepsilon_1\left(1+\frac{\bar{\varepsilon}_2}{\varepsilon_1}\right)}{\varrho^2 \cdot \sqrt{2\pi}} \cdot \frac{d}{d\tau_2} \left(\frac{e^{-z\sqrt{-\tau_2^2+\left(\frac{\omega}{\bar{a}_2}\right)^2-\left(\frac{\omega}{a_1}\right)^2}}}{\varepsilon_1 \cdot j\tau_2 + \bar{\varepsilon}_2 \sqrt{-\tau_2^2 + \left(\frac{\omega}{\bar{a}_2}\right)^2 - \left(\frac{\omega}{a_1}\right)^2}} \right)_{\tau_2=0} \cdot \left[\frac{\nu \cdot \sqrt{\nu} \cdot e^{j\frac{\omega}{\bar{a}_2}\cdot\varrho}}{\sqrt{\nu + \frac{\omega}{\bar{a}_2}}} \right]_{\tau_2=0} \cdot e^{-j\frac{\pi}{4}}$$

$$\cdot \int_{-j\infty}^{+j\infty} \frac{e^{j N_2 \varrho}\, d(N_2\varrho)}{\sqrt{N_2\varrho}}$$

$$= \frac{\varepsilon_1\left(1+\frac{\bar{\varepsilon}_2}{\varepsilon_1}\right)}{\varrho^2 \cdot \sqrt{2\pi}} \cdot \frac{d}{d\tau_2} \left(\frac{e^{-z\sqrt{-\tau_2^2+\left(\frac{\omega}{\bar{a}_2}\right)^2-\left(\frac{\omega}{a_1}\right)^2}}}{\varepsilon_1 \cdot j\tau_2 + \bar{\varepsilon}_2 \sqrt{-\tau_2^2 + \left(\frac{\omega}{\bar{a}_2}\right)^2 - \left(\frac{\omega}{a_1}\right)^2}} \right)_{\tau_2=0} \cdot \left[\frac{\nu \cdot \sqrt{\nu} \cdot e^{j\frac{\omega}{\bar{a}_2}\cdot\varrho}}{\sqrt{\nu + \frac{\omega}{\bar{a}_2}}} \right]_{\tau_2=0} \cdot 2 \cdot \sqrt{\pi}$$

$$= + \frac{\varepsilon_1\left(1+\frac{\bar{\varepsilon}_2}{\varepsilon_1}\right)}{\varrho^2} \cdot \sqrt{2}\, \frac{d}{d\tau_2} \left(\frac{e^{-z\sqrt{-\tau_2^2+\left(\frac{\omega}{\bar{a}_2}\right)^2-\left(\frac{\omega}{a_1}\right)^2}}}{\varepsilon_1 \cdot j\tau_2 + \bar{\varepsilon}_2 \sqrt{-\tau_2^2 + \left(\frac{\omega}{\bar{a}_2}\right)^2 - \left(\frac{\omega}{a_1}\right)^2}} \right)_{\tau_2=0} \cdot \left[\frac{\nu \cdot \sqrt{\nu} \cdot e^{j\frac{\omega}{\bar{a}_2}\cdot\varrho}}{\sqrt{\nu + \frac{\omega}{\bar{a}_2}}} \right]_{\tau_2=0}.$$

Nach Ausführung der Differentiation folgt

$$Q_{12} = + \frac{\varepsilon_1\left(1 + \frac{\bar{\varepsilon}_2}{\varepsilon_1}\right)}{\varrho^2} \cdot \sqrt{2} \cdot \frac{e^{-z\sqrt{\left(\frac{\omega}{\bar{a}_2}\right)^2 - \left(\frac{\omega}{a_1}\right)^2}} \cdot \varepsilon_1 \cdot j}{\bar{\varepsilon}_2^2\left[\left(\frac{\omega}{\bar{a}_2}\right)^2 - \left(\frac{\omega}{a_1}\right)^2\right]} \cdot \frac{\frac{\omega}{\bar{a}_2} \cdot \sqrt{\frac{\omega}{\bar{a}_2}} \cdot e^{j\frac{\omega}{\bar{a}_2}\varrho}}{\sqrt{2\frac{\omega}{\bar{a}_2}}}$$

$$= K_{12} \cdot \frac{e^{j\frac{\omega}{\bar{a}_2}\cdot\varrho - z\sqrt{\left(\frac{\omega}{\bar{a}_2}\right)^2 - \left(\frac{\omega}{a_1}\right)^2}}}{\varrho^2}, \tag{39I}$$

wo

$$K_{12} = j\,\varepsilon_1^2\left(1 + \frac{\bar{\varepsilon}_2}{\varepsilon_1}\right) \cdot \frac{1}{\bar{\varepsilon}_2^2\left[\left(\frac{\omega}{\bar{a}_2}\right)^2 - \left(\frac{\omega}{a_1}\right)^2\right]} \cdot \frac{\omega}{\bar{a}_2}$$

gesetzt ist.

Die entsprechende Raumwelle im Medium 2 findet sich also durch Vertauschung von $+z$ mit $-z$ und Änderung der Indizes zu

$$Q_{22} = \frac{\varepsilon_1\left(1 + \frac{\varepsilon_1}{\bar{\varepsilon}_2}\right)}{\varrho_2} \cdot \sqrt{2} \cdot \frac{e^{+z\sqrt{\left(\frac{\omega}{a_1}\right)^2 - \left(\frac{\omega}{\bar{a}_2}\right)^2}} \cdot \bar{\varepsilon}_2 \cdot j}{\varepsilon_1^2\left[\left(\frac{\omega}{a_1}\right)^2 - \left(\frac{\omega}{\bar{a}_2}\right)^2\right]} \cdot \frac{\left(\frac{\omega}{a_1}\right)}{\sqrt{2}} \cdot e^{j\frac{\omega}{a_1}\cdot\varrho_1}$$

$$= K_{22} \cdot \frac{e^{j\frac{\omega}{a_1} + z\sqrt{\left(\frac{\omega}{a_1}\right)^2 - \left(\frac{\omega}{\bar{a}_2}\right)^2}}}{\varrho^2} \tag{39II}$$

mit

$$K_{22} = -j\,\varepsilon_1 \cdot \bar{\varepsilon}_2\left(1 + \frac{\varepsilon_1}{\bar{\varepsilon}_2}\right) \cdot \frac{1}{\varepsilon_1^2\left[\left(\frac{\omega}{a_1}\right)^2 - \left(\frac{\omega}{\bar{a}_2}\right)^2\right]} \cdot \frac{\omega}{a_1}.$$

255. Ausbreitungsgesetze der Raumwellen. Für das Verhältnis beider Raumwellenanteile ist das Verhältnis der Beträge von K_1 und K_2 maßgebend, wenn von der radialen Dämpfung zunächst abgesehen wird. Für den freien Raum erhalten wir

$$\frac{|K_{11}|}{|K_{12}|} = \frac{\left|\frac{\varepsilon_1 \cdot \bar{\varepsilon}_2\left(1 + \frac{\bar{\varepsilon}_2}{\varepsilon_1}\right)}{\varepsilon_1^2\left[\left(\frac{\omega}{a_1}\right)^2 - \left(\frac{\omega}{\bar{a}_2}\right)^2\right]} \cdot \frac{\omega}{a_1}\right|}{\left|\frac{\varepsilon_1^2\left(1 + \frac{\bar{\varepsilon}_2}{\varepsilon_1}\right)}{\bar{\varepsilon}_2^2\left[\left(\frac{\omega}{\bar{a}_2}\right)^2 - \left(\frac{\omega}{a_1}\right)^2\right]} \cdot \frac{\omega}{\bar{a}_2}\right|} = \left|\frac{\bar{\varepsilon}_2^3}{\varepsilon_1^4} \cdot \frac{\bar{a}_2}{a_1}\right|, \tag{40}$$

und da

$$\frac{\bar{a}_2}{a_1} = \sqrt{\frac{\varepsilon_1}{\bar{\varepsilon}_2}},$$

so wird

$$\frac{|K_{11}|}{|K_{12}|} = \left|\frac{\bar{\varepsilon}_2^3 \cdot \sqrt{\varepsilon_1}}{\varepsilon_1^3 \cdot \sqrt{\bar{\varepsilon}_2}}\right|. \tag{40a}$$

Da $|\bar{\varepsilon}_2|$ stets größer als ε_1 ist, ist der berechnete Ausdruck eine sehr große Zahl: Die Raumwellen vom Typus 1 überwiegen die Raumwellen vom Typus 2. Daher können wir den Anteil Q_2 gegen den Anteil Q_1 streichen.

Wir setzen zur Abkürzung

$$-j\varepsilon_1\left(1+\frac{\bar{\varepsilon}_2}{\varepsilon_1}\right)\left[\frac{1}{\varepsilon_1\sqrt{\left(\frac{\omega}{a_1}\right)^2-\left(\frac{\omega}{\bar{a}_2}\right)^2}}\right]\frac{\omega}{a_1}=A\,;\quad -j\varepsilon_1\left(1+\frac{\bar{\varepsilon}_2}{\varepsilon_1}\right)\frac{\bar{\varepsilon}_2}{\varepsilon_1^2\left[\left(\frac{\omega}{a_1}\right)^2-\left(\frac{\omega}{\bar{a}_2}\right)^2\right]}\cdot\frac{\omega}{\bar{a}_1}=B,$$

so daß

$$K_{11} = +A\cdot z + B$$

wird.

Die Stromfunktion des freien Raumes ist

$$\bar{\psi}_1 = \varepsilon_1 j\omega Q_1 = \varepsilon_1 j\omega(Az+B)\,\frac{e^{j\frac{\omega}{a_1}\cdot\varrho}}{\varrho^2} \tag{41}$$

und die Potentialfunktion

$$\bar{\varphi}_1 = -\frac{\partial Q_1}{\partial z} = -\frac{\partial K_{11}}{\partial z}\cdot\frac{e^{j\frac{\omega}{a_1}\cdot\varrho}}{\varrho^2} = -A\cdot\frac{e^{j\frac{\omega}{a_1}\cdot\varrho}}{\varrho^2}, \tag{42}$$

also

$$\mathfrak{E}_{\varrho_1} = -\frac{\partial\bar{\varphi}_1}{\partial\varrho} = -A\cdot\frac{\partial\left(\frac{e^{j\frac{\omega}{a_1}\cdot\varrho}}{\varrho^2}\right)}{\partial\varrho} \tag{43}$$

und, indem wir uns nach Ausführung der Differentiation wegen der Voraussetzung eines großen ϱ-Wertes auf das Glied mit $\frac{1}{\varrho^2}$ beschränken dürfen

$$\mathfrak{E}_{\varrho_1} = -A\cdot j\,\frac{\omega}{a_1}\cdot\frac{1}{\varrho^2}\cdot e^{j\frac{\omega}{a_1}\cdot\varrho}. \tag{43a}$$

Schließlich wird

$$\begin{aligned}\mathfrak{E}_{z_1} &= -\frac{\partial^2 Q_1}{\partial x^2} = -(Az+B)\,\frac{\partial^2\left(\frac{e^{j\frac{\omega}{a_1}\cdot\varrho}}{\varrho^2}\right)}{\partial\varrho^2}\\ &= (Az+B)\cdot\frac{\omega^2}{a_1^2}\cdot\frac{1}{\varrho^2}\cdot e^{j\frac{\omega}{a_1}\cdot\varrho}.\end{aligned} \tag{44}$$

Das magnetische Feld findet sich

$$\mathfrak{H}_{y_1} = -\frac{\partial \overline{\psi}_1}{\partial x} = -\varepsilon_1 j\,\omega (Az + B)\, j\frac{\omega}{a_1}\cdot\frac{e^{j\frac{\omega}{a_1}\cdot\varrho}}{\varrho^2} = \varepsilon_1 \frac{\omega^2}{a_1}(Az+B)\frac{e^{j\frac{\omega}{a_1}\cdot\varrho}}{\varrho^2}. \quad (45)$$

Diese Felder erfüllen, wie Sommerfeld gezeigt hat, in Strenge die Maxwellschen Gleichungen; sie stellen also einen physikalisch möglichen Typ von fortschreitenden Zylinder-Raumwellen dar.

Sämtliche Feldkomponenten nehmen im umgekehrten Verhältnis des Entfernungsquadrates ab. Wir sprechen diese Erscheinung als Merkmal des vorliegenden Wellentypes an. Im Vergleich mit den normalen Hertzschen Wellen des frei schwingenden, allseitig strahlenden Erregers ist demnach die Abnahme verschärft; wir werden hierdurch zu dem Schlusse geführt, daß die Abnahme der Feldkomponenten der Welle Q_1 nur zum Teil der räumlichen Ausbreitung zuzuschreiben ist; zum andern Teil dagegen findet sie ihre Erklärung in dem Energieabfluß, welcher zur Speisung der Oberflächenwellen P und zur Deckung der Wärmeleistung benötigt wird.

256. Vergleich zwischen Oberflächenwellen und Raumwellen. Das Verhältnis zwischen Oberflächenwellen und Raumwellen wird durch die angegebenen Formeln in Strenge nur innerhalb der Fernzone gegeben. Das resultierende Feld schildern die Abb. 338 und 339 im Vergleich zum Felde eines Abrahamschen Erregers (Abb. 340).

Abgesehen von der radialen Dämpfung der Oberflächenwellen nehmen diese mit $\frac{1}{\sqrt{\varrho}}$, die Raumwellen dagegen mit $\frac{1}{\varrho^2}$ ab. Solange die Dämpfung daher nicht abnorm groß wird, überwiegen die Oberflächenwellen die Raumwellen.

Mit wachsender Entfernung ϱ überwiegt aber der Einfluß der Radialdämpfung, da die Exponentialfunktion stärker abnimmt als alle Potenzen. Daher tritt die Oberflächenwelle mehr und mehr zurück, bis schließlich bei sehr großen Entfernungen die Raumwelle vorherrschend wird.

Will man das Verhältnis beider Wellenkomponenten in der Nahzone kennenlernen, so hat man Reihenentwicklungen anzuwenden. Die erforderlichen Rechnungen hat Sommerfeld[1]) ausgeführt. Er findet, daß dort die Oberflächenwelle die Raumwelle stark übertrifft, daß aber der Überschuß des Oberflächeneffektes gegen den Raumwelleneffekt ein ausgeprägtes Maximum besitzt. Für die Größe der Entfernung, welche die beschriebenen Zonen voneinander trennt, ist aber nicht ϱ selbst,

[1]) a. a. O. S. 711.

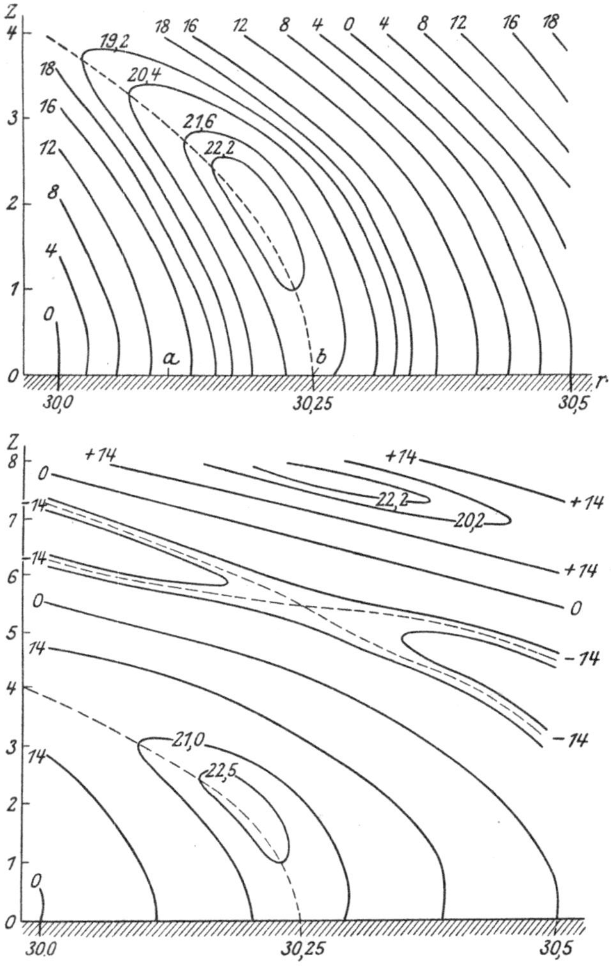

Abb. 338 u. 339. Resultierendes Feld der Dipolstrahlung über halbleitendem Erdreich.

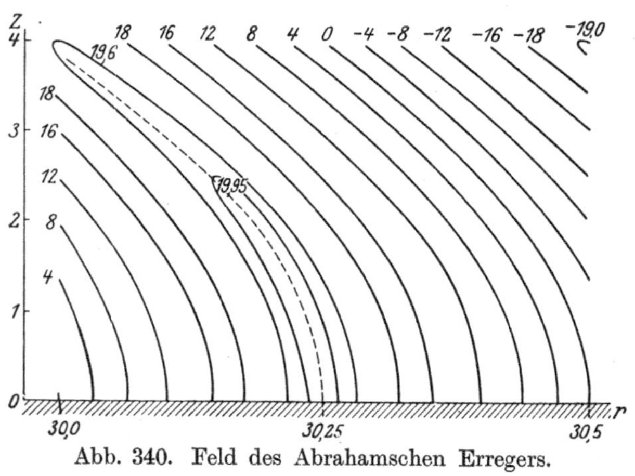

Abb. 340. Feld des Abrahamschen Erregers.

sondern der Wert

$$\varrho_n = \varrho \cdot \left| \frac{\varepsilon_1^2}{\bar{\varepsilon}_2^2} \cdot \frac{\left(\frac{\omega}{a_1}\right)^2 - \left(\frac{\omega}{\bar{a}_2}\right)^2}{\left(\frac{\omega}{a_1}\right)^2} \cdot \left(\frac{\omega}{a_1}\right) \cdot \frac{1}{2} \right|$$

entscheidend, wobei ϱ_n die „numerische Entfernung" genannt wird.

Aus der angegebenen Formel folgt die Abhängigkeit der numerischen Entfernung und damit der Güte der Wellenübertragung von der Frequenz. In dem Ausdruck

$$\bar{\varepsilon}_2 = \varepsilon_2 + \frac{\varkappa_2}{j\,\omega}$$

ist meist $\frac{\varkappa_2}{\omega} \gg \varepsilon_2$, d. h. der Leitungsstrom im Erdreich übertrifft den Verschiebungsstrom beträchtlich. Kann man ihn völlig vernachlässigen, so wird

$$\varrho_n = \sim \varrho \cdot \frac{\omega^2}{2\,a_1} \frac{\varepsilon_1^2}{\varkappa_2^2} \cdot \left| \frac{\left(\frac{\omega}{a_1}\right)^2 - \left(\frac{\omega}{\bar{a}_2}\right)^2}{\left(\frac{\omega}{a_1}\right)^2} \right| .$$

Mit steigender Betriebsfrequenz wächst also die numerische Entfernung unter sonst gleichen Umständen quadratisch an. Soll bei gegebener Leistung eine bestimmte „Reichweite" erzielt werden, so ist die Betriebsfrequenz möglichst niedrig zu wählen. Dieses einfache Ergebnis wird allerdings durch Ionisationsvorgänge der Atmosphäre aufs schärfste beeinflußt: insbesondere bei Nacht ergibt die Verwendung hoher Betriebsfrequenz zuweilen weit größere Reichweiten (vgl. hierzu Nr. 262, 263, 271).

Strahlung längs der Erdkugel.

257. Einführung rotationssymmetrischer Koordinaten. Wir behandeln die allseitig symmetrische Strahlung eines auf der Erdoberfläche befindlichen Dipoles. Das Feld wird durch krummlinige Koordinaten u, v, w beschrieben, als deren eine wir den Längenwinkel $w = \varphi$ einer durch die Symmetrieachse der Strahlung gelegten Meridianhalbebene wählen. Wir legen in die Symmetrieachse die z-Achse eines rechtwinkligen Koordinatensystems, dessen xz-Ebene mit $\varphi = 0$ zusammenfällt. Dann gelten die Beziehungen

$$x = \varrho \cos\varphi; \qquad y = \varrho \sin\varphi; \qquad z = z\,(u, v)\,, \tag{1}$$

wo ϱ den Aufpunktsabstand von der Symmetrieachse bedeutet. Es wird demnach

$$W = \sqrt{\left(\frac{\partial x}{\partial \varphi}\right)^2 + \left(\frac{\partial y}{\partial \varphi}\right)^2 + \left(\frac{\partial z}{\partial \varphi}\right)^2} = \sqrt{\varrho^2 \sin^2\varphi + \varrho^2 \cos^2\varphi + 0} = \varrho\,.$$

Indem dies in die Feldgleichungen (5), (6), Nr. 215, eingeführt und alle Ableitungen nach w gestrichen werden, entstehen die beiden voneinander unabhängigen Teilsysteme

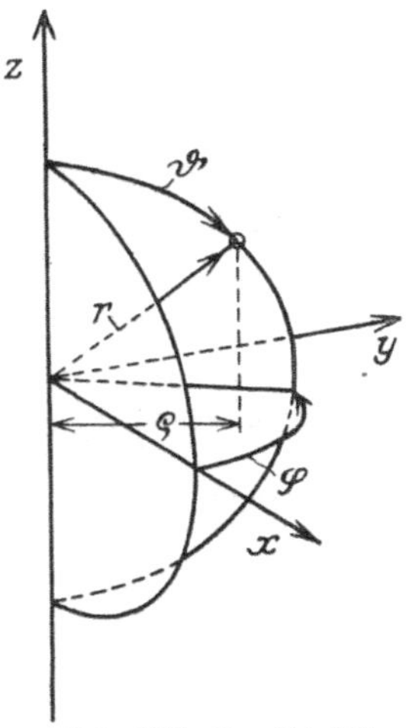

$$\left.\begin{aligned}
\varepsilon\frac{\partial\mathfrak{E}_\varphi}{\partial t}+\varkappa\,\mathfrak{E}_\varphi &= \frac{1}{UV}\left[\frac{\partial(\mathfrak{H}_v\cdot V)}{\partial u}-\frac{\partial(\mathfrak{H}_u\cdot U)}{\partial v}\right],\\
-\frac{\partial\mathfrak{H}_u}{\partial t}\cdot\mu\cdot 10^{-8} &= \frac{1}{\varrho V}\,\frac{\partial(\mathfrak{E}_\varphi\cdot\varrho)}{\partial v},\\
-\frac{\partial\mathfrak{H}_v}{\partial t}\cdot\mu\cdot 10^{-8} &= -\frac{1}{\varrho U}\,\frac{\partial(\mathfrak{E}_\varphi\cdot\varrho)}{\partial u}
\end{aligned}\right\}\quad(2)$$

und

$$\left.\begin{aligned}
\varepsilon\frac{\partial\mathfrak{E}_u}{\partial t}+\varkappa\,\mathfrak{E}_u &= \frac{1}{\varrho V}\cdot\frac{\partial(\mathfrak{H}_\varphi\cdot\varrho)}{\partial v},\\
\varepsilon\frac{\partial\mathfrak{E}_v}{\partial t}+\varkappa\,\mathfrak{E}_v &= -\frac{1}{\varrho U}\cdot\frac{\partial(\mathfrak{H}_\varphi\cdot\varrho)}{\partial u},\\
-\frac{\partial\mathfrak{H}_\varphi}{\partial t}\cdot\mu\cdot 10^{-8} &= \frac{1}{UV}\cdot\left[\frac{\partial(\mathfrak{E}_v\cdot V)}{\partial u}-\frac{\partial(\mathfrak{E}_u\cdot U)}{\partial v}\right].
\end{aligned}\right\}\quad(3)$$

Abb. 341. Zur Einführung der Kugelkoordinaten.

Die Gl. (3) erfüllen die in Nr. 235 aufgestellte Forderung $\mathfrak{H}_z = 0$; auf sie müssen wir uns fortan stützen.

Indem wir nun auf Kugelkoordinaten nach Abb. 341 spezialisieren, ist nach Nr. 236

$$U = 1; \qquad V = r; \qquad W = r\sin\vartheta = \varrho\,,$$

so daß die Gl. (3) die Form annehmen

$$\left.\begin{aligned}
\varepsilon\frac{\partial\mathfrak{E}_r}{\partial t}+\varkappa\,\mathfrak{E}_r &= \frac{1}{r\sin\vartheta}\cdot\frac{1}{r}\cdot\frac{\partial(\mathfrak{H}_\varphi\cdot r\cdot\sin\vartheta)}{\partial\vartheta} = \frac{1}{r\sin\vartheta}\,\frac{\partial(\mathfrak{H}_\varphi\cdot\sin\vartheta)}{\partial\vartheta},\\
\varepsilon\frac{\partial\mathfrak{E}_\vartheta}{\partial t}+\varkappa\,\mathfrak{E}_\vartheta &= -\frac{1}{r\sin\vartheta}\cdot\frac{\partial(\mathfrak{H}_\varphi\cdot r\cdot\sin\vartheta)}{\partial r} = -\frac{1}{r}\,\frac{\partial(\mathfrak{H}_\varphi\cdot r)}{\partial r},\\
-\frac{\partial\mathfrak{H}_\varphi}{\partial t}\cdot\mu\cdot 10^{-8} &= \frac{1}{r}\left[\frac{\partial(\mathfrak{E}_\vartheta\cdot r)}{\partial r}-\frac{\partial\mathfrak{E}_r}{\partial\vartheta}\right].
\end{aligned}\right\}\quad(3\,\mathrm{a})$$

Wir behandeln einfach harmonische Schwingungen

$$\mathfrak{E}_r = \Re e\left(\overline{\mathfrak{E}}_r\cdot e^{j\omega t}\right);\qquad \mathfrak{E}_\vartheta = \Re e\left(\overline{\mathfrak{E}}_\vartheta\cdot e^{j\omega t}\right);\qquad \mathfrak{H}_\varphi = \Re e\left(\overline{\mathfrak{H}}_\varphi\cdot e^{j\omega t}\right).\quad(4)$$

Gemäß (3a) gelten für die komplexen Feldstärken die Gleichungen

$$\left.\begin{aligned}
(\varepsilon j\omega+\varkappa)\,\overline{\mathfrak{E}}_r &= \bar{\varepsilon} j\omega\,\overline{\mathfrak{E}}_r = \frac{1}{r\sin\vartheta}\cdot\frac{\partial\left(\overline{\mathfrak{H}}_\varphi\sin\vartheta\right)}{\partial\vartheta},\\
(\varepsilon j\omega+\varkappa)\,\overline{\mathfrak{E}}_\vartheta &= \bar{\varepsilon} j\omega\,\overline{\mathfrak{E}}_\vartheta = -\frac{1}{r}\cdot\frac{\partial\left(\overline{\mathfrak{H}}_\varphi\cdot r\right)}{\partial r},\\
-\overline{\mathfrak{H}}_\varphi\,\mu j\omega\,10^{-8} &= \frac{1}{r}\left[\frac{\partial\left(\overline{\mathfrak{E}}_\vartheta\cdot r\right)}{\partial r}-\frac{\partial\overline{\mathfrak{E}}_r}{\partial\vartheta}\right].
\end{aligned}\right\}\quad(3\,\mathrm{b})$$

Wegen des Verschwindens der radialen magnetischen Feldkomponente tritt durch die Flächen $r =$ konst. kein magnetischer Verschiebungsstrom. Auf diesen ist daher das elektrische Feld aus einem eindeutigen Skalarpotentiale $\overline{\psi}$ ableitbar:

$$\overline{\mathfrak{E}}_\vartheta = -\frac{1}{r}\frac{\partial \overline{\psi}}{\partial \vartheta}. \tag{5}$$

Dieses Potential ist seinerseits eine Funktion von r, was wir durch den Ansatz zum Ausdruck bringen

$$\overline{\psi} = -\frac{\partial(r\overline{\Pi})}{\partial r}. \tag{6}$$

Indem wir die Hertzsche Funktion in (5) einführen, wird

$$\overline{\mathfrak{E}}_\vartheta = \frac{1}{r}\frac{\partial^2(r\overline{\Pi})}{\partial r\,\partial\vartheta} \tag{5a}$$

und also vermöge der ersten beiden Gleichungen des Systems (3b)

$$\overline{\mathfrak{H}}_\varphi = -\overline{\varepsilon} j\omega\frac{\partial\overline{\Pi}}{\partial\vartheta}; \qquad \overline{\mathfrak{E}}_r = -\frac{1}{r\sin\vartheta}\cdot\frac{\partial\left(\frac{\partial\overline{\Pi}}{\partial\vartheta}\sin\vartheta\right)}{\partial\vartheta}. \tag{7}$$

Aus der letzten Gleichung des Systemes (3b) folgt also die Differentialgleichung der Hertzschen Funktion

$$\overline{\varepsilon} j\omega\cdot\mu j\omega 10^{-8}\cdot\frac{\partial\overline{\Pi}}{\partial\vartheta} = \frac{1}{r}\left[\frac{\partial^3(r\overline{\Pi})}{\partial r^2\cdot\partial\vartheta} + \frac{\partial}{\partial\vartheta}\left(\frac{1}{r\sin\vartheta}\cdot\frac{\partial\left(\frac{\partial\overline{\Pi}}{\partial\vartheta}\cos\vartheta\right)}{\partial\vartheta}\right)\right] \tag{8}$$

oder

$$\frac{\omega^2}{\overline{a}^2}\overline{\Pi} = -\frac{1}{r}\left[\frac{\partial^2 r\overline{\Pi}}{\partial r^2} + \frac{1}{r\sin\vartheta}\cdot\frac{\partial\left(\frac{\partial\overline{\Pi}}{\partial\vartheta}\sin\vartheta\right)}{\partial\vartheta}\right]; \qquad \overline{a}^2 = \frac{1}{\overline{\varepsilon}\mu\cdot 10^{-8}}. \tag{8a}$$

Sie stimmt mit der Differentialgleichung der in Nr. 236 benutzten ebenen Hertzschen Funktion überein.

258. Grenzbedingungen an der vollkommen leitenden Kugel. Die Werte der Hertzschen Funktion an der Erdoberfläche sind durch die dort herrschenden Grenzbedingungen in ihrer Struktur bestimmt. Eine exakte Erfassung dieser Verhältnisse mit ihrer ungleichmäßigen Verteilung von Land und Meer ist nicht möglich; wir vereinfachen daher die Aufgabe, indem wir die Erdoberfläche durch einen vollkommenen Leiter ($\varkappa = \infty$) ersetzen, eine Annahme, welche wenigstens für die vom Meer bedeckten Teile der Erdoberfläche näherungsweise zutrifft. Indessen müssen wir einschränkend hinzufügen, daß mit dieser Annahme durch flächenhaft verteilte Oberflächenströme das Erdinnere gegen den Außenraum elektrodynamisch vollkommen abgeschirmt wird. Die Annahme einer vollkommen leitenden Erdoberfläche zieht demnach den Ausschluß jeder Fernwirkung durch das Erdinnere nach sich und verweist den Sitz der Energieübertragung in das Dieletrikum des Außenraumes. Mit Benutzung der optischen Analogie (Nr. 244) läßt sich hiernach das Problem der Dipolstrahlung längs der Erdkugel als eine Beugungsaufgabe längs einer undurchsichtigen Kugel auffassen.

Längs des vollkommenen Leiters bricht das elektrische Feld zusammen. Ist R der Radius der Erdkugel, so gilt demnach als analytische Grenzbedingung der Erdoberfläche

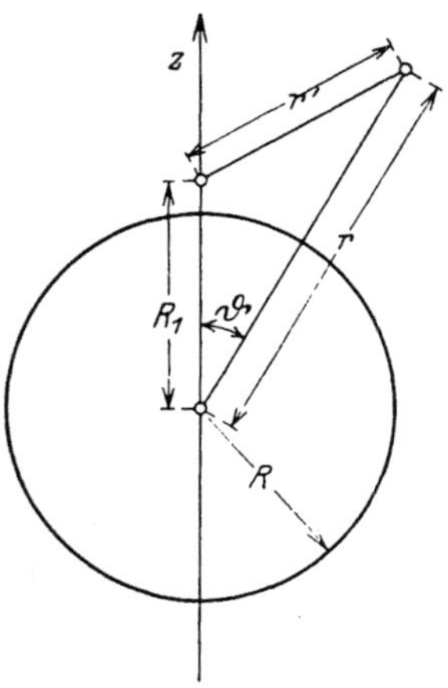

Abb. 342. Zur Formulierung des Dipolfeldes.

$$(\mathfrak{E}_\vartheta)_{r=R} = 0 \tag{9}$$

oder vermöge (5a)

$$\left(\frac{\partial^2 (r \overline{\Pi})}{\partial r\, \partial \vartheta}\right)_{r=R} = 0\,. \tag{9a}$$

Wir setzen eine durch einen Dipol erregte Strahlung voraus, welcher sich in der Entfernung $R_1 > R$ vom Mittelpunkte auf der Achse $\vartheta = 0°$ befinden möge. In der Umgebung des Dipols ist die Fläche $r = R_1$ merklich eben. Für das Dipolfeld können wir daher die in Nr. 237, Gl. (14) entwickelte Funktion einführen, welche in komplexer Schreibweise lautet

$$\overline{\Pi}_1 = A \cdot \frac{e^{-j\frac{\omega}{\bar{a}} r'}}{r'} = \frac{e^{-j\frac{\omega}{\bar{a}} r'}}{r'}, \tag{10}$$

wo nach Abb. 342

$$r'^2 = r^2 + R_1^2 - 2 R_1 r \cos\vartheta$$

gesetzt ist. Die Hertzsche Funktion $\overline{\Pi}_1$ befriedigt, wie man sich leicht überzeugt, die Grenzbedingung (9a) nicht; es ist demnach

$$\overline{\Pi} = \overline{\Pi}_1 + \overline{\Pi}_2 \tag{11}$$

anzusetzen, wo die Sekundärstrahlung $\overline{\Pi}_2$ durch die Anwesenheit der Erdoberfläche verursacht ist.

Die Struktur der Sekundärstrahlung ist durch Gl. (8a) bestimmt. Zur Lösung dieser partiellen Differentialgleichung setzen wir

$$\overline{\Pi}_2 = \overline{\Pi}_r \cdot \overline{\Pi}_\vartheta\,, \tag{12}$$

wo $\overline{\Pi}_r$ allein von r, $\overline{\Pi}_\vartheta$ allein von ϑ abhängen möge. Mit Hinzufügung einer Konstanten $n(n+1)$ spaltet sich sodann (8a) in die beiden totalen

Differentialgleichungen

$$\frac{d^2(r\overline{\Pi}_r)}{d\,r^2} + \left[\frac{\omega^2}{\overline{a}^2} - \frac{n(n+1)}{r^2}\right](r\overline{\Pi}_r) = 0\,, \tag{13}$$

$$\frac{1}{\sin\vartheta}\,\frac{d\left(\frac{d\overline{\Pi}_\vartheta}{d\vartheta}\sin\vartheta\right)}{d\vartheta} + n(n+1)\,\overline{\Pi}_\vartheta = 0\,. \tag{14}$$

Nun ist

$$n(n+1) \equiv \left(n+\frac{1}{2}\right)^2 - \frac{1}{4} = \frac{4\left(n+\frac{1}{2}\right)^2 - 1}{4}\,,$$

so daß Gl. (13) die Form annimmt

$$\frac{d^2(r\overline{\Pi}_r)}{dr^2} + \left[\frac{\omega^2}{\overline{a}^2} - \frac{4\left(n+\frac{1}{2}\right)^2 - 1}{4}\right](r\overline{\Pi}_r) = 0\,. \tag{13a}$$

Diese mit der Besselschen verwandte Differentialgleichung wird durch die Funktion

$$r\overline{\Pi}_r = \sqrt{r}\cdot Z_{n+\frac{1}{2}}\left(\frac{\omega}{\overline{a}}\cdot r\right) \tag{13b}$$

gelöst[1]), wo Z eine zunächst beliebige Zylinderfunktion der Ordnung $n+\frac{1}{2}$ bedeutet. Hier fordert die Bedingung eines im Unendlichen verschwindenden Feldes die Wahl der Hankelschen Funktion zweiter Art, so daß mit Hinzufügung willkürlicher Faktoren

$$r\overline{\Pi}_r = \left(\frac{\pi\,\frac{\omega}{\overline{a}}\cdot r}{2}\right)^{\frac{1}{2}}\cdot H^{(2)}_{n+\frac{1}{2}}\left(\frac{\omega}{\overline{a}}\cdot r\right) \equiv \zeta_n\left(\frac{\omega}{\overline{a}}\cdot r\right) \tag{13c}$$

wird.

Zur Lösung der Gl. (14) substituieren wir

$$\cos\vartheta = \mu\,; \qquad \sin\vartheta\, d\vartheta = d\,\mu$$

und erhalten die Differentialgleichung

$$\frac{d\left(\frac{d\,\overline{\Pi}_\mu}{d\,\mu}(1-\mu^2)\right)}{d\,\mu} + n(n+1)\,\overline{\Pi}_\mu = 0\,, \tag{14a}$$

welche die Kugelfunktionen $n$ter Ordnung definiert[2]).

$$\overline{\Pi}_\mu = P_n(\mu) \equiv P_n(\cos\vartheta)\,. \tag{14b}$$

---

[1]) Jahnke-Emde: Funktionentafeln, S. 166.

[2]) Jahnke-Emde: Funktionentafeln, S. 81.

Mit Hinzufügung eines willkürlichen Faktors erhalten wir also aus (13c) und (14b) gemäß (12) die Partikularlösung

$$\overline{\Pi} = a_n \cdot \frac{1}{r} \cdot \zeta_n\left(\frac{\omega}{\bar{a}} \cdot r\right) \cdot P_n(\cos\vartheta)\,. \tag{15}$$

Wegen der Linearität der Wellengleichung können wir die Sekundärerregung aus einer unendlichen Reihe von Teilerregungen der Form (15) aufbauen

$$\overline{\Pi}_2 = \sum_{n=0}^{\infty} a_n \cdot \frac{\zeta_n\left(\frac{\omega}{\bar{a}} \cdot r\right)}{r} \cdot P_n(\cos\vartheta)\,. \tag{15a}$$

Um hiermit die Primärerregung (10) zusammenzufügen, ist es zweckmäßig, auch diese in Form einer Kugelfunktionenreihe zu schreiben. Dies geschieht mittels der Identitäten

$$\left.\begin{aligned} \overline{\Pi}_1 &= A \cdot \frac{e^{-j\frac{\omega}{\bar{a}} r'}}{r'} \equiv A \cdot \sum_{n=0}^{\infty} \cdot b_n \cdot \frac{\zeta_n\left(\frac{\omega}{\bar{a}}\, r\right)}{r} P_n(\cos\vartheta) \\ b_n &= -2j\left(n + \frac{1}{2}\right) \frac{\psi_n\left(\frac{\omega}{\bar{a}} \cdot R_1\right)}{\frac{\omega}{\bar{a}} \cdot R_1} \end{aligned}\right\} r > R_1\,, \tag{16}$$

$$\left.\begin{aligned} \overline{\Pi}_1 &= A \cdot \frac{e^{-j\frac{\omega}{\bar{a}} r'}}{r'} \equiv A \cdot \sum_{n=0}^{\infty} \cdot c_n \cdot \frac{\psi_n\left(\frac{\omega}{\bar{a}}\, r\right)}{r} P_n(\cos\vartheta) \\ c_n &= -2j\left(n + \frac{1}{2}\right) \frac{\zeta_n\left(\frac{\omega}{\bar{a}} \cdot R_1\right)}{\frac{\omega}{\bar{a}} \cdot R_1} \end{aligned}\right\} r < R_1\,, \tag{16a}$$

wo die Funktion ψ_n durch Einsetzen von Z in (13b) als Besselsche Funktion analog (13c) definiert ist

$$\psi_n\left(\frac{\omega}{\bar{a}}\, r\right) = \left(\frac{\pi \frac{\omega}{\bar{a}}\, r}{2}\right)^{\frac{1}{2}} \cdot J_{n+\frac{1}{2}}\left(\frac{\omega}{\bar{a}}\, r\right). \tag{13d}$$

Durch Zusammenfassung von (15a) mit (16a) folgt

$$\overline{\Pi} = \sum_{n=0}^{\infty} \left[a_n \cdot \frac{\zeta_n\left(\frac{\omega}{\bar{a}}\, r\right)}{r} + A \cdot c_n \cdot \frac{\psi_n\left(\frac{\omega}{\bar{a}}\, r\right)}{r}\right] P_n(\cos\vartheta)\,; \qquad r < R_1\,. \tag{17}$$

Der Grenzbedingung (9a) wird hiernach durch die Festsetzung

$$a_n \cdot \frac{d}{d\,r}\left(\zeta_n\left(\frac{\omega}{\bar{a}}\,r\right)\right)_{r=R} + A \cdot c_n \cdot \frac{d}{d\,r}\left(\psi_n\left(\frac{\omega}{\bar{a}}\,r\right)\right)_{r=R} = 0 \qquad (18)$$

genügt, woher sich der Koeffizient a_n zu

$$a_n = -A \cdot c_n \cdot \frac{\psi_n'\left(\frac{\omega}{\bar{a}} \cdot R\right)}{\zeta_n'\left(\frac{\omega}{\bar{a}} \cdot R\right)} \qquad (18\text{a})$$

bestimmt. Hiermit erhalten wir die Hertzsche Funktion des Außenraumes mit Rücksicht auf (16) und (15a)

$$\bar{\Pi} = A \cdot \sum_{n=0}^{\infty}\left[b_n - c_n \cdot \frac{\psi_n'\left(\frac{\omega}{\bar{a}} \cdot R\right)}{\zeta_n'\left(\frac{\omega}{\bar{a}} \cdot R\right)}\right] \cdot \frac{\zeta_n\left(\frac{\omega}{\bar{a}}\,r\right)}{r}\, P_n(\cos\vartheta) \qquad (19)$$

oder, indem wir die Koeffizienten b_n und c_n aus (16) und (16a) entnehmen und zur Grenze $R_1 \to R$ (Dipol auf der Erdoberfläche) übergehen

$$\bar{\Pi} = -\frac{2A}{\frac{\omega}{\bar{a}} \cdot R \cdot r} \cdot \sum_{n=0}^{\infty}\left(n+\frac{1}{2}\right) j \cdot \frac{\psi_n\left(\frac{\omega}{\bar{a}}R\right) \cdot \zeta_n'\left(\frac{\omega}{\bar{a}}R\right) - \psi_n'\left(\frac{\omega}{\bar{a}}R\right) \cdot \zeta_n\left(\frac{\omega}{\bar{a}}R\right)}{\zeta_n'\left(\frac{\omega}{\bar{a}}R\right)} \cdot \zeta_n\left(\frac{\omega}{\bar{a}}R\right) \cdot P_n(\cos\vartheta)\,. \qquad (19\text{a})$$

Nun ist unter Benutzung bekannter Eigenschaften[1]) der Zylinderfunktionen

$$j\left[\psi_n\left(\frac{\omega}{\bar{a}}\,R\right) \cdot \zeta_n'\left(\frac{\omega}{\bar{a}}\,R\right) - \psi_n'\left(\frac{\omega}{\bar{a}}\,R\right) \cdot \zeta_n\left(\frac{\omega}{\bar{a}}\,R\right)\right] = 1\,,$$

so daß die Hertzsche Funktion die Gestalt annimmt

$$\bar{\Pi} = -\frac{2A}{\frac{\omega}{\bar{a}}\,R \cdot r} \cdot \sum_{n=0}^{\infty}\left(n + \frac{1}{2}\right) \cdot \frac{\zeta_n\left(\frac{\omega}{\bar{a}}\,r\right)}{\zeta_n'\left(\frac{\omega}{\bar{a}}\,R\right)} \cdot P_n(\cos\vartheta)\,. \qquad (19\text{b})$$

Für das Folgende ist es bequem, diese Reihe in ein Integral umzuformen; dies geschieht mit Hilfe des Residuensatzes (Nr. 165) durch die Identität

$$\bar{\Pi} = -\frac{A}{j\frac{\omega}{\bar{a}}\,R \cdot r} \cdot \int_{\mathfrak{C}} \frac{\zeta_{t-\frac{1}{2}}\left(\frac{\omega}{\bar{a}}\,r\right)}{\zeta_{t-\frac{1}{2}}'\left(\frac{\omega}{\bar{a}}\,R\right)} \cdot P_{t-\frac{1}{2}}(-\cos\vartheta)\,\frac{t\,dt}{\cos\pi t}\,, \qquad (19\text{c})$$

---

[1]) Jahnke-Emde: Funktionentafeln, S. 165, Nr. 10 und 11.

wie man leicht durch Ausrechnung verifiziert. Als Integrationsweg $\mathfrak{C}$ ist hierbei eine die positiv-reelle Achse umschlingende Kontur zu wählen.

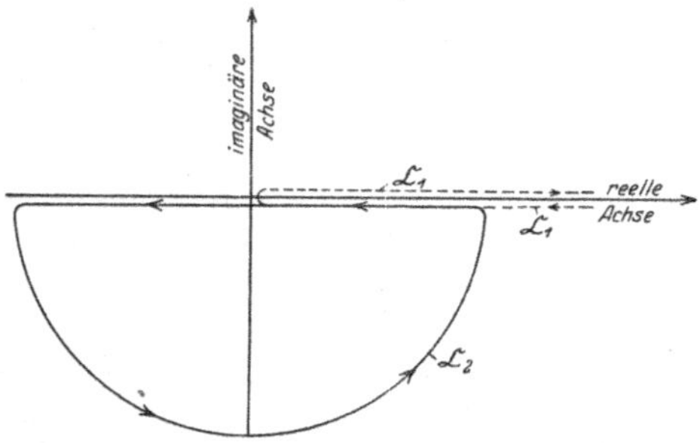

Abb. 343. Erläuterung zu Gl. (19c).

Mit Benutzung der Relation

$$\zeta_{-t-\frac{1}{2}} = e^{-t\pi j}\zeta_{t-\frac{1}{2}}$$ [1])

und der Beziehung

$$P_{-t-\frac{1}{2}}(\cos\vartheta) = P_{t-\frac{1}{2}}(\cos\vartheta)$$

wird offenbar der Integrand in (19c) eine ungerade Funktion von t; daher kann das Integral durch das Konturintegral nach Abb. 343 ersetzt werden, welches die negative Halbebene umschlingt. Nun ist für große Werte von n [2])

$$P_n(\cos\vartheta) = \sqrt{\frac{2}{n\cdot\pi\cdot\sin\vartheta}}\cdot\sin\left[\left(n+\frac{1}{2}\right)\vartheta+\frac{\pi}{4}\right],$$

also

$$\frac{P_{t-\frac{1}{2}}(-\cos\vartheta)}{\cos\pi t} = \sqrt{\frac{2}{(t-\frac{1}{2})\cdot\pi\cdot\sin\vartheta}}\cdot\frac{\sin\left[t(\pi-\vartheta)+\frac{\pi}{4}\right]}{\cos\pi t}$$

$$= \infty\sqrt{\frac{2}{t\cdot\pi\cdot\sin\vartheta}}\cdot e^{-j\left(t\vartheta+\frac{\pi}{4}\right)},$$

so daß durch Einsetzen in (19c)

$$\overline{\Pi} = -\frac{A}{j\frac{\omega}{a}R\cdot r}\cdot e^{-j\frac{\pi}{4}}\cdot\sqrt{\frac{2}{\pi\sin\vartheta}}\cdot\int_{\mathfrak{L}}\frac{\zeta_{t-\frac{1}{2}}\left(\frac{\omega}{a}r\right)}{\zeta'_{t-\frac{1}{2}}\left(\frac{\omega}{a}R\right)}\cdot\frac{e^{-tj\vartheta}}{\sqrt{t}}\cdot t\,dt \qquad (19\text{d})$$

entsteht.

259. Die Wellenausbreitung in der Umgebung des Dipols. Der Charakter der Wellenausbreitung längs der Erdkugel ist durch die Eigenschaften des in (19d) eingehenden Konturintegrales bestimmt.

Wir spezialisieren auf das Feld an der Erdoberfläche ($r = R$) und setzen eine leitungsfreie Atmosphäre (a reell) voraus. Hiermit nimmt (19d) die Form an

$$\overline{\Pi} = -\frac{A}{j\frac{\omega}{a}R^2}\cdot e^{-j\frac{\pi}{4}}\sqrt{\frac{2}{\pi\sin\vartheta}}\cdot\int_{\mathfrak{L}}\frac{\zeta_{t-\frac{1}{2}}\left(\frac{\omega}{a}R\right)}{\zeta'_{t-\frac{1}{2}}\left(\frac{\omega}{a}R\right)}\cdot e^{-jt\vartheta}\sqrt{t}\,dt. \qquad (19\text{e})$$

[1]) Jahnke-Emde: Funktionentafeln, S. 95.
[2]) Jahnke-Emde: Funktionentafeln, S. 81.

In Umkehrung der im vorigen Abschnitt vorgenommenen Umformung werten wir dieses Integral durch Berechnung der von der Kontur umfaßten Singularitäten aus. Hierzu benutzen wir die für große Werte $\frac{\omega}{a} R$ gültigen asymptotischen Ausdrücke

$$\left.\begin{aligned} \zeta_{t-\frac{1}{2}}\left(\frac{\omega}{a} R\right) &= \frac{j}{(\sin\tau)^{\frac{1}{2}}} \cos\left\{\frac{\pi}{4} + \frac{\omega}{a} R (\sin\tau - \tau\cos\tau)\right\}, \\ \zeta'_{t-\frac{1}{2}}\left(\frac{\omega}{a} R\right) &= j\,(\sin\tau)^{\frac{1}{2}} \sin\left\{\frac{\pi}{4} + \frac{\omega}{a} R (\sin\tau - \tau\cos\tau)\right\} \\ \text{mit} \quad \cos\tau = \frac{t}{\frac{\omega}{a} R}; \quad & \sin\tau = \sqrt{1 - \frac{t^2}{\frac{\omega^2}{a^2} R^2}} = \frac{a}{\omega}\sqrt{\frac{\omega^2}{a^2} - \frac{t^2}{R^2}}. \end{aligned}\right\} \tag{20}$$

Für nicht zu große Entfernungen des Aufpunktes vom Erregungszentrum finden wir eine hinreichende Näherung durch den Grenzübergang $R \to \infty$. Hierfür folgt aus (20)

$$\lim_{R\to\infty} \frac{\zeta_{t-\frac{1}{2}}\left(\frac{\omega}{a} R\right)}{\zeta'_{t-\frac{1}{2}}\left(\frac{\omega}{a} R\right)} = \lim_{R\to\infty} \frac{1}{\sin\tau} \operatorname{ctg}\left\{\frac{\pi}{4} + \frac{\omega}{a} R (\sin\tau - \tau\cos\tau)\right\}$$

und mit Rücksicht auf Abb. 343

$$\lim_{R\to\infty} \frac{\zeta_{t-\frac{1}{2}}\left(\frac{\omega}{a} R\right)}{\zeta'_{t-\frac{1}{2}}\left(\frac{\omega}{a} R\right)} = \frac{-j}{\sin\tau} = \frac{\frac{\omega}{a} R}{\sqrt{t^2 - \frac{\omega^2}{a^2} R^2}}. \tag{20a}$$

Die Hertzsche Funktion lautet also nach (19e)

$$\begin{aligned} \overline{\Pi} &= -\frac{A}{j\frac{\omega}{a} R^2} \cdot e^{-j\frac{\pi}{4}} \cdot \sqrt{\frac{2}{\pi\sin\vartheta}} \cdot \int_{\cup} \frac{\frac{\omega}{a} R}{\sqrt{t^2 - \frac{\omega^2}{a^2} R^2}} \cdot \frac{1}{\sqrt{t}} \cdot e^{-jt\vartheta}\, t\, dt \\ &= -\frac{A}{jR} \cdot e^{-j\frac{\pi}{4}} \cdot \sqrt{\frac{2}{\pi\sin\vartheta}} \cdot \int_{\cup} \frac{\sqrt{t}}{\sqrt{t^2 - \frac{\omega^2}{a^2} R^2}} \cdot e^{-jt\vartheta} \cdot dt. \end{aligned} \tag{21}$$

Der Integrand ist in der ganzen unteren Halbebene mit Ausnahme des Punktes

$$t_1 = -\frac{\omega}{a} R$$

regulär, in welchem sich die Funktion verzweigt. Wir führen von ihm aus einen Verzweigungsschnitt parallel der negativ imaginären Halbachse und ziehen den Integrationsweg auf die Ufer dieses Schnittes

$$\int_{\cup} \frac{\sqrt{t}\,dt}{\sqrt{t^2 - \frac{\omega^2}{a^2} R^2}} e^{-jt\vartheta} = 2 \int_{t=t_1}^{-j\infty} \frac{\sqrt{t}\,dt}{\sqrt{t^2 - t_1^2}} e^{-jt\vartheta}. \tag{21a}$$

Wir substituieren die Variable

$$T = t - t_1; \qquad dT = dt$$

und erhalten aus (21a)

$$\left.\begin{aligned} 2\int_{t=t_1}^{-j\infty} \frac{\sqrt{t}\,dt}{\sqrt{t^2 - t_1^2}} \cdot e^{-jt\vartheta} &= 2\int_{T=0}^{-j\infty} \frac{\sqrt{T + t_1}}{\sqrt{T + 2t_1}} \cdot \frac{dT}{\sqrt{T}} \cdot e^{-j(T+t_1)\vartheta} \\ &= \frac{2}{\sqrt{2}} \cdot e^{-jt_1\vartheta} \cdot \int_{T=0}^{-j\infty} \frac{\sqrt{\frac{T}{t_1} + 1}}{\sqrt{\frac{T}{2t_1} + 1}} \frac{dT}{\sqrt{T}} \cdot e^{-jT\vartheta}. \end{aligned}\right\} \tag{22}$$

Zu diesem Integral liefern offenbar die in der Umgebung von $T = 0$ gelegenen Wegelemente den überwiegenden Beitrag. Es ist demnach näherungsweise

$$\frac{2}{\sqrt{2}} \cdot e^{-jt_1\vartheta} \cdot \int_{T=0}^{-j\infty} \frac{\sqrt{\frac{T}{t_1} + 1}}{\sqrt{\frac{T}{2t_1} + 1}} \frac{dT}{\sqrt{T}} \cdot e^{-jT\vartheta} = \infty \frac{2}{\sqrt{2}} \cdot e^{-jt_1\vartheta} \cdot \int_{T=0}^{-j\infty} \frac{dT}{\sqrt{T}} \cdot e^{-jT\vartheta}. \tag{22a}$$

Nun gilt[1])

$$\int_{T=0}^{-j\infty} \frac{dT}{\sqrt{T}} \cdot e^{-jT\vartheta} = \frac{1}{\sqrt{+j}} \frac{1}{\sqrt{\vartheta}} \int_{+j\vartheta T=0}^{\infty} \frac{d(+j\vartheta T)}{\sqrt{+j\vartheta T}} \cdot e^{-jT\vartheta} = \frac{1}{\sqrt{-j}} \frac{1}{\sqrt{\vartheta}} \cdot \Pi\left(-\frac{1}{2}\right) = \frac{1}{\sqrt{-j}} \frac{1}{\sqrt{\vartheta}} \sqrt{\pi}.$$

Indem wir dies in (22a) einsetzen, wird

$$\overline{\Pi} = + \frac{2A}{R} \cdot \frac{1}{\sqrt{\vartheta \sin\vartheta}} \cdot e^{-j\frac{\omega}{a} R\vartheta}. \tag{22b}$$

---

[1]) Jahnke-Emde: Funktionentafeln S. 27 u. 28.

In der Schreibweise

$$\overline{\Pi} = 2A \cdot \frac{1}{\sqrt{R\vartheta}} \cdot \frac{1}{\sqrt{R\sin\vartheta}}\, e^{-j\frac{\omega}{a}R\vartheta} \tag{22c}$$

ist

$$d = R\vartheta$$

der Abstand des Aufpunktes vom Dipol,

$$\varrho = R\sin\vartheta$$

der Radius des durch den Aufpunkt hindurchgehenden Breitenkreises. Daher gestattet (22c) einen bequemen Vergleich mit dem Ergebnis der Sommerfeldschen Lösung: In der mit $\sqrt{\varrho}$ proportionalen Abnahme der Feldamplitude erkennen wir das Ausbreitungsgesetz der Oberflächenwellen wieder, deren Energiestromdichte umgekehrt proportional der Peripherie des durchströmten Kreisflächengebietes abnimmt. Hierzu gesellt sich eine mit $\sqrt{d}$ proportionale Amplitudenabnahme, welche sich jedoch erst in größerer Entfernung vom Dipol auswirkt und daher in dem Gültigkeitsbereich der abgeleiteten Formel von untergeordneter Bedeutung ist.

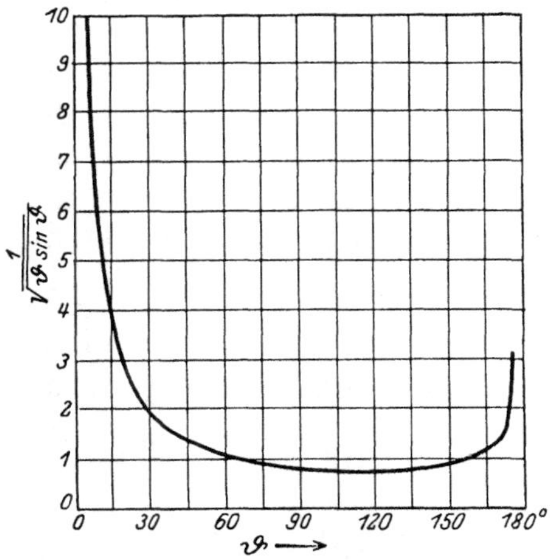

Abb. 344. Abnahme der Amplitude in mäßiger Entfernung vom Dipol.

Zur Veranschaulichung der Gl. (22b) ist in Abb. 344 die Funktion

$$f(\vartheta) = \frac{1}{\sqrt{\vartheta \sin\vartheta}}$$

gezeichnet, welche allerdings, wie ausdrücklich wiederholt sei, nur für mäßige Winkel das Gesetz der Amplitudenabnahme richtig wiedergibt.

260. Die Wellenausbreitung in großer Entfernung des Dipols[1]**.** Sobald die Entfernung zwischen Aufpunkt und Dipol von der Größenordnung eines Erdquadranten wird, versagt die im vorigen Abschnitt gegebene Darstellung, weil dann die Erdoberfläche auch nicht annähernd als krümmungsfrei gelten kann. Hier sind daher die Funktionen (20) anmittelbar auszuwerten.

Die Singularitäten der Funktion $\frac{\zeta_{t-\frac{1}{2}}}{\zeta'_{t-\frac{1}{2}}}$ sind durch die Nullstellen des Nenners gegeben. Da innerhalb der in Abb. 343 gezeichneten Kontur

[1]) Dieser Abschnitt kann bei der ersten Lektüre übergangen werden.

der Faktor $\sin\tau$ regulär ist, sind diese Nullstellen mit den Wurzeln der Gleichung

$$\sin\left\{\frac{\pi}{4} + \frac{\omega}{a} R(\sin\tau - \tau\cos\tau)\right\} = 0 \tag{23}$$

also

$$\frac{\pi}{4} + \frac{\omega}{a} R(\sin\tau - \tau\cos\tau) = k\pi; \qquad k = 0, 1, 2, \ldots$$

identisch. Ihre Zahlenwerte ergeben sich nach O. Laporte zu

$$\left.\begin{aligned} t_k &= \frac{\omega}{a} R + \varrho_k \cdot \left(\frac{\omega}{a} R\right)^{\frac{1}{3}} e^{-\frac{\pi j}{3}}; \\ \varrho_k &= \frac{1}{2}\left(\frac{3\pi}{4}\right)^{\frac{2}{3}} (4k+1)^{\frac{1}{2}}; \end{aligned}\right\} \quad k = 0, 1, 2, \ldots$$

also

$$\left.\begin{aligned} \varrho_0 &= 0{,}81\,, \\ \varrho_1 &= 2{,}57\,, \\ \varrho_2 &= 3{,}83\,. \\ \vdots\ & \quad \vdots \end{aligned}\right\} \tag{23 b}$$

Nun ist nach Nr. 165 das Residuum

$$\mathfrak{Res}\left(\frac{\zeta_{t-\frac{1}{2}}}{\zeta'_{t-\frac{1}{2}}}\right) = \left(\frac{\zeta_{t-\frac{1}{2}}}{\zeta''_{t-\frac{1}{2}}}\right)_{t=t_k}. \tag{24}$$

Da mit Rücksicht auf (20) und (23)

$$\begin{aligned} (\zeta''_{t-\frac{1}{2}})_{t=t_k} &= \left[j(\sin\tau)^{\frac{1}{2}} \cdot \cos\left\{\frac{\pi}{4} + \frac{\omega}{a} R(\sin\tau - \tau\cos\tau)\right\}(\cos\tau + \tau\sin\tau - \cos\tau)\cdot\frac{\omega}{a}R\cdot\left(\frac{d\tau}{dt}\right)\right]_{t=t_k} \\ &= \left[j(\sin\tau)^{\frac{1}{2}} \cdot \cos\left\{\frac{\pi}{4} + \frac{\omega}{a} R(\sin\tau - \tau\cos\tau)\right\}\tau\sin\tau\,\frac{\omega}{a}R\cdot\left(-\frac{1}{\frac{\omega}{a}R}\cdot\frac{1}{\sin\tau}\right)\right]_{t=t_k} \\ &= \left[j(\sin\tau)^{\frac{1}{2}} \cdot \cos\left\{\frac{\pi}{4} + \frac{\omega}{a} R(\sin\tau - \tau\cos\tau)\right\}\tau\right]_{t=t_k}, \end{aligned}$$

so wird aus (24)

$$\mathfrak{Res}\left(\frac{\zeta_{t-\frac{1}{2}}}{\zeta'_{t-\frac{1}{2}}}\right)_{t=t_k} = -\left(\frac{1}{\tau\sin\tau}\right)_{t=t_k} \tag{24 a}$$

und, da wegen (23a)

$$\tau = \backsim \sin\tau; \qquad t_k = \sim \frac{\omega}{a} R$$

gilt.

$$\left.\begin{aligned} \mathfrak{Res}\left(\frac{\zeta_{t-\frac{1}{2}}}{\zeta'_{t-\frac{1}{2}}}\right)_{t=t_k} &= -\left(\frac{1}{\sin^2\tau}\right)_{t=t_k} = \frac{\frac{\omega^2}{a^2}R^2}{t_k^2 - \frac{\omega^2}{a^2}R^2} = \sim \frac{\frac{\omega}{a}R}{2\left(t_k - \frac{\omega}{a}R\right)} \\ &= \frac{1}{2\varrho_k}\cdot\left(\frac{\omega}{a}R\right)^{\frac{2}{3}} e^{+\frac{\pi j}{3}}. \end{aligned}\right\} \tag{24 b}$$

Aus (19e) entsteht somit

$$\left.\begin{aligned}\overline{\Pi} &= -\frac{A}{j\frac{\omega}{a}R^2}\cdot e^{-j\frac{\pi}{4}}\sqrt{\frac{2}{\pi\sin\vartheta}}\cdot 2\pi j\sum_{k=0}^{\infty}\mathfrak{Res}\left(\frac{\zeta_{t-\frac{1}{2}}}{\zeta'_{t-\frac{1}{2}}}\right)_{t=t_k}\cdot e^{-jt_k\vartheta}\sqrt{t_k}\\ &= -\frac{A}{R}\sqrt{\frac{2\pi}{\frac{\omega}{a}R}}\,e^{-j\left(\frac{\pi}{4}-\frac{\omega}{a}R\vartheta\right)}\cdot\left(\frac{\omega}{a}R\right)^{\frac{2}{3}}\cdot\frac{1}{\sqrt{\sin\vartheta}}\,e^{\frac{\pi j}{3}}\cdot\sum_{k=0}^{\infty}\frac{1}{\varrho_k}\,e^{-j\varrho_k\left(\frac{\omega}{a}R\right)^{\frac{1}{3}}\cdot e^{-\frac{\pi j}{3}}\cdot\vartheta}\end{aligned}\right\}\quad(25)$$

Bei Beschränkung auf das erste Reihenglied ist

$$\overline{\Pi} = -\frac{A}{R}\sqrt{\frac{2\pi}{\frac{\omega}{a}R}}\cdot e^{-j\left(\frac{\pi}{4}-\frac{\omega}{a}R\vartheta\right)}\cdot\left(\frac{\omega}{a}R\right)^{\frac{2}{3}}e^{\frac{\pi j}{3}}\cdot\frac{1}{\sqrt{\sin\vartheta}}\cdot\frac{1}{\varrho_0}\,e^{-j\varrho_0\left(\frac{\omega}{a}R\right)^{\frac{1}{3}}\cdot e^{-\frac{\pi j}{3}}\cdot\vartheta},\quad(25\text{a})$$

und die Amplitude besitzt den Wert

$$\left.\begin{aligned}\Pi_{\max} &= \frac{A}{R}\sqrt{\frac{2\pi}{\frac{\omega}{a}R}}\cdot\left(\frac{\omega}{a}R\right)^{\frac{2}{3}}\cdot\frac{1}{\varrho_0}\cdot\frac{1}{\sqrt{\sin\vartheta}}\,e^{-j\varrho_0\left(\frac{\omega}{a}R\right)^{\frac{1}{3}}\cdot j\sin\left(-\frac{\pi}{3}\right)\cdot\vartheta}\\ &= \frac{A}{R}\sqrt{\frac{2\pi}{\frac{\omega}{a}R}}\cdot\left(\frac{\omega}{a}R\right)^{\frac{2}{3}}\cdot\frac{1}{\varrho_0}\cdot\frac{1}{\sqrt{\sin\vartheta}}\,e^{-\varrho_0\left(\frac{\omega}{a}R\right)^{\frac{1}{3}}\cdot\frac{1}{2}\sqrt{3}\cdot\vartheta}.\end{aligned}\right\}\quad(25\text{b})$$

Um das Gesetz der Amplitudenabnahme zu übersehen, vergleichen wir die Werte der Hertzschen Funktion in zwei Aufpunkten ϑ_1 und $\vartheta_2 > \vartheta_1$. Aus (25b) ergibt sich

$$\frac{\Pi_{\max\vartheta_2}}{\Pi_{\max\vartheta_1}} = \sqrt{\frac{\sin\vartheta_1}{\sin\vartheta_2}}\cdot e^{-\varrho_0\left(\frac{\omega}{a}R\right)^{\frac{1}{3}}\cdot\frac{1}{2}\sqrt{3}\cdot(\vartheta_2-\vartheta_1)}.\quad(25\text{c})$$

Im Vergleich mit (22b) erkennen wir also als Krümmungseffekt den Exponentialfaktor $e^{-\varrho_0\left(\frac{\omega}{a}R\right)^{\frac{1}{3}}\cdot\frac{1}{2}\sqrt{3}\cdot(\vartheta_2-\vartheta_1)}$, welcher der Zerstreuung der Strahlungsenergie in den Raum Rechnung trägt.

261. Numerische Rechnungen und Vergleich mit der Erfahrung. Indem wir in (25c) zur Wellenlänge übergehen, entsteht

$$\frac{\Pi_{\max\vartheta_2}}{\Pi_{\max\vartheta_1}} = \sqrt{\frac{\sin\vartheta_1}{\sin\vartheta_2}}\,e^{-\varrho_0\cdot(2\pi)^{\frac{1}{3}}\cdot\left(\frac{R}{\lambda}\right)^{\frac{1}{3}}\cdot\frac{1}{2}\sqrt{3}(\vartheta_2-\vartheta_1)}.$$

Führen wir für den Erdradius seinen in Kilometern gemessenen Zahlenwert

$$R = 6370\ \text{km}$$

ein und berücksichtigen (23b), so folgt

$$\left.\begin{aligned}\frac{\Pi_{\max\vartheta_2}}{\Pi_{\max\vartheta_1}} &= \sqrt{\frac{\sin\vartheta_1}{\sin\vartheta_2}}\cdot e^{-0{,}81\cdot(2\pi)^{\frac{1}{3}}\cdot(6370)^{\frac{1}{3}}\cdot\frac{1}{2}\sqrt{3}\cdot\frac{1}{\lambda^{\frac{1}{3}}}(\vartheta_2-\vartheta_1)}\\ &= \sqrt{\frac{\sin\vartheta_1}{\sin\vartheta_2}}\cdot e^{-23{,}9\cdot\frac{1}{\lambda^{\frac{1}{3}}}(\vartheta_2-\vartheta_1)}.\end{aligned}\right\}\quad(25\text{d})$$

Dieser Formel steht eine empirische Formel gegenüber, welche von Austin und Cohen als Interpolation zahlreicher Meßwerte[1]) in der Form

$$\frac{\Pi_{\max \vartheta_2}}{\Pi_{\max \vartheta_1}} = \frac{\vartheta_1}{\vartheta_2} \cdot e^{-\frac{0{,}0015 \cdot 6370}{\sqrt{\lambda}}(\vartheta_2 - \vartheta_1)} = \frac{\vartheta_1}{\vartheta_2} \cdot e^{-9{,}5 \cdot \frac{1}{\sqrt{\lambda}}(\vartheta_2 - \vartheta_1)} \tag{26}$$

gefunden wurde. Die Formeln (25d) und (26) unterscheiden sich namentlich im Exponentialglied, welches, abgesehen von dem numerischen Faktor, nach der theoretischen Rechnung proportional $\frac{1}{\sqrt[3]{\lambda}}$, dagegen nach der empirischen proportional $\frac{1}{\sqrt{\lambda}}$ abnimmt.

Setzen wir insbesondere $\lambda = 5$ km, so wird nach der Theorie die Amplitudenabnahme proportional $e^{-23{,}9(\vartheta_2 - \vartheta_1) \cdot \frac{1}{1{,}7}}$, dagegen nach dem Experiment $e^{-9{,}5(\vartheta_2 - \vartheta_1) \cdot \frac{1}{2{,}23}}$; für die Wellenausbreitung über einen halben Erdquadranten hin $\left(\vartheta_2 - \vartheta_1 = \frac{\pi}{4}\right)$ stehen demnach die Amplitudenabnahmen in dem Verhältnis

$$\frac{e^{-9{,}5 \cdot \frac{\pi}{4} \cdot \frac{1}{2{,}23}}}{e^{-23{,}9 \cdot \frac{\pi}{4} \cdot \frac{1}{1{,}7}}} = \frac{e^{-3{,}35}}{e^{-11}} = \frac{\frac{1}{29}}{\frac{1}{600\,000}}.$$

Die theoretische Formel behauptet hiernach also für den durchgerechneten Fall eine mehr als 10 000 mal so starke Abnahme der Feldamplitude, als sie der Beobachtung entspricht. Wir sind demnach zu dem Schlusse genötigt, daß die Form des berechneten Feldes mit dem wirklichen Felde auch nicht annähernd übereinstimmt.

262. Wirkung der Ionisation der Atmosphäre. Die Unstimmigkeit zwischen Theorie und Erfahrung weist auf einen Fehler in den Voraussetzungen, welche der Rechnung zugrunde liegen: die Atmosphäre darf nicht als homogenes Dielektrikum behandelt werden.

Eine geringfügige Inhomogenität entsteht als Folge der mit wachsender Entfernung vom Erdboden abnehmenden Dichte der Luft: Mit der Dichte sinkt die Dielektrizitätskonstante. Indessen vermag dieser Effekt die in Rede stehende Unstimmigkeit nicht zu beheben.

Weit stärkere Effekte rufen die Inhomogenitäten hervor, welche durch die Ionisation atmosphärischer Luft entstehen. Diese wird durch die im Sonnenspektrum enthaltenen ultravioletten Strahlen bewirkt (Nr. 105). In den untersten Schichten der Atmosphäre arbeitet ihr, durch die ungeordnete Bewegung der Gasmoleküle unterstützt, eine

[1]) Jahrbuch d. drahtlosen Telegraphie Bd. 5, S. 75. 1912.

starke Molisierung entgegen; daher findet man hier nur während des Tages eine merkliche Ionisierung; die besonders starke Schwankung der übertragbaren Signalstärken zu Zeiten des Sonnenaufganges und -unterganges findet hierdurch ihre Erklärung.

Demgegenüber ist in den höchsten Schichten der Atmosphäre die Ionisation nicht nur an sich viel intensiver, weil die Sonnenstrahlen praktisch ungeschwächt hingelangen, sondern infolge der viel kleineren Gasdichte ist die Molisierung sehr klein. Es erscheint daher denkbar, daß dort auch zur Nachtzeit eine merklich ionisierte Schicht bestehen bleibt, welche als sog. Heaviside-Schicht die Erde umhüllt (Nr. 246).

Die Wirkung dieser ionisierten Teile der Atmosphäre auf den Mechanismus der Strahlung ist stark von der Betriebsfrequenz abhängig.

Für hinreichend niedrige Frequenzen (große Wellenlängen) kann die Geschwindigkeit der Ionen der Feldstärke proportional gesetzt werden (Nr. 102, Ionenstöße): Der Konvektionsstrom der bewegten Ionen kann durch eine scheinbare Leitfähigkeit der Atmosphäre qualitativ erfaßt werden. Diese wirkt daher als unvollkommene Heaviside-Schicht (Nr. 246), welche den Strahlungsraum nach außen abgrenzt und die Wellen in eine der Erdoberfläche benachbarte Zone lenkt. Diese Erscheinung vermag die Zerstreuung der Energie teilweise zu kompensieren. Es ist hiermit im Einklang, daß die Austin-Cohensche Formel die Tagesausbreitung langer Wellen gut wiedergibt, während die Nachtwerte durch die theoretische Formel besser angenähert werden.

Für mäßig hohe Frequenzen ($\lambda = 100 \div 30$ m) ist die Zerstreuung in den Raum so groß, daß bei Tage eine Energieübermittlung mit diesen Wellen nur ausnahmsweise durchführbar ist. In gleicher Weise gilt dies bei Nacht für die Oberflächenwellen. Dagegen vermögen die Raumwellenanteile bei Nacht nahezu ungeschwächt bis zur Heaviside-Schicht vorzudringen.

Die dort befindlichen Ionen bewegen sich einerseits wegen ihrer großen, freien Weglänge, andererseits wegen der hohen Frequenz der beschleunigenden Feldkräfte in überwiegender Zahl, ohne mit benachbarten Partikeln zusammenzustoßen. Für ihre Bewegung gilt daher das Momentangesetz [Nr. 101, Gl. (1)]

$$m \frac{d\mathfrak{v}}{dt} = q \cdot \mathfrak{E} \cdot 10^7 . \tag{27}$$

Insbesondere wird für periodische Felder

$$\mathfrak{E} = \mathfrak{E}_{\max} \cdot \cos \omega t = \Re e\left(\overline{\mathfrak{E}}_{\max} \cdot e^{j\omega t}\right) \cdot 10^7$$

der (komplexe) Ionenkonvektionsstrom

$$q \bar{\mathfrak{v}} = \frac{q^2}{m} \overline{\mathfrak{E}} \cdot \frac{1}{j\omega} \cdot 10^7 . \tag{27 a}$$

Der durch $\mathfrak{E}$ getriebene Verschiebungsstrom besitzt die Dichte

$$\frac{\partial \overline{\mathfrak{D}}}{\partial t} = j\,\omega\,\overline{\mathfrak{D}} = j\,\omega\,\varepsilon\,\overline{\mathfrak{E}}\,. \tag{28}$$

Sind n Ionen pro Volumeinheit vorhanden, so wird also die wahre Stromdichte

$$\mathfrak{c} = \frac{\partial \mathfrak{D}}{\partial t} + n \cdot q\,\bar{\mathfrak{v}} = j\,\omega\,\varepsilon\,\overline{\mathfrak{E}} + \frac{n\,q^2}{m}\,\overline{\mathfrak{E}} \cdot \frac{1}{j\,\omega} = j\,\omega\,\varepsilon\,\overline{\mathfrak{E}}\left(1 - \frac{n\,q^2}{\varepsilon\,m} \cdot \frac{1}{\omega^2} \cdot 10^7\right). \tag{29}$$

Wir erkennen, daß durch die Bewegung der Ionen die Dielektrizitätskonstante eine scheinbare Minderung auf

$$\varepsilon' = \varepsilon\left(1 - \frac{n\,q^2}{\varepsilon\,m} \cdot \frac{1}{\omega^2} \cdot 10^7\right) \tag{30}$$

erfährt, welche also von der Frequenz abhängig ist; ähnliche Erscheinungen sind aus der Ionentheorie der Dispersion optischer Medien bekannt.

Gemäß der beschriebenen Entstehung der Ionisation haben wir anzunehmen, daß n mit zunehmender Höhe wächst; das gleiche gilt daher für die Wellenfortpflanzungsgeschwindigkeit

$$a = \frac{1}{\sqrt{\varepsilon\,\mu_0}} = \frac{3 \cdot 10^{10}}{\sqrt{1 - \frac{n\,q^2}{\varepsilon_0\,m} \cdot \frac{1}{\omega^2} \cdot 10^7}} = \sim 3 \cdot 10^{10}\left(1 + \frac{1}{2}\,\frac{n\,q^2}{\varepsilon_0\,m} \cdot \frac{1}{\omega^2} \cdot 10^7\right). \tag{31}$$

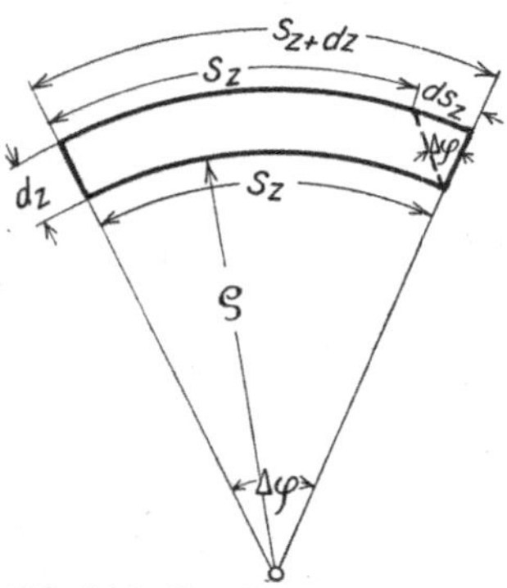

Abb. 345. Zur Ermittlung der Bahnkrümmung.

Um die Wirkung dieser veränderlichen Fortpflanzungsgeschwindigkeit zu übersehen, denke man sich ein (Abb. 345) unendlich schmales Wellenelement dz aus der Wellenfront ausgeschnitten. Der in der Höhe z fortschreitende Strahl legt in der Zeiteinheit die Strecke

$$s_z = a_z\,, \tag{32}$$

der in $z + dz$ fortschreitende Strahl die Strecke

$$s_{z+dz} = a_{z+dz} \tag{32 a}$$

zurück. Das Wellenelement hat sich daher um den Winkel

$$\Delta\varphi = \frac{s_{z+dz} - s_z}{dz} = \frac{da}{dz} \tag{33}$$

gedreht. Die Bahn eines Strahles wird demgemäß infolge der variablen Fortpflanzungsgeschwindigkeit gekrümmt, wobei ihr Krümmungshalbmesser ϱ sich aus

$$\frac{1}{\varrho} = \frac{\Delta\varphi}{a} = \frac{\frac{da}{dz}}{a} = \frac{d \ln a}{dz} \tag{33 a}$$

berechnet. Damit diese Strahlen am Empfangsorte hinreichende Intensität besitzen, darf ϱ höchstens die Größe des Erdradius erreichen. Durch Einsetzen von (31) in (33a) findet man als Bedingung hierfür

$$\frac{1}{2}\frac{q^2}{\varepsilon_0 m}\cdot\frac{1}{\omega^2}\frac{dn}{dz}\cdot 10^7 = \frac{1}{R}. \tag{33b}$$

Mit den Zahlenwerten

$$\varepsilon_0 = \frac{1}{4\pi\cdot 9\cdot 10^{11}}; \quad q = 1{,}56\cdot 10^{-19}\ \text{Coulomb};$$

$$\frac{q}{m} = 96530\ (\text{Wasserstoffion!}); \quad R = 6{,}37\cdot 10^8\,\text{cm}$$

folgt

$$\frac{dn}{dz} = \frac{2\cdot 10^{-7}\cdot\omega^2}{4\pi\cdot 9\cdot 10^{11}\cdot 1{,}56\cdot 10^{-19}\cdot 96530\cdot 6{,}37\cdot 10^8} = 1{,}65\cdot 10^{-14}\,\omega^2.$$

Für eine Betriebsfrequenz von beispielsweise

$$\omega = 2\pi\cdot 10^7; \quad \lambda = 30\,\text{m}$$

wird

$$\frac{dn}{dz} = 1{,}65\cdot 10^{-14}\cdot 4\pi^2\cdot 10^{14} = 65\ \text{Ionen/cm}^3/\text{cm}.$$

Diese Zahl ist mit sonstigen Ansichten über den Zustand der Atmosphäre verträglich, wenngleich über die Verteilung dieser Ionisierung noch sehr wenig bekannt ist.

Wird endlich die Betriebsfrequenz noch erheblich höher gewählt, so ist gemäß (33b) eine außerordentlich viel kräftigere Ionisierung erforderlich, wie sie nur unter der Einwirkung intensiver Sonnenbestrahlung stattfindet: Extrem kurze Wellen (unter etwa 30 m Wellenlänge) können als gekrümmte Raumwellen nur bei Tage große Entfernungen überwinden. Über die zur jeweiligen Tageszeit günstigsten Wellenlängen können zunächst nur Versuche Auskunft geben, welche zur Zeit im Gange sind.

263. Wirkung des Erdmagnetfeldes. In Gl. (27) ist als Ursache der Ionenbewegung allein die elektromechanische Kraft in Rechnung gestellt (Nr. 76). Sobald indes die Ionenbewegung eine Komponente senkrecht zur Richtung des Erdmagnetfeldes besitzt, wird das Ion einer zusätzlichen magnetomechanischen Kraft unterworfen. Wir erkennen ihre Wirkung am reinsten, indem wir die Richtung des primär beschleunigenden elektrischen Feldes senkrecht zum Erdfeld voraussetzen; denn in diesem Falle muß das Ion sich — abgesehen von einer etwaigen gleichförmigen Translation — in einer Ebene normal zum Erdfelde bewegen.

Bei verschwindendem elektrischen Felde zwingt die stets senkrecht zur Bewegung gerichtete magnetomechanische Kraft das Ion auf eine Kreisbahn, deren Umlaufssinn durch Feldrichtung und Vorzeichen der Ladung festliegt. Sei ω die Winkelgeschwindigkeit des Ions, r der Bahnhalbmesser, so wird im Feld der Intensität $\mathfrak{B}$ der magnetomechanischen Kraft (Nr. 77)

$$\mathfrak{K}_m = \tfrac{1}{10}\,|q|\,\mathfrak{B}\cdot v = \tfrac{1}{10}\,|q|\,\mathfrak{B}\cdot r\,\omega \tag{34}$$

durch die Zentrifugalkraft

$$\mathfrak{K} = m\,r\,\omega^2\,, \tag{35}$$

das Gleichgewicht gehalten

$$\tfrac{1}{10}\,|q|\,\mathfrak{B}\,r\,\omega = m\,r\,\omega^2\,. \tag{36}$$

Hieraus folgt die Kreisfrequenz der stationären freien Bewegung

$$\omega_f = \frac{1}{10}\,\frac{|q|}{m}\,\mathfrak{B}\,. \tag{37}$$

Setzen wir als mittlere Erdfeldintensität $\mathfrak{B} = \frac{1}{2}$ Maxwell/cm², so folgt beispielsweise für das Elektron

$$\omega_f = \tfrac{1}{10}\cdot 1{,}77\cdot 10^8\cdot\tfrac{1}{2} = 0{,}885\cdot 10^7$$

entsprechend

$$\mathfrak{f} = \frac{1}{2\pi}\cdot\omega_f = 1{,}4\cdot 10^6/\text{sec}\,;\quad \lambda = \frac{3\cdot 10^{10}}{f} = 2{,}14\cdot 10^4\,\text{cm} = 214\,\text{m Wellenlänge}\,;$$

dagegen erhält man für das Wasserstoffion

$$\mathfrak{f} = \frac{1}{2\pi}\cdot 0{,}9653\cdot 10^5\cdot\frac{1}{2} = 765/\text{sec}\,,$$

eine weit unterhalb der gebräuchlichen Betriebsfrequenzen liegende Zahl.

Um die zusätzliche Wirkung des elektrischen Wechselfeldes

$$\mathfrak{E} = \mathfrak{E}_{\max}\cdot\cos\omega\,t$$

zu erkennen, spalten wir es mittels der Identität

$$\mathfrak{E} = \mathfrak{E}_{\max}\cdot\cos\omega\,t \equiv \mathfrak{E}_{\max}\cdot\Re e\,\frac{e^{j(\omega t-\varphi)} + e^{j(\omega t+\varphi)}}{2} = \mathfrak{E}' + \mathfrak{E}''\,, \tag{38}$$

wo φ den Winkel gegen die Richtung des Wechselfeldes bedeutet, in zwei entgegengesetzt umlaufende Drehfelder; sie sollen im folgenden entsprechend ihrem Drehsinn mit oder gegen den Drehsinn der freien Schwingung (37) als mitlaufendes und gegenlaufendes Feld gekennzeichnet werden. Im stationären Zustande muß die elektromechanische Kraft der magnetomechanischen gleichgerichtet sein. Daher erhalten wir Bewegung im Sinne der freien Schwingung

$$m\,r\,\omega^2 = \tfrac{1}{10}\,|q|\,\mathfrak{B}\,r\,\omega + \mathfrak{E}' = \tfrac{1}{10}\,|q|\,\mathfrak{B}\,r\,\omega + \tfrac{1}{2}\,\mathfrak{E}_{\max}\,|q|\cdot 10^7 \tag{39a}$$

und für gegenläufige Bewegung

$$m\,r\,\omega^2 = -\tfrac{1}{10}\,|q|\,\mathfrak{B}\,r\,\omega + \mathfrak{E}'' = -\tfrac{1}{10}\,|q|\,\mathfrak{B}\,r\,\omega + \tfrac{1}{2}\,\mathfrak{E}_{\max}\,|q|\cdot 10^7. \tag{39b}$$

Hier ist die Umlaufsfrequenz durch die Umlaufsgeschwindigkeit der Drehfelder (38) erzwungen, das Magnetfeld vermag nur noch den Bahnradius, daher die Bahngeschwindigkeit, zu beeinflussen. Aus (39a, b) folgt

$$r\,\omega = \frac{\frac{1}{2}\,\mathfrak{E}_{\max}\,|q|\,10^7}{m\,\omega - \frac{1}{10}\,|q|\,\mathfrak{B}} = \frac{\frac{1}{2}\,\mathfrak{E}_{\max}\cdot 10^7\cdot\left|\frac{q}{m}\right|}{\omega - \omega_f} \quad \text{für das mitlaufende Feld,} \tag{40a}$$

$$r\,\omega = \frac{\frac{1}{2}\,\mathfrak{E}_{\max}\,|q|\,10^7}{m\,\omega + \frac{1}{10}\,|q|\,\mathfrak{B}} = \frac{\frac{1}{2}\,\mathfrak{E}_{\max}\cdot 10^7\cdot\left|\frac{q}{m}\right|}{\omega + \omega_f} \quad \text{für das gegenlaufende Feld.} \tag{40b}$$

Hierbei ist zu beachten, daß die Ionen gerade dann die Richtung des Wechselfeldes besitzen, wenn die Drehfeldkomponenten auf ihr senkrecht stehen: die Ionengeschwindigkeiten eilen hinter dem erzwingenden Felde zeitlich um 90° nach. Wie im vorigen Abschnitt können wir daher den Konvektionsstrom der Ionenbewegung als eine — für beide Drehfeldrichtungen verschiedene — Änderung der Dielektrizitätskonstanten in Rechnung stellen. Mit den Bezeichnungen der vorigen Nr. 262 entsteht

$$\varepsilon' = \varepsilon_0\left(1 - \frac{n\,q^2}{\varepsilon_0\,m}\cdot\frac{1}{\omega}\cdot\frac{1}{\omega - \omega_f}\cdot 10^7\right) \quad \text{für das mitlaufende Feld,} \tag{41a}$$

$$\varepsilon'' = \varepsilon_0\left(1 - \frac{n\,q^2}{\varepsilon_0\,m}\cdot\frac{1}{\omega}\cdot\frac{1}{\omega + \omega_f}\cdot 10^7\right) \quad \text{für das gegenlaufende Feld.} \tag{41b}$$

Wir verfolgen an Hand dieser Beziehungen die Fortpflanzung einer Welle in Richtung des Erdfeldes: Hier ergibt (41a, b) mit Rücksicht auf (31) eine verschiedene Fortpflanzungsgeschwindigkeit beider Drehfeldkomponenten. Nach Durchlaufen der Wegstrecke x besitzt die mitlaufende Komponente die Größe

$$\mathfrak{E}' = \frac{\mathfrak{E}_{\max}}{2}\,e^{j\left(\omega t - \varphi - \omega\frac{x}{a'}\right)}; \qquad a' = \frac{1}{\sqrt{\varepsilon'\,\mu}}; \tag{42a}$$

die gegenlaufende

$$\mathfrak{E}'' = \frac{\mathfrak{E}_{\max}}{2}\,e^{j\left(\omega t + \varphi - \omega\frac{x}{a''}\right)}; \qquad a'' = \frac{1}{\sqrt{\varepsilon''\,\mu}}. \tag{42b}$$

Das resultierende (Wechsel-) Feld hat sich also gegenüber dem Feld in der Ebene $x = 0$ um den Winkel

$$\psi = \omega\frac{x}{a'} - \omega\frac{x}{a''} = \omega\,x\left(\sqrt{\varepsilon'\mu} - \sqrt{\varepsilon''\mu}\right) \tag{43}$$

gedreht. Um die Bedeutung dieser Beziehung zu erkennen, setzen wir zunächst $\omega \gg \omega_f$ voraus (kurze Wellen!). Ersichtlich werden dann ε' und ε'' nahezu gleich: Die durch (43) ausgesprochene Drehung der Polarisationsebene macht sich erst auf weite Entfernungen bemerkbar.

Sobald sich aber ω dem „kritischen“ Wert ω_f nähert — hierfür kommt, wie oben gezeigt, nur die Freischwingungszahl der Elektronen in Frage —, nimmt ε' stark ab, um bei einer gewissen, durch die Dichte n gegebenen Grenze negativ zu werden. Dementsprechend wird hier die „Fortpflanzungsgeschwindigkeit“ der mitlaufenden Komponente imaginär, die Welle wird aufs stärkste gedämpft. Die physikalische Bedeutung dieses eigenartigen Resonanzeffektes folgt aus (40a): Die Elektronengeschwindigkeit, demgemäß die Bahnradien, wachsen unbegrenzt an. Es ist beachtenswert, daß in der Tat für Wellenlängen von etwa 214 m Länge abnormal starke Dämpfungen beobachtet worden sind.

Setzen wir endlich $\omega \ll \omega_f$ (lange Wellen!), so wird $\varepsilon' > \varepsilon_0$. Dies bedeutet nach Nr. 262 eine Krümmung des entsprechenden Komponentenstrahles von der Erdoberfläche nach außen. Es wird demnach für lange Wellen unter der Wirkung des magnetischen Erdfeldes die Hälfte der in die Atmosphäre gelangenden Energie zerstreut.

Wir betrachten nunmehr die Wellenfortpflanzung senkrecht zum magnetischen Erdfelde, d. h. wesentlich in Ostwestrichtung. Wir zerlegen den elektrischen Feldvektor in eine Komponente parallel zum Erdfeld und eine senkrecht hierzu orientierte. Für die Fortpflanzung der erstgenannten gelten die in Nr. 262 genannten Gesetze. Für die zweite hingegen können die Ergebnisse der Gleichungen (40a, b) verwertet werden.

Der gesamte Ionenstrom gleicht der Summe der vom mitlaufenden und vom gegenlaufenden Feld getriebenen Ionen. Die Dielektrizitätskonstante wird daher auf

$$\left.\begin{aligned} \varepsilon''' &= \varepsilon_0\left(1 - \frac{1}{2}\left\{\frac{n q^2}{\varepsilon_0 m_0}\cdot\frac{1}{\omega}\cdot\frac{1}{\omega - \omega_f} + \frac{n q^2}{\varepsilon_0 m_0}\cdot\frac{1}{\omega}\cdot\frac{1}{\omega + \omega_f}\right\}\cdot 10^7\right) \\ &= \varepsilon_0\left(1 - \frac{n q^2}{\varepsilon_0 m_0}\cdot\frac{1}{\omega^2 - \omega_f^2}\cdot 10^7\right) \end{aligned}\right\} \quad (44)$$

vermindert. Beide Komponenten pflanzen sich also mit verschiedenen Geschwindigkeiten fort: Unter der Wirkung des Erdmagnetfeldes wird die Welle in einen „ordentlichen“ und einen „außerordentlichen“ Strahl aufgespalten, deren Bahnen getrennt verlaufen. Diese magnetische Doppelbrechung kann bei Annäherung an die kritische Frequenz $\omega = \omega_f$ abnormale Bahnkrümmungen hervorrufen.

Man verdankt die in den letzten beiden Abschnitten dargestellte Anwendung der in der physikalischen Optik lange bewährten ionentheoretischen Überlegungen auf das Gebiet der langen Wellen den Forschungen von Larmor, Nichols und Schelleng. Es scheint, daß ihre Ergebnisse geeignet sind, in ihrer Gesamtheit den großen Fragenkomplex der nach Jahreszeit, Sonnenstand und Witterung veränderlichen Ausbreitungsgesetze der elektromagnetischen Wellen aufzuklären; doch soll nicht verschwiegen werden, daß es bis dahin noch zahlreicher Experimentaluntersuchungen bedarf.

b) Antennenstrahlung.

Grundlagen.

264. Der lineare Strahler. Unter einem linearen Strahler verstehen wir einen geraden Draht, welcher zur Übermittlung elektromagnetischer Strahlung in den Raum dient. Es sei $2\,h$ die Länge, R der Halbmesser des Strahldrahtes. Zur Bestimmung des Feldes ersetzen wir ihn durch ein gestrecktes Rotationsellipsoid, dessen große Halbachse gleich h, dessen kleine Halbachse gleich R ist.

Wir behandeln die allseitig symmetrische Strahlung des linearen Strahlers in den leeren Raum. Hierfür vereinfachen sich die allgemeinen Gleichungen der Nr. 257 in

$$\left.\begin{aligned} \varepsilon_0 \cdot \frac{\partial \mathfrak{E}_u}{\partial t} &= \frac{1}{\varrho V} \cdot \frac{\partial(\mathfrak{H}_\varphi \cdot \varrho)}{\partial v}, \\ \varepsilon_0 \cdot \frac{\partial \mathfrak{E}_v}{\partial t} &= -\frac{1}{\varrho U} \cdot \frac{\partial(\mathfrak{H}_\varphi \cdot \varrho)}{\partial u}, \\ -\frac{\partial \mathfrak{H}_\varphi}{\partial t} \cdot \mu_0 \cdot 10^{-8} &= \frac{1}{UV}\left[\frac{\partial(\mathfrak{E}_v \cdot V)}{\partial u} - \frac{\partial(\mathfrak{E}_u \cdot U)}{\partial v}\right]. \end{aligned}\right\} \tag{1}$$

Durch Elimination von E_u, E_v entsteht für das magnetische Feld die partielle Differentialgleichung

$$\frac{\partial^2 \mathfrak{H}_\varphi}{\partial t^2}\mu_0 \cdot 10^{-8} = \frac{1}{UV}\left[\frac{\partial\left(\frac{1}{\varepsilon_0 \varrho} \cdot \frac{V}{U} \cdot \frac{\partial\{\mathfrak{H}_\varphi \varrho\}}{\partial u}\right)}{\partial u} - \frac{\partial\left(\frac{1}{\varepsilon_0 \varrho} \cdot \frac{U}{V} \cdot \frac{\partial(\mathfrak{H}_\varphi \cdot \varrho)}{\partial v}\right)}{\partial v}\right]. \tag{2}$$

Wir führen als Maß des Feldes die magnetische Umlaufsspannung ein

$$M = 2\pi\varrho \cdot \mathfrak{H}_\varphi,$$

wodurch (2) in

$$\frac{\partial^2 M}{\partial t^2} = a^2 \cdot \frac{1}{UV}\left[\varrho \frac{\partial\left(\frac{1}{\varrho}\frac{V}{U}\frac{\partial M}{\partial u}\right)}{\partial u} + \varrho \frac{\partial\left(\frac{1}{\varrho}\frac{U}{V}\frac{\partial M}{\partial v}\right)}{\partial v}\right] \tag{2a}$$

übergeht.

265. Einführung elliptischer Koordinaten. Innerhalb einer Meridianebene seien die rechtwinkligen Koordinaten ϱ und z definiert. Jede Meridianebene schneidet das Ellipsoid in einer Ellipse, deren große Halbachse gleich h, deren kleine Halbachse gleich R ist. Seine Brennpunkte liegen auf der z-Achse im Abstande

$$h' = \sqrt{h^2 - R^2} = \sim h \cdot \left(1 - \frac{1}{2} \cdot \frac{R^2}{h^2}\right). \tag{4}$$

Wir konstruieren (Abb. 346) in der Meridianebene eine Schar konfokaler Ellipsen mit der großen Halbachse u

$$\frac{z^2}{u^2} + \frac{\varrho^2}{u^2 - h'^2} = 1 \tag{5}$$

und eine Schar konfokaler Hyperbeln mit der reellen Halbachse v

$$\frac{z^2}{v^2} - \frac{\varrho^2}{h'^2 - v^2} = 1\,. \tag{6}$$

Durch Auflösung dieser Gleichungen ergibt sich der Schnittpunkt der Ellipse und der Hyperbel

$$z = \frac{u}{\sqrt{h'}} \cdot \frac{v}{\sqrt{h'}}\,; \qquad \varrho = \frac{1}{\sqrt{h'}} \cdot \sqrt{u^2 - h'^2} \cdot \frac{1}{\sqrt{h'}} \cdot \sqrt{h'^2 - v^2}\,, \tag{7}$$

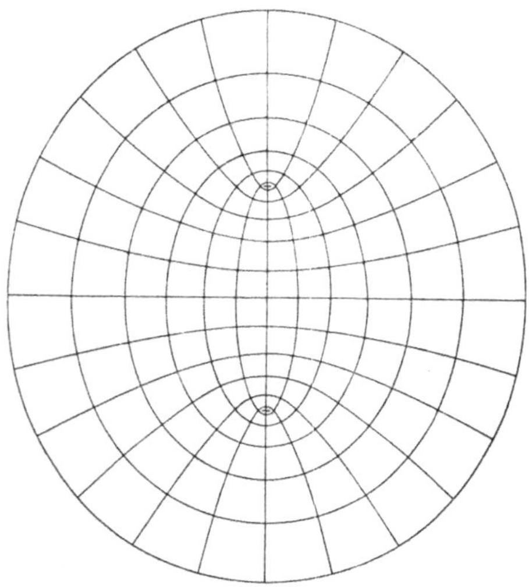

Abb. 346. Eliptische Kolordinaten.

u und v heißen die elliptischen Koordinaten des Punktes (z, ϱ). Insbesondere liefert die Gleichung

$$u = h'$$

das zwischen den Brennpunkten liegende Stück der Symmetrieachse, während

$$v = h$$

das außerhalb der Brennpunkte befindliche Stück ergibt. Der Schnitt des Ellipsoides mit der Meridianebene wird durch den konstanten Wert der Koordinate u

$$u_0 = h = \sim h' \cdot \left(1 + \frac{1}{2}\frac{R^2}{h^2}\right) \tag{8}$$

gegeben. Es ist demnach der Strahlungsraum durch die Ungleichungen definiert

$$|u| \geqq u_0\,; \qquad |v| \leqq h'\,.$$

Wir formen die Differentialgleichung (2a) auf elliptische Koordinaten um. Hierzu berechnen wir aus (7)

$$\left.\begin{aligned} U &= \sqrt{\left(\frac{\partial u}{\partial z}\right)^2 + \left(\frac{\partial u}{\partial \varrho}\right)^2} = +\sqrt{\frac{v^2}{h'^2} + \frac{1}{h'}\frac{u^2}{u^2 - h'^2} \cdot \frac{1}{h'} \cdot (h'^2 - v^2)} = \sqrt{\frac{u^2 - v^2}{u^2 - h'^2}}\,, \\ V &= \sqrt{\left(\frac{\partial v}{\partial z}\right)^2 + \left(\frac{\partial v}{\partial \varrho}\right)^2} = +\sqrt{\frac{u^2}{h'^2} + \frac{1}{h'}\frac{v^2}{h'^2 - v^2} \cdot \frac{1}{h'} \cdot (u^2 - h'^2)} = \sqrt{\frac{u^2 - v^2}{h'^2 - v^2}}\,. \end{aligned}\right\} \tag{10}$$

Durch Einsetzen dieser Werte entsteht aus (2a) mit Rücksicht auf (7)

$$\left.\begin{aligned}\frac{\partial^2 M}{\partial t^2} &= \frac{a^2}{u^2-v^2}\left[\frac{1}{h'}(u^2-h'^2)(h'^2-v^2)\cdot\frac{\partial\left(\frac{h'}{h'^2-v^2}\cdot\frac{\partial M}{\partial u}\right)}{\partial u}\right.\\ &\qquad\left.+\frac{1}{h'}(u^2-h'^2)(h'^2-v^2)\cdot\frac{\partial\left(\frac{h'}{u^2-h'^2}\cdot\frac{\partial M}{\partial v}\right)}{\partial v}\right]\\ &= \frac{a^2}{u^2-v^2}\cdot\left[(u^2-h'^2)\frac{\partial^2 M}{\partial u^2}+(h'^2-v^2)\frac{\partial^2 M}{\partial v^2}\right].\end{aligned}\right\}\quad(11)$$

Wir untersuchen einfach harmonische Schwingungen

$$M = \Re e\left(\overline{M}\, e^{j\omega t}\right), \tag{12}$$

wo ω eine zunächst beliebige komplexe Kreisfrequenz bedeutet. Hiermit schreibt sich (11) in komplexer Form

$$-\frac{\omega^2}{a^2}\overline{M}[(u^2-h'^2)+(h'^2-v^2)] = (u^2-h'^2)\frac{\partial^2\overline{M}}{\partial u^2}+(h'^2-v^2)\frac{\partial^2\overline{M}}{\partial v^2}. \tag{11a}$$

Mit dem Ansatz

$$\overline{M} = \overline{M}_u\cdot\overline{M}_v, \tag{13}$$

wo $\overline{M}_u$ nur von u, $\overline{M}_v$ nur von v abhängt, spaltet sich diese Gleichung mit Hinzufügung einer komplexen Konstanten $\varkappa_u$ in die beiden totalen Differentialgleichungen

$$\frac{d^2\overline{M}_u}{du^2}+\overline{M}_u\left(+\frac{\omega^2}{a^2}+\frac{\varkappa_u}{u^2-h'^2}\right) = 0, \tag{14}$$

$$\frac{d^2\overline{M}_v}{dt^2}+\overline{M}_v\left(\frac{\omega^2}{a^2}-\frac{\varkappa_u}{h'^2-v^2}\right) = 0, \tag{15}$$

womit die Grundgleichungen des linearen Strahlers gewonnen sind.

266. Die Schwingungsvariabeln des linearen Strahlers. Die Funktion M, welche die magnetische Umlaufsspannung längs eines die Symmetrieachse umgebenden Kreises mißt, gibt gemäß der Aussage des Durchflutungsgesetzes gleichzeitig den gesamten wahren Strom an, welcher durch die von dem Kreis umrandete Fläche tritt. Indem wir daher insbesondere diesen Kreis bis auf die Oberfläche des Ellipsoids zusammenziehen, reduziert sich der wahre Strom auf den Leitungsstrom im Strahldrahte:

$$J = (M)_{u=u_0}. \tag{16}$$

Zufolge (9) gibt $-(\mathfrak{E}_u)_{u=u_0}$ die Kraftlinienzahl an, welche auf der Flächeneinheit der Ellipsoidoberfläche aufliegt. Hieraus folgt die Ladung einer Ringfläche der Breite $ds_v = V\,dv$ zu

$$-dQ = \varepsilon_0(\mathfrak{E}_u\cdot 2\pi\varrho\, V\,dv)_{u=u_0}$$

und also nach (1) und (12)

$$-d\frac{\partial Q}{dt} = d(j\,\omega\,\overline{Q}) = \left(\frac{\partial \overline{M}}{\partial v}\right)_{u=u_0} \cdot dv\,. \tag{17}$$

Nun ist für $u = u_0$

$$V = \sqrt{\frac{h^2 - v^2}{h'^2 - v^2}} = \sim 1\,; \qquad ds_v = \sim dv\,.$$

Die Größe $\left(\frac{\partial M}{\partial v}\right)_{u=u_0}$ ist demnach der Ladung q pro Längeneinheit der Antenne proportional.

Wir greifen nunmehr zurück auf den in Nr. 27 abgeleiteten Satz, nach welchem dem stabförmigen Körper pro Längeneinheit die Kapazität

$$c = \varepsilon_0 \cdot 2\pi \cdot \frac{1}{\ln 2\frac{h}{R}} \tag{18}$$

zukommt. Durch die Definitionsgleichung

$$q = c \cdot E_q \tag{19}$$

führen wir die Rechengröße E_q ein, welche wir zum Unterschied gegen eine später zu erklärende Größe die Querspannung der Antenne nennen; sie entspricht im allgemeinen keiner am Strahler meßbaren Spannung.

Um auch für das Feld $(\mathfrak{E}_v)_{u=u_0}$ längs des Strahldrahtes einen bequemen Ausdruck zu haben, setzen wir

$$E_l = \int\limits_{v=-h'}^{+h'} (\mathfrak{E}_v)_{u=u_0} \cdot dv\,, \tag{20}$$

wo E_l die Längsspannung der Antenne heiße. Sie ist in jedem Einzelfall eine meßbare Größe.

267. Ersatzschema des linearen Strahlers. Zwischen der Querspannung und dem Strom besteht zufolge Gl. (17) die Beziehung

$$-c \cdot j\,\omega\,E_q = \frac{\partial J}{\partial v}\,. \tag{21}$$

Wir vergleichen sie mit den Gleichungen der leitungsgerichteten Strahlung längs einer verlustfreien Doppelleitung. Für diese hatten wir in Nr. 220 für Leitungsstrom und Leitungsspannung die Differentialgleichungen abgeleitet.

$$\frac{dJ}{dx} = -C_b \cdot j\,\omega \cdot E\,, \tag{22a}$$

$$\frac{dE}{dx} = -L_b \cdot j\,\omega \cdot J\,. \tag{22b}$$

Die erste geht in (21) über, wenn wir

$$\left.\begin{aligned} v &= x\,, \\ c &= C_b\,, \\ E_q &= E \end{aligned}\right\} \tag{23}$$

setzen. Der lineare Strahler ist daher bezüglich der Strom- und Ladungsverteilung einer Doppelleitung der Eigenschaft (22a) äquivalent. Um auch mit Gl. (22b) in Einklang zu kommen, haben wir dem linearen Strahler eine Induktivität der Größe

$$l = L_b = \frac{1}{a^2 C_b} = \frac{1}{a^2 \varepsilon_0 \cdot 2\pi} \ln 2 \frac{h}{R} \tag{24}$$

zu erteilen. Bei der Verfolgung dieser Analogie darf indessen nicht außer acht gelassen werden, daß das Raumstrahlungsfeld des linearen Strahlers in seiner Struktur von dem Strahlungsfeld der Leitung gänzlich abweicht; desgleichen sei ausdrücklich wiederholt, daß der physikalisch genau bestimmbaren Leitungsspannung keine meßbare Spannungsgröße am Strahler entspricht.

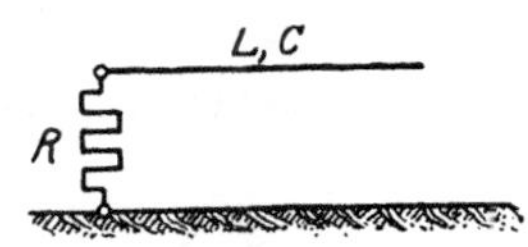

Abb. 347. Ersatzschema des linearen Strahlers.

Das Längsfeld bewirkt, wie wir weiter unten zeigen werden, einen Energiestrom von der Strahldrahtoberfläche in den Raum. Es ist daher das Längsfeld im Ersatzschema durch einen längs der nichtstrahlenden Leitung verteilten Widerstand darzustellen, dessen Größe von der Stromverteilung abhängt und später angegeben werden wird. Für gewisse Zwecke ist es vorteilhaft, diesen verteilten Widerstand zusammen mit Ohmschen Leitungswiderständen in einen konzentrierten Widerstand R zusammenzuziehen, welcher an eine bestimmte Stelle der Leitung gelegt wird. Man erhält demnach zusammenfassend das in Abb. 347 dargestellte Ersatzschema des linearen Strahlers.

Besondere Systeme: Die Marconiantenne.

268. Grenzbedingungen am frei schwingenden Strahler. Die freien Schwingungen des linearen Strahlers sind durch das Verschwinden des Stromes an den Strahlerenden definiert:

$$J = (M)_{u=u_0} = 0 \quad \text{für} \quad v = \pm h\,. \tag{25}$$

Die Längsfeldspannung gleicht dem Ohmschen Abfall durch den Strom. In dem Idealfall des widerstandsfreien Strahldrahtes verschwindet sie zu allen Zeiten.

$$(\mathfrak{E}_v)_{u=u_0} = 0\,. \tag{26}$$

Durch die Grenzbedingungen (25), (26) im Verein mit den Feldgleichungen (14, 15) ist das Feld des frei schwingenden Strahlers völlig bestimmt.

Es erweist sich eine Reihe komplexer Kreisfrequenzen mit den Feldgleichungen verträglich, die „Eigenfrequenzen". Wir führen die nicht ganz einfache Rechnung ihrer geringen hochfrequenztechnischen Bedeutung wegen nicht durch, sondern verweisen auf die Arbeit von M. Abraham[1]), welcher die komplexen Kreisfrequenzen des stabförmigen Leiters auf diesem Wege bestimmt hat. Die von uns weiter unten auf anderem Wege entwickelten Werte stimmen in erster Näherung mit den Abrahamschen Resultaten überein.

269. Erzwungene Schwingungen der Marconiantennen. Wir setzen zeitlich ungedämpfte Schwingungen, also reelles ω, voraus. Unter diesen Bedingungen folgt die einfachste Art erzwungener Strahlerschwingungen aus (14, 15) mit der Annahme $\varkappa_n = 0$

$$\left.\begin{aligned} \overline{M}_u &= A \cdot e^{j\frac{\omega}{a}u} + B\, e^{-j\frac{\omega}{a}u}, \\ \overline{M}_v &= A' \cdot e^{j\frac{\omega}{a}v} + B'\, e^{-j\frac{\omega}{a}v}. \end{aligned}\right\} \tag{27}$$

Die Längsfeldstärke bestimmt sich nach Gl. (1) mittels

$$\left(\overline{\mathfrak{E}_v}\right)_{u=u_0} = -\frac{1}{j\,\omega\,\varepsilon_0}\cdot\frac{1}{2\,\pi\,\varrho\,U}\,\frac{\partial \overline{M}}{\partial u}. \tag{28}$$

Gemäß (28) erhält man bei endlichem Felde stets von Null verschiedene Längsfeldstärken: Gl. (28) fordert die längs des Strahldrahtes zur Erzeugung ungedämpfter Schwingungen aufzubringende Erregung. Diese Umkehrung der Grenzbedingung (26) gestattet es, fortan mit den einfachen Gl. (27) als strengen Lösungen der Feldgleichungen zu rechnen.

270. Grenzbedingungen der erzwungenen Strahlung. Wir setzen reflexionslose Strahlung voraus: in hinreichender Entfernung vom Strahler sind nur forteilende Wellen anzutreffen:

$$A = 0. \tag{29}$$

Zur Bestimmung der Konstanten A' und B' sind die Grenzbedingungen an den Strahldrahtenden heranzuziehen. Hier führt Gl. (28) im Verein mit (25) zu der Forderung eines an den Enden des Strahldrahtes verschwindenden Stromes, soll das Feld endlich bleiben; in der Tat kann der dort nach Null gehende Ellipsoidquerschnitt keinen endlichen Strom führen.

Demgemäß müssen gleichzeitig die Bedingungen (25)

$$\left.\begin{aligned} A' \cdot e^{j\frac{\omega}{a}h'} + B' \cdot e^{-j\frac{\omega}{a}h'} &= 0, \\ A' \cdot e^{j\frac{\omega}{a}(-h')} + B' \cdot e^{-j\frac{\omega}{a}(-h')} &= 0. \end{aligned}\right\} \tag{25a}$$

[1]) Annalen der Physik Bd. 66, S. 435, 1898.

erfüllt sein. Dies ist mit endlichen Werten A' und B' nur vereinbar, wenn

$$\frac{A'}{B'} = -\frac{e^{-j\frac{\omega}{a}h'}}{e^{j\frac{\omega}{a}h'}} = -\frac{e^{-j\frac{\omega}{a}(-h')}}{e^{j\frac{\omega}{a}(-h')}} \tag{30}$$

oder

$$\sin 2\frac{\omega}{a}h' = 0\,; \qquad 2\frac{\omega}{a}h' = n\pi\,; \qquad n = 1, 2, 3\ldots \tag{30a}$$

gilt. Die hierdurch bestimmten Frequenzen heißen die Eigenfrequenzen des linearen Strahlers. Die ungeradzahligen Eigenfrequenzen entsprechen symmetrischer, die geradzahligen antimetrischer Stromverteilung längs des Strahldrahtes. Daher erfüllen die ungeradzahligen Eigenfrequenzen die Bedingungen des Abrahamschen Erregers: sie liefern die Schwingungen eines linearen, auf dem Erdboden errichteten Strahlers.

Für die magnetische Umlaufsspannung erhalten wir mit Rücksicht auf (29)

$$\left.\begin{aligned}\overline{M} &= A'\cdot B\cdot e^{-j\frac{\omega}{a}\cdot u}\cdot\left(e^{j\frac{\omega}{a}v} - (-1)^n\cdot e^{-j\frac{\omega}{a}v}\right)\\ &= 2A'B\cdot e^{-j\frac{\omega}{a}\cdot u}\begin{Bmatrix}\cos\\ j\sin\end{Bmatrix}\frac{n\pi}{2}\cdot\frac{v}{h'} \qquad \begin{matrix}n = 1, 3, 5\ldots\\ n = 2, 4, 6\ldots\end{matrix}\end{aligned}\right\} \tag{31}$$

Hierin gibt gemäß Nr. 266

$$2A'B\cdot e^{-j\frac{\omega}{a}u_0} = \overline{J}_b \tag{32}$$

die Größe der (räumlichen) Stromamplitude, des „Strombauches" an, so daß (31) in der Form

$$\overline{M} = \overline{J}_b\cdot e^{-j\frac{\omega}{a}(u-u_0)}\begin{Bmatrix}\cos\\ j\sin\end{Bmatrix}\frac{n\pi}{2}\cdot\frac{v}{h'} \qquad \begin{matrix}n = 1, 3, 5\ldots\\ n = 2, 4, 6\ldots\end{matrix} \tag{31a}$$

geschrieben werden kann.

271. Das Strahlungsfeld der Marconiantenne. Wir beschränken uns fortan auf die ungeradzahligen Schwingungen, also auf das Feld eines auf dem Erdboden errichteten Strahlers. Vermittels (1) erhalten wir aus (31a)

$$\left.\begin{aligned}\overline{\mathfrak{E}}_u &= \frac{1}{j\omega\varepsilon_0}\cdot\overline{J}_b\cdot\frac{1}{2\pi\varrho V}\cdot\frac{\omega}{a}\cdot\sin\frac{n\pi}{2}\cdot\frac{v}{h'}\cdot e^{-j\frac{\omega}{a}(u-u_0)}\\ &= \frac{1}{j\varepsilon_0 a}\cdot\frac{1}{2\pi}\cdot\overline{J}_b\cdot\frac{h'}{\sqrt{u^2-h'^2}\cdot\sqrt{u^2-v^2}}\cdot\sin\frac{n\pi}{2}\cdot\frac{v}{h'}\cdot e^{-j\frac{\omega}{a}(u-u_0)}.\end{aligned}\right\} \tag{32a}$$

$$\left.\begin{aligned}\overline{\mathfrak{E}}_v &= \frac{1}{j\omega\varepsilon_0}\cdot\overline{J}_b\cdot\frac{1}{2\pi\varrho U}\cdot\left(-j\frac{\omega}{a}\right)\cdot\cos\frac{n\pi}{2}\cdot\frac{v}{h'}\cdot e^{-j\frac{\omega}{a}(u-u_0)}\\ &= \frac{1}{\varepsilon_0 a}\cdot\frac{1}{2\pi}\cdot\overline{J}_b\cdot\frac{h'}{\sqrt{h'^2-v^2}\cdot\sqrt{u^2-v^2}}\cdot\cos\frac{n\pi}{2}\cdot\frac{v}{h'}\cdot e^{-j\frac{\omega}{a}(u-u_0)}.\end{aligned}\right\} \tag{32b}$$

In der Fernzone ist u groß gegen v und h'; hier reduzieren sich daher die Ausdrücke (32a), (32b) auf

$$\bar{\mathfrak{E}}_u = \frac{1}{j\varepsilon_0 a} \cdot \frac{1}{2\pi} \cdot \bar{J}_b \cdot \frac{h'}{u^2} \cdot \sin\frac{n\pi}{2} \cdot \frac{v}{h'} \cdot e^{-j\frac{\omega}{a}u}; \tag{32c}$$

$$\bar{\mathfrak{E}}_v = \frac{1}{j\varepsilon_0 a} \cdot \frac{1}{2\pi} \cdot \bar{J}_b \cdot \frac{h'}{\sqrt{h'^2 - v^2}} \cdot \frac{1}{u} \cdot \cos\frac{n\pi}{2} \cdot \frac{v}{h'} \cdot e^{-j\frac{\omega}{a}u}. \tag{32d}$$

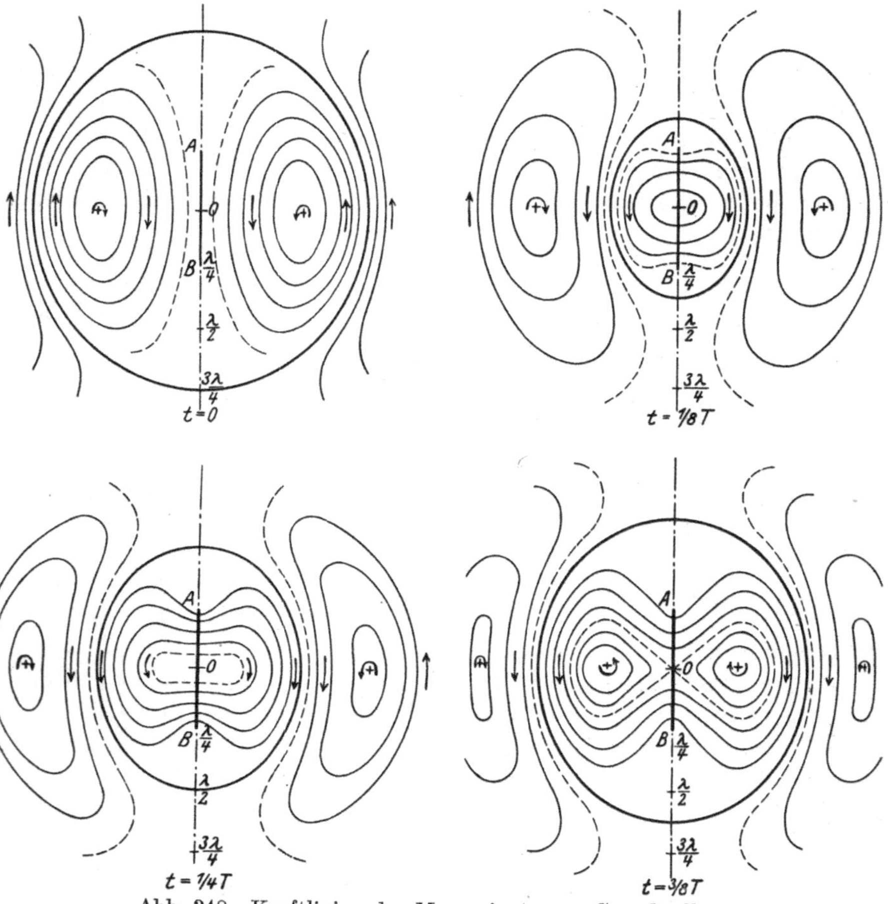

Abb. 348. Kraftlinien der Marconiantenne: Grundwelle.

Abb. 348 und 349 zeigen die hiernach gezeichneten Kraftlinienbilder einer Marconiantenne[1]). Da mit wachsender Entfernung $\mathfrak{E}_u$ quadratisch mit u, $\mathfrak{E}_v$ proportional mit u abnimmt, ist in hinreichend weit entfernten Aufpunkten praktisch nur die Komponente $\mathfrak{E}_v$ wirksam:

[1]) Nach Hack: Annalen d. Physik Bd. 14, S. 539. 1904.

Die elektrischen Kraftlinien verlaufen in Kurven $u =$ konst. Nun ist für hinreichend große u die Aufpunktsentfernung

$$r = \sqrt{z^2 + \varrho^2} = \sim \sqrt{\frac{u^2 v^2}{h'^2} + \frac{u^2(h'^2 - v^2)}{h'^2}} = u\,.$$

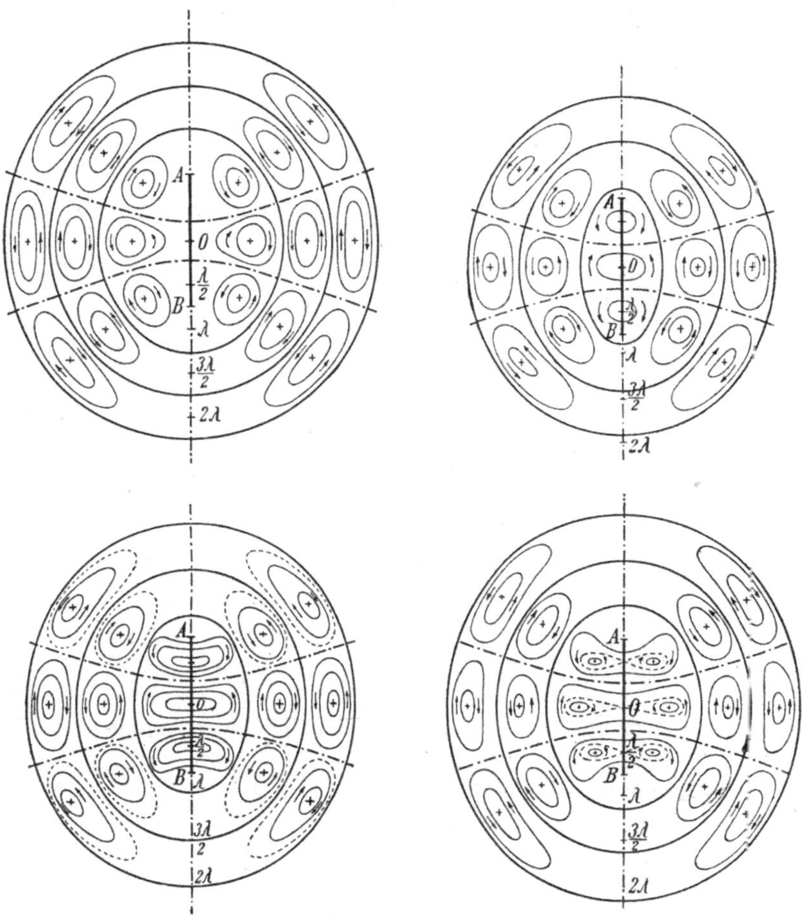

Abb. 349. Kraftlinien der Marconiantenne: 3. Oberwelle.

Die Kurven $u =$ konst gehen somit in Kreise um den Ursprung über: Für weit entfernte Aufpunkte nähert sich die Antennenstrahlung der Kugelstrahlung aus dem Ursprung.

Wir veranschaulichen den Inhalt der Gl. (32d) durch Zeichnung der Funktion

$$\mathfrak{f}(v) = \left| \frac{h'}{\sqrt{h'^2 - v^2}} \cos \frac{n\pi}{2} \frac{v}{h'} \right|, \tag{33}$$

welche wir die Vertikalcharakteristik heißen. Hierin führen wir durch

$$\sin\vartheta = \frac{z}{\sqrt{z^2+\varrho^2}} = \frac{v\,u}{\sqrt{u^2v^2+u^2(h'^2-v^2)}} = \frac{v}{h'};$$

$$\cos\vartheta = \frac{\varrho}{\sqrt{z^2+\varrho^2}} = \frac{u\sqrt{h'^2-v^2}}{\sqrt{u^2v^2+u^2(h'^2-v^2)}} = \frac{\sqrt{h'^2-v^2}}{h'}$$

den Breitenwinkel ϑ ein, so daß (33) in

$$f(\vartheta) = \left|\frac{1}{\cos\vartheta}\cdot\cos\left(\frac{n\pi}{2}\sin\vartheta\right)\right| \tag{33 a}$$

übergeht.

Abb. 350 zeigt die Vertikalcharakteristik der Grundwelle

$$\mathfrak{f}_1(\vartheta) = \frac{1}{\cos\vartheta}\cdot\cos\left(\frac{\pi}{2}\sin\vartheta\right).$$

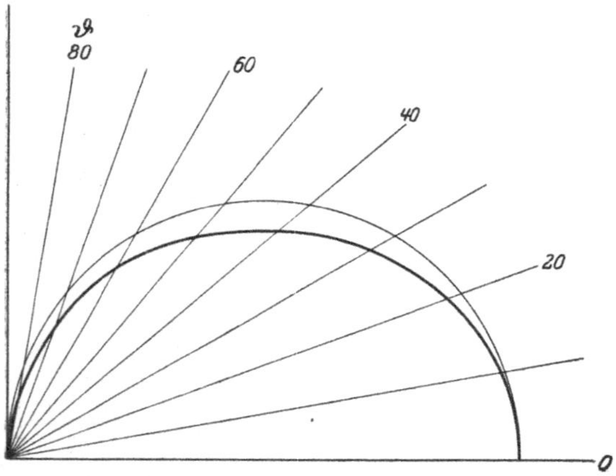

Abb. 350. Vertikalcharakteristik der Grundwelle.

In der Äquatorebene ist $\mathfrak{f}_1(0) = 1$, nimmt mit wachsendem Breitenwinkel ϑ ab, um im Pol den Grenzwert $\mathfrak{f}_1\left(\frac{\pi}{2}\right) = 0$ zu erreichen. Die Gesamtcharakteristik besitzt die Form eines schwach abgeplatteten Halbkreises; hier zeigt sich der Zusammenhang mit der Dipolstrahlung, welche vermöge Gl. (27), Nr. 239, einen genauen Halbkreis liefern würde.

Demgegenüber ergeben die Charakteristiken der Oberwellen Diagramme, welche qualitativ von dem Feld der Dipolstrahlung völlig abweichen. Beispielsweise ist in Abb. 351 das Feld der fünften Oberwelle

$$\mathfrak{f}_3(\vartheta) = \frac{1}{\cos\vartheta}\cdot\cos\left(\frac{5\pi}{2}\sin\vartheta\right)$$

dargestellt. Man erkennt in den durch

$$\frac{5\pi}{2}\sin\vartheta = \frac{\pi}{2};\quad \frac{3\pi}{2};\quad \frac{5\pi}{2};\qquad \sin\vartheta = \frac{1}{5};\quad \frac{3}{5};\quad 1$$

gegebenen drei Richtungen ein völliges Verschwinden der Strahlung. Ein großer Teil der Gesamtleistung wird daher nicht in äquatorialer Richtung, sondern aufwärts entsandt. Diese Erscheinung gewinnt neuerdings für die drahtlose Nachrichtenübermittlung mittels kurzer Wellen erhöhte Bedeutung; es scheint, als ob die aufwärts entsandte Strahlung unter Mitwirkung gewisser Reflexionserscheinungen in der Atmosphäre (Heavisideschicht, Nr. 246, 262, 263) eine größere Wegstrecke überwinden kann als die längs des Erdbodens verlaufende Oberflächenstrahlung (Sommerfeldsche Lösung, Nr. 250).

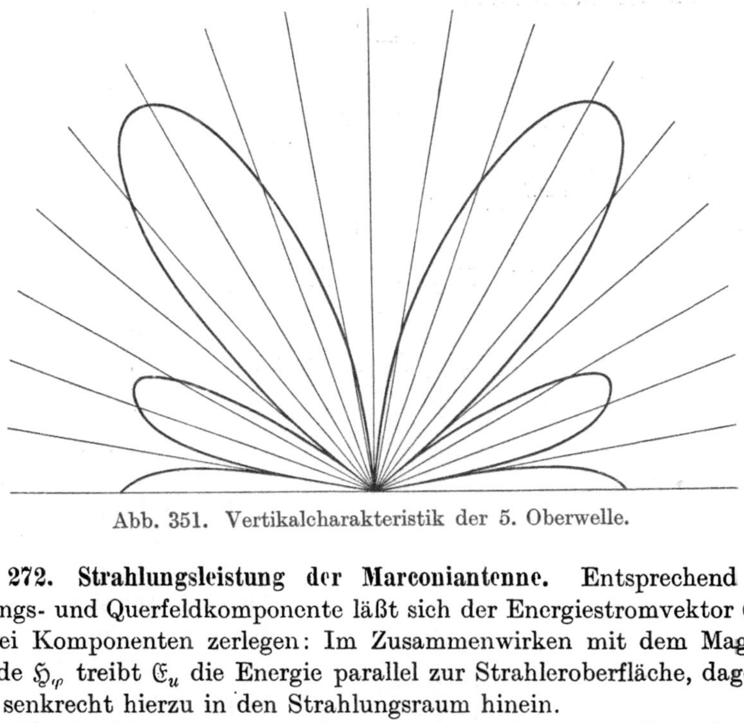

Abb. 351. Vertikalcharakteristik der 5. Oberwelle.

272. Strahlungsleistung der Marconiantenne. Entsprechend der Längs- und Querfeldkomponente läßt sich der Energiestromvektor $\mathfrak{S}$ in zwei Komponenten zerlegen: Im Zusammenwirken mit dem Magnetfelde $\mathfrak{H}_\varphi$ treibt $\mathfrak{E}_u$ die Energie parallel zur Strahleroberfläche, dagegen $\mathfrak{E}_v$ senkrecht hierzu in den Strahlungsraum hinein.

Wie aus Gl. (32a) hervorgeht, ist $\mathfrak{E}_u$ längs des ganzen Strahldrahtes zeitlich um 90° phasenverschoben gegen das am jeweils gleichen Orte wirkende Magnetfeld. Der zeitliche Mittelwert des Energiestromes parallel zur Strahldrahterstreckung verschwindet daher, die Querspannung ist eine „Blindspannung", deren Wirksamkeit auf die Verschiebung der Feldenergie längs des Strahldrahtes beschränkt bleibt.

Demgegenüber folgte aus Gl. (32b), daß die Längsfeld tärke an jeder Stelle des Strahldrahtes dem Magnetfelde phasengleich ist. Der zeitlich maximale Energiestrom aus einem Ringe der Breite $ds = \sim dv$ ist daher

$$d N_{\max} = (\mathfrak{E}_{v_{\max}} \cdot \mathfrak{H}_{\varphi_{\max}} \cdot 2\pi\varrho)_{u=u_0} \cdot dv = (\mathfrak{E}_{v_{\max}} \cdot M_{\max})_{u=u_0} \cdot dv\,. \qquad (34)$$

Die maximale Strahlungsleistung der gesamten Linearantenne ergibt sich durch Integration

$$N_{\max} = \int_{v=0}^{+h'} (\mathfrak{E}_{v_{\max}} \cdot M_{\max})_{u=u_0} \cdot dv \qquad (34\,a)$$

und, indem (32b) und (31a) eingeführt wird

$$N_{\max} = \frac{1}{\varepsilon_0 \cdot a} \frac{1}{2\pi} \cdot \bar{J}^2_{b_{\max}} \cdot \int\limits_{v=0}^{h'} \frac{h'}{h'^2 - v^2} \cos^2\left(\frac{n\pi}{2} \cdot \frac{v}{h'}\right) dv \qquad (34\text{ b})$$

oder mit der Substitution

$$\left.\begin{aligned} r &= \frac{v}{h'} \\ N_{\max} &= \frac{1}{\varepsilon_0 \cdot a} \cdot \frac{1}{2\pi} \cdot \bar{J}^2_{b_{\max}} \cdot \int\limits_{\nu=0}^{1} \frac{dr}{1 - r^2} \cos^2\left(\frac{n\pi}{2} r\right) \\ &= \bar{J}^2_{b_{\max}} \cdot R_s, \end{aligned}\right\} \qquad (34\text{ c})$$

wo

$$\left.\begin{aligned} R_s &= \frac{1}{\varepsilon_0 \cdot a} \cdot \frac{1}{2\pi} \cdot \int\limits_{\nu=0}^{1} \frac{dr}{1 - r^2} \cos^2\left(\frac{n\pi}{2} r\right) \\ &= 60 \cdot \int\limits^{1} \frac{dr}{1 - r^2} \cos^2\left(\frac{n\pi}{2} r\right) \end{aligned}\right\} \qquad (35)$$

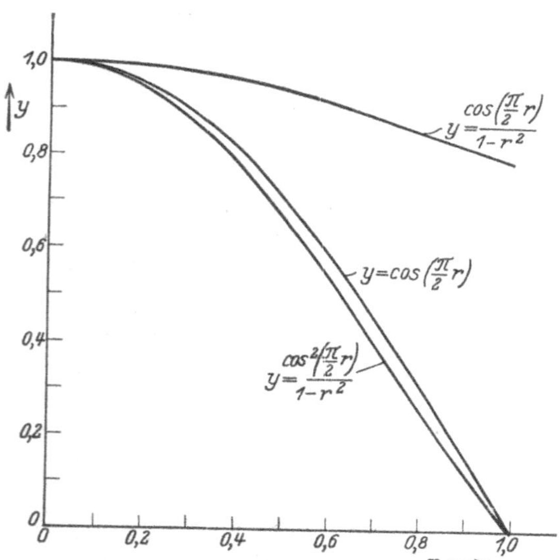

Abb. 352. Graphische Ermittlung des Strahlungswiderstandes.

als **Strahlungswiderstand der Marconiantenne** bezeichnet wird.

Die Berechnung des Strahlungswiderstandes ist hiernach auf eine Quadratur zurückgeführt, welche am einfachsten[1]) graphisch vorgenommen wird. Dies ist in Abb. 352 für die Grundwelle geschehen. Es ergibt sich der Zahlenwert

$$\left.\begin{aligned} &\int\limits_{\nu=0}^{1} \frac{dr}{1-r^2} \cos^2\left(\frac{\pi}{2} r\right) \\ &= \sim 0{,}61 \end{aligned}\right\} \quad (36)$$

und also

$$R_{s_1} = 60 \cdot 0{,}61 = 36{,}6\,\Omega. \quad (36\text{a})$$

Besondere Systeme: Der beschwerte lineare Strahler.

273. Grenzbedingungen am beschwerten Strahler. Der beschwerte lineare Strahler entsteht aus der Marconiantenne durch Zusammen-

[1]) Die analytische Integration führt auf den Integralsinus und Integralcosinus. Vgl. Jahnke-Emde: Funktionentafeln S. 19. Vgl. Nr. 280.

schaltung mit Trägern konzentrierter Felder. Wir unterscheiden Beschwerungen im Antennenfuß (zwischen Strahldraht und Erde) und an der Antennenspitze. Diese Beschwerungen bewirken im allgemeinen eine von (31a) abweichende Stromverteilung, derart, daß für $v = \pm h'$ der Strom einen endlichen Wert besitzt. Dieser bedarf, soll das Feld endlich bleiben, eines von Null verschiedenen Leiterquerschnittes: Der Ersatz des vertikalen Strahldrahtes durch ein Rotationsellipsoid ist für beschwerte Strahler unzulässig.

Die hier notwendige Näherung knüpft an das in Nr. 267 entwickelte Ersatzschema des Strahlers an, indem sie der Ermittlung der Stromverteilung die Ersatzdoppelleitung zugrunde legt. Die an der Strahlerspitze und am Strahlerfuß herrschenden Grenzbedingungen werden hierbei durch Angabe der komplexen Beschwerungswiderstände Z_e (Strahlerspitze) und Z_a (Strahlerfuß) erfaßt.

Längs der verlustfreien Leitung lassen sich nach Nr. 226 Strom und (Quer-) Spannung in der Form darstellen

$$\left.\begin{aligned} \overline{E} &= \overline{E}_0 \cdot \cos\left(\frac{\omega}{a} v - \psi\right), \\ \overline{J} &= \frac{\overline{E}_0}{jZ} \cdot \sin\left(\frac{\omega}{a} v - \psi\right). \end{aligned}\right\} \tag{37}$$

Für den Strahlerfuß gilt somit

$$Z_a = -\left(\frac{\overline{E}}{\overline{J}}\right)_{v=0} = -jZ \cdot \operatorname{ctg}(-\psi); \qquad \operatorname{tg}\psi = \frac{jZ}{Z_a}, \tag{38}$$

für die Strahlerspitze

$$Z_e = \left(\frac{\overline{E}}{\overline{J}}\right)_{v=h'} = jZ \cdot \operatorname{ctg}\left(\frac{\omega}{a} h' - \psi\right); \qquad \operatorname{tg}\left(\frac{\omega}{a} h' - \psi\right) = \frac{jZ}{Z_e}. \tag{39}$$

Durch Vereinigung von (38) und (39) folgt

$$\frac{jZ}{Z_e} = \frac{\operatorname{tg}\frac{\omega}{a} h' - \frac{jZ}{Z_a}}{1 + \operatorname{tg}\frac{\omega}{a} h' \cdot \frac{jZ}{Z_a}}; \qquad \operatorname{tg}\frac{\omega}{a} h' = \frac{\frac{jZ}{Z_e} + \frac{jZ}{Z_a}}{1 + \frac{Z^2}{Z_a Z_e}}. \tag{40}$$

Indem hier im allgemeinen Z_e wie Z_a als Funktionen der Frequenz zu betrachten sind, stellt (40) die Erweiterung der für die Marconiantenne gültigen Bestimmungsgleichung der Eigenfrequenzen dar; in der Tat geht mit der besonderen Wahl $Z_e = \infty$, $Z_a = 0$ Gl. (40) in (30a) (ungeradzahlige Eigenfrequenzen) über.

Für eine feste Frequenz ist gemäß (37) die Stromverteilung längs des Vertikaldrahtes einer beschwerten Linearantenne durch eine stehende Welle dargestellt. Wir nennen

$$\overline{J}_b = \frac{\overline{E}_0}{jZ} \tag{41}$$

den Strombauch und beziehen fortan alle Stromangaben auf diese Größe.

274. Bestimmung der Eigenfrequenzen. Der Verkürzungskondensator. Zur Erhöhung der Eigenfrequenz einer Marconiantenne wird zwischen Fußpunkt des Strahlers und Erde ein Kondensator der Kapazität C geschaltet. Es ist also

$$Z_a = \frac{1}{j\omega C}; \qquad Z_e = \infty$$

und Gl. (40) nimmt die Form an

$$\operatorname{tg}\frac{\omega}{a}h' = -Z\omega C\,. \quad (40\,\text{a})$$

Wir lösen diese transzendente Gleichung durch Zeichnung der Kurven

$$y_1 = \operatorname{tg}\frac{\omega}{a}h';$$

$$y_2 = -Z\omega C \quad \text{(Gerade!)}$$

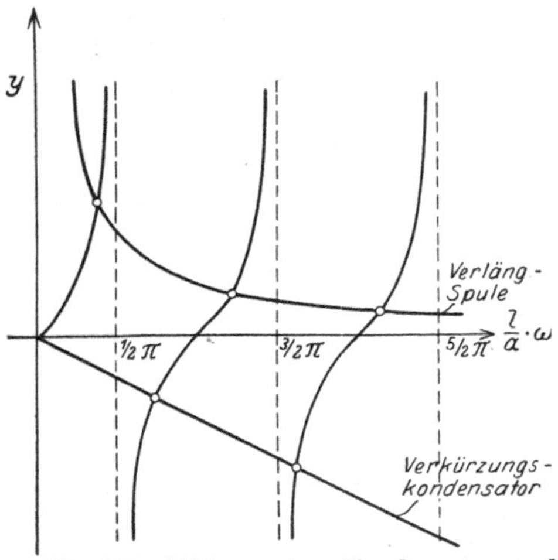

Abb. 353. Wirkung eines Kondensators und einer Spule auf die Eigenfrequenz eines linearen Strahlers.

Aus Abb. 353, in welcher dies geschehen ist, entnehmen wir für die Grundfrequenz

$$\frac{\omega}{a}h' > \frac{\pi}{2}; \qquad \lambda < 4h'$$

als analytischen Ausdruck der Verkürzungswirkung. Die neben der Grundschwingung vorhandenen Oberschwingungen sind unharmonisch; sie nähern sich aber mit wachsender Ordnungszahl der harmonischen Folge der ungeradzahligen Schwingungen der Marconiantenne, da für die hohen Frequenzen der Verkürzungskondensator in steigendem Maße als Kurzschluß wirkt.

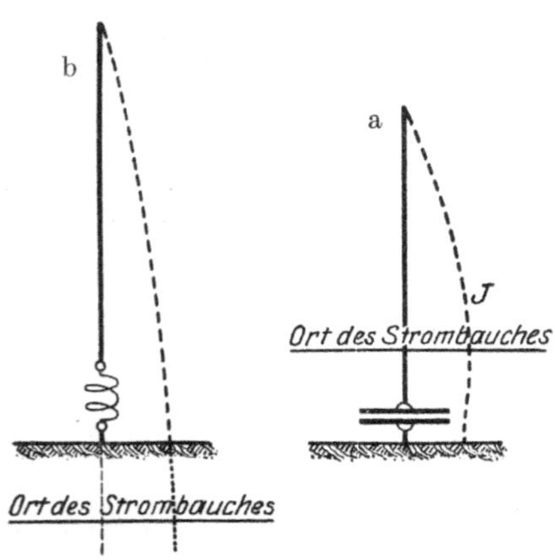

Abb. 354. Stromverteilung längs eines beschwerten Strahlers: a Verkürzungskondensator, b Verlängerungsspule.

Aus der Verkürzung der Eigenwelle ergibt sich, daß der Strombauch vom Strahlerfuß nach oben rückt, wie dies Abb. 354 für die Grundwelle zeigt.

Die Verlängerungsspule. Zur Erniedrigung der Eigenfrequenz eines linearen Strahlers wird zwischen Fußpunkt des Strahlers und

Erde eine Spule der Induktivität L geschaltet. Ihr komplexer Widerstand ist

$$Z_a = j\,\omega\,L; \qquad Z_e = \infty,$$

so daß Gl. (40) in

$$\operatorname{tg}\frac{\omega}{a}h' = +\frac{Z}{\omega L} \tag{40b}$$

übergeht. Diese Gleichung lösen wir durch Zeichnung der Kurven

$$y_1 = \operatorname{tg}\frac{\omega}{a}h'; \qquad y_2 = \frac{Z}{\omega L} \quad \text{(gleichseitige Hyperbel!)}.$$

Dies ist in Abb. 353 ausgeführt, aus welcher wir die Ungleichung

$$\frac{\omega}{a}h' < \frac{\pi}{2}; \qquad \lambda > 4\,h'$$

als Ausdruck der Verlängerungswirkung ablesen. Die über der Grundschwingung liegenden Oberschwingungen sind unharmonisch; mit wachsender Ordnungszahl nähern sie sich jedoch der harmonischen Folge

$$\frac{\omega}{a}h' = \sim n\,\pi; \qquad \frac{\omega}{a}\frac{h'}{2} = n\frac{\pi}{2},$$

welche die Eigenschwingungen eines unbeschwerten Strahlers der Länge $\frac{h'}{2}$ bestimmt. In der Tat wächst der Widerstand der Induktivität mit steigender Frequenz an, um für extrem hohe Schwingungszahlen zwischen Strahler und Erde praktisch eine Unterbrechung zu bewirken.

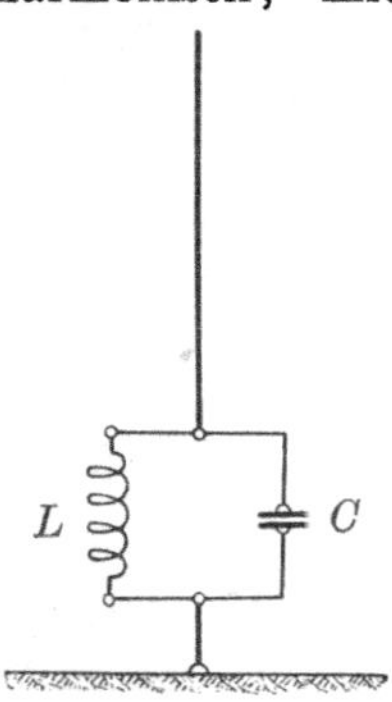

Abb. 355. Schwungradschaltung.

Die Verlängerung der Eigenwelle wirkt sich in einer Verschiebung des Strombauches vom Strahlerfußpunkt nach dem (nicht realen) Spiegelbilde des Strahlerdrahtes aus, wie in Abb. 354 für die Grundwelle gezeichnet.

Die Schwungradschaltung. Als Schwungradschaltung wird die in Abb. 355 dargestellte Kopplung eines linearen Strahlers mit einem Schwingungskreis der Kapazität C und der Induktivität L bezeichnet. Der Leitwert des Kapazitätszweiges beträgt

$$\mathfrak{G}_C = j\,\omega\,C,$$

der des induktiven Zweiges

$$\mathfrak{G}_L = \frac{1}{j\,\omega\,L}.$$

Der Widerstand Z_a wird demnach

$$Z_a = \frac{1}{\mathfrak{G}_C + \mathfrak{G}_L} = \frac{1}{j\,\omega\,C\left(1 - \frac{1}{\omega^2 L C}\right)},$$

und die Frequenzgleichung lautet

$$\operatorname{tg}\frac{\omega}{a}h' = -\omega C Z\left(1 - \frac{1}{\omega^2 L C}\right), \tag{40c}$$

welche durch Zeichnung der Kurven (Abb. 356)

$$y_1 = \operatorname{tg}\frac{\omega}{a}h'; \qquad y_2 = -\omega C Z\left(1 - \frac{1}{\omega^2 L C}\right)$$

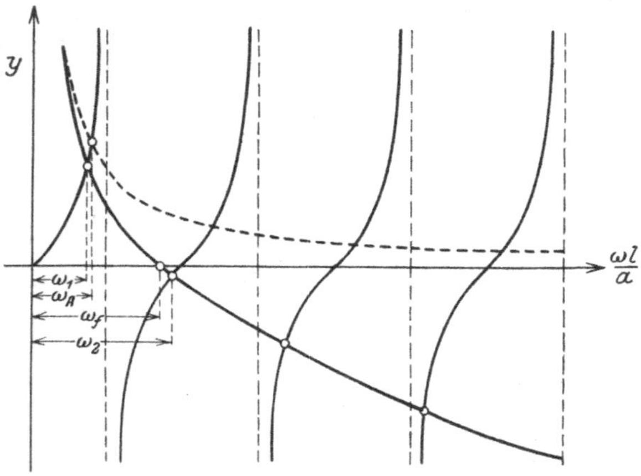

Abb. 356. Ermittlung der Eigenfrequenzen der Schwungradschaltung.

graphisch gelöst wird. Die Hyperbel y_2 schneidet die Abszissenachse in dem durch

$$1 - \frac{1}{\omega^2 L C} = 0$$

bestimmten Werte, welcher der Eigenfrequenz ω_f des Schwungradkreises entspricht. Die entstehenden Koppelfrequenzen liegen bei kleineren und größeren Frequenzwerten. Wir vergleichen sie insbesondere mit der Eigenfrequenz des entkoppelten Strahlers, indem wir in (40c) $c = 0$ setzen. Hiermit geht y_2 in

$$y_2' = \frac{Z}{\omega L}$$

über; diese Kurve ist gestrichelt in Abb. 356 in das Diagramm eingetragen und liefert als Grundwelle des entkoppelten Strahlers den Wert ω_a. Zwischen den Grundkoppelfrequenzen ω_1, ω_2 und den Eigenfrequenzen ω_f und ω_a besteht die Ungleichung

$$\omega_1 < \omega_a \lesseqgtr \omega_f < \omega_2; \qquad \lambda_2 > \lambda_f \gtreqless \lambda_a > \lambda_1 .$$

Die größere Koppelfrequenz übertrifft also die höhere der beiden Eigenfrequenzen, die niedrigere Koppelfrequenz unterschreitet die kleinere der beiden Eigenfrequenzen. Diese Verhältnisse gleichen völlig den Beziehungen zwischen den Koppelfrequenzen und Eigenfrequenzen zweier geschlossener Schwingungskreise (Nr. 195). In diesem Sinne kann die Schwungradschaltung als Kopplung eines offenen Schwingungskreises (des Strahlers) mit einem geschlossenen aufgefaßt werden. Das Maß der Kopplung ist durch die entstehenden Koppelfrequenzen nach Maßgabe der in Nr. 195 abgeleiteten Gleichungen bestimmt.

Die Fächerantennen. Fächerantennen entstehen durch Beschwerung der Spitze des vertikalen Strahldrahtes mit horizontal verlaufenden Drähten. Ihre wichtigsten Formen sind: die **T**-Antenne, die **Γ**-Antenne, die Schirmantenne.

Wir gehen mit

$$Z_a = j\left[\omega L_a - \frac{1}{\omega C_a}\right],$$

$$Z_e = j\left[\omega L_e - \frac{1}{\omega C_e}\right]$$

zu dem allgemeinen Fall einer im Fußpunkt des Strahlerdrahtes beschwerten Fächerantenne über. Hierfür lautet die Frequenzgleichung

$$\operatorname{tg}\frac{\omega}{a}h' = \frac{\dfrac{Z}{\omega L_a - \dfrac{1}{\omega C_a}} + \dfrac{Z}{\omega L_e - \dfrac{1}{\omega C_e}}}{1 - \dfrac{Z^2}{\left(\omega L_a - \dfrac{1}{\omega C_a}\right)\left(\omega L_e - \dfrac{1}{\omega C_e}\right)}} \equiv R(\omega), \qquad \text{(40 d)}$$

welche durch Zeichnung der Kurven

$$y_1 = \operatorname{tg}\frac{\omega}{a}h'; \qquad y_2 = R(\omega)$$

gelöst wird.

Die Eigentümlichkeiten der Verteilung der Eigenfrequenzen sind durch die Rationalfunktion $R(\omega)$ gegeben. Ihre Nullstelle finden wir mittels

$$\frac{Z}{\omega L_a - \dfrac{1}{\omega C_a}} + \frac{Z}{\omega L_e - \dfrac{1}{\omega C_e}} \equiv \frac{Z\left[\left(\omega L_e - \dfrac{1}{\omega C_e}\right) + \left(\omega L_a - \dfrac{1}{\omega C_a}\right)\right]}{\left(\omega L_a - \dfrac{1}{\omega C_a}\right)\left(\omega L_e - \dfrac{1}{\omega C_e}\right)} = 0$$

in der Eigenfrequenz des aus der Hintereinanderschaltung von L_a und L_e, C_a und C_e gebildeten Schwingungskreises. Die Pole der Funktion $R(\omega)$ sind durch

$$\left(\omega L_a - \frac{1}{\omega C_a}\right)\left(\omega L_e - \frac{1}{\omega C_e}\right) - Z^2 = 0$$

gegeben; die zugehörigen Frequenzen sind mit den Koppelfrequenzen der über die Antenne elektrodynamisch verknüpften Schwingungskreise identisch.

Endlich berechnen wir für kleine Frequenzen

$$y_2 = \infty - Z \cdot \omega (C_a + C_e) \qquad \text{(Gerade!)}$$

und für große Frequenzen

$$y_2 = \infty \frac{Z}{\omega(L_a + L_e)} \quad \text{(Hyperbel!)}.$$

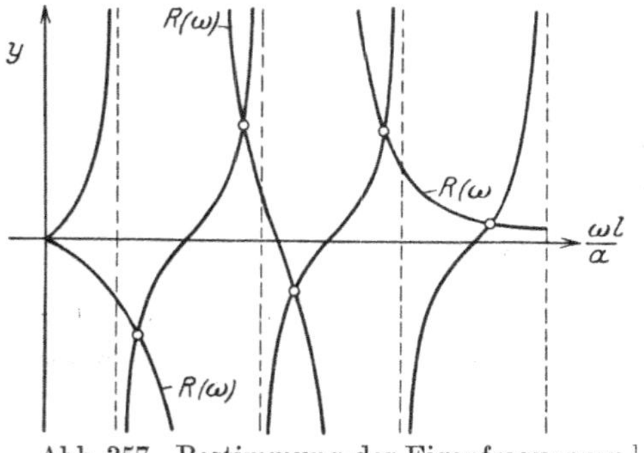

Abb. 357. Bestimmung der Eigenfrequenzen einer Fächerantenne.

Zusammen mit der Nullstelle und den Polen ist hierdurch der Charakter der Funktion $R(\omega)$ festgestellt. Abb. 357 zeigt die hiernach ermittelten Eigenfrequenzen der Fächerantenne.

275. Das Strahlungsfeld der beschwerten Linearantenne. Nachdem die Stromverteilung längs der beschwerten Linearantenne festliegt, ermitteln wir ihr Strahlungsfeld mittels des allgemeinen Hertzschen Vektors (Nr. 242). Wir beschränken uns hierbei auf die Fernzone: Hier liefern die horizontal liegenden Teile der Antenne keinen Beitrag zum Strahlungsfelde; dieses resultiert aus der Summe aller Elementarwirkungen der längs des vertikalen Strahldrahtes verteilten Dipole.

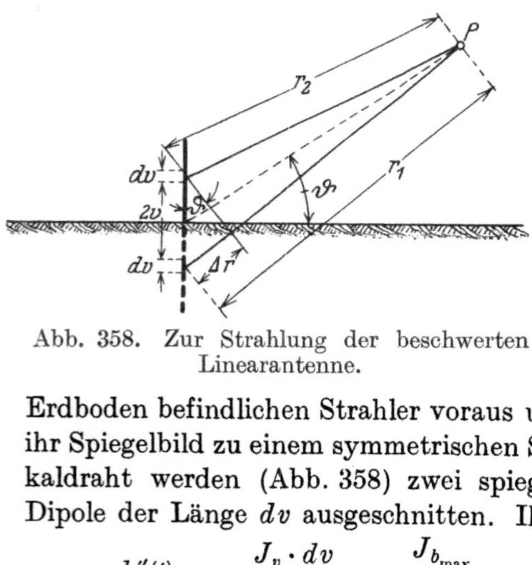

Abb. 358. Zur Strahlung der beschwerten Linearantenne.

Wir setzen einen auf dem Erdboden befindlichen Strahler voraus und ergänzen die Antenne durch ihr Spiegelbild zu einem symmetrischen Strahlergebilde. Aus dem Vertikaldraht werden (Abb. 358) zwei spiegelbildlich zueinander liegende Dipole der Länge dv ausgeschnitten. Ihre Elementarmomente sind

$$df'(t) = -\frac{J_v \cdot dv}{4\pi\varepsilon_0} = -\frac{J_{b_{\max}}}{4\pi\varepsilon} \cdot \cos\omega t \cdot \sin\left(\frac{\omega}{a} v - \psi\right) \cdot dv,$$

also

$$df''(t) = \frac{J_{b_{\max}}}{4\pi\varepsilon_0} \cdot \omega \cdot \sin\omega t \cdot \sin\left(\frac{\omega}{a} v - \psi\right) \cdot dv.$$

In einem Aufpunkt P, dessen Entfernungen von den Dipolen r_1 und r_2 sind (Abb. 358), wird also das elektrische Feld erregt

$$\left.\begin{aligned} d\mathfrak{E} &= \frac{\cos\vartheta}{a^2 r_1} df''\left(t - \frac{r_1}{a}\right) + \frac{\cos\vartheta}{a^2 r_2} \cdot df''\left(t - \frac{r_2}{a}\right) \\ &= \frac{\cos\vartheta \cdot \omega}{a^2 \cdot 4\pi\varepsilon_0} \sin\left(\frac{\omega}{a} v - \psi\right) \cdot J_{b_{\max}} \left[\frac{\sin\left(\omega t - \omega\frac{r_1}{a}\right)}{r_1} + \frac{\sin\left(\omega t - \omega\frac{r_2}{a}\right)}{r_2}\right] dv. \end{aligned}\right\} \quad (42)$$

Die endliche Entfernung der Elementardipole bewirkt somit in der Fernzone einen Gangunterschied der ankommenden Wellen um

$$\Delta r = r_1 - r_2,$$

also nach Abb. 358

$$\Delta r = 2\,v \cdot \sin\vartheta .$$

Ist

$$r = \infty\, \frac{r_1 + r_2}{2}$$

die Entfernung des Aufpunktes (r, ϑ) vom Ursprung, so wird also

$$d\mathfrak{E} = \frac{\cos\vartheta \cdot \omega}{4\,\pi\,\varepsilon_0 \cdot a^2} \cdot \sin\left(\frac{\omega}{a}\,v - \psi\right) J_{b_{\max}} \cdot \frac{1}{r} \cdot 2\sin\left(\omega t - \frac{\omega}{a}\,r\right) \cdot \cos\left(\frac{\omega}{a} \cdot \frac{\Delta r}{2}\right)$$

$$= \frac{\cos\vartheta \cdot \omega}{2\,\pi\,\varepsilon_0 \cdot a^2} \cdot \sin\left(\frac{\omega}{a}\,v - \psi\right) J_{b_{\max}} \cdot \frac{1}{r} \quad \sin\left(\omega t - \frac{\omega}{a}\,r\right) \cdot \cos\left(\frac{\omega}{a} \cdot v \sin\vartheta\right). \quad (42\,\text{a})$$

Die Gesamtfeldstärke folgt durch Integration längs des ganzen Strahlers

$$\mathfrak{E} = \int\limits_{v=0}^{h'} d\mathfrak{E} = \frac{\cos\vartheta \cdot \omega}{2\,\pi\,\varepsilon_0 \cdot a^2} \cdot \frac{1}{r}\, J_{b_{\max}} \cdot h' \cdot \sin\left(\omega t - \frac{\omega}{a}\,r\right) \cdot \frac{1}{h'} \int\limits_{v=0}^{h'} \sin\left(\frac{\omega}{a}\,v - \psi\right) \cdot \cos\left(\frac{\omega}{a} \cdot v \cdot \sin\vartheta\right) dv. \quad (42\,\text{b})$$

Hierin ist der Faktor

$$\mathfrak{E}_0 = \frac{\cos\vartheta \cdot \omega}{2\,\pi\,\varepsilon_0 \cdot a^2} \cdot \frac{1}{r} \cdot J_{b_{\max}} \cdot h' \cdot \sin\left(\omega t - \frac{\omega}{a}\,r\right) \quad (44)$$

die von einem Hertzschen Dipol erregte Feldstärke bei gleichmäßig längs des ganzen Strahldrahtes verteiltem Strome, während der „Formfaktor"

$$\alpha_f = \frac{1}{h'} \cdot \int\limits_{v=0}^{h'} \sin\left(\frac{\omega}{a}\,v - \psi\right) \cos\left(\frac{\omega}{a}\,v \sin\vartheta\right) dv \quad (45)$$

der wahren Form der Stromverteilung Rechnung trägt. Mit dem Begriff des Formfaktors gewinnt (42b) die einfache Gestalt

$$\mathfrak{E} = \mathfrak{E}_0 \cdot \alpha_f = \frac{\cos\vartheta \cdot \omega}{2\,\pi\,\varepsilon_0 \cdot a^2} \cdot \frac{1}{r} \cdot J_{b_{\max}} \cdot (h'\,\alpha_f) \cdot \sin\left(\omega t - \frac{\omega}{a}\,r\right), \quad (42\,\text{c})$$

wo

$$h'\,\alpha_f = h_w \quad (46)$$

als wirksame Länge der Antenne bezeichnet wird.

Da magnetische und elektrische Feldstärke in der Fernzone einander proportional sind, wird

$$\mathfrak{H} = \frac{\varepsilon_0 \cdot \cos\vartheta}{a\,r} \cdot \frac{J_{b_{\max}}}{2\,\pi\,\varepsilon_0} \cdot h_w \cdot \omega \cdot \sin\left(\omega t - \frac{\omega}{a}\,r\right) = \alpha_f \cdot \mathfrak{H}_0 . \quad (47)$$

Die hier benutzte Methode gestattet uns, das in Nr. 225 formulierte Problem des Strahlungsfeldes einer Leitung endlicher Länge näherungsweise zu lösen: Da die Stromverteilung längs eines Leitungsstranges formal mit (37) übereinstimmt, erhalten wir für das elektromagnetische Feld eines Leitungsstranges genau die Gl. (42c) und (47). Hieraus folgt das resultierende Leitungsfeld durch Superposition der von Hin- und Rückleitung erzeugten Einzelfelder unter Berücksichtigung des Gangunterschiedes, welcher dem Abstande der Leitungen entspricht [1]). (Vgl. Nr. 286.)

276. Der Formfaktor. Durch die Gl. (45) und (46) ist die Berechnung des Strahlungsfeldes einer beschwerten Linearantenne auf die Bestimmung des Formfaktors zurückgeführt, welcher zufolge (44) eine Funktion der Aufpunktskoordinate ϑ wird. Zur Auswertung des Integrales substituieren wir

$$\frac{\omega}{a} v = \zeta ,$$

womit (44) in

$$\alpha_f = \frac{1}{h'} \cdot \frac{a}{\omega} \int\limits_{\zeta=0}^{\zeta' h} \cdot \sin(\zeta - \psi) \cdot \cos(\zeta \sin\vartheta)\, d\zeta \tag{45a}$$

übergeht.

Insbesondere wird für extrem niedrige Frequenzen

$$\alpha_f = \sim \frac{1}{h'} \cdot \frac{a}{\omega} \cdot \int\limits_{\zeta=0}^{\zeta h'} \sin(\zeta - \psi)\, d\zeta . \tag{45b}$$

Hier geht also in den Formfaktor nur das Integral der Stromverteilung ein, für einen festen Winkel ψ ist α eine Antennenkonstante. Für den wichtigen Sonderfall des unverkürzt schwingenden Strahlers ist $\psi = \frac{\pi}{2}$, daher

$$\alpha_f = \sim \frac{1}{h'} \cdot \frac{a}{\omega} \cdot \int\limits_{\zeta=0}^{\zeta h'} d\zeta = 1 . \tag{45c}$$

Für Frequenzen, deren Größenordnung die Grundeigenfrequenz des linearen Strahlers erreicht oder sie übertrifft, ist der strenge Ausdruck (44) auszuwerten. Wir schreiben

$$\alpha_f = \frac{1}{h'} \frac{a}{\omega} [\cos\psi \cdot J_1 - \sin\psi \cdot J_2] ,$$

wo zur Abkürzung

$$J_1 = \int\limits_{\zeta=0}^{\zeta h'} \sin\zeta \cos(\zeta \sin\vartheta)\, d\zeta ; \qquad J_2 = \int\limits_{\zeta=0}^{\zeta h'} \cos\zeta \cos(\zeta \sin\vartheta)\, d\zeta$$

[1]) Der Leser führe die hierdurch angedeutete Aufgabe durch!

gesetzt ist. Das erste Integral liefert

$$J_1 = -\left|\frac{\cos\zeta(1+\sin\vartheta)}{2(1+\sin\vartheta)} + \frac{\cos\zeta(1-\sin\vartheta)}{2(1-\sin\vartheta)}\right|_0^{\zeta h'}$$

$$= \frac{1-\cos\zeta h'\cdot\cos(\zeta h'\cdot\sin\vartheta) - \sin\vartheta\sin\zeta h'\cdot\sin(\zeta h'\sin\vartheta)}{\cos^2\vartheta}.$$

Das zweite Integral ergibt

$$J_2 = \left|\frac{\sin\zeta(1-\sin\vartheta)}{2(1-\sin\vartheta)} + \frac{\sin\zeta(1+\sin\vartheta)}{2(1+\sin\vartheta)}\right|_0^{\zeta h'}$$

$$= \frac{\sin\zeta h'\cdot\cos(\zeta h'\cdot\sin\vartheta) - \sin\vartheta\cos\zeta h'\cdot\sin(\zeta h'\cdot\sin\vartheta)}{\cos^2\vartheta}.$$

Daher wird

$$\alpha_f = \frac{1}{h'}\frac{a}{\omega}\frac{1}{\cos^2\vartheta}[\cos\psi - \cos(\zeta h'-\psi)\cos(\zeta h'\sin\vartheta) - \sin(\zeta h'-\psi)\sin\vartheta\sin(\zeta h'\sin\vartheta)]. \tag{45d}$$

Der Ausdruck $\alpha_f\cdot\cos\vartheta$

$$= \left|\frac{1}{h'}\frac{a}{\omega}\frac{1}{\cos\vartheta}[\cos\psi - \cos(\zeta h'-\psi)\cos(\zeta h'\sin\vartheta) - \sin(\zeta h'-\psi)\sin\vartheta\sin(\zeta h'\sin\vartheta)]\right|$$

ist nach (42c) dem Betrage der Feldstärke proportional: Er definiert die Vertikalcharakteristik des beschwerten linearen Strahlers. Um dies einzusehen, gehen wir mit

$$\psi = \zeta h'; \qquad \psi = \pi(n - \tfrac{1}{2})$$

zum Strahlungsfelde der Marconiantenne zurück; wir erhalten aus (44d)

$$\alpha_f\cdot\cos\vartheta = \left|\frac{1}{h'}\cdot\frac{a}{\omega}\cdot\frac{1}{\cos\vartheta}\left[-\cos\left(\frac{n\pi}{2}\sin\vartheta\right)\right]\right|,$$

welcher Ausdruck, abgesehen von Konstanten, in der Tat mit (33a) identisch ist.

277. Strahlungsleistung des beschwerten linearen Strahlers. Wir berechnen die Strahlungsleistung des beschwerten linearen Strahlers durch Vergleich mit der Strahlung eines Hertzschen Dipoles. Unter Benutzung der Formeln (46), (47) wird die Energiestromdichte

$$\mathfrak{S} = [\mathfrak{E}\cdot\mathfrak{H}] = \alpha^2[\mathfrak{E}_0\cdot\mathfrak{H}_0], \tag{48}$$

daher die Strahlungsleistung des auf dem Erdboden errichteten Strahlers

$$N = \int_0^{\frac{\pi}{2}} [\mathfrak{E}_0\,\mathfrak{H}_0]\,\alpha^2\cdot 2\pi r\cos\vartheta\cdot r\,\vartheta. \tag{49}$$

Wir vergleichen hiermit die Strahlung eines Hertzschen Dipoles ($\alpha = 1$)

$$N_0 = \int_0^{\frac{\pi}{2}} [\mathfrak{E}_0\,\mathfrak{H}_0]\cdot 2\pi r\cos\vartheta\cdot r\,d\vartheta. \tag{49a}$$

Unter Benutzung der Gl. (44) und (47) wird also

$$\frac{N}{N_0} = \frac{\int\limits_0^{\frac{\pi}{2}} (\alpha \cos\vartheta)^2 \cos\vartheta \, d\vartheta}{\int\limits_0^{\frac{\pi}{2}} \cos^2\vartheta \cdot \cos\vartheta \, d\vartheta} = \frac{\int\limits_0^{\frac{\pi}{2}} (\alpha \cos\vartheta)^2 \cdot d(\sin\vartheta)}{\frac{2}{3}}. \tag{50}$$

Wir definieren den auf den Strombauch bezogenen Strahlungswiderstand der beschwerten Linearantenne durch

$$N_{\max} = R_{str} \cdot J_{b_{\max}}^2, \tag{51}$$

ebenso den Strahlungswiderstand des Dipoles

$$N_{0\max} = R_0 \cdot J_{b_{\max}}^2, \tag{51a}$$

so daß durch Vergleich mit (50)

$$\frac{R_{str}}{R_0} = \frac{\int\limits_0^{\frac{\pi}{2}} (\alpha \cos\vartheta)^2 \, d(\sin\vartheta)}{\frac{2}{3}} \tag{50a}$$

entsteht. Indem wir für R_0 den in Nr. 235 ermittelten Ausdruck einsetzen, wird

$$R_{str} = 160\,\pi^2 \cdot \frac{l^2}{\lambda^2} \cdot \frac{\int\limits_0^{\frac{\pi}{2}} (\alpha \cos\vartheta)^2 \, d(\sin\vartheta)}{\frac{2}{3}}. \tag{50b}$$

Insbesondere ist für niedrige Frequenzen nach Gl. (45b) α konstant, daher

$$R_{str} = \sim 160\,\pi^2 \cdot \left(\frac{\alpha\, l}{\lambda}\right)^2 = 160\,\pi^2 \left(\frac{l_w}{\lambda}\right)^2, \tag{50c}$$

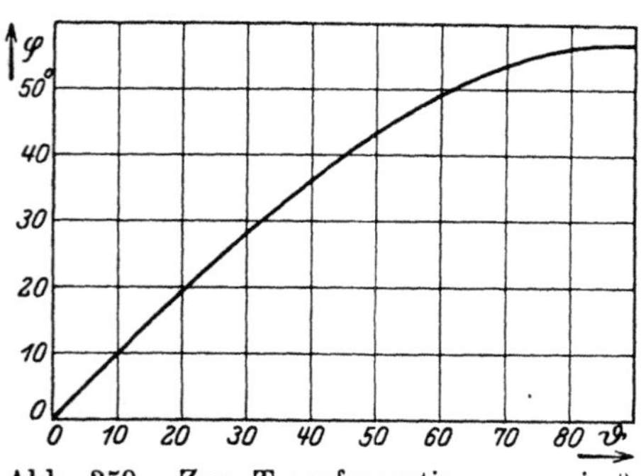

Abb. 359. Zur Transformation $\varphi = \sin\vartheta$.

eine Näherungsformel, welche bis nahe an die Grundfrequenz des Strahlers ausreicht. Für höhere Frequenzen ist die in (50b) vorgeschriebene Quadratur auszuführen. Dies gelingt in außerordentlich einfacher Weise graphisch[1]), indem man mittels der Transformation

$$\varphi = \sin\vartheta$$

[1]) Analytische Rechnung: Balth. van der Pol jun.: Jahrbuch d. drahtlosen Telegraphie und Telephonie, Bd. XIII, S. 217. Vgl. auch Fußnote auf S. 567.

(vgl. Abb. 359) die Vertikalcharakteristik auf die φ-Ebene abbildet. Ein Flächenelement der umgezeichneten Vertikalcharakteristik ist

$$df = \tfrac{1}{2}(\alpha \cos\vartheta)^2 \cdot d\varphi = \tfrac{1}{2}(\alpha \cos\vartheta)^2 \, d(\sin\vartheta)\,.$$

Das gesamte, von der umgezeichneten Vertikalcharakteristik umschlossene Areal der φ-Ebene ist somit

$$F = \tfrac{1}{2}\int_{\vartheta=0}^{\frac{\pi}{2}} (\alpha \cos\vartheta)^2 \, d(\sin\vartheta)\,. \tag{52}$$

Durch Vergleich mit (50b) ergibt sich

$$R_{str} = 160\,\pi^2 \cdot \frac{l^2}{\lambda^2} \cdot 3\,F\,. \tag{50b}$$

In Abb. 360 ist die Konstruktion für die Grundschwingung der Marconiantenne durchgeführt. Die Größe der Fläche wird

$$F = 0{,}301 \cdot \frac{4}{\pi^2}\,;$$

$$3\,F = 0{,}903 \cdot \frac{4}{\pi^2} = 0{,}365\,,$$

demnach

$$R_s = 160\,\pi^2 \cdot \frac{l^2}{(4\,l)^2} \cdot 0{,}365$$

$$= \sim 36{,}6\,\Omega$$

in Übereinstimmung mit dem in Nr. 272 auf ganz anderem Wege abgeleiteten Werte.

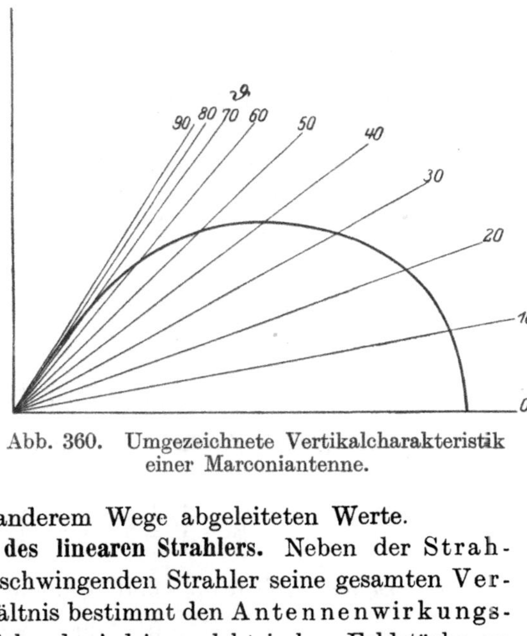

Abb. 360. Umgezeichnete Vertikalcharakteristik einer Marconiantenne.

278. Verlustwiderstand des linearen Strahlers. Neben der Strahlungsleistung sind dem schwingenden Strahler seine gesamten Verluste zuzuführen, ihr Verhältnis bestimmt den Antennenwirkungsgrad. Durch Wahl hinreichend niedriger elektrischer Feldstärke an der Strahldrahtoberfläche hat man es in der Hand, diese Verluste praktisch auf die Joulesche Wärme des Leitungsstromes zu beschränken. Der Anteil des Widerstandes der Luftdrähte ist durch die Entwicklungen der Nr. 73 bestimmt und kann durch geeignete Leiterabmessungen und Materialwahl beherrscht werden. Demgegenüber sind die Stromwärmeverluste in der Erde durch die Ausbreitungsgesetze des Stromes in ihr zum überwiegenden Teile bestimmt und daher wesentlich von der Leitfähigkeit des Erdreiches abhängig. Die Dimensionierung des in die Erde zu legenden

Leitungssystems bildet mit Rücksicht auf einen möglichst hohen Antennenwirkungsgrad eines der wichtigsten Probleme des praktischen Antennenbaues.

Als Element einer solchen Erdung wird ein Draht vom Halbmesser R und von der Länge $2h$ in die Erde verlegt, welchem der Antennenstrom J in der Mitte zugeführt wird. Bei hinreichender Eingrabtiefe darf das Erdreich als unendlich ausgedehnt angenommen werden. Unter Benutzung der in Nr. 247 erhaltenen Ergebnisse kann dann der Erddraht selbst als linearer Strahler in einem Medium der komplexen Dielektrizitätskonstante

$$\bar{\varepsilon} = \varepsilon + \frac{\varkappa}{j\omega} \tag{53}$$

und der komplexen Fortpflanzungsgeschwindigkeit

$$\bar{a} = \sqrt{\frac{10^8}{\bar{\varepsilon}\mu}} \tag{54}$$

betrachtet werden. Demnach regelt sich die Stromstärke längs des Erddrahtes nach den Gesetzen der homogenen Leitung, welche pro Längeneinheit die (komplexe) Kapazität

$$\bar{\mathfrak{c}} = \bar{\varepsilon} \cdot \frac{2\pi}{\ln 2\frac{h}{R}}, \tag{55}$$

die (reelle) frequenzunabhängige Induktivität

$$\bar{l} = \frac{1}{\bar{a}^2 \cdot \bar{\mathfrak{c}}} = \frac{\mu \cdot \ln 2\frac{h}{R}}{2\pi \cdot 10^8} \tag{56}$$

und den (komplexen) Wellenwiderstand

$$\mathfrak{Z} = \sqrt{\frac{\bar{l}}{\bar{\mathfrak{c}}}} = \frac{\ln 2\frac{h}{R}}{2\pi}\sqrt{\frac{\mu}{\bar{\varepsilon} \cdot 10^8}} \tag{57}$$

besitzt. Daher ergeben die Gl. (37) mit der Grenzbedingung

$$\bar{J} = 0 \qquad \text{für} \qquad v = h$$

Strom und Querspannung

$$\left.\begin{aligned} \bar{E} &= \bar{E}_0 \cdot \cos\frac{\omega}{\bar{a}}(v-h)\,, \\ \bar{J} &= \frac{\bar{E}_0}{j\mathfrak{Z}} \cdot \sin\frac{\omega}{\bar{a}}(v-h)\,. \end{aligned}\right\} \tag{58}$$

Der Halbdraht setzt also dem Eindringen des Stromes den „Querwiderstand"

$$\mathfrak{R}_q = \left(\frac{\bar{E}}{\bar{J}}\right)_{v=0} = -j\,\mathfrak{Z}\operatorname{cotg}\frac{\omega}{\bar{a}}h \tag{59}$$

entgegen. Wir beschränken die Rechnung auf den praktisch wichtigsten[1]) Fall

$$\varepsilon \ll \frac{\varkappa}{j\,\omega}; \qquad \bar{\varepsilon} = \sim \frac{\varkappa}{j\,\omega}; \qquad \bar{a} = \infty \sqrt{\frac{10^8}{\frac{\varkappa}{j\,\omega}\mu}}. \tag{60}$$

Wir setzen gemäß Gl. (58)

$$\bar{J} = -\bar{J}_0 \cdot \frac{\sin\frac{\omega}{\bar{a}}(v-h)}{\sin\frac{\omega}{\bar{a}}h} = -\bar{J}_0 \cdot \frac{\sin(1-j)\,\xi\left(\frac{v}{h}-1\right)}{\sin(1-j)\,\xi}, \tag{58a}$$

wo $\bar{J}_0$ den Strom im Zuführungspunkte ($v = 0$) mißt und durch

$$\xi = \sqrt{\frac{\omega\,\varkappa\,\mu\cdot 10^{-8}}{2}}\cdot h \tag{61}$$

die reduzierte Drahtlänge definiert ist. Die Stromamplitude nimmt also nach dem Gesetze

$$\frac{J_{\max}}{J_{0\max}} = \sqrt{\frac{\mathfrak{Cof}\,2\,\xi\left(\frac{v}{h}-1\right) - \cos 2\,\xi\left(\frac{v}{h}-1\right)}{\mathfrak{Cof}\,2\,\xi - \cos 2\,\xi}} \tag{58b}$$

vom Zuführungspunkte nach der Erddrahtspitze zu stark ab. Mit (61) wird der Querwiderstand

$$\mathfrak{R}_q = \frac{\ln 2\frac{h}{R}}{2\,\pi\cdot\varkappa\,h}\cdot(1-j)\,\xi\,\mathrm{cotg}\,(1-j)\,\xi = R_0\,(1-j)\,\xi\,\mathrm{cotg}\,(1-j)\,\xi, \tag{59a}$$

wo

$$R_0 = \frac{\ln 2\frac{h}{R}}{2\,\pi\,\varkappa\,h} \tag{62}$$

den Gleichstrom - Übergangswiderstand des Drahtes bedeutet. Der Realteil von $\mathfrak{R}_q$ gibt den wirksamen Übergangswiderstand für Wechselstrom

$$R_{ü} = R_0\cdot\mathfrak{Re}\left[\frac{(1-j)\,\xi\,(\sin 2\,\xi + j\,\mathfrak{Sin}\,2\,\xi)}{(\mathfrak{Cof}\,2\,\xi - \cos 2\,\xi)}\right] = R_0\,\xi\,\frac{\sin 2\,\xi + \mathfrak{Sin}\,2\,\xi}{\mathfrak{Cof}\,2\,\xi - \cos 2\,\xi}, \tag{60b}$$

während der Imaginärteil die „Querreaktanz" liefert

$$\omega\,L_{ü} = R_0\,\mathfrak{Jm}\left[\frac{(1-j)\,\xi\,(\sin 2\,\xi + j\,\mathfrak{Sin}\,2\,\xi)}{\mathfrak{Cof}\,2\,\xi - \cos 2\,\xi}\right] = R_0\,\xi\,\frac{\mathfrak{Sin}\,2\,\xi - \sin 2\,\xi}{\mathfrak{Cof}\,2\,\xi - \cos 2\,\xi}. \tag{60c}$$

Für hinreichend große reduzierte Drahtlängen erhält man die bequemen Näherungsformeln

$$R_{ü} = \omega\,L_{ü} = R_0\cdot\xi = \frac{\ln 2\frac{h}{R}}{2\,\pi\,\varkappa}\sqrt{\frac{\omega\,\varkappa\,\mu\cdot 10^{-8}}{2}}. \tag{60d}$$

[1]) Für den allgemeinen Fall vgl. Nr. 56.

Der Übergangswiderstand steigt also schließlich mit der Wurzel aus der Frequenz und mit dem Logarithmus der Drahtlänge an; es existiert demnach eine „kritische" Drahtlänge, welche das Minimum des Übergangswiderstandes liefert (vgl. Nr. 75).

Durch Einsetzen von (58a) in (31) finden wir die magnetische Umlaufsspannung des Strahlungsfeldes

$$\overline{M} = \overline{J}_0 \cdot \frac{\sin\frac{\omega}{\overline{a}}(v-h)}{\sin\frac{\omega}{\overline{a}}h} e^{-j\frac{\omega}{\overline{a}}(u-u_0)}. \tag{63}$$

Analog (32b) ergibt sich die Längsfeldstärke

$$\overline{\mathfrak{E}}_v = \frac{1}{\overline{\varepsilon}\,\overline{a}} \cdot \frac{1}{2\pi} \cdot \frac{h'}{\sqrt{(u^2-v^2)(h'^2-v^2)}} \cdot \overline{J}_0 \cdot \frac{\sin\frac{\omega}{\overline{a}}(v-h)}{\sin\frac{\omega}{\overline{a}}v} \cdot e^{-j\frac{\omega}{\overline{a}}(u-\omega_0)}. \tag{64}$$

Unmittelbar am Erddraht ist das Feld

$$\left(\overline{\mathfrak{E}}_v\right)_{u=\omega_0} = \frac{1}{\overline{\varepsilon}\,\overline{a}} \cdot \frac{1}{2\pi} \cdot \frac{h'}{h'^2-v^2} \cdot \overline{J}_0 \cdot \frac{\sin\frac{\omega}{\overline{a}}(v-h)}{\sin\frac{\omega}{\overline{a}}v} \tag{64a}$$

gegen den Strom um den konstanten Winkel

$$\varphi = \arg\frac{1}{\overline{\varepsilon}\,\overline{a}} = \arg\sqrt{\frac{\overline{\varepsilon}}{\mu}} \tag{65}$$

verspätet. Die dem Element dv entquellende Leistung ist daher

$$dN = J_{0\,\mathrm{eff}}^2 \cdot \frac{1}{2\pi\,|\overline{\varepsilon}\,\overline{a}|} \cdot \cos\varphi \cdot \frac{h'}{h'^2-v^2} \cdot \frac{\left|\sin\frac{\omega}{\overline{a}}(v-h)\right|^2}{\left|\sin\frac{\omega}{\overline{a}}h\right|^2} dv. \tag{66}$$

Die Gesamtleistung folgt analog (34c) durch Integration

$$\left.\begin{aligned} N = \int_0^{h'} dN &= J_{0\,\mathrm{eff}}^2 \cdot \frac{1}{2\pi\,|\overline{\varepsilon}\,\overline{a}|} \cdot \cos\varphi \cdot \frac{1}{\left|\sin\frac{\omega}{\overline{a}}h\right|^2} \int_0^1 \frac{dr}{1-r^2} \left|\sin\frac{\omega}{\overline{a}}h(1-r)\right|^2 \\ &= J_{0\,\mathrm{eff}}^2 \cdot R_s, \end{aligned}\right\} \tag{66a}$$

wo

$$R_s = \frac{1}{2\pi\,|\overline{\varepsilon}\,\overline{a}|} \cdot \cos\varphi \cdot \frac{1}{\left|\sin\frac{\omega}{\overline{a}}h\right|^2} \int_0^1 \frac{dr}{1-r^2} \left|\sin\frac{\omega}{\overline{a}}h(1-r)\right|^2 \tag{67}$$

den Strahlungswiderstand des Erddrahtes darstellt. Unter den besonderen Voraussetzungen (60) und Einführung von (61) wird

$$R_s = \frac{1}{2\pi\varkappa h} \cdot \frac{\xi}{\mathfrak{Cos}\,2\xi - \cos 2\xi} \cdot \int_0^1 \frac{dr}{1-r^2} [\mathfrak{Cos}\,2\xi\{1-r\} - \cos 2\xi\{1-r\}]. \quad (67\text{a})$$

Das Integral läßt sich mit Hilfe des Exponentialintegrales $Ei(x)$, des Integralcosinus $Ci(x)$ und des Integralsinus $Si(x)$[1]) auswerten:

$$\left.\begin{aligned}
&\int_0^1 \frac{dr}{1-r^2} [\mathfrak{Cos}\,2\xi\{1-r\} - \cos 2\xi\{1-r\}] \\
&= \tfrac{1}{4}[Ei(2\xi)\{1-e^{-4\xi}\} + Ei(-2\xi)\{1-e^{4\xi}\} \\
&\qquad + Ei(4\xi)e^{-4\xi} + Ei(-4\xi)e^{4\xi}] \\
&- \tfrac{1}{2}[Ci(2\xi)\{1-\cos 4\xi\} + Si(2\xi)\{-\sin 4\xi\} \\
&\qquad + Ci(4\xi)\{\cos 4\xi\} + Si(4\xi)\{\sin 4\xi\}].
\end{aligned}\right\} \quad (68)$$

Für hinreichend große $|x|$ gelten die Näherungsausdrücke

$$Ei(x) = \frac{e^x}{x}; \qquad Ci(x) = \frac{\sin x}{x}; \qquad Si(x) = \frac{\pi}{2} - \frac{\cos x}{x},$$

so daß sich (68) auf

$$\int_0^1 \frac{dr}{1-r^2} [\mathfrak{Cos}\,2\xi\{1-r\} - \cos 2\xi\{1-r\}] = \frac{\mathfrak{Sin}\,2\xi - \sin 2\xi}{2\xi} \quad (68\text{a})$$

reduziert. Dieses einfache Ergebnis ist der analytische Ausdruck der in Gl. (58b) ausgesprochenen starken Abnahme des Stromes an der Drahtspitze, welche diesen Drahtteil für die Strahlung unwirksam macht; in der Tat, ersetzt man unter dem Integral $1 - r^2$ durch 1, so folgt (68a) unmittelbar.

Durch Einsetzen von (68a) in (67a) erhält man für den Strahlungswiderstand die Näherungsformel

$$R_s = \frac{1}{2\pi\varkappa h} \cdot \frac{1}{2} \frac{\mathfrak{Sin}\,2\xi - \sin 2\xi}{\mathfrak{Cos}\,2\xi - \cos 2\xi} = \sim \frac{1}{4\pi\varkappa h}. \quad (67\text{b})$$

Der Strahlungswiderstand ist also gänzlich unabhängig von der Frequenz; er kann durch Vergrößerung der Drahtlänge weitgehend reduziert werden. Dieses eigentümliche Verhalten wird ebenfalls durch (58b) erklärt: eine Verlängerung des Erddrahtes verstärkt den Stromabfall am Zuführungspunkte und verkleinert hierdurch die für die Strahlung wirksame Zone des Drahtes.

---

[1]) Jahnke-Emde, Funktionentafeln S. 19.

Als Zahlenbeispiel behandeln wir einen Draht der Dimensionen

$$h = 50\,m = 5 \cdot 10^3\,\text{cm}; \qquad R = 1\,\text{cm},$$

welcher in Erdreich der Leitfähigkeit

$$\varkappa = 10^{-4} \frac{1}{\text{Ohm/cm}}$$

verlegt sei. Nach (62) wird

$$R_0 = \frac{\ln 2 \cdot 5 \cdot 10^3}{2\pi \cdot 5 \cdot 10^3 \cdot 10^{-4}} = \frac{9{,}22}{\pi} = 2{,}94\,\Omega.$$

Für eine Betriebsfrequenz

$$\omega = 10^6; \qquad \mathfrak{f} = 1{,}59 \cdot 10^5; \qquad \lambda = \backsim 1900\,m$$

wird

$$\xi = \sqrt{\frac{10^6 \cdot 10^{-4} \cdot 0{,}4\,\pi \cdot 10^{-8}}{2}} \cdot 5 \cdot 10^3 = 3{,}96,$$

also

$$R_{ü} = 2{,}94 \cdot 3{,}96 = 11{,}6\,\Omega.$$

Der Strahlungswiderstand berechnet sich aus (67 b)

$$R_s = \frac{1}{4\pi \cdot 10^{-4} \cdot 5 \cdot 10^3} = 0{,}16\,\Omega.$$

Er vermag also den Gesamtverlust nur unwesentlich zu erhöhen.

Strahlungskopplung. Extrem lose Strahlungskopplung.

279. Grundlagen und Definitionen. Wir setzen ein System zweier Strahler voraus, welche in gegebener Entfernung einem gemeinsamen Strahlungsfelde eingebettet sind. Die Antennen heißen durch Strahlung gekoppelt, wenn jede Änderung des Strahlungsfeldes Änderungen der Schwingungen beider Antennen nach sich zieht.

Es werde angenommen, daß einer der Antennen, der „Primärantenne", durch besondere Anordnungen ihre Strahlungsleistung fortdauernd zugeführt werde. Dagegen soll die zweite Antenne, das „Sekundärsystem", ihre Leistung allein durch Vermittlung des elektromagnetischen Energiestromes der Strahlung vom primären Strahler her erhalten.

Die Antennen heißen extrem lose gekoppelt, wenn und solange die Schwingungen des Sekundärsystemes die Primärstrahlung nicht zu beeinflussen vermögen. Dieser Definition zufolge ist das Feld der Primärantenne als bekannt anzusehen. Wir entnehmen den Entwicklungen der vorigen Abschnitte als notwendige Bedingung der extrem losen Kopplung, daß das Sekundärsystem sich in der Fernzone befinde. Hier kann das elektrische Feld innerhalb eines gewissen Intervalles als ebene Welle dargestellt werden. Sei x ihre Fortschrittsrichtung, so ist also

$$\mathfrak{E} = \Re e(\overline{\mathfrak{E}}); \qquad \overline{\mathfrak{E}} = \overline{\mathfrak{E}}_0 \cdot e^{-j\frac{\omega}{a}x}; \qquad \overline{\mathfrak{E}}_0 = \mathfrak{E}_{0\,\max} \cdot e^{j\omega t}. \tag{69}$$

Die komplexe Amplitude $\mathfrak{E}_0$ ist eine als bekannt zu betrachtende Funktion der primären Systemgestalt und der Entfernung zwischen Primär- und Sekundärsystem.

280. Empfang mit der Hochantenne. Wir untersuchen die Wirkung des Feldes (69) auf einen beschwerten linearen Strahler.

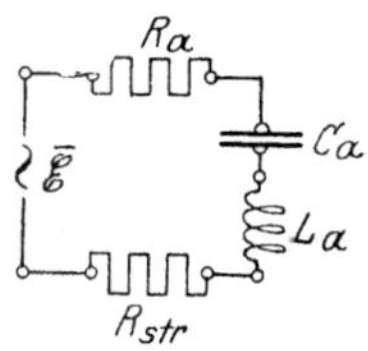

Abb. 361. Ersatzschema einer Empfangsantenne.

Die strenge Lösung der Feldgleichungen für diesen Fall ist nicht bekannt. Wir sind daher gezwungen, ein Modell der Antenne zu entwerfen, welches ihren wesentlichsten Eigenschaften gerecht wird: die Existenz einer Eigenfrequenz weist auf die Zusammenfassung der wirksamen Verschiebungsfelder in einer (fingierten) Antennenkapazität C_a für das elektrische Feld, in einer (fingierten) Induktivität L_a für das magnetische Feld. Diese werden so gewählt, daß die Eigenfrequenz des aus ihnen gebildeten, widerstandsfreien Schwingungskreises

$$\omega_a^2 = \frac{1}{L_a C_a} \tag{70}$$

mit der Grundeigenfrequenz des Strahlers übereinstimmt. Der (verteilte) Ohmsche Widerstand der Sekundärantenne wird in dem Antennenwiderstand R_a zusammengefaßt, während wir die Strahlungsleistung durch den Strahlungswiderstand R_{str} in das Ersatzbild einführen. Die längs des Strahlers der Höhe h wirksame Spannung

$$\overline{E} = \overline{\mathfrak{E}}_0 \cdot h \tag{71}$$

denken wir uns nach dem Schema der Abb. 361 auf das Ersatzbild der Antenne wirksam. Für den Antennenstrom J erhalten wir demnach die Beziehung:

$$\overline{E} = \overline{J} \cdot R_a + \overline{J}\,\Re_{st} + L_a \frac{d\overline{J}}{dt} + \frac{1}{C_a}\int \overline{J}\,dt, \tag{72}$$

welche vermöge (69) mit der in Nr. 156 behandelten Gl. (2a) einfach harmonischer erzwungener Stromschwingungen im Schwingungskreise verwandt ist. Gl. (72) unterscheidet sich aber von der früher behandelten durch die Abhängigkeit des Strahlungswiderstandes von der Frequenz.

Die Diskussion der Gl. (72) gestaltet sich besonders einfach für den praktisch wichtigsten Fall der Fächerantenne. Hier darf für R_{str} der Ausdruck (50c) eingeführt werden, so daß (72) die Form annimmt:

$$\overline{E} = \overline{J} \cdot \Re_a + \overline{J} \cdot 160\,\pi^2 \frac{(\alpha h)^2}{4\,\pi^2 a^2} \cdot \omega^2 + L_a \frac{d\overline{J}}{dt} + \frac{1}{C_a}\int \overline{J}\,dt. \tag{72a}$$

Zufolge unserer Annahme der Antennenform ist α als Konstante zu betrachten; dagegen kann L_a und C_a durch geeignet gewählte Beschwerungen im Antennenfuß beliebig geregelt werden. Insbesondere ist es möglich, die Antenne auf Resonanz mit der einfallenden Welle abzustimmen:

$$\omega^2 = \omega_a^2 . \tag{73}$$

Hierfür reduziert sich Gl. (72a) auf

$$\overline{E} = \overline{J} \cdot \left(R_a + 160\,\pi^2 \frac{(\alpha\, h)^2}{4\,\pi^2\, a^2} \cdot \omega^2 \right). \tag{72b}$$

Der Strom ist also in Phase mit der einfallenden Welle. Seine Amplitude ist durch die Summe aus Ohmschem Widerstand und Strahlungswiderstand nach oben begrenzt. Im Gegensatz zu den erzwungenen Stromschwingungen eines geschlossenen Schwingungskreises kann daher durch Verkleinerung des Ohmschen Widerstandes der Strom nicht beliebig hoch getrieben werden, weil der Strahlungswiderstand mit der Antennenform festliegt.

Besonderes Interesse besitzt der „günstigste" Wert des Antennenwiderstandes, für welchen die in ihm umgesetzte Leistung ein Extremum wird. Er ist durch das allgemeine Anpassungsgesetz (10), Nr. 205, zu

$$R_{a_{\text{opt}}} = \mathfrak{R}_{str} \tag{74}$$

bestimmt, liegt somit ebenfalls mit der Antennenform fest. Die Höchstleistung selbst wird:

$$N_{\max} = \frac{1}{4} \frac{\mathfrak{E}_{\text{eff}}^2}{R_{str}} = \frac{1}{4} \frac{\mathfrak{E}_{\text{eff}}^2 \cdot h^2}{160\,\pi^2 \dfrac{(\alpha\, h)^2\, \omega^2}{4\,\pi^2\, a^2}} = \frac{1}{4} \frac{\mathfrak{E}_{\text{eff}}^2}{160\,\pi^2 \dfrac{\alpha^2 \omega^2}{4\,\pi^2 a^2}} . \tag{75}$$

Sie ist somit durch Feldstärke und Betriebsfrequenz bestimmt und durch die Höhe des Strahlers nicht zu beeinflussen.

Diese einfache Gesetzmäßigkeit, welche die Dimensionierung des Ohmschen Antennenwiderstandes beherrscht, wird allerdings praktisch dadurch modifiziert, daß nur ein Teil R_n dieses Widerstandes die ihm zugeführte Leistung in Nutzleistung umformt, während der Rest, der Verlustwiderstand R_v, die Leistung in Wärme umsetzt. Hier verlangt die Anpassungsbedingung

$$R_n = R_v + R_{str} , \tag{75a}$$

so daß der Idealfall (75) nur bei verschwindendem Verlustwiderstand ausnutzbar ist. Als Maß der Ausnutzungsfähigkeit führen wir den Gütegrad der Antenne durch die Definition ein

$$\eta = \frac{R_{a_{\text{opt}}}}{R_n} = \frac{R_{str}}{R_{str} + R_v} . \tag{76}$$

Diese Gleichung spricht zwei äquivalente Mittel zur Erzielung hohen Gütegrades aus: entweder weist sie in der Abhängigkeit von R_v auf weitestgehende Herabsetzung aller Ohmschen Verlustwiderstände hin, insbesondere also auf ihre Kompensation durch eine Anfachung; oder sie fordert in der Abhängigkeit von R_{str} Konstruktion von Strahlern möglichst großer Strahlungswiderstände, das heißt großer Höhe. Die erste Forderung gilt für Empfangsschaltungen, in welchen rückgekoppelte Elektronenröhren verwandt werden, die zweite für Schaltungen, welche mit Detektoren als Gleichrichtern arbeiten; für diese zeigt Abb. 362 die

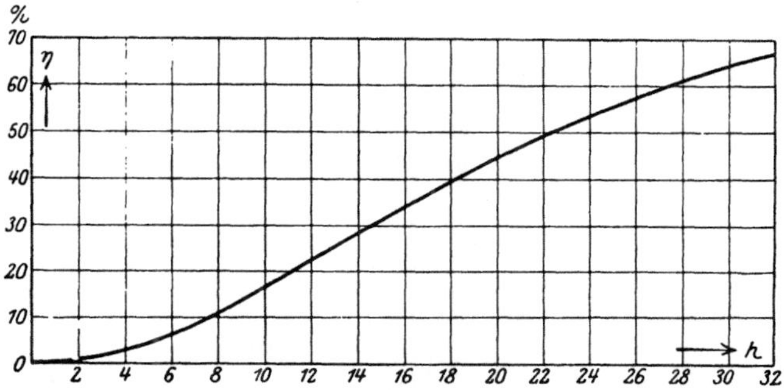

Abb. 362. Abhängigkeit des Gütegrades einer Hochantenne von der wirksamen Höhe.

Abhängigkeit des Gütegrades von der Antennenhöhe. — Die Gültigkeit dieser Überlegungen setzt nicht voraus, daß R_a einem unmittelbar in die Antenne eingeschalteten Apparate angehört. Vielmehr läßt sich mittels des in Nr. 205 eingeführten Begriffes des inneren Widerstandes auch der Fall eines beliebig in den Strahler eingeschalteten Linearsystems auf die gleiche Weise erledigen.

Nach dem allgemeinen Anpassungsgesetz wird ein mit $N_{\max}$ gleicher Leistungsbetrag vermittels R_{str} in Strahlung umgesetzt, welche von der Antenne in den umgebenden Raum hinauszieht und sich dort der einfallenden Welle überlagert. Dieses sekundäre Zerstreuungsfeld ist in seiner Struktur durch die Hertzsche Lösung zusammen mit der Stromgleichung (72b) bestimmt. Es ist hiernach ein leichtes, den Verlauf des resultierenden Feldes zu übersehen, wie dies in Abb. 363 für den Fall (74) nach Rechnungen Rüdenbergs[1]) geschehen ist. Man erkennt, daß das Feld in der Umgebung der Empfangsantenne außerordentlich starke Deformationen erleidet, welche sich bis auf eine Entfernung von etwa 40 Wellenlängen fühlbar auswirken.

Besondere Erscheinungen treten auf, wenn das Empfangsantennensystem angefacht wird.

[1]) Annalen d. Physik Bd. 25, S. 446. 1908.

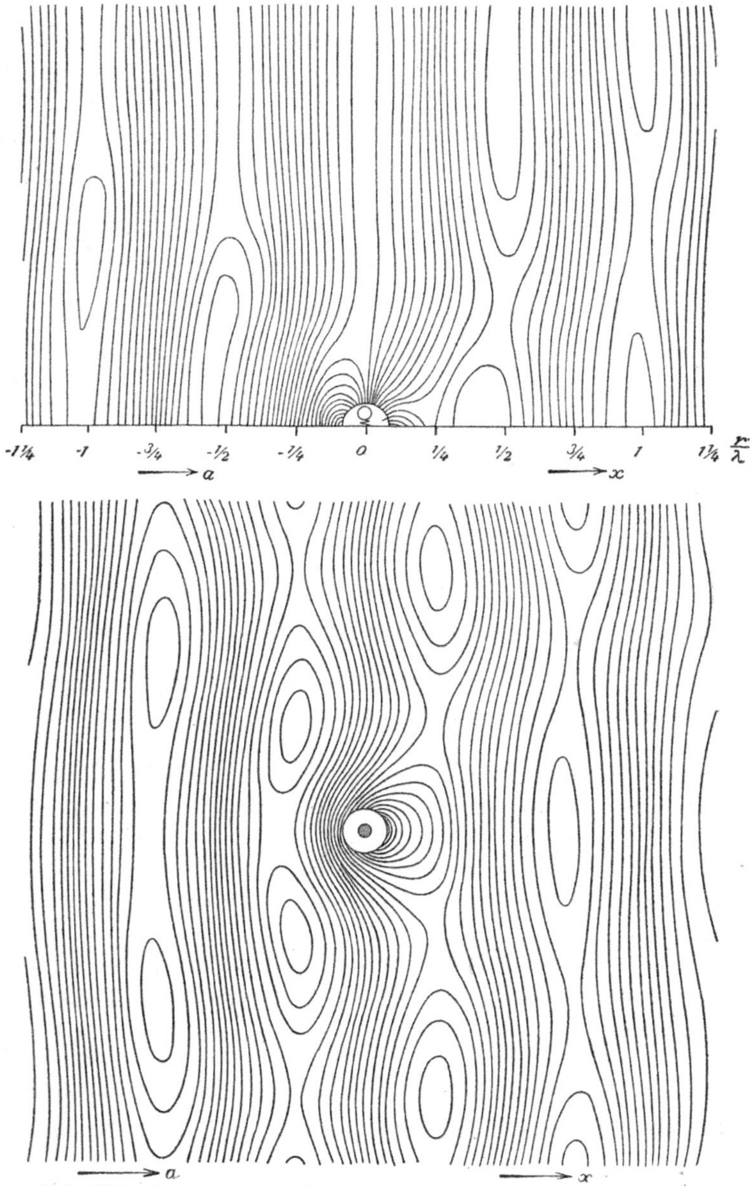

Abb. 363. Störung des primären Feldes durch eine abgestimmte Empfangsantenne.

Im einfachsten Falle genauer Abstimmung der Antenne auf die Frequenz der einfallenden Welle kann der Rückwirkungsbereich außerordentlich vergrößert werden: die zerstreuten Wellen verseuchen ein weites Feld der Umgebung.

Sind dagegen Empfangsantenne und einfallende Welle gegeneinander verstimmt, so treten die in Nr. 170 entwickelten Gesetzmäßigkeiten in Wirksamkeit: Bei hinreichend geringer Verstimmung kann die Frequenz der angefachten Schwingung völlig unterdrückt werden, die Antennenschwingung wird von der einfallenden Welle „mitgenommen“. Bei geringen Schwankungen der erzwingenden Frequenz können nach Maßgabe der in Nr. 170 geschilderten Kipperscheinungen plötzliche Sprünge in der Intensität des Antennenstromes eintreten. Diese Vorgänge machen sich besonders unangenehm bei den Strahlorganen extrem lose gekoppelter Telephoniesender geltend, welche mit eng benachbarten Trägerfrequenzen arbeiten: Hier werden im Takt der Sprachpulsationen die Verstimmungen kontinuierlich geändert, so daß jene gefährlichen Verstimmungsbereiche betriebsmäßig bestrichen werden. Die hierdurch verursachten Störungen können unter Umständen einen geregelten Betrieb unterbinden. Um dies zu vermeiden, muß die empfangende Antenne stets im Bereich der Schwebungslösung arbeiten, wozu nach Nr. 170 eine von der Empfangsintensität, also Stärke und Entfernung der gekoppelten Stationen [Nr. 245, Gl. (7)], abhängige Mindestverstimmung erforderlich ist.

281. Empfang mit der Rahmenantenne. Eine Rahmenantenne besteht aus w Windungen von rechteckigem Querschnitt der Höhe h und der Weite d, welche zu einer flachen Zylinderspule aufgewunden sind. Der Rahmen ist mit einem Kondensator C und einem Nutzwiderstande R zu einem Schwingungskreise zusammengeschlossen, dessen Induktivität durch die Abmessungen der Spule gegeben ist.

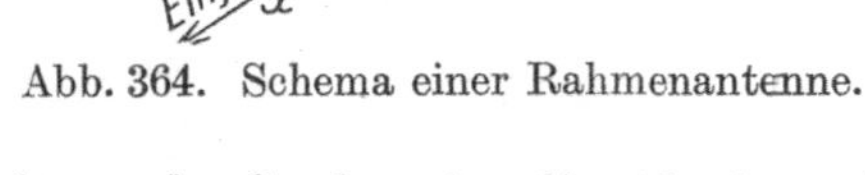

Abb. 364. Schema einer Rahmenantenne.

Wir berechnen die im Rahmen durch das Feld (69) entwickelte Umlaufsspannung.

Es sei ϑ der Winkel der Spulenebene gegen die Fortschrittsrichtung der Wellen. Zählen wir längs der Spulenseite die Abszisse x', so gilt (Abb. 364)

$$x' = \frac{x}{\cos\vartheta}\,; \qquad x = x' \cdot \cos\vartheta\,. \tag{77}$$

Die Gleichung der längs des Rahmens fortschreitenden Wellen wird daher durch Einsetzen von (77) in (69)

$$\overline{\mathfrak{E}} = \overline{\mathfrak{E}}_0 \cdot e^{j\frac{\omega}{a}x' \cdot \cos\vartheta}\,. \tag{78}$$

Die in einer Windung entwickelte Umlaufsspannung ist

$$\overline{E}_1 = h\left[\overline{\mathfrak{E}}_{x'+d} - \overline{\mathfrak{E}}_{x'}\right] \tag{79}$$

und, bei hinreichend niedriger Frequenz,

$$\overline{E}_1 = h \cdot d \cdot \frac{\partial \overline{\mathfrak{E}}_{x'}}{\partial x'} = h \cdot d \cdot j \frac{\omega}{a} \cdot \cos\vartheta \cdot \overline{\mathfrak{E}}. \tag{79a}$$

Hieraus ergibt sich die gesamte Spulenumlaufsspannung

$$\overline{E} = w \cdot \overline{E}_1 = w \cdot h \cdot d \cdot j \frac{\omega}{a} \cdot \cos\vartheta \cdot \overline{\mathfrak{E}}. \tag{79b}$$

Zu dem gleichen Ausdrucke gelangt man, wenn man die Induktionswirkungen des von der Welle mitgeführten Magnetfeldes auf die Spule berechnet; für die Größe der Wirkungen ist demnach außer der Windungszahl w nur der Rahmenquerschnitt

$$F = h \cdot d$$

von Bedeutung.

Da der Strahlungswiderstand des Rahmens im allgemeinen verschwindend klein ist, besteht für den Strom im Schwingungskreise die Gleichung

$$\overline{E} = JR + L\frac{d\overline{J}}{dt} + \frac{1}{C}\int \overline{J}\,dt.$$

Der höchst erreichbare Strom bei Abstimmung des Schwingungskreises auf die Primärfrequenz wird demnach

$$\overline{J}_{\max} = \frac{\overline{E}}{R}.$$

Er ist demnach unter sonst gleichen Umständen der Windungszahl und dem Querschnitt der Rahmenspule proportional.

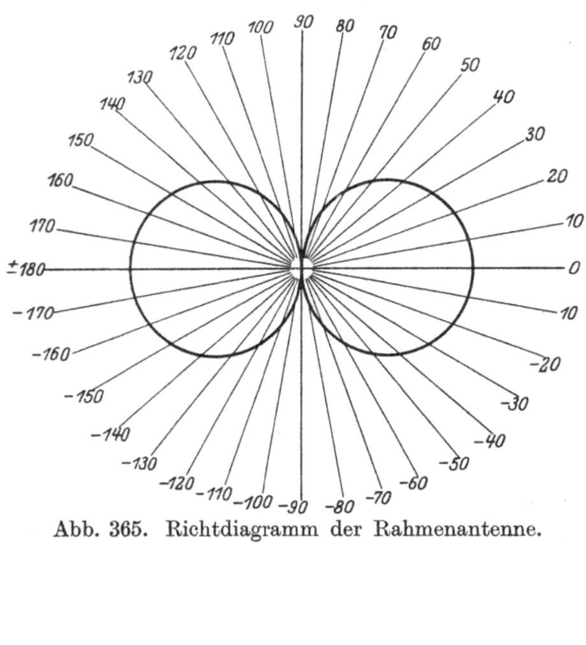

Abb. 365. Richtdiagramm der Rahmenantenne.

In der Proportionalität der Spannung $\overline{E}$ mit $\cos\vartheta$ ist eine der wichtigsten Eigenschaften der Rahmenantenne ausgesprochen: ihre Richtfähigkeit. Wir veranschaulichen diese Eigenschaft durch Zeichnung der Horizontalcharakteristik

$$E_{\max} = |\overline{E}| = f(\vartheta).$$

Aus Abb. 365, welche diese Funktion zeigt, erkennt man die symmetrische Richtwirkung der Rahmenantenne, welche insbesondere für $\vartheta = \pm\frac{\pi}{2}$ die Empfangsintensität Null liefert. Hierauf ist eine wichtige Methode der Ortsbestimmung beweglicher Empfangsantennen gegründet (Peilung).

Diese Richtwirkung kann durch Kombination einer Rahmenantenne mit einer Hochantenne geeigneter Dimensionierung verstärkt werden.

Als Beispiel betrachten wir die Reihenschaltung einer Hochantenne der Höhe h_1 mit einem Rahmen der Windungsfläche

$$w \cdot h \cdot d = F'$$

(Abb. 366). Ist d_1 die Entfernung zwischen Hochantenne und Rahmen, so wird nach Gl. (71) die Antennenspannung

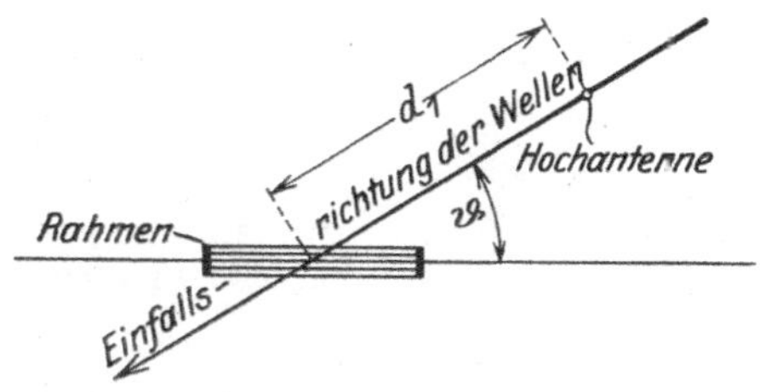

Abb. 366. Schema der Reihenanordnung einer Rahmen- mit einer Hochantenne.

$$\overline{E}_A = h_1 \cdot \overline{\mathfrak{E}}_0 \tag{80}$$

und die Umlaufsspannung des Rahmens

$$\overline{E}_R = F' \cdot j \frac{\omega}{a} \cos\vartheta \cdot \overline{\mathfrak{E}}_0 \cdot e^{-j\frac{\omega}{a}d_1} = \frac{F'}{d_1} \cdot j\, s \cdot \cos\vartheta\, \overline{\mathfrak{E}}_0\, e^{-js}, \tag{81}$$

wo

$$s = \frac{\omega}{a} d_1$$

gesetzt ist. Dem System wird daher durch die einfallenden Wellen die Gesamtspannung

$$\overline{E} = \overline{E}_A + \overline{E}_R = \overline{\mathfrak{E}}_0 \left[h_1 + \frac{F'}{d} j\, s \cos\vartheta\, e^{-js}\right] \tag{82}$$

eingestrahlt, deren Amplitude

$$\left.\begin{aligned} E_{\max} &= \mathfrak{E}_{0\max} \cdot \sqrt{\left\{h_1 + \frac{F'}{d_1} s\cos\vartheta \cdot \sin s\right\}^2 + \left\{\frac{F'}{d_1} s\cos\vartheta\cos s\right\}^2} \\ &= \mathfrak{E}_{0\max} \cdot \sqrt{h_1^2 + 2\,h_1 \cdot \frac{F'}{d_1} s\cos\vartheta \cdot \sin s + \frac{F'^2}{d_1^2} s^2\cos^2\vartheta} \end{aligned}\right\} \tag{82 a}$$

beträgt. Wählt man nun

$$s = \frac{\pi}{2}; \qquad \frac{F'}{d_1} s = h_1, \tag{83}$$

so wird

$$E_{\max} = \mathfrak{E}_{0\max} \cdot h_1 \cdot \sqrt{1 + 2\cos\vartheta + \cos^2\vartheta}\,. \tag{82 b}$$

Die hiermit gegebene Abhängigkeit der Empfangsintensität von der Stellung des Rahmens gegen die Einfallsrichtung der Wellen ist in Abb. 367 dargestellt. Wir erkennen einen ausgesprochen einseitigen Richteffekt der Gesamtanordnung, deren praktischer Wert allerdings durch die in (83) enthaltene Beschränkung auf eine bestimmte Betriebswellenlänge und Strahlungsrichtung beeinträchtigt wird.

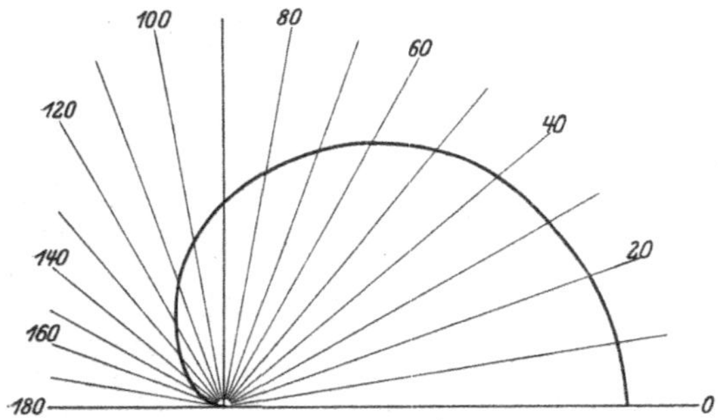

Abb. 367. Richtdiagramm der Anordnung nach Abb. 366.

282. Empfang mit der Beverage-Antenne. Die Beverage-Antenne besteht aus einem geraden Drahte der Länge l, welcher über der Erde horizontal ausgespannt ist.

Solange die Höhe h des Antennendrahtes über dem Erdboden klein ist gegen die Betriebswellenlänge, darf das magnetische Feld des Antennenstromes als transversal bezüglich der Längserstreckung der Antenne vorausgesetzt werden. Die Antenne kann sodann mittels der in Nr. 219 gefundenen Sätze durch die Größen ihrer Induktivität, Kapazität, Ableitung A und ihres Widerstandes R pro Längeneinheit definiert werden.

Die Grundgleichungen des Feldes der Beverage-Antenne gehen aus den Differentialgleichungen der leitungsgerichteten Strahlung längs der Einfachleitung (Nr. 222) hervor, wenn dem Spannungsabfall pro Längeneinheit die durch die einfallende Welle eingestrahlte Spannung pro Längeneinheit hinzugezählt wird

$$\left.\begin{aligned} -\frac{\partial E}{\partial z} &= J \cdot R + L\frac{\partial J}{\partial t} + \frac{\partial E_s}{\partial z}, \\ -\frac{\partial J}{\partial z} &= EA + C\frac{\partial E}{\partial t}. \end{aligned}\right\} \tag{84}$$

Identifiziert man in (78) x mit z, so wird

$$\overline{E}_s = h\,\overline{\mathfrak{E}}_0 \cdot e^{-j\frac{\omega}{a}z\cos\vartheta}; \qquad \frac{\partial \overline{E}_s}{\partial z} = -h \cdot \overline{\mathfrak{E}}_0 \cdot j\,\frac{\omega}{a}\cos\vartheta \cdot e^{-j\frac{\omega}{a}z\cos\vartheta} \tag{78 a}$$

und die Gl. (84) lauten in komplexer Schreibweise

$$\left.\begin{aligned} -\frac{d\overline{E}}{dz} &= \overline{J}\cdot(R + j\omega L) - h\,\overline{\mathfrak{E}}_0\, j\,\frac{\omega}{a}\cos\vartheta\, e^{-j\frac{\omega}{a}z\cdot\cos\vartheta}, \\ -\frac{d\overline{J}}{dz} &= \overline{E}\,(A + j\omega C) \end{aligned}\right\} \tag{84 a}$$

oder mit Elimination des Stromes

$$\frac{d^2 \overline{E}}{d z^2} - \alpha^2 \overline{E} = h \overline{\mathfrak{E}}_0 \frac{\omega^2}{a^2} \cos^2\vartheta\, e^{-j\frac{\omega}{a} z \cdot \cos\vartheta}\,; \quad \alpha^2 = (R + j\omega L)(A + j\omega C)\,. \quad (84\,\mathrm{b})$$

Ein Partikularintegral dieser Gleichung suchen wir in Form einer erzwungenen Spannungswelle

$$\overline{E}_z = \overline{E}_0 \cdot e^{-j\frac{\omega}{a} z \cdot \cos\vartheta}\,. \quad (85)$$

Die hier eingehende Amplitude $\overline{E}_0$ bestimmt sich durch Einsetzen in (84b)

$$\overline{E}_0 \left(-j\frac{\omega}{a}\cos\vartheta\right)^2 - \alpha^2 \overline{E}_0 = h\overline{\mathfrak{E}}_0 \frac{\omega^2}{a^2}\cos^2\vartheta\,; \quad \overline{E}_0 = \frac{h\overline{\mathfrak{E}}_0 \frac{\omega^2}{a^2}\cos^2\vartheta}{-\frac{\omega^2}{a^2}\cos^2\vartheta - \alpha^2}\,. \quad (86)$$

Dieser erzwungenen Welle überlagern sich die durch die Gleichung

$$\frac{d^2 \overline{E}_f}{d z^2} - \alpha^2 \overline{E}_f = 0 \quad (87)$$

definierten freien Wellen, welche wir im allgemeinsten Falle als Superposition einer fortschreitenden und rückschreitenden Welle in der Form

$$\overline{E}_f = \overline{E}_v e^{-\alpha z} + \overline{E}_r e^{+\alpha z} \quad (88)$$

erhalten (vgl. Nr. 222). Durch Zusammenfassung von (72) mit (69) ergibt sich also die Gesamtspannung der Antenne

$$\overline{E} = \overline{E}_z + \overline{E}_f = \overline{E}_0\, e^{-j\frac{\omega}{a} z \cdot \cos\vartheta} + \overline{E}_v e^{-\alpha z} + \overline{E}_r e^{+\alpha z} \quad (89)$$

und vermöge (84a) der Strom

$$\overline{J} = (A + j\omega C)\left[\frac{1}{j\frac{\omega}{a}\cos\vartheta}\,\overline{E}_0\, e^{-j\frac{\omega}{a} z\cos\vartheta} + \frac{\overline{E}_v}{\alpha}\, e^{-\alpha z} - \frac{\overline{E}_r}{\alpha}\, e^{+\alpha z}\right]. \quad (89\,\mathrm{a})$$

Führen wir hier den komplexen Wellenwiderstand der Leitung ein

$$\mathfrak{Z} = \sqrt{\frac{R + j\omega L}{A + j\omega C}}\,,$$

so wird

$$\overline{J} = \frac{1}{\mathfrak{Z}}\left[\frac{\alpha}{j\frac{\omega}{a}\cos\vartheta}\,\overline{E}_0\, e^{-j\frac{\omega}{a} z\cos\vartheta} + \overline{E}_v e^{-\alpha z} - \overline{E}_r e^{+\alpha z}\right]. \quad (89\,\mathrm{b})$$

Zur Ermittlung der Integrationskonstanten $\overline{E}_v$ und $\overline{E}_r$ sind die Grenzbedingungen heranzuziehen. Diese formulieren wir mittels der für die Betriebsfrequenz gültigen komplexen Widerstände am Antennenanfang ($\mathfrak{R}_a$) und Antennenende ($\mathfrak{R}_e$), wobei wir insbesondere

$$\mathfrak{R}_e = \mathfrak{Z} \quad (90)$$

von nun ab voraussetzen wollen. Hiermit liefert die Grenzbedingung für das Antennenende

$$\left(\frac{\overline{E}}{\overline{J}}\right)_{z=l} = \mathfrak{Z}\,\frac{E_0\, e^{-j\frac{\omega}{a} l\cos\vartheta} + \overline{E}_v e^{-\alpha l} + \overline{E}_r e^{\alpha l}}{\dfrac{\alpha}{j\frac{\omega}{a}\cos\vartheta}\left(E_0\, e^{-j\frac{\omega}{a} l\cos\vartheta} + \overline{E}_v e^{-\alpha l} - \overline{E}_r e^{\alpha l}\right)} = \mathfrak{Z}\,.$$

Bei der Ausmultiplikation hebt sich E_v heraus, und man erhält die Amplitude der rücklaufenden Welle

$$\overline{E}_r = -E_0 e^{-j\frac{\omega}{a} l\cos\vartheta}\cdot\frac{1-\dfrac{\alpha}{j\frac{\omega}{a}\cos\vartheta}}{2\cdot e^{\alpha l}} = -E_0 e^{-\left(j\frac{\omega}{a}\cos\vartheta+\alpha\right) l}\,\frac{j\frac{\omega}{a}\cos\vartheta-\alpha}{2j\frac{\omega}{a}\cos\vartheta}\,. \qquad (91)$$

Die Grenzbedingung des Antennenanfangs

$$-\left(\frac{\overline{E}}{\overline{J}}\right)_{z=0} = -\mathfrak{Z}\cdot\frac{\overline{E}_0+\overline{E}_v+\overline{E}_r}{\dfrac{\alpha}{j\frac{\omega}{a}\cos\vartheta}\left(\overline{E}_0+\overline{E}_v-\overline{E}_r\right)} = \mathfrak{R}_e$$

bestimmt die freie fortschreitende Welle zu

$$\left.\begin{aligned}\overline{E}_v &= -\overline{E}_0\cdot\frac{1+\dfrac{\alpha}{j\frac{\omega}{a}\cos\vartheta}\,\dfrac{\mathfrak{R}_e}{\mathfrak{Z}}}{1+\dfrac{\mathfrak{R}_e}{\mathfrak{Z}}} - \overline{E}_r\cdot\frac{1-\dfrac{\mathfrak{R}_e}{\mathfrak{Z}}}{1+\dfrac{\mathfrak{R}_e}{\mathfrak{Z}}}\\ &= -\frac{\overline{E}_0}{2}\left[\left(1+\frac{\alpha}{j\frac{\omega}{a}\cos\vartheta}\right)+\frac{1-\dfrac{\mathfrak{R}_e}{\mathfrak{Z}}}{1+\dfrac{\mathfrak{R}_e}{\mathfrak{Z}}}\left(1-\frac{\alpha}{j\frac{\omega}{a}\cos\vartheta}\right)\right]-\overline{E}_r\frac{1-\dfrac{\mathfrak{R}_e}{\mathfrak{Z}}}{1+\dfrac{\mathfrak{R}_e}{\mathfrak{Z}}}\end{aligned}\right\}\qquad (92)$$

also zusammen mit (91)

$$\overline{E}_v = -\frac{\overline{E}_0}{2}\left[\left(1+\frac{\alpha}{j\frac{\omega}{a}\cos\vartheta}\right)+\left(1-e^{-\left(j\frac{\omega}{a}\cos\vartheta+\alpha\right)l}\right)\frac{1-\dfrac{\mathfrak{R}_e}{\mathfrak{Z}}}{1+\dfrac{\mathfrak{R}_e}{\mathfrak{Z}}}\left(1-\frac{\alpha}{j\frac{\omega}{a}\cos\vartheta}\right)\right]. \qquad (92\text{a})$$

Durch (91) und (92a) in Verbindung mit (86) ist die gesamte Verteilung der Spannung längs der Antenne gegeben. Insbesondere erreicht sie am Antennenende die Größe

$$\left.\begin{aligned}\overline{E}_{z=e} &= \overline{E}_0 \cdot e^{-j\frac{\omega}{a} l\cos\vartheta}\\ &-\frac{\overline{E}_0}{2} e^{-\alpha l}\left[\left(1+\frac{\alpha}{j\frac{\omega}{a}\cos\vartheta}\right) + \left(1 - e^{-\left(j\frac{\omega}{a}\cos\vartheta+\alpha\right)l}\right)\frac{1-\frac{\Re_e}{\mathfrak{Z}}}{1+\frac{\Re_e}{\mathfrak{Z}}}\left(1-\frac{\alpha}{j\frac{\omega}{a}\cos\vartheta}\right)\right]\\ &-\overline{E}_0\, e^{\alpha l}\, e^{-\left(j\frac{\omega}{a}\cos\vartheta+\alpha\right)l}\,\frac{1-\frac{\alpha}{j\frac{\omega}{a}\cos\vartheta}}{2}.\end{aligned}\right\} \quad (93)$$

Da

$$\overline{E}_0\, e^{-j\frac{\omega}{a}l\cos\vartheta}\left[1-\frac{1-\frac{\alpha}{j\frac{\omega}{a}\cos\vartheta}}{2}\right] = \frac{\overline{E}_0}{2}\,e^{-j\frac{\omega}{a}l\cos\vartheta}\left(1+\frac{\alpha}{j\frac{\omega}{a}\cos\vartheta}\right),$$

wird

$$\left.\begin{aligned}\overline{E}_{z=e} = \frac{\overline{E}_0}{2}\Bigg[&e^{-j\frac{\omega}{a}l\cos\vartheta}\left(1+\frac{\alpha}{j\frac{\omega}{a}\cos\vartheta}\right) - e^{-\alpha l}\left(1+\frac{\alpha}{j\frac{\omega}{a}\cos\vartheta}\right)\\ &- e^{-\alpha l}\left(1-e^{-\left(j\frac{\omega}{a}\cos\vartheta+\alpha\right)l}\right)\frac{1-\frac{\Re_e}{\mathfrak{Z}}}{1+\frac{\Re_e}{\mathfrak{Z}}}\left(1-\frac{\alpha}{j\frac{\omega}{a}\cos\vartheta}\right)\Bigg].\end{aligned}\right\} \quad (93\,\text{a})$$

Nun ist

$$\begin{aligned}e^{-j\frac{\omega}{a}l\cos\vartheta} - e^{-\alpha l} &= e^{-\frac{j}{2}\left(\frac{\omega}{a}\cos\vartheta+\frac{\alpha}{j}\right)l}\left[e^{-\frac{j}{2}\left(\frac{\omega}{a}\cos\vartheta-\frac{\alpha}{j}\right)l} - e^{-\frac{j}{2}\left(-\frac{\omega}{a}\cos\vartheta+\frac{\alpha}{j}\right)l}\right]\\ &= -e^{-\frac{j}{2}\left(\frac{\omega}{a}\cos\vartheta+\frac{\alpha}{j}\right)l}\cdot 2j\sin\left(\frac{\omega}{a}\cos\vartheta-\frac{\alpha}{j}\right)\frac{l}{2},\end{aligned}$$

so daß (93a) die Form annimmt

$$\left.\begin{aligned}\overline{E}_{z=l} = \frac{\overline{E}_0}{2}\Bigg[&-e^{-\frac{j}{2}\left(\frac{\omega}{a}\cos\vartheta+\frac{\alpha}{j}\right)l}\,2j\sin\frac{l}{2}\left(\frac{\omega}{a}\cos\vartheta-\frac{\alpha}{j}\right)\cdot\left(1+\frac{\alpha}{j\frac{\omega}{a}\cos\vartheta}\right)\\ &-e^{-\alpha l}\left(1-e^{-\left(j\frac{\omega}{a}\cos\vartheta+\alpha\right)l}\right)\frac{1-\frac{\Re_e}{\mathfrak{Z}}}{1+\frac{\Re_e}{\mathfrak{Z}}}\left(1-\frac{\alpha}{j\frac{\omega}{a}\cos\vartheta}\right)\Bigg],\\ = \frac{\overline{E}_0}{\frac{\omega}{a}\cos\vartheta}\cdot e^{-\frac{j}{2}\left(\frac{\omega}{a}\cos\vartheta+\frac{\alpha}{j}\right)l}\Bigg[&-j\sin\frac{l}{2}\left(\frac{\omega}{a}\cos\vartheta-\right)\frac{\alpha}{j}\left(\frac{\omega}{a}\cos\vartheta+\frac{\alpha}{j}\right)\\ &-\frac{1-\frac{\Re_e}{\mathfrak{Z}}}{1+\frac{\Re_e}{\mathfrak{Z}}}\cdot e^{-\alpha l}\,j\sin\frac{l}{2}\left(\frac{\omega}{a}\cos\vartheta+\frac{\alpha}{j}\right)\left(\frac{\omega}{a}\cos\vartheta-\frac{\alpha}{j}\right)\Bigg],\end{aligned}\right\} \quad (93\,\text{b})$$

und endlich mit Rücksicht auf (86)

$$\left.\begin{aligned}\overline{E}_{z=l} = h\,\overline{\mathfrak{E}}_0\,\frac{\omega}{a}\cos\vartheta\cdot e^{-\frac{j}{2}\left(\frac{\omega}{a}\cos\vartheta+\frac{\alpha}{j}\right)}\cdot l\,j\left[\frac{\sin\frac{l}{2}\left(\frac{\omega}{a}\cos\vartheta-\frac{\alpha}{j}\right)}{\frac{\omega}{a}\cos\vartheta-\frac{\alpha}{j}}\right.\\ \left.+\frac{1-\frac{\mathfrak{R}_e}{\mathfrak{Z}}}{1+\frac{\mathfrak{R}_e}{\mathfrak{Z}}}\,e^{-\alpha l}\,\frac{\sin\frac{l}{2}\left(\frac{\omega}{a}\cos\vartheta+\frac{\alpha}{j}\right)}{\frac{\omega}{a}\cos\vartheta+\frac{\alpha}{j}}\right].\end{aligned}\right\}\quad(93\,\mathrm{c})$$

Vermöge der Voraussetzung (90) ist die Empfangsintensität dieser Spannung proportional. Wir besprechen die wichtigsten Sonderfälle.

1. Die Antenne ist am Ende isoliert:

$$\mathfrak{R}_e = \infty\,.$$

Hierfür wird aus Gl. (93c)

$$\left.\begin{aligned}\overline{E}_{z=l} = h\,\overline{\mathfrak{E}}_0\,\frac{\omega}{a}\cos\vartheta\, e^{-\frac{j}{2}\left(\frac{\omega}{a}\cos\vartheta+\frac{\alpha}{j}\right)}\cdot l\,j\left[\frac{\sin\frac{l}{2}\left(\frac{\omega}{a}\cos\vartheta-\frac{\alpha}{j}\right)}{\frac{\omega}{a}\cos\vartheta-\frac{\alpha}{j}}\right.\\ \left.-e^{-\alpha l}\,\frac{\sin\frac{l}{2}\left(\frac{\omega}{a}\cos\vartheta+\frac{\alpha}{j}\right)}{\frac{\omega}{a}\cos\vartheta+\frac{\alpha}{j}}\right].\end{aligned}\right\}\quad(85)$$

Bei kleiner Dämpfung der Antenne ist α merklich rein imaginär

$$\alpha = j\,k \tag{94}$$

und (94) nimmt die Form an

$$\left.\begin{aligned}\overline{E}_{z=l} = h\,\overline{\mathfrak{E}}_0\,\frac{\omega}{a}\cos\vartheta\, e^{-\frac{j}{2}\left(\frac{\omega}{a}\cos\vartheta+k\right)}\cdot l\,j\left[\frac{\sin\frac{l}{2}\left(\frac{\omega}{a}\cos\vartheta-k\right)}{\frac{\omega}{a}\cos\vartheta-k}\right.\\ \left.-e^{-kjl}\cdot\frac{\sin\frac{l}{2}\left(\frac{\omega}{a}\cos\vartheta+k\right)}{\frac{\omega}{a}\cos\vartheta+k}\right].\end{aligned}\right\}\quad(94\,\mathrm{a})$$

Die Spannungsamplitude besitzt demnach die Größe

$$\left.\begin{aligned} E_{z=l_{\max}} &= h \cdot \mathfrak{E}_{0_{\max}} \cdot \frac{\omega}{a} \cdot \cos\vartheta \cdot l \cdot \\ &\cdot \sqrt{\left[\frac{\sin\frac{l}{2}\left(\frac{\omega}{a}\cos\vartheta - k\right)}{\frac{\omega}{a}\cos\vartheta - k} - \cos kl \cdot \frac{\sin\frac{l}{2}\left(\frac{\omega}{a}\cos\vartheta + k\right)}{\frac{\omega}{a}\cos\vartheta + k}\right]^2 + \left[\sin kl \cdot \frac{\sin\frac{l}{2}\left(\frac{\omega}{a}\cos\vartheta + k\right)}{\frac{\omega}{a}\cos\vartheta + k}\right]^2} \\ &= h \cdot \mathfrak{E}_{0_{\max}} \cdot \frac{\omega}{a} \cdot \cos\vartheta \cdot l \cdot \\ &\cdot \sqrt{\frac{\sin^2\frac{l}{2}\left(\frac{\omega}{a}\cos\vartheta - k\right)}{\left(\frac{\omega}{a}\cos\vartheta - k\right)^2} - 2\cos kl \cdot \frac{\sin\frac{l}{2}\left(\frac{\omega}{a}\cos\vartheta - k\right)\sin\frac{l}{2}\left(\frac{\omega}{a}\cos\vartheta + k\right)}{\left(\frac{\omega}{a}\cos\vartheta - k\right)\left(\frac{\omega}{a}\cos\vartheta + k\right)} + \frac{\sin^2\frac{l}{2}\left(\frac{\omega}{a}\cos\vartheta + k\right)}{\left(\frac{\omega}{a}\cos\vartheta + k\right)^2}} \end{aligned}\right\} \quad (94\,\mathrm{b})$$

Hiernach ist die Größe der Spannung proportional der Größe des von der Antenne eingeschlossenen Areals

$$F = h \cdot l,$$

wobei aber die Richtung der einfallenden Wellen gemäß dem Richtfaktor

$$\left.\begin{aligned} \mathfrak{f}_r &= \cos\vartheta \cdot \\ &\cdot \sqrt{\frac{\sin^2\frac{l}{2}\left(\frac{\omega}{a}\cos\vartheta - k\right)}{\left(\frac{\omega}{a}\cos\vartheta - k\right)^2} - 2\cos kl \cdot \frac{\sin\frac{l}{2}\left(\frac{\omega}{a}\cos\vartheta - k\right)\sin\frac{l}{2}\left(\frac{\omega}{a}\cos\vartheta + k\right)}{\left(\frac{\omega}{a}\cos\vartheta - k\right)\left(\frac{\omega}{a}\cos\vartheta + k\right)} + \frac{\sin^2\frac{l}{2}\left(\frac{\omega}{a}\cos\vartheta + k\right)}{\left(\frac{\omega}{a}\cos\vartheta + k\right)^2}} \end{aligned}\right\} \quad (96)$$

entscheidende Bedeutung besitzt. Hierin ist der Faktor $\cos\vartheta$ aus der Theorie der Rahmenantenne als Verminderung der wirksamen Fläche zu deuten, während die Wurzel die Eigentümlichkeiten zum Ausdruck bringt, welche durch Interferenz der erzwungenen Wellen mit den freien Wellen entstehen. Um ihren Charakter zu erkennen, gehen wir mittels der Transformation

$$\vartheta' = \pi + \vartheta$$

zu entgegengesetzter Einfallsrichtung der Wellen über. Da nun

$$\cos\vartheta' = \cos(\pi + \vartheta) = -\cos\vartheta$$

wird

$$\mathfrak{f}_r(\vartheta') = \mathfrak{f}_r(\vartheta)\,. \tag{97}$$

Die am Ende isolierte Beverageantenne besitzt also ein symmetrisches Strahlungsdiagramm.

2. Die Beverageantenne ist am Anfang geerdet

$$\mathfrak{R}_e = 0\,.$$

Die Spannungsgleichung lautet

$$\left.\begin{aligned}\overline{E}_{z=l} &= h\cdot\overline{\mathfrak{E}}_0\,\frac{\omega}{a}\cos\vartheta\, e^{-\frac{j}{2}\left(\frac{\omega}{a}\cos\vartheta+\frac{\alpha}{j}\right)}\cdot\\ &\cdot l\cdot j\left[\frac{\sin\frac{l}{2}\left(\frac{\omega}{a}\cos\vartheta-\frac{\alpha}{j}\right)}{\frac{\omega}{a}\cos\vartheta-\frac{\alpha}{j}}+e^{-\alpha l}\frac{\sin\frac{l}{2}\left(\frac{\omega}{a}\cos\vartheta+\frac{\alpha}{j}\right)}{\frac{\omega}{a}\cos\vartheta+\frac{\alpha}{j}}\right].\end{aligned}\right\}\qquad(94\,\mathrm{b})$$

Mit der Annahme (95) erhält man also den Richtfaktor aus (96) durch Vertauschung des Minuszeichens unter der Wurzel mit einem Pluszeichen

$$\left.\begin{aligned}\mathfrak{f}_r &= \cos\vartheta\cdot\\ &\cdot\sqrt{\frac{\sin^2\frac{l}{2}\left(\frac{\omega}{a}\cos\vartheta-k\right)}{\left(\frac{\omega}{a}\cos-k\right)^2}+2\cos kl\frac{\sin\frac{l}{2}\left(\frac{\omega}{a}\cos\vartheta-k\right)\sin\frac{l}{2}\left(\frac{\omega}{a}\cos\vartheta+k\right)}{\left(\frac{\omega}{a}\cos\vartheta-k\right)\left(\frac{\omega}{a}\cos\vartheta+k\right)}+\frac{\sin^2\frac{l}{2}\left(\frac{\omega}{a}\cos\vartheta+k\right)}{\frac{\omega}{a}\cos\vartheta+k}}\,.\end{aligned}\right\}\qquad(96\,\mathrm{a})$$

Die Eigenschaft (97) bleibt demnach auch bei der geerdeten Beverageantenne erhalten. Darüber hinaus wird die Richtcharakteristik (96) mit (96a) identisch, wenn

$$\cos kl = 0\,;\qquad kl = \frac{\omega}{a}\,l\left(2n-1\right)\frac{\pi}{2}\,;\qquad l = \left(2n-1\right)\cdot\frac{\lambda}{4}$$

ist, die Antennenlänge also ein ungeradzahliges Vielfaches der Viertelwellenlänge beträgt.

3. Die Beverageantenne ist am Anfang über den Widerstand

$$\mathfrak{R}_e = \mathfrak{Z}$$

geerdet. In diesem Falle lautet die Spannungsgleichung

$$\overline{E}_{z=l} = h\cdot\overline{\mathfrak{E}}_0\cdot\frac{\omega}{a}\cos\vartheta\cdot e^{-\frac{j}{2}\left(\frac{\omega}{a}\cos\vartheta+\frac{\alpha}{j}\right)}\cdot l\cdot j\,\frac{\sin\frac{l}{2}\left(\frac{\omega}{a}\cos\vartheta-\frac{\alpha}{j}\right)}{\frac{\omega}{a}\cos\vartheta-\frac{\alpha}{j}}\,,\qquad(98)$$

so daß mit der Annahme (95) die Spannungsamplitude durch

$$E_{z=l_{\max}} = h\cdot\mathfrak{E}_{0\max}\cdot\frac{\omega}{a}\cos\vartheta\cdot l\cdot\frac{\sin\frac{l}{2}\left(\frac{\omega}{a}\cos\vartheta-k\right)}{\frac{\omega}{a}\cos\vartheta-k}\qquad(98\,\mathrm{a})$$

bestimmt ist. Der Richtfaktor dieser Anordnung ist also

$$\mathfrak{f}_r = \cos\vartheta\,\frac{\sin\frac{l}{2}\left(\frac{\omega}{a}\cos\vartheta-k\right)}{\frac{\omega}{a}\cos\vartheta-k}\,.\qquad(99)$$

Nun ist nach Nr. 225 für schwach gedämpfte Leitungen merklich

$$k = \sim \frac{\omega}{a},$$

so daß aus (83) entsteht

$$\left.\begin{aligned} \mathfrak{f}_r = \cos\vartheta \frac{\sin\frac{l}{2}\frac{\omega}{a}(\cos\vartheta - 1)}{\frac{\omega}{a}(\cos\vartheta - 1)} &= \cos\vartheta \frac{\sin\left(l\frac{\omega}{a}\sin^2\frac{\vartheta}{2}\right)}{\frac{\omega}{a}\sin^2\frac{\vartheta}{2}} \\ &= \left(1 - 2\sin^2\frac{\vartheta}{2}\right)\frac{\sin\left(l\frac{\omega}{a}\sin^2\frac{\vartheta}{2}\right)}{\frac{\omega}{a}\sin^2\frac{\vartheta}{2}}. \end{aligned}\right\} \quad (99\,a)$$

In den Abb. 368, 369, 370 ist der Verlauf des Richtfaktors für verschiedene Fälle nach den Rechnungen von Busch[1]) dargestellt. Man erkennt eine ausgesprochen einseitige Richtwirkung; insbesondere wird für große Antennenlängen der Bereich starker Empfangsintensität außerordentlich schmal, ein Ergebnis, das allerdings praktisch durch die dann fühlbar werdende Amplitudenabnahme der einfallenden Wellen in seiner Bedeutung eingeschränkt wird.

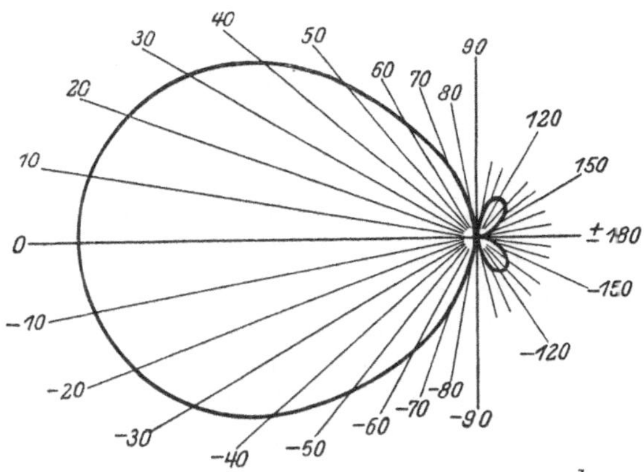

Abb. 368. Richtfaktor der Beverageantenne: $\frac{l}{\lambda} = 1$.

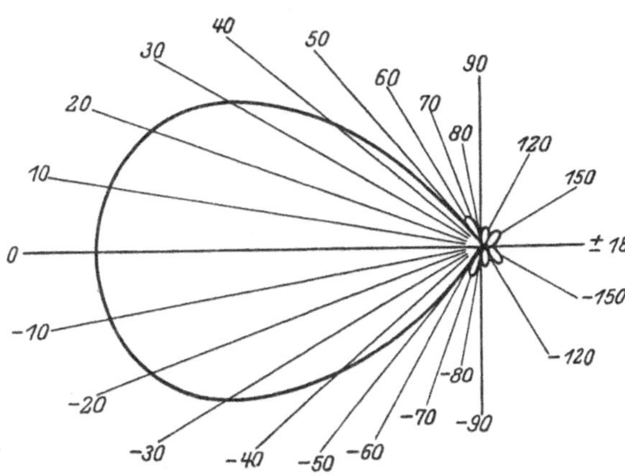

Abb. 369. Richtfaktor der Beverageantenne: $\frac{l}{\lambda} = 2$.

Feste Strahlungskopplung.

283. Definition der festen Strahlungs-

[1]) Jahrbuch der drahtlosen Telegraphie 1923, S. 290, 374.

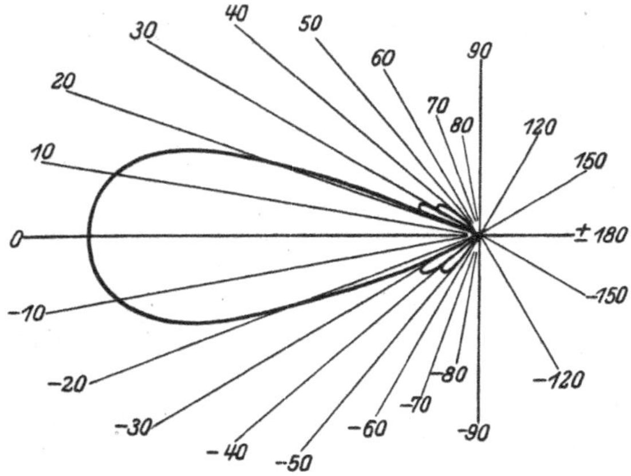

Abb. 370. Richtfaktor der Beverageantenne: $\frac{l}{\lambda} = 10$.

kopplung. Zwei Antennen heißen durch Strahlung fest gekoppelt, wenn die Strahlungsfelder einander wechselseitig beeinflussen.

Wir unterscheiden die beiden gekoppelten Strahler als Antennen 1 und 2. Ihre Formung gestatte es, sie gemäß Nr. 275 durch zwei Hertzsche Dipole zu ersetzen, welche wir für einfach harmonische synchrone Schwingungen durch ihre Höhen h_1 und h_2 zusammen mit ihren Intensitäten

$$\left.\begin{aligned} J_1 &= \Re e\left(\overline{J}_1 e^{j\omega t}\right); \qquad \overline{J}_1 = J_{0\,\max}, \\ J_2 &= \Re e\left(\overline{J}_2 e^{j\omega t}\right); \qquad \overline{J}_2 = J_{2\,\max} \cdot e^{j(\omega t - \varphi)} \end{aligned}\right\} \tag{100}$$

charakterisieren. Das Feld beider Antennen ist mit diesen Voraussetzungen vermöge der Theorie des allgemeinen Hertzschen Vektors (Nr. 241) aus der Superposition der von den beiden Antennen erzeugten Einzelstrahlungsfelder zu ermitteln.

Es sei d die Fußpunktsentfernung beider Antennen. Die von der Antenne 1 am Orte der Antenne 2 erregte elektrische Feldstärke beträgt nach Gl. (16), Nr. 238

$$\mathfrak{E}_{1,2} = -\frac{1}{d^3}\cdot \mathfrak{f}_1\left(t - \frac{d}{a}\right) - \frac{1}{a d^2}\cdot \mathfrak{f}_1'\left(t - \frac{d}{a}\right) - \frac{1}{a^2 d}\cdot \mathfrak{f}_1''\left(t - \frac{d}{a}\right),$$

und also mit Rücksicht auf den Ansatz (100) und Beachtung des Zusammenhanges zwischen Wellenfunktion und Strom [(24), Nr. 238]

$$\left.\begin{aligned} \mathfrak{E}_{1,2} &= \Re e\left(\overline{\mathfrak{E}}_{1,2}\right); \\ \overline{\mathfrak{E}}_{1,2} &= \frac{1}{d^3}\frac{2 h_1}{4\pi\varepsilon_0}\cdot\frac{1}{j\omega}\cdot\overline{J}_1' + \frac{1}{d^2}\cdot\frac{2 h_1}{4\pi\varepsilon_0 a}\cdot\overline{J}_1' + \frac{1}{d}\cdot\frac{2 h_1}{4\pi\varepsilon_0 a^2}\cdot j\omega\cdot\overline{J}_1', \end{aligned}\right\} \tag{101}$$

wo

$$\overline{J}_1' = \overline{J}_1 \cdot e^{-j\frac{\omega}{a}\cdot d} = \overline{J}_1 \cdot e^{-js}; \qquad s = \frac{\omega}{a}\cdot d \tag{102}$$

gesetzt ist. Die gesamte, längs der Antenne 2 vom Strahler 1 entwickelte Spannung ist

$$\left.\begin{aligned} \overline{E}_{1,2} = h_2 \overline{\mathfrak{E}}_{1,2} &= \frac{2 h_1 \cdot h_2}{4\pi\varepsilon_0 d^3}\cdot\overline{J}_1'\left(\frac{1}{j\omega} + \frac{d}{a} + \frac{j\omega d^2}{a^2}\right) \\ &= \frac{2 h_1 \cdot h_2}{4\pi\varepsilon_0 d^3}\cdot\overline{J}_1'\left(-\frac{j}{\omega}\right)(1 + js - s^2), \end{aligned}\right\} \tag{101 a}$$

also

$$\left.\begin{aligned} E_{1,2} &= \Re e\left(\overline{E}_{1,2}\, e^{j\omega t}\right) \\ &= \frac{2\, h_1 \cdot h_2}{4\,\pi\,\varepsilon_0\, d^3}\,\frac{1}{\omega}\,[s \cdot \cos(\omega t - s) + (1 - s^2)\sin(\omega t - s)] \cdot J_{1\,\max}. \end{aligned}\right\} \quad (101\,\mathrm{b})$$

Die Amplitude dieser Spannung besitzt die Größe

$$E_{1,2\,\max} \cdot \frac{2\,h_1 \cdot h_2}{4\,\pi\,\varepsilon_0 \cdot d^3} \cdot \frac{1}{\omega}\sqrt{s^2 + (1 - s^2)^2} \cdot J_{1\,\max}. \quad (101\,\mathrm{c})$$

Durch Vertauschung der Indizes finden wir für die von der Antenne 2 längs des Strahlers 1 entwickelte Spannung aus (101 a)

$$\overline{E}_{2,1} = \frac{2\,h_2 \cdot h_1}{4\,\pi\,\varepsilon_0\, d^3} \cdot \overline{J}_2' \cdot \left(-\frac{j}{\omega}\right)(1 + js - s^2) \quad (103\,\mathrm{a})$$

und mit Beachtung von (100)

$$E_{2,1} = \frac{2\,h_2 \cdot h_1}{4\pi\,\varepsilon_0\, d^3} \cdot \frac{1}{\omega} \cdot [s \cdot \cos(\omega t - s - \varphi) + (1 - s^2) \cdot \sin(\omega t - s - \varphi)]. \quad (103\,\mathrm{b})$$

$$E_{2,1\,\max} = \frac{2\,h_2 \cdot h_1}{4\,\pi\,\varepsilon_0\, d^3} \cdot \frac{1}{\omega}\sqrt{s^2 + (1 - s^2)^2} \cdot J_{2\,\max}. \quad (103\,\mathrm{c})$$

284. Eigenfrequenzen festgekoppelter Strahler. Zur Ermittlung der Eigenfrequenzen festgekoppelter Strahler benutzen wir näherungsweise das in Nr. 280 eingeführte Ersatzschema, welches jeden Dipol aus der Hintereinanderschaltung der wirksamen Antennenkapazität C_a und der wirksamen Antenneninduktivität L_a aufbaut. Sehen wir von dem Einflusse der Widerstände ab, so entstehen die Differentialgleichungen der gekoppelten Strahler aus der Gleichheitsbedingung zwischen der eingestrahlten Spannung und der Summe aus Eigenumlaufsspannung und Eigenkondensatorspannung

$$\left.\begin{aligned} E_{1,2} &= -L_{a_2} \cdot \frac{dJ_2}{dt} - \frac{1}{C_{a_2}}\int J_2\, dt, \\ E_{2,1} &= -L_{a_1} \cdot \frac{dJ_1}{dt} - \frac{1}{C_1}\int J_1\, dt. \end{aligned}\right\} \quad (104)$$

Hier führen wir (101 a), (103 a) ein und erhalten

$$\left.\begin{aligned} \frac{2h_1\, h_2}{4\pi\,\varepsilon_0\, d^3} \cdot \frac{1}{j\omega} \cdot \overline{J}_1(1 + js - s^2) &= -L_{a_2} \cdot j\omega\,\overline{J}_2 - \frac{1}{C_a\, j\omega} \cdot \overline{J}_2, \\ \frac{2h_2\, h_1}{4\pi\,\varepsilon_0\, d^3} \cdot \frac{1}{j\omega} \cdot \overline{J}_2(1 + js - s^2) &= -L_{a_1} \cdot j\omega\,\overline{J}_1 - \frac{1}{C_a\, j\omega} \cdot \overline{J}_1 \end{aligned}\right\} \quad (104\,\mathrm{a})$$

oder

$$\left.\begin{aligned} \overline{J}_2\left(L_{a_2} \cdot j\,\omega + \frac{1}{C_{a_2}\, j\omega}\right) + \overline{J}_1 \cdot e^{-js} \cdot \frac{1}{j\omega} \cdot \frac{2h_1\, h_2}{4\pi\,\varepsilon_0\, d^3}(1 + js - s^2) &= 0, \\ \overline{J}_2 \cdot e^{-js} \cdot \frac{1}{j\omega} \cdot \frac{2h_2\, h_1}{4\pi\,\varepsilon_0\, d^3}(1 + js - s^2) + \overline{J}_1 \cdot \left(L_{a_1} \cdot j\omega + \frac{1}{C_{a_1}\, j\omega}\right) &= 0. \end{aligned}\right\} \quad (104\,\mathrm{b})$$

Dieses System ergibt nur dann eine von Null verschiedene Lösung für die Ströme, wenn

$$\frac{\bar{J}_2}{\bar{J}_1} = -\frac{e^{-js} \cdot \frac{1}{j\omega} \cdot \frac{2 h_2 h_1}{4\pi \varepsilon_0 d^3}(1 + js - s^2)}{L_{a_1} j\omega + \frac{1}{C_{a_1} j\omega}} = -\frac{L_{a_2} j\omega + \frac{1}{C_{a_2} j\omega}}{e^{-js} \cdot \frac{1}{j\omega} \cdot \frac{2 h_1 h_2}{4\pi \varepsilon_0 d^3}(1 + js - s^2)} \tag{105}$$

erfüllt ist.

Für das Folgende möge Resonanz beider Antennen vorausgesetzt werden

$$L_{a_1} j\omega + \frac{1}{C_a j\omega} = L_{a_2} j\omega + \frac{1}{C_{a_2} j\omega} = L_a j\omega + \frac{1}{C_a j\omega}. \tag{106}$$

Hierfür nimmt (105) die Form an

$$L_a j\omega + \frac{1}{C_a j\omega} \equiv L_a j\omega \left(1 - \frac{1}{L_a C_a \omega^2}\right) = \pm e^{-js} \cdot \frac{1}{j\omega} \cdot \frac{2 h_1 h_2}{4\pi \varepsilon_0 d^3}(1 + js - s^2) \tag{105a}$$

oder nach Trennung reeller und imaginärer Bestandteile

$$\omega^2 - \frac{1}{L_a C_a} = \mp [\cos s\,(1 - s^2) + \sin s \cdot s] \cdot \frac{2 h_1 h_2}{4\pi \varepsilon_0 d^3} \cdot \frac{1}{L_a}, \tag{105b}$$

$$0 = s \cdot \cos s - (1 - s^2) \sin s. \tag{105c}$$

Diese beiden Gleichungen widersprechen einander im allgemeinen. Der Sinn dieses Ergebnisses folgt aus (105):

1. Es gelte (105b), dagegen treffe (105c) nicht zu. Hier sind Zähler und Nenner in (105) rein imaginär, die Ströme $\bar{J}_1$ und $\bar{J}_2$ schwingen somit gleichzeitig durch Null, Gl. (105c) liefert die Phasenbeziehung der Ströme. Zur Ermittlung der Frequenz dient nach Eintragen von $s = \frac{\omega}{a} d$ die transzendente Gl. (105b), wobei entsprechend dem doppelten Vorzeichen der rechten Seite im allgemeinen zwei Frequenzen möglich sind. Insbesondere ergibt die Wahl des Minuszeichens

$$\omega^2 < \frac{1}{L_a C_a},$$

also die Koppelfrequenz kleiner als die Eigenfrequenz der Strahler. Gleichzeitig resultiert aus (105) ein negatives Verhältnis, beide Ströme schwingen in Gegenphase. Wählt man dagegen das Pluszeichen, so erhält man die raschere Koppelfrequenz, die Ströme schwingen hierbei in Phase.

2. Ist umgekehrt (105c) erfüllt, während (105b) nicht zutrifft, so ergibt

$$\operatorname{tg} s = \frac{s}{1 - s^2} \tag{105d}$$

eine Reihe von Eigenfrequenzen, welche von den Eigenschaften der Strahler gänzlich unabhängig, allein durch die Abmessungen h_1, h_2

und d des zwischen den Strahlern liegenden Feldraumes festgelegt sind. Sie besitzen keine hochfrequenztechnische Bedeutung.

285. Leistung der Strahlungskopplung. Die Strahlungsleistung der ungekoppelten Antennen läßt sich durch die Größe des Strahlungswiderstandes erfassen

$$N_1 = R_{str_1} \cdot J_1^2; \qquad N_2 = R_{str_2} \cdot J_2^2 .$$

Durch die Kopplung erfährt der von jedem Strahler ausgehende Energiestrom einen Zuwachs. Zu seiner Berechnung schneiden wir, analog dem in Nr. 272 durchgeführten Verfahren, ein Längenelement dv aus der Antenne 2. Die eingestrahlte Feldstärke $\mathfrak{E}_{1,2}$ ist merklich konstant längs des Strahldrahtumfanges, ihre Richtung fällt mit der Strahldrahterstreckung zusammen. Sie treibt daher zusammen mit der magnetischen Umlaufsspannung des Stromes J_2

$$M = \oint \mathfrak{H}\, ds = J_2$$

senkrecht zur Strahldrahtoberfläche die Leistung

$$dN_{1,2} = \mathfrak{E}_{1,2} \cdot M \cdot dv = \mathfrak{E}_{1,2} \cdot J_2 \cdot dv . \tag{107}$$

Da längs des Strahlers J_2 konstant ist, folgt die gesamte zusätzliche Strahlungsleistung der Antenne 2

$$N_{1,2} = \int_{v=0}^{h_2} dN_{1,2} = \mathfrak{E}_{1,2} \cdot J_2 \cdot h_2 = E_{1,2} \cdot J_2 . \tag{107a}$$

Ebenso folgt die zusätzliche Strahlungsleistung der Antenne 1 unter der Rückwirkung von 2

$$N_{2,1} = E_{2,1} \cdot J . \tag{107b}$$

Indem wir (100) und (101b, 103b) in diese Leistungsgleichungen einführen, erhalten wir

$$\left.\begin{aligned} N_{1,2} &= \frac{2h_1 \cdot h_2}{4\pi\varepsilon_0 d^3} \cdot \frac{1}{\omega} \cdot J_{1\,\max} \cdot [s \cdot \cos(\omega t - s) + (1 - s^2)\sin(\omega t - s)] \cdot \\ &\quad \cdot J_{2\,\max} \cdot \cos(\omega t - \varphi) , \end{aligned}\right\} \tag{107c}$$

$$\left.\begin{aligned} N_{2,1} &= \frac{2h_2 \cdot h_1}{4\pi\varepsilon_0 d^3} \cdot \frac{1}{\omega} \cdot J_{2\,\max} \cdot [s \cdot \cos(\omega t - s - \varphi) + (1 - s^2) \cdot \sin(\omega t - s - \varphi)] \cdot \\ &\quad \cdot J_1 \cdot \cos\omega t . \end{aligned}\right\} \tag{107d}$$

Unter Benutzung der Integralbeziehungen

$$\frac{1}{T}\int_0^T \cos(\omega t - s) \cdot \cos(\omega t - \varphi)\, dt = \cos(s - \varphi) ,$$

$$\frac{1}{T}\int_0^T \sin(\omega t - s) \cdot \cos(\omega t - \varphi)\, dt = -\sin(s - \varphi) ,$$

$$\frac{1}{T}\int_0^T \cos(\omega t - s - \varphi)\cos\omega t\,dt = \cos(s+\varphi)\,,$$

$$\frac{1}{T}\int_0^T \sin(\omega t - s - \varphi)\cos\omega t\,dt = -\sin(s+\varphi)$$

folgen die Leistungsmittelwerte

$$\overline{N}_{1,2} \equiv \frac{1}{T}\int_0^T N_{1,2}\,dt = \frac{2h_1h_2}{4\pi\varepsilon_0 d^3}\cdot\frac{1}{\omega}\cdot J_{1\,\mathrm{eff}}\cdot J_{2\,\mathrm{eff}}\cdot[s\cdot\cos(s-\varphi)-(1-s^2)\sin(s-\varphi)], \quad (107\,\mathrm{e})$$

$$\overline{N}_{2,1} \equiv \frac{1}{T}\int_0^T N_{2,1}\,dt = \frac{2h_2h_1}{4\pi\varepsilon_0 d^3}\cdot\frac{1}{\omega}\cdot J_{2\,\mathrm{eff}}\cdot J_{1\,\mathrm{eff}}\cdot[s\cdot\cos(s+\varphi)-(1-s^2)\sin(s+\varphi)]. \quad (107\,\mathrm{f})$$

Die Leistung des Gesamtsystemes, welche im ungekoppelten Zustand

$$\overline{N}_{g_0} = R_{str_1}\cdot J_{1\,\mathrm{eff}}^2 + R_{str_2}\cdot J_{2\,\mathrm{eff}}^2$$

beträgt, steigt somit unter dem Einfluß der Kopplung um den Wert

$$\left.\begin{aligned} N_{g_K} &= \overline{N}_{1,2} + \overline{N}_{2,1} = \\ &= J_{1\,\mathrm{eff}}\cdot J_{2\,\mathrm{eff}}\cdot\frac{2h_1\cdot h_2}{4\pi\varepsilon_0 d^3}\cdot\frac{1}{\omega}[s\{\cos(s+\varphi)+\cos(s-\varphi)\}-(1-s^2)\{\sin(s+\varphi) \\ &\qquad +\sin(s-\varphi)\}] \\ &= J_{1\,\mathrm{eff}}\cdot J_{2\,\mathrm{eff}}\cdot\cos\varphi\cdot\frac{2h_1\cdot h_2}{4\pi\varepsilon_0 d^3}\cdot\frac{2}{\omega}[s\cos s-(1-s^2)\sin s]\,. \end{aligned}\right\} \quad (108)$$

Wir definieren durch

$$R_{1,2} = \frac{2h_1\cdot h_2}{4\pi\varepsilon_0 d^3}\,\frac{1}{\omega}\cdot[s\cdot\cos s-(1-s^2)\sin s] \quad (109)$$

den gegenseitigen Strahlungswiderstand der synchron schwingenden Antennen. Hiermit wird die Koppelleistung

$$N_{g_K} = 2J_{1\,\mathrm{eff}}\cdot J_{2\,\mathrm{eff}}\cdot\cos\varphi\cdot R_{1,2}\,. \quad (108\,\mathrm{a})$$

Ersetzen wir in (109) ε_0 durch seinen Zahlenwert und führen statt ω und s die Wellenlänge ein, so entsteht

$$R_{1,2} = \frac{30}{\pi}\,\frac{h_1\cdot h_2\cdot\lambda}{d^3}\left[\frac{2\pi d}{\lambda}\cos\frac{2\pi d}{\lambda} - \left(1-\left\{\frac{2\pi d}{\lambda}\right\}^2\right)\sin\frac{2\pi d}{\lambda}\right]. \quad (109\,\mathrm{a})$$

Insbesondere wird für

$$\frac{2\pi d}{\lambda} \ll 1 \qquad \text{und} \qquad h_1 = h_2\,,$$

also dicht benachbarte Antennen gleicher Höhe

$$R_{1,2}=\frac{30}{\pi}\cdot\frac{h^2\cdot\lambda}{d^3}\left[-\left\{\frac{2\pi d}{\lambda}\right\}^3\frac{1}{2}+\left\{\frac{2\pi d}{\lambda}\right\}^3+\left\{\frac{2\pi d}{\lambda}\right\}^3\cdot\frac{1}{6}\right]=160\,\pi^2\frac{h^2}{\lambda^2}. \quad (109\,\mathrm{b})$$

Der gegenseitige Strahlungswiderstand benachbarter Antennen gleicht hiernach ihrem Eigenstrahlungswiderstande. Auf diesem Satze beruht die Wirksamkeit jener Antennen, welche an Stelle eines Strahldrahtes deren mehrere, dicht benachbarte benutzen, auf welche der gesamte Dipolstrom verteilt wird.

286. Strahlungsleistung von Starkstromfreileitungen. Wir wenden die im vorigen Abschnitt gefundenen Beziehungen auf die Strahlung einer Doppelleitung an (vgl. Nr. 225). Damit jeder Leitungsstrang als ein Dipol betrachtet werden kann, darf die Leitungslänge höchstens eine Halbwellenlänge betragen (Nr. 271). Diese Bedingung ist bei Starkstromfreileitungen stets erfüllt; auf sie beschränkt sich daher die folgende Rechnung.

Um das Grundsätzliche zu erkennen, vernachlässigen wir die Spiegelwirkung der Erde. Das Strahlungsfeld wird dann allein von den beiden doppelseitig strahlenden Leitungssträngen erregt, deren Länge l, deren Abstand d betragen möge. Nennen wir

$$R_{str}=R_{str_1}=R_{str_2}=80\,\pi^2\cdot\frac{l^2}{\lambda^2} \quad (110)$$

den Eigenstrahlungswiderstand jedes Stranges,

$$R_{str_{1,2}}=\frac{15}{\pi}\,\frac{l^2\,\lambda}{d^3}\left[\frac{2\pi d}{\lambda}\cdot\cos\frac{2\pi d}{\lambda}-\left(1-\left\{\frac{2\pi d}{\lambda}\right\}^2\right)\sin\frac{2\pi d}{\lambda}\right] \quad (109\,\mathrm{c})$$

den gegenseitigen Strahlungswiderstand beider Stränge, so wird wegen

$$J_1=-J_2=J \quad (111)$$

die Strahlungsleistung

$$N_{str}=J_1^2R_{str_1}+J_2^2R_{str_2}+2J_1J_2R_{str_{1,2}}=J^2\cdot 2(R_{str}-R_{str_{1,2}})=J^2\cdot R_{str_b}. \quad (112)$$

Hierin ist
$$R_{str_b}=2\,(R_{str}-R_{str_{1,2}}) \quad (113)$$

der Betriebs-Strahlungswiderstand der Leitung.

Da stets
$$d\ll\lambda,$$

entsteht aus (93c), indem wir analog (93b) entwickeln,

$$R_{str_{1,2}}=\frac{15}{\pi}\,\frac{l^2\,\lambda}{d^3}\left[-\left\{\frac{2\pi d}{\lambda}\right\}^3\cdot\frac{1}{2!}+\left\{\frac{2\pi d}{\lambda}\right\}^5\cdot\frac{1}{4!}+\left\{\frac{2\pi d}{\lambda}\right\}^3\right.$$
$$\left.+\left\{\frac{2\pi d}{\lambda}\right\}^3\cdot\frac{1}{3!}-\left\{\frac{2\pi d}{\lambda}\right\}^5\cdot\frac{1}{5!}-\left\{\frac{2\pi d}{\lambda}\right\}^5\cdot\frac{1}{3!}\right]$$
$$=80\,\pi^2\frac{l^2}{d^2}-16\,\pi^2\frac{l^2}{\lambda^2}\cdot\left(\frac{2\pi d}{\lambda}\right)^2.$$

Für den Betriebs-Strahlungswiderstand folgt also

$$R_{str_b} = 32\,\pi^2 \frac{l^2}{\lambda^2} \cdot \left(\frac{2\pi d}{\lambda}\right)^2. \tag{114}$$

Wir prüfen die Bedeutung dieses Ergebnisses an einem Zahlenbeispiel.

Es sei $d = 16\,\text{m} = 0{,}016\,\text{km}$; $e = 500\,\text{km}$,

$\omega = 2\,\pi\,50/\text{sec}$, also $\lambda = 6000\,\text{km}$.

Hiermit wird

$$R_{str_b} = 32\,\pi^2 \cdot \left(\frac{500}{6000}\right)^2 \cdot \left(\frac{2 \cdot \pi \cdot 0{,}016}{6000}\right)^2 = 0{,}062 \cdot 10^{-6}\,\Omega.$$

Bei einem Betriebsstrom von

$$J = 500\,\text{Amp.}$$

wird also die Strahlungsleistung

$$N_{str} = 0{,}062 \cdot 10^{-6} \cdot 0{,}25 \cdot 10^6 = 0{,}0155\,\text{Watt}$$

erzeugt. Dieser Betrag ist gegenüber der normal übertragenen Leistung so klein, daß er völlig vernachlässigt werden kann; hierdurch erfährt die in Nr. 226 durchgeführte Rechenweise, welche lediglich die in Leitungsrichtung wirksame Strahlung berücksichtigt, ihren quantitativen Berechtigungsnachweis.

Demgegenüber sind gelegentlich durch die Strahlung der Starkstromleitungen Störungen benachbarter Hochfrequenzanlagen beobachtet worden. Sie treten namentlich bei abnormalen Betriebsuzständen der Starkstromleitungen auf: 1. Bei einpoligem Erdschluß kann infolge des Eindringens der Erdschlußströme in die Erde der Abstand d beträchtliche Werte annehmen. 2. Schalthandlungen in der Starkstromanlage lösen Wanderwellenzüge aus, welche hochfrequente Feldanteile mit sich führen (Nr. 166) und daher größere Leistungsbeträge in den Raum strahlen können.

Richtstrahlung.

287. Begriff und Grundbedingungen der Richtstrahlung. Wird die Intensität der Raumstrahlung vorzugsweise in eine oder mehrere Richtungen vom Erregungszentrum aus gelenkt, so entsteht die Richtstrahlung.

Die Grundbedingungen zur Erzeugung der Richtstrahlung folgen aus der Felddarstellung mittels des allgemeinen Hertzschen Vektors. Für den einzelnen Dipol, welcher senkrecht zur Erdoberfläche steht, ist das Feld rotationssymmetrisch bezüglich der Dipolachse. Notwendige Bedingung des Richtstrahlungseffektes ist somit die gleichzeitige Wirkung mehrerer Strahler; diese Bedingung ist auch hinreichend, wenn die

Strahler in Entfernungen voneinander stehen, welche die Größenordnung der Wellenlänge besitzen; denn dann interferieren die Strahlungsanteile der Einzeldipole in der Fernzone, womit die Richtstrahlung gewonnen ist.

Die Erzeugung der als notwendig erkannten Strahlervielheit kann auf verschiedene Weise erfolgen:

a) Die Primärrichtstrahlung:

Mehrere unabhängig voneinander erregte Strahler sind Ursprung der Richtstrahlung.

b) Die Sekundärrichtstrahlung:

Ein Strahler erregt Leiter, welche in sein Strahlungsfeld gebettet sind:

Die Richtstrahlung erfolgt durch Schatten- und Spiegelwirkung von Hilfsantennen.

Der erregende Leiter erzeugt Erdströme, welche Ursprung der Richtstrahlung werden.

Wir fügen der Vollständigkeit wegen hinzu, daß die leitungsgerichtete Strahlung als Sonderfall sekundärer Richtstrahlung gedeutet werden kann.

Primärrichtstrahlung.

288. Erregung durch Doppelantenne. Die einfachste Anordnung der Primärrichtstrahlung besteht aus zwei im Abstande d befindlichen, synchron schwingenden Strahlern.

Es sei r die Entfernung eines in der Fernzone liegenden Aufpunktes der Äquatorialebene, r_1 und r_2 seine Abstände von den Strahlern. Mit den Voraussetzungen und Bezeichnungen der Nr. 282 folgt der Feldanteil der Antenne 1

$$\overline{\mathfrak{E}}_1 = -\frac{2\,h_1}{4\,\pi\,\varepsilon_0}\,\frac{1}{a^2\,r_1}\cdot j\,\omega\cdot\overline{J}_1\cdot e^{j\left(\omega t-\frac{\omega r_1}{a}\right)} \tag{115}$$

und der Anteil der Antenne 2

$$\overline{\mathfrak{E}}_2 = -\frac{2\,h_2}{4\,\pi\,\varepsilon_0}\cdot\frac{1}{a^2\,r_2}\cdot j\,\omega\cdot\overline{J}_2\cdot e^{j\left(\omega t-\frac{\omega r_2}{a}\right)}. \tag{115 a}$$

Wir bezeichnen von nun ab den Strahler 1 als Hauptantenne und beziehen das resultierende Feld auf sie mittels der Schreibweise

$$\overline{\mathfrak{E}} = \overline{\mathfrak{E}}_1 + \overline{\mathfrak{E}}_2 = -\frac{2}{4\,\pi\,\varepsilon_0\,a^2\,r}\cdot j\,\omega\cdot h_1\,\overline{J}_1\left[e^{j\left(\omega t-\frac{\omega r_1}{a}\right)} + \frac{h_2\,\overline{J}_2}{h_1\,\overline{J}_1}\cdot e^{j\left(\omega t-\frac{\omega r_2}{a}\right)}\right]. \tag{116}$$

Das hier eingehende Verhältnis der Strommomente läßt sich vermöge der Voraussetzung (100) in die Form bringen

$$\frac{h_2\,\overline{J}_2}{h_1\,\overline{J}_1} = v\cdot e^{-j\varphi}, \tag{117}$$

so daß (116) in

$$\overline{\mathfrak{E}} = -\frac{2}{4\pi\varepsilon_0 a^2 r} j\omega h_1 \cdot \overline{J}_1 \left[e^{j\left(\omega t - \frac{\omega r_1}{a}\right)} + v \cdot e^{j\left(\omega t - \varphi - \frac{\omega r_2}{a}\right)}\right], \quad (116\,\mathrm{a})$$

also

$$\mathfrak{E} = \frac{2}{4\pi\varepsilon_0 a^2 r}\omega h_1 \cdot J_{1\max} \cdot \left[\sin\left(\omega t - \frac{\omega r_1}{a}\right) + v \sin\left(\omega t - \varphi - \frac{\omega r_2}{a}\right)\right] \quad (116\,\mathrm{b})$$

übergeht.

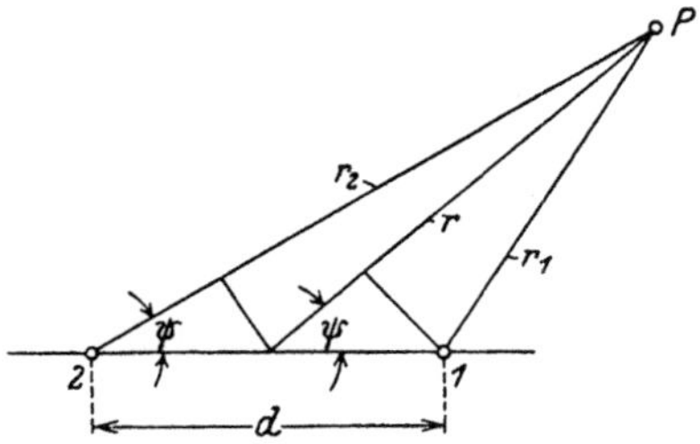

Abb. 371. Zur Bestimmung des resultierenden Feldes.

Die Interferenz beider Feldanteile rührt hiernach zum Teil von der erzwungenen Phasenverschiebung der Strommomente, zum anderen Teil von den natürlichen Gangunterschieden von den Strahlerorten bis zum Aufpunkte her.

Wir führen ebene Polarkoordinaten r, ψ ein (Abb. 371). Hier gilt

$$r_1 = r - \frac{d}{2}\cos\psi; \qquad r_2 = r + \frac{d}{2}\cos\psi. \quad (118)$$

Die Abhängigkeit des resultierenden Feldes von der Strahlungsrichtung ergibt sich durch Eintragen von (118) in (116b)

$$\left.\begin{aligned}\mathfrak{E} &= \frac{2}{4\pi\varepsilon_0 a^2 r}\cdot\omega h_1 \cdot J_{1\max}\cdot\left[\sin\left(\omega t - \frac{\omega}{a} r + \frac{\omega}{a}\frac{d}{2}\cos\psi\right) + v\sin\left(\omega t - \varphi - \frac{\omega}{a} r - \frac{\omega}{a}\frac{d}{2}\cos\psi\right)\right]\\ &= \frac{2}{4\pi\varepsilon_0 a^2 r}\cdot\omega h_1 \cdot J_{1\max}\cdot\left[\sin\left(\omega t' + \frac{s}{2}\cos\psi\right) + v\sin\left(\omega t' - \varphi - \frac{s}{2}\cos\psi\right)\right],\end{aligned}\right\} (116\,\mathrm{c})$$

wo

$$\omega t' = \omega t - \frac{\omega}{a} r; \qquad \frac{\omega}{a} d = s$$

gesetzt ist. Durch Aufspaltung der trigonometrischen Funktionen gewinnen wir aus (116c)

$$\left.\begin{aligned}\mathfrak{E} = \frac{2}{4\pi\varepsilon_0 a^2 r}\cdot\omega h_1 J_{1\max}\Big[&\sin\omega t'\left\{\cos\left(\frac{s}{2}\cos\psi\right) + v\cos\left(\varphi + \frac{s}{2}\cos\psi\right)\right\}\\ &+ \cos\omega t'\left\{\sin\left(\frac{s}{2}\cos\psi\right) - v\sin\left(\varphi + \frac{s}{2}\cos\psi\right)\right\}\Big].\end{aligned}\right\} (116\,\mathrm{d})$$

Die Feldamplitude beträgt also

$$\left.\begin{aligned}\mathfrak{E}_{\max} &= \frac{2}{4\pi\varepsilon_0 a^2 r}\cdot\omega\cdot h_1\cdot J_{1\max}\cdot\\ &\cdot\sqrt{\left\{\cos\left(\frac{s}{2}\cos\psi\right) + v\cos\left(\varphi + \frac{s}{2}\cos\psi\right)\right\}^2 + \left\{\sin\left(\frac{s}{2}\cos\psi\right) - v\sin\left(\varphi + \frac{s}{2}\cos\psi\right)\right\}^2}\\ &= \frac{2}{4\pi\varepsilon_0 a^2 r}\cdot\omega\cdot h_1\cdot J_{1\max}\cdot\sqrt{1 + v^2 + 2v\cdot\cos(\varphi + s\cdot\cos\psi)}\end{aligned}\right\} (116\,\mathrm{e})$$

und mit Rücksicht auf (117)

$$\mathfrak{E}_{\max}=\frac{2}{4\pi\varepsilon_0 a^2 r}\cdot\omega\cdot h_1\sqrt{J_{1\max}^2+\frac{h_2^2}{h_1^2}J_{2\max}^2+2J_{1\max}\cdot\frac{h_2}{h_1}J_{2\max}\cdot\cos(\varphi+s\cos\psi)}\,. \quad (116\text{f})$$

Als notwendige Bedingung vollständiger Feldauslöschung in mindestens einer Richtung folgt hieraus

$$h_1 J_{1\max} = h_2 J_{2\max}\,; \quad (118)$$

wobei die Richtung verschwindender Feldintensität durch

$$\cos(\varphi + s\cos\psi) = -1\,; \qquad \varphi + s\cos\psi = \pi(2k-1) \qquad k = 1, 2, 3\ldots,$$

also

$$\cos\psi = \frac{\pi(2k-1)-\varphi}{s} \quad (119)$$

gegeben ist. Diese Gleichung führt jedoch nur dann zu reellen Werten ψ, wenn

$$|\pi(2k-1)-\varphi| \leqq s\,; \qquad \pi(2k-1)-s \leqq \varphi \leqq \pi(2k-1)+s \quad (119\text{a})$$

erfüllt ist.

1. Die Antennen seien außerordentlich dicht benachbart; es wird dann $s \ll 1$ und daher nach (119a) φ auf unmittelbare Nähe von π beschränkt. Demgemäß folgen als Richtungen verschwindender Feldintensität aus (119)

$$\cos\psi = 0\,,$$

also

$$\psi_1 = 90°\,; \qquad \psi_2 = 270°\,.$$

Die Größe der Feldstärke in beliebiger Richtung folgt aus (116f)

$$\left.\begin{aligned}\mathfrak{E}_{\max} &= \frac{2}{4\pi\varepsilon_0 a^2 r}\cdot\omega\cdot h_1\cdot J_{1\max}\sqrt{2+2\cos(\pi+s\cdot\cos\psi)}\\ &= \frac{2}{4\pi\varepsilon_0 a^2 r}\cdot\omega\cdot h_1\cdot J_{1\max}\cdot 2\sin\left(\frac{s}{2}\cdot\cos\psi\right).\end{aligned}\right\} \quad (120)$$

Wegen $s \ll 1$ kann der Sinus mit dem Bogen vertauscht werden, so daß

$$\mathfrak{E}_{\max} = \frac{2}{4\pi\varepsilon_0 a^2 r}\cdot\omega\cdot h_1\cdot J_{1\max}\cdot s\cdot\cos\psi\,. \quad (120\text{a})$$

Wir veranschaulichen diese Gleichung durch Zeichnung der Horizontalcharakteristik

$$\mathfrak{f}(\psi) = |\cos\psi|\,.$$

Aus Abb. 366 erkennen wir in Analogie zum Diagramm der Rahmenantenne als Form dieser Charakteristik zwei sich im Ursprung berührende Vollkreise. In der Symmetrieebene beider Strahler löschen die Wellen einander völlig aus; dagegen erreicht die Strahlung in der Verbindungslinie beider Antennen einen ausgesprochenen Höchstwert. Das System ist also doppelseitig gerichtet.

2. Werden die Antennen weit voneinander entfernt, so ist $s \gg 1$; φ ist in einem weiten Intervall frei wählbar. Man erhält eine oder mehrere Richtungen ψ, welche Gl. (119) erfüllen. Indessen ist hier zu beachten, daß die Amplituden der Teilfelder (115) und (115a) nicht mehr gleich sind, so daß die Interferenz unvollständig wird, an Stelle eines Verlöschens der Intensität nur ein Minimum zustande kommt. Dieser Fall besitzt daher keine Bedeutung.

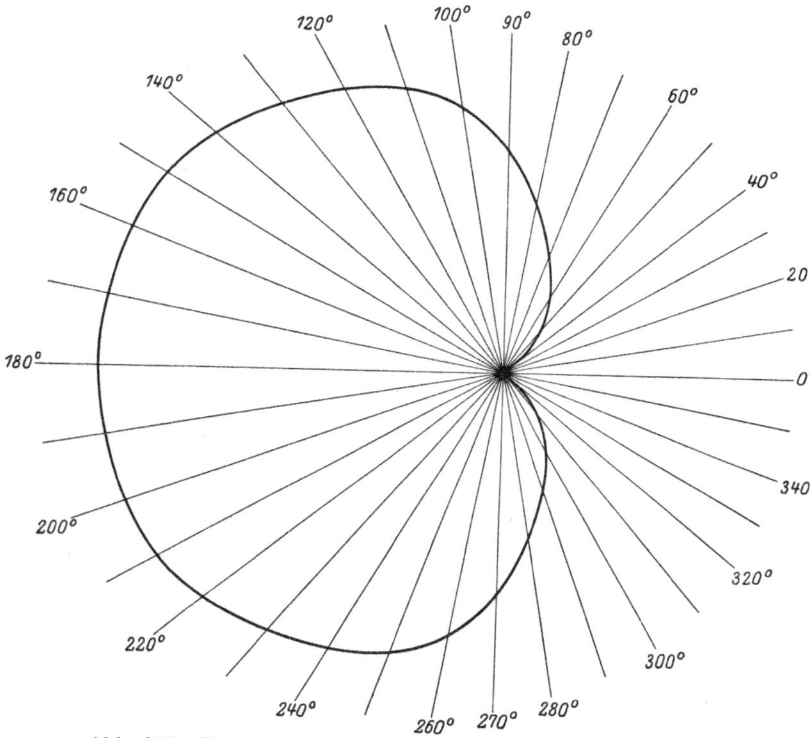

Abb. 372. Horizontalcharakteristik für einseitige Richtstrahlung.

3. Es seien Antennenentfernung und Betriebsfrequenz gemäß der Bedingung

$$s = 1 \tag{121}$$

gewählt. Hiermit wird

$$\pi - 1 \leqq \varphi \leqq \pi + 1 ,$$

also folgt insbesondere mit $\varphi = \pi - 1$ als Richtung verschwindender Strahlung

$$\cos\psi = 1 ; \qquad \psi = 0 . \tag{122}$$

Die vollständige Horizontalcharakteristik ist in Abb. 372 gezeichnet. Wegen der Eindeutigkeit der Gl. (122) erfolgt Auslöschung nur in der Rückenlinie der Antenne 2, das System ist einseitig gerichtet.

289. Das Radiogoniometer bezweckt die stetige Änderung der Hauptstrahlungsrichtung einer Doppelantenne.

Das Radiogoniometer besteht aus zwei Doppelantennen gleicher Höhe h, welche nach Abb. 373 um 90 räumliche Grade gegeneinander versetzt sind. Je zwei zu einer Doppelantenne gehörige Strahler werden verbunden, so daß die Phasenverschiebung der beiden Ströme 180° beträgt. Dies hat zur Folge, daß eine gegenseitige Beeinflussung der beiden Doppelantennen durch Strahlungskopplung fortfällt, weil die in einer Antenne hervorgerufenen Spannungen der beiden Nachbarantennen entgegengesetzt gleich sind und somit einander aufheben. Die Strahlung beider Doppelantennen erfolgt also völlig unabhängig voneinander.

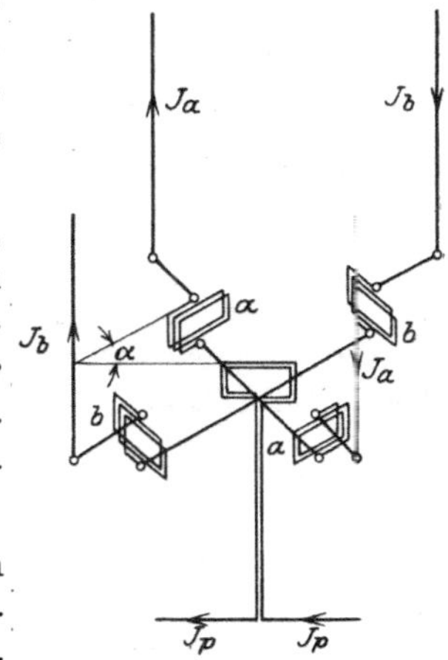

Abb. 373. Radiogoniometer.

Die Erregung der beiden Doppelantennen erfolgt gemeinsam mittels eines Kopplungstransformators gemäß Abb. 373. Der Primärspule, welche vom Strome J_p durchflossen wird, stehen zwei um 90° gegeneinander versetzte Sekundärspulen a und b gegenüber. α sei der Winkel, den die Primärspule mit der Sekundärspule a bildet. Die Gegeninduktivitäten zwischen der Primärspule und den Sekundärspulen L_{p_a} und L_{p_b} sind Funktionen des Winkels α. Wir setzen eine Konstruktion voraus, welche die Funktionen

$$L_{p_a} = L_0 \cdot \cos\alpha\,,$$
$$L_{p_b} = L_0 \cdot \sin\alpha$$

erfüllt. Die von J längs L_{p_a} und L_{p_b} entwickelten Umlaufsspannungen bei Leerlauf sind

$$E^0_{u_a} = -L_{p_a} \cdot \frac{dJ_1}{dt} = -L_0 \cdot \cos\alpha\,\frac{dJ_1}{dt}\,,$$

$$E^0_{u_b} = -L_{p_b} \cdot \frac{dJ_1}{dt} = -L_0 \cdot \sin\alpha\,\frac{dJ_1}{dt}\,,$$

also miteinander in Phase. Die als Folge dieser Spannungen entstehenden Antennenströme sind ebenfalls miteinander in Phase, und ihr Betrag ist den treibenden Spannungen proportional. Insbesondere gilt

$$\left.\begin{aligned} J_a &= J_{\max} \cdot \cos\alpha\,,\\ J_b &= J_{\max} \cdot \sin\alpha\,, \end{aligned}\right\} \qquad (123)$$

wo $J_{\max}$ der Betrag der maximalen Stromamplitude ($\alpha = 0$) ist. Wegen der ungestörten Superposition wird die Horizontalcharakteristik des Stromes J_a nach Gl. (120a)

$$\left.\begin{aligned}\mathfrak{E}^a_{\max} &= \frac{2h}{4\pi\varepsilon_0}\cdot\frac{1}{a^2 r}\cdot\omega\cdot J_{a_{\max}}\cdot s\cdot\cos\psi\\ &= \frac{2h}{4\pi\varepsilon_0}\cdot\frac{1}{a^2 r}\cdot\omega\cdot J_{\max}\cdot\cos\alpha\cdot s\cdot\cos\psi\end{aligned}\right\} \tag{124}$$

und die des Stromes J_b

$$\mathfrak{E}^b_{\max} = \frac{2h}{4\pi\varepsilon_0}\cdot\frac{1}{a^2 r}\cdot\omega\cdot J_{\max}\cdot\sin\alpha\cdot s\cdot\sin\psi\,, \tag{124a}$$

da die Doppelantenne b gegen a um 90 räumliche Grad versetzt ist. Die Gesamtfeldstärke bestimmt sich aus (124) und (124a) zu

$$\left.\begin{aligned}\mathfrak{E}_{\max} = \mathfrak{E}^a_{\max} + \mathfrak{E}^b_{\max} &= \frac{2h}{4\pi\varepsilon_0}\cdot\frac{1}{a^2 r}\cdot\omega\cdot J_{\max}\cdot s\,(\cos\alpha\cos\psi + \sin\alpha\sin\psi)\\ &= \frac{2h}{4\pi\varepsilon_0}\cdot\frac{1}{a^2 r}\cdot\omega\cdot J_{\max}\cdot s\cos(\alpha-\psi)\,.\end{aligned}\right\} \tag{125}$$

Hiernach ist die Horizontalcharakteristik des Radiogoniometers in der Tat mit der Charakteristik einer Doppelantenne identisch, bei welcher die Verbindungsachse der Strahler gegen die Abszissenachse um den Winkel α verdreht ist. Durch Veränderung der Lage der Primärspule im Kopplungstransformator kann also auch die Stellung der äquivalenten Doppelantenne beliebig gewählt werden: die Charakteristik haftet an der Primärspule fest und dreht sich mit ihr herum.

Sekundärrichtstrahlung.

290. Freie Richtstrahlung durch Schatten- und Spiegelwirkung resonierender Hilfsantennen. Die Technik dieser Richtstrahlung geht von den Gesetzen der geometrischen Optik aus; indem sie die Verwandtschaft der elektrischen Wellen mit den Lichtwellen benutzt, versucht sie, den Wellen durch Hilfsantennen, welche in ihren Weg gestellt werden, einerseits den Eintritt in das rückseitige Gebiet zu verwehren, andererseits in das vorwärtsgelegene Gebiet eine gesteigerte Strahlung durch Spiegelwirkung zu erzielen. Die hier auftretenden Aufgaben unterscheiden sich von denen der Optik nur dadurch, daß schattenwerfende und spiegelnde Gegenstände dieselbe Größenordnung wie die Wellenlänge der ausgesandten Strahlung besitzen, während die Abmessungen optischer Apparate die Wellenlänge im allgemeinen weit übertreffen.

291. Schattenbildung durch eine Hilfsantenne. Abb. 374 zeigt die Anordnung; die Hilfsantenne 2 wird durch das Strahlungsfeld der Hauptantenne *1* erregt. Die Antenne *2* sei auf die Frequenz von *1* abgestimmt. Der gesamte, von *1* nach *2* hinüberwandernde Energiestrom setzt sich dann in der Antenne *2* zum Teil gemäß ihrem Ohmschen Widerstande R_2 in Wärme um, zum andern Teil wird er entsprechend ihrem Strahlungswiderstande in von *2* ausgehende Strahlungsleistung gewandelt. Es besteht somit die Gleichung

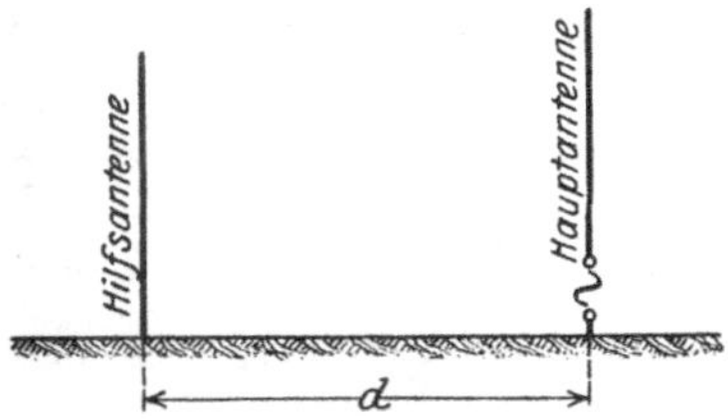

Abb. 374. Anordnung zur Schattenbildung.

$$-E_{12} \cdot J_2 = J_2^2 (R_2 + R_{str}) = J_2^2 \cdot R_2', \tag{126}$$

wo links das Minuszeichen steht, weil der Energiestrom N_2 in die Antenne eintritt. Aus (126) leiten wir ab

$$J_2 = -\frac{E_{12}}{R_2'} \tag{126a}$$

und mit (101 b)

$$J_2 = -\frac{2 h_1 h_2 J_{1\max}}{4 \pi \varepsilon_0 d^3 \cdot R_2 \cdot \omega} [s \cdot \cos(\omega t - s) + (1 - s^2) \sin(\omega t - s)]. \tag{126b}$$

Durch geeignete Wahl der Entfernung d ist es möglich, die Strahlung für den im Schatten der Hilfsantenne liegenden Raum völlig zu vernichten. Wir setzen demgemäß in Gl. (116 f) $\psi = 0$ und erhalten

$$\left.\begin{aligned} \mathfrak{E}_{\max} &= \frac{2 h_1 h_2}{4 \pi \varepsilon_0} \cdot \frac{1}{a^2 r} \cdot \omega \cdot \sqrt{J_{1\max}^2 + \frac{h_2^2}{h_1^2} \cdot J_{2\max}^2 - 2 \frac{h_2}{h_1} \cdot J_{1\max} \cdot J_{2\max} \cdot \cos(\varphi + s)} \\ &= \frac{2 h_1 h_2}{4 \pi \varepsilon_0} \cdot \frac{1}{a^2 r} \cdot \omega \cdot J_{1\max} \cdot \sqrt{1 + \frac{h_2^2}{h_1^2} \cdot \frac{J_{2\max}^2}{J_{1\max}^2} - 2 \frac{h_2}{h_1} \cdot \frac{J_{2\max}}{J_{1\max}} \cdot \cos(\varphi + s)}. \end{aligned}\right\} \tag{127}$$

Das Verhältnis der Ströme folgt aus (126b) zu

$$\frac{h_2 \cdot J_{2\max}}{h_1 \cdot J_{1\max}} = \frac{2 h_1 h_2}{4 \pi \varepsilon_0 \cdot d^3} \cdot \frac{1}{R_2 \omega} \sqrt{s^2 + (1 - s^2)^2} \tag{126c}$$

und ihr Phasenwinkel

$$\cos(\varphi - s) = \frac{-s}{\sqrt{s^2 + (1 - s^2)^2}}. \tag{126d}$$

Somit wird die Feldstärke

$$\left.\begin{aligned} \mathfrak{E}_{\max} &= \frac{2 h_1 h_2}{4 \pi \varepsilon_0} \cdot \frac{1}{a^2 r} \cdot \omega \cdot J_{1\max} \cdot \sqrt{1 + \left(\frac{2 h_1 h_2}{4 \pi \varepsilon_0 d^3 R_2 \omega}\right)^2 (s^2 + (1 - s^2)^2) - 2 \frac{2 h_1 h_2}{4 \pi \varepsilon_0 d^3} \frac{1}{R_2 \omega} \cdot s} \\ &= \frac{2 h_1 h_2}{4 \pi \varepsilon_0} \cdot \frac{1}{a^2 r} \cdot \omega \cdot J_{1\max} \cdot \sqrt{\left(1 - \frac{2 h_1 h_2}{4 \pi \varepsilon_0 d^3 R_2 \omega} s\right)^2 + \left(\frac{2 h_1 h_2}{4 \pi \varepsilon_0 d^3 R_2 \omega}\right)^2 (1 - s^2)^2}. \end{aligned}\right\} \tag{127a}$$

Sie verschwindet, wenn die Doppelbedingungen

$$1 - \frac{2\,h_1 h_2}{4\pi\varepsilon_0 d^3 R_2 \omega}\cdot s = 0\,, \tag{128}$$

$$1 - s^2 = 0 \tag{129}$$

erfüllt sind. Gl. (129) fordert also zur Erzeugung eines vollständigen Schattens

$$s \equiv \frac{2\pi d}{\lambda} = 1\,, \qquad d = \frac{\lambda}{2\pi}\,; \tag{128a}$$

sie legt bei gegebener Entfernung der beiden Antennen die erforderliche Betriebswellenlänge fest. Ist sie dementsprechend gewählt, so verlangt (128)

$$R_2 = \frac{2\,h_1 h_2}{4\pi\varepsilon_0 d^3\omega} = \frac{2\,h_1 h_2}{4\pi\varepsilon_0\cdot\frac{\lambda^2}{4\pi^2}\cdot\frac{\lambda\cdot\omega}{2\pi}} = \frac{2\,h_1 h_2}{4\pi\varepsilon_0\cdot\frac{\lambda^2}{4\pi^2}\cdot a} = 240\cdot\pi^2\cdot\frac{h_1\cdot h_2}{\lambda^2}\,, \tag{129a}$$

setzt also die Größe des erforderlichen Gesamtwiderstandes der Hilfsantenne fest. Sei insbesondere etwa $h_1 = h_2$, so wird

$$R_2 = 240\,\pi^2\,\frac{h^2}{\lambda^2} \tag{129b}$$

der Gesamtwiderstand also $\frac{3}{2}$ mal so groß wie der Strahlungswiderstand. Demnach ist der Hilfsantenne ein Ohmscher Widerstand von halber Größe des Strahlungswiderstandes zu erteilen. Die hiernach berechenbare Horizontalcharakteristik ist mit jener identisch, welche wir in Nr. 288, 3 für den Sonderfall $s = 1$ erhielten. Insonderheit liegt daher das Maximum der Strahlung in der Richtung, welche der Hilfsantenne entgegengesetzt ist. Als Maß dieser Spiegelwirkung dient das Verhältnis der resultierenden Feldstärke zu der Feldstärke des frei strahlenden Dipoles bei gleicher Stromintensität[1]). Sein Zahlenwert folgt aus Gl. (106a) mit $\psi = \pi$ zu

$$f = 1{,}682\,.$$

Die Spiegelwirkung ist also sehr bedeutend.

Reflexwirkungen der hier geschilderten Art werden oft durch leitende Abspannseile der Antennenträger hervorgebracht, welche sich im Strahlungsfelde der Antenne befinden. Man kann diese Erscheinung mildern, indem man die Abspannseile gegen die einfallende Welle verstimmt (Unterteilung).

292. Strahlungsdiagramm der Paraboloidantenne. In der Ausnutzung der Analogie der elektromagnetischen Wellen mit den optischen Wellen geht die Paraboloidantenne noch einen Schritt weiter.

---

[1]) Der Vergleich der Feldstärken bei gleicher Strahlungsleistung führt zu einem anderen Werte des Spiegelungsfaktors f.

Abb. 375 zeigt ein Schema der Paraboloidantenne. Sie besteht aus einer Hauptantenne, welche in der Brennlinie eines parabolischen Zylinders der Länge h angeordnet ist. Der Zylindermantel besteht aus einer großen Zahl äquidistanter Drähte, welche dieselbe Länge h besitzen. Bei Erregung der Hauptantenne schwingen die am Zylindermantel befindlichen Drähte mit und werden dadurch Ursprung neuer Wellen, welche sich den von der Hauptantenne entsandten überlagern.

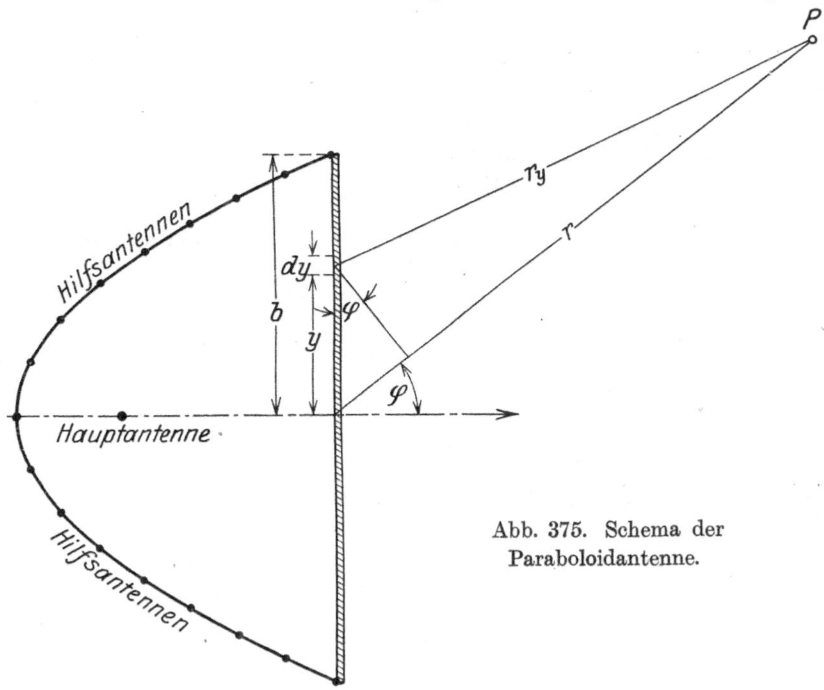

Abb. 375. Schema der Paraboloidantenne.

Auch hier bewirken sie für den rückwärts gelegenen Raum die Entstehung eines elektromagnetischen Schattens, während im vorwärts gelegenen Raum eine starke Spiegelwirkung zustande kommt.

Zur Berechnung der Strahlungscharakteristik in der Horizontalebene dient das Huygenssche Prinzip: Die Strahlung kann erzeugt gedacht werden von Strahlern, welche auf der Vorderfläche der Paraboloidantenne verteilt sind.

Wir ersetzen daher das wirkliche Stromsystem der Paraboloidantenne durch einen fingierten Strom, welcher allein auf der Vorderfläche des Zylinders endlich ist. Entsprechend der Annahme konstanter Feldintensität auf dieser Fläche verteilen wir ihn über die ganze Öffnungsbreite flächenhaft in der Dichte $\mathfrak{i}$ Amp/cm; er strömt überall vertikal und weist auf der ganzen Fläche gleiche Amplitude und Phase auf. Der durch ein Flächenelement der Breite dy fließende Strom beträgt

$$dJ = \mathfrak{i} \cdot dy .$$

Den Gesamtstrom

$$J = \int_{-b}^{+b} \mathfrak{i}\, dy = 2 \cdot \mathfrak{i}\, b$$

vergleichen wir mit dem realen Strome in der Hauptantenne J_h durch

$$J = f_s \cdot J_h ,$$

wo f_s der Spiegelungsfaktor der Paraboloidantenne ist. Er ist für eine gegebene Anordnung durch sinngemäße Anwendung der in Nr. 291 gegebenen Rechnungen zu ermitteln.

Der Strom $\mathfrak{i}$ sei einfach harmonisch

$$\mathfrak{i} = i_{\max} \cdot \sin \omega t .$$

Die Wellenfunktion f eines Streifens der Breite dy lautet somit

$$f = + \frac{2h}{4\pi\varepsilon} \cdot \frac{1}{\omega}\, i_{\max} \cdot dy \cos \omega t . \tag{130}$$

Das von dJ in der Fernzone erzeugte elektrische Feld der Horizontalebene beträgt nach Gl. (109)

$$d\mathfrak{E} = - \frac{2h}{4\pi\varepsilon_0} \cdot \frac{1}{a^2 \cdot r}\, \omega \cdot \cos\left(\omega t - \frac{\omega r_y}{a}\right) \cdot dy \cdot i_{\max} . \tag{131}$$

Zwischen der Entfernung r_y und der mittleren Entfernung r besteht die Beziehung (Abb. 375)

$$r - r_y = J \cdot \sin\varphi ,$$

also wird

$$\left.\begin{aligned} d\mathfrak{E} &= - \frac{2h}{4\pi\varepsilon_0} \cdot \frac{1}{a^2 r} \cdot \omega \cdot \cos\left(\omega t - \frac{\omega r}{a} + \frac{\omega y}{a}\right) \cdot dy \cdot \mathrm{i}_{\max} \\ &= - \frac{2h}{4\pi\varepsilon_0} \cdot \frac{1}{a^2 r} \cdot \omega \left[\cos \omega t' \cdot \cos \frac{\omega y \cdot \sin\varphi}{a} - \sin \omega t' \cdot \sin \frac{\omega y \cdot \sin\varphi}{a}\right] dy \cdot i_{\max} , \end{aligned}\right\} \tag{131a}$$

wo abkürzungsweise

$$\omega t - \frac{\omega r}{a} = \omega t'$$

gesetzt ist. Wir erhalten aus (131a) die Gesamtfeldstärke durch Integration längs y zu

$$\left.\begin{aligned} \mathfrak{E} = \int_{-b}^{+b} d\mathfrak{E} &= - \frac{2h}{4\pi\varepsilon_0} \cdot \frac{1}{a^2 r} \cdot \omega \cdot i_{\max} \cdot \left[\int_{-b}^{+b} \cos \omega t' \cdot \cos \frac{\omega y \cdot \sin\varphi}{a} \cdot dy - \int_{-b}^{+b} \sin \omega t' \cdot \sin \frac{\omega y \cdot \sin\varphi}{a} \cdot dy\right] \\ &= - \frac{2h}{4\pi\varepsilon_0} \cdot \frac{1}{a^2 r} \cdot \omega \cdot i_{\max} \cdot \left[\cos \omega t' \cdot \int_{-b}^{+b} \cos \frac{\omega y \cdot \sin\varphi}{a} \cdot dy - \sin \omega t' \cdot \int_{-b}^{+b} \sin \frac{\omega y \cdot \sin\varphi}{a} \cdot dy\right] . \end{aligned}\right\} \tag{131b}$$

Nach Einsetzen der Grenzen fällt der zweite Summand in der Klammer fort, und wir erhalten

$$\left.\begin{aligned}\mathfrak{E} &= -\frac{2h}{4\pi\varepsilon_0}\cdot\frac{1}{a^2 r}\cdot\omega\cdot\mathfrak{i}_{\max}\cdot\cos\omega t'\cdot\frac{2}{\frac{\omega\sin\varphi}{a}}\cdot\sin\frac{\omega b\cdot\sin\varphi}{a}\\ &= -\frac{2h}{4\pi\varepsilon_0}\cdot\frac{1}{ar}\cdot\dot{i}_{\max}\cdot\cos\frac{2\pi a}{\lambda}\cdot t'\cdot\frac{2}{\sin\varphi}\cdot\sin\left(\frac{2\pi}{\lambda}\cdot b\cdot\sin\varphi\right).\end{aligned}\right\}\quad(131\,\mathrm{c})$$

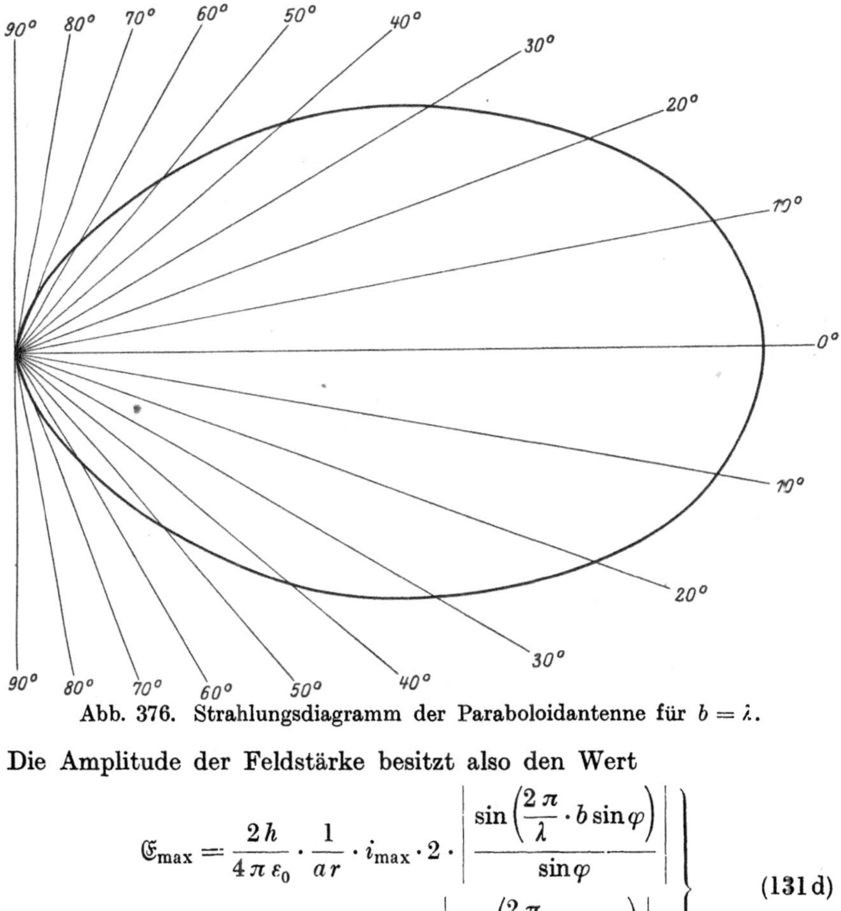

Abb. 376. Strahlungsdiagramm der Paraboloidantenne für $b = \lambda$.

Die Amplitude der Feldstärke besitzt also den Wert

$$\left.\begin{aligned}\mathfrak{E}_{\max} &= \frac{2h}{4\pi\varepsilon_0}\cdot\frac{1}{ar}\cdot\dot{i}_{\max}\cdot 2\cdot\left|\frac{\sin\left(\frac{2\pi}{\lambda}\cdot b\sin\varphi\right)}{\sin\varphi}\right|\\ &= \frac{2h}{4\pi\varepsilon_0}\cdot\frac{1}{ar}\cdot\frac{J_{\max}}{b}\cdot\left|\frac{\sin\left(\frac{2\pi}{\lambda}\cdot b\sin\varphi\right)}{\sin\varphi}\right|.\end{aligned}\right\}\quad(131\,\mathrm{d})$$

Der Verlauf der Charakteristik hängt hiernach in entscheidender Weise von dem Verhältnis der Paraboloidöffnung b zur Wellenlänge ab. In Abb. 376, 377 sind die Horizontalcharakteristiken für $b = \lambda$ und $b = 3\lambda$

nach Gl. (131d) dargestellt. Ersichtlich ist die Zone starker Fernwirkung bei der letzten Anordnung auf einen außerordentlich kleinen Winkelbereich um $J = 0$ herum zusammengedrängt. Durch noch weitere Vergrößerung von b kann eine weitere Zuspitzung der Horizontalcharakteristik erzielt werden.

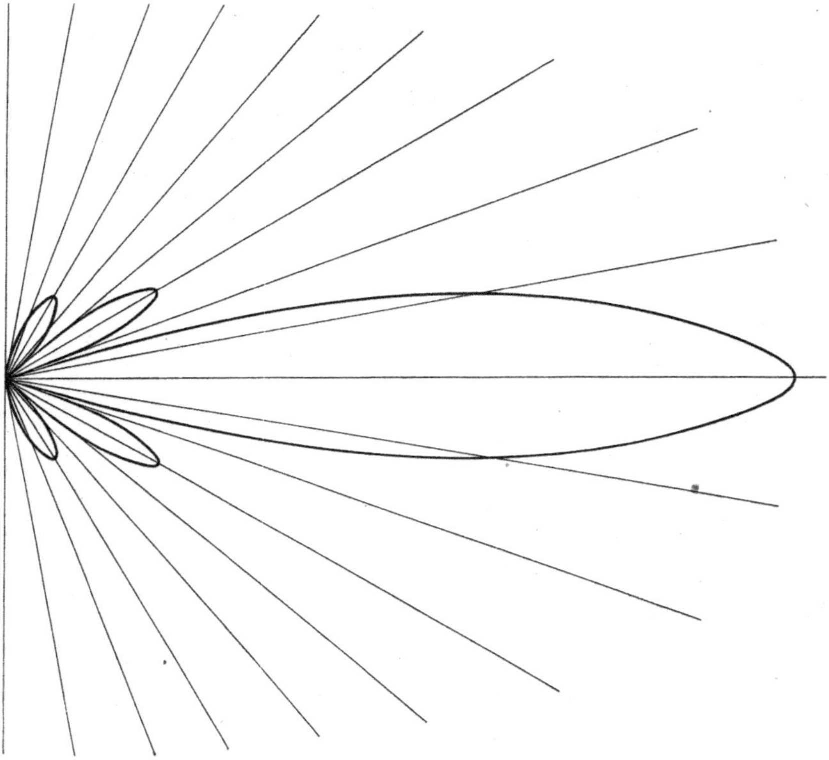

Abb. 377. Strahlungsdiagramm der Paraboloidantenne für $b = 3\lambda$.

293. Grundbedingungen des Erdstromeffektes. Eine zweite Möglichkeit sekundärer Richtstrahlung beruht auf der Erzeugung von Erdströmen durch das Feld des Strahlers. Damit die Wellen des Antennenstromes und der Erdströme in der Fernzone interferieren, müssen die Erdströme wesentlich senkrecht zur Erdoberfläche fließen.

In dem Grenzfalle vollkommen leitenden Erdbodens (Abrahamsche Lösung) werden die Erdströme in eine äußerst dünne Oberflächenschicht zusammengedrängt, welche sie in horizontaler Richtung durchfließen; dieses Grundgesetz des Abrahamschen Erregers gilt unabhängig von seiner besonderen Form; eine Richtstrahlung mittels eines einzigen Abrahamschen Erregers ist demnach nicht möglich.

In dem entgegengesetzten Grenzfalle des außerordentlich schlecht leitenden Erdreiches dringen die Erdströme in die Tiefe; indessen ist ihre Intensität so gering, daß auch hier eine Richtstrahlung mittels der Hertzschen Vektoren der Erdströme ausgeschlossen ist.

Aus der Betrachtung der Grenzfälle geht hervor, daß lediglich Erdreich mittlerer Leitfähigkeit imstande ist, richtend wirksame Erdströme aufzunehmen. Wir gelangen hiermit auf das Gebiet der Sommerfeldschen Lösung. Freilich ist die Einschränkung hinzuzusetzen, daß nur die Umgebung des Strahlers zur Hervorbringung des Erdstromeffektes mittlere Leitfähigkeit zu besitzen braucht; dagegen ist die Beschaffenheit des Bodens in der Fernzone von untergeordneter Bedeutung auf die Ausbildung der Erdströme.

294. Die geknickte Antenne; die Erdantenne. Die Strahlerform der geknickten Antenne rührt von Marconi her; sie besitzt die Form eines Γ. Die Stromverteilung längs der Γ-Antenne nehmen wir in erster Annäherung unbeschadet der Rückwirkung des Strahlungsfeldes durch die Überlegungen der Nr. 273 als gegeben an; hiernach ist es angängig, den gesamten Strahler durch die Aneinanderreihung eines vertikalen und eines horizontalen Dipoles zu ersetzen, solange die Wellenlänge oberhalb der Grundwelle des unverlängerten Strahlers liegt. Die Strommomente als quantitativer Ausdruck der Stärke der Dipole gleichen je dem Produkte aus mittlerem Strome und Länge des entsprechenden Strahlerteiles; reduzieren wir der Einfachheit halber auf gleichen mittleren Strom in beiden Teilen, so gehen die Längenverhältnisse in die Strommomente ein. Wir nennen h die Höhe des vertikalen Dipoles und l die Länge des Horizontalteiles.

Als Abart der geknickten Antenne ist die Erdantenne anzusprechen; sie unterscheidet sich in konstruktiver Hinsicht durch die meist geringere Höhe h und größere Länge l. Inwieweit hierdurch elektrodynamische Unterschiede geschaffen werden, ist zum Teil bei der Besprechung der Beverage-Antenne (Nr. 282) behandelt worden; für die Richtstrahlung sind sie insbesondere dadurch gegeben, daß der Ersatz des horizontalen Teiles durch einen einzigen Dipol wegen des großen Wertes von l nicht mehr statthaft ist.

295. Grenzbedingungen in der Umgebung der geknickten Antenne. Es werde der Ursprung eines rechtwinkligen Koordinatensystems in den Erregungspunkt gelegt; die z-Achse falle mit der Richtung des senkrechten Dipoles zusammen, der horizontale Dipol sei in die Richtung der negativen x-Achse orientiert. Die y-Achse verläuft senkrecht zur x- und z-Achse in der Grenzebene zwischen dem freien Raum und dem Erdreiche.

Die x—z-Ebene ist eine Symmetrieebene des Feldes; daher genügt zur Beschreibung des Feldes ein Hertzscher Vektor in dieser Ebene, welcher die beiden Komponenten Π_z und Π_x besitzt; beide Komponenten müssen wegen der Linearität der Wellengleichungen Lösungen dieser Gleichungen darstellen.

Wie in Nr. 248 haben wir die Wellengleichungen für beide Medien getrennt anzuschreiben und erhalten

$$\left.\begin{aligned} \frac{\partial^2 \Pi_{1z}}{\partial x^2} + \frac{\partial^2 \Pi_{1z}}{\partial y^2} + \frac{\partial^2 \Pi_{1z}}{\partial z^2} &= -\frac{\omega^2}{a_1^2} \cdot \Pi_{1z}, \\ \frac{\partial^2 \Pi_{1x}}{\partial x^2} + \frac{\partial^2 \Pi_{1x}}{\partial y^2} + \frac{\partial^2 \Pi_{1x}}{\partial z^2} &= -\frac{\omega^2}{a_1^2} \cdot \Pi_{1z}; \end{aligned}\right\} \quad z > 0 \tag{132}$$

$$\left.\begin{aligned} \frac{\partial^2 \Pi_{2z}}{\partial x^2} + \frac{\partial^2 \Pi_{2z}}{\partial y^2} + \frac{\partial^2 \Pi_{2z}}{\partial z^2} &= -\frac{\omega^2}{\bar{a}_2^2} \cdot \Pi_{2z}, \\ \frac{\partial^2 \Pi_{2x}}{\partial x^2} + \frac{\partial^2 \Pi_{2x}}{\partial y^2} + \frac{\partial^2 \Pi_{2x}}{\partial z^2} &= -\frac{\omega^2}{\bar{a}_2^2} \cdot \Pi_{2x}. \end{aligned}\right\} \quad z < 0 \tag{133}$$

Die Grenzbedingungen, welche die Felder beider Medien miteinander verknüpfen, ergeben sich wie in Nr. 248 als Forderung stetigen Überganges der magnetischen und elektrischen Feldkomponenten tangentiell zur Grenzebene.

Das aus Π_{1z} und Π_{2z} ableitbare Feld besitzt nach Nr. 236 die Stromfunktion

$$\left.\begin{aligned} \bar{\psi}_{1z} &= \varepsilon_1 j \omega \Pi_{z1}, \\ \bar{\psi}_{2z} &= \bar{\varepsilon}_2 j \omega \Pi_{z2}, \end{aligned}\right\} \tag{134}$$

also

$$\left.\begin{aligned} \mathfrak{H}_{y_1}^{(z)} &= -\frac{\partial \psi_{1z}}{\partial x} = -\varepsilon_1 j \omega \frac{\partial \Pi_{z_1}}{\partial x}; & \mathfrak{H}_{x_1}^{(z)} &= +\frac{\partial \psi_{1z}}{\partial y} = \varepsilon_1 j \omega \frac{\partial \Pi_{z_1}}{\partial y}; \\ \mathfrak{H}_{y_2}^{(z)} &= -\frac{\partial \psi_{2z}}{\partial x} = -\bar{\varepsilon}_2 j \omega \frac{\partial \Pi_{z_2}}{\partial x}; & \mathfrak{H}_{x_2}^{(z)} &= +\frac{\partial \psi_{2z}}{\partial y} = \bar{\varepsilon}_2 j \omega \frac{\partial \Pi_{z_2}}{\partial y} \end{aligned}\right\} \tag{134a}$$

und die Potentialfunktion

$$\left.\begin{aligned} \bar{\varphi}_{1z} &= -\frac{\partial \Pi_{z_1}}{\partial z}, \\ \bar{\varphi}_{2z} &= -\frac{\partial \Pi_{z_2}}{\partial z}, \end{aligned}\right\} \tag{135}$$

also

$$\left.\begin{aligned} \mathfrak{E}_{x_1}^{(z)} &= -\frac{\partial \varphi_{1z}}{\partial x} = -\frac{\partial^2 \Pi_{z_1}}{\partial z \cdot \partial x}; & \mathfrak{E}_{y_1}^{(z)} &= -\frac{\partial \varphi_{1z}}{\partial y} = -\frac{\partial^2 \Pi_{z_1}}{\partial z \cdot \partial y}; \\ \mathfrak{E}_{x_2}^{(z)} &= -\frac{\partial \varphi_{2z}}{\partial x} = -\frac{\partial^2 \Pi_{z_1}}{\partial z \cdot \partial x}; & \mathfrak{E}_{y_2}^{(z)} &= -\frac{\partial \varphi_{2z}}{\partial y} = -\frac{\partial^2 \Pi_{z_1}}{\partial z \cdot \partial y}. \end{aligned}\right\} \tag{135a}$$

Setzen wir nun vorübergehend

$$x = \zeta; \qquad y = \xi; \qquad z = \eta,$$

so erlangen wir ganz entsprechend das Feld der Komponente $\Pi_x = \Pi_\zeta$

$$\mathfrak{H}_{\eta_1}^{(x)} = -\varepsilon_1 j\omega \frac{\partial \Pi_{\zeta_1}}{\partial \xi}; \qquad \mathfrak{H}_{\xi_1}^{(x)} = \varepsilon_1 j\omega \frac{\partial \Pi_{\zeta_1}}{\partial \eta},$$

$$\mathfrak{H}_{\eta_2}^{(x)} = -\bar{\varepsilon}_2 j\omega \frac{\partial \Pi_{\zeta_2}}{\partial \xi}; \qquad \mathfrak{H}_{\xi_2}^{(x)} = \bar{\varepsilon}_2 j\omega \frac{\partial \Pi_{\zeta_2}}{\partial \eta}$$

oder mit Rückkehr zu x, y, z

$$\left.\begin{aligned} \mathfrak{H}_{z_1}^{(x)} &= -\varepsilon_1 j\omega \frac{\partial \Pi_{x_1}}{\partial y}; \qquad \mathfrak{H}_{y_1}^{(x)} = \varepsilon_1 j\omega \frac{\partial \Pi_{x_1}}{\partial z}, \\ \mathfrak{H}_{z_2}^{(x)} &= -\bar{\varepsilon}_2 j\omega \frac{\partial \Pi_{x_2}}{\partial y}; \qquad \mathfrak{H}_{y_2}^{(x)} = \bar{\varepsilon}_2 j\omega \frac{\partial \Pi_{x_2}}{\partial z}. \end{aligned}\right\} \tag{134b}$$

Die elektrischen Feldkomponenten betragen

$$\mathfrak{E}_{\xi_1}^{(\zeta)} = -\frac{\partial^2 \Pi_{\zeta_1}}{\partial \zeta\, \partial \xi}; \qquad \mathfrak{E}_{\eta_1}^{(\zeta)} = -\frac{\partial^2 \Pi_{\zeta_1}}{\partial \zeta\, \partial \eta}; \qquad \mathfrak{E}_{\zeta_1}^{(\zeta)} = -\frac{\partial^2 \Pi_{\zeta_1}}{\partial \zeta^2} - \frac{\partial^2 \Pi_{\zeta_1}}{\partial \eta^2},$$

$$\mathfrak{E}_{\xi_2}^{(\zeta)} = -\frac{\partial^2 \Pi_{\zeta_2}}{\partial \zeta\, \partial \xi}; \qquad \mathfrak{E}_{\eta_2}^{(\zeta)} = -\frac{\partial^2 \Pi_{\zeta_1}}{\partial \zeta\, \partial \eta}; \qquad \mathfrak{E}_{\zeta_2}^{(\zeta)} = -\frac{\partial^2 \Pi_{\zeta_2}}{\partial \zeta^2} - \frac{\partial^2 \Pi_{\zeta_2}}{\partial \xi^2}$$

oder in x, y, z geschrieben

$$\left.\begin{aligned} \mathfrak{E}_{y_1}^{(x)} &= -\frac{\partial^2 \Pi_{x_1}}{\partial x\, \partial y}; \quad \mathfrak{E}_{z_1}^{(x)} = -\frac{\partial^2 \Pi_{x_1}}{\partial x\, \partial z}; \quad \mathfrak{E}_{x_1}^{(x)} = -\frac{\partial^2 \Pi_{x_1}}{\partial y^2} - \frac{\partial^2 \Pi_{x_1}}{\partial z^2}; \\ \mathfrak{E}_{y_2}^{(x)} &= -\frac{\partial^2 \Pi_{x_2}}{\partial x\, \partial y}; \quad \mathfrak{E}_{z_2}^{(x)} = -\frac{\partial^2 \Pi_{x_2}}{\partial x\, \partial y}; \quad \mathfrak{E}_{x_2}^{(x)} = -\frac{\partial^2 \Pi_{x_2}}{\partial y^2} - \frac{\partial^2 \Pi_{x_2}}{\partial z^2}. \end{aligned}\right\} \tag{135b}$$

Mit Rücksicht auf die Wellengleichungen ist

$$\left.\begin{aligned} \mathfrak{E}_{x_1}^{(x)} &= \frac{\partial^2 \Pi_{x_1}}{\partial z^2} + \frac{\omega^2}{a_1^2} \Pi_{x_1}, \\ \mathfrak{E}_{x_2}^{(x)} &= \frac{\partial^2 \Pi_{x_2}}{\partial z^2} + \frac{\omega^2}{\bar{a}_2^2} \Pi_{x_2}. \end{aligned}\right\} \tag{136}$$

Für die tangentiellen magnetischen Feldstärken längs der Ebene $z = 0$ erhalten wir also durch Zusammenfassung der Gl. (134a) und (134b)

$$\left.\begin{aligned} \mathfrak{H}_{y_1} &= -\varepsilon_1 j\omega \left(\frac{\partial \Pi_{z_1}}{\partial x} - \frac{\partial \Pi_{x_1}}{\partial z}\right); \qquad \mathfrak{H}_{x_1} = \varepsilon_1 j\omega \frac{\partial \Pi_{z_1}}{\partial y}; \\ \mathfrak{H}_{y_2} &= -\bar{\varepsilon}_2 j\omega \left(\frac{\partial \Pi_{z_2}}{\partial x} - \frac{\partial \Pi_{x_2}}{\partial z}\right); \qquad \mathfrak{H}_{x_2} = \bar{\varepsilon}_2 j\omega \frac{\partial \Pi_{z_2}}{\partial y} \end{aligned}\right\} \tag{134c}$$

und ebenso für die elektrischen Feldkomponenten mit Rücksicht auf (135a) und (135b)

$$\left.\begin{array}{ll}\mathfrak{E}_{y_1} = -\dfrac{\partial^2 \Pi_{z_1}}{\partial z\,\partial y} - \dfrac{\partial^2 \Pi_{x_1}}{\partial x\,\partial y}\,; & \mathfrak{E}_{x_1} = -\dfrac{\partial^2 \Pi_{z_1}}{\partial z\,\partial x} + \dfrac{\partial^2 \Pi_{x_1}}{\partial z^2} + \dfrac{\omega^2}{a_1^2}\cdot \Pi_{x_1}\,;\\ \mathfrak{E}_{y_2} = -\dfrac{\partial^2 \Pi_{z_2}}{\partial z\,\partial y} - \dfrac{\partial^2 \Pi_{x_2}}{\partial x\,\partial y}\,; & \mathfrak{E}_{x_2} = -\dfrac{\partial^2 \Pi_{z_2}}{\partial z\,\partial x} + \dfrac{\partial^2 \Pi_{x_2}}{\partial z^2} + \dfrac{\omega^2}{\bar{a}_2^2}\cdot \Pi_{x_2}\,.\end{array}\right\} \quad (135\text{c})$$

Die Grenzbedingungen ziehen demnach folgende Beziehungen zwischen den Funktionen Π_{x_1}, Π_{x_2}, Π_{z_1} und Π_{z_2} nach sich, wenn noch von der Gleichung

$$\frac{\varepsilon_1}{\bar{\varepsilon}_2} = \frac{\bar{a}_2^2}{a_1^2} \quad (137)$$

Gebrauch gemacht wird:

$$\text{aus (134c)} \quad \left\{\begin{array}{l}\dfrac{1}{a_1^2}\cdot \Pi_{z_1} = \dfrac{1}{\bar{a}_2^2}\cdot \Pi_{z_2}\\ \dfrac{1}{a_1^2}\cdot \Pi_{x_1} = \dfrac{1}{\bar{a}_2^2}\cdot \Pi_{x_2}\,,\end{array}\right\} \quad (138)$$

$$\text{aus (135c)} \left\{\begin{array}{l}\dfrac{\partial \Pi_{z_1}}{\partial z} = \dfrac{\partial \Pi_{z_2}}{\partial z}\\ \dfrac{1}{a_1^2}\cdot \Pi_{x_1} + \dfrac{\partial}{\partial z}\left(\dfrac{\partial \Pi_{x_1}}{\partial z} - \dfrac{\partial \Pi_{z_1}}{\partial x}\right) = \dfrac{1}{\bar{a}_2^2} + \dfrac{\partial}{\partial z}\left(\dfrac{\partial \Pi_{x_2}}{\partial z} - \dfrac{\partial \Pi_{z_1}}{\partial x}\right)\end{array}\right\} \quad (139)$$

oder mit Rücksicht auf die erste Bedingung

$$\frac{\partial \Pi_{x_1}}{\partial z} - \frac{\partial \Pi_{z_1}}{\partial x} = \frac{\partial \Pi_{x_2}}{\partial z} - \frac{\partial \Pi_{z_1}}{\partial x}\,. \quad (139\text{a})$$

Durch Angabe der Primärerregung, der Grenzbedingungen und gewisser Stetigkeitsbedingungen bei Annäherung an den Ursprung sind die Funktionen $\Pi_{x_1}, \Pi_{x_2}, \Pi_{z_1}, \Pi_{z_2}$ eindeutig bestimmt. Wie bei der Sommerfeldschen Lösung gehen wir zur Darstellung des Feldes zu Zylinderkoordinaten ϱ, φ, z über, so daß die Wellengleichung

$$\frac{\partial^2 \Pi}{\partial z^2} + \frac{\partial^2 \Pi}{\partial \varrho^2} + \frac{1}{\varrho}\,\frac{\partial \Pi}{\partial \varrho} + \frac{1}{\varrho^2}\cdot\frac{\partial^2 \Pi}{\partial \varphi^2} = -\frac{\omega^2}{a^2}\,\Pi \quad (140)$$

lautet. Hier darf aber das von φ abhängige Glied nicht gestrichen werden, da gerade dadurch die Richtstrahlung analytisch erfaßt wird. Demgemäß machen wir den Ansatz dreier Produktfunktionen, deren jede nur von ϱ, φ, z abhängig ist

$$\Pi = \Pi_\varrho \cdot \Pi_\varphi \cdot \Pi_z\,, \quad (141)$$

wodurch wir

$$\left.\begin{aligned}\frac{d^2\Pi_z}{dz^2}\cdot\Pi_\varrho\cdot\Pi_\varphi+\frac{d^2\Pi_\varrho}{d\varrho^2}\cdot\Pi_z\cdot\Pi_\varphi+\frac{1}{\varrho}\cdot\frac{d\Pi_\varrho}{d\varrho}\cdot\Pi_z\cdot\Pi_\varphi\\+\frac{1}{\varrho^2}\frac{d^2\Pi_\varphi}{d\varphi^2}=-\frac{\omega^2}{a^2}\Pi_\varrho\cdot\Pi_z\cdot\Pi_\varphi\end{aligned}\right\}$$

oder nach Division mit $\Pi_\varrho\cdot\Pi_z\cdot\Pi_\varphi$

$$\frac{1}{\Pi_z}\cdot\frac{d^2\Pi_z}{dz^2}+\frac{1}{\Pi_\varrho}\cdot\frac{d^2\Pi_\varrho}{d\varrho^2}+\frac{1}{\Pi_\varrho}\cdot\frac{1}{\varrho}\cdot\frac{d\Pi_\varrho}{d\varrho}+\frac{1}{\varrho^2}\cdot\frac{1}{\Pi_\varphi}\cdot\frac{d\Pi_\varphi}{d\varphi^2}=-\frac{\omega^2}{a^2}$$

erhalten. Diese Gleichung spaltet sich mit einer willkürlichen Konstanten n^2 in

$$\frac{1}{\Pi_\varphi}\cdot\frac{d^2\Pi_\varphi}{d\varphi^2}=-n^2 \tag{141a}$$

und mit einer zweiten Konstanten $-\nu^2$

$$\frac{1}{\Pi_\varrho}\frac{d^2\Pi_\varrho}{d\varrho^2}+\frac{1}{\Pi_\varrho}\cdot\frac{1}{\varrho}\cdot\frac{d\Pi_\varrho}{d\varrho}-\frac{n^2}{\varrho^2}=-\nu^2 \tag{141b}$$

und

$$\frac{1}{\Pi_z}\cdot\frac{d^2\Pi_z}{dz^2}=\nu^2-\frac{\omega^2}{a^2}. \tag{141c}$$

Die Gleichung (141a) besitzt die Lösungen

$$\Pi_\varphi=A\cos n\varphi+B\sin n\varphi, \tag{142}$$

von denen die zweiten aus Symmetriegründen ausscheiden. Die Gl. (141b) schreiben wir in der Form

$$\frac{d^2\Pi_\varrho}{d\varrho^2}+\frac{1}{\varrho}\cdot\frac{d\Pi_\varrho}{d\varrho}+\left(\nu^2-\frac{n^2}{\varrho^2}\right)\cdot\Pi_\varrho=0 \tag{141d}$$

und erkennen die Besselsche Differentialgleichung, welche durch die Besselsche Funktion $n$ter Ordnung gelöst wird:

$$\Pi_\varrho=J_n(\nu\varrho). \tag{143}$$

Als Lösung der letzten Gl. (120) haben wir

$$\Pi_z=e^{\pm\sqrt{\nu^2-\left(\frac{\omega}{a}\right)^2}z}, \tag{144}$$

wo im freien Raum ($z>0$) das Minusvorzeichen, im Erdreich ($z<0$) das Pluszeichen des Exponenten zu wählen ist, um die Konvergenz der Integrale zu gewährleisten. Lassen wir nun noch n und ν beliebige Werte durchlaufen, so erhalten wir durch geeignete Superposition aller so gefundenen Partikularlösungen Ausdrücke, welche die Grenzbedingungen erfüllen. Die weitere Durchführung der Rechnung bietet gegenüber der Sommerfeldschen Lösung prinzipiell nichts Neues; wir verweisen dieserhalb auf die Originalarbeit von H. von Hörschelmann[1]) und dürfen uns hier auf Mitteilung der wichtigsten Ergebnisse beschränken.

296. Näherungsdarstellung der Erdströme. Für den Erdstromeffekt maßgebend ist die vertikale Feldstärke in der unmittelbaren Umgebung des Erregers; wir dürfen die von Vertikaldipol und Horizontaldipol entsandten Wellen einzeln betrachten und finden als Ursache des Erdstromeffektes allein den horizontalen Dipol, da die Wellen des Vertikalstrahlers Rotationssymmetrie besitzen. Nennen wir den (räumlich) mittleren Strom $\bar{J}$, so ist die Feldstärke durch

$$\mathfrak{E}_{z_2} = \text{konst.}\, \bar{J} \cdot l \cdot \cos\varphi \cdot \frac{\frac{\omega}{a_1} \cdot \varrho}{\frac{\omega}{a_1} \cdot (\varrho + h)^{\frac{5}{2}}}. \tag{145}$$

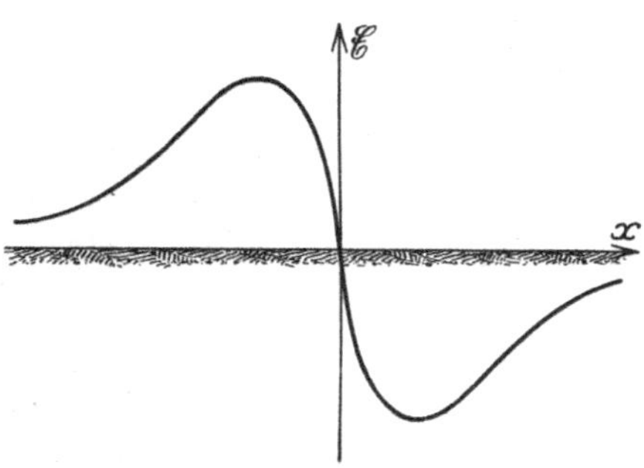

Abb. 378. Verteilung des vertikalen Erdfeldes unter dem Horizontaldraht einer geknickten Antenne.

gegeben. In Abb. 378 ist der Verlauf von E_z für eine bestimmte Meridianebene $\varphi = \text{konst.}$ gezeichnet. Es tritt ein scharfes Maximum der Feldstärke für $\varrho = \pm \frac{h}{2}$ auf, welchen Werten eine nach aufwärts und eine nach abwärts gerichtete Feldstärke entspricht. Um dieses Resultat zu deuten, denken wir uns von der Mitte des horizontalen Strahlers ein Lot auf die Grenzebene gefällt. Von dem Fußpunkte dieses Lotes beschreiben wir mit dem Radius $\frac{h}{2}$ einen Kreis, welcher der geometrische Ort aller Strommaxima ist.

Das absolute Maximum des Erdstromeffektes auf dem Kreise stellt sich wegen der $\cos\varphi$-Abhängigkeit in der Meridianebene $\varphi = 0$ ein, d. h. unmittelbar unter dem horizontalen Strahldraht. Dieses Ergebnis ist von größter Wichtigkeit; es berechtigt dazu, die Erdströme näherungsweise in den beiden Punkten $\varphi = 0$; $\varrho = \pm \frac{h}{2}$ zu konzentrieren. Demnach bewirkt die endliche Leitfähigkeit der Erde zusammen mit dem horizontalen Strahldraht die Entstehung einer Art von Hilfsantennen im Erdreich, welche sich an den genannten Stellen befinden. Das Strommoment des in den Hilfsantennen konzentrierten Stromes $\bar{J}_h$ berechnet

[1]) Jahrbuch d. drahtlosen Telegraphie Bd. 5, S. 14 u. 188. 1912.

sich aus der Beziehung
$$|\overline{J}_h \cdot h| = \left| \frac{j\,\overline{J} \cdot l}{\frac{\omega}{\overline{a}_2} \cdot h} \right|. \tag{146}$$

Bei Beschränkung auf den praktisch wichtigsten Fall verschwindet der Verschiebungsstrom im Erdreich gegen den Leitungsstrom, so daß man

$$\overline{a}_2^2 = \frac{10^8}{\frac{\varkappa_2}{j\,\omega} \cdot \frac{4\pi}{10}}; \qquad |\overline{a}_2| = \frac{10^4}{\sqrt{\frac{\varkappa_2}{\omega}} \cdot \sqrt{\frac{\pi}{10}} \cdot 2} \tag{147}$$

hat, also

$$|\overline{J}_h \cdot h| = \left| \overline{J} \cdot \frac{l}{h} \cdot 10^4 \cdot \sqrt{\frac{1}{\varkappa_2 \cdot \omega}} \cdot \sqrt{\frac{10}{\pi}} \cdot \frac{1}{2} \right|. \tag{146a}$$

Führen wir statt der Kreisfrequenz die Wellenlänge ein mittels

$$\omega = 2\pi \cdot 3 \cdot 10^{10} \frac{1}{\lambda},$$

so wird schließlich

$$|\overline{J}_h \cdot h| = \left| \overline{J} \frac{l}{2\pi \cdot h} \sqrt{\frac{\lambda}{\varkappa_2} \cdot \frac{1}{2 \cdot 3 \cdot 10}} \right|. \tag{146b}$$

Im Grenzfalle des vollkommenen Leiters ($\varkappa_2 \to \infty$) verschwindet der Erdstromeffekt in der Tat.

Die Phasenlage der Erdströme bestimmt sich aus dem resultierenden Felde derart, daß das von den Erdströmen erzeugte Feld eine Phasendifferenz von 45° zeitlich gegen das Feld des vertikalen erregenden Strahlers besitzt.

297. Strahlungsdiagramm der geknickten Antenne. Nachdem Lage und Größe des Erdstromeffektes bekannt ist, wird der Richtstrahlungseffekt der Rechnung zugänglich. Hierbei kann der horizontale Dipol völlig vernachlässigt werden, da er nach den Gesetzen des allgemeinen Hertzschen Vektors zum äquatorialen Felde keinen Beitrag liefert. Wir haben daher jetzt als gegeben drei vertikale Strahler anzunehmen: den wirklichen erregenden Strahldraht und die beiden Erdströme. Für die Erzeugung des Richteffektes in der Fernzone ist die Leitfähigkeit des dort befindlichen Erdreiches von untergeordneter Bedeutung; sie regelt lediglich den Charakter des Feldes und das Maß der einzelnen Wellentypen im Gesamtwellengebilde.

Wir dürfen daher an dieser Stelle die Entwicklungen der Nr. 288 heranziehen.

Zunächst erhalten wir das Feld der Erdströme in reeller Form

$$\mathfrak{E}_{erd} = \frac{2h}{4\pi\varepsilon_0} \cdot \frac{1}{a^2 r} \cdot \omega \cdot J_h \cdot \frac{h}{a} \cdot \omega \cdot \sin\left(\omega t' - \frac{\pi}{4}\right) \cdot \cos\psi, \tag{148}$$

wo

$$t' = t - \omega \frac{r}{a}$$

gesetzt ist. Das Feld des vertikalen Erregers ist

$$\mathfrak{E}_{err} = \frac{2\,h}{4\,\pi\,\varepsilon_0} \cdot \frac{1}{a^2\,r} \cdot \omega \cdot J \cdot \sin \omega\, t' \,. \tag{149}$$

Durch Zusammenfassung von (148) und (149) ergibt sich das resultierende Feld

$$\mathfrak{E} = \mathfrak{E}_{erd} + \mathfrak{E}_{err} = \frac{2h}{4\pi\varepsilon_0} \cdot \frac{1}{a^2 r} \cdot \omega \cdot \left[J_{h_{\max}} \cdot \frac{h}{a}\, \omega \cdot \cos\psi \sin\left(\omega t' - \frac{\pi}{4}\right) + J_{\max} \cdot \sin(\omega t') \right] \tag{150}$$

und mit Einführung von (147) und (146b)

$$\mathfrak{E} = \frac{2\,h}{4\,\pi\,\varepsilon_0} \cdot \frac{1}{a^2\,r} \cdot \omega \cdot J_{\max} \cdot \left[\frac{l}{h} \sqrt{\frac{1}{\lambda \cdot \varkappa_2 \cdot 2 \cdot 3 \cdot 10}} \cdot \cos\psi \sin\left(\omega\, t' - \frac{\pi}{4}\right) + \sin \omega\, t' \right]. \tag{150a}$$

Setzen wir zur Abkürzung die Antennenkonstante

$$\frac{l}{h} \cdot \sqrt{\frac{1}{\lambda \cdot \varkappa_2 \cdot 2 \cdot 3 \cdot 10}} = k \,, \tag{151}$$

so wird

$$\mathfrak{E}_z = \frac{2\,h}{4\,\pi\,\varepsilon_0} \cdot \frac{1}{a^2\,r} \cdot \omega \cdot J_{\max} \cdot \left[k \cdot \cos\psi \cos\left(\omega\, t' - \frac{\pi}{4}\right) + \cos \omega\, t' \right]. \tag{150b}$$

Die Amplitude besitzt somit die Größe

$$\mathfrak{E}_{z_{\max}} = \frac{2\,h}{4\,\pi\,\varepsilon_0} \cdot \frac{1}{a^2\,r} \cdot \omega \cdot J_{\max} \cdot \sqrt{1 + k^2 \cos^2\psi + \sqrt{2} \cdot k \cos\psi} \,. \tag{150c}$$

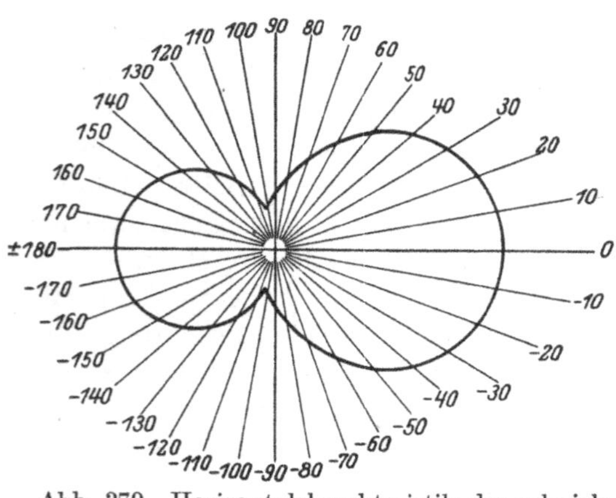

Abb. 379. Horizontalcharakteristik der geknickten Antenne.

Die Horizontalcharakteristik, welche dieser Beziehung entspricht, ist in Abb. 379 dargestellt. Besonderes Interesse bietet der Grenzfall $l \gg h$, welcher die Erdantenne erfaßt. Hierfür kann unter der Wurzel der Gl. (150c) 1 und $\sqrt{2}\, k \cos\psi$ gegen $k^2 \cos^2\psi$ gestrichen werden, und wir erhalten

$$\left.\begin{aligned} \mathfrak{E}_{z_{\max}} &= \frac{2\,h}{4\,\pi\,\varepsilon_0} \cdot \frac{1}{a^2\,r} \\ &\cdot \omega \cdot J_{\max}\, k \cdot \cos\psi \,. \end{aligned}\right\} \tag{150d}$$

Die Charakteristik der Erdantenne ist demnach, wie aus dem Vergleich mit (120a) hervorgeht, durch zwei sich berührende Kreise dargestellt.

Literaturverzeichnis[1]).

Zusammenfassende Darstellungen.

Zenneck, J.: Elektromagnetische Schwingungen und drahtlose Telegraphie. Stuttgart: Enke 1905.

Zenneck-Rukop: Lehrbuch der drahtlosen Telegraphie. Stuttgart: Enke 1925.

Rein, H.: Lehrbuch der drahtlosen Telegraphie. Berlin: Julius Springer 1917.

Rein-Wirtz: Radiotelegraphisches Praktikum. Berlin: Julius Springer 1922.

Hund, A.: Radiomeßtechnik. Berlin: Julius Springer 1922.

Breisig, F.: Theoretische Telegraphie. 2. Aufl. Braunschweig: Vieweg 1924.

Fleming, J. A.: The principles of wireless telegraphy and telephony. 2. Aufl. London: Green and Co. 1910.

Erskine-Murray: A handbook of wireless telegraphy. 5. Aufl. London: Crosby Lookwood and son 1915.

Nesper, E.: Handbuch der drahtlosen Telegraphie. Berlin: Julius Springer 1923.

Abraham, M.: Elektromagnetische Wellen. Art. V. 18. Enzyklopädie der mathem. Wissenschaft. Leipzig: B. G. Teubner. Abgeschl. Juli 1906.

Einleitung [Nr. 1—11].

Maxwell, J. C.: Treatise on Electricity and Magnetism. Deutsch von Weinstein. Berlin: Julius Springer 1883.

Thomson, J. J.: Recent Researches in Electricity and Magnetism. Clarendon Press, Oxford 1893.

Cohn, E.: Das elektromagnetische Feld. Leipzig: Hirzel 1900.

Drude-König: Physik des Äthers. Stuttgart: Enke 1912.

Abraham-Foeppl: Theorie der Elektrizität. 1. Bd. 5. Aufl. Leipzig: B. G. Teubner 1918.

Planck, M.: Einführung in die Theorie der Elektrizität und des Magnetismus. Leipzig: Hirzel 1920.

Das Material [Nr. 12—14].

Magnetische Eigenschaften.

Strecker, K.: Hilfsbuch für die Elektrotechnik. Starkstromausgabe. S. 37. 10. Aufl. Berlin: Julius Springer 1925. (Daselbst zahlreiche Kurven und Tabellen.)

Jordan, H.: Die ferromagnetischen Konstanten für schwache Wechselfelder. Elektrische Nachrichtentechnik I, 1924, S. 7.

Arkadiewo, Urbschat u. Wwedensky: Magnetische Eigenschaften des Eisens bei hohen Frequenzen. Ref. in ETZ 1922, S. 93.

Ehlers, F.: Massekerne. Elektrische Nachrichtentechnik II, 1925, S. 121.

[1]) Abgeschlossen Juni 1925; spätere Arbeiten sind nur zum Teil berücksichtigt.

Elektrische Eigenschaften.

Schering, H.: Die Isolierstoffe der Elektrotechnik. Berlin: Julius Springer 1924.

Strecker, K.: Hilfsbuch für die Elektrotechnik. Starkstromausgabe. S. 48. (Dielektrizitätskonst.) S. 61 (Leitfähigkeiten). (Daselbst weitere Literaturangaben.

Rausch von Traubenberg, Abraham u. Pusch: Spezifische Leitfähigkeit des Erdbodens. Phys. Z. Bd. 20, S. 145.

Kondensatoren [Nr. 15—37].

Statik [Nr. 15—27].

Orlich, E.: Kapazität und Induktivität. Braunschweig: Vieweg 1909.

Lichtenstein, L.: Kapazität von Luftleitern und Kabeln. ETZ 1904, S. 106.

Diesselhorst u. Emde: Definition der Eigenschaften gestreckter Leiter. ETZ 1909, S. 1155, 1184.

Abraham, M.: Durchgriff von Verstärkerröhren. Arch. Elektrot. Bd. 8, S. 42. 1919.

Schürmann, M. A.: Durchgriff von Doppelgitterverstärkerröhren. Arch. Elektrot. Bd. 8, S. 441. 1920.

Elektrodynamik [Nr. 28—33].

Wagner, K. W.: Dielektrische Nachwirkung. Ann. Physik Bd. 40, S. 817. 1913.

—: Arch. Elektrot. Bd. 2, S. 371. 1914.

—: Arch. Elektrot. Bd. 3, S. 67. 1914 (mit Literaturangaben).

—: in der Monographie: Schering: Die Isolierstoffe in der Elektrotechnik. Berlin: Julius Springer 1922.

Strecker, K.: Hilfsbuch für die Elektrotechnik. 10. Aufl. S. 49. Berlin: Julius Springer 1925. (Daselbst Tabellen und weitere Literaturangaben.)

Spulen [Nr. 38—62].

Statik [Nr. 38—48].

Orlich, E.: Kapazität und Induktivität. Braunschweig: Vieweg 1909. (Dort ausführliche Literaturangaben.)

Debye, P.: Stationäre und quasistationäre Felder. Art. V, 17 der Enzyklopädie der math. Wissensch. Leipzig: B. G. Teubner. Abgeschl. Ende 1909. (Mit zahlreichen Literaturangaben.)

Emde, F.: Eisenfreie Drosselspulen für Starkstrom. El. u. Maschinenb. 1912, S. 221, 268.

Glage, G.: Induktivität von Spulen. Jahrb. drahtl. Telegr. u. Telef. Bd. 2, S. 501, 593.

Rosa, E. B., u. F. W. Grover: Induktivität von Spulen. Bull. Bureau of Standards Bd. 8, Nr. 1.

Strecker, K.: Hilfsbuch für die Elektrotechnik. Starkstromausgabe. S. 82. 10. Aufl. Berlin: Julius Springer 1925. (Mit Tabellen und Literaturangaben.)

Spielrein, J.: Die Induktivität eisenfreier Kreisringspulen. Arch. Elektrot. Bd. 10/11, S. 187, 395. 1915.

Esau, A.: Selbstinduktionskoeffizient von Flachspulen. Jahrb. drahtl. Telegr. u. Telef. Bd. 5, S. 212. 1912.

—: Selbstinduktionskoeff. einlagiger Zylinderspulen. Jahrb. drahtl. Telegr. u. Telef. Bd. 5, S. 378. 1912.

Esau, A.: Gegenseitiger Induktionskoeff. häufig vork. Leiterformen. Jahrb. drahtl. Telegr. u. Telef. Bd. 17, S. 83, 242. 1921.
—: Selbstinduktionskoeff. häufig vork. Leiterformen. Jahrb. drahtl. Telegr. u. Telef. Bd. 17, S. 179. 1921.
—: Der gegenseitige Induktionskoeff. von Rechtecken und Quadraten. Ann. Physik Bd. 36, S. 410. 1920.
Hemmeter, H.: Die Berechnung eisenloser Drosselspulen. Arch. Elektrot. Bd. 11, S. 55. 1922.
—: Die Induktivität eisenloser Drosselspulen. Arch. Elektrot. Bd. 14, S. 460. 1924.

Elektrodynamik [Nr. 49—54].

Drude, P.: Zur Konstruktion von Tesla-Transformatoren usw. Ann. Physik Bd. 9, S. 293, 590. 1902.
Rogowski, W.: Die Spule bei Wechselstrom. Arch. Elektrot. Bd. 7, S. 17. 1918.
—: Überspannungen und Eigenfrequenzen einer Spule. Arch. Elektrot. Bd. 7, S. 240. 1918.
Dreyfuß, L.: Einschaltspannungen der Spule aus zwei Windungen. Arch. Elektrot. Bd. 7, S. 175. 1918.
Lenz, W.: Über die Kapazität der Spulen. Ann. Physik Bd. 37, S. 923. 1912.
—: Eigenschwingungen einlagiger Spulen. Ann. Physik Bd. 43, S. 749. 1914.
Schroeder: Eigenschwingungen der doppellagigen langen Spulen. Arch. Elektrot. Bd. 11, S. 203. 1922.
Sommerfeld: Widerstand und Selbstinduktion von Spulen. Ann. Physik Bd. 15, S. 687. 1904.
Steidinger, W.: Das elektromagnetische Verhalten der einlagigen Zylinderspule. Arch. Elektrot. Bd. 13, S. 237. 1924.
Böhm: Die stationären Schwingungen der wechselstromgespeisten Spule. Arch. Elektrot. Bd. 4, S. 99. 1916.
—: Wanderwellen-Schwingungen in Transformatorwicklungen. Arch. Elektrot. Bd. 6, S. 301. 1917.
Wagner, K. W.: Wanderwellen-Schwingungen in Transformatorwicklungen. Arch. Elektrot. Bd. 6, S. 301. 1917.

Feldverdrängung in ferromagnetischen Stoffen [Nr. 55—57].

Thomson, J. J.: Wirbelströme in Eisenblechen. Electr. (London) Bd. 28, S. 599. 1892.
Dreyfuß, L.: Die Feldverteilung und Wirbelstrombildung in den Ankern von Dynamomaschinen usw. Arch. Elektrot. Bd. 4, S. 99. 1916.
Ollendorff, F.: Hysterese und Wirbelströme in Eisenblechen. Arch. Elektrot. Bd. 14, S. 431. 1925.
Holm, R.: Über Eisenverluste usw. Arch. Elektrot. Bd. 7, S. 136. 1918.
Faßbender, H.: Die magnetische Leitfähigkeit im Hochfrequenzmaschinenbau. Arch. Elektrot. Bd. 4, S. 140. 1916.

Widerstände [Nr. 63—75].

Stationäres Feld [Nr. 63—69].

Busch, H.: Widerstände mit sog. rückfallender Charakteristik. El. u. Maschinenb. 1921, S. 469.
—: Phys. Z. 1920, H. 22.

Busch, H.: Ann. Physik Bd. 64, S. 401. 1920.
Wagner, K. W.: Durchschlag eines festen Dielektrikums. Sitzungsber. d. Preuß. Akad. d. Wissensch., phys.-math. Klasse 1922, S. 438. J. Am. Electr. Engs. 1922, S. 1034.
Rogowski, W.: Der Durchschlag fester Isolatoren. Arch. Elektrot. Bd. 13, S. 153. 1924.
v. Kármán, Th.: Das thermisch-elektrische Gleichgewicht in festen Isolatoren. Arch. Elektrot. Bd. 13, S. 174. 1924.
Dreyfuß, L.: Mathem. Theorien f. d. Durchschlag fester Isoliermaterialien. Bull. d. Schweiz. Elektrot. Vereines 1924, S. 321.

Elektrodynamisches Feld [Nr. 70—74].

Thomson, W.: Hauteffekt in runden Leitern. Mathematical and Physical papers Bd. 3, S. 493. Cambridge: Clay and Sons 1893.
Orlich, E.: Kapazität und Induktivität. Braunschweig: Vieweg 1909.
Emde, F.: Über einseitige Stromverdrängung. El. u. Maschinenb. 1922, S. 301.
Field, A. B.: Einseitige Stromverdrängung. J. Am. Electr. Engs. 1905, S. 659.
Steidinger, W.: Stromverdrängung in Ankernuten. Arch. Elektrot. Bd. 12, S. 149. 1923.
Rogowski, W.: Wechselstromwiderstand von kurzen Spulen aus Litze. Arch. Elektrot. Bd. 4, S. 61. 1916.
—: Wechselstromwiderstand von langen Spulen aus Litze. Arch. Elektrot. Bd. 3, S. 264. 1914/15.
—: Unterteilung und Wechselstromwiderstand. Arch. Elektrot. Bd. 4, S. 293. 1916.
Försterling, K.: Fortpflanzung elektrischer Wellen an einem geraden Metalldraht usw. Ann. Physik Bd. 72, S. 30. 1923.
Trautmann, F.: Hochfrequenzwiderstand von leitenden Drähten usw. Ann. Physik Bd. 72, S. 1. 1923.
—: Jahrb. drahtl. Telegr. u. Telef. Bd. 23, S. 97. 1924.
Truxa, L.: Einfluß der Hysteresis auf den Wechselstromwiderstand massiver Eisenleiter. Arch. Elektrot. Bd. 12, S. 354. 1923.
—: ETZ 1923, S. 1041.

Elektronenströmung [Nr. 76—100].

Grundlagen, Allgemeines [Nr. 76—82].

Abraham, M.: Theorie der Elektrizität. II. Bd. 3. Aufl. Leipzig: B. G. Teubner 1914.
Lorentz, H. A.: Ergebnisse und Probleme der Elektronentheorie. 2. Aufl. Berlin: Julius Springer 1906.
Lorentz, Einstein u. Minkowski: Das Relativitätsprinzip. 4. Aufl. Leipzig: B. G. Teubner 1922.
Greinacher, H.: Ionen und Elektronen. Bull. d. Schweiz. Elektrot. Vereins 1922, S. 503, 544. Auch: Leipzig: B. G. Teubner 1924.
Moeller, H. G.: Die Elektronenröhren und ihre technischen Anwendungen. 2. Aufl. 1923, S. 1. Braunschweig: Vieweg 1924.
Barkhausen, H.: Elektronenröhren. 2. Aufl. Leipzig: Hirzel 1924.
Zenneck-Rukop: Lehrbuch der drahtlosen Telegraphie. Kap. XV. Stuttgart: Enke 1925.
Schumann, W. O.: Elektrische Durchbruchsfeldstärke von Gasen. Kap. 22. Berlin: Julius Springer 1923.

Waßmuth: Grundlagen und Anwendungen der statistischen Mechanik (Gastheorie). Braunschweig: Vieweg 1922.
Richardson, O. W.: Emission of Electrons from hot bodies 1. u. 2. Aufl. London: Longmans, Green 1916.
Marx, E.: Handbuch der Radiologie. 4. Bd. Leipzig: Akad. Verlags-Gesellschaft 1917.

Thermische Elektronenemission [Nr. 83—93].

Schottky, W.: Kalte und heiße Elektronenströmung. Z. techn. Phys. Bd. 14, S. 63. 1923.
—: Bericht über thermische Elektronenemission. Untersuchungen aus den Jahren 1905—1914. Jahrb. d. Radioaktivität u. Elektronik Bd. 12, S. 147. 1915.
Barkhausen, H.: Elektronenröhren §§ 3, 5. 2. Aufl. Leipzig: Hirzel 1924.
Dushman: Elektronenemission. Phys. Rev. Bd. 20, S. 109. 1922.
—: Phys. Rev. Bd. 21, S. 623. 1923.
—: Gen. El. Rev. Bd. 26, S. 154. 1923 (mit vielen Zahlenangaben).
Arnold, H. D.: Röhren mit Oxydkathoden. Phys. Rev. Bd. 16, S. 70. 1920.
Zenneck-Rukop: Lehrbuch der drahtlosen Telegraphie. Kap. XV. Stuttgart: Enke 1925.
Langmuir, J.: Raumladung. Phys. Rev. Bd. 2, S. 450. 1913.
—: Phys. Z. Bd. 15, S. 348, 516. 1914.
Schottky, W.: Raumladecharakteristik. Phys. Z. Bd. 15, S. 526, 624, 872. 1914.
v. Laue, M.: Glühelektronen. Jahrb. d. Radioaktivität u. Elektronik Bd. 15, S. 205; 257. 1919.
Greinacher, H.: Magnetronenröhren. Verb. d. deutsch. phys. Gesellsch. Bd. 14, S. 856. 1912.
Hull, A. W.: Das Magnetron. J. Am. Electr. Engs. Bd. 40, S. 715. 1920.
Schottky, W.: Über Hochvakuumverstärker. Arch. Elektrot. Bd. 8, S. 1, 299. 1919.
Rukop, H.: Die Hochvakuum-Eingitterröhre. Jahrb. drahtl. Telegr. u. Telef. Bd. 14, S. 110. 1919.
Scott-Taggart: Negatronröhren. Rad. Rev. Bd. 2, S. 598. 1921.
—: Electr. Bd. 87, S. 386. 1921.

Elektrodynamische Elektronenemission [Nr. 94—100].

Lenard, P.: Quantitatives über Kathodenstrahlen aller Geschwindigkeiten. Heidelberg 1918.
Starke u. Baltruschat: Sekundär-Elektronenemission. Phys. Z. Bd. 23, S. 403. 1922.
Austin u. Starke: Sekundär-Elektronenemission. Ann. Physik Bd. 9, S. 271. 1902.
Hull: Das Dynatron, eine Röhre usw. Jahrb. drahtl. Telegr. u. Telef. Bd. 14, S. 47, 157. 1919.
Hausser, K. W.: Mit Sekundärstrahlen arbeitende Röhre als Schwingungserz. Wissenschaftl. Veröffentl. d. Siemens-Konzerns Bd. 1, S. 19. 1920.
Salinger, F.: Die Rolle der Sekundärstrahlung in Elektronenröhren. Z. Fernsprechtechn. 1924, S. 96.
Lange, H.: Sekundärstrahlung in Elektronenröhren. Z. Hochfrequenztechn. Bd. 26, S. 38. 1925. (Mit zahlreichen Literaturangaben.)
Barkhausen u. Kurz: Die kürzesten, mit Vakuumröhren herstellbaren Wellen. Phys. Z. Bd. 21, S. 1. 1920.

Scheibe, Kurze, mit Vakuumröhren herstellbare Wellen. Ann. Physik Bd. 73, S. 54. 1924.
Gill-Morell: Kurze, mit Vakuumröhren herstellbare Wellen. Jahrb. drahtl. Telegr. u. Telef. Bd. 71, S. 33. 1923.
Schottky, W.: Kalte und heiße Elektronenströmung. Z. techn. Phys. Bd. 14. S. 63. 1923.
—: Z. techn. Phys. Bd. 8. S. 382. 1922.
Alberti u. Güntherschulze: Untersuchung von Silitwiderständen bei Hochfrequenz. Z. techn. Phys. Bd. 6. S. 11. 1925.
Riepka, C.: Der Schwingdetektor. Z. Fernsprechtechn. 1924, S. 120.

Ionenströmung [Nr. 101—115].

Schumann, W. O.: Elektrische Durchbruchsfeldstärke von Gasen. Berlin: Julius Springer 1923.
Stark, J.: Elektrizität in Gasen. Leipzig: Barth 1902.
Greinacher, H.: Ionen und Elektronen. Bull. d. Schweiz. Elektrot. Vereins 1922, S. 503, 544; 1923, S. 1.
Thomson, J. J.: „Passage on Electricity through Gases" aus „Recent Researches in Electricity and Magnetism". Oxford: Clarendon Press 1893.
Barkhausen, H.: Elektronenröhren. Kapitel: „Der Gitterstrom." 2. Aufl. Leipzig: Hirzel 1924.
Lindemann u. Hupka: Die Liebenröhre. Theorie ihrer Wirkungsweise usw. Arch. Elektrot. Bd. 3, S. 49. 1915.
Simon, H. Th.: Dynamik der Lichtbogenvorgänge usw. Phys. Z. Bd. 6, S. 297. 1905.
Ayrton, H.: The electric arc. London 1902.
Wagner, K. W.: Der Lichtbogen als Wechselstromerzeuger. Leipzig: Hirzel 1910.

Einfach harmonische Schwingungen [Nr. 116—122].

Hort, W.: Technische Schwingungslehre. 2. Aufl. Berlin: Julius Springer 1922.
Wagner, K. W.: Die Oberschwingungen el. Schwingungskreise. Arch. Elektrot. Bd. 1, S. 47. 1912.
Hund, A.: Komplexe Winkelgeschwindigkeiten usw. Jahrb. drahtl. Telegr. u. Telef. Bd. 16, S. 448. 1921; Bd. 17, S. 44, 98. 1921.

Unharmonische Schwingungen [Nr. 123—125].

Duffing, G.: Erzwungene Schwingungen bei veränderlicher Eigenfrequenz und ihre technische Bedeutung. Braunschweig: Vieweg 1918.
Biermanns, J.: Der Schwingungskreis mit eisenhaltiger Induktivität. Arch. Elektrot. Bd. 3, S. 345. 1915; Bd. 10, S. 30. 1921.
Rüdenberg, R.: Einige unharmonische Schwingungsformen mit großer Amplitude. Z. ang. Math. Mech. Bd. 3, S. 454. 1923.
Meißner, E.: Schüttelschwingungen. Schweiz. Bauztg. 1913, S. 199.

Diskontinuierliche Erregung [Nr. 126—128].

Roschansky, D.: Funkenwiderstand. Jahrb. drahtl. Telegr. u. Telef. Bd. 3, S. 21. 1910.
Stone-Stone, J.: Funkenwiderstand. Jahrb. drahtl. Telegr. u. Telef. Bd. 10, S. 469. 1916.

Waßmuth: Grundlagen und Anwendungen der statistischen Mechanik (Gastheorie). Braunschweig: Vieweg 1922.
Richardson, O. W.: Emission of Electrons from hot bodies 1. u. 2. Aufl. London: Longmans, Green 1916.
Marx, E.: Handbuch der Radiologie. 4. Bd. Leipzig: Akad. Verlags-Gesellschaft 1917.

Thermische Elektronenemission [Nr. 83—93].

Schottky, W.: Kalte und heiße Elektronenströmung. Z. techn. Phys. Bd. 14, S. 63. 1923.
—: Bericht über thermische Elektronenemission. Untersuchungen aus den Jahren 1905—1914. Jahrb. d. Radioaktivität u. Elektronik Bd. 12, S. 147. 1915.
Barkhausen, H.: Elektronenröhren §§ 3, 5. 2. Aufl. Leipzig: Hirzel 1924.
Dushman: Elektronenemission. Phys. Rev. Bd. 20, S. 109. 1922.
—: Phys. Rev. Bd. 21, S. 623. 1923.
—: Gen. El. Rev. Bd. 26, S. 154. 1923 (mit vielen Zahlenangaben).
Arnold, H. D.: Röhren mit Oxydkathoden. Phys. Rev. Bd. 16, S. 70. 1920.
Zenneck-Rukop: Lehrbuch der drahtlosen Telegraphie. Kap. XV. Stuttgart: Enke 1925.
Langmuir, J.: Raumladung. Phys. Rev. Bd. 2, S. 450. 1913.
—: Phys. Z. Bd. 15, S. 348, 516. 1914.
Schottky, W.: Raumladecharakteristik. Phys. Z. Bd. 15, S. 526, 624, 872. 1914.
v. Laue, M.: Glühelektronen. Jahrb. d. Radioaktivität u. Elektronik Bd. 15, S. 205; 257. 1919.
Greinacher, H.: Magnetronenröhren. Verb. d. deutsch. phys. Gesellsch. Bd. 14, S. 856. 1912.
Hull, A. W.: Das Magnetron. J. Am. Electr. Engs. Bd. 40, S. 715. 1920.
Schottky, W.: Über Hochvakuumverstärker. Arch. Elektrot. Bd. 8, S. 1, 299. 1919.
Rukop, H.: Die Hochvakuum-Eingitterröhre. Jahrb. drahtl. Telegr. u. Telef. Bd. 14, S. 110. 1919.
Scott-Taggart: Negatronröhren. Rad. Rev. Bd. 2, S. 598. 1921.
—: Electr. Bd. 87, S. 386. 1921.

Elektrodynamische Elektronenemission [Nr. 94—100].

Lenard, P.: Quantitatives über Kathodenstrahlen aller Geschwindigkeiten. Heidelberg 1918.
Starke u. Baltruschat: Sekundär-Elektronenemission. Phys. Z. Bd. 23, S. 403. 1922.
Austin u. Starke: Sekundär-Elektronenemission. Ann. Physik Bd. 9, S. 271. 1902.
Hull: Das Dynatron, eine Röhre usw. Jahrb. drahtl. Telegr. u. Telef. Bd. 14, S. 47, 157. 1919.
Hausser, K. W.: Mit Sekundärstrahlen arbeitende Röhre als Schwingungserz. Wissenschaftl. Veröffentl. d. Siemens-Konzerns Bd. 1, S. 19. 1920.
Salinger, F.: Die Rolle der Sekundärstrahlung in Elektronenröhren. Z. Fernsprechtechn. 1924, S. 96.
Lange, H.: Sekundärstrahlung in Elektronenröhren. Z. Hochfrequenztechn. Bd. 26, S. 38. 1925. (Mit zahlreichen Literaturangaben.)
Barkhausen u. Kurz: Die kürzesten, mit Vakuumröhren herstellbaren Wellen. Phys. Z. Bd. 21, S. 1. 1920.

Harmonische Energieschwingungen [Nr. 156—160].

Fraenckel, A.: Theorie der Wechselströme. 2. Aufl. Berlin: Julius Springer 1921.
Orlich, E.: Theorie der Wechselströme. Leipzig: B. G. Teubner 1912.
Béthénod, J.: Resonanztransformator. Jahrb. drahtl. Telegr. u. Telef. Bd. 1, S. 627. 1907.
Seibt, G.: Resonanztransformator usw. ETZ 1904, S. 276.
Breitfeld, C.: Resonanztransformator. ETZ Bd. 28, S. 534. 1907.
Boas, H.: Resonanztransformator. Jahrb. drahtl. Telegr. u. Telef. Bd. 3, S. 601. 1910.
Naumann, O.: Theorie der Resonanztransformatoren usw. El. u. Maschinenb. Bd. 31, S. 925. 1913.
Kimura, S.: 1000-Funkenfrequenz. Jahrb. drahtl. Telegr. u. Telef. Bd. 5, S. 222. 1911.
Biermanns, J.: Kapazitiv belasteter Transformator usw. Arch. Elektrot. Bd. 4, S. 36. 1915.
Mühlbrett: Verstärkertransformatoren. Arch. Elektrot. Bd. 9, S. 365. 1920.
Holm, R.: Übertrager für Telephonzwecke. Arch. Elektrot. Bd. 3, S. 601. 1910.

Zusammengesetzte Energieschwingungen [Nr. 161—166].

Orlich, E.: Aufnahme und Analyse von Wechselstromkurven. Braunschweig: Vieweg 1906.
Wagner, K. W.: Formel von Heaviside usw. Arch. Elektrot. Bd. 4, S. 159. 1916.
—: Elektromagn. Ausgleichsvorgänge in Freileitungen und Kabeln. Leipzig: B. G. Teubner 1908.
Heaviside, O.: Electromagnetic Theory Bd. 2, S. 127. London: „The Electrician" 1899.
Deutsch: Allgemeine Theorie usw. Arch. Elektrot. Bd. 6, S. 225. 1918.
Caspar, L.: Zur Formel von Heaviside usw. Arch. Elektrot. Bd. 15, S. 95. 1925.
Watt u. Appleton: Atmosphärische Störungen. ETZ 1923, S. 934.
Koerts, A.: Atmosphärische Störungen in der drahtlosen Telegraphie. Berlin: Krayn 1924.

Unharmonische Energieschwingungen [Nr. 167—170].

Martienssen, O.: Neue Resonanzerscheinungen in Wechselstromkreisen. Phys. Z. Bd. 11, S. 448. 1910.
Fleischmann, L.: Graphische Darstellung der Kipperscheinung usw. ETZ 1922, S. 1288.
Biermanns, J.: Schwingungskreis mit eisenh. Induktivität. Arch. Elektrot. Bd. 3, S. 345. 1915; Bd. 10, S. 30. 1921.
Duffing G.: Erzwungene Schwingungen bei veränderlicher Eigenfrequenz und ihre technische Bedeutung. Braunschweig: Vieweg 1918.
Fleischmann, L. Parallelschaltung von Eisendrosselspulen und Kondensatoren. ETZ 1924, S. 1307.
Schunck u. Zenneck: Schwingungen von Eisenkernspulen usw. Jahrb. drahtl. Telegr. u. Telef. Bd. 19, S. 117. 1922.
Kühn, L.: Eisengeschl. Transformatoren für unged. Wechselstrom. Helios Bd. 21, S. 469, 477, 488, 501. 1915.
Osnos, M.: Stationärer Frequenzverdoppler usw. ETZ 1917, S. 423.
Zenneck, J.: Magn. Frequenzverwandler usw. Jahrb. drahtl. Telegr. u. Telef. Bd. 17, S. 256. 1921.

Vallauri, G.: Statische Frequenzverdoppler. ETZ 1911, S. 988.
Schmidt, K.: Hochfrequenzmaschinensender usw. ETZ 1923, S. 785, 910. 1923.
Heegner, K.: Selbsterregungserscheinungen bei Systemen mit gestörter Superposition. Zeitschr. f. Physik Bd. 29, S. 91. 1924; Bd. 33, S. 85. 1925.
—: Z. Fernsprechtechn. 1924, S. 115.
Möller, H. G.: Störungsfreier Gleichstromempfang mit dem Schwingaudion. Jahrb. drahtl. Telegr. u. Telef. Bd. 17, S. 2. 1921.
van der Pol, Balth.: Gedwonden Trillingen in een System met net lineairen weerstand usw. Tijdsch. van het Nederlandsch Radiogenootschap Deel II. Okt. 1924.
Ollendorff, F.: Erzwungene Schwingungen in angefachten Systemen. ETZ 1926, Vortragssammlung „Danziger Tagung d. V. D. E.".

Elektromechanische Systeme [Nr. 171—178].

Schmidt, K.: Die Maschinen für drahtl. Telegraphie. ETZ 1921, S. 245, 280.
Goldschmidt, R.: Hochfrequenzmaschine usw. Jahrb. drahtl. Telegr. u. Telef. Bd. 4, S. 341. 1911.
Rusch, F.: Goldschmidtsche Hochfrequenzmaschine. Jahrb. drahtl. Telegr. u. Telef. Bd. 4, S. 348. 1911.
Rüdenberg, R.: Elektrische Schaltvorgänge. § 32. Berlin: Julius Springer 1923.
Lord Rayleigh: Theorie of Sound. 1. Aufl. Deutsch von Neesen. Braunschweig: Vieweg 1880.
v. Helmholtz, H.: Die Lehre v. d. Tonempfindungen usw. 5. Aufl. Braunschweig: Vieweg 1906.
Kalaehne, A.: Grundzüge der mathem.-physikal. Akustik. Leipzig: B. G. Teubner 1910 (I. Teil), 1913 (II. Teil).
Riegger, H.: Theorie des Lautsprechers. Wiss. Veröffentl. d. Siemens-Konzerns Bd. 3, H. 2. S. 67.
Poincaré, H.: Theorie des Telephons. Eclairage élect. Bd. 50, S. 221. 1907.
Kenelly, A. E.: Theorie des Telephons. Journ. tél. 1922, S. 244.
Seibt, G.: Ein Fernhörer mit erhöhter Lautstärke. ETZ 1922, H. 9.
—: Ein abstimmbarer Fernhörer. ETZ 1920, S. 625.

Die Schwingungsgleichrichtung [Nr. 179—187].

Scherbius: Die magnetische Induktion in geschlossenen Spulen. München: Oldenburg 1919.
Zenneck, J.: Trägheit von Thermodetektoren. Jahrb. drahtl. Telegr. u. Telef. Bd. 17, S. 162. 1921.
Brandes, H.: Abweichungen vom Ohmschen Gesetz usw. ETZ Bd. 32, S. 132. 1912.
Rinkel, R.: Wirkungsweise des Kontaktdetektors. Jahrb. drahtl. Telegr. u. Telef. Bd. 9, S. 88. 1914; Bd. 10, S. 76. 1915.
Hausrath, H.: Wirkungsweise des Kontaktdetektors. Jahrb. drahtl. Telegr. u. Telef. Bd. 10, S. 64, 72. 1915.
Kramer: Gleichrichtwirkung des sog. elektrostatischen Relais usw. Z. Physik Bd. 24, S. 74. 1924.
Hulburt u. Breit: Detektorwirksamkeit der einzelnen Elektronenröhre. Jahrb. drahtl. Telegr. u. Telef. Bd. 17, S. 119. 1921.
Hund, A.: Glühkathodenapparate im hohen Vakuum usw. Jahrb. drahtl. Telegr. u. Telef. Bd. 10, S. 521. 1916.

Austin, L. W.: Heterodyn-Empfänger von Fessenden. Jahrb. drahtl. Telegr. u. Telef. Bd. 8, S. 74. 1914.
Möller, H. G.: Die Elektronenröhren und ihre technische Anwendung. 2. Aufl. Braunschweig: Vieweg 1924.
Güntherschulze, A.: Elektrische Gleichrichter und Ventile („Lebende Bücher"). Kempten: Kösel & Pustet 1924.

Extrem lose Kopplung [Nr. 188—193].

Bjerkness, V.: Elektrische Resonanz. Ann. Physik Bd. 44, S. 74, 92, 513. 1891. Bd. 55, S. 121. 1895.

Feste Kopplung [Nr. 194—198].

Kiebitz, F.: Vollst. Lösung der Diff.-Gl. zweier enggekopp. Schwingungskreise. Ann. Phys. Bd. 40, S. 138. 1913.
Oberbeck, A.: Verlauf der Schwingungen bei den Teslaschen Versuchen. Ann. Physik Bd. 55, S. 623. 1895.
Wien, M.: Rückwirkung eines resonierenden Systems. Ann. Physik (3) Bd. 61, S. 651. 1897. (4) Bd. 8, S. 686. 1902.
Drude, P.: Induktive Erregung zweier elektrischer Schwingungskreise. Ann. Physik Bd. 13, S. 512. 1904.
Wien, M.: Dämpfung von Kondensatorschwingungen. Ann. Physik Bd. 25, S. 625. 1908.
—: Erzeugung und Anwendung schwachged. Schwingungen (Löschfunken). Jahrb. drahtl. Telegr. u. Telef. Bd. 1, S. 469. 1908.
Rogowski, W.: Dämpfung zweier induktiv gekoppelter Schwingungskreise. Arch. Elektrot. Bd. 9, S. 427. 1920.
Grösser, W.: Dämpfung zweier kapazitiv gekoppelter Schwingungskreise. Arch. Elektrot. Bd. 10, S. 257. 1921.
Kalähne, A.: Einwellige gekoppelte Schwingungskreise. Ann. Physik Bd. 69, S. 439. 1922.

Angefachte Koppelschwingungen [Nr. 199—205].

Rogowski, W.: Zieherscheinungen induktiv gekoppelter Kreise. Arch. Elektrot. Bd. 10, S. 1, 15, 209; 1921. Z. Physik. Bd. 3, S. 135. 1922.
Grösser, W.: Zieherscheinungen kapazitiv gekoppelter Kreise. Arch. Elektrot. Bd. 10, S. 317. 1921.
Möller, H. G.: Theorie des Ziehens. Jahrb. drahtl. Telegr. u. Telef. Bd. 16, S. 402. 1920.
Pauli, H.: Theorie der Messung mittels ungedämpfter elektrischer Schwingungen usw. Ann. Physik Bd. 65, S. 274. 1921.
Heegner, K.: Elektr. und magnetisch gekoppelte Schwingungskreise. Arch. Elektrot. Bd. 11, S. 239. 1922; Bd. 12, S. 211. 1923.
Runge, W.: Ziehvorgänge in induktiv gekoppelten Zwischenkreisröhrensendern. Jahrb. drahtl. Telegr. u. Telef. Bd. 23, S. 1. 1924; Arch. Elektrot. Bd. 13, S. 34. 1924.
Albersheim, W.: Kritisches zur Theorie des Ziehens (mit zahlreichen Literaturangaben). Arch. Elektrot. Bd. 14, S. 23. 1924.
—: Oberschwingungen des Röhrensenders. Arch. Elektrot. Bd. 14, S. 42. 1924.
Rukop u. Hausser-Ganswindt: Schwingungserzeugung vermittels Anoden-Gitterkapazität. Telefunken-Zg. 1922, H. 25.

Erzwungene Koppelschwingungen [Nr. 205—213].

Rein, H.: Lehrbuch der drahtlosen Telegraphie. Berlin: Julius Springer 1917.
Barkhausen, H.: Elektronenröhren. 2. Aufl. „Theorie der Schaltungen." Leipzig: Hirzel 1924.
Wagner, K. W.: Theorie des Kettenleiters usw. Arch. Elektrot. Bd. 3, S. 315. 1915. Bd. 8, S. 61. 1920; Z. techn. Phys. 1921, S. 297; Telefunken-Zg. 1924, Nr. 34/35, S. 21.
Wagner u. Küpfmüller: Einfluß von Ungleichmäßigkeiten im Aufbau von Spulenleitungen usw. Arch. Elektrot. Bd. 9, S. 461. 1920.
Riegger, H.: Kettenleiter. Wiss. Veröffentl. d. Siemens-Konzerns Bd. 3, S. 126, 190. 1923.
Lüschen u. Krause: Induktiv gekoppelte Schwingungskreise als Siebketten. Wiss. Veröffentl. d. Siemens-Konzernz Bd. 1, S. 1. 1922.
Meyer, U.: Theorie der Spulenleitungen. Z. techn. Phys. 1921, S. 306.
Matthies u. Strecker: Reziprozitäten in Wechselstromkreisen. Arch. Elektrot. Bd. 14, S. 1. 1924.
Küpfmüller, K.: Einschwingvorgänge in Wellenfiltern. El. Nachrichtentechn. 1924, S. 141.
Wagner, K. W.: Einschaltvorgänge bei Siebketten usw. Wiss. Veröffentl. d. Siemens-Konzerns Bd. 2, S. 187. 1922.

Einleitung zur Strahlung [Nr. 214—215].

Strecker, K.: Hilfsbuch für die Elektrotechnik, Starkstromausgabe. 10. Aufl. S. 11. Berlin: Julius Springer 1925.
Abraham, M.: Eigenschwingungen des stabförmigen Körpers. Ann. Physik Bd. 66, S. 435. 1898.

Einfachleitung [Nr. 216—229].

Abraham, M.: Theorie der Elektrizität. Bd. 1. 6. Aufl. S. 285. Leipzig: B. G. Teubner 1921.
—: Elektromagnetische Wellen. Art. V, 18 der Enzyklopädie d. math. Wissenschaften §§ 11, 12. (Mit zahlreichen Literaturangaben.) Leipzig: B. G. Teubner. Abgeschlossen 1906.
Sommerfeld, A.: Elektrische Wellen längs eines unendlich langen Einzeldrahtes. Ann. Physik Bd. 67. S. 233. 1899.
Abraham, M.: Elektrische Wellen in einem frei endigenden Draht. Ann. Physik Bd. 2, S. 201. 1900.
Mie, G.: Elektrische Wellen an zwei parallelen Drähten. Ann. Physik Bd. 2, S. 201. 1900.
Roeßler, G.: Die Fernleitung von Wechselströmen. Berlin: Julius Springer 1905.
Emde, F.: Sinus- und Tangens-Relief in der Elektrotechnik. Braunschweig: Vieweg 1924.
Poincaré, H.: Fortpflanzung des Stromes bei variabler Frequenz. Ecl. électr. Bd. 40, S. 121. 1904.

Leitung verminderter Dämpfung [Nr. 230—231].

Barkhausen, H.: Warum kann man Starkstromleitungen nicht durch Pupinspulen, Fernsprechleitungen nicht durch Paralleldrosseln verbessern? Z. techn. Phys. 1921, S. 310.

Krarup, C. E.: Unterseeische Fernsprechkabel mit erh. Selbstinduktion. ETZ 1902, S. 344.
Salinger: Wellen längs einer Krarup-Leitung. Arch. Elektrot. Bd. 12, S. 268. 1923.
Pupin: Mit Spulen beschw. Leitung. Transact. of the Am. Inst. El. Eng. Bd. 17, S. 445. 1901.

Leitungskopplung [Nr. 232—235].

Faßbender u. Habann: Hochfrequenz-Mehrfachtelephonie usw. ETZ 1920, S. 160, 572.
Muth, H.: Mehrfach-Telephonie und Telegraphie längs Leitungen. Telefunken-Zg. Nr. 36, Mai 1924.
Wagner, K. W.: Das Mehrfachfernsprechen usw. ETZ 1919, S. 383, 394; 1920, S. 1025, 1043.
Backhaus, H.: Siebketten und deren Anschluß an Leitungen. Wiss. Veröffentl. d. Siemens-Konzerns Bd. 3, S. 101. 1923.
Wagner, K. W.: Induktionswirkungen von Wanderwellen in Nachbarleitungen. ETZ 1914, S. 639.
Rüdenberg, R.: Elektrische Schaltvorgänge. § 40. Berlin: Julius Springer 1923.

Hertzsche Lösung [Nr. 236—242].

Hertz, H., Untersuchungen über die Ausbreitung der elektrischen Kraft. Leipzig: Barth 1914. Ann. Physik Bd. 36, S. 1. 1888.
Abraham, M.: Theorie der Elektrizität. Bd. 1. 6. Aufl. § 79. Leipzig: B. G. Teubner 1921.

Abrahamsche Lösung [Nr. 243—246].

Abraham, M.: Phys. Z. Bd. 2, S. 329. 1901.
Marchand, E. W.: Die Heaviside-Schicht. Jahrb. drahtl. Telegr. u. Telef. Bd. 12, S. 56. 1918.

Sommerfeldsche Lösung [Nr. 247—256].

Sommerfeld, A.: Ausbreitung der Wellen in der drahtlosen Telegraphie. Ann. Physik Bd. 28, S. 665. 1909; Jahrb. drahtl. Telegr. u. Telef. Bd. 4, S. 157. 1911.
Epstein, P.: Kraftliniendiagramm für die Ausbreitung der Wellen usw. Jahrb. drahtl. Telegr. u. Telef. Bd. 4, S. 176. 1911.
Zenneck, J. Fortpflanzung ebener elektrischer Wellen längs einer ebenen Leiterfläche. Ann. Physik Bd. 23, S. 836. 1907.
Hack, F.: Ausbreitung elektrischer Wellen längs eines geschichteten Leiters. Ann. Phys. Bd. 27, S. 43. 1908; Jahrb. drahtl. Telegr. u. Telef. Bd. 4, S. 157. 1910.
Cohn, E.: Das elektromagnetische Feld. S. 449. Leipzig: Hirzel 1900.
Mensy, R.: Les déviations des ondes électromagnétiques. J. de physique Bd. 4, S. 129. 1923.

Strahlung längs der Erdkugel [Nr. 257—263].

Poincaré, H.: Beugung Hertzscher Wellen. Jahrb. drahtl. Telegr. u. Telef. Bd. 3, S. 445. 1910.
Debye, P.: Lichtdruck auf Kugeln von beliebigem Material. Ann. Physik Bd. 30, S. 57. 1909.

Nicholson, J. W.: Beugung elektrischer Wellen um die Erdkugel. Jahrb. drahtl. Telegr. u. Telef. Bd. 4, S. 20. 1911.
March, W.: Ausbreitung der Wellen in der drahtlosen Telegraphie. Ann. Physik Bd. 37, S. 29. 1912.
Rybcynski: Ausbreitung der Wellen in der drahtlosen Telegraphie. Ann. Physik Bd. 41, S. 191. 1913.
Sommerfeld, A.: Überwindung der Erdkrümmung durch die Wellen d. drahtlosen Telegraphie. Jahrb. drahtl. Telegr. u. Telef. Bd. 12, S. 2. 1918.
Macdonald, H. M.: Fortschreiten elektrischer Wellen um die Erdoberfläche. Jahrb. drahtl. Telegr. u. Telef. Bd. 12, S. 45. 1918.
Laporte, O.: Ausbreitung elektromagnetischer Wellen auf der Erdkugel. Ann. Physik Bd. 70, S. 595. 1923.
Cohen, L.: Drahtlose Zeichengebung auf weite Entfernungen. Jahrb. drahtl. Telegr. u. Telef. Bd. 12, S. 171. 1918.
Austin, L.: Versuche mit Radiotelephonie über große Entfernungen. Jahrb. drahtl. Telegr. u. Telef. Bd. 5, S. 75. 1911.
Fleming, J. A.: Wissenschaftliche Begründung und ungelöste Probleme der drahtlosen Telegraphie. Jahrb. drahtl. Telegr. u. Telef. Bd. 8, S. 253. 1914.
—: Über die Ursachen der Ionisation der Atmosphäre. Jahrb. drahtl. Telegr. u. Telef. Bd. 12, S. 175. 1918.
Nagaoka, N.: Fortpflanzung elektrischer Wellen und ionisierte Schicht der Atmosphäre. Jahrb. drahtl. Telegr. u. Telef. Bd. 12, S. 35. 1918.
Larmor, J.: Ausbreitung elektrischer Wellen. (Wirkung der Ionen.) Phil. Mag. Dezember 1924. El. u. Maschinenb. (Radiotechn.) 1925, S. 79.
Nichols u. Schelleng: Ausbreitung der Wellen in der drahtlosen Telegraphie. (Wirkung des Erdmagnetfeldes.) Bell System Technical Journal April 1925; Electr. 1925, S. 56. (Referat von Tunzelmann.)

Grundlagen der Antennenstrahlung [Nr. 264—267].

Abraham, M.: Eigenschwingungen des stabförmigen Körpers. Ann. Physik Bd. 66, S. 435. 1898.
Schachenmeier: Elektromagnetisches Feld einer strahlenden, schwach gedämpften Antenne. Z. techn. Phys. 1921, S. 330.

Besondere Strahlerformen [Nr. 268—277].

Seibt, G.: Elektrische Drahtwellen mit Berücksichtigung der Marconischen Wellentelegraphie. Diss. Rostock 1902.
Abraham, M.: Zur drahtlosen Telegraphie. Phys. Z. Bd. 5, S. 174. 1904.
Wagner, K. W.: Zur Elektrodynamik von Strahlerkreisen. Arch. Elektrot. Bd. 8, S. 145. 1919.
van der Pol, B.: Mit Kapazität und Selbstinduktion beschwerte Antennen. Jahrb. drahtl. Telegr. u. Telef. Bd. 13, S. 217. 1918.
Meißner, A.: Ausbreitung elektrischer Wellen über die Erde. Z. techn. Phys. 1924, S. 485.
Esau, A.: Verwendung kurzer Wellen. Z. techn. Phys. 1924, S. 518.
Breit, G.: Von zwei horizontalen Spulen ausgestrahltes Feld. ETZ 1924, S. 42 (Referat).
Barkhausen, H.: Gleichzeitige Messung von Sende- und Empfangsstrom.
Meißner, A.: Über den Erdwiderstand von Antennen. Z. techn. Phys. 1921, S. 328.

Extrem lose Strahlungskopplung [Nr. 278—282].

Rüdenberg, R.: Empfang elektrischer Wellen in der drahtlosen Telegraphie. Ann. Physik Bd. 25, S. 446. 1908; Jahrb. drahtl. Telegr. u. Telef. Bd. 6, S. 170. 1912;

Koerts, A.: Atmosphärische Störungen in der drahtlosen Telegraphie. Berlin: Krayn 1924.

Beverage, Rice u. Kellog: The Wave Antenna. Electr. 1923, S. 269.

Busch, H.: Theorie der Beverage-Antenne. Jahrb. drahtl. Telegr. u. Telef. Bd. 21, S. 290. 1923.

Feste Strahlungskopplung [Nr. 283—286].

Abraham, M.: Strahlung von Antennensystemen. Arch. Elektrot. Bd. 8, S. 92. 1919.

Meißner, A.: Mehrfach-Antennenanlagen. Telefunken-Zg. 1923. Nr. 29, S. 11.

Baratz, Entkopplung zweier elektrischer Systeme. Jahrb. drahtl. Telegr. u. Telef. Bd. 21, S. 198. 1923.

Carson, H. R.: Radiation from transmission lines. Journ. Am. Electr. Engs. 1921, S. 789.

Richtstrahlung [Nr. 287—297].

Bellini, E.: Luftgebilde für gerichtete drahtlose Telegraphie. Jahrb. drahtl. Telegr. u. Telef. Bd. 2, S. 381, 608. 1909.

—: Scharf gerichtete drahtlose Telegraphie. Jahrb. drahtl. Telegr. u. Telef. Bd. 9, S. 425. 1915.

Kiebitz, F.: Interferenzversuche mit freien Hertzschen Wellen. Ann. Physik Bd. 22, S. 943. 1907.

Zenneck, J.: Anordnung für gerichtete drahtlose Telegraphie. Jahrb. drahtl. Telegr. u. Telef. Bd. 9, S. 417. 1915.

Macdonald, H. M.: Note on horizontal receivers and transmitters in wireless telegraphy. Electr. Bd. 63, S. 312. 1909.

Marconi, G.: Drahtlose Telegraphie. Jahrb. drahtl. Telegr. u. Telef. Bd. 21, S. 58. 1923.

Kiebitz, F.: Sendeversuche mit Erdantennen. Jahrb. drahtl. Telegr. u. Telef. Bd. 6, S. 554. 1913.

v. Hörschelmann, H.: Wirkungsweise des geknickten Marconischen Senders. Jahrb. drahtl. Telegr. u. Telef. Bd. 5, S. 14. 1911.

Namen- und Sachverzeichnis.

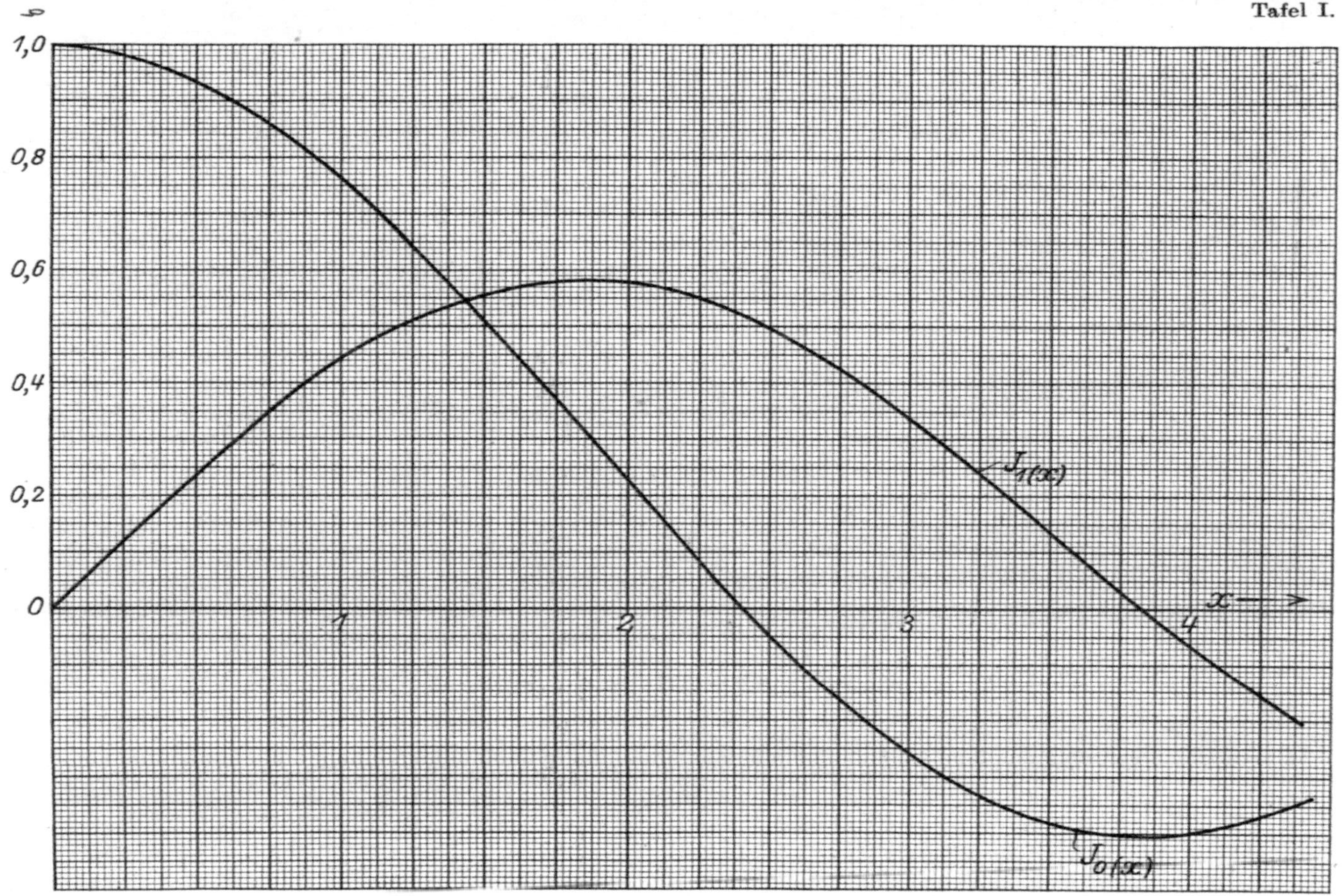

Besselsche Funktionen der Ordnung Null und Eins für reelles Argument.

Verlag von Julius Springer in Berlin.

Tafel I a.

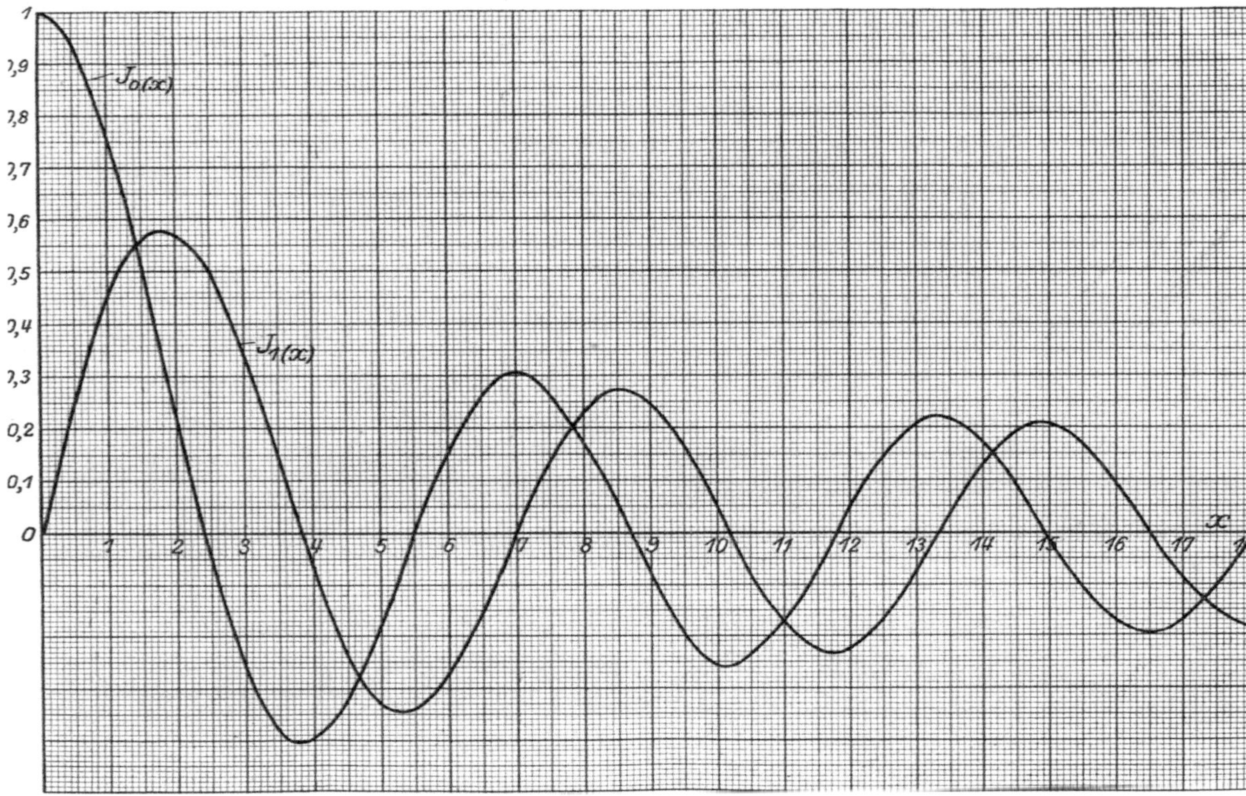

Besselsche Funktionen der Ordnung Null und Eins für reelles Argument.

Verlag von Julius Springer in Berlin.

Tafel II.

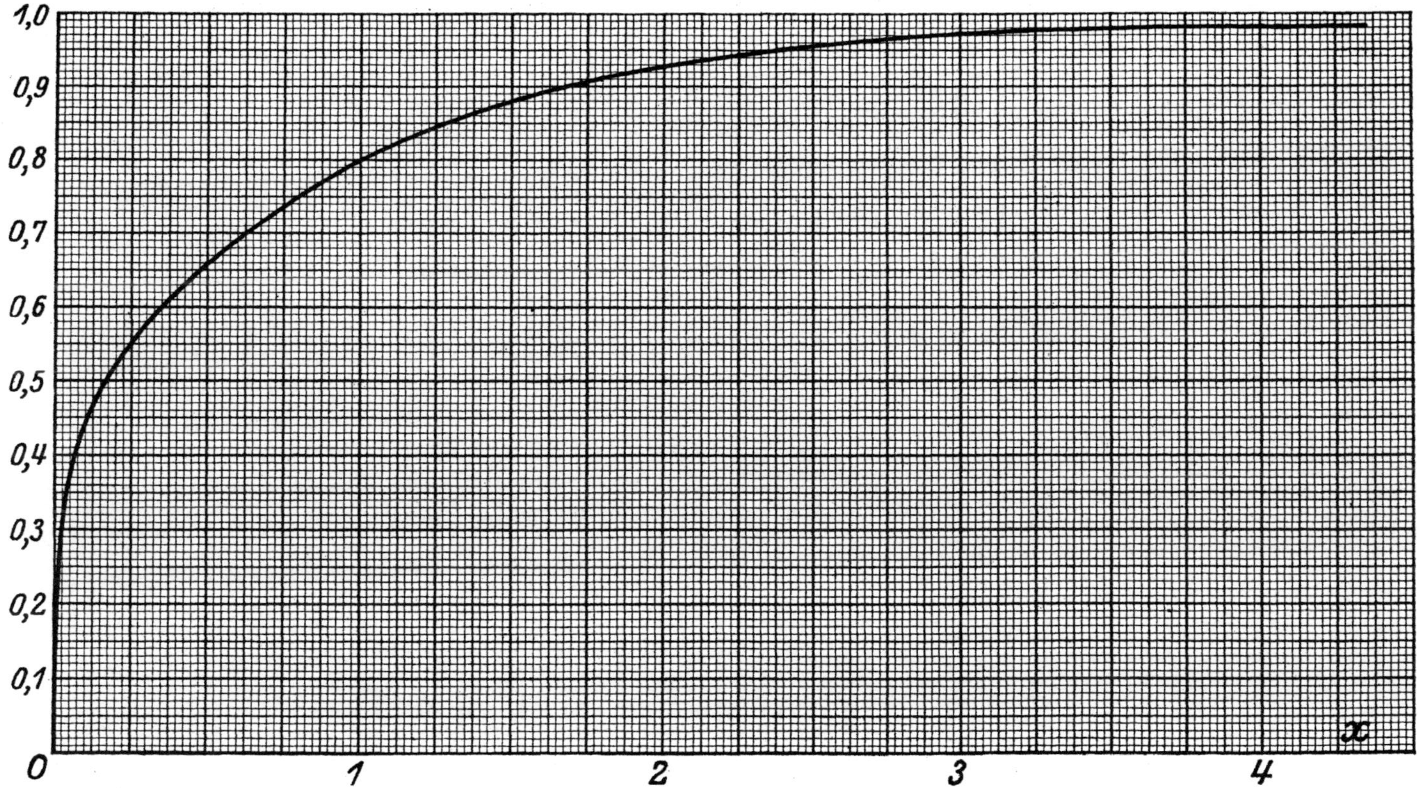

Die Funktion $\sqrt{\frac{J_1(x) \cdot H_1(x)}{J_0(x) \cdot H_0(x)}}$.

Verlag von Julius Springer in Berlin.

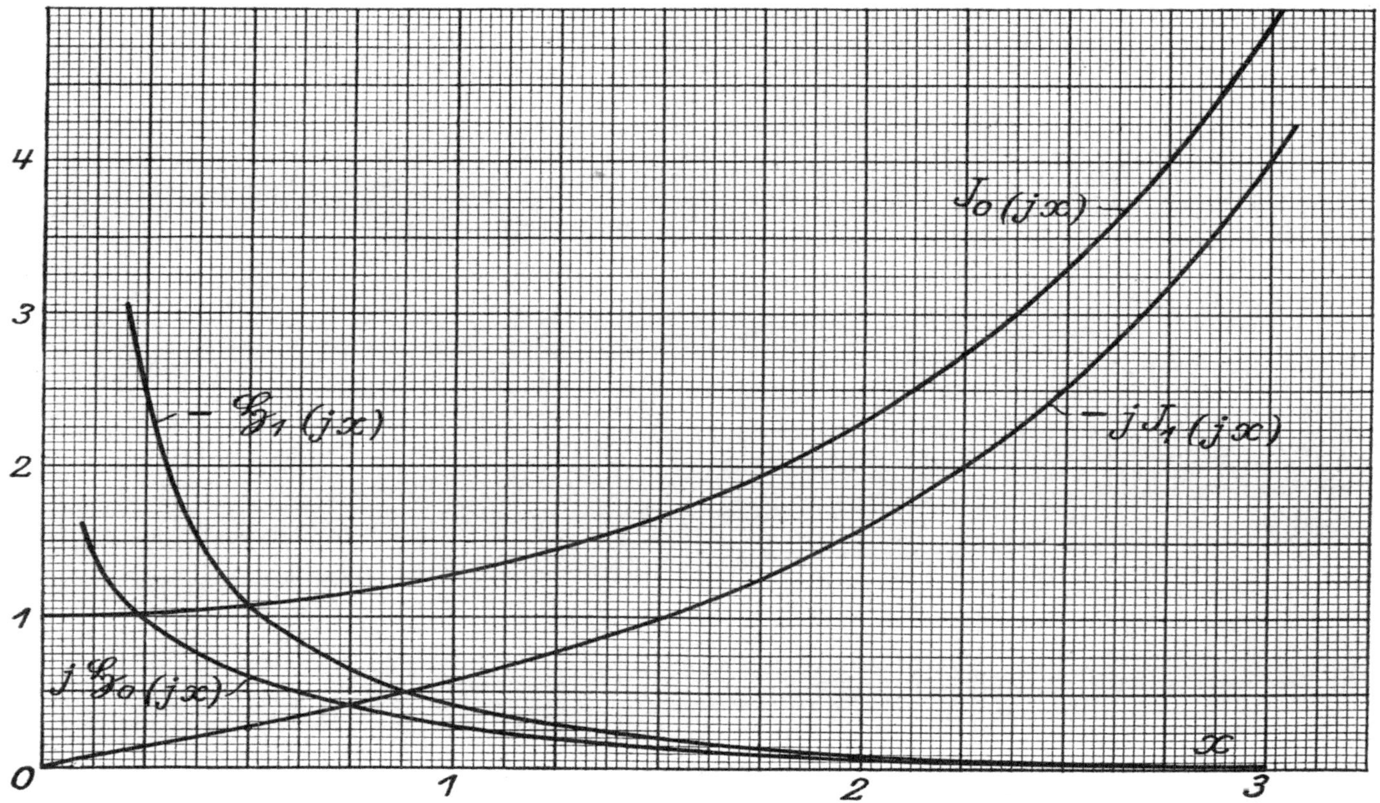

Besselsche und Hankelsche Zylinderfunktionen für rein imaginäres Argument.

Ollendorff, Hochfrequenztechnik.

Verlag von Julius Springer in Berlin.